Horst Wildemann

Herausgeber

W0188256

Stresstest für Geschäftsmodelle

Welche Führungsprinzipien sind zukunftsfähig?

Tagungsband

Münchner Management Kolloquium

17. und 18. März 2015

Herausgeber
Univ.-Prof. Dr. Dr. h. c. mult. Horst Wildemann
Forschungsinstitut
Unternehmensführung, Logistik und Produktion
Technische Universität München

Bibliografische Information der Deutschen Bibliothek
Die Deutsche Bibliothek verzeichnet diese Publikation in der Deutschen Nationalbibliografie; detaillierte bibliografische Daten sind im Internet über http://dnb.ddb.de abrufbar.

Wildemann, Horst
Stresstest für Geschäftsmodelle
Welche Führungsprinzipien sind zukunftsfähig?
München, TCW Transfer-Centrum GmbH & Co. KG
ISBN 978-3-941967-71-7

Copyright (C) by TCW Transfer-Centrum GmbH & Co. KG 2015

Verlag:
TCW Transfer-Centrum GmbH & Co. KG, München

Druck:
Hofmann GmbH & Co. KG, Druck + Medien, Traunreut

Alle Rechte, auch die der Übersetzung in fremde Sprachen, sind vorbehalten. Kein Teil dieses Werkes darf ohne schriftliche Genehmigung des Verlages in irgendeiner Form, auch nicht zum Zwecke der Unterrichtsgestaltung, reproduziert oder unter Verwendung elektronischer Systeme verarbeitet werden.

Vorwort

Horst Wildemann (Hrsg.)

Stresstest für Geschäftsmodelle
Welche Führungsprinzipien sind zukunftsfähig?

Die Finanz- und Wirtschaftskrise hat fast alle Unternehmen in Deutschland betroffen. Nun müssen die Lehren daraus gezogen werden. Eine Adaption des Stresstests aus dem Finanzbereich verspricht Robustheit von Unternehmensstrategien. Dazu ist ein Stresstest von Geschäftsmodellen sinnvoll. Ob ein Geschäftsmodell gefährdet ist, entscheidet sich daran, ob es Werte im Unternehmen schafft.

Erst eine Perspektive auf Wertsteigerung schafft eine Zukunftsfähigkeit des Unternehmens. Dazu ist eine Strategie mit der größten Hebelwirkung zu definieren. Es muss Klarheit darüber herrschen, innerhalb welcher Zeit eine solche Strategie – profitables Wachstum oder Effizienzsteigerung – umgesetzt werden kann und wie sie zu finanzieren ist. Dies erfordert eine neue Ausrichtung der Ressourcenallokation. Dabei ist zu beachten, dass die Strategie der Effizienzsteigerung Grenzen hat, die des profitablen Wachstums aber nicht. Eine Steuerung in Planungs- und Budgetierungsrunden nach Kriterien wie Standortsicherung, Prestigedenken oder politische Verhandlungen führt zu hohem Investitionsvolumen und reicht nicht aus. Zu häufig werden dadurch Projekte, die nach Kürzungsrunden übrig geblieben sind und nicht Strategien finanziert. Dazu muss die Unternehmensleitung die Ressourcen im Zielbildungsprozess für jeden Bereich und Mitarbeiter verankern. Hierzu sind Methoden hinsichtlich Erkenntniswert und Anwendbarkeit erforderlich. Fragen nach der Höhe des Verbesserungspotenzials jedes Geschäftsfeldes sind ebenso zu beantworten, wie Fragen nach dem Wert von Strategien. Antworten hierzu finden Sie in den Autorenbeiträgen.

Der Tagungsband umfasst die Beiträge des Münchner Management Kolloquiums. Referenten aus internationalen Großkonzernen und Mittelstandsunternehmen sowie Wissenschaftler geben Auskunft über die Erfolgsfaktoren bei Stresstests von Geschäftsmodellen und zeigen Möglichkeiten auf, wie Stressbedingungen simuliert werden können, bevor Sie unkontrolliert über ein Unternehmen hereinbrechen.

Ich danke allen Referenten herzlich für ihre Beiträge.

München, den 01. März 2015

Horst Wildemann
(Univ.-Prof. Dr. Dr. h. c. mult.)

Inhalt

Stresstest für Geschäftsmodelle

Welche Führungsprinzipien sind zukunftsfähig?

Univ.-Prof. Dr. Dr. h. c. mult. Horst Wildemann

Leiter des Forschungsinstituts
Unternehmensführung, Logistik und Produktion an der Technischen Universität München sowie Geschäftsführer der Managementberatung TCW GmbH & Co. KG
www.tcw.de

1 Einleitung: Führungsprinzipien im Dauerstress

Die Finanzkrise hat die Anfälligkeit von Unternehmen gegenüber äußeren Entwicklungen verdeutlicht. Der Maschinen- und Anlagenbau als Rückgrat des Wirtschaftsstandorts Deutschland musste Einbrüche der monatlichen Auftragseingänge um bis zu 58% verkraften. Anderen Branchen wie der Automobilindustrie erging es ähnlich. Damals konnte nur durch massive staatliche Programme wie die Kurzarbeit oder die Abwrackprämie Schlimmeres verhindert werden. Insgesamt gab Deutschland über 100 Milliarden Euro für Konjunkturprogramme aus. Aber sind deutsche Unternehmen heute besser vorbereitet auf die Krise? Es ist festzustellen, dass deutsche Unternehmen im internationalen Vergleich den Turbulenzen und Einbrüchen der letzten Jahre sehr erfolgreich getrotzt haben. Eine Ursache hierfür liegt selbstverständlich in dem großen Erfindergeist und dem German Engineering, das den Unternehmen stets neue Lösungen aufzeigt, die weltweit gefragt sind. Die zweite Ursache liegt in der Anpassungsfähigkeit der Unternehmen. Deutsche Unternehmen waren in der Vergangenheit sehr gut darin, vom Wettbewerb zu lernen. Durch das Nachahmen und Weiterentwickeln konnten sie die Vorteile der Konkurrenz in eigene Stärken verwandeln. Zudem haben deutsche Unternehmen ihren Führungsstil verwissenschaftlicht und greifen bei Entscheidungen auf analytische Methoden zurück. Den Ausgangspunkt für diese Entwicklung bildete die „japanische Herausforderung“ zu Beginn der 1980er Jahre. Damals wurde der etablierte hierarchisch-patriarchische Führungsstil von oben in Frage gestellt. Manager mussten sich nach unten auf den Boden der Tatsachen begeben, um die Wertschöpfung zu optimieren und wettbewerbsfähig gegenüber der Konkurrenz aus Asien zu bleiben. Durch Just-in-Time und ähnliche Konzepte konnten, ausgehend von der Automobilindustrie, Fertigungskosten drastisch reduziert werden. Es folgte die Erkenntnis, dass man an jedem noch so kleinen Schräubchen drehen muss, um Optimierungschancen wahrzunehmen. Um die Schräubchen auszumachen, mussten sich Führungskräfte neue Methoden und Konzepte aneignen. Aber dennoch zeigt sich heute, dass Analysen zwar ihren Zweck erfüllen und Deutschland zu einem der wettbewerbsfähigsten Industriestandorte weltweit gemacht haben, aber sie machen auch blind für Entwicklungen, die jenseits der Planungsannahmen liegen und führen dazu, dass sich Führungskräfte gebettet in Excel-Tabellen und PowerPoint-Charts in falscher Sicherheit wiegen.

Extreme Herausforderungen, die jenseits der Planungsannahmen liegen, treten immer wieder auf und bringen etablierte Branchen, Unternehmen und Geschäftsmodelle in Bedrängnis. Die Betrachtung der vergangenen Krisen zeigt, dass das Delta heutzutage immer größer wird und die Reaktionszeit für Unternehmen sinkt. Unternehmen, die sich nicht auf extreme Ereignisse vorbereiten, sind in einer derartigen Umgebung nicht zukunftsfähig. Der Grund hierfür liegt in der gestiegenen Abhängigkeit der Unternehmen von externen Faktoren, die auf verschiedene Trends zurückzuführen ist. Zunächst wurde in den vergangenen Jahren die Wertschöpfungstiefe teilweise drastisch reduziert, sodass in vielen Unternehmen mehr als die Hälfte der Wertschöpfung nicht direkt beeinflussbar ist. Somit werden die Erfolgsfaktoren Qualität, Kosten und Zeit der Beschaffungsgüter durch die Leistungsfähigkeit der Lieferanten bestimmt. Fällt ein Lieferant aus, ist die

Lieferfähigkeit eines Unternehmens gefährdet. Zudem werden Produkte und Prozesse zunehmend komplexer und die Zahl der Varianten steigt, sodass die Anforderungen an Entwicklung und Produktion steigen. Die Folge ist ein steigender Kooperationsbedarf mit Partnerunternehmen in Produktions- und Entwicklungsnetzwerken. Darüber hinaus kommt es durch Trends wie Industrie 4.0, Digitalisierung und E-Mobility zu einem Strukturwandel der Technologie, der etablierte Geschäftsmodelle in Frage stellt. Die Globalisierung der Unternehmenstätigkeiten hat zudem die Angriffsfläche vergrößert, sodass politische und wirtschaftliche Länderrisiken Unternehmen bedrohen. Insgesamt agieren Unternehmen heutzutage in einem turbulenten Umfeld, das von Unsicherheit und disruptiven Ereignissen geprägt ist. Krisen in der Finanzwirtschaft haben heute wesentlichen Einfluss auf die Realwirtschaft. Die Konflikte im Nahen Osten und der Ukraine, die Nuklearkatastrophe in Japan, die Verknappung von verschiedenen Rohstoffen wie Seltenen Erden sowie die aufkommenden protektionistischen Tendenzen der Wirtschaftspolitik sind nur Beispiele für mögliche Belastungsszenarien, auf die sich Unternehmen vorbereiten müssen. Welches Szenario eintritt, lässt sich nie mit Gewissheit prognostizieren. Der Blick in die Vergangenheit verdeutlicht, dass bei der Einschätzung der derzeitigen Situation und der zukünftigen Entwicklung aktuelle Ereignisse und Berichterstattungen die Meinungsbildung beeinflussen und zu falschen Rückschlüssen führen. Um den resultierenden Tunnelblick zu vermeiden, ist eine nüchterne Analyse erforderlich. Es sind Risikoquellen zu identifizieren. Um die Zukunftsfähigkeit von Unternehmen zu prüfen, sind diese durch einen Stresstest auf die Belastungsprobe zu stellen. Die Untersuchung einzelner Risiken durch Sensitivitätsanalysen wird durch integrative Szenariobetrachtungen abgelöst. Zur Beantwortung der Frage, welche Geschäftsmodelle zukunftsfähig sind, wird durch den Stresstest die Robustheit der Geschäftsmodelle überprüft. Es ist zu hinterfragen, wie sich mögliche Zukunftsszenarien auf das Nutzenversprechen, die Wertschöpfungsarchitektur und das Ertragsmodell eines Unternehmens auswirken. Das Nutzenversprechen beschreibt dabei, welchen Nutzen und Wert das Unternehmen für Kunden und strategische Partner stiftet. Im Rahmen des Stresstests ist zu hinterfragen, wie sich Entwicklungen wie Änderungen des Nachfrageverhaltens oder disruptive Technologieentwicklungen auf die Alleinstellungsmerkmale eines Unternehmens auswirken. Die Architektur der Wertschöpfung charakterisiert, wie die Leistung konfiguriert wird und welche Leistungen angeboten werden. Hier ist zu prüfen, wie beispielsweise politische oder wirtschaftliche Krisen die Produktionsnetzwerke und Absatzmärkte beeinflussen. Das Ertragsmodell beschreibt, wodurch das Unternehmen Geld verdient. Um die Zukunftsfähigkeit von Geschäftsmodellen zu untersuchen, müssen Unternehmen Stresstests durchführen, die heute in der Finanzwirtschaft bereits ein obligatorischer Bestandteil des Risikomanagements sind. Zur Vorbereitung auf die Zukunft sind drei zentrale Fragestellungen zu beantworten:

1. Was sind die Trends und Herausforderungen, denen sich mein Unternehmen zukünftig stellen muss?

2. Welche denkbaren Zukunftsszenarien ergeben sich?

3. Was sind die möglichen Risiken, die aus den Entwicklungen entstehen? Welche Schwachstellen können sich in meiner Wertschöpfungskette ergeben?

4. Was sind zukunftsfähige Führungsprinzipien, um den Schwachstellen und Risiken zu begegnen und diese auf ein Mindestmaß zu reduzieren?

Um diesen Fragen nachzugehen, werden in diesem TCW-Report die Risikofelder im Unternehmensumfeld umrissen, bevor Stresstests als innovatives Konzept des Risikomanagements diskutiert werden. Darauf aufbauend werden die Risiken entlang der Wertschöpfungskette systematisiert und einzelne Risikofaktoren dargestellt. Basierend auf den Erfahrungen werden Ansatzpunkte für zukunftsfähige Führungsprinzipien aufgezeigt und Möglichkeiten zur Nutzung und Verankerung von Stresstests zur Vorbereitung auf zukünftige Ereignisse vorgestellt. Die praktische Relevanz der Ideen und Methoden wird anhand von Fallstudien diskutiert. Dies zeigt Handlungsmöglichkeiten und Best Practice-Lösungen auf, welche die Grundlage der Sicherung der Zukunftsfähigkeit von Geschäftsmodellen ist.

2 Herausforderungen für Unternehmen

Unternehmen stehen vor der Herausforderung, die Profitabilität ihrer Geschäftsmodelle im Umfeld einer Vielzahl externer Einflussfaktoren abzusichern und zu verbessern. Die kontinuierliche Überwachung und Analyse relevanter Stressfaktoren aus den Bereichen Globalisierung, Konjunktur, Politik, Märkte und Kunden sowie Technologie und Innovation werden heute zu einer zwingenden Notwendigkeit für die Wettbewerbs- und Zukunftsfähigkeit von Unternehmen. Gleichzeitig werden die Wirkzusammenhänge zwischen diesen externen Kontextfaktoren zunehmend komplexer. Es wächst vermehrt der Bedarf nach einer integrativen Methodik, die alle relevanten Stressfaktoren und deren Zusammenhänge in ihrer Gesamtheit berücksichtigt und eine strukturierte und nachhaltige Vorgehensweise zur Sicherung und Steigerung der Stressresistenz von Geschäftsmodellen ermöglicht.

2.1 Globalisierung und Länderrisiken

Unternehmen unterliegen bei der Auswahl von Beschaffungs-, Produktions- und Absatzstandorten und –märkten Unsicherheiten. Dabei unterscheidet man zwischen unbekannten Ereignissen, deren Einfluss auf die Unternehmung nicht vorhergesagt werden kann sowie Ereignissen, welche zwar bekannt sind, deren Eintrittswahrscheinlichkeiten sich jedoch nur schwer oder teils gar nicht abschätzen lassen. Zu letzterer Kategorie gehören auch Währungsrisiken. Während noch bis vor einigen Jahren vornehmlich die Finanzindustrie mit Währungsschwankungen assoziiert wurde, werden in Zeiten voranschreitender Globalisierung auch produzierende Unternehmen zunehmend von den Auswirkungen finanzwirtschaftlicher Unregelmäßigkeiten getroffen.

Das globale Agieren von Unternehmen entlang einer immer komplexeren und kleinteiligeren Wertschöpfungskette kann einerseits dazu beitragen Risiken, beispielsweise durch die Diversifizierung des Beschaffungsportfolios, die Erschließung neuer Märkte bei Sättigung des Heimatmarktes oder hinsichtlich der Exponiertheit gegenüber Naturkatastrophen, abzubauen. Andererseits kann diese Globalisierung der unternehmerischen Aktivität auch dazu führen, dass irrelevante Unsicherheitsfaktoren, wie die relative Veränderung von Wechselkursen zueinander, zu einem Risiko für die Profitabilität oder sogar die Überlebensfähigkeit eines Geschäftsmodells werden. Neben direkten Wechselkursschwankungen zwischen zwei an einer Transaktion beteiligten Währungsräumen spielen auch Leitwährungen eine wichtige Rolle. Beispiele hierfür sind Öl, Stahl und weitere Rohstoffe wie Seltene Erden, für die der Weltmarktpreis in US-Dollar verrechnet wird. So kann eine Veränderung im Wechselkursverhältnis zwischen Euro und US-Dollar schwerwiegende Folgen für den Ölpreis in der Eurozone haben, obwohl der Weltmarktpreis für Öl konstant bleibt. Gerade für Bereiche wie die chemische Industrie oder den Logistiksektor hat dies direkte Auswirkungen auf die Wettbewerbsfähigkeit, da Produkte dieser Unternehmen bei einer Abwertung des Euro im Vergleich zum Dollar teurer werden. Währungsrisiken werden vor allem in Zeiten ungünstiger Einflüsse wahrgenommen und von Unternehmen kommuniziert. Dabei können Wechselkursschwankungen sowohl einen negativen als auch einen positiven Einfluss auf die Gewinnsituation einer Unternehmung haben. In beiden Fällen verursachen sie jedoch Unsicherheiten. Trotz dieser unbestrittenen Effekte findet die Berücksichtigung von Wechselkurseinflüssen bei der Auswahl von Standorten oft nur eine mittlere Relevanz. Dabei zeigt sich, dass die Beeinflussbarkeit der Währungseffekte durch die Auswahl von Standorten, Beschaffungsquellen und Absatzmärkten nur begrenzt wahrgenommen wird. Eventuell werden mit der Lösung dieser Thematik durch die Bezeichnung „Währungsrisiko" vor allem finanzwirtschaftliche Instrumente assoziiert. Hierbei ist jedoch zu beachten, dass deren Einsatz oft als aufwändig gilt und der finanzielle Spielraum, wegen des Einflusses, die Kreditlinie einschränken kann. Solche Instrumente kommen vor allem dann zum Einsatz, wenn es sich um Produkte handelt, für die beim Kaufvertrag feste Preise in der Nominalwährung festgelegt werden. Bei diesen Produkten steht das Risiko durch Wechselkursschwankungen sowohl in der Währung als auch in der Höhe fest. Gerade bei Kaufverträgen mit hoher Vorlaufzweit wie im Flugzeug- oder Schiffbau ist es möglich Wechselkursrisiken effektiv über finanzwirtschaftliche Instrumente abzusichern. Das Beispiel einer norddeutschen Werft zeigt, dass sich durch den Einsatz von Finanzinstrumenten Währungsrisiken minimieren lassen, falls die vertraglichen Konditionen und die Nominalwährung, in der der Handel stattfindet, geklärt sind. Während zu Beginn der 2000er Jahre der Euro gegenüber dem US-Dollar stark abgewertet war (Durchschnittskurs 0,95 US-Dollar = 1 Euro), änderte sich dieses Verhältnis in den darauffolgenden Jahren bis zu Höchstständen von nahezu 1,60 US-Dollar = 1 Euro. Den drohenden Verlust von Marktanteilen durch die nun höheren Kosten der eigenen Produkte auf dem Weltmarkt konnte das Unternehmen dadurch abwenden, dass in direkter Verbindung zu den Kaufverträgen durch Derivatgeschäfte ein großer Teil des Auftragsvolumens der Jahre bis 2002 zu einem günstigen Dollarkurs gesichert werden konnte.

Trotz solcher positiver Beispiele hat es sich in der Vergangenheit oft gezeigt, dass der ausschließliche Einsatz finanzwirtschaftlicher Instrumente mittel- und langfristig den Einfluss von Währungsrisiken auf Gewinn und Cashflow lediglich minimal verringert. Dies liegt auch daran, dass es Unternehmen an Informationen hinsichtlich ihrer Ausgangsposition mangelt. Man unterscheidet an dieser Stelle zwischen nominalen sowie realen Wechselkursschwankungen. Reale Wechselkursschwankungen erklären den Effekt, der sich nach Einbeziehung aller weiteren Effekte von Währungsfluktuationen auf ein Unternehmen ausbreitet. Konkret bedeutet dies, dass Interdependenzen zwischen der Veränderung von Wechselkursen sowie beispielsweise der Preissetzung von Gütern als Effekt berücksichtigt werden. Aufgrund der komplexen Abhängigkeiten von Preisen für Vor- und Endprodukte, den Währungskursen sowie den Abhängigkeiten zwischen einzelnen Währungen kann nur schwer vorhergesagt werden, welche Unsicherheiten mit welcher Fristigkeit abzusichern sind. Die tatsächlichen Auswirkungen von Wechselkursfluktuationen auf Gewinn oder Verlust einer Unternehmung sind jedoch nicht nur durch Währungsanteile von Kosten und Umsatz sowie nominale Währungsfluktuationen bestimmt. Vielmehr wirken verschiedene Interdependenzen, welche dazu führen, dass die tatsächlichen Auswirkungen von Wechselkursschwankungen für Unternehmen im Vorfeld nur schwer zu identifizieren sind.

- Auch gibt es eine Abhängigkeit der Preise für Vorprodukte und Dienstleistungen von den jeweiligen Wechselkursen. Diese Abhängigkeit der Preise in Nominalwährung gegenüber Leitwährungen wie dem US-Dollar oder dem Euro ist je nach Produkt unterschiedlich. Wenn die Nominalwährung im Vergleich zur Leitwährung stark auf- oder abgewertet wird, geht mit dieser Veränderung häufig auch eine Anpassung des Marktpreises einher. Der Effekt der Auf- oder Abwertung wird dabei tendenziell verringert.

- Ebenso wie bei Vorprodukten und externen Dienstleistungen ist auch die Preissetzung für die eigenen Produkte abhängig von Wechselkursschwankungen. So kann es bei einem Anstieg der eigenen Währung erforderlich sein, eine Senkung der Preise vorzunehmen, um Marktanteile zu halten. Dies kann auch für den Heimatmarkt gelten, da Produkte von Konkurrenten außerhalb des eigenen Währungsraums nun im Vergleich günstiger werden. Im umgekehrten Fall kann eine Wechselkursveränderung vorteilhaft sein, da über die Anpassung an das gestiegene Marktpreisniveau höhere Preise erzielbar werden.

- Es besteht eine wechselseitige Abhängigkeit von Wechselkursen zueinander. Dies ist gerade in Bezug auf das Wechselkursverhältnis zu den Leitwährungen von Bedeutung. Dabei ist zu beachten, dass die Fluktuationen bei stark miteinander verflochtenen Währungsräumen, beispielsweise zwischen dem Euroraum und der Schweiz, tendenziell geringer sind. Wenn der Euro im Vergleich zum US-Dollar abgewertet wird, hat dies eine Auswirkung auf die Wertstabilität des Schweizer Franken. Im Vergleich zum Dollar ist die Auswirkung dabei deutlich größer als beim Wechselkurs zum Euro. Dagegen fallen Fluktuationen in den Wechselkursen stärker aus, wenn die Währungsräume über wenige gegenseitige Austauschbeziehungen verfügen.

- Auch die Bilanz ist von Wechselkursschwankungen betroffen. International tätige Unternehmen verfügen meist über Aktiva und Passiva in anderen Währungsräumen, deren Wertansatz zum Bilanzstichtag in Landeswährung erfolgt. Eine gegebenenfalls veränderte Bilanzsumme und Auswirkungen auf die Gewinn- und Verlustsituation des Unternehmens sind die Folge.

Effektive Wechselkursschwankungen weichen von den nominalen ab. Damit wird der Einfluss von Wechselkursschwankungen oft falsch eingeschätzt. Weiterhin lässt sich herausstellen, dass reale Währungsungleichgewichte nicht nur von nominalen Änderungen der Währungen in den Vorprodukten und Dienstleistungen abhängig sind, sondern insbesondere auch von den daraus resultierenden Preisreaktionen. Diese Änderungen alle korrekt vorherzusagen, ist nicht möglich. Man kann sich diesen Effekten lediglich durch eine szenariobasierte Analyse nähern. Die Effekte können je nach Produkt sowie Markt- und Wettbewerbssituation stark variieren, was für Unternehmen nur selten so transparent ist, dass sich auf dieser Basis strategische Entscheidungen zur Risikominimierung ableiten lassen. Falls die zukünftige Umsatz- und Kostenstruktur nicht prognostizierbar ist, ist somit auch der effektive Einsatz von Finanzinstrumenten zur Risikominimierung nicht möglich. Es können in einem Unternehmen jedoch langfristige, strategische und strukturelle Entscheidungen getroffen werden, welche das zugrundeliegende Geschäftsmodell verändern, um das Risikoprofil gegenüber Währungsschwankungen zu minimieren.

- Vertraglich festgelegte Preisanpassungsklauseln können greifen. Diese Form der Risikominimierung kommt vor allem im B2B-Bereich zum Einsatz und überträgt das finanzielle Risiko auf den Geschäftspartner. Ein solcher Vertragspassus muss in der Regel „erkauft" werden.

- Auch besteht die Möglichkeit Verträge in einer alternativen Währung abzuschließen. So werden beispielsweise die meisten Rohstoffe per se in US-Dollar gehandelt. Ob Rohöl nun aus dem arabischen Raum oder aus Nordeuropa kommt, spielt somit währungstechnisch keine Rolle.

- Die Produktion kann samt der anfallenden Lohn- sowie Lohnnebenkosten und indirekter Aufwendungen in eine attraktive Währungszone oder in den Bereich der Zielmärkte verlegt werden. Ab einer bestimmten Absatzmenge in einem Zielmarkt kann es sinnvoll sein, dort ein vollwertiges Werk zu errichten, um Wechselkursschwankungen zwischen dem Zielmarkt sowie dem heimischen Währungsraum eines Unternehmens zu begegnen. Die großen Automobilhersteller wie VW, Daimler oder BMW praktizieren dies schon seit Jahren. Bei einer geringeren Marktnachfrage machen Skaleneffekte diese Form der Risikovermeidung jedoch häufig unwirtschaftlich.

- Die Beschaffung kann sich auf Regionen spezialisieren, welche über eine im internationalen Vergleich abgewertete Währung verfügen. Dies bedeutet, dass ein Unternehmen in die Lage versetzt wird günstigere Faktorpreise zu erzielen. Eine Möglichkeit hierfür stellt der sog. Global Sourcing Index dar. Dieser bezieht neben Zoll- und Logistikkosten auch Faktorkosten für Arbeit und Material mit ein, sodass sich der Effekt einer abgewerteten Währung erkennen lässt. Auch die Substitution von Rohstoffen kann eine Möglichkeit darstellen sich von wechselkursinduzierten Preisschwankungen zu lösen.

- Was für die Beschaffung gilt, funktioniert beim Absatz genau umgekehrt. Hier ist es Ziel von international tätigen Unternehmen in Märkten mit einer im Vergleich aufgewerteten Währung aktiv zu sein.

- Diversifikationsstrategien können die Prozesse der Wertschöpfungskette auf mehrere Währungsräume verteilen und somit zu einer geringeren Exponiertheit gegenüber Wechselkursschwankungen bei international tätigen Unternehmen führen.

Währungsrisiken sind nicht ausschließlich ein finanzwirtschaftliches Problem, sondern ein nachhaltiges, das die Adaption von Geschäftsmodellen produzierender Unternehmen erfordern kann. Sie gehen zumeist einher mit konjunkturellen Schwankungen oder politischen Risiken und Interventionen (beispielsweise durch Zinsänderungen oder Anpassung der Geldmenge durch den Druck neuer Banknoten), welche einerseits Grund für die Veränderungen von Wechselkursen, aber andererseits auch von Wechselkursanpassungen sein können.

2.2 Konjunkturelle Entwicklung

Volkswirtschaften wachsen nicht linear sondern sind konjunkturellen Schwankungen unterworfen. Die Schwankungen sind Folge von Ungleichgewichten zwischen gesamtwirtschaftlicher Nachfrage und Angebot und bilden die Reaktion von Wirtschaftssubjekten auf die gesamtwirtschaftliche Entwicklung ab. Grundsätzlich kommt es durch Nachfrage- oder Produktionsschwankungen regelmäßig zu Veränderungen des Auslastungsgrads der Produktionskapazitäten. Im Anschluss an Aufschwung- und Boomphasen kommt es so immer wieder zu Rezessionen als Folge von Überinvestitionen in „guten“ Zeiten und Unterkonsumption in „schlechten“ Zeiten. Neben dieser emotionalen Komponente der konjunkturellen Entwicklung spiegeln sich auch Produkt- und Technologielebenszyklen, Abnutzung von Produktionsanlagen, Wettbewerbsverschärfung, Kostendruck und Preisverfall im Auf und Ab des Konjunkturzyklus wider. Die Strukturveränderungen, die sich dadurch ergeben, folgen normalerweise inkrementellen Entwicklungsprozessen und spielen sich zeitlich in Dimensionen von mehreren Jahren oder sogar Jahrzehnten ab, was es Unternehmen erlaubt zu reagieren und sich den veränderten wirtschaftlichen Rahmenbedingungen anzupassen. Es ist für Unternehmen möglich abzuschätzen in welcher Konjunkturphase sie sich befinden. Hierzu können branchen- und industrieübergreifend Kennzahlen wie Auftragslage, Absatzzahlen und Finanzierungsverfügbarkeit herangezogen werden. Wesentlich schwieriger gestaltet es sich jedoch die Dauer und das Ende der einzelnen Phasen abzuschätzen. So kommt es am Höhepunkt von Aufschwungsphasen regelmäßig zu Überinvestitionen und Blasenbildung. Im Vorlauf von Rezessionen herrscht häufig eine Mentalität der kurzfristigen Gewinnmaximierung. Führungskonzepte werden zunehmend auf die Unternehmenswertsteigerung und maximale Wertsteigerung für die Anteilseigner ausgelegt. Benchmarking an Konkurrenzunternehmen kann zu diesem Zeitpunkt zum Nachahmen der falschen Prozesse und Entscheidungen verleiten. Das Ende des Aufschwungs ist dabei schwer zu antizipieren.

Die in den USA durch expansive Geldpolitik und die globale Deregulierung der Finanzmärkte aufgeblähte und 2008 geplatzte Immobilienblase hat global systemische Risiken aufgedeckt und sich von einer Bankenkrise zur Staatsschuldenkrise und schließlich zu einer weltweiten Wirtschaftskrise ausgeweitet. Die Nachwirkungen sind noch heute zu spüren. Für die europäische Industrie steht die Finanz- und Eurokrise exemplarisch als Krisenszenario eines exogenen Konjunkturschocks. Hierbei verstärkten sich zunächst Banken- und Staatsschuldenkrise gegenseitig. Während die Bankenrettung die öffentlichen Haushalte belastete, verschlechterte das erhöhte Ausfallrisiko von Staatsanleihen die Bilanzen und Kapitalpositionen der Banken. Die Zusammenarbeit unter Banken war zunehmend vom Vertrauensverlust geprägt. Trotz staatlicher Liquiditätsspritzen für die Banken entstanden für Unternehmen Finanzierungsengpässe. Da die Ratings nahezu aller Unternehmen unter der Krise gelitten hatten, verteuerte sich die Finanzierung. Teilweise wurden Kredite kurzfristig durch Banken gekündigt, um Risikopositionen abzubauen und den erhöhten Eigenkapitalanforderungen gerecht zu werden. Die wegbrechende Kreditvergabe an Unternehmen verminderte so zusätzlich die ohnehin von erhöhtem Risikobewusstsein gebremste Investitionsbereitschaft in der Industrie. Der Auftragsrückgang in der deutschen Maschinen- und Anlagenbauindustrie von teilweise über 50%, im Vergleich zum Vorjahr Ende 2008 und dem Jahr 2009, ist auf das gesteigerte Kostenbewusstsein der Abnehmerindustrien zurückzuführen. Die Kreditklemme und Budgetkürzungen führten zum Aufschieben von Investitionen. Allgemein ging die Nachfrage in der Krise zurück. Sowohl der Absatz von Investitions- als auch von Konsumgütern wurde anspruchsvoller. Aus der Perspektive der Industrie und des verarbeitenden Gewerbes handelte es sich somit primär um eine Finanzierungs- und Absatzkrise. So litt auch die Automobilindustrie unter dem steigenden Kostenbewusstsein, dem Aufschieben von Anschaffungen sowie der verstärkten Nachfrage von Gebrauchtgütern auf Konsumentenseite. Audi verzeichnete im Jahr 2009 einen Umsatzrückgang von 12,7%. Die Anforderungen und Ansprüche sowohl von Privat- wie Industriekunden verändern sich in Krisenzeiten. Auf Zusatzfunktionen und -leistungen wird zunehmend verzichtet. Ebenso fällt der Qualitätsanspruch hinter die Preisfrage. Der Kunde wird anspruchsvoller, nimmt intensivere Produktvergleiche und eine gezieltere Auswahl vor, vermeidet Versuchskäufe und hat eine erhöhte Reklamationsbereitschaft. So hatte Audi 2009 bei einem Umsatzrückgang von „nur" knapp 13% eine Verschlechterung des operativen Ergebnisses von rund 42% zu verkraften. Deutschland war als Exportnation in besonderem Maße vom Zusammenbruch des europäischen Binnenmarkts betroffen. Die Auslandsaufträge des verarbeitenden Gewerbes gingen im Februar 2009 über 40% zurück, im April 2009 lagen die deutschen Warenexporte um fast 30% unter den Vorjahreswerten. Staatliche Subventions- und Finanzierungsmaßnahmen wie vorgezogene Infrastrukturinvestitionen, Kurzarbeit oder Abwrackprämien wirkten zwar als unentbehrliche Puffer, dennoch war es die Industrie, die das schnelle Überwinden der Krise in Deutschland möglich machte. Bereits 2010 war das Vorkrisenniveau erreicht. Im Juni 2014 knackte der Dax erstmals die 10.000 Punktemarke. Der hohe Anteil der Industrie an der Bruttowertschöpfung in Deutschland, der die Krise zunächst verschärfte, war maßgeblich für die, im Vergleich zu den westeuropäischen Nachbarn, schnelle Erholung der deutschen Wirtschaft zuständig. Dank der hohen internationalen Wettbewerbsfähigkeit deutscher Unternehmen konnte der Wertschöpfungsanteil der Industrie am BIP seit 2009 von 28% sogar auf 30% im Jahr 2013 ausgebaut werden. Zwar gingen auch in Deutschland die Investitionen 2009 im Vergleich zu 2008 um knapp 20% zurück, allerdings blieben dabei die Innovationsbudgets weitgehend unangetastet. So blieben die F&E-Ausgaben im gleichen Zeitraum nahezu konstant. Während das BIP von 2008 bis 2009 um fast 5% einbrach, wurde von deutschen Unternehmen die Chance genutzt, neue Märkte zu erschließen und Marktanteile hinzuzugewinnen.

Eine Analyse der Entwicklungen sowie der Krisenbewältigung der deutschen Industrie erlaubt es Schlüsse zu ziehen, welche Herausforderungen sich durch drastische Konjunktureinbrüche, Absatzkrisen und Kreditklemmen für Unternehmen ergeben und wie die sich bietenden Chancen genutzt werden können.

Es gilt:

- Gefahrenpotenziale frühzeitig zu erkennen,
- in schwierigen Zeiten „auf Sicht zu fliegen“ und kurzfristig zu steuern,
- operative Exzellenz auch in Krisenzeiten zu erreichen,
- finanzielle Polster aufzubauen, um beim erwarteten Aufschwung ausreichend Kapital für wachstumsorientierte Schritte zu haben,
- Strukturen und Prozesse flexibel und anpassungsfähig zu gestalten,
- die Innovationskraft aufrecht zu erhalten,
- die Chancen zu nutzen und sich strategisch auf den globalen Märkten zu positionieren.

Zunächst ist die Einleitung von Sofortmaßnahmen ein wichtiger Stellhebel für die Existenzsicherung eines Unternehmens. Im Vordergrund stehen die Sicherstellung von Liquidität und die kurzfristige Kostenreduzierung. Missstände und nicht realisierte Potenziale werden unter Umständen in Hochzeiten akzeptiert. So stieg auch in Deutschland mit dem Einsetzen des konjunkturellen Abschwungs die Zahl der Unternehmensinsolvenzen von 29.000 im Jahr 2008 auf 32.500 im Jahr 2009 deutlich an. Zumeist gehen Unternehmenskrisen interne Ursachen voraus, die durch

Turbulenzen im Umfeld lediglich beschleunigt werden. Spätestens in Krisenzeiten werden eine gründliche Analyse der Ursachen und potenzielle Gegenmaßnahmen erforderlich. Verborgene Ressourcen können hier einen entscheidenden Beitrag leisten, um Geld- und Risikokapitalgeber durch deren Bewertung vom nachhaltigen Unternehmenserfolg zu überzeugen und gleichzeitig einen erheblichen Beitrag zur Unternehmenssanierung beizutragen. Neben der staatlichen Unterstützung im Bereich der Kurzarbeit war in Deutschland beispielsweise der Abbau aufgestauter Überstunden in vielen Fällen ein probates Mittel, die Überkapazitäten zu minimieren und gleichzeitig Entlassungen zu vermeiden. Eine reine Symptombekämpfung ist dabei allerdings nicht zielführend. Mit Einsetzen des konjunkturellen Abschwungs werden Umdenken und Strategieanpassungen an die geänderten Bedürfnisse von Kunden und Lieferanten erforderlich. Es gilt Strukturen und Prozesse rechtzeitig an die geänderten Rahmenbedingungen und die neue Wettbewerbssituation anzupassen. Krisen bieten dabei die Möglichkeit grundlegende, strategische und operative Veränderungen in den Strukturen und Prozessen der Unternehmensorganisation einzubauen. Es gilt Kapazitäten anzupassen und die Produktionsfaktoren zu flexibilisieren. Gleichzeitig müssen Problemlösungskapazitäten aufgebaut werden, um Handlungswege aufzudecken und gestärkt in die nächste Phase des Aufschwungs zu gehen. Früherkennungssysteme können dabei helfen die Zeichen der Zeit richtig zu deuten und nicht nur zeitnah zu reagieren, sondern idealerweise ein proaktives Krisenmanagement zu betreiben. Dabei kommt es weniger darauf an die Zukunft voraus zu sagen, als darauf vorbereitet zu sein. Es gilt schon in Wachstumsphasen relevante Gefahrenpotenziale und Risiken auszuloten, um durch die Aufbereitung von Frühwarninformationen die Abweichungen im Unternehmensumfeld und schwachen Signale sowie durch geeignete Controllingsysteme die Qualität unternehmerischer Entscheidungen zu verbessern. Die Krise hat gezeigt, dass bereits in Hochphasen erweiterte Kompetenzen im Bereich des Risikomanagements und der Risikobeherrschung erforderlich sind und präventiv in die Strategiebildung mit einfließen müssen. Die Wettbewerbsfähigkeit von Unternehmen hängt maßgeblich von ihrer Innovationskraft ab. Nur solche Unternehmen, die sich auch in Krisenzeiten in zukunftsweisenden Innovationsfeldern betätigen und auf die richtigen Märkte setzen, können die Chance nutzen sich nachhaltige Wettbewerbsvorteile zu sichern und gestärkt in die nächste Wachstumsperiode zu gehen. Im Rahmen eines umfassenden Risikomanagements gilt es rechtzeitig Voraussetzungen zu schaffen, Innovationen in krisenresistenten und zukunftssicheren Bereichen zu fokussieren und spekulativere Investitionen zurückzufahren. Dabei müssen bereits in konjunkturstarken Zeiten durch adäquate Segmentierung synergieschwache Interdependenzen zwischen einzelnen Geschäftsfeldern minimiert werden. Ebenso gilt es in Wachstumsphasen zu vermeiden der kurzfristigen Gewinn- und Shareholder-Value-Maximierung zu verfallen und dabei andere Stakeholder und besonders den Kundennutzen aus den Augen zu verlieren. Erfolgskritische Lieferanten, Kunden und deren Rahmenbedingungen müssen frühzeitig in der Szenarioanalyse berücksichtigt werden. Die Finanzstruktur ist ebenfalls bereits in Wachstumszeiten so zu gestalten, dass bei wirtschaftlichen Eigenkapitalquoten die

Abhängigkeit von Fremdfinanzierungsmitteln und Investoren möglichst gering bleibt. In Krisenzeiten kehren sich Leverage-Effekte um, sobald der Fremdkapitalzins die Gesamtkapitalrentabilität übersteigt. Gesamtrentabilität und Finanzierungsverfügbarkeit werden so zusätzlich verschlechtert. Auch in der Kostenstruktur der Unternehmen gilt es, im Hinblick auf potenzielle Konjunktureinbrüche, die nötige Flexibilität zu wahren. Im zentralen Blickfeld ist dabei das Verhältnis von variablen Kosten und Fixkosten hinsichtlich des Auslastungsgrads. In Wachstumsphasen können durch eine Erhöhung des Fixkostenanteils oftmals schnell Renditesteigerungen erzielt werden. Bei rückläufigem Umsatz ist eine Kostenreduktion jedoch durch beschränkte Teilbarkeit erheblich erschwert. Da in Folge des anhaltenden Rationalisierungsdrucks die Gewinnschwelle meist erst bei sehr hoher Kapazitätsauslastung erreicht wird, kann eine zu hohe Kapitalbindung für Unternehmen lebensbedrohlich in der Krise werden. Zusammenfassend lässt sich festhalten, dass es zur effektiven Krisenbewältigung unverzichtbar ist, schon in Wachstumsphasen für die nötige Flexibilität und Wandlungsfähigkeit im Unternehmen zu sorgen. Frühinformationssysteme, professionelles Risikomanagement, Szenarioanalysen und Stresstests des eigenen Geschäftsmodells unterstützen Führungskräfte Gefahrenpotenziale frühzeitig zu erkennen und Lösungsansätze in die Strategiebildung mit einfließen zu lassen. Innovationskraft, Handlungsfähigkeit und Reaktionsgeschwindigkeit sind die zentralen Stellhebel zur Krisenbewältigung, dem Erhalt der Wettbewerbsfähigkeit und der Ergreifung sich bietender Chancen.

2.3 Politische Rahmenbedingungen

Politische Stabilität ist für Unternehmen eine wesentliche Voraussetzung für einen reibungslosen Geschäftsbetrieb. Sie beschreibt die Beständigkeit der öffentlich wirksamen Gesellschaft auf globaler, EU-, staatlicher sowie regionaler Ebene und bezieht sich vornehmend auf das politische System eines Landes. Politische Rahmenbedingungen basieren insbesondere auf Gesetzen, Normen, Zulassungen und Regularien. Politische Entwicklungen lassen sich aufgrund des sehr breiten Spektrums der Politikfelder nur schwer vorhersagen. Zusätzlich sind die Wirkzusammenhänge politischer Entscheidungen oft sehr komplex und weisen eine Vielzahl an Abhängigkeiten auf. Mit ihrer großen Dynamik können sie einen erheblichen Einfluss auf die Wettbewerbsfähigkeit von Geschäftsmodellen und die Investitionspolitik von Unternehmen haben. Daher stellen politische Risiken eine wachsende Herausforderung für das Risikomanagement vieler Unternehmen dar und sollten im Rahmen von Stresstests Berücksichtigung finden. Durch das Gesetz zur Kontrolle und Transparenz im Unternehmensbereich (KonTraG) sind viele Unternehmen erst auf die Frage nach der richtigen Beherrschung politischer Risiken aufmerksam geworden. Ziel des KonTraG ist es Strukturen zu schaffen, potenzielle Risiken bereits präventiv aufzuzeigen und diesen möglichst vorzubeugen. Hierdurch sollen im Ernstfall eine schnelle und adäquate Reaktion und eine Verlustbegrenzung ermöglicht werden. Zu potenziellen Stressfaktoren für Geschäftsmodelle, die ihren Ursprung im politischen Umfeld haben, zählen insbesondere Krieg, Aufruhr,

Revolution, Sanktionen, Embargos, Protektionismus, regulatorische Maßnahmen, Gesetzesänderungen oder auch der Wegfall von Subventionen.

Geopolitik und Außenwirtschaft

Politische Rahmenbedingungen können im Vergleich zu Deutschland international stark abweichen. Daher erfordern jegliche Auslandsengagements, entlang der gesamten Wertschöpfungskette, besondere Aufmerksamkeit, da es sonst zu existentiellen Bedrohungen für Unternehmen kommen kann. Geopolitische Faktoren bergen existentielle Risiken für Geschäftsmodelle, von der Beschaffung und Produktion bis hin zu Vertrieb und Service, die bei der Durchführung von Stresstests Berücksichtigung finden sollten. Zu den potenziellen Risiken, die während der Fabrikationsperiode auftreten, gehören Kriege, innere Unruhen, In- oder Exportembargos, willkürliche Vertragskündigungen staatlicher Käufer oder der Entzug von Lizenzen. Risiken, die nach der Auslieferung zu Bedrohungen führen können, sind Kriege, innere Unruhen, Forderungsverluste infolge Nichtzahlung, Konvertierungs-, Transfer- und Zahlungsverbote sowie ungerechtfertigte Inanspruchnahmen von Bankgarantien. Im Bereich der Außenwirtschaft stehen zur Absicherung politischer Risiken zum einen die staatliche Exportkreditversicherung, sog. Hermes-Deckungen, zum anderen private Versicherungen zur Verfügung. Staatliche Exportkreditgarantien sind Absicherungen für Exportgeschäfte, mit denen ein Zahlungsausfall aus wirtschaftlichen oder politischen Gründen abgesichert wird. Die Euler Hermes AG und die PricewaterhouseCoopers AG bearbeiten im Auftrag und für Rechnung der Bundesrepublik Deutschland die staatlichen Exportkreditgarantien. In diesem Konsortium ist Euler Hermes der Federführer. Die Bundesregierung sichert damit politische und wirtschaftliche Risiken ab. Zu den abgesicherten politischen Risiken gehören Forderungsausfälle durch gesetzgeberische oder behördliche Maßnahmen, kriegerische Ereignisse, Aufruhr oder Revolution im Ausland, Schadensfälle durch Beschränkungen des zwischenstaatlichen Zahlungsverkehrs, Verluste von Ansprüchen aus nicht möglicher Vertragserfüllung aus politischen Gründen sowie Verluste von Waren vor Gefahrübergang infolge politischer Umstände. Zu den abgesicherten, wirtschaftlichen Risiken zählen Forderungsausfälle im Nichtzahlungsfall sowie Forderungsausfälle durch Konkurs, amtlichen oder außeramtlichen Vergleich, erfolglose Zwangsvollstreckung und Zahlungseinstellung. Spezialisierte Privatversicherungen bieten kunden- und bedarfsindividuelle Absicherungen. Sie erlauben die Versicherung ausgewählter, auch unkonventioneller Einzelrisiken, eine individuelle Deckungs- und Prämiengestaltung sowie eine Unabhängigkeit von nationalen Restriktionen. Ein Beispiel für eine Branche, deren Geschäftsmodelle besonders stark von geopolitischen Entwicklungen abhängen, ist die Rüstungsindustrie. Die Beobachtung schwacher Signale und die Berücksichtigung dieser im Rahmen von Stresstests ist hierbei überlebenswichtig. Eine geeignete Datenbasis zur Entwicklung verschiedener Absatz- und Geschäftsmodellszenarien kann in diesem Kontext die Analyse von regionalen Bedrohungsszenarien, von potenziellen Bedarfsträgern sowie von länderspezifischen Militärstrategien und -budgets darstellen.

Wirtschaftssanktionen

Wirtschaftssanktionen stellen erhebliche, politisch bedingte Bedrohungen für Geschäftsmodelle dar, da sie nur schwer vorhersagbar sind und gleichzeitig hohe Umsatz- und Ergebniseinbußen für Unternehmen nach sich ziehen können. Unter Sanktionen werden alle Versuche der Einflussnahme auf das Verhalten anderer Staaten mittels wirtschaftspolitischer Instrumente verstanden. Unter möglichen Sanktionen weisen Embargos üblicherweise die größten potenziellen Auswirkungen für Unternehmen auf. Daher ist die Berücksichtigung potenzieller Embargos bei der Durchführung von Stresstests von großer Bedeutung. Unter Embargos werden Beschränkungen im Außenwirtschaftsverkehr verstanden, die aus außen- oder sicherheitspolitischen Gründen beschlossen werden. Sie untersagen oder limitieren Rechtsgeschäfte und Handlungen im Außenwirtschaftsverkehr gegenüber einem bestimmten Land oder bestimmten Personen bzw. Personengruppen. Basis für die Anordnung von Embargos sind meistens Beschlüsse des UN-Sicherheitsrates. Inhalt und Umfang von Embargos können sehr unterschiedlich sein. Bei Embargos wird zum einen zwischen Total-, Teil- und Waffenembargos, zum anderen zwischen länder-, waren- und organisationsbezogenen Embargos unterschieden. Totalembargos untersagen jeglichen Handel mit dem oder zugunsten des Adressaten. Beispielhaft für ein Totalembargo ist das im Jahr 2003 aufgehobene und durch ein Teilembargo ersetzte, allumfassende Handelsembargo gegen den Irak. Das Teilembargo bezieht sich nur auf bestimmte Wirtschaftsbereiche, während das Waffenembargo für Waffen, Munition und Rüstungsmaterial gilt. Länderbezogene Embargos richten sich in ihrer Zielsetzung gegen ein bestimmtes Land oder bestimmte Personen/ Personengruppen in einem Land. Warenbezogene Embargos sind länderunabhängig und umfassen derzeit den internationalen Handel mit Rohdiamanten, den Handel mit bestimmten Gütern, die zur Vollstreckung der Todesstrafe oder zur Folter verwendet werden könnten sowie sogenannte Bereitstellungsverbote. Des Weiteren existieren Embargomaßnahmen, die sich gegen einzelne Personen und Gruppierungen richten. Dies sind z.B. Embargomaßnahmen zur Bekämpfung der Finanzierung des Terrorismus. Ein Beispiel für die hohe unternehmerische Relevanz von Wirtschaftssanktionen ist die stufenweise Verschärfung der Wirtschaftssanktionen gegen Russland infolge der Ukraine-Krise. Mit den verabschiedeten Maßnahmen möchte die EU den Druck auf Russland erhöhen, um die Unterstützung der Separatisten in der Ostukraine einzudämmen und eine Deeskalation der Lage zu bewirken. Das Institut der deutschen Wirtschaft Köln (IW) hat in einem Extremszenario die negativen Auswirkungen auf den deutschen Außenhandel simuliert. Demnach würde sich bei einer vollständigen Unterbrechung der Exporte und Importe mit Russland das deutsche Bruttoinlandsprodukt (BIP) um 0,6% reduzieren. Das entspräche einem Verlust von rund 16,4 Milliarden Euro. Gerade Unternehmen aus dem deutschen Maschinenbau, für die Russland der viertgrößte Exportpartner darstellt, müssen derartige Entwicklungen im Rahmen von Stresstests dringend berücksichtigen. Auch „weiche", nicht formalisierte Embargos bei Geschäftsbeziehungen zwischen Ländern, die politisch stark voneinander abweichen, gilt es zu berücksichtigen.

Regulatorische Maßnahmen, Subventionen und Nachhaltigkeit

Regulatorische Maßnahmen wie Subventionen oder Nachhaltigkeitsinitiativen können einzelne Geschäftsfelder fördern und gleichzeitig andere Geschäftsmodelle in ihrer Existenz bedrohen. Sie können die Mechanismen des freien Marktes hemmen oder sogar außer Kraft setzen. Zukünftige Subventionen und staatliche Finanzhilfen können in der Geschäftsplanung vielfach nur über Szenarien abgebildet werden. Daher ist die Entwicklung von Subventionen für viele Unternehmen eine wichtige Eingangsgröße bei der Durchführung von Stresstests. In der EU und in Deutschland werden Subventionen insbesondere aus stabilisierungs-, wachstums-, verteilungs-, wettbewerbs- und umweltpolitischen Motiven beschlossen. Subventionen sind finanzielle Zuwendungen seitens des Staates wie Finanzhilfen oder Steuervergünstigungen, die nicht mit einer marktwirtschaftlichen Gegenleistung verknüpft sind. Profiteure von Subventionen sind zum einen einzelne Unternehmen oder Wirtschaftsbereiche wie der Bergbau, zum anderen auch private Haushalte in Form von Transferzahlungen oder Sozialleistungen. Subventionen kommen den Empfängern mittelbar oder unmittelbar zugute. Unter mittelbar wirkenden Subventionen werden Hilfen verstanden, die bestimmte Güter und Leistungen für private Haushalte unmittelbar verbilligen, aber nur mittelbar dem Wirtschaftsgeschehen zugerechnet werden können. Unmittelbare Subventionen sind Direktzahlungen an Unternehmen. Man unterscheidet bei Subventionen zwischen Finanzhilfen und Steuervergünstigungen. Finanzhilfen sind Geldleistungen des Staates an Stellen außerhalb der staatlichen Verwaltung. Zu den Finanzhilfen sind insbesondere staatliche Mittel für Anpassungs-, Erhaltungs- und Produktivitätshilfen an Betriebe und Wirtschaftszweige zu zählen. Bei Steuervergünstigungen handelt es sich um spezielle steuerliche Ausnahmeregelungen, die für die öffentliche Hand zu Mindereinnahmen führen. Auf die Gesetzgebung nehmen zahlreiche Akteure Einfluss. Neben den politischen Parteien sind hierbei unterschiedliche Organisationen, Verbände, öffentliche Institutionen und örtliche Gruppierungen zu nennen. Unternehmen müssen ihre Interessen und Positionen durch starke Vertreter festigen. Dies ist über Institutionen wie Industrie- und Handelskammern oder eigene Vertretungen möglich. Ein Beispiel für ein Unternehmen, welches Trends antizipiert und sein Geschäftsmodell infolge regulatorischer Maßnahmen und den Forderungen nach Nachhaltigkeit grundlegend umgebaut hat, ist die Siemens AG. Durch die von der Bundesregierung eingeleitete Energiewende hat sich das Unternehmen im Energiebereich deutlich mehr auf Themen wie erneuerbare Energien, Energiespeicherung, Stromübertragung und -verteilung sowie Energieeffizienz konzentriert. Mögliche Entwicklungen von Subventionshöhen im Bereich der erneuerbaren Energien sind aufgrund ihrer erheblichen Auswirkungen auf den Geschäftserfolg kontinuierlich zu überwachen und in Szenarien zu analysieren.

Normen, Zulassungen und rechtliche Vorgaben

Als Normen werden Regelungen bezeichnet, die sowohl materielle als auch immaterielle Gegenstände einheitlich definieren. Das primäre Ziel der Normung liegt in der nationalen sowie auch internationalen Standardisierung technischer Lösungen, um die Anwendung und den Austausch von Waren und Dienstleistungen einfacher zu gestalten. Gemäß den Angaben des in Deutschland tätigen Deutschen Instituts für Normung (DIN) wird das Wirtschaftswachstum durch Normen stärker beeinflusst, als durch Patente oder Lizenzen. Der betriebs- und volkswirtschaftliche Nutzen durch Normung in Deutschland wird durch das Deutsche Institut für Normung auf rund 17 Milliarden Euro pro Jahr beziffert. Die Durchsetzung von Normen fördert den globalen Handel und führt zu Einsparungen im Rahmen der Entwicklung und Qualitätssicherung durch standardisierte Regelungen. Normen gewährleisten den Schutz der Gesellschaft und erhöhen die Produktsicherheit. Für den Erfolg von Geschäftsmodellen stellen, mit zunehmender Globalisierung, Normen einen wesentlichen Enabler dar. Normen können Wirtschaftsräume sowohl abschotten als auch förderlich zur Erschließung neuer Absatzmärkte sein. Neben der Erhöhung der Exporte generieren Unternehmen, die an der Normungsarbeit mitwirken, Vorteile durch ihren Wissens- und Zeitvorsprung. Im Vergleich zu Unternehmen, die diese Arbeit nicht ausüben, können sie dadurch Forschungsrisiken und Entwicklungskosten reduzieren. Durch die Nutzung von Normen können beispielsweise Transaktionskosten im Einkauf und bei Ausschreibungen deutlich reduziert werden, was einen weiteren Wettbewerbsvorteil verspricht.

Die Ausführungen zur Relevanz politischer Risiken konnten zeigen, dass politische Rahmenbedingungen die strategischen Freiheitsgrade von Unternehmen einengen können und von den Unternehmen differenzierte Strategieantworten verlangen. Gesetze, Regularien, Normen, Zulassungen und Subventionen werden sowohl als Anreiz als auch als Hindernis bei der Gestaltung von globalen Wertschöpfungsketten gesehen. Sie sind außerdem wichtige Auswahlkriterien für Unternehmen bei der Standortwahl. Daher empfiehlt es sich, die Auswirkungen möglicher Veränderungen politischer Rahmenbedingungen im Rahmen von Stresstests präventiv zu analysieren, um im Ernstfall schneller reagieren zu können und um negative finanzielle Auswirkungen zu vermeiden oder zumindest zu begrenzen. Es gilt für jedes Unternehmen individuell zu untersuchen, wie die Geschäftstätigkeiten von politischen Rahmenbedingungen beeinflusst werden.

2.4 Märkte und Kunden

Weitere Themenbereiche, die für den Stresstest ausschlaggebend sind, stellen die Märkte und Kunden dar. Eine Vielzahl an Unternehmen ist international tätig und muss unterschiedliche Anforderungen an Produkte oder Prozesse für die jeweiligen Regionen erfüllen. Beispielsweise ist die Automobilindustrie in südamerikanischen Ländern völlig anderen Herausforderungen ausgesetzt als im asiatischen Raum. Um diese Herausforderungen bewältigen zu können, sind vielfältige Aspekte und Einflussfaktoren am Markt zu betrachten und systematisch zu bewerten: Marktvolumen und Kaufkraft der Kunden, Marktnachfrage und Kundenanforderungen, Wettbewerbssituation und Marktaufteilung sowie Marktszenarien und Eintrittsbarrieren. Für diese, in jedem Markt zu analysierenden Bereiche müssen Unternehmen die richtigen Produkte und

Produktprogramme finden und jeweils optimale Produktions- und Liefernetzwerke in den verschiedenen Märkten und Regionen aufbauen, um global erfolgreich agieren zu können. Die erforderlichen Analysen und Bewertungen lassen sich in einem Stresstest für das Geschäftsmodell im Bereich von Märkten und Kunden zusammenführen. Die zu berücksichtigenden Untersuchungsbereiche und die zugehörigen spezifischen Risikofelder, die jeweils individuell analysiert und situations- und marktabhängig gewichtet werden müssen, werden im Folgenden mit Hilfe einiger Praxisbeispiele beschrieben.

Die aktuelle Marktsituation weist große Unterschiede bezüglich der Entwicklung von Kaufkraft, abgesetztem Volumen und Wettbewerb in unterschiedlichen Märkten weltweit auf. Die Kaufkraft hat sich in vielen Ländern in den letzten Jahren durch den Anstieg des Wohlstandes kontinuierlich erhöht. Die Studie „GfK Kaufkraft Deutschland 2014“ errechnet beispielsweise für Deutschland einen Kaufkraftzuwachs, der für Miete, Konsum oder andere Lebenshaltungskosten im Gegensatz zum Vorjahr zusätzlich zur Verfügung steht. Aber nicht nur in Industrienationen ist dieses Phänomen zu beobachten, auch in Schwellenländern trifft dies zu. China, Indien und andere Schwellenländer haben in den letzten 10 Jahren eine sprunghafte Entwicklung durchlaufen, welche durch die Entstehung einer Mittelschicht in den jeweiligen Ländern zu erklären ist. Das Wachstum dieser Schicht wird aufgrund der wirtschaftlichen Entwicklung in den nächsten Jahren weiter zunehmen.

Parallel zu den gesellschaftlichen Entwicklungen ändert sich auch das Konsumverhalten. Europäische oder amerikanische Produkte und Marken haben in China oder anderen Schwellenländern auf Kunden eine andere Wirkung. Dies kann durch die lokale Kultur begründet werden. Dieser Unterschied spiegelt sich auch in Marktsegmenten wider, in denen ein Unternehmen in den unterschiedlichen Ländern vertreten ist. Im Automobilbau werden in China vermehrt deutsche Marken im Luxussegment vermarktet. Dabei werden oftmals beim Produkt Anpassungen vorgenommen, um den lokalen Markt- und Kundenanforderungen zu entsprechen. Das Gegenteil ist in südamerikanischen Ländern anzutreffen, in denen die deutschen Automobilproduzenten vermehrt Mittelklasseprodukte absetzten. Neben den Schwellenländern und den Industriestaaten erhöht sich die Kaufkraft vermehrt auch bei Konsumenten aus afrikanischen Ländern, die wiederum ein anderes Konsumverhalten aufweisen.

Neben der Entwicklung einer neuen Mittelschicht in Schwellenländern und dem daraus resultierenden Zuwachs der Kaufkraft müssen höhere Produktionsvolumen hergestellt und abgesetzt werden, um die Nachfrage zu decken. Märkte wie beispielsweise der chinesische sind heute schon einer der größten Absatzmärkte weltweit. Im Automobilsektor sind 2013 rund 18 Millionen Fahrzeuge aus den Kategorien Limousinen, Sportautos, Minivans und MPV (Mehrzweckfahrzeuge) sowie rund 4 Millionen Nutzfahrzeuge verkauft worden. Auch im Mobilfunksegment, das mit rund 700 Millionen Mobilfunknutzern weltweit das größte ist, muss die Nachfrage gedeckt werden. Neben China steigen auch in anderen Schwellenländern die Absatzzahlen durch die Entwicklung der Mittelschicht rasant an. Diese Entwicklung entfacht auch den Konkurrenzkampf auf diesen Märkten.

Neben den internationalen Unternehmen sind vermehrt lokale Produzenten vertreten. Während die europäischen Unternehmen an ihrem Durchbruch in den Schwellenländern arbeiten, gehören die lokalen Unternehmen zu ihren schärfsten Konkurrenten. Um die Wettbewerbsfähigkeit weiter auszubauen, investieren vermehrt lokale Unternehmen in F&E, teilweise auch staatlich gefördert. Als größte Innovationstreiber gelten China und Indien mit einem Anteil von 20% an den weltweiten F&E-Investitionen. Um die Innovationspotenziale der Schwellenländer auszunutzen und Kundenwünsche und -anforderungen besser in die Produkte zu integrieren, ist eine lokale Wertschöpfung vorteilhaft, von der Entwicklung über die Produktion bis hin zum Vertrieb. Außerdem haben einige Branchen über die letzten Jahre eine hohe Wettbewerbsfähigkeit entwickelt, sodass sie sich immer häufiger auf Exportmärkte innerhalb und außerhalb der Schwellenländer konzentrieren, um ihre Kapazitäten optimal auslasten zu können.

Aus den Marktszenarien sind für die Durchführung eines Stresstests unternehmens- und kundenseitige Rahmenbedingungen zu berücksichtigen, welche sich in dem Spannungsfeld zwischen Standardisierung und Individualisierung bewegen. Die Vielzahl an unterschiedlichen Konsumententypen verursacht eine steigende Heterogenität der Kunden und die daraus folgenden unterschiedlichen Anforderungen und Wünsche. Außerdem verfügen die heutigen Kunden mit der Vernetzung über das Internet über eine steigende Marktmacht bei der Produktauswahl. Durch die Heterogenität der Kunden sind die Märkte oftmals sehr fragmentiert. Ein weiterer Trend, der in den letzten Jahren zu verzeichnen ist, spiegelt sich in immer kürzeren Produktlebenszyklen wider. Dieses Phänomen verursacht neben den erhöhten Entwicklungskosten auch kürzere Entwicklungszeiten. Die Globalisierung und die Deregulierungen von Märkten erfordern standardisierte Produkte, um die Kosten zu reduzieren. Obwohl die Globalisierung die Produktion von standardisierten Produkten für Kunden weltweit ermöglichen würde, sind wegen den unterschiedlichen gesetzlichen Bedingungen länderspezifische Produkte anzubieten. Das erfordert von den Unternehmen eine parallele Optimierung der Produkte hinsichtlich der Standardisierung und Individualisierung, um dem Kosten- und Marktdruck gleichermaßen Rechnung zu tragen.

Lokalisierung ist ein wichtiger Schritt, um Produkte kundenspezifisch weltweit anbieten zu können. Darunter sind nicht nur Kostenvorteile bei einer lokalen Entwicklung und Produktion eines Produktes zu verstehen, sondern vor allem die Kenntnis der lokalen Kundenanforderungen. Außerdem können mit einem strategischen Lokalisierungskonzept wichtige Markteintrittsbarrieren umgangen werden. Um gesetzliche Markteintrittsbarrieren durch die Local-Content-Regulierung zu umgehen, hat beispielsweise die Siemens AG beim Zuschlag eines Auftrags in England von rund 625 Millionen EURO zum Bau von 67 Windturbinen einen erheblichen Anteil der Produktion vor Ort durchführen lassen, um die Local-Content-Anforderungen des Landes zu erfüllen. Weitere Beispiele sind in der Automobilbranche sichtbar. In Brasilien, dem größten Automobilabsatzmarkt Südamerikas, wird durch die Inovar-Auto-Regelung beim Import von Automobilkomponenten eine Steuer in Höhe von 30% erhoben. Bei einer Lokalisierungsrate von mindestens 60% im Land können die vorher gezahlten Steuern jedoch wieder gutgeschrieben und weitere Vorteile gewährleistet werden. Auch in asiatischen Ländern ist diese Art der lokalen Wertschöpfung durch gesetzliche Regulierungen weit verbreitet. In Indien wird beim Import von bestimmten Automobilteilen bis zu 75% Importzoll verlangt. Neben gesetzlichen und politischen Regulierungen tauchen in vielen Fällen auch strukturbedingte oder branchengetriebene Markteintrittsbarrieren auf. So kann durch die Abschottung von wichtigen Vertriebskanälen von den Vermittlern der Markteintritt neuer Konkurrenten verwehrt bleiben. Dieses Phänomen ist beispielsweise auf dem japanischen Markt in einigen Branchen sichtbar. Demnach genossen japanische Firmen der Elektronikindustrie auf ihrem Heimatmarkt lange Zeit Vorteile, aufgrund der Unterstützung durch die Regierung und regierungsnaher Wirtschaftsorganisationen, da hierdurch Barrieren für ausländische Unternehmen aufgestellt wurden.

Um die Komplexität des benötigten Produktportfolios gering zu halten und passgenaue, individualisierte Produkte unterschiedlichen Kunden weltweit anzubieten, stellt der systematische Aufbau eines modularisierten Produktprogramms einen entscheidenden Hebel dar. Damit können die unterschiedlichen Anforderungen an das Produkt seitens der Kunden und Gesetzgeber mit einer für die Unternehmen angemessenen Komplexität erreicht werden. Außerdem können neben einer Individualisierung der Produkte auch Kostenziele durch Standardisierung von Komponenten, Produkten und Services, aber auch von Prozessen und Produktionsanlagen realisiert werden. Die Funktionsweise eines modularen Produktportfolios basiert auf einem Grundmodul, das durch zusätzliche Modulelemente für verschiedenartige Verwendungszwecke angepasst werden kann. Dadurch kann auf Basis eines modularen Baukastens die Realisierung lokal verschiedener Produktvarianten mit nur wenigen technischen Typen dargestellt werden. Beim modularen Produktportfolio kann zwischen drei verschiedenen Strategien unterschieden werden: der Plattform , der Modul und der Baukastenstrategie. Bei einer Plattformstrategie erfolgt die Modularisierung nur innerhalb einer Produktklasse. Im Gegensatz dazu erfolgt die Baukastenstrategie produktklassenübergreifend. Dabei wird versucht eine große Variantenvielfalt kundenseitig zu erreichen, aber dennoch unternehmensseitig eine möglichst geringe Anzahl an technischen Typen zu erhalten. Wichtiger Bestandteil eines Moduls sind die eindeutig definierten und standardisierten Schnittstellen zwischen den einzelnen Modulen. Des Weiteren ist auch die Verfügbarkeit adäquater Zulieferer ein wichtiger Aspekt. Eine gute Lieferantenentwicklung ist ein Schlüssel für den Erfolg eines Unternehmens in unterschiedlichen Regionen. Doch nicht nur der Aufbau regionaler Liefernetzwerke, sondern auch ein optimaler Produktions-Footprint stellen entscheidende Kriterien dar, ob Unternehmen für bestimmte Märkte richtig aufgestellt sind.

Für die Untersuchungsbereiche sind im Rahmen eines Stresstests für Märkte und Kunden Risikofelder abzuleiten, die eine systematische Bewertung des Produktprogramms und der Produkte, aber auch der Organisation und aller Wertschöpfungsstufen im Unternehmen und in den globalen Netzwerken ermöglichen. Die dabei relevanten Einflussgrößen können bei der Durchführung des Stresstests sehr unterschiedlich sein und sind daher markt- und szenariospezifisch zu priorisieren und auszugestalten. Beispielsweise sind bei der Beschaffung die regionalen Lieferanten eine Einflussgröße des Stresstests.

Zu prüfen sind insbesondere der Status und die Intensität der strategischen Lieferantenentwicklung in den entsprechenden Ländern, wodurch die Qualität erhöht und die Kosten am Produkt reduziert werden können. Dabei muss auch der organisatorische Aufwand, der eine Lieferantenentwicklung mit sich bringt, berücksichtigt werden. Bei einem weitreichenden Supplier Quality Management erfolgt nicht nur die Auditierung eines Lieferanten durch einen Mitarbeiter, sondern es muss das entsprechende technische sowie kaufmännische Know-how zu einzelnen Zulieferkomponenten bei den eigenen Mitarbeitern vorhanden sein. Neben den einzelnen Lieferanten müssen auch Lieferantennetzwerke bezüglich der Local-Content-Anforderungen und den technischen und logistischen Herausforderungen betrachtet werden. Auch die Weiterentwicklung der Komponenten durch die lokalen Zulieferer kann als ein Kosteneinsparungspotenzial angesehen werden. Neben der Weiterentwicklung bestimmter Zulieferteile ist der Einsatz von lokalen Entwicklungen, die die Kundenanforderungen bei den Produkten besser abbilden, vorteilhaft. Daraus lassen sich beim Vertrieb weitere Risikofelder für den Stresstest ableiten. Aspekte, die in diesem Risikofeld mitbetrachtet werden müssen, sind beispielsweise die Marktpotenziale und die länderspezifischen Kundenanforderungen bezüglich der Produkte. Auch klimatische Bedingungen und Einsatzbedingungen der Produkte sind im Stresstest zu berücksichtigen, da sie eine Aussage zur technischen Eignung der Produkte für bestimmte Märkte liefern können. Außerdem müssen rechtliche Rahmenbedingungen für den Einsatz von Händlern im Vertrieb mitberücksichtigt werden. Ein weiteres Risikofeld ist die Logistik, in der in einem Stresstest neben den regionalen Lieferketten auch regionale Logistikunternehmen berücksichtigt werden sollten. In der Produktion stellen sich Local-Content Regelungen als zunehmende bedeutende Einflussgröße für den Stresstest dar. Außerdem können weitere Aspekte, die in das Risikofeld Produktion fallen, erkannt werden. Darunter sind die Qualifizierung der Mitarbeiter oder auch der Prozesse zu nennen. Neben den operativen Risikofeldern sind auch Einflussgrößen aus der Organisation relevant für den Stresstest. Die Organisationsstruktur kann untergliedert werden in zentral oder dezentral. Auch die Hierarchie kann organisationsspezifisch ausgeprägt werden, wobei länder und branchentypische Besonderheiten zu berücksichtigen sind. Mit dem Einbeziehen der genannten Risikofelder als Einflussgrößen in den Stresstest für die Überprüfung des eigenen Geschäftsmodells und einer entsprechender Gewichtung der einzelnen Aspekte kann für zukünftige Szenarien eine systematische Bewertung durchgeführt werden. Diese strukturierte Vorgehensweise hilft Unternehmen festzustellen, ob und mit welchen Produkten und Strategien sie in unterschiedlichen Märkten erfolgreich sein können.

2.5 Technologie und Innovation

Die Fähigkeit zur Generierung und Kommerzialisierung von Innovationen und neuen Technologien bildet für Unternehmen das zentrale Fundament zur Erzielung nachhaltiger Wettbewerbsvorteile und langfristigen Wachstums. Als Katalysatoren zukunftsfähiger Geschäftsmodelle stimulieren sie die Realisierung wettbewerbsfähiger Produkt-Markt-Strategien und tragen so zur Steigerung unternehmerischer Stressresistenz in einem komplex-dynamischen Wirtschaftsumfeld bei. So unterstützt die

Innovation der Modularisierung den Volkswagen Konzern in der Beherrschung der zunehmenden Variantenvielfalt. Durch den Rollout des modularen Querbaukastens über vier Marken und vierzig Modelle auf Produktseite sowie des modularen Produktionsbaukastens auf Prozess- und Produktionsebene eines jeden Werkes ist VW in der Lage, der steigenden Differenzierung der Kundenwünsche über das Angebot zahlreicher Variationsmöglichkeiten innerhalb eines Fahrzeugkonfigurators zu entsprechen. Auf diese Weise gelingt die Abbildung einer kunden- sowie marktgerechten externen Variantenvielfalt bei gleichzeitiger Reduzierung der Kosten und der internen Komplexität. Ferner reduziert die Modularisierung die Wahrscheinlichkeit der Fehlerentstehung und trägt somit zur Steigerung der Produkt- und Prozessqualität bei. Neben der Rolle als Unterstützer können Innovationen und neue Technologien auch als fundamentale Befähiger für Geschäftsmodelle fungieren. So legten Innovationen im Bereich der Informations- und Kommunikationstechnik, insbesondere die des Smartphones, für RWE den Grundstein zur Umsetzung der drahtlosen Vernetzung, Steuerung und Automatisierung der Haustechnik und zur Vermarktung von Smart-Home-Lösungen. Vor dem Hintergrund dieser Interdependenzen haben sich Unternehmen im globalisierten Wettbewerb der permanenten Identifikation und Definition von sowohl selbst- als auch fremdinduzierten Innovationen sowie deren Translation in marktreife Produkte, Prozesse und Geschäftsmodelle zu verschreiben. Gerade für Hochlohnländer wie Deutschland, welches sich zwar hochentwickelt, jedoch ressourcenarm und stark alternd innerhalb des globalen Wettbewerbs zu positionieren hat, bildet die kontinuierliche Entwicklung von Innovationen die fundamentale Grundlage für nachhaltiges Wirtschafts-, Beschäftigungs- und Wohlstandswachstum sowie den Erhalt und die Schaffung von Arbeitsplätzen. Um sich unter dem Einfluss einer zunehmenden Verkürzung von Entwicklungs-, Produktlebens- und Wertschöpfungszyklen gegenüber der Kostenführerschaft von Schwellenländern und aufstrebenden Volkswirtschaften wie Brasilien, Indien oder China behaupten zu können, erweist sich eine auf Innovations- und Technologieführerschaft ausgerichtete Wirtschafs- und Unternehmensstrategie für die hiesige Industrie als alternativlos. Erfolgreiche Produktinnovationen bedeuten für die Unternehmen eine Steigerung des Umsatzes bei gleichzeitiger Erhöhung der Wettbewerbsfähigkeit, da neuartige Produkte und Technologien zum einen neue Kundenbedürfnisse und Nachfrage anregen und zum anderen die Bildung sowie Ausschöpfung temporärer Quasimonopole ermöglichen. Neben einem positiven Image als Innovator lassen sich für Unternehmen in dieser Monopolsituation entsprechende Monopolpreise erzielen, steile Lernkurveneffekte realisieren und darüber hinaus mittels der Festlegung von Normen und Standards Markteintrittsbarrieren gegenüber Wettbewerbern aufbauen. Die dominierende Stellung der japanischen Chipindustrie in den 1980er Jahren zeigt, dass sich durch die Antizipation und gezielte Besetzung von Engpassstellen die Effekte der innovationsbasierten Monopolstellung weiter steigern lassen. Wie unter anderem die Modularisierung im VW Konzern belegt, lässt sich die betriebswirtschaftliche Stressresistenz zusätzlich zur positiven Wirkung von Produktinnovationen auf der Umsatzseite durch Kosten-, Zeit- und Ressourceneinsparungen auf Basis von Prozessinnovationen steigern. Damit diese Einsparungen nachhaltig Wirkung entfalten, ist das freiwerdende Kapital innovationsfördernd insbesondere in Forschung und Entwicklung zu reinvestieren. Innerhalb dieses Regelkreises unterliegen die Entwicklungen von Produkt-, Prozess- und Werkstoffinnovationen spezifischen Stressfaktoren.

Stressfaktoren bei Produkt-, Prozess- und Werkstoffinnovationen

Die Stresswirkung der Entwicklung, Nutzung und Kommerzialisierung von Innovationen und neuen Technologien lässt sich anhand der Stressfaktoren aktueller Produkt-, Prozess- und Werkstoffinnovationen verdeutlichen. Unter dem Schlagwort „Industrie 4.0“ werden derzeit der Einzug cyber-physischer Produktionssysteme sowie die Integration moderner Informations- und Kommunikationstechnologien in die Produktion diskutiert. Intelligente Maschinen, Anlagen und Werkstückträger – so die Vision – steuern sich autonom und kommunizieren in Echtzeit innerhalb dezentraler Netzwerke und Regelkreise. Die Chancen und Potenziale dieser „vierten industriellen Revolution“ sind vielfältig: Produktionsplanung, -steuerung und -optimierung auf der Basis von Echtzeitdaten, Ad-hoc-/ On-Demand-Gestaltung von Prozessen, zustandsorientierte Instandhaltung sowie verbesserte Entscheidungsfindung und erhöhte Ressourceneffizienz machen den Technologiesprung für produzierende Unternehmen erstrebenswert. In der Realität offenbaren sich jedoch die Stressfaktoren der neuen Produktionswelt sowie ihrer Migration in etablierte Produktionsstrukturen. So wird die Vernetzung verschiedenartiger Maschinen, Anlagen und Systeme durch die Heterogenität von IT-Standards und -Schnittstellen erschwert. Die Gewährleistung von IT-Sicherheit sowie das Management großer Datenmengen konfrontieren die Unternehmen mit neuartigen Aufgabengebieten und Herausforderungen. Installierte Produktionsplanungs- und -steuerungssysteme sind unter hohem Aufwand an die Eigenschaften der vernetzten, sich autonom steuernden Produktionsmittel anzupassen und mit neuartigen IT- und Softwarelösungen zu koppeln. Nicht zuletzt ist die Frage nach der Rolle des Menschen in der Debatte um „Industrie 4.0“ zu beantworten. Die Stressfaktoren in der Entwicklung und Vermarktung von Produktinnovationen zeigen sich aktuell im Bereich der Elektromobilität. Für deutsche Automobil- und Zulieferunternehmen birgt die Entwicklung der umweltfreundlichen, nachhaltigen und effizienten Mobilität die Chance, ihre technologische Spitzenposition zu sichern und auszubauen. Potenziale bestehen auch für den Maschinen- und Anlagenbau, welcher durch die Bereitstellung der entsprechenden Produktionstechnik die Marktreife und -fähigkeit elektrisch betriebener Automobile wesentlich begünstigt. Auch für bisher branchenfremde Unternehmen birgt die Elektromobilität Markt- und Wachstumschancen sowie die Möglichkeit zur Erschließung neuer Geschäftsfelder und -modelle. Zur Erreichung des von der Bundesregierung propagierten Ziels, bis zum Jahre 2020 eine Million Elektrofahrzeuge auf deutsche Straßen zu bringen und Deutschland zum Leitmarkt und Leitanbieter für die Elektromobilität zu entwickeln, ist es jedoch noch ein weiter Weg. Zum entscheidenden Stellhebel wird die Weiterentwicklung der Schlüsseltechnologien der Batterie, des Antriebsstrangs und des Leichtbaus. Sowohl die Optimierung der Technologien über den gesamten Produktlebenszyklus als auch die Entwicklung massenmarkttauglicher Produktions- und Fertigungsprozesse, Maschinen und Anlagen sind erfolgsentscheidend. Da die neuen Technologien und Prozesse jedoch teils branchenfremdes Know-how erfordern, hat die Entwicklung einer marktreifen

Elektromobilität unter Vernetzung heterogener Partner zu erfolgen. Jüngstes Beispiel dieser heterogenen Vernetzung ist die Kooperation von BMW mit dem koreanischen Batteriehersteller Samsung sowie mit dem Karbon-Spezialisten SGL. Trotz dieser internen Bemühungen der Unternehmen, ist der Erfolg der Elektromobilität weiterhin abhängig von der Stimulation des Marktes. Um die bisher verhaltene Nachfrage und Nutzerakzeptanz in Sachen Elektromobilität anzuregen, bedarf es nicht nur einer bedarfsgerechten (Lade-)Infrastruktur sondern auch eines geeigneten Reparatur- und Wartungsnetzes. Die Produktinnovation der Elektromobilität lässt demnach erkennen, dass die Stressfaktoren bei der Entwicklung und Vermarktung neuer Technologien sowohl internen als auch externen Ursprungs sind. Für Produkt- und Prozessinnovationen besteht eine besondere Abhängigkeit zu innovativen Werkstofftechnologien. Fortschritte in der Weiterentwicklung kohlenstofffaserverstärkten Kunstoffs, welcher den Elektroautos geringes Gewicht bei gleichzeitig hoher Stabilität verleiht, sind eines der wesentlichen Fundamente und Determinanten für den Erfolg der elektrifizierten Mobilität. Graphen, eine ein-atomare, 2-dimensionale Kohlenstoffmodifikation, bilden die Grundlage für die Realisierung faltbarer und flexibler Elektronik und Bildschirme. Nicht zuletzt zeigen die Möglichkeiten der Piezokeramiken, welche auf Grund ihrer Fähigkeit zur beidseitigen Wandlung elektrischer in mechanische Energie sowie ihres Sensor- und Aktoreffekts als "Smart Materials" deklariert werden, dass sich Produkt-, Prozess- und Werkstoffinnovationen gegenseitig bedingen und stimulieren. Diese Wechselwirkung macht es für Unternehmen unabdingbar, sich in der Forschung und Entwicklung nicht nur auf die eigenen Produkt-, Technologie- und Marktsegmente zu fokussieren, sondern innovative Entwicklungen auf deren Transfer, Adaption und Weiterentwicklung in neuen und alten Anwendungsgebieten hin zu prüfen.

Stressfaktoren der Innovationsentwicklung

Die Bedeutung der Innovationsfähigkeit für die nachhaltige Wettbewerbsfähigkeit, den Fortbestand und die zukunftsrobuste Entwicklung von Unternehmen scheint insbesondere in Deutschland unumstritten. Sowohl unternehmerische „Innovationsoffensiven" als auch die „Hightech-Strategie" der Bundesregierung belegen, dass Politik und Wirtschaft die Interdependenz zwischen Wachstum und Wohlstand auf der einen Seite sowie Technologie und Innovation auf der anderen Seite verinnerlicht haben. Die Legitimation solcher Initiativen und Strategien wird jedoch gerade beim Blick auf die Realität sowie beim Vergleich der hiesigen Innovationsleistung mit der in anderen Ländern ersichtlich. Im Global Innovation Index, welcher das Innovationsergebnis den erforderlichen Investitionen gegenüberstellt, rangiert Deutschland knapp hinter Ländern wie Kanada und Irland sowie weit abgeschlagen hinter Nationen wie der Schweiz, Großbritannien und Schweden auf Platz 13. Um die im internationalen Vergleich offenbar werdende Diskrepanz zwischen Können und Wollen in Bezug auf ihre Innovationsleistung zu eliminieren, müssen Unternehmen die Bildungsgesetze, Wirkmechanismen und Stressfaktoren des Evolutionsprozesses von der Invention zur ökonomisch verwertbaren Innovation sowohl auf strategischer als auch auf operativer Ebene verstehen und internalisieren. Der Ausgangspunkt dieses Prozesses liegt im Erkennen schwacher Signale und der Antizipation von Diskontinuitäten in eigenen und fremden Produkt-, Technologie- Markt- und Wettbewerbssegmenten. Während die Forschungs- und Entwicklungsarbeit, das Wissen und der Pioniergeist der eigenen Mitarbeiter die zentralen internen Quellen dieser Signale und Diskontinuitäten sind, bilden die Kenntnisse über die Kundenbedürfnisse genau wie das Wissen um die Produkte, Technologien und Leistungen der Wettbewerber auf eigenen und fremden Märkten die wesentlichen internen Innovationsinkubatoren. Im Zuge der strategischen (Technologie-) Frühaufklärung sind die Chancen und Risiken identifizierter Veränderungen zu eruieren, zu konkretisieren und in Handlungsalternativen zu deren Beherrschung und Nutzung zu transferieren. Innerhalb der strategischen Innovations- und Technologieplanung sind daraufhin die mittel- bis langfristigen Aktions- und Reaktionsstrategien zu entwickeln. Den effektiven Mitteleinsatz zu deren Ausführung gilt es gleichzeitig durch die strategische Investitionsplanung zu fundieren. Die somit generierten Innovationsstrategien sind als integrativer und kohärenter Bestandteil der Unternehmensstrategie zu implementieren. Art und Intensität der Innovationsbemühungen sind in Übereinstimmung zur verfolgten Wettbewerbs-, Make-or-Buy-, Impuls-, Zeit- sowie Marktfeld- und Technologiestrategie zu definieren. Wie das Beispiel der Elektromobilität zeigt, erfolgt die Festlegung und Realisierung der Innovationsstrategien nicht mehr nur isoliert. Innovationsfähigkeit bedeutet in der heutigen Zeit die rechtzeitige Vernetzung der richtigen Partner sowie eine effiziente Ausgestaltung der Kooperationen. Darüber hinaus sind auch die Innovationsleistungen vielmehr in ganzheitliche Innovationslösungen als Kombination von Produkt- und Serviceinnovation zu überführen. Ist es einmal gelungen, die Quellen und Signale des technologischen Fortschrittes auszuschöpfen und den Innovationsprozess zu initiieren, so ist dessen Effizienz mittels Controlling und Monitoring sicherzustellen. Unternehmen stehen vor der Herausforderung, Zeit, Kosten und Qualität der Innovationstätigkeit innerhalb eines Fail-Fast-Systems einer Planung, Steuerung und Kontrolle zu unterwerfen, ohne dabei kreativitätsfördernde Flexibilitätskorridore und Freiheitsgrade einzuengen. Neben dieser Gratwanderung sind mit gesetzlich-bürokratischen Rahmenbedingungen, insuffizienter Förderung von Wissenschaft, Forschung und Bildung, einer innovationsfeindlichen Firmen- und Arbeitskultur, mangelnden materiellen und immateriellen Ressourcen sowie fehlenden Markt- und Wettbewerbsinformationen weitere interne und externe Innovationsbarrieren zu überwinden. Erlangt ein Unternehmen durch eine effiziente Inventionsleistung die Position des Entwicklungspioniers, so gilt es im finalen Schritt den richtigen Zeitpunkt für die erfolgreiche Markteinführung zu treffen und die Invention auf diese Weise zur Innovation werden zu lassen. Frei nach dem Leitgedanken „Nichts ist mächtiger als eine Idee, deren Zeit gekommen ist“, können die Zeitstrategien bei Markteintritt und Entwicklung durchaus differieren. Hat die Invention noch nicht die vollständige Marktreife erlangt oder sind Markt und Kunden noch nicht reif für die Invention, so ist es auch für einen Entwicklungspionier von Vorteil, zunächst aus den Erfahrungen und Fehlern anderer zu lernen und sich als früher Folger den Erfolg der Innovation zu sichern. Auch Nachahmer können durch die kunden- und marktgerechte Imitation sowie Modifikation von der

Inventions- und Innovationsleistung der Pioniere profitieren. Stressresistenz in einem von verkürzten Produktlebens- und Innovationszyklen geprägten Wettbewerbsumfeld bedeutet für Unternehmen zunehmend, das Just-in-Time-Prinzip nicht nur im Rahmen der Forschung und Entwicklung, sondern auch bei der Markteinführung von Innovationen erfolgreich zu implementieren.

3 Durch Stresstests zum Wettbewerbsvorteil

Aus der Krise sind diejenigen Unternehmen gestärkt hervorgegangen, die im Vorfeld die richtigen Entscheidungen getroffen haben. Die Reaktion ist keine geeignete Strategie. Um Krisen erfolgreich zu überwinden, muss man sich auf Krisen vorbereiten. Das Risikomanagement ist hierbei eine Königsdisziplin. Nur wer sich der Risiken bewusst ist und Mitigationsstrategien bereit hält, kann den aufgezeigten Herausforderungen erfolgreich begegnen. Die Betrachtung einzelner Risiken wurde dabei von Szenariobetrachtungen im Rahmen von Stresstests abgelöst. So werden Stresstests ausgehend von den Defiziten des klassischen Risikomanagements zur Pflichtübung zur Entwicklung robuster Geschäftsmodelle. Die Unternehmen, die die Zukunft vorausdenken, erlangen so Wettbewerbsvorteile.

3.1 Status quo des Risikomanagements

Der unternehmerische Erfolg hängt neben dem Erkennen und Nutzen von Chancen auch von der Antizipation und Bewältigung von Risiken ab. Nur wenn Unternehmen ihre Risiken kennen, können sie schneller und flexibler auf Ereignisse, Entscheidungen und Handlungen reagieren, die die eigenen Ziele und Strategien in Gefahr bringen. Wie wichtig die Bedeutung von Instrumenten zur Risikoprävention für Unternehmen ist, zeigte die jüngste Wirtschafts- und Finanzkrise. Im Jahr 2009 stieg die Zahl der Unternehmensinsolvenzen um 16% auf 34.000 Fälle pro Jahr an, nicht zuletzt aufgrund einer mangelnden Risikovorbereitung. Obwohl grenzüberschreitende Krisen dieser Art bis ins 18./ 19.Jahrhundert zurückverfolgt werden können, wurden die ersten systematischen Instrumente für Unternehmen zur Krisen- und Risikoprävention erst Mitte des 20.Jahrhunderts entwickelt und angewandt. Ein bekanntes Beispiel stellt die Methode Fehlermöglichkeits- und Einflussanalyse (FMEA) dar, die 1949 erstmals veröffentlicht und in den 60er Jahren durch die NASA im Apollo-Projekt konkretisiert und weiterentwickelt wurde. Diese und nachfolgende Methoden, die zur Identifikation, Analyse, Bewertung, Steuerung und Kontrolle von Risiken dienen, wurden unter dem Begriff Risikomanagement zusammengefasst und haben ihren festen Platz in einer verantwortungsvollen Unternehmensführung. Ein Risikomanagementsystem umfasst die Gesamtheit aller Aufgaben, Regelungen und Verantwortlichen des Risikomanagements und stellt sicher, dass die Risikosituation regelmäßig neu bewertet wird. Zu den Anwendungsbereichen des Risikomanagements zählen zum Beispiel Unternehmensrisiken, die den Unternehmensbereichen Führungs-, Koordinations-, Wertschöpfungs-, Beschaffungs-, Fremdfertigungs-, Innovations-, Marktversorgungs- und Kundenprozesse zuzuordnen sind, aber auch Produktrisiken, Umweltrisiken und Finanzrisiken.

Ziele des Risikomanagements

Die Ziele des Risikomanagements lassen sich aus den allgemeinen Unternehmenszielen ableiten. Ein Unternehmen verfolgt leistungswirtschaftliche, soziale, finanzielle und ökologisch-nachhaltige Ziele, die einzig dem übergeordneten Ziel der Existenzsicherung des Unternehmens dienen. Zur Erfüllung der Ziele sind in jedem unternehmerischen Handeln Risiken vorhanden. Eine Reduzierung der Risiken erhöht die Planbarkeit und Steuerbarkeit der Unternehmensziele und ermöglicht eine prognostizierbare, stabile Entwicklung der Zahlungsströme. Neben kostenintensiven externen Finanzierungsquellen empfiehlt es sich zur Identifikation, Bewertung und Steuerung der Risiken, die eine stabile Gewinnentwicklung gefährden, vielmehr ein effizientes und effektives Risikomanagement im Unternehmen zu etablieren. Das Zielsystem von Risikomanagement ist konform mit dem übergeordneten Unternehmensziel: die Sicherung des Unternehmensbestandes. Darüber hinaus leistet Risikomanagement auch einen Beitrag zum zukünftigen Unternehmenserfolg. Eine nachhaltige Erhöhung des Unternehmenswertes wird zum Beispiel in Form von Risikokostenoptimierungen oder Risikodeckungspotenzialoptimierungen erreicht. Risikomanagement ermöglicht demnach eine effektive Unternehmenspolitik, ist allerdings auch mit finanziellen Aufwendungen verknüpft. Demnach zeigt die Erfahrung, dass ein möglichst vollständiges Sicherheitsumfeld mit hohen Kosten und Aufwendungen zur Absicherung einhergeht und damit einen negativen Einfluss auf die Gewinnsituation eines Unternehmens hat. Ein Risikomanagement muss daher immer einen gesunden und effizienten Grad an Risikominimierung bereitstellen, welcher keinesfalls zur Vermeidung aller Risiken führt. Denn damit werden gleichzeitig auch Chancen für das Unternehmen reduziert, die im Streben nach Erfolg und Existenzsicherung notwendig sind. Ohne risikobewusste Entscheidungen seitens des Unternehmens, deren Risikotragfähigkeit im Vorfeld analysiert wurde, steigt die Inaktivität des Unternehmens im Wettbewerb und führt letztlich zur wirtschaftlichen Isolation sowie Insolvenz.

Vorgehensweise des Risikomanagements

Die Vorgehensweise des Risikomanagements ist in der Standard ISO 31000 innerhalb des Abschnitts Risikomanagementprozess festgehalten und wurde im Rahmen der Norm von der International Organization for Standardization (ISO) im Jahr 2009 veröffentlicht. Das Vorgehen beruht auf vier Säulen: Identifikation, Bewertung, Steuerung und Überwachung von Risiken. Die Ausgangssituation bilden die aktuellen Ziele und Strategien des Unternehmens, bevor der Risikomanagementprozess mit der Risikoidentifikation beginnt. Das Ziel der Risikoidentifikation ist die Ermittlung aller Risiken, die aus getroffenen Entscheidungen und Umwelteinflüssen resultieren und negativ auf den Unternehmenswert einwirken. Die Qualität der Risikoidentifikation ist entscheidend für das weitere Vorgehen, denn nur identifizierte Risiken sind bewertbar und steuerbar. Die eingesetzten Methoden können dabei in Prognose- und Kreativitätstechniken sowie analytische Ansätze unterteilt werden. Risikobewertung, als zweiter Schritt des Risikomanagementprozesses, umfasst sowohl die quantitative

Beschreibung eines identifizierten Risikos als auch die Bestimmung des Risikomaßes, welche durch Umrechnung der Wahrscheinlichkeitsverteilungen in eine reelle Zahl hergeleitet wird. Risikomaße werden gebildet, um den Umfang von Risiken vergleichen zu können. Auf dieser Basis werden Ziele, Strategien und Steuerungsgrößen in Form von Kennzahlen des Unternehmens auf Wechselwirkungen und mögliche Auswirkungen hin untersucht und geprüft. Auf diese Weise wird in diesem Schritt eine Antwort auf die Frage gefunden, ob das Risiko von einem Unternehmen finanziell getragen werden kann. Die Risikosteuerung beginnt anschließend diejenigen Risiken zu bewältigen oder auf ein Restrisiko zu begrenzen, für die vor allem die finanzielle Risikotragbarkeit seitens des Unternehmens nicht gegeben ist. Hierbei werden zunächst ein Soll-Risikoniveau festgelegt und geeignete Maßnahmen identifiziert, die die Wahrscheinlichkeit des Risikoeintritts und das Schadensausmaß beeinflussen. Den Abschluss des Risikomanagement-Zyklus stellt die Risikoüberwachung dar. Sie dient der Überprüfung eingesetzter Maßnahmen seitens der Risikosteuerung und der kontinuierlichen Kontrolle, falls einzelne oder mehrere Risiken eine zuvor festgelegte kritische Grenze überschreiten. Tritt der Fall einer zu starken Risikoveränderung ein und übersteigt den kritischen Wert, wird ein neuer Steuerungszyklus initiiert. Die Überwachungstätigkeiten werden während des Risikomanagementprozesses „Risikoüberwachung“ laufend dokumentiert und in Form einer Berichterstattung festgehalten. Die Wirksamkeit des gesamten Risikomanagementprozesses ist in einem Unternehmen allerdings nur gegeben, wenn es in allen Unternehmensbereichen integriert wird. Erst dann können alle Risiken und deren Wechselwirkungen erfasst, bewertet und bewältigt werden.

Methoden des Risikomanagements

Für ein wirtschaftliches Risikomanagement ist aber auch, neben der vollständigen Integration der Risikomanagementprozesse in alle Unternehmensbereiche, die Auswahl und Verknüpfung der verschiedenen Methoden essentiell und erfordert umfassende Expertise. Zu den Methoden zählen zum Beispiel stochastische Simulationsverfahren, Fehlermöglichkeits- und Einflussanalyse, Risikoportfolio, Sensitivitätsanalyse, Fehlerbaumanalyse, Risikoklassifikation, Szenarioanalyse, Entscheidungsbaumverfahren, Risikocheckliste, Scoring-Modell, Risk-Ranking, Risikofrühwarnsysteme, Value-at-Risk, Vergleichsmodell, Shortfall-Wahrscheinlichkeit, Risikomonotoring, Störablaufanalyse, Risiko-Identifikations-Matrix, Stresstests u.v.w. Stochastische Simulationsverfahren wie die Monte-Carlo-Simulation, welche auf Basis der Wahrscheinlichkeitstheorie analytisch lösbare Probleme numerisch löst, wurden bereits vor 1950 entwickelt, jedoch waren sie bis zur Risikomanagementeinführung vorwiegend nur in den Themenbereichen der Mathematik wiederzufinden und noch kein fester Bestandteil der Unternehmensstrategie. Mit der Entwicklung und Einführung der Vorgehensweise des Risikomanagementprozesses in Unternehmen erfolgte aber erstmals die systematische Verknüpfung unternehmensrelevante Entscheidungen mithilfe der Stochastik zu bewerten, alternative Pfade auf Basis von Wahrscheinlichkeiten aufzuzeigen und zu treffen. Risiken frühzeitig und schnell zu erkennen wurde insbesondere durch die Methoden „Fehlermöglichkeits- und Einflussanalyse“ sowie die Szenarioanalyse in den 60er Jahren vorangetrieben. Während bei der Fehlermöglichkeits- und Einflussanalyse der Fokus auf der Erkennung von potenziellen Fehlern eines Produkts, Prozesses oder einer Dienstleistung liegt und diese Methode zudem zur vorbeugenden Fehlervermeidung entwickelt wurde, dient die Szenarioanalyse seither im Rahmen der strategischen Früherkennung der Simulation verschiedener, alternativer Umweltszenarien, die eine mögliche zukünftige Situation des Unternehmens beschreiben. Eine systematische Bewertung identifizierter Risiken konnte bereits vor den 60er Jahren durch Anwendung der Methode Risikoportfolio durchgeführt werden. Bei der Methode Risikoportfolio werden die Risiken in Abhängigkeit von Schadenspotenzial und Eintrittswahrscheinlichkeit visualisiert. Durch die Gegenüberstellung der beiden Kennzahlen ist eine hohe Transparenz der Risikosituation gegeben, sodass die Probleme schnell priorisiert und bei der nachfolgenden Risikobewältigung chronologisch abgearbeitet werden können, angefangen bei dem Risiko, dass sowohl den höchsten Unternehmensschaden als auch eine hohe Eintrittswahrscheinlichkeit besitzt. Weitere bekannte Vertreter der Risikobewertung sind das Scoring-Modell, das Vergleichsmodell und Value-at-Risk. Das Scoring-Modell untersucht, inwieweit unterschiedliche Risiken bestimmte Unternehmensziele noch erfüllen können. Die Ziele können hierbei gewichtet werden, um die Risiken zu priorisieren. Bei dem Vergleichsmodell werden die identifizierten Risiken hingegen zueinander ins Verhältnis gesetzt und die Prioritäten für die Risikobewältigung anhand der entstehenden Rangliste ermittelt. Die Methode „Value-at-Risk“ bezeichnet zugleich ein Risikomaß, welches den Verlustwert einer Risikoposition innerhalb eines bestimmten Zeithorizonts bei gegebener Wahrscheinlichkeit angibt. Die Maßnahmen der Risikosteuerung werden in die Kategorien „Risikoakzeptanz“, „Risikoverlagerung“, „Risikoverminderung“ und „Risikovermeidung“ unterteilt. Sie sind je nach Ausgangssituation des Unternehmens und der bewerteten Risiken unterschiedlich. So haben zum Beispiel Maßnahmen zur Risikovorsorge eine Erhöhung des Eigenkapitals als Ziel, um die Risikotragfähigkeit zu erhöhen. Zu den Maßnahmen der anderen Kategorien zählen demgegenüber alle Tätigkeiten, die die identifizierten Risiken vermindern und auf ein Restrisiko reduzieren. Die Sensitivitätsanalyse ist Teil der eingesetzten Maßnahmen während der Risikoüberwachung. Diese Methode unterstützt bei der Überprüfung der Empfindlichkeit (Stabilität) der bewerteten Ergebnisse aus den vorherigen Schritten durch Variation der Eingangsgrößen und stellt fest, in welcher Situation ein vorgegebener Wert überschritten wird. Für detaillierte Informationen zu den genannten und weiteren Methoden des Risikomanagements wird an dieser Stelle auf die entsprechende Fachliteratur (siehe Anhang) verwiesen.

Defizite des Risikomanagements

Während der letzten Wirtschafts- und Finanzkrise im Jahr 2009 sank das Bruttoinlandsprodukt um 5% preisbereinigt gegenüber dem Vorjahr und zahlreiche Unternehmen hatten in den Folgejahren sichtlich Schwierigkeiten, sich von den Auswirkungen zu erholen. Dies verdeutlicht, dass Risikomanagement in der Unternehmensführung bis heute immer noch nicht ausreichend in den Unternehmen etabliert und praktiziert wird. Zurückzuführen ist dies sowohl auf eine mangelnde Konsequenz bei der Einführung und der Umsetzung des Risikomanagements als auch auf eine falsche Selektion und Priorisierung einzelner Methoden bei der Ausgestaltung des Risikomanagementsystems. Im Detail lassen sich die bestehenden Unternehmensdefizite im Hinblick auf Risikomanagement in drei Kategorien einteilen: fehlende organisatorische Verankerung, keine Fehlerkultur und mangelnde Umweltkenntnis. Die erste Kategorie „fehlende organisatorische Verankerung“ umfasst zum einen interne Organisationsprobleme und zum anderen Mängel hinsichtlich eingesetzter Ressourcen im Unternehmen. Hierzu zählen zum Beispiel finanzielle und personelle Ressourcennot, die Beschränkung des Risikomanagements nur auf einzelne Unternehmensbereiche, eine mangelnde Ausbildung der Mitarbeiter, fehlende Einbindung von Mitarbeitern in den Implementierungs- und Anwendungsprozess sowie eine ungenaue Regelung der Aufgaben und Kompetenzen der Risikoverantwortlichen. Unter der zweiten Kategorie „keine Fehlerkultur“ lassen sich alle Defizite zusammenfassen, bei denen der Betrachtung von Risiken und dem Einsatz von Risikomanagementmethoden nur unzureichend nachgekommen wird. Fehlendes Risikobewusstsein, fehlende Risikokultur, unzureichendes Frühwarnsystem, kein ausreichender Einsatz von Kontroll- und Überwachungsmethoden sowie eine unzureichende Systematisierung und Dokumentation sind nur ein paar Beispiele, die der Kategorie „keine Fehlerkultur“ zuzuordnen sind. Im Rahmen der letzten Kategorie „mangelnde Umweltkenntnis“ fehlt den Unternehmen grundsätzlich eine konsequente Betrachtung und Bewertung externer Einflüsse, sodass unternehmensrelevante Risiken, die von außen auf das Unternehmen wirken, nicht berücksichtigt werden. Hierzu zählen zum Beispiel eine mangelhafte Anpassung an sich ändernde Marktverhältnisse, fehlende Beachtung politischer Rahmenbedingungen, unzureichende Risikobetrachtung von Lieferanten und Abnehmern sowie eine fehlende systematische Risikobewertung der Supply Chain.

Stresstests als externer Treiber

Erkenntnisse und Lehren aus der Wirtschafts- und Finanzkrise waren für Unternehmen aber nicht nur, dass das Risikomanagement ein wichtiger Bestandteil der Unternehmensführung sein muss und eine konsequente Umsetzung erfordert, sondern auch, dass die Betrachtung von Risiken mit sehr geringen Eintrittswahrscheinlichkeiten und deren Wechselwirkungen mit anderen Risiken ebenfalls im Risikomanagement Berücksichtigung finden muss. Denn auch die Auslöser der Krise waren letztlich eine Verkettung unwahrscheinlicher Ereignisse, die trotz allem eingetreten sind, ohne zuvor genauer analysiert worden zu sein. Bisher wurden Ausnahme- bzw. Extremsituationen mit negativen Folgeauswirkungen für Unternehmen nicht aufmerksam betrachtet, da die Annahme galt, dass die „idealisierte Welt“ einer Gauß-Verteilung unterliegt und die Ereignisse mit geringer Eintrittswahrscheinlichkeit ein vernachlässigbares Risiko ohne Auswirkungen auf andere Risiken darstellen. Einer Lévy-Verteilung gelingt es diese Extrema ausreichend zu berücksichtigen. Es konnte gezeigt werden, dass damit bessere Vorhersagen etwa auf Aktien- und Derivatemärkten möglich sind. Ein Blick auf die Chaos-Theorie offenbart, dass für jedes Risiko betrachtet, mögliche Entwicklungen und vor allem deren Wirkzusammenspiel bewertet werden müssen. Denn je nach Ausgangssituation können sich unterschiedliche Problemfelder herauskristallisieren, die große Auswirkungen auf die Unternehmen haben, obgleich eine niedrige Eintrittswahrscheinlichkeit vorliegt. Diese realitätsnahe Betrachtungsweise wird seit der Einführung von Stresstests im Rahmen des Risikomanagements unterstützt und dient vor allem der Prävention und Vorbereitung auf Risiken mit geringen Eintrittswahrscheinlichkeiten, welche aber in einem komplexen Wirkzusammenhang stehen. Dadurch grenzt sich die Methode auch von anderen Methoden ab, die eine eher isolierte Risikobetrachtung durchführen, wie die Zero Surprise-Methode. Stresstests stellen somit eine Erweiterung der aktuellen Risikoeinschätzung dar und überprüfen, ob seitens der Unternehmen die Risikotragfähigkeit gegeben ist. Zudem liefern Stresstests Impulse zur Steigerung des Reifegrads des Risikomanagements und können das Unternehmen auf dem Weg von der Risikospezialisierung hin zu einer Risikooptimierung schneller voranbringen.

3.2 Ziele und Aufgaben von Stresstests

Es werden neue Ansätze benötigt, welche die Risikoexposition von Unternehmen gegenüber schwer planbaren Ereignissen untersuchen. Doch wie überprüft man die Robustheit eines Unternehmens? In der Finanzwirtschaft greifen die Regulierer zum Stresstest, um Institute auf den Prüfstand zu stellen. Dieser Ansatz gewinnt auch in der Industrie immer mehr an Bedeutung. Die Erfahrungen zeigen, dass insbesondere diese schwer planbaren Entwicklungen in den letzten Jahren zu massiven Beeinflussungen der Wettbewerbssituation geführt haben. Stresstests legen durch die Untersuchung von Worst-Case-Szenarien Schwachstellen offen. Die Zielsetzung der Durchführung von Stresstests ist nicht nur die Identifikation dieser Schwachstellen, sondern auch die bewusste Auseinandersetzung mit möglichen Ereignissen und deren Folgen, um das Risikobewusstsein der Mitarbeiter zu fördern. Hierzu sind Szenarien als Untersuchungsfälle zu erarbeiten und deren Folgen durch die Analyse von Ursache-Wirkungsketten offen zu legen, um die Zukunftsfähigkeit der Geschäftsmodelle zu überprüfen. Die Überprüfung der Geschäftsmodelle bereitet Unternehmen auf die Herausforderungen der Zukunft vor und ermöglicht die Erreichung von strategischen Wettbewerbsvorteilen. Doch was ist im Rahmen des Stresstests von Geschäftsmodellen zu untersuchen und auf die Belastungsprobe zu stellen? Ausgehend vom heutigen Geschäftsmodell sind verschiedene Szenarios zu entwickeln und durchzuspielen, um folgende Fragestellungen zu beantworten:

- Was sind mögliche Bedrohungen und Risiken?
- Worauf wirken die einzelnen Risiken?
- Welche Folgen haben die einzelnen Risiken?
- Welcher Teil meines Geschäftsmodells ist robust? Wo sind Schwachstellen?

- Wie entwickelt sich die wirtschaftliche Situation meines Unternehmens im Extremfall?
- Wie lassen sich die Risiken minimieren oder absichern?

Insbesondere die Definition der plausiblen Extremszenarien erfordert einen strukturierten Methodeneinsatz, um einen betriebswirtschaftlich sinnvollen Grad der Risikobewertung auszuarbeiten. Bei der Identifikation eines optimalen Szenariokatalogs sind zahlreiche externe und interne Faktoren zu berücksichtigen. Sinnvolle Unterstützung bieten hierbei die Anwendung betriebswirtschaftlicher Methoden, wie beispielsweise die Markt-, Wettbewerb- und Kernkompetenzanalyse zur Situationsanalyse, die Szenariotechnik, das Delphi-Verfahren sowie die Risikoidentifikation und -früherkennung zur Entwicklung von Belastungsszenarien, die Systemmodellierung und Simulation, die Interdependenzanalyse und das Scoring-Modell zur Modellierung der Belastungsanalysen sowie Risikohandhabungsstrategien zur Maßnahmenableitung. Die Erarbeitung und Umsetzung der Stresstests für Geschäftsmodelle erzeugt zunächst einen Mehraufwand, der sich jedoch durch eine daraus resultierende, robuste und zukunftsfähige Aufstellung des Unternehmens schnell bezahlt macht. Durch die systematische Überprüfung von Geschäftsmodellen durch Stresstests können Unternehmen auf die Zukunft vorbereitet und ausgerichtet werden. Es wird die Frage gestellt, welche Führungsprinzipien und Geschäftsmodelle zukunftsfähig sind. Zunächst ist die Kundenwertgestaltung zu hinterfragen. Erfüllt mein Unternehmen auch in Zukunft die Kundenanforderungen in Bezug auf Kosten, die unterhalb der Zahlungsbereitschaft der Kunden liegen. Hierfür ist ein diszipliniertes Kostenmanagement durch Cost Engineering und Target Costing erforderlich. Zudem sind die Produkte an sich wandelnde Kundenanforderungen auszurichten. Dabei ist durch intelligente Modularisierung der Produktstrukturen die Komplexität zu beherrschen. Darüber hinaus zeigt der Stresstest auf, ob die Strukturen des Unternehmens über ein ausreichendes Maß an Flexibilität und Agilität verfügen und wo die Engpässe liegen. Es sind Strategien wie Schrumpfung, Wachstum oder Internationalisierung zu entwickeln, um auf die Szenarien zu reagieren. Darüber hinaus ist auch die Ausrichtung der Organisation eine Herausforderung zur Sicherung der Zukunftsfähigkeit. Um sich schnell anpassen zu können, sind Organisationseinheiten durch Segmentierung zu bilden. Gemäß dem Leitspruch „Fix it or sell it" lassen sich auf diese Weise bedrohte Geschäftsfelder gezielt managen. Weiterhin beschränkt sich die Sicherung der Zukunftsfähigkeit eines Unternehmens nicht allein auf das, was innerhalb der Unternehmensgrenzen passiert. In globalen Wertschöpfungsketten erlangt das Supply Chain und Netzwerkmanagement eine gesteigerte Bedeutung. Es sind zukunftsfähige Führungsansätze und -instrumente zu wählen, welche die Chancen-Risiken- und auch die Kosten-Nutzen-Verteilung absichern. Dabei ist auch die Machtverteilung in der Supply Chain festzulegen. In diversen Beratungsprojekten konnten bereits vielfältige Geschäftsmodelle optimiert werden. Die Anpassung der Geschäftsmodelle führte in den Fallbeispielen zu einer signifikanten Steigerung der Robustheit, die sich in einer Krisenfestigkeit gegenüber dem Wettbewerb zeigte. Für die deutsche Industrie wird es darauf ankommen, heute schon die Entwicklungen von morgen vorzudenken, um auch die nächste große Herausforderung sicher zu meistern und wieder gestärkt aus ihr hervorzugehen.

Fallstudie Automobilzulieferer

Die Ausgangssituation im Unternehmen war gezeichnet durch die Erfahrungen der Umsatzeinbrüche aus den Krisen am europäischen Automobilmarkt. Nur durch einschneidende Einsparmaßnahmen konnte das Unternehmen seine Wirtschaftlichkeit wiederherstellen und kehrte langsam zum Wachstumskurs zurück. Der Stresstest wurde durchgeführt, um auf zukünftige Veränderungen im Umfeld rechtzeitig reagieren zu können. Zielsetzung des Projektes war es in Form von Szenarien unterschiedliche mittel- bis langfristige Entwicklungsmöglichkeiten im sozio-ökonomischen Umfeld zu eruieren und deren Einfluss auf die Wirtschaftlichkeit des Unternehmens zu bewerten. Aus den bewerteten Szenarien sollten im Anschluss entsprechende Handlungsempfehlungen in Bezug auf die Unternehmensstrategie sowie die Organisationgestaltung und Dimensionierung abgeleitet werden.

Die Durchführung des Stresstests erfolgte in drei Arbeitspaketen. Ausgangspunkt des Projekts bildete die Erarbeitung eines Projekt- und Analyseleitfadens. Die sich daran anschließende Unternehmens- und Umfeldanalyse fokussierte sich auf die Erfassung und Strukturierung entscheidungsrelevanter Daten für die Stresstests. Hierzu wurde das vorhandene Datenmaterial ausgewertet. Während sich die Unternehmensanalyse auf die Erfassung interner Stärken und Schwächen fokussierte, konzentrierte sich die Umfeldanalyse auf die Identifikation von Chancen und Risiken. Hierzu erfolgte eine Analyse der Kernkompetenzen, des Produktportfolios sowie ein Wettbewerbsvergleich von Produkt und Technologie. Darüber hinaus erfolgte eine grundlegende Umfeldanalyse, die eine Branchenstrukturanalyse, eine Markt- und Wettbewerbsanalyse sowie eine PEST-Analyse umfasste. Die Analysen wurden zur Ableitung von Szenarien im Rahmen einer SWOT-Analyse konsolidiert. Im Rahmen des zweiten Arbeitspakets erfolgte die Ableitung und Bewertung von mittel- bis langfristigen Entwicklungslinien auf Grundlage unterschiedlicher Planungs- und Umfeldszenarien. Hierzu wurden zunächst auf Basis der Daten der Analysephase Optionen erarbeitet, die sich hinsichtlich Markt- und Umsatzentwicklung, Geschäftsmodellentwicklung, Kostenstrukturen, Investitionen sowie weiterer Faktoren unterscheiden. Im Anschluss wurden die Parameter nach Eintrittswahrscheinlichkeit priorisiert und mit Hilfe eines Stresstests hinsichtlich ihrer Auswirkungen auf die Wirtschaftlichkeit des Kunden bewertet. Als Ergebnis lagen vier analysierte Entwicklungspfade vor, die jeweils bezüglich ihrer mittel- bis langfristigen Eintrittswahrscheinlichkeit sowie ihrer Auswirkung auf die Wirtschaftlichkeit des Unternehmens bewertet wurden. Aufbauend auf den Szenarien erfolgte die Ableitung konkreter Handlungsempfehlungen zur strategischen Positionierung sowie zur Ausrichtung und Dimensionierung der Organisation des Unternehmens. Hierzu wurden vor dem Hintergrund der priorisierten und bewerteten Parameter der Szenarien konkrete Empfehlungen erarbeitet, welche die bestmögliche Anpassung an die veränderten Umfeldbedingungen sicherstellen. Im Bereich der strategischen Positionierung bezogen sich die Handlungsempfehlungen im Wesentlichen auf die Ausrichtung des Geschäftsmodells und des Produktportfolios. Im Bereich der Organisation umfassten die Handlungsempfehlungen hauptsächlich die Dimensionierung und Strukturierung der Organisation sowie die Anpassung relevanter Geschäftsprozesse. Als Ergebnis wurden die jeweiligen Handlungsempfehlungen für Strategie und Organisation strukturiert aufbereitet und mit konkreten Maßnahmenvorschlägen hinterlegt.

Das Ergebnis des Stresstests war ein konkreter Maßnahmenplan zur Sicherung der Robustheit des Unternehmens. Darüber hinaus konnten durch die Anpassung der Organisation und Prozesse Durchlaufzeiten um 14% reduziert werden. Insgesamt ermöglicht die neue Organisation eine schnellere Kapazitätsanpassung. Darüber hinaus konnte durch die Diversifizierung des Geschäftsmodells die Abhängigkeit von kritisch eingestuften Märkten und Kunden reduziert werden.

4 Risiken entlang der Wertschöpfungskette

Zur Diskussion zukunftsfähiger Führungsprinzipien ist zunächst eine Klassifikation der möglichen Risiken vorzunehmen. Das Verständnis über die Risiken im Unternehmen, über deren Ursachen und Wirkungen, stellt den ersten Schritt zur Begegnung dieser Risiken dar. Pauschale Risikobetrachtungen sind mit Vorsicht zu genießen. Jeder Teil der Wertschöpfungskette eines Unternehmens weist spezifische Bedrohungen auf. Die Risiken treten insbesondere in Beschaffung, Produktion, Absatz, Logistik, Forschung und Entwicklung, Management und Organisation sowie Finanzen auf. Aus der Betrachtung der Einzelrisiken lässt sich im Rahmen von Stresstests die Gesamtrisikosituation ermitteln.

4.1 Beschaffung

Die Risikosituation vieler Unternehmen hat sich in den letzten Jahren dramatisch verändert. Besonders im leistungswirtschaftlichen Bereich treten Risiken verstärkt und mit einer erhöhten Häufigkeit auf, so dass sich viele Unternehmen zunehmend auf die frühzeitige Identifizierung, Bewertung und Handhabung dieser leistungswirtschaftlichen Risiken fokussieren. Die Beschaffung ist ein wichtiger Bereich im Unternehmen, dem eine steigende Bedeutung bei der Generierung von Wettbewerbsvorteilen zugewiesen wird. Das Beschaffungsmanagement wird mit verschiedensten beschaffungsrelevanten Risiken konfrontiert, die den Gesamterfolg des Unternehmens gefährden können. Diese Risiken ergeben sich sowohl aus dem Bedarf als auch aus dem Beschaffungsmarkt mit seinen Lieferanten. Die Verschärfung der Risikoposition in der Beschaffung wird durch aktuelle Trends nachhaltig beeinflusst: steigender Anteil fremdbezogener Leistungen, weitere Konsolidierung auf Zulieferseite, steigende Technologieverantwortung von Zulieferern, zunehmende Globalisierung der Beschaffungsmärkte, Ergebnisverantwortung des Einkaufs, Management von stark divergierenden Zyklen, steigende Anforderungen an ein Risikomanagementsystem und wachsende Anzahl von Lieferanteninsolvenzen.

Das Lieferantenmanagement ist mit seinen Teilprozessen ein wesentlicher Bestandteil der Beschaffung. Es behandelt den effizienten Aufbau und die wirtschaftliche Gestaltung von Abnehmer-Lieferanten-Beziehungen unter dem Fokus der benötigten

Beschaffungsobjekte. Einige Unternehmen beginnen deshalb Früherkennungssysteme in ihrem Lieferantenmanagementsystem zu integrieren. Dabei werden finanzwirtschaftliche Daten um leistungswirtschaftliche Informationen ergänzt. Der Vorteil dieser Vorgehensweise ist, dass potenzielle Bestandsgefährdungen eines Lieferanten, beispielsweise durch eine konjunkturelle Krise oder einen Wechsel im Management, bereits vor dem Eintritt der tatsächlichen Insolvenz erkannt werden. Die darauf aufbauenden Maßnahmen sind jedoch von einem differenzierten Methodenmix abhängig, der je nach Risiko, in dem Lieferantenmanagementprozess zu integrieren ist.

Risiken in der Beschaffung

Zu den Beschaffungsrisiken zählen folgende Risikoarten, die synthetisiert eine Charakterisierung des Beschaffungsrisikos darstellen: Bedarfsdeckungsrisiken, Lieferrisiken, Transportrisiken sowie Lagerrisiken. Bedarfsdeckungsrisiken kennzeichnen den Umstand, dass Inputfaktoren nicht rechtzeitig oder in der benötigten Menge beschafft werden können, die für die Produktion bereits verkaufter und in der Fertigungsplanung eingeplanter Mengen benötigt werden. Inputfaktoren können beispielweise saisonalen Schwankungen unterliegen und nicht rechtzeitig in der richtigen Menge und gewünschten Qualität bereitgestellt werden. Eine weitere Quelle für Bedarfsdeckungsrisiken stellt der Preis dar. Volatile Rohstoffpreise können dazu führen, dass durch eine Nichtbeachtung in der Angebotskalkulation die erzielbaren Preise nicht mehr ausreichen, um die eigenen Kosten zu decken. Auch auftragsunabhängig entstehen Verluste für das eigene Unternehmen, wenn bestellte Inputfaktoren nicht oder in mangelnder Qualität geliefert werden. In diesem Fall spricht man auch von Lieferrisiken. Ursachen für Lieferausfälle können vielfältiger Natur sein. Exemplarisch sollen Lieferanteninsolvenzen, Zahlungsschwierigkeiten des eigenen oder des Zulieferunternehmens, Fehler im Produktionsprozess und Änderungen gesetzlicher Bestimmungen genannt werden. Darüber hinaus können Lieferrisiken bei mangelhafter Lieferung der Ware bestehen. Dazu zählen entweder Qualitätsmängel oder mengenmäßige Mängel. Die Risiken werden entsprechend als Liefermengen- und Lieferqualitätsrisiko bezeichnet. Lieferpreisrisiken in Form von Verlusten entstehen, wenn beispielsweise bei langfristigen Rahmenverträgen die Marktpreise der zu beschaffenden Inputfaktoren fallen. Auch Preisgleitklauseln zeichnen sich durch ihr inhärentes Risikopotenzial aus. Daneben spielen Risiken, die beispielsweise aus volatilen Rohstoffpreisen und fehlender Möglichkeit der Risikoabfederung entstehen, eine Hauptrolle. Lieferzeitrisiken sind dabei mit den Lagerrisiken in Verbindung zu setzen und sind dadurch charakterisiert, dass Inputfaktoren nicht zum vereinbarten Zeitpunkt geliefert werden. Lieferortrisiken zeichnen sich dadurch aus, dass die Inputfaktoren nicht zum vereinbarten Bestimmungsort geliefert werden. Konsequenzen sind Kosten für die Verzögerung sowie zusätzliche Kosten für einen zusätzlichen Transport. Transportrisiken drücken sich durch Verlustgefahren von Inputfaktoren aus, die auf dem Weg untergehen oder beschädigt werden. Diese Kategorie ist mit den Lieferrisiken hinsichtlich ihrer Wirkung vergleichbar, da auch hier Inputfaktoren nicht oder mangelhaft geliefert werden. Transportausfallrisiken bezeichnen den vollständigen Verlust der Lieferung beispielsweise durch Unfall oder Raub. Daneben findet sich der Begriff des

Transportmängelrisikos. Dies kann sich durch nicht adäquate Menge und Qualität des Gutes respektive durch Preis und Zeitpunkt der Lieferung selbst ausdrücken. Lagerrisiken bestehen immer dann, wenn von Unternehmen Inputfaktoren für die Aufrechterhaltung der Produktion gelagert werden. Lagerwertrisiken bestehen, falls die Inputfaktoren während der Lagerung an Wert verlieren und somit irreversibel abgewertet werden. Dies ist insbesondere bei kurzlebigen Produkten, die bestimmten Trends unterworfen sind, der Fall. In der Bilanz werden solche Inputfaktoren zum niedrigeren Marktpreis abgeschrieben. Eine Abschreibung ist auch dann erforderlich, wenn die gelagerten Inputfaktoren nicht mehr benötigt werden und nicht zu den Anschaffungskosten veräußert werden können. Auch können Wertminderungen der Lagergegenstände durch physische Beeinträchtigung auftreten, wenn diese entweder in ihrer Menge oder in ihrer qualitativen Eigenschaft gemindert werden, also Lagermengen- oder Lagerqualitätsrisiken.

Umgang mit Beschaffungsrisiken

Entscheidend für den Erfolg in der Beschaffung ist der Umgang mit den Risiken. In diesem Zusammenhang gilt es, Beschaffungsrisiken frühzeitig zu identifizieren. Dabei ist es jedoch nicht zielführend den klassischen Risikomanagementprozess, losgelöst von bestehenden Systemen, also als Add-on, zu implementieren, sondern im Beschaffungsmanagement zu integrieren. Dementsprechend ist das bestehende Beschaffungsmanagement in den einzelnen Prozessen durch Methoden zu ergänzen, um die relevanten Risiken frühzeitig zu identifizieren, zu analysieren, zu bewerten, zu handhaben sowie zu überwachen. Durch die Risikoidentifikation, also die bewusste Suche nach Risiken, wird die Grundlage geschaffen, auf der alle anderen Phasen des Risikomanagementprozesses aufbauen. Da die Identifizierung der Beschaffungsrisiken den Ausgangspunkt aller weiteren Aktivitäten bildet, wird durch das Ergebnis auch maßgeblich die Qualität der folgenden Maßnahmen determiniert. Die Identifikation von Beschaffungsrisiken beinhaltet eine möglichst strukturierte, detaillierte und vor allem vollständige Erfassung aller wesentlichen Frühindikatoren beziehungsweise Schadensgefahren und Verlustpotenzialen einschließlich ihrer Wirkungszusammenhänge. Um die Effektivität des Beschaffungsmanagements zu erhöhen, müssen Stresstests durchgeführt und durch eine formale Vorgehensweise unterstützt werden. Stresstests in der Beschaffung zielen auf die Analyse der Zielabweichung der Beschaffungskenngrößen bei Eintritt von Belastungsszenarien ab. Hierbei sind in einem ersten Schritt zunächst leistungs- und finanzwirtschaftliche Frühindikatoren für Beschaffungsrisiken festzulegen und zu gewichten. Dies dient dazu, Risikoprofile zu erstellen, um eine erste Auswahl kritischer Risiken zu erzielen. Zur Priorisierung der weiteren Maßnahmen müssen die Risikopotenziale anhand des Risikoausmaßes und der Eintrittswahrscheinlichkeit bewertet werden, um so den internen Ressourceneinsatz effizient zu gestalten. Das Ziel ist es, die kritischsten Risiken so frühzeitig wie möglich herauszufiltern und geeignete Maßnahmen zu definieren. In Abhängigkeit von den Ursachen, die beispielsweise zu einer drohenden Insolvenz führen (z.B. Liquiditätsprobleme, leistungswirtschaftliche Faktoren etc.), müssen Maßnahmen definiert, bewertet und priorisiert werden. Die bis zu diesem Zeitpunkt aggregierten Informationen sind in einem Bericht an die betroffenen Funktionsbereiche weiterzuleiten, um Transparenz und Konsens über das Vorgehen im Risikoeintrittsfall zu gewährleisten. Das Ziel ist es, Voraussetzungen zu schaffen, um die definierten Maßnahmen möglichst zeitnah im Eintrittsfall implementieren zu können.

Implementierung risikoorientiertes Beschaffungsmanagement

Das Vorgehen basiert auf einer Vielzahl von Einkaufsprojekten in unterschiedlichsten Branchen und gliedert sich in vier Schritte. Die „risikoorientierte Gestaltung der Lieferantenbasis und Ableitung von Sourcing-Strategien“ umfasst zunächst die strukturierte Darstellung der Beschaffungssituation, um darauf aufbauend Sourcing-Strategien abzuleiten. Hierzu sind die Ziele im Beschaffungsmanagement zu operationalisieren und die Risiken zu identifizieren. Durch eine hinreichende Operationalisierbarkeit der Ziele wird die Grundlage für ein effektives Risikomanagement geschaffen, auf dessen Basis das Lieferantenmanagement implementiert werden kann. Die risikoorientierte Gestaltung des Beschaffungsmanagements und die Ableitung von Sourcing-Strategien setzen voraus, dass lieferanten-, bedarfs- und marktbezogene Risiken im Rahmen der Risikoidentifikation erkannt werden. Nachdem die Lieferantenbasis gestaltet, die Risiken identifiziert und Sourcing-Strategien abgeleitet wurden, erfolgt in einem nächsten Schritt die „risikoorientierte Lieferantenanalyse und -bewertung“. Hierbei werden die Lieferanten einem Stresstest unterzogen, um die Auswirkungen verschiedener Belastungsszenarien zu prüfen. Die Qualität des Moduls hängt weitestgehend von der Güte der Ergebnisse der ersten Phase und von der Datenverfügbarkeit und -qualität ab. Zielsetzung dieser Phase ist es, die richtigen Lieferanten unter Risikogesichtspunkten auszuwählen und Vorzugslieferanten zu definieren. Damit verbunden sind eine Reihe von Aufgaben wie die planmäßige Sammlung, Aufbereitung von Informationen und die Beurteilung von Versorgungsalternativen. Der nächste Schritt im risikoorientierten Beschaffungsmanagement besteht in der „risikoorientierten Lieferantenentwicklung und -integration“. Dabei gilt es, eine aktive Beeinflussung der Risikosituation im Beschaffungsmanagement zu erreichen. Das Hauptziel ist es, die Leistungsfähigkeit der Lieferanten zu erhöhen bzw. die Lieferanten frühzeitig zu integrieren, um die Risikosituation zu optimieren. Dem risikoorientierten Lieferantenmanagement stehen hierbei Methoden der ursachen- und der wirkungsbezogenen Risikohandhabung zur Verfügung. Ein effektives Lieferantenmanagement setzt voraus, dass Änderungen bei einmal identifizierten Risiko- und Problemsituationen erkannt und Impulse zur Revidierung gegeben werden. Diese Aufgabeninhalte werden im Schritt vier, „Lieferantenüberwachung und -auditierung“, ausgestaltet. Wesentliche Aufgabe dieses Moduls ist der Aufbau eines risikoorientierten Controllings der Abnehmer-Lieferanten-Beziehungen. Dabei gilt es, durch ein geschlossenes Konzept, den Zielerfüllungsgrad zu messen und Schwachstellen bzw. Leistungslücken aufzudecken. Die Ergebnisse der charakterisierten Vorgehensweise sind: Identifikation, Bewertung und Maßnahmenableitung von Risiken in der Beschaffung, Verbesserung der Risikoposition der Beschaffung, Risikotransparenz und Risikobewusstsein bei den Einkäufern sowie risikobewusste Steuerung der Abnehmer-Lieferanten-Beziehungen.

Fallbeispiel

Ein Automobilzulieferunternehmen mit 61.000 Mitarbeitern erwirtschaftet weltweit ein Umsatz von 12 Milliarden Euro jährlich. Der Grad der Wertschöpfungstiefe liegt zwischen 41-60%. Von 34.500 Lieferanten werden insbesondere Teile und Komponenten zugekauft. Das Einkaufsvolumen liegt über 500 Millionen Euro pro Jahr. Eine detaillierte Analyse der Sourcing-Strategien ergibt, dass insbesondere auf Single Sourcing fokussiert wird. Dual Sourcing und Multiple Sourcing finden nur wenig intensiv Anwendung. Es wird sowohl auf lokale Beschaffungsquellen als auch auf Global Sourcing zurückgegriffen, wobei lokale Beschaffungsquellen eine etwas höhere Relevanz aufweisen. Ziel des Unternehmens ist es, durch eine enge Partnerschaft mit den Lieferanten, Zugang zu deren Know-how zu erhalten. Die hohe Abhängigkeit von den Lieferanten führte dazu, dass Lieferanten finanziell unterstützt werden mussten, um einen Insolvenz zu vermeiden. Seit 2008 steigen die Liquiditätsengpässe sowie Insolvenzen der Lieferanten kontinuierlich. Obwohl ein umfassendes Lieferantenbewertungssystem vorlag, wurde das Unternehmen von Lieferanteninsolvenzen kontinuierlich überrascht. Ein frühzeitiges Erkennen der drohenden Insolvenzgefahr war zu diesem Zeitpunkt mit den vorliegenden Informationen aus dem Lieferantenbewertungssystem nicht möglich. Ziel des Projektes war es einen Stresstest zu erarbeiten, anhand dessen Lieferanten bezüglich des Insolvenzrisikos bewertet werden. Die Analyse unternehmensinterner Daten sowie finanzwirtschaftlicher Kennzahlen des Lieferanten und die Durchführung von Audits beim Lieferanten sollen dazu beitragen, insolvenzbedingten Lieferantenausfällen vorzubeugen. Das durch die erfolgreiche Einführung eines Stresstests für Lieferanten in der Beschaffung erreichte Potenzial ist langfristiger Natur. Im Gegensatz zu Preissenkungen, die einmalig wirken, dient das Risikomanagement dazu, kontinuierlich Ansatzpunkte zur Kosten- und Risikoreduzierung zu identifizieren. Außerdem wird die Nachhaltigkeit von Ansatzpunkten in der Beschaffung verfolgt. Projekte, bei denen ein Risikomanagement-System in der Beschaffung eingeführt wurde, zeigten die abgebildete Charakteristik auf. Dabei konnten die Einsparungen des ersten Jahres in den folgenden beiden Jahren noch übertroffen werden. Im Abstand von 3 bis 4 Jahren sind die Kennzahlen, Methoden und Prozesse des Risikomanagement-Systems zu überprüfen und anzupassen.

4.2 Produktion

Risiken in der Produktion können unterschiedlicher Natur sein und sind daher nur selten einer unternehmensübergreifenden Allgemeingültigkeit unterworfen. Ihre Ausprägung hängt vom zu produzierenden Erzeugnis und somit von den dazu erforderlichen Prozessen und Verfahren sowie deren Maschinen und Anlagen ab. Gemeinsam haben sie alle, dass sie in der Regel zu einer Betriebsunterbrechung führen und damit ein Unternehmensrisiko darstellen.

Risiken in der Produktion

Produktionsrisiken resultieren aus Störungen im Herstellungsprozess, die zu Abweichungen zuvor definierter Produktionsziele führen können. Sie unterteilen sich in Produktionsfaktorenrisiken, Produktionsprozessrisiken und Produktrisiken.

Produktionsfaktorenrisiken betreffen die Einsatzfaktoren der Produktion und sind dementsprechend in Arbeitskräfterisiko, Betriebsmittelrisiko und Werkstoffrisiko zu unterteilen. Diese Risiken können sich darin äußern, dass Einsatzfaktoren zerstört oder beschädigt werden beziehungsweise nicht eingesetzt werden können. Die Produktionsfaktorenrisiken bestehen insbesondere darin, dass Produktionsfaktoren Mängel aufweisen. Entsprechend der oben genannten Unterteilung werden Ursachen des Arbeits-, Betriebsmittel- und Werkstoffrisikos unterschieden. Als Ursachen für das Arbeitsrisiko sind vor allem eine unzufrieden stellende körperliche Verfassung der Arbeitskräfte infolge von Unfällen oder Krankheiten sowie die Arbeitsmängel auf Grund von Ermüdungseffekten, ungenügender Erfahrung, Eignung oder Motivation zu nennen. Das Betriebsmittelrisiko ist unter anderem durch Verschleißerscheinungen auf Grund zweckbestimmter Nutzung, durch nutzungsunabhängige Phänomene wie Korrosion, Verschmutzung oder durch fehlerhaften Betrieb der Anlagen wegen menschlichen Versagens bedingt. Als Ursachen für das Werkstoffrisiko sind Qualitätsmängel, Störungen im Materialfluss infolge zu später Bestellungen oder Lieferverzögerungen seitens der Lieferanten zu erwähnen.

Produktionsprozessrisiken beziehen sich auf den Leistungserstellungsprozess eines Unternehmens. Die Risiken äußern sich in Störungen im Produktionsprozess und subsumieren das Produktionsprogrammrisiko, das Produktionsverfahrensrisiko, das Losgrößenrisiko, das Betriebszeitenrisiko und das Standortrisiko. Als Ursachen für Prozessrisiken sind unter anderem das Vorhandensein komplexer, störungsanfälliger Produktionsprozesse, Qualitätsmängel bei Zwischenerzeugnissen sowie durch Betriebsmittel- und Arbeitskräfteausfälle bedingte Stockungen im Produktionsablauf zu nennen. Die Beherrschung und permanente Optimierung der Prozesse obliegt dem Produktionsmanagement. Insbesondere mit dem Schwerpunkt auf Kostensenkungsmaßnahmen werden Produktionsprozesse kontinuierlich weiterentwickelt und verändert. Des Weiteren beziehen sich die Risiken hinsichtlich des Produktionsprogramms, der Produktionsverfahren, der Losgrößen, der Betriebszeiten und des Standortes auf das Produktionsprozessrisiko. Unter dem Produktionsprogrammrisiko werden mögliche Leistungsgefahren durch die Zusammensetzung herzustellender Güter verstanden. Dies bezieht sich auf Umrüstarbeiten und Maschinenbelegungszeiten, die eine ungünstige Auswirkung auf die Gesamtauslastung zur Verfügung stehender Kapazitäten nehmen können. Das Produktionsverfahrensrisiko beinhaltet alle Gefahren, die durch die Anwendung eines Herstellungsverfahrens auftreten können. Dies kann insbesondere bei chemischen Prozessen oder Prozessen mit Einsatz hoher Temperaturen der Fall sein, wenn dadurch Mitarbeiter verletzt werden können. Hinsichtlich der zu erstellenden Quantität und Qualität nimmt der Reifegrad eines Produktionsverfahrens starken Einfluss auf dieses Risiko. Mit dem Losgrößenrisiko werden alle Gefahren in Bezug auf die Maschinenauslastung und einem notwendigen Lagerbedarf gekennzeichnet. Die Produktionskapazität wird in hohem Maße von den Betriebszeiten eines Unternehmens bestimmt. Liegen sie niedriger als bei Wettbewerbern, können diese erhebliche Risiken beinhalten. Alle Faktoren, die die Qualität eines Standortes beschreiben, bestimmen ebenfalls die Risikosituation des Standortes.

Produktrisiken beziehen sich auf zu erstellende Produkte. Sie zeigen sich darin, dass die erforderliche Quantität (Stückzahlrisiko) und Qualität nicht erreicht werden kann. Das heißt, dass Produkte nicht hergestellt werden können, sie zerstört, beschädigt oder nicht mehr benötigt werden. Produktrisiken unterschieden sich in einem Risiko des Nichterreichens zu erzielender Produktionsergebnisse und in einem Risiko des Auftretens unerwünschter Produktionsergebnisse. Diese sogenannten Outputrisiken lassen sich in das Produkt- und das Abfallrisiko unterteilen. Das Produktrisiko äußert sich darin, dass das zu erzielende Produktionsergebnis nicht erreicht wird. Es kann sich dabei um Mängel (z. B. Mengen-, Qualitäts-, Kosten- Terminabweichungen gegenüber dem geplanten Produktionsergebnis) oder sogar einer Betriebsunterbrechung handeln. Das Abfallrisiko besteht darin, dass Abweichungen von den erwarteten Abfällen auftreten. Dabei können größere Abfallmengen, geringere Abfallqualität oder höhere Entsorgungskosten als geplant anfallen.

Als Besonderheit ist das Betriebsunterbrechungsrisiko festzuhalten. Es kann aus dem Eintritt eines einzelnen großen oder aus einer Verknüpfung mehrerer, für die Stabilität des Prozesses ungünstiger Ereignisse resultieren. Das Unterbrechungsrisiko besteht für alle produzierenden Betriebe und kann existenzbedrohende Ausmaße annehmen. Es hat bei geringer Lagerhaltungsquote sowohl eine direkte Wirkung auf den Umsatz des Unternehmens als auch einen indirekten Einfluss auf Grund eines beschädigten Images durch Ausfall der Produktionsanlagen.

Bei den Produktionsrisiken ist zu beachten, dass zwischen Produktionsfaktoren , Produktionsprozess- und Produktrisiken enge Interdependenzen bestehen. Insbesondere Produktrisiken werden von Risiken der Einsatzfaktoren und Produktionsprozessen beeinflusst und können etwa durch Beschädigungen von Produktionsfaktoren oder Störungen im Produktionsablauf bedingt sein. Somit dienen die Maßnahmen zur Handhabung von Faktoren- und Prozessrisiken auch der Handhabung von Produktrisiken. Maßnahmen zur Handhabung von Produktionsrisiken können jedoch sehr unterschiedlicher Natur sein und hängen in starkem Maße von Art und Beschaffenheit des Produktionsbetriebes und seinen hinterlegten Prozessen und herzustellenden Produkten ab.

Strategien und Maßnahmen zur Handhabung von Risiken in der Produktion

Die Ausgestaltung des Risikomanagements in der Produktion legt einen besonderen Fokus auf die Identifikation und Analyse des Betriebsunterbrechungsrisikos. Sind die Elemente einer drohenden Produktionsunterbrechung erkannt, liegt es in der Verantwortung der Risikomanager, geeignete Notfallstrategien zur Handhabung abzuleiten. Die dazu notwendigen Handhabungsstrategien sehen ein schnelles und effektives Entstörmanagement und einen beschleunigten Wiederanlauf der Produktionsanlagen vor. Das Risikomanagement als methodischer Ansatz dient somit als richtungsweisende Lenkhilfe zum Umgang mit den Risiken in der Produktion und kann als systematischer Ansatz zur Katalogisierung spezifischer Maßnahmen verstanden werden, welche auf eine Reduzierung des Risikos durch eine Verringerung der Eintrittswahrscheinlichkeit und/ oder einer Minderung des Schadensausmaßes abzielen. Die Risikosteuerung in der Produktion erfolgt anhand von vier Normstrategien: Risikovermeidung, Risikoverminderung, Risikoübertragung und Risikokompensation.

Die Risikovermeidung in der Produktion beinhaltet das Unterlassen von bestimmten Aktivitäten, wie eine Produktionsverlagerung, eine Umstellung auf eine alternative Fertigungstechnologie etc., um eine Auseinandersetzung mit dem Risiko auszuschließen. Die Eintrittswahrscheinlichkeit mit Unterlassung dieser Handlungen wird damit auf null reduziert. Eine solche Art der Risikohandhabung sollte allerdings nur dann angewendet werden, wenn alle anderen möglichen Maßnahmen ein allzu großes Restrisiko hinterlassen, da der Produktionsbetrieb ansonsten auf eventuelle Chancen zugunsten der Risikoeliminierung verzichtet.

Die Risikoverminderung umfasst hingegen solche Aktivitäten, mit denen die Tragweite eines Ereignisses oder die Eintrittswahrscheinlichkeit gesenkt werden können und setzt somit an den in der Bewertung zu ermittelnden Risikoparametern an. In der Praxis hat sich gezeigt, dass die Durchführung eines Stresstests in der Produktion eine geeignete Methode zur Risikominderung ist. Auf Basis der Ergebnisse eines Stresstests können gezielt Maßnahmen zur Risikoverminderung wie etwa die interne Überwachung von Produktionsprozessen, die Schulung der Mitarbeiter zur Vermeidung fahrlässigen Verhaltens, der Einsatz von Sprinkleranlagen im Lager und die Qualitätssicherungseinrichtung abgeleitet werden.

Die Risikoübertragung in der Produktion beinhaltet wirkungsorientierte Maßnahmen zur Steuerung der Risiken. Hierbei wird in Kauf genommen, dass ein Schadensfall eintritt, wobei die Auswirkungen auf Dritte wie Assekuranzen übertragen werden. Dies erfolgt mittels Abschluss einer Versicherung oder Vereinbarung von speziellen Vertragsbedingungen. Es ist jedoch zu beachten, dass nicht alle Risiken überwälzt werden können. Eine besondere Stellung nimmt die Übertragung des Betriebsunterbrechungsrisikos ein. Den Produktionsbetrieben stehen verschiedenartige Versicherungen zur Verfügung, um die wirtschaftlichen Folgen einer drohenden Betriebsunterbrechung etwa durch Unwetter oder Streiks abzusichern. Im Gegensatz zur Risikoverminderung umfassen die Aktivitäten keine Bestrebungen, die Eintrittswahrscheinlichkeit oder die Tragweite möglicher Ereignisse zu verändern.

Mit der Risikokompensation versucht das Produktionsunternehmen bewusst, eingetretene Risiken selbst zu tragen und die dafür entstehenden Kosten eigenfinanziert zu verrechnen. Für die Abdeckung möglicher Schadensfälle werden ex ante ausgleichende Maßnahmen zur Bildung von Finanzreserven durchgeführt. Beispiele hierzu sind der Aufbau von Rückstellungen, die Diversifikation von Geschäftsfeldern oder die Finanzierung durch den laufenden Cashflow.

Maßnahmen zur Handhabung von Risiken in der Produktion konzentrieren sich vor allem auf die Optimierung und Überwachung des Produktionssystems sowie auf die

Aus- und Weiterbildung der am Prozess beteiligten Mitarbeiter. Diese Maßnahmen zählen zur Gruppe der risikovermindernden Handhabungsmaßnahmen. Die Verbesserung der Prozessstabilität nimmt Einfluss auf die drei genannten Risikokategorien. Eine weitere Prozessverbesserung erfährt das Produktionssystem durch die Optimierung des Materialflusses, indem die logistischen Warenströme innerhalb des Betriebes und die Integration der Lieferanten verbessert werden. Ein umfangreiches Konzept zur Handhabung von Produktrisiken wird mit dem Total Quality Management (TQM) verfolgt. Es nimmt ebenfalls eine bedeutende Stellung in der Handhabung von Produktionsrisiken ein. Weitere Maßnahmen wie die Lieferantenintegration und -entwicklung konzentrieren sich auf die Optimierung der Hersteller-Lieferanten-Beziehung mit dem Ziel der Risikoübertragung auf diese Wertschöpfungspartner. Die Maßnahmen beziehen sich auf die Verminderung und Übertragung von Produktionsfaktorrisiken, da die Qualität eingehender Materialien wie Rohstoffe, Halbzeuge, Komponenten, Systeme und Module maßgeblich von den Lieferanten bestimmt wird. Mit einer Integration des Lieferanten in die Qualitätssicherungs- und Produktionssteuerungsprozesse können Risiken hinsichtlich der Materialqualität und verfügbarkeit vermindert werden. Im Rahmen einer direkten Zulieferung, wie sie nach dem Just-in-Time-Prinzip erfolgt, sind umfangreiche Qualitätssicherungsmaßnahmen unverzichtbar. Die Sicherung des Qualitätsniveaus erfolgt regelmäßig durch eine beim Lieferanten installierte und automatisierte Prozessüberwachung. Grundlage dieser Kontrollen sind im Vorfeld abgeschlossene Qualitätssicherungsvereinbarungen.

4.3 Absatz

Der globale Wettbewerb und die steigende internationale Marktdynamik erhöhen beständig konjunkturelle Amplituden. Gerade die vergangene Dekade macht deutlich, dass ein Management mit zu engem Blickfeld, einer zu starken Gewichtung von kurzfristigen Renditezielen und die damit verbundenen unidirektionalen Abhängigkeitsverhältnisse dazu führen können, dass Unternehmen in stürmischen Zeiten nicht ausreichend nach unten abgesichert sind. Die Robustheit von Geschäftsmodellen gewinnt insofern in den letzten Jahren besonders an Bedeutung, da der Ruf nach Stabilität gerade in unruhigen Zeiten immer lauter zu vernehmen ist. Besonders aufgrund komplexer Multiplikator- und Leverage-Effekte ist die Simulation von Absatzrisiken, im Rahmen von Stresstests, als besonders bedeutungsvoll einzustufen.

Arten und Ausprägungsdimensionen von Absatzrisiken

Unter Absatzrisiken werden alle negativen Abweichungen zwischen Plan- und Zielwert, hinsichtlich absatzseitiger Erfolgsgrößen, verstanden. Absatzrisiken treten also erst nach Fertigstellung des Produktes oder der Dienstleistung auf. Absatzrisiken lassen sich gemäß gängiger Definition in fünf Risiko-Cluster gliedern. Gemäß ihrer zeitlichen Abfolge im Absatzprozess sind das Verkaufsrisiko, das Lagerrisiko, das Transportrisiko, das Zahlungsrisiko und das Produkthaftungsrisiko zu nennen. Da der Fokus auf leistungswirtschaftliche Absatzrisiken in Industriebetrieben gelegt werden soll, sei das

Zahlungsrisiko an dieser Stelle zwar genannt, im Folgenden aber nicht näher betrachtet. Abweichungen von Planwerten können in unterschiedlichen Ausprägungsdimensionen wie Zeit, Qualität und Menge erfasst werden, welche allerdings Interdependenzen aufweisen können.

Verkaufsrisiken in globalen Absatzmärkten

Da Verkaufsrisiken in der Regel ungebremst auf den Unternehmenserfolg durchschlagen, sind diese als besonders kritisch einzustufen. Verkaufsrisiken können sich in Preis- und Mengenabweichungen niederschlagen. Da diese beiden Größen aber im Sinne der Absatzfunktion kausal korreliert sind, können sie nur schwer getrennt voneinander betrachtet werden. Verkaufsrisiken werden durch eine Reihe externer Einflussfaktoren begünstigt, welche im Rahmen eines effektiven Risikomanagements berücksichtigt werden müssen. Gerade in globalen Absatzmärkten können rechtliche Rahmenbedingungen oder marktspezifische Anforderungen an das Produktdesign das Absatzvermögen empfindlich beeinflussen. Rechtliche Rahmenbedingungen, wie z.B. ökologische Auflagen, können unvorhergesehene Änderungen am bestehenden Produktportfolio notwendig machen. Die Firma Osram kann hier als Fallbeispiel herangezogen werden. Leuchtmittel sind seit einigen Jahren Diskussionsgegenstand innerhalb der deutschen Gesetzgebung. Vorschriften, welche auf eine Entsorgung von Altmaterial oder generell des Verkaufsverbots von Produkten abzielen, können schlagartig mittel- oder unmittelbar das Absatzpotenzial von ganzen Produktfamilien beeinflussen. Änderungen an rechtlichen Rahmenbedingungen können spontan auftreten und können im Gegensatz zu marktinduzierten Nachfragemustern nur schwer antizipiert werden. Umso wichtiger ist es, auf die Konsequenzen vorbereitet zu sein und diese Risiken im Vorfeld durch Stresstests aktiv zu managen. Auch Substitutionsgefahren, welche durch auslaufende Patente wirksam werden, können das Absatzpotenzial beeinflussen. Die Firma Nestlé war in den letzten Jahren in zahlreiche Patentstreitigkeiten verwickelt, weil das von ihr lancierte Kaffeesystem Nespresso Nachahmer hervorbrachte. Das Prinzip des Kapselsystems zur Kaffeezubereitung war leicht zu imitieren und der Patentschutz konnte mehrfach umgangen werden. Die gerichtlichen Verfahren werden derzeit zu Ungunsten der Firma Nestlé entschieden. Kostengünstigere oder ökologischere Varianten erschweren seither die Marktposition von Nespresso. Auch die zunehmende Dynamik und Heterogenität der Kundenbedürfnisse auf globalen Absatzmärkten können als wesentliche Einflussfaktoren gewertet werden. Diese Bedürfnisse müssen Unternehmen im Vorfeld erkennen und zeitnah in entsprechenden Produkten abbilden, um den Wettlauf um die Befriedigung der Kundenanforderungen für sich entscheiden zu können. Die Automobilbranche zeichnet hier ein deutliches Bild. Der durchschnittliche Produktlebenszyklus in der Automobilindustrie hat sich in den vergangenen 10 Jahren von 8 auf 4 Jahre reduziert, die Entwicklungszeit beginnend vom Lastenheft bis zum Produktionsstart ist darüber hinaus um durchschnittlich ein Drittel gesunken, die Modellvielfalt ist explodiert und der Verkäufermarkt hat sich zum Käufermarkt entwickelt. Diese Dynamik verkürzt zuverlässige Prognosehorizonte. Umso wichtiger sind einerseits wirkungsvolle Simulationen durch Stresstests und andererseits anpassungsfähige Produktionssysteme, um die erkannten Anforderungen umzusetzen und um mit der ausufernden Marktdynamik Schritt halten zu können. Um den Schadenswert eingetretener Verkaufsrisiken zu begrenzen, sind Lagerbestände an Fertiggütern auf ein Minimum zu senken. Produzieren auf Sicht lautet die Devise, um den Durchschlag von Nachfrageeinbrüchen einzudämmen. Gerade in der Automobilindustrie wurde diese Gefahr in den Jahren 2008 und 2009 Realität. Der Nachfrageeinbruch führte dazu, dass der geplante Abfluss aus der Produktions-Pipeline nicht eintrat. Gerade die degressive Abschreibungssystematik im Bereich von Automobilen führte zu massiven Abschreibungen auf die Fahrzeugbestände in kürzester Zeit. Diese Wertberichtigung schlug direkt auf den Unternehmenserfolg durch. Durch Stresstests können die Effekte von Nachfragevolatilität jedoch simuliert und geeignete Produktionsstrategien abgeleitet werden. Obgleich die Fokussierung auf Kernkompetenzen eine beliebte strategische Richtschnur des letzten Jahrzehntes war, muss die Strategie unter Berücksichtigung von Nachfrageamplituden kritisch beurteilt werden. Enge Kompetenzportfolios führen oft zu kleinen Produktportfolios. Diese Spezialisierung ermöglicht einerseits die maximale Ausschöpfung von Skalenvorteilen und Synergieeffekten, jedoch ist die Anfälligkeit für Preiserosionen immens, wenn Unternehmen sprichwörtlich „alle Eier in einen Korb legen“. Gerade Hauptwettbewerber müssen sich dieser Leverage-Wirkung bewusst werden. Ein diversifiziertes Portfolio kann allerdings die Stabilität erhöhen und die Abhängigkeit von Preisschwankungen in einem Produktbereich ausgleichen. Mischkonzerne wie General Electric setzen seit jeher auf diese Strategie. Eine vergleichende Analyse für die letzten Jahre, welche durch starke konjunkturelle Amplituden gekennzeichnet waren, macht die Vorteile dieser Strategie sehr schnell deutlich.

Lagerrisiken bei steigender Produktkomplexität

Lagerrisiken können sich in Qualitäts- und Mengenabweichungen niederschlagen. Kann der Bedarf nicht in der nötigen Qualität, aufgrund von mangelhaften Beständen, oder aber nicht in der notwendigen Menge gedeckt werden, spricht man von Lagerrisiken. Ausfransende Produktportfolios, die sich ständig erhöhende Dynamik der Produktlebenszyklen und die enge Taktung von Wertschöpfungsschritten bei gleichzeitig starker Integration von Lieferanten und Systemlieferanten machen prognosefähige Lagermanagementsysteme notwendig. Die Erfahrungen aus dem Beraterallag zeigen jedoch, dass der Stellenwert eines Lagermanagements mit Umschlagssimulationen, basierend auf Vergangenheitswerten und erweitert um quantitative Szenarien aus dem Risikomanagement, verkannt wird. Auch wenn die Konsequenzen einer unpassenden Lagerstrategie direkt erfolgswirksam werden können, erfährt dieses Thema bisweilen oft zu wenig Aufmerksamkeit. Zahlreiche externe Einflussfaktoren begünstigen dabei das Lagerrisiko. Die Planungshorizonte werden durch kurze Umschlagszeiten reduziert und die Vielfalt im Lagerbestand nimmt aufgrund unterschiedlicher Typen zu, was die bedarfsgerechte Lagerdeckung erschwert. Fehl- oder alternde Überbestände führen dabei zu steigenden Stückkosten aufgrund stockender Produktionsprozesse und Abschreibungen. Auch dezentrale Lagerstrukturen erhöhen diese Gefahren. Ein konkreter Praxisfall der jüngeren Vergangenheit macht diese Gefahr deutlich. Um Wegezeiten zu sparen, wurden Roh-, Hilfs-, Betriebsstoffe und Ersatzteilmaterial in der unmittelbaren Nähe der Bedarfssenken gelagert. Die Intention hinter dieser Strategie ist offensichtlich, nur blieb der erhoffte Erfolg aus. Die zersplitterte Lagerstruktur machte ein bedarfsgerechtes Management der Lagerstandorte unmöglich. Innerhalb von 2 Jahren kam es zu 43-75% Überbestand an einzelnen Lagerstandorten. 18% dieser Bestände waren aufgrund zwischenzeitlicher Produktabkündigungen und dem Maschinenaustausch sogar obsolet geworden. Die Abschreibungen und die Kapitalkosten auf die Überbestände überstiegen den Effizienzgewinn aus den kurzen Wegezeiten deutlich. Das Pull-Prinzip kann bei komplexer Lagerdynamik zur Reduktion des Steuerungsaufwandes herangezogen werden. Kanban ist sicherlich der prominenteste Vertreter. Gerade bei schwer prognostizierbarer Umschlagsdynamik innerhalb definierter Intervalle entlasten ausreichend groß dimensionierte Pufferläger aufgrund des reduzierten Koordinationsaufwandes durch Selbststeuerung. In internationalen Fertigungsnetzwerken mit ähnlichen Materialbedarfen eignen sich virtuelle Lager zur Nivellierung der Bestandsschwankungen und zur Senkung der kumulierten Bestandshöhen. Hier werden im ERP-System verschiedene Materialsenken mit den Zugriffsrechten auf ein zentrales oder auf die jeweiligen dezentralen Lager an den Fertigungsstandorten ausgestattet. Gerade bei Ersatzteilen, welche einen hohen Wert und eine hohe Wiederbeschaffungszeit haben und deren Bedarf nur sporadisch auftritt, eignet sich dieses Verfahren. So müssen z.B. große und kostenintensive Ersatzteile, wie Generatoren oder Motoren, nicht redundant an allen Fertigungsstandorten vorgehalten werden. Auch die Wahl des Verbrauchsfolgeverfahrens beeinflusst das Lagerrisiko. Der konsequente Einsatz des First-In-First-Out-Verfahrens schützt den Lagerbestand vor Überalterung. Ferner besteht die Möglichkeit, aus dem innerbetrieblichen Lagerrisiko ein außerbetriebliches Risiko zu machen. Die Verwendung von Konsignationslagern reduziert den Steuerungsaufwand und das Working Capital. Jedoch nimmt auch die Beeinflussbarkeit des Lagerrisikos ab. Konsignationslager sind ein probates Mittel, um die Kosten für Lagerrisiken zu nivellieren. Auch wenn der Anbieter in der Regel eine Grundgebühr für das Konsignationslager veranschlagt, so besteht doch die Möglichkeit, ihn für Fehlmengen in Regress zu nehmen. Gerade bei geringwertigem Schüttgut, Standardersatzteilen und C-Teilen, deren Prozesskosten für die Beschaffung im Vergleich zum Warenwert hoch sind, lohnen sich Konsignationslager in vielen Fällen.

Transportrisiken in internationalen Wertschöpfungsnetzen

Transportrisiken schlagen sich wie Lagerrisiken in einer Soll-Ist-Abweichung hinsichtlich der geplanten Menge, der Zeit oder der geplanten Qualität nieder. Gerade in globalen Wertschöpfungsnetzen erlangen Transportrisiken und die daraus resultierenden Anforderungen in den letzten Jahren zunehmend an Bedeutung. Multiplikatoreffekte in internationalen, mehrstufigen Logistiknetzen potenzieren das Transportrisiko enorm. Die Anforderungen steigen aufgrund der topografischen Vielfalt im Liefernetz. Gerade bei Kühlwaren oder Gefahrgut erhöhen sich Risiken aufgrund unterschiedlicher Klimazonen und Transportmitteln und den zahlreichen Umschlagplätzen, welche vor allem aufgrund der Warenübergabe und dem Abstimmungsaufwand zwischen Logistikdienstleistern ein hohes Risiko bedeuten. Die Wahrscheinlichkeit von Transportschäden wird im Wesentlichen durch die Anzahl an Umschlagplätzen bestimmt. Ferner sind mehrstufige Zollabwicklungen als Ursachenherd für Zeitrisiken anzuführen, da sie ein zeitliches Nadelöhr im Logistiknetz darstellen. Lange und engmaschige Logistikketten bergen in Kombination mit zeitkritischen Lieferungen eine große Gefahr. Diese Gefahr ist insbesondere in der Modeindustrie bekannt. Aufgrund der dichten Lieferketten ist hier eine Nachproduktion nicht möglich, falls eine LKW-Ladung aufgrund von Verschmutzung oder Diebstahl ausfällt. Im Fall eines Ladungsschadens sind bei mehrstufigen Lieferantenketten Haftungsstreitigkeiten nicht auszublenden. Es gilt hier im Vorfeld Verantwortungsbereiche klar abzugrenzen, um Rechtsstreitigkeiten vorzubeugen. Die angespannte Situation in manchen Krisengebieten lässt auch die Terrorgefahr, welche auf den internationalen Transport von Waren Einfluss haben kann, deutlich zum Vorschein treten. Bei eingetretenen Transportrisiken ist von multidimensionalen Konsequenzen auszugehen. An erster Stelle stehen die Kosten für Nachproduktion. Darüber hinaus können teure Eilfrachtaufschläge die Kosten zusätzlich in die Höhe treiben. Auch Vertragsstrafen sind an dieser Stelle eine mögliche Konsequenz. Gerade bei kritischen Ersatzteilen oder pufferlosen Wertschöpfungsketten können diese aufgrund von resultierenden Produktionsausfällen erhebliche Kosten verursachen. Im Sinne von Opportunitätskosten sind auch Umsatzausfälle, welche aufgrund eines Lieferausfalls auftreten, als Kosten zu werten.

Die Sprengkraft verborgener Produkt- und Produkthaftungsrisiken

Produkt- und Produkthaftungsrisiken zählen zu den bedeutungsvollsten Absatzrisiken aufgrund schwer durchschaubarer Ursachenkomplexe, schwer abschätzbarer Konsequenzen im Eintrittsfall und enormer Langzeitwirkung. Die Kosten für Großkonzerne können dabei in Einzelfällen in die Milliarden gehen, wie die Vergangenheit zeigt. 5 Bereiche können dabei als Ursachenherde für Produkthaftungsrisiken identifiziert werden: Konstruktionsfehler, Fabrikationsfehler, Instruktionsfehler und Produktbeobachtungsfehler. Die wohl prominenteste Ursache von Produkthaftungsrisiken sind Konstruktionsfehler. Sie können zu erheblichen Schadensummen durch Rückrufaktionen führen. Hier war vor 4 Jahren insbesondere Toyota im Zentrum der medialen Aufmerksamkeit aufgrund von mechanischen Fehlern beim Gaspedal. Fast 5 Millionen Fahrzeuge waren damals von der weltweiten Rückrufaktion betroffen, welche über 1,4 Milliarden Euro an Kosten verursachte. Konstruktionsfehler haben dabei im Automobilbereich häufig im technischen Einkauf ihren Ursprung. Der Kostendruck in der Automobilbranche ist in den vergangenen Jahren beständig gestiegen. Durch die gesättigten Märkte in Europa, Japan und Nordamerika lassen sich Preiserhöhungen am Markt kaum noch durchsetzen. Wachstum kann in den meisten Fällen nur über die Verdrängung von Wettbewerbern durch günstigere Preise erreicht werden. Die Einkaufsabteilungen versuchen daher, über Zukaufteile die Kosten gering zu halten. Baukastenstrategien ermöglichen massive Kostenpotenziale und Skaleneffekte bei hoher Gleichteileverwendung in einer ganzen Reihe von Fahrzeugen. Der Segen dieser Strategie wird jedoch zum Fluch bei Schwachstellen oder Fehlkonstruktionen. Tritt bei einer Baukastenkomponente ein Fehler auf multipliziert sich die Wirkung des Fehlers durch den flottenweiten Einsatz der Komponente.

Geringe Einsparungen können hier massive Kosten verursachen. Der japanische Autohersteller Toyota rief Anfang dieses Jahres 6,39 Millionen Fahrzeuge aufgrund von Problemen mit den Scharnieren der Rückenlehnen in die Werkstätten zurück. Der Zulieferer der Sitze hat als Antwort auf den Kostendruck der Abnehmer eine zu schwache Feder in den Mechanismus zur Verstellung der Rückenlehne eingebaut. Nun konnte es in Einzelfällen vorkommen, dass die Rückenlehne mitsamt Fahrer nach hinten wegkippt. Dieses Beispiel macht deutlich, dass Einsparungen im niedrigen Cent-Bereich bei scheinbar zweitrangigen Fahrzeugteilen zu Kosten im Milliardenbereich führen können. Es zeigt sich, dass Cost Engineering bei Automobilzulieferern schnell zum Ritt auf der Rasierklinge werden kann. Umso wichtiger ist es daher in Unternehmen die Nutzung geeigneter Stresstests, welche die Konsequenzen von Produkthaftungsrisiken abbilden können, auszubauen. Neben Konstruktionsfehlern können auch Fabrikationsfehler die Auslöser für den Eintritt von Produkthaftungsrisiken sein. Tendenziell sind eher Fabrikationsfehler als Konstruktionsfehler zu identifizieren, da in fertigungsnahen Bereichen in der Regel Qualitätsprüfungen vorgesehen sind, um Abweichungen vom Soll-Zustand des Werkstücks festzustellen. Im Gegensatz dazu ist dies bei Konstruktionsfehlern in Ermangelung eines definierten Soll-Zustandes selten möglich. Konstruktionsfehler sind in der Regel verborgen und daher besonders kritisch. Neben Fabrikations- und Konstruktionsfehlern sind Instruktions- und Produktbeobachtungsfehler als weitere Ursachenherde bei Produkthaftungsrisiken zu sehen. Instruktionsfehler beziehen sich dabei auf Schäden, die ihren Ursprung in fehlerhaften Gebrauchsanleitungen oder nicht ausreichenden Warnungen vor bestimmten Eigenschaften des Produktes haben. Wenngleich dieses Risiko in Deutschland vergleichsweise selten auftritt, wird Instruktionsfehlern in den USA wesentlich größere Bedeutung zuteil. Zahlreiche medienwirksame Auswüchse um erfolgreiche Schadensersatzklagen aufgrund von Verbrühungen durch heißen Kaffee oder Zigaretten, welche unerwartet Krebs verursachen, belegen dies. In internationalen Absatzmärkten ist somit auf die marktspezifische Ausgestaltung von Gebrauchsanweisungen zu achten, um den lokalen Unterschieden des Nutzerverhaltens Rechnung zu tragen. Die Varianz im Ursachenfeld setzt sich ebenso in den Schadensausprägungen bei eingetretenen Produkthaftungsrisiken fort. Eingetretene Produkthaftungsrisiken können kurz- aber auch langfristig wirksame Folgen für das betroffene Unternehmen haben. Kosten für die Nachbesserung und Schadensersatzforderungen gehören dabei zu den kurzfristigen Kosten. Jedoch sind auch langfristige Kosten, wie der monetär wirksame Vertrauensverlust, nicht auszuschließen. Schleichende Qualitätsmängelrisiken, Vertrauensverluste oder Imageschäden können irreversible Schäden verursachen. Hier kann Burger King als prominentes Fallbeispiel herangezogen werden. Die Diskussion von Mai 2014 thematisierte einen Zwischenfall von mangelnder Hygiene in einer einzigen Filiale und führte dabei in Kombination mit aggressiver Berichterstattung zum unternehmensweiten Imageverlust, welcher weitreichende Konsequenzen nach sich zog. Der Umsatz brach aufgrund dieses Zwischenfalls in Deutschland massiv ein, wie auch die deutsche Geschäftsführung bestätigte. Durch einen Kraftakt aus Rabattaktionen und durchgängigen Qualitätskontrollen sollen sich nun die Verkaufszahlen wieder konsolidieren. Dennoch kann eine Image-Erosion dieser Größenordnung nicht sofort ungeschehen gemacht werden. Mehr denn je sind Unternehmen auf die öffentliche Anerkennung ihrer Produkte angewiesen. Das

Unternehmen Apple macht deutlich, dass Kunden in der heutigen Zeit verstärkt durch nicht quantifizierbare Produkteigenschaften und Emotionen langfristig gebunden werden können. Der Umkehrschluss ist jedoch auch zutreffend. Schleichende Umsatzeinbrüche aufgrund stetiger Imageverluste zählen zu den gefährlichsten Konsequenzen eingetretener Produktrisiken. Sie sind schwer auf ihre Ursachen zurückzuführen und Imageschäden sind als Ursache darüber hinaus schwer zu beheben. Auch schleichende Qualitätsmängel können zu Umsatzeinbrüchen führen. Kritische Kundenäußerungen sind in der Regel der Indikator für eingetretene Produktrisiken, jedoch nicht bei schleichenden Qualitätsmängeln. Diese werden vom Kunden registriert, jedoch aufgrund geringer Ausprägung nicht direkt kommuniziert. Der Effekt beschränkt sich auf eine sukzessiv abnehmende Absatzmenge, was eine Identifikation der Kundenunzufriedenheit auf Seiten des Unternehmens aufgrund schwacher Signale erschwert. Neben umsatzreduzierenden Effekten können bei eingetretenen Produktrisiken ebenso die Kosten für die juristische Abwicklung einen erheblichen Beitrag am Gesamtschaden tragen. Auch hier liegen die USA an der Weltspitze. In den USA treten im Automobilbereich Produkthaftungsklagen im Schnitt einhundertmal häufiger auf als im weltweiten Durchschnitt. Ebenso ist es üblich, dass Unternehmen der Maschinenbaubranche 15% der Werkzeugkosten für Anwalts- und Gerichtskosten einkalkulieren. Auch wenn die Produkthaftung in Europa diese Dimensionen noch nicht erreicht hat, so ist es dennoch aufgrund der zunehmenden Globalisierung der Märkte erforderlich, diese Gefahren im Risikomanagement abzubilden und angemessene Präventionsstrategien vorzuhalten. Die zunehmende Internationalisierung zwingt auch kleine Unternehmen zur Antizipation von Absatzrisiken, um die Robustheit des eigenen Geschäftsmodells zu sichern. Stresstests sind hier ein wirkungsvolles Instrument, um sich auf die steigende Volatilität heutiger Absatzmärkte vorzubereiten.

4.4 Logistik

Risiken in der Logistik lassen sich unter anderem auf die zunehmende Logistikkomplexität zurückführen. Dabei wird diese durch diverse externe und interne Komplexitätstreiber von Unternehmen hervorgerufen. Externe Treiber sind dabei beispielsweise die hohe Volatilität des Unternehmensumfelds sowie die Individualisierungsbedürfnisse der Kunden. Länderspezifische Gesetze und Vorschriften sowie neue Technologien sorgen für zusätzliche Komplexität.

Die Unternehmen reagieren auf diese Entwicklungen mit einer steigenden Produktvielfalt, kürzeren Innovationszyklen sowie einem breiteren Serviceangebot. Denn um höhere Margen zu erzielen, sind diese Innovationen und Services notwendig, welche zusätzlichen Kundennutzen schaffen, für den wiederum eine Mehrpreisfähigkeit angestrebt wird. Mit der steigenden Anzahl an Produkten nimmt die Komplexität ebenfalls zu. Oft sind dabei zusätzlich technische Abhängigkeiten, wie die Einhaltung von Standards sowie weltweite Wertschöpfungsprozesse zu beachten. Daher sind neben der steigenden Produktkomplexität auch die Organisation sowie die durchzuführenden Prozesse von steigender Komplexität betroffen.

Die externen und internen Komplexitätstreiber wirken sich direkt auf die Logistikkomplexität aus, welche wiederum zu einer Zunahme der Risiken in der Logistik führt. Dies liegt vor allem an der steigenden Auftrags- und Mengenvarianz durch das vielfältige Produktprogramm sowie an den global verteilten Wertschöpfungsprozessen. Dadurch ergeben sich weiterhin verteilte Kommunikationsstrukturen, eine Vielfalt an Prozessen sowie eine hohe Anzahl an Schnittstellen. Überall dort liegen Risikoquellen, welche hinsichtlich ihrer Auswirkungen und geeigneten Gegenmaßnahmen zu untersuchen sind. Insbesondere die zunehmende internationale Vernetzung der Absatz- und Zuliefermärkte führt zu wachsenden Ansprüchen an die Logistik und steigenden Risiken, da die Zuverlässigkeit und Planbarkeit der gesamten Logistikkette erschwert wird. Auch die gegebenenfalls längeren Wiederbeschaffungszeiten erhöhen die Risiken, beispielsweise hinsichtlich Fehlmengen. Weitere Risiken können aus steigenden Energiepreisen resultieren. So führt ein steigender Ölpreis zu höheren Transportkosten. Daher lohnen sich möglicherweise Transporte, welche momentan noch durchgeführt werden können, künftig nicht mehr. So ist davon insbesondere der Straßengüterverkehr betroffen, bei dem die Kraftstoffkosten bis zu einem Drittel der Gesamtkosten betragen. Zusätzliche Logistikrisiken entstehen durch Prozessrisiken in Logistik und Produktion. So können sowohl im Produktionsverfahren oder in der Produktionsplanung als auch innerhalb und außerhalb der Logistikprozesse im Rahmen der Produktion Störungen vorliegen. Ursachen hierfür sind unter anderem die komplexen Prozesse, Qualitätsmängel bei Zwischenerzeugnissen sowie durch Betriebsmittel- und Arbeitskräfteausfälle verursachte Stockungen im Produktions- und Logistikablauf. Mangelhafte Planung, Steuerung und Kontrolle des Material- und Informationsflusses erhöhen ebenfalls die Logistikrisiken.

Auch der Fachkräftebedarf könnte in Zukunft nicht ausreichend gedeckt werden. So existiert bereits heute ein spürbarer Mangel an Fernfahrern. Zudem wird die benötigte Anzahl an qualifizierten Logistikfachkräften steigen, um die steigende Komplexität zu bewältigen. Derzeit ist nicht abzusehen, ob das Angebot an Fachkräften den Bedarf decken wird. Auch im Logistikbereich gewinnt die Compliance an Bedeutung. Dieser aus dem anglo-amerikanischen Rechtskreis stammende Begriff steht für die Notwendigkeit eines Unternehmens, sich an geltendes Gesetz zu halten. Diese Pflicht steht in einem größeren Zusammenhang, da sowohl aus organisatorischer als auch aus rechtlicher Sicht die Compliance von der Geschäftsleitung im gesamten Unternehmen implementiert und gelebt werden muss. Denn es sind immer mehr gesetzliche Bestimmungen zu befolgen, deren Missachtung zu Sanktionen führen kann. So besteht die Gefahr des Kundenverlusts oder hoher Strafzahlungen, insofern die Compliance-Regeln verletzt werden. Auch Naturereignisse wie Erdbeben, Stürme oder Überschwemmungen stellen ein Risiko für die Logistik dar. So führen die Schadensereignisse vor allem bei Just-in-Time-Lieferungen zu weitreichenden Konsequenzen, da hierbei die Bestände entlang der Wertschöpfungskette besonders niedrig sind. Weitere Risiken sind finanzieller Natur. So erhöhen Wechselkursschwankungen, Liquiditätsausfälle oder eine schlechte Zahlungsmoral von Geschäftspartnern die Logistikrisiken.

Die Wirkungen der Risiken beziehungsweise des Eintritts von Ereignissen kann von einem kleinen Schadensausmaß mit geringer Konsequenz auf Kosten und Erlöse bis hin zu enormen Kosten und entgangenen Erlösen reichen. So führen die aufgezeigten Risiken im schlimmsten Fall zu einer Betriebsunterbrechung mit fatalen Folgen hinsichtlich Ertragsausfällen, Betriebsunterbrechungskosten und einer Verringerung des Kapitalumschlags. Die Höhe der entgangenen Erlöse richtet sich dabei nach der Fehlmengendauer, der geplanten Produktionsmenge, den geplanten Stückerlösen sowie der Reaktion des Kunden. Ist die Produktion der bestellten Ware nicht mehr zum geplanten Zeitpunkt möglich, sind die Kunden gegebenenfalls nicht bereit, auf andere Produkte auszuweichen oder die Produktion abzuwarten. Auch bei einer Verspätung der Lieferung kann der Kunde vom Kauf zurücktreten oder Preisnachlässe verlangen.

Für den Fall, dass die Logistikrisiken keine Betriebsunterbrechung hervorrufen, ist trotzdem mit einem höheren Logistikaufwand zu rechnen. So fallen häufig zusätzliche Transportkosten durch Sondertransporte an. Erfolgt der gesonderte Transport mit einem anderen Transportmittel, so entstehen weitere Kosten. Stets ist dabei mit zusätzlichen Administrations- und Handlingkosten zu rechnen.

In den meisten Fällen leidet zudem die Logistikqualität unter dem Eintritt von Ereignissen. Konkret drückt sich dies durch verspätete Lieferungen, beziehungsweise durch eine sinkende Termintreue aus. Weitere Auswirkungen betreffen die Lieferfähigkeit und Liefertreue. Solche Abweichungen vom Soll-Zustand eines Logistiksystems schränken ebenfalls die Befriedigung der Kundenbedürfnisse ein. Das Ziel des Risikomanagements und der Stresstests muss es daher sein, mögliche Ereignisse und daraus resultierende Schäden zu erkennen und zu verhindern. Hierbei ist die Prävention besonders wichtig, welche sich mit der Risikovermeidung beschäftigt.

Risikomanagement und Stresstests in der Logistik

Ausgangspunkt hierfür ist die Identifikation der Risiken in der Logistik. Ziel ist es dabei, die Einzelrisiken vollständig zu erfassen. Eine strukturierte Offenlegung möglicher Risiken schafft zunächst eine breite Informationsbasis, mit deren Hilfe auch organisatorische und prozessuale Schwachstellen in der Logistikkette aufgedeckt werden können. Sind die Risiken identifiziert, so lassen sie sich mit Hilfe der statischen Risikomessung durch Kennzahlen ausdrücken. Hierzu können die oben erläuterten Schadenswirkungen aus Zeit-, Kosten- und Qualitätssicht verwendet werden sowie weitere Kennzahlen, wie beispielsweise der Value-at-Risk. Solche Kennzahlen der statischen Risikomessung dienen vorwiegend der laufenden operativen Steuerung zur Unterstützung der Planung, Performancemessung und Verbesserung der bestehenden Abläufe.

Stresstests hingegen können für die Bewertung extremer Ereignisse verwendet werden. Sie dienen damit der Früherkennung und Vorbereitung auf den Schadenseintritt und stellen daher eine wichtige Unterstützung für die Krisenbewältigung dar. Konkret können Stresstests dazu beitragen, die Funktionsfähigkeit der Logistikkette auch beim Eintritt extremer Ereignisse sicherzustellen. Dies kann durch die beiden Arten des Stresstests, Sensitivitätsanalysen und Szenarioanalysen, erfolgen. Sensitivitätsanalysen, so genannte univariate Stresstests, betrachten den isolierten Einfluss eines einzelnen Risikos. Der Risikofaktor kann dabei verändert werden, worauf sich eine Quantifizierung des Schadensmaßes anschließt. Die Veränderung des Risikofaktors kann einerseits willkürlich gewählt, andererseits aber auch auf Grundlage historischer Bewegungen ermittelt werden. Der Vorteil der Sensitivitätsanalyse ist ihre leichte und schnelle Durchführbarkeit. Da nur ein einzelner Risikofaktor verändert wird, sind keine Annahmen zur Interaktion von Risiken zu treffen. Hier liegt jedoch der wesentliche Nachteil der Sensitivitätsanalyse, da die Nichtbetrachtung der Wechselwirkungen die Aussagekraft der Ergebnisse beeinträchtigt und daher die Gefahr einer mangelhaften Beurteilung der Risiken besteht.

Szenarioanalysen, so genannte multivariate Stresstests, betrachten die Veränderung mehrerer oder gar sämtlicher relevanter Risikofaktoren. Dies trägt zu einer realistischeren Darstellung der Logistikrisiken in Stresssituationen bei. Bei der Modellierung der Szenarien kann aus historischen und hypothetischen Ausprägungen gewählt werden sowie aus einer Mischform. Historische Szenarien basieren dabei auf den Ereignissen der Vergangenheit, während hypothetische Szenarien Ereignisse beschreiben, welche in der dargestellten Form noch nicht vorgekommen sind. Solche Szenarien basieren beispielsweise auf Annahmen von Experten über extreme, aber plausible Entwicklungen von Logistikrisiken in der Zukunft.

Das Vorgehen des Stresstest gliedert sich damit in vier Schritte:

1. Identifikation von Stressszenarien

2. Bewertung von Stressszenarien

3. Erarbeitung von Maßnahmen

4. Erstellung des Risikoberichts

Im Rahmen der Identifikation ist zunächst die Logistikkette mit ihren Prozessen und Verantwortlichkeiten zu betrachten. Hierbei sind jene Ereignisse zu ermitteln, welche sich ungünstig auf die Logistikkette auswirken können. Hierzu gehören, wie eingangs aufgezeigt, unter anderem auch Risiken aus der Logistikkomplexität, Prozessstörungen, finanzielle Risiken und Naturereignisse. Durch die Betrachtung dieser potenziellen Risiken wird eine umfangreiche Liste erarbeitet. Die anschließend erstellten Szenarien beschreiben, wie sich die ausgewählten Risikotreiber im Stressfall entwickeln könnten. Dabei sind auch die Wechselwirkungen zwischen den Risiken zu berücksichtigen. Die Szenarien werden historisch, hypothetisch oder in hybrider Form hergeleitet. Eine Liste typischer Stressszenarien, wie beispielsweise für die Konjunktur, den Ausfall wichtiger Lieferanten oder Wechselkursschwankungen, kann hier als Ausgangspunkt dienen.

Die im Anschluss durchgeführte Bewertung der Szenarien kann hinsichtlich des möglichen Schadensausmaßes und der Eintrittswahrscheinlichkeit erfolgen. Die Systematisierung der Risiken hilft bei der Zuordnung, Bewertung und Priorisierung identifizierter Risiken und bildet die Basis für die Ableitung geeigneter Handlungsstrategien. Dies soll dazu beitragen, bei sämtlichen Risiken das Schadensausmaß sowie die Eintrittswahrscheinlichkeit zu verringern. Zur Ermittlung der Schäden können neben den Zeit- und Qualitätskennzahlen die zusätzlichen Kosten durch administrativen Aufwand, Sondertransporte oder Betriebsunterbrechungen herangezogen werden.

Basierend auf den bewerteten Szenarien sind entsprechende Maßnahmen zu erarbeiten. Hierbei ist zu unterscheiden, ob die Maßnahmen direkt oder erst beim Eintritt der Ereignisse auszuführen sind. Um die Ergebnisse des Stresstests darzustellen, sind die einzelnen Szenarien sowie deren Auswirkungen auf die betrachteten Erfolgsgrößen der Logistikkette zu erläutern. Ebenfalls sind die festgelegten Maßnahmen und Schwellen für ihre Auslösung festzuhalten. Die Ergebnisdarstellung ermöglicht es, die durch die Stresstests erkannten wesentlichen Risiken samt deren Auswirkungen, unter anderem durch ein Risikoportfolio, transparent zu dokumentieren. Die Darstellung der Maßnahmen erleichtert damit die Entscheidungen, welche bei Ereigniseintritt notwendig werden. Durch den Risikobericht können die Unternehmen entlang der Logistikkette frühzeitig über potenzielle Risiken, in Abhängigkeit von unterschiedlichen Szenarien, informiert werden und frühzeitig gegensteuern.

Stresstests in der Logistik stellen damit eine sinnvolle Ergänzung des Risikomanagements in der Logistik dar und helfen dabei, die Logistikrisiken sowie deren Auswirkungen zu reduzieren. Dies zeigt die Fallstudie, die im Folgenden erläutert wird.

Fallstudien

In einem Mikrochip-Werk von Philips in den USA brach nach einem Blitzeinschlag ein Feuer aus. Dabei kam es zu einer Beschädigung der Produktionsanlage sowie der Lagerbestände an Halbleitern und Mikrochips. Zunächst ging Philips von einer einwöchigen Produktionsunterbrechung aus. Um jedoch den Reinraumstatus im Werk wiederherzustellen sowie den Produktionsausfall auszugleichen, vergingen mehrere Monate. Nokia und Ericsson, zwei Kunden von Philips, standen jeweils kurz vor der Markteinführung eines neuen Mobiltelefons und waren direkt vom Produktionsausfall betroffen. Die Ergebnisse von Stresstests stellten dabei eine Möglichkeit dar, auf diese Situationen besser zu reagieren. So wurden aufbauend auf den erarbeiteten Maßnahmen des Stresstests bei Nokia die Verfügbarkeit der benötigten Teile aus andern Quellen geprüft. Die erforderlichen Chips konnten in anderen Fabriken hergestellt werden, so dass Nokia sein neues Modell ohne Verzögerung auf den Markt bringen konnte. Ericsson hingegen verließ sich auf die Aussage des Lieferanten, nutzte keinen Stresstest und ergriff daher auch keine Gegenmaßnahmen. Da deshalb das neue Modell nicht wie geplant auf den Markt kam, verzeichnete das Unternehmen massive Verluste, welche konkret auf das Fehlen der Chips zurückzuführen waren.

Ein weiteres Fallbeispiel behandelt die Branche der Logistikdienstleister. Dort sind, aufbauend auf verschiedenen Stressszenarien, Gegenmaßnahmen bekannt, um eine rechtzeitige und vollständige Lieferung sicherzustellen. Dies ist insbesondere in der Automobilindustrie wichtig, bei der aufgrund fehlender Teile schnell ein Produktionsstillstand drohen kann. So stellen die Logistikdienstleister besondere Services für den Ernstfall bereit. Diese werden angefragt, wenn die Zeit selbst für Expresszustellungen nicht mehr ausreicht. So werden beispielsweise dringend benötigte Teile von einem Begleitkurier mit PKW, Hubschrauber oder Flugzeug direkt zum Zielort gebracht.

4.5 Forschung und Entwicklung

Bei immer stärker abnehmenden Produkt- und Technologielebenszyklen ist eine kontinuierliche Forschungs- und Entwicklungstätigkeit sowie die Einführung resultierender Innovationen am Markt eine entscheidende Voraussetzung für den nachhaltigen Erfolg eines Unternehmens. Der großen Bedeutung von Innovationen für die Sicherung des langfristigen Überlebens des Unternehmens steht jedoch das Risiko des Misserfolgs gegenüber. Innovationen und neue Produkte garantieren nicht automatisch andauernden Erfolg und die Erreichung von Wachstums- und Umsatzzielen. Neuproduktentwicklungen können ebenso riskant sein wie der Verzicht auf Innovationen, da nur im wirtschaftlichen Sinn erfolgreiche Forschungs- und Entwicklungstätigkeiten zukünftigen Erfolg schaffen. Forschungs- und Entwicklungsaktivitäten sind mit vielfältigen, interdependenten Risiken verbunden.

Risiken in Forschung und Entwicklung

Die Systematisierung von Risiken in Forschung und Entwicklung erfordert eine differenzierte Betrachtung der potenziellen Risiken einzelner F&E-Projekte sowie deren Risiken, die aus dem F&E-Programm als Ganzes resultieren können. Die Risiken auf Projektebene lassen sich durch die drei Kategorien technisches, wirtschaftliches und zeitliches Risiko beschreiben. Eine überschneidungsfreie Abgrenzung der Risiken ist nicht möglich, da zwischen den einzelnen Risiken starke Interdependenzen bestehen. Die drei Risikokategorien setzen sich jeweils aus einer Reihe von Einzelrisiken zusammen. Die Summe des technischen, wirtschaftlichen und zeitlichen Risikos repräsentiert das Erfolgsrisiko des Projektes. Das technische Risiko basiert auf der Unsicherheit hinsichtlich des Ergebnisses eines F&E-Projekts und besteht darin, dass es dem Unternehmen nicht oder nur unzureichend gelingt, die auftretenden technischen Probleme zu lösen, so dass die geplanten technischen Ziele nicht erreicht werden. Die Kernfrage des technischen Risikos lautet: Ist eine technische Lösung des Problems möglich, beziehungsweise können die technischen Ziele erreicht werden? In einem engen Verhältnis zu dem technischen Risiko stehen Zeit- und Kostenrisiken, da das technische Risiko im Grenzfall durch ein hinreichend großes Kosten- und Zeitbudget eliminiert werden kann, sofern der gewünschte technische Zielerreichungsgrad nicht über die Fortschrittsgrenze hinausgeht. Allerdings wäre diese Vorgehensweise in der überwiegenden Zahl der F&E-Projekte, im Hinblick auf knappe Ressourcen, ökonomisch nicht sinnvoll. Gleichwohl ist anzumerken, dass das technische Risiko unter den genannten Voraussetzungen nur deshalb existent ist, weil es eine Kosten- und Zeitrestriktion gibt. Das technische Risiko kann sich im Projektverlauf reduzieren, wenn durch die ausgeführten Aktionen neue zielrelevante Informationen gesammelt werden oder von außen solche Informationen hinzustoßen. Das wirtschaftliche Risiko bildet die zweite Komponente bei der Dekomposition der F&E-Projekt-Risiken. Es setzt sich aus dem Marktrisiko, dem Produktionsrisiko sowie dem Kostenrisiko zusammen. Das Verwertungs- oder Marktrisiko ist das Ergebnis unvollkommener Information über die betriebliche und außerbetriebliche Umgebung der F&E-Aktivitäten sowie über die Eignung des gesuchten Wissens für diese Umgebung. Es beschreibt die Gefahr, dass der Markt nicht bereit ist, ein technisch erfolgreich entwickeltes Produkt aufzunehmen und so zu honorieren, dass die aufgewendeten Mittel in angemessener Zeit zurückfließen. Die erfolgreiche Verwertung am Markt setzt neben dem technischen Erfolg voraus, dass bei Eigenentwicklungen das Produkt auch wirtschaftlich gefertigt werden kann. Das damit einhergehende Produktionsrisiko wird dadurch begründet, dass eine Vielzahl von Informationen mit Konzeptrelevanz erst in der Realisierung oder beim Serienanlauf entsteht. Die hohe Arbeitsteilung, die sich entlang der Innovationskette herausgebildet hat, und die damit verbundenen Kommunikationsbarrieren zwischen den Funktionen behindern den erfolgreichen intensiven Informationsaustausch. Einen weiteren Bestandteil des wirtschaftlichen Risikos stellt das Kostenrisiko dar. Das Kostenrisiko betrifft die Unsicherheit bezüglich der im Rahmen der Innovationsaktivitäten anfallenden Kosten und der resultierenden Herstellkosten des Produktes. Bei den Kosten zur Projektrealisierung müssen neben den direkten F&E-Kosten auch die Kosten in anderen Funktionsbereichen berücksichtigt werden, die in einem engen Zusammenhang mit dem Innovationsprozess stehen. Das zeitliche Risiko stellt neben dem technischen und wirtschaftlichen Risiko die dritte wesentliche Komponente zur Kategorisierung der F&E-Projekt-Risiken dar. Die Entwicklungszeit ist heute in vielen Branchen der entscheidende Erfolgsfaktor. Die Unternehmen befinden sich zunehmend in einer Zeitfalle. Entwicklungs- und Amortisationszeit nähern sich immer mehr der eigentlichen Zeit des Marktzyklus des Produktes an. Die sogenannte „Zeitschere" schließt sich und das Risiko einer Produktentwicklung im Hinblick auf die Amortisation wird immer größer, die Gewinnzone eines Produktes immer kleiner. Zeitrisiken entstehen auf Grund der Unsicherheit hinsichtlich der Realisierungszeiten bei den durchzuführenden Aufgaben. Die zentrale Fragestellung des zeitlichen Risikos lautet: Ist innerhalb der gegebenen Zeit ein Ergebnis zu realisieren? Generell kann konstatiert werden, dass alle Risikokategorien starke Interdependenzen zum zeitlichen Risiko aufweisen. Die Zeitdimension der Risiken leitet sich unmittelbar aus der Definition des Risikos als „Zielverfehlung" ab, da Ziele zur ihrer Operationalisierung grundsätzlich einen Zeitbezug aufweisen müssen. Erheblichen Einfluss auf die Höhe des Risikos hat die Verkürzung der Produktlebenszyklen. Je kürzer der Zeitraum ist, in dem ein Produkt auf dem Markt verkauft werden kann, desto stärker ist auch der Druck auf das Unternehmen, seine Innovationen in kürzester Zeit auf dem Markt einzuführen, um einen ausreichenden Gewinn zu erwirtschaften. Damit steigt das zeitliche Risiko, da bereits kleine Zeitverzögerungen dazu führen können, dass der Break-Even-Point nicht mehr erreicht wird.

Da das F&E-Programm durch die Summe aller F&E-Projekte gebildet wird, überlagern sich bei der Zusammenstellung der F&E-Projekte zu einem F&E-Programm die dargestellten Risikoarten und deren Wirkung. Zusätzlich zu den auf der Projektebene vorherrschenden technischen, wirtschaftlichen und zeitlichen Risiken wirken, wie eingangs beschrieben, noch spezifische Risiken auf der Programmebene. Die Aggregation aller Projekte ergibt wiederum das Gesamtrisiko (Erfolgsrisiko) eines F&E-Programms. Innerhalb des F&E-Programms bestehen vielfältige Interdependenzen zwischen den Projekten, die einen entscheidenden Einfluss auf die Höhe des Erfolgsrisikos auf Programmebene ausüben. Diese Risiken können aber auch Chancen darstellen, indem Synergie- und Diversifikationseffekte zwischen den Projekten genutzt werden können. Demzufolge kann es nicht das Ziel sein, jegliche Interdependenz der F&E-Projekte im F&E-Programm zu vermeiden. Das Programmrisiko wird maßgeblich durch die im Programm bestehenden Beziehungen zwischen den Projekten sowie der in Summe zur Verfügung stehenden Ressourcen determiniert. Es können somit die beziehungsspezifischen Risikoarten des Interdependenzrisikos, des Selektionsrisikos und des Ressourcenrisikos im Rahmen des Programmrisikos unterschieden werden. Das Interdependenzrisiko resultiert aus Beziehungen zwischen den F&E-Projekten eines F&E-Programms. In der Realität können komplementäre und substitutionelle Beziehungen zwischen den einzelnen F&E-Projekten bestehen. Diese Beziehungen führen zu positiven oder negativen Auswirkung auf das F&E-Programm, die durch eine losgelöste Betrachtung einzelner Projekte nicht erkennbar sind. Im Idealfall neutralisieren sich die Risiken gegenseitig, wobei im schlechtesten Fall die Risiken kumuliert werden und sich unter Umständen sogar noch gegenseitig verstärken können. Das Interdependenzrisiko resultiert folglich aus einem mangelnden Diversifikationseffekt im F&E-Programm und äußert sich in der Weise, dass sich gewisse, bei der F&E-Programm-Planung berücksichtigte, positive Effekte nicht einstellen. Auf Grund der vielfältigen Interdependenzen besteht ein hohes Risiko bei der Zusammenstellung des F&E-Programms. Folglich herrscht auf Programmebene die Gefahr der falschen Programmkomposition, die als Selektionsrisiko bezeichnet wird. Unter dem Begriff Selektionsrisiko werden alle Risiken zusammengefasst, die durch (falsche) Entscheidungen im Laufe des strategischen Programmplanungsprozesses entstehen können. Eng verbunden mit dem Selektionsrisiko ist das Ressourcenrisiko, das auf die Limitierung der materiellen, finanziellen und personellen Ressourcen verweist. Werden zu viele Projekte in das F&E-Programm aufgenommen, so steigt das Erfolgsrisiko des Programms, da die Ressourcenspielräume eingeengt werden und Ressourcenüberschreitungen einzelner Projekte eine Kettenreaktion im gesamten Programm auslösen können. Das Ressourcenrisiko und das Ziel einer maximalen Ausnutzung des Diversifikationseffektes stehen in einem entgegengesetzten Verlauf zueinander.

Strategien zur Handhabung von Risiken in Forschung & Entwicklung

Bei der Ausgestaltung einer risikobewussten Forschung und Entwicklung sind die Gestaltungselemente der Planung, Steuerung, Kontrolle und Informationsversorgung zu berücksichtigen. Die Planung umfasst das systematische Durchdenken von Zielen,

Maßnahmen, Mitteln und Wegen zur Zielerreichung im F&E-Programm unter Berücksichtigung der potenziellen Risiken. Hierzu sind die Ziele im F&E-Programm zu operationalisieren und die Risiken permanent zu identifizieren. Durch eine hinreichende Operationalisierung der Ziele wird die Grundlage für ein effektives Risikomanagement geschaffen, auf dessen Basis die F&E-Programmplanung entweder nach dem sukzessiven oder simultanen Verfahren vollzogen werden kann. Risikobewusste Planung setzt voraus, dass die Risiken auf Projekt- und Programmebene im Rahmen der Risikoidentifikation erkannt werden. Nicht identifizierte Risiken können zum Versagen eines Projektes führen und überproportional die Risikolage im F&E-Programm verändern. Effektive Risikohandhabung setzt voraus, dass Änderungen bei einmal identifizierten Risikosituationen erkannt und, falls erforderlich, Impulse zur Revidierung der ergriffenen Maßnahmen gegeben werden. Zudem sind die potenziellen Auswirkungen der Risiken kontinuierlich zu evaluieren. Stresstests sind hierbei als geeignetes Mittel zur Simulation von Extremszenarien einzusetzen. Hierzu muss zunächst eine Systematisierung der Ursachen der identifizierten Risiken erfolgen, die die Beobachtungsbereiche der Belastungsszenarien darstellen. Die Folgen des Risikoeintritts bilden den Untersuchungsgegenstand der Auswirkungsanalyse des Stresstests. Durch eine Modellierung der Ursache-Wirkungsketten können Ursache-Wirkungsfolgen zwischen Risikoursachen, Risiken und Risikowirkungen erfolgen. Die Kontrolle der anhand von Stresstests und anderen Methoden identifizierten Risikohandhabungsmaßnehmen erfolgt durch Fortschritts-, Maßnahmen-, Prämissen- und Systemkontrolle. Diese bilden die vier Kontrollbereiche, die im Rahmen der Gestaltung der risikobewussten Forschung und Entwicklung unterschieden werden können. Die Gestaltung der F&E-Projekt- und F&E-Programm-Fortschrittskontrolle wird mittels eines Rating-Prozesses und der Unsicherheitskarte vollzogen. Zur Maßnahmenkontrolle eignen sich Risikomatrizen, die die Elemente der Risikoidentifikation, -bewertung und der -handhabung in eine Übersicht zusammenführen und verbindliche Maßnahmenpläne mit Verantwortlichkeiten und Terminen enthalten. Die Prämissenkontrolle ist als kontinuierlicher Prozess zu implementieren, der überprüft, ob sich der bei der Programmplanung zugrunde liegende Informationsstand gegenüber dem jetzigen Informationsstand wesentlich geändert hat. Zur Ermöglichung der Prämissenkontrolle empfiehlt sich eine systematische Dokumentation der Planungsgrundlagen und aller Risiken. Die Systemkontrolle zielt auf eine Überprüfung der Effektivität und Effizienz des risikobewussten F&E-Programmmanagements ab. Die Ausgestaltung dieser Kontrolle erfolgt durch Kennzahlensysteme, Schwachstellenanalysen, externe Kontrollen und Benchmarking.

4.6 Management und Organisation

Unternehmen stehen vor der Herausforderung, ihre internen Führungs- und Organisationsstrukturen stets an die Anforderungen des Marktes anzugleichen und dabei gleichzeitig unternehmensspezifische Strategien und Zielsetzungen zu berücksichtigen. Externe Rahmenbedingungen wie der demographische Wandel, die zunehmende Internationalisierung der Beschaffungs- und Absatzmärkte, die steigende Relevanz von Social Media und IT-gestützter Kommunikation treten als schwer prognostizierbare Risikofaktoren auf und schaffen ein neues Risikoabbild im Unternehmen, das es durch geeignete Führungs- und Organisationsstrukturen zu beantworten gilt. Entgegen der weitläufigen Auffassung kommt einem effizienten Risikomanagement nicht die Aufgabe des ewigen Zweiflers zu. Vielmehr bildet es einen Katalysator zur Realisierung einer nachhaltigen Wachstumsorientierung in der Organisation und Führung: Denn es gilt externe Entwicklungen frühzeitig zu antizipieren und die Organisations- und Führungsstrukturen im Unternehmen durch eine effiziente Aufbau- und Ablauforganisation, ein adaptives Informationswesen, teilredundante Prozess- und Kompetenzstrukturen und eine anspruchsgruppengerechte Kommunikation in die Lage zu versetzen, Wachstums-, Diversifikations- und Flexibilisierungsziele zu erreichen. Die Überprüfung und Neuausrichtung der Organisation ist eine permanente Managementaufgabe. Zur Erzielung von Wettbewerbsvorteilen und Realisierung von Wachstumschancen ist die Aufbau- und Ablauforganisation an sich verändernde Umweltbedingungen anzupassen. Die Inhalte der Funktionsbereiche, die Arbeitsteilung innerhalb und zwischen den Organisationseinheiten sowie die Ressourcen- und Kapazitätsausstattung sind wichtige Gestaltungsfelder. Die Ausrichtung auf wertschöpfende Tätigkeiten sowie die Vermeidung von Verschwendung und Blindleistung erfordert ein aktives Handeln auf allen Organisationsebenen.

Ein aktives Risikomanagement bedeutet aber auch, das Unternehmen in die Lage zu versetzen, seine Organisationsstrukturen bei Bedarf zu schrumpfen und den Zentralisierungsgrad der Führungsprozesse adaptiv zu steuern, um Überkomplexität zu vermeiden und sich effizient an dynamische Umweltbedingungen anzupassen. Das Aufgabenbild des Risikomanagements ändert sich mit dem Modularisierungs- und Dezentralisierungsgrad der Organisation. Denn die effektive Steuerung zentralisierter Führungsaufgaben stellt andere Anforderungen an das Risikomanagement als die dezentralisierte Begleitung spezialisierter und operativer Prozesse über zahlreiche Organisationseinheiten hinweg. Im Fall bereits eingetretener Führungs- und Organisationsrisiken ist es die Aufgabe eines effektiven Risikomanagements, wirtschaftlichen Schaden und Imageverluste vom Unternehmen abzuwenden. Diese Schutzfunktion ist vor dem Hintergrund der großen Tragweite und Öffentlichkeitswirksamkeit von Management- und Organisationsfehlern von besonders hoher Relevanz. Denn der wirtschaftliche Schaden, der durch Führungsinkompetenz und falsche Organisationsentscheidungen entstehen kann, ist enorm: Allein der wirtschaftliche Schaden, der, aufgrund von Management- und Organisationsfehlern, durch nicht erfolgreich beendete Projekte entsteht, beläuft sich in Deutschland pro Jahr auf 150 Milliarden Euro. Eine Schadensfolge weitaus größerer Relevanz zeigt sich jedoch jenseits der monetären Verluste. Denn Managementfehler und Führungsinkompetenz haben durch ihre Multiplikatorwirkung auf externe und interne Anspruchsgruppen besonders weitreichende Folgen für das Unternehmensimage. An erster Stelle sind hier Produktivitätsminderungen zu nennen, die infolge innerer Kündigungen und Fluktuationskosten durch vollzogene Kündigungen entstehen. Die Gallup-Studie 2013 zeigt auf, dass aktuell 50% der deutschen Arbeitnehmer von Fluktuation betroffen sind. 25% der Arbeitnehmer geben an, bereits eine innere Kündigung vollzogen zu haben. Weitere 25% haben diese bereits realisiert. In der Studie wird von einer zukünftig steigenden Tendenz ausgegangen. Auch die durchschnittlich etwa 49 Millionen Krankheitstage infolge psychischer Belastung führen Studien mehrheitlich auf ungeeignete Organisationsstrukturen, frustrierende Arbeitsprozesse und schlechtes Führungsverhalten zurück. Imageschäden und Mitarbeiterunzufriedenheit, verursacht durch schwarze Schafe in der Führungsebene, Rechtsstreitigkeiten, Organisationsfehler und Konflikte mit öffentlichen Interessensgruppen erfahren in der Informationsgesellschaft durch Social Media-Plattformen und Online-Bewertungsportale eine große Reichweite und oftmals unerwartet weitreichende Außenwirkungen. Ohnehin alarmierende Problemfelder wie die durch mehrere Studien belegte steigende Mitarbeiterunzufriedenheit werden durch Social Media wie dem Onlineportal zur Unternehmensbewertung aus Mitarbeitersicht „KUNUNU", einem Unternehmen der XING-Gruppe, mit machtvollen Instrumenten hinterlegt, die die Öffentlichkeitswirksamkeit imagebezogener Risiken vervielfachen.

Viele der hauptsächlich in den sozialen Medien ausgetragenen Debatten zwischen Unternehmen und Mitarbeitern, Kunden oder der allgemeinen Öffentlichkeit beruhen auf tatsächlich begangenen Organisations- und Managementfehlern. Doch die selbstverstärkende Wirkung der Social Media führt in immer mehr Fällen dazu, dass kleine Auslöser wie ein einzelner Facebook-Post eines unzufriedenen Kunden auf der Unternehmens-Fanseite zu unerwartet weitreichenden Protestwellen und einem nachhaltigen Imageschaden führen. So gelangte der Nahrungsmittelhersteller Nestlé nachhaltig in Bedrängnis, als die Umweltschutzorganisation Greenpeace ein YouTube-Video veröffentlichte, in dem kritisiert wurde, dass große Mengen Palmöl zur Produktion des bekannten Produktes, des KitKat-Riegels, verwendet werden und durch die große Nachfrage an Palmöl und die damit verbundene Ausweitung der kommerziellen Plantagen der Lebensraum von Orang-Utans immer weiter schrumpft. Die Versuche des Unternehmens, die Verbreitung des Videos rechtlich zu unterbinden, führte zu einer viralen Ausbreitung in allen bekannten Social Media-Plattformen und zu einem nachhaltigen Umsatzeinbruch in dieser Produktsparte. Ähnliches erlebte der Telekommunikationsanbieter O2, als das Unternehmen einem Kunden, der sich über die mangelhafte Netzabdeckung beschwerte, versicherte, dass es sich bei seinem Problem um einen Einzelfall handelt. Als Reaktion eröffnete der verärgerte Endkunde einen Webblog mit dem Namen „wir-sind-Einzelfall", dem sich binnen Wochen zehntausende weitere Nutzer anschlossen, die durch eine aus ihrer Sicht unangebrachte Reaktion des Unternehmens verärgert wurden. Die Webseite des Blogs wurde erst geschlossen, als O2 einen verstärkten Netzausbau zusicherte. Beispiele wie diese zeigen, dass Unternehmen im Zeitalter der sozialen Medien neuen, schwer prognostizierbaren Kommunikationsrisiken ausgesetzt sind, die es durch eine offene und an externe Anspruchsgruppen gerichtete Führungs- und Informationskultur sowie durch eine umfassende juristische Absicherung gegen äußere Anschuldigungen, ob ungerechtfertigt oder gerechtfertigt, zu beantworten gilt. Aktuelle Fälle wie der öffentlich ausgetragene Steuerstreit zwischen der Schweizer Großbank UBS und dem deutschen Staat verdeutlichen das Bild: Im Rahmen des Kaufs von Daten über mutmaßliche Steuerhinterzieher durch das Bundesland Nordrhein-Westfalen fiel die Bank in den Verdacht, deutsche Anleger durch eine gezielte Beratung aktiv bei Steuerhinterziehungsdelikten unterstützt zu haben. Nach einem langen Rechtsstreit willigte die UBS-Bank ein, eine Strafzahlung in Höhe von 300 Millionen Euro zu tätigen, um den Streit beizulegen. Die Bank hat damit die bislang höchste Geldbuße eines Schweizer Unternehmens in Deutschland in Kauf genommen. Die Entscheidung zeigt plastisch, dass die Bank den nicht-monetären Schaden, der durch das Organisationsversagen und die damit einhergehenden Imageverluste entstanden ist, höher einschätzt, als die monetäre Strafzahlung, durch die der Imageverlust begrenzt wird. Das Beispiel des ADAC zeigt, dass selbst ein individuelles Fehlverhalten einzelner Führungskräfte für das Unternehmen globale Risikofolgen nach sich ziehen kann: Der Automobilclub geriet in die negative Presse, nachdem bekannt wurde, dass der Kommunikationschef des Unternehmens dem Automobilhersteller BMW durch eine gezielte Datenmanipulation zu einem besseren Ranking im Wettbewerb des „Auto-des-Jahres" verholfen hatte. Als Folge des Skandals kündigten 250.000 Mitglieder innerhalb der darauffolgenden vier Monate ihre Mitgliedschaft, was einem Rückgang von 2% entspricht. Trotz ihrer großen Hebelwirkung sind Mess- und Steuerkonzepte für Management und Organisationsrisiken in einem Großteil der Ansätze des betriebswirtschaftlichen Risikomanagements sowie in ihrer praktischen Umsetzung heute noch weit unterrepräsentiert. So sind Management- und Organisationsrisiken in den meisten Risikoklassifizierungen unter „sonstige Risiken" aufgeführt und differenzierte Ansätze zur Strukturierung, der dieser Risikoklasse zuzuordnenden Risikoarten, existieren kaum. Auch in der Praxis werden Managementrisiken oftmals stiefmütterlich behandelt oder sogar aktiv ausgeblendet. Dies kann darauf zurückgeführt werden, dass Managementrisiken in der Regel eine personenbezogene Komponente aufweisen und die Risikoverursacher kein Interesse daran haben, die Diskussion auf die durch sie verursachten Risiken zu lenken. Mitarbeiter, als zentrale Risikoträger, meiden hingegen die Diskussion aufgrund ihrer persönlichen Abhängigkeit der risikoverursachenden Personen. Studien führen einen Großteil der in den letzten Jahren überproportional aufgetretenen Burnout-Fälle bei Mitarbeitern auf mangelhafte Mitarbeiterführung zurück. Doch wie können Managementrisiken erfasst und reduziert werden? Managementrisiken treten auf zwei Ebenen auf: Auf der Ebene der strategischen Führung (Unternehmensführung) sowie auf der Ebene der operativen Führung (Personalführung). Bei der Erfassung strategischer Managementrisiken steht die ganzheitliche Analyse der Struktur und der Effektivität des vorhandenen Managementinstrumentariums im Vordergrund. Es geht darum, die Führungsgrundsätze des Unternehmens wie etwa das Leitbild, das Ziel- und Wertesystem, die Corporate-Social-Responsibility, die Geschäftspolitik, die Führungsstrukturen und -prozesse, die internen und externen Kommunikationsregeln und -wege und das Beurteilungs- und Qualifikationswesen durch außenstehende, neutrale Parteien hinsichtlich des Fits gegenüber allen Anspruchsgruppen des Unternehmens beurteilen zu lassen. Hierbei gilt es Risiken abzuwägen, die aus Unternehmensstrategien, Entscheidungs- und Eskalationsstrukturen, aufbauorganisatorischen Strukturen, der Unternehmenskultur, dem Leitbild, der Mitarbeitermotivation und -qualifikation sowie aus der Geschäftstätigkeit und der Selektion der Geschäftspartner resultieren. Um ein wirksames Risikofrühwarn- und Informationssystem zu etablieren, bietet es sich an, Führungs- und Organisationsrisiken entsprechend der Anspruchsgruppen des Unternehmens zu gliedern: Markt und Kunden, Lieferanten, Wettbewerber, Mitarbeiter, Manager und Eigentümer, Gläubiger und Aktionäre sowie Staat und Öffentlichkeit. Auch globale Führungskonzepte wie etwa das Lean Management, Time Based Management, oder das Total Quality Management sind hinsichtlich ihrer Effektivität und ihres Fits zum Unternehmen regelmäßig zu überprüfen. Die Diskussion dieser Konzepte hat unter dem Gesichtspunkt zu erfolgen deutlich zu machen, welche Hebel bedient werden müssen, um Potenziale zu heben und eine langfristig robuste Unternehmensentwicklung zu ermöglichen. Die Motivation und Zielsetzung bei der Anwendung unternehmensweiter Managementphilosophien ist gegenüber allen Zielgruppen klar darzulegen. Denn strategische Führung gestaltet sich gesamthaft betrachtet als vielschichtiges Phänomen, dessen Elemente unternehmensspezifisch als auch situationsbezogen auszugestalten und zu kombinieren sind. Es liegt in der Aufgabe der Führungskräfte und Mitarbeiter gemeinsam das geeignete Konzept- und Maßnahmenportfolio zu bestimmen, um die Zukunft des Unternehmens nachhaltig zu sichern. Im Bereich der operativen Führung gilt es hingegen, die individuellen Führungskompetenzen auf personenbezogener Ebene zu erfassen. Die Problemlösungsfähigkeit und das unternehmerische Potenzial der Führungskräfte sind Schlüsselfaktoren für den Erfolg eines Unternehmens. Zur Erfassung der Führungskompetenz bieten sich interne, standardisierte Beurteilungs- und Qualifikationsprogramme an, die ebenenübergreifend organisatorisch verankert sind. Neben klassischen Performance-Kennzahlen sind hierbei insbesondere qualitative und soziale Faktoren zu berücksichtigen, die einen Spiegel der Zufriedenheit der internen Anspruchsgruppen darstellen.

4.7 Finanzen

Stresstests leisten einen zusätzlichen Beitrag zum traditionellen Risikomanagement und damit zur Stabilität des gesamten Finanzsektors. Originär dienen Stresstests der Überprüfung von Kreditinstituten hinsichtlich ihrer Verlustanfälligkeit. Dabei werden die Konsequenzen durch das Eintreten von außergewöhnlichen, jedoch plausiblen Ereignissen aufgezeigt. Hinsichtlich der Durchführung von Stresstest existieren zahlreiche unterschiedliche Verfahren. Alle verfolgen jedoch ein gemeinsames Ziel: Die Messung der Widerstandsfähigkeit von Kreditinstituten in Ausnahmefällen. Sowohl Bankenaufsicht als auch die Kreditinstitute haben nach den Ereignissen der jüngsten Finanzmarktkrise verstärkt Stresstests durchgeführt. Sie untersuchen die Sensitivität des Wertes bspw. eines Wertpapier- oder Kreditportfolios hinsichtlich eines plötzlich oder schleichend eintretenden Schocks in den Risikoparametern. Inhalt von Stresstests kann die Bewertung von Markt-, Kredit- sowie Liquiditätsrisiken aber auch operationellen Risiken sein. Stresstests lassen sich als Bestandteil des betrieblichen Risikomanagements (ökonomische Stresstests) oder als aufsichtsrechtlich vorgeschriebene Anwendung (regulatorische Stresstests) verstehen. Zur Prüfung der Robustheit führen Organe der Bankenaufsicht ebenfalls Stresstests einzelner Institute, Institutsgruppen oder des gesamten Finanzsystems durch. Die Bedeutung von Stresstests hat hinsichtlich ihrer Anwendung in Kreditinstituten aber auch bei Industrieunternehmen seit dem Krisenjahr 2000 stark zugenommen. Typen von Finanzrisiken werden in Marktrisiken, Kreditrisiken, operationale Risiken, rechtliche Risiken und Liquiditätsrisiken unterteilt. Derzeit ist eine tendenzielle Zunahme von Stresstests zur Bewertung von Liquiditäts- und zu operationellen Risiken zu beobachten. Markt-, Kredit-, operationale und rechtliche Risiken beziehen sich hierbei auf die jeweiligen Verursacher von Stressszenarien. Marktrisiken entstehen aufgrund der Unsicherheit von Marktpreisen (Aktienkurse, Währungen,

Zinsen, Güterpreise), Kreditrisiken aufgrund der Unsicherheit, dass Zahlungsansprüche des Unternehmens an Vertragspartner von diesen erfüllt werden, operationale Risiken aufgrund möglicher Fehler in unternehmensinternen Abläufen und rechtliche Risiken aufgrund der Unsicherheit der rechtlichen Durchsetzung von Zahlungsansprüchen. Das Liquiditätsrisiko entsteht zum einen durch die Verursachung (Unsicherheit über die Liquidität von Märkten), zum anderen aber auch durch die Gefahr der eigenen Zahlungsunfähigkeit. Finanzrisiken werden nicht nur nach ihrer Ursache, sondern auch nach ihrer Wirkung unterschieden. Für Unternehmen werden hierzu drei Risikoarten voneinander abgegrenzt. Das Wertänderungsrisiko, das Cash Flow-Risiko und das bilanzielle Erfolgsrisiko. Die Gefahr einer nachteiligen Markt- bzw. Barwertänderung eines Vermögensgegenstandes wird durch das Wertänderungsrisiko umfasst. Eine nachteilige Veränderung des Betrages künftiger Zahlungen wird als Cash Flow-Risiko und die Gefahr einer nachteiligen Veränderung künftiger, in der externen Rechnungslegung ausgewiesener Erfolge als bilanzielles Erfolgsrisiko bezeichnet.

Vor dem Hintergrund von steigenden Lieferanteninsolvenzen und Liquiditätsproblemen von Lieferanten wird die zentrale Rolle des Finanzbereiches deutlich. Da viele Unternehmen einen immer größeren Teil ihrer Entwicklungsarbeit und Wertschöpfung auf ihre Zulieferer übertragen, werden diese auch finanziell stärker gefordert. Sie müssen Entwicklungsleistungen vorfinanzieren, Werkzeuge kaufen und ihre Kapazitäten erhöhen. Damit stoßen vor allem kleinere und mittlere Unternehmen an ihre Grenzen. Das liegt vor allem auch an der schwachen Eigenkapitalausstattung der deutschen Lieferanten. In den vergangenen Jahren sind viele Kennzahlensysteme entwickelt worden, die zur Unternehmenssteuerung eine Vielzahl von Kennzahlen auf eine finanzwirtschaftliche Spitzenkennzahl aggregiert haben. Auf diese Weise sind unter anderem das ZVEI-System oder auch das DuPont-System entstanden. Diesen Systemen liegt die Annahme zugrunde, dass sich Unternehmen vorwiegend über finanzielle Kennzahlen führen und bewerten lassen. Firmenpleiten und Lieferanteninsolvenzen der jüngsten Vergangenheit haben gezeigt, dass die reine Konzentration auf finanzielle Risiken und Kennzahlen zu kurz greift. Trotz vielfältiger Ratings und Bonitätsbeurteilungen sind Unternehmen oftmals nicht in der Lage das Insolvenzrisiko ihrer Lieferanten zu bewerten. Dieser Eindruck wird dadurch verstärkt, dass der Gesetzgeber den Unternehmen zum einen erhebliche Ermessungsspielräume im Jahresabschluss zugesteht und zum anderen die internationalen Accounting-Principles sehr unterschiedlich sind und den Unternehmen weitere Bilanzierungsoptionen gewähren. Grundsätzlich lässt sich die reine Fokussierung auf Finanzkennzahlen wie folgt zusammenfassen:

– Die alleinige Berücksichtigung der Bilanz und der Gewinn- und Verlustrechnung im Rahmen einer Finanzanalyse ist zeitpunktbezogen und führt dazu, dass nur vergangene Zeitperioden berücksichtigt werden.

– Bei der Bonitätsprüfung von Lieferanten werden im Rahmen von Finanz- und Liquiditätsplänen lediglich ex ante Informationen zur Beurteilung herangezogen. Die Plausibilität der Kennzahlen kann aber nur dann nachvollziehbar sein, wenn sowohl das Geschäftsmodell also auch die leistungs- und finanzwirtschaftlichen Kausalitäten bekannt sind.

- Die Früherkennung von Unternehmenskrisen und Insolvenzgefahren ist durch eine reine Betrachtung von Finanzkennzahlen unzureichend. Empirische Befunde zum Verlauf von Unternehmenskrisen zeigen, dass diese typischerweise mit einer strategischen Krise beginnen und schließlich zu einer Ergebnis- bzw. Liquiditätskrise führen. Hinterfragt man strategische Unternehmenskrisen, so wird deutlich, dass diese oft durch leistungswirtschaftliche Risiken verursacht werden.

Aufbauend auf diesen Ergebnissen zeigt sich gerade bei der Analyse von Unternehmensinsolvenzen, dass leistungswirtschaftliche Risiken den finanzwirtschaftlichen Risiken vorgelagert sind. Die Ergebnisse verschiedener Insolvenzanalysen zeigen, dass leistungswirtschaftliche Risiken (in Abhängigkeit von Land, Branche und Unternehmensgröße) für 30 bis 40% der Fälle die Ursache einer Unternehmensinsolvenz sind. So sind die Abhängigkeit von wenigen Lieferanten, ein fehlendes Lieferantenmanagement, Rückrufaktionen, hohe Lagerbestände, die falsche Wahl des Materialbereitstellungsprinzips, ineffiziente Produktionsanlagen, ein nicht auf den Markt ausgerichtetes F&E-Programm und eine mangelhafte Auftragsabwicklung Beispiele für Insolvenzursachen, die den leistungswirtschaftlichen Bereichen zugeordnet werden können. Es lässt sich also festhalten, dass Unternehmensinsolvenzen nicht die Folge einzelner, sondern vielmehr die Folge mehrerer verschiedener und gleichzeitig auftretender Ursachen sind. Gerade die Wechselwirkungen zwischen leistungswirtschaftlichen Risiken und das nicht immer messbare Schadensmaß dieser Risiken erhöhen die Komplexität des Managements leistungswirtschaftlicher Risiken. Dementsprechend erfordert eine detaillierte Auseinandersetzung mit Risiken im Lieferantenmanagement ein erhebliches Know-how und Qualifikationsniveau aller Beteiligten. Aus den oben angeführten Schwächen einer reinen Unternehmenssteuerung nach Finanzkennzahlen, muss ein unternehmensweites Risikomanagement neben den finanziellen Risiken auch leistungswirtschaftliche Risiken berücksichtigen. Ein Beispiel für ein leistungswirtschaftliches Risiko stellt die derzeitige Russland-Krise dar. Verbreitet in der deutschen Wirtschaft ist die Sorge vor einer weiteren Abwertung des Rubels. Unternehmen erhalten deswegen weniger Euro für die Waren und Dienstleistungen, die sie in Russland verkaufen. Das lastet auf dem Gewinn. Die Ankündigung verschärfter Sanktionen gegen Russland versetzt die deutschen Unternehmen in Unruhe. Die russische Wirtschaft rutscht angesichts des anhaltenden Konflikts in der Ukraine zunehmend in die Rezession. Deutsche Unternehmen sind besonders stark von einer Abkühlung der russischen Konjunktur betroffen. Sie exportierten im Jahr 2013 vorwiegend Maschinen, Fahrzeuge und Fahrzeugteile sowie chemische Produkte im Wert von 36 Milliarden Euro in das Land. Deutsche Autobauer spüren bereits, dass sich die Konjunktur in Russland abschwächt. Im Mai war der russische Automarkt um 12% eingebrochen, im Juni sogar um 17%. Nach Einschätzung der Experten wird es selbst bei einer Lösung der Krise noch in diesem Jahr bis 2017 dauern, bis sich der russische Automarkt wieder erholt haben wird. Premiumautobauer sind von der Situation weniger betroffen als Massenhersteller. Das Risiko ist hierbei überschaubar. Anders sieht die Situation für die Massenhersteller aus. Unter den deutschen Autoherstellern ist die Russland-Abhängigkeit von Opel besonders stark ausgeprägt. Die Ukraine-Krise erschwert somit die Sanierungsfortschritte bei Opel und stellt damit ein wesentliches Insolvenzrisiko dar. Ein weiteres Fallbeispiel liefert der Ausfall eines Zulieferers. Insolvente Zulieferer und Großkunden bergen für mittelständische Unternehmen ein erhebliches Risiko. Dennoch trifft die Mehrzahl nur wenige Maßnahmen zur Vorbeugung eines solchen Ausfalles. Laut einer Studie, die 2.500 Firmen zu den Auswirkungen der Finanzkrise befragt hat, ist jedes vierte Unternehmen in Deutschland im Zeitraum von 3 Monaten nicht mehr lieferfähig, wenn ein Zulieferer kritischer Komponenten insolvent wird und damit ausfällt. Jedes zehnte Unternehmen weiß überhaupt nicht, wie sich ein Lieferantenausfall auf das eigene Geschäft auswirkt. Auch welchen Einfluss eine verzögerte Zahlung ihrer Kunden hat, ist vielen Unternehmen nicht bekannt. Die Analysen haben gezeigt, dass zwei Drittel der befragten Firmen nach spätestens einem halben Jahr zahlungsunfähig sind, wenn 25% der eigenen Kunden nicht rechtzeitig zahlen. Dabei können beide Arten von Stresssituationen Mittelständler hart treffen. Die Unternehmen müssen beim Wegfall eines wichtigen Zulieferers höhere Preise, geringere Qualität und ungünstige Konditionen des Ersatzlieferanten in Kauf nehmen. Darüber hinaus drohen bei Liefer- und Leistungsschwierigkeiten durch den Ausfall eigener Lieferanten Konventionalstrafen bei nicht eingehaltenen Lieferterminen bis hin zu Imageschäden, die zu dem Verlust von Marktanteilen führen können. Eine nachlassende Zahlungsmoral der Kunden oder insolvente Lieferanten, was Mahnungen, Außenstände und im schlimmsten Fall sogar Zahlungsausfälle zur Folge hat, macht das eigene Unternehmen weniger kreditwürdig. Sowohl Banken aber auch Eigenkapitalgeber zeigen sich in diesen Fällen deutlich restriktiver bei der Kreditvergabe. Das Risiko der eigenen Insolvenz steigt somit an. Die Beispiele zeigen deutlich, dass leistungswirtschaftliche Risiken den Finanzrisiken zeitlich vorgelagert sind und direkten Einfluss auf zu steuernde, strategische Unternehmenskennzahlen haben. Von daher ist es im Rahmen eines unternehmensweiten Managements von Risiken notwendig, die vorgelagerten leistungswirtschaftlichen Risiken zu betrachten. Eine reine Konzentration auf Finanzkennzahlen würde zu kurz und zu spät greifen. Um eine bessere Leistungstransparenz zu schaffen, sind verschiedene Unternehmensperspektiven anhand von Kennzahlen zu verknüpfen. Ziel dieser Verkettung von leistungswirtschaftlichen und finanzwirtschaftlichen Risiken ist nicht nur die Darstellung der Leistungsergebnisse (Finanzkennzahlen), sondern auch das Aufzeigen der Leistungsursachen (leistungswirtschaftliche Risiken). Um Risiken in ihrer Komplexität zumindest ansatzweise zu erfassen, muss das Controlling finanzwirtschaftlicher Risiken in Industrieunternehmen erheblich an Bedeutung gewinnen. Das Risikomanagement in Industrieunternehmen ist bis dato weiterhin durch eine mangelnde Verfügbarkeit geeigneter Risikomessverfahren beeinträchtigt und zu stark von bankspezifischen Verfahren beeinflusst. Es gilt, spezifischere Konzepte weiterzuentwickeln und breit zugänglich zu machen. Dabei bedingt ein erfolgreiches Finanzrisikocontrolling die Integration von Risiko in die unternehmerischen Finanzplanungen durch ein ausgewogenes Working Capital Management. Primäres Ziel des Working Capital Managements ist die Verringerung der Kapitalbindung im Unternehmen durch eine Senkung des Forderungsbestands sowie eine Optimierung des Vorratsbestands an

Materialien sowie an fertigen und unfertigen Erzeugnissen. Sekundäres Ziel des Working Capital Management ist die Optimierung der Geschäftsprozesse, insbesondere des Beschaffungsprozesses, des Forderungsmanagements sowie der Vorratshaltung. Die Ausgewogene Balance zwischen einer ausreichenden Liquidität der Vermögensgegenstände und Investitionen in weniger liquide Vermögensgegenstände, um den Ertrag zu maximieren, kann das Insolvenzrisiko minimieren.

5 Ansatzpunkte für zukunftsfähige Führungsprinzipien

Um einschätzen zu können, welche Führungsprinzipien für das Erreichen der angestrebten Unternehmensziele angemessen sind, muss ein Verständnis dafür geschaffen werden, welche Hebel innerhalb und außerhalb des Unternehmens einen Einfluss auf den Umsetzungserfolg besitzen. Zu den wichtigsten Ansatzpunkten gehören Kostenmanagement, Kundenorientierung, Flexibilität, Forschung und Entwicklung, Management und Organisation sowie Finanzen. Welche Führungsprinzipien und Methoden in der spezifischen Situation zweckmäßig sind, muss analysiert und unternehmensspezifisch entschieden werden. Unternehmenslenker müssen in globalisierten Unternehmen Führungsprinzipien anwenden, welche die unterschiedlichen wirtschaftlichen Entwicklungsstufen der einzelnen Regionen berücksichtigen. So steht in wenig entwickelten Ländern die produktionsfaktorengetriebene Massenfertigung mit einem autoritären Führungsstil im Mittelpunkt. In Schwellenländern liegt das Hauptaugenmerk auf der Kosten- und Ressourceneffizienz einer hierarchisch geführten Serienfertigung. Um hingegen in Hochlohnländern Innovationen voranzutreiben, erweist sich ein partizipativer und kooperativer Führungsstil als erfolgsentscheidend.

5.1 Kostenmanagement

Kurzfristige Maßnahmen

Die Umwelteinflüsse unterscheiden sich in ihrer Natur und ihren Wirkungszusammenhängen. Durch die Fähigkeit, diese flexibel und individuell zu adressieren, erhöht ein Unternehmen seine Robustheit und stellt damit eine langfristige Wettbewerbsfähigkeit sicher. Eine der Kernherausforderungen der heutigen Zeit ist die Aufrechterhaltung der kostenseitigen Wettbewerbsfähigkeit einer Unternehmung, auch in Zeiten unsicherer Nachfrageprognosen und sich ändernder Technologielandschaften. Da Umfang und Auswirkung geänderter Umfeldbedingungen oftmals schwer vorhersehbar sind und Faktoren sich schneller ändern können, als es die Reaktionsfähigkeit eines Unternehmens erlaubt, gilt es geeignete Kontrollsysteme zu etablieren. Da dies oftmals nicht ausreicht, werden Missstände häufig erst durch Warnsignale rückläufiger Absatzzahlen oder sinkender Profite ersichtlich. In der Praxis beobachtet man an dieser Stelle den Einsatz einer Vielzahl an Maßnahmen zur kurzfristigen Anpassung der Kostensituation eines Unternehmens.

Produktions-, Lager- und Mitarbeiterkapazitäten können bei unvorhergesehenem Nachfragerückgang zumeist nicht mehr ausgelastet werden, was bei einem kurzfristigen „Nachfragetal“ durch die Drosselung der Produktion und den Abverkauf aus dem Lager abgefangen werden kann. Reichen diese kurzfristigen Maßnahmen jedoch nicht aus, um einen möglicherweise längeren Nachfrageeinbruch zu überbrücken, entsteht mittelfristig der Bedarf einer Anpassung der bestehenden Kapazitäten. Die geringe Auslastung in der Produktion steigert die Stückkosten. Vor allem vorliegende Fixkosten können nicht kurzfristig gesenkt werden. Neben den Humanressourcen wird das eingesetzte Kapital für Maschinen nicht ausreichend genutzt, was eine Reduzierung der Deckungsbeiträge nach sich zieht. Teilweise fallen Großaufträge weg oder werden durch kleinteiligere ersetzt, was zu einem Anstieg der Abwicklungskosten pro Auftrag in Administration, Produktion und Logistik führt. Aufgrund des Margendrucks können die zusätzlichen Stückkosten jedoch nicht durch eine Preisanpassung kompensiert werden.

In Ausnahmefällen würde ein möglicher Verkauf von Maschinen kurzfristig die Liquidität verbessern. Allerdings besteht hierbei die Gefahr, dass das langfristige Fortbestehen des Unternehmens durch den Verkauf gefährdet werden kann. Gleiches gilt für Vertragsänderungen bei der Anmietung von Logistikflächen und bei der Reduzierung von Personal. Insbesondere Personalabbaumaßnahmen können die langfristige Wettbewerbsfähigkeit eines Unternehmens durch Abfluss wertvollen Know-hows maßgeblich beeinträchtigen. Mit einer Reduktion des Budgets für Forschung und Entwicklung hingegen werden Chancen auf eine zukünftige Wettbewerbsfähigkeit reduziert. Dreht man an der Stellschraube des Vertriebsbudgets, sinkt zwangsläufig die langfristige Kundenzufriedenheit und mündet in einer Reduzierung des Kundenstamms. Durch den möglicherweise verlorenen Kundenstamm sinken die Chancen eines Unternehmens auf zukünftige Gewinne. Sind die Maßnahmen umgesetzt, fließt dem Unternehmen weniger Geld ab. Es steht allerdings damit auch vor verschiedenen Problemen bei einem möglichen Anziehen der Konjunktur. Die Nachfrage kann möglicherweise nicht mehr gedeckt werden. Der Wiederaufbau zur Bereitstellung des Bedarfs braucht wiederum Zeit. Möglicherweise führt diese Unpässlichkeit des Unternehmens zu einer Abwanderung der Kunden, wenn diese erkennen, dass Wettbewerber ihre Nachfrage flexibler und zügiger befriedigen können. Der Verlust von Marktanteilen ist das Ergebnis.

Die Gefahren dieser kurzfristigen Maßnahmen zur Kostensenkung werden vor dem Hintergrund einer unerwarteten, außergewöhnlichen Unternehmenssituation oftmals übersehen. Dies erscheint nachvollziehbar, da kurzfristig das Überleben und die Wettbewerbsfähigkeit des Unternehmens sichergestellt werden müssen. Rationalisierungsmaßnahmen werden dadurch häufig stärker verfolgt, als die Identifikation von Chancen zum langfristigen Umgang mit geänderten Rahmenbedingungen. Diese Tatsache liegt darin begründet, dass die Identifikation von Chancen die Implementierung eines langfristigen, ganzheitlichen und strukturierten Kostenmanagements, welche die parallele Optimierung von Fix-, Prozess- und Produktkosten beinhaltet, erfordert. Entscheidend für den Erfolg eines solchen Systems ist dessen Betrachtungsgegenstand.

Um ein Unternehmen robust gegenüber Umfeldeinflüssen aufzustellen, ist es von essentieller Bedeutung, die Lebenszyklen der Gesamtheit aller Produkte sowie das eigene Wertschöpfungsmodell im Sinne einer Total Cost-Betrachtung zu berücksichtigen.

Fixkostenmanagement

Die Kosten eines Unternehmens lassen sich in fixe und variable aufteilen. Während variable Kosten stets verursachungsgerecht entstehen, ist der Umgang mit fixen Kosten ungleich komplexer. Häufig lassen sich diese nur schwer ihren Verursachern zuordnen und werden von Unternehmen als gegeben angesehen. Da Fixkosten jedoch von den Margen der Produkte eines Unternehmens getragen werden, gilt es, diese gezielt zu reduzieren oder zu variabilisieren und dem Unternehmen so eine höhere Flexibilität und einen erweiterten Handlungsspielraum zu ermöglichen. Insbesondere kann so die Wirkung von Umsatzrückgängen drastisch reduziert werden.

Bei der Eliminierung von Fixkostenpositionen ist das Wirkungsmotiv die Reduktion und Vermeidung von Verschwendung. Die Analyse der Fixkostenpositionen erfordert daher ein genaues Abbild der Geschäftstätigkeit eines Unternehmens. Es gilt also ungenutzte Wirtschaftsgüter, unprofitable Geschäftsbereiche, redundante Arbeitsleistung, ineffiziente Anlagen oder Ähnliches zu identifizieren und gezielt abzubauen.

Das Ziel der Variabilisierung von Fixkostenpositionen ist die Effizienzsteigerung und die Konzentration der betrieblichen Tätigkeiten, welche hauptsächlich durch Auslagerung erzielt werden können. Heutzutage ist der Ansatz des Business Process Outsourcing für unterstützende Prozesse eines der prominentesten Beispiele für die Fixkostenvariabilisierung. Neben der Auslagerung von Geschäftsprozessen gibt es aber auch eine Vielzahl funktionsspezifischer Ansätze: In den Bereichen Produktion und Personal kann hier beispielswiese die Auftragsfertigung sowie Leasing statt Kauf von Anlagevermögen angeführt werden. Ein wesentlicher Stellhebel wird jedoch im Rahmen der Produktentwicklung festgelegt. Hier können bereits frühzeitig Vergabeumfänge definiert werden, welche von externen Institutionen kostengünstiger angeboten werden können. Die Produktentwicklung legt damit den Grundstein zur Fokussierung auf die eigenen Kernkompetenzen und zur Effizienzsteigerung in der Leistungserstellung.

Eine der Gefahren, welche sich durch den Fokus auf die Kostenseite ergeben, ist die Vernachlässigung langfristiger Entwicklungsmöglichkeiten. Es besteht daher die Kernherausforderung, bei der Entwicklung eines Unternehmens ausreichend Produktionskapazitäten sicherzustellen, um trotz Kostensenkungsmaßnahmen auch auf positive Marktveränderungen reagieren zu können. Es gilt daher, die eigenen Kostenstrukturen zu kennen und intelligent zu managen. Im Fokus der Betrachtung steht hierbei die Analyse für das Verhältnis von fixen zu variablen Kosten in Bezug auf das eigene Wertschöpfungsmodell und Beschäftigungsniveau. Während bei einem Umsatzwachstum ein hoher Fixkostenanteil dazu führen kann, dass schnell eine Renditesteigerung erzielt wird, bewirkt dasselbe Fixkostenniveau bei sinkenden Erträgen nur eine geringe Reduzierung der Kosten und kann somit unmittelbar zu einer Ertragsschmälerung führen. Die negativen Auswirkungen bei einem Umsatzrückgang werden oftmals noch dadurch verstärkt, dass Unternehmen durch den anhaltenden Rationalisierungsdruck in immer leistungsfähigere Produktionsanlagen investieren müssen, die gleichzeitig eine hohe Kapitalbindung mit sich bringen. In Folge der gestiegenen Investitionsvolumina kann die Gewinnschwelle teilweise erst bei sehr hoher Kapazitätsauslastung erreicht werden. Weitere Risiken ergeben sich aus der beschränkten Teilbarkeit und zumeist langen Bindungsdauer von Potenzialfaktoren im Unternehmen. Diese Eigenschaften verhindern oder verringern die Anpassungsfähigkeit an das volatile Umfeld. Die Frage ist, wie durch geeignete Kostenstrukturen die Wertschöpfung von Unternehmen zukunftsfähig gemacht werden kann.

Prozesskostenmanagement

Die veränderten Kostenstrukturen in den Wertschöpfungsketten erfordern eine Verlagerung des Analysefokus für Maßnahmen zur Kostenoptimierung. Während zu Beginn des 20. Jahrhunderts die Lohneinzelkosten den größten Anteil an den Kosten eines Unternehmens ausmachten, stellen heute vielfach die Prozess- und Gemeinkosten den größten Kostenanteil dar. In der Vergangenheit lagen die Gemeinkostenzuschlagssätze zwischen 100 und 200%. Heute sind jedoch in vielen Betrieben Zuschlagssätze von über 500% nicht selten. Die zunehmenden Gemeinkosten erfordern daher ein radikales Umdenken. Zur Reduzierung von direkten Kosten finden sich mit Ansätzen, wie dem Lean Management, geeignete Methoden. Die konsequente Reduzierung der Prozesskosten in indirekten Bereichen wie Finance, HR, IT und Legal wird bisher jedoch nur untergeordnet betrachtet. Kein Unternehmen kann heute ein Programm zur langfristigen Kostenoptimierung angehen, ohne die Gemein- und Prozesskosten zu berücksichtigen. Dabei ist der Weg zur nachhaltigen Reduzierung der Prozesskosten oftmals schwieriger, als viele Unternehmen vermuten. Während taktische Maßnahmen zur Kostenreduzierung oft zu kurzfristig wirken, verlieren langfristig angelegte Programme oft an Schwung. Nachhaltige Programme zur Reduzierung der Overheadkosten erfordern daher eine konsequente Ausrichtung an der Strategie und ein langfristiges Commitment durch das Management und die Mitarbeiter.

Um ein Scheitern der Verbesserungsprogramme zu vermeiden, müssen diese in Ausrichtung an den strategischen Unternehmenszielen entsprechend vorbereitet und geplant werden. Es sind Optimierungsprogramme anzustoßen. Dazu ist vor allem die Transparenz von Ursachen und Wirkungen der Overheadkosten herzustellen. Entsprechende Benchmarks sollten daher aussagekräftig und nachvollziehbar sein. Ferner sind die für die Optimierungsmaßnahmen verantwortlichen Mitarbeiter zu trainieren und mit effizienten Tools und Methoden auszustatten, um Verschwendung und Blindleistung in den indirekten Bereichen zu eliminieren.

Zunächst sind daher die in den Unterstützungsfunktionen vorhandenen Fähigkeiten und Kompetenzen im Hinblick auf die Erfüllung der strategischen Ziele des Unternehmens zu analysieren. Leistungen entsprechender Unterstützungsfunktionen, die keinen sichtbaren Wertbeitrag für die Erreichung der strategischen Ziele bieten, sind zu überprüfen. So werden nicht selten aufwendige Markt- und Kundenanalysen erstellt, die keinen unmittelbaren Bezug zu den strategischen Zielen des Unternehmens haben und keinen Erfolgsbeitrag liefern.

Dadurch ist die Aufmerksamkeit auf die Häufigkeit der Nachfrage entsprechender Unterstützungsleistungen zu richten, um eine Kapazitätsdimensionierung vornehmen zu können. Eine zu hohe Nachfrage nach Unterstützungsleistungen kann durch folgende Ansatzpunkte kontrolliert werden: Durch eine Reduzierung der internen Führungsebenen kann eine Replikation von Führungsstrukturen in kleineren Einheiten vermieden werden. Kennzahlen der Leitungsspanne zeigen hier bestehende Defizite auf. Weiterhin sind Zeitintervalle und die Häufigkeit der Erbringung entsprechender Unterstützungsleistungen zu reduzieren. So kann oft eine Verkürzung des strategischen und operativen Planungsprozesse auf wenige Wochen zu einer Verringerung der Gemeinkosten durch weniger gebundene Kapazitäten führen. Eine Reduzierung von monatlichen auf quartalsweise Berichte kann zu weiteren Kosteneinsparungen führen. Nicht zuletzt bestimmt auch die Einstellung und das Verhalten der einzelnen Mitarbeiter die Nachfrage nach Unterstützungsleistungen. Es ist zu prüfen, ob die Nachfrage von Unterstützungsleistungen auch einen Mehrwert für das operative Geschäft liefert.

Dies leitet über zur Frage der Effizienzsteigerung bei der Erbringung der Unterstützungsleistungen. Ein Ansatzpunkt zur Effizienzsteigerung besteht in der Konsolidierung von einzelnen Tätigkeiten in den Unterstützungsfunktionen. Durch Shared-Service-Konzepte können gleiche und ähnliche Tätigkeiten zusammengelegt werden und Skaleneffekte realisiert werden. Nach einer Konsolidierung sind die Verlagerung und das Outsourcing entsprechender Unterstützungsleistungen zu evaluieren. Durch diese Variabilisierung der Fixkosten können oftmals erhebliche Kosteneinsparungen realisiert werden, während jedoch auch Fragen nach dem Verlust von Know-how oder nach der Abhängigkeit von Dritten zu betrachten sind. Im Anschluss an die Konsolidierung und Verlagerung von Aktivitäten ist zu prüfen, inwieweit die Prozesse verbessert werden können. Methoden wie das Business Process Reengineering, die Gemeinkostenwertanalyse, die Schnittstellenanalyse, die Prozesskostenrechnung, die Prozessklinik, die Prozesswertanalyse, das Prozessbenchmarking sowie die Funktions- und Leistungsanalyse kommen hier zum Einsatz.

Vor allem die IT ist in den Unterstützungsfunktionen ein wesentlicher Enabler für eine Erhöhung der Automatisierung und Steigerung der Produktivität. Nochmals sei darauf verwiesen, dass vor der Erarbeitung von konkreten Effizienzsteigerungsmaßnahmen eine sorgfältige Analyse der Fähigkeiten und der Nachfrage durchgeführt werden sollte. Schließlich kann auf Basis der vorgelagerten Analysen überprüft werden, ob Personalkosten eingespart werden können und wie eine bestmögliche Verteilung der Mitarbeiterkapazitäten erfolgen kann.

Die Nachhaltigkeit entsprechender Verbesserungsprogramme hängt schließlich von der Entschlossenheit der Führungsebene ab. Weiterhin ist eine standardisierte Vorgehensweise von hoher Bedeutung. So kann sich die Führungsebene zwar über das Ausmaß der Veränderung einig sein, nicht jedoch über die Art und Weise der Durchführung des Verbesserungsprogramms. Eine Methode zur Sicherstellung der Nachhaltigkeit entsprechender Verbesserungsprogramme kann eine geeignete Budgetgestaltung sein. Ein gut strukturiertes Verbesserungsprogramm hat die besten Erfolgsaussichten zur Reduzierung der Overheadkosten.

Produktkostenmanagement

Die nachhaltige Senkung der Produktkosten stellt eines der wirkungsvollsten Konzepte dar, um eine Steigerung der Wettbewerbsfähigkeit zu erreichen. Die Konzeptionierung von Kostensenkungsprogrammen erfordert eine detaillierte Planung, konsequentes Handeln in jeder Phase des Produktlebenszyklus und eine Erweiterung des Betrachtungshorizonts entlang der gesamten Wertschöpfungskette. Zunächst gilt es, die konkreten Anforderungen sämtlicher Anspruchsgruppen wie beispielsweise Kunden, Märkte, Produktionssysteme, Lieferanten, Gesetzgeber und Normen zu identifizieren und in Produktmerkmale zu überführen. Methoden wie eine Conjoint-Analyse unterstützen eine strukturierte Erstellung von Lasten- und Pflichtenheften. Die standardisierte und schrittweise Ermittlung der Anforderungen dient der Vermeidung von nicht monetarisierbarem Overengineering. Bereits in der Produktentwicklungsphase sind geeignete Strukturen zu etablieren, die die Organisation unterstützen, wettbewerbsfähige Zielkosten zu definieren und einzuhalten. Aus der Analyse zahlreicher Kostensenkungsprogramme ist bekannt, dass ambitionierte Ziele besser sind, als vermeintlich realistischere Werte. Da die Realisierung aller identifizierten Maßnahmen häufig im Verlauf der Umsetzung abgeschwächt wird oder die Maßnahmen teilweise unwirksam werden, sind bei höher gesteckten Zielen bessere Ergebnisse zu erreichen.

Ein umfassendes Konzept zur Ableitung von Kostenzielen stellt das Target Costing dar. Zur vollen Nutzung des Umfangs dieser Methode ist ein begleitender Einsatz von Beginn eines Entwicklungsprojekts zu gewährleisten und nach der Anlaufphase in ein kontinuierlich durchzuführendes Kostensenkungsprogramm zu überführen. Geeignete strukturelle Voraussetzungen, wie die organisatorische Verankerung und eine konzeptionelle und methodische Standardisierung, unterstützen bei der Erreichung einer Regelmäßigkeit. Für die Ermittlung der Zielkosten während der Produktentwicklung stehen verschiedene Möglichkeiten zur Verfügung. Grundsätzlich können Zielkosten aus zwei Richtungen abgeleitet werden: Die erste basiert auf den Produktkosten der Einzelteile oder der Komponenten. Als präzise, aber aufwendige Vorgehensweise kann die Bottom-up-Kalkulation herangezogen werden. Im Idealfall werden die minimal möglichen Kosten anhand detaillierter Untersuchungen der Fertigungs- und Montageschritte inklusive möglicher Alternativen ermittelt. Standortfaktoren wie beispielsweise Personal- und Maschinenstundensätze oder alternative Werkstoffe zählen außerdem zu den möglichen Stellgrößen zur Kostenbeeinflussung. Schattenkalkulationen helfen, die Herstellkosten von Lieferanten detailliert zu ermitteln. Alternativ erlaubt auch die Transfermethode die Ermittlung von Herstellkosten. Hierbei sind Ausgangswerte existierender Produkte vorhanden, welche über ausgewählte Faktoren in einen Zielwert übertragen werden. Dabei werden alternative Fertigungs- und Montageverfahren im Expertengespräch abgeschätzt und nicht wie im reinen Bottom-up-Verfahren detailliert berechnet. Zusätzlich sind ebenfalls Standortfaktoren und Werkstoffalternativen kostenmäßig zu berücksichtigen. Die zweite Ableitungsrichtung ist Top-down. Ausgehend von einem erzielbaren Preis im Markt können strategische Gesichtspunkte dazu führen, den Preis im Wettbewerbsumfeld auf ein bestimmtes Niveau zu setzen. Unter Abzug der relevanten Kostenaufschläge werden die Herstellkosten auf Gesamtproduktebene abgeleitet und anschließend auf die einzelnen Bauteile oder Komponenten aufgeteilt. Diese Vorgehensweise kann durch das Linear Performance Pricing modifiziert oder ergänzt werden. Der Vorteil dabei ist, dass eigene Produkte und jene der Wettbewerber auf sehr einfache Weise mit verschiedenen Leistungsmerkmalen preislich miteinander verglichen werden können, wobei die Quantifizierung der Dimension „Leistung" vollständig aus Sicht des Käufers definiert werden kann. Nachteilig ist die unter Umständen willkürliche Quantifizierung der Leistungskomponente. Sie wird zu einem einzelnen Wert aggregiert, was vor allem bei komplexen Produkten zu verzerrenden Vereinfachungen führen kann. Produkte, deren Preise von der Linearpreisgeraden abweichen, können somit verborgene Leistungsmerkmale tragen. Deren Nichtberücksichtigung lässt die Preise zu hoch oder zu niedrig erscheinen. Um zu einer ausgewogenen Ableitung der Zielkosten zu gelangen, erscheint es deshalb wichtig, einen Methodenmix aus Bottom-up und Top-down anzuwenden. So lassen sich zwei Kostenwerte ableiten, die in einem Matching-Prozess zu dem letztlich gültigen Zielwert verknüpft werden. Neben der Zielsetzung ist eine strukturierte Projektorganisation ein weiterer Konzeptbaustein für die Kostensenkung. Durch die Organisation im Rahmen eines Projektes ist gewährleistet, dass die innewohnende Komplexität strukturiert und damit handhabbar wird, die unterschiedlichen Fachgebiete abgestimmt tätig werden und die zeitliche Endlichkeit erreicht wird. Der dritte Konzeptbaustein ist die Einsetzung interdisziplinärer Teams. Erst durch die Berücksichtigung der Belange aller betroffenen Bereiche entstehen ein gemeinsam getragenes Kostensenkungspotenzial und Umsetzungsmaßnahmen, die persönlich verantwortet werden. Das heterogen zusammengesetzte Projektteam ist idealerweise unternehmensübergreifend, etwa durch Lieferanten oder externe Moderatoren, zu verstärken. Die Integration des Wissens vieler Personen steht neben dem Abbau des Bereichdenkens an erster Stelle der Erfolgsfaktoren. Das Projektteam muss die klare Kostenverantwortung übernehmen und dafür sorgen, dass keine unkoordinierten Einzelinitiativen oder kurzsichtige Einzelmaßnahmen im Unternehmen stattfinden. Das Management sollte in jeder Phase das Kostensenkungsprogramm unterstützen und treiben. Der vierte Konzeptbaustein umfasst die Erarbeitung konkreter Maßnahmen zur Senkung der Produktkosten. Cost Out-Workshops mit Vertretern verschiedener Fachbereiche dienen ebenso der Identifikation von Maßnahmen wie Lieferantenworkshops oder Produktkliniken und -konferenzen. Durch die bereichs- und unternehmensübergreifende Zusammensetzung werden Ideen identifiziert, die durch die persönliche Verantwortung einzelner Personen ihren Treiber finden. Eine Erkenntnis ist, dass die Kostenbeeinflussung in der frühen Entwicklungsphase die höchsten Senkungspotenziale erzielt. Für die Projektkoordination gilt deshalb die Forderung, dass den Zielkosten bereits sehr früh ein hoher Stellenwert beizumessen ist. Der fünfte Konzeptbaustein manifestiert sich in einem permanenten Controlling. Die Plan- oder Zielkosten sind mit dem aktuell erwarteten Kostenniveau abzugleichen. Die Aufmerksamkeit der Beteiligten wird durch das Controlling wirksam erhöht und somit der mögliche Umsetzungsgrad der Maßnahmen signifikant angehoben. Empirische Studien weisen nach, dass anstatt der vielfach erzielten 50% Umsetzungsgradwerte, Werte von 70% und mehr erreicht werden. Die Produktkostensenkung im Verlauf der Produktionsphase kann somit eine jährliche Quote von 6-8% erreichen. Die Vorgehensweise für ein wirksames Controlling stützt sich idealerweise auf zwei Bereiche. Die projektbegleitende Kalkulation erstellt den Soll-Ist-Kosten-Abgleich und das Controlling der Maßnahmen greift direkt in die Umsetzung ein. Der Anspannungsgrad, der sich aus Abweichungen vom Ziel ergibt, muss gegebenenfalls durch modifizierte oder neue Maßnahmen abgebaut werden. Empfehlenswert sind regelmäßige und institutionalisierte Treffen der Beteiligten, denn allzu schnell werden Ausflüchte gefunden, wie beispielsweise das gerne herangezogene „Tagesgeschäft, das Priorität 1 besäße". Die Wirksamkeit des Controllings wird durch ein IT-gestütztes Workflow-Tool weiter erhöht. Somit kann sowohl die persönliche Verantwortung der zuständigen Personen gestärkt als auch die erforderliche Aufmerksamkeit des Managements erzielt werden. Der Aspekt der Managementaufmerksamkeit wird durch den sechsten Konzeptbaustein verstärkt. Dieser umfasst die Kommunikation des Kostensenkungsprogramms. Einerseits in Richtung Management, andererseits in Richtung der Mitarbeiter zur Erzeugung einer breiten Mobilisierung. Diese gelingt, wenn sich die im Projektteam tätigen Mitarbeiter an die gesamte Belegschaft wenden, ihre Ziele, Maßnahmen und Erfolge regelmäßig präsentieren und dafür sorgen, dass die Motivation einer Vielzahl an Mitarbeitern gelingt.

Eine weitere Erkenntnis ist, dass die einzusetzenden Methoden zur Produktkostensenkung in den verschiedenen Phasen des Produktlebenszyklus spezifisch zu wählen sind. In die Methodenauswahl sollte auch die Marktsituation einfließen. Folgende Methoden zählen zu den bewährten Instrumenten für eine Produktkostensenkung: Funktionskostenanalyse, Lifecycle Costing, produktionsgerechte Produktgestaltung, Design-to-Cost, Wertanalyse, Benchmarking, Lieferantenentwicklung und Produktklinik.

5.2 Kundenorientierung

Mit Beginn der industriellen Revolution, dem Massenkonsum und der gleichzeitigen Knappheit der Güter der Nachkriegszeit, lag der Fokus des Managements lange Zeit auf Organisation, Produktion und Führung. Diese stark nach innen gerichtete Aufmerksamkeit war mit der steigenden Volatilität und Komplexität der Märkte, der zunehmenden Internationalisierung und Globalisierung und nicht zuletzt durch den Wandel des klassischen Verkäufermarkts zum Käufermarkt, nicht mehr zeitgemäß. Die seit den 70er Jahren stärker nach außen gerichtete Sichtweise legte mehr Wert auf Marketing, Strategie und schnelle Reaktion auf Marktveränderungen. Unternehmenserfolg basiert heute immer stärker auf diesen externen Faktoren. In diesem Rahmen lassen sich einige weit verbreitete Defizite ermitteln:

- Es werden Produkte angeboten anstatt kundenspezifische Lösungen über die gesamte Nutzungsdauer,

- die Vertriebsbeauftragten versäumen es, den Kunden den geldwerten Nutzen durch ihr Unternehmen aufzuzeigen, wie beispielsweise die Optimierung der Arbeitsabläufe, Kosteneinsparungen und Qualifizierungsangebote,

- ebenso werden kostenlose Zusatzleistung und ihr geldwerter Vorteil für den Kunden nicht hervorgehoben,

- Vertriebsmitarbeiter geben dem Kunden gegenüber Leistungsversprechen ab, die ihr Produkt oder Unternehmen nicht erfüllen können. Zusätzlich arbeiten Vertrieb und Service nicht Hand in Hand.

- Der Service, insbesondere im After-Sales, wird nicht strategisch eingesetzt, um Folgeaufträge zu erzielen und Kundenloyalität aufzubauen.

- Die Definition von Service-Standards oder Service-Packages ist nur mangelhaft ausgeprägt und

- der Vertrieb und Service reagiert nur bei Beschwerden, anstatt den Kunden aktiv zu betreuen, um eventuelle Mängel und Unzufriedenheiten frühzeitig zu erkennen.

- Häufig sind die Kundenstammdaten nicht aktuell sowie Termininhalte, Lieferungen und ausstehende Rechnung ungenügend gepflegt. Ein durchgängiges Daten- und Informationsmanagement durch Softwareunterstützung mit Business Intelligence wird nicht ausreichend genutzt oder ist nicht vorhanden.

Durch den verschärften Wettbewerb sind Konzepte wie eCommerce und Mass Customization und Instrumente wie ECR (Efficient Consumer Response), CRM (Customer Relationship Management), BI (Business Intelligence) sowie eine ganzheitliche Sichtweise interner und externer Faktoren unerlässlich für nachhaltige Kundenorientierung und Unternehmenserfolg. Denn effektive, effiziente und adaptive Unternehmensstrukturen und -prozesse bilden die essentielle Grundlage für eine geeignete Antwort auf die neuen Herausforderungen, die auf Unternehmen warten. Vor allem in Zeiten wirtschaftlicher Stagnation sind die Unternehmen über nahezu alle Branchen vor eine Vielzahl von Herausforderungen gestellt. Das Resultat ist ein spürbarer Nachfragerückgang. Um in schrumpfenden Märkten weiterhin bestehen zu können, sind Preiswettbewerb mit sinkenden Margen und hohen Bedarfsschwankungen die Folge. Endergebnis ist ein Verdrängungswettbewerb, in dem es maßgeblich darauf ankommt, seine Kundenbasis zu festigen und die Kundenprofitabilität zu steigern, um trotz verschärften Wettbewerbs und sinkender Nachfrage auch zukünftig Umsatzsteigerungen verzeichnen zu können. Die oben genannten Schwierigkeiten erfordern im Bereich der Organisation eine konsequente Kundenorientierung und damit eine Steigerung des Kundennutzens der durch das Unternehmen angebotenen Produkte und Dienstleistungen. Nur durch eine strikte Orientierung des gesamten Unternehmens am Kunden und an den beim Kunden generierten Nutzen kann das Ertragspotenzial dauerhaft gesteigert werden. Dabei tragen die Erhöhung der Käuferbesuchs- und Kauffrequenz, die Steigerung des Cross-Sellings sowie das Angebot von Systemlösungen in Verbindung mit einem gesteigerten Kundennutzen zu einem höheren Ertragspotenzial bei. Dadurch wird die Kundenbindung erhöht, einerseits durch eine gesteigerte Zufriedenheit (One-Stop-Shopping) sowie andererseits auch durch gesteigerte Wechselkosten (Systemlösungen) beim Kunden. Neben der gestärkten Kundenbindung ist ebenfalls ein positiver Effekt einer hohen Kundenzufriedenheitsquote, dass durch den sukzessiven Reputationsaufbau sowie durch direkte Weiterempfehlungen unter Kunden, neue Kunden erschlossen werden. Zudem werden auch Bestandskunden durch Cross-Selling und Zusatzdienstleistungen neuerschlossen. Durch die verbesserte Kundenprofitabilität und Kundenbindung sowie den zusätzlich neuerschlossenen Kunden ist die Wahrscheinlichkeit hoch, dass der Umsatz gesteigert wird. Kundenorientierung bedeutet dabei die gezielte Kundenpflege und die Erschließung neuer Märkte. Beispielsweise kann es dem Kunden nutzen, Produkte für ihn zu bevorraten und die Losgrößen zu reduzieren, um schneller und flexibler auf geänderte Bedürfnisse reagieren zu können. Einen ähnlichen Effekt können Konsignationslager haben. Hervorragende Produkte und produktorientierte Services alleine reichen nicht aus. Der Kunde muss auch über die Vorzüge informiert werden. Daher ist es vorteilhaft Kunden- und Produktschulungen anzubieten, um Kunden umfassend über sämtliche Möglichkeiten und Vorteile der vertriebenen Produkte und Leistungen zu informieren. Durch eine klare Preispolitik und -struktur schafft man eine verlässliche Transparenz beim Kunden. Dazu gehört ebenfalls die verschiedenen Ausprägungen von Rabatten und Skonti zu reduzieren. Um optimal auf die Bedürfnisse seiner Kunden eingehen zu können, kann ein zusätzlicher Weg sein, Produktbündel und Konfigurationen anzubieten. Durch die exakt aufeinander und auf die Wünsche der Kunden abgestimmten Produkt-Service-Mixes kann der Kundennutzen maximiert werden. Um neue Kundenpotenziale zu erschließen, bieten sich mehrere Wege an. Kundenpflege, wie oben ausgeführt, legt den Grundstein für eine weitere Erschließung von Kundenpotenzialen. Daneben können Vertriebspartnerschaften, neue Vertriebskanäle oder sogar vollkommen neue Märkte erschlossen werden. Um zu bestehen, bedarf es zusätzlich zu Service- und Vertriebsmethoden, auch noch den Einsatz eines geeigneten Marketing-Mixes, um aggressiv Neukundenwerbung zu betreiben und das Markenimage im richtigen Segment zu positionieren. Häufig werden umfangreiche Maßnahmenbündel geschnürt, um den Auswirkungen einer Marktveränderung zu begegnen. Kostenkürzungsprogramme sowie Personalfreisetzung greifen kurzfristig, bieten langfristig aber keine nachhaltige Antwort auf die Herausforderungen im Markt. Wirkungsvoller sind da andere Hebel. Kundenorientierung kann als Erfolgsfaktor dienen. Integrierte Kundenorientierung auf allen Stufen eines Unternehmens dient der Kundensicherung und der

Erschließung neuer Potenziale, um den Anforderungen des Marktes zu entsprechen. Die Steigerung des Kundennutzens verlangt eine operative und strategische Verankerung in der Organisation. Bei den operativen Maßnahmen auf Geschäftsprozessebene, die den Kundennutzen steigern, unterscheidet man zwischen kurzfristigen Maßnahmen wie der Optimierung des Auftragsabwicklungsprozesses und der After-Sales. Mittelfristig kann der Aufbau eines effizienten Vertriebscontrollings helfen und schließlich langfristige und präventive Maßnahmen wie Mitarbeiterschulungen und Fortbildungen. Strategische Führungsaufgaben lassen sich ebenfalls in kurzfristige Maßnahmen wie der vorausschauenden und rollierenden Umsatz- und Produktplanung sowie der Reorganisation der Vertriebsstruktur, in mittelfristige Maßnahmen wie die Organisation des Vertriebs und Services als Profitcenter und auch in langfristige Maßnahmen wie die Verankerung der Kundenorientierung in die Unternehmensphilosophie, einteilen. Dazwischen sind kurzfristig greifende, hauptsächlich operative Konzepte wie die Durchführung eines Best Practice-Programms anzusiedeln. Betrachtet man die langfristige Sichtweise, kann an der strategischen Stellschraube der Produkt- und Servicegestaltung gedreht werden.

Um den Kundennutzen in vollem Maße mit diesen Methoden steigern zu können, bietet sich eine mehrstufige Vorgehensweise an. Um die Kundenbeziehungen differenziert bewerten zu können, ist es ratsam, eine Conjoint-Analyse und eine regelmäßige Kundenertragsrechnung durchzuführen. Kundensegmentierung, die Ermittlung von Cross-Selling- und Wissenspotenzialen sowie dem Reputationskapital erweitern zusätzlich die Bewertungsmöglichkeiten. Mit Finanzierungsmodellen, Kundenbindungs- und Excellence-Programmen gelingt es, die Kundenbasis zu festigen. Neue Kundenfelder werden traditionell über das Früherkennen von organischen Marktchancen oder anorganische Mergers & Acquisitions erschlossen. Ebenso kann über eine geeignete Produktprogrammpolitik Kundenbindung betrieben werden, aber auch zusätzlich der Zugang zu neuen Märkten gelegt werden.

5.3 Flexibilität

Flexibilität ist der maßgebliche Schlüssel, um im Unternehmen Stresstests erfolgreich durchzuführen. Unter Flexibilität wird allgemein eine permanent vorgehaltene strukturelle und prozessuale Anpassungsfähigkeit von Systemen verstanden. Der Grad der Flexibilität wird allerdings von vorab festgelegten Grenzen determiniert. Herausforderungen hinsichtlich Flexibilität lassen sich den einzelnen Stufen der Wertschöpfungskette zuordnen, besitzen aber auch prozessübergreifende Gültigkeit. Der Stresstest zeigt deutliche Auswirkungen auf die Belastbarkeit von Wertschöpfungspartnerschaften sowie die Güte und Effizienz der unternehmensübergreifenden Zusammenarbeit. In diesem Kontext kann der Stresstest von Wertschöpfungsnetzwerken und der tatsächlichen Qualität des Supply Chain Managements betrachtet werden. Es gilt abzuwarten, inwieweit die teils sehr fragilen und instabilen Wertschöpfungsbeziehungen den stressinduzierten Belastungen standhalten werden und welche Effekte auf die Verhaltensmuster von OEM und Zulieferern zu beobachten sind. Die Stärke des Nachfragerückgangs nimmt vom endkundenbeliefernden OEM kommend in gegenläufiger Richtung der Wertschöpfung zu: 30-50% Umsatzrückgang beim OEM führen in der Folge zu einem Umsatzrückgang von 60-70% bei den Tier 1-Zulieferern.

Probleme entstehen dann, wenn die Unternehmen nicht in der Lage sind, ihre Produktionskapazitäten rasch an die neue Nachfragesituation anzupassen. Flexibilitätsdefizite und eine mangelhafte Adaptivität der Unternehmensstrukturen und -prozesse können rasch zu einer bedrohlichen Schieflage führen. Die maßgeblichen Leitfragen sind dabei,

- Was sind die Trends für weltweite Supply Chains?
- Warum müssen Unternehmensnetzwerke anpassungsfähig sein?
- Was für eine Rolle spielen Liquidität und Risikomanagement?

Das Kollabieren eines einzelnen Unternehmens kann schnell zur Existenzbedrohung für die gesamte Wertschöpfungskette werden, da beim Wegfall eines Partners häufig keine adäquaten Alternativen vorhanden sind oder hinreichend schnell aufgebaut werden können. Das Ausmaß der gegenseitigen Abhängigkeit wird insbesondere dann deutlich, wenn ein Glied der Kette versagt. Im Risikomanagement sind auch jene Szenarien zu berücksichtigen. Einige Beispiele zeigen die Bedeutung hervorgerufener Herausforderungen während eines Stresstests. Der Stresstest setzt Worst-Case-Szenarien für alle Disziplinen eines Unternehmens an und spielt diese durch, um Konsequenzen aufzuzeigen bzw. notwendige Maßnahmen zu entwickeln, welche das Unternehmen erfolgreich den Stress bewältigen lässt.

Forschung und Entwicklung

Das Kaufverhalten der Kunden wird im Stresstest für den schlechtesten denkbaren Fall prognostiziert, um den maximalen Stress abzubilden. Teure Produkte werden durch billigere, High-End-Produkte durch einfachere Produkte, höchste Qualität durch einfachere Qualität substituiert. Zusatzfunktionen von Maschinen werden nicht mehr gefordert. Overengineering wird nicht bezahlt. Vor diesem Hintergrund stehen F&E-Abteilungen vor der Herausforderung, Forschungsschwerpunkte neu zu setzen und Produktentwicklungsprozesse anzupassen. Während für die erste Aufgabe verschiedene, relativ einfach handhabbare Methoden, wie das F&E-Roadmapping zur Verfügung stehen, erfordert die Anpassung des Produktentwicklungsprozesses in der Regel einen Paradigmenwechsel bei Entwicklungsingenieuren. Ohne die dafür notwendige Flexibilität im Unternehmen ergeben sich sowohl Ineffizienzen in den Prozessen als auch eine Verschlechterung der generellen Leistungsfähigkeit von F&E.

Einkauf

Die Kunden erwarten, dass der Preisverfall bei den Rohmaterialien sich in den Endproduktpreisen abzeichnet. Unternehmen mit langfristigen vertraglichen Bindungen zu ihren Rohmateriallieferanten geraten in die Margenzange zwischen sinkenden Verkaufspreisen und weiterhin hohen Einkaufspreisen. Die Einkaufsabteilungen stehen vor der Herausforderung die Lieferverträge hinsichtlich Mengen und Preisen unter dem Vorzeichen des eigenen Mengenverfalls nachzuverhandeln. Manche Lieferanten sind durch Insolvenz total ausgefallen. In diesen Fällen müssen Einkaufsabteilungen und Supply Chain Manager kurzfristig die etablierten Warenströme neu ordnen, bestehende Produktionsanlagen des insolventen Lieferanten bei Spezialfertigung sichern, zeitnah neue Lieferanten finden sowie die zugrunde liegenden Vertragsgerüste anpassen.

Produktion

Stresstest in der Produktion heißt konkret einen Stopp an Rohmaterialien. Zunächst werden eigene Rohmateriallager und Halbfertigteilelager aufgebraucht und Mitarbeiter werden in Kurzarbeit geschickt. Je nach Ausmaß des Stresstestszenarios, stehen die Unternehmen vor der Herausforderung, ihre Produktion an das neue, sich mittelfristig auf niedrigem Level stabilisierende Niveau anzupassen. Hinter dieser Herausforderung verbergen sich im Einzelnen folgende Aufgaben: Anpassung des Maschinenparks und des Personalstamms auf insgesamt geringeren Ausstoß, Anpassung der Takte auf kleinere Losgrößen, Anpassung der Fertigungstiefe auf das neue volumenbezogene Wertschöpfungsoptimum und möglicherweise auch als Reaktion auf Lieferantenausfall, Anpassung der Produktionsplanungs- und Produktionssteuerungssystematik, Anpassung der Führungsorganisation. Vor allem die Freisetzung von Arbeitskräften stellt eine unangenehme Herausforderung dar.

Logistik

Sowohl interne als auch externe Logistik ist in aller Regel vor dem Stresstest auf die stabilen Produktionsmengen abgestimmt. In vielen Fällen wird die interne Logistik durch das produzierende Unternehmen selbst und die externe Logistik durch einen Logistikdienstleister abgewickelt. Mit dem massiven Rückgang der Produktion und der Ausbringungsmengen im Stresstestszenario steht für die interne Logistik ein Ressourcenüberschuss zur Verfügung, den es durch geeignete Maßnahmen anzupassen gilt. Für die externe Logistik bestehen mit Logistikdienstleistern in der Regel Rahmenverträge, die auf den den üblichen stabilen Produktionsmengen beruhen. Mit den geringeren Absatzmengen und kleineren Transportbündelungen werden nun geringere Transportvolumina abgerufen. Die Transportmittel werden nicht mehr voll genutzt und können nicht mehr kostendeckend eingesetzt werden. In der Folge verlangen viele Logistikdienstleister eine stärkere Bündelung der Transporte, was zu einer niedrigeren Transportfrequenz führt. Beispielsweise werden Waren nicht mehr täglich, sondern nur noch zweimal pro Woche abgeholt. Dadurch verlängern sich die Lieferzeiten. Gleichzeitig sind die Preise für Überseecontainertransporte gefallen und die Anzahl an kurzfristigen Buchungen hat sich erhöht. Etwa zwei Drittel der Reedereien haben einen Teil ihrer Schiffe vorübergehend außer Dienst gestellt und 30% der Reedereien haben neue Schiffsbauaufträge storniert. Die große

Herausforderung im Bereich der Logistik besteht im Wesentlichen in der flexiblen Anpassung der logistischen Ressourcen und im Redesign der logistischen Prozesse, einschließlich der Vertragsgestaltung.

Vertrieb

Unternehmen stehen vor der Herausforderung, sich aus den versteiften Strukturen zu lösen und eine neue Dynamik zu entwickeln. Der Vertrieb spielt bei der Bewältigung des Stressszenarios eine hervorgehobene Rolle. Er kann einen wesentlichen Beitrag leisten, das Unternehmen zu stabilisieren und wieder auf einen Wachstumspfad zu führen. Dazu muss sich der Vertrieb sowohl in operativer Hinsicht als auch in konzeptioneller Hinsicht flexibel zeigen. Operativ gilt es, durch organisatorische und ablauforganisatorische Maßnahmen mehr Kundennähe zu finden und die Kundenbindung zu erhöhen. Hierzu zählt auch die Möglichkeit des Abwerbens von Kunden der Konkurrenz. Konzeptionelle Flexibilität drückt sich in neuen Vertriebsideen aus. Dazu zählen u. a. auf den Kunden zugeschnittene Finanzierungsmodelle, Staffelpreise, Lieferpläne und Teilzahlungsvereinbarungen, Miet- und Leihverträge, Rücknahmegarantien, Tauschgeschäfte und Betreiber- bzw. Servicemodelle.

Finanzen

Im Bereich der Finanzen besteht das Wost-Case Szenario im Erliegen der Geldströme. Viele Banken stellen zeitweise erheblich weniger Kredite zur Verfügung. Dies führt bei Unternehmen zu einer kurzfristigen Zahlungsunfähigkeit. Rechnungen werden nicht bezahlt, was in Lieferketten und Liefernetzwerken Kettenreaktionen auslöst. Unternehmen stehen nun vor der „doppelten“ Herausforderung, einerseits ihr eigenes Wirtschaften weiter finanzieren zu können und andererseits Kulanz gegenüber den Kunden zu zeigen, um den Absatz zu stabilisieren. Das Überleben der Unternehmen hängt davon ab, ob sie sich aus ihrem starren Anlagemanagement lösen und ihre Geldströme flexibel gestalten können. Das Ziel eines langfristig positiven Cashflows erreichen diejenigen Unternehmen, die aufgrund ihrer organisatorischen und finanziellen Wandlungsfähigkeit schnell den Sprung auf ein niedrigeres Kostenniveau schaffen.

Personalstrukturen

Feste Personalstrukturen stellen ein gewichtiges Flexibilitätshindernis dar, da sie viel Kapital und intangible Assets unnötig binden. Ziel ist es deshalb, diese starren Strukturen zu lösen und zu flexibilisieren. Mitarbeiter sind schon in Boom-Phasen zur Selbstverantwortung auf breiter Basis zu schulen, damit sie verantwortlich und wandlungsfähig agieren. Statische Mitarbeiter mit Einfachqualifikationen sind am unflexibelsten. Um diese Inflexibilität zu verhindern, geht der Trend weg von einem hohen Anteil an Normalarbeit hin zu einem höheren Anteil von wechselnden Arbeitsinhalten. Unterstützt wird dies durch flexible Arbeitszeitmodelle, vom Unternehmenserfolg abhängige Gehälter, Job-Rotation, Job-Enrichment, Job-Enlargement, Modularität, Schulungsmodule und eine wechselnde Arbeitsplatzgestaltung.

Die Herausforderungen im Bereich der Flexibilität werden durch den Stresstest auf die Tagesordnung vieler Unternehmen gerufen. Die Kunst besteht darin, die bisher vorhandenen Ressourcen – Maschinen, das Humankapital sowie die Methoden bzw. Technologie – so zu strukturieren, dass effektiver auf verschiedene Umwelteinflüsse und volatile Marktanforderungen bedarfs- und vor allem kostenoptimal reagiert werden kann. Nun gilt es sowohl Sofortmaßnahmen als auch langfristige konzeptionelle Maßnahmen zu finden, um den unternehmerischen Erfolg nachhaltig zu sichern.

5.4 Organisationsgestaltung

Führungsprinzipien müssen eine effektive und effiziente Organisationsgestaltung unterstützen. Es geht darum, unter erschwerten Anforderungen des Unternehmensumfelds, produktive Organisationsstrukturen zu schaffen, die eine reibungslose Leistungserstellung ermöglichen. Organisationskonzepte der Vergangenheit sind hier nicht mehr dienlich. Sie sind zu starr und unflexibel, wenn es um die Anpassung der Organisationsstrukturen auf die veränderten Umfeldbedingungen geht. Die Zielsetzung besteht folglich darin, innovative Organisationslösungen zu entwickeln, die Antworten auf die heutigen Herausforderungen eines volatilen Markt- und Wettbewerbsumfelds geben. Diese innovativen Organisationskonzepte zeichnen sich dadurch aus, dass sie die Reaktionsgeschwindigkeit auf unvorhergesehene Einflüsse der Unternehmensumwelt erhöhen. Dazu zählt das Thema der „organisierten Organisationslosigkeit" als Gestaltungsansatz zur Anpassung der Eigendynamik des Unternehmens an bestehende Umweltdynamiken. Der Begriff suggeriert, dass es kein unveränderliches Organisationskonzept geben kann, um die Organisationsprobleme zu lösen. Vielmehr ist es entscheidend, anpassungsfähige und agile Organisationsstrukturen zu etablieren und auf konkrete Herausforderungen adäquat zu reagieren. Für die Organisationsgestaltung bedeutet dies flexible, wandlungsfähige und effiziente Organisationsstrukturen zu schaffen. Die simultane Realisierung dieser Zielgrößen ist nur durch eine intelligente Verknüpfung von organisatorischen Elementen im Sinne einer modularen Organisationsarchitektur möglich. Modulare Organisationsstrukturen zeichnen sich durch charakteristische Merkmale aus. Eine konsequente Kundenausrichtung der Organisationsstrukturen stellt hierbei die Basisanforderung dar. Dies bedeutet, für bestehende und zukünftige Probleme der verschiedenen Kundengruppen die richtigen Lösungen anzubieten. Unternehmen müssen heute als Problemlöser und zuverlässiger Partner in Erscheinung treten. Eine kundenorientierte Organisationsgestaltung zeichnet sich dadurch aus, dass sie auf allen Unternehmensebenen Effektivität und Effizienz der betrieblichen Aktivitäten als Maßgröße begreift. Hier geht es zunächst um die durchgängige Ausrichtung aller Wertschöpfungsaktivitäten am Kundenwunsch. Die Erzielung eines hohen Kundennutzens ist die Basis für die angestrebte Kundenloyalität, die für ein langfristiges Bestehen der Geschäftsverbindungen essentiell ist. Um als Problemlöser in Erscheinung zu treten, müssen Organisationskonzepte einerseits eine hohe Flexibilität aufweisen, jedoch auf der anderen Seite höchstmögliche Effizienz bei der Leistungserstellung gewährleisten. Ein wichtiger Baustein der Modularisierung von Organisationselementen ist die Prozessstandardisierung und die Definition einheitlicher Schnittstellen. Dazu zählen Prozessstandards, transparente Ablaufdiagramme sowie eine einheitliche und durchgängige

Methodenanwendung. Die digitale Unterstützung dieser Organisationsinstrumente durch moderne Informations- und Kommunikationstechnologien ermöglicht den Aufbau eines umfangreichen Wissensspeichers für die Organisationsgestaltung. Dadurch kann organisatorisches Lernen im Unternehmen bereichsübergreifend beschleunigt und die Verbesserungsspirale in Gang gesetzt werden. Diese Effekte stärken die Problemlösungskompetenz aller Mitarbeiter und ermöglichen somit die Bildung innovativer Leistungsangebote entsprechend der gestellten Kundenanforderungen. Das Auftreten als Problemlöser im Markt setzt eine umfangreiche Koordinationskompetenz bei der Zusammenstellung von kundenindividuellen Leistungsbündeln voraus. Ein wichtiger Aspekt ist die Prozessintegration innerhalb der Organisation und an den Schnittstellen zu Lieferanten und Kunden. Diese Durchgängigkeit der Prozessanbindung stärkt die Wettbewerbsfähigkeit von ganzen Wertschöpfungsnetzwerken in erheblicher Weise. Die Koordination in Richtung der Lieferanten bezieht sich auf eine optimale Ausgestaltung der Zusammenarbeit hinsichtlich der Forschungs- und Entwicklungstätigkeiten, der Rahmenverträge für definierte Leistungsumfänge sowie der Lebenszyklus- und Serviceverträge. In Richtung der Kunden stehen die Bedarfsermittlung und die Ableitung der konkreten Kundenanforderungen im Rahmen des Customer Relationship Managements (CRM) im Vordergrund. Diese Kundeninformationen sind in der Organisation aufzubereiten und in intelligente und innovative Leistungsmerkmale zu übersetzen. Innerhalb der Organisation ist als Gestaltungsansatz die Implementierung des Kunde-Lieferanten-Prinzips vonnöten. Das gewährleistet ein schnelles Reagieren auf Änderungswünsche der Kunden zu jeder Zeit des Leistungserstellungsprozesses. Wertvolle Zeit kann somit gewonnen werden, um Anpassungen der Produkt- und Servicearchitektur zur Sicherstellung eines hohen Kundennutzens vorzunehmen. Eine hohe Flexibilität der Organisation wird demnach durch schlanke Organisationsstrukturen ermöglicht. Die Segmentierung der Produktion unterstützt diesen Ansatz. Einzelne Fertigungsbereiche werden mit dem Ziel der Reduzierung von Bearbeitungs- und Durchlaufzeiten voneinander abgegrenzt. Probate Segmentierungskriterien können beispielsweise Produkttypen oder eingesetzte Fertigungstechnologien darstellen. In diesen Fertigungssegmenten werden Aufgaben, Kompetenzen und Verantwortlichkeiten zusammengeführt. Es erfolgt eine weitgehende Reintegration indirekter Planungs- und Steuerungsfunktionen in die Segmente, um Schnittstellenprobleme zu eliminieren und Reaktionszeiten zu verkürzen. Auf diese Weise können Overhead-Funktionen wirkungsvoll reduziert und die Produktivität im Produktionsbereich erhöht werden. Die Fertigungssegmentierung stellt somit ein hervorragendes Beispiel für die simultane Realisierung von flexiblen und gleichzeitig effizienten Produktionsstrukturen dar. Ein weiterer wichtiger Aspekt ist, dass in den Segmenten gleiche organisatorische Prinzipien zur Anwendung kommen. Die Arbeitsabläufe orientieren sich an Prozessstandards, die modulübergreifend gelten. Dies bezieht sich auf Ablaufreihenfolgen bei bestimmten Fertigungsverfahren, Montagevorgängen oder Qualitätssicherungsmethoden. Betriebsmittel und Werkzeuge werden so weit wie möglich vereinheitlicht, um eine Mehrfachverwendung in mehreren Segmenten sicherzustellen. Gestaltungsprinzipien wie Flussorientierung, kleine Regelkreise oder Visualisierung nach einheitlichen Vorgaben verbessern die Transparenz über die organisatorischen Abläufe und erlauben ein effektives Controlling der organisatorischen Leistungsfähigkeit. Im Prinzip zielt die Fertigungssegmentierung auf eine weitgehende Selbststeuerung betrieblicher

Kapazitäten, welche durch einen eingelasteten Kundenauftrag angestoßen wird. Im Produktionsbereich kann dadurch die Prozesskomplexität erheblich reduziert werden. In den indirekten und administrativen Bereichen sind ähnliche Organisationskonzepte zu implementieren. Lösungsansätze bieten hier kleine Kapazitätsquerschnitte, Aufgabenintegration und schlanke Prozessabläufe. Zunächst kann mittels Funktions- und Leistungsanalysen nachgewiesen werden, welche Kapazitäten für die Aufgabenerfüllung überhaupt benötigt werden. Die Analysemethode orientiert sich strikt am erzielten Kundennutzen, welcher durch die Aktivitäten in den indirekten Bereichen hervorgerufen wird. Auf Basis der Ergebnisse erfolgt eine Redimensionierung der Kapazitäten. Konkret bedeutet dies, dass durch Aufgabenintegration und Überwindung von Schnittstellen, kleinere und schlagkräftigere Kapazitätsquerschnitte gebildet werden. Ein Beispiel für eine gelungene Aufgabenintegration in indirekten Bereichen stellt das Auftragsabwicklungszentrum dar. Hier werden alle erforderlichen Kompetenzen gebündelt, um einen Kundenauftrag erfolgreich abzuwickeln. Innerhalb des Auftragsabwicklungszentrums ergeben sich Synergieeffekte, welche sich bei der Bearbeitung mehrerer Kundenaufträge ergeben. Personal kann somit wesentlich effizienter eingesetzt werden, gleichzeitig erhöht sich auch die Reaktionsgeschwindigkeit bei auftretenden Problemstellungen, da der Kundenkontakt über das Auftragsabwicklungszentrum kanalisiert wird und Problemlösungskapazitäten vorgehalten werden. Für die Rolle des Managements ergeben sich ebenso erweiterte Anforderungen. Planung, Steuerung und Kontrolle als klassische Managementfunktionen werden nach wie vor eine wesentliche Rolle spielen. Allerdings sind diese Funktionen vor dem Hintergrund existenter Stresssituationen, die auf Geschäftsmodelle einwirken, neu zu interpretieren. Mehr denn je kommt es darauf an, Führungsprinzipien an nachhaltiger Wertsteigerung für das Unternehmen und dessen Stakeholder auszurichten. Die Organisationsmitglieder benötigen dazu klare Zielvorgaben, die im Rahmen von Zielvereinbarungsgesprächen festgelegt und anhand von Ergebnisgrößen nachgehalten werden. Dies ist für die Realisierung der betriebswirtschaftlichen Effekte unerlässlich. Allerdings sollte der Weg zur Zielerreichung den Mitarbeitern auf den unterschiedlichen Unternehmensebenen, innerhalb definierter Korridore, weitgehend freistehen. Mitarbeiter sollen dazu ermuntert werden, Entscheidungs- und Handlungsspielräume zu nutzen, kreative Ideen einzubringen und das Ringen um die beste Lösung als internen Wettbewerbsgedanken zu begreifen. Die Erziehung der Mitarbeiter zu Unternehmern im Unternehmen bedeutet natürlich nicht die Abschaffung der Unternehmenshierarchien. Aber es bedeutet, dass Mitarbeiter ihre Teilverantwortung für die Leistungserbringung in strategischen und operativen Planungs- oder Ausführungsprozessen wahrnehmen müssen. Dies fördert nicht nur die Transparenz über den effektiven und effizienten Einsatz der Humanressourcen, sondern löst eine Verbesserungsspirale im Unternehmen aus. Es entsteht innerbetrieblicher Wettbewerb zwischen Abteilungen und Bereichen, die um die erfolgversprechendsten Lösungen konkurrieren. Die innovativsten Vorschläge werden zu Prozessstandards weiterentwickelt. So wird sichergestellt, dass erarbeitetes Wissen allen zugänglich gemacht wird, um eine unternehmensweite Optimierung in Gang zu bringen. Dieser notwendige Weg zur Institutionalisierung einer lernenden Organisation beinhaltet signifikante Potenziale für eine dauerhafte Unternehmenswertsteigerung. Daneben beinhaltet die zunehmende Digitalisierung der Unternehmenswelt erhebliche Potenziale für eine schlanke Organisationsgestaltung. Industrie 4.0 ermöglicht heute eine

Verknüpfung von realer Welt und virtuellem Abbild zur optimalen Unterstützung der Mitarbeiter in Unternehmen. Im Kern wird mit der Digitalisierung das Ziel verfolgt, eine weitgehende Automatisierung von Fertigungsabläufen zu erreichen. Daten über den Fertigungsprozess werden den Mitarbeitern in Echtzeit zur Verfügung gestellt, sodass im Falle von Abweichungen korrigierend eingegriffen werden kann. Die beleglose Fertigung eröffnet erhebliche Potenziale im Hinblick auf Zeitreduktion und Produktivitätssteigerung. Dem Mitarbeiter kommt die Rolle des Produktionsmanagers zu, welcher den Produktionsprozess überwacht, aber selbst nicht mehr aktiv in den Herstellungsprozess eingreift. Durch die geschaffene Transparenz über eingelastete Fertigungsaufträge, Wertströme und Kennzahlen lässt sich die Auslastung der Produktionsbereiche maximieren. Die Verarbeitung der Plan- und Leistungsdaten durch moderne Informationstechnologien stärkt die Flexibilität bei Störeinflüssen, die beispielsweise bei Kundenänderungen auftreten. Digitalisierung hat somit nicht nur Auswirkungen auf den direkten Herstellungsprozess, sondern auch auf Planungs- und Steuerungsfunktionen. Auf diese Weise können robuste Auftragsabwicklungsprozesse etabliert werden. Im Kontext der Herausforderung von Stresstests für Geschäftsmodelle lassen sich abschließend einige Erfolgsfaktoren der Organisationsgestaltung identifizieren. Entscheidend ist das umfassende Denken und Handeln aller Organisationsmitglieder in Prozessen und Kundenbeziehungen und nicht in Funktionen und Zuständigkeiten. Durch Prozessintegration werden funktionale Bereichs- und Abteilungsstrukturen aufgebrochen, die oftmals zu langen Durchlaufzeiten und geringer Kundenzufriedenheit führen. Diese Integration ist sowohl innerhalb des Unternehmens als auch an den Außenschnittstellen zu Kunden und Lieferanten erforderlich. Um dies zu erreichen, sind kooperative Führungskonzepte zu implementieren. Mitarbeiter als Betroffene werden zu Beteiligten. Die Stärkung dieser Ownership Culture ist eine Kernaufgabe der Unternehmensführung. Mitarbeiter benötigen klare Zielvorgaben an denen sie gemessen werden können. Allerdings sind diese zusammen mit den Mitarbeitern zu entwickeln, um ein belastbares Commitment für die Zielerreichung einzufordern. Ein weiterer Erfolgsfaktor ist die Nutzung neuester Technologien entlang der Geschäftsprozesse. Dies bezieht sich sowohl auf die Unterstützung der direkten Wertschöpfungsprozesse in Einkauf, Produktion und Logistik als auch auf die indirekten administrativen Bereiche. Eine durchgängige Systemunterstützung schafft nicht nur Datentransparenz, sondern trägt signifikant zur Beschleunigung von Prozessabläufen bei. Informationsliegezeiten können auf diese Weise zurückgefahren werden, der Kunde zahlt fortan für direkte Bearbeitungsvorgänge. Durch die Modularisierungsansätze werden flexible und effiziente Einheiten gebildet. Der große Vorteil der Modulbildung von Prozess- und Organisationselementen ist die Möglichkeit der Erweiterung oder des Rückbaus dieser Einheiten, ohne den gesamten Wertschöpfungsprozess zu tangieren. Durch die Mehrfachverwendung von standardisierten Betriebsmitteln, Werkzeugen oder Tools kann auch bei Auslastungsschwankungen eine wirtschaftliche Ressourcennutzung sichergestellt werden. Prozessstandards erlauben eine gerichtete Qualifizierung der Mitarbeiter. Dies schafft die Basis für Mehrfachqualifikation im Sinne der Mitarbeit in unterschiedlichen Modulen. Dadurch kann die Flexibilität hinsichtlich des Mitarbeitereinsatzes verbessert und die Personalproduktivität erhöht werden. Die Modularisierung der Organisation bietet auch die Möglichkeit, bei Bedarf einzelne unprofitable Geschäftsfelder schneller aus der Gesamtorganisation herauszulösen. Im Gegenzug lassen sich produktive Einheiten rascher multiplizieren. Auch hier steigt die Reaktionsgeschwindigkeit auf unvorhergesehene Ereignisse seitens des Marktes und der Kunden. All diese Effekte führen zu erheblichen Potenzialsteigerungen. Modulare Organisationsstrukturen leisten somit einen wesentlichen Beitrag zur Stärkung der Agilität, Leistungsfähigkeit und Wettbewerbsfähigkeit von Unternehmen. Dadurch dass diese Konzeptansätze nicht an den Unternehmensgrenzen enden, sondern Marktpartner wie Zulieferer oder Kunden integrieren, entstehen profitable Netzwerke und Wertschöpfungspartnerschaften, die sich im globalen Wettbewerbsumfeld erfolgreich behaupten können.

5.5 Netzwerk- und Supply Chain Management

Die anhaltende Globalisierung sowie die stetige Fremdvergabe von Dienstleistungen führen weiterhin dazu, dass Zusammenschlüsse zu Entwicklungs- oder Produktionsnetzwerken notwendig werden. Die Netzwerke nehmen dabei an Umfang und Komplexität zu, was die Gefahr eines Kontrollverlusts birgt. Demnach sollte der Frage nachgegangen werden, wie die Führungsprinzipien im Supply Chain Netzwerk durch Entscheidungen im Führungsprozess effizient und effektiv unterstützt werden können. Um diese Gefahren früh abschätzen zu können, sollten die Führungsprinzipien gemäß den drei nachfolgenden Hypothesen verstanden werden:

1. Die Führungsprinzipien in Supply Chain Netzwerken sind durch einzelne Führungsprozesse und zugehörige Methoden charakterisiert.

2. Die Herausforderung bei Stresstests in Supply Chain Netzwerken besteht in der Anwendung des Führungsprinzips über die Unternehmensgrenzen hinaus.

3. Der Einsatz geeigneter Methoden unterstützt die Führungsentscheidungen und steigert sowohl Robustheit als auch Transparenz im Supply Chain Netzwerk.

Führungsprinzipien

Im Kontext der Supply Chain Netzwerke sind Führungsprinzipien als Entscheidungsrichtlinien für das gesamte Netzwerk zu sehen. Diese Prinzipien folgen hierbei pyramidalen Strukturen und geben an, wie Entscheidungen im Unternehmen und im Netzwerk zu treffen sind. Durch diese Eigenschaft ist es möglich durch Führungsprinzipien den Führungsprozess zu steuern. Supply Chain Netzwerke, wie sie in den verschiedenen Branchen existieren, sind aufgrund ihrer Größe und Spannweite den Nebenwirkungen der Globalisierung, zum Beispiel einer sich schnell verändernden Umgebung, ausgesetzt. Mit Hilfe von Führungsprinzipien werden im Unternehmen und im gesamten Netzwerk die Leistungs- und Anpassungsfähigkeit aktiviert, die es ermöglichen auf die veränderten Marktbedingungen zu reagieren. Sind die Führungsprinzipien ausgereift und werden sie im Unternehmen und im Netzwerk konsequent umgesetzt, können diese zur Effizienz im Unternehmen beitragen und den Zielerreichungsprozess unterstützen. Eine entscheidende Erfolgsgröße für ein Führungsprinzip ist die Möglichkeit der Kannibalisierung. Möchte man Führungsprinzipien auf Robustheit überprüfen und für zukünftige Situation vorsorgen, sind unter Umständen Traditionen zu brechen. Am Beispiel der Produktinnovationen ist dies zu erkennen. Die Elektroautos von BMW konnten nur entstehen, indem man sich von den alten Gewohnheiten der Fahrzeugentwicklung bei BMW abgewendet hat. Ähnlich ist dies bei Führungsprinzipien zu sehen. Ein Netzwerk erfährt unterschiedliche Einflüsse. Dazu zählen zum Beispiel der Umgang mit der Generation Y oder die Integration von Start-up-Unternehmen. Können sich Führungsprinzipien an diese Veränderungen anpassen, gelten sie als robust und sicher. Neben diesen allgemeinen Herausforderungen sind weitere spezifischere Herausforderungen und Problemstellungen zu betrachten.

Herausforderungen und Problemstellungen

Bei einer Umsetzung von Führungsprinzipien in Supply Chain Netzwerken gilt es, zum einen die Eigenschaften eines Supply Chain Netzwerkes zu verstehen, zum anderen müssen neben den Problemzonen im Netzwerk eine frühzeitige Aufklärung der Schwachstellen sowie die Identifikation von Monopolisten und die Möglichkeit von Betreibermodellen erkannt werden. Des Weiteren spielt die Identifikation der verschiedenen Typen innerhalb des Netzwerks eine wichtige Rolle in der Stabilität des Supply Chain Netzwerks. Eine besondere Herausforderung bei Supply Chain Netzwerken ist die unternehmensübergreifende Struktur. Durch die Vernetzung verschiedener Unternehmen aus unterschiedlichen Regionen und unter Umständen mit nicht harmonierenden Kulturen können Reibungen entstehen, die ein Netzwerk zusammenbrechen lassen. Darüber hinaus entstehen durch die zahlreichen 1:n Beziehungen im Netzwerk komplexe Strukturen, die beim Eintritt eines Risikos zu Problemen führen können. Damit Führungsprinzipien im Netzwerk Fuß fassen können, gilt es, die Strukturen des Netzwerks so zu gestalten, dass die Prinzipien bei jedem Netzwerkmitglied durchgesetzt werden können. Dies bedeutet, dass eine rege Kommunikation und eine enge Zusammenarbeit mit den Netzwerkpartnern gewährleistet sein müssen.

Oftmals sind allerdings gerade dies die Problemzonen in Netzwerken. Daneben zählen Macht, Vertrauen, Koordination und Komplexität zu den Problemfeldern, die in Netzwerken vorherrschen können. Diese führen dabei neben Kontrollverlust auch zu Chaos und erschweren die Umsetzung der Führungsprinzipien. Zudem stellen sie ein erhöhtes Unternehmensrisiko dar und können zum Zusammenbruch des Netzwerkes führen, wenn sie nicht konsequent im Netzwerk überwacht und angegangen werden. Ferner entstehen durch mangelnde Koordination und schlechte Kommunikation ineffiziente Strukturen, die einen größeren Organisations- und Führungsaufwand entstehen lassen. Die Ausgestaltung und Effektivität von Führungsprinzipien kann dadurch gehemmt werden. Im Unternehmensnetzwerk COOPERNIC, einem Zusammenschluss der REWE Group, Colruyd, CONAD, COOP und E.Leclerc, wurde eine europäische Allianz selbständiger Handelsunternehmen geschaffen, die durch die Definition einheitlicher Führungsprinzipien, wie Kommunikationsregeln und einer transparenten Koordination, ein effizientes und erfolgreiches Netzwerk aufbauen konnten. Hierbei konnten die einzelnen Allianzmitglieder die eigene Einkaufsmacht gegenüber den Wettbewerbern im lokalen Markt steigern.

Für die Umsetzung von Führungsprinzipien in Supply Chain Netzwerken und das Beheben der Problemzonen können eine Überwachung des Netzwerks und eine frühzeitige Aufklärung von Schwachstellen erfolgreich sein. Hierbei wird im Rahmen des Risiko- und Krisenmanagements ein gemeinsames Tool für alle Netzwerkmitglieder zur Verfügung gestellt, um Handlungsoptionen festzulegen, bevor ein Risiko eintritt. Bei der Ausgestaltung dieser Form gilt es alternative Entscheidungsmöglichkeiten im Vorfeld zu bestimmen. Ferner ist zu berücksichtigen, dass beim Auftreten von zu großen Risiken Unternehmen sich entscheiden, dieses nicht in Kauf zu nehmen. Ein weiteres Tool um frühzeitig Schwachstellen im Netzwerk aufzudecken, ist das Lieferantenmanagement. Mit Hilfe dieses Konzeptes kann ein ausgewogenes Netzwerk und eine effiziente Netzwerkarbeit geschaffen werden. Besonders die in diesem Rahmen eingeplante Lieferantenauditierung stellt eine spezifische Frühwarnfunktion für Supply Chain Netzwerke dar. Die Herausforderung in der Umsetzung des Lieferantenmanagements besteht in der Bewältigung der Komplexität des Netzwerkes. Darüber hinaus sind unterschiedliche Netzwerkmitglieder im Netzwerk vertreten. Wie eine solche Überwachung der Lieferanten strukturiert erfolgreich umgesetzt werden kann, zeigt das Beispiel des japanischen Technologie- und Hardwareunternehmens Epson. Es unterteilt seine Lieferanten in fünf Überwachungsstufen. Die Zuordnung hängt hierbei davon ab, wie stark sich die Lieferantentätigkeit auf die Produktion von Epson auswirkt. Eine besondere Rolle im Netzwerk nehmen Monopolisten ein, weil sie aufgrund des starken Mitbestimmungsrechts und der besonderen Machtausübung, die unternehmensübergreifende Ausgestaltung der Führungsprinzipien im Netzwerk stören. Monopolisten können durch ihren Einfluss mehrere Netzwerkmitglieder für die Durchsetzung der eigenen Ziele gewinnen und behindern so die Kooperation im Netzwerk. Ferner führt diese Bildung von regionalen Clustern zu ungleichen Machtverhältnissen in der Netzwerkstruktur, welche die Kommunikation sowie die Durchsetzung einheitlicher Prinzipien erschweren. Darüber hinaus stellen sie im Netzwerk ein erhöhtes Risiko dar, weil sie versuchen werden die eigenen Interessen, die unter Umständen nicht im Sinne des gesamten Supply Chain Netzwerkes sind, durchzusetzen. Vor diesem Hintergrund ist die Auswahl von Monopolisten im Netzwerk zu vermeiden. Ein Beispiel wie Monopolisten Netzwerke beeinflussen, zeigt das Beispiel Google. Mit der gleichnamigen Suchmaschine verfolgt Google das Ziel den Nutzer mit Informationen zu versorgen. Anfangs in Kooperation mit verschiedenen Internetdiensten konnte man Informationen zur aktuellen Wettervorhersage über die Suchmaschine auf anderen Internetseiten, wie dem Deutschen Wetterdienst, finden. Aufgrund der zunehmenden Monopolstellung von Google in diesem Informationsnetzwerk werden nun diese Netzwerkstrukturen gebrochen, da bei der Suchanfrage die Informationen zur aktuellen Wettervorhersage nicht mehr von der Seite vom Deutschen Wetterdienst abgerufen werden, sondern direkt von Google angezeigt werden. Eine weitere Herausforderung sind die unterschiedlichen Typen im Netzwerk. Durch eine Typologisierung der Netzwerkpartner werden Handlungsfelder im Supply Chain Netzwerk aufgedeckt. Dadurch wird eine Systematisierung der Supply Chain ermöglicht und bildet somit die Basis für eine weiterführende Risikoeinschätzung sowie eine Anpassung der Führungsprinzipien. Die Typenbildung gewährleistet hierbei eine Vergleichbarkeit verschiedener Supply Chain Mitglieder und gibt so Aufschluss über erfolgreiche und robuste Partnerschaften in Supply Chain Netzwerken. In Abhängigkeit der Zielausrichtung des Netzwerkes können so entsprechende Netzwerkpartner ausgewählt werden. Darüber hinaus ist es möglich, je nach Typ, mit Hilfe des Performance Managements passende Leistungskennzahlen zu definieren und so rechtzeitig Leistungsrückgänge im Supply Chain Netzwerk zu ermitteln. Eine besondere Partnerschaft sind Betreibermodelle. Durch den Einsatz von Betreibermodellen können Kooperationen mit fremden Partnern im eigenen Haus realisiert werden. Sie liefern dabei einen nachhaltigen Beitrag zur Gestaltung der Supply Chain Netzwerke. Ferner wird dadurch eine Bündelung von Wissen am Ort der Produktion gewährleistet und für eine höhere Verlässlichkeit sowie Qualität gesorgt. Durch dieses Vorgehen können Führungsprinzipien besonders verankert werden, womit zum einen die Robustheit des Netzwerkes gestärkt wird und zum anderen die Erreichung der Netzwerkziele unterstützt wird. Darüber hinaus sind Betreibermodelle ein Instrument zur grundlegenden Veränderung und bieten Raum für die Kannibalisierung eigener veralteter Prozesse. Ferner ergibt sich die Möglichkeit durch wegfallende Investitionen, dass sich das Unternehmen von Ballast befreit und so die Wettbewerbsfähigkeit, Flexibilität sowie Produktivität steigert. Mit Betreibermodellen kann eine Win-win-Situation für alle Beteiligten geschaffen werden, da in der Kooperation die strategischen Stärken und das Know-how beider Seiten in vollem Umfang zur Geltung kommen. Zusätzlich erfolgt in Betreibermodellen eine Übertragung von Verantwortung auf die Partner. Dadurch werden Störfälle im Netzwerk schneller aufgelöst, da die Störungen direkt am Entstehungsort beseitigt werden können, ohne lange Entscheidungswege durchlaufen zu müssen. Die Übertragung von Verantwortung kann somit zur Robustheit der Supply Chain Netzwerke beitragen. Der Grundsatz für Betreibermodelle ist Kooperation statt Beherrschung und ermöglicht dadurch die Umsetzung von Führungsprinzipien im Supply Chain Netzwerk. Welchen Einfluss Betreibermodelle auf ein Netzwerk haben können, zeigt das Beispiel des Betreibermodells der Lufthansa und des Flughafens München. Durch diese Partnerschaft konnte die Lufthansa die Pünktlichkeit und die Schnelligkeit des Passagiertransfers am Boden steigern. Darüber hinaus konnte der Einfluss auf die Abfertigung optimiert werden, wodurch für alle Mitglieder der Star Alliance Wettbewerbsvorteile geschaffen wurden.

Robustheit und Transparenz durch Methodeneinsatz

Die Robustheit und Transparenz von Supply Chain Netzwerken kann durch einen gezielten Einsatz von geeigneten Methoden erreicht werden. Die Methoden orientieren sich hierbei an den Gestaltungsfeldern Strategie, Prozesse, Struktur, Technologie, Human Resources und Produkte. Zur Ausgestaltung dieser Felder sind dabei die folgenden Richtlinien zu berücksichtigen:

- Konzentration auf Kernkompetenzen
- Kooperation in Netzwerken

- Prozessorientierung
- Informationstransparenz
- Komplexitätsoptimierung
- Qualitätssicherung
- Wandelbarkeit

Für eine erfolgreiche Umsetzung der Methoden und damit eine Verankerung der Führungsprinzipien in Supply Chain Netzwerken kann der Methodeneinsatz in vier Phasen geschildert werden. Diese sind die Parameteridentifikation, die Analyse und Bewertung, Handhabung und Überwachung. Als besonders geeignete Methoden sind der Global Sourcing Index, die Einkaufpotenzialanalyse, die Lieferantenauditierung und die Total Cost of Ownership-Analyse zu nennen. Mit dem Global Sourcing Index kann eine Absicherung der Wertschöpfungskette vorgenommen werden, indem Risikowahrscheinlichkeiten in Kosten übersetzt werden und so in den Einkaufspreis mit eingerechnet werden können. In der Einkaufspotenzialanalyse werden die weltweiten Beschaffungsquellen in einem Portfolio dargestellt und zeigen somit Schwachstellen und Risiken in einem Supply Chain Netzwerk auf. Mit Hilfe der Lieferantenauditierung wird eine Frühwarnfunktion geschaffen, die eine Stabilisierung langfristiger Lieferantenbeziehungen ermöglicht und mögliche Schwachstellen im Netzwerk aufdeckt. Durch den Einsatz der Total Cost of Ownership-Analyse werden vor- und nachgelagerte Kostentreiber von Vergabeentscheidungen identifiziert und in den Entscheidungsprozess integriert.

5.6 Nutzung verborgener Ressourcen

Eine eindeutige Definition und Anwendung des Wortgebrauchs „verborgene Ressourcen" existiert weder in der deutsch- noch in der englischsprachigen Literatur. Vielmehr werden differente Begriffe weitgehend synonym angewandt. Generell können verborgene Ressourcen gemäß der HLEG (European High Level Expert Group on the Intangible Economy) als immaterielle Faktoren abgegrenzt werden. Diese generieren einen Wertbeitrag zur Unternehmensleistung hinsichtlich der Produktion von Gütern oder der Bereitstellung von Dienstleistungen. Diese Definition hat Gültigkeit für alle generell bekannten verborgenen Ressourcen, distanziert sich von einer negativen Abgrenzung gegenüber materiellen Werten und verdeutlicht die Bedeutung des zukünftigen Nutzens für das Unternehmen. Bei den verborgenen Ressourcen handelt es sich also folglich um Vermögenswerte, welche aufgrund ihrer immateriellen Beschaffenheit monetär nur schwer erfassbar und bewertbar sind. Beispiele für verborgene Ressourcen können kompetente Mitarbeiter und Führungspersonen, langfristige Kunden- und Lieferantenbeziehungen, Markenrechte, Ideen und Patente sowie optimierte Prozess- und Organisationsstrukturen sein. Diese genannten Unternehmensressourcen sind mehr oder minder nicht direkt quantitativ bewertbar. Dennoch sind Sie unumstrittene Treiber des Unternehmenserfolges. Derartige verborgene Ressourcen zeichnen sich durch ein hohes Maß an Flexibilität aus und tragen zur weiteren Dynamisierung des Wettbewerbs bei. Unternehmensentwicklungen sind ohne die Betrachtung verborgener Ressourcen oftmals nicht zu erklären. Inwiefern können verborgene Unternehmensressourcen jedoch genutzt werden, um Geschäftsmodelle zukunftsfähig zu gestalten? Die Nutzung von verborgenem Vermögen zur Gestaltung zukunftsfähiger Geschäftsmodelle ist in der Literatur ein viel diskutiertes Thema. Verborgene Ressourcen sind nicht auf einen bestimmten Unternehmensteil beschränkt, sondern erstrecken sich über das gesamte Unternehmen und den gesamten Wertschöpfungsprozess. Die Nutzung verborgener Unternehmensressourcen zur Ableitung einer nachhaltigen Gestaltung des Geschäftsmodells in Stresssituationen basiert generell auf fünf wesentlichen Leitlinien. Elementar ist die Ganzheitlichkeit der Bereichsgestaltung. Die umfassende Betrachtung des Unternehmens in Bezug auf explizite und verborgene Unternehmenswerte ist erforderlich. Hierbei sind Lösungsvorschläge für bestehende Probleme einzuarbeiten. Die Schaffung von Transparenz ermöglicht einen grundsätzlichen Überblick über verborgene Unternehmensressourcen sowie deren Wert. Außerdem ist in Stresssituationen ein schnelles Handeln entscheidend. Durch situationsspezifische Handlungsempfehlungen werden Aufwand und damit die Geschwindigkeit der Planung und Umsetzung erhöht. Eine übergreifende Nachhaltigkeit gewährleistet den langfristigen Unternehmensfortbestand. Um verborgene Ressourcen nutzen zu können, sind diese zu Beginn im Unternehmen zu erkennen. Die Identifikation verborgener Ressourcen stellt die Forschung bis heute vor große Herausforderungen. Die bekannten Umfänge beschränken sich zumeist auf bestimmte Teilbereiche, vermögen aber nicht die gesamt verfügbaren Unternehmensressourcen sichtbar zu machen. Hinzu kommt der beträchtliche Aufwand, um verborgene Ressourcen zu nutzen. Unternehmen besitzen in der Regel weder die nötigen zeitlichen und finanziellen Ressourcen noch die Humanressourcen, um eigene Anstrengungen für die Verbesserung ihrer verborgenen Ressourcen aufzuwenden. Durch den Einsatz zielgerichteter Methoden kann verborgenes Vermögen sukzessiv weiterentwickelt werden. Auf diese Weise können Unternehmen proaktiv bei Stresssituationen agieren. Durch die systematische Bewertung verborgener Ressourcen wird zudem eine Entscheidungsgrundlage generiert, auf deren Basis sich umfassende Strategien ableiten lassen. Zur Beantwortung, welche Führungsprinzipien zukunftsfähig sind, ist die Betrachtung der verborgenen Unternehmensressource Mitarbeiter und Führung nötig. Zur Detaillierung dieser Unternehmensressource ist eine Differenzierung der Belegschaftsstruktur und deren Kompetenzen notwendig. Unter Kompetenzen wird in diesem Zusammenhang die Fähigkeit des Menschen verstanden, in verschiedenen dynamischen Gegebenheiten selbstständig zu handeln und Situationen abzuwägen. Die Unterteilung der Belegschaft in Mitarbeiter, Führungskräfte und Geschäftsführung ist zielführend, da Führungskräfte divergente Fertigkeiten aufweisen sollten. Generell hat der Mitarbeiter seine Leistungsfähigkeit zur Erfüllung übergeordneter Ziele des Unternehmens einzusetzen und es besteht eine Abhängigkeit zwischen Arbeitnehmer und Arbeitgeber, welche durch die Art der Führung im Unternehmen beeinflusst wird. Führung ist ein strukturierter Einflussprozess, der zielorientiertes Handeln ermöglichen soll. Die Wissenschaft beschäftigt sich mit mehreren Ansätzen der Führung. Der patriarchische Führungsstil beschreibt eine Herrschaftsstruktur ohne Einbindung der Mitarbeiter in die Führungsentscheidungen. Nachteilig hierbei ist der, durch die fehlende Einbeziehung evoziierte Verlust des kreativen Potenzials der Mitarbeiter. Als zweites ist der autokratische Führungsstil bekannt. Dieser basiert auf einem alleinigen Entscheidungsträger. Der Einsatz eines hierarchisch gestaffelten Führungsapparates ermöglicht die Durchsetzung von Entscheidungen. Jedoch benötigt diese Art der Führung ein hohes Maß an Spezialkenntnissen und strikten Gehorsam seitens der Belegschaft. Basierend auf dem autokratischen entwickelte sich der bürokratische Führungsstil. Dieser ersetzt die alleinherrschende Führungskraft durch eine hierarchische Struktur mit abgegrenzten Zuständigkeiten und Kompetenzen. Die Kontrolle der Befugnisse ist Kernelement dieses Konzepts. Mangelnde Flexibilität durch starre Strukturen ist als Hauptnachteil zu nennen. Abschließend ist der charismatische Führungsstil zu nennen. Dieser begründet seinen Ursprung in der Persönlichkeit und Ausstrahlung der Führungsperson. Zentrales Element ist die Verbundenheit zwischen Führungskraft und dem Personal. In der transaktionalen Führung ist die Führungsperson die wichtigste Ressource des Mitarbeiters. Die Aufgabenerfüllung hängt in hohem Maße vom situativen Faktor Führung ab. Die Qualität der Beziehung basiert auf der Transparenz der Absichten und Motive, da der Mitarbeiter eine aktive Rolle im Prozess einnimmt. Der Fokus liegt auf dem Austausch zwischen Führung und Mitarbeiter, jedoch nicht auf der Bearbeitung gemeinsamer Ziele und Visionen. Diese Bearbeitung und die Motivation der Belegschaft zu kreativer Problemlösung sind Teil der transformalen Führung. Die Entwicklung von eigenen Führungscharakteristika ist zentraler Bestandteil, der sich in hoher Mitarbeiterzufriedenheit und hohem Engagement widerspiegelt. Die intrinsische Motivation ist ein wichtiger Baustein des menschlichen Verhaltens. Basierend auf den individuellen Fähigkeiten des jeweiligen Mitarbeiters und dem situationsbezogenen Führungsstil der Führungskraft entwickelten Hersey und Blanchard ihre Theorie vom Reifegradmodell. Die Theorie besagt, dass die Führungskraft den Reifegrad eines jeden Mitarbeiters bestimmt, um seinen persönlichen Führungsstil individuell an jeden Beschäftigten anpassen zu können. Dadurch wird das Potenzial jedes Einzelnen individuell gefördert. Führung beschreibt hierbei grundsätzlich den Prozess, in dem die Führungskraft durch Leitung, Strukturierung und Förderung das Verhalten, die Tätigkeit und die Beziehungen der einzelnen Mitarbeiter beeinflusst, um das Erreichen von gemeinsamem Zielen sicherzustellen. Mitarbeiter und rangniedrige Führungskräfte weisen identische Kompetenzfelder auf, wohingegen für die Geschäftsführung ein komplexeres Repertoire von Fähigkeiten und Fertigkeiten nötig ist. Die berufliche Handlungskompetenz des Mitarbeiters setzt sich aus den Bereichen Fach-, Methoden- und Sozialkompetenz zusammen. Eine Befähigung in allen Segmenten ist für den optimalen Einsatz der Arbeitnehmer obligatorisch. Die Vermittlung von Schlüsselqualifikationen, wie z.B. Arbeitstechniken, Kommunikations-, Kooperations-, Entscheidungs- und Gestaltungsfähigkeiten dient als Basis, um das Humankapital bestmöglich einsetzen zu können. Unter Fachkompetenz fallen die Fähigkeiten und Kenntnisse, die stark von Beruf, Bereich und Aufgabe abhängig sind. Es ist daher unabdingbar, Wissen flexibel einsetzen zu können, um somit eine kreative Lösung fachspezifischer Herausforderungen zu fördern. Die Fachkompetenz umfasst somit die Bereiche fachliches Wissen, situationsgerechter Einsatz und fachliches Engagement. Leistungsbereitschaft, Eigeninitiative und Belastbarkeit des Arbeitnehmers sind vor allem bei Stresssituationen unabdingbar. Sozialkompetenzen sind für das Betriebsklima wichtig. Es liegt an der Geschäftsleitung das Unternehmen sicher in die Zukunft zu führen. Die Einführung und insbesondere auch das Vorleben der implementierten Grundwerte und Visionen ist die Basis für eine erfolgreiche Identifikation der Mitarbeiter mit dem Unternehmen. Hierfür bedarf es weiterführender Kompetenzen. Managementkompetenz umfasst neben der unternehmerischen Vision auch die Umsetzung von neuen Ideen und Konzepten. Jeder einzelne Beschluss kann über positive und negative Auswirkungen entscheiden. Dementsprechend ist es Aufgabe der Geschäftsleitung eine Strategie zu entwickeln, bei der Unternehmensstärken gebündelt, Schwächen aufgedeckt und Entwicklungsbedarfe identifiziert werden. Führungskompetenz ist die Schlüsselkompetenz der Geschäftsleitung. Charakteristika wie Führungsstärke und Autorität spielen eine wesentliche Rolle. Eine Umgebung mit Regeln und Strukturen ist zu schaffen, welche die Zusammenarbeit und Ausrichtung auf die Unternehmensziele erlaubt. Es ist ein Klima aufzubauen, in dem Respekt zwischen Führung und Mitarbeiter herrscht, ohne die Motivation außen vor zu lassen. Das Verhalten jedes Beschäftigten hängt, neben externen Einflüssen, in hohem Maße von intrinsischen Faktoren ab. Ferner ist die Sachkompetenz des Führungspersonals eine entscheidende Facette. Um Mitarbeiter zielgerichtet einsetzen zu können, sind Rahmenbedingungen, Unternehmensstrukturen und menschliche Befindlichkeiten in Einklang zu bringen. Selbstvertrauen und Nervenstärke sind weitere relevante Eigenschaften in Stresssituationen. Befindet sich eine Unternehmung in einer Stresssituation ist es die Aufgabe des Führungspersonals die Situation den Mitarbeitern zu erklären und Maßnahmen einzuleiten, welche von der Belegschaft verstanden und getragen werden. Durch eine gezielte Förderung kann auch die Flexibilität des Mitarbeitereinsatzes erhöht werden. Gleichwohl zählen interne und externe Kontakte sowie der Aufbau von Netzwerken zu Kompetenzbausteinen. Beziehungen zu Banken, Lieferanten und Kunden liefern wichtige Informationen, die durch das Geschäftsführungspersonal zielführend in die Unternehmensaktivitäten einzubinden sind. Die Geschäftsleitung hat die Grundkompetenzen von Führungskräften zu verinnerlichen. Fach- und Methodenkompetenzen von Führungskräften beinhalten die richtige Anwendung von Führungsinstrumenten. Der Führungsstil hat sich der jeweiligen Situation und dem Umfeld anzupassen, um Mitarbeiter effizient einsetzen zu können. Im Hinblick auf die Mitarbeiterverteilung kommt es darauf an, dass das verfügbare Personal auf die zu erfüllenden Aufgaben so eingesetzt wird, dass diese in qualitativer, quantitativer, zeitlicher und örtlicher Hinsicht bearbeitet werden können. Das Führungsverhalten umfasst alle Verhaltensweisen, die zur Erfüllung gemeinsamer Aufgaben mittels zielorientierter Einflussnahmen ausgerichtet sind. Führungsqualität ist somit die Summe der Fähigkeiten einer Person, die gesetzten Ziele des Unternehmens zu erreichen, indem mittels ziel- und lösungsorientierten Methoden das Verhalten der Mitarbeiter gelenkt wird. Das direkte Kommunizieren der Ziele fördert die Leistungsbereitschaft und garantiert, dass jedem Mitarbeiter die Unternehmensziele und -ideologien bekannt sind. Eine Integration der Mitarbeiter bei der Entwicklung von Unternehmenszielen stärkt das Gefüge untereinander und fördert Transparenz, Akzeptanz und Validität der Ziele. Jedes Unternehmen verfügt über verborgene Unternehmensressourcen, welche partiell ungenutzt sind. Zu konstatieren ist, dass durch die Beachtung verborgener Ressourcen unternehmerische Stresssituationen frühzeitig und situationsspezifisch antizipiert werden können. Folglich sind verborgene Ressourcen zu identifizieren, zu bewerten und zu bündeln, respektive gezielt einzusetzen, um Kompetenzen für zukunftsfähige Führungsprinzipien zu erzielen.

6 Nutzung und Verankerung von Stresstests

Um die unternehmerischen Chancen, die sich durch die Anwendung von Stresstests ergeben, zu nutzen und die sich ergebenden Potenziale zu heben, sind die richtige Wahl der Projektorganisation sowie eine nachhaltige organisatorische Verankerung erfolgsentscheidend. Zur Verstetigung der Stresstest-Systematik im Unternehmen sind die Einbindung aller Bereiche, dauerhaft zugewiesene Ressourcen, klare Verantwortlichkeiten sowie die Befähigung ausgewählter Schlüsselpersonen erforderlich. Daher gehen viele Unternehmen mittlerweile den Weg, die Durchführung von Stresstests als integralen Bestandteil des Risikomanagement-Systems fest organisatorisch zu verankern. Die wiederholte Anwendung von Stresstests bietet vielfältige Chancen für Unternehmen. So lässt sich die Transparenz über die Robustheit des eigenen Geschäftsmodells steigern, die Qualität von unternehmerischen Entscheidungen durch Erkenntnisantizipation erhöhen und Risikofolgekosten senken.

6.1 Projektorganisation

Ausgehend von der Betrachtung von Stresstests für Geschäftsmodelle stellt sich die Frage, wie diese im Unternehmen implementiert werden können? In der Praxis bilden hier nahezu ausnahmslos Audit-Projekte den Anfang. Trotz des unterschiedlichen Anwendungsfalls aus den beschriebenen Betrachtungsgegenständen und Gestaltungsvarianten von Stresstests weisen diese Projekte Gemeinsamkeiten auf, welche spezifische Anforderungen an das Projektmanagement stellen. Grundsätzlich umfasst der Untersuchungsbereich eines Stresstests ein ausgewähltes Analysefeld und gewährleistet sowohl einen Top-down-Ansatz als auch Bottom-up-Ansatz sowie einen Ansatz von außen nach innen. In einem Top-down-Ansatz sind die Analysefelder die allgemeinen Daten des Unternehmens, die Strategie und Produkte, die Auf- und Ablauforganisation, die Mitarbeiter und deren Know-how sowie die IT. In einem Bottom-up-Ansatz gilt es die Unternehmensprozesse in Audits und Optimierungsworkshops zu analysieren. Darüber hinaus wird bei einem Stresstest von außen nach innen die Wirkung regulatorischer Änderungen analysiert und aufgezeigt. Die Grundlage zur Identifikation von Risiken bilden dabei Suchraster. Dabei werden für das Geschäftsmodell vor allem Risikoraster in Form von Checklisten zu den Prozessen, dem Controlling, der Lieferantenbewertung, den Qualitätskennzahlen und Bonitätsscores verwendet. Auf diese Weise werden die Risiken in einem ersten Schritt identifiziert. Dabei gilt es bereits in frühen Phasen der Risikoentstehung die ersten Signale wahrzunehmen und die Organisation entsprechend darauf vorzubereiten. Hierzu kann ein Fallbeispiel aus der Energietechnik herangezogen werden. Bei gasisolierten Schaltanlagen wird heute das Schaltgas SF6 genutzt. Dieses ist aufgrund seiner Klimawirkung teils umstritten, sodass ab 2018 mit einem möglichen Verbot zu rechnen ist. Durch die konsequente Durchführung von Stresstests konnte der Marktführer bereits die frühen Signale erkennen und die Organisation entsprechend auf eine neue Produktstrategie vorbereiten. Bereits nach der Identifikation dieses Risikos wurde in der Entwicklung eine kleine Task Force gebildet, um nach Alternativen zu dem schädlichen Klimagas zu suchen. Durch die kontinuierliche Überwachung der Risiken, wurde das Team erweitert, so dass in Ergänzung zur SF6-isolierten Schaltanlage mit der Entwicklung einer neuen SF6-freien Schaltanlage begonnen wurde, die bereits vor der finalen Gesetzesänderung in das bestehende Portfolio eingegliedert werden konnte. Wenn das Unternehmen erst heute mit der Entwicklung einer SF6-freien Lösung beginnen würde – zu einem Zeitpunkt, in dem die Gesetzesänderung nahezu beschlossen ist – hätte es seine Marktführerschaft an einen Konkurrenten abgeben müssen und wäre bei der Entwicklung einer neuen Lösung unter Druck geraten. Das Fallbeispiel zeigt, dass Risiken bei der richtigen Reaktion auf die frühen Warnsignale nur geringe Folgen haben, eine zu späte Reaktion jedoch die Wettbewerbsfähigkeit des Unternehmens in Gefahr bringen kann. Die wesentlichen Risiken, die im Rahmen von Stresstests von Geschäftsmodellen analysiert werden, sind unter anderem

- Finanzrisiken, wie Währungsrisiken, Preiserhöhungen von Lieferanten oder Abhängigkeiten von Lieferanten,
- Logistikrisiken, wie Versorgungssicherheit von Lieferanten oder die Beschädigung von Waren,
- Werkzeugrisiken, wie Werkzeugschäden, Werkzeugstandzeiten und Werkzeugeigentum,
- Produktrisiken, wie Qualität, Produkthaftung, Gesetzesänderungen, Umweltschutz und Entsorgung,
- Mitarbeiterrisiken, wie Know-how-Abfluss, Integrität und Loyalität, Krankheiten, Streik und Urlaub sowie
- IT-Risiken, wie Systemabhängigkeiten, elektronische Signaturen, Viren und Hackerangriffe.

Die identifizierten Risiken werden in einem zweiten Schritt analysiert und bewertet, um anschließend die Handhabung der Risiken festzulegen. Risiken können dabei bewusst in Kauf genommen werden, kompensiert und gänzlich eliminiert werden. Für einen erfolgreichen Stresstest ist es erforderlich, dass alle betroffenen Unternehmensbereiche mit eingebunden werden. Dabei sind für das Projekt Verantwortlichkeiten zu definieren und abzugrenzen, Schnittstellen klar festzulegen und Ressourcen zuzuteilen. Die Projektmanager sind gefragt über den eigentlichen Betrachtungsbereich hinaus zu prüfen, da entsprechende Anpassungen von Prozessen oder auch Beschaffungsquellen notwendig sein können, um die Risiken vollständig zu eliminieren. Daraus ergeben sich als zentrale Anforderung an das Projektmanagement von Stresstests das Schnittstellenmanagement und die Moderation zwischen den beteiligten und betroffenen Bereichen der Risikoanalyse im Unternehmen. Neben den Anforderungen an Interdisziplinarität und Moderation der Reorganisation lassen sich die Gestaltungsbereiche des Projektmanagements von Stresstests zwischen der Organisation und der Durchführung differenzieren. Dabei fallen unter die Projektorganisation Gestaltungsmöglichkeiten der Eingliederung des Projekts einschließlich Ressourcenzuordnung und Durchgriffsrechte, die Zusammenstellung des Projektteams mit Kernteam und temporären Experten sowie eine Leitkreiszusammensetzung, die befugt ist Entscheidungen an den Schnittstellen des Untersuchungsbereichs zu treffen. Im Rahmen der Projektdurchführung sind Meilensteine festzulegen, Ressourcen zu planen sowie Fortschritt und Implementierung zu kontrollieren. Aus diesen Gestaltungsbereichen und den beschriebenen Besonderheiten von Stresstests ergeben sich allgemeine Erfolgsfaktoren, die in der Praxis zum Erfolg von Stresstest beitragen. Zunächst sind die Projektteams crossfunktional zusammenzusetzen. Die Zusammensetzung sollte alle betroffenen Bereiche im Unternehmen berücksichtigen, um bereits während des Stresstests übergreifende Risiken aufzunehmen und zwischen den Bereichen zu moderieren. Ferner bedarf es aufgrund der Neustrukturierung im Rahmen der Risikohandhabung des Commitments des Topmanagements, um die Bedeutung und Dringlichkeit zu betonen und Entscheidungen zielgerichtet umsetzen zu können. Darüber hinaus ist Top-down stets die Kommunikation und Diskussion der identifizierten Risiken erforderlich. Hier kommt dem Projektmanagement die Aufgabe einer neutralen aber lösungsorientierten Kommunikation zu. Darüber hinaus bildet die Kenntnis der Methoden und Gestaltungsvarianten des Risikomanagements in der Unternehmenspraxis eine entscheidende Rolle als Fundament eines erfolgreichen Stresstests. Prinzipiell ist ein Stresstest jedoch nicht als abgeschlossenes Projekt zu betrachten. So zeigen die Erfahrungen in vielen Unternehmen, dass ein erfolgreiches Risikomanagement nicht mit dem Projekt endet. Eine nachhaltige Verankerung vermag es, über Projektende hinaus weiterhin die Moderation an den Schnittstellen voranzutreiben. Entsprechend dem Change Management lassen sich Stresstests in drei grundlegende Phasen gliedern. Diese sind die Phasen Unfreeze, Move sowie Refreeze. In der Phase Unfreeze erfolgt im Rahmen eines Projektteams die Festlegung von Zielsetzungen, die Analyse der bestehenden Strukturen sowie die Identifikation durch Audits und die Früherkennung von schwachen Signalen. In der Move-Phase werden die Risiken bewertet und konkrete Kennzahlensysteme aufgestellt, Interdependenzanalysen vorgestellt und die Ergebnisse in einem Risikoportfolio dargestellt. Anschließend erfolgt der Refreeze, in dem die Strategien zur Risikohandhabung in Umsetzungs- und Qualifizierungsworkshops mit den Mitarbeitern geplant, eingeführt und deren Umsetzung kontinuierlich überwacht und gesteuert werden. Hierfür sind Verantwortlichkeiten durch eine klare organisatorische Verankerung zu benennen. Grundsätzlich bieten sich hier verschiedene Ausgestaltungsformen der organisatorischen Verankerung an. Die Bandbreite reicht von einzelnen Personen, welche im Controlling das Risikomanagement verantworten, bis zur Schaffung einer neuen Stabsfunktion, die das aktive Risikomanagement in Form kontinuierlicher Stresstests auf Unternehmensebene integrativ steuert. Die Etablierung einzelner Risikoverantwortlicher hat sich insbesondere in kleineren Unternehmen als geeignete Variante erwiesen. Hier ist die Schaffung einer Funktion als nicht effizient anzusehen. Allerdings zeigt sich in der Praxis die Gefahr, dass nach anfänglichem Engagement zunehmend die Aufmerksamkeit für Stresstests und die Überwachung von bekannten Risiken sowie die Früherkennung schwacher Signale im Tagesgeschäft verloren geht. Um dieser Gefahr vorzubeugen, bietet sich die Etablierung regelmäßiger Leitkreise oder Workshops an, um die Relevanz von Stresstests weiterhin in den Köpfen der Organisation zu halten. Die Schaffung einer Stabsstelle für Stresstests kommt dieser Problemstellung entgegen. Kritisch ist hier der erforderliche Aufgabenumfang, um die Effizienz der Funktion zu gewährleisten. Hier bietet sich die Anordnung der Funktion bei einer bestehenden Stabsstelle an, wie etwa eines Risk Offices, das Aktivitäten des Risikomanagements steuert. Eine derartige Überwachung und Steuerung durch eine zentrale Funktion sichert die fortlaufende Durchführung von Stresstests ab. Wie eine derartige Etablierung einer organisatorischen Verankerung konkret ausgestaltet werden kann, wird im Folgenden beleuchtet.

6.2 Institutionalisierung von Stresstests

Situative versus permanente Verankerung

Die Institutionalisierung eines Stresstests stellt ein Unternehmen vor eine Vielzahl von unterschiedlichen Herausforderungen. Entscheidend ist dabei die Frage, wie der Stresstest aus organisatorischer Sicht verankert werden soll. Prinzipiell ist hier zwischen einer situativen und einer permanenten Verankerung zu unterscheiden. Sollen einzelne Bereiche einem Stresstest unterzogen werden oder wird ein zeitweiliges Stressen angestrebt, ist die situative Verankerungen zu bevorzugen. Diese Form der Verankerung betrachtet in der Regel Teilbereiche des Unternehmens. Die organisatorische Ausgestaltung erfolgt dabei in Form einer Projektorganisation, wodurch sich alle relevanten Funktionen aus dem Unternehmen einbinden lassen. Das Vorgehen bei der Durchführung des Stresstests orientiert sich in diesem Fall an dem des klassischen Projektmanagements. Wird im Gegensatz dazu eine ganzheitliche Neuausrichtung oder ein permanentes Stressen eines Unternehmens angestrebt, so ist eine ständige Verankerung eines Stresstests sinnvoll. Die organisatorische Ausgestaltung führt zu einer Erweiterung der Strategieabteilung oder gar zu dem Aufbau einer eigenen Abteilung. Aus der ständigen Verankerung eines Stresstests im Unternehmen folgt eine nachhaltige Bindung von Ressourcen. Dies ist nur bei einer langfristigen und grundlegenden Neuausrichtung des Unternehmens sinnvoll. Aus Ressourcensicht ist in den meisten Fällen die situative Verankerung für ein Unternehmen zu bevorzugen. Stehen unternehmenseigene Ressourcen für die Durchführung eines situativen Stresstests nicht zur Verfügung, so lassen sich diese durch externe Dienstleistungen zukaufen, ohne dass ein zusätzlicher Overhead im Unternehmen aufgebaut wird.

Viele Schnittstellen in der Organisation

Zur Durchführung von Stresstests sind im Unternehmen unterschiedlichste Funktionen aus verschiedenen Hierarchieebenen einzubinden. All diese Funktionen liefern die benötigten Eingangsdaten und setzen die Rahmenbedingungen für den Stresstest. So ist es beispielsweise die Aufgabe der Geschäftsführung die Ziele, die Stresstestart und den Untersuchungsbereich festzulegen. Seitens der Strategieabteilung sind darauf aufbauend Szenarien zu entwickeln, die im Rahmen des Stresstests untersucht werden sollen. Jedes dieser Szenarien fasst dabei die verschiedenen Eingangsdaten aus den unterschiedlichen Unternehmensfunktionen zusammen. Die Produktroadmap aus dem Bereich Portfoliomanagement bildet die Grundlage für die Auswahl der Produkte. Je nach Ziel und Umfang des Stresstests kann hier das ganze Produktportfolio untersucht werden oder es erfolgt die Auswahl von Produktgruppen und Referenzprodukten. Seitens Marketing und Vertrieb sind die Kundenanforderungen für das Produktportfolio und die ausgewählten Produkte aufzubereiten. Ebenfalls ist hier je Szenario eine Absatzprognose zu erstellen. Bei der Auswahl der zu untersuchenden Produkte sind bestehende als auch zukünftige Produkte zu berücksichtigen. Für die zukünftigen Produkte sind aus dem Bereich Forschung und Entwicklung die Entwicklungszeiten sowie die zu erwartenden Entwicklungskosten abzuschätzen. In produzierenden Unternehmen spielen die heutigen und die zukünftigen Herstellkosten der Produkte eine entscheidende Rolle. Die wesentlichen Eingangsgrößen für die Erstellung einer Produktkostenkalkulation durch das Controlling sind in den Bereichen Einkauf, Supply Chain Management und Produktion zu erheben. Als Bespiele für solche Eingangsgrößen sind die Materialkosten, die Materialverfügbarkeiten, die Fertigungskosten, der Nutzungsgrad von Maschinen und Anlagen sowie Raten für Ausschuss und Nacharbeit zu nennen.

Ein Rahmenprozess gibt Aufschluss über die benötigten Ressourcen

Unabhängig von der Art der Verankerung ist ein entsprechender Rahmenprozess für die Vorbereitung, Durchführung und Bewertung von Stresstests anhand der unternehmensspezifischen Ausgangssituation zu etablieren. Dieser Prozess umfasst in der Regel fünf verschiedene Phasen. In der ersten Phase erfolgt die Vorbereitung des Stresstests. Hierbei ist zu klären, über welche Bereiche des Unternehmens sich der Stresstest erstrecken und was verbessert werden soll. Des Weiteren ist zu klären, ob der Stresstest situativ oder permanent im Unternehmen verankert werden soll, da sich hieraus die eingangs skizzierten organisatorischen Implikationen ableiten lassen. Die erste Phase schließt, mit Auswahl der einzubindenden Funktionen, in Abhängigkeit des Untersuchungsgegenstandes sowie der Definition von Rollen und Verantwortlichkeiten aller am Stresstest beteiligten Stellen. Die zweite Phase beinhaltet die eigentliche Durchführung des Stresstests in dem vorab definierten Untersuchungsbereich. Hierbei sind die zu stressenden Parameter mit den entsprechenden Stressausprägungen zu belegen. Unabhängig von der Form der organisatorischen Verankerung erfolgt in dieser Phase des Rahmenprozesses eine Einbindung verschiedenster Funktionen eines Unternehmens. In der dritten und vierten Phase erfolgen die Auswertungen der Stresstestergebnisse und die Ableitung der Implikationen für das Unternehmen. Aus Ressourcensicht sind hier im Wesentlichen die Verantwortlichen für die Durchführung des Stresstests gefordert. Die übrigen Funktionen sind in dieser Phase des Stresstests für Rückfragen involviert. Der Rahmenprozess für einen Stresstest schließt mit der fünften Phase, in der ein Abgleich der Stresstestergebnisse mit den Führungsprozessen des Unternehmens erfolgt. Je nach Untersuchungsgegenstand und Stresstestergebnissen sind hier die Anpassungsbedarfe für den Budgetierungs-, den Zielvereinbarungs- und den Strategieprozess herauszuarbeiten. Der Rahmenprozess definiert nicht nur den Ablauf eines Stresstests, er bildet auch die Grundlage für die Ermittlung des Ressourcenbedarfs. Jede Prozessphase ist hierzu in Prozessschritte zu untergliedern, zu denen Bearbeitungszeiten, Durchlaufzeiten sowie die Rollen und Verantwortlichkeiten der beteiligten Funktionen festzulegen sind. Durch die Aggregation der Prozessdaten in einer Funktions- und Leistungsanalyse lassen sich die Mitarbeiterkapazitäten für die Durchführung eines Stresstest ermitteln.

Spielregeln helfen beim Ablauf

Die vielfältigen Schnittstellen und Datenbedarfe machen deutlich, dass alleine die Vorbereitung eines Stresstests sehr hohe Anforderungen an alle Bereiche eines Unternehmens stellt. In der betrieblichen Praxis erfolgt die Erhebung und die Konsolidierung der Daten zusätzlich zum Tagesgeschäft und bindet damit entsprechend hohe Ressourcen. Die Unternehmen befinden sich hierbei häufig in einem Zielkonflikt. Auf der einen Seite sollen die Daten für einen Stresstest möglichst schnell zusammengestellt werden. Auf der anderen Seite sollen hierdurch nicht so viele Ressourcen gebunden werden, dass das Tagesgeschäft stark leidet und die Vorbereitungen selbst zu einem Stresstest für das Unternehmen werden. Um diesem Dilemma ein Stück weit zu entfliehen, ist das Aufstellen von Spielregeln, vor der eigentlichen Vorbereitung und Durchführung des Stresstest, sinnvoll. Hierbei ist zu klären, wie die Stresstestaktivitäten im Tagesgeschäft zu priorisieren sind. Weiterhin ist festzulegen, in welchen Zeitabschnitten Zwischenberichte erfolgen und wann der Abschlussbericht vorzulegen ist. Für den Fall, dass Konflikte während des Stresstests auftreten, sind Eskalationsmechanismen zu definieren.

Erfolgsfaktoren bei der Durchführung

Der Erfolg eines Stresstestmanagements hängt von vielfältigen Faktoren ab. In den meisten Fällen werden Stresstests in Form von Projekten durchgeführt. Laut einer Untersuchung der Universität Bremen liegt es zu 37% in der Hand des Topmanagements der deutschen Wirtschaft, ob die Ziele eines Projekts erreicht werden. An zweiter und dritter Stelle steht mit 27% der Methodeneinsatz gefolgt von der Qualifizierung mit 19%. Zwischen diesen beiden Erfolgsfaktoren ist eine gewisse Korrelation festzustellen, da nur bei einer ausreichenden Qualifikation des Projektmanagements von einer Methodenkenntnis und erfolgreichen Methodenanwendung ausgegangen werden kann. Der Erfolgsfaktor Organisationsstruktur liegt mit 12% auf dem vierten Platz, gefolgt von dem Softwareeinsatz mit 5% auf dem fünften Platz.

Die Fragestellung nach den Erfolgsfaktoren im Projektmanagement lässt sich auch über die Analyse der Misserfolgsfaktoren beantworten. Bemerkenswerterweise gelangt man bei diesem Ansatz zu einem annähernd gleichen Ergebnis. Nach einer Studie von GPM sind die Hauptursachen für das Scheitern eines Projekts während des Projektstarts und bei den sogenannten weichen Faktoren zu finden. So stehen an erster Stelle der Misserfolgsfaktoren beispielsweise unklare Anforderungen und Ziele, fehlende Ressourcen und eine unzureichende Projektplanung. All diese Misserfolgsfaktoren können durch ein entsprechendes Agieren des Topmanagements in ihrer Wirkung minimiert oder beseitigt werden. Hohe technische Anforderungen spielen interessanterweise eine untergeordnete Rolle.

War-Room als zentrale Anlaufstelle

Neben den allgemeinen Erfolgsfaktoren im Projektmanagement ist bei Stresstests das Etablieren einer zentralen Anlaufstelle sehr wichtig. Das Ziel ist es, Mitarbeiter und Stresstestbeteiligte jederzeit über den aktuellen Status informieren zu können. Hier hat sich die Einrichtung eines War-Rooms als sehr hilfreich erwiesen. In diesem War-Room sind der aktuelle Stand des Stresstests, die laufenden Aktivitäten sowie offene Punkte durch den Einsatz unterschiedlicher Medien zu visualisieren. Zum Einsatz kommen hierbei, neben neuen Medien wie Flatscreens, auch Altbewährtes wie Whiteboards, Metaplanwände und Flipcharts. Durch die regelmäßige Aktualisierung der Ergebnisse über diese unterschiedlichen Medien wird eine hohe Transparenz über den Status des Stresstests gewährleistet. Zudem können dort jederzeit Statuspräsentationen abgehalten werden.

Fazit

Die Schlussfolgerungen für eine erfolgreiche Institutionalisierung von Stresstests lassen sich in folgende Thesen zusammenfassen:

1. Stresstests lassen sich in Abhängigkeit des angestrebten Ziels permanent oder situativ im Unternehmen verankern.

2. Stresstests haben einen hohen Datenbedarf aus verschiedensten Unternehmensbereichen und generieren dadurch eine Vielzahl von organisatorischen Schnittstellen.

3. Ein unternehmensspezifischer Rahmenprozess für die Durchführung eines Stresstests liefert Klarheit darüber, welche organisatorischen Funktionen benötigt werden und mit welchem Ressourcenaufwand zu rechnen ist.

4. Vorab definierte Spielregeln erleichtern die Durchführung von Stresstests und geben den Mitarbeitern Entscheidungshilfen bei der Priorisierung von Aufgaben im Tagesgeschäft.

5. Stresstests haben fast ausschließlich Projektcharakter. Analog zu dem Projektmanagement ist eine hohe Aufmerksamkeit des Managements der wichtigste Erfolgsfaktor bei der Durchführung eines Stresstests.

6. Ein Stresstest War-Room bildet eine zentrale Anlaufstelle im Unternehmen für alle Beteiligten und Mitarbeiter und visualisiert den aktuellen Status eines Stresstests.

6.3 Chancen für Unternehmen

Stresstests werden auf Basis von situationsspezifischen Gefährdungslagen für das Unternehmen ausgelegt. Diese Gefahrensituationen betreffen in der Regel nicht nur einzelne Unternehmen sondern oftmals ganze Branchen, Industrien oder Volkswirtschaften. Eine frühzeitige Erkennung dieser Gefahrensituation erhöht die Überlebenswahrscheinlichkeit und bietet den Unternehmen daher die Möglichkeit sich im Wettbewerb zu behaupten. Da der Zeitpunkt des Handelns, vor allem im Vergleich zu Wettbewerbern, von großer Bedeutung ist, spielt die Reaktionszeit im Falle des Eintritts eines Risikoszenarios eine entscheidende Rolle. Durch Stresstests kann die Reaktionszeit zur Gefahrenabwehr verlängert werden, da die Entdeckung des Risikos aufgrund der höheren Sensibilität des Managements eher erfolgt. Die Sammlung an Frühinformationen durch Stresstests bietet Unternehmen die Chance, eine höhere Entscheidungsqualität des Managements herbeizuführen, indem alle Handlungsalternativen in der Gefahrensituation durch Szenarios bewertet werden. Die Verlängerung der Reaktionszeit wirkt sich positiv auf die Prozessabläufe in der Stresssituation aus und hilft somit die Risikokosten zu minimieren. Um diesen Hauptvorteil, das frühzeitige Handeln, den die Durchführung von Stresstests bietet, zu konkretisieren, sollen zunächst die Potenziale zweier Gesichtspunkte herausgestellt werden. Zum einen werden Chancen in Bezug auf das Risikomanagement, zum anderen Möglichkeiten zur zeitlichen und qualitativen Optimierung von Geschäftsprozessen beleuchtet.

Die Durchführung von Stresstests führt ganz grundsätzlich zu einer Steigerung der Transparenz im Unternehmen. Dabei ist festzustellen, dass durch den holistischen Ansatz alle Unternehmensebenen, von der Funktionseinheit, über Business-Units und Geschäftsbereichsleitungen, bis hin zur Geschäftsleitung von der Durchführung eines Stresstests profitieren können. Der Stresstest ermöglicht also auf den verschiedenen Unternehmensebenen einen ganzheitlichen Überblick. Auch der Begriff Transparenz lässt sich in verschiedene Kategorien untergliedern. Während eines Stresstests wird die Leistungsfähigkeit des gesamten Unternehmens auf jeder Ebene auf die Probe gestellt, was Aufschluss darüber gibt, wie belastbar welche Einheit und das Wechselwirken zwischen den Einheiten ist. Neben der Leistungstransparenz bieten Stresstests den Unternehmen die Möglichkeit, mehr Informationen über eintretende Kosten, ablaufende Prozesse, vereinbarte Ziele, Verantwortlichkeiten und den Methodeneinsatz zu erlangen. Im Zusammenspiel zwischen den verschiedenen Unternehmens- und Transparenzkategorien ist dabei zu beachten, dass auf den verschiedenen Unternehmensebenen unterschiedlicher Aufschluss über die einzelnen Transparenzkategorien vorliegt, sodass man von einem matrixförmigen Zusammenhang sprechen kann. Die Geschäftsleitung kann beispielsweise einen besseren Überblick über die Kostentransparenz gewinnen als eine Funktionseinheit, wohingegen diese wahrscheinlich besonders in den Bereichen Verantwortungs- und Methodentransparenz profitiert. Durch Stresstests kann auf allen Ebenen die Leistungsfähigkeit besser bewertet werden, sodass Geschäftsprozesse dahingehend optimiert werden, diese Leistungsfähigkeit auszunutzen bzw. den Anforderungen entsprechend anzupassen. Für den Fall von extremen Belastungssituationen, die im Stresstest simuliert werden, kann von einem Lerneffekt ausgegangen werden, der zu einem Vorrat an Ideen und zu situationsgerechtem Handeln führt. Ein daraus resultierender, positiver Lerneffekt ist die Erhöhung der Entscheidungsqualität im Unternehmen, da sich das Risiko der Szenarien realistischer einschätzen lässt. Grundsätzlich können solche Risikoszenarien durch ihre Eintrittswahrscheinlichkeit sowie durch eine erwartete Schadenshöhe beschrieben werden. Beide Faktoren quantifizieren die Kosten möglicher Gefahren im Geschäftsmodell. Mit Hilfe eines Stresstests ist es sowohl möglich die Eintrittswahrscheinlichkeit als auch die Bewertung der Schadenshöhe besser einzuschätzen. Sollte sich herausstellen, dass ein Szenario existiert, welches hohe Werte in Bezug auf beide Faktoren, Schadenshöhe und Eintrittswahrscheinlichkeit aufweist, so kann das Geschäftsmodell mit dem Ziel der Vermeidung dieses Szenarios angepasst werden. Das Management gewinnt somit an Entscheidungsgrundlage, wenn es um zukunftsweisende Beschlüsse, wie die strategische Ausrichtung, geht. Durch die zusätzlich gewonnenen Informationen steigt folglich auch die Qualität des Entscheidungsprozesses. In Bezug auf Entscheidungen und Risiken ist es unabdingbar auch den Faktor Zeit zu berücksichtigen. Zu einem frühen Zeitpunkt eines Risikoszenarios sind die Kosten der Durchführung risikominimierender Maßnahmen sehr hoch, da es enorm komplex ist ein solches zu identifizieren. Mit fortlaufender Zeit sinken die Kosten jedoch exponentiell, da sich Szenarien andeuten und Maßnahmen deshalb konkretisiert werden können. Die Kosten, die in Folge des Eintritts von Risiken entstehen, verhalten sich gegenteilig. Sie sind zu einem frühen Zeitpunkt extrem gering und nehmen im Laufe der Zeit exponentiell zu. Die Entscheidungsfrage, die sich für Unternehmen folglich ergibt, ist das Abwägen zwischen Prävention und Nachbesserung. Es ist also weder rentabel ohne jegliche Indizien nach Risikoszenarien zu suchen, noch untätig zu sein, sodass die Kosten, die ein Szenario auslöst, in erheblichem Maße steigen. Idealerweise sollte zu einem Zeitpunkt gehandelt werden, an dem die Folgekosten des Risikos noch nicht in beträchtlicher Weise steigen, die Kosten entgegenwirkender Maßnahmen aber bereits überschaubar sind. Das Risikoszenario sollte also klar identifizierbar und in seiner Auswirkung noch kontrollierbar sein. Durch das gewonnene Wissen im Stresstest kann der optimale Kostenbereich genauer identifiziert und folglich zu einem effizienteren Einsatz von Ressourcen führen. Der Optimierung der Strategie nach dem Schadensfall steht die Optimierung jener vor dem Schadensfall gegenüber, also die Entscheidung zwischen Flexibilitätspotenzialen und der Einführung strategischer Frühwarnsysteme. In der Praxis haben Unternehmen bisher vor allem mit der Steigerung von Flexibilität reagiert, um Unsicherheiten entgegenzutreten.

Der Aufbau von Flexibilitätspotenzialen zur Bewältigung der Risiken und zur Nutzung der Chancen, die mit dem Eintritt unerwarteter Ereignisse verbunden sind, ist regelmäßig nicht kostenlos und hat immer dann, wenn Flexibilitätspotenziale nicht abgerufen werden, Leerkosten zur Folge. Die Möglichkeiten zur Bewältigung von Unsicherheiten durch den Aufbau von Flexibilitätspotenzialen sind zudem regelmäßig begrenzt: in KMU, weil sich diese Unternehmen schon seit jeher durch eine hohe, ohne Gefährdung der Kostenwirtschaftlichkeit kaum noch zu steigernde Flexibilität auszeichnen, in großen Unternehmen vor allem deshalb, weil die Flexibilisierungspotenziale heute weitgehend ausgeschöpft und weitere Steigerungen vielfach nur um den Preis stark steigender Kosten und Risiken möglich sind. So können z.B. die Entwicklungszeiten für neue Automobile vielfach nur noch dadurch gesenkt werden, dass Teilentwicklungen vor der Markteinführung nicht vollständig ausgetestet oder parallelisiert werden, ohne dass die dafür benötigten Informationen aus anderen Teilentwicklungen (vollständig) verfügbar sind.

Frühinformationssysteme sind eine Alternative zur Flexibilisierungsstrategie. Sie beruhen auf der Überzeugung, dass zumindest ein Teil der Überraschungen vermeidbar ist und packen damit das Problem an der Wurzel an, statt es wie die Flexibilisierungsstrategie zu tabuisieren und zu dogmatisieren. Sie gehen von der Beobachtung aus, dass sich auch Ereignisse, die bei oberflächlicher Betrachtung abrupt erscheinen und den Charakter von Strukturbrüchen haben, (vielfach) durch einzelne Ereignisse und Phänomene, die sogenannten „schwachen Signale", andeuten. Schwache Signale sind Sachverhalte, die zukünftige sprunghafte Veränderungen und Strukturbrüche, die sogenannten Diskontinuitäten, mit zeitlichem Vorlauf und regelmäßig noch unscharf beschrieben, ankündigen. Sie ermöglichen keine präzisen und sicheren Vorhersagen des Eintritts sich abzeichnender Diskontinuitäten, sondern deuten lediglich auf die Möglichkeit ihres Eintritts hin. Sie können durch das Hinzutreten weiterer mit ihnen kompatibler und sie stützender schwacher Signale allmählich zu starken Signalen werden, die den Anforderungen an Informationen für „harte" strategische Maßnahmen genügen. Sie können aber auch wieder verschwinden, wenn sie nicht durch weitere schwache oder starke Signale gestützt werden. Die Erkenntnis schwacher Signale stellt zwar in der Regel noch keine hinreichende Grundlage für das Ergreifen „harter" (strategischer) Maßnahmen dar, mit denen Diskontinuitäten begegnet werden kann. Sie ermöglicht aber das Treffen vorbereitender Maßnahmen mit regelmäßig geringen Ressourcenanforderungen, die Unternehmen dazu befähigen, schnelle und wirksame Maßnahmen zur Nutzung der Chancen, die sich aus den Diskontinuitäten ergeben, zu ergreifen, wenn die Informationen verlässlicher werden. Ein Stresstest kann als eine solche Frühinformationsalternative dienen und durch einfache Durchführung akute, kurzfristige, durch mehrfache Durchführung mittel- bis langfristige Risiken prognostizieren, das Unternehmen zum rechtzeitigen Reagieren bewegen und in der Konsequenz für die Abwendung von Risiken verantwortlich sein. Sollte dennoch ein Risiko eintreten ist das Unternehmen ebenso besser vorbereitet und kann mit dem Ziel minimaler Kosten risikohemmende Maßnahmen einleiten. Es ergeben sich also in Bezug auf das Risikomanagement

Chancen, unabhängig davon, ob das Unternehmen die Flexibilität im Risikofall steigern möchte oder auf frühzeitige Erkennungssysteme setzt. Stresstests bieten hier einen klaren Vorteil, da sie einen Hybrid aus beiden Ansätzen darstellen. Mit langfristiger Implementierung von Stresstests wird also die Wahrscheinlichkeit, von einem Risikoszenario überrascht zu werden, deutlich reduziert, da mit zunehmender Anwendung unternehmensweit das Bewusstsein für Risikoszenarien gesteigert wird und mittelfristig Risikomanagement in der Unternehmenskultur etabliert wird, was letztendlich zur Risikooptimierung führt. Während dieses kurvenhaften Lernprozesses steigert sich gleichzeitig auch der Unternehmenswert.

Gerade für Branchen, die nicht stark risikogefährdet sind, bietet der Stresstest profitable Möglichkeiten. Konkret kann eine Qualitätssteigerung durch kundenorientierte Zielvorgaben und Fehlervermeidung erreicht werden. Während des Stresstests werden Markt, Ressourcen, Wettbewerb, Benchmarking sowie Zero-Base-Budgeting analysiert. Dadurch wird die grundsätzliche strategische Ausrichtung und Marktposition des Unternehmens geprüft und mögliche Fehler in der Basis können aufgedeckt werden. Auf Prozessebene können durch die Durchführung des Stresstests mögliche Schwachstellen identifiziert werden. Diese können mögliche Kostentreiber, ebenso wie Ursachen für Zeitverzögerung sowie Qualitätsmängel in der Prozesskette sein. Unter Umständen können also Strategie und Strukturen reorganisiert und bestehende Prozesse verbessert werden, sodass das Erreichen der Marktziele des Unternehmens sichergestellt wird. Eine grundsätzliche Verbesserung, die ganz unabhängig vom Eintritt eines risikobehafteten Zukunftsszenarios wünschenswert ist.

7 Zusammenfassung und Fazit

Auf die fetten Jahre folgen stets magere Jahre, die Unternehmen vor große Herausforderungen stellen. Um die Chancen im Aufschwung zu nutzen, ohne den Risiken Tür und Tor zu öffnen, werden von den Unternehmen kontinuierliche Anpassungen verlangt. Die Volatilität des Unternehmensumfelds stellt umfangreiche Anforderungen an die Flexibilität und Wandlungsfähigkeit von Unternehmen. Um als Unternehmen adäquat reagieren zu können, ist es notwendig, auf die Zukunft vorbereitet zu sein oder zumindest mögliche Entwicklungslinien vorausgedacht zu haben. Unternehmen begegnen heute zahlreichen Herausforderungen, die dazu führen, dass die Unternehmenssituation zunehmend von externen Faktoren abhängt. Diese Faktoren kann man nicht kontrollieren, aber man kann die Unsicherheit bei der Planung berücksichtigen. Es gilt, alle denkbaren Entwicklungen auf ihre Relevanz hin zu untersuchen und Defizite im Unternehmen zu identifizieren und zu eliminieren. Zur Durchführung einer fundierten Ursachenanalyse ist es erforderlich, die Vielzahl an Einflussfaktoren zu systematisieren und zu bewerten, um eine realistische Abbildung der gegebenen Ausgangssituation zu erreichen. Die Unternehmen sind einem Stresstest zu unterziehen und auf den Prüfstand zu stellen. Dabei wird der Frage nachgegangen, ob das eigene Unternehmen robust gegenüber bestimmten

Zukunftsentwicklungen ist. Eine pauschale Beantwortung dieser Frage mit „ja" oder „nein" ist hier fehl am Platz. Für die einzelnen Unternehmensbereiche und Schritte entlang der Wertschöpfungskette sind die potenziellen Risiken zu identifizieren. Erst dann lassen sich die Einzelrisiken in eine Gesamtbetrachtung aggregieren. Es sind Trade-Offs zwischen Risiken, Chancen sowie zwischen Teilrisiken zu betrachten. Eine Eliminierung jeglichen Risikos kann nicht die Zielsetzung sein, sondern ein bewusster Umgang mit den bestehenden Risiken, um zukunftsfähige Führungsprinzipien abzuleiten. Dabei sind von den Akteuren geeignete Stellhebel zu identifizieren und Ansatzpunkte zur Sicherung der Zukunftsfähigkeit anzuwenden. Die Stellhebel erlauben es, die Herausforderungen des Unternehmensumfelds effektiv und effizient zu meistern und gleichermaßen die sich ergebenden Chancen zu nutzen. Den Herausforderungen muss sowohl mit aktiven Maßnahmen und mit langfristigen konzeptionellen Strategieantworten als auch mit bewussten passiven Maßnahmen begegnet werden. Das Einleiten von aktiven Maßnahmen erlaubt es, wirksame Erfolgsfaktoren zu aktivieren, um so einen wichtigen und wirkungsvollen Beitrag für die Robustheit des Unternehmens zu leisten. Als Ansatzpunkte und Leitlinien für zukunftsfähige Führungsprinzipien sind ein zielgerichtetes Kostenmanagement, Kundenorientierung, Flexibilität, Organisationsgestaltung, Netzwerk- und Supply Chain Management sowie die Nutzung verborgener Ressourcen zu nennen.

Im heutigen Umfeld werden von den Unternehmen erweiterte Kompetenzen im Bereich des Risikomanagements und der Risikobeherrschung abverlangt. Externe und interne Einflüsse zwingen Organisationen, mehr Transparenz im Hinblick auf ihre finanzwirtschaftlichen sowie leistungswirtschaftlichen Risiken zu schaffen. Zur effektiven, effizienten und nachhaltigen Gestaltung der Strukturen und Prozesse ist es erforderlich, neben dem aktuell dringlichen Krisenmanagement auch stets die Zukunftsfähigkeit des Unternehmens im Auge zu behalten. Hierzu sind Stresstests in der Organisation als dauerhafte Übung und Überprüfung zu verankern.

8 Literaturverzeichnis

Abele, E. et al. (Hrsg.) (2006): Handbuch Globale Produktion, Hanser, München.

Andersons, E. (2013): Business Risk Management: Models and Analysis, John Wiley & Sons, Hoboken.

AON (2014): Politische Risiken, abgerufen unter: http://aon-credit.de/produkte-dienstleistungen/kreditversicherung/politische-risiken, 01.08.2014.

Bass, B. M.; Riggio, R. E. (2006): Transformation leadership. 2. Aufl., N.J: L. Erlbaum Associates, Mahwah.

Bauernhansl, T. et al.(Hrsg.) (2014): Industrie 4.0 in Produktion, Automatisierung und Logistik. Anwendung - Technologien - Migration, Springer, Wiesbaden.

Bergener R. F. (2006): Gestaltung des leistungswirtschaftlichen Risikocontrollings – Eine theoretische und empirische Untersuchung, TCW, München.

BMBF (Hrsg.) (2014): Industrie 4.0. Innovationen für die Produktion von morgen, Bonn.

BME (2014): Russland-Sanktionen schaden Deutschland, abgerufen unter: http://www.bme.de/Russland-Sanktionen-schaden-Deutschland.10060049.0.html, 11.09.2014.

BmF (2014): Embargomaßnahmen, abgerufen unter: http://www.zoll.de/DE/Fachthemen/Aussenwirtschaft-Bargeldverkehr/Embargomassnahmen/embargomassnahmen_node.html, 01.08.2014.

Bolden, R. et al. (2011): Exploring leadership. Individual, organizational, and societal perspectives. Oxford University Press, Oxford, New York.

Borkowski, N. (2011): Organizational behavior in health care, 2. Aufl., Jones and Bartlett Publishers, Sudbury.

Boyabatli, O.; Toktay, L. B. (2004): Operational Hedging – A Review with Discussion. Working Paper, INSEAD.

Bozem, et al. (2013): Elektromobilität. Kundensicht, Strategien, Geschäftsmodelle, Springer, Dordrecht.

Bürgel, D; Ackel-Zakour, R. (2000): Die Bedeutung des Managements von Risiken für das strategische Forschungs- und Entwicklungsportfolios, Springer, Wiesbaden.

Comelli, G.; Rosenstiel, L. v. (2011): Führung durch Motivation. Mitarbeiter für Unternehmensziele gewinnen, 4. Aufl., Vahlen, München.

Deutsches Global Compact Netzwerk (2010): Nachhaltigkeit in der Lieferkette, Global Compact Office der Vereinten Nationen, Berlin.

Deutsches Institut für Normung (2014): Erfolg durch Normung, abgerufen unter: www.din.de, 01.08.2014.

DPA (2014): Unternehmen fürchten die Russland-Krise,Springer.

Eckert, D. (1985): Risikostrukturen industrieller Forschung und Entwicklung: Theoretische und empirische Ansatzpunkte einer Risikoanalyse technologischer Innovationen, Berlin.

Eilles-Matthiessen, C.et al. (2007): Schlüsselqualifikationen kompakt. Ein Arbeitsbuch für Personalauswahl und Personalentwicklung, 2. Aufl., Huber, Bern.

Euler, H. (2014): Gedeckte Risiken, abgerufen unter: http://www.agaportal.de/pages/aga/grundzuege/gedeckte_risiken.html, 11.09.2014.

Eustace, C.; Bianchi, P. (2001): The intangible economy impact and policy issues. Report of the High Level Expert Group on the Intangible Economy, Office for Official Publications of the European Communities, Luxembourg.

Giese, A. (2012): Differenziertes Performance Measurement in Supply Chains, Springer Gabler, Wiesbaden.

Große Boes, S.; Kaseric, T. (2008): Trainer-Kit. Die wichtigsten Trainings-theorien, ihre Anwendung im Seminar und Übungen für den Praxistransfer, 3. Aufl., ManagerSeminare-Verlag-GmbH, Bonn.

Handelsblatt (2014): Neue Batterietechnik. BMW schließt Milliardendeal mit Samsung, in: Handelsblatt, 15.07.2014. Online verfügbar unter http://www.handelsblatt.com/unternehmen/industrie/neue-batterietechnik-bmw-schliesst-milliardendeal-mit-samsung/10201464.html.

Handelsblatt (2014): SGL Carbon. BMW vertieft Kooperation mit Karbon-Produzenten, 16.02.2014. Online verfügbar unter http://www.handelsblatt.com/unternehmen/industrie/sgl-carbon-bmw-vertieft-kooperation-mit-karbon-produzenten/9490886.html.

Heck, M. (2003): Risikobewusstes F&E- Programm-Management – Eine theoretische und empirische Untersuchung, TCW, München.

Hentze, J. et al. (2005): Personalführungslehre. Grundlagen, Funktionen und Modelle der Führung, 4. Aufl., Haupt, Bern.

Höcker, H. (Hrsg.) (2008): Werkstoffe als Motor für Innovationen. Acatech-Workshop, Berlin, 17. Oktober 2007, Fraunhofer-IRB-Verlag, Stuttgart.

Horváth, P.; Möller, K. (Hrsg.) (2004): Intangibles in der Unternehmenssteue-rung. Strategien und Instrumente zur Wertsteigerung des immateriellen Kapitals, Vahlen, München.

Hummer, D. (2014): Stresstest, in: Gabler Wirtschaftslexikon, Springer Fachmedien Wiesbaden GmbH, Wiesbaden.

Jarausch, J.-K. (2010): Frühaufklärung von Lieferanteninsolvenzen, TCW, München.

Kaminsky, C. et al. (2007): Stresstests als Bestandteil des Risikomanagements (Teil 1) – Einbindung von Stresstests in das ICAAP, in: Risiko-Manager, Heft 15, S. 12-15.

Kern, W., Schröder, H.-H. (1977): Forschung und Entwicklung in der Unternehmung. Reinbek.

Kirchler, E. (2008): Arbeits- und Organisationspsychologie, 2. Aufl., WUV, Wien.

KPMG AG Wirtschaftsprüfungsgesellschaft (Hrsg.) (2008): Patente, Marken, Verträge, Kundenbeziehungen - Werttreiber des 21. Jahrhunderts. Online ver-fügbar unter http://www.kpmg.de/docs/StudiePatente_211207.pdf.

Krahl, O.; Wagner, J. (2007): Stresstests im Kreditrisikomanagement – neue Herausforderungen für Banken, in: Zeitschrift für das gesamte Kreditwesen, 60. Jahrgang, S. 1155-1158.

Krooß, J. (2004): Die Signifikanz der Mitarbeiter für die Qualität von Dienst-leistungen - Die Bedeutung der weichen Faktoren, Grin, München.

Kropp, M. (2004): Controlling von Finanzrisiken, in Zeitschrift für Controlling und Management, Sonderheft 3, Springer Gabler Verlag, Wiesbaden.

Lehmacher, W. (2013) Wie Logistik unser Leben prägt – Der Wertbeitrag logistischer Lösungen für Wirtschaft und Gesellschaft, Springer, Berlin.

Löwer, C. (2012): Logistiker übernehmen das Risikomanagement, in: Han-delsblatt online, 12.03.2012, Quelle: http://www.handelsblatt.com/unter-nehmen/logistik-spezial2012/optimierungsbedarf-logistiker-uebernehmen-das-risikomanagement/6316716.html

Lück, W. (2000): Managementrisiken; in: Dörner, D. et al. (Hrsg.): Praxis des Risikomanagements – Grundlagen Kategorien, branchenspezifische Aspekte, Schäffer-Poeschel, Stuttgart.

Meybom, P. (2009): Finanzsystem besser auf Szenarien vorbereiten – Krise erfordert verbesserte Stresstests in der Kreditwirtschaft, in: Betriebswirtschaftliche Blätter, 58. Jahrgang, Heft 5, S. 270-277

Meyer, T. (2006): Globale Standortwahl – Einflussfaktoren, in Abele et al. (Hrsg.): Handbuch globale Produktion, 2. Aufl., Hanser Verlage, München, Wien. S. 36 – 100.

Nationale Plattform Elektromobilität (NPE) (Hrsg.) (2012): Fortschrittsbericht der Nationalen Plattform Elektromobilität (Dritter Bericht), Berlin.

Neges, G.; Neges, R. (2007): Führungskraft und Persönlichkeit. Eigene Potenziale erkennen und nutzen ; wirkungsvoll kommunizieren ; persönliches Marketing, Linde, Wien.

Ott, B. (1995): Ganzheitliche Berufsbildung. Theorie und Praxis handlungsorientierter Techniklehre in Schule und Betrieb, Steiner, Stuttgart.

Pelz, W. (2004): Kompetent führen: Wirksam kommunizieren, Mitarbeiter motivieren, Gabler, Wiesbaden.

Petison, P.; Johri, L. M. (2008): Localization drivers in an emerging market: Case studies from Thailand, in: Management Decision, Jg. 46, Nr. 9, S. 1399-1412.

Piller, F. (2000): Mass Customization – Ein wettbewerbsstrategisches Konzept im Informationszeitalter, Gabler, Wiesbaden.

PWC (2006): Unternehmenskooperationen – Auslauf- oder Zukunftsmodell?, Berlin.

PWC (2014): Erfolgreich im Ausland investieren – das Management politischer Risiken, abgerufen unter: http://www.pwc.de/de/internationalisierung/erfolgreich-im-ausland-investieren_das-management-politischer-risiken.jhtml, 01.08.2014.

Rogler, S. (2002): Risikomanagement im Industriebetrieb – Analyse von Beschaffungs-, Produktions- und Absatzrisiken, Gabler, Wiesbaden.

Romaike, F., Hager, P. (2009): Erfolgsfaktor Risiko-Management 2.0: Methoden, Beispiele, Checklisten. Praxishandbuch für Industrie und Handel, Springer, Heidelberg.

Sadgrove, K. (2005): The Complete Guide to Business Risk Management. Gower Publishing, Farnham.

Salvenmoser, C. (2014): Wenn der Lieferant Pleite geht, in: Handelsblatt.

Schallmo, Daniel R. A. (2013): Geschäftsmodelle erfolgreich entwickeln und implementieren,Springer Gabler, Berlin, Heidelberg.

Schallmo, D. (2013): Geschäftsmodell-Innovation. Grundlagen, bestehende Ansätze, methodisches Vorgehen und B2B-Geschäftsmodelle, Springer Gabler, Berlin, Heidelberg.

Scherm, E.; Süss, S. (2003): Personalmanagement, Vahlen, München.

Schlick, T. et al. (2011): Zukunftsfeld Elektromobilität. Chancen und Herausforderungen für den deutschen Maschinen und Anlagenbau, Berlin.

Schlottmann, F.; Vorgrimler, S. (2009): Konzeptionelle Fragestellungen bei Stresstests, in: Wimmer, Konrad (Hrsg.): MaRisk Neu – Handlungsbedarf in der Banksteuerung, Finanz Colloquium Heidelberg GmbH, Heidelberg, S. 73-83.

Schmitz, T., Wehrheim, M. (2006): Risikomanagement: Grundlagen, Theorie, Praxis, W. Kohlhammer Verlag, Stuttgar.

Schneck, O. (2010): Risikomanagement – Grundlagen, Instrumente, Fallbeispiele, Wiley-VCH, Berlin.

Sendler, U. (Hrsg.) (2013): Industrie 4.0. Beherrschung der industriellen Komplexität mit SysLM, Springer Vieweg, Berlin, Heidelberg.

Siegwart, H.; Kloss, U. (1984): Erfassung und Verrechnung von Forschungs- und Entwicklungskosten, Bern.

Siemer, F. (2004): Betreibermodelle für analgentechnische Unternehmensinfrastrukturen, TCW, München.

Slamanig, M.(2010): Produktwechsel als Problem im Konzept der Mass Customization, Gabler, Wiesbaden.

Sonntag, K. (2006): Personalentwicklung in Organisationen, 3. Aufl., Hogrefe, Göttingen.

Spath, D. (2013): Produktionsarbeit der Zukunft - Industrie 4.0. Unter Mitarbeit von Oliver Ganschar, Stefan Gerlach, Moritz Hämmerle, Tobias Krause und Sebastian Schlund. Fraunhofer-Verlag, Stuttgart.

Specht, G. et al. (2002), F&E-Management: Kompetenz im Innovationsmanagement. 2. Aufl., Stuttgart.

Steffan, J. et al. (2010): Risikobereichsübergreifende Stress-szenarien – Integration von Stresstests in die Steuerungssystematik der Wüstenrot, in: Risiko-Manager, Heft 4, S. 12-20.

Steig, M. (2000): Handlungskompetenz. Kompetenzmodelle in der pädagogischen Praxis, Libri Books on Demand, Schotten, Norderstedt, STG.

Steinle, C. (1978): Führung. Grundlagen, Prozesse und Modelle der Führung in der Unternehmung, Schäffer-Poeschel Stuttgart.

Steinmetz, M. (2008): Risikosituation und –handhabung in der Produktion – Ein Konzept zur Verbesserung der Risikosituation, TCW, München.

Steven, M. (2007): Handbuch Produktion: Theorie - Management - Logistik – Controlling, Stuttgart, W. Kohlhammer Verlag.

Strasser, W. (2004): Erfolgsfaktoren für die Unternehmensführung. So werden Unternehmen schneller, schlagkräftiger und wettbewerbsfähiger. Mit vielen Beispielen und Checklisten, Gabler, Wiesbaden.

Strohhecker, J., Größler, A. (Hrsg.) (2009): Strategisches und operatives Produktionsmanagement: Empirie und Simulation, Springer, Heidelberg.

Sveiby, K.-E. (2001): A knowledge-based theory of the firm to guide in strategy formulation, in: Journal of Intellectual Capital 2 (4), S. 344–358.

Switalksi, M. (2009): MaRisk-konforme Ausgestaltung von Stresstests, in: Wimmer, K. (Hrsg.): MaRisk Neu – Handlungsbedarf in der Banksteuerung, Finanz Colloquium Heidelberg, Heidelberg, S. 64-72.

Trippner, K. (2006): Systematische Risikobewertung in versorgungslogistischen Systemen in der Automobilindustrie, Dissertation Technische Universität Cottbus.

Vahrenkamp, R. (Hrsg.) (2007): Risikomanagement in Supply Chains: Gefahren abwehren, Chancen nutzen, Erfolg generieren, Erich Schmidt Verlag, München.

Verein Deutscher Ingenieure e.V. (VDI) (Hrsg.) (2014): Werkstoffinnovationen für nachhaltige Mobilität und Energieversorgung, Düsseldorf.

Warneke, K. (2006): Die Führung und Motivation von Mitarbeitern und die Auswirkungen auf den Unternehmenserfolg, dargestellt an einem ausgewählten Beispiel aus dem Drogeriefachhandel, Grin, München.

Wiendahl, H.-H. (2011): Auftragsmanagement der industriellen Produktion: Grundlagen, Konfiguration, Einführung, Springer, Heidelberg.

Wildemann, H. (1991): Zeit als Wettbewerbsinstrument in der Innovations- und Wertschöpfungskette, in: Zeitschrift für Logistik, 12. Jg., S. 17-20.

Wildemann, H. (1993): Optimierung von Entwicklungszeiten: Just-In-Time in Forschung & Entwicklung und Konstruktion, TCW, München.

Wildemann, H. (2001): Integriertes Qualitäts-Controlling logistischer Leistungen, in: Wiendahl, H.-P.: Erfolgsfaktor Logistikqualität - Vorgehen, Methoden und Werkzeuge zur Verbesserung der Logistikleistung, 2. Aufl., Springer, Berlin.

Wildemann, H. (2002): Wenn der Lieferant Mitunternehmer wird, in: FAZ Nr. 232, S. 24, 07.10.2002.

Wildemann, H. (2005): Risikomanagement und Rating, TCW, München.

Wildemann, H. (2011): Globale Industrialisierung: Wie bleibt der Standort Deutschland wettbewerbsfähig? - Tagungsband des Münchner Management Kolloquiums 2011, TCW, München.

Wildemann, H. (2012): Wachstum durch Ressourceneffizienz: Kunden - Mitarbeiter – Lieferanten - Tagungsband des Münchner Management Kolloquiums 2012, TCW, München.

Wildemann, H. (2014a): Advanced Purchasing – Leitfaden zur Einbindung der Beschaffungsmärkte in den Produktentwicklungsprozess, TCW, München.

Wildemann (2014b): Conjoint Analyse – Leitfaden zur kundenwertorientierten Produktentwicklung mittels Conjoint Analysen, TCW, München.

Wildemann (2014c): Global Sourcing – Leitfaden zur Erschließung internationaler Beschaffungsquellen, TCW, München.

Wildemann (2014d): Modularisierung 4.0 – Leitfaden zur modularen Gestaltung von Organisation, Produkten, Produktion und Services, TCW, München.

Wildemann, H. (2014e): Modularisierung in Organisation, Produkten, Produktion und Services - Vielfalt nutzen und optimieren, TCW, München.

Wildemann, H. (2014f): Produktionsrisikomanagement – Leitfaden zur Handhabung von produktionsorientierten Risiken und Implementierung eines Risikomanagementsystems, TCW, München.

Wildemann, H. (2014g): Risikomanagement - Leitfaden zur Umsetzung eines Risikomanagement-Systems für die wertorientierte Steuerung von Unternehmen, TCW, München.

Winkler, H. et al. (2007): Entwicklung eines Performance- und Risikomanagement-Konzepts für nachhaltige Supply Chain Netzwerke, Bundesministerium für Verkehr, Innovation und Technologie, Klagenfurt.

Wittebrink, P. (2013): Risiken im Transport- und Logistikbereich, in: Internationales Verkehrswesen, Jahrgang 65, Heft 2, S. 20-23.

Wollmann, P.; Pleuger, G. (2002), Risikomanagement im Multiprojecting. In: Hirzel, M. et al. (Hrsg.), Multiprojektmanagement: Strategische und operative Steuerung von Projektportfolios, Frankfurter Allgemeine Buch, Frankfurt am Main, S. 97-109.

Wrede, I. (2014): Die Industrie der Zukunft wird smart. Online verfügbar unter http://www.dw.de/die-industrie-der-zukunft-wird-smart/a-17548409, zuletzt aktualisiert am 08.04.2014.

Zawisla (2008): Risikoorientiertes Lieferantenmanagement – Eine empirische Analyse, TCW, München.

Zentes, J. (2006): Handbuch Handel. Strategien - Perspektiven – Internationaler Wettbewerb, 1. Aufl., Gabler, Wiesbaden.

Zink, K. J. (2007): Mitarbeiterbeteiligung bei Verbesserungs- und Veränderungsprozessen: Basiswissen- Instrumente- Fallstudien, Hanser, München.

Stresstest in der russischen Automobilindustrie

Dr. h. c. Bo Inge Andersson

President & CEO
JSC AVTOVAZ

Lada
Re-Building of a brand
in tough times
Bo Andersson
President & CEO JSC AVTOVAZ
VESTA
XRAY

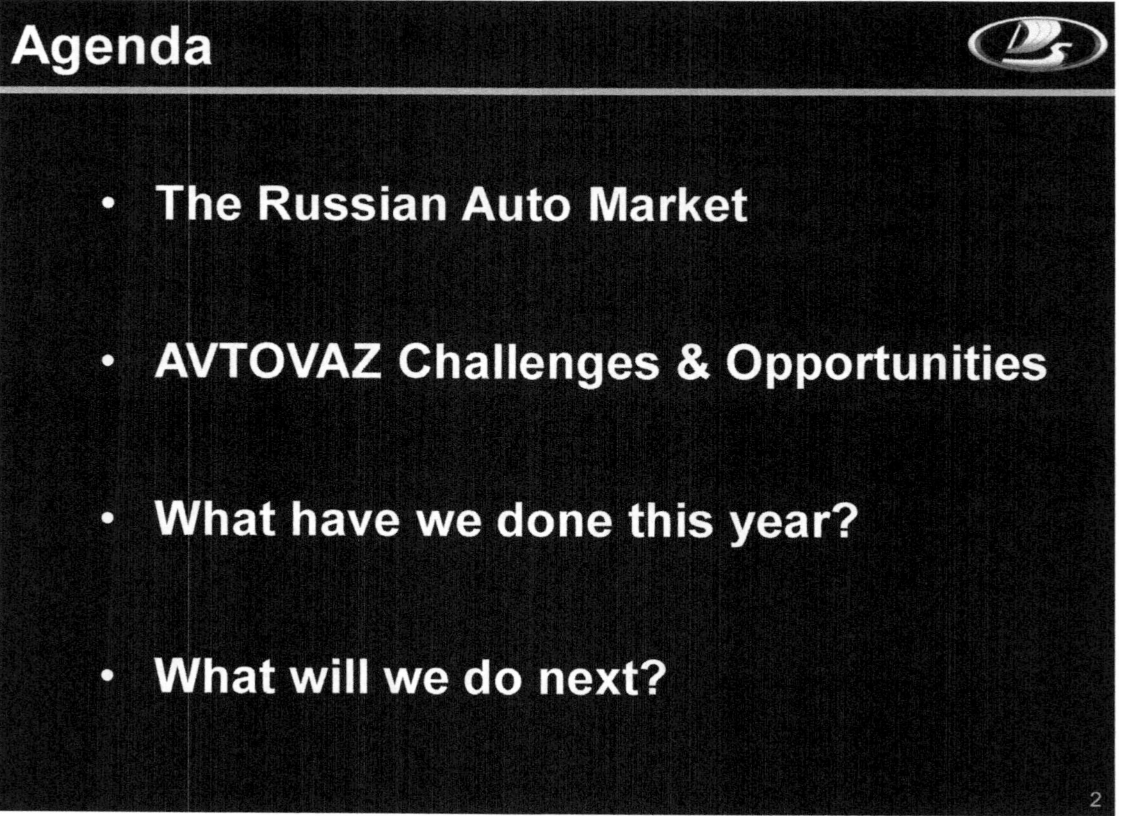
Agenda
• The Russian Auto Market
• AVTOVAZ Challenges & Opportunities
• What have we done this year?
• What will we do next?
2

The Russian Automotive Market
• This year the market is down by 12.6 %
• It is still the 7th largest market (2.3 M-units)
• Low Cost Segment is down by 30 %
• Luxury Segment is up 9.3 %
3

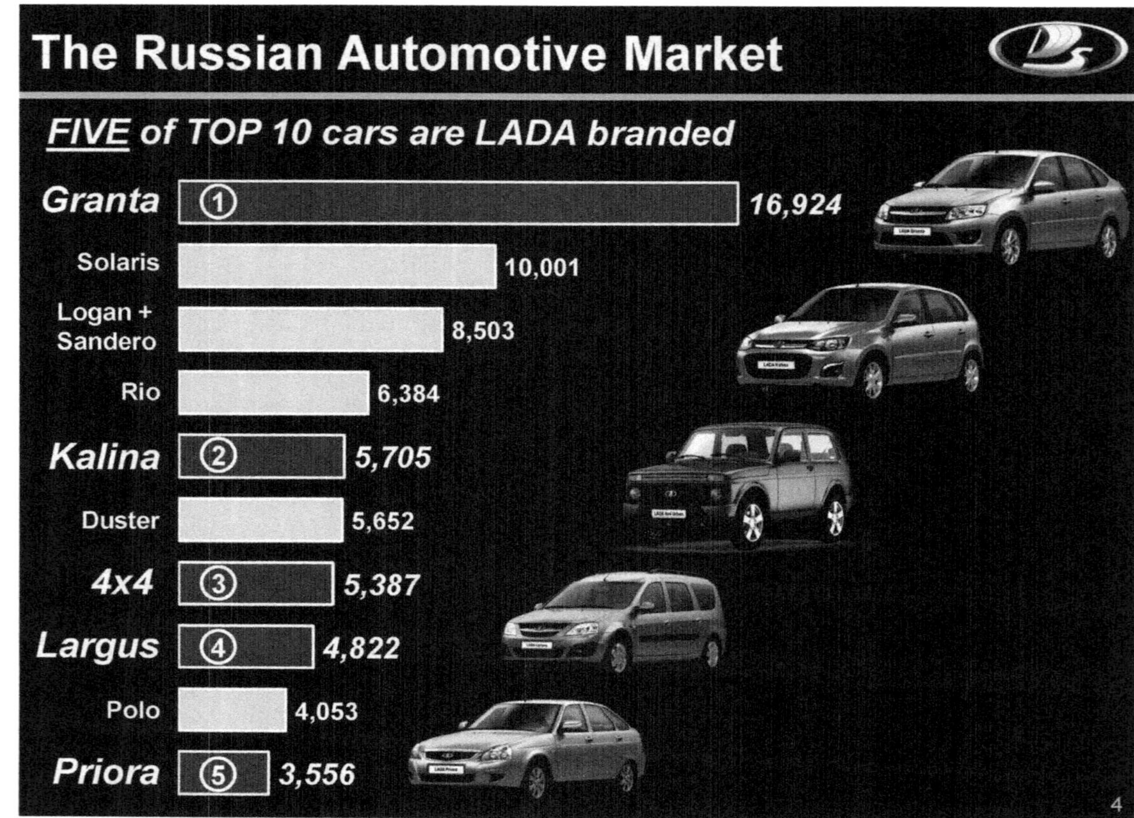
The Russian Automotive Market
FIVE of TOP 10 cars are LADA branded
Granta ① 16,924
Solaris 10,001
Logan + Sandero 8,503
Rio 6,384
Kalina ② 5,705
Duster 5,652
4x4 ③ 5,387
Largus ④ 4,822
Polo 4,053
Priora ⑤ 3,556
4

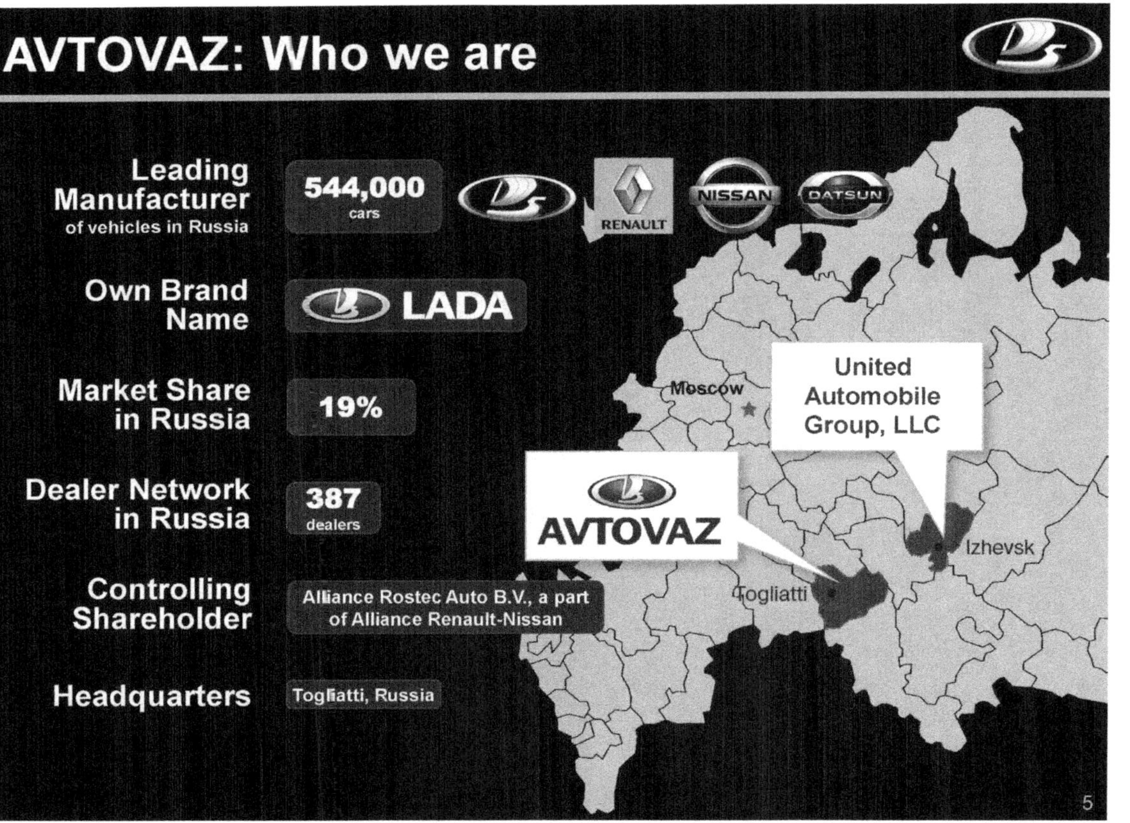
AVTOVAZ: Who we are
Leading Manufacturer
of vehicles in Russia
544,000
cars
RENAULT
NISSAN
DATSUN
Own Brand Name
LADA
Market Share in Russia
19%
Dealer Network in Russia
387
dealers
Controlling Shareholder
Alliance Rostec Auto B.V., a part of Alliance Renault-Nissan
Headquarters
Togliatti, Russia
Moscow
United Automobile Group, LLC
AVTOVAZ
Izhevsk
Togliatti
5

LADA Vehicles in Production
Granta
Kalina
LADA Granta
LADA Kalina
Largus
4x4
Priora
6

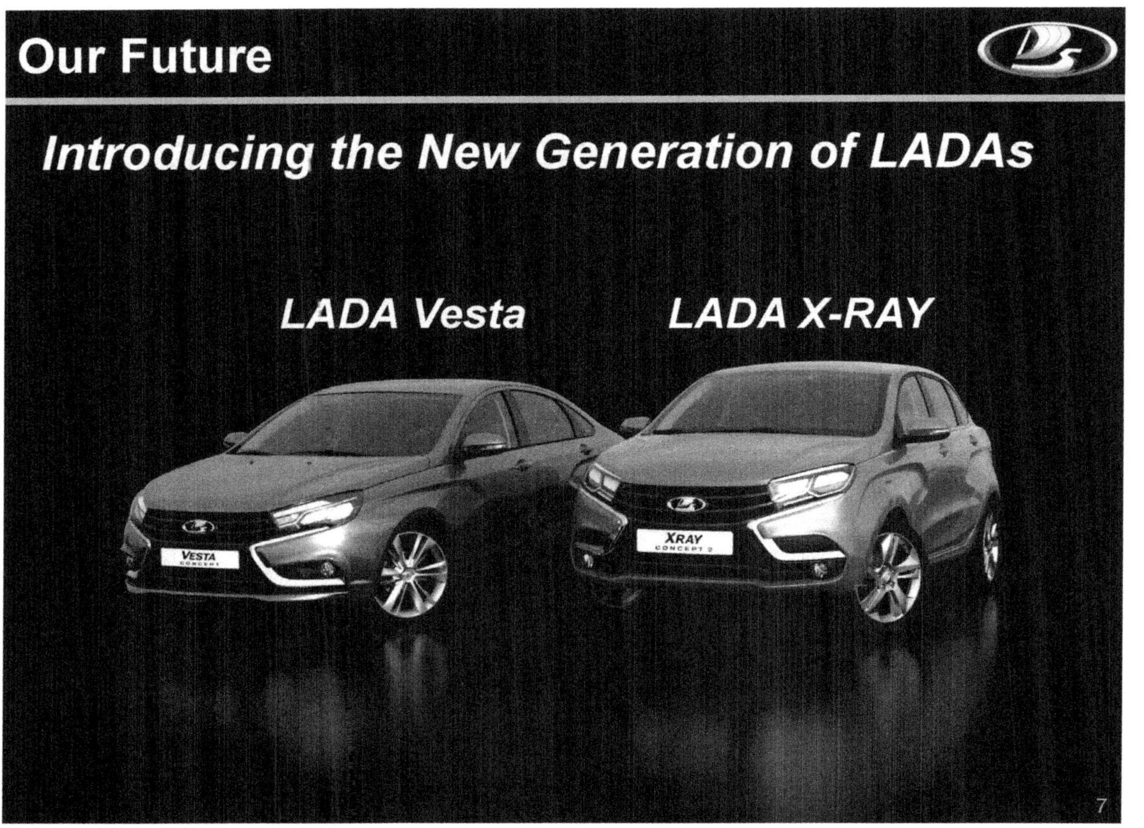
Our Future
Introducing the New Generation of LADAs
LADA Vesta
LADA X-RAY
VESTA
XRAY
CONCEPT 2
7

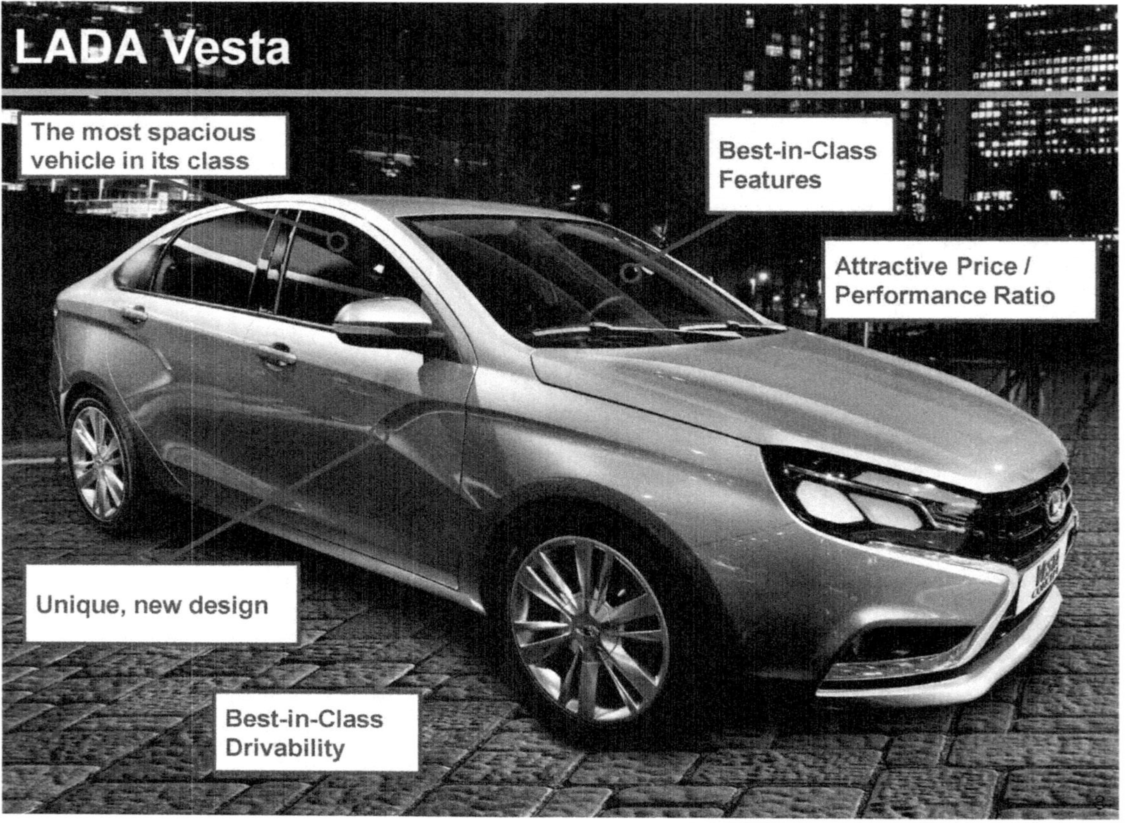
LADA Vesta
The most spacious vehicle in its class
Best-in-Class Features
Attractive Price / Performance Ratio
Unique, new design
Best-in-Class Drivability

LADA XRAY
Best-in-Class space for the passenger's comfort
Unique seating configuration
European Safety Standards
Most suitable for city driving within its segment
Specifically designed for the Russian driving conditions

Vesta and XRAY outside of Russia

New JV in Kazakhstan with full support from the Presidents of Russia and Kazakhstan

10

Our Targets
1 20 % Market Share in 2016
2 Positive Free Cash Flow
3 Minimum 6 % Operating Margin
11

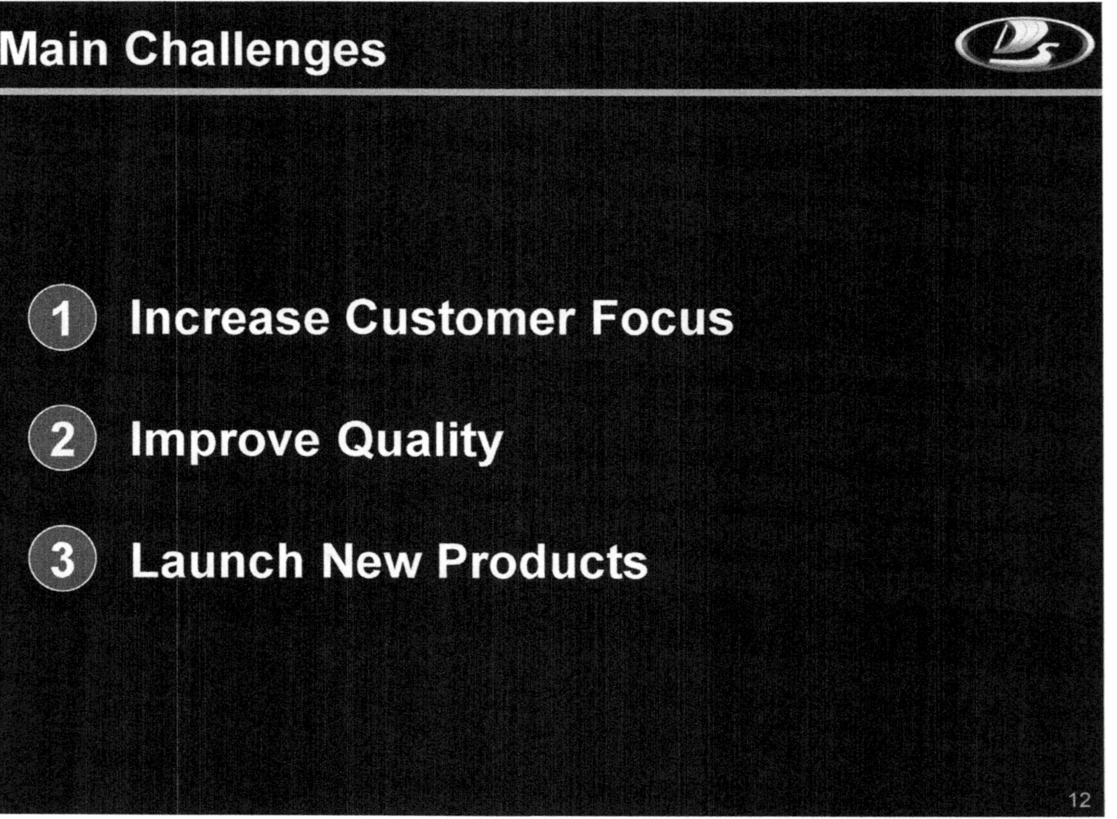
Main Challenges
1 Increase Customer Focus
2 Improve Quality
3 Launch New Products
12

Full Focus on Customer Needs

New Customer Satisfaction Organization launched in 2014

1. **Immediate reaction on customer's problems**
2. **Cars repaired at dealers within 24 hours**
3. **Corrective actions implemented within 24 hours**

13

Manufacturing Quality

1. Defects to End Customers down by 50 %
2. First Time OK increased on all Vehicles
   - Kalina Line: 50 % → 80 %
   - B0 Line: 37 % → 75 %
3. 8 out of 14 Priority Engineering Defects Solved and Implemented

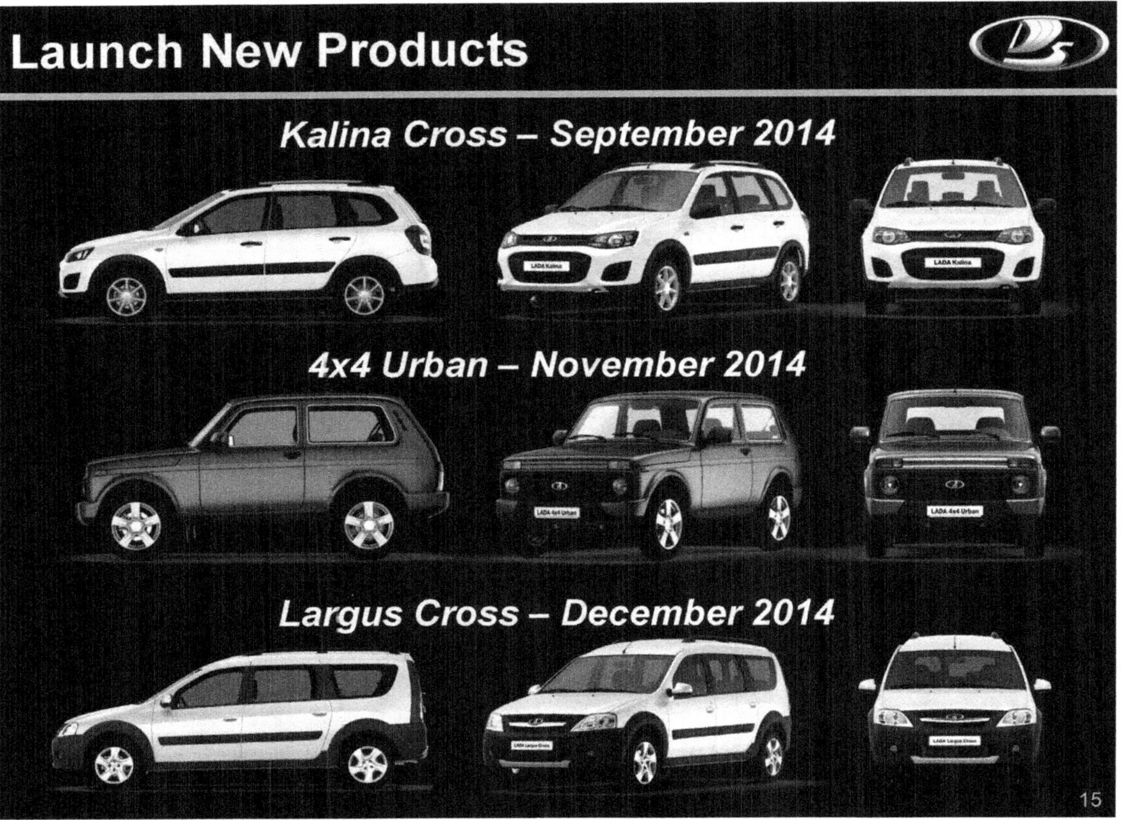

Launch New Products
Kalina Cross – September 2014
4x4 Urban – November 2014
Largus Cross – December 2014
15

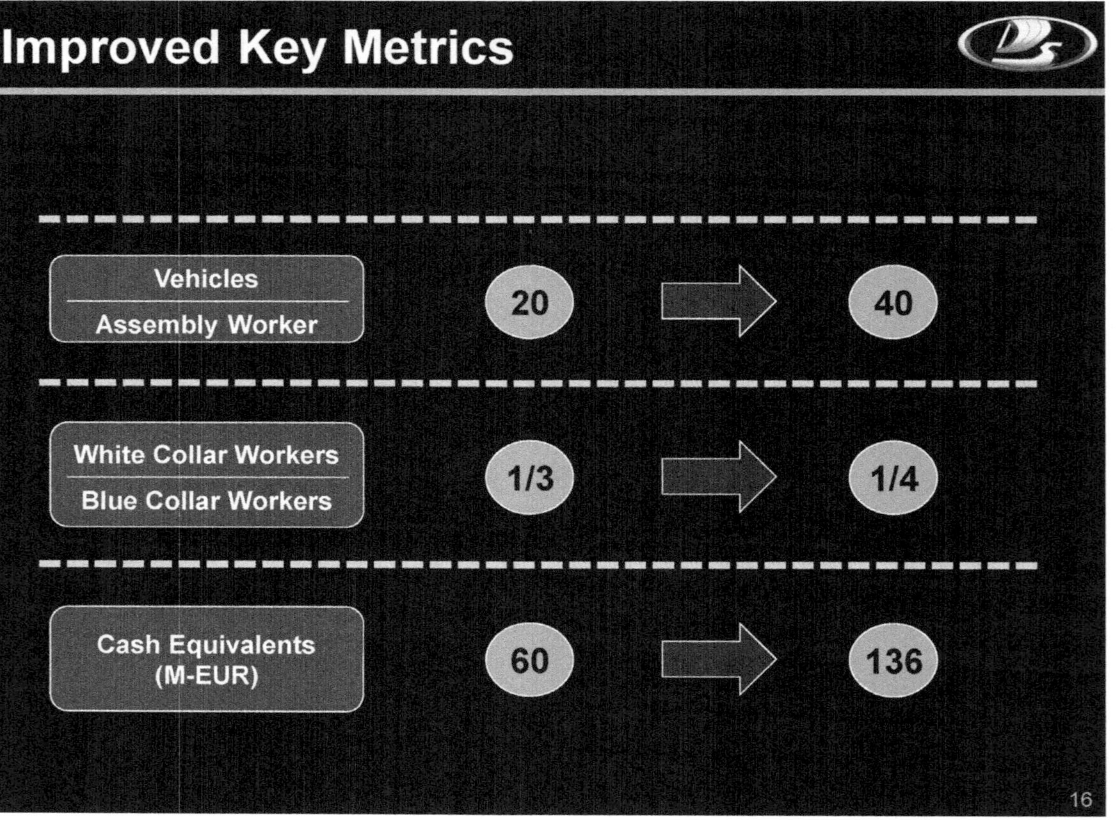

Improved Key Metrics
Vehicles
Assembly Worker
20
40
White Collar Workers
Blue Collar Workers
1/3
1/4
Cash Equivalents
(M-EUR)
60
136
16

What will we do?
1 Increase our Customer Focus and Develop our Dealers
2 Become TOP 3 in Quality in our Segment
3 Launch 5 new vehicles in 3 years
17

Powered by new thinking

Neugierig?
Mehr zu Innovation
auf deloitte.com/de

Deloitte.

© 2014 Deloitte & Touche GmbH Wirtschaftsprüfungsgesellschaft

Kundenlösungen als Innovationstreiber

Dr. Robert Bauer

Vorsitzender des Vorstands
SICK AG

UNTERNEHMENSPRÄSENTATION

SICK
Sensor Intelligence.

Dr. Robert Bauer

Vorstandsvorsitzender der SICK AG

SICK AUF EINEN BLICK

➜ SICK – weltweit einer der führenden Hersteller von Sensoren und Sensorlösungen für industrielle Anwendungen

68 Jahre Erfahrung. Gegründet 1946.

6.597 Mitarbeiter weltweit

88 Länder mit SICK-Präsenz: Mehr als 50 Tochtergesellschaften und Beteiligungen sowie zahlreiche spezialisierte Vertretungen

1.010 Millionen EUR Konzernumsatz im Geschäftsjahr 2013

40.000 Produkte und damit das breiteste Produkt- und Technologie-Portfolio der Branche

2.032 Patente und damit führend in der Entwicklung innovativer Sensorlösungen

Dr. Robert Bauer | Management Kolloquium 2015 2

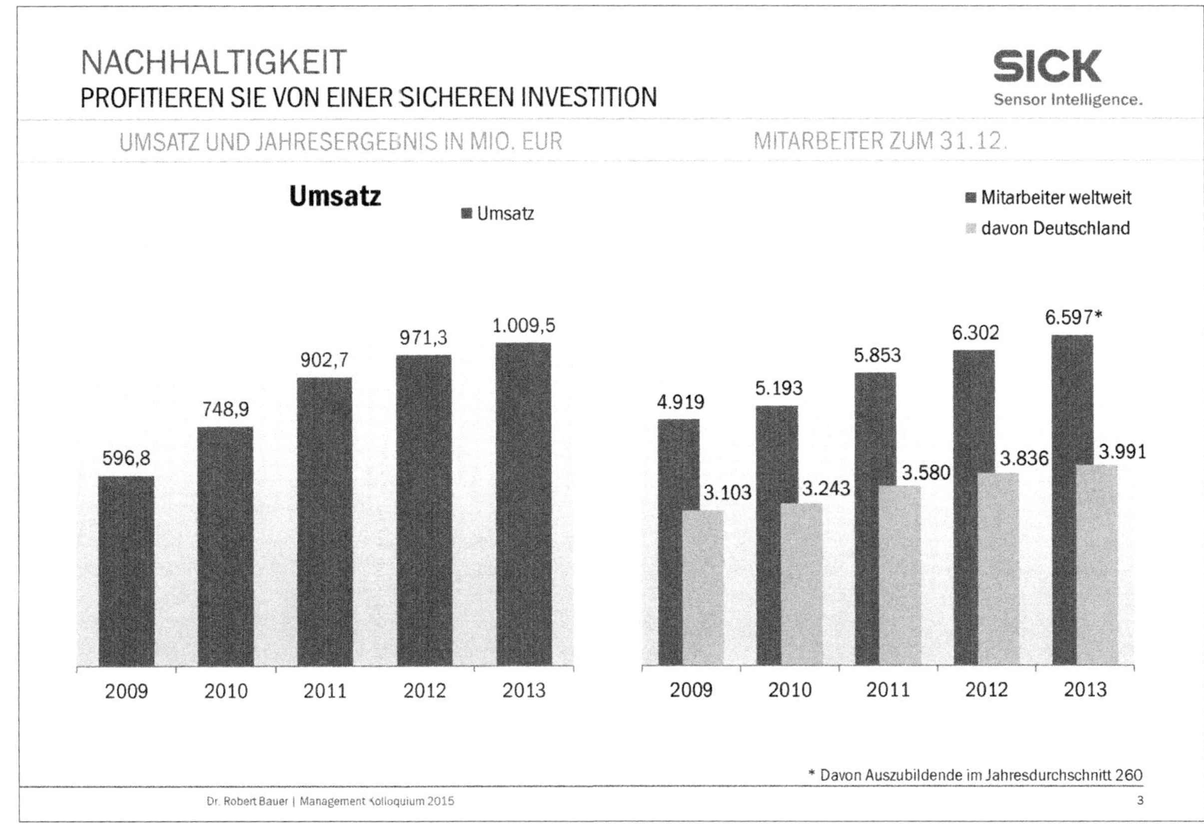
NACHHALTIGKEIT
PROFITIEREN SIE VON EINER SICHEREN INVESTITION
SICK
Sensor Intelligence.
UMSATZ UND JAHRESERGEBNIS IN MIO. EUR
Umsatz
Umsatz
596,8
748,9
902,7
971,3
1.009,5
2009
2010
2011
2012
2013
MITARBEITER ZUM 31.12.
Mitarbeiter weltweit
davon Deutschland
4.919
3.103
5.193
3.243
5.853
3.580
6.302
3.836
6.597*
3.991
2009
2010
2011
2012
2013
* Davon Auszubildende im Jahresdurchschnitt 260
Dr. Robert Bauer | Management Kolloquium 2015
3

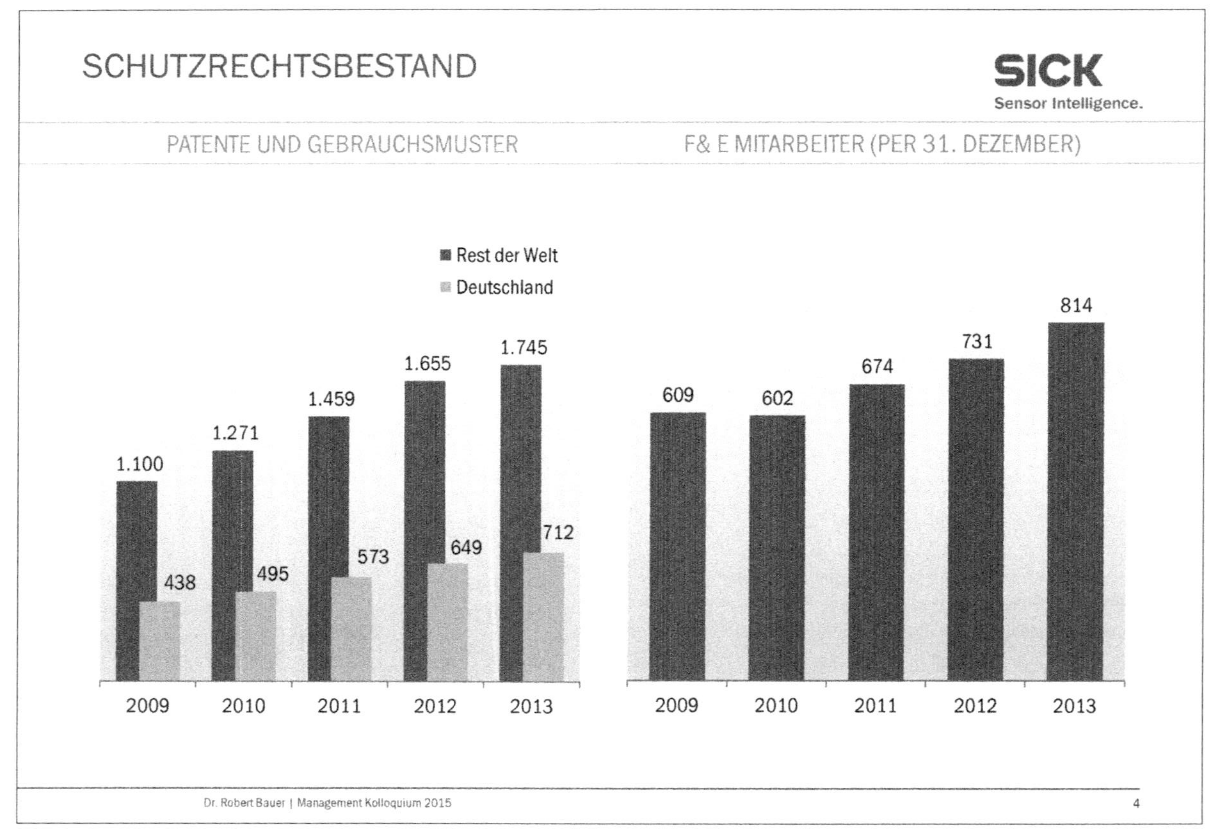
SCHUTZRECHTSBESTAND
SICK
Sensor Intelligence.
PATENTE UND GEBRAUCHSMUSTER
F& E MITARBEITER (PER 31. DEZEMBER)
Rest der Welt
Deutschland
1.100
438
1.271
495
1.459
573
1.655
649
1.745
712
2009
2010
2011
2012
2013
609
602
674
731
814
2009
2010
2011
2012
2013
Dr. Robert Bauer | Management Kolloquium 2015
4

KONTINUITÄT

KONTINUIERLICHER WETTBEWERBSVORTEIL DURCH INNOVATIVE SENSOREN

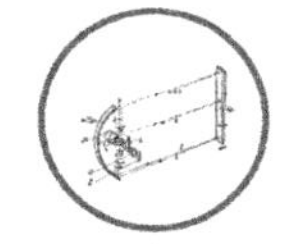

1950
Erste auf dem Autokollimations-prinzip basierende Lichtschranke

1952
Erster Unfallschutz-Lichtvorhang

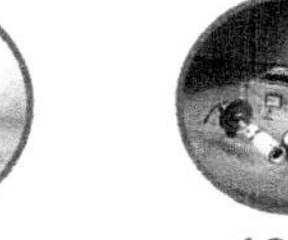

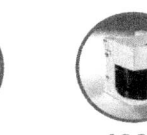

1956
Erstes Rauchdichte-Messgerät

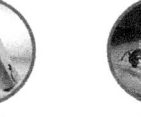

1978
Erstes In-situ-Gasmessgerät

1989
Erste Entfernungs-erfassung mit Laserlicht nach dem Pulslaufzeitverfahren

1993
Erster auf dem Pulslaufzeitverfahren basierender Sicherheits-Laserscanner

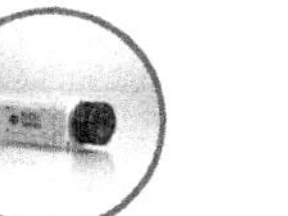

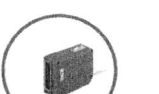

2001
Hochgeschwindig-keits 2D-Codeleser

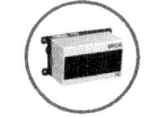

2004
Ultraschall-Kompaktgaszähler

2009
Navigation basierend auf natürlichen Landmarken

2010
Color Ranger E: weltweit erster Hochgeschwindig-keits-3D-Kamera mit leistungsstarker Farbverarbeitung

2013
Kostensparende Kaskadierung sicherer Schalter und Sensoren innerhalb einer Maschine

Dr. Robert Bauer | Management Kolloquium 2015 5

BREITES PRODUKTSPEKTRUM + ERFAHRUNG + EXPERTISE = SICK

Sensor Intelligence.

EFFIZIENTE LÖSUNGEN FÜR SIE

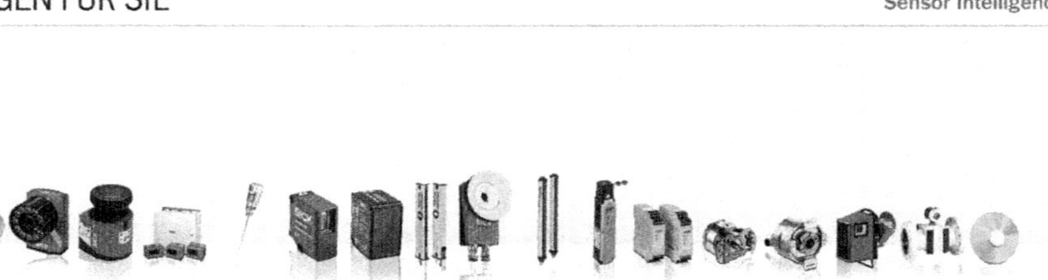

- Analysenlösungen
- Automatisierungs-Lichtgitter
- Distanzsensoren
- Encoder
- Fluidsensorik
- Gasanalysatoren
- Identifikationslösungen
- Lichttaster und Lichtschranken
- Magnetische Zylindersensoren
- Mess- und Detektionslösungen
- Motor-Feedback-Systeme
- Näherungssensoren
- Optoelektronische Schutzeinrichtungen
- Registration Sensors
- sens:Control – sichere Steuerungslösungen
- Sicherheitsschalter
- Sicherheits-Software
- Staubmessgeräte
- Systemlösungen
- Ultraschall-Gasdurchflussmessgeräte
- Verkehrssensoren
- Vision

Dr. Robert Bauer | Management Kolloquium 2015 6

INDIVIDUELL

ERHÖHTE PERFORMANCE DURCH INDIVIDUELLE AUTOMATISIERUNGSLÖSUNGEN

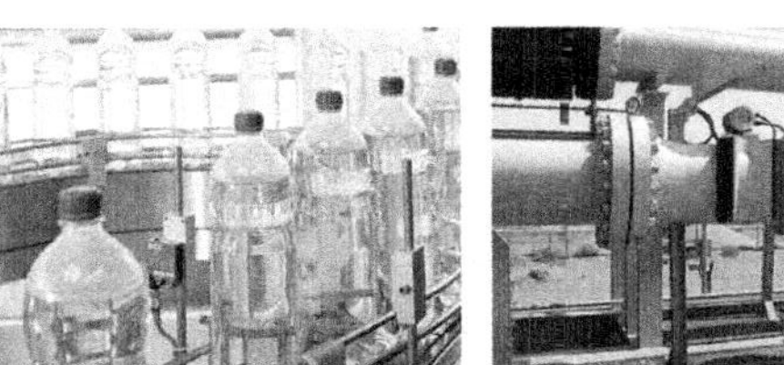

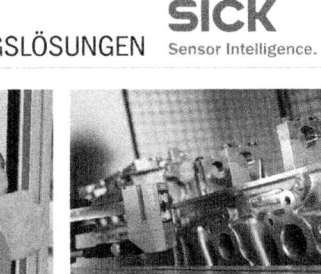

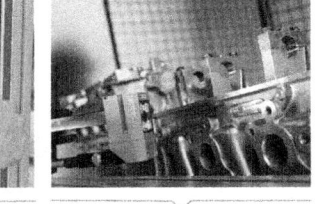

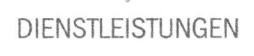

DETEKTIEREN | MESSEN | ABSICHERN | IDENTIFIZIEREN

POSITIONIEREN | VERBINDEN UND INTEGRIEREN | ÜBERWACHEN UND KONTROLLIEREN | DIENSTLEISTUNGEN

Dr. Robert Bauer | Management Kolloquium 2015 7

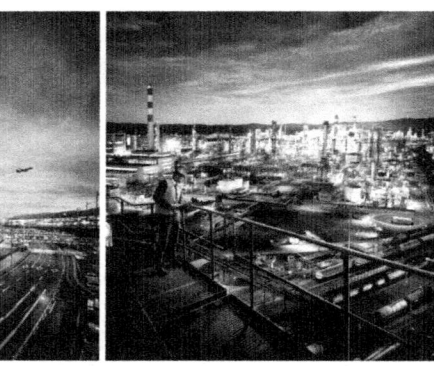

WIR SIND BRANCHEN-INSIDER

IHR VORTEIL: EINFACHE KOMMUNIKATION + KOMFORTABLE LÖSUNGEN

SICK Sensor Intelligence.

FABRIKAUTOMATION

LOGISTIKAUTOMATION

PROZESSAUTOMATION

Dr. Robert Bauer | Management Kolloquium 2015

8

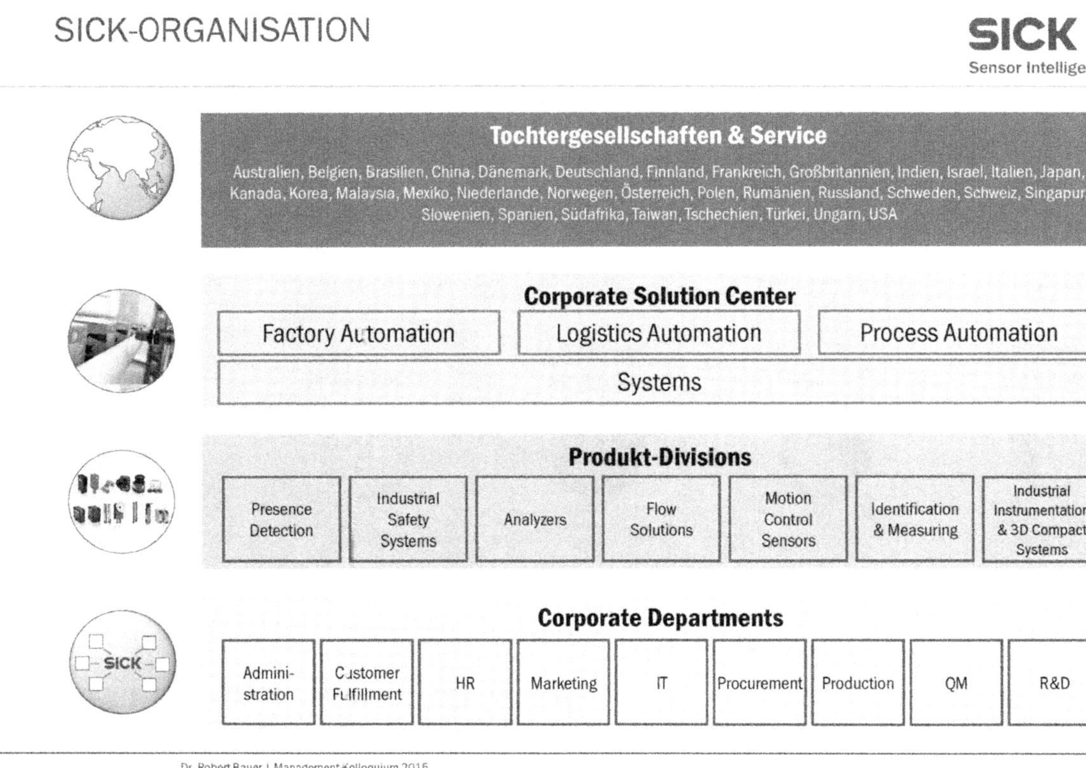
SICK-ORGANISATION
SICK
Sensor Intelligence.
Tochtergesellschaften & Service
Australien, Belgien, Brasilien, China, Dänemark, Deutschland, Finnland, Frankreich, Großbritannien, Indien, Israel, Italien, Japan, Kanada, Korea, Malaysia, Mexiko, Niederlande, Norwegen, Österreich, Polen, Rumänien, Russland, Schweden, Schweiz, Singapur, Slowenien, Spanien, Südafrika, Taiwan, Tschechien, Türkei, Ungarn, USA
Corporate Solution Center
Factory Automation
Logistics Automation
Process Automation
Systems
Produkt-Divisions
Presence Detection
Industrial Safety Systems
Analyzers
Flow Solutions
Motion Control Sensors
Identification & Measuring
Industrial Instrumentation & 3D Compact Systems
Corporate Departments
Admini-stration
Customer Fulfillment
HR
Marketing
IT
Procurement
Production
QM
R&D
SICK
Dr. Robert Bauer | Management Kolloquium 2015
9

WIR HALTEN IHRE GESCHÄFTSPROZESSE AM LAUFEN

DIENSTLEISTUNGEN FÜR ALLE „LEBENSLAGEN“

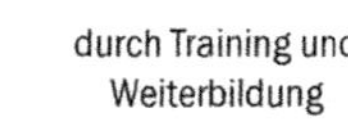

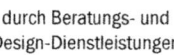

Investitionen sichern	**Produktivität verbessern**	**Sicherheit erhöhen**	**Leistung steigern**	**Kompetenz aufbauen**
durch Beratungs- und Design-Dienstleistungen	durch Produkt- und System-Support	durch Überprüfung und Optimierung	durch Modernisierung und Nachrüstung	durch Training und Weiterbildung

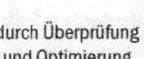

Dr. Robert Bauer | Management Kolloquium 2015 10

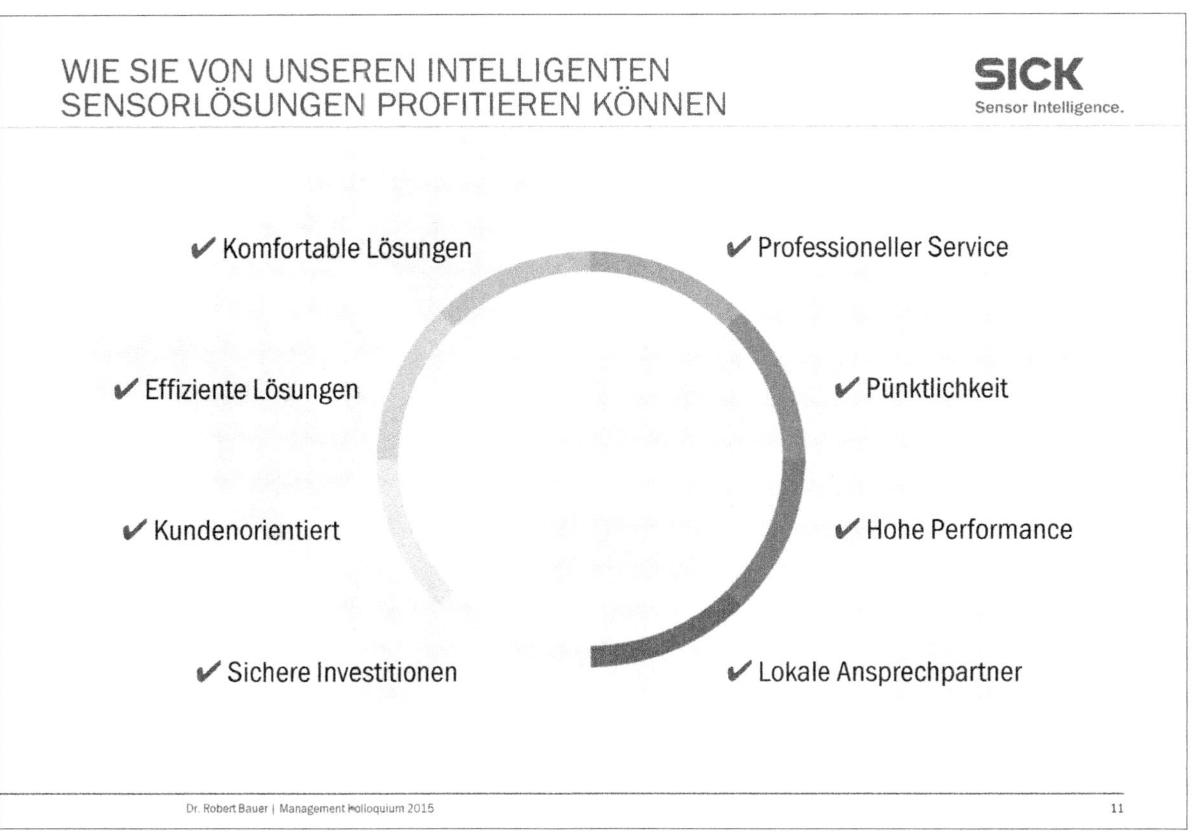
WIE SIE VON UNSEREN INTELLIGENTEN SENSORLÖSUNGEN PROFITIEREN KÖNNEN
SICK
Sensor Intelligence.
Komfortable Lösungen
Professioneller Service
Effiziente Lösungen
Pünktlichkeit
Kundenorientiert
Hohe Performance
Sichere Investitionen
Lokale Ansprechpartner
Dr. Robert Bauer | Management Kolloquium 2015
11

ATTRAKTIVER ARBEITGEBER SICK

SICK
Sensor Intelligence.

- Vision: SICK als Arbeitgeber ist ein „Great Place to Work“

SICK
Sensor Intelligence.

AGUILA

Das Premium-Rezept zu Ihrem Geschäftserfolg

BUSINESS SOLUTIONS

Nespresso begleitet Sie bei der Entwicklung Ihres Geschäfts. Überlassen Sie Aguila einen Teil der Arbeit: Dank einfacher Bedienbarkeit und modernster Technologie bietet Aguila Ihnen die Möglichkeit, eine umfassende und abwechslungsreiche Kaffeeauswahl anzubieten, um Ihren Umsatz nachhaltig zu steigern. Nie war es einfacher, große Mengen auf höchstem Niveau zu servieren – Grand Cru für Grand Cru.

www.nespresso.com/pro oder 0800 026 34 66 (gebührenfrei)

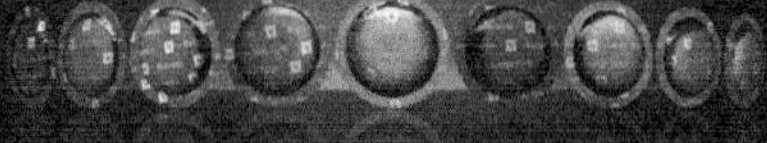

NESPRESSO

nespresso.com/pro

Die Seele des Kaffee

Developing new markets in India

Dr. Tobias Engelmeier

Managing Director
Bridge to India Pvt. Ltd.

BRIDGE TO INDIA

Making solar work

Corporate presentation

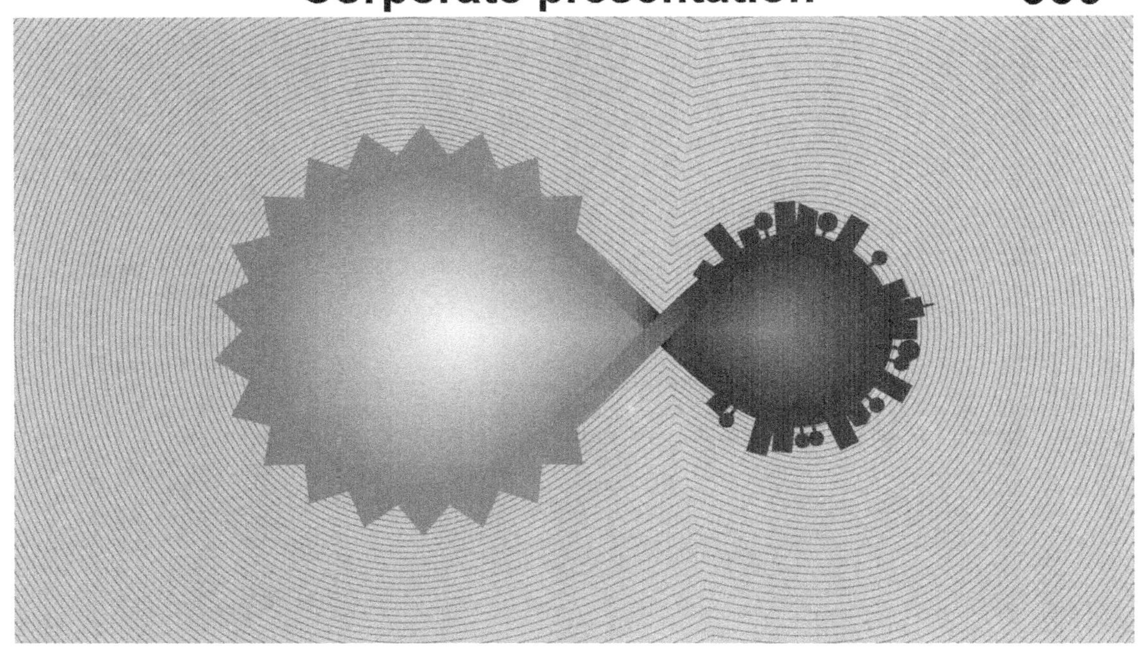

About BRIDGE TO INDIA

We aspire to drive change in the market through customized analysis and thought leadership

Our strengths

A 360 degree view of the many dynamics of the Indian solar market

An unrivalled network of industry stakeholders

Cross-functional team with skills in engineering, finance, business, economics

Since 2008, BRIDGE TO INDIA has been supporting companies, financial institutions and the government in India's solar and future energy market. It is widely recognized as the leading consultant and thought leader.

STRATEGIC CONSULTING

- Market consulting
- Business match-making

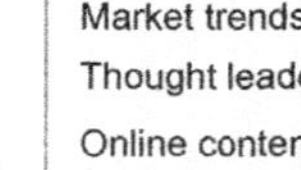

MARKET INTELLIGENCE

- Market trends projections
- Thought leadership reports
- Online content

© BRIDGE TO INDIA, 2014

BRIDGE TO INDIA

About BRIDGE TO INDIA

We believe in India's new energy future

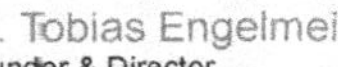

Dr. Tobias Engelmeier
Founder & Director

Tobias founded BRIDGE TO INDIA in 2008. He is deeply concerned with the energy use of India's fast growing economy and believes in finding business-driven and India specific business models to cope with this. Over the past years, Tobias has advised many investors and businesses on the Indian energy market. Prior to setting up BRIDGE TO INDIA, he has worked for five years in the energy sector for a leading strategy consultancy and written a book on Indian political culture. His PhD is in political science from the South Asia Institute in Heidelberg, Germany.

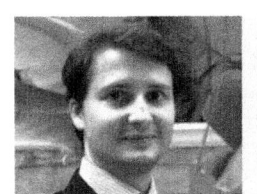

Vinay Rustagi
Managing Director

Vinay has more than 15 years of experience in financing of energy and infrastructure projects across India and Europe. He has worked in a mix of financing and advisory roles at Standard Chartered Bank, National Australia Bank, Sumitomo Mitsui Banking Corporation and ICICI Securities. Over the last few years, he has worked primarily on large scale renewable projects – both solar and wind.

Jasmeet Khurana
Sr. Manager- Consulting

Jasmeet focuses on all aspects of the Indian solar market including analyzing policy, technology and market trends, business model analysis and development, financing, business development and strategy. Jasmeet holds an undergraduate degree in Computer Science and Engineering as well as a professional certification in Photovoltaics from Stanford University.

© BRIDGE TO INDIA, 2014

BRIDGE TO INDIA

Why BRIDGE TO INDIA

Our consulting services cover all stakeholders in the Indian solar industry

We believe that only commercially sustainable solutions that address all challenges and risks and provide real value to the end consumer will be ultimately successful.

Consulting Services

M&A Advisory	Strategy consulting	Policy and regulations	Financial Advisory
Partner/ JV/ Acquisition search	Market entry feasibility study	Regulatory / policy support	Debt & equity funding
Valuation	India market and business strategy	Market assessment	Commercial due diligence
Networking & outreach	Create financially viable models	Business viability models	Financial planning & structuring
Facilitate in negotiation			

© BRIDGE TO INDIA, 2014

Our market tools allow us to continuously improve and provide superior insights

Our in-house MI tools

We conduct regular, extensive primary research with key stakeholders

- Government organizations
- EPC companies
- Module suppliers
- Project developers
- Financiers

Projects database

We track all relevant details and status updates for every solar projects allocated in India

Our tools are used to predict the market trends

Market projection model

We maintain a market projection model encompassing all segments of India's solar market. We run specific models for client requirements

Our tools are used to calculate project IRR & evaluate individual companies

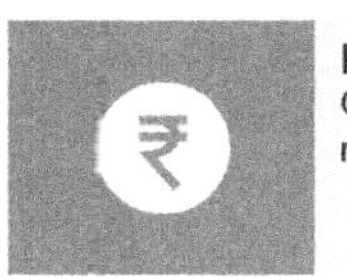

Financial models

Our in-house financial models cater to all aspects of the Indian market, including power tariffs, diesel costs, power cuts, etc.

Future price trends are mapped basis historic data

India solar price index

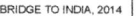

We track all data points such as equipment prices, tariffs, fuel costs, etc. that are relevant for solar

© BRIDGE TO INDIA, 2014 6

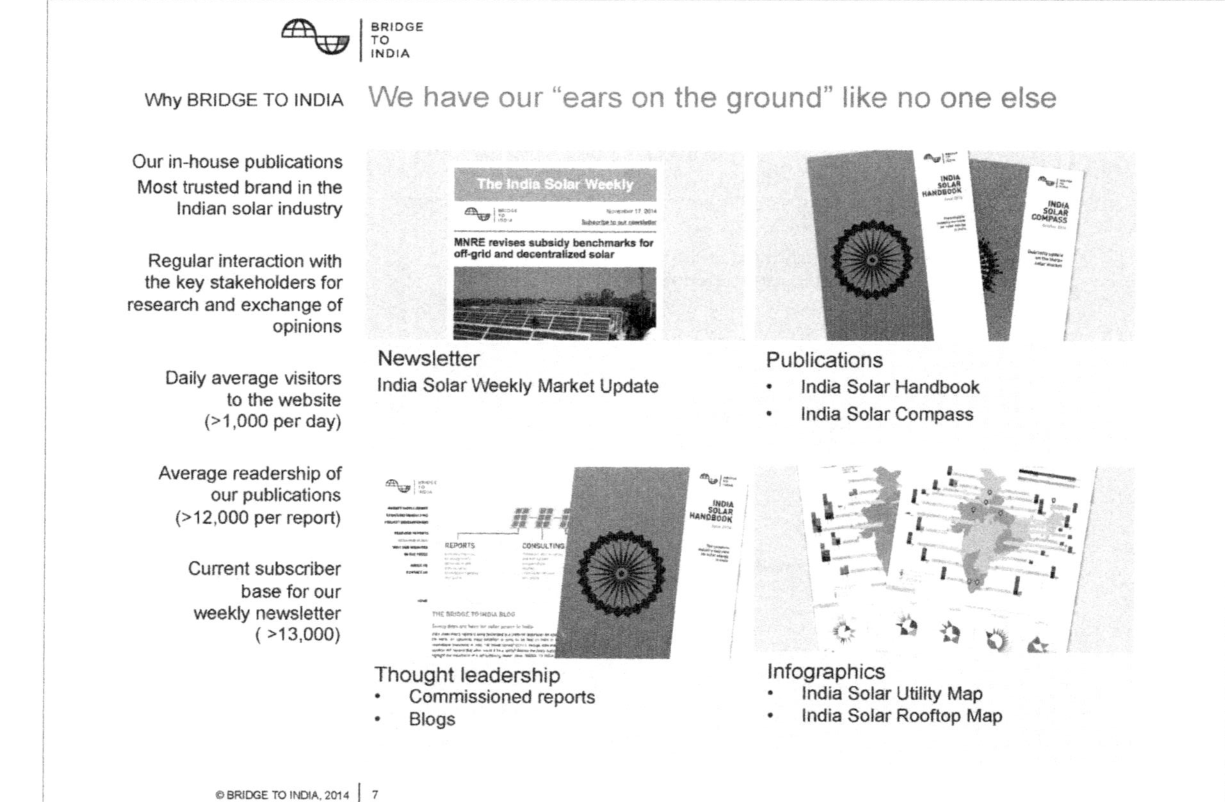
BRIDGE TO INDIA
Why BRIDGE TO INDIA
We have our "ears on the ground" like no one else
Our in-house publications
Most trusted brand in the Indian solar industry
Regular interaction with the key stakeholders for research and exchange of opinions
Daily average visitors to the website (>1,000 per day)
Average readership of our publications (>12,000 per report)
Current subscriber base for our weekly newsletter (>13,000)
The India Solar Weekly
MNRE revises subsidy benchmarks for off-grid and decentralized solar
Newsletter
India Solar Weekly Market Update
INDIA SOLAR HANDBOOK
INDIA SOLAR COMPASS
Publications
• India Solar Handbook
• India Solar Compass
REPORTS
CONSULTING
Thought leadership
• Commissioned reports
• Blogs
Infographics
• India Solar Utility Map
• India Solar Rooftop Map
© BRIDGE TO INDIA, 2014
7

BRIDGE TO INDIA

Why BRIDGE TO INDIA

We have worked with many of the leading companies in our field of work

International firms

Indian Institutions

Others

SCHÜCO

soleg ENERGY FROM THE SUN

REC

SAMSUNG

BOSCH

JETRO

SHARP

Danfoss

SIEMENS

KfW

Gehrlicher Solar

TUM Technische Universität München

Friedrich Ebert Stiftung

giz Deutsche Gesellschaft für Internationale Zusammenarbeit (GIZ) GmbH

THE CLIMATE GROUP

REN21 Renewable Energy Policy Network for the 21st Century

greentechmedia:

Government of India
Ministry of New & Renewable Energy (MNRE)

Government of MadhyaPradesh

Observer Research Foundation

APIIC The Future is Here

DIREC 2010

© BRIDGE TO INDIA, 2013

Why BRIDGE TO INDIA

We want to always exceed our client's expectations

BOSCH
Invented for life

"We have been reading every single publication from BRIDGE TO INDIA since we both started a nascent Indian market in 2010. Their opinions and analyses have been invaluable. They really help shape the market."
Mr. Venugopalan
Director, Business Development

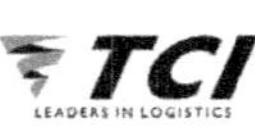

"BRIDGE TO INDIA's services helped us plan the first solar ready warehouses in India. We intend to scale this across multiple locations in India in the coming years."
Mr. Baranwal
Senior Vice President

"BRIDGE TO INDIA has given us a unique and detailed perspective on the Indian PV market. Their understanding of the commercial and political dynamics, their access to all relevant market participants and their independent and thorough analysis has been critical to our future success in India"
Mr. Pecher
Director, Business Development

© BRIDGE TO INDIA, 2014 9

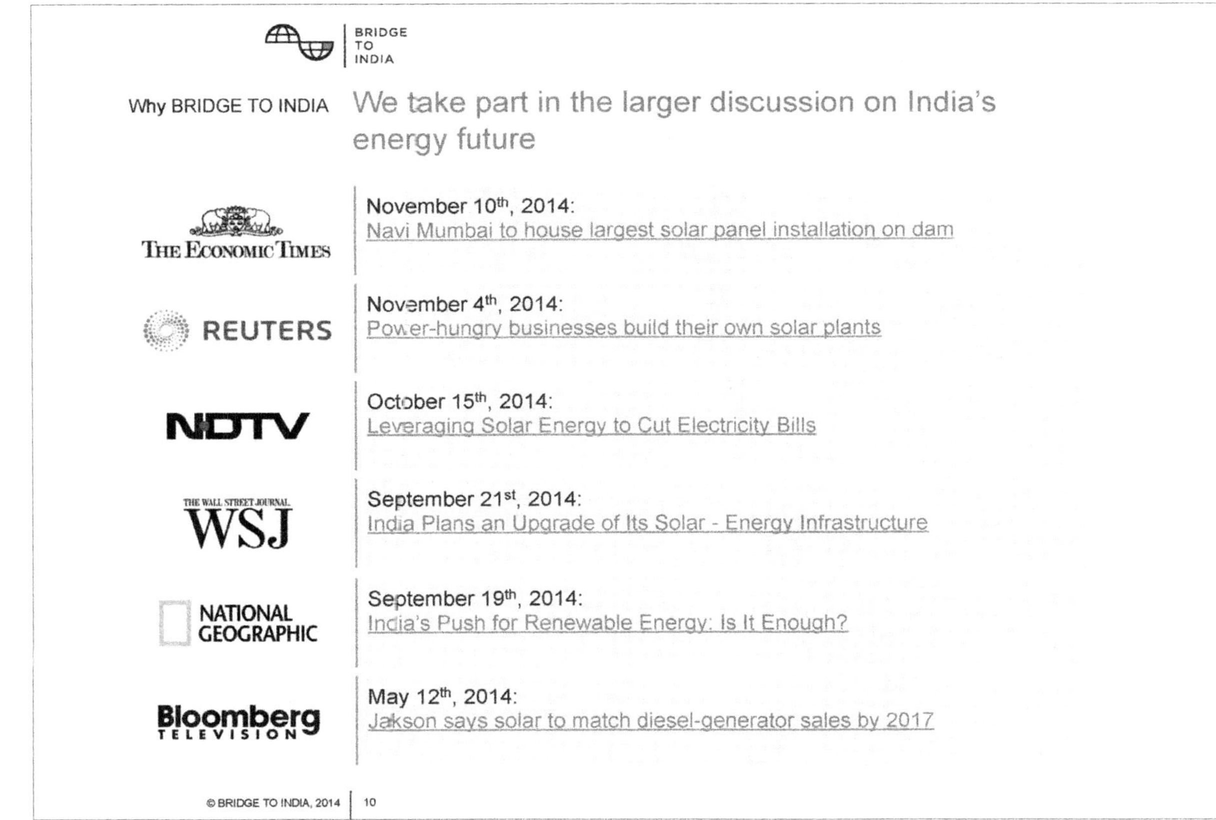
BRIDGE TO INDIA
Why BRIDGE TO INDIA
We take part in the larger discussion on India's energy future
THE ECONOMIC TIMES
November 10th, 2014:
Navi Mumbai to house largest solar panel installation on dam
REUTERS
November 4th, 2014:
Power-hungry businesses build their own solar plants
NDTV
October 15th, 2014:
Leveraging Solar Energy to Cut Electricity Bills
THE WALL STREET JOURNAL. WSJ
September 21st, 2014:
India Plans an Upgrade of Its Solar - Energy Infrastructure
NATIONAL GEOGRAPHIC
September 19th, 2014:
India's Push for Renewable Energy: Is It Enough?
Bloomberg TELEVISION
May 12th, 2014:
Jakson says solar to match diesel-generator sales by 2017
© BRIDGE TO INDIA, 2014
10

BRIDGE
TO
INDIA
Let us talk!
Contact@bridgetoindia.com
+91-11-4608-1579
www.bridgetoindia.com
www.bridgetoindia.com/blog
www.facebook.com/bridgetoindia
LinkedIn group –' India Solar Future'
www.twitter.com/bridgetoindia
© BRIDGE TO INDIA, 2011

Unternehmertum als zentrales Führungsprinzip

Hans-Georg Frey

Vorsitzender des Vorstandes
Jungheinrich AG

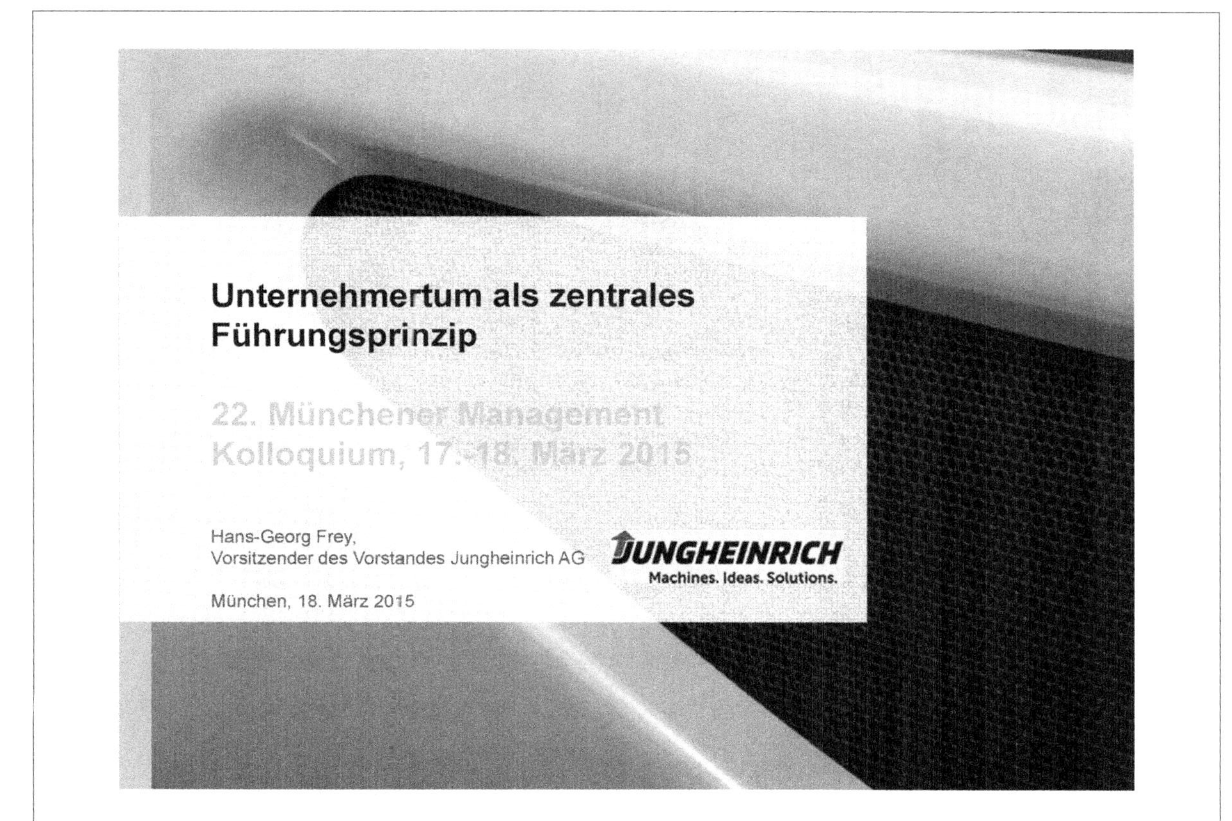
Unternehmertum als zentrales
Führungsprinzip
22. Münchener Management
Kolloquium, 17.-18. März 2015
Hans-Georg Frey,
Vorsitzender des Vorstandes Jungheinrich AG
München, 18. März 2015
JUNGHEINRICH
Machines. Ideas. Solutions.

Unternehmensporträt.
Jungheinrich: börsennotiertes Familienunternehmen,
gelistet im MDAX, gegründet 1953
solide Aktionärsstruktur mit einem langfristigen strategischen Ansatz
solide Unternehmensfinanzierung
Wir sind ein international führendes Unternehmen mit Produkten und Dienstleistungen für die Intralogistik und über 12.500 Mitarbeitern weltweit.
Umsatz 2014: 2,4-2,5 Mrd. €, EBIT 2014: 180-185 Mio. €
22
23

Wir bauen Stapler.
Elektro-Gegengewichtsstapler (EFG 540-550/S40-S50) mit bis zu 20 % geringerem Energieverbrauch als das Vorgängermodell
hydrodynamisch angetriebene Fahrzeuge in einer Diesel- (DFG 316-320 und DFG 425-435) und einer Treibgasvariante (TFG 316-320 und TFG 245-435) mit einer Tragkraft bis zu 3,5 Tonnen
Frontsitz-Dreiseitenstapler (EFX 410-413) erreicht eine 25 % höhere Umschlagleistung als das Vorgängermodell
2014: 20 neue Produkte
Auto Pallet Mover: Niederhubwagen ERE 225a mit Automatisierungslösung
JUNGHEINRICH
Machines. Ideas. Solutions.
3

Wir bieten ganzheitliche Logistiksysteme.

Planung und Projektierung

- Flurförderzeuge
- Regale und Lagereinrichtungen
- Fördertechnik
- Regalbediengeräte

Warehouse-Management-Systeme:

- Lagerverwaltung
- Lagersteuerung
- Datenfunk, Terminals, Scanner

Systemintegration

Wartung und Service

Jungheinrich – Partner für logistische Gesamtlösungen

4

JUNGHEINRICH
Machines. Ideas. Solutions.

Jungheinrich-Geschäftsmodell: zunehmend komplex.

Betreuung des Kunden aus einer Hand über den gesamten Lebenszyklus eines Fahrzeuges

Neugeschäft
besonders stark
bei Großkunden

Neugeschäft

Logistiksysteme

Systemgeschäft
als Kundeninvestition mit
Langfristcharakter

Versandhandel

Gebrauchtgeräte

Kunde

Kundendienst
Full Service, Wartung,
Ersatzteilversorgung

Finanzdienst-
leistungen

Miete

30 % des
Gesamtumsatzes:

Service als
„Backbone"
in der Krise

40 % der FFZ mit
Full Service, Nachschub für GG

5

JUNGHEINRICH
Machines. Ideas. Solutions.

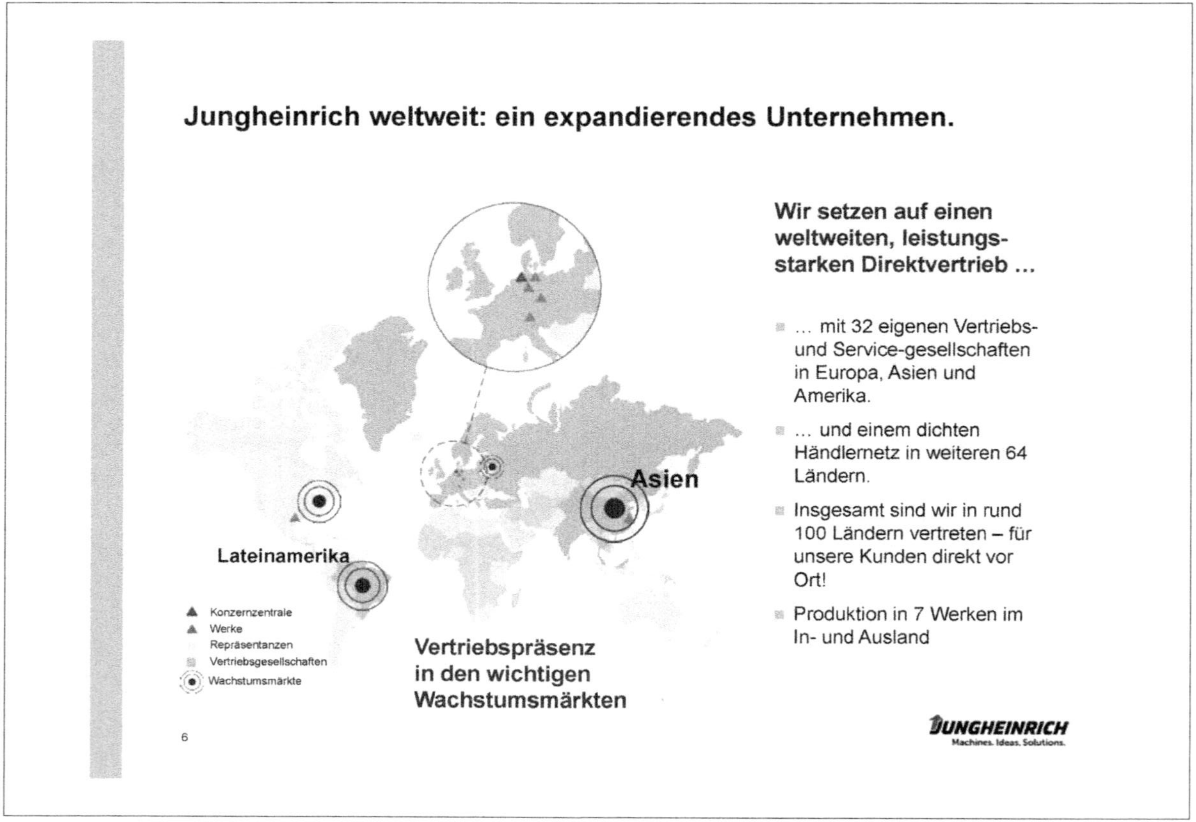

Jungheinrich weltweit: ein expandierendes Unternehmen.

Lateinamerika

Asien

Vertriebspräsenz in den wichtigen Wachstumsmärkten

- Konzernzentrale
- Werke
- Repräsentanzen
- Vertriebsgesellschaften
- Wachstumsmärkte

Wir setzen auf einen weltweiten, leistungsstarken Direktvertrieb …

- … mit 32 eigenen Vertriebs- und Service-gesellschaften in Europa, Asien und Amerika.
- … und einem dichten Händlernetz in weiteren 64 Ländern.
- Insgesamt sind wir in rund 100 Ländern vertreten – für unsere Kunden direkt vor Ort!
- Produktion in 7 Werken im In- und Ausland

6

JUNGHEINRICH
Machines. Ideas. Solutions.

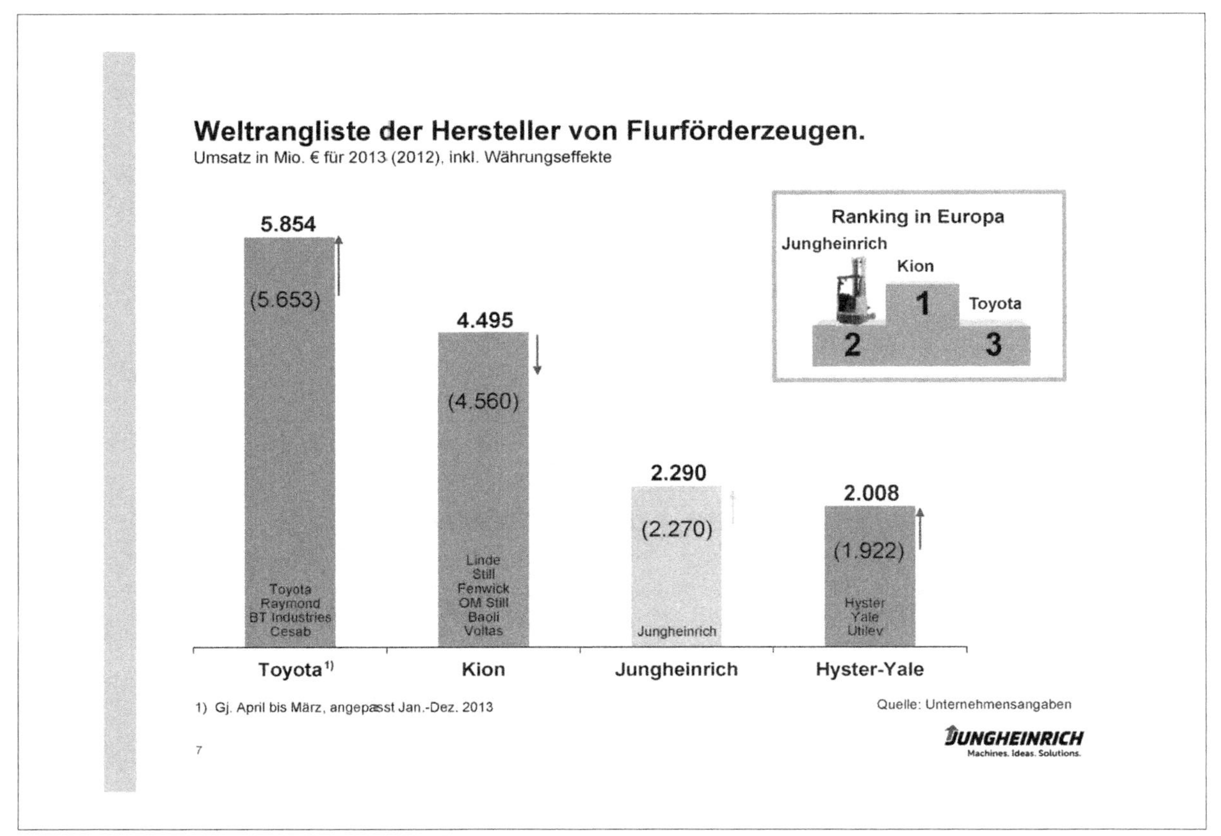

Weltrangliste der Hersteller von Flurförderzeugen.
Umsatz in Mio. € für 2013 (2012), inkl. Währungseffekte
5.854
(5.653)
Toyota
Raymond
BT Industries
Cesab
4.495
(4.560)
Linde
Still
Fenwick
OM Still
Baoli
Voltas
2.290
(2.270)
Jungheinrich
2.008
(1.922)
Hyster
Yale
Utilev
Toyota[1)]
Kion
Jungheinrich
Hyster-Yale
Ranking in Europa
Jungheinrich
Kion
Toyota
1
2
3
1) Gj. April bis März, angepasst Jan.-Dez. 2013
Quelle: Unternehmensangaben
7
JUNGHEINRICH
Machines. Ideas. Solutions.

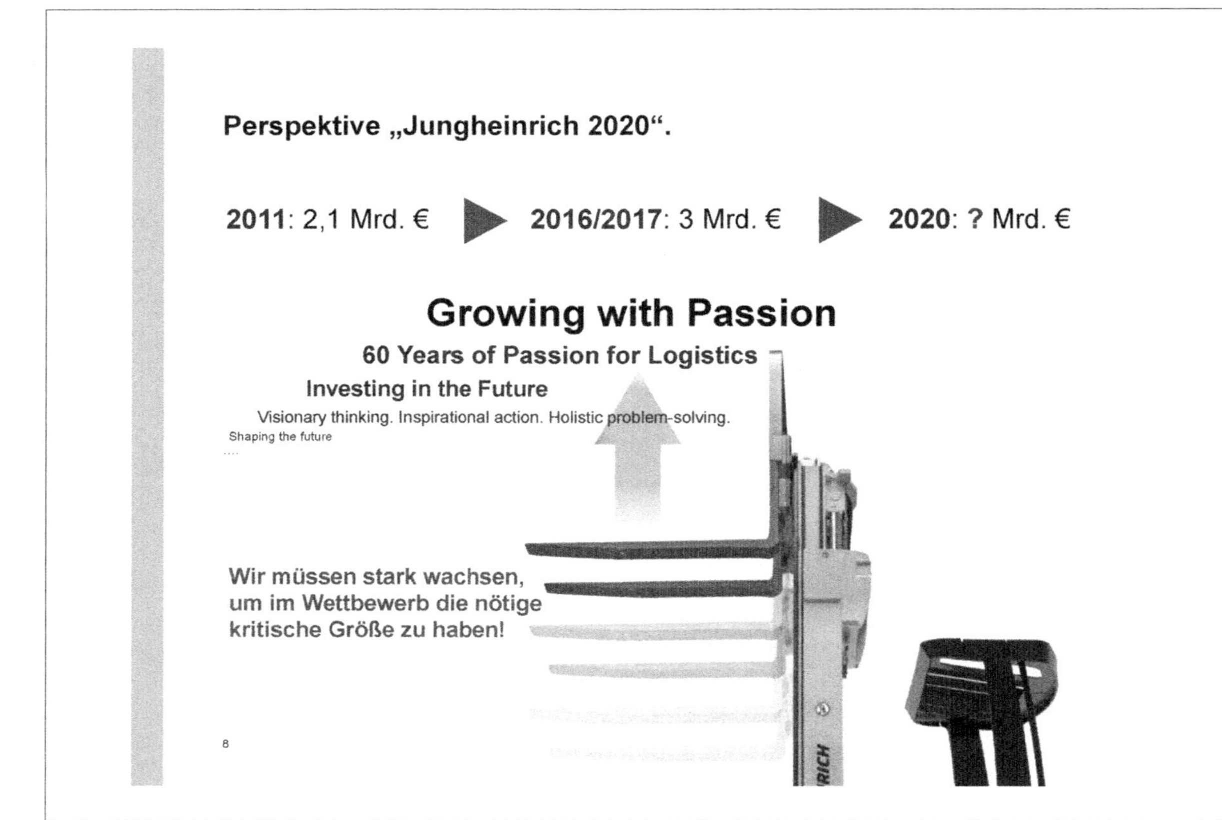
Perspektive „Jungheinrich 2020“.
2011: 2,1 Mrd. €
2016/2017: 3 Mrd. €
2020: ? Mrd. €
Growing with Passion
60 Years of Passion for Logistics
Investing in the Future
Visionary thinking. Inspirational action. Holistic problem-solving.
Shaping the future
Wir müssen stark wachsen,
um im Wettbewerb die nötige
kritische Größe zu haben!
8

Entwicklung JH-Konzern: eine stark wachsende Organisation.

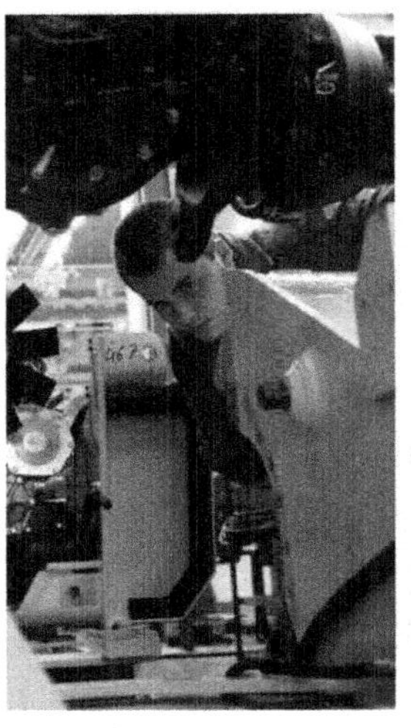

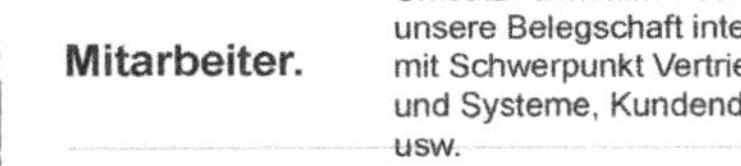
Mitarbeiter.
Umsatzwachstum erreichen wir nur, wenn wir unsere Belegschaft international stark ausbauen mit Schwerpunkt Vertrieb: Verkäufer für Stapler und Systeme, Kundendiensttechniker, Werker, usw.

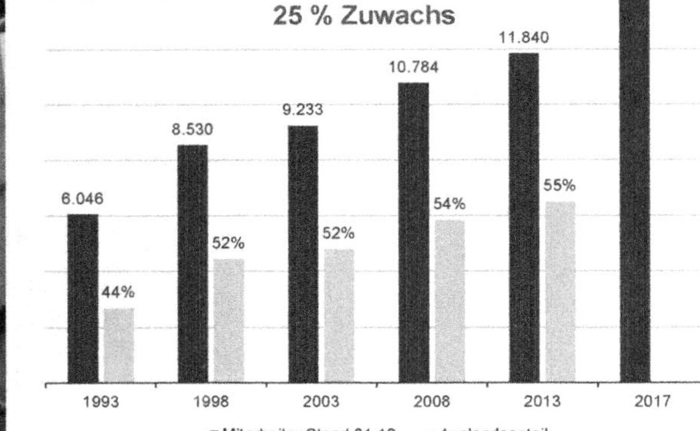
Δ 2013 zu 2017: > 3.000 Mitarbeiter
25 % Zuwachs
6.046
44%
8.530
52%
9.233
52%
10.784
54%
11.840
55%
15.000
1993
1998
2003
2008
2013
2017
Mitarbeiter Stand 31.12.
Auslandsanteil
9
JUNGHEINRICH
Machines. Ideas. Solutions.

Junge JH-Organisationen: initiativ, innovativ und international.

Jungheinrich China: Mitarbeiter am Standort Shanghai (Vertrieb China derzeit: ca. 350 MA)
10
JUNGHEINRICH
Machines. Ideas. Solutions.

Herausforderungen durch Wachstum und Personalaufbau.

Wir brauchen eine Kultur, die starkes Wachstum beflügelt…

Wesentliche Werte/Leitsätze

- Familienunternehmen
- Langfristige Konzernstrategie
- Unternehmerische Orientierung
- Leistungs- und Resultatorientierung
- Verantwortung und Vertrauen
- Leidenschaft, Integrität und Achtung
- Vielfalt und Respekt
- Innovation
- Vorbild sein!

…und gleichzeitig die Mitarbeiter mitnimmt und motiviert!

11

JUNGHEINRICH
Machines. Ideas. Solutions.

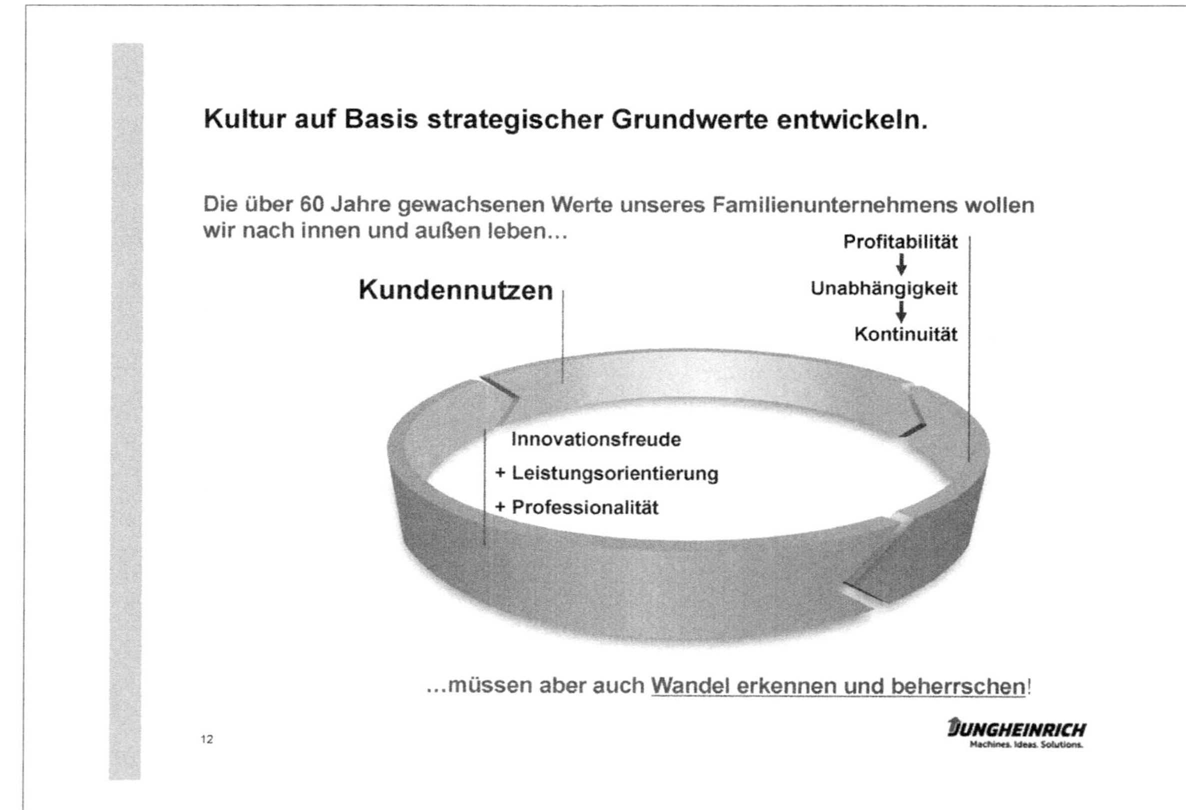
Kultur auf Basis strategischer Grundwerte entwickeln.
Die über 60 Jahre gewachsenen Werte unseres Familienunternehmens wollen wir nach innen und außen leben…
Kundennutzen
Profitabilität
Unabhängigkeit
Kontinuität
Innovationsfreude
+ Leistungsorientierung
+ Professionalität
…müssen aber auch Wandel erkennen und beherrschen!
12
JUNGHEINRICH
Machines. Ideas. Solutions.

Wer sich nicht ändert, ist weg vom Fenster.

„Unternehmen scheitern vor allem, weil sie (also ihre Führung) sich zu lange auf ihren Lorbeeren ausgeruht haben, zu selbstbewusst und arrogant sind, weil ihnen der Mut und manchmal auch die Kreativität fehlt, sich schnell und grundlegend zu verändern, sie nicht aus überkommenen Denkmustern ausbrechen können. Mit anderen Worten, weil sie Wandel nicht erkennen und beherrschen […] Sortiert nach drei Hauptgründen scheitern Unternehmen vor allem:

- an der Persönlichkeit ihrer Führungskräfte selbst: „Alphatiere, die sich für unfehlbar halten“; „Egoismus, Hochnäsigkeit, Hybris“; „fehlende Selbstreflexion“;
- an einer Ja-Sager-Kultur im Unternehmen: „Vorstands- und AR-Sitzungen als Kuschelecken“; „keine Konfliktfähigkeit auf Topebene“;
- an mangelnder Teamorientierung: „keine Fähigkeit, Menschen zu gewinnen“; „kein Vorleben von Werten“; „übergroße persönliche Ambitionen“.“

Zitat: Prof. Dr. Burkard Schwenker, CEO Roland Berger Strategy Consultants GmbH, Vortrag „Über gute Führung“, Der Übersee-Club e.V., Hamburg, 05.02.2014

13

JUNGHEINRICH
Machines. Ideas. Solutions.

Strategische Bausteine des Wandels: JH-Führungsleitbild.

Die Jungheinrich AG verfügt seit ca. 5 Jahren über ein konsistentes Führungsleitbild.

Aufgaben wirksamer Führung:	Grundsätze wirksamer Führung:
1. Für Ziele sorgen 2. Organisieren 3. Entscheiden 4. Kontrollieren 5. Menschen entwickeln und fördern	1. Resultatorientierung 2. Beitrag zum Ganzen 3. Konzentration auf Weniges, dafür Wesentliches 4. Stärken nutzen 5. Vertrauen 6. Positive und konstruktive Einstellung

Management nach Fredmund Malik
Führen, Leisten, Leben.

MALIK
FÜHREN
LEISTEN
LEBEN

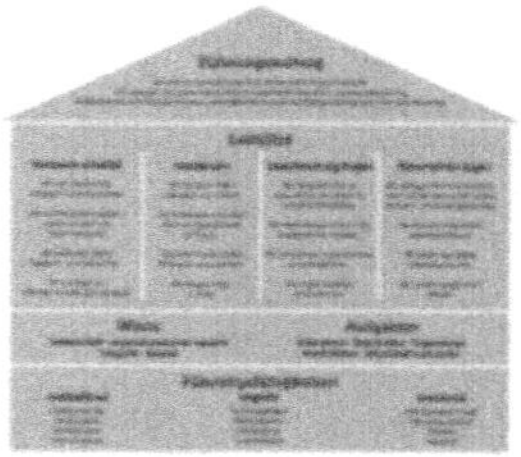

14

JUNGHEINRICH
Machines. Ideas. Solutions.

Strategische Bausteine des Wandels: JH Way of Leadership.

Leidenschaft Thinking out of the box Vertrauen
Unternehmertum
Innovation Fokus Wachstum
Resultatorientierung Fehlerkultur
Feedback Treiben Verantwortung
Mut Beitrag zum Ganzen

Ziele des Kulturwandels:

- mehr „Unternehmer“ im Unternehmen
- Leistungsorientierung und Wachstums“denke“
- Vorteile des 1-Mann-Unternehmens:
  - viel Kompetenz in einem Kopf
  - schnell und flexibel
  - Reduktion von Komplexität, mehr Interdisziplinarität
  - mehr Selbstreflexion, weniger Überheblichkeit
- dezentral wo möglich, zentral wo nötig
- weniger Köpfe, mehr gut Bezahlte

15

JUNGHEINRICH
Machines. Ideas. Solutions.

Strategische Bausteine des Wandels: JH HR-Strategie.

JUNGHEINRICH: INTERNATIONALE HR-STRATEGIE

– Mitarbeiter finden –

Optimierung Recruiting
(z.B. Personalmarketing, Recruiting-Kanäle)

– Mitarbeiter halten –

Weiterentwicklung Talentmanagement & Nachfolgeplanung
(z.B. Leadership-Trainings, JIG, Entsendepolitik)

– Kultur weiterentwickeln –

Führungskultur

Unternehmertum

– Mitarbeiter qualifizieren –

Ausbau Training/ Mitarbeiterentwicklung
(z.B. JH-Akademie)

– Leistung sicherstellen –

Verankerung Führungsleitbild
(z.B. Leistungsorientierung, Verantwortung)

– Strukturen schaffen –

HR-Organisation und -Strukturen weltweit

16

JUNGHEINRICH
Machines. Ideas. Solutions.

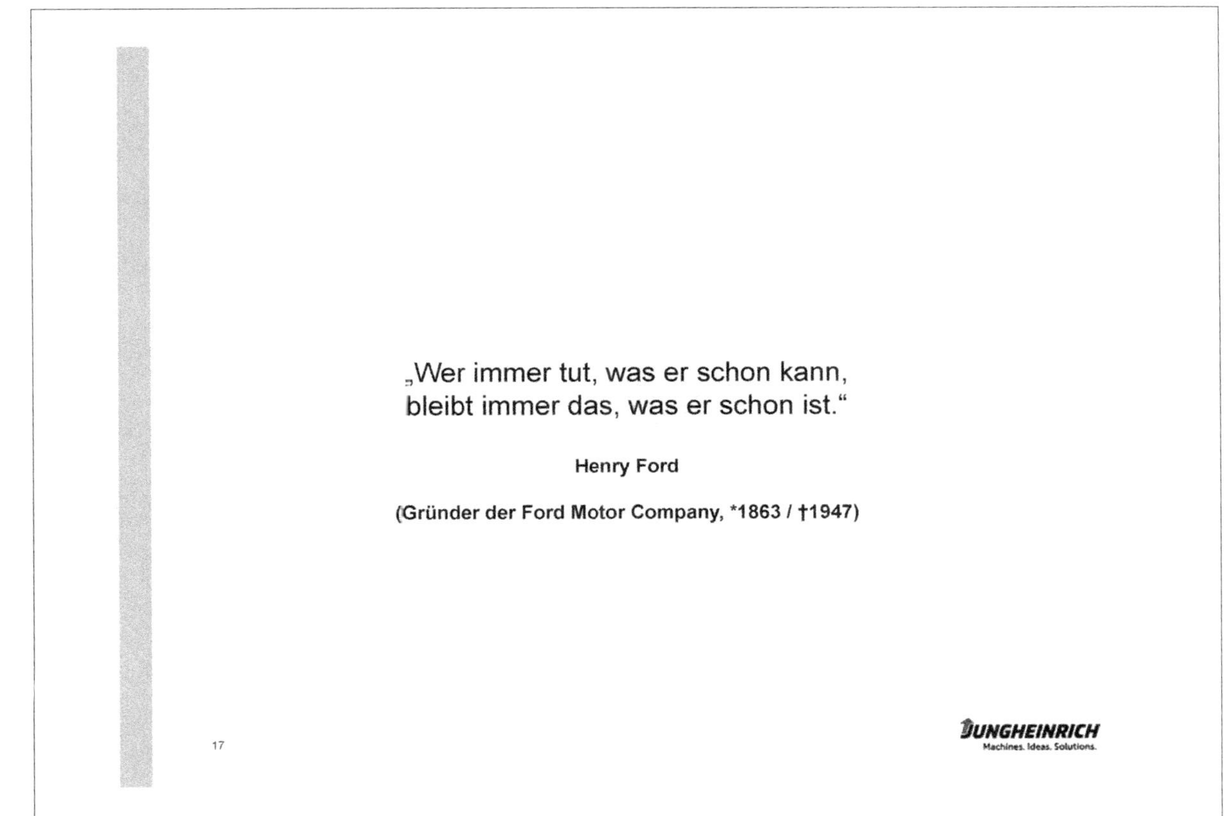
„Wer immer tut, was er schon kann,
bleibt immer das, was er schon ist.“
Henry Ford
(Gründer der Ford Motor Company, *1863 / †1947)
17
JUNGHEINRICH
Machines. Ideas. Solutions.

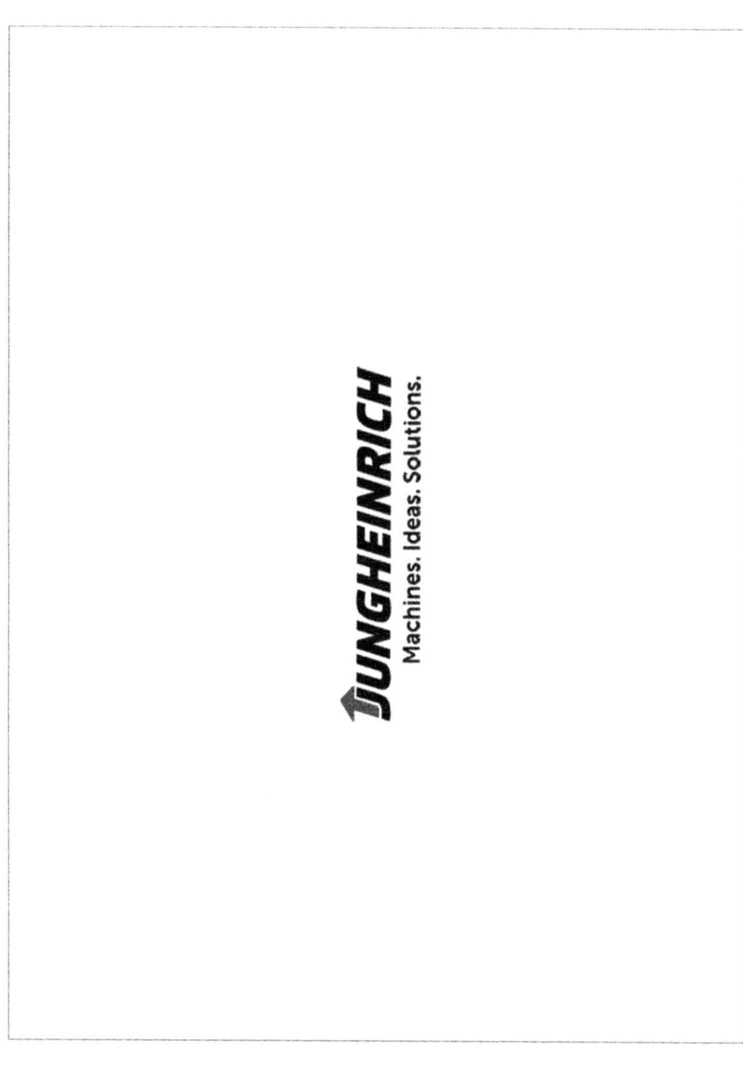
JUNGHEINRICH
Machines. Ideas. Solutions.

Management by Zeppelin – kulturbasierte Führung

Peter Gerstmann

Vorsitzender der Geschäftsführung
ZEPPELIN GmbH

Management by Zeppelin - kulturbasierte Führung

Peter Gerstmann

Vorsitzender der Geschäftsführung ZEPPELIN GmbH

ZEPPELIN KONZERN

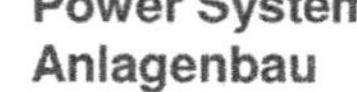

ZEPPELIN
WE CREATE SOLUTIONS

Gesellschafter:	Zeppelin Stiftung / Luftschiffbau Zeppelin GmbH
Umsatz 2013:	2,4 Mrd. €
Mitarbeiter:	7.700
Standorte:	190
Strategische Geschäftseinheiten:	Baumaschinen EU Bau- und Landmaschinen CIS Rental Power Systems Anlagenbau

STRATEGISCHE GESCHÄFTSEINHEITEN
ZEPPELIN
WE CREATE SOLUTIONS
CAT
CAT
THE Rental STORE
ZEPPELIN
BAUMASCHINEN EU
Exklusiver Vertriebs- & Servicepartner von Baumaschinen innerhalb der EU
Kompaktgeräte
Baumaschinen
Großgeräte
Gebrauchtmaschinen
Service
Hydraulikservice
Straßenbau
Stapler
BAU- UND LANDMASCHINEN CIS
Exklusiver Vertriebs- & Servicepartner von Bau- & Landmaschinen außerhalb der EU
Minen, Steinbrüche (Großgeräte)
Öl & Gas
Straßenbau
Bauwirtschaft
Landwirtschaft
Forstwirtschaft
POWER SYSTEMS
Systemanbieter für Antrieb & Energie
Industrie
Energie
Lokomotiven
Marine
Öl & Gas
RENTAL
Vermietung in allen Services
Baumaschinen
Baustellenausrüstung
Stapler
Fahrzeuge
Container
Baustellen- & Verkehrssicherheit
ANLAGENBAU
Engineeringlösungen & Anlagenbau
Kunststoffherstellung
Verarbeitung Kunststoffe & chem. Grundstoffe
Lebensmittelindustrie
Gummi- & Reifenindustrie
Mineralienaufbereitung

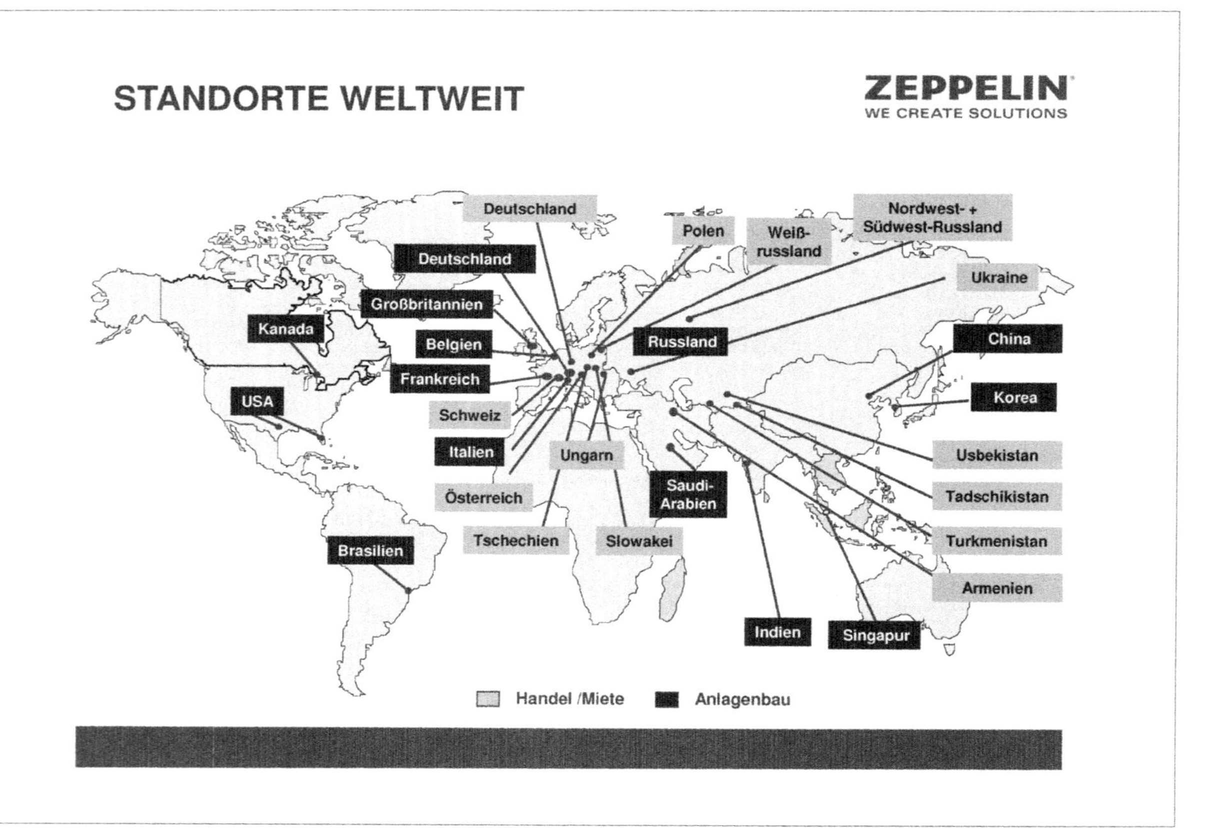
STANDORTE WELTWEIT
ZEPPELIN
WE CREATE SOLUTIONS
Deutschland
Deutschland
Großbritannien
Belgien
Frankreich
Schweiz
Italien
Österreich
Tschechien
Ungarn
Slowakei
Polen
Weiß-
russland
Nordwest- +
Südwest-Russland
Ukraine
Russland
Saudi-
Arabien
China
Korea
Usbekistan
Tadschikistan
Turkmenistan
Armenien
Indien
Singapur
Kanada
USA
Brasilien
Handel /Miete
Anlagenbau

ZEPPELIN
WE CREATE SOLUTIONS

"CULTURE EATS STRATEGY FOR BREAKFAST"

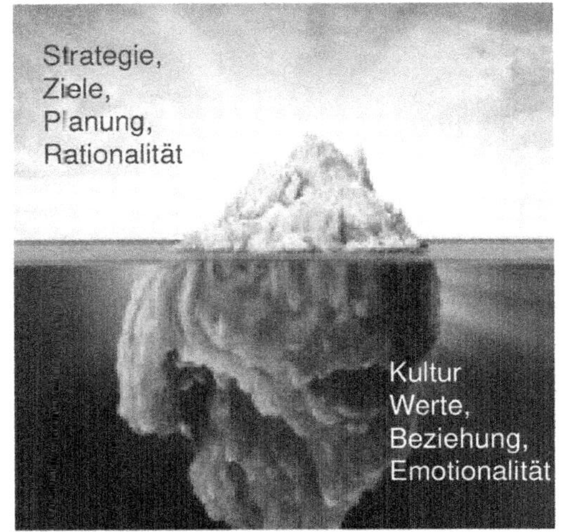

WERTEVERSTÄNDNIS - GRAF ZEPPELIN

Grafen überwinden Grenzen

Grafen ziehen den Hut

Grafen treffen ins Herz

Grafen ecken an

Grafen halten Kurs

Grafen hinterlassen Spuren

Grafen überwinden Grenzen

Grafen kriegen Unterstützung

Grafen scheitern erfolgreich

Grafen holen ins Boot

Grafen ziehen Grafen an

Grafen hinterlassen Spuren

Grafen halten Kurs

ZEPPELIN
WE CREATE SOLUTIONS

Grafen treffen ins Herz

„Man muss nur wollen und daran glauben, dann wird es gelingen."

Ferdinand Graf von Zeppelin
(1838 - 1917)

ZEPPELIN
WE CREATE SOLUTIONS

Grafen scheitern erfolgreich.

„Das aus einer Volksspende entstandene Werk Zeppelins durfte auf dem Gebiete sozialer Fürsorge nicht zurückstehen."

Alfred Colsman, Zeppelin Geschäftsführer

5. August 1908 - Unglück von Echterdingen

ZEPPELIN-STIFTUNG

Unsere Stiftung – Ganz nah am Menschen

ZEPPELIN
WE CREATE SOLUTIONS
Grafen kriegen Unterstützung
Claude Dornier
(1884-1969)

Karl Maybach
(1879-1960)

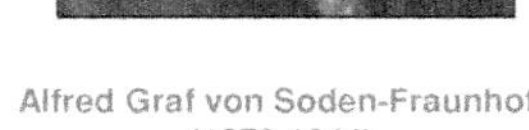
Alfred Graf von Soden-Fraunhofen
(1876-1944)

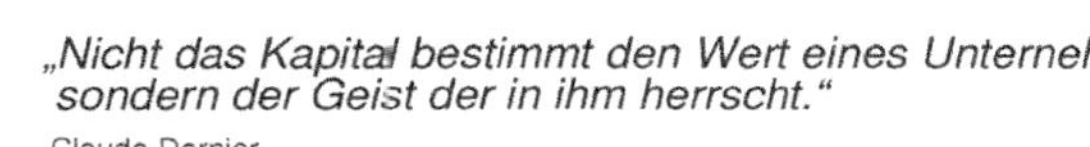
„Nicht das Kapital bestimmt den Wert eines Unternehmens,
sondern der Geist der in ihm herrscht."
Claude Dornier

ZEPPELIN®
WE CREATE SOLUTIONS

Grafen ziehen den Hut

"Ich möchte noch einmal unterstreichen, dass es mir bei der ganzen Luftschiffahrt eben nicht nur um ein neues Transportmittel für Güter und Menschen ging, sondern um viel mehr: Um einen besseren Kontakt der Völker mit den Mitteln der Technik, mit der nun der Luftraum beherrscht wird."

Hugo Eckener

Grafen holen ins Boot.

ZEPPELIN
WE CREATE SOLUTIONS

"..... Wir müssen miteinander klarkommen, aber wir müssen es lernen. Das geht nur, indem wir uns selbst respektieren und versuchen, uns mit den anderen Mitmenschen als gleichwertig anzusehen."

Michael, 16 Jahre, Hugo Eckener Schule Friedrichshafen

ZEPPELIN
WE CREATE SOLUTIONS

Grafen überwinden Grenzen.

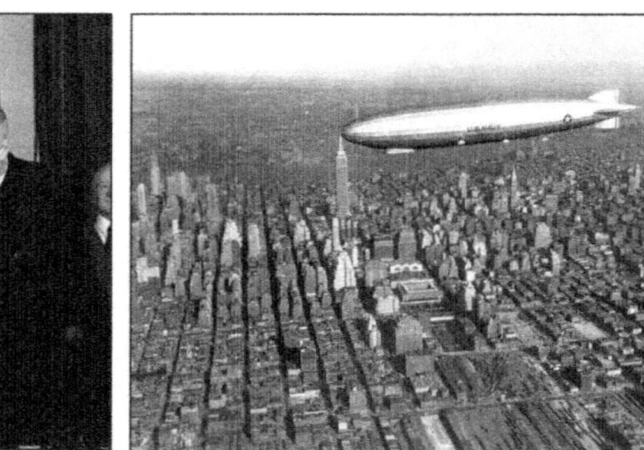

„Erst wenn Entschlusskraft und Wille fehlen, ist man verloren!"

Hugo Eckener nach der Überführung des LZ 126 nach Lakehurst 1924

Grafen ecken an.

ZEPPELIN
WE CREATE SOLUTIONS

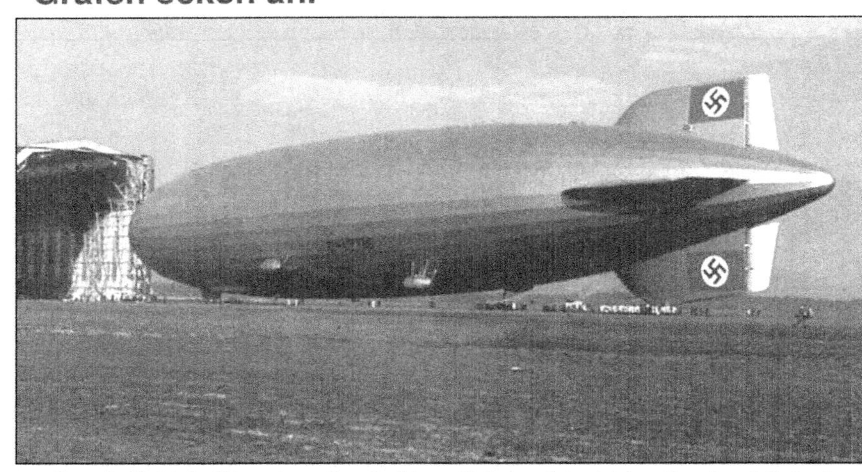

„Der als Betriebsführer beauftragte Hugo Eckener ist nicht nationalsozialistisch eingestellt und erfüllt deren Forderungen nur widerwillig oder nur soweit, als er sich tatsächlich gezwungen sieht."

Bericht der Gauleitung im September 1941

ZEPPELIN®
WE CREATE SOLUTIONS

Grafen halten Kurs.

„Nicht zu schaffen! Cat-Stahl verbiegt und bricht tatsächlich nicht!“

Caterpillar Werbung 1956

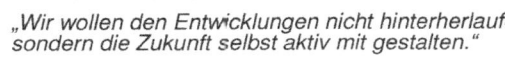

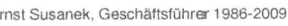

ZEPPELIN
WE CREATE SOLUTIONS

Grafen hinterlassen Spuren.

„Wir wollen den Entwicklungen nicht hinterherlaufen, sondern die Zukunft selbst aktiv mit gestalten."

Ernst Susanek, Geschäftsführer 1986-2009

GPS STRATEGIE IM ZEPPELIN KONZERN

ZEPPELIN
WE CREATE SOLUTIONS

Navigation in unsere Zukunft

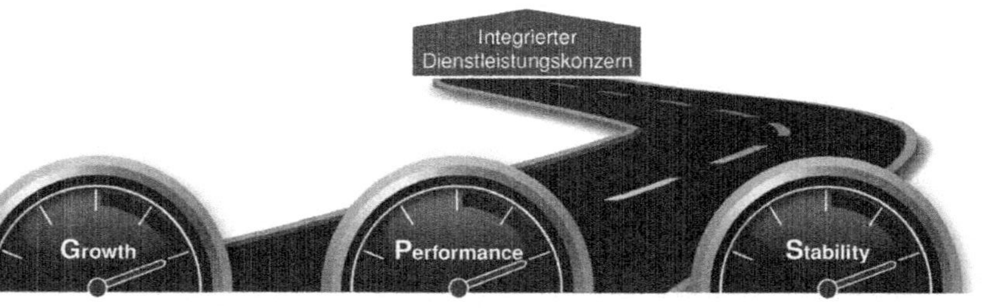

Umsatzorientierung	Ergebnisorientierung	Vermögensorientierung
▪ Marktabdeckung	▪ Mitarbeiter	▪ Cash Flow
▪ Marktführerschaft	▪ Strukturen & Prozesse	▪ Vermögensmanagement
▪ Exzellenter Service	▪ Synergien	▪ Finanzen
▪ Systemlösungen	▪ Kontrollsysteme	▪ Risikostruktur
▪ Kompetenzen		

STRATEGIE-ENTWICKLUNG

ZEPPELIN
WE CREATE SOLUTIONS

Burning Platforms

World Café

S W
O T

Nightmare Competitor

Gap Analysis

MWB

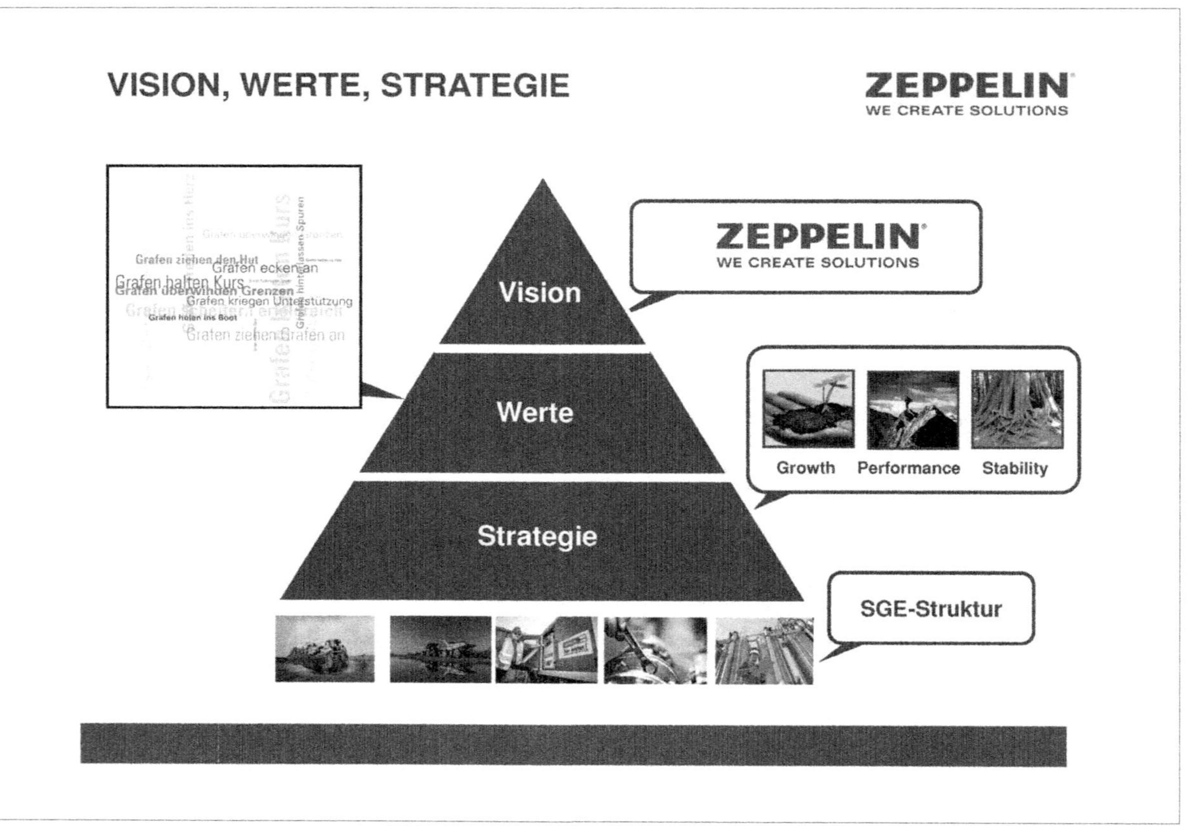
VISION, WERTE, STRATEGIE
ZEPPELIN
WE CREATE SOLUTIONS
Grafen ziehen den Hut
Grafen ecken an
Grafen halten Kurs
Grafen überwinden Grenzen
Grafen kriegen Unterstützung
Grafen holen ins Boot
Grafen hinterlassen Spuren
Grafen ziehen Grafen an
Vision
Werte
Strategie
ZEPPELIN
WE CREATE SOLUTIONS
Growth
Performance
Stability
SGE-Struktur

ZEPPELIN
WE CREATE SOLUTIONS

BayWa
BayWa
„Spannende Aufgaben und Zeit für die Familie. Das schätze ich an der BayWa."
„Ich habe bereits meine Ausbildung bei der BayWa gemacht. Danach war ich hier in den unterschiedlichsten Bereichen aktiv. Als dann meine beiden Kinder kamen, zeigte sich, dass es der BayWa mit der Familienfreundlichkeit wirklich ernst ist. Durch flexible Arbeitszeiten lassen sich Familie und Beruf für mich prima miteinander vereinbaren. Heute kann ich sagen: Die BayWa hat mich bislang in jeder Phase meiner Karriere perfekt unterstützt." Sandy Kunert, Bamberg
Die BayWa ist ein auf allen Kontinenten tätiger Handels- und Dienstleistungskonzern mit rund 17.000 Mitarbeitern und einem Umsatz von knapp 16 Milliarden Euro. Der Schwerpunkt unserer Geschäftstätigkeit liegt in den Segmenten Agrar, Energie und Bau. Der BayWa Konzern zählt zu den weltweit führenden Agrarunternehmen. Im Bereich der erneuerbaren Energien ist er europaweit einer der wichtigsten Projektentwickler in den Wachstumsmärkten Solar, Wind und Biogas. Als starker Partner vor Ort ist die BayWa ebenso in der Region verwurzelt – und das mit Tradition. Im Jahr 2013 wurde die BayWa 90 Jahre alt.

Das Geschäftsmodell der Volks- und Raiffeisenbanken im digitalen Zeitalter

Prof. Dr. h. c. Stephan Götzl

Vorstandsvorsitzender und Verbandspräsident
Genossenschaftsverband Bayern e.V.

Das Geschäftsmodell der Volksbanken und Raiffeisenbanken im digitalen Zeitalter

Prof. Dr. h. c. Stephan Götzl
Verbandspräsident GVB e. V.

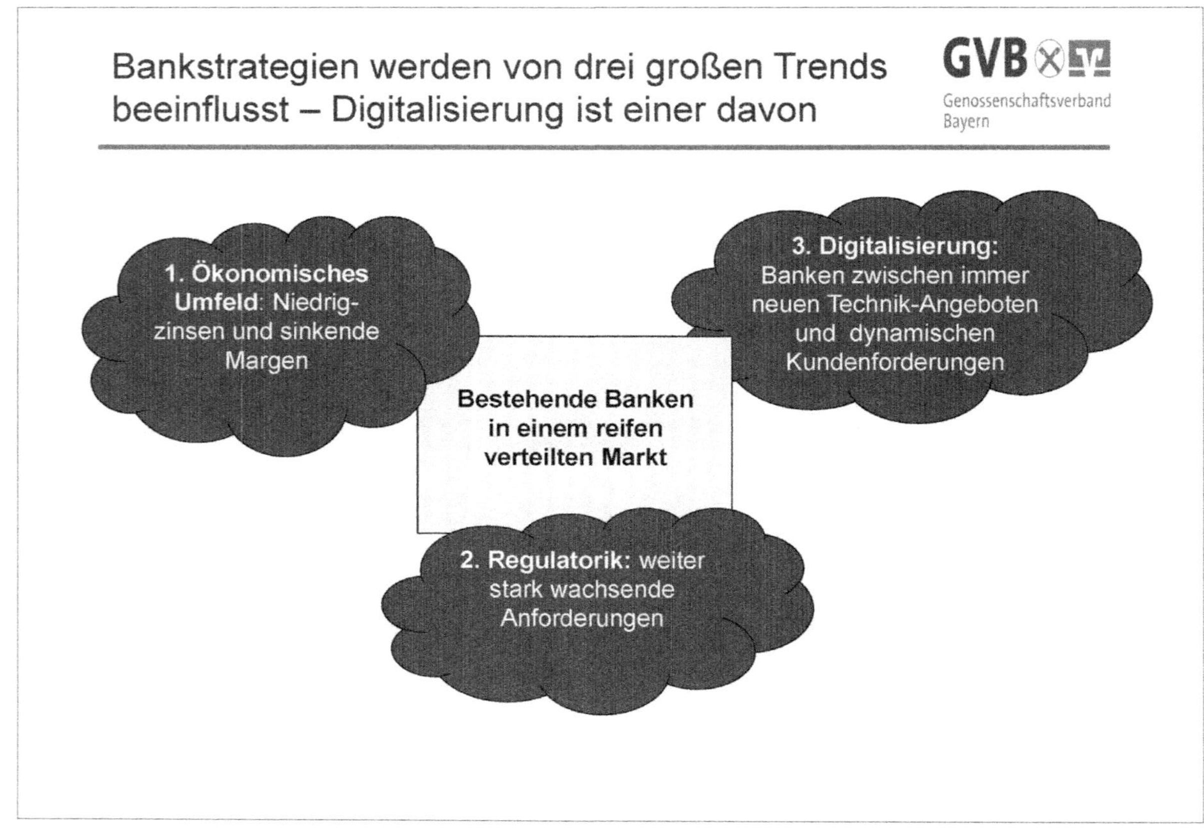
Bankstrategien werden von drei großen Trends beeinflusst – Digitalisierung ist einer davon
GVB
Genossenschaftsverband Bayern
1. Ökonomisches Umfeld: Niedrigzinsen und sinkende Margen
Bestehende Banken in einem reifen verteilten Markt
3. Digitalisierung: Banken zwischen immer neuen Technik-Angeboten und dynamischen Kundenforderungen
2. Regulatorik: weiter stark wachsende Anforderungen

Definitionen von Digitalisierung

Ursprünglich Fokus auf formaler Erklärung:
Umwandlung von Größen, Werten und Zeichen in Binärcodes zum Zwecke der elektronischen Speicherung und Verbreitung*

Seit etwa 1995 Hervorhebung technischer Lösungen:
Einsatz von Internet (Web 1.0, Web 2.0 ...), Kommunikationstechnologien und intelligenten Geräten

Heute Betonung der sozialen Komponente:
Übertragung des Menschen und seiner Lebens- sowie Arbeitswelten auf eine digitale Ebene**

* Quelle: Becker, J.: *Die Digitalisierung von Medien und Kultur*, Springer VS, Wiesbaden 2013

** Quelle. Keuper, F., Hamidian, K., Verwaayen, E., Kalinowski, T. (Hrsg.): *Digitalisierung und Innovation: Planung - Entstehung – Entwicklungsperspektiven*, Springer Gabler, Wiesbaden 2013.

3

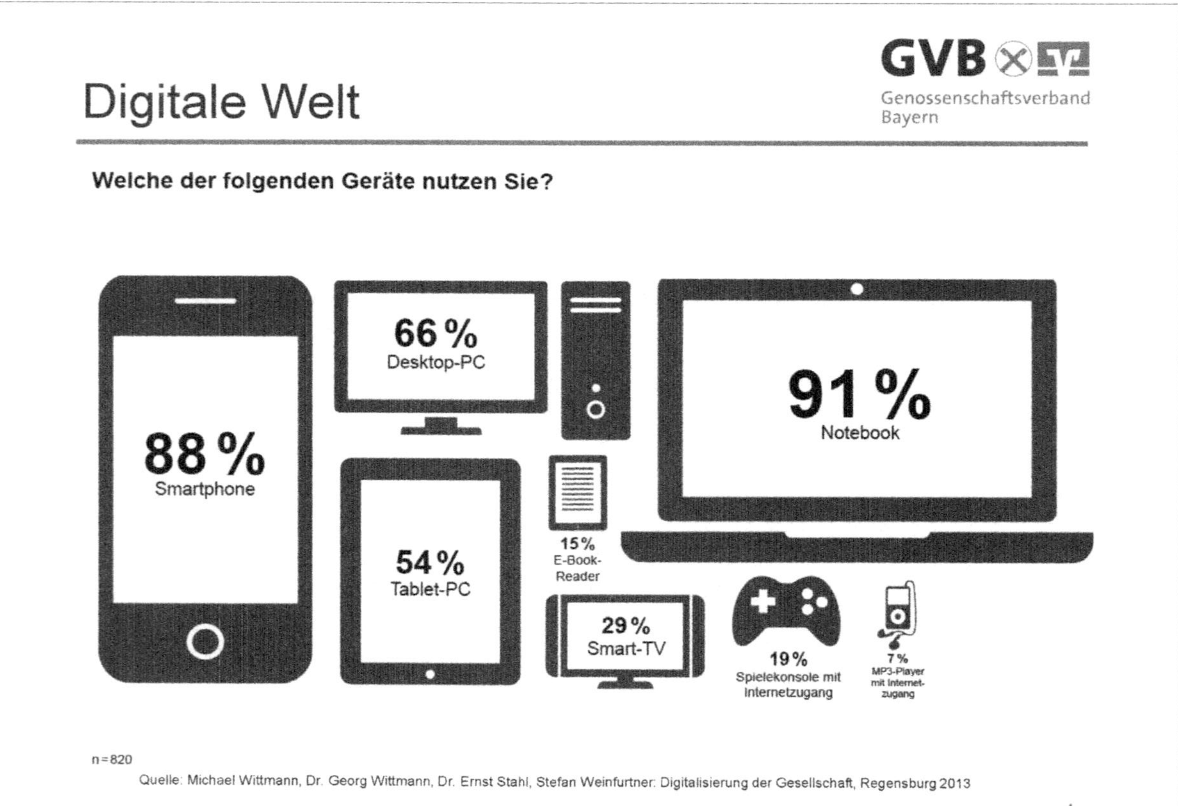
Digitale Welt
GVB
Genossenschaftsverband
Bayern
Welche der folgenden Geräte nutzen Sie?
88 %
Smartphone
66 %
Desktop-PC
54 %
Tablet-PC
15 %
E-Book-
Reader
29 %
Smart-TV
91 %
Notebook
19 %
Spielekonsole mit
Internetzugang
7 %
MP3-Player
mit Internet-
zugang
n = 820
Quelle: Michael Wittmann, Dr. Georg Wittmann, Dr. Ernst Stahl, Stefan Weinfurtner: Digitalisierung der Gesellschaft, Regensburg 2013
4

Kundenerwartung eines erlebbaren Omnikanal-Geschäftsmodells

Das Kundenmanifest

1. Ich werde als wertvoller Kunde erkannt und geschätzt
2. Einfache und klare Informationen zu Produkten und Services sind für mich leicht zu finden
3. Zu jeder Zeit kann ich Rat oder Hilfe verlässlich per Telefon, Video oder vor Ort in der Filiale erhalten
4. Ich kann ein Produkt oder einen Service über den einen Kommunikationskanal bestellen und nahtlos über einen anderen abschließen
5. Ich kann die gleichen Produkte zu den gleichen Preisen kaufen – egal wie oder wo
6. Ich kann auf alle meine Konten über jedes beliebige Gerät zugreifen
7. Die meisten meiner alltäglichen Bankgeschäfte kann ich digital erledigen
8. Abschlüsse, Zahlungen und Überweisungen kann ich unkompliziert über mein Smartphone erledigen
9. Die Interaktionen mit meiner Bank sind effizient,sicher und schnell sowie minimal im Papieraufwand
10. Ich kann einfach Feedback geben – selbst über Social Media Kanäle-, und meine Bank kümmert sich schnell um meine Anliegen

Quelle: Bain & Company, Mike Baxter und Dirk Vater: Auf dem Weg zur Retail-Bank der Zukunft, 2014

5

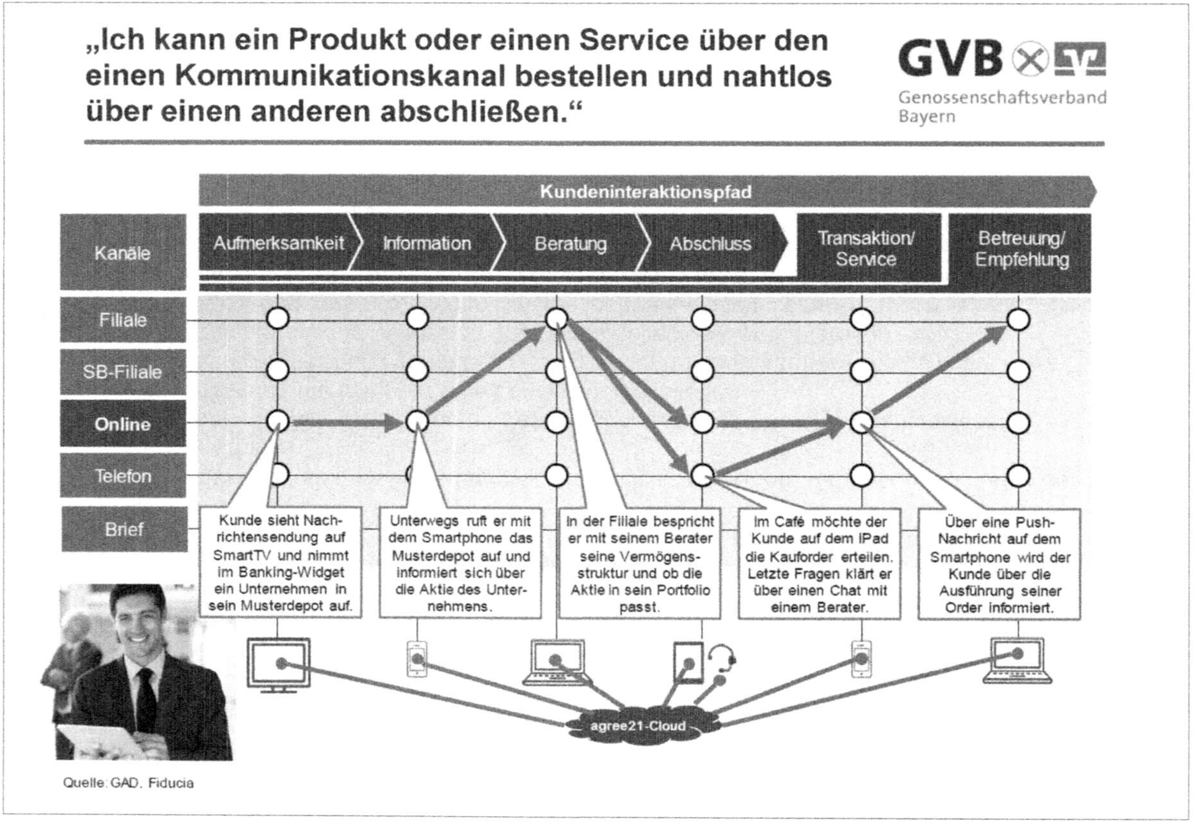

„Ich kann ein Produkt oder einen Service über den einen Kommunikationskanal bestellen und nahtlos über einen anderen abschließen.“

GVB
Genossenschaftsverband Bayern

Kundeninteraktionspfad

Kanäle | Aufmerksamkeit | Information | Beratung | Abschluss | Transaktion/ Service | Betreuung/ Empfehlung

Filiale
SB-Filiale
Online
Telefon
Brief

Kunde sieht Nachrichtensendung auf SmartTV und nimmt im Banking-Widget ein Unternehmen in sein Musterdepot auf.

Unterwegs ruft er mit dem Smartphone das Musterdepot auf und informiert sich über die Aktie des Unternehmens.

In der Filiale bespricht er mit seinem Berater seine Vermögensstruktur und ob die Aktie in sein Portfolio passt.

Im Café möchte der Kunde auf dem iPad die Kauforder erteilen. Letzte Fragen klärt er über einen Chat mit einem Berater.

Über eine Push-Nachricht auf dem Smartphone wird der Kunde über die Ausführung seiner Order informiert.

agree21-Cloud

Quelle: GAD, Fiducia

Omnikanal bedeutet Anpassung an den Kundenprozess

- Dem Kunden stehen mehrere Kanäle zur Verfügung, er entscheidet über die Kanalwahl (= notwendige Bedingung: Multikanal)
- Für den Kundenprozess kommt eine wachsende Zahl unter-schiedlicher Endgeräte zum Einsatz, mit angeglichenem „Look and Feel“
- Die beliebige Kombination von Kanälen, d.h. Sprünge und sogar gleichzeitige Nutzung (mit synchronen Daten!) ist fast jederzeit möglich.
- Der Kunde wird deutlich stärker als bisher in die Beratung einbezogen – die Beziehung zur Bank wird höchst interaktiv.

7

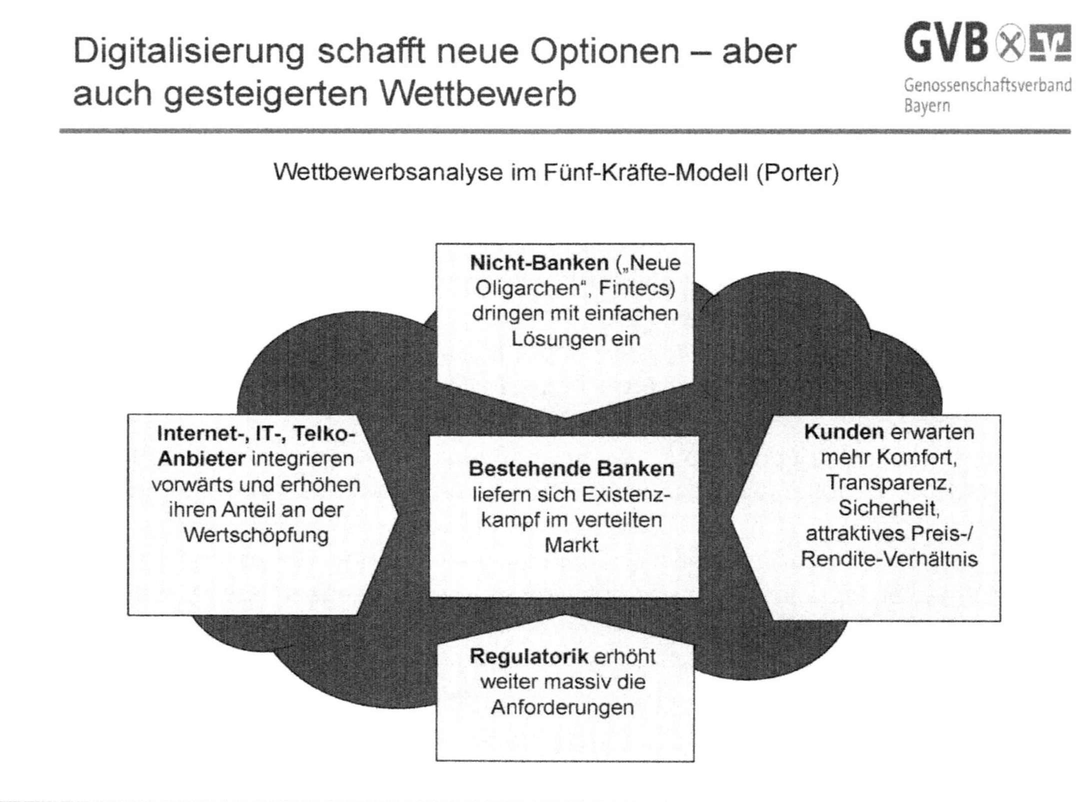
Digitalisierung schafft neue Optionen – aber auch gesteigerten Wettbewerb
GVB
Genossenschaftsverband Bayern
Wettbewerbsanalyse im Fünf-Kräfte-Modell (Porter)
Nicht-Banken („Neue Oligarchen", Fintecs) dringen mit einfachen Lösungen ein
Internet-, IT-, Telko-Anbieter integrieren vorwärts und erhöhen ihren Anteil an der Wertschöpfung
Bestehende Banken liefern sich Existenzkampf im verteilten Markt
Kunden erwarten mehr Komfort, Transparenz, Sicherheit, attraktives Preis-/Rendite-Verhältnis
Regulatorik erhöht weiter massiv die Anforderungen

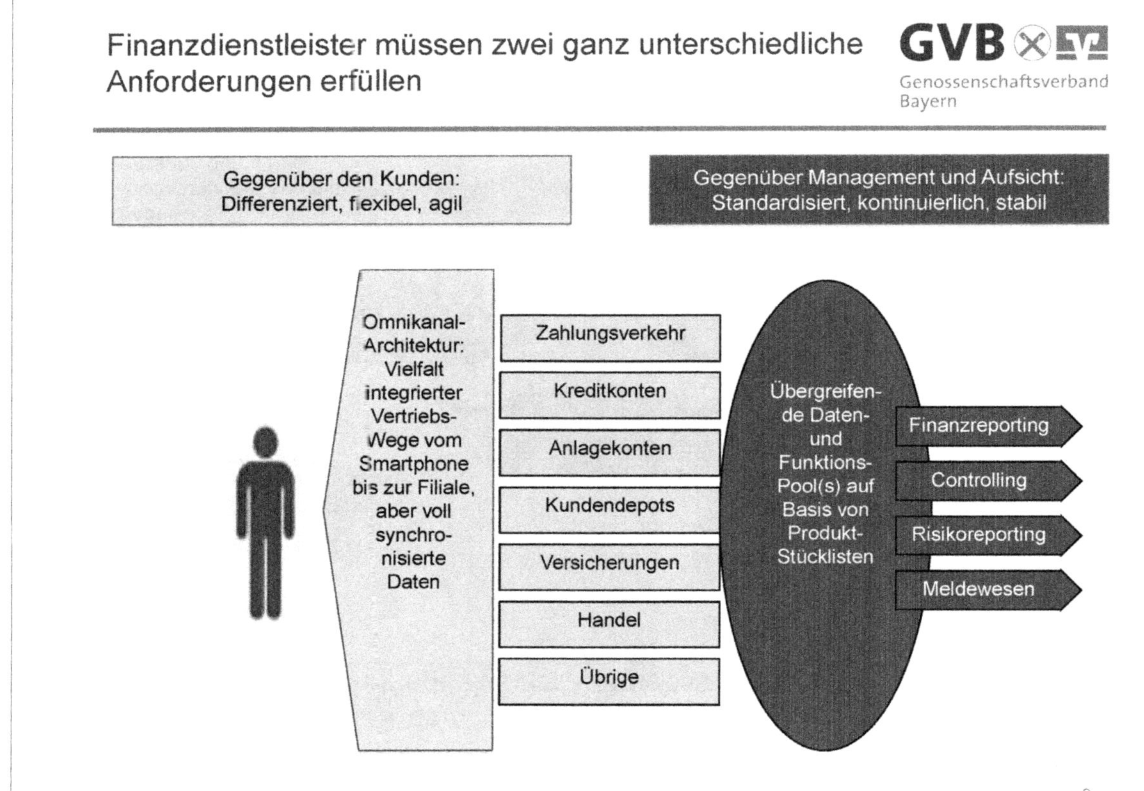

Finanzdienstleister müssen zwei ganz unterschiedliche Anforderungen erfüllen
GVB
Genossenschaftsverband Bayern
Gegenüber den Kunden: Differenziert, flexibel, agil
Gegenüber Management und Aufsicht: Standardisiert, kontinuierlich, stabil
Omnikanal-Architektur: Vielfalt integrierter Vertriebs-Wege vom Smartphone bis zur Filiale, aber voll synchro-nisierte Daten
Zahlungsverkehr
Kreditkonten
Anlagekonten
Kundendepots
Versicherungen
Handel
Übrige
Übergreifen-de Daten- und Funktions-Pool(s) auf Basis von Produkt-Stücklisten
Finanzreporting
Controlling
Risikoreporting
Meldewesen
9

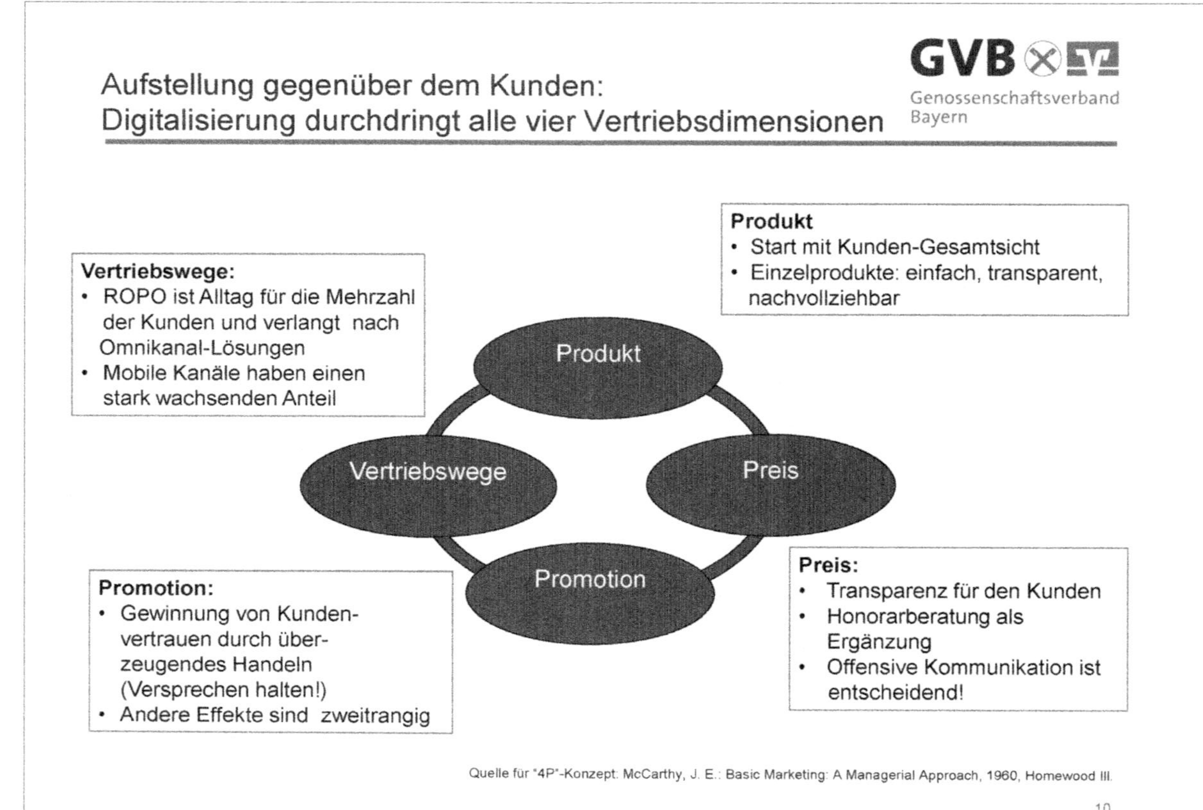
Aufstellung gegenüber dem Kunden:
Digitalisierung durchdringt alle vier Vertriebsdimensionen
GVB
Genossenschaftsverband
Bayern
Vertriebswege:
• ROPO ist Alltag für die Mehrzahl der Kunden und verlangt nach Omnikanal-Lösungen
• Mobile Kanäle haben einen stark wachsenden Anteil
Produkt
• Start mit Kunden-Gesamtsicht
• Einzelprodukte: einfach, transparent, nachvollziehbar
Produkt
Vertriebswege
Preis
Promotion
Promotion:
• Gewinnung von Kundenvertrauen durch überzeugendes Handeln (Versprechen halten!)
• Andere Effekte sind zweitrangig
Preis:
• Transparenz für den Kunden
• Honorarberatung als Ergänzung
• Offensive Kommunikation ist entscheidend!
Quelle für "4P"-Konzept: McCarthy, J. E.: Basic Marketing: A Managerial Approach, 1960, Homewood Ill.
10

Konfiguration von Bankprodukten – Automobilbranche als Benchmark?

Produkt

GVB
Genossenschaftsverband Bayern

Autos sind deutlich komplexer als die allermeisten Finanzprodukte

Trotzdem können sie sauber digital konfiguriert werden

Eine Vielzahl von Kombinationen ist nicht zulässig – aber es bleiben Millionen von Möglichkeiten!

Betrachtung am Beispiel eines BMW-Konfigurators - analoge Angebote finden sich bei Audi, Daimler, VW etc.

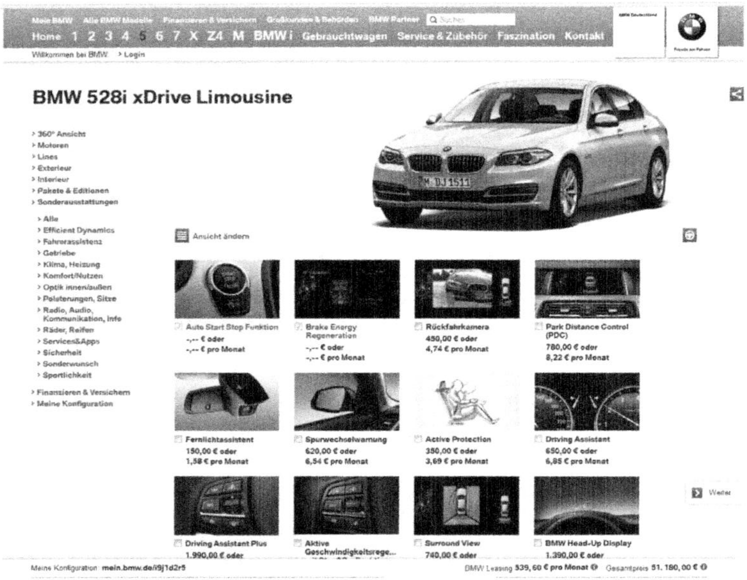

Home 1 2 3 4 5 6 7 X Z4 M BMW i Gebrauchtwagen Service & Zubehör Faszination Kontakt

Willkommen bei BMW > Login

BMW 528i xDrive Limousine

> 360° Ansicht
> Motoren
> Lines
> Exterieur
> Interieur
> Pakete & Editionen
> Sonderausstattungen
> Alle
> Efficient Dynamics
> Fahrerassistenz
> Getriebe
> Klima, Heizung
> Komfort/Nutzen
> Optik innen/außen
> Polsterungen, Sitze
> Radio, Audio, Kommunikation, Info
> Räder, Reifen
> Services&Apps
> Sicherheit
> Sonderwunsch
> Sportlichkeit
> Finanzieren & Versichern
> Meine Konfiguration

Ansicht ändern

Auto Start Stop Funktion -,-- € oder -,-- € pro Monat

Brake Energy Regeneration -,-- € oder -,-- € pro Monat

Rückfahrkamera 450,00 € oder 4,74 € pro Monat

Park Distance Control (PDC) 780,00 € oder 8,22 € pro Monat

Fernlichtassistent 150,00 € oder 1,58 € pro Monat

Spurwechselwarnung 620,00 € oder 6,54 € pro Monat

Active Protection 350,00 € oder 3,69 € pro Monat

Driving Assistant 650,00 € oder 6,85 € pro Monat

Driving Assistant Plus 1.990,00 € oder

Aktive Geschwindigkeitsrege...

Surround View 740,00 € oder

BMW Head-Up Display 1.390,00 € oder

Weiter

Meine Konfiguration mein.bmw.de/i9j1d2r5

BMW Leasing 539,60 € pro Monat Gesamtpreis 51.180,00 €

11

Omnikanalvertrieb

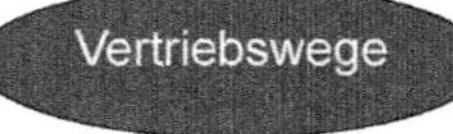

- Die vom Kunden gewünschte Kanalvielfalt verlangt einen **Multikanal-Auftritt.**
- Der Folgeschritt zum **Omnikanal** ist zwingend, da die Mehrzahl der Kunden ein Springen mit synchronen Daten auch innerhalb eines Vertriebsprozesses wünscht. Andere Branchen zeigen, wie es geht (Beispiele DHL, IKEA, Conrad).
- Dabei verstärken sich Anteil und Bedeutung der **Online-Kanäle – stationär, besonders aber mobil.** Sogar für weit reichende Anlageentscheidungen werden Selbstberatungs-Tools entwickelt. Und auch die „jungen Alten" gehen Online!
- Als **Mittelweg** zwischen den Kanälen entwickelt sich die **Videoberatung**: ähnlich persönlich wie in der Filiale, aber für den Kunden von überall erreichbar.
- Die **Filiale** wird deutlich weniger genutzt, aber sie wird bleiben. Offen ist, inwieweit sie zur „Erlebniswelt" werden muss.

12

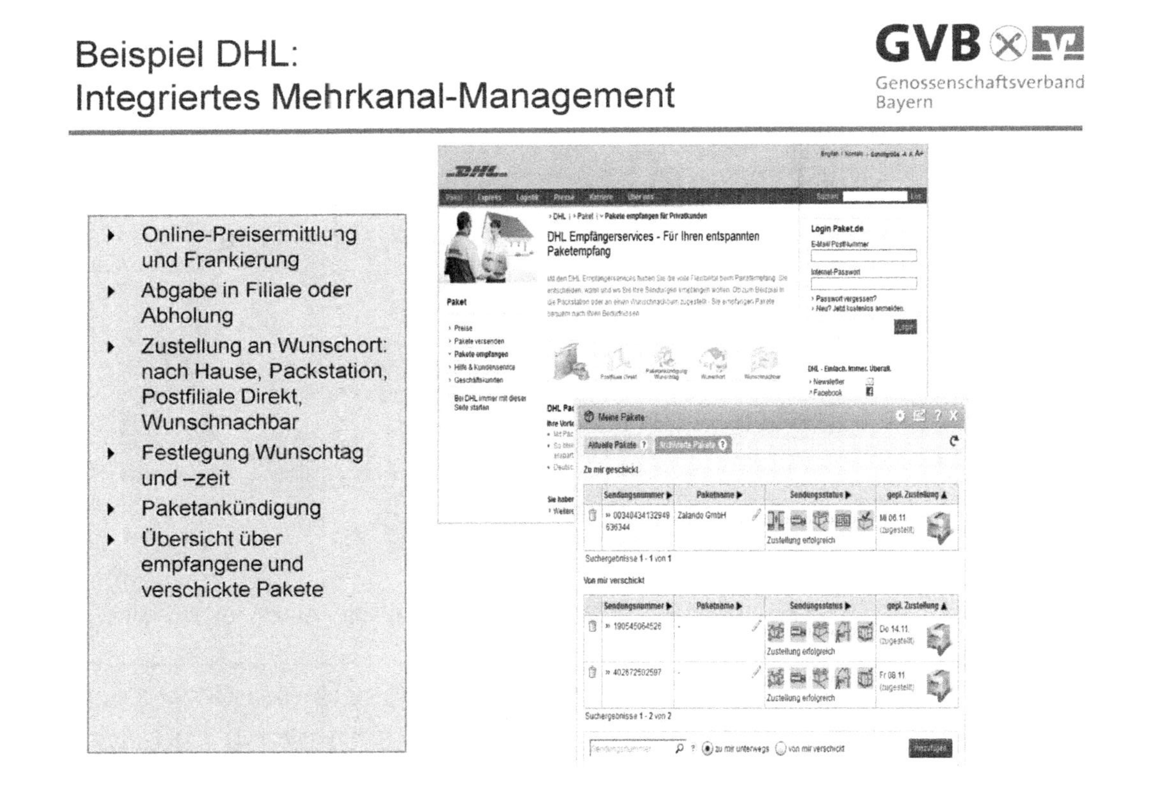

Beispiel DHL:
Integriertes Mehrkanal-Management
GVB
Genossenschaftsverband Bayern
Online-Preisermittlung und Frankierung
Abgabe in Filiale oder Abholung
Zustellung an Wunschort: nach Hause, Packstation, Postfiliale Direkt, Wunschnachbar
Festlegung Wunschtag und –zeit
Paketankündigung
Übersicht über empfangene und verschickte Pakete
DHL Empfängerservices - Für Ihren entspannten Paketempfang
Login Paket.de
Meine Pakete
Zu mir geschickt
Sendungsnummer
Paketname
Sendungsstatus
gepl. Zustellung
Zalando GmbH
Zustellung erfolgreich
Von mir verschickt
13

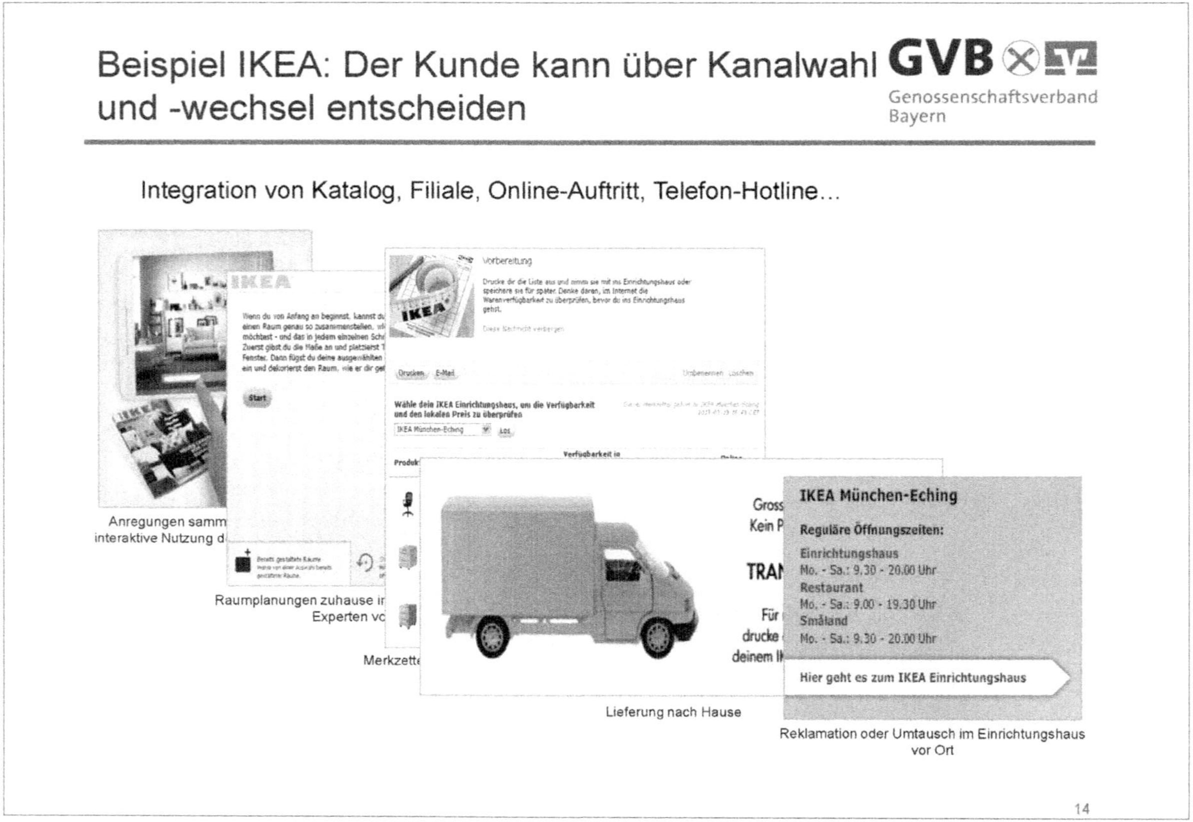

Beispiel IKEA: Der Kunde kann über Kanalwahl und -wechsel entscheiden
GVB
Genossenschaftsverband Bayern
Integration von Katalog, Filiale, Online-Auftritt, Telefon-Hotline…
Vorbereitung
Drucken
E-Mail
Start
Wähle dein IKEA Einrichtungshaus, um die Verfügbarkeit und den lokalen Preis zu überprüfen
IKEA München-Eching
Los
Anregungen samm
interaktive Nutzung d
Raumplanungen zuhause ir
Experten vc
Merkzett
IKEA München-Eching
Reguläre Öffnungszeiten:
Einrichtungshaus
Mo. - Sa.: 9.30 - 20.00 Uhr
Restaurant
Mo. - Sa.: 9.00 - 19.30 Uhr
Småland
Mo. - Sa.: 9.30 - 20.00 Uhr
Hier geht es zum IKEA Einrichtungshaus
Lieferung nach Hause
Reklamation oder Umtausch im Einrichtungshaus vor Ort
14

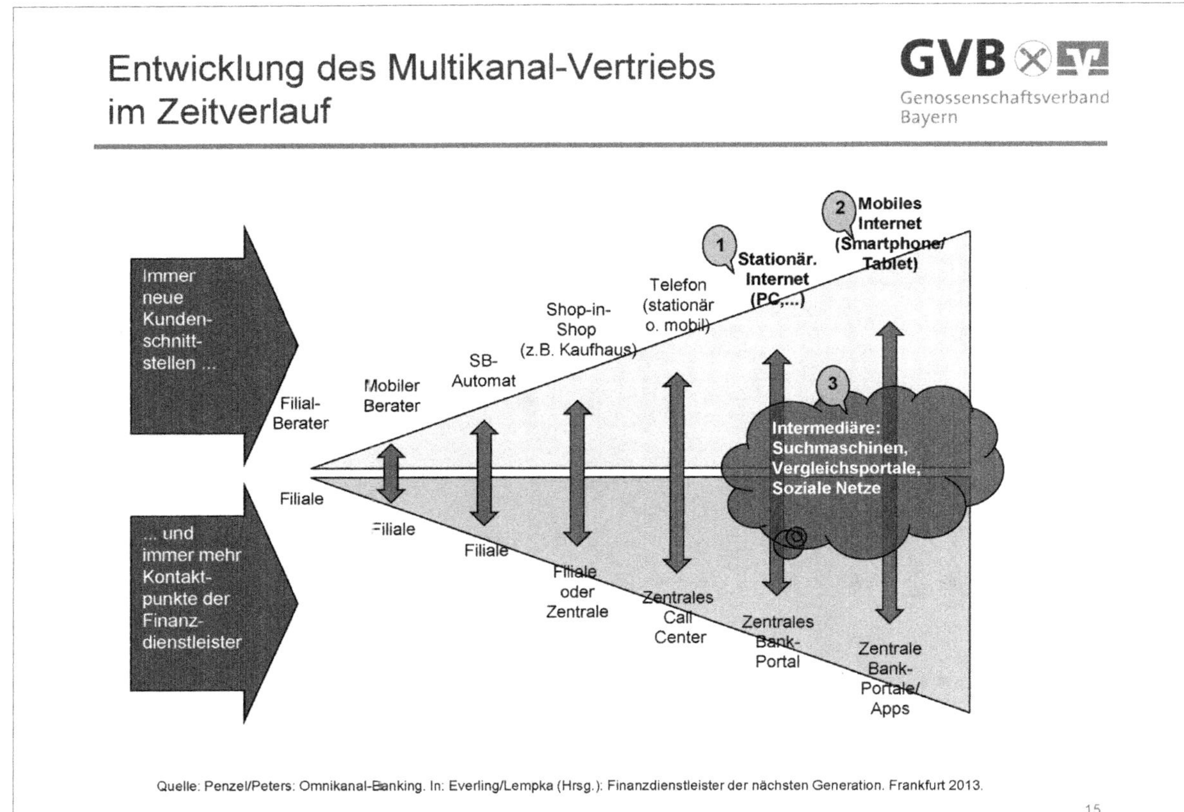
Entwicklung des Multikanal-Vertriebs im Zeitverlauf
GVB
Genossenschaftsverband Bayern
Immer neue Kunden-schnitt-stellen ...
... und immer mehr Kontakt-punkte der Finanz-dienstleister
Filial-Berater
Filiale
Mobiler Berater
Filiale
SB-Automat
Filiale
Shop-in-Shop (z.B. Kaufhaus)
Filiale oder Zentrale
Telefon (stationär o. mobil)
Zentrales Call Center
1
Stationär. Internet (PC,...)
Zentrales Bank-Portal
2
Mobiles Internet (Smartphone/ Tablet)
Zentrale Bank-Portale/ Apps
3
Intermediäre: Suchmaschinen, Vergleichsportale, Soziale Netze
Quelle: Penzel/Peters: Omnikanal-Banking. In: Everling/Lempka (Hrsg.): Finanzdienstleister der nächsten Generation. Frankfurt 2013.
15

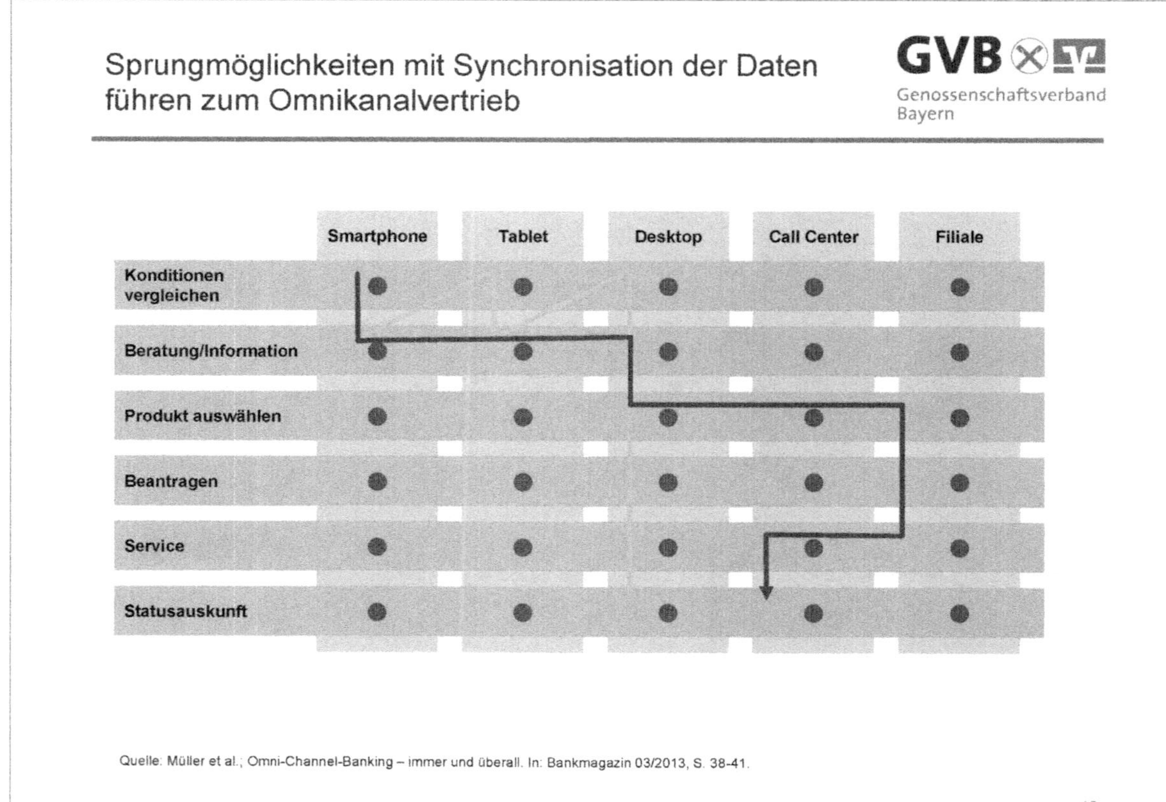
Sprungmöglichkeiten mit Synchronisation der Daten führen zum Omnikanalvertrieb
GVB
Genossenschaftsverband Bayern
Smartphone
Tablet
Desktop
Call Center
Filiale
Konditionen vergleichen
Beratung/Information
Produkt auswählen
Beantragen
Service
Statusauskunft
Quelle: Müller et al.; Omni-Channel-Banking – immer und überall. In: Bankmagazin 03/2013, S. 38-41.
16

Die Filiale wird seltener besucht – muss sie zur „Erlebniswelt" werden?

Volksbanken Raiffeisenbanken

Deutsche Bank: Q110

Commerzbank

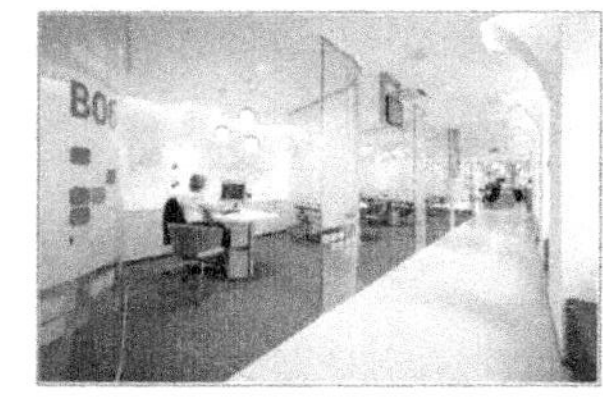

Bank Austria

17

Differenzierung im Filialvertrieb

18

Genossenschaftliche Beratung

Ziele und Wünsche werden vom Berater den Bedarfsfeldern zugeordnet und so die weitere Beratung an den Zielen des Kunden ausgerichtet.

Bedarfsfeldindividuelle Beratungsprozesse führen zur Herleitung der bedarfsgerechten Produktauswahl für den Kunden (Hausmeinung).

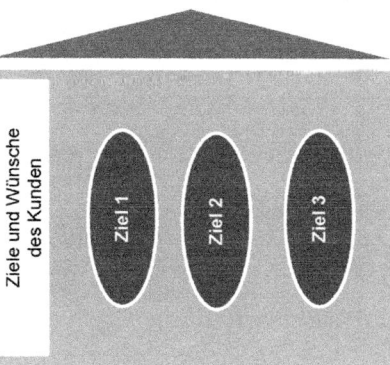

Ziele und Wünsche des Kunden

- Ziel 1
- Ziel 2
- Ziel 3

Beratungsthemen und Bedarfsfelder

Produkte und Leistungen

- Produkt 1
- Produkt 2
- Produkt 3

Quelle: BVR Projekt Beratungsqualität

Das Geschäftsmodell der Volksbanken und
Raiffeisenbanken wird mobil

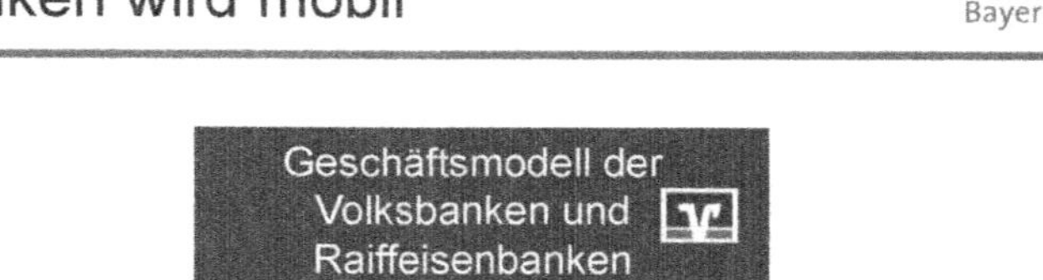

Quelle: GAD, Fiducia

20

Zukunftssicherung des Geschäftsmodells durch KundenFokus 2020

- Harmonisierter Beratungsprozess als Qualitätsstandard im Privatkundengeschäft erarbeitet und in Umsetzung
- Strategiekonforme Ausgestaltung des Online-Kanals zur nachhaltigen Sicherung der Wettbewerbsfähigkeit erarbeitet und in Umsetzung
- Verzahnung und Weiterentwicklung der Vertriebskanäle, insbesondere der Beratung im stationären Vertrieb mit dem Internet
- Identifikation von Zukunftsthemen im Privatkundengeschäft unter Beachtung des Megatrends Digitalisierung

21

Mehr Sicherheit.
Mehr Wert.

Choose certainty.
Add value.

Sicher vernetzt in die Zukunft!

TÜV SÜD unterstützt Sie zuverlässig bei den Chancen und Herausforderungen der digitalen Transformation. Von der Funktionalen Sicherheit und Interoperabilität einzelner Komponenten über integrierte IT-Sicherheitskonzepte bis zu industriellen Big Data Anwendungen – für Ihren Erfolg in der digitalen Welt.

TEMPERATURE 36°C
RPM 75%
FAULTS 0

TÜV SÜD AG Westendstr. 199 80686 München / Munich Deutschland / Germany
www.tuev-sued.de/digital-service www.tuv-sud.com/digitalservice

TÜV®

Unternehmensführung in globalen Wachstumsmärkten

Norbert Gruber

Vorsitzender der Geschäftsführung
Uhlmann Pac-Systeme GmbH & Co. KG

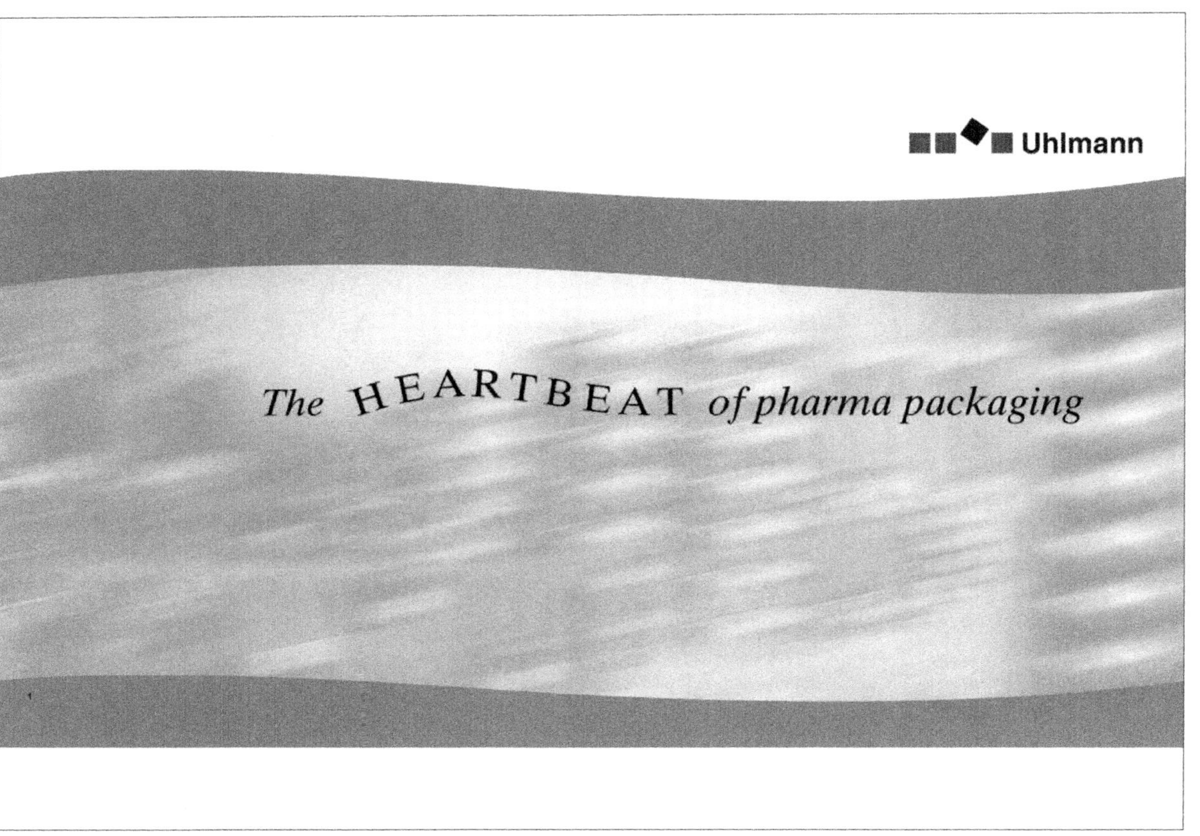
Uhlmann
The HEARTBEAT of pharma packaging

Uhlmann
Partner der Pharmaindustrie.

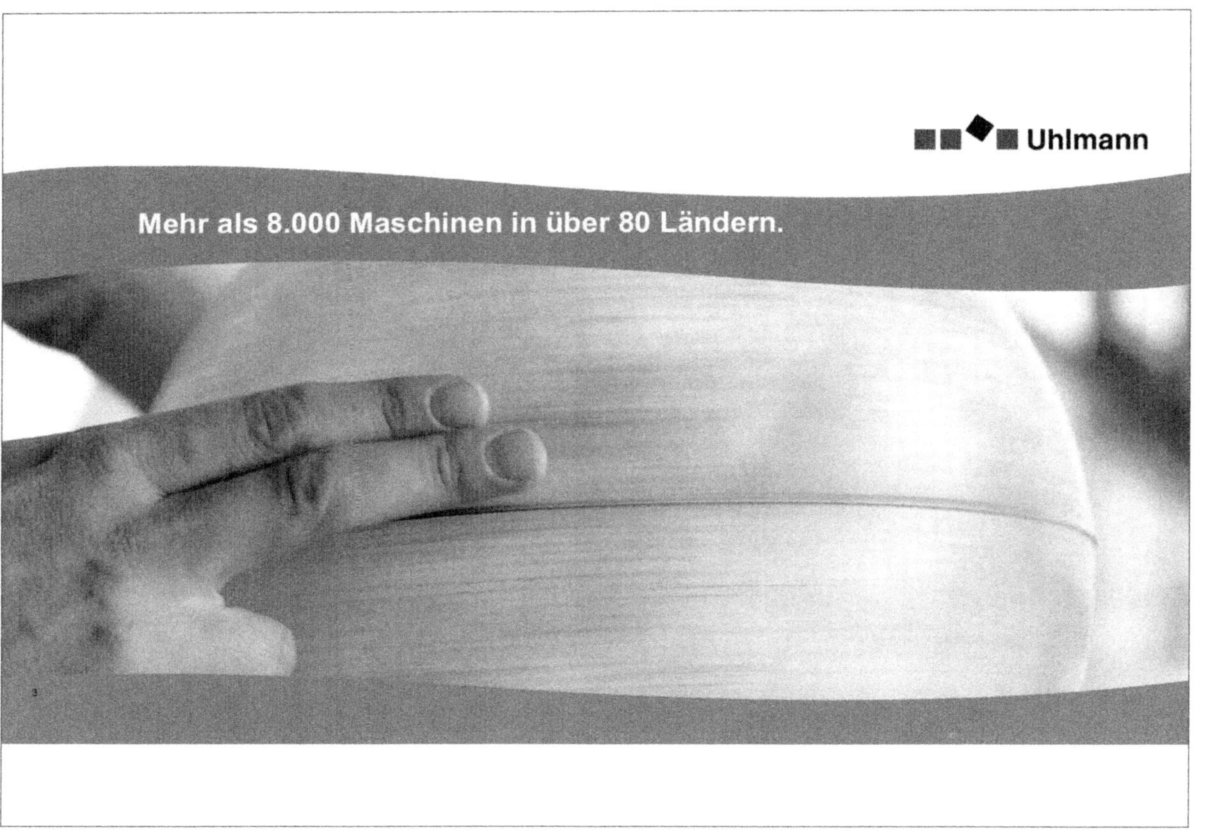
Uhlmann
Mehr als 8.000 Maschinen in über 80 Ländern.

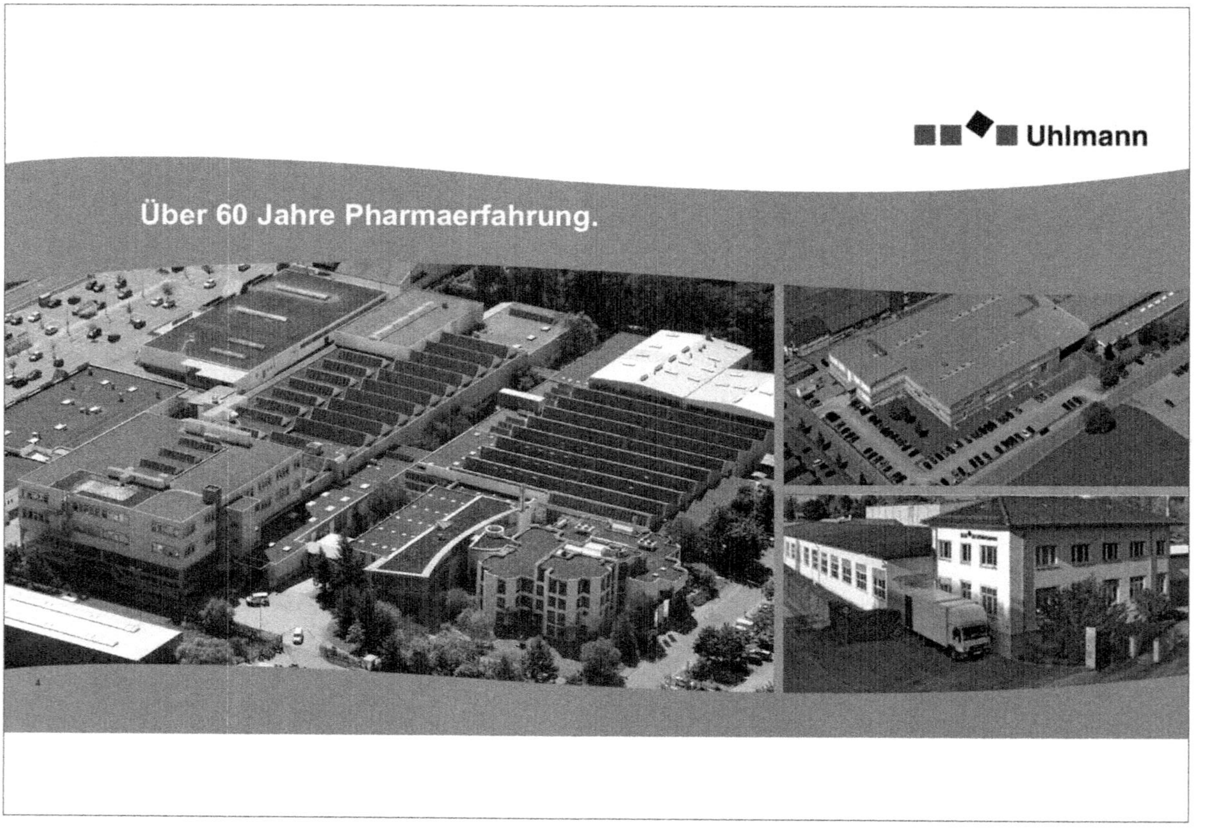
Uhlmann
Über 60 Jahre Pharmaerfahrung.

Uhlmann
Blister Express Center 500:
Integriert, flexibel, effizient und einfach.

Uhlmann
Solida, Liquida und Flaschen.
Vielfalt

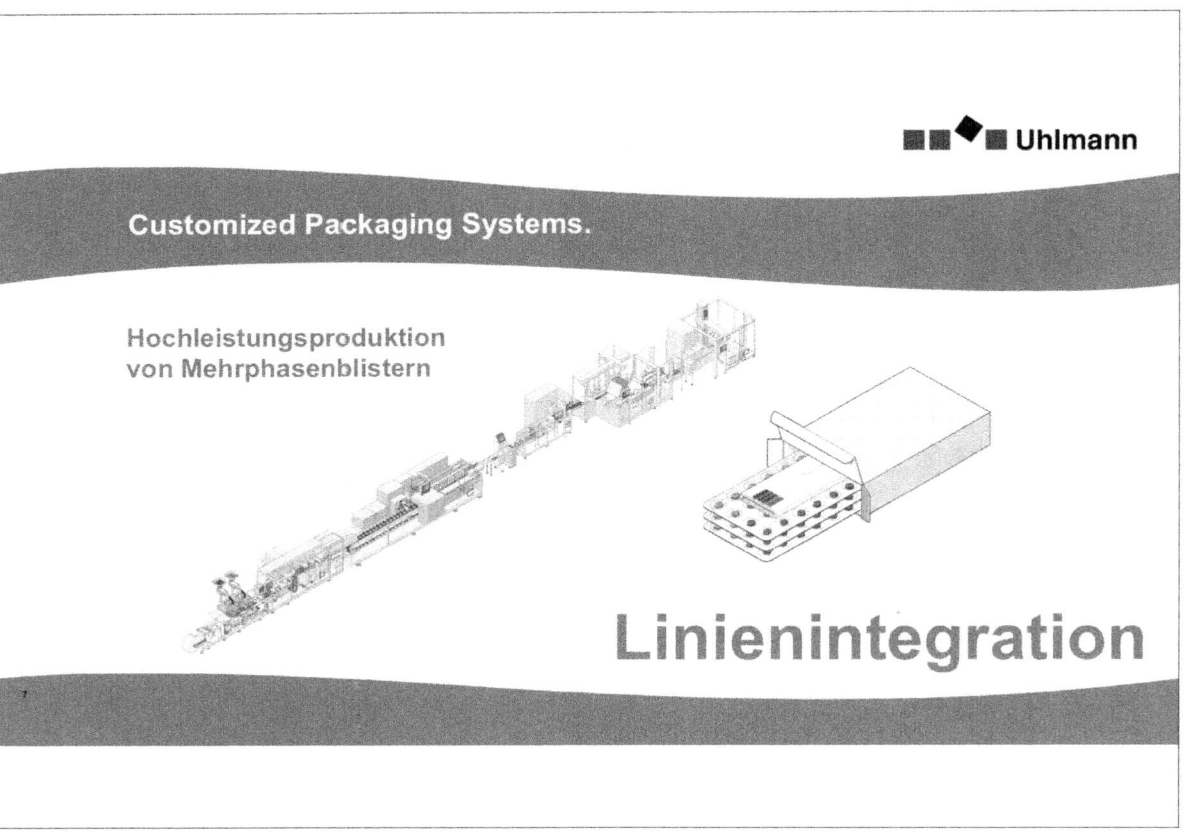
Uhlmann
Customized Packaging Systems.
Hochleistungsproduktion
von Mehrphasenblistern
Linienintegration

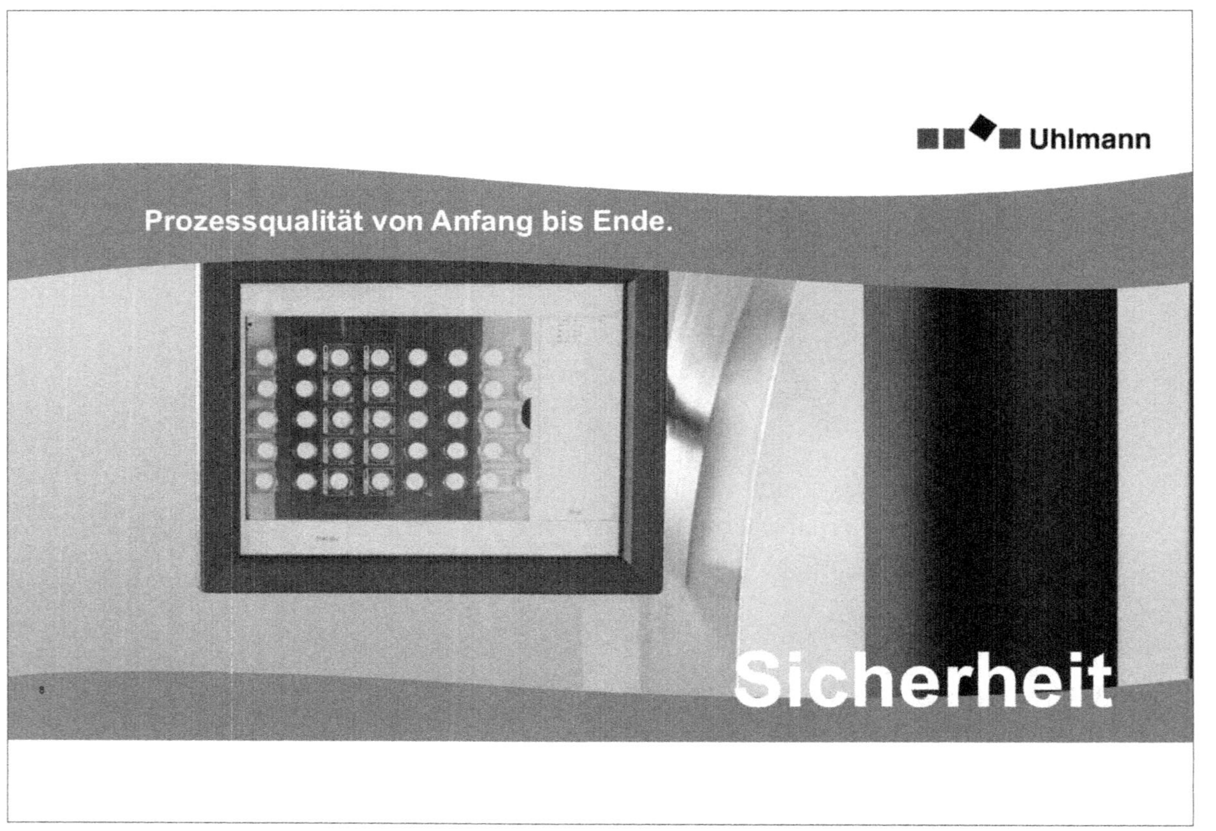
Uhlmann
Prozessqualität von Anfang bis Ende.
Sicherheit

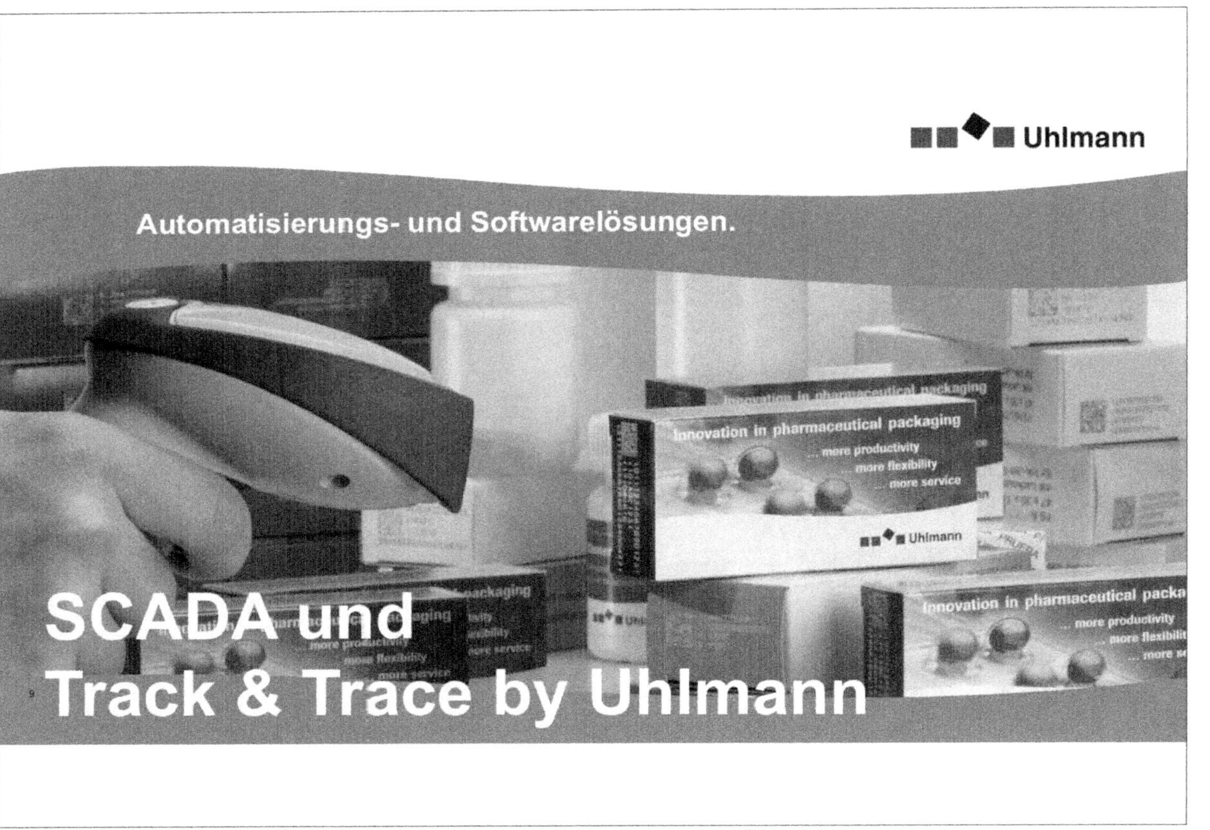

Uhlmann
Automatisierungs- und Softwarelösungen.
Innovation in pharmaceutical packaging
... more productivity
... more flexibility
... more service
SCADA und
Track & Trace by Uhlmann

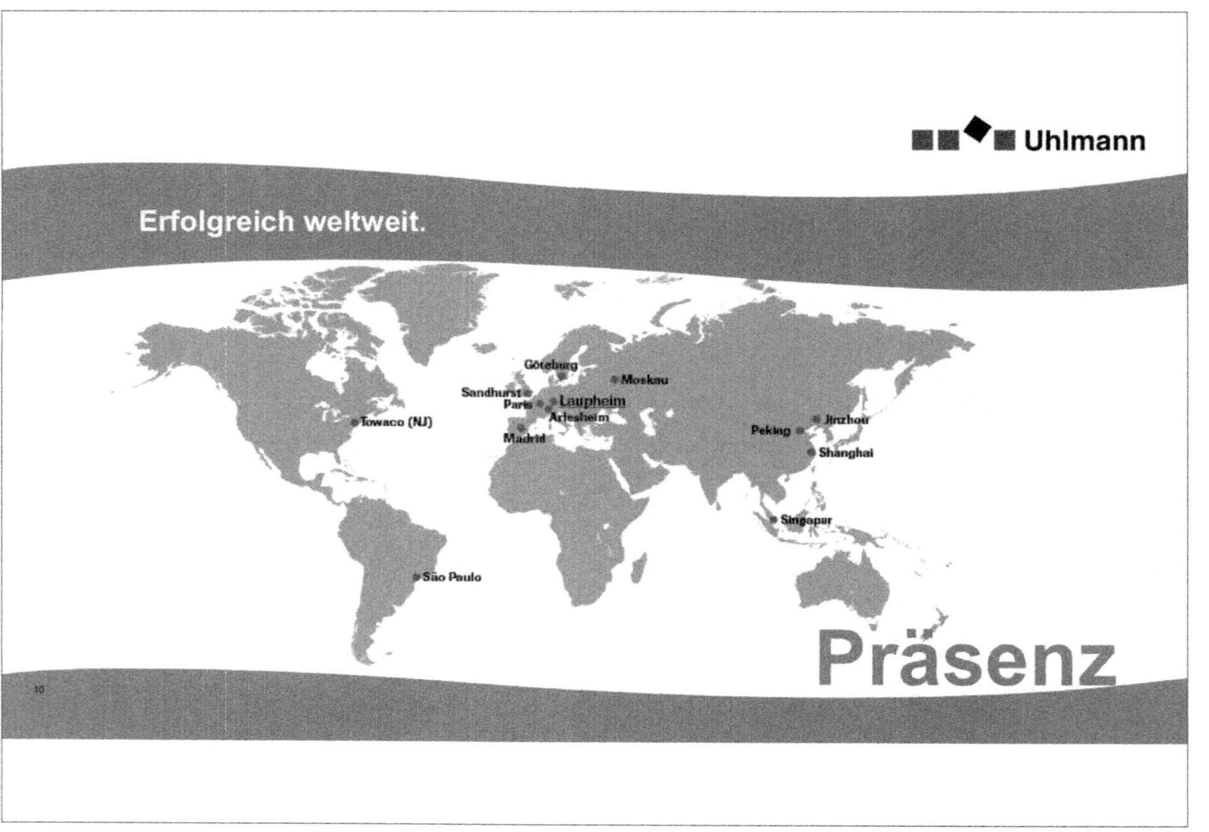
Uhlmann
Erfolgreich weltweit.
Göteburg
Moskau
Sandhurst
Paris
Laupheim
Arlesheim
Towaco (NJ)
Madrid
Peking
Jinzhou
Shanghai
Singapur
São Paulo
Präsenz
10

Uhlmann
Stark, offen, verlässlich.
Tobias Uhlmann,
Aufsichtsratsvorsitzender
Werte

ZUKUNFT FÜR ALLE.

INNOVATIONEN FÜR ALLE.

e-Mobilität von Volkswagen.

Der XL1, der e-Golf und der e-up!

Innovationen sind erst dann wirkungsvoll, wenn sie allen Menschen zugänglich gemacht werden. Deshalb verbindet Volkswagen Qualität mit zukunftsweisender Technologie. Und lässt so eine völlig neue Generation von Auto entstehen. Angeführt von dem ersten 1-Liter-Auto der Welt, dem XL1, zeigen vollelektrische Modelle wie der e-Golf oder der e-up!, dass die Zukunft der Mobilität schon jetzt auf der Straße angekommen ist.

Think Blue.

Das Auto.

Kraftstoffverbrauch des XL1 in l/100 km: kombiniert 0,9, Stromverbrauch in kWh/100 km: kombiniert 7,2, CO_2-Emissionen in g/km: kombiniert 21. Stromverbrauch des e-Golf in kWh/100 km: kombiniert 12,7, CO_2-Emission in g/km: 0. Stromverbrauch des e-up! in kWh/100 km: kombiniert 11,7, CO_2-Emission in g/km: 0. Abb. zeigt optionale Sonderausstattungen.

Differenzierte Marktbearbeitung durch Einführung einer Geschäftsbereichsorganisation

Dipl.-Ing. René Gudjons

Geschäftsführer
BAUER Maschinen GmbH

BAUER – Begeistert für Fortschritt
Firmenpräsentation

22. Münchner Management Kolloquium

René Gudjons
BAUER Maschinen GmbH

Begeistert
für Fortschritt
passion for progress

Firmenprofil BAUER Maschinen GmbH, MMK 2015, René Gudjons

© BAUER Maschinen GmbH, D-86529 Schrobenhausen

2

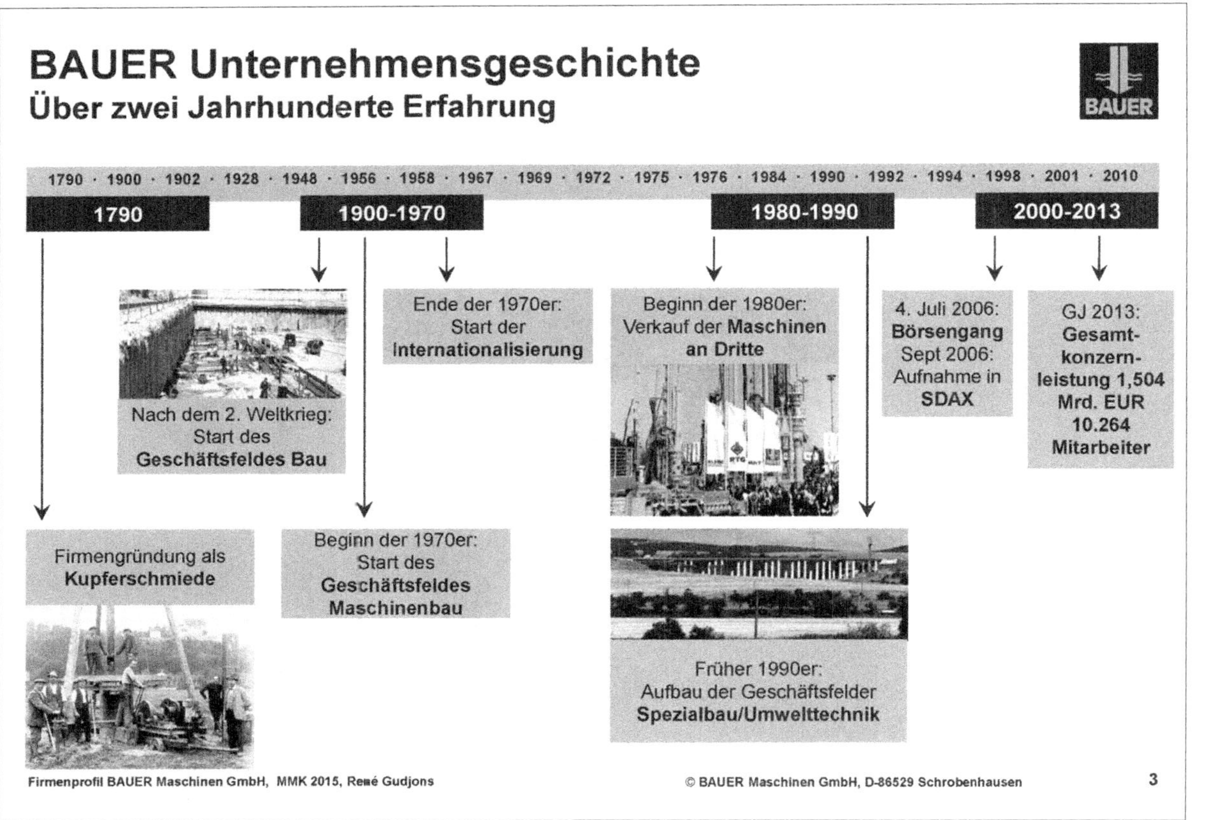
BAUER Unternehmensgeschichte
Über zwei Jahrhunderte Erfahrung
BAUER
1790 · 1900 · 1902 · 1928 · 1948 · 1956 · 1958 · 1967 · 1969 · 1972 · 1975 · 1976 · 1984 · 1990 · 1992 · 1994 · 1998 · 2001 · 2010
1790
1900-1970
1980-1990
2000-2013
Nach dem 2. Weltkrieg: Start des Geschäftsfeldes Bau
Ende der 1970er: Start der Internationalisierung
Beginn der 1980er: Verkauf der Maschinen an Dritte
4. Juli 2006: Börsengang Sept 2006: Aufnahme in SDAX
GJ 2013: Gesamt-konzern-leistung 1,504 Mrd. EUR 10.264 Mitarbeiter
Firmengründung als Kupferschmiede
Beginn der 1970er: Start des Geschäftsfeldes Maschinenbau
Früher 1990er: Aufbau der Geschäftsfelder Spezialbau/Umwelttechnik
Firmenprofil BAUER Maschinen GmbH, MMK 2015, René Gudjons
© BAUER Maschinen GmbH, D-86529 Schrobenhausen
3

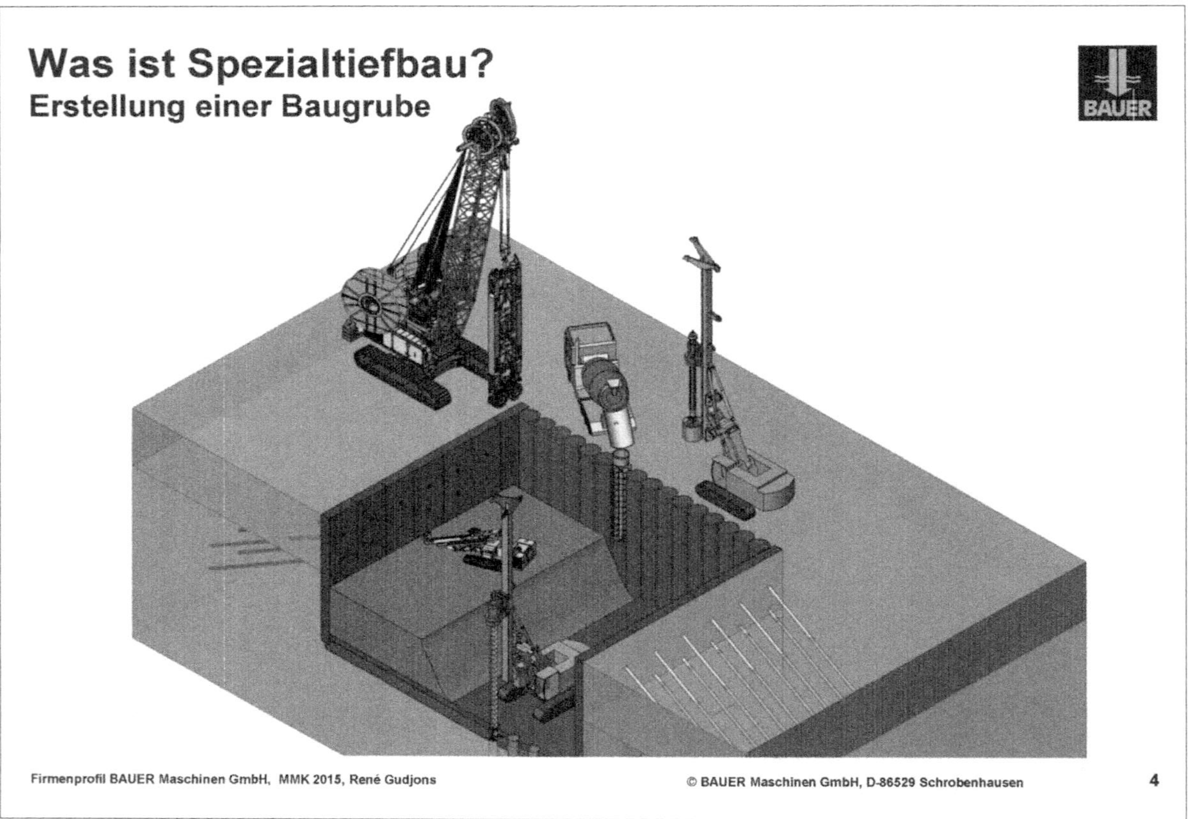
Was ist Spezialtiefbau?
Erstellung einer Baugrube
BAUER
Firmenprofil BAUER Maschinen GmbH, MMK 2015, René Gudjons
© BAUER Maschinen GmbH, D-86529 Schrobenhausen
4

BAUER AKTIENGESELLSCHAFT

Bau

Das Segment Bau umfasst Spezialtiefbauleistungen für Gründungen und Baugruben in aller Welt sowie Bauleistungen in angrenzenden Bereichen.

BAUER SPEZIALTIEFBAU

SBN SCHACHTBAU NORDHAUSEN

SPESA SPEZIALBAU UND SANIERUNG

WÖHR + BAUER

Maschinen

Im Segment Maschinen bietet Bauer als Weltmarktführer ein umfassendes Sortiment von Maschinen und Werkzeugen für den Spezialtiefbau und darüber hinaus für den Bereich Mining.

BAUER MASCHINEN

KLEMM Bohrtechnik

RTG

PRAKLA Bohrtechnik

MAT Mischanlagentechnik GmbH

BAUER DEEP DRILLING

EURO DRILL

TracMec

SPANTEC Spann- & Ankertechnik GmbH

PILECO

ABS Trenchless

FAMBO

HAUSHERR

BAUER DEWET

Resources

Das Segment Resources konzentriert sich auf Produkte und Dienstleistungen in den Bereichen Wasser, Energie, Bodenschätze und Umwelt.

BAUER RESOURCES

SMU BAUER UMWELT

BWS BAUER WATER

GWE GERMAN WATER and ENERGY GROUP

HGC HYDRO-GEO-CONSULT GmbH

ESAU&HUEBER

FORALITH Holding AG

SITE GROUP

© BAUER Maschinen GmbH, D-86529 Schrobenhausen

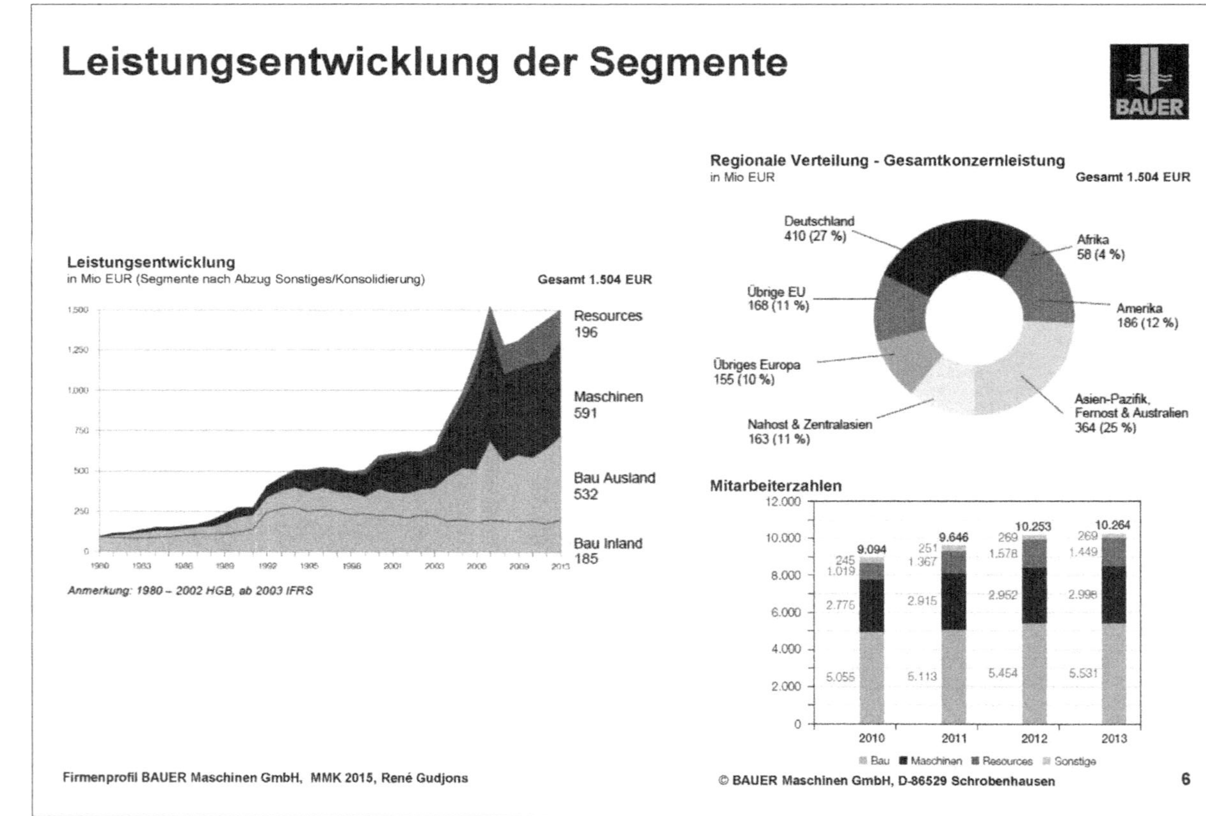
Leistungsentwicklung der Segmente
BAUER
Leistungsentwicklung
in Mio EUR (Segmente nach Abzug Sonstiges/Konsolidierung)
Gesamt 1.504 EUR
Resources
196
Maschinen
591
Bau Ausland
532
Bau Inland
185
Anmerkung: 1980 – 2002 HGB, ab 2003 IFRS
Regionale Verteilung - Gesamtkonzernleistung
in Mio EUR
Gesamt 1.504 EUR
Deutschland
410 (27 %)
Afrika
58 (4 %)
Übrige EU
168 (11 %)
Amerika
186 (12 %)
Übriges Europa
155 (10 %)
Asien-Pazifik, Fernost & Australien
364 (25 %)
Nahost & Zentralasien
163 (11 %)
Mitarbeiterzahlen
9.094
245
1.019
2.775
5.055
9.646
251
1.367
2.915
5.113
10.253
269
1.578
2.952
5.454
10.264
269
1.449
2.998
5.531
2010
2011
2012
2013
Bau
Maschinen
Resources
Sonstige
Firmenprofil BAUER Maschinen GmbH, MMK 2015, René Gudjons
© BAUER Maschinen GmbH, D-86529 Schrobenhausen
6

Bauer Maschinen GmbH (BMA)

Spezialtiefbau-Geräte der BAUER Maschinen Gruppe prägen den Weltmaßstab.

- Grund des Fehlens geeigneter Geräte für Ankerbohrungen und Bohrpfahl-Herstellung am Markt Konstruktion und Bau eines ersten Ankerbohrgerätes UBW im Jahr 1970 und des ersten Bohrgerätes BG 7 im Jahr 1976
- Nach anfänglichem Fokus der Geräte-Fertigung für eigenen Betrieb Gerätevertrieb ab Mitte der 80er Jahren auch an andere Bauunternehmen
- Wachsende Marktnachfrage sowie Amortisierung hoher Entwicklungskosten durch höhere Stückzahlen bringen neue Marktchancen, weitere Internationalisierung
- Vergrößerung des Produktportfolios in den 90er Jahren durch Akquisition und Neugründungen, Schaffung von Gesamtlösungen und Synergien für den Kunden
- Selbstständige Tätigkeit der BAUER Maschinen GmbH auf dem Markt seit 2001 mit starken Töchtergesellschaften weltweit
- Eintritt in den Markt für Tiefbohrgeräte für Öl- und Gas- sowie Geothermie-Bohrungen ab Ende der 2000er Jahre

Firmenprofil BAUER Maschinen GmbH, MMK 2015, René Gudjons

© BAUER Maschinen GmbH, D-86529 Schrobenhausen

7

Leistungsentwicklung der BMA

	2009	2010	2011	2012	2013
Leistung Segment Maschinen* in Mio. EUR	608,5	581,7	661,0	589,1	628,6
Leistung BMA-Gruppe in Mio. EUR	599,6	563,6	625,1	767,5	845,0
Leistung BAUER Maschinen GmbH in Mio. EUR	465,6	377,9	410,0	354,7	391,7

	2009	2010	2011	2012	2013
Mitarbeiter BMA-Gruppe	2.340	2.326	2.451	2.523	2.575
Inland	1.621	1.615	1.650	1.653	1.651
Ausland	719	711	801	870	924
(Auszubildende)	(98)	(109)	(102)	(95)	(99)
Mitarbeiter BAUER Maschinen GmbH	1.013	1.002	1.039	1.045	1.046

Geographische Aufteilung der Gesamtkonzernleistung
Segment Maschinen
in Mio. EUR (nach Abzug Konsolidierung)
Gesamt 591

Deutschland 105 (17 %)
Afrika 19 (3 %)
Amerika 96 (16 %)
Asien-Pazifik, Fernost & Australien 154 (28 %)
Nahost & Zentralasien 37 (6 %)
Übriges Europa 97 (16 %)
Übrige EU 83 (14 %)

* Interne Konzernleistungen und IFRS-Anpassungen abgezogen

Firmenprofil BAUER Maschinen GmbH, MMK 2015, René Gudjons

© BAUER Maschinen GmbH, D-86529 Schrobenhausen

8

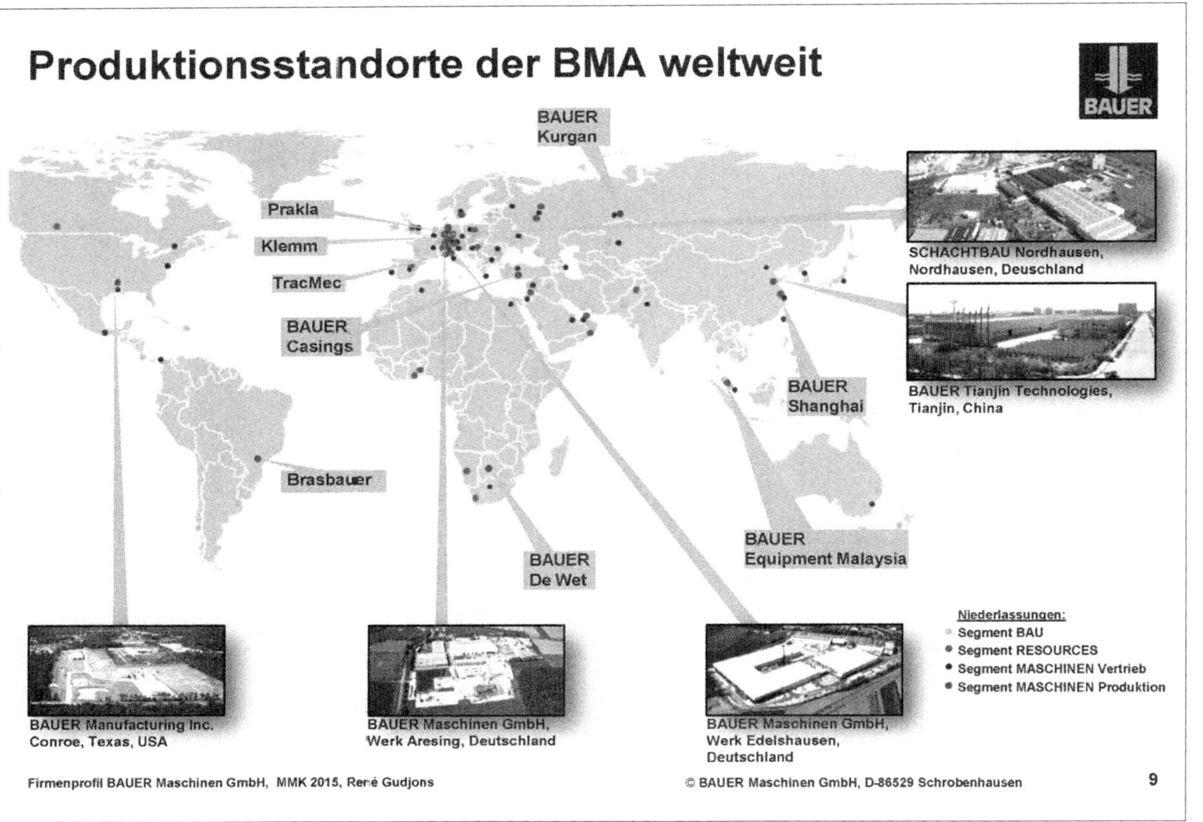
Produktionsstandorte der BMA weltweit
BAUER
BAUER Kurgan
Prakla
Klemm
TracMec
BAUER Casings
Brasbauer
BAUER De Wet
BAUER Shanghai
BAUER Equipment Malaysia
SCHACHTBAU Nordhausen, Nordhausen, Deuschland
BAUER Tianjin Technologies, Tianjin, China
BAUER Manufacturing Inc. Conroe, Texas, USA
BAUER Maschinen GmbH, Werk Aresing, Deutschland
BAUER Maschinen GmbH, Werk Edelshausen, Deutschland
Niederlassungen:
Segment BAU
Segment RESOURCES
Segment MASCHINEN Vertrieb
Segment MASCHINEN Produktion
Firmenprofil BAUER Maschinen GmbH, MMK 2015, René Gudjons
© BAUER Maschinen GmbH, D-86529 Schrobenhausen
9

Produktportfolio
Bohrgeräte

Firmenprofil BAUER Maschinen GmbH, MMK 2015, René Gudjons

© BAUER Maschinen GmbH, D-86529 Schrobenhausen

10

Produktportfolio
Seilbagger

Firmenprofil BAUER Maschinen GmbH, MMK 2015, René Gudjons

© BAUER Maschinen GmbH, D-86529 Schrobenhausen

11

Produktportfolio
Weitere Gerätetypen

KR 707

RG 25 S

BG 24 H

Firmenprofil BAUER Maschinen GmbH, MMK 2015, René Gudjons

© BAUER Maschinen GmbH, D-86529 Schrobenhausen 12

Produktportfolio
Neuer Produktbereich - Tiefbohranlagen

Firmenprofil BAUER Maschinen GmbH, MMK 2015, René Gudjons

© BAUER Maschinen GmbH, D-86529 Schrobenhausen 13

Produktportfolio

Sonderprojekte – Monopfahlgründung für Gezeitenkraftwerk

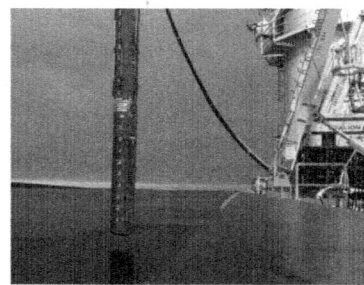

BAUER

Firmenprofil BAUER Maschinen GmbH, MMK 2015, René Gudjons

© BAUER Maschinen GmbH, D-86529 Schrobenhausen

14

BAUER
René Gudjons
BAUER Maschinen GmbH
BAUER-Straße 1
86529 Schrobenhausen
Telefon: +49 8252/97-0
Email: info@bauer.de
Internet: www.bauer.de
Firmenprofil BAUER Maschinen GmbH, MMK 2015, René Gudjons
© BAUER Maschinen GmbH, D-86529 Schrobenhausen
15

Digitaler Stresstest -
Welche Kompetenzen braucht mein CDO?

Andreas Harting

Managing Director
Deloitte Digital GmbH

Deloitte.
Digital

Digitaler Stresstest – Welche Kompetenzen braucht mein CDO?

Andreas Harting, Managing Director Deloitte Digital GmbH

22. Münchner Management Kolloquium, 17.-18. März 2015

Deloitte Digital 22. MMK

2

The best way to predict the future is to create it.

\- Peter Drucker

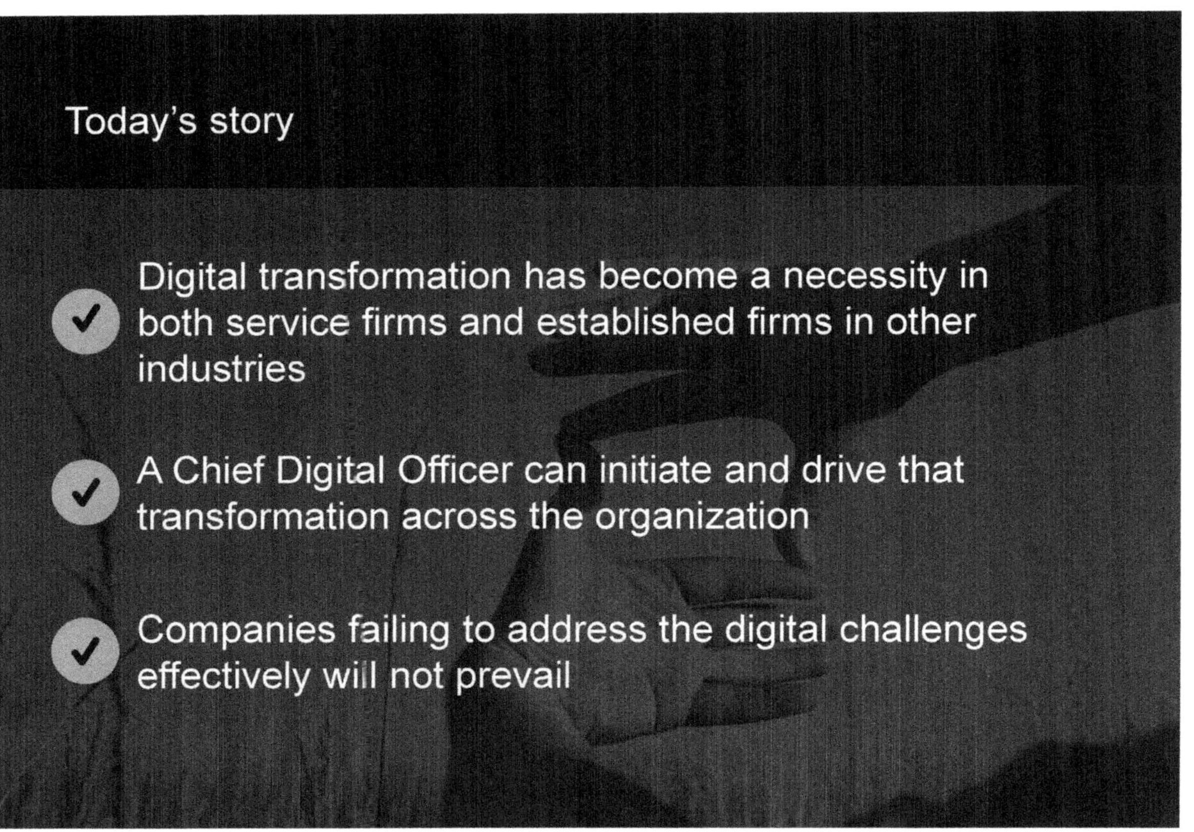

Today's story
Digital transformation has become a necessity in both service firms and established firms in other industries
A Chief Digital Officer can initiate and drive that transformation across the organization
Companies failing to address the digital challenges effectively will not prevail

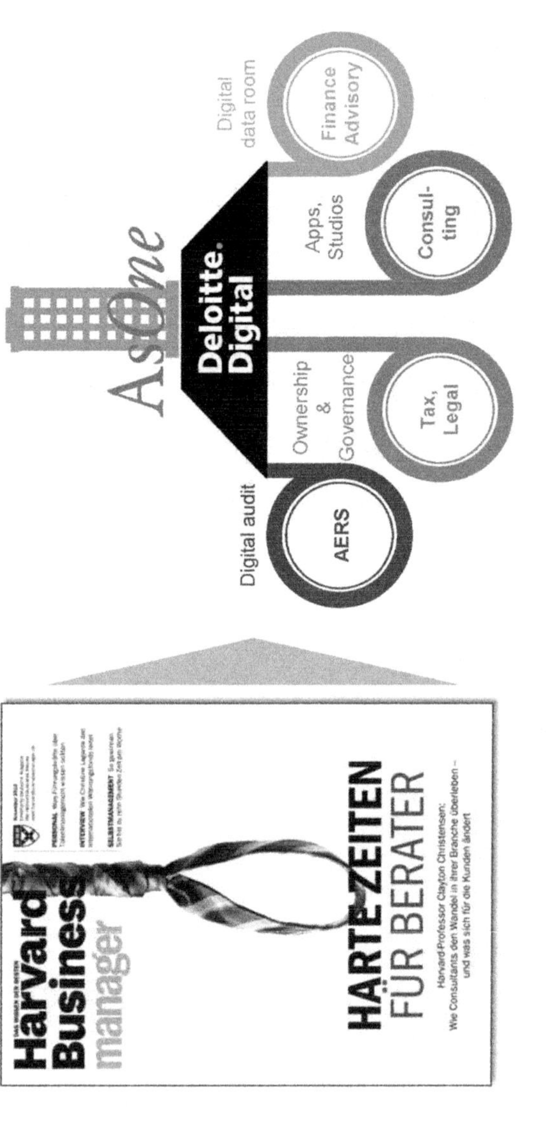
Deloitte Digital 22. MMK
Service firms need to think about new business models –
Deloitte started its own digital journey as a result
4
Harvard Business manager
HARTE ZEITEN
FÜR BERATER
Harvard-Professor Clayton Christensen:
Wie Consultants den Wandel in ihrer Branche überleben –
und was sich für die Kunden ändert
As One
Deloitte.
Digital
Digital audit
AERS
Ownership & Governance
Tax, Legal
Apps, Studios
Consul-ting
Digital data room
Finance Advisory

Deloitte.
Digital

We are a team of passionate entrepreneurs and operational experts who assist you in building new digital businesses with speed and precision according to your requirements.

We run four execution tracks, each designed to drive economic benefit for your firm and always acting as your entrepreneurial partner:

Building digital accelerators
Helping MNCs to build their own accelerators for a digital product/service pipeline

Building digital turnkey businesses
Building complete digital turnkey businesses from scratch

Running digital full potential programs
Conducting digital fitness checks of existing digital businesses to derive concrete improvement measures along dimensions of operations, organization and strategy

Shaping the role of the Chief Digital Officer
Assisting firms to design the office of the "Chief Digital Officer" and supporting the CDO to sustainably streamline, develop and implement digital transformation

Deloitte Digital: An experienced founding team to build digital businesses from scratch

Andy Goldstein
Co-Founder and Managing Director Deloitte Digital GmbH

Summary of experience

- External Partner A.T. Kearney Lab
- Co-Founder: German Silicon Valley Accelerator
- Serial Entrepreneur/Angel Investor
- Exec Dir: LMU Entrepreneurship Center
- Board Director: Avanquest Software (AVQ), Carpooling.com
- 30 years of operational and entrepreneurial experience

Areas of expertise

- Acceleration and Entrepreneurship
- Digital Transformation
- Incubation
- Startups

Andreas Harting
Co-Founder and Managing Director Deloitte Digital GmbH

Summary of experience

- External Partner A.T. Kearney Lab
- COO Heilemann & Co., MP Catagonia Capital, CMO & Member of Executive Board Von Roll, SVP Oerlikon
- Marketing & Consulting roles at BCG, BBDO and J&J
- Co-Founder & MD of award winning media start up
- 19 years of operational, entrepreneurial and consulting experience

Areas of expertise

- Business & Digital Transformation
- Global Marketing & Sales
- Venture Capital
- Startups

Nikolay Kolev
Co-Founder and Managing Director Deloitte Digital GmbH

Summary of experience

- Co-Founder A.T. Kearney Lab
- Principal A.T. Kearney
- Vice President e Commerce of Moneybookers/ Skrill Group
- Observer of the Board of Directors of LiveGamer (NY)
- 10 years of consulting, operational and entrepreneurial experience

Areas of expertise

- Digitalization and Monetization Strategy & Implementation
- Business Building and Corporate Acceleration
- Digital Transformation

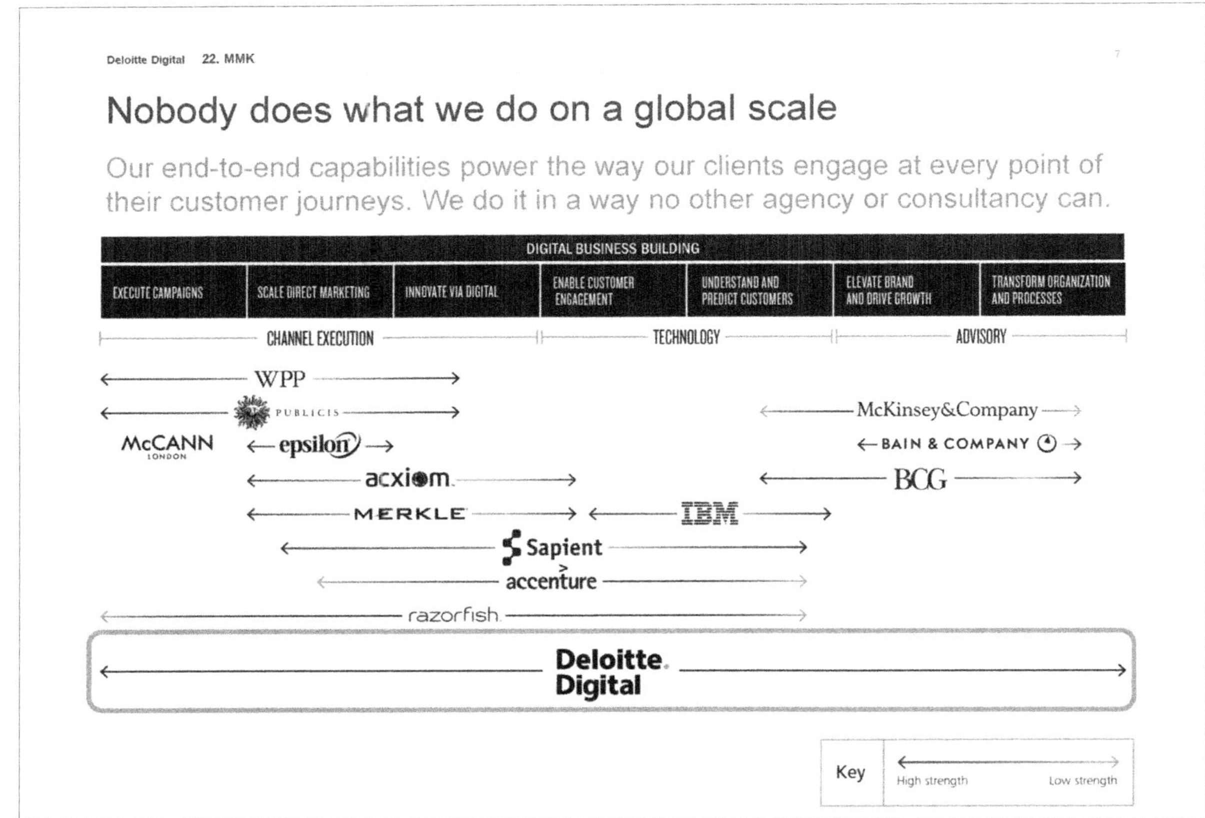
Deloitte Digital 22. MMK
7
Nobody does what we do on a global scale
Our end-to-end capabilities power the way our clients engage at every point of their customer journeys. We do it in a way no other agency or consultancy can.
DIGITAL BUSINESS BUILDING
EXECUTE CAMPAIGNS
SCALE DIRECT MARKETING
INNOVATE VIA DIGITAL
ENABLE CUSTOMER ENGAGEMENT
UNDERSTAND AND PREDICT CUSTOMERS
ELEVATE BRAND AND DRIVE GROWTH
TRANSFORM ORGANIZATION AND PROCESSES
CHANNEL EXECUTION
TECHNOLOGY
ADVISORY
WPP
PUBLICIS
McKinsey&Company
McCANN LONDON
epsilon
BAIN & COMPANY
acxiom
BCG
MERKLE
IBM
Sapient
accenture
razorfish
Deloitte. Digital
Key
High strength
Low strength

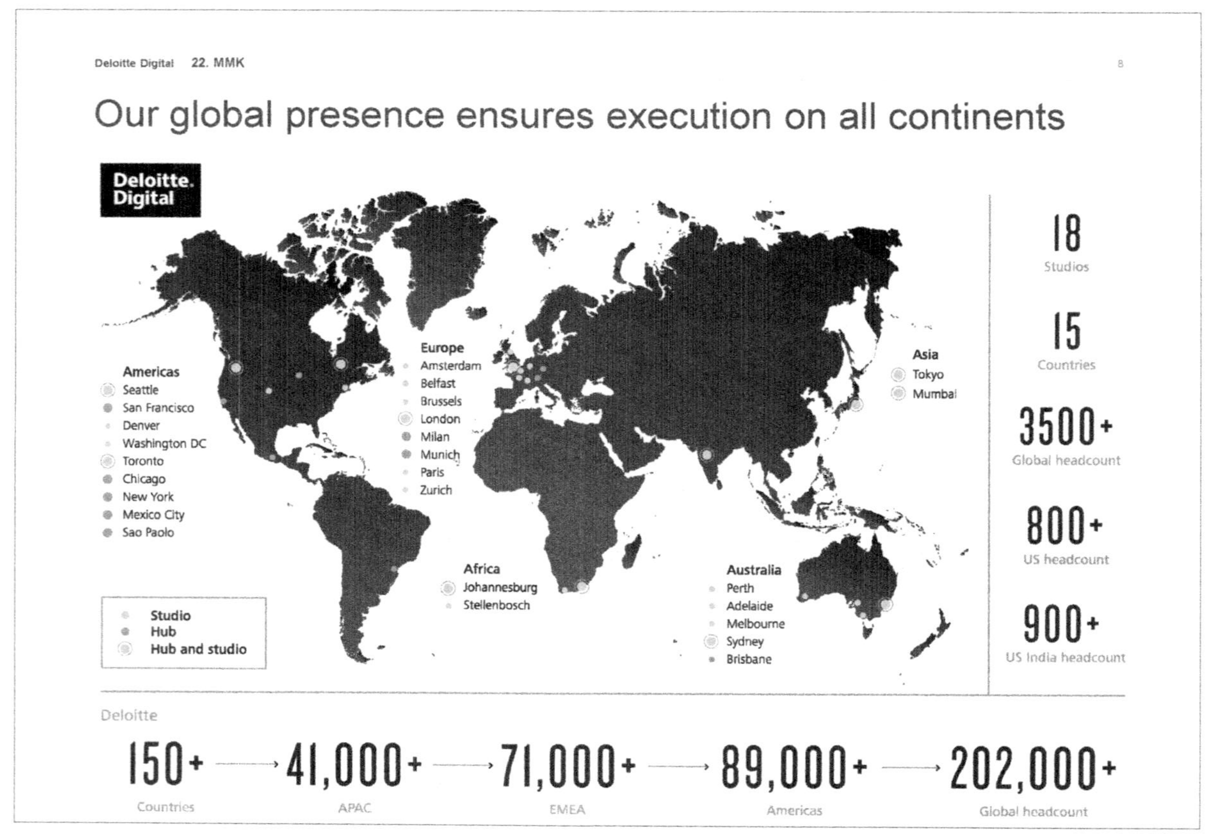
Deloitte Digital 22. MMK
8
Our global presence ensures execution on all continents
Deloitte. Digital
Americas
Seattle
San Francisco
Denver
Washington DC
Toronto
Chicago
New York
Mexico City
Sao Paolo
Europe
Amsterdam
Belfast
Brussels
London
Milan
Munich
Paris
Zurich
Asia
Tokyo
Mumbai
Africa
Johannesburg
Stellenbosch
Australia
Perth
Adelaide
Melbourne
Sydney
Brisbane
Studio
Hub
Hub and studio
18
Studios
15
Countries
3500+
Global headcount
800+
US headcount
900+
US India headcount
Deloitte
150+
Countries
41,000+
APAC
71,000+
EMEA
89,000+
Americas
202,000+
Global headcount

Deloitte Digital 22. MMK

9

Our Deloitte Digital partner ecosystem

Deloitte. Digital *ecosystem*

Global Fast 500 & European Fast 50 Technology Companies	> 500 tech companies
Incubators & Accelerators	> 10 incubators
State-Supported Accelerator with Global Reach	> 5 accelerator locations
Startup-Network	> 500 startups
Investors & Venture Capitalists	> 300 VCs
Universities & Science	> 10 universities > 13 entrepreneurship institutions

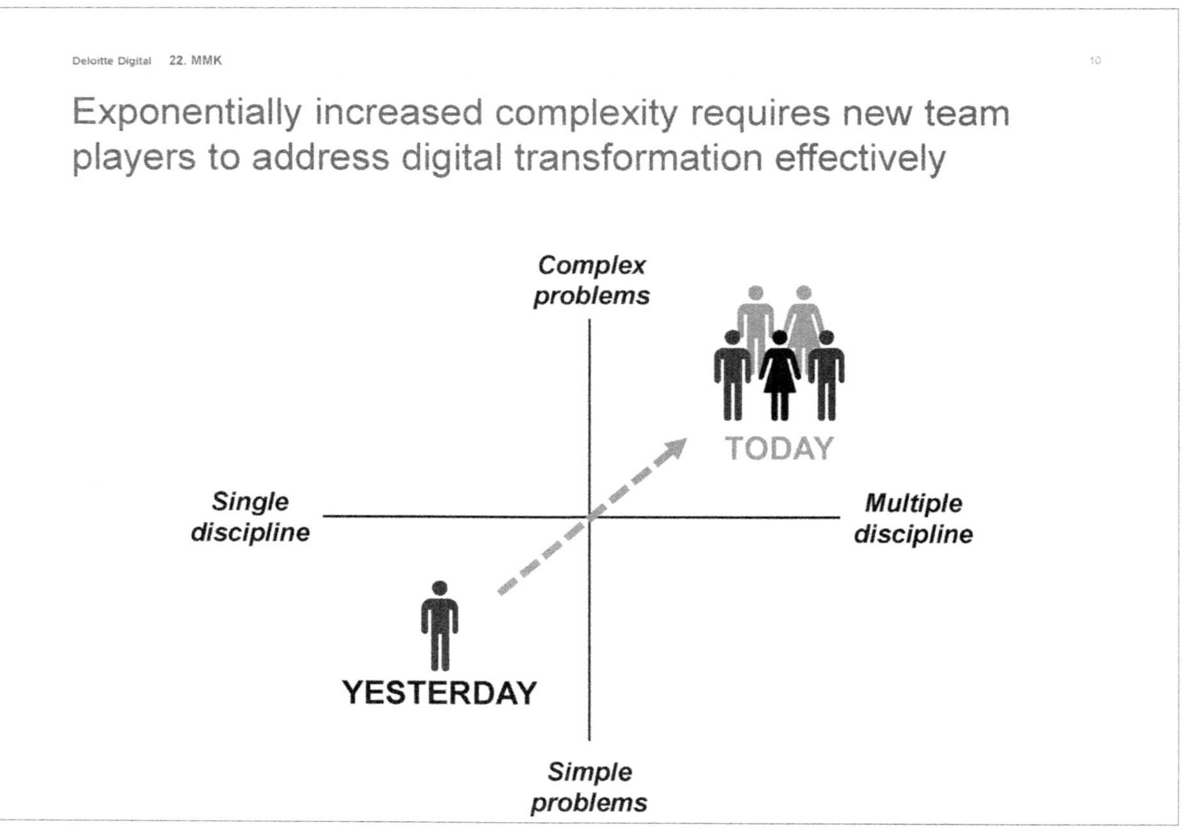
Deloitte Digital 22. MMK
10
Exponentially increased complexity requires new team players to address digital transformation effectively
Complex problems
Simple problems
Single discipline
Multiple discipline
TODAY
YESTERDAY

Deloitte Digital 22. MMK

The Chief Digital Officer takes charge to drive digital transformation across the entire organization

Transformation

- **Drives digital transformation** from within the organization
- Acts as **Change Manager** and **defines processes**
- **Communicates** intensively in- and externally
- **Connects new** business with **core** business

Vision & Mission

- Keeps **strategic focus**
- Develops and drives the digital **vision** and **mission** of the **organization**
- **Recognizes strategic digital growth** areas and **develops** these
- Keeps **entrepreneurial spirit** but understands corporate culture

CDO

Business Building

- Works as a **catalyzer** across the organization to **build flexible business units**
- **Transforms ideas into digital business** and **products**
- **Owns products and businesses**

Innovation

- **Bridges** and **owns disruptive innovations**
- Handles **lean startup approach**: fail fast and learn
- **Owns knowledge transfer** back into organization

Deloitte Digital 22. MMK 12

The CDO needs to overcome the classical cultural challenges to drive transformation sustainably

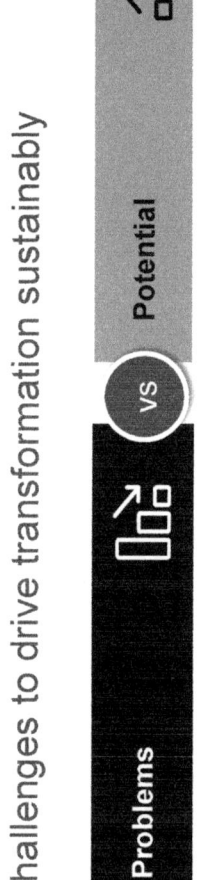

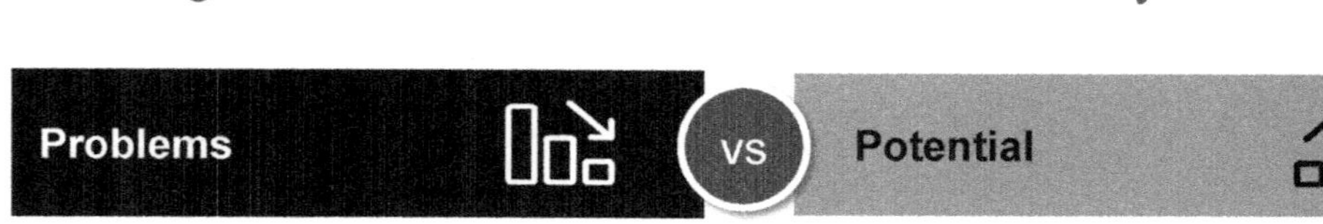

Problems	Potential
Close-mindedness & homogeneous culture	**Talent** pools (human capital)
Habitual behavior & routines	**Vast variety** of **ideas** & opportunities
Punishment of **failure**	**Sufficient** & stable **resources**
Narrow-minded **controlling routines**	**Experience**
Rejection of outside ideas (NIH)	**Deep knowledge** of technology & markets
Suppression of valuable inside ideas	**Proven processes** & structures

Deloitte Digital 22. MMK

13

Operational and strategic tasks and duties of the Chief Digital Officer are balanced

Operational

- Defining **digital assets**
- Building **digital products**
- Building **digital business**
- Owning the **digital ecosystem**

Strategic

- **Bridging & owning disruptive innovation** (with today's existing business)
- **Initiating** and maintaining **strategic digital partnerships**

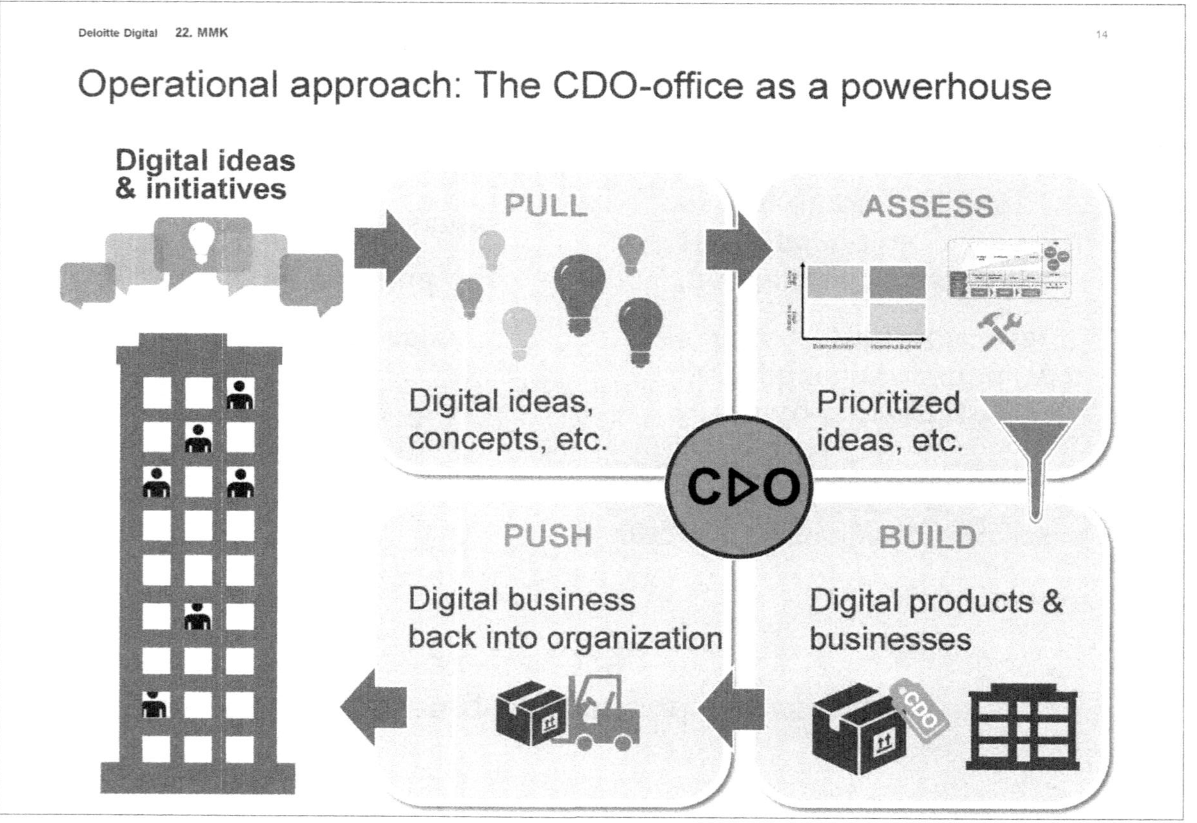
Deloitte Digital
22. MMK
14
Operational approach: The CDO-office as a powerhouse
Digital ideas & initiatives
PULL
Digital ideas, concepts, etc.
ASSESS
Prioritized ideas, etc.
CDO
PUSH
Digital business back into organization
BUILD
Digital products & businesses
CDO

Deloitte Digital 22. MMK 15

Different frameworks help to structure the operational tasks of assessing and building digital products and businesses

Illustrative

High level digital inventory

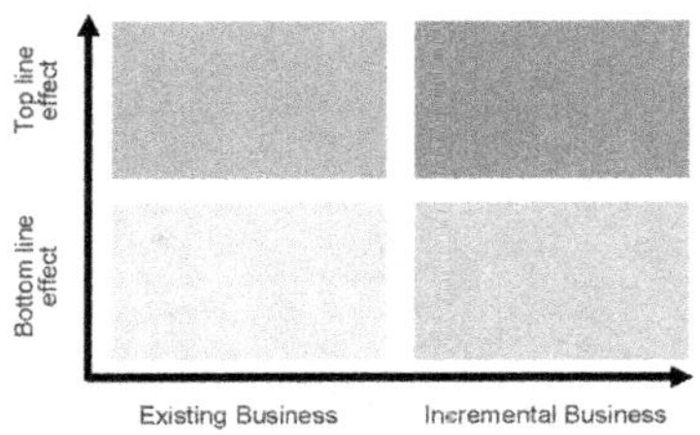
Top line effect
Bottom line effect
Existing Business
Incremental Business

- **Review** existing digital projects and cluster their impact as a (strategic) project or enabler
- **Add** further projects to fill gaps in implementing the digital strategy
- **Dismiss, select, prioritize** and **execute** ideas

Product / business launch funnel

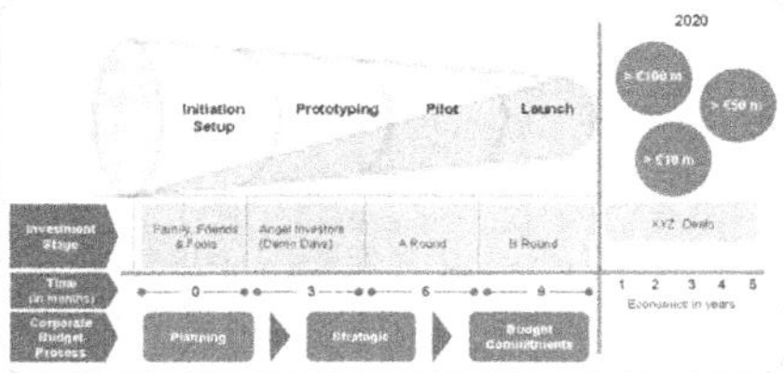
Initiation Setup
Prototyping
Pilot
Launch
2020
A Round
B Round
0
3
6
9
1 2 3 4 5
Planning
Strategic

- **Follow** pre-defined **product launch pattern**
- **Structure** and **track ideas** as well as **product developments**
- **Define necessary requirements** for every **stage**

Deloitte Digital 22. MMK 16

The CDO can drive digital initiatives by building a corporate accelerator as a separate "business innovation speedboat"

Concept → **Build & Operate** → **Transfer** = **Corporate Accelerator**

1
Setting up the **Accelerator Blue Print & Execution Roadmap**

2
Building & **operating** the **Functional Organization**

3
Transferring the **Accelerator** to a **fully dedicated Accelerator Team**

STRATEGY & External Resources

IMPLEMENTATION & Internal Resources

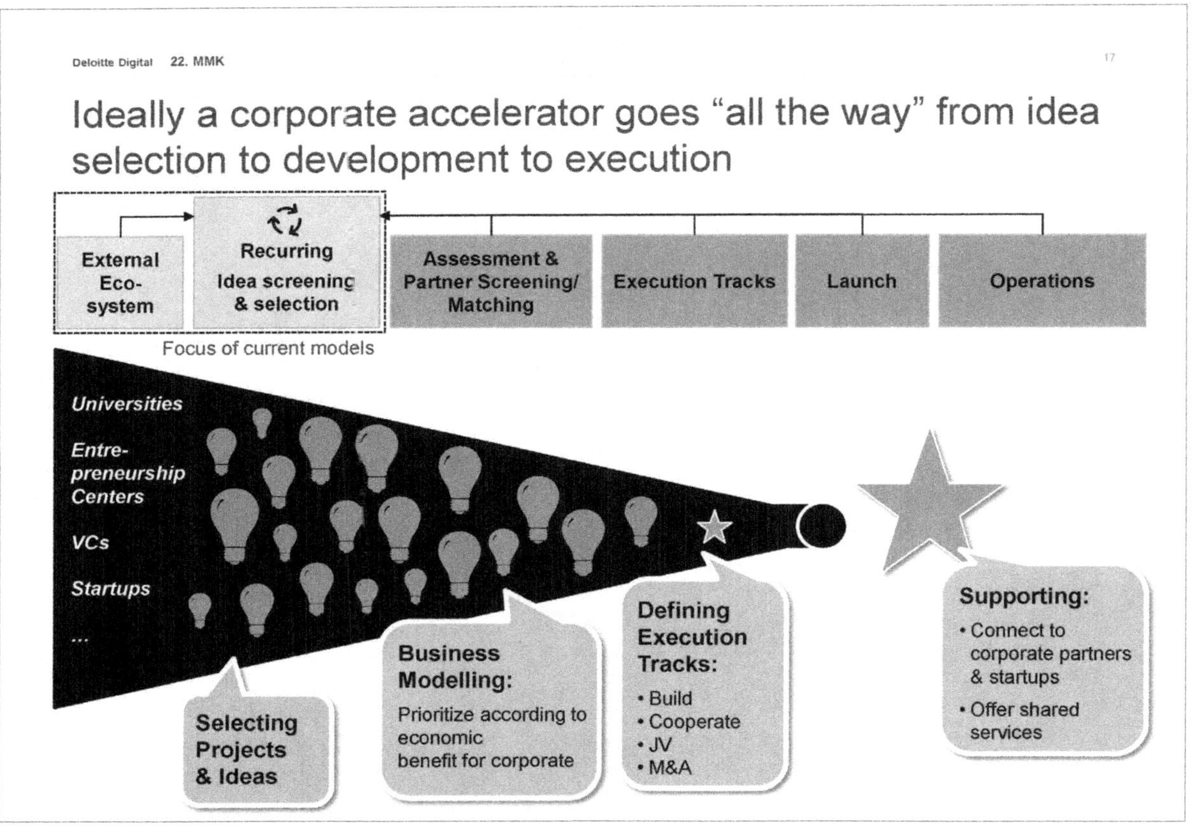

Deloitte Digital 22. MMK
17
Ideally a corporate accelerator goes "all the way" from idea selection to development to execution
External Eco-system
Recurring Idea screening & selection
Assessment & Partner Screening/ Matching
Execution Tracks
Launch
Operations
Focus of current models
Universities
Entre-preneurship Centers
VCs
Startups
...
Selecting Projects & Ideas
Business Modelling:
Prioritize according to economic benefit for corporate
Defining Execution Tracks:
• Build
• Cooperate
• JV
• M&A
Supporting:
• Connect to corporate partners & startups
• Offer shared services

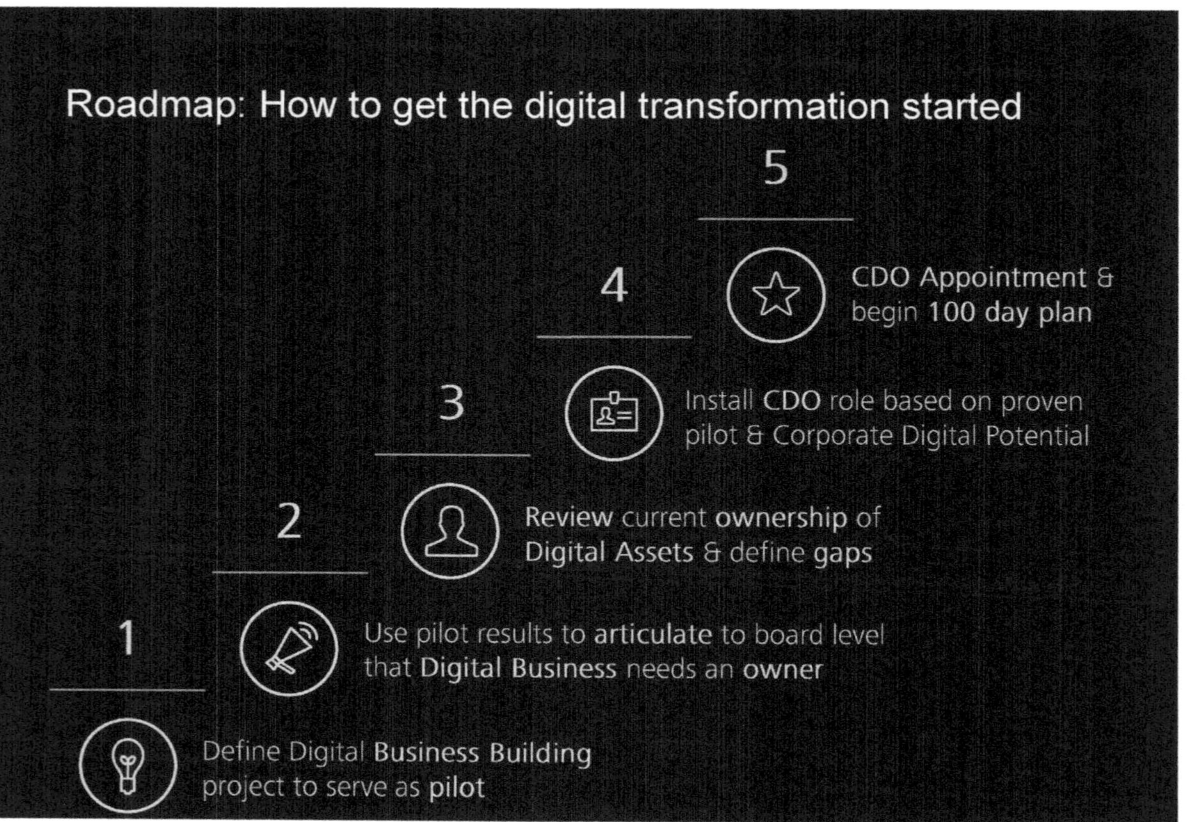

Roadmap: How to get the digital transformation started
5
CDO Appointment & begin 100 day plan
4
Install CDO role based on proven pilot & Corporate Digital Potential
3
Review current ownership of Digital Assets & define gaps
2
Use pilot results to articulate to board level that Digital Business needs an owner
1
Define Digital Business Building project to serve as pilot

Bring us your challenges, we'll reimagine your future.

We are a team of passionate entrepreneurs and operational experts who assist you in building new digital businesses with speed and precision according to your requirements.

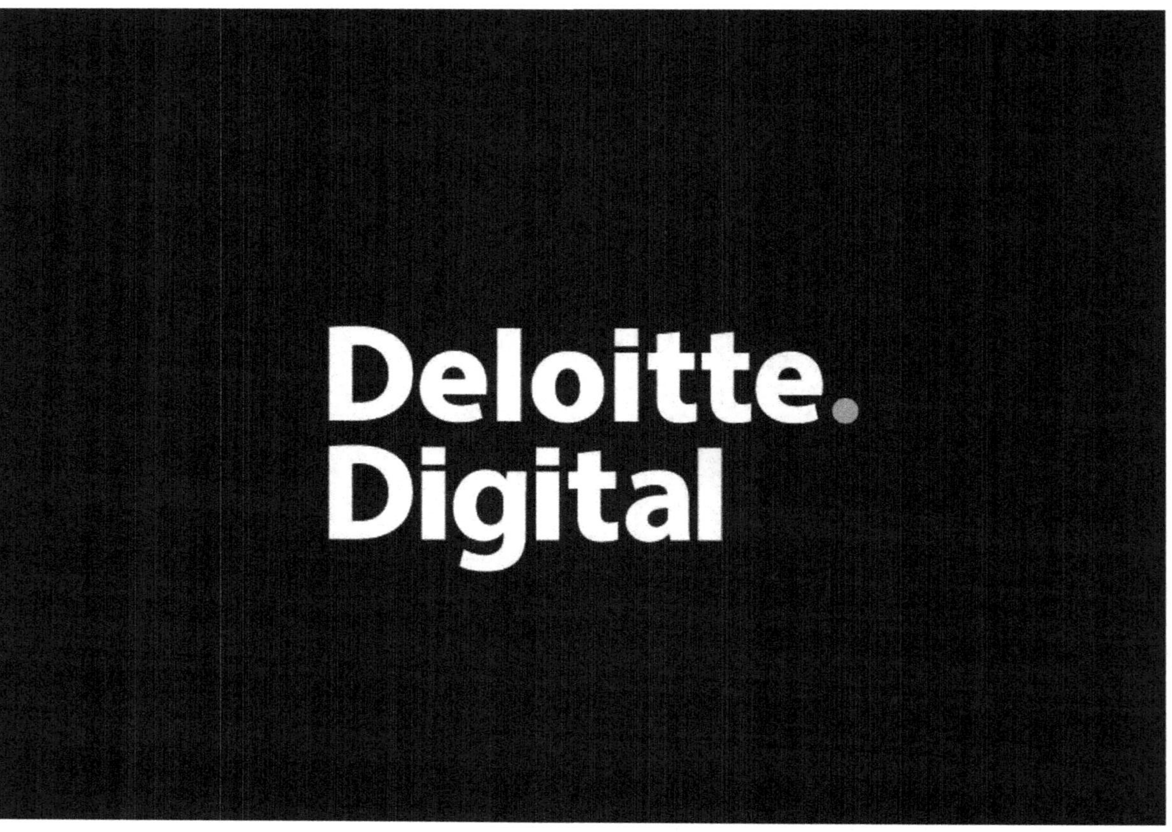
Deloitte.
Digital

Wertorientierung als konsequenter und nachhaltiger Stresstest - dargestellt am Beispiel eines Weltmarktführers

Joerg Hellwig

Senior Vice President Inorganic Pigments
LANXESS Deutschland GmbH

LANXESS Inorganic Pigments
Wertorientierung als konsequenter und nachhaltiger Stresstest – dargestellt am Beispiel eines Weltmarktführers
Jörg Hellwig
17. März 2015
BAYFERROX®
Color for Life.

LANXESS Inorganic Pigments gehört zum Segment Performance Chemicals und ist ein wichtiger Geschäftsbereich des Spezialchemiekonzerns LANXESS

- LANXESS ist ein führender Spezialchemie-Konzern, der 2013 einen Umsatz von 8,3 Milliarden Euro erzielte
- Insgesamt sind aktuell rund 16.700 Mitarbeiter in 29 Ländern beschäftigt
- Der Konzern ist global ausgerichtet mit 52 Produktionsstandorten
- Das Produktportfolio ist dreigeteilt mit 10 Business Units in den Segmenten
  - Performance Polymers
  - Advanced Intermediates
  - Performance Chemicals
- LANXESS Inorganic Pigments gehört zum Segment der Performance Chemicals

2

LANXESS

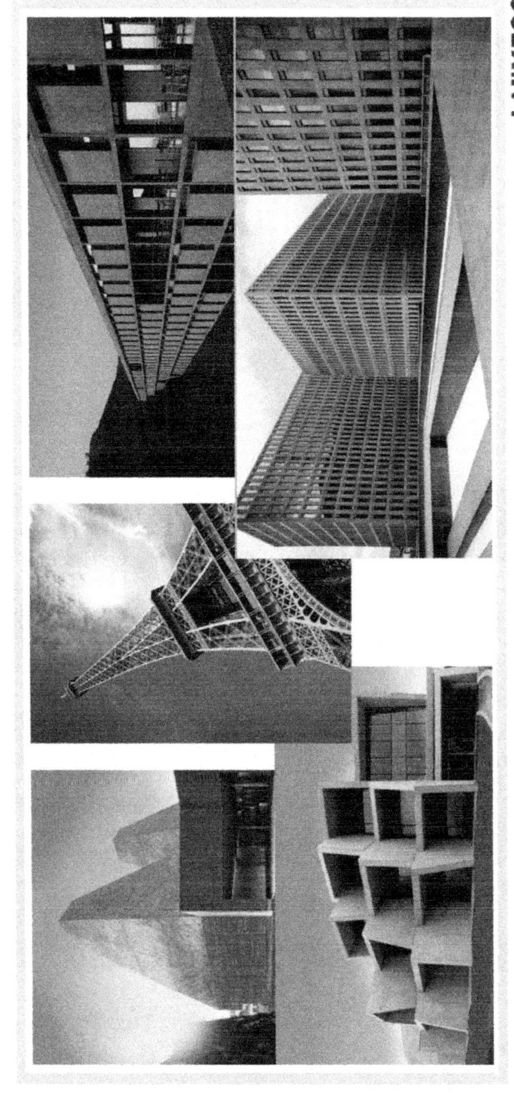
Unsere Produkte machen Gebäude zu Sehenswürdigkeiten, ...
LANXESS
3

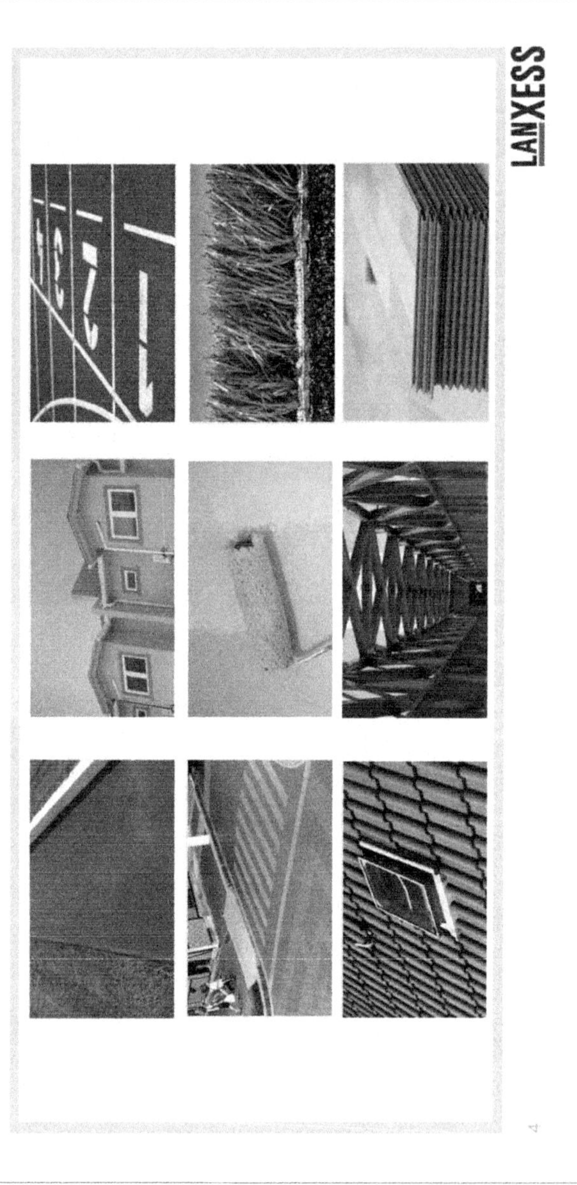
…sie begegnen ihnen aber auch im täglichen Leben…
LANXESS
4

…und manchmal stiften sie Nutzen, obwohl man sie dort gar nicht erwartet.

LANXESS

5

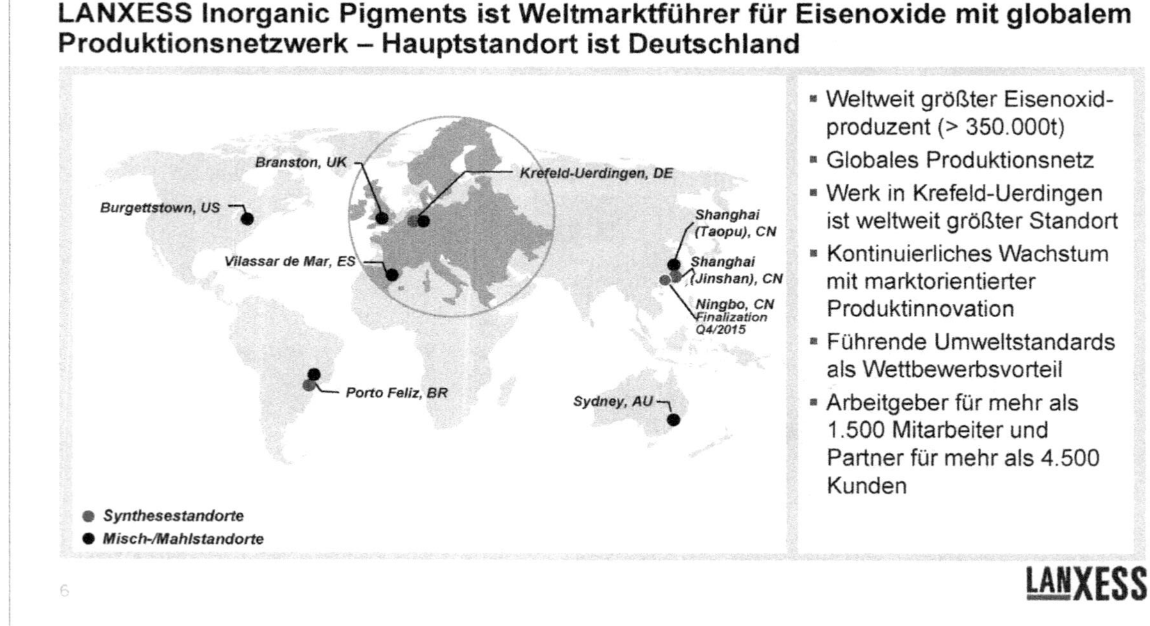
LANXESS Inorganic Pigments ist Weltmarktführer für Eisenoxide mit globalem Produktionsnetzwerk – Hauptstandort ist Deutschland
Branston, UK
Krefeld-Uerdingen, DE
Burgettstown, US
Shanghai (Taopu), CN
Vilassar de Mar, ES
Shanghai (Jinshan), CN
Ningbo, CN Finalization Q4/2015
Porto Feliz, BR
Sydney, AU
Synthesestandorte
Misch-/Mahlstandorte
Weltweit größter Eisenoxid-produzent (> 350.000t)
Globales Produktionsnetz
Werk in Krefeld-Uerdingen ist weltweit größter Standort
Kontinuierliches Wachstum mit marktorientierter Produktinnovation
Führende Umweltstandards als Wettbewerbsvorteil
Arbeitgeber für mehr als 1.500 Mitarbeiter und Partner für mehr als 4.500 Kunden
6
LANXESS

Was bedeutet Wertorientierung – im Allgemeinen und für LANXESS Inorganic Pigments?

- Wertorientierte Unternehmensführung ist zum Schlüsselbegriff moderner Unternehmensführung geworden
- Ziel ist durch Umsetzung wertsteigernder Strategien das Unternehmen zukunftsfähig und nachhaltig erfolgreich aufzustellen
- Die konsequente Umsetzung ist komplex und mit nachhaltigem Management der Veränderung verbunden

Wir verstehen Wertorientierung als Zusammenspiel zwischen einer grundsätzlich von Wertschöpfung geprägten Haltung und Denkweise sowie den Management-Prozessen und –Systemen, die notwendig sind, um diese Haltung in ein operatives Handeln zu übersetzen. Jeweils allein sind beide Seiten wertlos, in Kombination können sie jedoch nachhaltig Erfolg generieren.

VALUE

7

LANXESS

Hintergrund: LANXESS Inorganic Pigments hat ein herausforderndes Geschäftsmodell, das effiziente globale Prozesse und Systeme benötigt

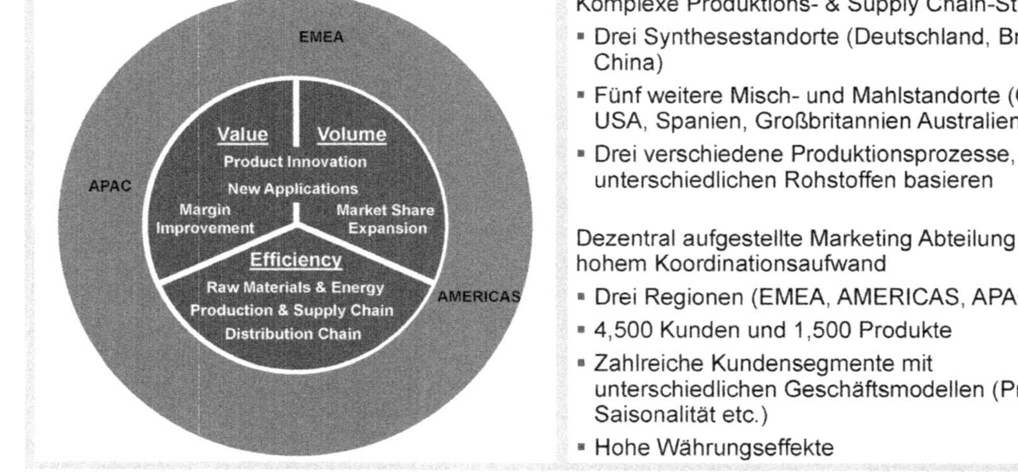

Komplexe Produktions- & Supply Chain-Struktur

- Drei Synthesestandorte (Deutschland, Brasilien, China)
- Fünf weitere Misch- und Mahlstandorte (China USA, Spanien, Großbritannien Australien)
- Drei verschiedene Produktionsprozesse, die auf unterschiedlichen Rohstoffen basieren

Dezentral aufgestellte Marketing Abteilung mit hohem Koordinationsaufwand

- Drei Regionen (EMEA, AMERICAS, APAC)
- 4,500 Kunden und 1,500 Produkte
- Zahlreiche Kundensegmente mit unterschiedlichen Geschäftsmodellen (Preis, Saisonalität etc.)
- Hohe Währungseffekte

8 Growth drivers | Focus areas | Asset strategy

LANXESS

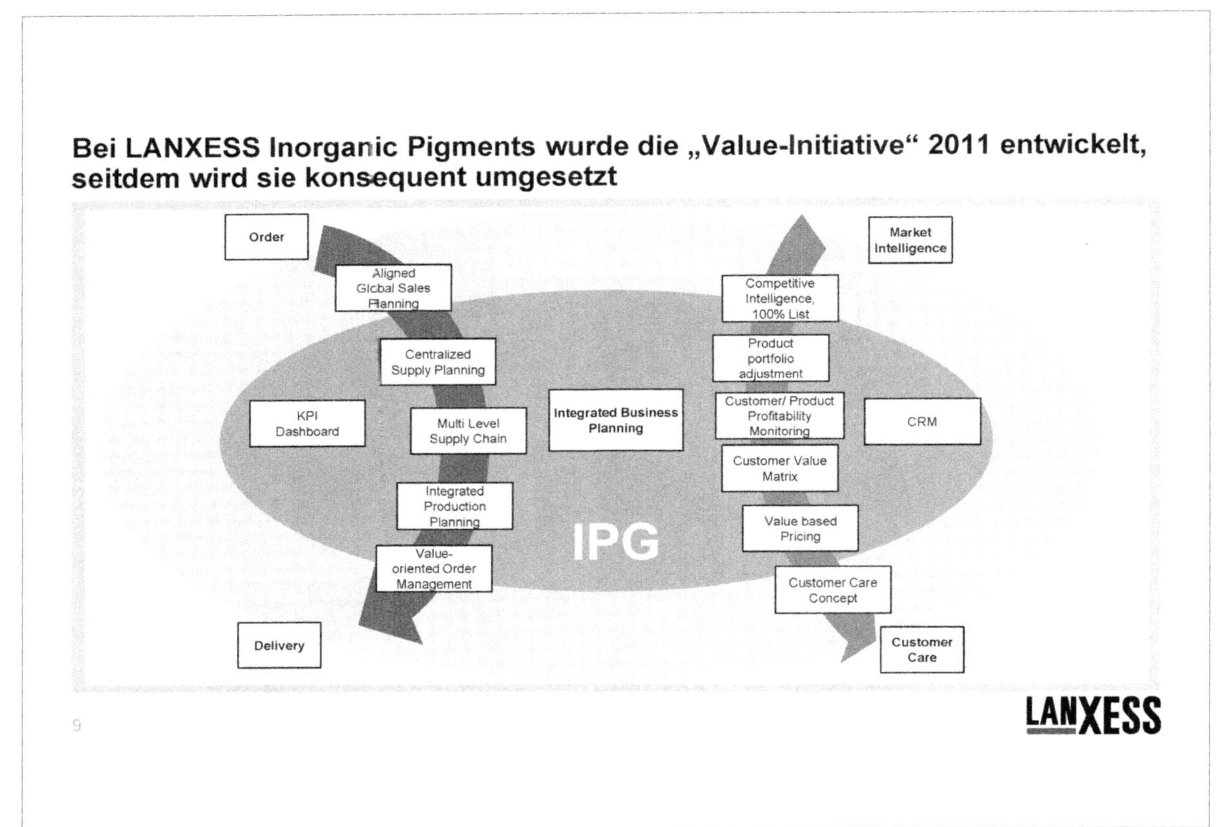
Bei LANXESS Inorganic Pigments wurde die „Value-Initiative" 2011 entwickelt, seitdem wird sie konsequent umgesetzt
Order
Aligned Global Sales Planning
Centralized Supply Planning
KPI Dashboard
Multi Level Supply Chain
Integrated Production Planning
Value-oriented Order Management
Delivery
Integrated Business Planning
IPG
Market Intelligence
Competitive Intelligence, 100% List
Product portfolio adjustment
Customer/ Product Profitability Monitoring
CRM
Customer Value Matrix
Value based Pricing
Customer Care Concept
Customer Care
9
LANXESS

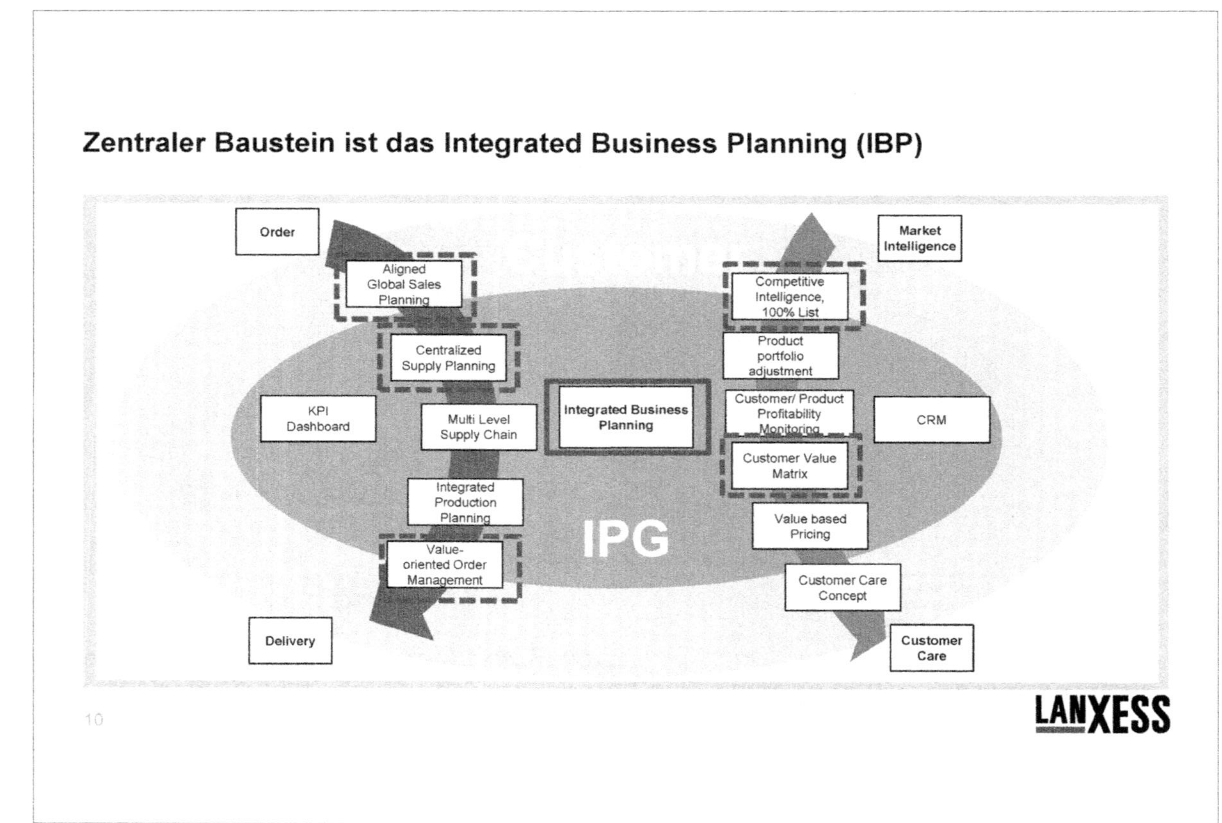
Zentraler Baustein ist das Integrated Business Planning (IBP)
Order
Aligned Global Sales Planning
Centralized Supply Planning
KPI Dashboard
Multi Level Supply Chain
Integrated Production Planning
Value-oriented Order Management
Delivery
Integrated Business Planning
IPG
Market Intelligence
Competitive Intelligence, 100% List
Product portfolio adjustment
Customer/ Product Profitability Monitoring
Customer Value Matrix
CRM
Value based Pricing
Customer Care Concept
Customer Care
10
LANXESS

Im IBP werden alle globalen Planungsfunktionen zur Verbesserung der internen Informationsflüsse zentralisiert.

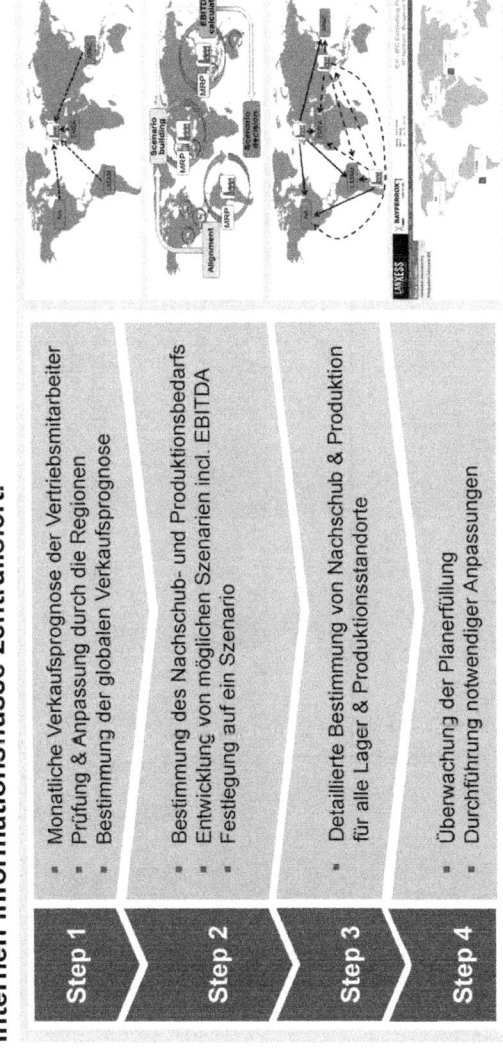

Step 1	▪ Monatliche Verkaufsprognose der Vertriebsmitarbeiter ▪ Prüfung & Anpassung durch die Regionen ▪ Bestimmung der globalen Verkaufsprognose
Step 2	▪ Bestimmung des Nachschub- und Produktionsbedarfs ▪ Entwicklung von möglichen Szenarien incl. EBITDA ▪ Festlegung auf ein Szenario
Step 3	▪ Detaillierte Bestimmung von Nachschub & Produktion für alle Lager & Produktionsstandorte
Step 4	▪ Überwachung der Planerfüllung ▪ Durchführung notwendiger Anpassungen

Scenario building
MRP
Alignment
EBITDA calculation
Scenario decision

11

LANXESS

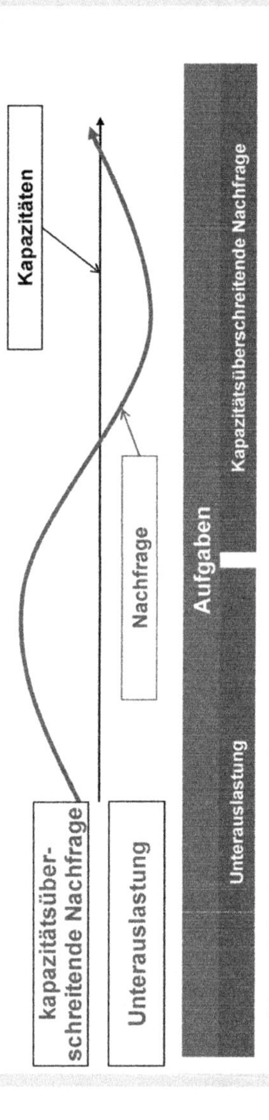
Das IBP ermöglicht flexible Entscheidungen auch in Zeiten der Unterauslastung oder bei kapazitätsüberschreitender Nachfrage
kapazitätsüber-schreitende Nachfrage
Unterauslastung
Kapazitäten
Nachfrage
Aufgaben
Unterauslastung
Kapazitätsüberschreitende Nachfrage
▪ Monatliche Auswertung der rollierenden Verkaufsplanung
▪ Festlegung der Produktionsvolumen, die nicht verkauft werden können
▪ Nutzung der Gesamtmarktanalyse um freie Kapazitäten zu füllen
▪ Monatliche Auswertung der rollierenden Verkaufsplanung
▪ Festlegung der Produktionsvolumen, die nicht ausreichend vorhanden sind
▪ Verteilung der betroffenen Produkte an Kunden mit höchstem Kundenwert
12
LANXESS

Abgestimmte globale Verkaufsplanung (Global Sales Planning) – Der erste Schritt im globalen Planungsprozess

Erläuterung

- Rollierende monatliche Verkaufsplanung aller Regionen als Basis
- Validierung der Planungsdaten und Bestätigung durch das regionale Produktmanagement
- Abstimmung der globalen Verkaufsplanung mit allen Parteien

➔ Die rollierende Verkaufsplanung ist die Basis für die integrierte Bereitstellungsplanung, die Umsatz- und Budgetplanung sowie für den Fünf-Jahres-Plan

Global Sales Planning

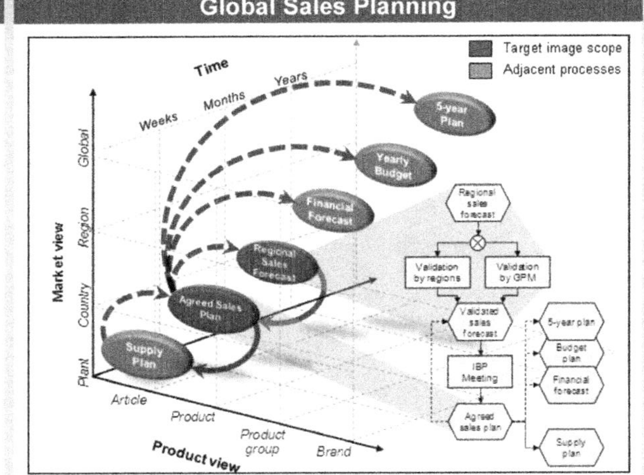

13 Aligned Global Sales Planning

LANXESS

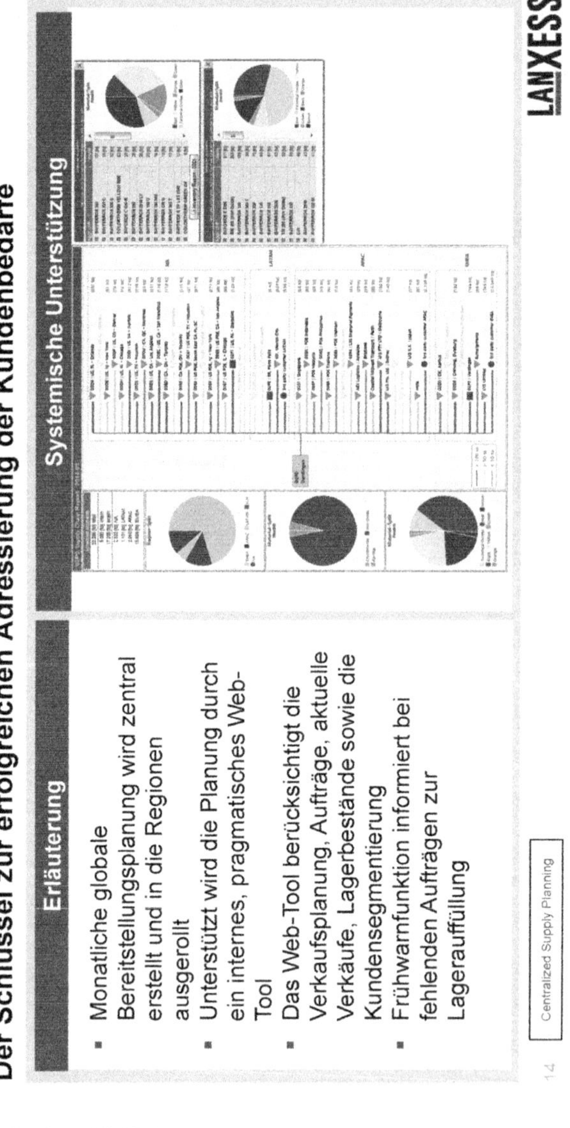
Abgestimmte zentrale Bereitstellungsplanung (Centralized Supply Planning) –
Der Schlüssel zur erfolgreichen Adressierung der Kundenbedarfe
Erläuterung
Monatliche globale Bereitstellungsplanung wird zentral erstellt und in die Regionen ausgerollt
Unterstützt wird die Planung durch ein internes, pragmatisches Web-Tool
Das Web-Tool berücksichtigt die Verkaufsplanung, Aufträge, aktuelle Verkäufe, Lagerbestände sowie die Kundensegmentierung
Frühwarnfunktion informiert bei fehlenden Aufträgen zur Lagerauffüllung
Systemische Unterstützung
14
Centralized Supply Planning
LANXESS

Wertorientiertes Auftragsmanagement – Verbesserung des Kundenservice durch schnellere und zuverlässigere Auftragsbestätigung

Erläuterung

- Durch konsequentes Auftragsmanagement kann der Status eines Auftrags kontinuierlich verfolgt und der Auftrag erfüllt werden
- Ein verbesserter wertorientierter Verteilungsprozess erlaubt eine schnellere und zuverlässigere Auftragsbestätigung
- Bei kapazitätsüberschreitender Nachfrage werden die Produkte automatisch den Kunden mit dem höchsten Kundenwert zugeteilt

The Order Management Process

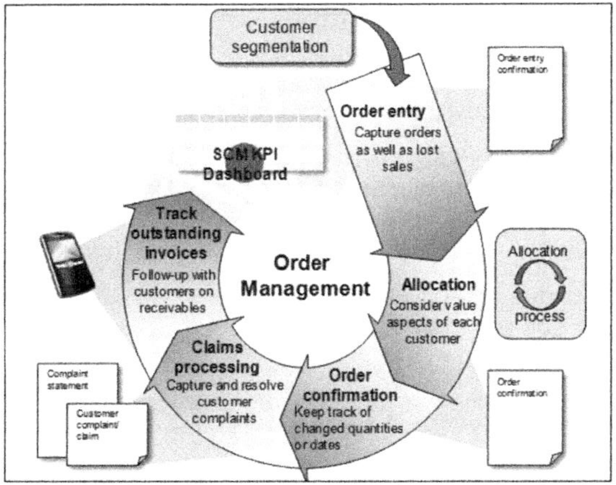

15 Value-oriented Order Management

LANXESS

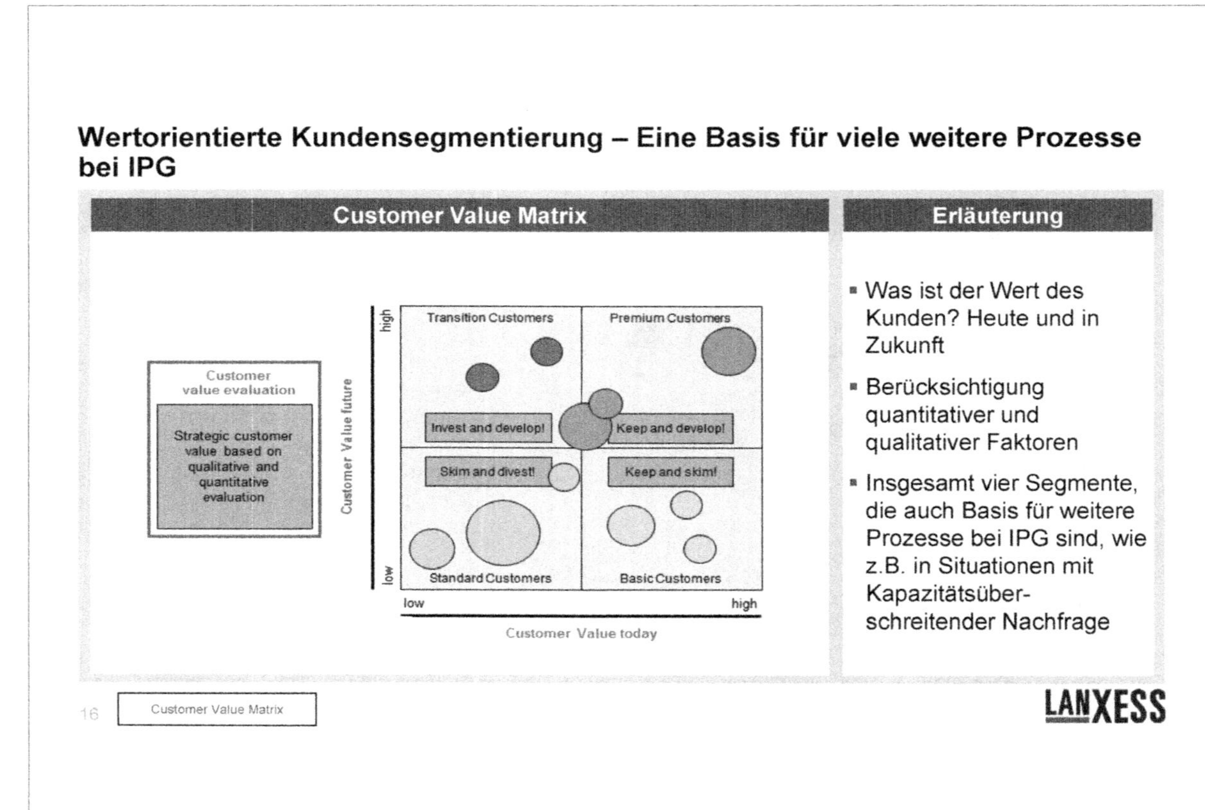
Wertorientierte Kundensegmentierung – Eine Basis für viele weitere Prozesse bei IPG
Customer Value Matrix
Customer value evaluation
Strategic customer value based on qualitative and quantitative evaluation
Customer Value future
high
low
Transition Customers
Premium Customers
Invest and develop!
Keep and develop!
Skim and divest!
Keep and skim!
Standard Customers
Basic Customers
low
high
Customer Value today
Erläuterung
Was ist der Wert des Kunden? Heute und in Zukunft
Berücksichtigung quantitativer und qualitativer Faktoren
Insgesamt vier Segmente, die auch Basis für weitere Prozesse bei IPG sind, wie z.B. in Situationen mit Kapazitätsüber-schreitender Nachfrage
16
Customer Value Matrix
LANXESS

Konsequente Wertorientierung macht uns zukunftsfähig – wir können dadurch Veränderungen antizipieren und flexibel auf sie reagieren

Ergebnisse:

- Optimierte globale Prozesse und dadurch nachhaltiges Wachstum und höhere Profitabilität
- Starke effizient aufgestellte Systemlandschaft
- Höhere Anpassungsfähigkeit in Zeiten von wirtschaftlichen Veränderungen
- Globale Identifikation mit der Initiative durch konsequente Begleitung des Veränderungsprozesses

Wertorientierung ist bei LANXESS Inorganic Pigments eine nachhaltige Philosophie für Denken und Handeln und ein ganzheitlicher Ansatz, der das Rückgrat für optimierte Geschäftsprozesse darstellt.

BAYFERROX
Color for Life.

17

LANXESS

LANXESS
Energizing Chemistry

Geschäftsmodelle im Zeichen der Digitalisierung

Dipl.-Ing. (FH) Klaus Helmrich

Mitglied des Vorstands
Siemens AG

Die Industriebranche befindet sich weltweit im Umbruch. Ob Hersteller von Maschinen, Anlagen oder Fahrzeugen, ob Unternehmen aus der Papier- und Verpackungsbranche, dem Bergbau, der Energietechnik oder in der Pharma- und Nahrungsmittelindustrie: Sie alle erleben derzeit den fundamentalsten technologischen Wandel seit Mitte des vergangenen Jahrhunderts. Die Digitalisierung verändert sämtliche Lebensbereiche und damit auch die Wirtschaft und ihre Geschäftsmodelle. Digitalisierung verkürzt die Wertschöpfungsketten. Jedes Glied in der Kette, das keinen Wert schafft, fällt heraus. Dieser radikale Umschwung wird getrieben durch Big Data, Cloud Computing und das sogenannte Internet der Dinge. Das Datenwachstum der vergangenen Jahre ist beeindruckend: Das weltweite Datenvolumen beträgt heute bereits das Siebenfache des Volumens im Jahr 2010. Und bis zum Jahr 2020 wird es nochmals um mehr als den Faktor 4 zunehmen.

Möglich machen diese Entwicklung fünf wesentliche Treiber:

- Gestiegene Speicherkapazitäten
- Leistungsfähigere Rechner
- Ausbau von leistungsfähigen Breitband-Internetverbindungen und Mobilfunknetzen
- Bessere Möglichkeiten zur Datenauswertung („Data Analytics“)
- Zunehmende Verwendung von Sensoren

Beispiel Speichermedien und leistungsfähigere Hardware: Die Rechenleistung eines modernen Smartphones entspricht mittlerweile der eines Großrechners um die Jahrtausendwende. Und kostete der Speicherplatz für ein Gigabyte Daten im Jahr 1992 noch rund 569 US-Dollar, so sind es heute wenige Cent. Diese Speicherung erfolgt in Zukunft immer weniger lokal, sondern in der Cloud: 2020 werden dort schätzungsweise 37 Prozent aller Daten abgelegt sein – knapp 300-mal so viel wie 2010.

Beispiel Sensoren: Die Menge der Quellen, aus denen Daten fließen, ist drastisch gestiegen. Dies gilt insbesondere für die Zahl der Sensoren in Maschinen und Anlagen, die Betriebsabläufe, Umgebungstemperatur und Vibrationen erfassen. Barcodes oder RFID Funkchips haften in der Produktion mittlerweile bereits an kleinsten Werkteilen zur Optimierung von Fertigung, Qualitätskontrolle und Logistik.

Hinzu kommen Daten von intelligenten Stromzählern, vernetzten Gebäuden oder Fahrzeugen. Auch Nutzer sozialer Netzwerke legen ständig Informationen nach, und Daten aus E-Mails, Telefongespräche per Skype, GPS-Daten von Smartphones oder Bilder aus Überwachungskameras erhöhen die Datenmenge weiter.

Mit der fortschreitenden Digitalisierung hat sich eine gewaltige Innovationswelle aufgebaut, die nach dem Consumer-Bereich jetzt auch das Industrieumfeld erfasst. Aus der technologischen Entwicklung ergeben sich für produzierende Unternehmen attraktive Möglichkeiten, für ihre Kunden einen Mehrwert zu schaffen. An sämtlichen Punkten entlang der Wertschöpfungskette entstehen teils abgewandelte, vielfach aber auch völlig neue Geschäftsmodelle. Dies gilt nicht nur für die Industrie, sondern auch für andere Branchen wie Finanzdienstleistungen, Handel, Verkehr, Logistik, Energieerzeugung und –verteilung oder Land- und Forstwirtschaft.

Nutzen für Kunden und das eigene Unternehmen

Der potenzielle Kundennutzen ist enorm. In der Produktion etwa kann Digitalisierung an allen Stufen entlang der Wertschöpfungskette die Produktivität und Innovationsgeschwindigkeit erheblich steigern und die Markteinführungszeiten verkürzen. Zudem ermöglicht sie einen optimierten Energie- und Ressourcenverbrauch sowie geringere Fehlerquoten. Auch die zunehmende Komplexität wird beherrschbarer und betriebswirtschaftliche und technologische Risiken lassen sich noch besser begrenzen.

All das trägt erheblich zur Wettbewerbsfähigkeit bei. Nach einer im Herbst 2014 veröffentlichten Umfrage der Beratungsunternehmen Strategy& und PwC unter deutschen Unternehmen erwartet die Industrie allein durch die Digitalisierung der Wertschöpfungsketten bis 2020 eine Steigerung der Produktions-, Energie- und Ressourceneffizienz von 3,3 Prozent pro Jahr sowie eine Kostenersparnis von jährlich 2,6 Prozent. Und von der stärkeren Digitalisierung ihres Produkt- und Serviceportfolios verspricht sie sich eine Umsatzsteigerung von 2,5 Prozent pro Jahr. Dies entspricht jährlich 30 Milliarden Euro – bezogen auf die deutschen Kernbranchen Maschinen- und Anlagenbau, Automotive, Elektrotechnik/Elektronik, IKT sowie Prozessindustrie.

Aber nicht nur für Kunden von Herstellern wie Siemens sind Innovationen auf Basis digitaler Technologien und Geschäftsmodelle unverzichtbar, sondern auch für die Hersteller selbst. Zum einen, weil damit auch sie selbst die beschriebenen Potenziale heben können. Zum anderen, weil sie damit ihren Kunden den Mehrwert ihrer digitalisierten Prozesse im eigenen Haus beweisen. Und sie können sich als Anbieter von ganzheitlichen Paketen aus Hardware, Software und Services gegenüber ihren Wettbewerbern differenzieren und die Kundenbindung erhöhen.

Zukunftsfähigkeit für produzierende Unternehmen durch Industrie 4.0

Zur Hannover Messe 2011 wurde erstmals der Begriff der Industrie 4.0 geprägt. Was damals die Beschreibung einer vagen Vision von der Digitalisierung der Produktion und ihren Vorteilen war, hat inzwischen konkrete Züge angenommen. Mittlerweile existieren schon zahlreiche reale Beispiele zur Umsetzung von Teilbereichen dieser Vision.

Industrie 4.0 steht für die vierte industrielle Revolution und beschreibt eine neue Stufe der Organisation und Integration der gesamten Wertschöpfungskette über den Lebenszyklus von Produkten. Die virtuelle Welt verschmilzt mit der realen Welt der Produktentstehung. Diese neue Welt ist ein ganzheitliches System, in dem alle Prozesse in Echtzeit integriert sind: Produkte sind mit Hilfe von Sensoren und Chips identifizierbar und lokalisierbar. Sie kennen ihre Historie, ihren aktuellen Zustand und ihren Zielzustand. Es entsteht ein lückenloses, sich stetig optimierendes Netzwerk. Durch die Verbindung von Menschen, Objekten und Systemen bilden sich dynamische und unternehmensübergreifende Wertschöpfungsnetzwerke, die sich nach Kriterien wie Kosten, Verfügbarkeit und Ressourcenverbrauch optimieren lassen.

Siemens gilt bei der Umsetzung der Vision der Industrie 4.0 als einer der Vorreiter und treibt die Integration und ganzheitliche Optimierung aller Schritte von Produktionsprozessen auf Basis seiner Digital Enterprise Plattform und eines einheitlichen Datenmodells voran. Viele Siemens-Lösungen ermöglichen bereits eine Datendurchgängigkeit in beide Richtungen des Produktentwicklungs- und Produktionsprozesses – von der Produktidee bis zu den Services.

Großer Investitionsbedarf

Für die Industrie führt das Zusammenwachsen von virtueller und realer Welt zu einer höheren Innovationsgeschwindigkeit, erfordert aber auch einen großen technologischen Aufwand und damit Investitionen. Dies hat die Industrie erkannt: Bis zum Jahr 2020 werden allein die 235 von Strategy& und PwC befragten deutschen Unternehmen durchschnittlich 3,3 Prozent ihres Jahresumsatzes in Industrie-4.0-Anwendungen entlang der gesamten Wertschöpfungskette ausgegeben haben. Insgesamt sind dies mehr als 200 Milliarden Euro in fünf Jahren.

Die Digitalisierung von Fertigung und Prozessen bedeutet, dass es für Industrieunternehmen nicht genugt, immer genau dann Softwarekompetenzen von IT-Providern einzukaufen, wenn sie gerade benötigt werden. Vielmehr müssen sie selbst vorausschauend ein stärkeres ganzheitliches Verständnis für das Zusammenspiel von realer und virtueller Fertigungswelt entwickeln. Dafür benötigen sie einerseits verstärkt eigene Softwarekompetenzen. Andererseits werden sie enger als in der Vergangenheit konstruktiv mit Kooperationspartnern aus der Wissenschaft, mit spezialisierten IT-Anbietern und zunehmend auch mit Wettbewerbern zusammenarbeiten müssen. Entsprechend werden auch IT-Provider mit einem Fokus auf Industriekunden zusätzliche Qualifikationen und Praxiskenntnisse im Produktionsbereich erwerben, um die Geschäftsmodelle der Industrie besser zu verstehen und die Sprache ihrer Kunden zu sprechen.

Aufgrund dieser Entwicklung werden die Märkte insgesamt heterogener: Unternehmen unterschiedlichster Herkunft drängen in den Markt. Zum Beispiel entwickeln Industrieunternehmen immer häufiger eigene Softwarelösungen. Diese lassen sich vielfach in verschiedensten Branchen einsetzen. Umgekehrt entdecken IT-Unternehmen zunehmend den Markt für Produktions- und Automatisierungslösungen. Zum Beispiel hat Google Anfang 2014 das auf Rauchmelder und Thermostate spezialisierte Automatisierungsunternehmen Nest Labs für 3,2 Milliarden US-Dollar gekauft. SAP und Microsoft bieten eigene IT-Lösungen für die Fertigungsindustrie an. Und im Software-Mekka Silicon Valley befinden sich inzwischen Niederlassungen von vielen Industrieunternehmen. Darunter sind fast alle namhaften Autohersteller, die eng mit Valley-Größen wie Apple, Google und Facebook kooperieren.

Besonders fortgeschritten bei der Digitalisierung von Prozessen und Produkten ist die Autoindustrie. Der Wertanteil von Elektrik und Elektronik liegt beispielsweise bei einem Kfz der Premiumklasse derzeit schon bei rund 30 Prozent, bei Elektrofahrzeugen sogar bei 50 Prozent. Neun von zehn Fahrzeug-Produktinnovationen beruhen auf IT. Bis 2016 werden weltweit schätzungsweise 210 Millionen Fahrzeuge vernetzt sein. Und dann werden auch 80 Prozent aller verkauften Neuwagen einen Internetanschluss besitzen. Zudem dürfte sich das Volumen für Bauteile und Dienstleistungen rund um vernetzte Autos bis zum Jahr 2020 auf rund 170 Milliarden Euro versechsfachen.

Die Digitalisierung der Endprodukte führt auch in der Automobilbranche zu neuen Geschäftsmodellen. Dies gilt nicht nur für Services und auch nicht nur für die Autoproduzenten selbst. Auch ihre Zulieferer profitieren: Ob Connected Cars, intelligente Assistenzsysteme oder innovative Bedienkonzepte – mit Fahrzeug-IT können sie neue Umsatzquellen erschließen und aus ihrer kleinen Nische in der Lieferkette ausbrechen. Beim Kompetenzaufbau lernen sie vor allem von der Software- und IT-Industrie.

Big Data werden zu Smart Data

Um ertragreiche Geschäftsmodelle auf Basis einer stärkeren Digitalisierung zu entwickeln, stehen Unternehmen vor zahlreichen Herausforderungen. Eine davon wird sein, die Sicherheit der erfassten Daten zu gewährleiten und Fragen nach Datenhoheit und -zugriffsrechten verlässlich zu klären. Eine ebenso große Herausforderung besteht in der Beherrschbarkeit des stetig wachsenden Datenvolumens. Unternehmen, denen es am besten gelingt, aus diesen Daten unmittelbar verwertbare und Mehrwert bringende Erkenntnisse zu gewinnen, werden in Zukunft überdurchschnittlich erfolgreich sein.

Um die riesigen Datenmengen ergebnisorientiert auswerten zu können, muss man sie zunächst verstehen. Dies erfordert fundiertes Wissen über die Funktionsweise von Maschinen und Anlagen und mit welcher Sensorik und Messtechnik sich die relevanten Daten erfassen lassen. Wichtigstes Kriterium ist nicht die Menge an Daten und deren Auswertung („Big Data“), sondern die Extraktion der wertvollen Inhalte („Smart Data“). In einer großen Gasturbine beispielsweise messen Hunderte von Sensoren ständig Temperaturen, Drücke, Strömungsverläufe und Gaszusammensetzungen. Nur wer das physikalische Know-how über die Turbine und das Kraftwerk besitzt, kann diese

Werte zielgerichtet analysieren, um mit diesem Wissen den Betreibern wertvolle Hinweise zur Anlagenoptimierung zu geben. Und auch nur, wer neben dem Gerätewissen die Abläufe und Bedürfnisse der Betreiber kennt („Domain Know-how"), kann die Datenflut sinnvoll nutzen. Wer dann noch die richtigen Algorithmen zur Datenauswertung entwickelt, kann seinen Kunden einen echten Zusatznutzen bieten – von Energieersparnis über Kostensenkung, Qualitätsverbesserung, Steigerung der Flexibilität bis hin zu kürzeren Markteinführungszeiten oder zuverlässigeren Anlagen.

Smart Data soll also nicht allein aufzeigen, was in Maschinen und Anlagen geschieht, sondern auch, warum es passiert, und letztlich, welche Handlungen daraus abgeleitet werden sollten. Eine Grundvoraussetzung, um zu solchen Ergebnissen zu kommen, ist eine große installierte Basis als Datenquelle. Siemens ist hier gut aufgestellt und betreibt auf mehreren Kontinenten Fernwartungszentren, an welche mehr als 250.000 Anlagen angeschlossen sind – von Verkehrsrechnern und Ampelanlagen über Züge und Schiffsmotoren bis zu Gebäuden, Stahlwerken, Papierfabriken, Wind- und Gasturbinen, Röntgengeräten und Computertomographen. Monatlich werden über die unternehmenseigene „Common Remote Service Plattform" mehr als zehn Terabyte an Daten verarbeitet. Bis 2020 dürfte sich diese Datenmenge verzehnfachen.

Aus den Daten der Steuerung von Tausenden von Gebäuden, Zügen oder Produktionsanlagen lassen sich zum Beispiel Empfehlungen für die Betreiber ableiten, um die Energiekosten zu senken. Und mit diesem Wissen können Unternehmen dann neue Geschäftsmodelle entwickeln – etwa, indem sich die Anbieter von Smart Data die Kostenersparnis mit den Anwendern teilen.

Kenntnis digitaler Geschäftsmodelle wird unverzichtbar

Der Erfolg solcher Geschäftsmodelle steht und fällt mit der Qualität der Datenanalyse (Business Data Analytics). Die intelligente Verknüpfung von Analyse Know-how mit Domain- und Produkt-Know-how bietet Unternehmen wie Siemens einen großen Wettbewerbsvorteil gegenüber reinen IT-Providern. Um daraus aber Mehrwert für das eigene Unternehmen und für Kunden zu schaffen, sind profunde Kenntnisse im Bereich digitaler Geschäftsmodelle unverzichtbar. Das Gleiche gilt für Kenntnisse über die Bedürfnisse des Marktes. Im Idealfall werden diese vorausschauend erkannt und entsprechende Angebote vorbereitet, noch bevor eine konkrete Nachfragesituation entsteht.

Zur Entwicklung von tragfähigen und nachhaltig erfolgreichen B2B-Geschäftsmodellen im Kontext der Digitalisierung müssen Unternehmen Antworten auf drei zentrale Fragen finden:

- Wie lassen sich durch Digitalisierung die Produktivität und das Wachstum steigern – sowohl im eigenen Unternehmen als auch beim Kunden?

- Wie lässt sich das Innovationspotenzial für identifizierte Geschäftsmodelle implementieren?
- Wie lässt sich speziell im Bereich von Data Analytics mehr und schneller Know-how aufbauen?

In vielen Bereichen hat Siemens auf diese Fragen bereits belastbare Antworten gefunden. Zum Beispiel tragen die Engineering-Plattform TIA Portal oder die auf Product Lifecycle Management Software (PLM) basierende Integration von Produktdesign und Produktionsengineering zur Produktivitätssteigerung in der Fertigung bei.

Zur Kompetenzerweiterung investiert Siemens außerdem systematisch in innovative Start-ups und hat dafür einen mit 100 Millionen US-Dollar dotierten Fonds „Industry of the Future" aufgelegt. Mit Siemens Novel Businesses werden ferner eigene Start-ups für innovative Geschäftsmodelle gegründet – und später gegebenenfalls in die reguläre Organisation überführt. Zudem besitzt Siemens eigene Büros in vielen Innovationsclustern der Erde, beispielsweise dem Silicon Valley. Daneben kooperiert das Unternehmen eng mit externen Forschungseinrichtungen sowie mit weltweit führenden Universitäten und deren Spin-offs, etwa von den Universitäten in Berkeley, Shanghai und München.

Im Prinzip sind diese Vorgehensweisen eine systematische Fortentwicklung bewährter Methodiken. Etwas anders verhält es sich mit der Frage, wie sich die vergleichsweise neuen Themen rund um die Digitalisierung unternehmensintern besser strukturieren, sortieren und organisieren lassen. Wie kann man Softwarekompetenz mit Automatisierungs- und Branchen-Know-how am effizientesten verbinden, um im Rahmen von Data Analytics die wirklich wichtigen Daten zu erheben und zu nutzen? Wie lässt sich ein allgemeines Verständnis dafür aufbauen, dass nicht mehr allein die Hardware zentrales Asset des Unternehmens ist, sondern zunehmend auch Daten? Hier sind neue Wege des Managements erforderlich, interdisziplinäres Arbeiten, Offenheit für in- und externe Kooperationen und unternehmerisches Risiko. Es geht insgesamt also auch um eine Frage von Unternehmenskultur und Veränderungsbereitschaft.

Systematische Entwicklung von Geschäftsmodellen

Erfolgreiche Geschäftsmodelle auf Basis von Smart Data beinhalten als Grundvoraussetzung immer das Versprechen eines konkreten Kundennutzens. Darüber hinaus besitzen sie mindestens eine, besser noch mehrere der folgenden Eigenschaften:

- Servicebasiertes Angebot
- Hybrides Angebot (Geschäftsmodell ist auf mehrere Kundengruppen ausgerichtet)
- Neuer Zugang oder Berührungspunkt mit Kunden

- Enge Kundenbeziehung
- Flexible Preisstrukturen

Um Geschäftsoptionen im Zeichen von Digitalisierung und Smart Data besser zu erkennen und entsprechende Geschäftsmodelle schneller zu entwickeln und zu vermarkten, verwendet Siemens die strategischen Werkzeuge BizNet und BizMo, die ähnlich auch von anderen Unternehmen eingesetzt werden. BizNet und BizMo dienen dazu, Geschäftsmodelle und Kooperations-Strategien systematisch zu identifizieren und zu analysieren.

BizNet ist ein Management-Tool, um neue Business-Systeme grundsätzlich besser zu verstehen. Dafür werden über einen strukturierten und systematischen Prozess neue Optionen für Partnerschaften eruiert und evaluiert, die für alle Beteiligten nachhaltig Vorteile bringen. Hierfür werden vordefinierte Fragencluster eingesetzt, Antworten ausgearbeitet und diese anschließend in einer Gesamtschau analysiert. Bei dem Prozess geht es etwa darum, potenzielle Kundenbedürfnisse besser durch neue Kooperationen zu befriedigen und einen Mehrwert zu schaffen. Ebenso wird eine sinnvolle Rollenverteilung in einem solchen Netzwerk ausgearbeitet und Argumente sowie Zugänge gesammelt, um mögliche Netzwerkpartner von einer Zusammenarbeit zu überzeugen.

Bei BizMo hingegen geht es um die Frage, wie sich mit konkreten Geschäftsmodellen Geld verdienen lässt. Hierfür werden mit Hilfe systematischer Fragenkataloge tragfähige Lösungen ausgearbeitet. Etwa, indem die Kundengruppen klar definiert werden, ebenso wie der Mehrwert, den ihnen das Modell liefern kann. Ermittelt wird auch, wie sich die Kunden am besten ansprechen und überzeugen lassen, welche Preise für bestimmte Angebote realisierbar sind, welche Ressourcen, Fähigkeiten und Kooperationspartner zur erfolgreichen Umsetzung des Geschäftsmodells erforderlich sind und welche Kosten mit all dem verbunden sind.

Gemeinsam sorgen BizNet und BizMo dafür, dass Siemens sich ein umfassendes Bild von der neuen digitalen Geschäftswelt und ihren Optionen verschafft – und so die Wahrscheinlichkeit erhöht, erfolgreiche innovative Geschäftsmodelle zu entwickeln, zu implementieren und vor allem, sie ständig an neue Gegebenheiten anzupassen. Denn in Zeiten radikaler Veränderungen, wie wir sie derzeit erleben, sinkt auch die Halbwertzeit solcher Modelle. Flexibilität und Veränderungsbereitschaft werden daher bei Geschäftsmodellen im Zeichen der Digitalisierung mehr denn je zu einem zentralen Erfolgsfaktor für höhere Produktivität und nachhaltige internationale Wettbewerbsfähigkeit.

CHAOS FUNKTIONIERT NUR MIT SYSTEM.

THIS IS **SICK**

Sensor Intelligence.

Wenn aus Bewegung Ordnung wird, liegt das weltweit an Sensoren und Sensorlösungen von SICK. Da landen Flieger präzise am richtigen Gate. Luftfrachtcontainer in der richtigen Halle. Und Passagiergepäck in den richtigen Händen. Bei Gluthitze und Eiseskälte, bei Hagel, Schnee und sogar im legendären Londoner Nebel. Wenn Logistik perfekt funktioniert, ist das kein Zufall. Sondern intelligente Logistikautomation von SICK. Die steuert überall zuverlässig auch das größte Chaos. Von der Briefsortierung über die Personensicherheit in Anlagen und den Objektschutz von Gebäuden bis zum Schiffscontainerhandling. Wenn es drauf ankommt, landet die Welt bei SICK-Ingenieuren. Wir finden das intelligent. **www.sick.de**

Neuste Entwicklungen beim maschinellen Tunnelvortrieb im Großdurchmesserbereich

Dr.-Ing. E. h. Martin Herrenknecht

Vorsitzender des Vorstandes
Herrenknecht AG

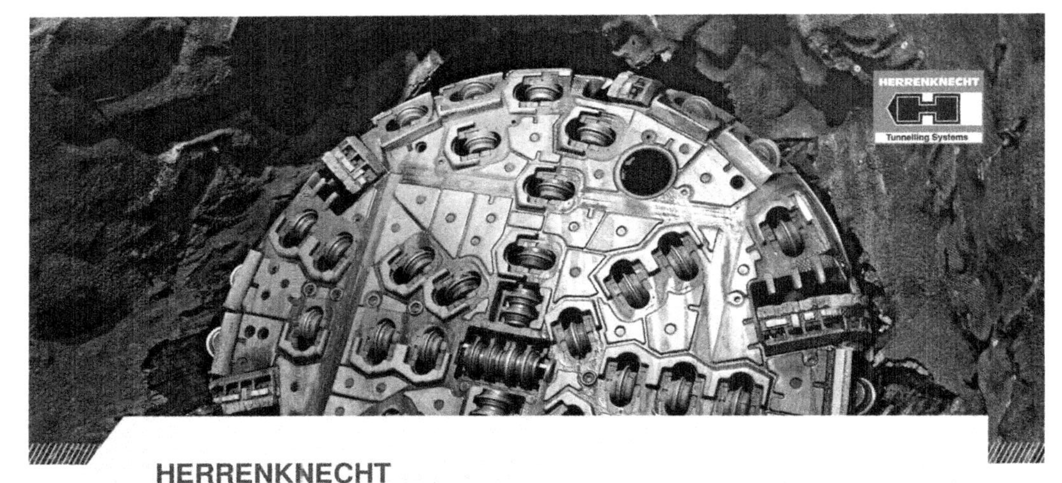

HERRENKNECHT

Pioneering Underground Technologies

Dr.-Ing. E.h. Martin Herrenknecht. Vorsitzender des Vorstandes.

November 2014

Seelisbergtunnel: Big John.

1971 die weltweit größte TBM mit einem Durchmesser von 11,8 m.

Herrenknecht. Pioneering Underground Technologies

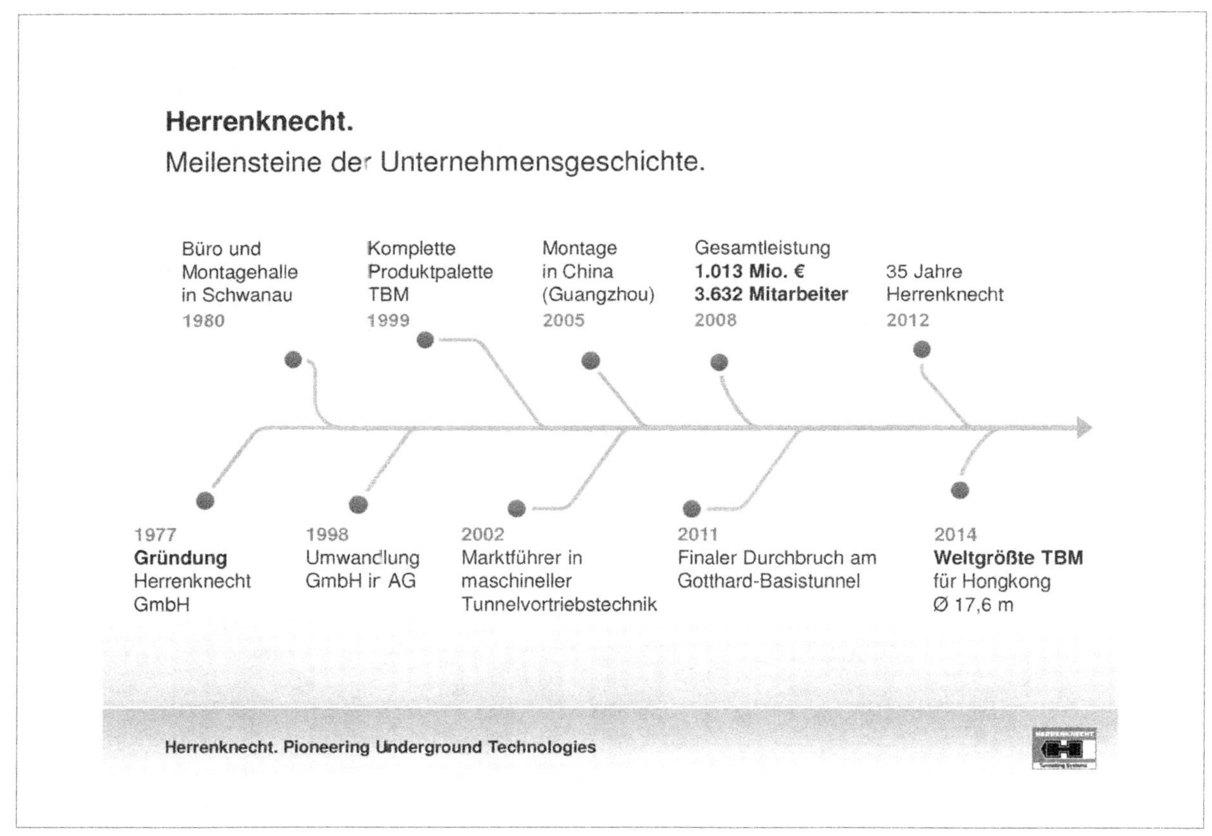
Herrenknecht.
Meilensteine der Unternehmensgeschichte.
1977
Gründung
Herrenknecht
GmbH
1980
Büro und
Montagehalle
in Schwanau
1998
Umwandlung
GmbH in AG
1999
Komplette
Produktpalette
TBM
2002
Marktführer in
maschineller
Tunnelvortriebstechnik
2005
Montage
in China
(Guangzhou)
2008
Gesamtleistung
1.013 Mio. €
3.632 Mitarbeiter
2011
Finaler Durchbruch am
Gotthard-Basistunnel
2012
35 Jahre
Herrenknecht
2014
Weltgrößte TBM
für Hongkong
Ø 17,6 m
Herrenknecht. Pioneering Underground Technologies

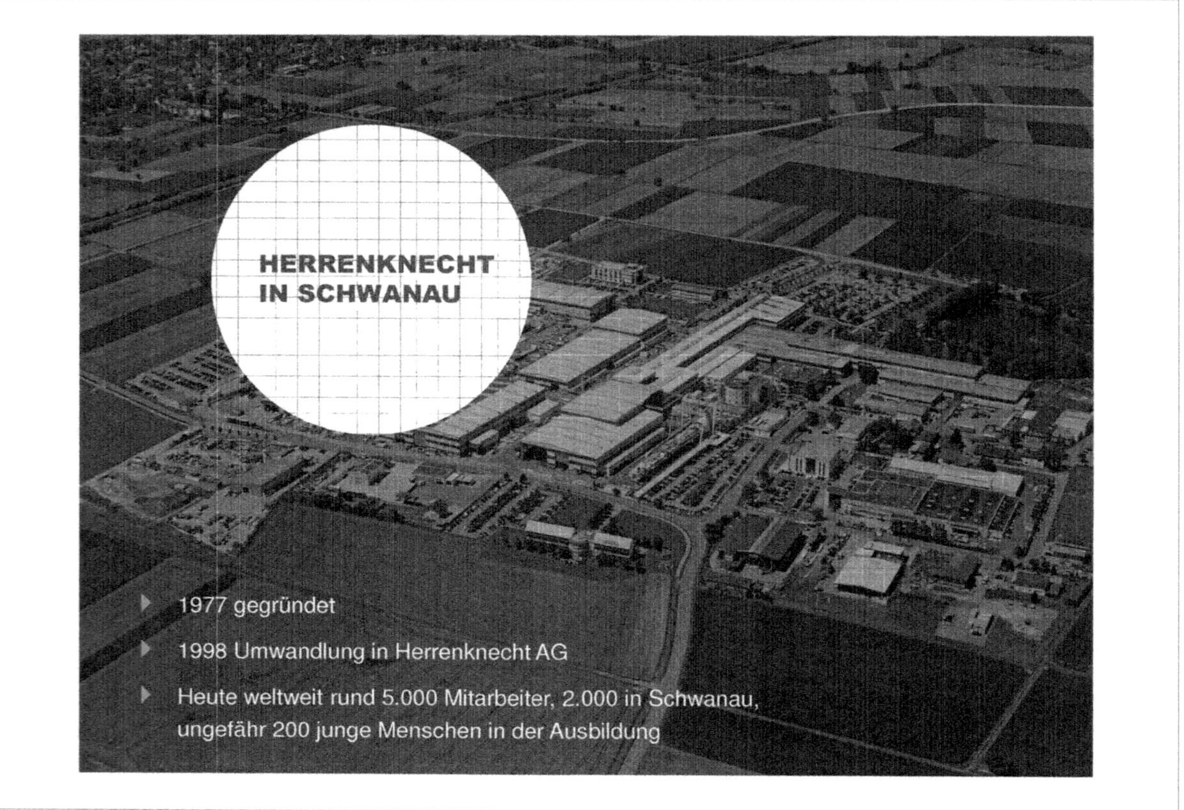
HERRENKNECHT
IN SCHWANAU
1977 gegründet
1998 Umwandlung in Herrenknecht AG
Heute weltweit rund 5.000 Mitarbeiter, 2.000 in Schwanau,
ungefähr 200 junge Menschen in der Ausbildung

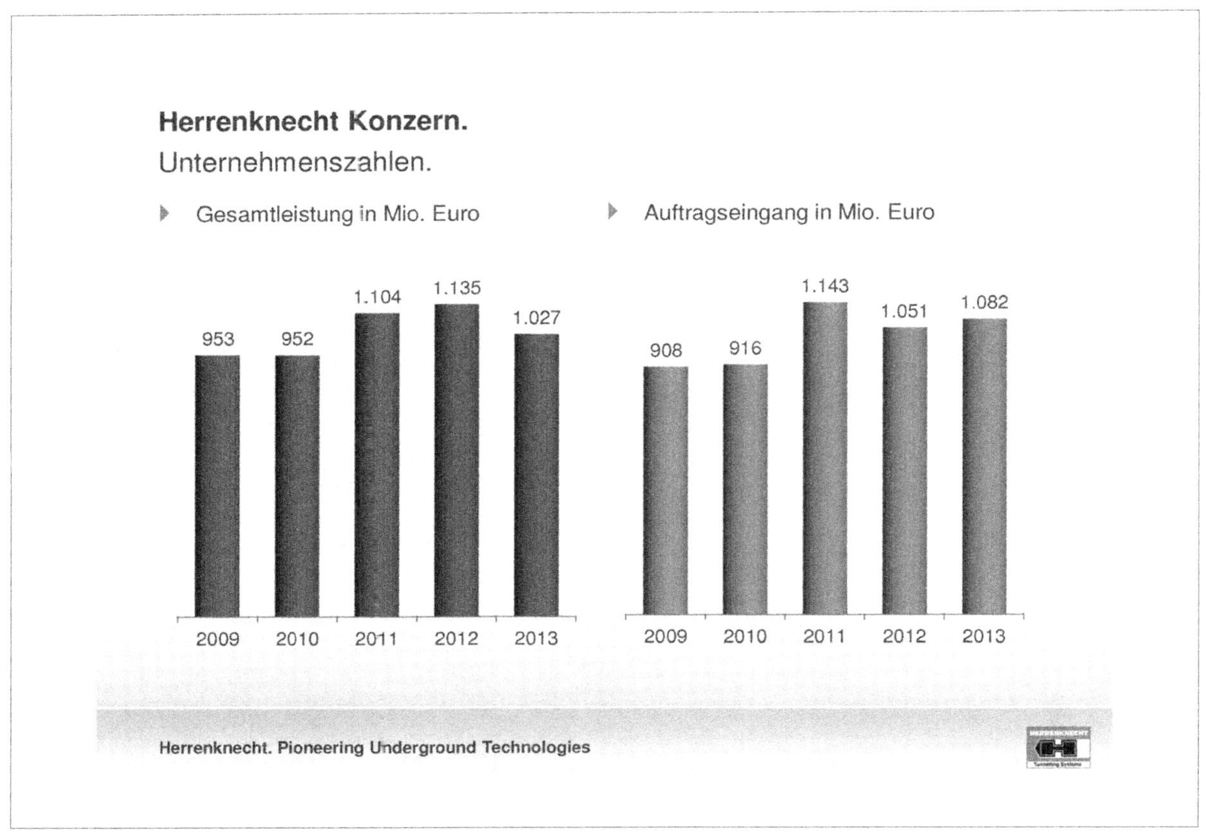
Herrenknecht Konzern.
Unternehmenszahlen.
Gesamtleistung in Mio. Euro
953
952
1.104
1.135
1.027
2009
2010
2011
2012
2013
Auftragseingang in Mio. Euro
908
916
1.143
1.051
1.082
2009
2010
2011
2012
2013
Herrenknecht. Pioneering Underground Technologies

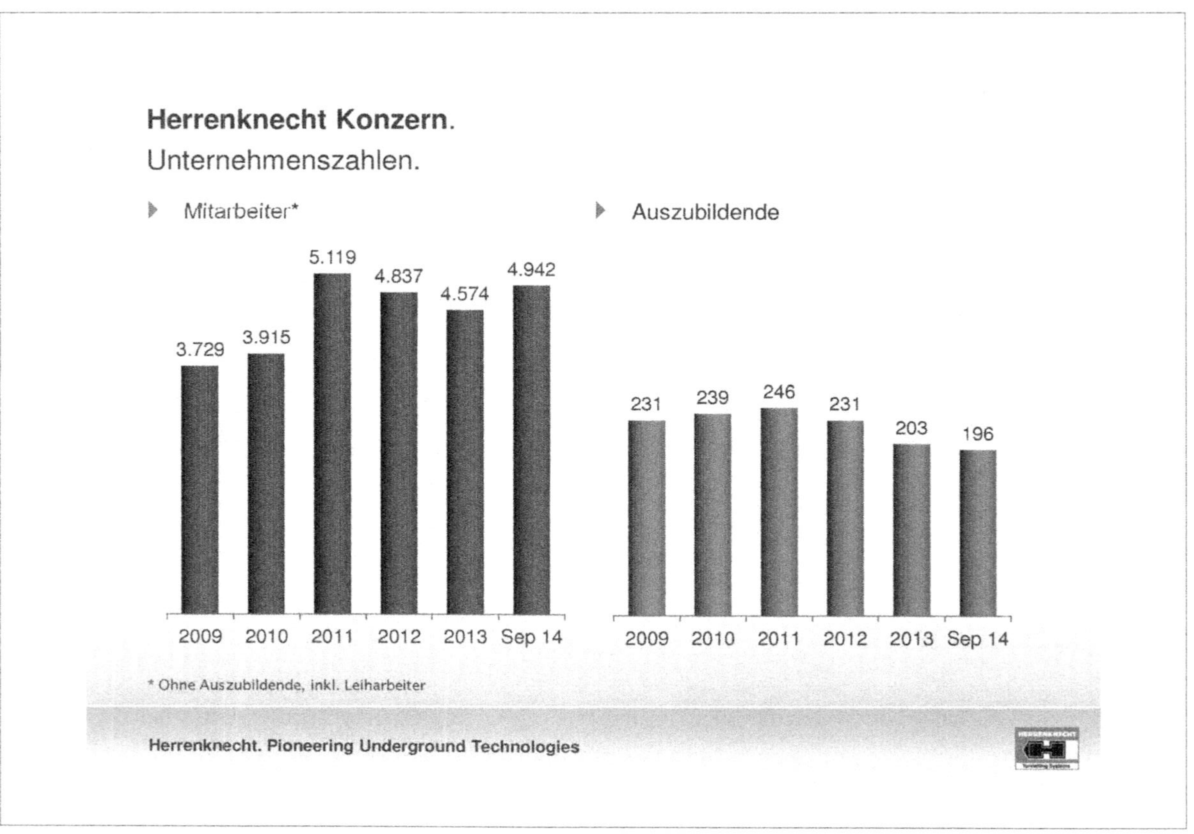
Herrenknecht Konzern.
Unternehmenszahlen.
Mitarbeiter*
3.729
3.915
5.119
4.837
4.574
4.942
2009
2010
2011
2012
2013
Sep 14
Auszubildende
231
239
246
231
203
196
2009
2010
2011
2012
2013
Sep 14
* Ohne Auszubildende, inkl. Leiharbeiter
Herrenknecht. Pioneering Underground Technologies

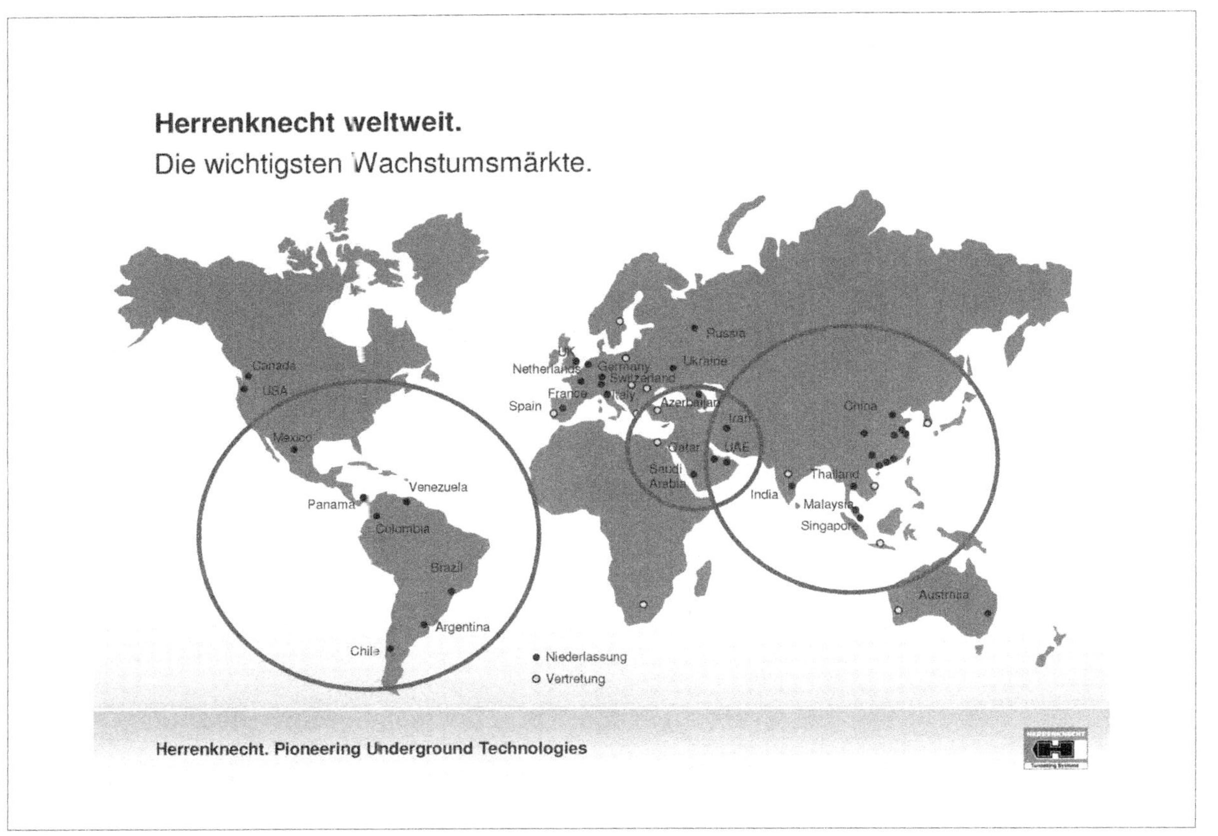
Herrenknecht weltweit.
Die wichtigsten Wachstumsmärkte.
Canada
USA
Mexico
Panama
Venezuela
Colombia
Brazil
Argentina
Chile
UK
Netherlands
Germany
Switzerland
France
Italy
Spain
Russia
Ukraine
Azerbaijan
Iran
UAE
Qatar
Saudi Arabia
India
China
Thailand
Malaysia
Singapore
Australia
Niederlassung
Vertretung
Herrenknecht. Pioneering Underground Technologies

Infrastrukturentwicklung und globale Trends.

- Bevölkerungswachstum und Urbanisierung
- Ressourcenknappheit
- Industrialisierung und Automatisierung
- Erhöhte Mobilitätsanforderungen für Menschen und Güter
- Notwendigkeit für neue Ver- und Entsorgungssysteme
- Große, mehrstufige Infrastrukturprojekte

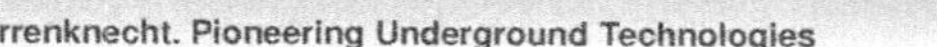

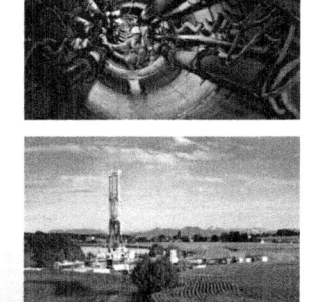

Tunnelling, Mining und Exploration.

Sicher vorankommen in allen Anwendungsgebieten.

- Qualitative, leistungsfähige **Verkehrstunnel** für Metronetze, Straßen- und Schienenverbindungen
- Effiziente **Versorgungs- und Entsorgungsinfrastrukturen** für Wasser, Abwasser, Elektrizität und Wasserkraft
- Unterirdische **Pipelinesysteme** zum Transport von Ressourcen wie Öl, Gas oder Fernwärme
- Präzise Infrastrukturen wie **Schächte und Stollen** in jede Richtung für den **Untertagebau**
- **Tiefbohrungen** zur Erschließung von neuen Öl-, Gas- und Geothermielagerstätten Onshore und Offshore

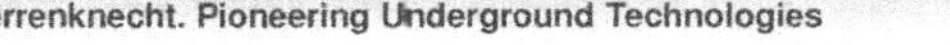

Herrenknecht. Pioneering Underground Technologies

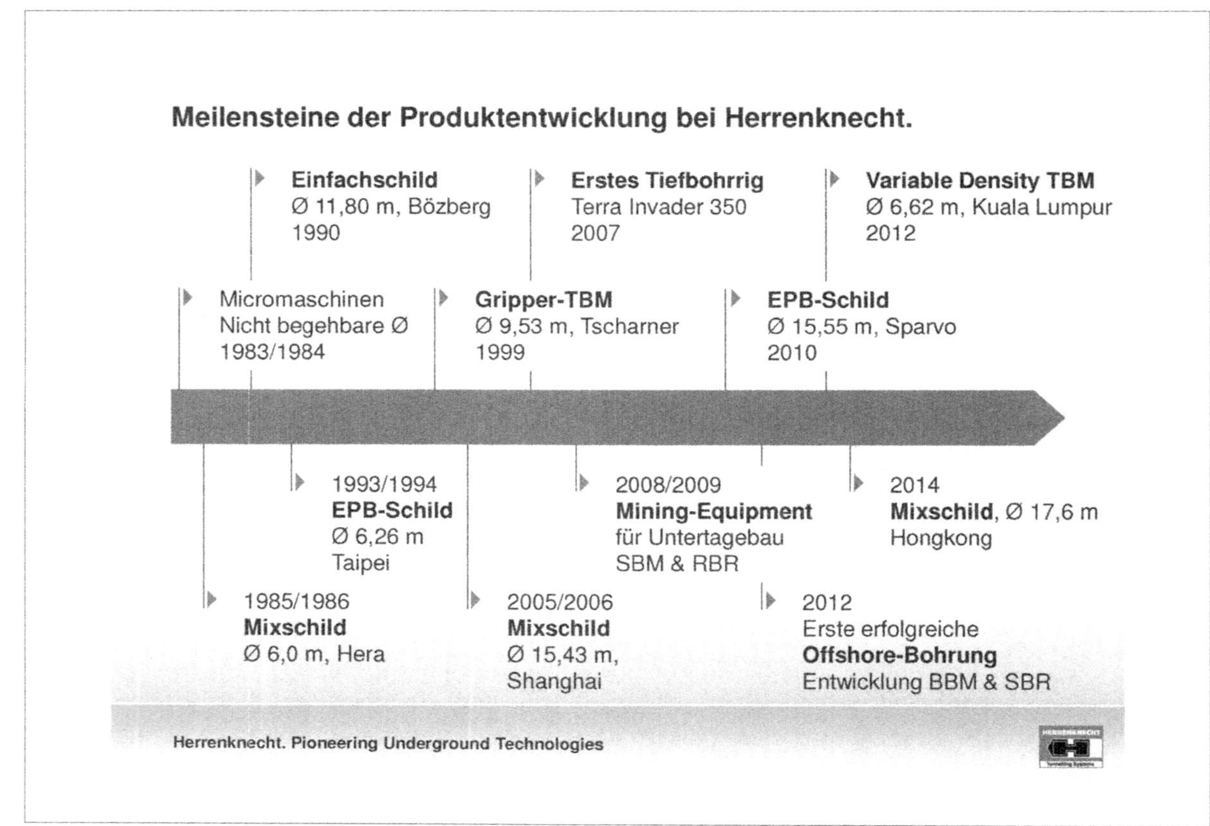
Meilensteine der Produktentwicklung bei Herrenknecht.
Einfachschild
Ø 11,80 m, Bözberg
1990
Erstes Tiefbohrrig
Terra Invader 350
2007
Variable Density TBM
Ø 6,62 m, Kuala Lumpur
2012
Micromaschinen
Nicht begehbare Ø
1983/1984
Gripper-TBM
Ø 9,53 m, Tscharner
1999
EPB-Schild
Ø 15,55 m, Sparvo
2010
1993/1994
EPB-Schild
Ø 6,26 m
Taipei
2008/2009
Mining-Equipment
für Untertagebau
SBM & RBR
2014
Mixschild, Ø 17,6 m
Hongkong
1985/1986
Mixschild
Ø 6,0 m, Hera
2005/2006
Mixschild
Ø 15,43 m,
Shanghai
2012
Erste erfolgreiche
Offshore-Bohrung
Entwicklung BBM & SBR
Herrenknecht. Pioneering Underground Technologies

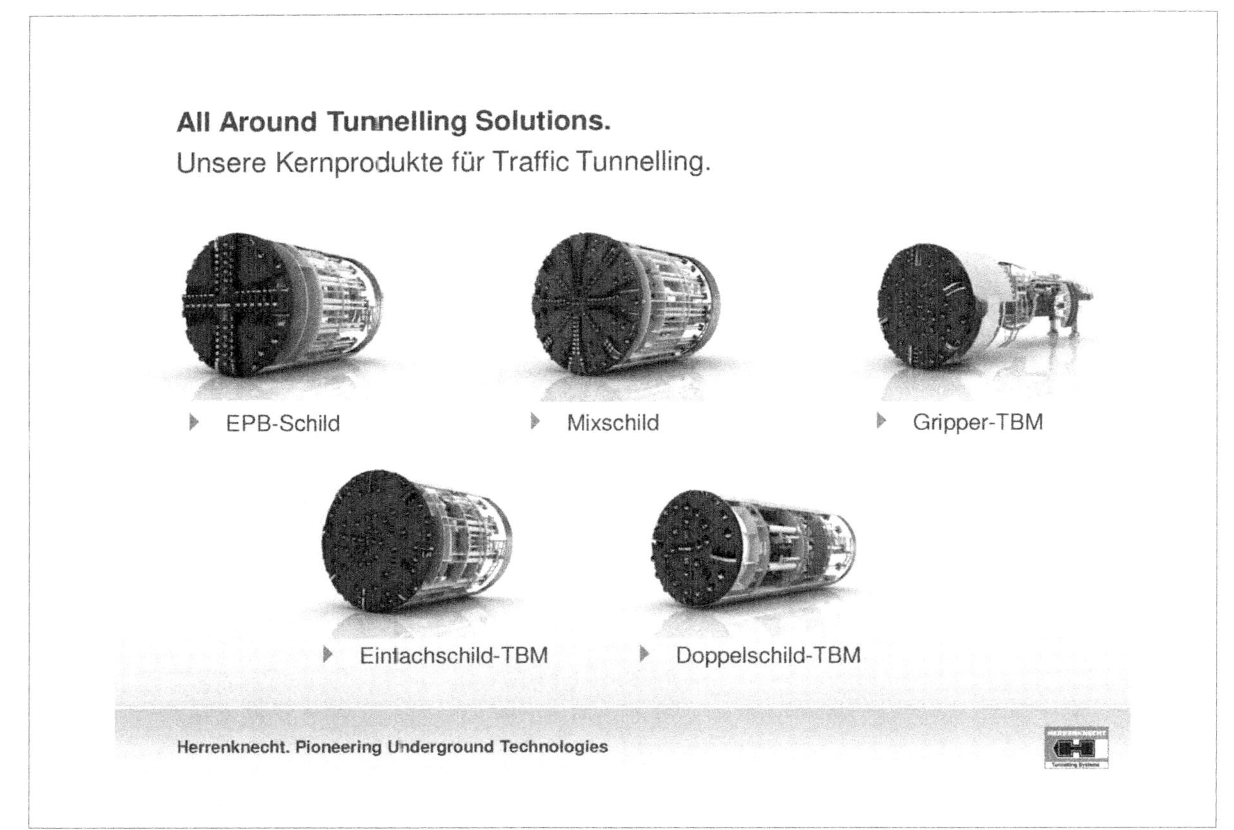
All Around Tunnelling Solutions.
Unsere Kernprodukte für Traffic Tunnelling.
EPB-Schild
Mixschild
Gripper-TBM
Einfachschild-TBM
Doppelschild-TBM
Herrenknecht. Pioneering Underground Technologies

All Around Tunnelling Solutions.

Unsere Kernprodukte für Utility Tunnelling.

- AVN-Maschine
- Teilschnittmaschine
- Schneckenbohrmaschine
- HDD-Rig
- Direct Pipe®
- Schachtabsenkanlage

Herrenknecht. Pioneering Underground Technologies

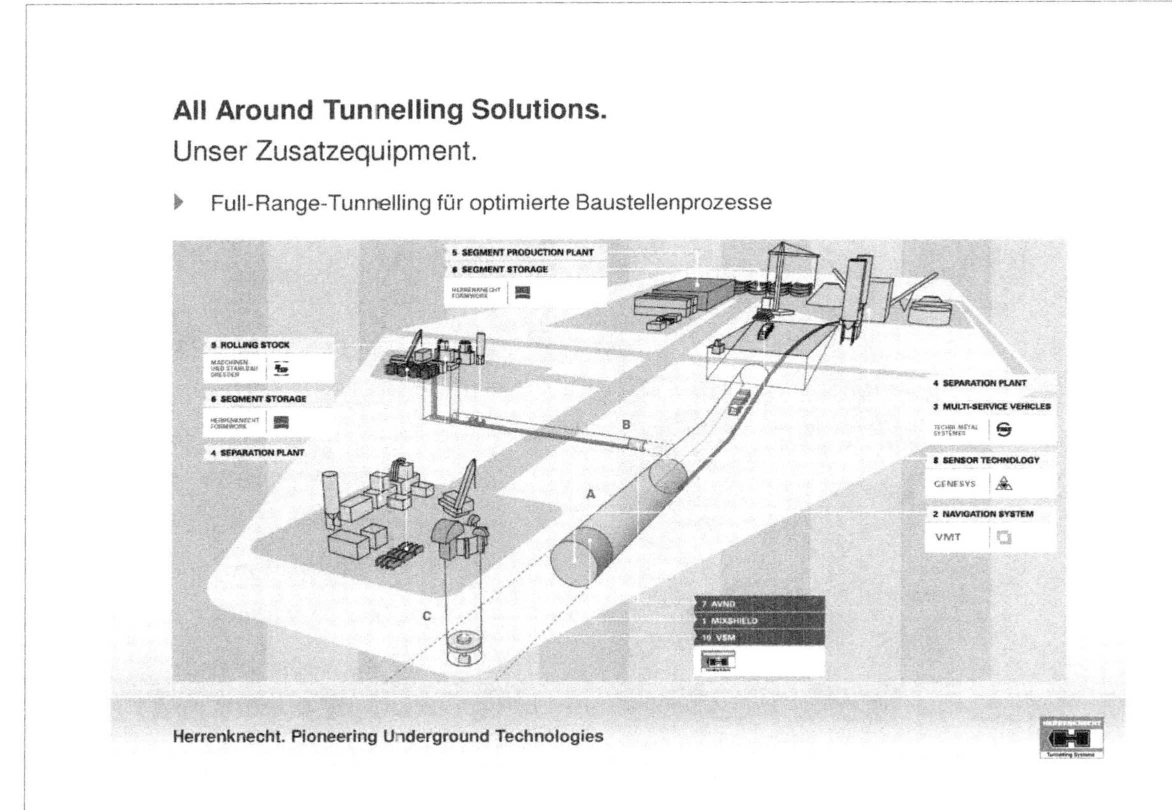
All Around Tunnelling Solutions.
Unser Zusatzequipment.
Full-Range-Tunnelling für optimierte Baustellenprozesse
5 SEGMENT PRODUCTION PLANT
6 SEGMENT STORAGE
HERRENKNECHT FORMWORK
5 ROLLING STOCK
6 SEGMENT STORAGE
HERRENKNECHT FORMWORK
4 SEPARATION PLANT
4 SEPARATION PLANT
3 MULTI-SERVICE VEHICLES
TECHNI METAL SYSTEMES
8 SENSOR TECHNOLOGY
GENESYS
2 NAVIGATION SYSTEM
VMT
A
B
C
7 AVND
1 MIXSHIELD
10 VSM
Herrenknecht. Pioneering Underground Technologies

All Around Tunnelling Solutions.

Unsere Services.

- Baustellendienstleistungen
- TBM-Personal
- Ersatz- und Verschleißteile
- Abbauwerkzeuge
- Sanierung
- Mietequipment & Gebrauchtmaschinen

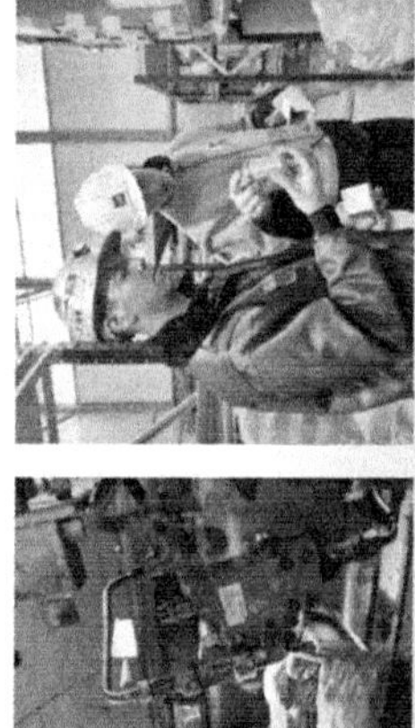

HERRENKNECHT
PROJEKTWELT
Alle Durchmesser
Alle Geologien
Alle Anwendungen

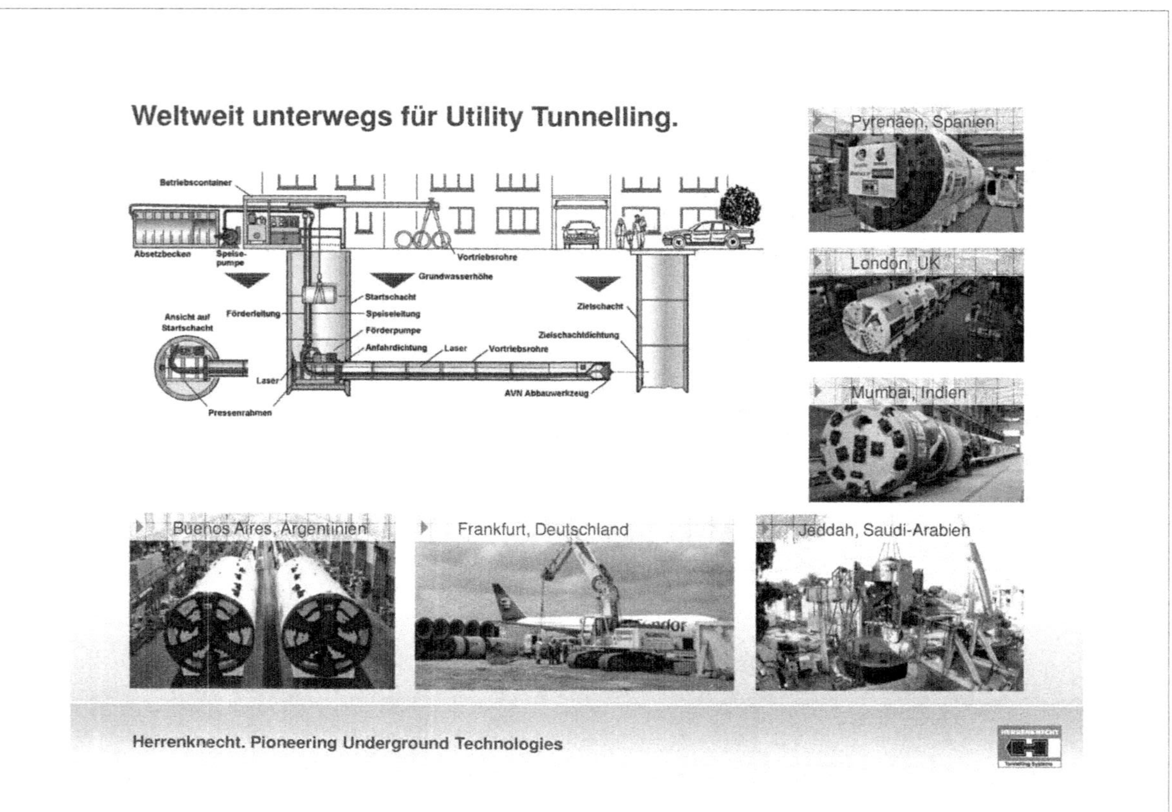
Weltweit unterwegs für Utility Tunnelling.
Betriebscontainer
Absetzbecken
Speise-pumpe
Vortriebsrohre
Grundwasserhöhe
Startschacht
Speiseleitung
Förderpumpe
Anfahrdichtung
Laser
Vortriebsrohre
Förderleitung
Ansicht auf Startschacht
Laser
Pressenrahmen
Zielschacht
Zielschachtdichtung
AVN Abbauwerkzeug
Pyrenäen, Spanien
London, UK
Mumbai, Indien
Buenos Aires, Argentinien
Frankfurt, Deutschland
Jeddah, Saudi-Arabien
Herrenknecht. Pioneering Underground Technologies

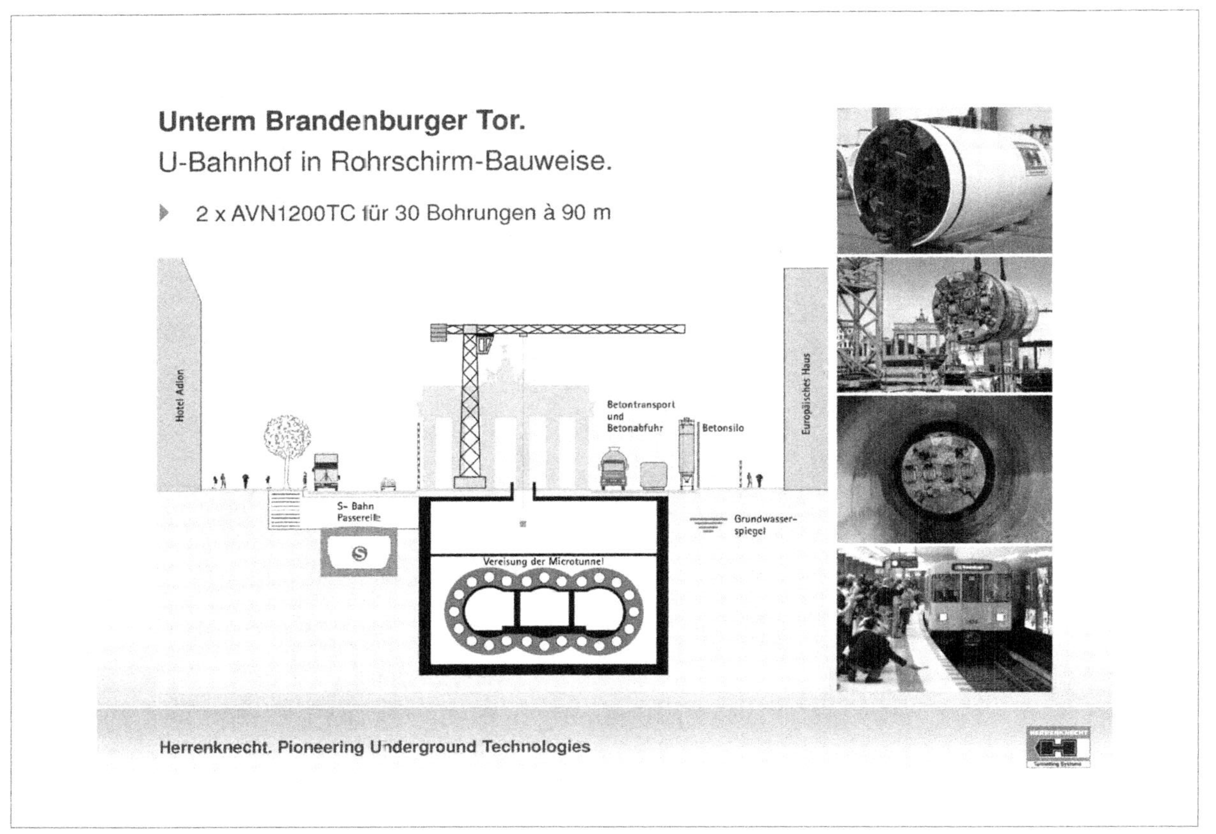
Unterm Brandenburger Tor.
U-Bahnhof in Rohrschirm-Bauweise.
2 x AVN1200TC für 30 Bohrungen à 90 m
Hotel Adlon
S- Bahn Passerelle
Betontransport und Betonabfuhr
Betonsilo
Europäisches Haus
Grundwasser-spiegel
Vereisung der Microtunnel
Herrenknecht. Pioneering Underground Technologies

Amudarja River Crossing in Turkmenistan.

Die ultimative Pipeline-Querung.

- Pipelinelänge 1.705 m; Pipelinedurchmesser 56" und 8"
- 2 x HDD-Rig + Pipe Thruster

Herrenknecht. Pioneering Underground Technologies

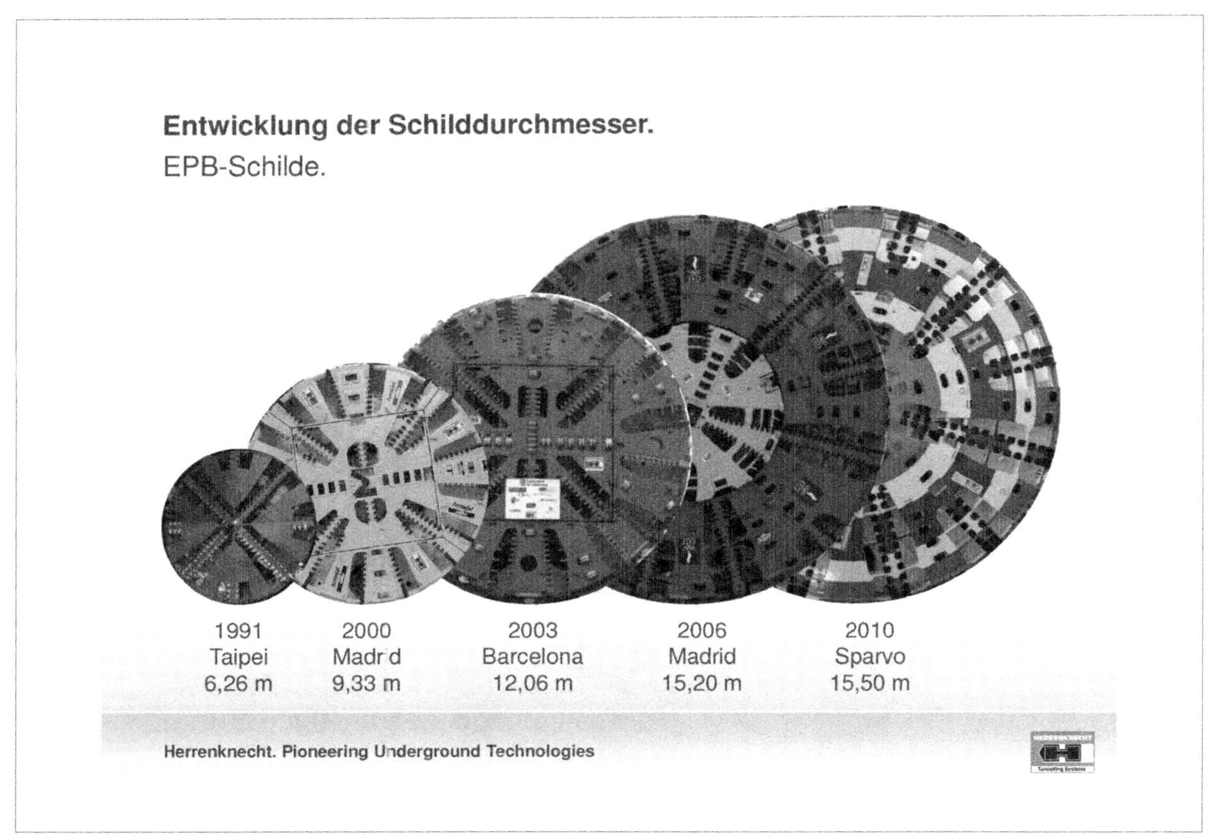
Entwicklung der Schilddurchmesser.
EPB-Schilde.
1991
Taipei
6,26 m
2000
Madrid
9,33 m
2003
Barcelona
12,06 m
2006
Madrid
15,20 m
2010
Sparvo
15,50 m
Herrenknecht. Pioneering Underground Technologies

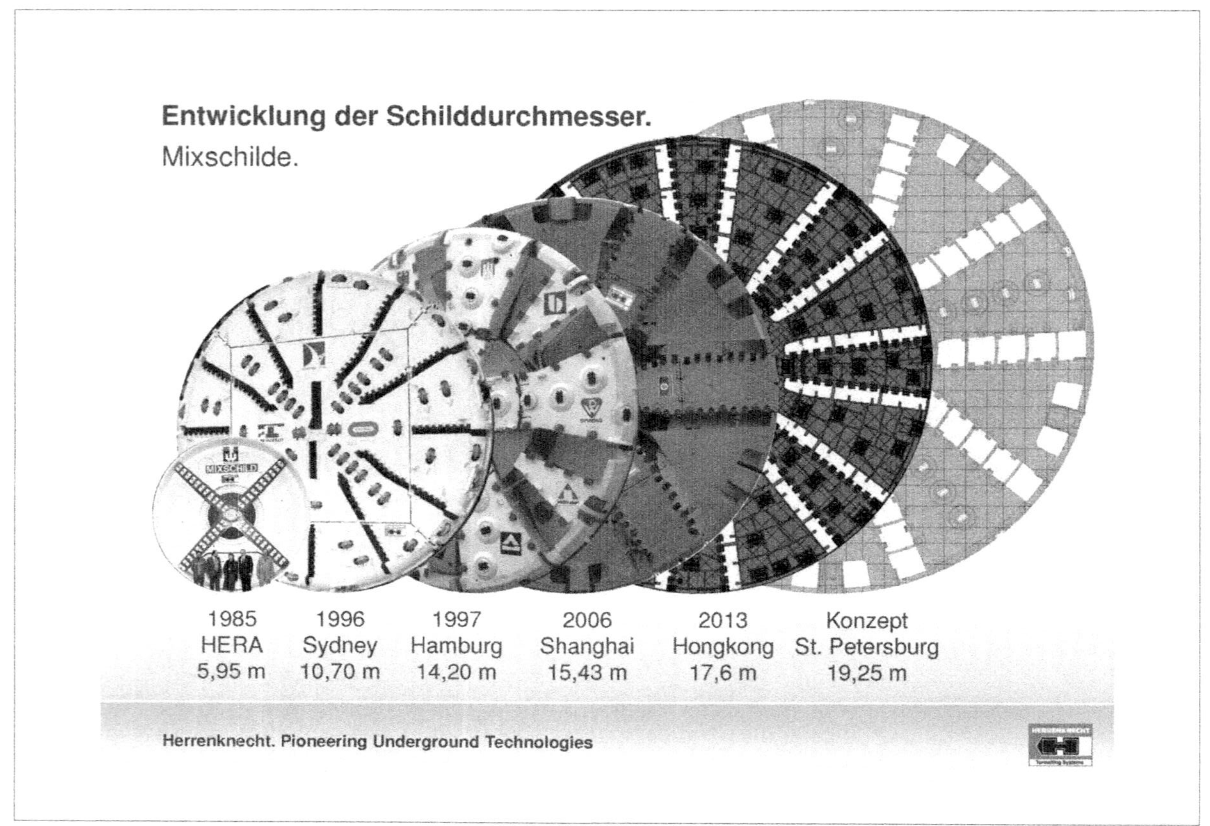
Entwicklung der Schilddurchmesser.
Mixschilde.
MIXSCHILD
1985 HERA 5,95 m
1996 Sydney 10,70 m
1997 Hamburg 14,20 m
2006 Shanghai 15,43 m
2013 Hongkong 17,6 m
Konzept St. Petersburg 19,25 m
Herrenknecht. Pioneering Underground Technologies

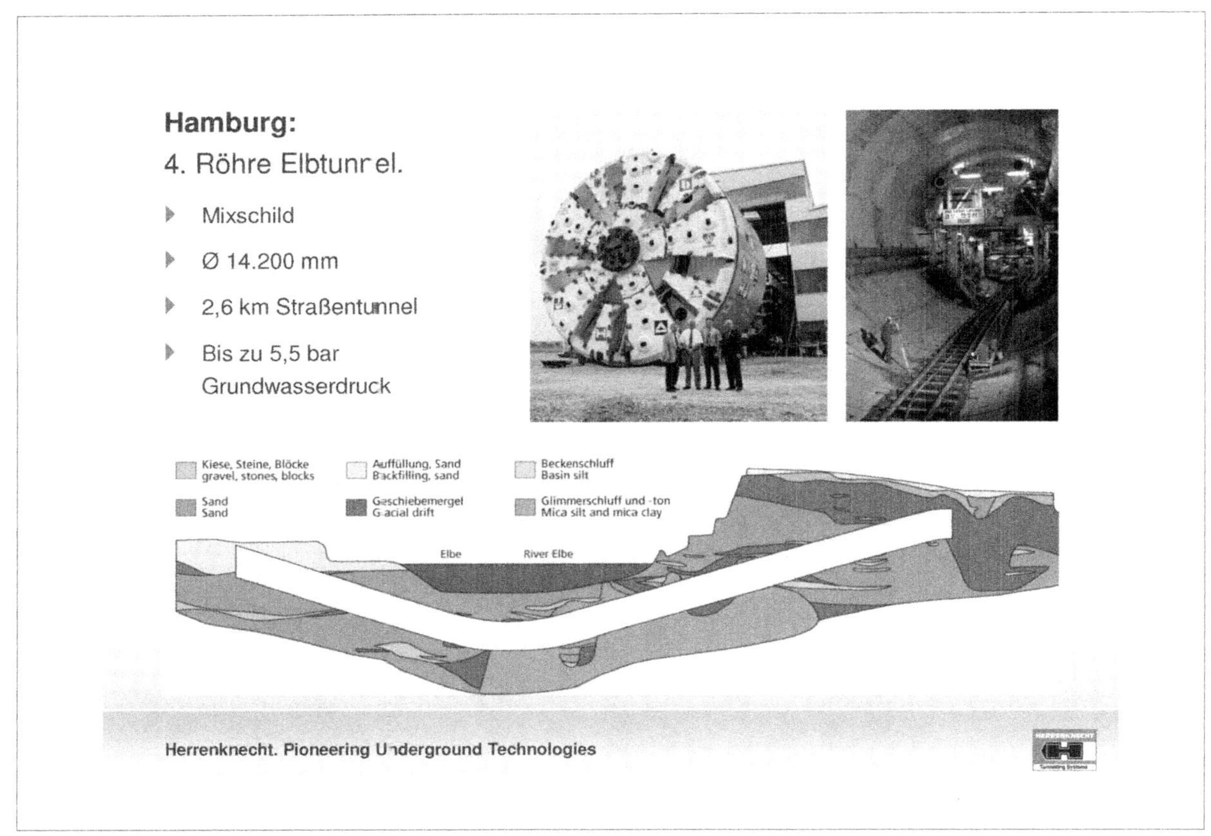

Hamburg:
4. Röhre Elbtunnel.
Mixschild
Ø 14.200 mm
2,6 km Straßentunnel
Bis zu 5,5 bar Grundwasserdruck
Kiese, Steine, Blöcke gravel, stones, blocks
Auffüllung, Sand Backfilling, sand
Beckenschluff Basin silt
Sand Sand
Geschiebemergel Glacial drift
Glimmerschluff und -ton Mica silt and mica clay
Elbe
River Elbe
Herrenknecht. Pioneering Underground Technologies

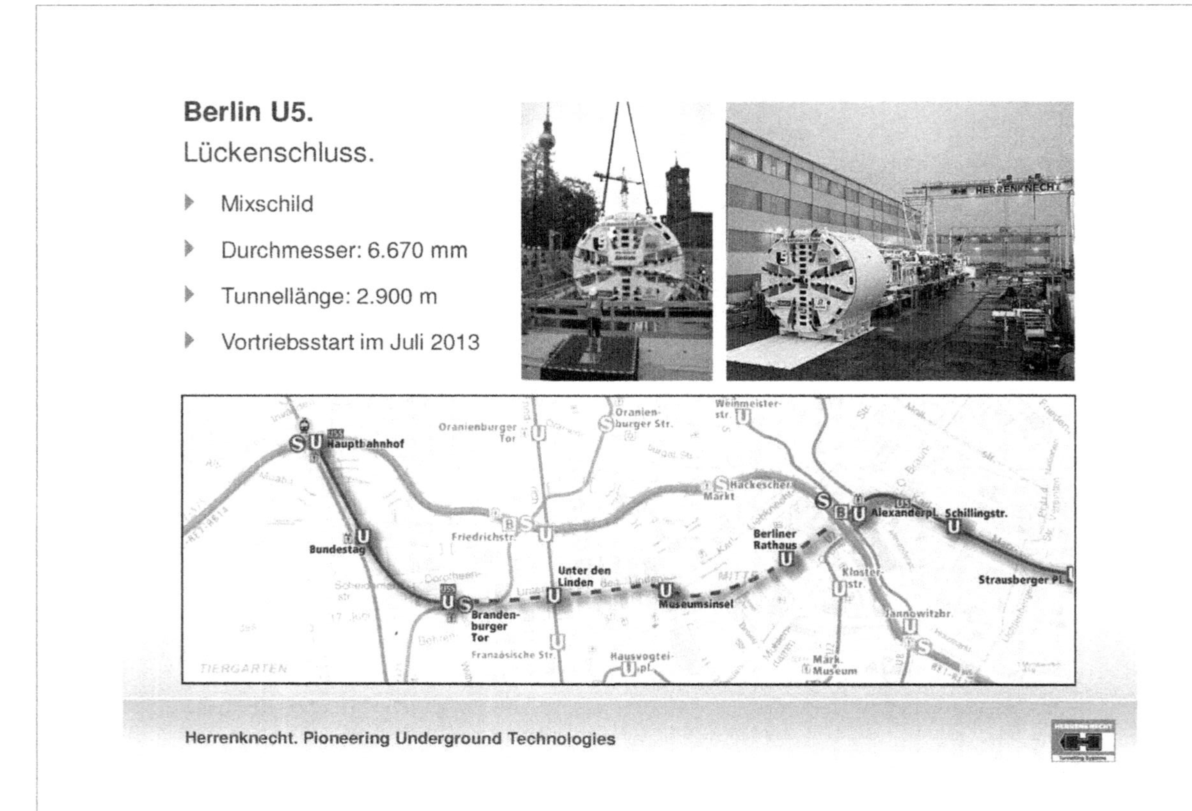
Berlin U5.
Lückenschluss.
Mixschild
Durchmesser: 6.670 mm
Tunnellänge: 2.900 m
Vortriebsstart im Juli 2013
HERRENKNECHT
Hauptbahnhof
Bundestag
Oranienburger Tor
Oranien-burger Str.
Weinmeister-str.
Friedrichstr.
Hackescher Markt
Alexanderpl.
Schillingstr.
Strausberger Pl.
Berliner Rathaus
Unter den Linden
Branden-burger Tor
Museumsinsel
Französische Str.
Hausvogtei-pl.
Kloster-str.
Jannowitzbr.
Märk. Museum
TIERGARTEN
Herrenknecht. Pioneering Underground Technologies

Stuttgart 21.
Herrenknecht. Pioneering Underground Technologies

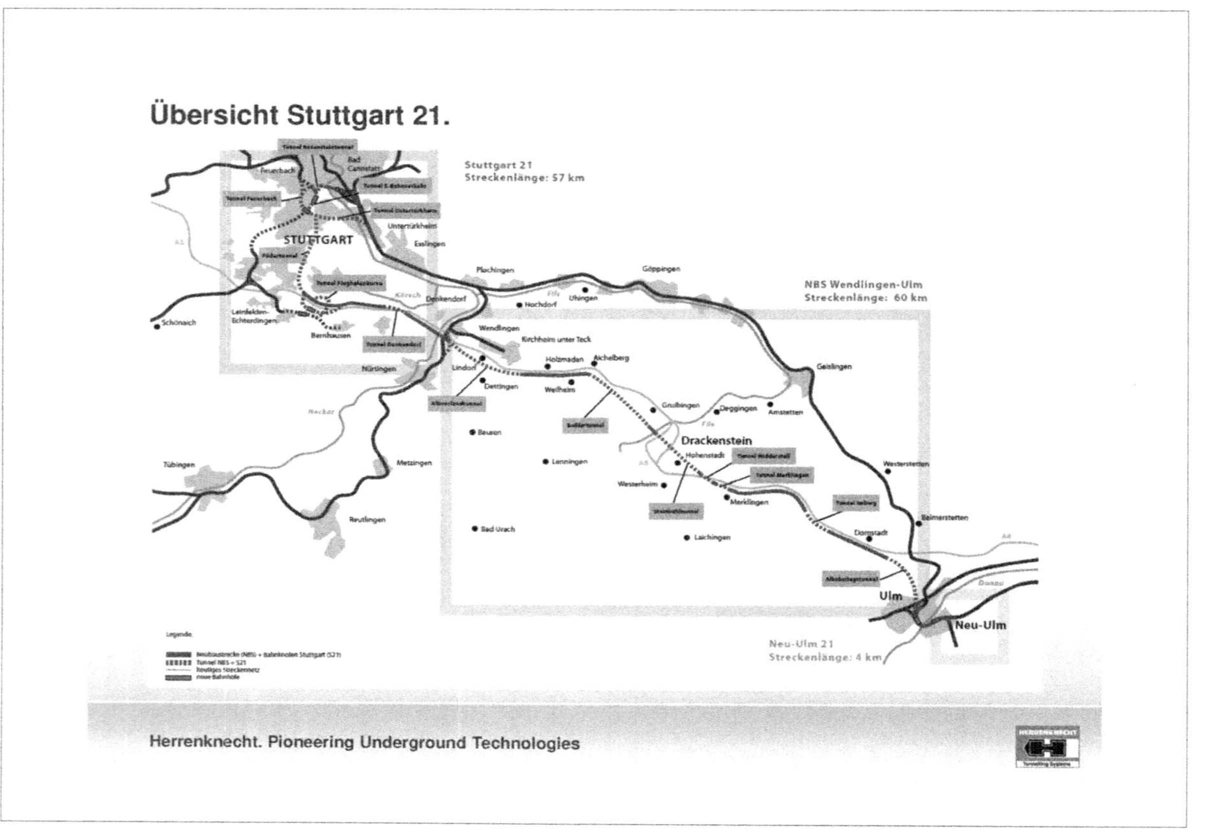
Übersicht Stuttgart 21.
Stuttgart 21
Streckenlänge: 57 km
NBS Wendlingen-Ulm
Streckenlänge: 60 km
Neu-Ulm 21
Streckenlänge: 4 km
STUTTGART
Drackenstein
Ulm
Neu-Ulm
Herrenknecht. Pioneering Underground Technologies

Stuttgart 21 – Fildertunnel.

- Multi-Mode-TBM, Ø 10.820 mm
- 10. Juli 2014: Andrehfeier

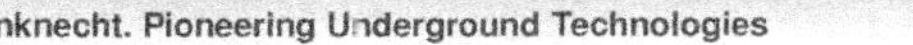

Stuttgart 21 – Boßlertunnel.

- Maschinenabnahme S-833, 25. Februar 2014
- EPB-Schild, Ø 11.340 mm
- Schildtaufe 08. November 2014

Herrenknecht. Pioneering Underground Technologies

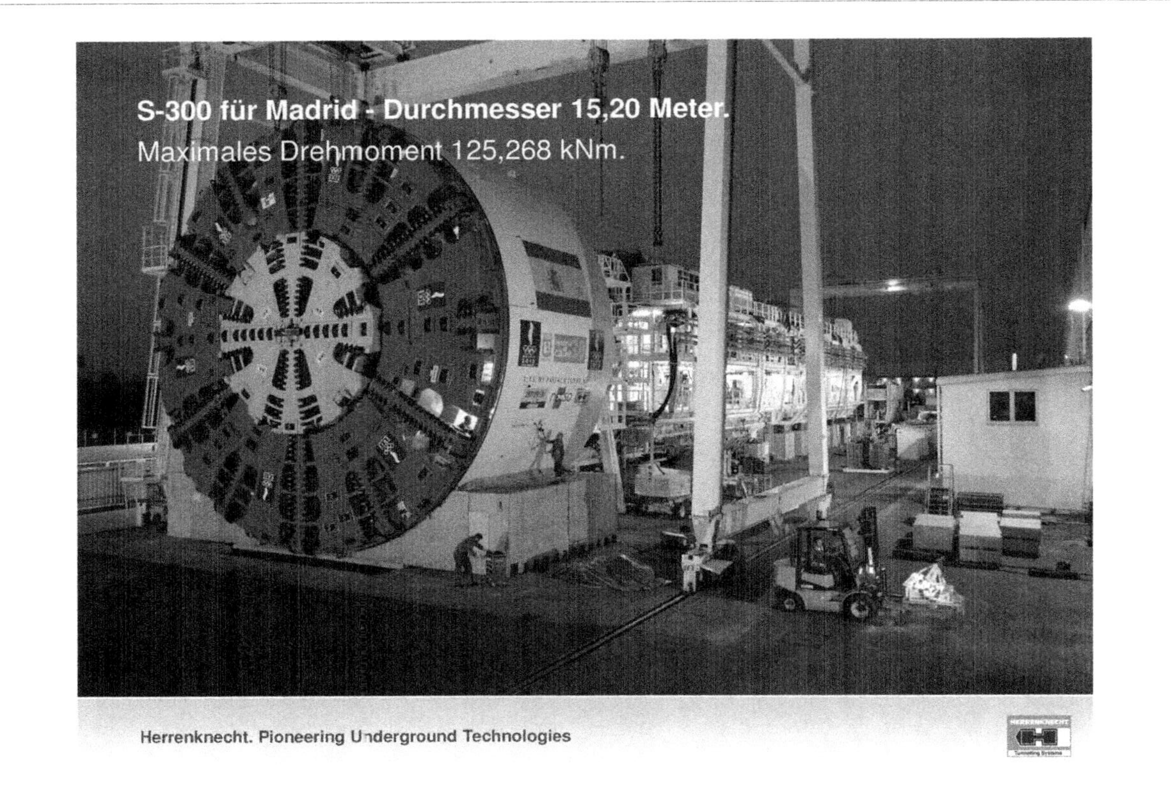
S-300 für Madrid - Durchmesser 15,20 Meter.
Maximales Drehmoment 125,268 kNm.
Herrenknecht. Pioneering Underground Technologies

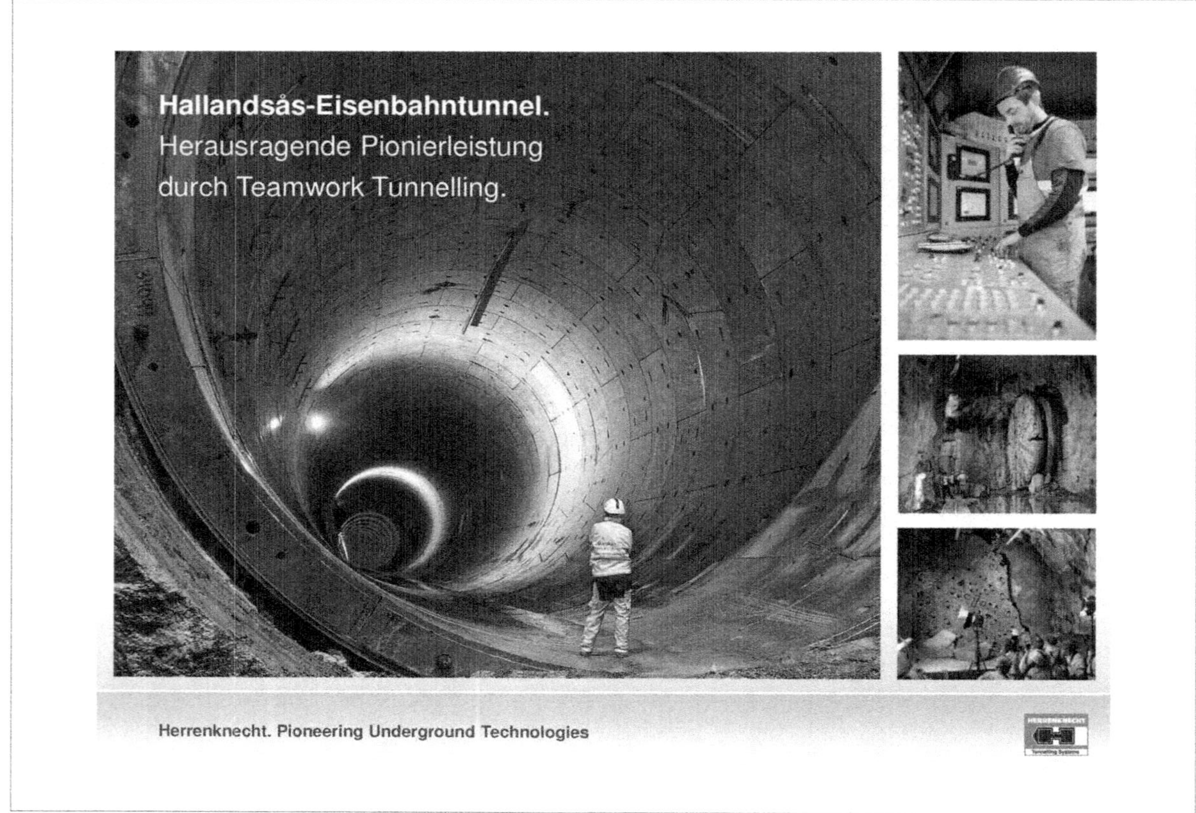
Hallandsås-Eisenbahntunnel.
Herausragende Pionierleistung
durch Teamwork Tunnelling.
Herrenknecht. Pioneering Underground Technologies

Finaler Durchbruch des größten EPB-Schildes von Herrenknecht.

S-574 Galleria Sparvo, Ø 15,55 m.

- Bestleistungen von 24 Metern pro Tag und 126 Metern pro Woche
- Vortrieb von insgesamt 4,9 km nach nur zwei Jahren im August 2013 abgeschlossen

Herrenknecht. Pioneering Underground Technologies

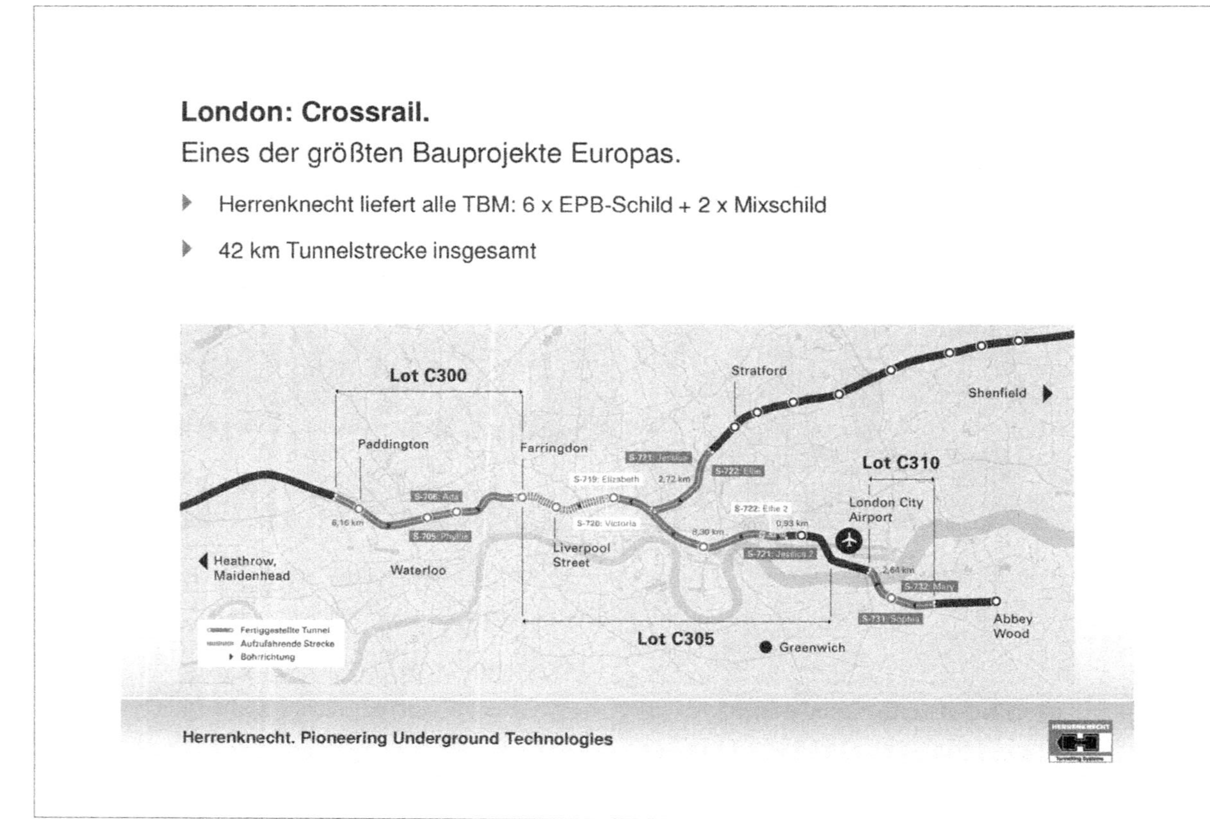
London: Crossrail.
Eines der größten Bauprojekte Europas.
Herrenknecht liefert alle TBM: 6 x EPB-Schild + 2 x Mixschild
42 km Tunnelstrecke insgesamt
Lot C300
Lot C305
Lot C310
Paddington
Farringdon
Stratford
Shenfield
London City Airport
Liverpool Street
Waterloo
Heathrow, Maidenhead
Greenwich
Abbey Wood
S-719: Elizabeth
S-720: Victoria
S-722: Ellie 2
2,72 km
8,30 km
0,93 km
2,64 km
6,16 km
Fertiggestellte Tunnel
Aufzufahrende Strecke
Bohrrichtung
Herrenknecht. Pioneering Underground Technologies

London: Crossrail.

Eines der größten Bauprojekte Europas.

- Vortrieb seit Mai 2012
- Erster Durchbruch im Mai 2013
- >85% aller Tunnelstrecken abgeschlossen

Herrenknecht. Pioneering Underground Technologies

Verbindung schaffen zwischen Europa und Asien.

Istanbul Strait Road Tunnel Crossing Projekt.

- Mixschild, Ø 13.660 mm
- Erster Straßentunnel (3,34 km) unter dem Bosporus
- Bis zu rund 100 m unter dem Meeresspiegel
- Spezielle Lösungen für extreme Wasserdrücke

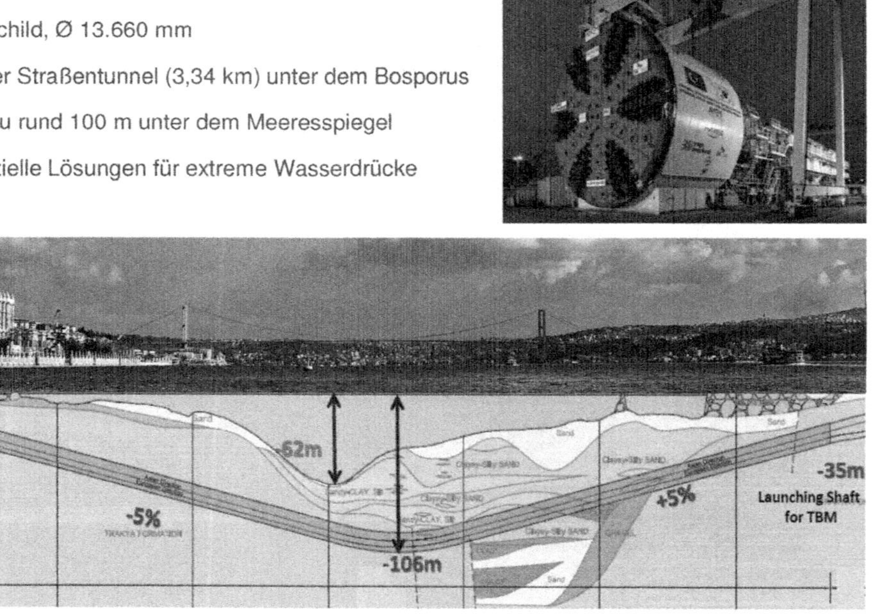

Sotschi: Olympischer Vortrieb.

Neue Infrastrukturen für die Winterspiele 2014.

- S-517, EPB-Schild: Eisenbahn-Tunnel No. 5
- S-534, Einfachschild: Straßen-Tunnel No. 3

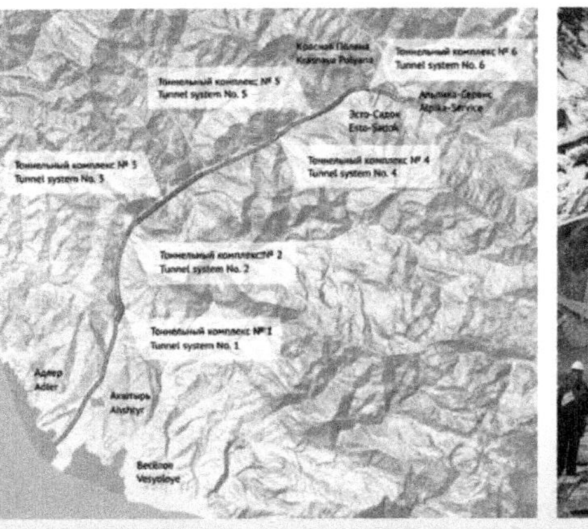

Herrenknecht. Pioneering Underground Technologies

Sonderlösungen für spezielle Herausforderungen.

Schräge Tunnelbauwerke.

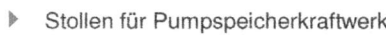

- St. Petersburg, EPB-Schild, Ø 10,69 m
- 30° Gefälle, Tunnellänge 120 m
- Rolltreppen-Zugang für U-Bahn-Station

- Limmern, Gripper-TBM, Ø 5,20 m
- 40° Steigung, Tunnellänge 2 x 1.023 m
- Stollen für Pumpspeicherkraftwerk

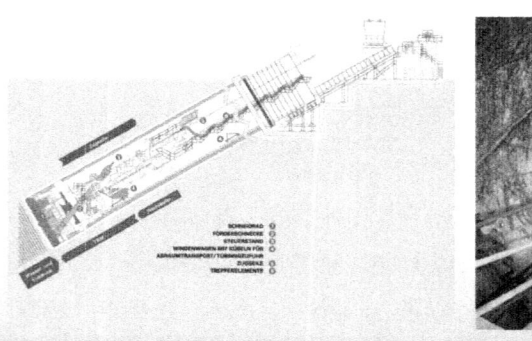

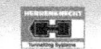

Herrenknecht. Pioneering Underground Technologies

Gotthard-Basistunnel.
Die Königsklasse des Tunnelbaus.
ERSTFELD
BODIO
16. Juni 2009
16. September 2009
15. Oktober 2010
23. März 2011
Herrenknecht. Pioneering Underground Technologies

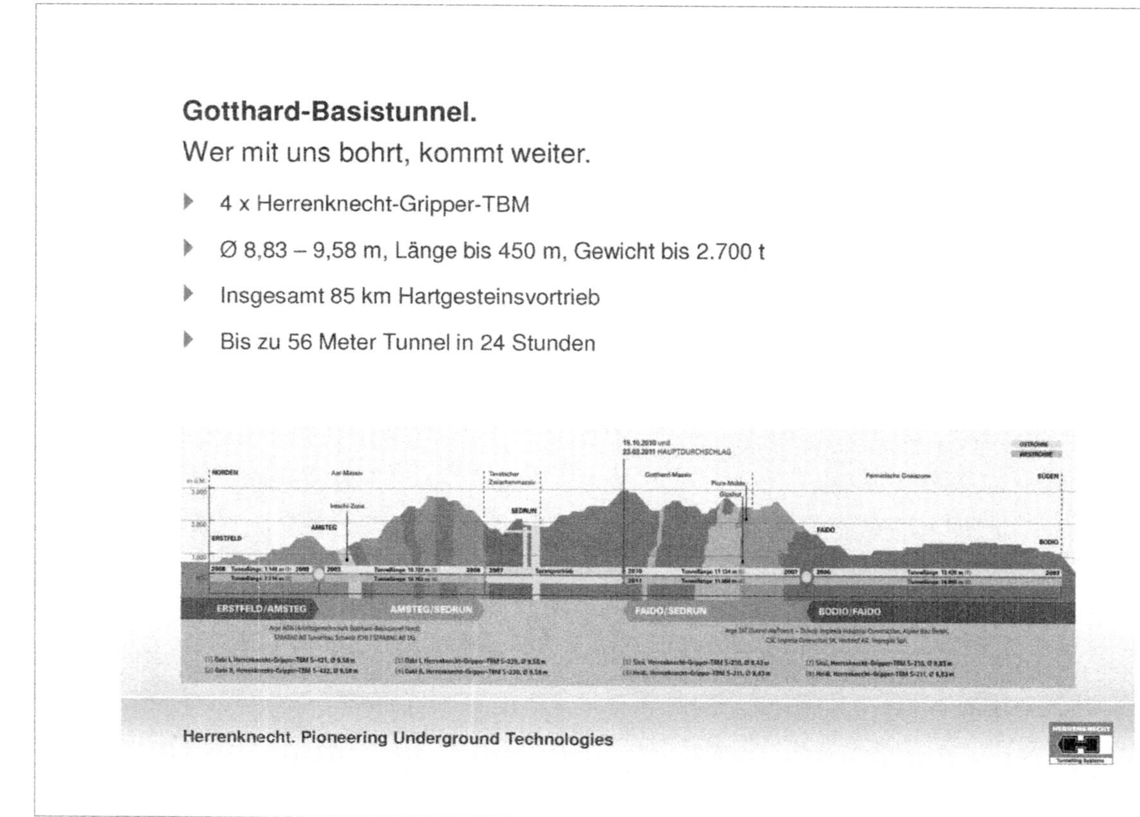

Gotthard-Basistunnel.
Wer mit uns bohrt, kommt weiter.
4 x Herrenknecht-Gripper-TBM
Ø 8,83 – 9,58 m, Länge bis 450 m, Gewicht bis 2.700 t
Insgesamt 85 km Hartgesteinsvortrieb
Bis zu 56 Meter Tunnel in 24 Stunden
ERSTFELD/AMSTEG
AMSTEG/SEDRUN
FAIDO/SEDRUN
BODIO/FAIDO
Herrenknecht. Pioneering Underground Technologies

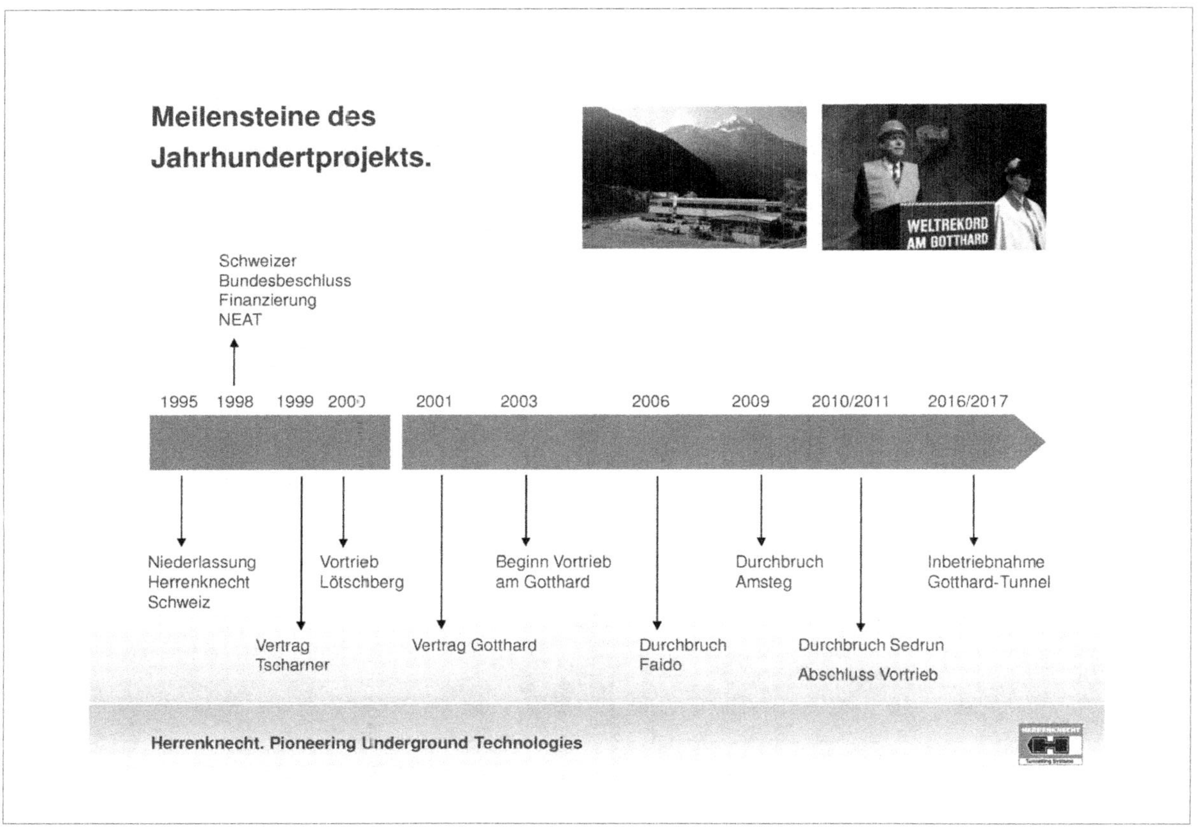

Meilensteine des
Jahrhundertprojekts.
WELTREKORD
AM GOTTHARD
Schweizer
Bundesbeschluss
Finanzierung
NEAT
1995
1998
1999
2000
2001
2003
2006
2009
2010/2011
2016/2017
Niederlassung
Herrenknecht
Schweiz
Vertrag
Tscharner
Vortrieb
Lötschberg
Vertrag Gotthard
Beginn Vortrieb
am Gotthard
Durchbruch
Faido
Durchbruch
Amsteg
Durchbruch Sedrun
Abschluss Vortrieb
Inbetriebnahme
Gotthard-Tunnel
Herrenknecht. Pioneering Underground Technologies

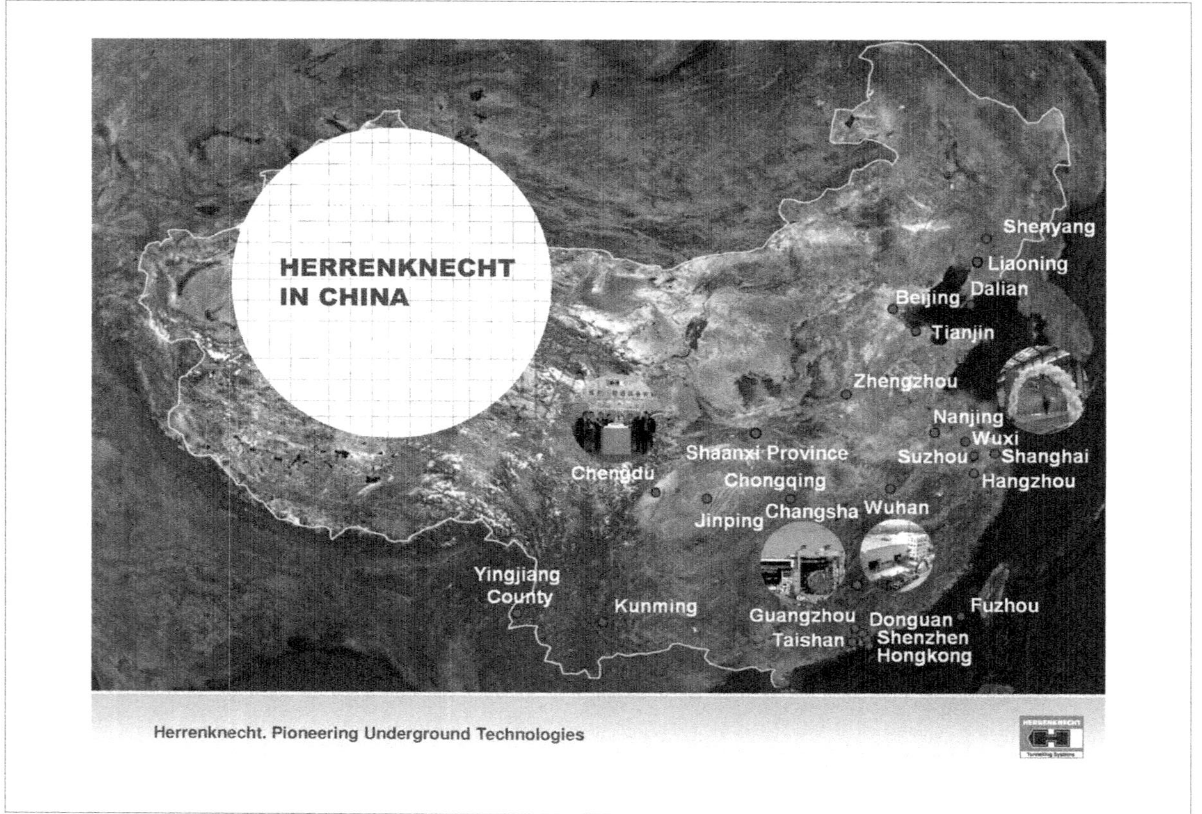
HERRENKNECHT
IN CHINA
Shenyang
Liaoning
Dalian
Beijing
Tianjin
Zhengzhou
Nanjing
Wuxi
Shanghai
Suzhou
Hangzhou
Shaanxi Province
Chongqing
Chengdu
Jinping
Changsha
Wuhan
Yingjiang
County
Kunming
Guangzhou
Taishan
Donguan
Shenzhen
Hongkong
Fuzhou
Herrenknecht. Pioneering Underground Technologies

Shanghai Changjiang Under River Tunnel Project.

Ein Meilenstein in der Mixschild-Entwicklung.

- Durchmesser: 15.430 mm
- Tunnellänge: 2 x 7.470 m
- Tunnelverlauf bis zu 65 Meter tief unter dem Jangtse-Fluss (Maximalwasserdruck von 6,5 Bar)
- Durchbruch 12 bzw. 10 Monate früher als geplant

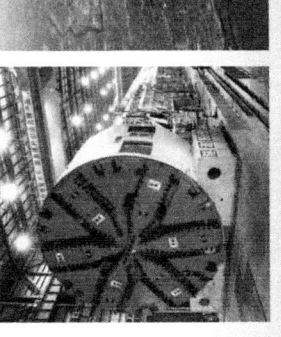

Herrenknecht. Pioneering Underground Technologies

Weltneuheit in der maschinellen Tunnelvortriebstechnik.

Variable-Density-Technologie für Kuala Lumpur.

- Klang Valley MRT Projekt
- 9,8 km Tunnel
- 6 x Variable Density TBM, Ø 6.620 mm
- Kombination aus EPB-Schild und Mixschild
- Variation der Dichte der Stützflüssigkeit möglich

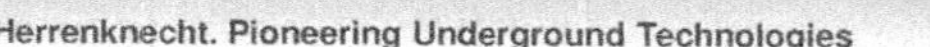

Port of Miami Tunnel.

Entlastung für die Innenstadt.

- EPB-Schild, Ø 12.860 mm
- Neuentwicklung „Water Control Process" (WCP): EPB-Modus + Wasser-Slurry-Modus möglich
- Finaler Durchbruch am 6. Mai 2013
- Inbetriebnahme Mitte 2014

Herrenknecht. Pioneering Underground Technologies

Das innovative Direct Pipe®-Verfahren.

Einstufige Verlegemethode für Pipeline-Querungen.

- Schnelle und sichere Verlegung von Produktrohren und Rohrleitungen

Herrenknecht. Pioneering Underground Technologies

Traffic Tunnelling in Katar.

Doha Metro.

- 21 x EPB-Schild für 4 neue Linien
- Insgesamt über 100 Kilometer Tunnel
- Herrenknecht einziger TBM-Lieferant
- Full Range Solution aus dem Konzern: Navigationssysteme, Tunnelbänder, Tübbingschalungen, Multi-Service-Fahrzeuge und umfangreiche Services

Technical Department
Status August 2012

Herrenknecht. Pioneering Underground Technologies

Neuer Durchmesser-Weltrekord.

Hongkong: Tuen Mun – Chek Lap Kok Link (TM-CLKL).

- Mixschild, Schild-Ø 17,6 m
- 2 parallele Straßentunnel für je 2 Fahrspuren

CUTTINGWHEEL

Herrenknecht. Pioneering Underground Technologies

Neuer Durchmesser-Weltrekord.

Hongkong: Tuen Mun – Chek Lap Kok Link (TM-CLKL).

- 2 x 4,2 km Straßentunnel
- Durchmesser 13,95 m am Tunneleingang
- Durchmesser 17,6 m am Tunnelausgang

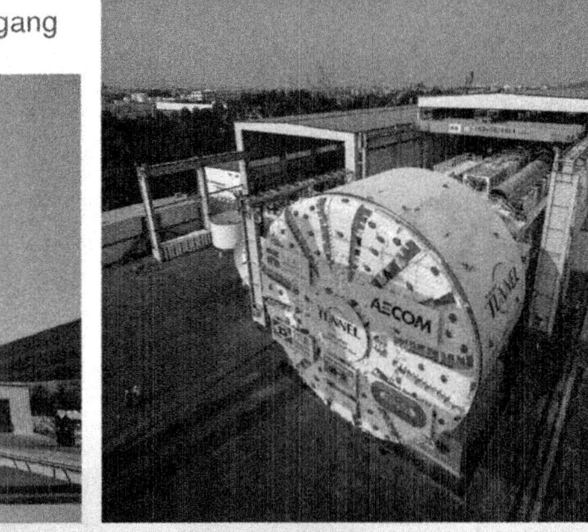

Herrenknecht. Pioneering Underground Technologies

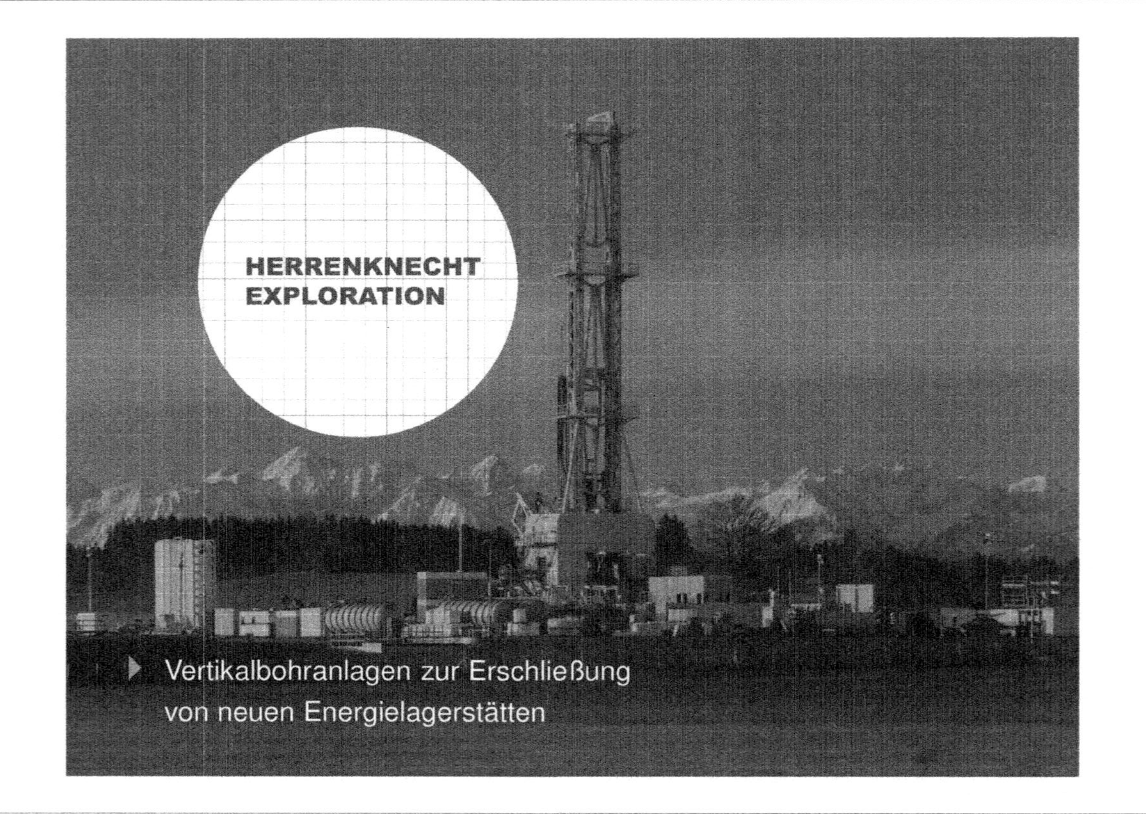
HERRENKNECHT
EXPLORATION
Vertikalbohranlagen zur Erschließung
von neuen Energielagerstätten

Herrenknecht Vertical GmbH.

- Hundertprozentige Tochter der Herrenknecht AG
- Gründung: März 2005
- Sitz in Schwanau
- Tiefbohranlagen für die Erschließung von Öl- und Gasvorkommen und von tiefer Geothermie
- Technologievorsprung durch hydraulische Antriebstechnik
- Hoher Automatisierungsgrad
- Reduzierter Personaleinsatz

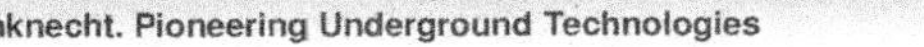

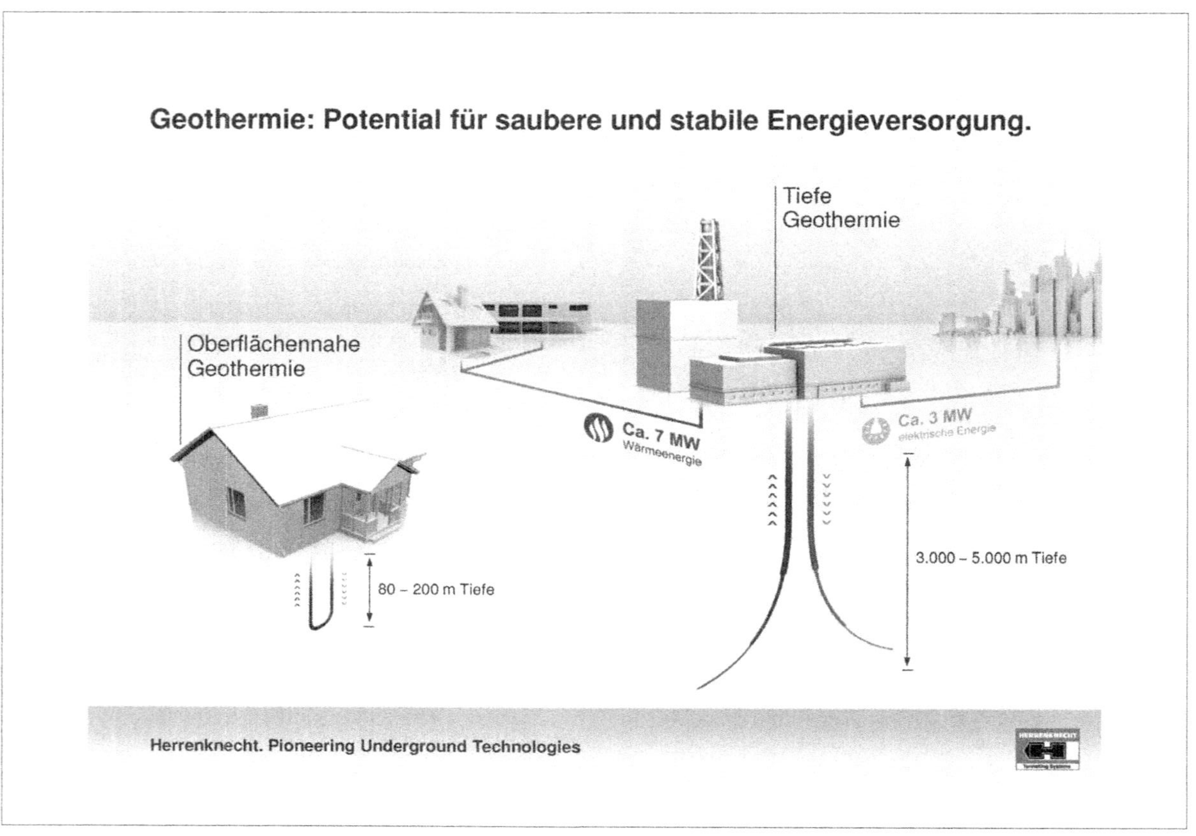
Geothermie: Potential für saubere und stabile Energieversorgung.
Oberflächennahe Geothermie
Tiefe Geothermie
Ca. 7 MW
Wärmeenergie
Ca. 3 MW
elektrische Energie
80 – 200 m Tiefe
3.000 – 5.000 m Tiefe
Herrenknecht. Pioneering Underground Technologies

Nutzung der oberflächennahen Geothermie.

Herrenknecht Hauptsitz in Schwanau.

- Herrenknecht Verwaltungsgebäude 3
  - 32 Bohrungen bis 100 Meter Tiefe
  - Gesamtwärme / -kälteabgabe der Wärmepumpenanlage: 324.000 kWh +/ Jahr
  - Einsparung 31 Tonnen CO_2 / Jahr im Vergleich zu herkömmlichem Heizsystem

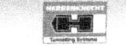

Herrenknecht. Pioneering Underground Technologies

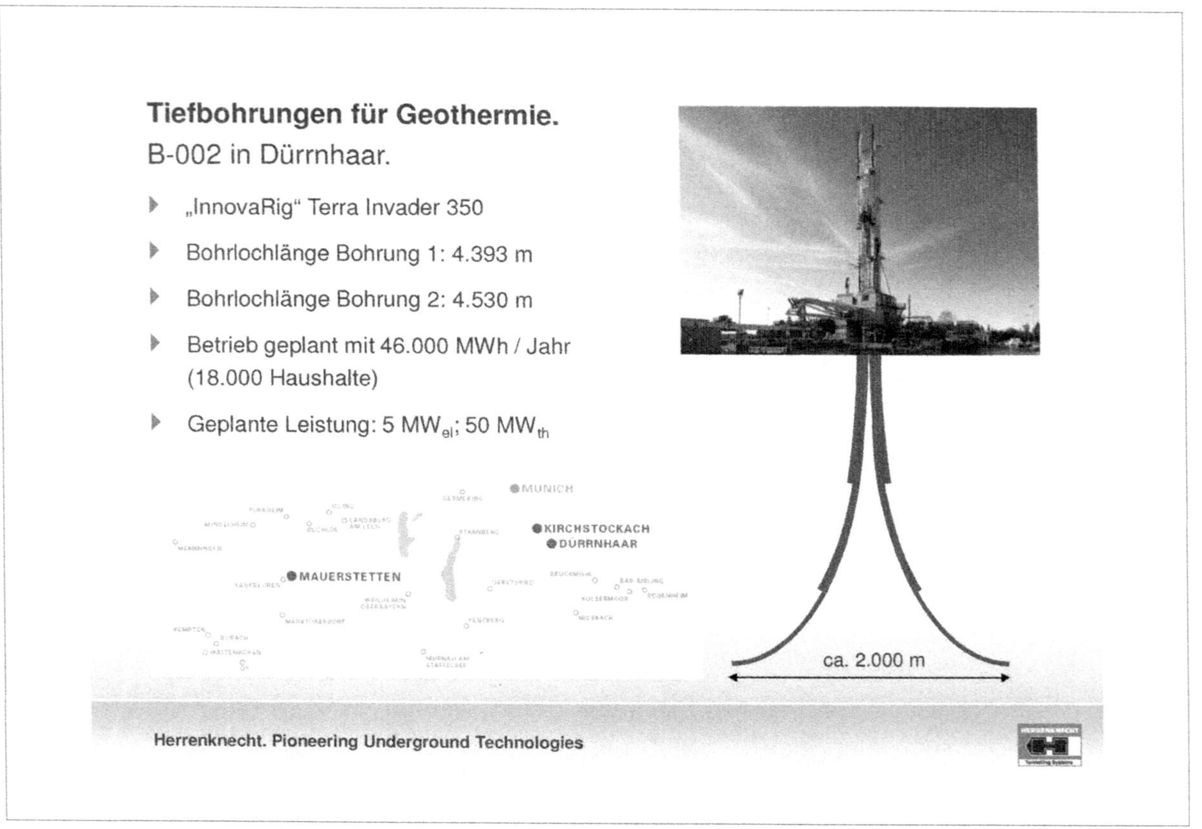
Tiefbohrungen für Geothermie.
B-002 in Dürrnhaar.
„InnovaRig“ Terra Invader 350
Bohrlochlänge Bohrung 1: 4.393 m
Bohrlochlänge Bohrung 2: 4.530 m
Betrieb geplant mit 46.000 MWh / Jahr (18.000 Haushalte)
Geplante Leistung: 5 MW_{el}; 50 MW_{th}
MUNICH
KIRCHSTOCKACH
DÜRRNHAAR
MAUERSTETTEN
ca. 2.000 m
Herrenknecht. Pioneering Underground Technologies

Tiefbohranlagen Terra Invader 350 Slingshot.

Einsatz in Bahia, Brasilien.

- 2 Rigs (B-006/B-008) in Betrieb seit Sommer 2009
- Bereits über 40 Bohrungen zur Öl-Exploration erfolgreich abgeteuft
- Selbstaufrichtender Unterbau und teleskopierbarer Mast für schnellen Auf- und Abbau ohne Schwerlastkran

Herrenknecht. Pioneering Underground Technologies

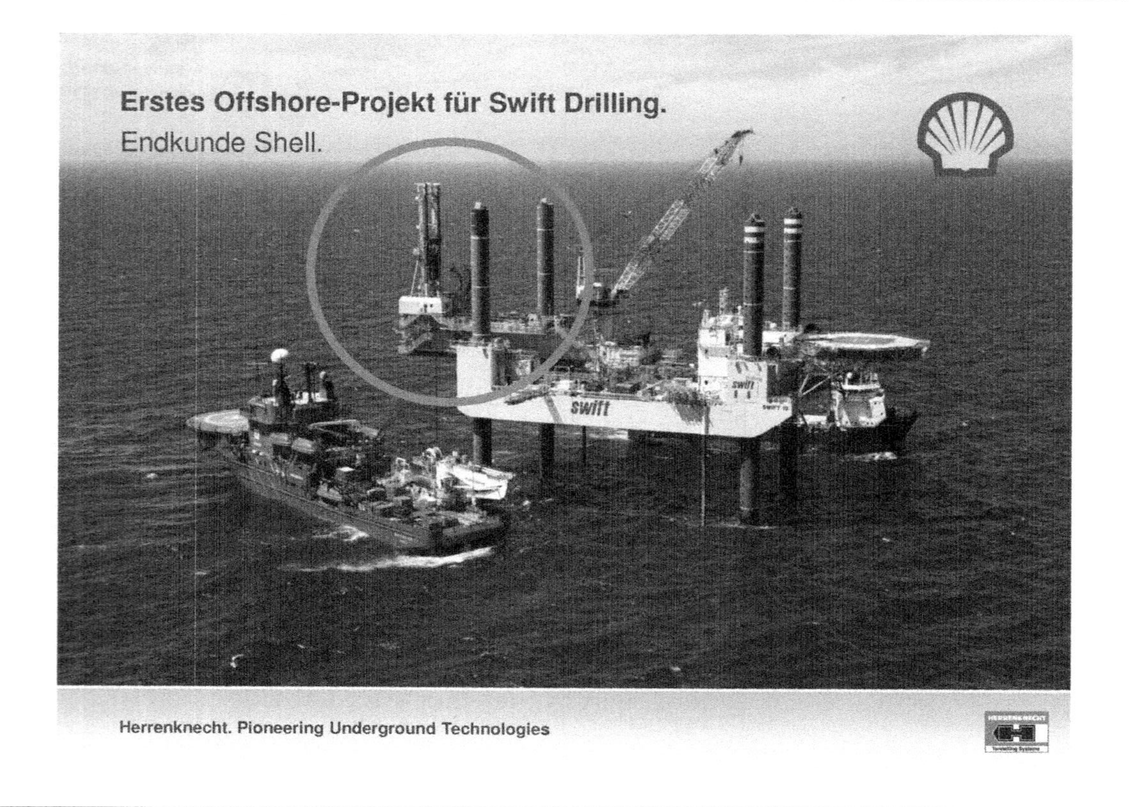
Erstes Offshore-Projekt für Swift Drilling.
Endkunde Shell.
swift
Herrenknecht. Pioneering Underground Technologies

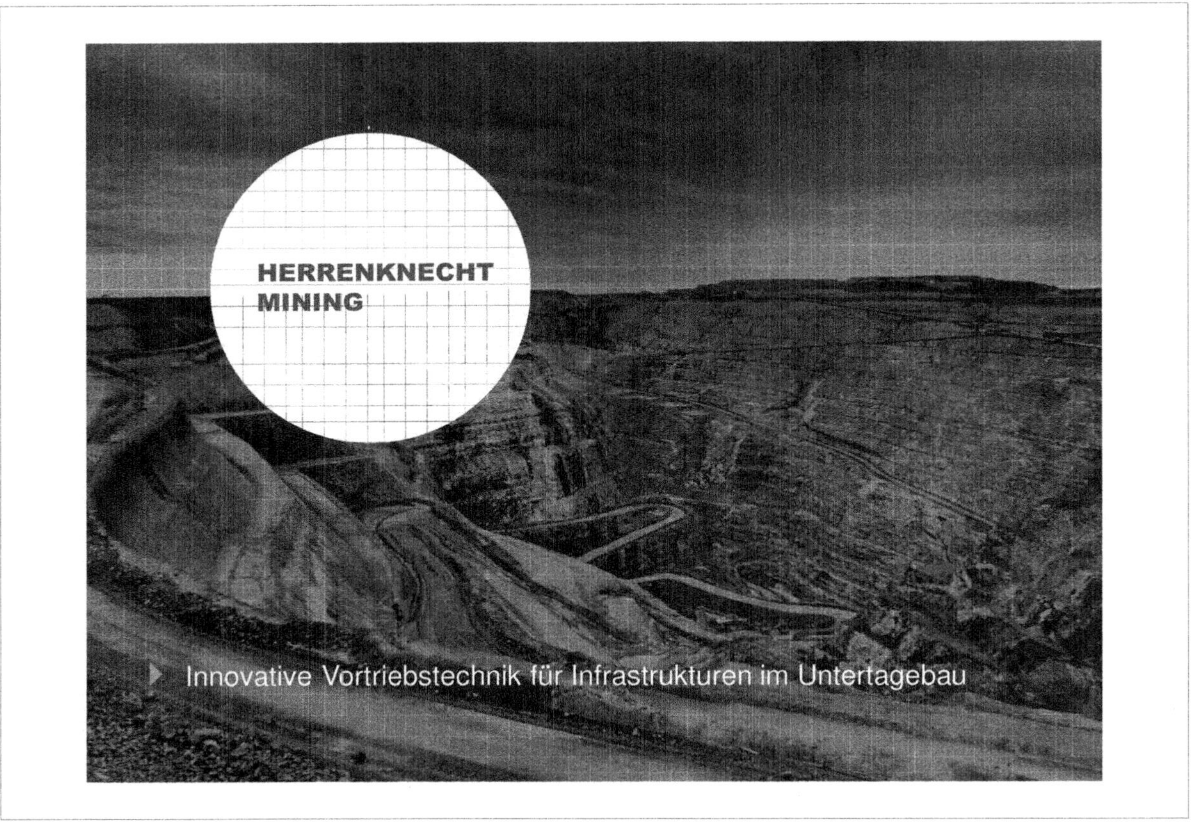
HERRENKNECHT
MINING
Innovative Vortriebstechnik für Infrastrukturen im Untertagebau

Herrenknecht Mining.
Produktportfolio.

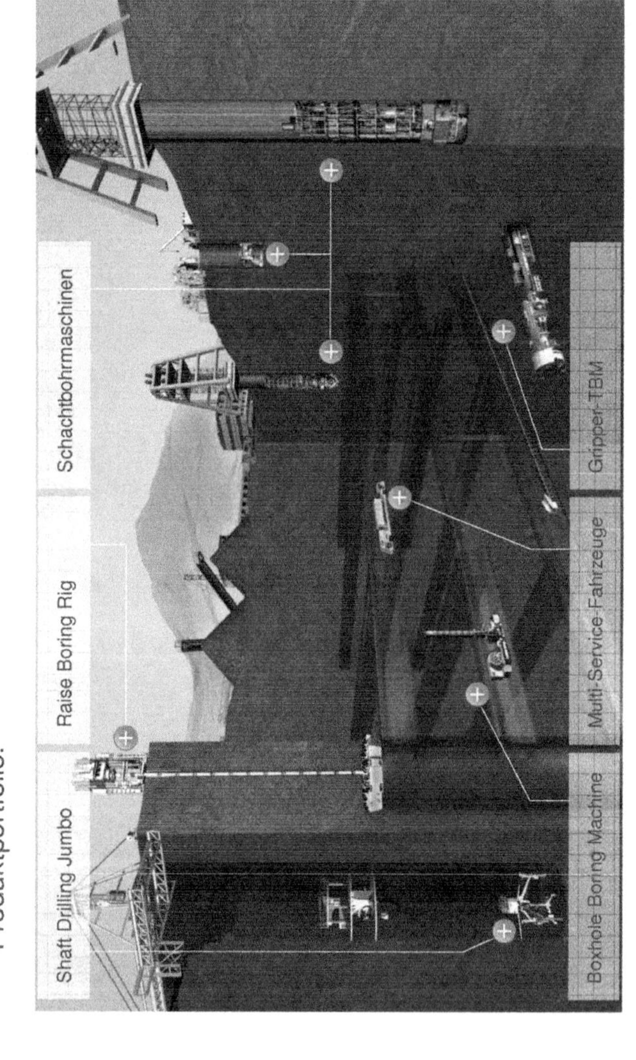

Boxhole Boring Machine BBM.

Rasanter Vortrieb von Slot Holes mit kleinem Durchmesser.

- Adaption der bekannten Rohrvortriebstechnologie für den Einsatz in Minen
- Bohrdurchmesser bis zu 1,5 Meter, maximale Bohrlänge bis 60 Meter
- Hohe Vortriebsgeschwindigkeit und Arbeitssicherheit
- Flexibel einsetzbar auch bei beengten Baustellenverhältnissen
- Bereits in mehreren Projekten weltweit erfolgreich eingesetzt

Herrenknecht. Pioneering Underground Technologies

Raise Boring Rig RBR.

Zügiger Schachtbau mit System und Sicherheit.

- Präzise Erstellung von Schächten in Festgestein mit bis zu 2.000 Metern Tiefe
- Hohe Flexibilität auch bei beengten Platzverhältnissen dank kompakter Bauweise
- Sicherer, weniger personalintensiv und kostengünstiger als konventioneller Schachtbau
- Mehrere Projekteinsätze erfolgreich abgeschlossen

Herrenknecht. Pioneering Underground Technologies

Projekt Nant de Drance.

Erfolgreiche Anwendung von Herrenknecht Mining-Technik.

- Pumpspeicherkraftwerk in der Schweiz
- Raise Boring Rig RBR600VF
  - 2 x 424 m vertikale Druckstollen
  - Schachtdurchmesser 2.440 mm
- Gripper-TBM für 5,6 km Zugangsstollen
- Bohrspinne (Shaft Drilling Jumbo) für Schachtaufweitung

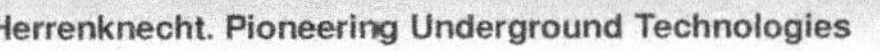

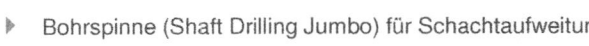

Herrenknecht. Pioneering Underground Technologies

DENKE
POSITIV!
Gemeinsam gestalten wir unsere Zukunft.
Herrenknecht. Pioneering Underground Technologies

Die neue Normalität: Unternehmensführung in unsicheren und volatilen Märkten

Hanswilli Jenke

Vorsitzender der Geschäftsführung
Fixit TM Holding GmbH

Die neue Normalität
Unternehmensführung
in unsicheren und
volatilen Märkten
Kurzfassung/Kernthesen
Münchner Management Kolloquium 2015
Hanswilli Jenke, CEO FIXIT GRUPPE
München, 17.-18. März 2015
FIXIT
HASIT
KREISEL
RÖFIX
FIXIT GRUPPE
BAUSTOFFE MIT SYSTEM

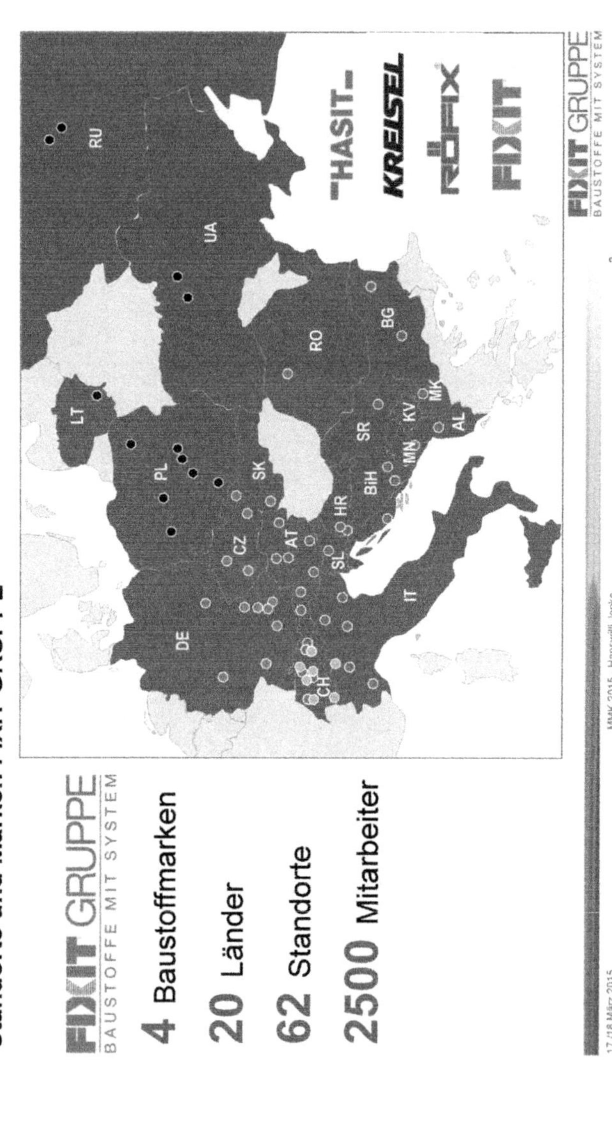
Die FIXIT GRUPPE ist ein europaweit agierender Baustoffhersteller – Vier Marken in 20 Ländern
Standorte und Marken FIXIT GRUPPE
FIXIT GRUPPE
BAUSTOFFE MIT SYSTEM
4 Baustoffmarken
20 Länder
62 Standorte
2500 Mitarbeiter
DE
CH
CZ
AT
SL
HR
BiH
SK
PL
LT
RU
UA
RO
BG
SR
MN
KV
MK
AL
IT
HASIT
KREISEL
RÖFIX
FIXIT
FIXIT GRUPPE
BAUSTOFFE MIT SYSTEM
17./18 März 2015
MMK 2015 - Hanswilli Jenke
2

Systemlösungen von klassischer Wärmedämmung bis zur Schlaglochsanierung sind Stärken der FIXIT GRUPPE

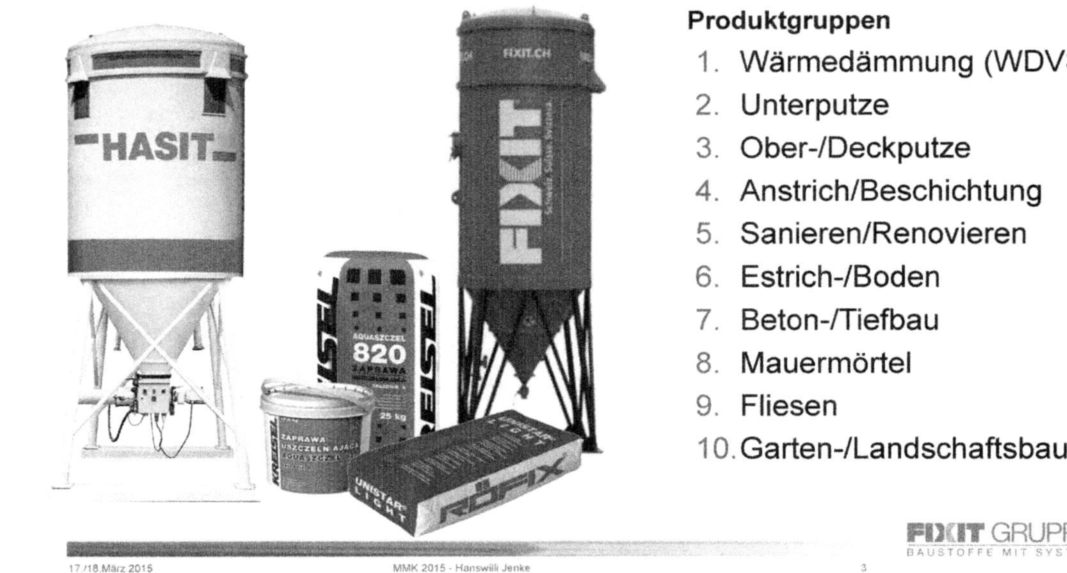

Produktgruppen

1. Wärmedämmung (WDVS)
2. Unterputze
3. Ober-/Deckputze
4. Anstrich/Beschichtung
5. Sanieren/Renovieren
6. Estrich-/Boden
7. Beton-/Tiefbau
8. Mauermörtel
9. Fliesen
10. Garten-/Landschaftsbau

FIXIT GRUPPE
BAUSTOFFE MIT SYSTEM

17./18.März 2015 MMK 2015 - Hanswilli Jenke 3

Mit innovativen Produkten besetzt die FIXIT GRUPPE eine führende Stellung im Baustoffmarkt

FIXIT 222 Aerogel Hochleistungsdämmputz

- Mineralischer Dämmputz (λ_D 0,028 W/mk) mit Aerogel
- HASIT Fixit 222 Aerogel eignet sich vor allem zur energetischen Sanierung von erhaltenswerten und denkmalgeschützten Fassaden

RÖFIX Sisma Calce Erdbebenschutz

- System zum Erdbebenschutz, das die Vorteile eines klassischen Wärmedämmverbundsystems mit einer armierten Verstärkung zur Stabilisierung des Gebäudes kombiniert

HASIT OptiPhalt Asphaltreparaturmörtel

- Für Straßen- und Flächenreparaturen aller Art
- Mindestens 4-fach so beständig wie Kaltasphalt
- Schnelle Verkehrsfreigabe (nach ca. 15 Minuten)

17./18.März 2015 MMK 2015 - Hanswilli Jenke 4

Die FIXIT GRUPPE liefert Systemlösungen für Projekte aller Größenordnungen – Referenzen (Auswahl)

Lenbachgärten, München (Deutschland)

Kontorhaus Spirituosenfabrik, Dresden (Deutschland)

Hotel Vitznauer Hof, Vitznau (Schweiz)

Benediktinerkollegium, Sarnen (Schweiz)

FIXIT GRUPPE
BAUSTOFFE MIT SYSTEM

17./18.März 2015 MMK 2015 - Hanswilli Jenke 5

Weitere Informationen zur FIXIT GRUPPE finden Sie auf unserer Homepage unter www.fixit-gruppe.com

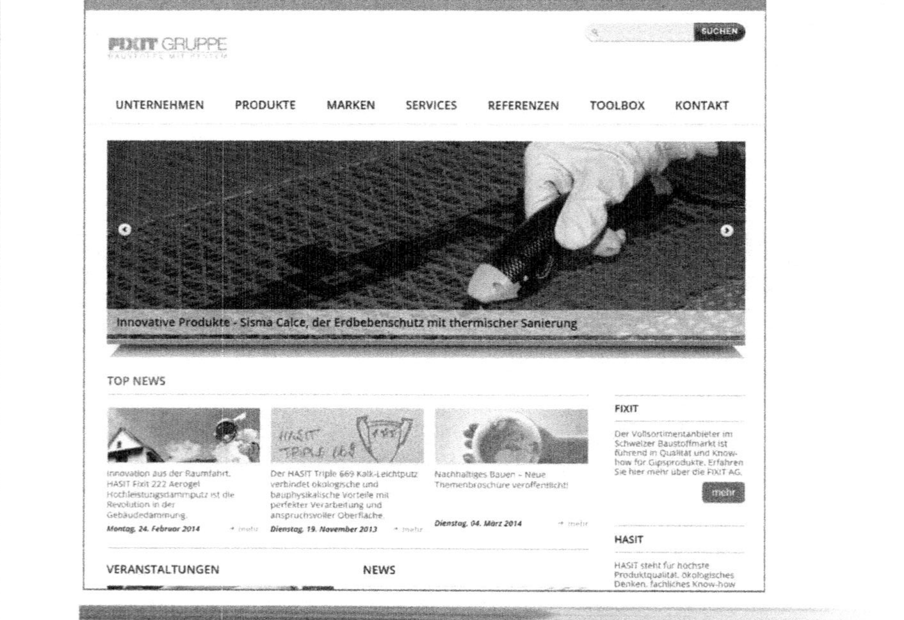

FIXIT GRUPPE
BAUSTOFFE MIT SYSTEM

17./18.März 2015 MMK 2015 - Hanswilli Jenke 6

Inhalte des Vortrags
Hanswilli Jenke, CEO FIXIT GRUPPE

22. MÜNCHNER
MANAGEMENT
KOLLOQUIUM
AM 17./18. MÄRZ 2015 GEHT ES UM
STRESSTEST FÜR GESCHÄFTSMODELLE
Welche Führungsprinzipien sind zukunftsfähig?
MÜNCHNER
MANAGEMENT
KOLLOQUIUM
Veranstalter
TCW

Die neue Normalität

Unternehmensführung in unsicheren und volatilen Märkten

1. Stresstests:
   Sinn oder Unsinn?
2. Unsicher und volatil:
   Die neue Normalität
3. Führungsprinzipien der
   FIXIT GRUPPE

17./18.März 2015 MMK 2015 - Hanswilli Jenke 7

Kernthesen des Vortrags (1/2) Hanswilli Jenke, CEO FIXIT GRUPPE

Die neue Normalität: Unternehmensführung in unsicheren und volatilen Märkten

- Stresstests sind ein Instrument des Risikomanagements und sollen die Auswirkungen externer Ereignisse simulieren. Grundlage aller Stresstests ist dabei die Prognose der zukünftigen Entwicklung bestimmter Faktoren.
- Die Prognose von zukünftigen Entwicklungen war schon immer eine enorme Herausforderung. Dennoch schützt auch heute verfügbare, ausgefeilte, moderne Methodik nicht vor falschen Prognosen. Einige prominente Beispiele, die im Vortrag vorgestellt werden sollen, belegen diese These.
- Im heutigen unsicheren und volatilen Umfeld (=die neue Normalität, VUCA Welt) werden Prognosen immer schwieriger. Der Aufwand für Prognosen steigt und die Prognosesicherheit sinkt, v.a. aufgrund von nicht planbaren Ereignissen, den sogenannten „wild cards".
- Die FIXIT GRUPPE ist, als europaweit agierender Baustoffhersteller, von vier Phänomenen der neuen Normalität besonders betroffen. Diese Phänomene sollen im Vortrag erörtert werden:
  - Kurzfristig auftauchende politische Unruheherde
  - Schwankungen der Rohstoffpreise
  - Zunahme von Wetterextremen und Temperaturschwankungen
  - Zunehmende Wechselkursschwankungen

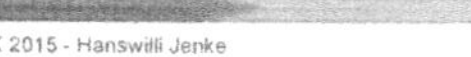

17./18.März 2015 MMK 2015 - Hanswilli Jenke 8

Kernthesen des Vortrags (2/2)
Hanswilli Jenke, CEO FIXIT GRUPPE

Die neue Normalität: Unternehmensführung in unsicheren und volatilen Märkten

Modernes Management muss sich auf die neue Normalität einstellen.
Im Rahmen des Vortrags werden sechs Führungsprinzipien vorgestellt, mit denen das Management der FIXIT GRUPPE auf die Herausforderungen der VUCA Welt reagiert:

1. Konsequentes Verfolgen der Strategie
2. Diversifizierung
3. Stakeholder Management
4. Entscheidungsgeschwindigkeit
5. Marktnahe Ergebnisverantwortung
6. Vorsicht und Prävention

17./18.März 2015 MMK 2015 - Hanswilli Jenke 9

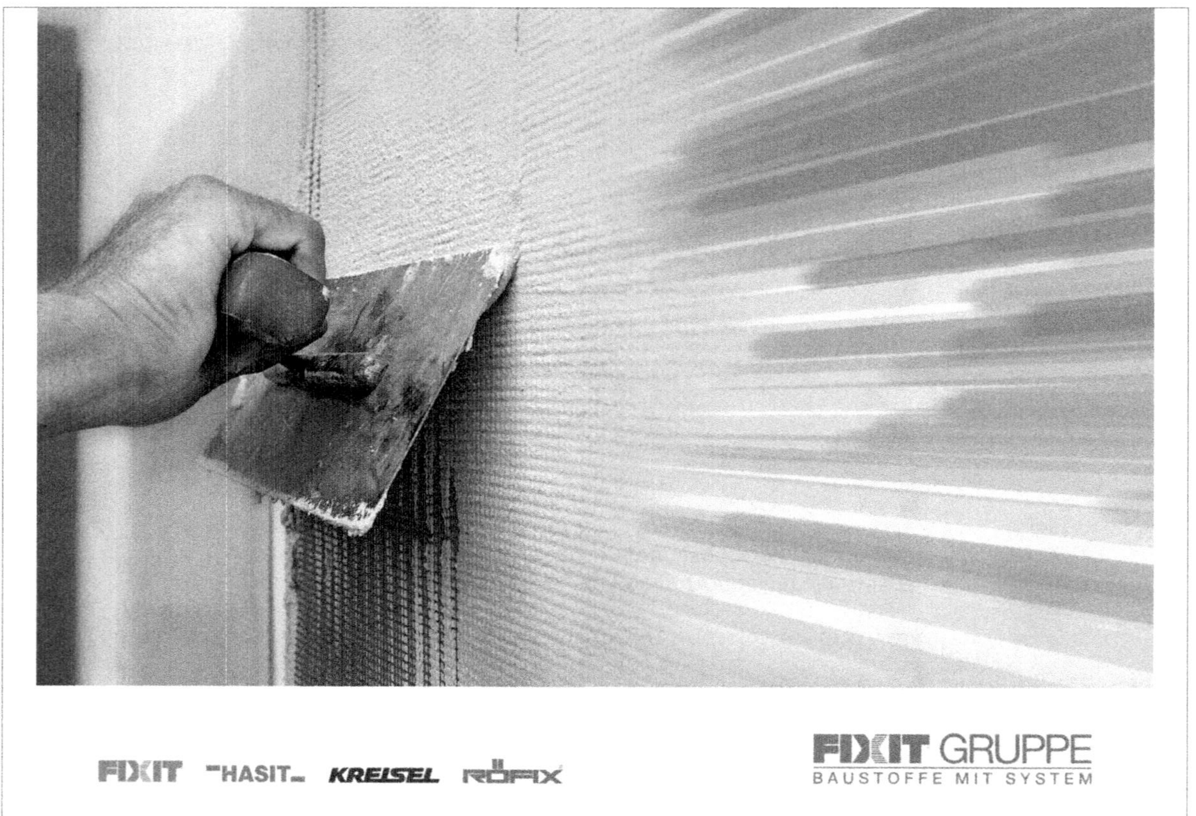
FIXIT
HASIT
KREISEL
RÖFIX
FIXIT GRUPPE
BAUSTOFFE MIT SYSTEM

Innovationskraft, Dynamik & Balance – 185 Jahre Erfolg mit Stahl

Dr.-Ing. Hans-Toni Junius

Geschäftsführender Gesellschafter und Vorsitzender der Geschäftsführung
C.D. Wälzholz KG

C.D. Wälzholz

Innovationskraft, Dynamik & Balance
185 Jahre Erfolg mit Stahl

22. Münchner Management Kolloquium 17. - 18. März 2015

Stresstest für Geschäftsmodelle

C.D. Wälzholz 

Gliederung

Innovationskraft, Dynamik & Balance – 185 Jahre Erfolg mit Stahl

- 185 Jahre Erfahrung mit Stahl
- Was uns erfolgreich gemacht hat
  Das Geschäftsmodell von C.D. Wälzholz gestern und heute
- Stress-Szenarien in der Wertschöpfungskette Stahl
- Unsere Antwort – Die Leistungsmerkmale von C.D. Wälzholz
- Resümee

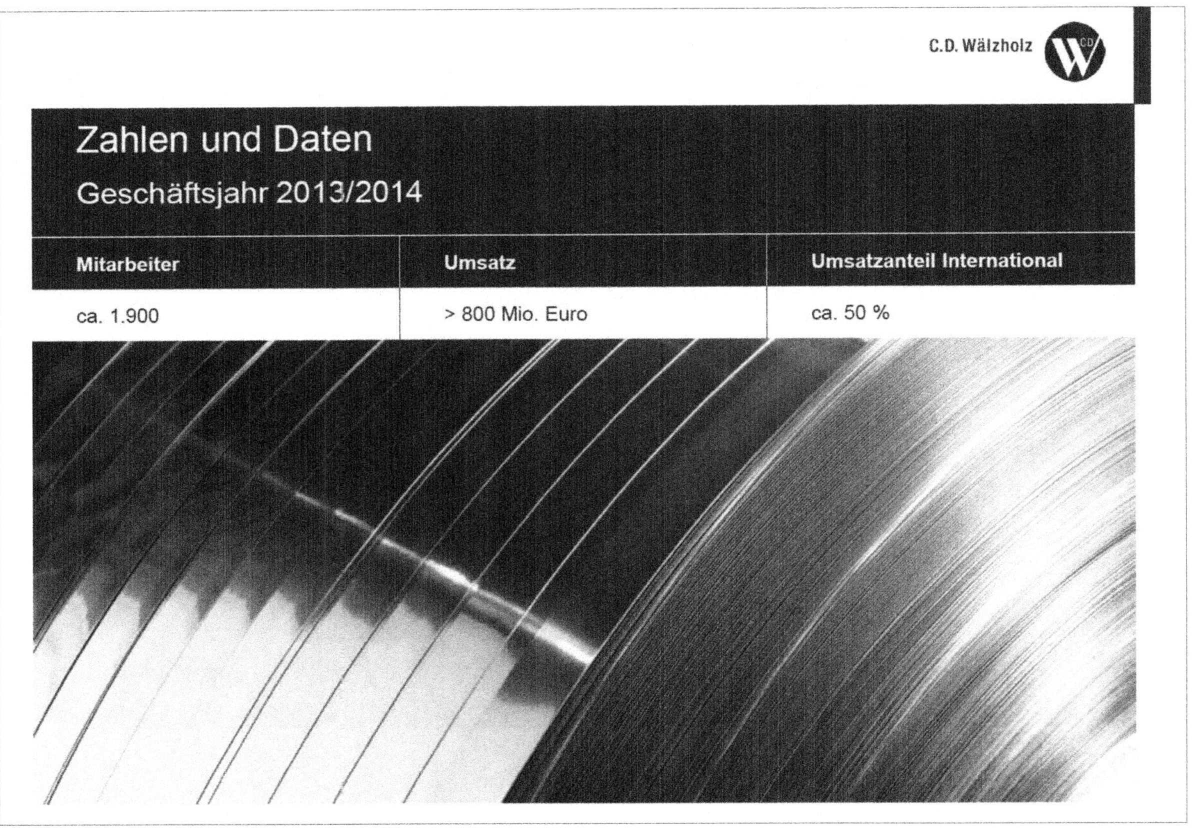
C.D. Wälzholz
Zahlen und Daten
Geschäftsjahr 2013/2014
Mitarbeiter
ca. 1.900
Umsatz
> 800 Mio. Euro
Umsatzanteil International
ca. 50 %

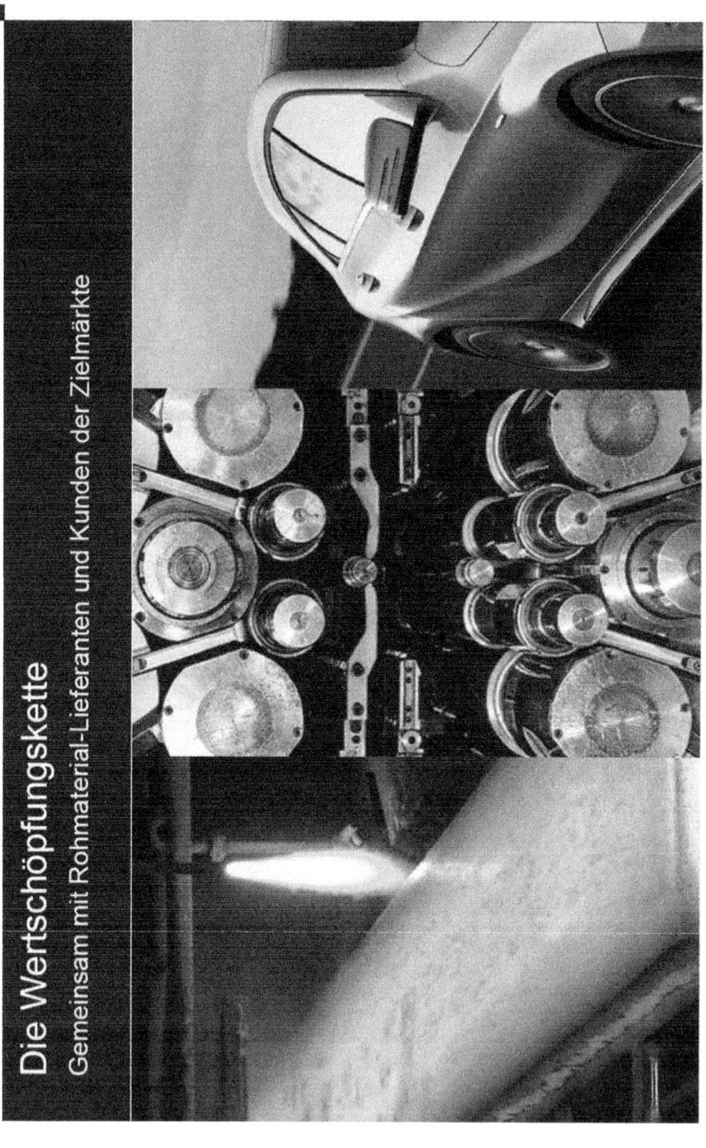
C.D. Wälzholz
Die Wertschöpfungskette
Gemeinsam mit Rohmaterial-Lieferanten und Kunden der Zielmärkte

C.D. Wälzholz

Innovative Lösungen für innovative Kunden

- Langjährige Entwicklungspartnerschaften
- 270 Rohmaterialanalysen

Werkstoffentwicklung

- beste Umformbarkeit
- reduzierte Bauteilgewichte
- Minimale Leistungsverluste

Lieferanten ⟷ **C.D. Wälzholz** ⟷ **Kunden**

- Lokale Rohmaterialversorgung
- Vernetztes Rohmaterialmanagement

Prozessentwicklung

- Passgenaue Logistikmodelle
- Vernetzte Fertigungsprozesse
- Kundennahe Produktionsstandorte

C.D. Wälzholz

Netzwerke und Partnerschaften

Politik

Infrastruktur

Rohmaterial

Energieversorgung

Dienstleistung

Kunde

Forschung und Lehre

Hilfs- und Betriebsstoffe

Maschinen und Anlagenbau

C.D. Wälzholz

Maßgeschneiderte Werkstoffeigenschaften

Federkraft
Elastizitätsmodul

Magnetische Eigenschaften
geringe Wattverluste

Verschleißfestigkeit
Härte

C.D. Wälzholz

Global Footprint

9 Produktionsstandorte in 6 Ländern auf 3 Kontinenten

Deutschland
Österreich
Frankreich
USA
China
Brasilien

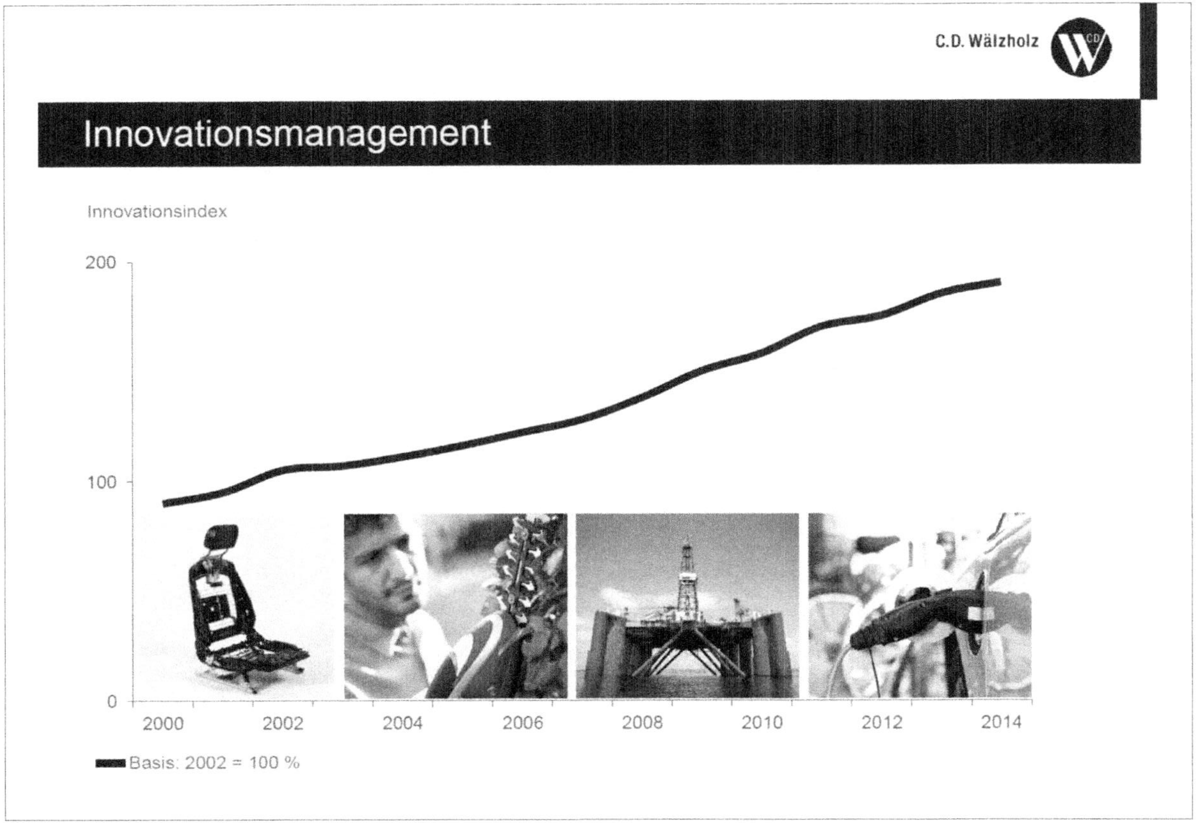

C.D. Wälzholz

Innovationsmanagement

Innovationsindex

200

100

0

2000 2002 2004 2006 2008 2010 2012 2014

Basis: 2002 = 100 %

Mehr (als) MTM:
MTM-Consulting & Training

MTM bietet mehr als klassische Beratung und Vermittlung von theoretischem Wissen – Anschaulichkeit und (Be-)greifen stehen bei uns im Vordergrund. Neben der Beratung in Organisations- und Effizienzsteigerungsprojekten umfasst unser ganzheitlicher Ansatz Qualifizierung und Coaching. Gemeinsam mit Ihnen lösen wir nicht nur Probleme indem wir Ursachen beheben, sondern verbessern darüber hinaus Ihre Prozesse entlang der Wertschöpfungskette messbar, nachvollziehbar und nachhaltig.

Praxis- und führungserfahrene MTM-Berater begleiten Sie bei der Einführung eines bestmöglichen Produktivitätsmanagements – von der Potenzialermittlung, über die Umsetzung, bis zum Controlling aller Verbesserungsmaßnahmen. Außerdem stellen wir sicher, dass Ihr Unternehmen im Anschluss über das notwendige Kow-how für weiterführende Projekte und Maßnahmen verfügt.

In Industrie und Dienstleistung sind wir für Sie im Einsatz:

- Excellent Lean Production
- Excellent Supply Chain Management
- Training + Kompetenztransfer für die Praxis (Seminare und Workshops)

Mehr Information unter:
www.dmtm.com/consulting

Ihre Ansprechpartnerin

Andrea Hund
Assistentin der Geschäftsleitung
Tel.: +49 711 72889-25
Fax: +49 711 72886-45
andrea.hund@dmtm.com

Deutsche MTM-Gesellschaft
Industrie- und Wirtschaftsberatung mbH
Geschäftsbereich Training und Consulting
Zettachring 12 a
70567 Stuttgart

Von Familienunternehmen lernen: Eigentümerkultur als Basis des Führungsprinzips bei Siemens

Joe Kaeser

Vorstandsvorsitzender
Siemens AG

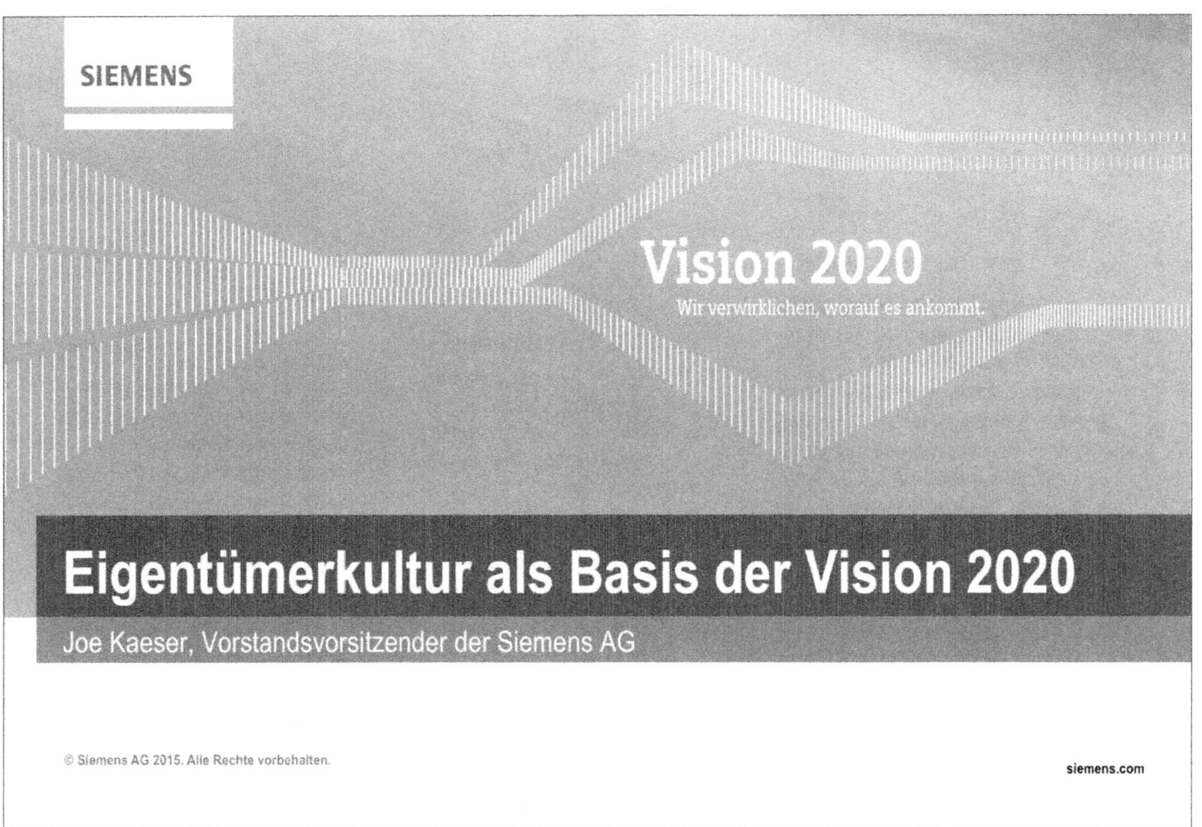
SIEMENS
Vision 2020
Wir verwirklichen, worauf es ankommt.
Eigentümerkultur als Basis der Vision 2020
Joe Kaeser, Vorstandsvorsitzender der Siemens AG
© Siemens AG 2015. Alle Rechte vorbehalten.
siemens.com

SIEMENS

Vision 2020
Drei Themen stellen die Weichen für eine erfolgreiche Zukunft

Eine starke Mission

Eine Mission ist Ausdruck unternehmerischen Selbstverständnisses und formuliert einen Anspruch. Unser Anspruch lautet: »Wir verwirklichen, worauf es ankommt.« Dafür stehen wir, das zeichnet uns aus, und das ist Ausdruck einer starken Marke – unsere Mission, die uns antreibt.

→ UNSER WEG

Eine gelebte Eigentümerkultur

Ein Motor für nachhaltiges Wirtschaften ist unsere »Eigentümerkultur«, bei der jede Mitarbeiterin und jeder Mitarbeiter Verantwortung für den Erfolg von Siemens übernimmt. »Handle stets so, als wäre es Dein eigenes Unternehmen« – diese Maxime soll für alle gelten, vom Vorstand bis zum Auszubildenden.

→ UNSERE KULTUR

Eine konsequente Strategie

Mit seiner Positionierung entlang der Wertschöpfungskette der Elektrifizierung und seinen ausgeprägten Stärken in der Automatisierung ist Siemens für das Zeitalter der Digitalisierung gut aufgestellt. Mit der Vision 2020 haben wir ein unternehmerisches Konzept definiert, das unser Haus darauf ausrichtet, konsequent attraktive Wachstumsfelder zu besetzen, unser Kerngeschäft nachhaltig zu stärken und bei Effizienz und Leistungsfähigkeit führend im Wettbewerb zu sein.

→ UNSERE STRATEGIE

© Siemens AG 2015. Alle Rechte vorbehalten.

Joe Kaeser, Vorsitzender des Vorstands der Siemens AG

2

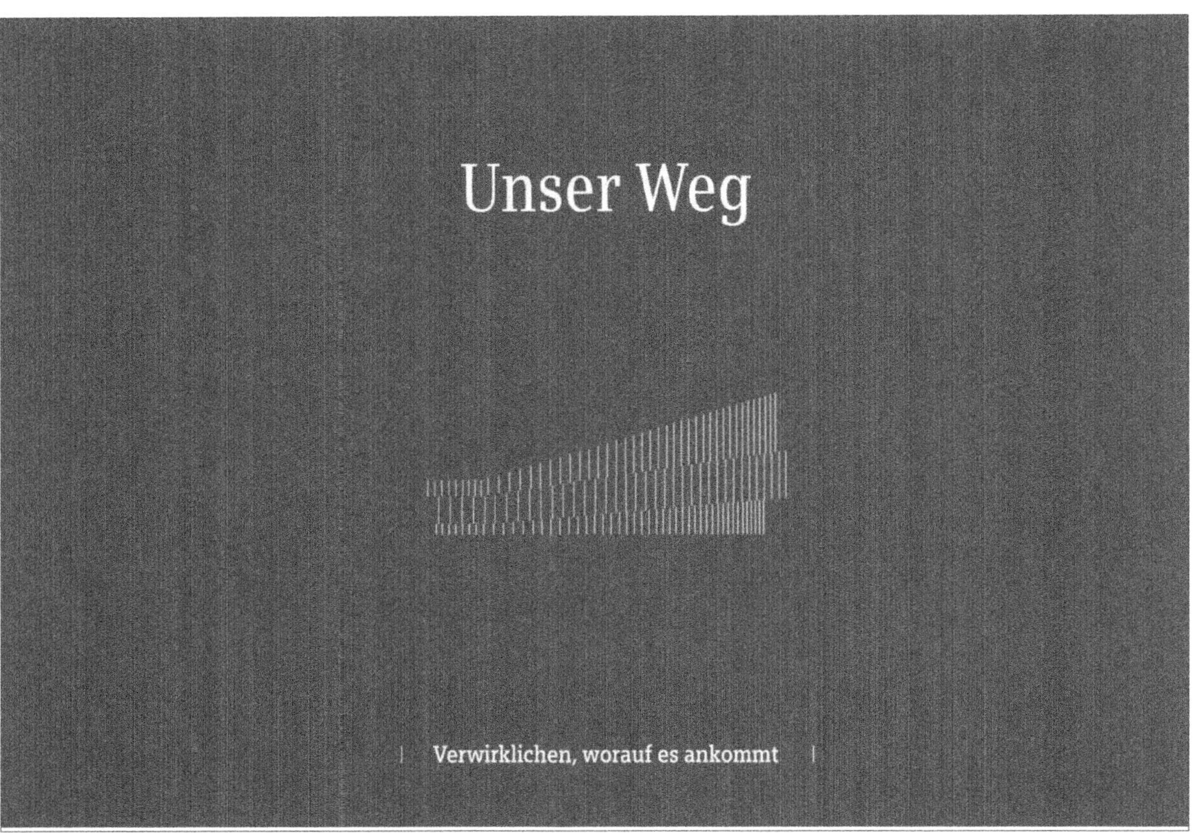
Unser Weg
Verwirklichen, worauf es ankommt

SIEMENS

Mission

Als Ausdruck einer starken Marke formuliert die Mission unseren Anspruch

Wir verwirklichen, worauf es ankommt,
und setzen Maßstäbe,
wie wir die Welt, in der wir leben,
elektrifizieren, automatisieren
und digitalisieren.
Ingenieurskunst treibt uns an,
und was wir schaffen,
schaffen wir für Sie.
Gemeinsam sind wir erfolgreich.

© Siemens AG 2015. Alle Rechte vorbehalten.

Joe Kaeser, Vorsitzender des Vorstands der Siemens AG

4

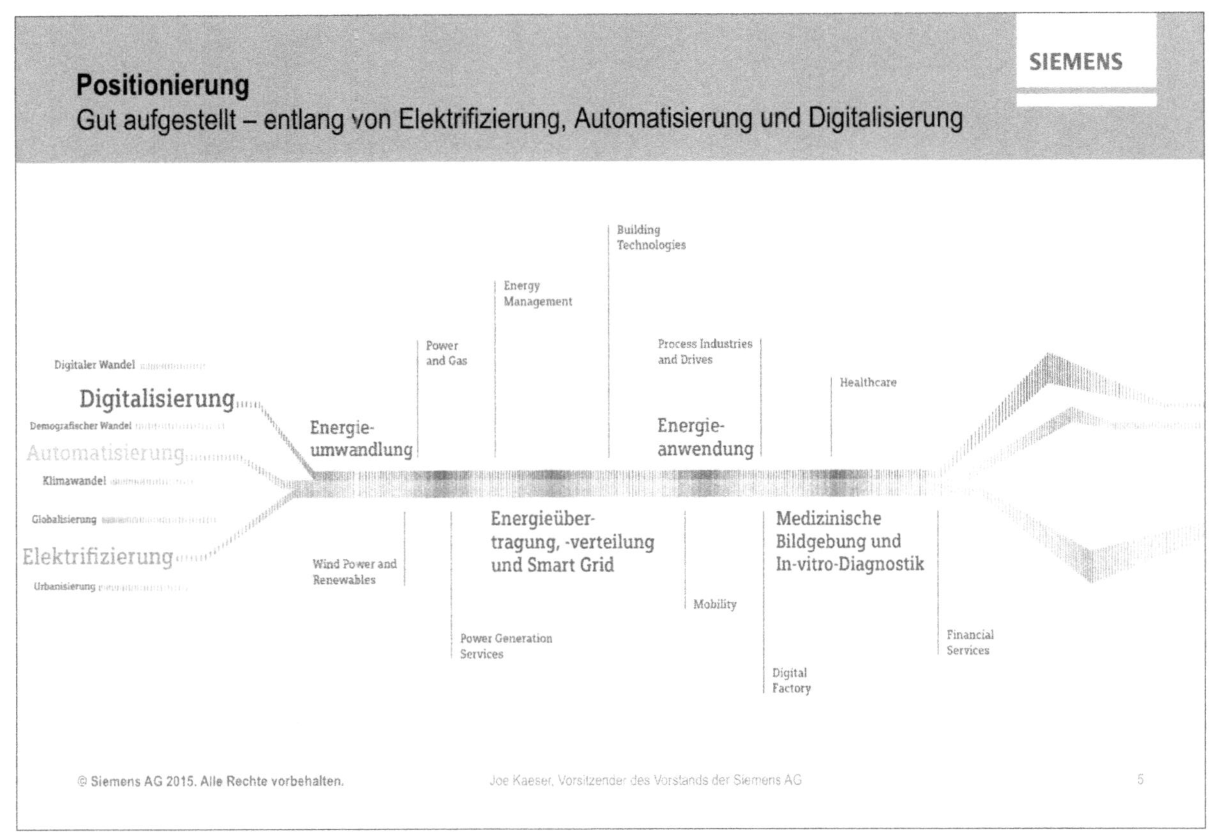
SIEMENS
Positionierung
Gut aufgestellt – entlang von Elektrifizierung, Automatisierung und Digitalisierung
Digitaler Wandel
Digitalisierung
Demografischer Wandel
Automatisierung
Klimawandel
Globalisierung
Elektrifizierung
Urbanisierung
Energie-
umwandlung
Power
and Gas
Energy
Management
Building
Technologies
Process Industries
and Drives
Energie-
anwendung
Healthcare
Wind Power and
Renewables
Power Generation
Services
Energieüber-
tragung, -verteilung
und Smart Grid
Mobility
Medizinische
Bildgebung und
In-vitro-Diagnostik
Digital
Factory
Financial
Services
© Siemens AG 2015. Alle Rechte vorbehalten.
Joe Kaeser, Vorsitzender des Vorstands der Siemens AG
5

SIEMENS

Etappen

Mit unserer Positionierung und Ausrichtung verbunden sind definierte Wegmarken

Kurzfristig: Leistungsfähigkeit steigern

Um unsere Leistungsfähigkeit zu steigern, haben wir unsere Strukturen und Verantwortlichkeiten neu zugeschnitten und legen einen Schwerpunkt auf »Business Excellence«. Wir wollen auch die Geschäfte, die ihr volles Potenzial aktuell nicht ausgeschöpft haben, wieder auf die Erfolgsspur bringen und wettbewerbsfähig machen.

Mittelfristig: Kerngeschäft stärken

Um langfristig erfolgreich zu sein, wollen wir unsere erfolgreichen Geschäfte entlang der Wertschöpfungskette der Elektrifizierung stärken. Dazu gehört auch, unsere Ressourcen gezielter in den Ausbau strategischer Wachstumsfelder zu stecken.

Langfristig: weiter wachsen

Doch damit geben wir uns nicht zufrieden. Mit der gleichen Intensität werden wir uns daranmachen, konsequent weitere Wachstumschancen zu ergreifen und dabei neue Felder zu erschließen.

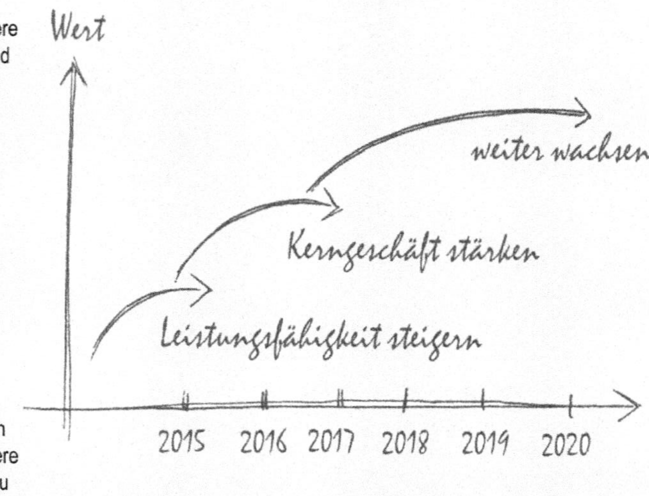

© Siemens AG 2015. Alle Rechte vorbehalten.

Joe Kaeser, Vorsitzender des Vorstands der Siemens AG

6

SIEMENS

Ziele

Sieben Ziele sind unser Gradmesser und Kompass auf dem Weg ins Jahr 2020

Unternehmen stringent führen

Ziel: Kostensenkung um ~1 Mrd. €

Finanzielles Zielsystem umsetzen

Ziel: ROCE 15 % bis 20 %

Ziel: Wachstum > wesentliche Wettbewerber

Partner der Wahl für unsere Kunden sein

Ziel: Verbesserung ≥ 20 % Net Promoter Score

Eigentümerkultur stärken

Ziel: Steigerung ≥ 50 % Anzahl der Mitarbeiteraktionäre

Dauerhaft Werte schaffen

Ziel: Wachstumsfelder erschließen und ertragsschwächste Geschäfte in Ordnung bringen

Globales Management ausbauen

Ziel: > 30 % des Managements von Divisionen und Geschäftseinheiten außerhalb Deutschlands

Arbeitgeber der Wahl sein

Ziel: > 75 % Zustimmung der Mitarbeiter bei den Schwerpunktthemen »Führung« und »Vielfalt« im Rahmen unserer globalen Mitarbeiterbefragung

© Siemens AG 2015. Alle Rechte vorbehalten.

Joe Kaeser, Vorsitzender des Vorstands der Siemens AG

7

SIEMENS

Grundprinzipien

Um unsere sieben Ziele zu erreichen, halten wir an fünf Grundprinzipien fest

Kunden zuerst

Siemens steht über allem

Regionen stärken

Komplexität reduzieren

Disziplin und Verantwortung

© Siemens AG 2015. Alle Rechte vorbehalten.

Joe Kaeser, Vorsitzender des Vorstands der Siemens AG

8

SIEMENS

Strategischer Rahmen

Er bringt zentrale Felder der Unternehmenssteuerung miteinander in Einklang

Eigentümerkultur

Eine starke Kultur ist der Beginn und die Grundlage aller unserer Überlegungen. Wir wollen die Grundwerte eigenverantwortlichen Handelns in einer starken Eigentümerkultur abbilden.

Kunden- und Geschäftsfokus

Wir schärfen den Kunden- und Geschäftsfokus mit einer konsequenten Positionierung und eindeutigen Prioritäten für den gezielten Einsatz unserer Ressourcen.

Unternehmensführung

Wir stärken die innere Ordnung, indem wir die Struktur des Unternehmens verschlanken und für eine noch straffere Unternehmensführung sorgen.

Managementmodell

»One Siemens« umfasst unsere finanziellen Ziele, unser operatives Betriebssystem und unser grundlegendes Nachhaltigkeitsverständnis.

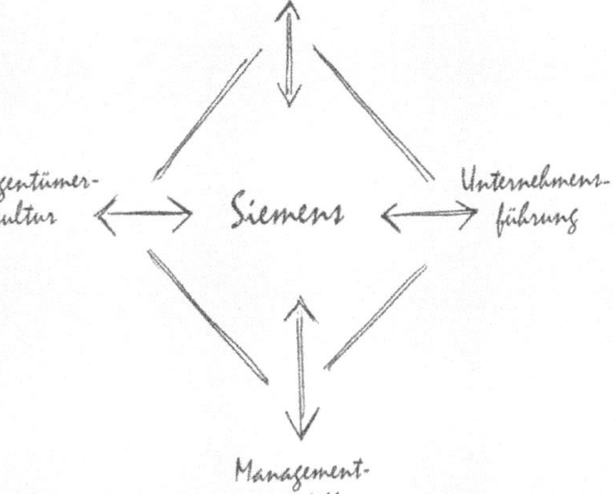

© Siemens AG 2015. Alle Rechte vorbehalten.

Joe Kaeser, Vorsitzender des Vorstands der Siemens AG

9

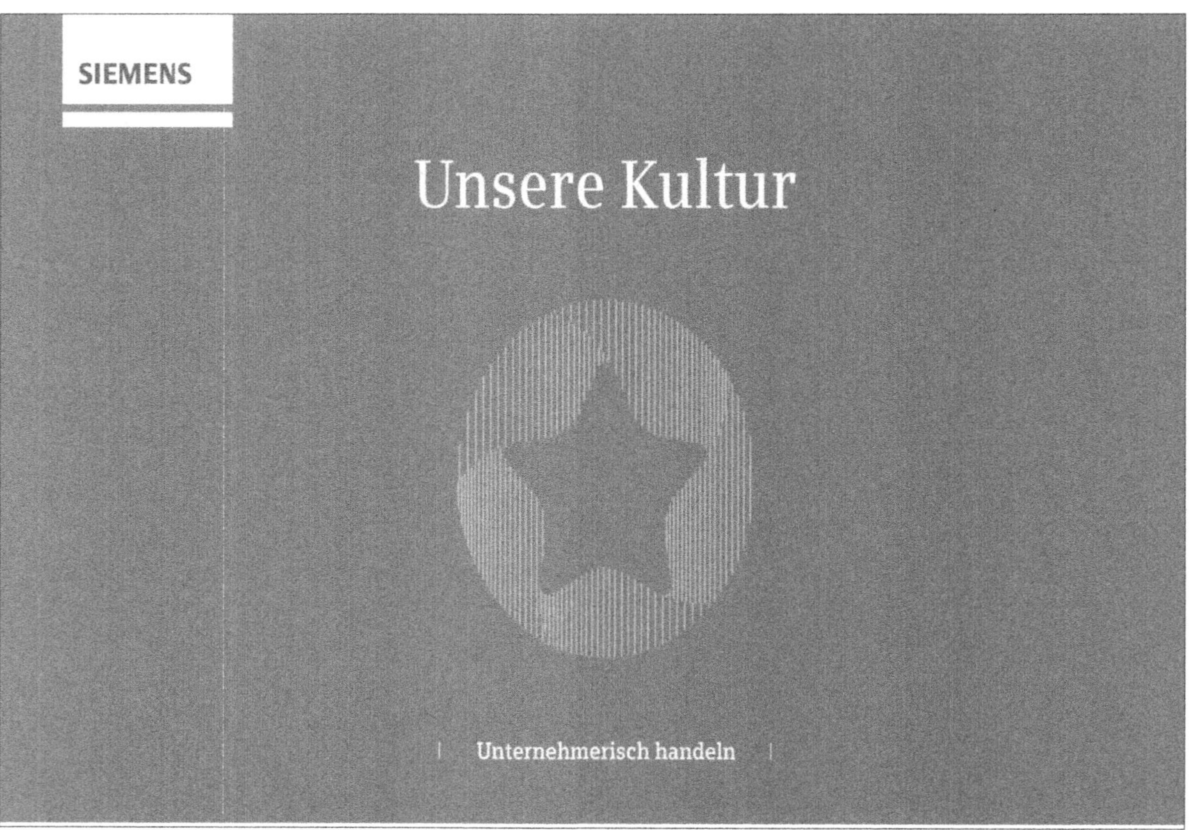
SIEMENS
Unsere Kultur
Unternehmerisch handeln

SIEMENS

Unsere Kultur
Kultur macht den Unterschied

Selbst die beste Strategie ist nur dann erfolgreich, wenn sie von einer starken Kultur getragen wird.

Bei Siemens leben und fördern wir deshalb eine Eigentümerkultur, eine Kultur, die jeden Einzelnen im Unternehmen anspornt, auf seiner jeweiligen Position das Beste zu geben und so am langfristigen Erfolg von Siemens mitzuarbeiten.

Wir haben Mitarbeiterinnen und Mitarbeiter nach ihrem Verständnis von Eigentümerkultur gefragt. Lernen Sie einige von ihnen auf den folgenden Seiten kennen.

Handle stets so, als wäre es Dein eigenes Unternehmen.

Joe Kaeser

Vorsitzender des Vorstands
der Siemens AG

© Siemens AG 2015. Alle Rechte vorbehalten.
Joe Kaeser, Vorsitzender des Vorstands der Siemens AG
11

SIEMENS

Unsere Kultur

Wir wollen weltweit eine Eigentümerkultur fördern

Eigentümer sichern unseren Geschäftserfolg
Unsere Führungskräfte sollen als Vorbilder die strategische Richtung vorgeben und für einen nachhaltigen Einsatz der zur Verfügung stehenden Ressourcen sorgen. Denn auf diese Weise können sie ihre Teams dazu inspirieren und ermuntern, das Beste für das Unternehmen zu geben.

Eigentümerkultur wird in unserem Verhalten lebendig
Von Eigentümergeist geprägte Verhaltensweisen sollen zum Maßstab und Fundament unseres Handelns werden. Dabei ist jeder Einzelne gefragt, denn nur so kann das Verhalten beständig weiterentwickelt und verbessert werden.

Eigentümer sorgen sich um jeden Einzelnen
Wir streben eine Mitarbeiterorientierung an, die Vielfalt an Erfahrungen und Fachwissen als Bereicherung wertschätzt und konsequent fördert. Wenn sie in allem, was wir tun, zum Ausdruck kommt, steigern wir die Leistungsfähigkeit unseres Unternehmens.

Eigentümerkultur basiert auf Unternehmenswerten
»Verantwortungsvoll«, »exzellent« und »innovativ« – diese Werte bilden das Fundament unserer Eigentümerkultur.

Eigentümer identifizieren sich mit dem Unternehmen
Wir sind überzeugt: Mitarbeiteraktionäre handeln verantwortungsvoll und sind langfristig orientiert, partizipieren sie doch direkt am Erfolg ihres Unternehmens. Deshalb ist die Aktienkultur ein integraler Bestandteil unserer Eigentümerkultur.

© Siemens AG 2015. Alle Rechte vorbehalten.

Joe Kaeser, Vorsitzender des Vorstands der Siemens AG

12

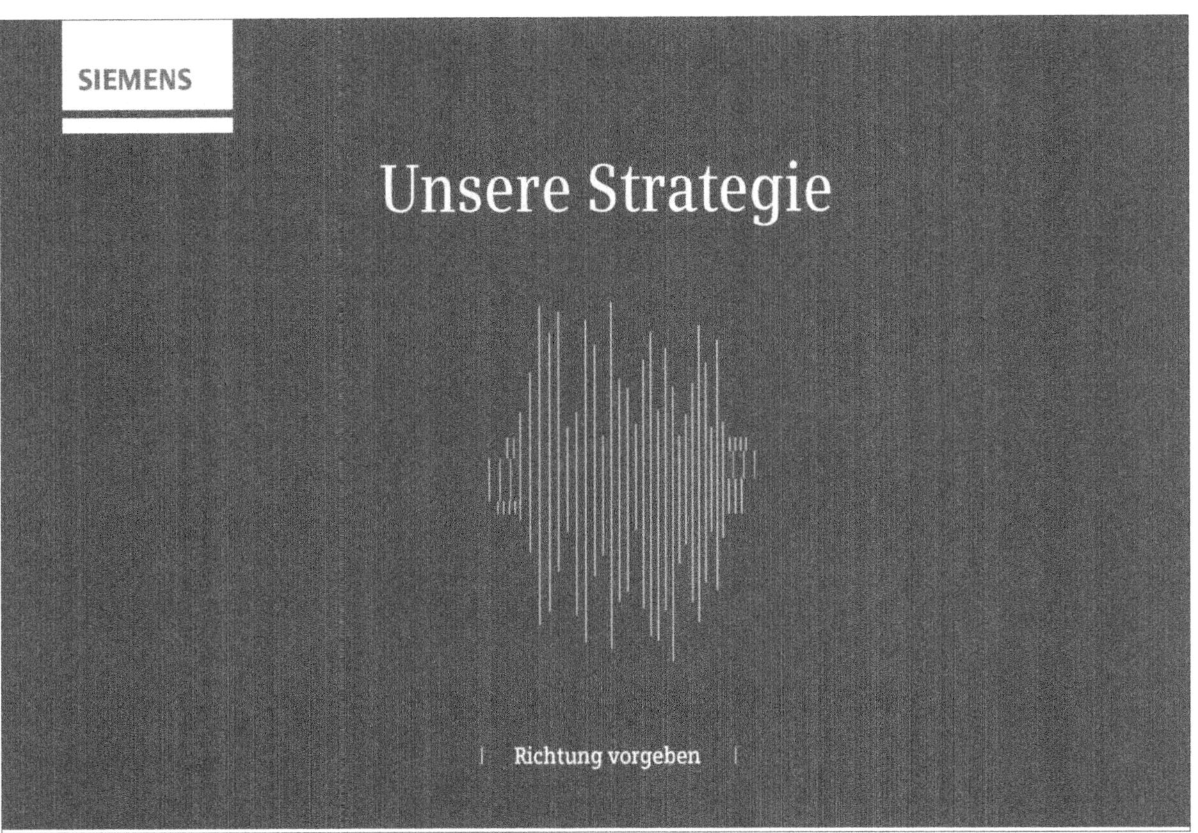
SIEMENS
Unsere Strategie
Richtung vorgeben

SIEMENS

Unsere Strategie
Kunden- und Geschäftsfokus

Wir setzen auf unsere Positionierung entlang der Wertschöpfungskette der Elektrifizierung. Sie beschreibt unser Kerngeschäft.

Vom Umwandeln über das Übertragen und Verteilen bis hin zum effizienten Anwenden elektrischer Energie – in jedem dieser miteinander verbundenen Felder bestimmen Elektrifizierung, Automatisierung und Digitalisierung das Geschäft.

Mit unserer integrierten Aufstellung können wir nicht nur die Chancen an einzelnen Märkten nutzen, sondern auch die Potenziale ausschöpfen, die sich an den Nahtstellen ergeben. Eine weltweite Vertriebsorganisation und eine organisatorische Aufstellung, die auf gemeinsame Kundenmärkte ausgerichtet ist, machen das möglich.

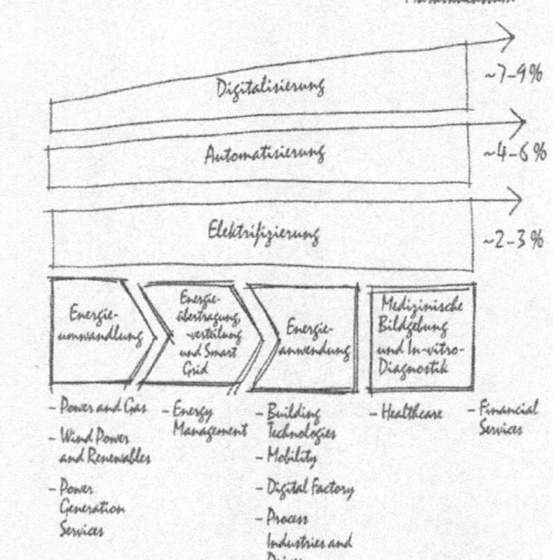

© Siemens AG 2015. Alle Rechte vorbehalten.

SIEMENS

Unsere Strategie

Wachstumsfelder, von denen wir uns langfristig profitables Wachstum versprechen

Flexible und kleine Gasturbinen
Der Trend geht immer stärker zur dezentralen Energieversorgung. Kunden in aller Welt setzen auf eine individuelle Versorgung mit Energie und verlangen nach maßgeschneiderten Lösungen.

Offshore-Windkraft
Windkraftwerke auf dem Meer liefern eine hohe Leistungsausbeute, verbunden mit geringeren Schwankungen als andere erneuerbare Energieträger. Wir wollen unsere Spitzenstellung in diesem Geschäftsbereich weiter ausbauen.

Automatisierung im Verteilnetz und Software
Energiemanagement ermöglicht die Einbindung der dezentralen Energieversorgung in den Energiekreislauf, während die negativen Effekte gedämpft werden.

Urbane und interurbane Mobilitätslösungen
Intelligente Mobilitätslösungen versprechen gute Wachstumsimpulse – gerade wenn man an innerstädtische Verkehrsträger oder an automatisierte Verkehrssteuerungslösungen denkt.

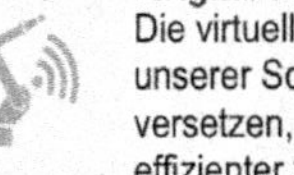

»Digital twin«-Software
Die virtuelle und die reale Welt wachsen zusammen. Mithilfe unserer Softwarelösungen können wir Kunden in die Lage versetzen, ihre Produkte deutlich schneller, flexibler und effizienter zu entwickeln.

Schlüsselbranchen in der Prozessindustrie
Wir bündeln unsere Kompetenzen für die Prozessindustrie und Antriebstechnik und bauen unser Portfolio an entsprechenden Produkten und Softwarelösungen weiter aus.

Bildgebungsgesteuerte Therapie und molekulare Diagnostik
Um die Qualität und Effizienz zu verbessern, verlangen Gesellschaften weltweit nach neuen Lösungen für die Gesundheitsversorgung der Zukunft. Auf diese Anforderungen richten wir unser Healthcare-Geschäft bestmöglich aus.

Geschäftsanalytik und datengetriebene Services, Software und IT-Lösungen
In der Zukunft wollen wir die in den Prozessen unserer Kunden anfallenden Daten noch besser analysieren und Verbesserungsvorschläge sowie Handlungsempfehlungen generieren.

© Siemens AG 2015. Alle Rechte vorbehalten.
Joe Kaeser, Vorsitzender des Vorstands der Siemens AG
15

SIEMENS

Unsere Strategie
Wir gewährleisten eine starke Governance

Wir wollen Siemens so führen, dass unsere Kunden stets im Mittelpunkt stehen, wir unsere Märkte stärker ausschöpfen und zugleich schlank und flexibel aufgestellt sind. Dabei wählen wir einen marktintegrativen Ansatz, also eine gemeinsame Regionalorganisation und einen koordinierten Branchenauftritt. Das bedeutet im Einzelnen:

- Wir haben Ebenen aus dem Konzern herausgenommen und damit die Geschäfte näher an Kunden und wichtige Märkte gebracht. So haben wir die 14 regionalen Cluster durch 30 Leitländer ersetzt.
- Zudem haben wir die Ebene der Sektoren gestrichen und die Geschäftsaktivitäten in neun Divisionen und einer eigenständig geführten Geschäftseinheit Healthcare stärker verdichtet.
- Darüber hinaus setzen wir auf eine noch stringentere zentrale Führungsstruktur über alle Ebenen des Unternehmens. Der Vorstand leitet das Unternehmen und stellt dabei die Balance zwischen Geschäftseinheiten und Regionen sicher. Er wird unterstützt von einem starken und effizienten Corporate Core.

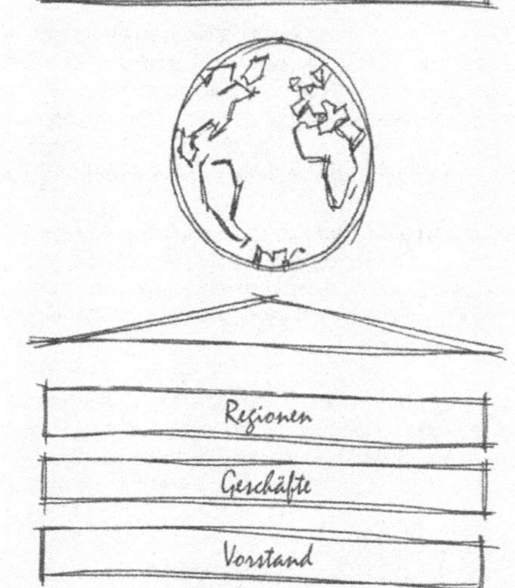

© Siemens AG 2015. Alle Rechte vorbehalten.
Joe Kaeser, Vorsitzender des Vorstands der Siemens AG
16

SIEMENS

Unsere Strategie

Wir entwickeln »One Siemens« zu einem ganzheitlichen Managementmodell weiter

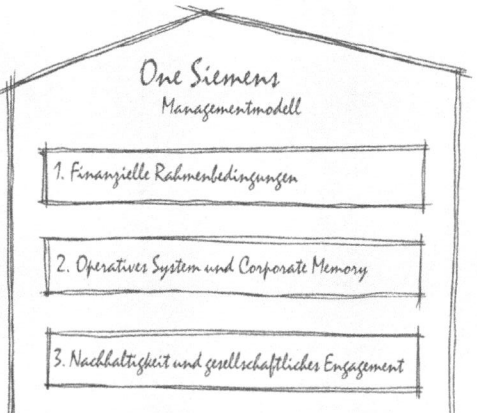

Finanzielle Rahmenbedingungen

Wir messen und vergleichen unsere Entwicklung im Markt- und Wettbewerbsumfeld anhand eines Systems bestimmter Kenngrößen. Dieses finanzielle Zielsystem haben wir verfeinert und erweitert.

Operatives System und Corporate Memory

Wir steuern das Unternehmen nach eindeutigen inhaltlichen Prioritäten und mit Konsequenz. Mit unserem Wissensmanagement »Corporate Memory« stellen wir zudem sicher, dass wir aus Fehlern lernen und uns an Erfolgen orientieren.

Nachhaltigkeit und gesellschaftliches Engagement

Wir leisten unseren Beitrag zu einer nachhaltigen Entwicklung, indem wir auf Unternehmensebene für eine verantwortungsvolle Balance von Ökonomie, Ökologie und Sozialem sorgen.

One Siemens
Managementmodell
1. Finanzielle Rahmenbedingungen
2. Operatives System und Corporate Memory
3. Nachhaltigkeit und gesellschaftliches Engagement

© Siemens AG 2015. Alle Rechte vorbehalten.

Joe Kaeser, Vorsitzender des Vorstands der Siemens AG

17

SIEMENS

Unsere Strategie

Ein System zentraler finanzieller Leistungsindikatoren misst unseren Erfolg

Wachstum
Unser Wachstum soll über dem Durchschnitt unserer wesentlichen Wettbewerber liegen.

Kapitaleffizienz
Wir haben uns mit 15 bis 20 % einen ehrgeizigen Zielkorridor für die nachhaltige Verzinsung des eingesetzten Kapitals gesetzt.

Gesamtkostenproduktivität
Unsere Kosten sollen kontinuierlich optimiert werden, und die Gesamtkostenproduktivität soll jährlich um 3 bis 5 % steigen.

Kapitalstruktur
Wir haben uns ein Ziel für unsere Kapitalstruktur gesetzt, damit wir grundsolide und effizient finanziert sind.

Dividendenausschüttungsquote
Unsere Ausschüttungsquote soll auf einem attraktiven Niveau von 40 bis 60 % des Gewinns nach Steuern liegen.

Ergebnismargenbänder der Geschäfte
Auf Ebene der Geschäfte haben wir individuelle Margenbänder eingeführt, die sich an der Profitabilität der jeweiligen wesentlichen Wettbewerber orientieren.

One Siemens
Managementmodell
1. Finanzielle Rahmenbedingungen
Wachstum
Kapitaleffizienz
Gesamtkostenproduktivität
Kapitalstruktur
Dividendenausschüttungsquote
Ergebnismargenbänder der Geschäfte

© Siemens AG 2015. Alle Rechte vorbehalten.
Joe Kaeser, Vorsitzender des Vorstands der Siemens AG
18

SIEMENS

Unsere Strategie

Das operative System von One Siemens setzt die Prioritäten für

Kundennähe

Profitables Wachstum basiert auf der Nähe zu unseren Kunden und auf dem Verständnis für ihre spezifischen Bedürfnisse. Und wir sind in nahezu allen Ländern mit unseren Regionalgesellschaften vertreten.

Innovation

Innovation ist essenziell, um die Wettbewerbsfähigkeit dauerhaft zu sichern. Wir widmen dem Feld der Software- und IT-Lösungen große Aufmerksamkeit – beispielsweise durch Forschung und Entwicklung im Bereich Softwarearchitektur und -plattformen.

Business Excellence

Wir wollen unser Geschäft exzellent führen und dabei dem Anspruch auf kontinuierliche Verbesserung gerecht werden. Dafür haben wir Instrumente entwickelt, die wir in Zukunft noch konsequenter anwenden werden.

People Excellence and Care

Exzellente Mitarbeiter machen Siemens aus. Deshalb verankern wir eine Eigentümerkultur bei Siemens.

© Siemens AG 2015. Alle Rechte vorbehalten.

Joe Kaeser, Vorsitzender des Vorstands der Siemens AG

19

SIEMENS

Unsere Strategie

Wir bringen Ökonomie, Ökologie und Soziales in ein gesundes Gleichgewicht

Ökonomisch,
indem wir über ein Leistungsspektrum verfügen, das weltweit den Unterschied macht, weil es unseren Kunden entscheidende Wettbewerbsvorteile bietet und unsere Ertragskraft nachhaltig stärkt.

Ökologisch,
indem wir selbst verantwortungsvoll mit den begrenzten Ressourcen unseres Planeten umgehen und unsere Kunden in die Lage versetzen, ihre eigene Umweltbilanz zu verbessern.

Sozial,
indem wir eine Kultur leben, die die Eigenverantwortung unserer Mitarbeiterinnen und Mitarbeiter weltweit stärkt, ihre Entwicklung fördert und die Integrität in den Mittelpunkt unternehmerischen Handelns stellt. Als guter Unternehmensbürger (Corporate Citizen) leisten wir mit unserem Portfolio, unserer weltweiten Präsenz vor Ort und in unserer Rolle als Vordenker zudem einen Beitrag zur nachhaltigen Entwicklung der Gesellschaft.

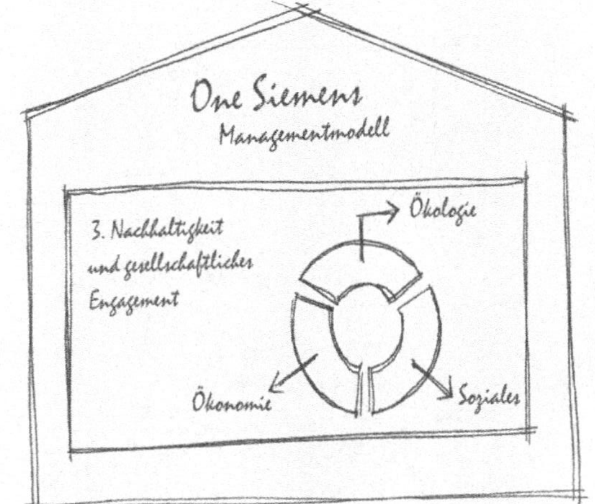

© Siemens AG 2015. Alle Rechte vorbehalten.
Joe Kaeser, Vorsitzender des Vorstands der Siemens AG
20

SYNCHRO plus - Lean reloaded

Dr.-Ing. Mathias Kammüller

Vorsitzender der Geschäftsführung
TRUMPF Werkzeugmaschinen GmbH + Co. KG

TRUMPF Werkzeugmaschinen GmbH + Co. KG
TRUMPF
SYNCHRO PLUS - LEAN RELOADED
22. Münchner Management Kolloquium
Dr.-Ing. Mathias Kammüller
Geschäftsführender Gesellschafter
München, 17.03.2015

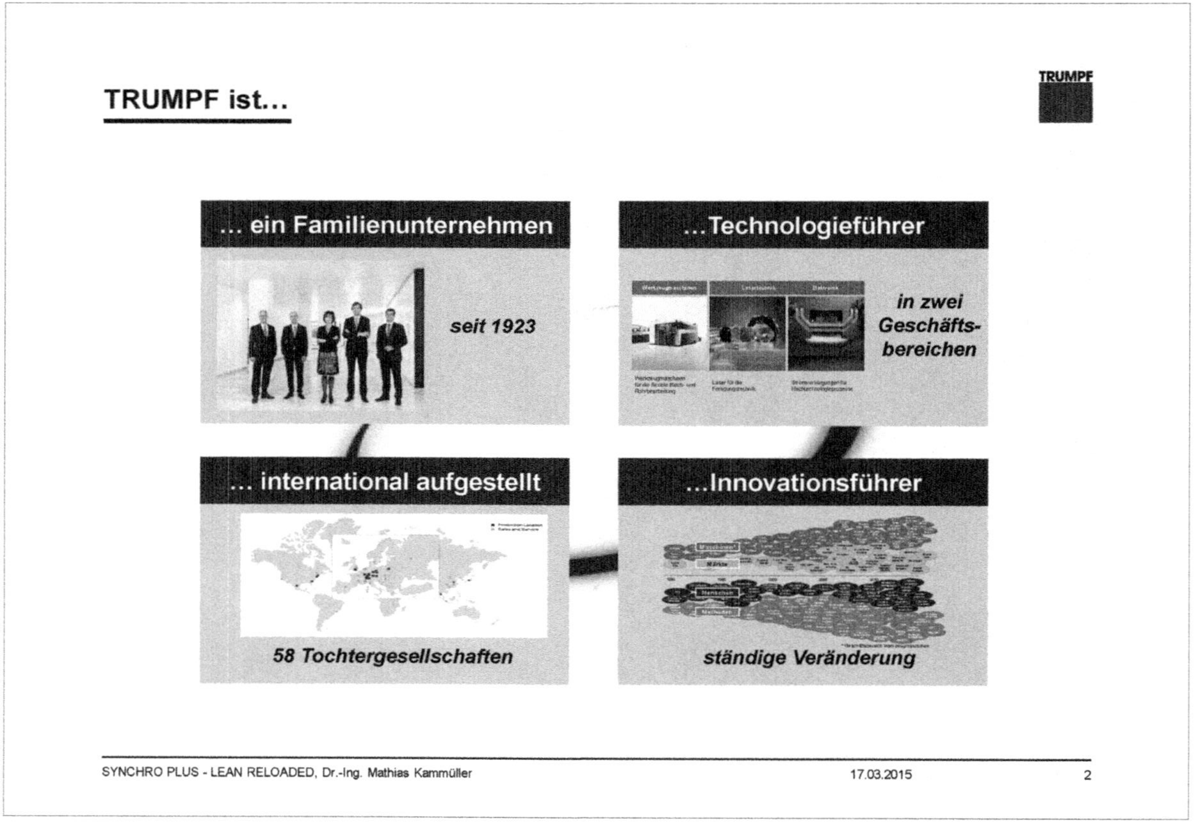

TRUMPF

TRUMPF ist…

… ein Familienunternehmen

seit 1923

… Technologieführer

in zwei Geschäftsbereichen

… international aufgestellt

58 Tochtergesellschaften

… Innovationsführer

ständige Veränderung

TRUMPF

SYNCHRO Haus

SYNCHRO ist die Voraussetzung für Exzellenz.

SYNCHRO

100% Wertschöpfung
100% Einzelstückfluss

100% Qualität
100% Sicherheit

Just In Time (Prozessexzellenz)
- Fließ-Prinzip
- Takt-Prinzip
- Pull-Prinzip
- Null-Fehler-Prinzip

Steuern (Managementexzellenz)
- Visualisierung und Transparenz
- Führung vor Ort
- Arbeiten mit Zielzuständen

Kultur des ständigen Verbesserns (Verhaltensexzellenz)
- Verschwendung erkennen und beseitigen
- Menschen aller Ebenen weiterentwickeln
- Konsequente Problemlösung

SYNCHRO PLUS - LEAN RELOADED, Dr.-Ing. Mathias Kammüller 17.03.2015 3

TRUMPF

Prozessexzellenz bei TRUMPF

Konsequente Umsetzung von SYNCHRO seit 1998 in allen Unternehmensbereichen.

Fließmontage TruMatic (TW)

Fließmontage TruPunch (TWH)

Fließmontage TruFlow (TLD)

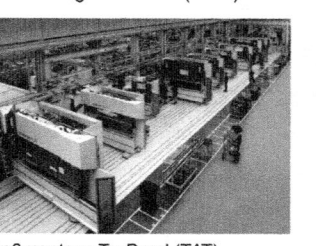

Fließmontage Generatoren (TE)

Fließmontage TruBend (TAT)

Fließmontage TruLaser (TCHW)

SYNCHRO PLUS - LEAN RELOADED, Dr.-Ing. Mathias Kammüller 17.03.2015 4

Erfolge mit SYNCHRO

Produktivität: In 10 Jahren wurden durch SYNCHRO **1.000 Mitarbeiter weniger** eingestellt.

Geschwindigkeit: Die **Durchlaufzeit** wurde **um 75% reduziert**, die **Liefertreue auf 100%** erhöht

Flexibilität: Monatliche Anpassung des **Produktionsniveaus um +/- 20%** möglich.

Qualität: Die **Serviceeinsätze** je Maschine wurden um **70% reduziert**.

SYNCHRO PLUS - LEAN RELOADED, Dr.-Ing. Mathias Kammüller 17.03.2015 5

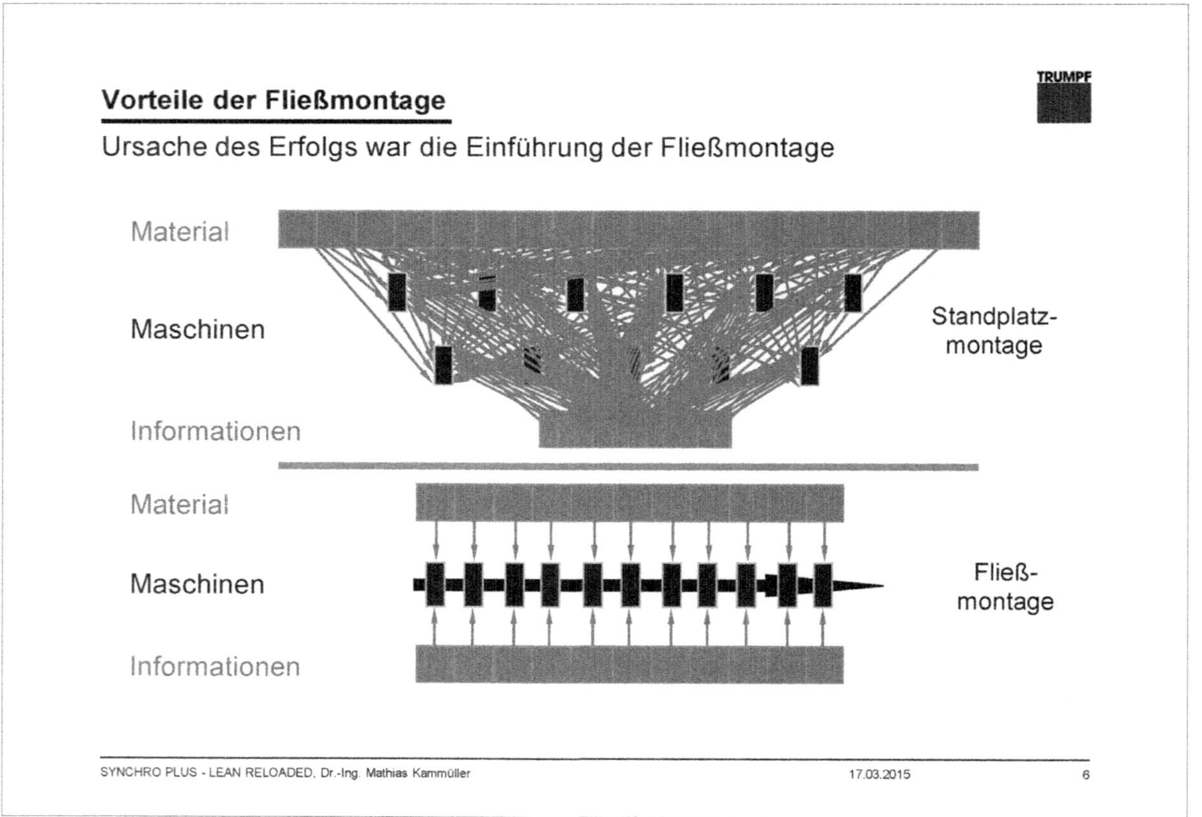
TRUMPF
Vorteile der Fließmontage
Ursache des Erfolgs war die Einführung der Fließmontage
Material
Maschinen
Informationen
Standplatz-
montage
Material
Maschinen
Informationen
Fließ-
montage
SYNCHRO PLUS - LEAN RELOADED, Dr.-Ing. Mathias Kammüller
17.03.2015
6

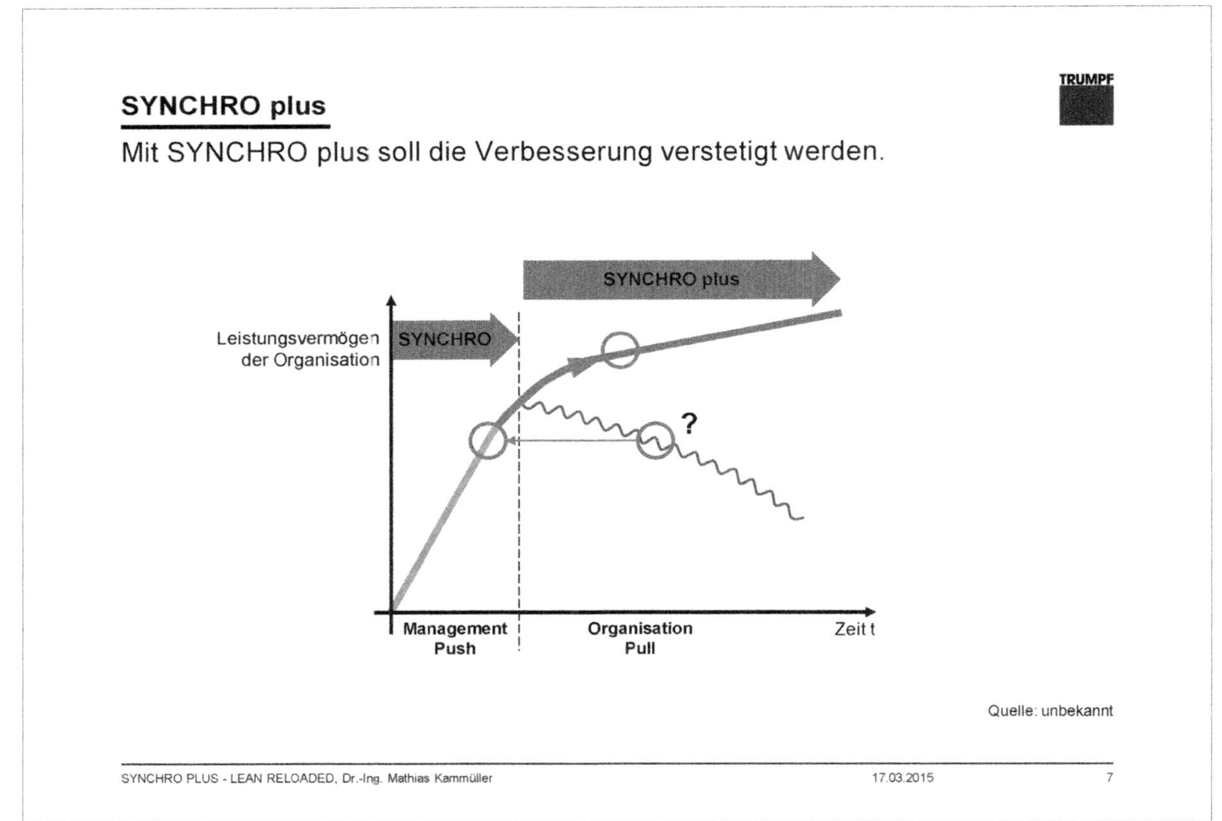
TRUMPF
SYNCHRO plus
Mit SYNCHRO plus soll die Verbesserung verstetigt werden.
SYNCHRO plus
Leistungsvermögen der Organisation
SYNCHRO
?
Management Push
Organisation Pull
Zeit t
Quelle: unbekannt
SYNCHRO PLUS - LEAN RELOADED, Dr.-Ing. Mathias Kammüller
17.03.2015
7

SYNCHRO Haus

SYNCHRO ist die Voraussetzung für Exzellenz.

SYNCHRO

100% Wertschöpfung
100% Einzelstückfluss

100% Qualität
100% Sicherheit

Just In Time
(Prozessexzellenz)
- Pull-Prinzip
- Null-Fehler-Prinzip

SYNCHRO plus

Steuern
(Managementexzellenz)
- Visualisierung und Transparenz
- Führung vor Ort
- Arbeiten mit Zielzuständen

Kultur des ständigen Verbesserns (Verhaltensexzellenz)
- Verschwendung erkennen und beseitigen
- Menschen aller Ebenen weiterentwickeln
- Konsequente Problemlösung

SYNCHRO PLUS - LEAN RELOADED, Dr.-Ing. Mathias Kammüller 17.03.2015 8

Shop Floor Management bei TRUMPF

Zentraler Bestandteil der Managementexzellenz ist ein konsequentes Shop Floor Management

Transparenz/ Visualisierung

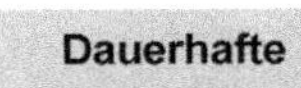

- Operative Performance visualisieren
- Verschwendung in den Prozessen aufdecken
- Status der Fabrik schnell transparent machen (rot / grün)

Dauerhafte Problemlösung

- Priorisierung von Problemen
- Problemlösung nach PDCA Logik mit den richtigen Werkzeugen
- Überprüfung und ggf. Standardisierung der Lösungen
- Konstruktive Fehler- und Problemlösekultur

FK am Ort des Geschehens

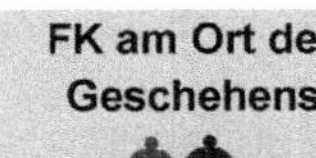

- FK sind kurzzyklisch vor Ort präsent
- FK begleiten ihre MA bei der Umsetzung von SYNCHRO
- Erhöhtes Prozessverständnis der FK
- Coaching und Mitarbeiterbefähigung, speziell bei der syst. Problemlösung

SYNCHRO PLUS - LEAN RELOADED, Dr.-Ing. Mathias Kammüller 17.03.2015 9

Zusammenfassung

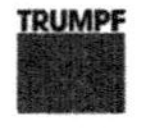

- Einführung der Lean Methoden (SYNCHRO) brachte große Produktivitätssprünge
- Shopfloor-Management und Kultur der ständigen Verbesserung (SYNCHRO plus) verstetigen die Lean Verbesserungen
- SYNCHRO plus funktioniert in allen Unternehmensbereichen
- Erfolgsfaktoren für die Einführung sind
  - Aktive Führung
  - Überzeugte Mitarbeiter
  - Sicherheit
  - Schnelle Umsetzung
- **SYNCHRO plus ist die Weiterentwicklung des Werkzeugkoffers zur Verbesserungskultur**

SYNCHRO PLUS - LEAN RELOADED, Dr.-Ing. Mathias Kammüller 17.03.2015 10

Hansgrohe – Globalisierung managen

Thorsten Klapproth

Vorsitzender des Vorstands
Hansgrohe SE

hansgrohe
Hansgrohe -
Globalisierung managen
Thorsten Klapproth
Vorsitzender des Vorstands
Hansgrohe SE

hansgrohe

Hansgrohe – Globalisierung managen

- Hansgrohe – wer wir sind
- Weiterentwicklung – von der Internationalisierung zur Globalisierung
- Globale Zukunft – Erfolgsfaktoren für die Globalisierung

Thorsten Klapproth I Münchner Management Kolloquium I 2015

© Hansgrohe SE. All rights reserved

2

hansgrohe
Hansgrohe – wer wir sind
Thorsten Klapproth | Münchner Management Kolloquium | 2015
© Hansgrohe SE. All rights reserved
3

hansgrohe

Hansgrohe – wer wir sind

Umsatz: (2013)	**€ 841 Mio.** CAGR: 4.5 % Internationaler Anteil: 78 %
Beschäftigte:	**3.501 gesamt** 2.195 national 1.306 international
Global Player:	Niederlassungen in 44 Ländern Vertretungen in mehr als 100 weiteren Ländern
Aktionäre:	68 % Masco Corporation 32 % Syngroh

© Hansgrohe SE. All rights reserved

hansgrohe

Hansgrohe – wer wir sind

Produktionsstandorte

Produktionsnetzwerk: 10 Standorte

Thorsten Klapproth I Münchner Management Kolloquium I 2015

© Hansgrohe SE. All rights reserved

5

hansgrohe

Hansgrohe – wer wir sind

Marken

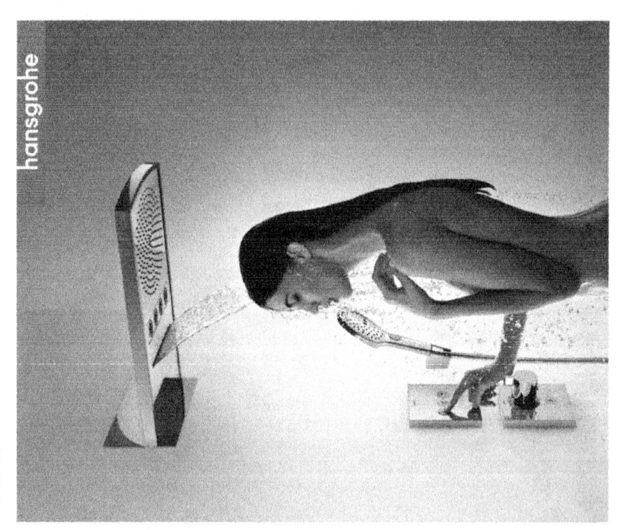

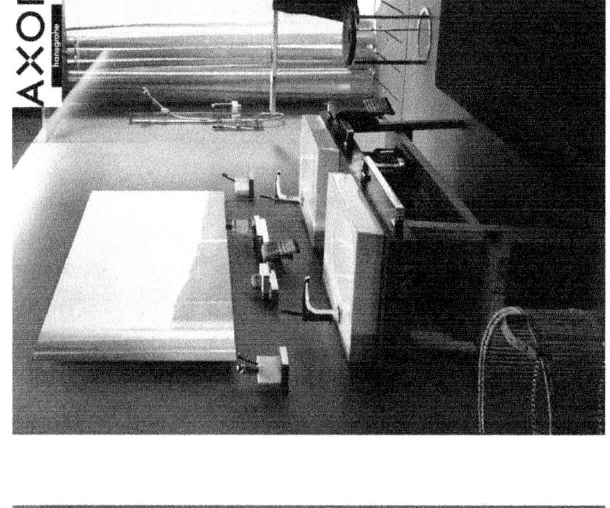

Thorsten Klapproth I Münchner Management Kolloquium I 2015

© Hansgrohe SE. All rights reserved

6

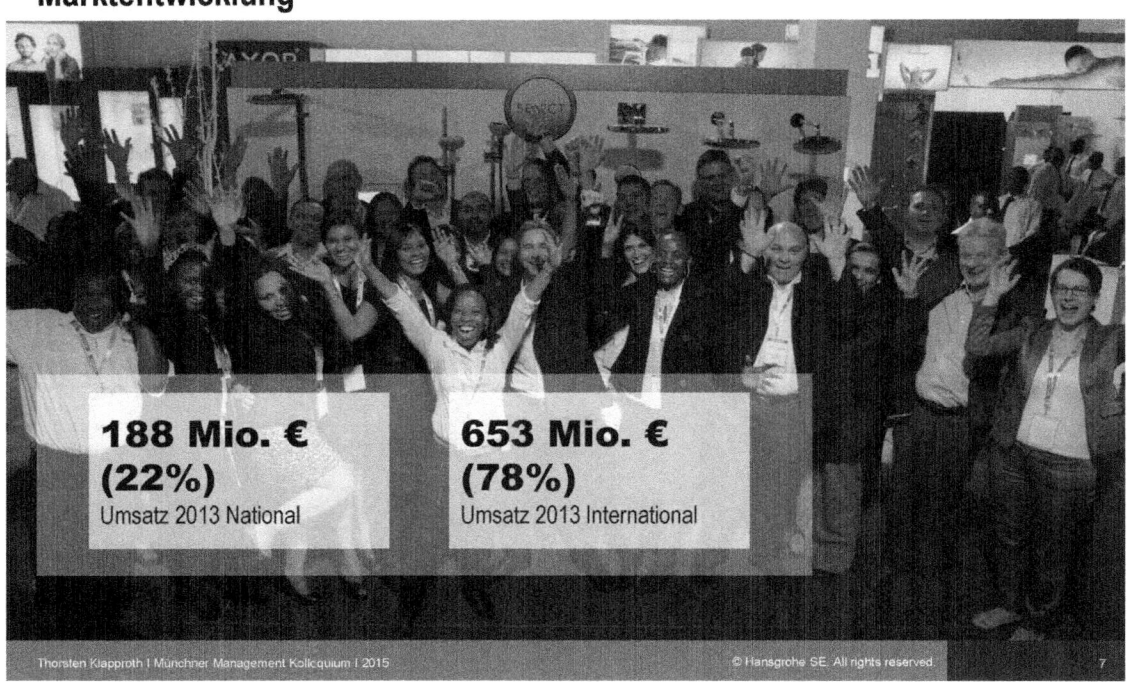

hansgrohe

Hansgrohe – wer wir sind

Marktentwicklung

188 Mio. €
(22%)
Umsatz 2013 National

653 Mio. €
(78%)
Umsatz 2013 International

© Hansgrohe SE. All rights reserved.

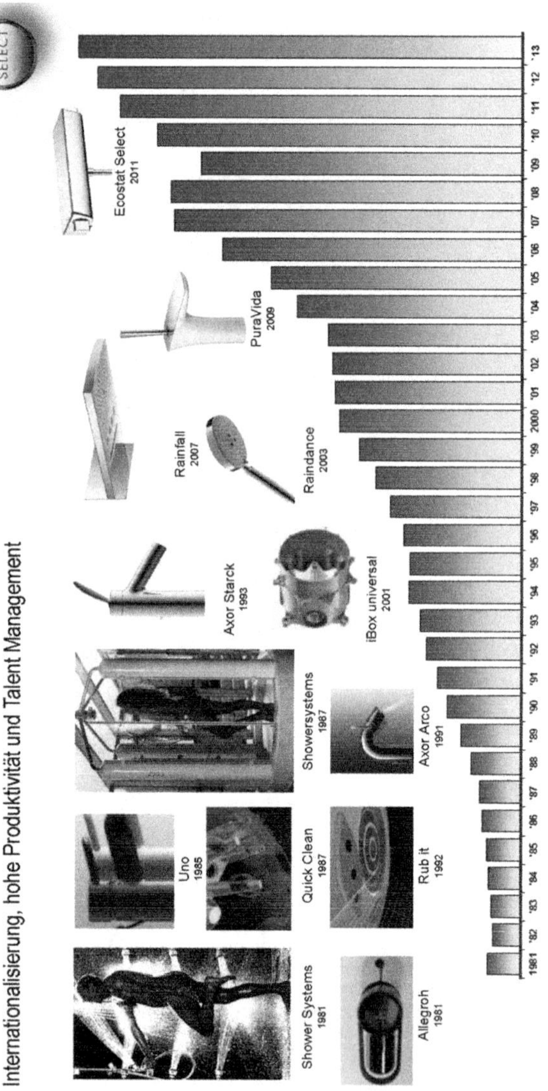
hansgrohe
Hansgrohe – wer wir sind
Wachstumstreiber
Innovation, Design, Technologie,
Internationalisierung, hohe Produktivität und Talent Management
Shower Systems
1981
Uno
1985
Showersystems
1987
Axor Starck
1993
Rainfall
2007
PuraVida
2009
Ecostat Select
2011
Allegroh
1981
Quick Clean
1987
Rub it
1992
Axor Arco
1991
iBox universal
2001
Raindance
2003
SELECT
1981 '82 '83 '84 '85 '86 '87 '88 '89 '90 '91 '92 '93 '94 '95 '96 '97 '98 '99 2000 '01 '02 '03 '04 '05 '06 '07 '08 '09 '10 '11 '12 '13
Thorsten Klapproth | Münchner Management Kolloquium | 2015
© Hansgrohe SE. All rights reserved
8

hansgrohe

Von der Internationalisierung zur Globalisierung

Internationalisierung

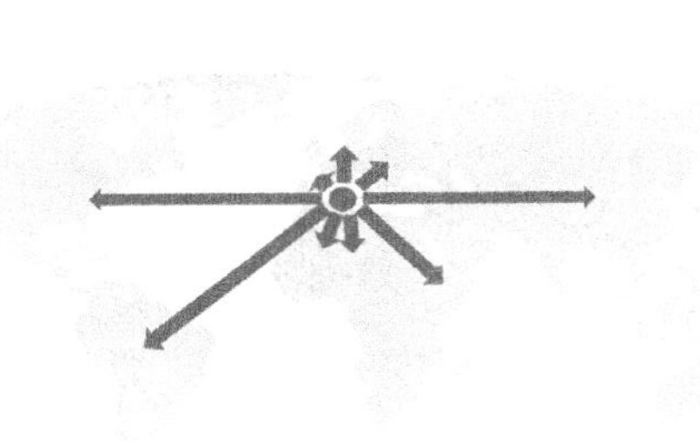

Push Model – Headquarter getrieben

- Das Geschäftsmodell wird in der Zentrale definiert und in die Märkte getragen
- „One size fits all" Ansatz
- Die Supportfunktionen (Corporate Functions) sind im Headquarter zentralisiert

Globalisierung

Pull Model – Markengetrieben

- Individuelles Geschäftsmodell für Kernmärkte gemäß den lokalen Markt-Anforderungen (Sortiment, Marketing, Kommunikation)
- Tochtergesellschafen mit Freiräumen bei der Festlegung ihres Geschäftsmodelles (innerhalb vorgegebener Leitplanken der Zentrale)
- Benötigt starke regionale Organisationen mit tiefem Marktverständnis
- Lokale Management-Kompetenz
- Alle notwendigen Funktionen sind global ausgewogen
- Operative Flexibilität

Thorsten Klapproth I Münchner Management Kolloquium I 2015 © Hansgrohe SE. All rights reserved 9

hansgrohe

Von der Internationalisierung zur Globalisierung

Unterschiede zwischen Emerging Markets und Mature Markets
in Geschwindigkeit und Kostenbasis führen zu unterschiedlichen Handlungsempfehlungen

Emerging Markets
Markterschließung & Durchdringung

- Schnelles Wachstum
- Investitionen in Vertriebsausbau
- Betreuungsintensität
- Unterschiedliche Marktstrukturen

Mature Markets
Verdrängung & Kosteneffizienz

- Moderates bzw. rückläufiges Wachstum
- Wachstum über Verdrängung
- Etablierte Vertriebsstrukturen
- Verschmelzung von Landesgrenzen

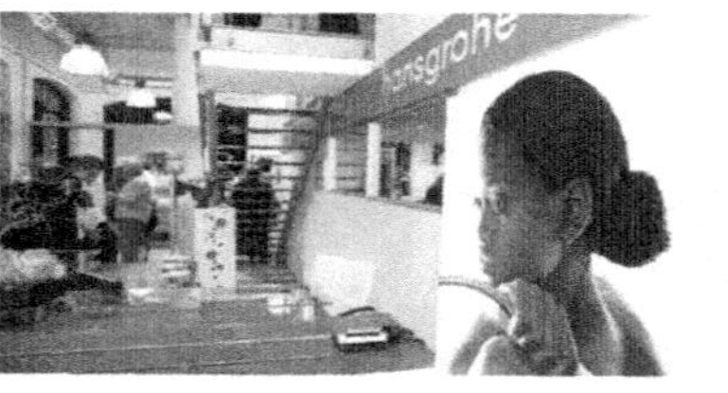

Thorsten Klapproth I Münchner Management Kolloquium I 2015

© Hansgrohe SE. All rights reserved

10

hansgrohe

Von der Internationalisierung zur Globalisierung

Internationaler Arbeitgeber

Internationales Talentmanagement, Personalentwicklung und Weiterbildung:

- ITP (International Talent Program)
- EDO (Executive Development Program)

Internationale Projekteinsätze:

- Global Speed Taskforce

Diversity & Globalisierung „Hansgrohe goes global" :

- Förderung des interkulturellen Austauschs
- Global Player erfordert Global People

Tradition und Innovation:

- Gelebte Unternehmenskultur und –Philosophie
- Gesundheitsmanagement, kundenorientierte Arbeitszeiten

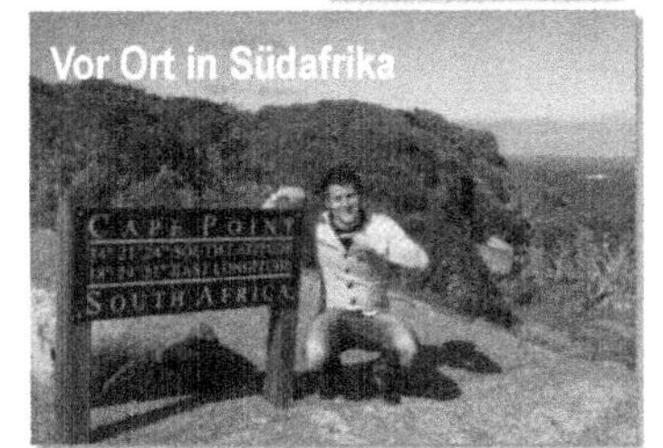

Thorsten Klapproth I Münchner Management Kolloquium I 2015

© Hansgrohe SE. All rights reserved

11

hansgrohe
Erfolgsfaktoren für die Globalisierung
Lessons Learned
Standardisierung
Vorsprung durch Wissen
Think global – act local
Geschwindigkeit & Effizienz
Globales Denken & Handeln
Thorsten Klapproth I Münchner Management Kolloquium I 2015
© Hansgrohe SE. All rights reserved
12

Auslaufmodell Exportweltmeister – Warum sich der deutsche Maschinenbau ändern muss

Dipl.-Ing. MBA Stefan Klebert

Vorsitzender des Vorstands
SCHULER AG

AUSLAUFMODELL EXPORTWELTMEISTER – WARUM SICH DER DEUTSCHE MASCHINENBAU VERÄNDERN MUSS!

STEFAN KLEBERT, VORSITZENDER DES VORSTANDS, SCHULER AG

FORMING THE FUTURE

SCHULER
Member of the ANDRITZ GROUP

SCHULER IM ÜBERBLICK

Daten und Fakten

- **Weltmarkt- und Technologieführer** in der Umformtechnik
- Gegründet 1839 in Göppingen
- **Produkte:** Pressen, Automationslösungen, Werkzeuge, Prozesstechnologie und Service für die metallverarbeitende Industrie und den automobilen Leichtbau
- **Wichtigste Kundenbranchen:** Automobilindustrie und deren Zulieferer, Verpackungsindustrie, Hausgeräteindustrie, Luft- und Raumfahrt, Münzprägen
- **Innovation durch Technologie:** Schlüssel unseres Erfolgs

Schuler-Konzern 2012/13	
Umsatz	1,19 Mrd. €
Auftragseingang	1,16 Mrd. €
EBITDA	123,0 Mio. €
EBITDA-Marge	10,4 %
EBT	89,7 Mio. €
EBT-Marge	7,6 %
Mitarbeiter inkl. Auszubildende[1]	5.580

[1] *zum 30.09.2013*

18.03.2015 AUSLAUFMODELL EXPORTWELTMEISTER - VORTRAG STEFAN KLEBERT, SCHULER AG 2

FORMING THE FUTURE

SCHULER
Member of the ANDRITZ GROUP

UNSERE KUNDEN WELTWEIT

BRANCHENLÖSUNGEN

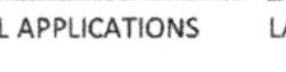

AUTOMOTIVE | TIER 1-3 | DRIVES & GENERATORS | RAILWAY | AEROSPACE

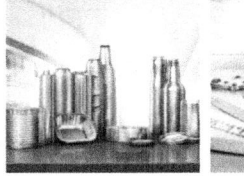

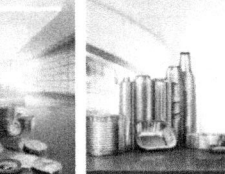

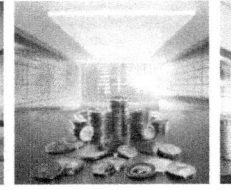

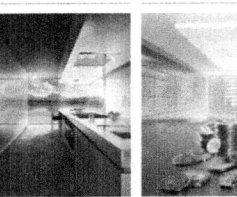

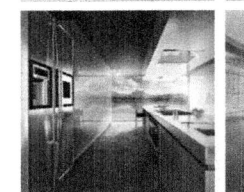

APPLIANCES | MINTING | PACKAGING | INDUSTRIAL APPLICATIONS | LARGE PIPE

18.03.2015 AUSLAUFMODELL EXPORTWELTMEISTER - VORTRAG STEFAN KLEBERT, SCHULER AG 3

FORMING THE FUTURE
SCHULER
UMSATZSTARK IN DER TRIADE
Deutschland
37%
Amerika**
17%
Asien*
30%
Europa ohne Deutschland
16%
* Inkl. andere Regionen
** Nord- und Südamerika
Basis: GJ 2012/13
Legende:
Produktionsstandorte des Schuler Konzerns
18.03.2015 AUSLAUFMODELL EXPORTWELTMEISTER - VORTRAG STEFAN KLEBERT, SCHULER AG
4

FORMING THE FUTURE

GLOBALE TRENDS IM MASCHINENBAU

- **Verlagerung der Nachfrage** – Asien als neuer Schwerpunkt
- **Optimierung des Produktportfolios** und Ausbau mittleres Marktsegment, um mit Wettbewerbern aus neuen Märkten Schritt zu halten
- Energiekosten als wichtiger Faktor in der industriellen Produktion – **Energieeffizienz**
- Exzellenz in der heimischen Wertschöpfung – zum Beispiel durch **Industrie 4.0**
- **Ausbau des Aftersales-/ Servicegeschäfts** durch integrierte innovative Lösungsangebote

Zukunftsperspektive deutscher Maschinenbau

Quelle: Roland Berger Studie 2012, VDMA McKinsey Untersuchung 2014; Foto: VDMA

18.03.2015 AUSLAUFMODELL EXPORTWELTMEISTER - VORTRAG STEFAN KLEBERT, SCHULER AG 5

FORMING THE FUTURE

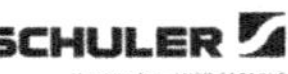

DAS EXPORTMODELL AUF DEM PRÜFSTAND

	Vom Exportmodell	Zur globalen Wertschöpfung
Produkt	Angepasste westliche Produkte	Marktgerechte Produkte
Markt	„Adressierbarer" Markt	Gesamtmarkt
Service	Überwiegend lokalen Anbietern überlassen	Breite Grundabdeckung
Organisation	Schlüsselpositionen in westlichen Ländern	Schlüsselpositionen vor Ort besetzt
Management	Überwiegend westliche Führungskräfte	Angemessener Anteil an lokale rFührungskräfte
Governance	Schlüsselentscheidungen werden am Hauptsitz getroffen	Ausreichender Spielraum für Entscheidungen vor Ort

18.03.2015 AUSLAUFMODELL EXPORTWELTMEISTER - VORTRAG STEFAN KLEBERT, SCHULER AG 6

FORMING THE FUTURE

ASIEN IM FOKUS

SCHULER BAUT PRODUKTION UND KUNDENNÄHE IN CHINA AUS

PRODUKTIONS- UND SERVICESTANDORT DALIAN

- Produktionsfläche in Dalian verdreifacht
- Ausbau von Vertrieb und Service in Kundenregionen
- Aufbau Servo TechCenter Tianjin

ZENTRALFUNKTIONEN SHANGHAI

Strategischer Einkauf, Lieferantenmanagement, Local Engineering

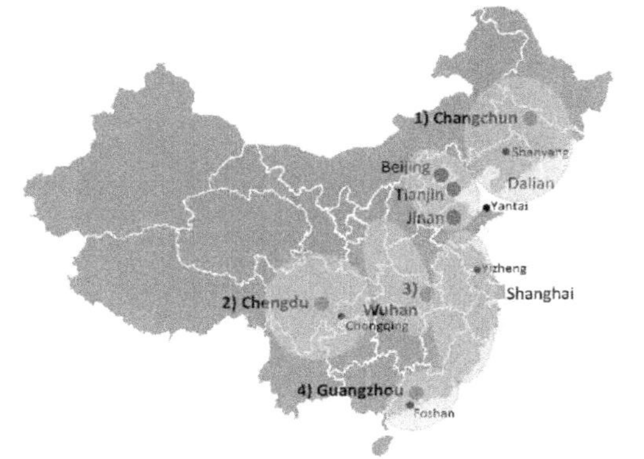

Schuler ist in allen wichtigen Wirtschaftszentren Chinas präsent.

FORMING THE FUTURE

KONTINUIERLICHE OPTIMIERUNG DES PRODUKTPORTFOLIOS

STANZAUTOMAT MSC 2000 – MITTLERES MARKTSEGMENT IM FOKUS

- Erster Stanzautomat weltweit mit zwei elektrisch gekoppelten, frei programmierbaren Druck- punkten
- Spiel- und schmierölfreie Konstruktion ermöglicht flexible Anpassung an alle denkbaren Werkzeugfunktionen und Umformprozesse
- Energieeinsparung von 50 %

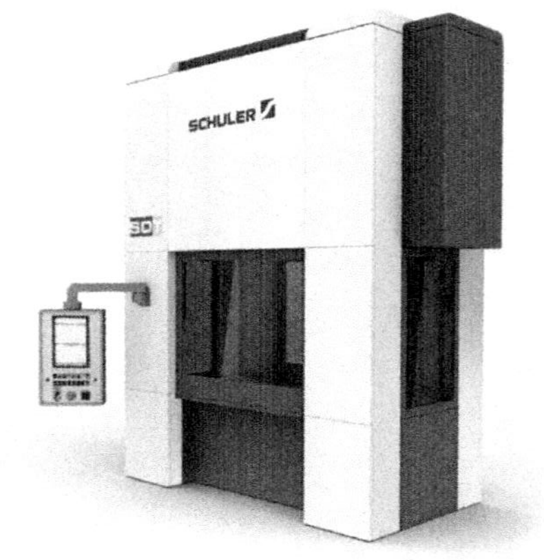

Maschinengeneration für das mittlere Segment mit flexibler Anpassung an alle denkbaren Werkzeugfunktionen und Umformprozesse.

18.03.2015 AUSLAUFMODELL EXPORTWELTMEISTER - VORTRAG STEFAN KLEBERT, SCHULER AG 8

FORMING THE FUTURE

ENERGIE- UND RESSOURCENEFFIZIENT PRODUZIEREN

PRESSENLINIE MIT SERVODIREKT TECHNOLOGIE

- **-22 %** durch eigenes Gleichstromnetz (Schuler Smart DC Grid)
- **-3 %** durch intelligente Standby- und Pausenschaltungen
- **-25 %** durch Energiespar-Ziehkissen (Schuler Energy Saving Cushion)

-50 %

Verbrauch von 6 auf 3 Mio. kWh pro Jahr gesenkt
(Einsparung von ≈ 750 Vier-Personen-Haushalten).

FORMING THE FUTURE

ENERGIEEFFIZIENZ-PROGRAMM **ECOFORM**

NACHHALTIGKEIT ALS INNOVATIONSMOTOR

- Energieanalysen im Presswerk
- Einsatz energieeffizienter Komponenten
- Innovative Systemlösungen
- Intelligente Steuerungslösungen
- Praxisorientierte Beratung

SUSTAINABLE
FORMING SOLUTIONS

18.03.2015 AUSLAUFMODELL EXPORTWELTMEISTER - VORTRAG STEFAN KLEBERT, SCHULER AG 10

FORMING THE FUTURE

EXZELLENZ IN DER WERTSCHÖPFUNG – INDUSTRIE 4.0

ENTWICKLUNG VON INDUSTRIE 4.0-TAUGLICHEN PRODUKTEN

- Laser Blanking Line
- Crossbar Roboter 4.0

GANZHEITLICHER BERATUNGSANSATZ

- Produktionsoptimierung
- Schulung

Crossbar Roboter 4.0 - energie- und ressourceneffizient produzieren.

FORMING THE FUTURE

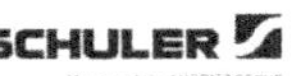

AUSBAU DES AFTERSALES- UND SERVICEGESCHÄFT

MEHRWERT SCHAFFEN – KURZE REAKTIONSZEITEN – FLÄCHENDECKEND

- Basic – Standard – Advanced: breites Serviceangebot mit Mehrwert
- Ausbau Remote-Service-Center
- Präventive Wartung wird zustandsorientiert
- Condition-Monitoring
- Ersatzteilmanagement

Schuler bietet ein dichtes Servicenetzwerk.

FORMING THE
SCHULER
Member of the ANDRITZ GROUP
VIELEN DANK
18.03.2015
13

Das Leben ist voller Höhen und Tiefen. Zum Glück!

Alle Bedingungen sind perfekte Bedingungen. Der neue Audi A6 Avant mit wegweisender quattro Technologie für mehr Präzision und Dynamik. Willkommen in der Welt von quattro. Mehr unter audi.de/quattro

IN A 6068
Kraftstoffverbrauch in l/100 km: kombiniert 7,8–4,4;
CO_2-Emissionen in g/km: kombiniert 182–114.

Audi
Vorsprung durch Technik

Leichtbaustrategien im Automobilbau

Dr. Peter Laier

COO
BENTELER-Gruppe

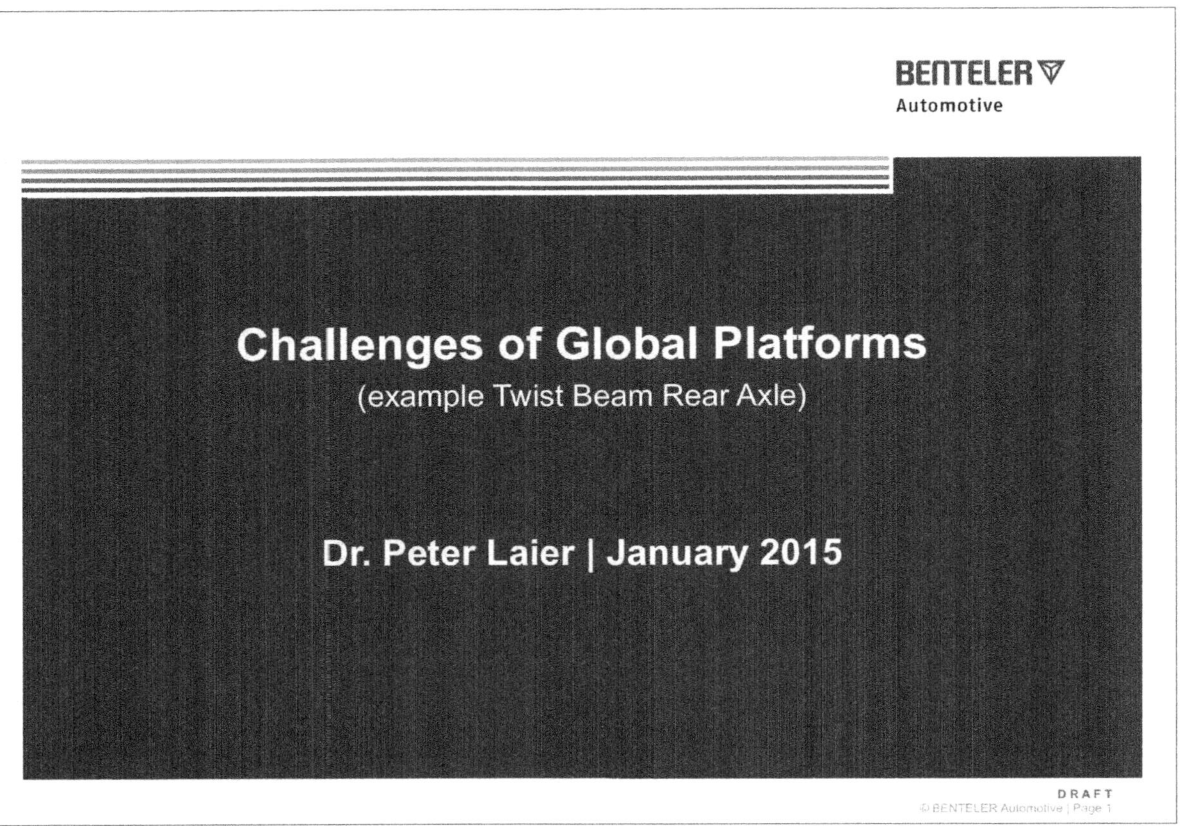
BENTELER
Automotive
Challenges of Global Platforms
(example Twist Beam Rear Axle)
Dr. Peter Laier | January 2015
DRAFT
© BENTELER Automotive | Page 1

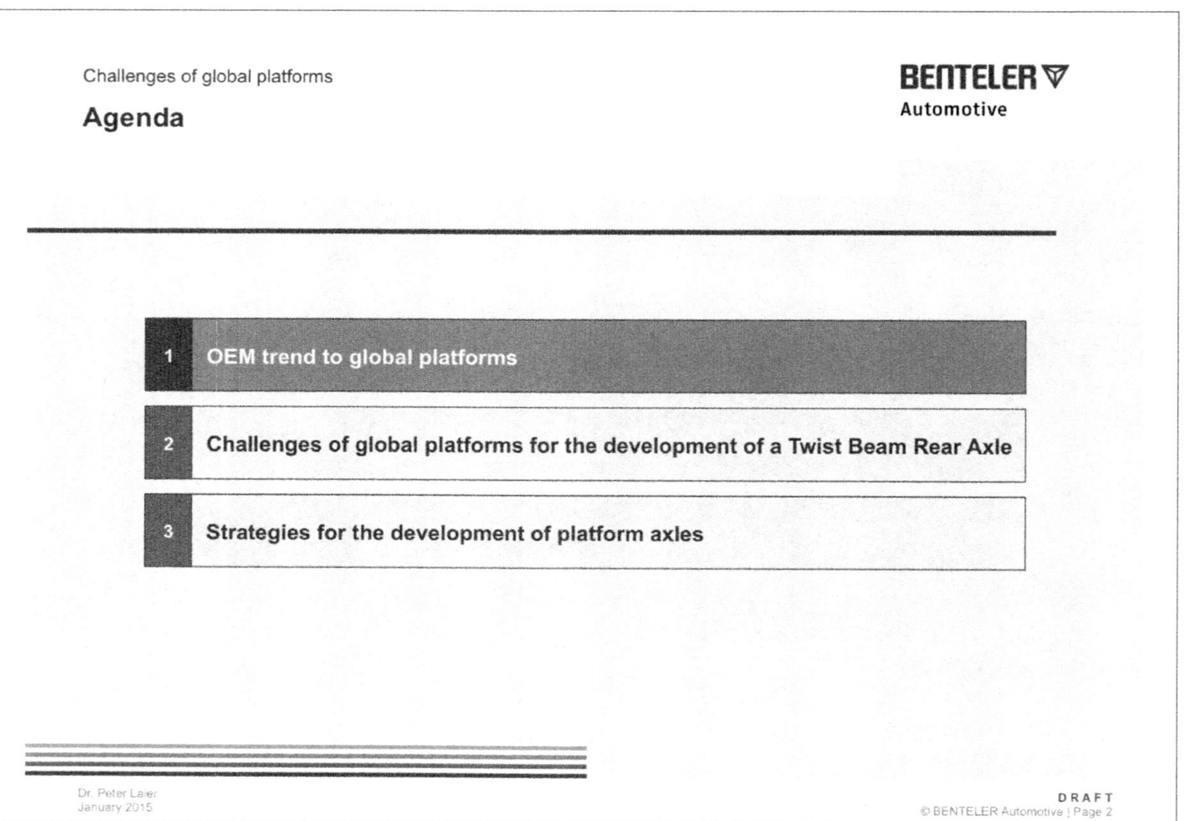
Challenges of global platforms
Agenda
BENTELER
Automotive
1 OEM trend to global platforms
2 Challenges of global platforms for the development of a Twist Beam Rear Axle
3 Strategies for the development of platform axles
Dr. Peter Laier
January 2015
DRAFT
© BENTELER Automotive | Page 2

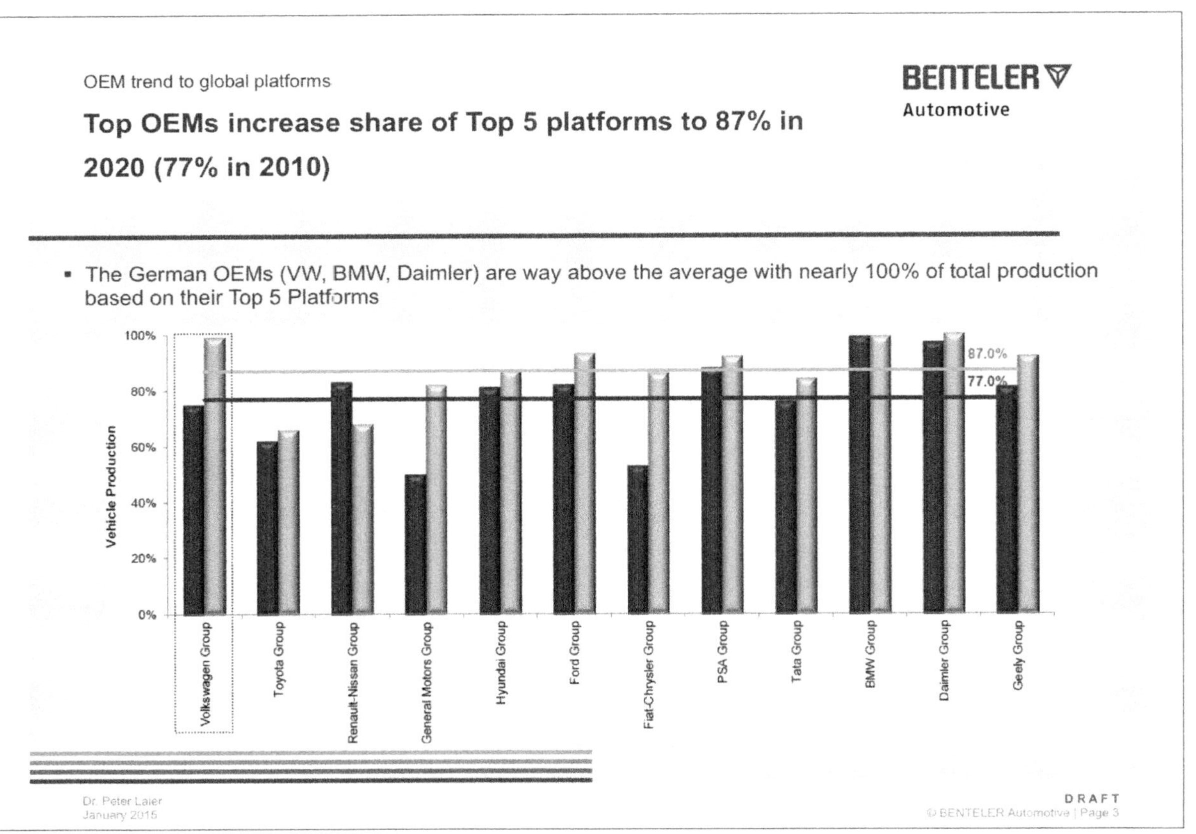
OEM trend to global platforms
Top OEMs increase share of Top 5 platforms to 87% in 2020 (77% in 2010)
BENTELER
Automotive
The German OEMs (VW, BMW, Daimler) are way above the average with nearly 100% of total production based on their Top 5 Platforms
Vehicle Production
100%
80%
60%
40%
20%
0%
87.0%
77.0%
Volkswagen Group
Toyota Group
Renault-Nissan Group
General Motors Group
Hyundai Group
Ford Group
Fiat-Chrysler Group
PSA Group
Tata Group
BMW Group
Daimler Group
Geely Group
Dr. Peter Laier
January 2015
DRAFT
© BENTELER Automotive | Page 3

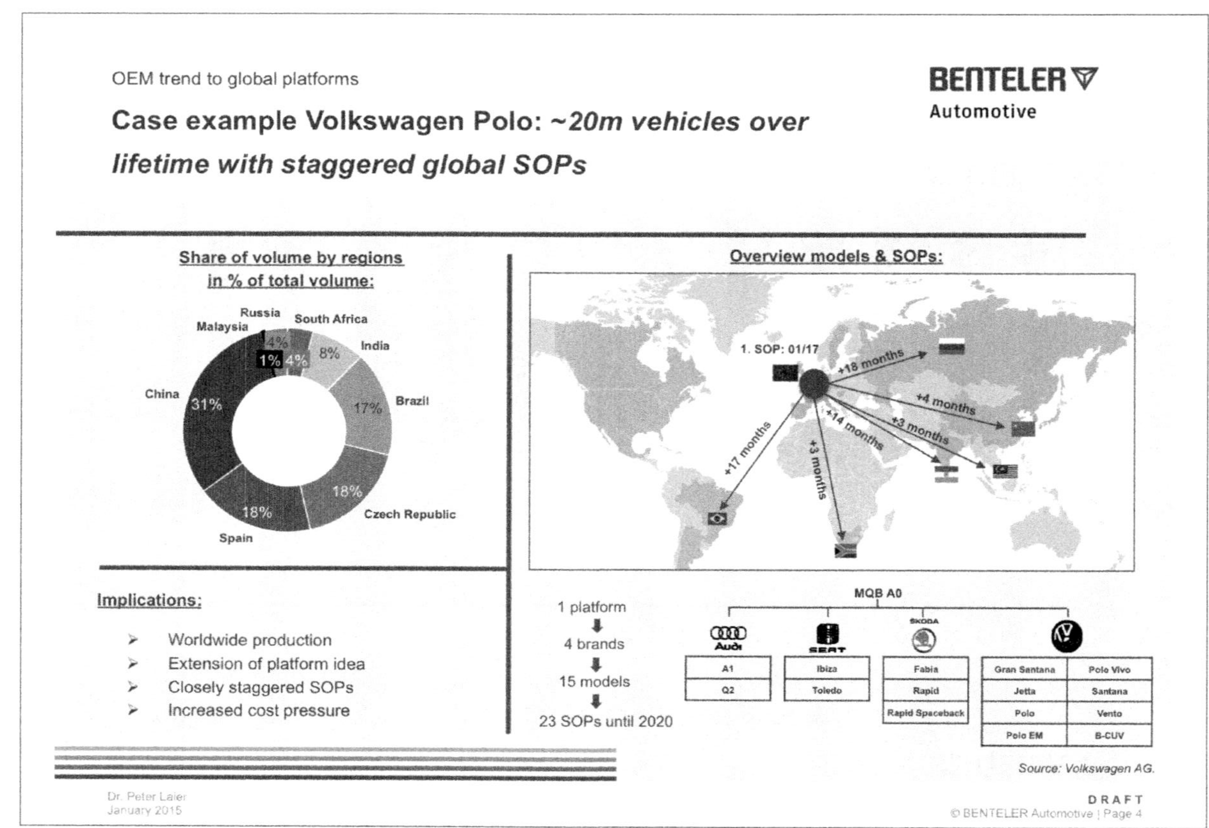
OEM trend to global platforms
Case example Volkswagen Polo: ~20m vehicles over lifetime with staggered global SOPs
BENTELER
Automotive
Share of volume by regions in % of total volume:
Russia
Malaysia
South Africa
India
China
Brazil
Czech Republic
Spain
31%
1%
4%
4%
8%
17%
18%
18%
Implications:
Worldwide production
Extension of platform idea
Closely staggered SOPs
Increased cost pressure
Overview models & SOPs:
1. SOP: 01/17
+18 months
+4 months
+14 months
+3 months
+17 months
+3 months
1 platform
4 brands
15 models
23 SOPs until 2020
MQB A0
A1
Q2
Ibiza
Toledo
Fabia
Rapid
Rapid Spaceback
Gran Santana
Jetta
Polo
Polo EM
Polo Vivo
Santana
Vento
B-CUV
Source: Volkswagen AG.
Dr. Peter Laier
January 2015
DRAFT
© BENTELER Automotive | Page 4

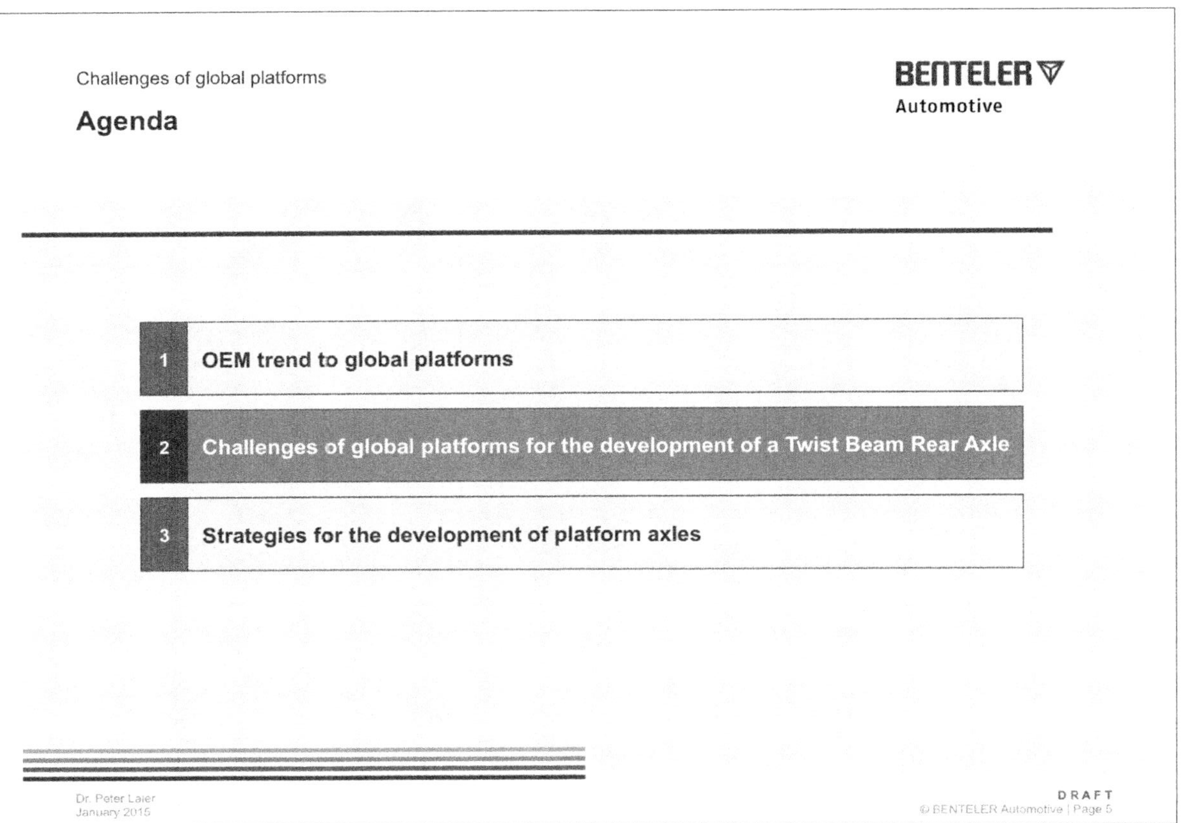
Challenges of global platforms
Agenda
BENTELER
Automotive
1 OEM trend to global platforms
2 Challenges of global platforms for the development of a Twist Beam Rear Axle
3 Strategies for the development of platform axles
Dr. Peter Laier
January 2015
DRAFT
© BENTELER Automotive | Page 5

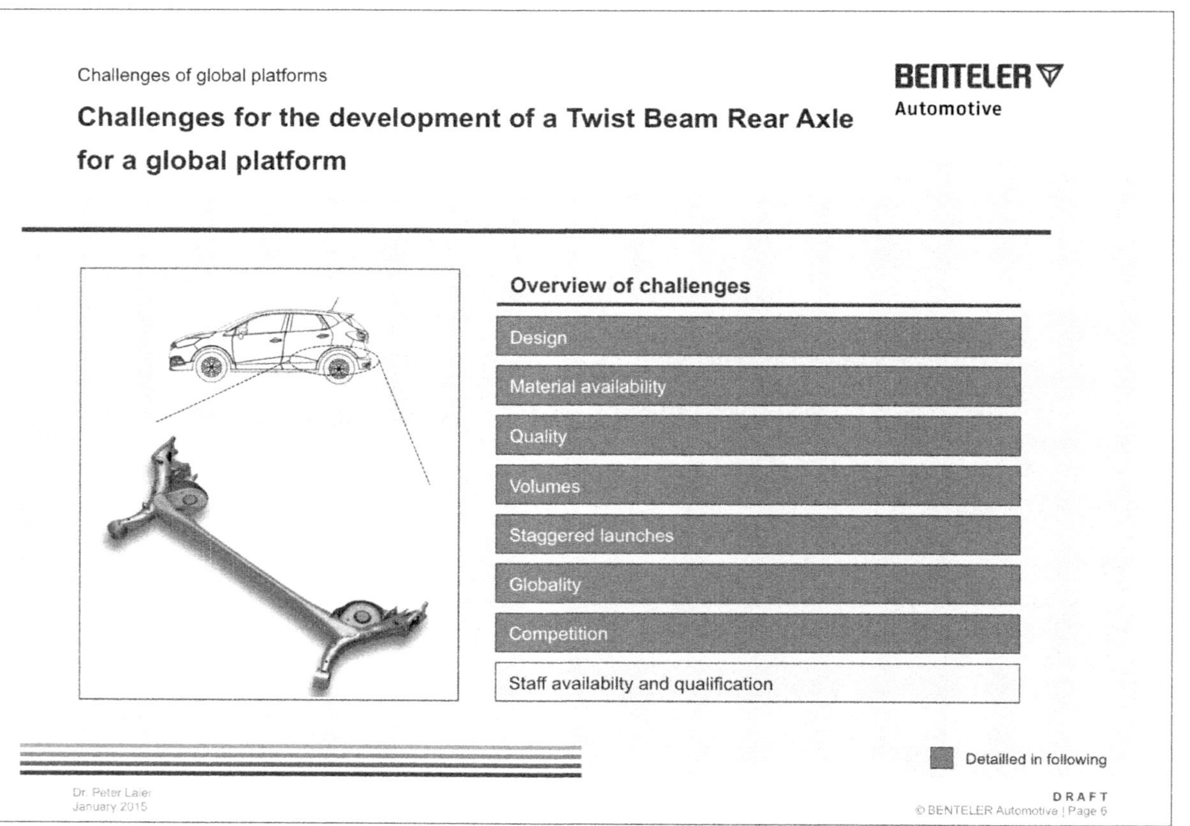
Challenges of global platforms
Challenges for the development of a Twist Beam Rear Axle for a global platform
BENTELER
Automotive
Overview of challenges
Design
Material availability
Quality
Volumes
Staggered launches
Globality
Competition
Staff availabilty and qualification
Detailled in following
Dr. Peter Laier
January 2015
DRAFT
© BENTELER Automotive | Page 6

Challenges of global platforms

Challenges in design: Development of a Twist Beam Rear Axle

BENTELER Automotive

Traditional design: use of precision tubes

- No worldwide availability
- Customs duties
- High logistic costs

Toyota Yaris Twist Beam Rear Axle

Platform design

- Local short tube production
- Tube designs out of blank

Managements of versions

1 platform ≠ 1 axle design

- adjustment to markets
  - B-segment
  - B-SUV
  - C-segment
- vehicle configuration
- track width
- brake system (drum or disk)

Dr. Peter Laier
January 2015

DRAFT

© BENTELER Automotive | Page 7

Challenges of global platforms

Challenges in material: Development of a Twist Beam Rear

BENTELER Automotive

Raw material localisation

Definition: Raw materials to be produced locally

Target: Cost savings by increased local production

Sourcing: All BENTELER production sites purchase the needed raw materials in the most cost-effective markets worldwide

i.e . localizing of steel types:
(WB, 800MPa-class)

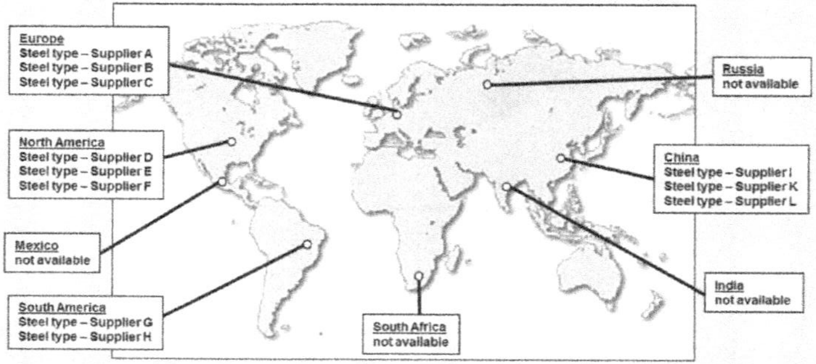

Europe
Steel type – Supplier A
Steel type – Supplier B
Steel type – Supplier C

North America
Steel type – Supplier D
Steel type – Supplier E
Steel type – Supplier F

Mexico
not available

South America
Steel type – Supplier G
Steel type – Supplier H

South Africa
not available

Russia
not available

China
Steel type – Supplier I
Steel type – Supplier K
Steel type – Supplier L

India
not available

Dr. Peter Laier
January 2015

DRAFT
© BENTELER Automotive | Page 8

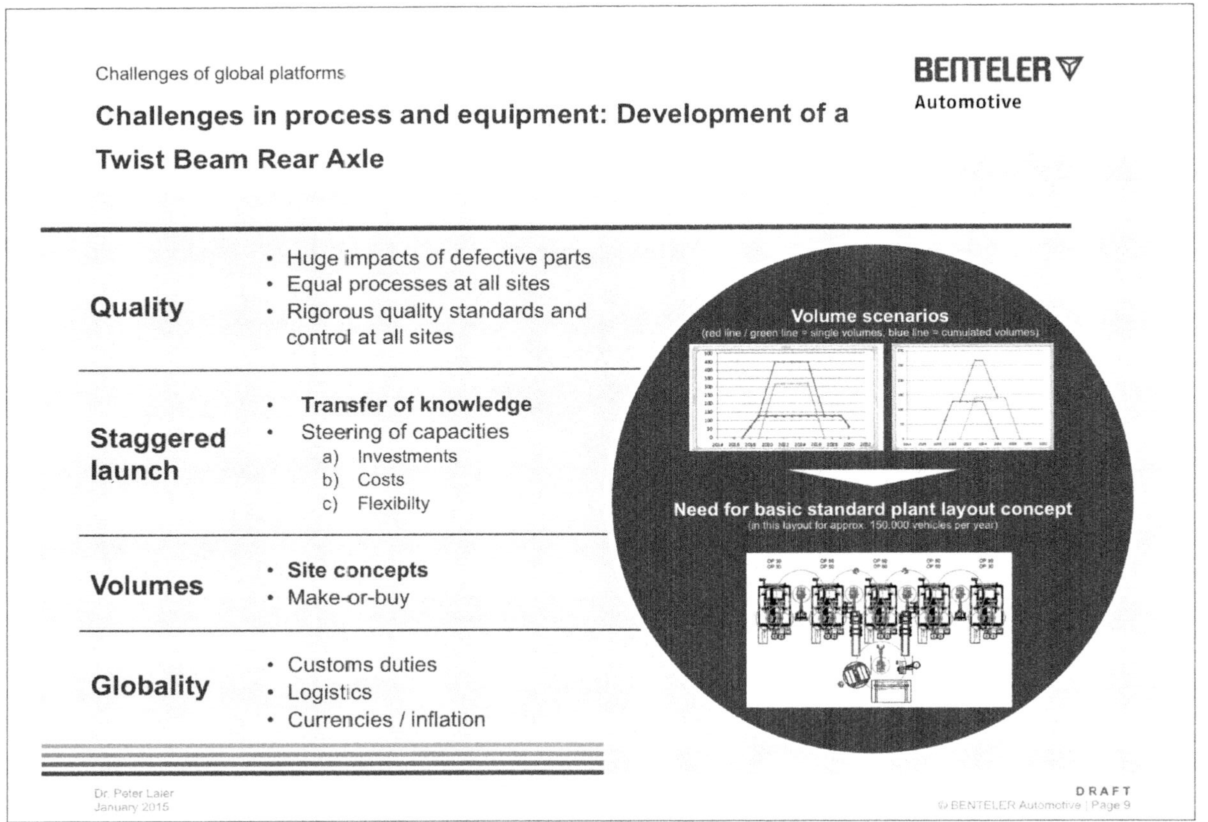
Challenges of global platforms
BENTELER
Automotive
Challenges in process and equipment: Development of a Twist Beam Rear Axle
Quality
Huge impacts of defective parts
Equal processes at all sites
Rigorous quality standards and control at all sites
Staggered launch
Transfer of knowledge
Steering of capacities
a) Investments
b) Costs
c) Flexibilty
Volumes
Site concepts
Make-or-buy
Globality
Customs duties
Logistics
Currencies / inflation
Volume scenarios
(red line / green line = single volumes, blue line = cumulated volumes)
Need for basic standard plant layout concept
(in this layout for approx. 150.000 vehicles per year)
Dr. Peter Laier
January 2015
DRAFT
© BENTELER Automotive | Page 9

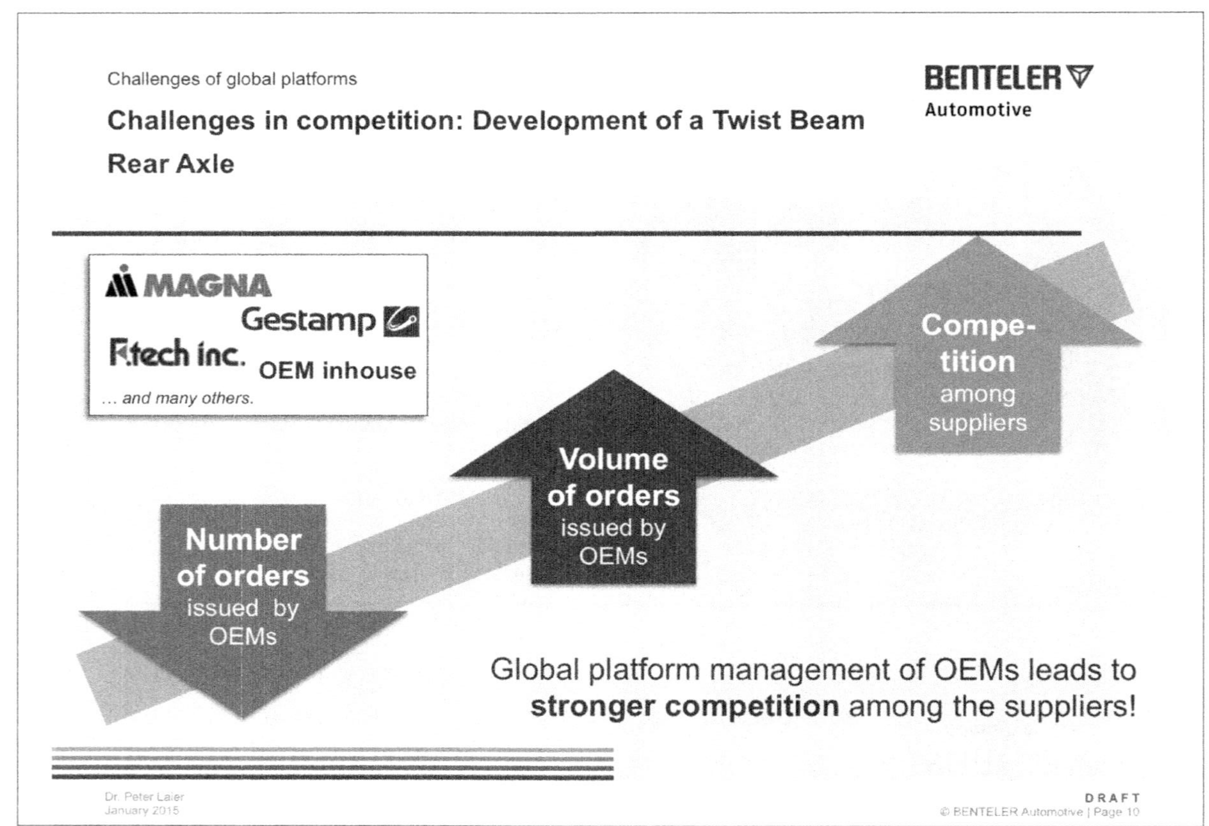
Challenges of global platforms
Challenges in competition: Development of a Twist Beam
Rear Axle
BENTELER
Automotive
MAGNA
Gestamp
F.tech inc.
OEM inhouse
… and many others.
Number of orders issued by OEMs
Volume of orders issued by OEMs
Compe-tition among suppliers
Global platform management of OEMs leads to stronger competition among the suppliers!
Dr. Peter Laier
January 2015
DRAFT
© BENTELER Automotive | Page 10

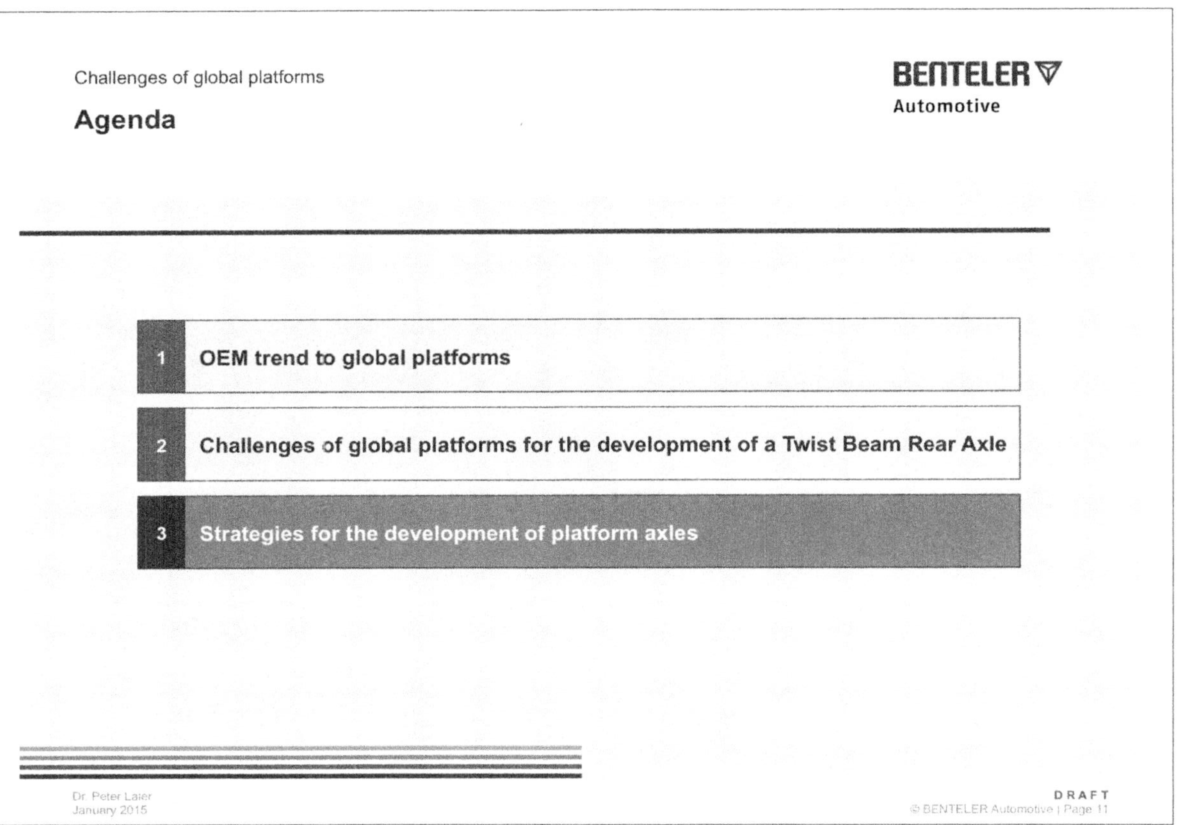
Challenges of global platforms
Agenda
BENTELER Automotive
1 OEM trend to global platforms
2 Challenges of global platforms for the development of a Twist Beam Rear Axle
3 Strategies for the development of platform axles
Dr. Peter Laier
January 2015
DRAFT
© BENTELER Automotive | Page 11

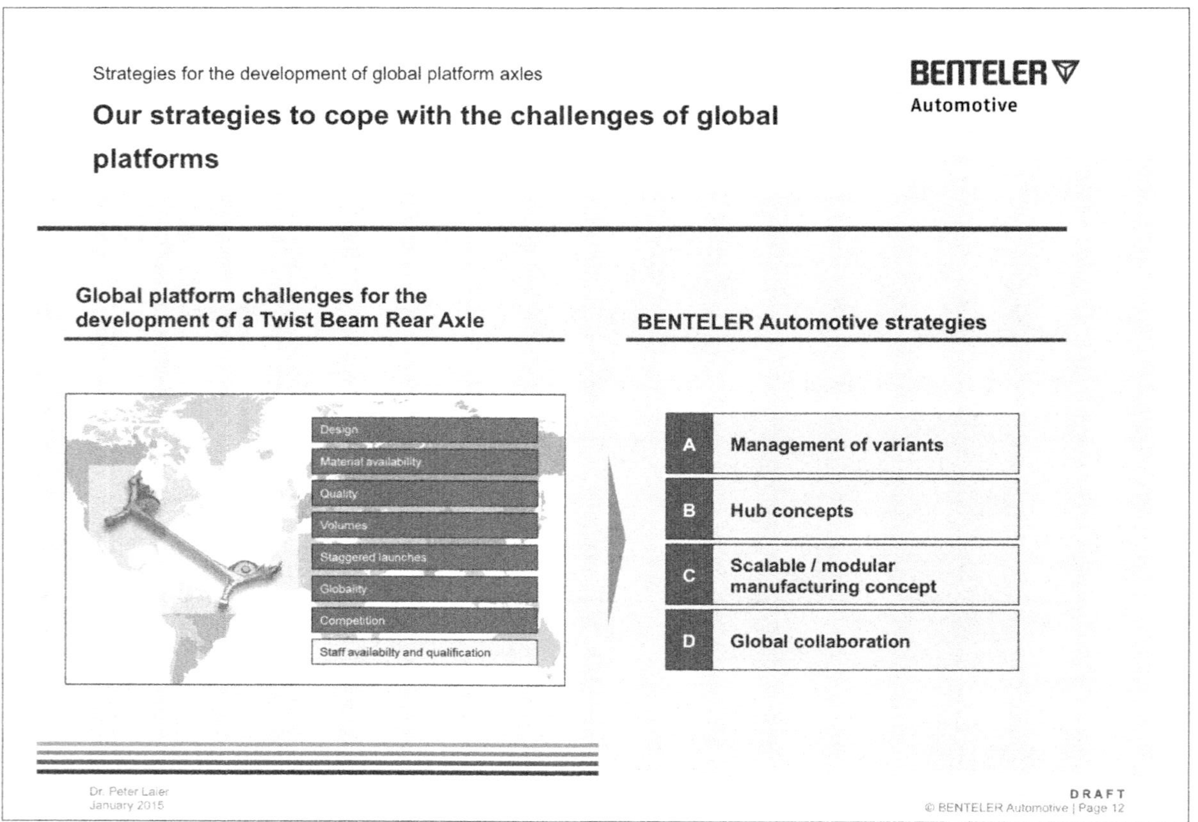
Strategies for the development of global platform axles
Our strategies to cope with the challenges of global platforms
BENTELER Automotive
Global platform challenges for the development of a Twist Beam Rear Axle
Design
Material availability
Quality
Volumes
Staggered launches
Globality
Competition
Staff availabilty and qualification
BENTELER Automotive strategies
A Management of variants
B Hub concepts
C Scalable / modular manufacturing concept
D Global collaboration
Dr. Peter Laier
January 2015
DRAFT
© BENTELER Automotive | Page 12

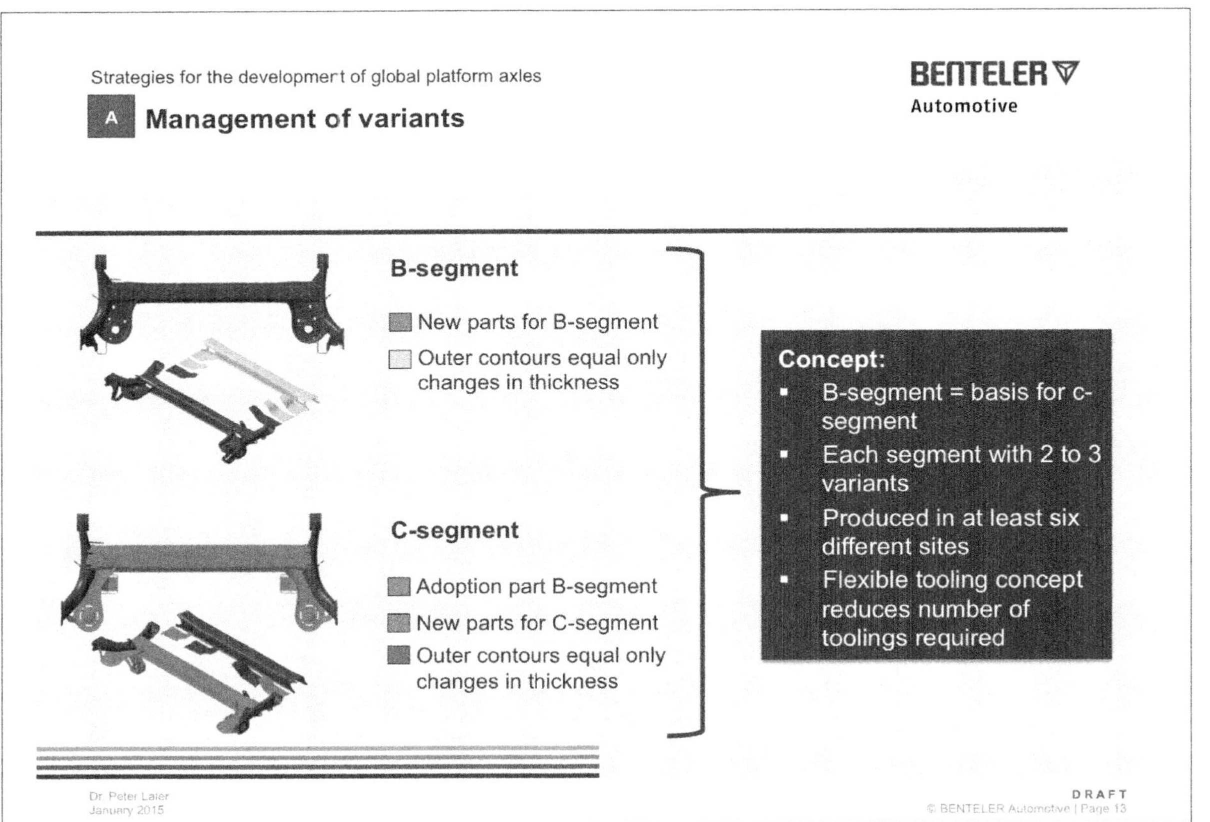
Strategies for the developmert of global platform axles
A
Management of variants
BENTELER
Automotive
B-segment
New parts for B-segment
Outer contours equal only changes in thickness
C-segment
Adoption part B-segment
New parts for C-segment
Outer contours equal only changes in thickness
Concept:
B-segment = basis for c-segment
Each segment with 2 to 3 variants
Produced in at least six different sites
Flexible tooling concept reduces number of toolings required
Dr. Peter Laier
January 2015
DRAFT
© BENTELER Automotive | Page 13

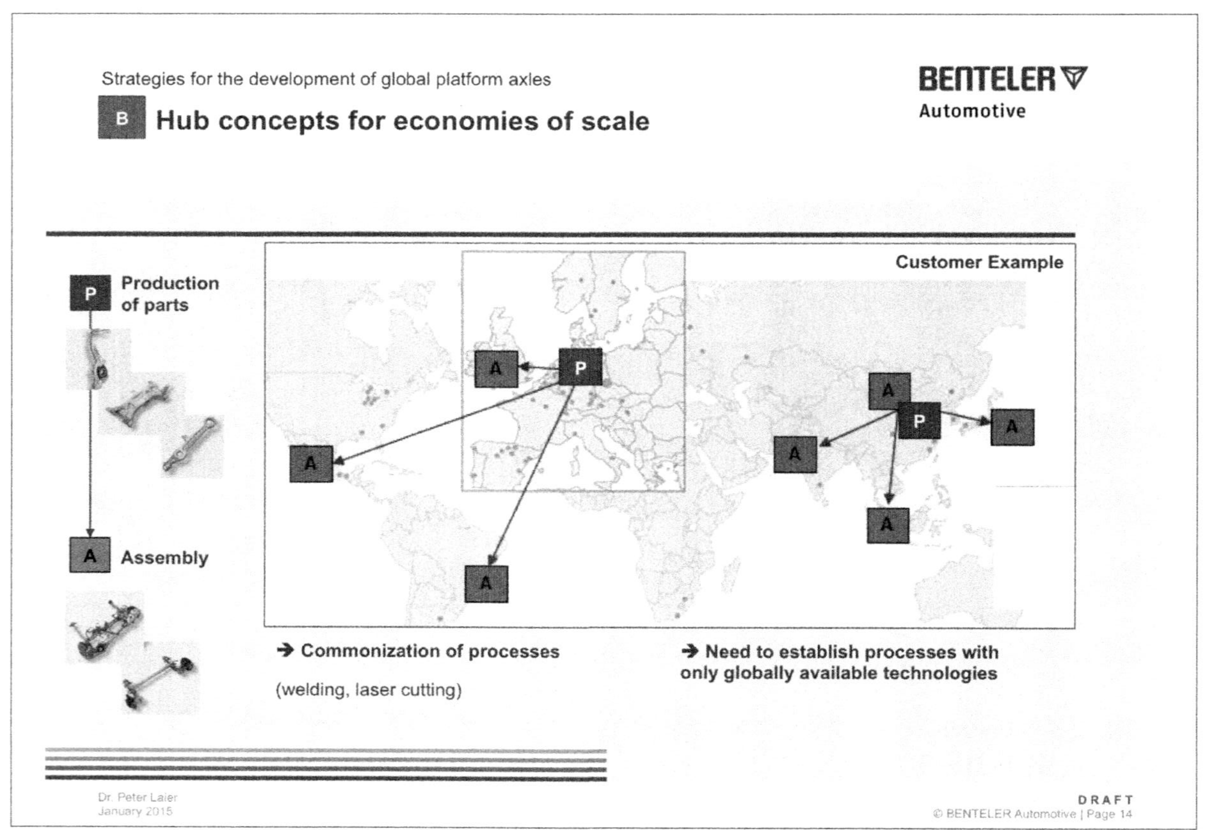
Strategies for the development of global platform axles
B Hub concepts for economies of scale
BENTELER
Automotive
P Production of parts
A Assembly
Customer Example
→ Commonization of processes
(welding, laser cutting)
→ Need to establish processes with only globally available technologies
Dr. Peter Laier
January 2015
DRAFT
© BENTELER Automotive | Page 14

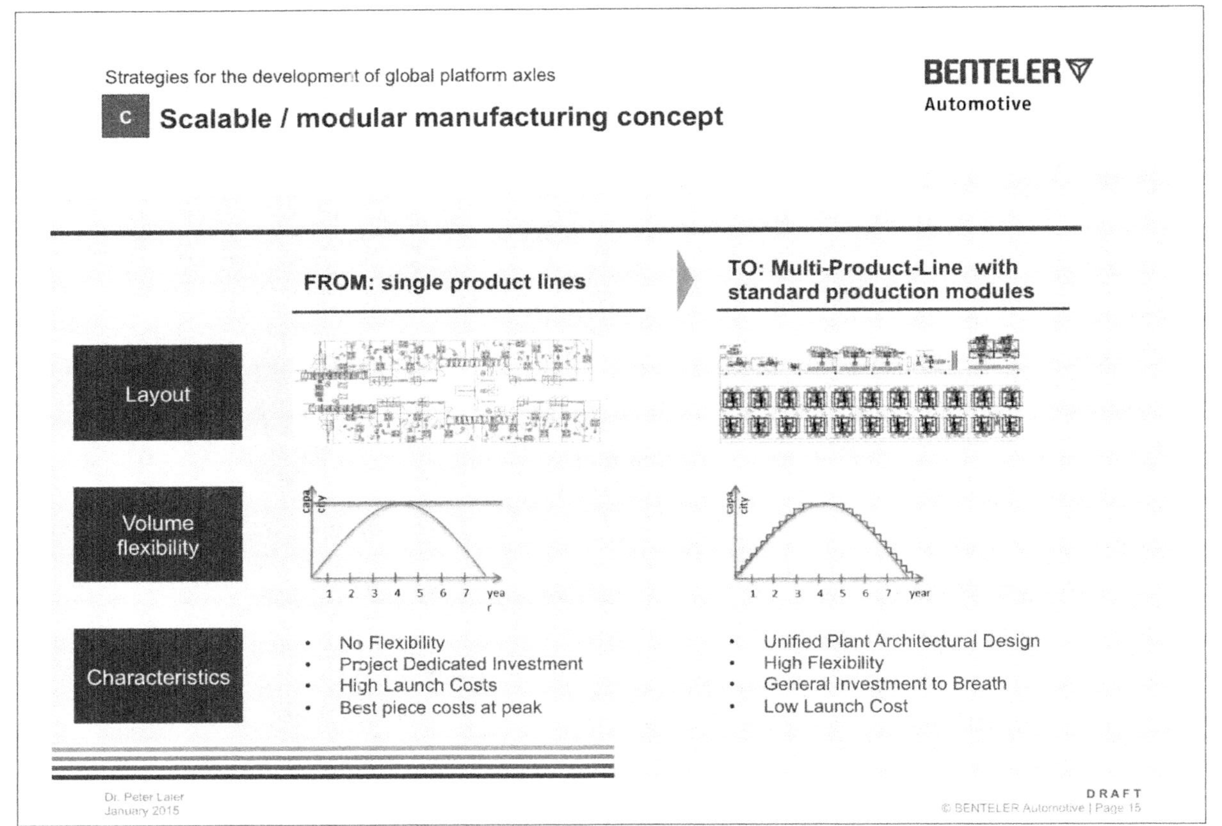
Strategies for the development of global platform axles
C
Scalable / modular manufacturing concept
BENTELER
Automotive
FROM: single product lines
TO: Multi-Product-Line with standard production modules
Layout
Volume flexibility
capacity
1 2 3 4 5 6 7 year
capacity
1 2 3 4 5 6 7 year
Characteristics
No Flexibility
Project Dedicated Investment
High Launch Costs
Best piece costs at peak
Unified Plant Architectural Design
High Flexibility
General Investment to Breath
Low Launch Cost
Dr. Peter Laier
January 2015
DRAFT
© BENTELER Automotive | Page 15

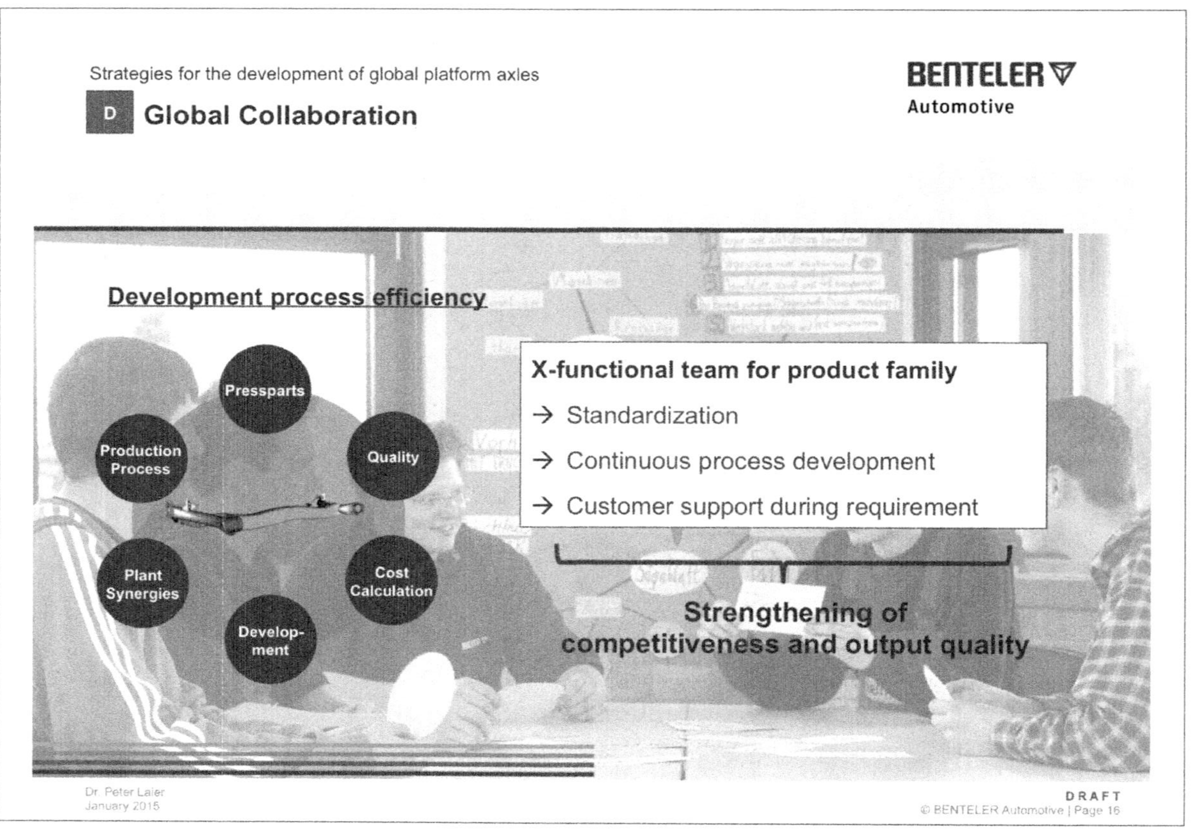
Strategies for the development of global platform axles
D
Global Collaboration
BENTELER
Automotive
Development process efficiency
Pressparts
Production Process
Quality
Plant Synergies
Cost Calculation
Develop-ment
X-functional team for product family
→ Standardization
→ Continuous process development
→ Customer support during requirement
Strengthening of competitiveness and output quality
Dr. Peter Laier
January 2015
DRAFT
© BENTELER Automotive | Page 16

Robuste Geschäftsmodelle erfordern kreative Führungsprinzipien

- Ein Stresstest -

Prof. Dr.-Ing. Uwe Loos

Multi-Aufsichtsrat und Beirat

Herausforderungen

Der globale Wettbewerb erfordert eine laufende Anpassung an die veränderten Rahmenbedingungen. Volatile Märkte, neue komplexe und anspruchsvolle Technologien, eine erhöhte Businessvernetzung, sowie der Wandel im Käuferverhalten, prägen die ständigen Anpassungsprozesse zur Sicherstellung bestmöglicher Unternehmensergebnisse. Diese Art der Herausforderung ist für viele Unternehmen gelebter Standard.

Neu dagegen sind kurzfristige und unvorhergesehene weltweite Marktturbulenzen, die zu dramatischen Unternehmensveränderungen führen können. So z. B. 2001, New York 9/11, oder die globale Finanz- und Bankenkrise 2008/2009, aber auch die aktuellen politischen Unwägbarkeiten in Osteuropa, stehen für solche plötzliche Situationen, die neue Anpassungsgeschwindigkeiten und -strategien in den Unternehmen erfordern.

Deshalb ist es zwingend, robuste Geschäftsmodelle mit ausreichender Widerstandskraft gegen solche unvorhergesehenen negativen Markt und Produktveränderungen zu entwickeln. Ziel ist eine weitgehend stabile, nachhaltige Sicherstellung der Profitabilität, unter Beibehaltung der strategischen Ausrichtung der Unternehmen.

Hierzu ist es zunächst erforderlich, die nationalen und internationalen internen Stellgrößen, beim Auftreten globaler Marktturbulenzen, zu definieren. Sind diese bekannt, können Simulationen, Stresstests oder Sensitivitätsanalysen die Stabilität des Geschäftsmodells unter Beweis stellen. Das wiederholte Training einer solchen Vorgehensweise, in bestimmten Zeitabständen, sichert die zukünftige Wettbewerbsfähigkeit und stärkt die strategische Intelligenz von Unternehmen. Dagegen helfen die in der Vergangenheit bekannten und bewährten Anpassungsstrategien nur bedingt.

Der erfolgreiche Prozess der Wertschöpfung, quer über alle Unternehmensbereiche, unterliegt einer außerordentlichen Veränderungsgeschwindigkeit. Man denke nur an den zunehmenden Einsatz der Informationsvernetzung, wie z.B. ERP, PLM, Industrie 4.0.

Damit wird der Produktlebenszyklus unter Priorisierung des Entwicklungs-, Herstellungs-, und Vermarktungsprozesses im vollen Umfang überwacht und optimiert. Die datenerzeugende Integrationsplattform ist die Basis für die Optimierung aller produktabhängigen Daten.

Aber auch die flexible Anlagenautomatisierung, moderne Robotronic und Logistiknetzwerke, bieten enorme Chancen für eine flexible Anpassung der Wertschöpfung an kurzfristige Veränderungen. Allerdings ist der Einsatz noch nicht flächendeckend. So wird die Kombinatorik neuer flexibler Methoden und Technologien nur unzureichend ausgeschöpft.

Robuste Bewertung volatiler Märkte

Ein wesentliches Merkmal für robuste Geschäftsmodelle, ist deshalb die Anpassungsgeschwindigkeit für die sehr schnell durchzuführenden Veränderungsprozesse (negative Anpassung), um in der Konsequenz proaktiv zu reagieren. Gleiches gilt für den Fall einer raschen Markterholung (positive Anpassung). Hierzu müssen ebenfalls klare Handlungsanweisungen entwickelt werden.

Wie z.B. in 2008/2009 geschehen, kam die Markstabilisierung wesentlich schneller zurück, als erwartet. Die Unternehmen mit einer flexiblen Wertschöpfungsstrategie erreichten dann auch 2010 meist bessere Jahresergebnisse als vor den Abschwung in 2008.

Die Voraussetzungen für eine schnelle und konsequente Anpassung an volatile Unternehmenssituationen sind:

- Durchgängige Unternehmensziele quer über alle Bereiche und Hierarchien.

- Transparente Kommunikation und Vereinbarungen mit den Mitarbeitern, Lieferanten, Kunden und Arbeitnehmervertretern (Inland / Ausland) über die notwendigen Anpassungen für sowohl negative als auch positive plötzliche Marktveränderungen.

- Flexible Unternehmensstrukturen (Lean Enterprise, PLM, Industrie 4.0, flexible Anlagen-und Logistiksysteme).

- Identifizierung der Engpässe und deren Beseitigung (z.B.: Bestände, Lieferzeit, Kapitalbindung).

- Effiziente und zeitgemäße Führungsprinzipien.

- Permanente Wettbewerbsbeobachtungen für Produkte, Märkte, Innovationen, Prozesse und Vertriebssysteme.

- Bestmögliche Vorbereitung für die notwendigen Anpassungen in den nationalen und internationalen Strukturen.

- Flexible Wertschöpfung zur Absicherung der negativen bzw. positiven Anpassung.

Der Grad und die Geschwindigkeit der Anpassungsflexibilität bestimmen ganz erheblich die finanziellen Auswirkungen von schwerwiegenden Marktturbulenzen.

Für die Festlegung der Anpassungsmaßnahmen und Steuerung des Anpassungsprozesses muss man sich über die Vernetzung und Beeinflussung moderner Produktionssysteme im Klaren sein.

Der Mix an kurzfristig variablen Anpassungskriterien, lässt sich wie folgt darstellen:

- Vertraglich vereinbarte variable Lieferanteneinbindung, damit Synchronisierung der Materialkosten im Verhältnis zum Umsatz/ Leistung.

- Zurückführen der Überstunden.

- Deutliche Ausweitung negativer Beschäftigungszeiten mit Hilfe der Arbeitszeitkonten.

- Rasche Verringerung der Leasing- und Zeitarbeit.

- Urlaubsverschiebungen.

- Vorübergehende Entlohnungsanpassungen.

- Kurzarbeit.

- Vier Tage Woche, insbesondere bei getakteten Arbeitsprozessen zur Beibehaltung der Qualität, Produktivität und der logistischen Prozesse.

- Anpassung der Energiekosten.

- Anpassungen der sonstigen betrieblichen Aufwendungen.

Der Einfluss der Materialkosten auf die GuV mit ca. 45-65 % an der Gesamtleistung, sowie die kompletten Personalkosten mit ca. 20-30 % an der Gesamtleistung, sind die wesentlichen Hebel für die gängigsten Anpassungen weltweit. Weitere deutliche Anpassungs- kriterien hängen ganz wesentlich von der spezifischen Situation in den Unternehmen – national/international – ab.

Besonderer Schwerpunkt muss allerdings auf die individuellen Anpassungskriterien, sowie deren schnellstmögliche Umsetzung im globalen Netzwerk der Unternehmen gelegt werden. Viele, der im deutschen Umfeld gängigen Maßnahmen, lassen sich nicht in den unterschiedlichen ausländischen Standorten umsetzen. Beispielhaft seien hier nur Frankreich, China, Italien, South Korea, US oder auch Brasilien erwähnt .

Um das richtige Mix an kurzfristigen GuV beeinflussbaren Auswirkungen festzulegen, ist ein kompletter Überblick aller umzusetzenden Maßnahmen zwingend notwendig. Liegt nun der Vergleich der Maßnahmen in Deutschland und von den globalen Standorten vor, erhält man ein sehr gutes Bild über die Reaktionsmöglichkeiten und Ergebnisauswirkungen. Meist wird dann deutlich, dass die Reaktionszeit auf notendige differenzierte Kostenpassungen sehr unterschiedlich ausfallen.

Während das Zurückführen von Überstunden/Mehrarbeit und Zeitarbeit in allen wesentlichen Industrieländern kein Thema darstellen, sind bei den Themen Arbeitszeitkonten, Urlaubsverschiebungen, Entlohnungsanpassungen, Kurzarbeit, 3-4 Tage Woche erhebliche Diskussionen bis zu einem strickten No zu erwarten. Dies bedeutet u.U. erhebliche Anpassungsverzögerungen im Vergleich zu Deutschland und beeinflusst maßgeblich das finanzielle Unternehmensergebnis.

Die Beispielhafte Bewertung eines Unternehmens(Automobilzulieferer/ Maschinenbau) mit einem Jahresumsatz von ca. 2 Mrd. €, zeigt bei einem kurzfristigen Markrückgang um 30 % innerhalb von ca. 6 Monaten sowie einer Wertschöpfungsverteilung von:

100 % Germany , 0 % Global, EBT ca. 4,0 %

70 % Germany, 30 % Global EBT ca. 1.5 %

50 % Germany, 50 % Global EBT ca. 1,0 %

30 % Germany, 70 % Global EBT ca. -1 %

einen Ergebnisrückgang im EBT unter optimalen Annahmen von ca. 8 % vor dem Marktabschwung auf minus 1 % nach dem Abschwung. Die globale Wertschöpfung beinhaltet ca. 40 % Europa sowie je 30 % Asien und US.

Gleiche Bewertung nur für Deutschland würde unter Zuhilfenahme der möglichen Anpassungen ein Ergebniseinbruch (EBT) von ca 8 % auf ca. 4 % ergeben.

Damit wird deutlich, dass eine erfolgreiche Anpassung bei plötzlich auftretenden Krisen, zwingend eine sehr detaillierte Maßnahmenbündelung mit entsprechender Simulation, quer über alle nationalen und internationalen Standorten, erforderlich macht.

Stringende Führungsprinzipien

Entscheidend für einen schnellen Anpassungsprozess in den Unternehmen sind die gelebten Führungsprinzipien. Viel zu wenig wird über den Erfolgsfaktor Führung, Motivation und Kommunikation der Mitarbeiter gesprochen. Im Vordergrund des betriebsinternen Geschehens stehen unzählige Diskussionen, Reviews, Tagungen und Besprechungen. Die Themen sind überwiegend aktuelle Budgetentwicklungen, Umsatz und Auftragseingang, Investitionen, Material- und Personalkosten, Entwicklungsvorgänge und der Wettbewerb.

Dabei kommen meist das Führungsverständnis, das Vermitteln von Führungsprinzipien und das Vorleben zu kurz. Gute Führung ist eventuell zu einfach um sie in der Praxis auch einfach umzusetzen.

Exzellente Führung erfordert Persönlichkeiten mit hoher Kompetenz in menschlicher und sachlicher Hinsicht. Gute Führung heißt aber auch keine neuen Begriffe für alte Weisheiten.

Die Sicherstellung bester Ergebnisse für Kunden, Mitarbeiter und Shareholder ist das Resultat einer erfolgreichen Führung. Im praktischen Doing sollte man sich stets von den 4 M's - Man Muß Menschen Mögen, leiten lassen.

Die Beherrschung von schnellen volatilen Veränderungen der Märkte hängt ganz wesentlich von der Bereitschaft aller an dem Wertschöpfungsprozess beteiligten Mitarbeiter ab, diesen auch nachhaltig zu begleiten. Hierzu bedarf es einer sehr guten Mitarbeiterinformation. Erreichbar durch klare Vereinbarungen, Trainings, Workshops, Planspiele, etc. So wird ein gemeinsames Unternehmensverständnis für die internen und globalen Zusammenhänge erreicht.

Robuste Geschäftsmodelle müssen den Mitarbeiter als aktives, denkendes und bewertendes Individuum in seinem sozialen Kontext interpretieren und seine psychologischen und soziologischen Anforderungen wiederspiegeln.

Zusammenfassung

Der Informationsaustausch mit den Kunden und Lieferanten über das Produktvolumen im Falle einer negativen Anpassung, als auch für eine positive Anpassung, ist die Basis für eine sehr schnelle Markterholung unter betriebswirtschaftlichen Rahmenbedingungen. Dies sollte mit allen Beteiligten in Workshops und Planspielen immer wieder trainiert werden.

Ausgeprägte Vernetzungen zwischen den Wertschöpfungspartnern, wie z.B. Just in Sequenz, Kanban, gemeinsame Entwicklungsvorhaben oder engste Abstimmung der logistischen Ketten, sind die Voraussetzungen für eine erfolgreiche Bewältigung kurzfristiger Marktschwankungen. Meist wird dieses Thema unterschätzt.

Richtig gesteuert, können sowohl sehr kurzfristige Umsatzrückgänge, aber auch ein schnelles Umsatzwachstum zu optimalen wirtschaftlichen Ergebnissen führen.

Eine der wichtigsten Voraussetzungen ist allerdings das Flexibilitätspotential innerhalb der Personalkosten. Ohne Arbeitszeitkonten min. +/-500 h, Überstunden 5-10 %, Zeitarbeit ca. 10 %, und Leasing/ Leiharbeit ca.10 % ist eine schnelle Reaktion zum anpassen der Personalkosten nicht umsetzbar. Anderseits sichert dies die Beschäftigung der Stammbelegschaft und stellt die Produktivität und Qualität für den zu erwartenden Aufschwung sicher.

Der Schlüssel zum Erfolg robuster Geschäftsmodelle liegt in der Art und Weise der Auseinandersetzung mit der Verarbeitung der Informationsdichte über die Anpassungsmaßnahmen, der Komplexitätsbeherrschung sowie in der Zusammenarbeit zwischen den Zulieferern und Herstellern.

Das gemeinsame Handeln aller Beteiligten, in der Findung von optimalen Lösungen für einen erfolgreichen Anpassungsprozess, erreicht man am besten in einem gerichteten Prozess.

Die künftigen Geschäftszyklen unterliegen immer mehr einer fortschreitenden Vernetzung. Der Tempo-, Flexibilitäts-, Kompatibilitäts-, Technologie-, Marketing-, und Preiswettbewerb erfordern verstärkt sehr anspruchsvolle Anpassungsprozesse.

Zusammenfassend lässt sich feststellen, dass eine proaktive, nationale und globale Planung für eine schnelle Marktanpassung, allen Schwierigkeiten zum Trotz, zu einem noch akzeptablen Unternehmensergebnis führen kann. Ohne eine entsprechende Vorbereitung dominiert stattdessen ein reaktives Handeln zur Anpassung. Meist dann auch mit einem deutlich schlechteren Unternehmensergebnis.

Ziel sollte es deshalb sein, keine überhasteten Entscheidungen zur Unternehmensstrategie, wie z.B. Kürzung des Innovationsbudgets, Qualifizierung des Mitarbeiternachwuchses, die Streichung von dringend notwendigen Investitionen oder auch das Zurückfahren der Vertriebsaktivitäten, zu treffen.

Gelingt dies, führt die zu erwartende Markterholung zu einem meist besseren Ergebnis im Vergleich zur Unternehmenssituation vor dem Abschwung.

Globaler Agrarrohstoffhandel im Umfeld volatiler Märkte: Führungsprinzipien und Risikomanagement des BayWa Konzerns

Prof. Klaus Josef Lutz

Vorstandsvorsitzender
BayWa AG

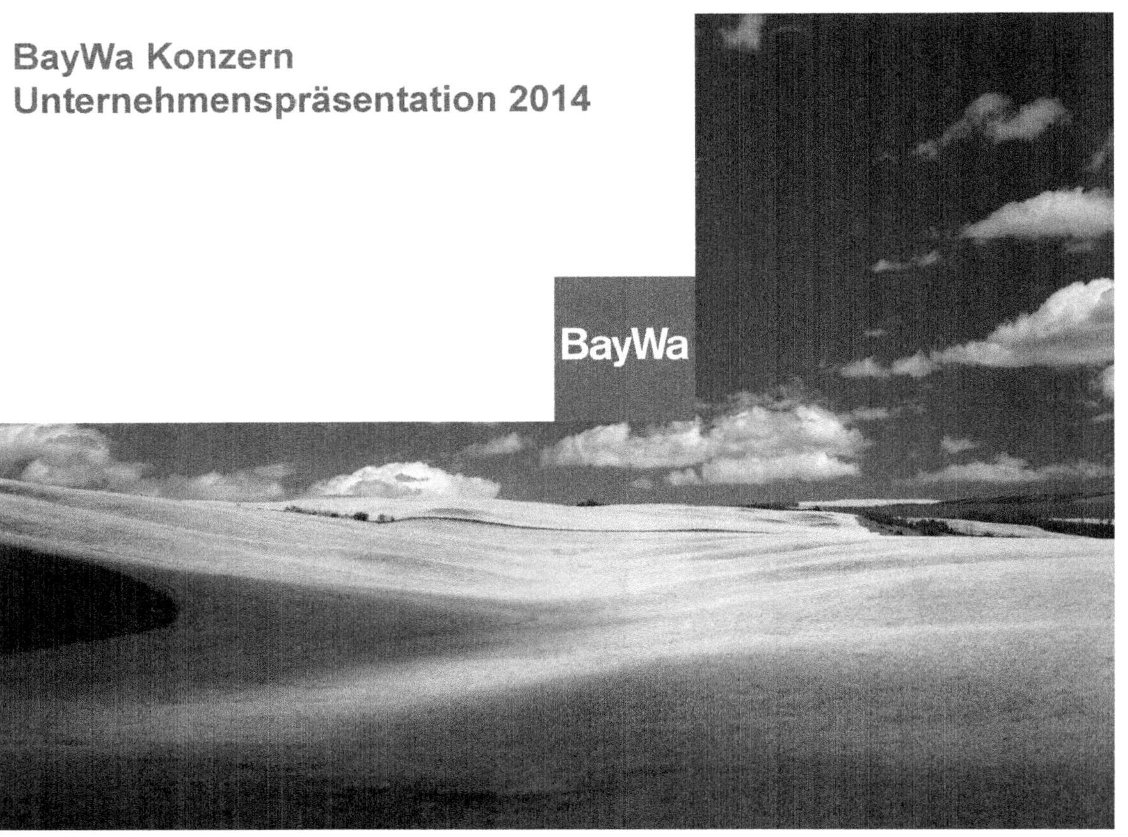
BayWa Konzern
Unternehmenspräsentation 2014
BayWa

Der BayWa Konzern

Auf einen Blick

Unser Konzern

- **Führendes** Handels- und Dienstleistungsunternehmen
- Kernsegmente **Agrar, Energie** und **Bau**
- Genossenschaftliche Wurzeln als Fundament der **Unternehmenskultur**
- **1923** in München gegründet
- Knapp **17.000 Mitarbeiter**
- Über **3.000 Standorte** in **28 Ländern**
- **Börsennotiertes** Unternehmen (SDAX)

BayWa AG 2

Der BayWa Konzern
Überblick Segmente
BayWa
Unsere Struktur
BayWa
Agrar
Energie
Bau
Agrarhandel
Technik
Obst
Klassische Energie
BayWa r.e.
Baustoffe
Die Kernsegmente Agrar, Energie und Bau decken menschliche Grundbedürfnisse ab.
BayWa AG
3

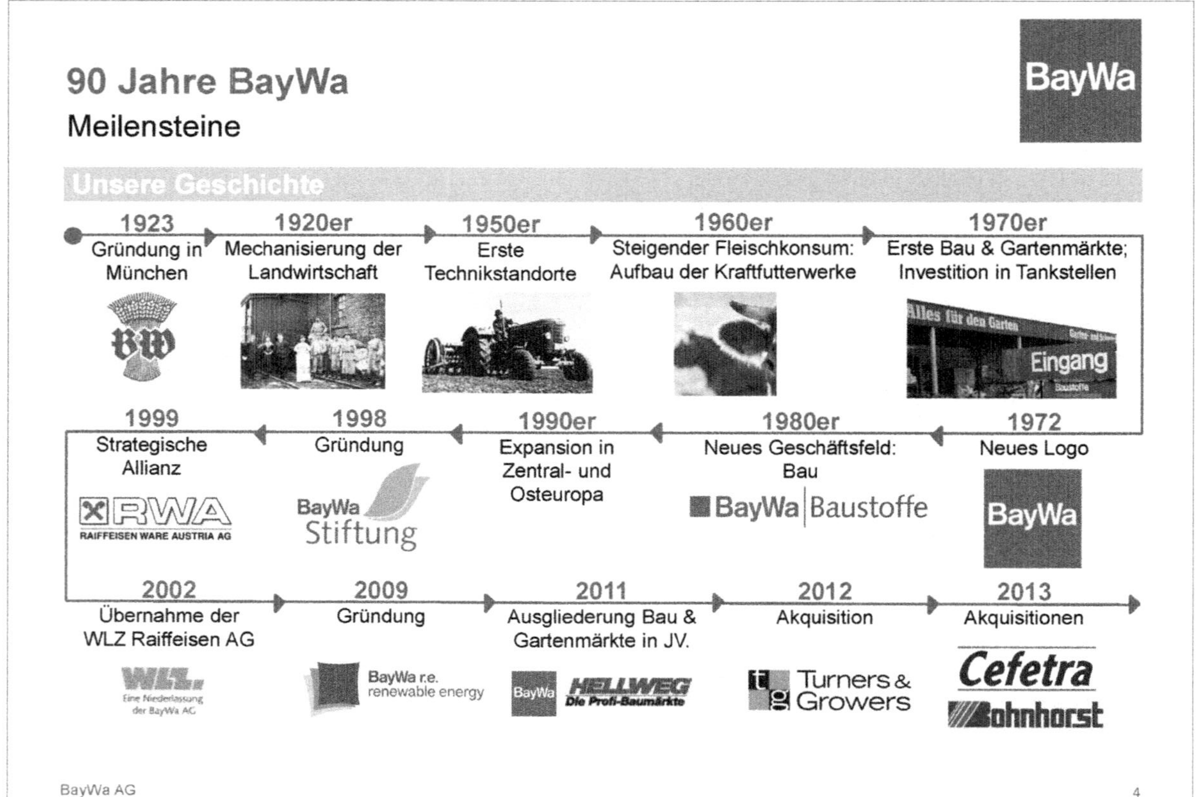
BayWa
90 Jahre BayWa
Meilensteine
Unsere Geschichte
1923
Gründung in München
1920er
Mechanisierung der Landwirtschaft
1950er
Erste Technikstandorte
1960er
Steigender Fleischkonsum: Aufbau der Kraftfutterwerke
1970er
Erste Bau & Gartenmärkte; Investition in Tankstellen
Eingang
1972
Neues Logo
BayWa
1980er
Neues Geschäftsfeld: Bau
BayWa Baustoffe
1990er
Expansion in Zentral- und Osteuropa
1998
Gründung
BayWa Stiftung
1999
Strategische Allianz
RWA
RAIFFEISEN WARE AUSTRIA AG
2002
Übernahme der WLZ Raiffeisen AG
2009
Gründung
BayWa r.e. renewable energy
2011
Ausgliederung Bau & Gartenmärkte in JV.
BayWa
HELLWEG Die Profi-Baumärkte
2012
Akquisition
Turners & Growers
2013
Akquisitionen
Cefetra
Bohnhorst
BayWa AG
4

Der BayWa Konzern

Geschäftsmodell und Unternehmensstrategie

Unsere Ausrichtung

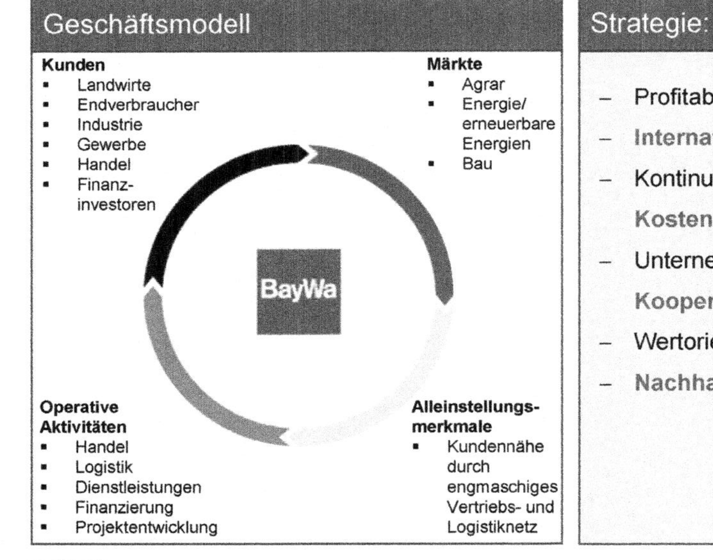

Geschäftsmodell
Kunden
▪ Landwirte
▪ Endverbraucher
▪ Industrie
▪ Gewerbe
▪ Handel
▪ Finanz-investoren
Märkte
▪ Agrar
▪ Energie/erneuerbare Energien
▪ Bau
BayWa
Operative Aktivitäten
▪ Handel
▪ Logistik
▪ Dienstleistungen
▪ Finanzierung
▪ Projektentwicklung
Alleinstellungs-merkmale
▪ Kundennähe durch engmaschiges Vertriebs- und Logistiknetz

Strategie: Kernelemente

- Profitables **Wachstum** des Konzerns
- **Internationalisierung** des Geschäfts
- Kontinuierliche Verbesserung der **Kostenstrukturen**
- Unternehmenspartnerschaften und **Kooperationen**
- Wertorientierte **Unternehmensführung**
- **Nachhaltigkeit** der Konzernaktivitäten

BayWa AG 5

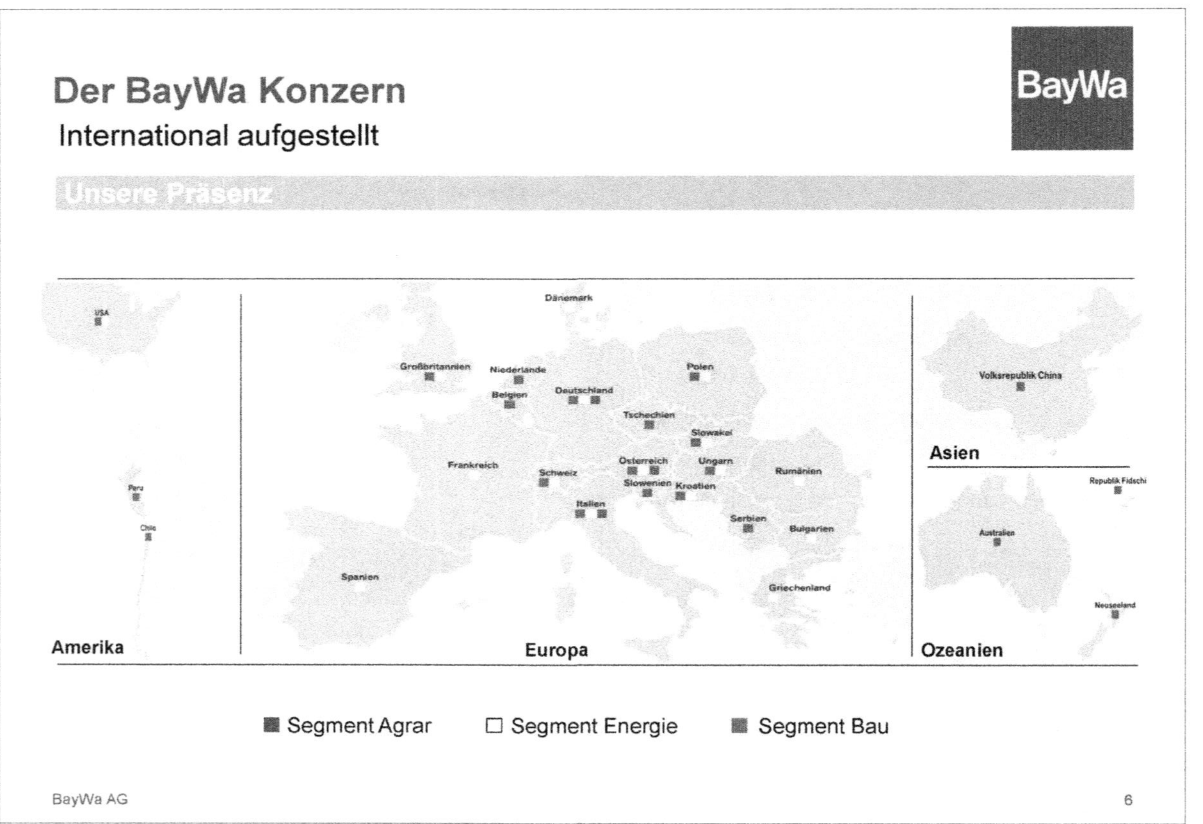

Der BayWa Konzern
International aufgestellt
BayWa
Unsere Präsenz
Dänemark
USA
Großbritannien
Niederlande
Belgien
Deutschland
Polen
Tschechien
Slowakei
Frankreich
Schweiz
Österreich
Ungarn
Rumänien
Slowenien
Kroatien
Italien
Serbien
Bulgarien
Peru
Chile
Spanien
Griechenland
Volksrepublik China
Asien
Republik Fidschi
Australien
Neuseeland
Amerika
Europa
Ozeanien
Segment Agrar
Segment Energie
Segment Bau
BayWa AG
6

Der BayWa Konzern

Markenwerte

Unsere Werte

Markenwerte

BayWa – der starke Partner

Als starker Partner steht die BayWa für:

- **Vertrauen:** die Basis für eine starke Partnerschaft
- **Innovation:** die Entwicklung neuer Produkte und Lösungen für eine zukunftsfähige Partnerschaft
- **Solidität:** das starke Fundament für ein nachhaltiges Wachstum

BayWa AG 7

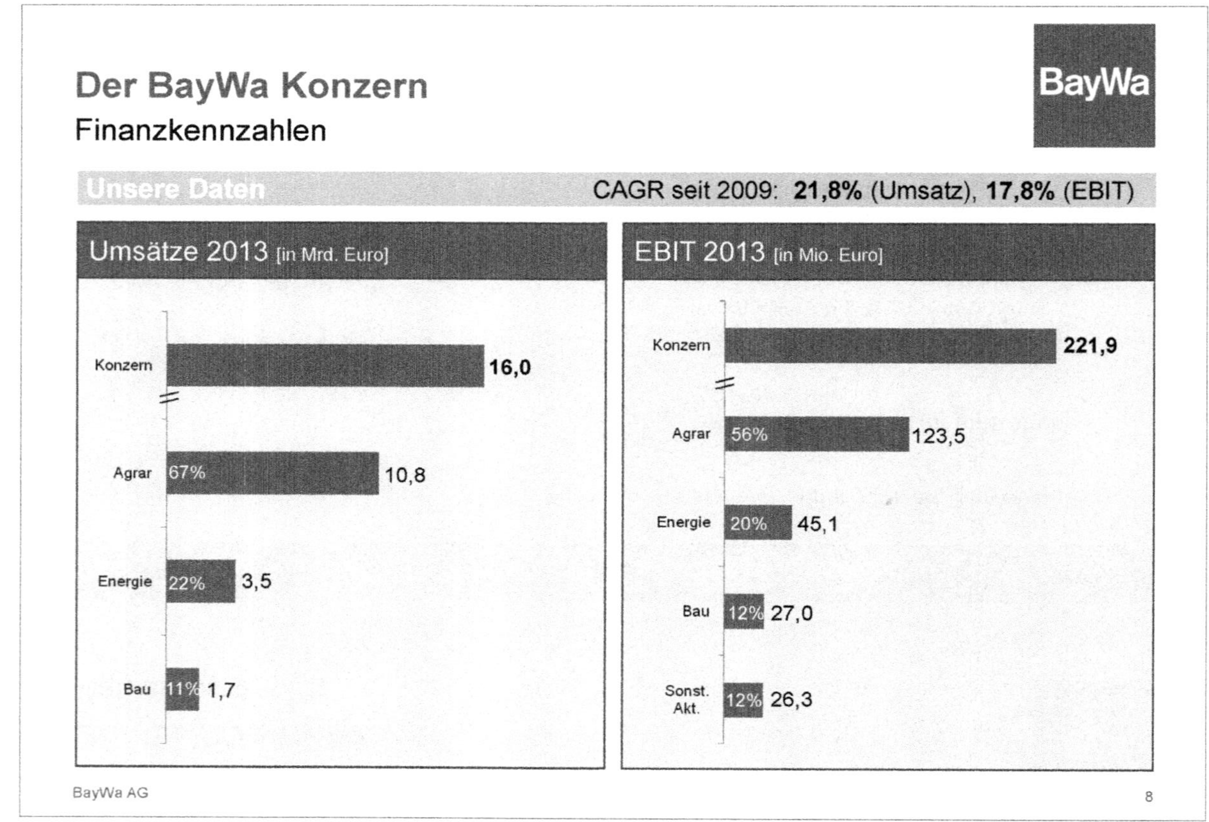

Der BayWa Konzern
Finanzkennzahlen
BayWa
Unsere Daten
CAGR seit 2009: 21,8% (Umsatz), 17,8% (EBIT)
Umsätze 2013 [in Mrd. Euro]
Konzern
16,0
Agrar
67%
10,8
Energie
22%
3,5
Bau
11%
1,7
EBIT 2013 [in Mio. Euro]
Konzern
221,9
Agrar
56%
123,5
Energie
20%
45,1
Bau
12%
27,0
Sonst. Akt.
12%
26,3
BayWa AG
8

Der BayWa Konzern

Finanzkennzahlen

Mehrjahresvergleich

Umsatz

- Akquisitionsbedingter Umsatzssprung in 2013
- Mehr als Verdoppelung des Umsatzes seit 2009
- Wachstumstreiber Segment Agrar

in Mio. Euro

CAGR 21,8%

2009	2010	2011	2012	2013
7.260	7.903	9.586	10.531	15.958

EBIT

- Nachhaltige EBIT-Steigerung
- Internationalisierung der Bereiche Agrar und Regenerative Energien zahlt sich aus

in Mio. Euro

CAGR 17,8%

2009	2010	2011	2012	2013
115,4	128,9	149,2	186,8	221,9

Dividende

- Kontinuierliche Dividendenerhöhung und Ausschüttung
- Dividendenrendite bei rund 2%

in Euro

CAGR 17,0%

2009	2010	2011	2012	2013
0,40	0,50	0,60	0,65	0,75

BayWa AG 9

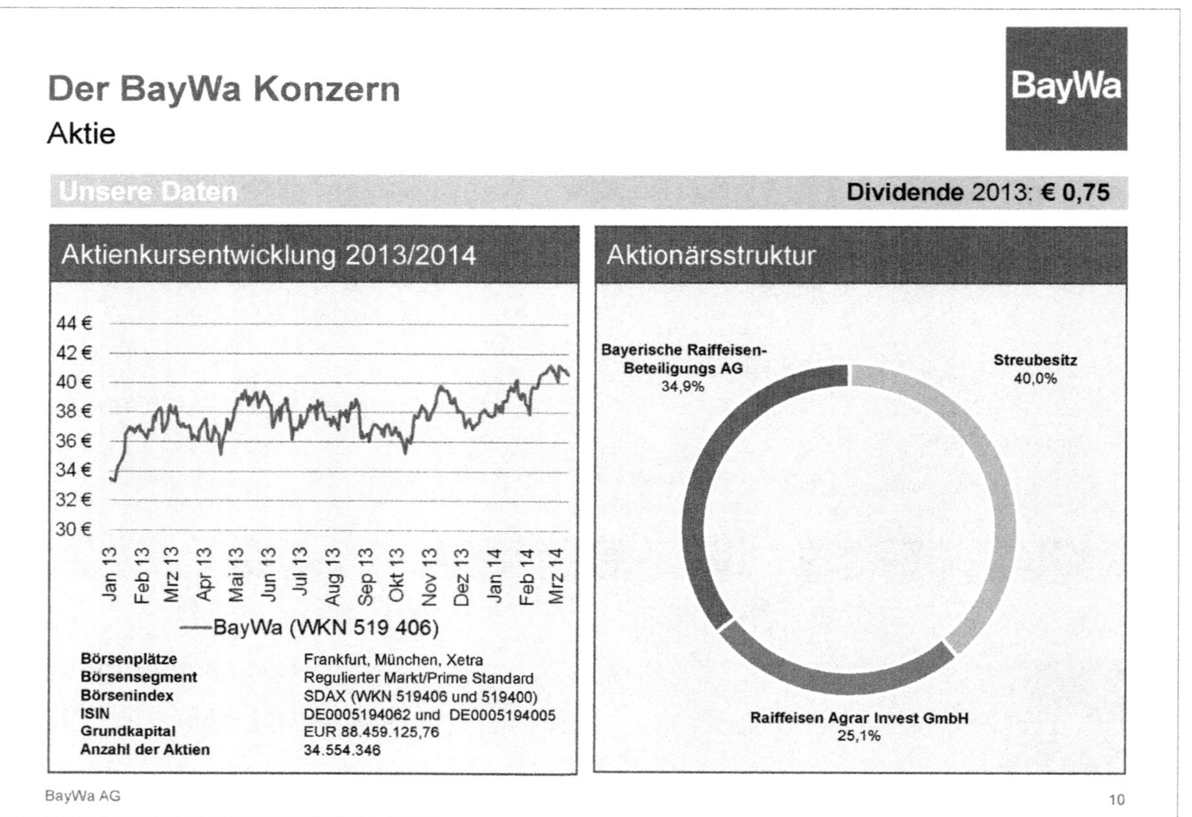

Der BayWa Konzern
Aktie
BayWa
Unsere Daten
Dividende 2013: € 0,75
Aktienkursentwicklung 2013/2014
44 €
42 €
40 €
38 €
36 €
34 €
32 €
30 €
Jan 13
Feb 13
Mrz 13
Apr 13
Mai 13
Jun 13
Jul 13
Aug 13
Sep 13
Okt 13
Nov 13
Dez 13
Jan 14
Feb 14
Mrz 14
—BayWa (WKN 519 406)
Börsenplätze Frankfurt, München, Xetra
Börsensegment Regulierter Markt/Prime Standard
Börsenindex SDAX (WKN 519406 und 519400)
ISIN DE0005194062 und DE0005194005
Grundkapital EUR 88.459.125,76
Anzahl der Aktien 34.554.346
Aktionärsstruktur
Bayerische Raiffeisen-Beteiligungs AG
34,9%
Streubesitz
40,0%
Raiffeisen Agrar Invest GmbH
25,1%
BayWa AG
10

BayWa

Branchentrends & Segmente

Globale Herausforderung im Segment Agrar:
Hochwertige Lebensmittel für Alle

BayWa

Unsere Welt

Die Fakten:

- Die Weltbevölkerung wächst bis 2050 um weitere 2 Mrd. Menschen auf insgesamt 9 Mrd. Menschen.
- Zunehmender Wohlstand in Schwellenländern führt zu verändertem Ernährungsverhalten und steigert die Lebensmittelnachfrage.
- Verringerung der landwirtschaftlichen Nutzfläche pro Kopf (von 2000 bis 2050 von 0,3 auf 0,2 Hektar).

Die Rolle der BayWa:

Versorgung der Landwirtschaft durch:

- Neue und moderne Anbaumethoden zur landwirtschaftlichen Produktivitätssteigerung.
- Bereitstellung sämtlicher Betriebsmittel für den Ackerbau.
- Sicherstellung der Rohstoffversorgung durch Erschließung weltweit vernetzter Handelsströme.

Segment Agrar

Kompetenz aus einer Hand

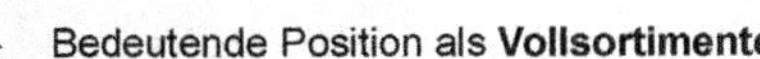

€ 10,8 Mrd. Umsatz, **9.038** Mitarbeiter, **67%** Konzernumsatz

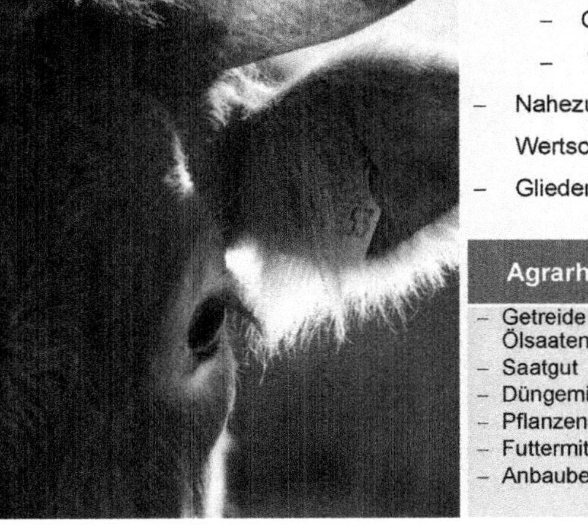

Vermarktung von landwirtschaftlichen Erzeugnissen, Betriebsmitteln, Landtechnik und Obst.

- Bedeutende Position als **Vollsortimenter:**
  - Größter Agrarhändler Deutschlands
  - Weltweit unter den Top 10
- Nahezu **vollständige Abdeckung** der landwirtschaftlichen Wertschöpfungskette
- Gliederung in die drei Sparten **Agrarhandel**, **Technik** und **Obst**

Agrarhandel	Technik	Obst
– Getreide und Ölsaaten – Saatgut – Düngemittel – Pflanzenschutzmittel – Futtermittel – Anbauberatung	– Land-, Forst-, Kommunal- und Gewerbetechnik – Landwirtschaftliche Bauten – Kundendienst / Werkstattservice – Ersatzteile – Vermittlung von Finanzierungs- und Leasingverträgen	– Tafelkernobst – Beeren- und Steinobst – Kernobst aus biologischem Vertrags-Anbau – Südfrüchte – Fruchtgemüse

BayWa AG 13

Segment Agrar
Agrarhandel

Unser Erfolg

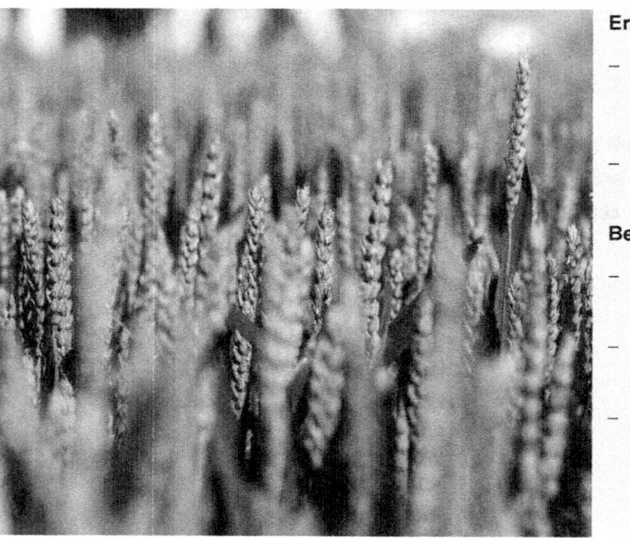

Erzeugnisse:

- Erfassung, Prüfung, Aufbereitung, Trocknung, Lagerung und Vermarktung von **Agrarerzeugnissen weltweit**
- Handel von **rd. 28 Mio. Tonnen** Getreide und Ölsaaten pro Jahr

Betriebsmittel:

- Bedeutender **Vertriebspartner** für die Düngemittelindustrie und Saatgutbranche
- **Nr. 1** im Handel von **Pflanzenschutzmitteln** in Deutschland
- Anbieter von **3** Premium **Eigenmarken:** Planterra (Saatgut), InnoFert (Dünger) und InnoProtect (Pflanzenschutz)

BayWa AG 14

Segment Agrar

Technik

Unser Erfolg

- **Führender** Landtechnikhändler:
  - Einer der größten in **Europa**
  - **Nr. 1** in Deutschland
- **Exklusive Vertriebsrechte** für die Marken des AGCO-Konzerns (Fendt, Massey Ferguson, Valtra und Challenger) in Süddeutschland und Teilen Ostdeutschlands sowie Claas in Süddeutschland und John Deere in Österreich
- **Dichtes Service-Netzwerk** mit **514** mobilen Service-Einsatzfahrzeugen und **265** Werkstätten
- Größter nationaler Ersatzteilhändler mit Zugriff auf über **10 Millionen** Artikel
- Ersatzteilvertrieb über eigene **Internetplattform** (www.tecparts.com)

BayWa AG 15

Segment Agrar
Obst

BayWa

Unser Erfolg

- Einer der **weltweit führenden** Obsthändler
- **Ganzjahreslieferant** für Kernobst aus aller Welt
- **Globale Markenrechte** an den Apfelsorten Kanzi®, Greenstar®, Jazz® und Envy®
- Gewährleistung von just-in-time Lieferung durch **modernste Verpack- und Sortiertechnik**
- **Größter** deutscher Anbieter für Kernobst aus **biologischer** Produktion

Globale Herausforderung im Segment Energie:

Saubere Energie gegen den Klimawandel

Unsere Welt

Die Fakten:

- Wachsende Weltbevölkerung und steigender Lebensstandard in Schwellenländern führen zu steigendem Energiebedarf.
- Steigende Nachfrage kollidiert mit dem ökologischen Bewusstseinswandel.
- Globaler CO2-Ausstoß hat sich innerhalb den letzten 40 Jahren verdoppelt.

Die Rolle der BayWa:

- Sicherstellung einer ökologischen und nachhaltigen Energieversorgung.
- Gründung der BayWa r.e. als starker Partner für erneuerbare Energieprojekte.
- Angebot von umweltfreundlichen Energieprodukten auch im klassischen Energiebereich.

BayWa AG 17

Segment Energie

Mit nachhaltigen Lösungen in die Zukunft

Unser Geschäft in 2013 **€ 3,5 Mrd.** Umsatz **1.720** Mitarbeiter **22%** Konzernumsatz

- Gliederung in die Bereiche **klassische** Energie und **regenerative** Energien
- Klassische Energie umfasst den **Vertrieb** von fossilen und regenerativen **Brennstoffen**
- Erneuerbare Energien Aktivitäten in der Holdinggesellschaft **BayWa r.e. renewable energy** gebündelt
- Positionierung als Projektentwickler und Händler in den Bereichen Solar, Wind, Biomasse und Geothermie

Klassische Energie	BayWa r.e. renewable energy
Logistik, Vertrieb, Handel, Tankstellen	**Handel, Projektierung & Finanzierung, Beratung, Service**
– Heizöl	– Solarenergie
– Dieselkraftstoffe	– Windenergie
– Ottokraftstoffe	– Bioenergie
– Festbrennstoffe	– Geothermie
– Schmierstoffe	

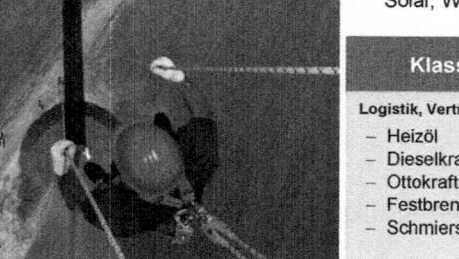

BayWa AG 18

Segment Energie

Klassische Energie

Unser Erfolg

- Starke Position im **Heizölhandel:**
  - **Größter** unabhängiger Händler in Süddeutschland
  - Einer der größten in **Österreich**
- **Marktführer** bei **umweltfreundlichen** Schmierstoffen auf Rapsölbasis
- **Marktführer** im Bereich **Holzpellets** in Süddeutschland
- Umfangreiches Produkt-Sortiment im **eShop** und im **Energiespar-Shop**
- Eigenes **Tankstellennetz** in Deutschland mit rund 240 Tankstellen; Belieferung von **480 Tankstellen** in Österreich

BayWa AG 19

Segment Energie

BayWa r.e. renewable energy

Unser Erfolg

- **Komplettanbieter** für erneuerbare Energien
- Präsenz in den wichtigsten Märkten **Europas** und den **USA**
- Rund **800 MW an Kapazitäten** ans Netz gebracht
- **2.000 MW** an Projektrechten für **Windenergie** gesichert
- **600 MWp** an **Solar**modulen installiert
- Premium Anbieter von **Ökostrom** und **Ökogas** sowie **Contracting**-Lösungen

BayWa AG

20

BayWa

Globale Herausforderung im Segment Bau:

Effizient und ökologisch Bauen

Unsere Welt

Die Fakten:

- Der Mensch verbringt 90 Prozent seiner Zeit in geschlossenen Räumen.
- Die Luftverschmutzung im Innenbereich kann bis zu 50fach stärker sein als open air.
- Bauen ist im Wandel – weltweit auf dem Vormarsch ist ein stärker an Energieeffizienz und Nachhaltigkeit orientiertes Bauen.

Die Rolle der BayWa:

- Steigerung der Lebensqualität.
- Angebot umfassender Produktpalette in den Bereichen Neubau, Renovierung und Modernisierung für energetisch effiziente und ökologisch nachhaltige Lösungen.
- Förderung innovativer Forschungsprojekte wie das „Effizienzhaus Plus" in Burghausen.

Segment Bau

Wenn Baustoff mehr als Baustoff ist

BayWa

Unser Geschäft in 2013 **€ 1,7 Mrd.** Umsatz **4.718** Mitarbeiter **11%** Konzernumsatz

- Verkauf und Lieferung von **Baustoffen aller Art** an gewerbliche und private Kunden
- Vermittlung von **qualifizierten** Handwerksbetrieben und Übernahme von Baustellenlogistik
- Anbieter von **Systemlösungen**, wie z.B. Komplettfassade
- **Zusatzleistungen** wie Fördermittel- und Energieberatung
- **Bauausführung** durch eigene Betriebe in der Haustechnik
- Betreuung von **Franchisepartnern** im In- und Ausland

Baustoffe

- Hochbau
- Ausbau
- Dach
- Tief- und Galabau
- Haustechnik
- Photovoltaiklösungen
- Energieeffizientes Bauen
- Baudienstleistungen
- Wohngesundes Bauen

BayWa AG 22

Segment Bau

Baustoffe

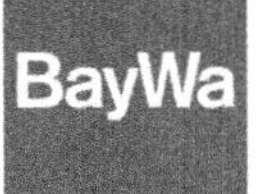

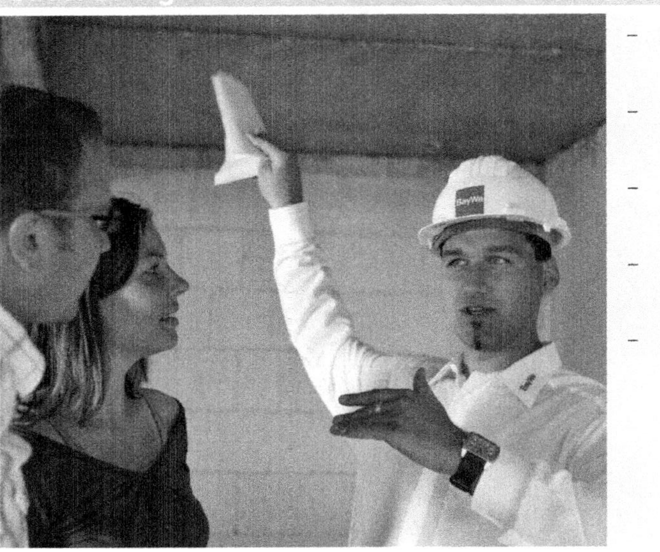

- **Zweitgrößter** Baustoffhändler in Deutschland
- **269** Standorte in Deutschland und Österreich
- Hochqualifizierte Spezialisten: **100+** ausgebildete **Energiefachberater**
- Effizienz: täglich über **2.000 LKW-Touren** im Durchschnitt
- Mehr als **290.000** zufriedene **Kunden**

BayWa AG 23

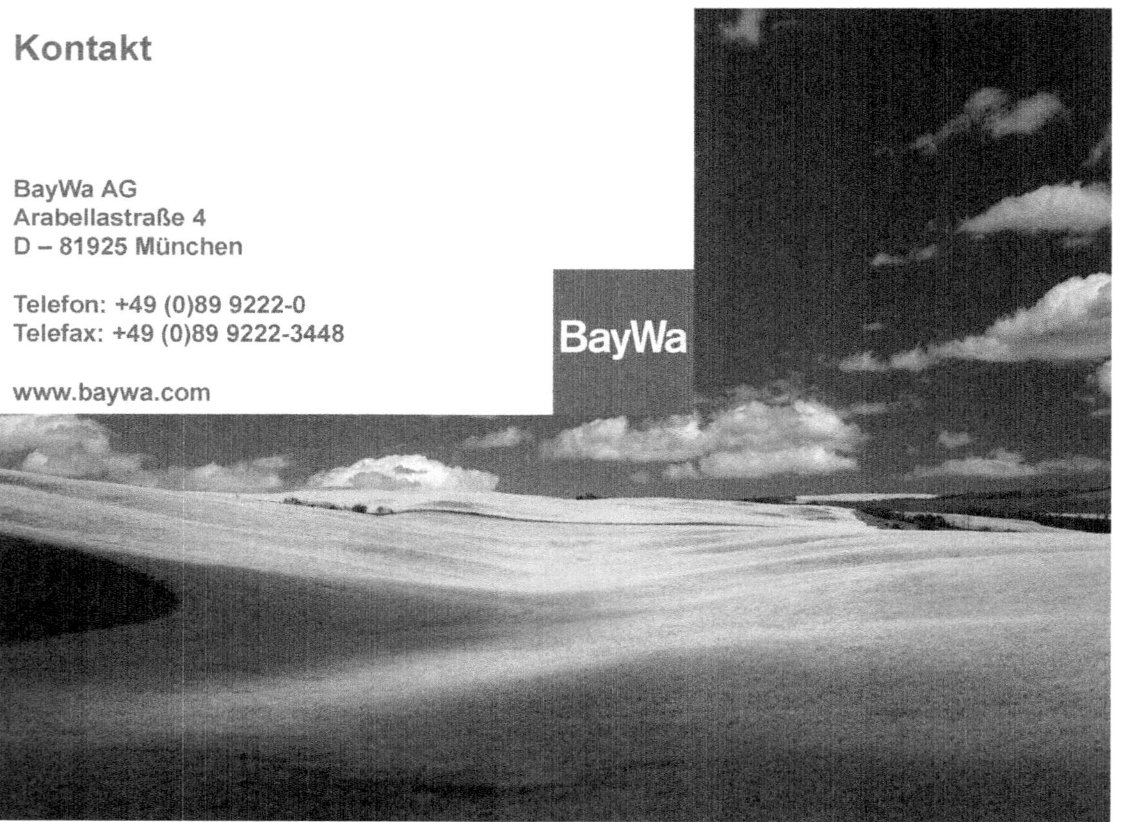
Kontakt
BayWa AG
Arabellastraße 4
D – 81925 München
Telefon: +49 (0)89 9222-0
Telefax: +49 (0)89 9222-3448
www.baywa.com
BayWa

Commodity Lieferant und Lösungsanbieter – Hybrides Geschäftsmodell als Erfolgsfaktor

Frank Notz

Senior Vice President Business Unit Customer Solutions
Festo AG & Co. KG

FESTO

Commodity Lieferant und Lösungsanbieter - Hybrides Geschäftsmodell als Erfolgsfaktor

22. Münchner Management Kolloquium
Stresstest für Geschäftsmodelle

17. März 2015
München

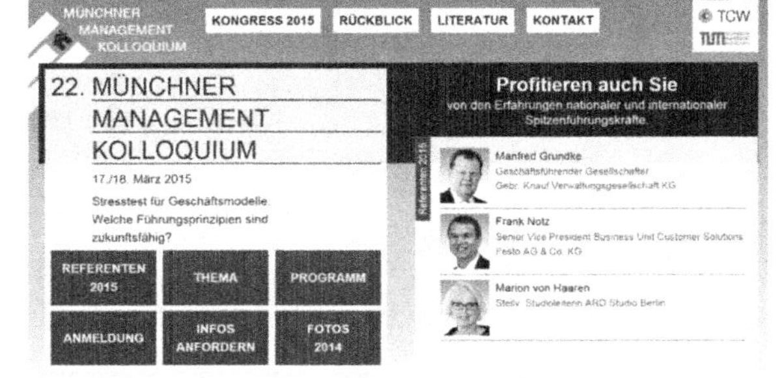

Frank Notz
Senior Vice President, Festo AG & Co.KG
Business Unit Customer Solutions

FESTO

Festo – ein unabhängiges Familienunternehmen

Angebot

	Factory Automation		Process Automation
	Pneumatic	Electric	Pneumatic
Komponenten			
Lösungen			

› 30.000 Produkte

Branchen (Beispiele)

Food & Beverage

Automotive

Flat Panel / Solar

Electronics

Water Technology

Biotech / Pharmaceuticals

› 300.000 Kunden

Service

› 20.000 kundenspezifische Lösungen weltweit pro Jahr

› 24 h Lieferservice

› 176 Länder mit Festo Präsenz, 62 eigene Vertriebsgesellschaften

› 100 Patente pro Jahr

› 16.700 Mitarbeiter

~ 2,28 Mrd. Euro Umsatz in 2013

Frank Notz / Senior Vice President BU CS, Festo AG & Co. KG

2

FESTO

Die Kundenapplikation steht immer im Mittelpunkt

→ Jede Branche hat spezifische Anforderungen an die Maschinen- und Anlagentechnik und deren Komponenten. Technologische Trends geben die Richtung vor!

→ Innovative Produkte und Lösungen sind der Schlüssel zum Erfolg.

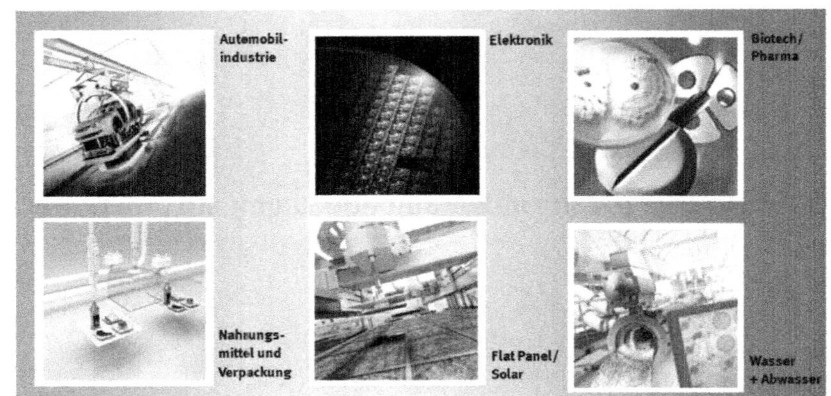

Frank Notz / Senior Vice President BU CS, Festo AG & Co. KG

FESTO

Der Markt und die Rahmenbedingungen ändern sich dynamisch

Globalisierung der Märkte

Substitution von Technologien finden statt

Die Kundenanforderungen ändern sich

Märkte außerhalb Europa wachsen schneller

Klarheit im Geschäftsmodell ist für den langfristigen Erfolg entscheidend

„Unser Maschinenbau ist zu gut für den Rest der Welt"

Die Welt, 07.07.2014

Zunehmende Reife von ausgewählten Technologien

Frank Notz / Senior Vice President BU CS, Festo AG & Co. KG 4

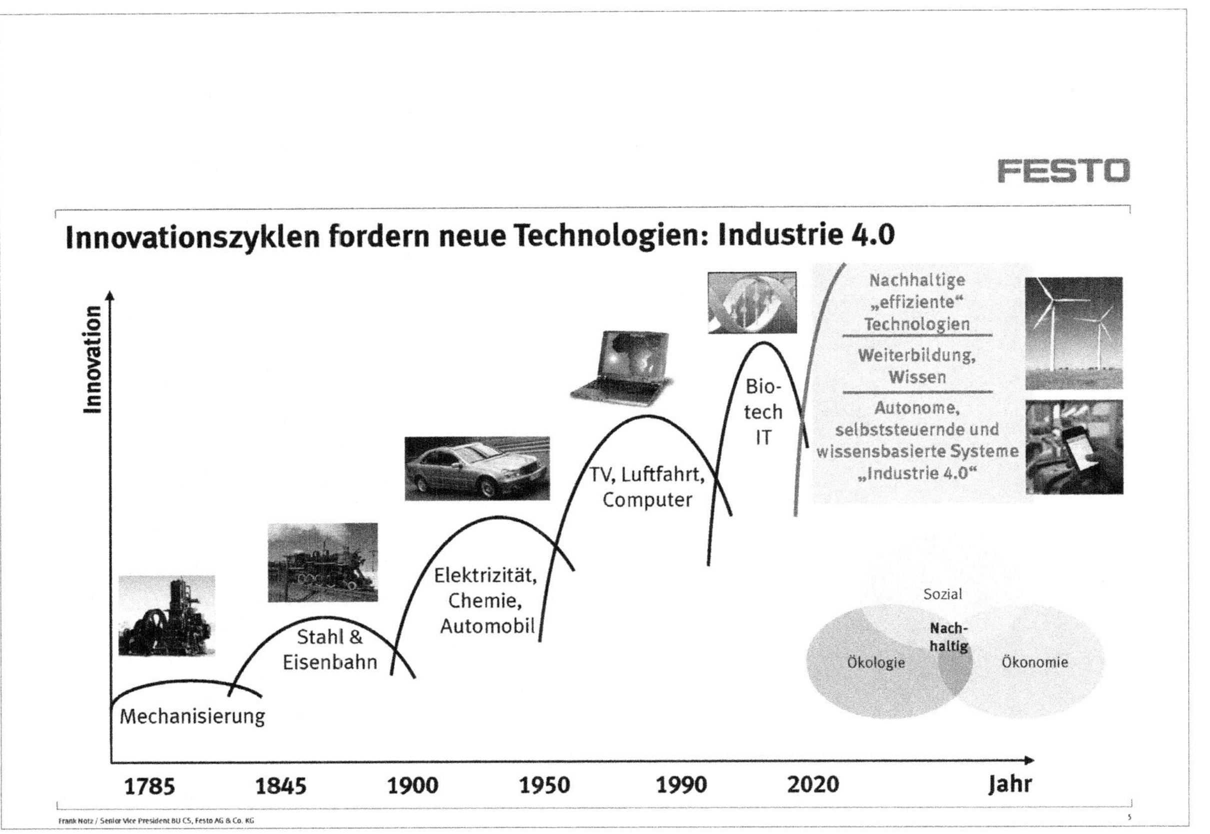
FESTO
Innovationszyklen fordern neue Technologien: Industrie 4.0
Innovation
Mechanisierung
Stahl & Eisenbahn
Elektrizität, Chemie, Automobil
TV, Luftfahrt, Computer
Bio-tech IT
Nachhaltige „effiziente“ Technologien
Weiterbildung, Wissen
Autonome, selbststeuernde und wissensbasierte Systeme „Industrie 4.0“
Sozial
Nach-haltig
Ökologie
Ökonomie
1785
1845
1900
1950
1990
2020
Jahr
Frank Notz / Senior Vice President BU CS, Festo AG & Co. KG
5

FESTO

Für den zukünftigen Erfolg ist die positive Auseinandersetzung mit Veränderungen entscheidend

- Technik und Innovationen[1] sind die **tragenden Säulen** unserer industriellen Zukunft.
  → Veränderungen sind notwendig, um weiterhin überlebensfähig zu sein!

- Innovationen schaffen neue Produkte und Lösungen, gewinnen Kunden und Märkte.
  → Nur so kann der zukünftige Erfolg gesichert werden!

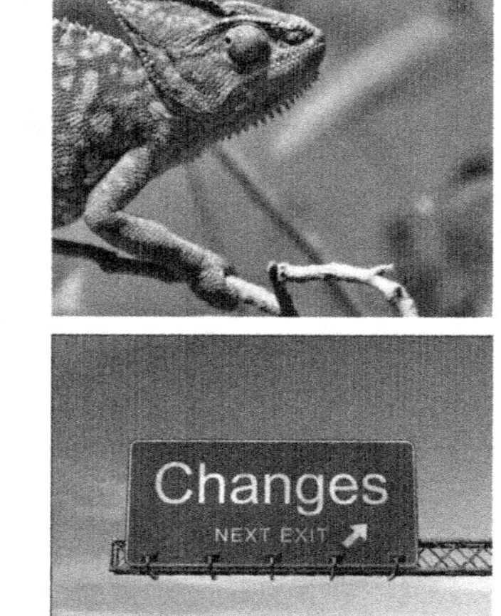

[1] Innovationen bezieht sich auf Technik, Prozesse, Geschäftsmodelle: eben auf das ganze Unternehmen

Frank Notz / Senior Vice President BU CS, Festo AG & Co. KG 6

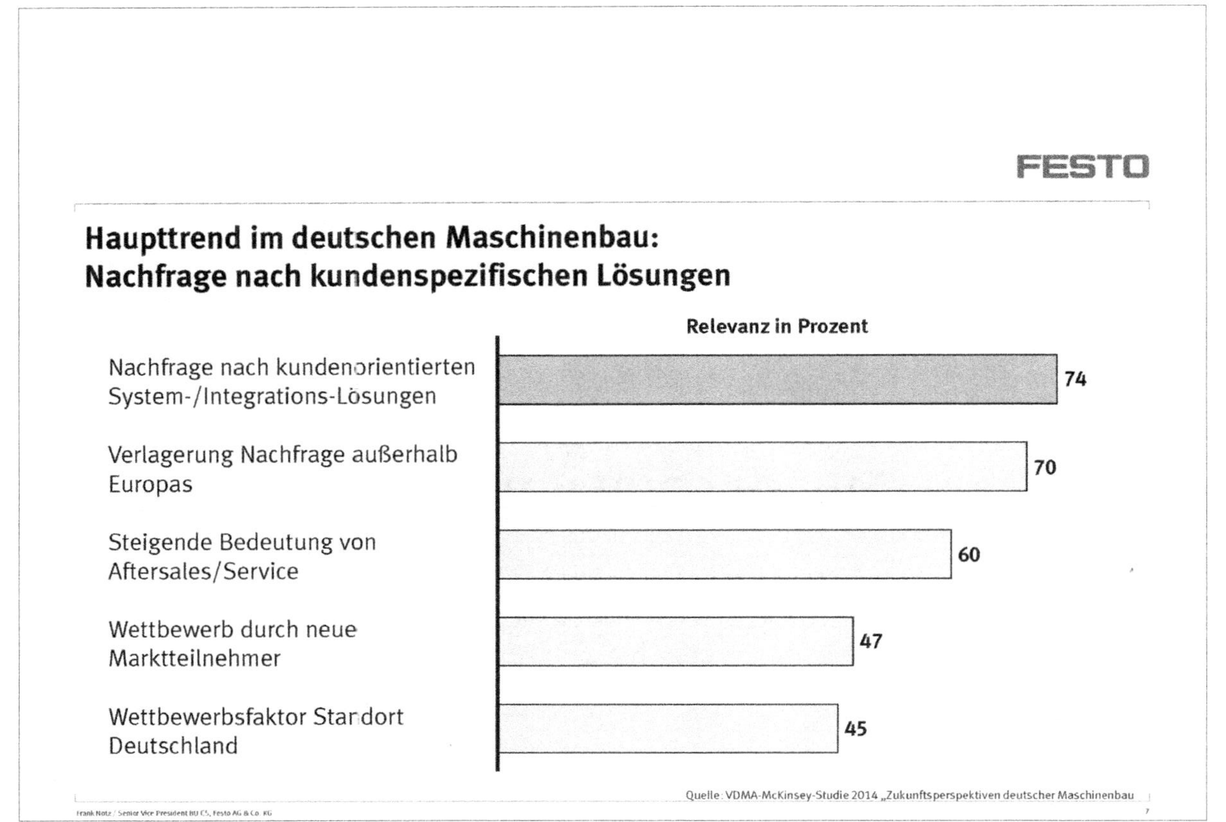
FESTO
Haupttrend im deutschen Maschinenbau:
Nachfrage nach kundenspezifischen Lösungen
Relevanz in Prozent
Nachfrage nach kundenorientierten System-/Integrations-Lösungen
74
Verlagerung Nachfrage außerhalb Europas
70
Steigende Bedeutung von Aftersales/Service
60
Wettbewerb durch neue Marktteilnehmer
47
Wettbewerbsfaktor Standort Deutschland
45
Quelle: VDMA-McKinsey-Studie 2014 „Zukunftsperspektiven deutscher Maschinenbau

FESTO

„Wir machen allen alles recht“ mit einem „One Size fits all“ – Ansatz...

...das ist keine erfolgversprechende Strategie.

Frank Notz / Senior Vice President BU CS, Festo AG & Co. KG 8

FESTO

Die wesentlichen Geschäftsmodelle im B2B-Markt in der Übersicht

Hersteller von Standard Komponenten	Hersteller von innovativen Komponenten	Lösungs- und Systemanbieter	System-integratoren
• Keine oder geringe Differenzierung	• Komponenten mit Differenzierungs-potenzial	• Lösung ist auf Kundenapplikation zugeschnitten	• Bietet komplette Anlage an
• Standardisierung	• Hohe R&D Quote (> 8%)	• Fokussierung auf Ziel-Branchen	• Fokussierung auf Integration, oft auch Fremdkomponenten
• Mengengeschäft	• Enge Verzahnung mit Zielkunden	• Starke Differenzierung	• Service orientiert
• Globale Verfügbarkeit	• Technologieführer	• Geringe Profitabilität	
• Kostenführerschaft			

~ Geschäftstätigkeiten von Festo

Frank Notz / Senior Vice President BU CS, Festo AG & Co. KG

9

FESTO

Die Veränderungen im Markt führen zur Erweiterung der Geschäftsmodelle

Hersteller von Standard Komponenten

→ Commodity
- Vergleichbare Leistungen, z.B. ein genormtes Produkt
- Hohe globale Preistransparenz
- Neue Anbieter, insbesondere aus Asien
- Steigender Margendruck

→ Wenn keine Kostenführerschaft vorhanden ist, müssen Gegenmaßnahmen eingeleitet werden.

Hersteller von innovativen Komponenten

Lösungs- und Systemanbieter

Frank Notz / Senior Vice President BU CS, Festo AG & Co. KG

10

FESTO

Marktführerschaft erfordert Erfolg im Commodity Markt bei gleichzeitigem Ausbau des kundenspezifischen Geschäftes → Hybrides Geschäftsmodell

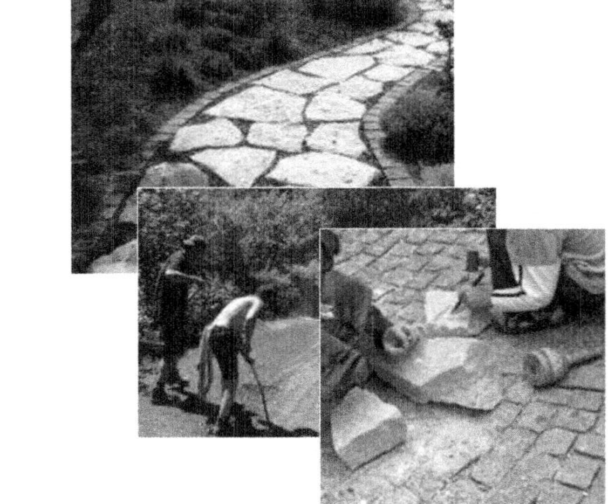

Frank Notz / Senior Vice President BU CS, Festo AG & Co. KG 11

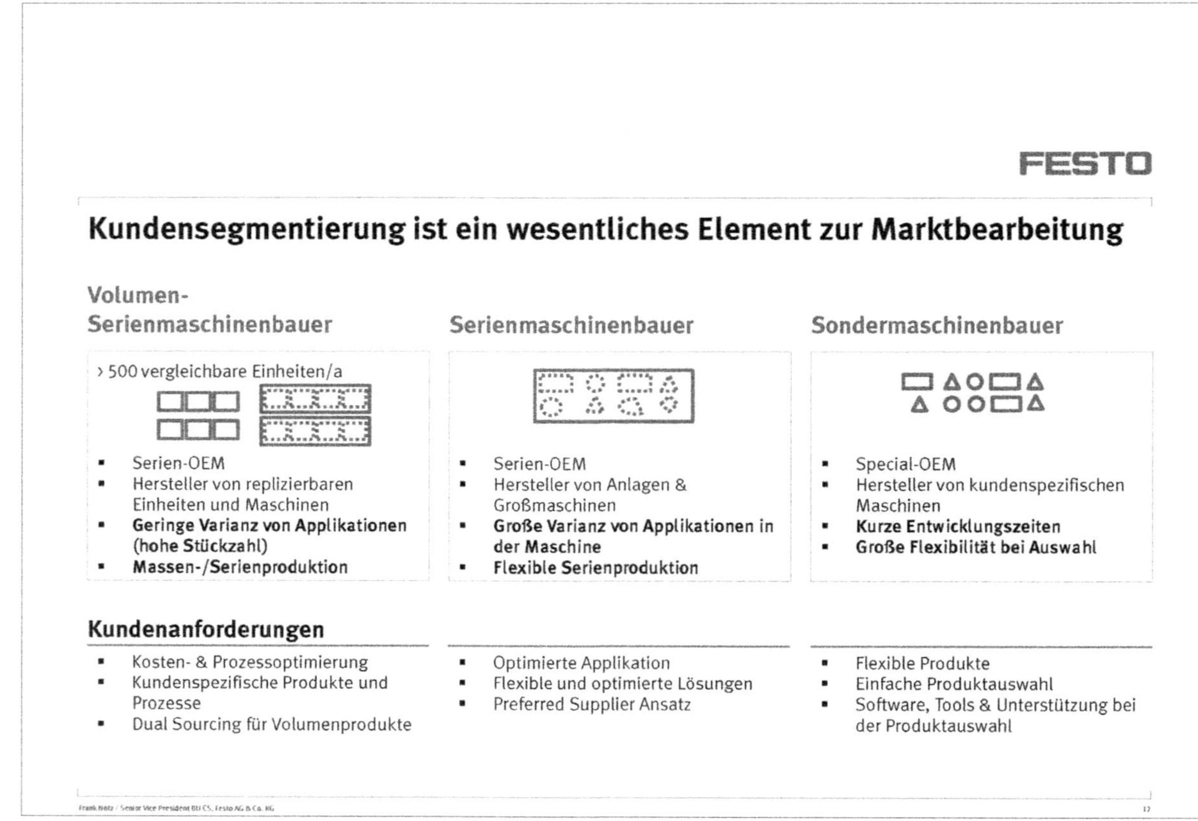

FESTO
Kundensegmentierung ist ein wesentliches Element zur Marktbearbeitung
Volumen-Serienmaschinenbauer
> 500 vergleichbare Einheiten/a
Serien-OEM
Hersteller von replizierbaren Einheiten und Maschinen
Geringe Varianz von Applikationen (hohe Stückzahl)
Massen-/Serienproduktion
Serienmaschinenbauer
Serien-OEM
Hersteller von Anlagen & Großmaschinen
Große Varianz von Applikationen in der Maschine
Flexible Serienproduktion
Sondermaschinenbauer
Special-OEM
Hersteller von kundenspezifischen Maschinen
Kurze Entwicklungszeiten
Große Flexibilität bei Auswahl
Kundenanforderungen
Kosten- & Prozessoptimierung
Kundenspezifische Produkte und Prozesse
Dual Sourcing für Volumenprodukte
Optimierte Applikation
Flexible und optimierte Lösungen
Preferred Supplier Ansatz
Flexible Produkte
Einfache Produktauswahl
Software, Tools & Unterstützung bei der Produktauswahl

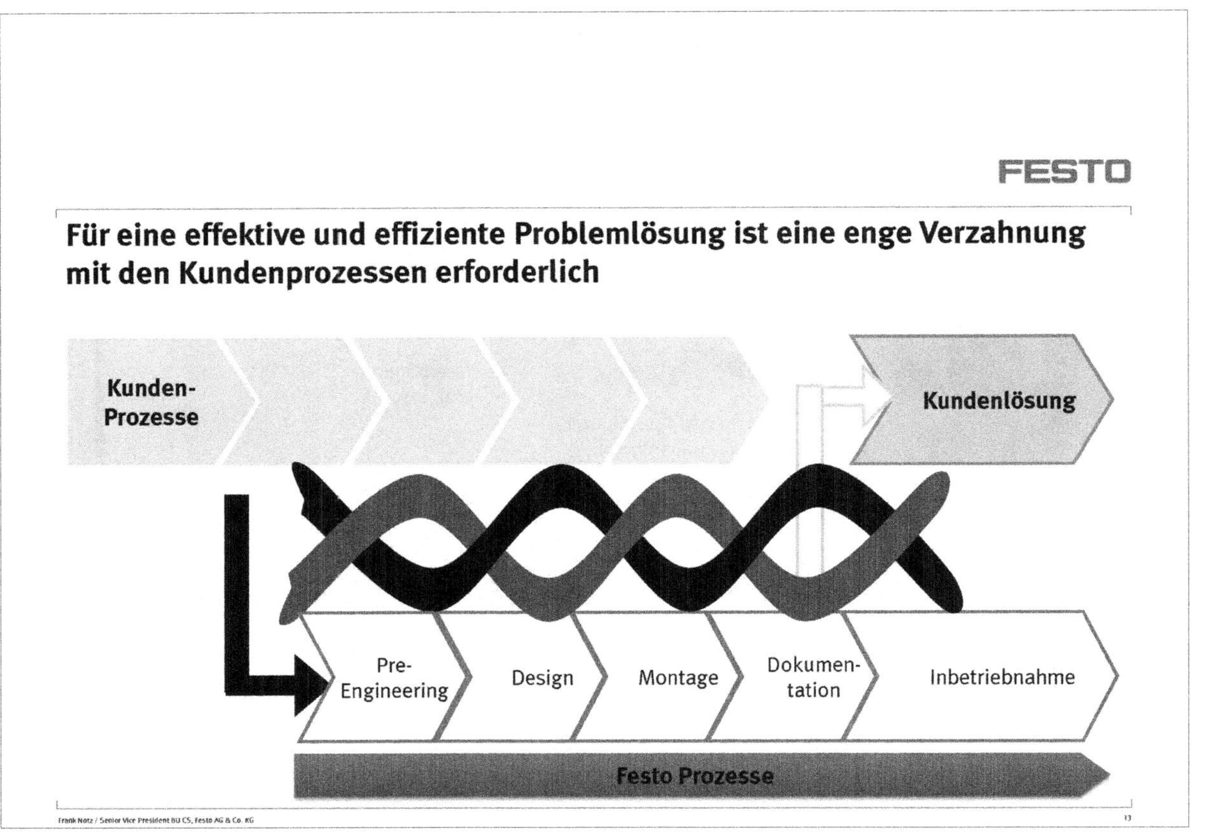
FESTO
Für eine effektive und effiziente Problemlösung ist eine enge Verzahnung mit den Kundenprozessen erforderlich
Kunden-
Prozesse
Kundenlösung
Pre-
Engineering
Design
Montage
Dokumen-
tation
Inbetriebnahme
Festo Prozesse
Frank Notz / Senior Vice President BU CS, Festo AG & Co. KG
13

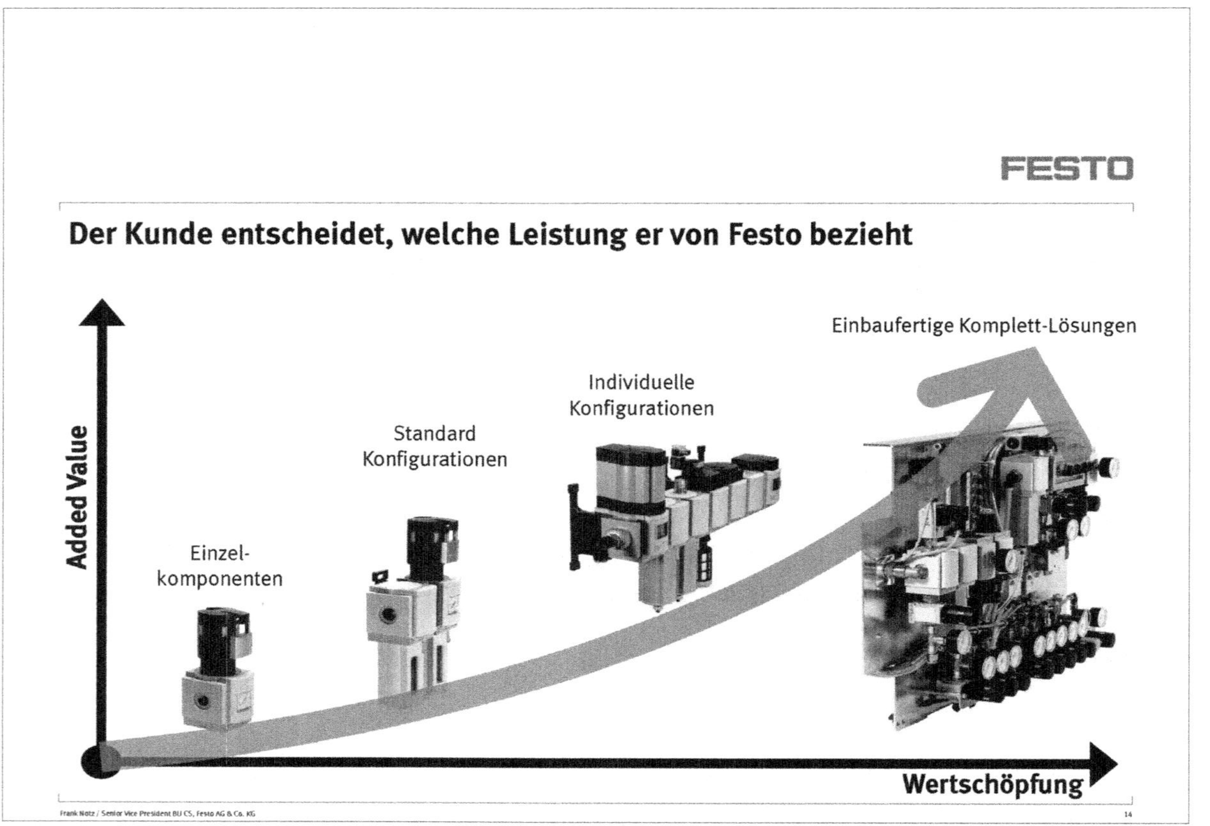
FESTO
Der Kunde entscheidet, welche Leistung er von Festo bezieht
Added Value
Einzel-
komponenten
Standard
Konfigurationen
Individuelle
Konfigurationen
Einbaufertige Komplett-Lösungen
Wertschöpfung
Frank Notz / Senior Vice President BU CS, Festo AG & Co. KG
14

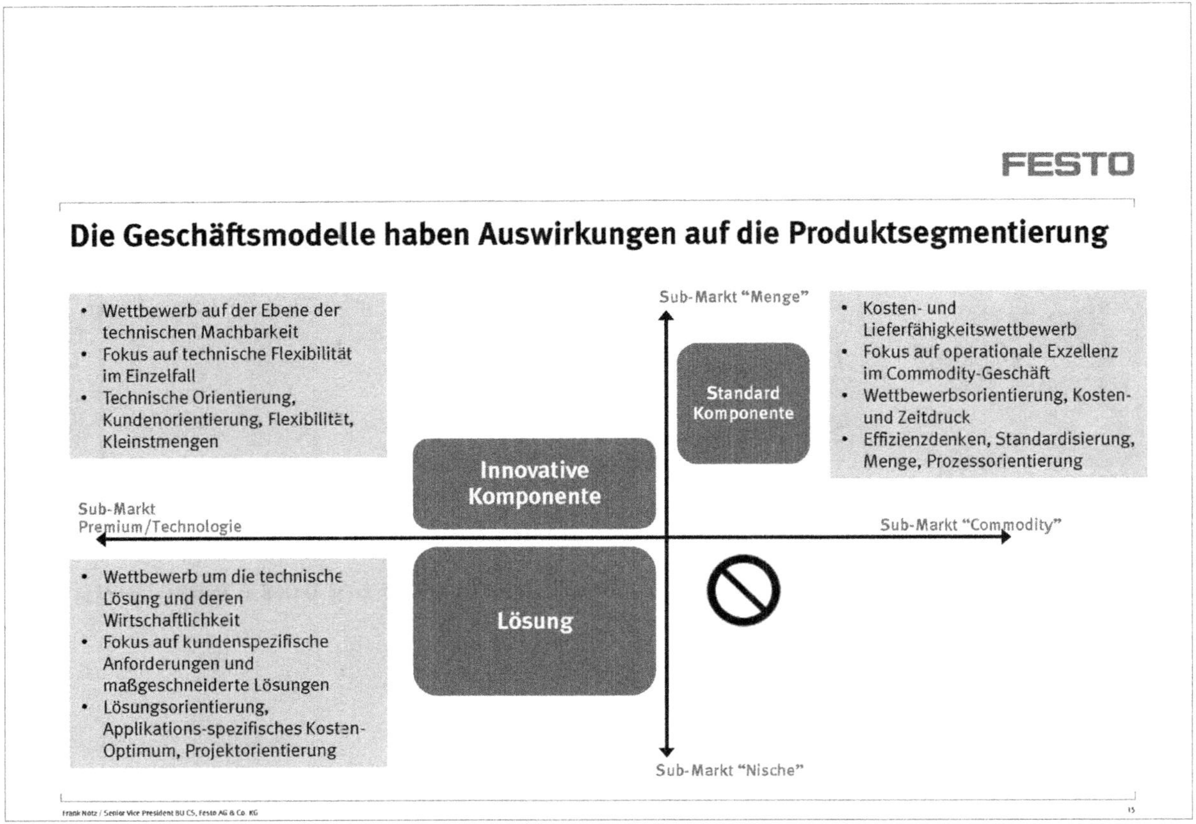

FESTO

Die Geschäftsmodelle haben Auswirkungen auf die Produktsegmentierung

- Wettbewerb auf der Ebene der technischen Machbarkeit
- Fokus auf technische Flexibilität im Einzelfall
- Technische Orientierung, Kundenorientierung, Flexibilität, Kleinstmengen

Sub-Markt "Menge"

Standard Komponente

- Kosten- und Lieferfähigkeitswettbewerb
- Fokus auf operationale Exzellenz im Commodity-Geschäft
- Wettbewerbsorientierung, Kosten- und Zeitdruck
- Effizienzdenken, Standardisierung, Menge, Prozessorientierung

Innovative Komponente

Sub-Markt Premium/Technologie

Sub-Markt "Commodity"

- Wettbewerb um die technische Lösung und deren Wirtschaftlichkeit
- Fokus auf kundenspezifische Anforderungen und maßgeschneiderte Lösungen
- Lösungsorientierung, Applikations-spezifisches Kosten-Optimum, Projektorientierung

Lösung

Sub-Markt "Nische"

Frank Notz / Senior Vice President BU CS, Festo AG & Co. KG 15

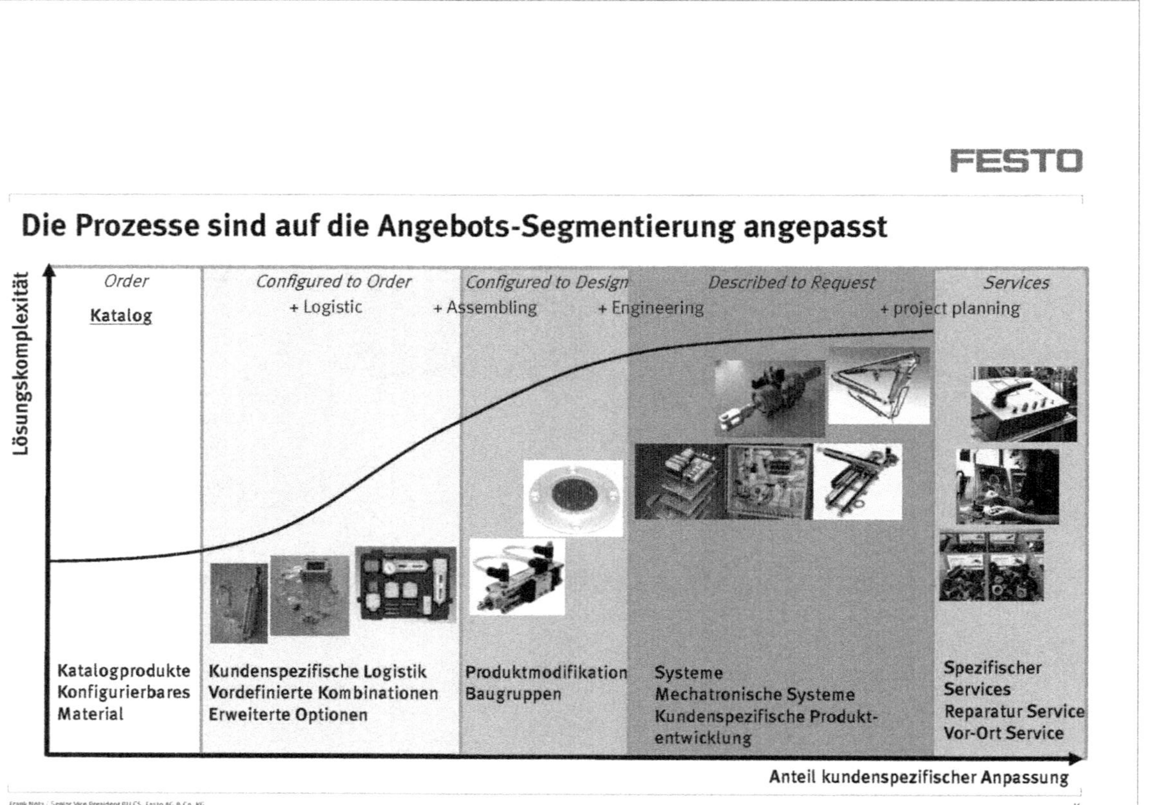
FESTO
Die Prozesse sind auf die Angebots-Segmentierung angepasst
Lösungskomplexität
Order
Katalog
Configured to Order
+ Logistic
Configured to Design
+ Assembling
Described to Request
+ Engineering
Services
+ project planning
Katalogprodukte
Konfigurierbares
Material
Kundenspezifische Logistik
Vordefinierte Kombinationen
Erweiterte Optionen
Produktmodifikation
Baugruppen
Systeme
Mechatronische Systeme
Kundenspezifische Produkt-
entwicklung
Spezifischer
Services
Reparatur Service
Vor-Ort Service
Anteil kundenspezifischer Anpassung
Frank Notz / Senior Vice President BU CS, Festo AG & Co. KG
16

FESTO

Kunden- und Marktvielfalt: Innovationen durch enge Kundenpartnerschaften

- Vertrauen als Basis
- Mehrwert schaffen für unseren Kunden
- Innovation von der Komponente bis zum flexiblen System
- Ganzheitliches Denken in „Plug and Work“ für höchste Flexibilität beim Kunden und geringster Komplexität bei Festo
- Innovative Ideen, kundenorientiertes Design

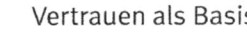

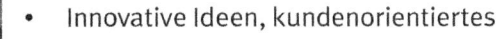

Frank Notz / Senior Vice President BU CS, Festo AG & Co. KG 17

FESTO

Veränderungen im Geschäftsmodell hat Auswirkungen auf die Mitarbeiter

Unsere Mitarbeiter sind der Erfolgsfaktor Nr. 1!

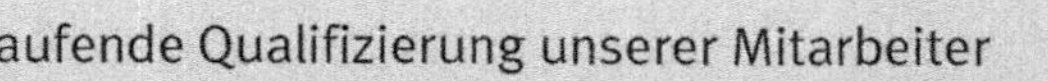

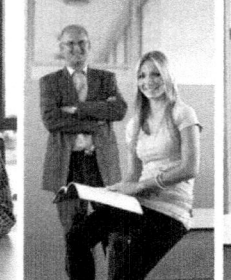

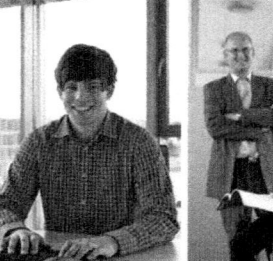

- Fortlaufende Qualifizierung unserer Mitarbeiter
- Lebenslanges Lernen als Treibstoff für stetige Innovationen
- Basis für weltweiten Erfolg sind gut ausgebildete Fach- und Nachwuchskräfte

Frank Notz / Senior Vice President BU CS, Festo AG & Co. KG 18

FESTO

Zusammenfassung: Die Schärfung der Geschäftsmodelle führt zu großen Chancen

- Optimierte industrielle Prozesse
- Beherrschung der steigenden Komplexität
- Kostensenkungspotentiale
- Umfassender Überblick über die Gesamtprozesse
- Neue Qualität in der Produktion
- Optimierungsverfahren für die Ressourcenschonung
- Mehr Zeit für kundenspezifische Lösungen
- Schnellere Belieferung
- Mitarbeiterzufriedenheit

→ **Unternehmenserfolg: „Wir müssen um das besser sein, was wir teuer sind!“**

Frank Notz / Senior Vice President BU CS, Festo AG & Co. KG 19

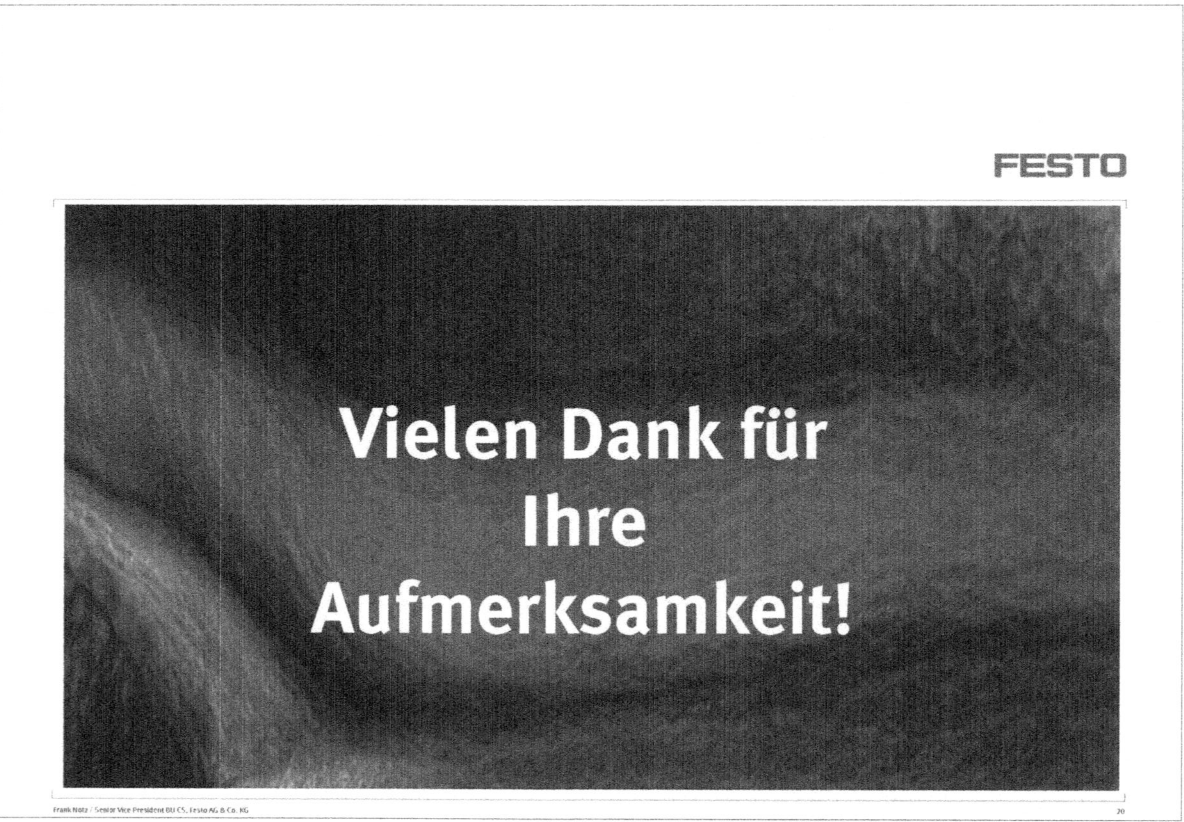
FESTO
Vielen Dank für
Ihre
Aufmerksamkeit!
Frank Notz / Senior Vice President BU CS, Festo AG & Co. KG
20

Erfolgsfaktor Unternehmenskultur

Jürgen Otto

Vorsitzender der Geschäftsführung
Brose Fahrzeugteile GmbH & Co. Kommanditgesellschaft

Erfolgsfaktor Unternehmenskultur
Jürgen Otto, Vorsitzender der Geschäftsführung
Brose Fahrzeugteile GmbH & Co. KG, Coburg
22. Münchener Management Kolloquium
18. März 2015
München
Vertraulich. Der Inhalt darf nur mit unserer schriftlichen Genehmigung verwendet, geändert, weitergegeben, veröffentlicht oder in sonstiger Weise verwertet werden. Alle Rechte vorbehalten.
brose
Technik für Automobile

Brose – Partner der Automobilindustrie seit 1908
In drei Generationen vom Handelshaus zum globalen Systemlieferanten

brose
Technik für Automobile

Gründung und Weiterentwicklung eines Familienunternehmens

Drei Generationen in 100 Jahren

brose
Technik für Automobile

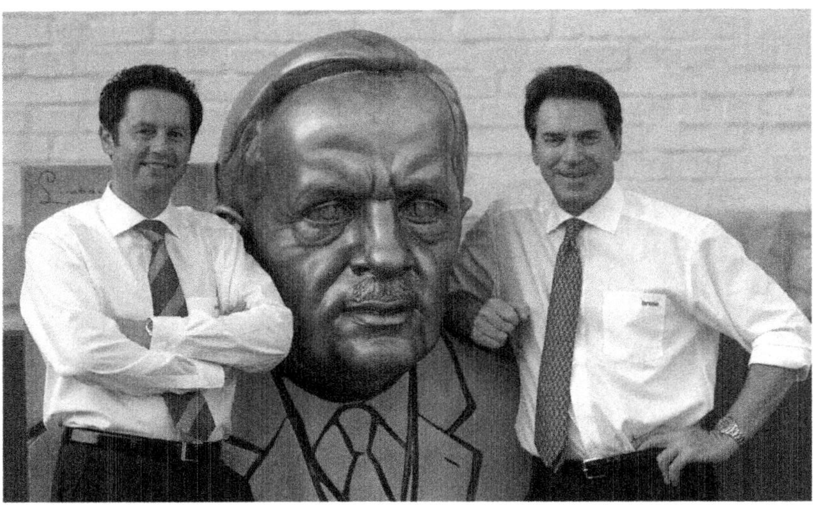

Produktprogramm
Mechatronische Systeme und Elektromotoren

brose
Technik für Automobile

Strukturen und Komponenten für Fahrzeugsitze

Systeme für Motorkühlung, Elektromotoren und Antriebe

Module und Komponenten für Fahrzeugtüren

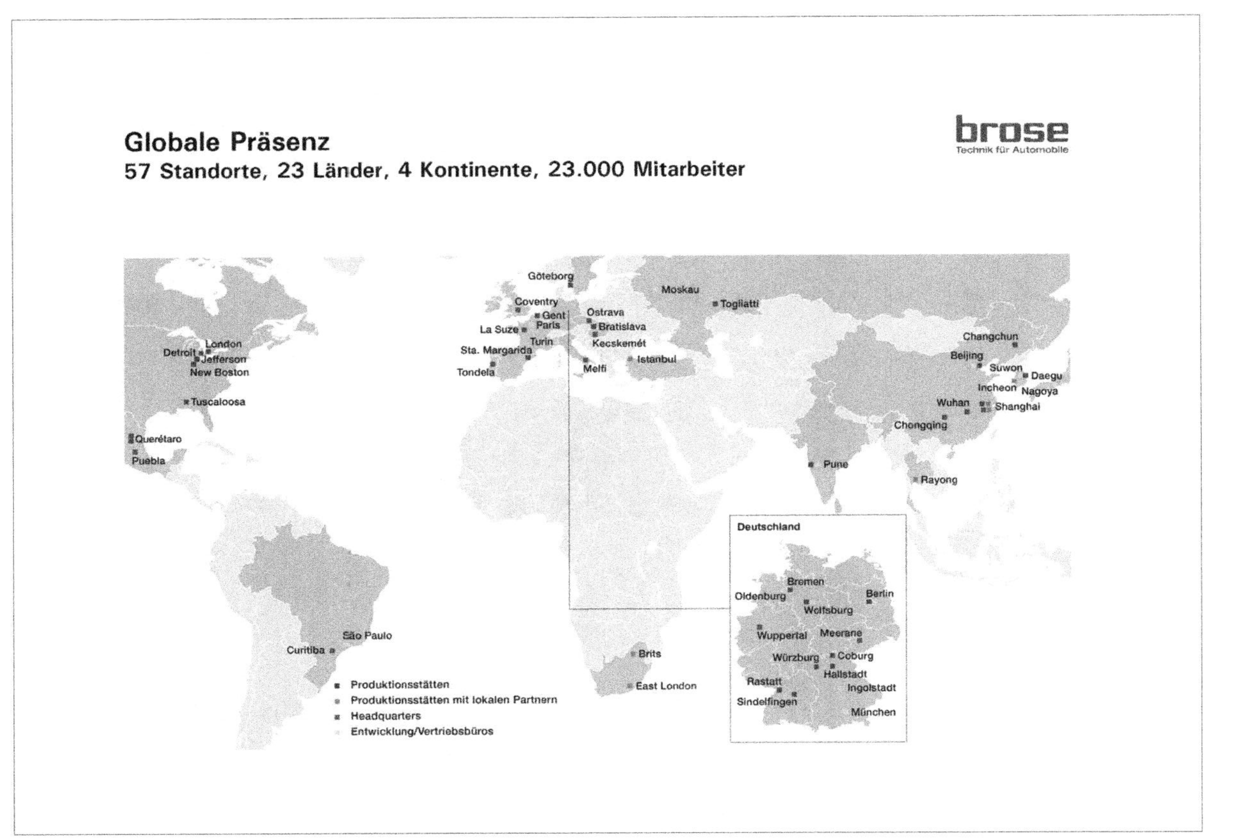
Globale Präsenz
57 Standorte, 23 Länder, 4 Kontinente, 23.000 Mitarbeiter
brose
Technik für Automobile
Göteborg
Moskau
Togliatti
Coventry
Gent
Paris
La Suze
Turin
Sta. Margarida
Tondela
Ostrava
Bratislava
Kecskemét
Istanbul
Melfi
London
Detroit
Jefferson
New Boston
Tuscaloosa
Querétaro
Puebla
Changchun
Beijing
Suwon
Daegu
Incheon
Nagoya
Wuhan
Shanghai
Chongqing
Pune
Rayong
São Paulo
Curitiba
Brits
East London
Produktionsstätten
Produktionsstätten mit lokalen Partnern
Headquarters
Entwicklung/Vertriebsbüros
Deutschland
Bremen
Oldenburg
Berlin
Wolfsburg
Wuppertal
Meerane
Würzburg
Coburg
Hallstadt
Rastatt
Ingolstadt
Sindelfingen
München

Kunden weltweit

brose
Technik für Automobile

AVTOVAZ - LADA · SAIC Group · FOTON · DAF · CHERY
Mercedes-Benz · AMG · MAYBACH · smart · FAW · FCA · CHRYSLER
IVECO · Jeep · RAM · Ford · LINCOLN · GM
BUICK · CHEVROLET · DAEWOO · GMC · VAUXHALL · Great Wall · McLaren · HONDA
ACURA · HYUNDAI · KIA MOTORS · MITSUBISHI MOTORS · CITROËN · PEUGEOT
SAIC · NEW · SUBARU · TATA · TOYOTA
LEXUS · BENTLEY · BUGATTI · MAN · SEAT · SCANIA

Air International · BEHR · BOSCH · Calsonic Kansei · Continental
DELPHI · DENSO · DURA · DYMOS
faurecia · GETRAG · ANTOLIN · HBPO · HI-LEX
INTEVA · Johnson Controls · KWANG JIN
LEAR · MAGNA · MAGNETI MARELLI · MANDO · MIRGOR
MODINE · NHK · TRW Automotive
Valeo · Visteon · WABCO · ZF · ZF Lenksysteme

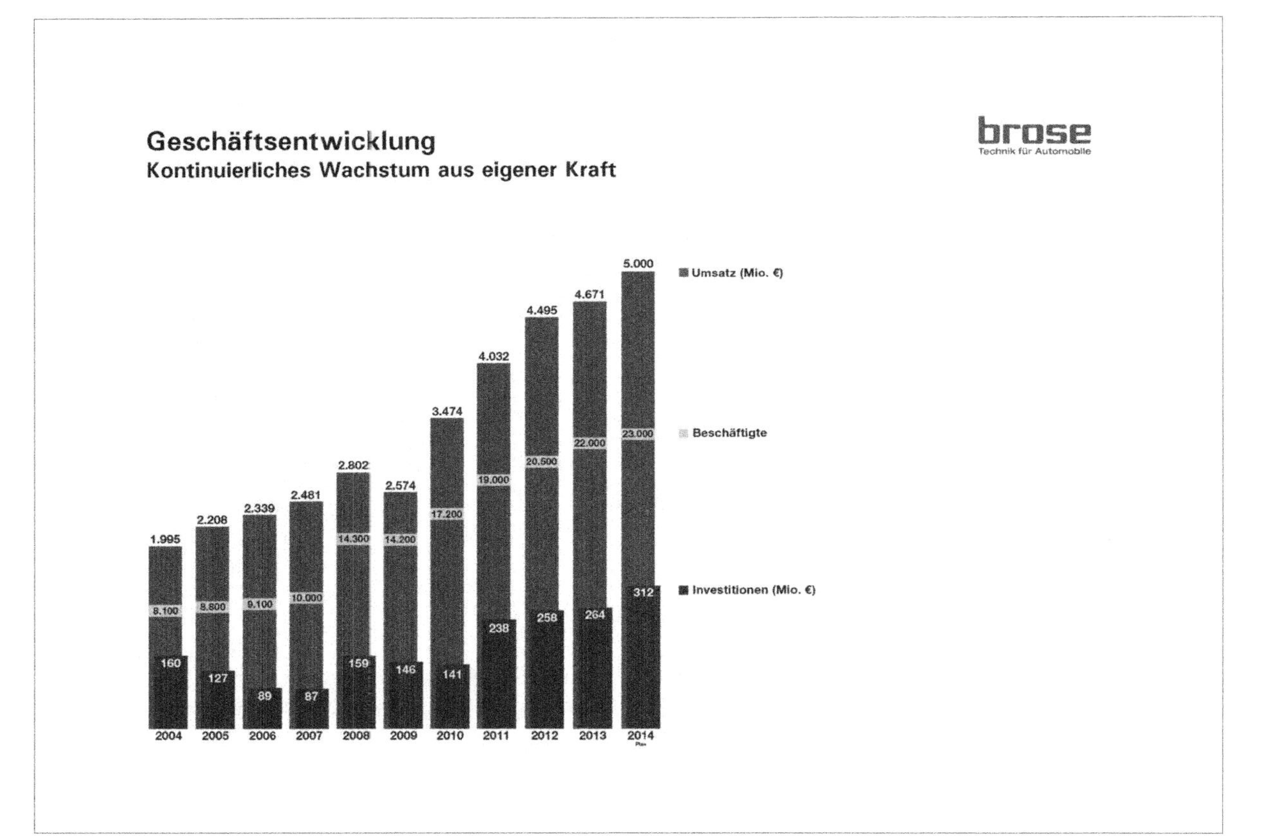
Geschäftsentwicklung
Kontinuierliches Wachstum aus eigener Kraft
brose
Technik für Automobile
Umsatz (Mio. €)
Beschäftigte
Investitionen (Mio. €)
1.995
8.100
160
2004
2.208
8.800
127
2005
2.339
9.100
89
2006
2.481
10.000
87
2007
2.802
14.300
159
2008
2.574
14.200
146
2009
3.474
17.200
141
2010
4.032
19.000
238
2011
4.495
20.500
258
2012
4.671
22.000
264
2013
5.000
23.000
312
2014

Unser Anspruch: Umfassende Unternehmensqualität

Offenheit, Transparenz, Unternehmertum, Systematik

Corporate Identity

Brose Arbeitswelt

Kundenorientierte Organisation

Produkt- und Innovationsstrategie

Fertigungsstrategie

Brose Spirit

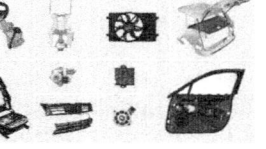

Elemente der Brose Arbeitswelt

Weltweit gültige Standards

brose
Technik für Automobile

Flexibles Bürokonzept

Flexible, teamorientierte Organisation mit Desksharing

Variable Arbeitszeiten

Anpassung der Anwesenheit an betriebliche Anforderungen

Leistungsorientierte Entlohnung

Ergebnis statt Anwesenheit als Entlohnungskritierium

Nachwuchsförderung

Überdurchschnittliches Engagement bei Ausbildung und Entwicklung

Umfangreiche Sozialleistungen als Mittel zur Motivation

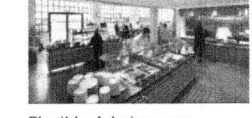

Flexible Arbeitsunterbrechung für Verpflegung ...

...Sport und Gesundheit

Innovative Produktentwicklung

Jeder 10. Beschäftigte arbeitet an neuen Produkten und Prozessen

brose
Technik für Automobile

Weltweite CAD-Vernetzung

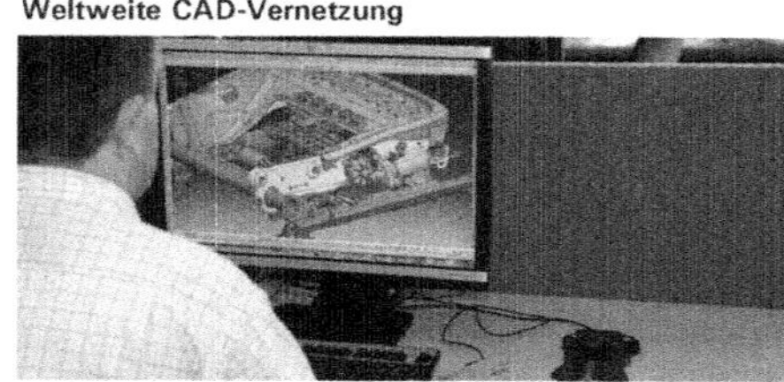

Akkreditiertes EMV Testzentrum

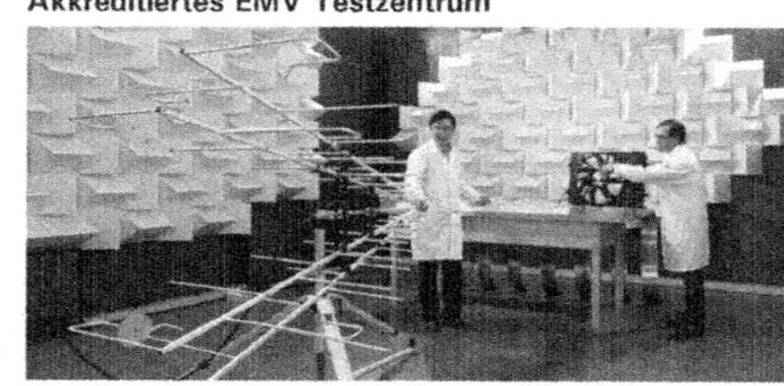

Crash-Anlage für Fahrzeugtüren und -sitze

Modernste Test- und Versuchseinrichtungen

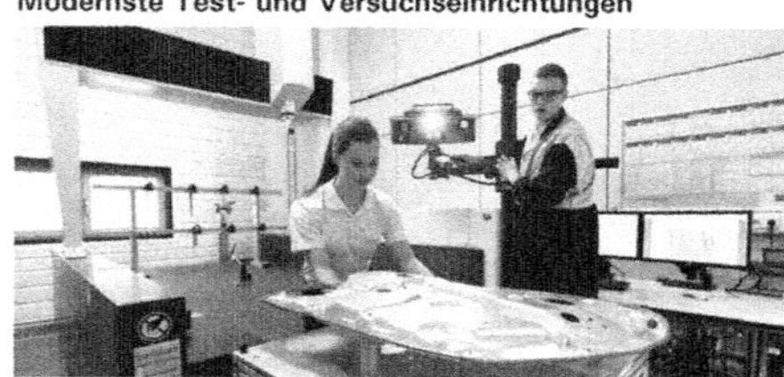

Innovative Fertigungstechnik

Kernkompetenzen

Stanzen z. B. von Sitzschienen

Spritzgießen z. B. glasfaserverstärkter Türsystemträger

Automatische Fertigung z. B. von Elektroniken

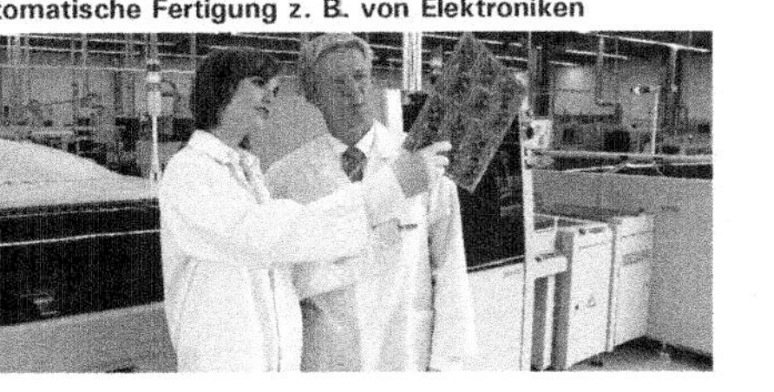

Wickeltechnologie z. B. für bürstenlose Antriebe

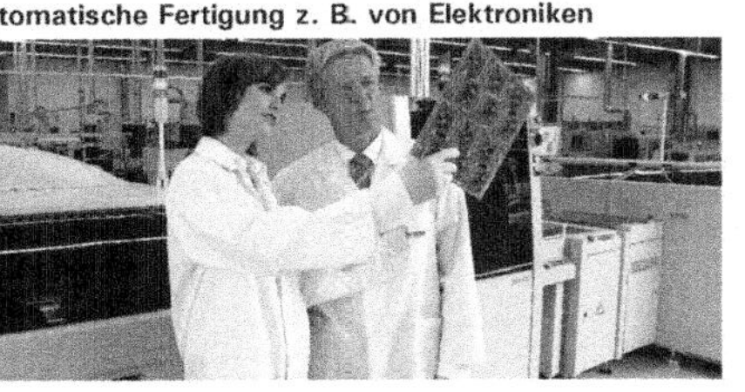

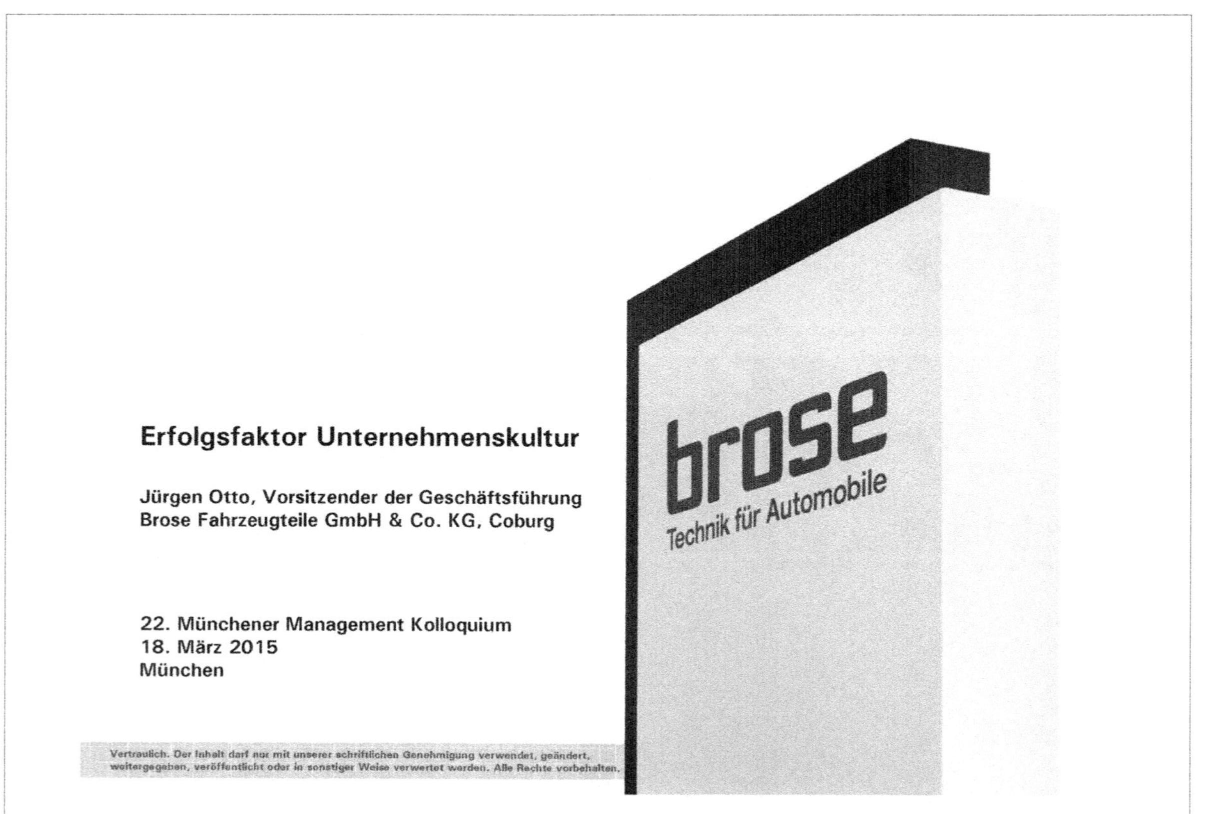
Erfolgsfaktor Unternehmenskultur
Jürgen Otto, Vorsitzender der Geschäftsführung
Brose Fahrzeugteile GmbH & Co. KG, Coburg
22. Münchener Management Kolloquium
18. März 2015
München
Vertraulich. Der Inhalt darf nur mit unserer schriftlichen Genehmigung verwendet, geändert, weitergegeben, veröffentlicht oder in sonstiger Weise verwertet werden. Alle Rechte vorbehalten.
brose
Technik für Automobile

Aktive Gestaltung einer weltweiten Supply Chain in turbulenten Zeiten

Wilhelm Rehm

Mitglied des Vorstands
ZF Friedrichshafen AG

MOTION AND MOBILITY

„Aktive Gestaltung einer weltweiten Supply Chain in turbulenten Zeiten“ Münchner Management Kolloquium am 18. März 2015

Wilhelm Rehm
Mitglied des Vorstands

ZF Friedrichshafen AG

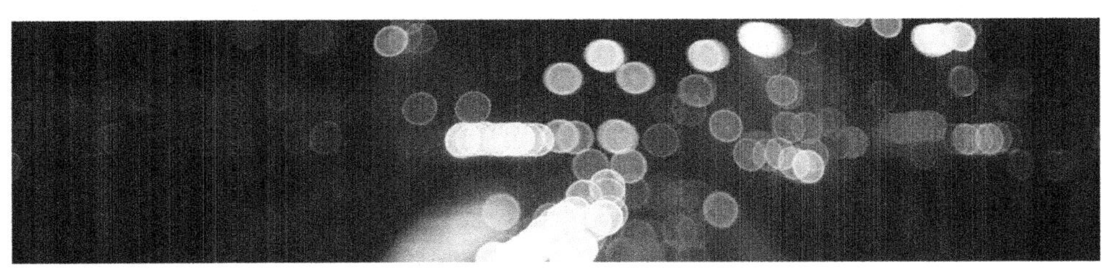

„Aktive Gestaltung einer weltweiten Supply Chain in turbulenten Zeiten“

ZF ist ein weltweit führender Technologiekonzern in der Antriebs- und Fahrwerktechnik mit 122 Produktionsgesellschaften in 26 Ländern.

Der Konzern erzielte im Jahr 2013 mit rund 72.600 Mitarbeitern einen Umsatz von 16,8 Milliarden Euro.

Um auch künftig mit innovativen Produkten erfolgreich zu sein, investiert ZF jährlich rund fünf Prozent des Umsatzes (2013: 836 Millionen Euro) in Forschung und Entwicklung.

Auf der Rangliste der Automobilzulieferer ist ZF unter den zehn größten Unternehmen weltweit.

Weitere Informationen finden Sie unter **www.zf.com**

2 18.03.2015 „Aktive Gestaltung einer weltweiten Supply Chain in turbulenten Zeiten“

© ZF Friedrichshafen AG, 2014

„Aktive Gestaltung einer weltweiten Supply Chain in turbulenten Zeiten"

"Globale Supply Chains sind zunehmend externen, sich rasch verändernden Einflüssen ausgesetzt. Diese reichen von makroökonomischen Verwerfungen, über regulatorische Eingriffe, bis hin zu Naturkatastrophen.

ZF verfolgt den Ansatz, diese bereits bei der Gestaltung von Lieferketten zu berücksichtigen und durch entsprechenden Monitoring und vordefinierte Procedere im Bedarfsfall schnell reagieren zu können.

So werden bereits bei der Vorbereitung von Vergabeentscheidungen u.a. die Leistungsfähigkeit und die finanzielle Stabilität eines potenziellen Lieferanten bewertet und ggf. Absicherungsmaßnahmen mit der Vergabe verknüpft.

Für sensible Lieferketten werden gezielt Resilienzanalysen durchgeführt, um im Sinne einer "Supply Chain FMEA" Risiken und deren Auswirkungen abschätzen und geeignete Gegenmaßnahmen oder Fall back Szenarien definieren zu können.

Dazu, und auch um eine hohe Reaktionsgeschwindigkeit sicher zu stellen, wird die Transparenz in der Lieferkette weiter erhöht - das schließt ein verstärktes Vorlieferantenmanagement explizit mit ein.

Vor allem aber gilt es, die Flexibilität des eigenen Unternehmens, wie auch der Lieferanten durch verbesserte Kommunikations- und Entscheidungsprozesse zu erhöhen und durch entsprechende regionale und organisatorische Strukturen zu unterstützen."

3 18.03.2015 „Aktive Gestaltung einer weltweiten Supply Chain in turbulenten Zeiten"

© ZF Friedrichshafen AG, 2014

ZEPPELIN®
WE CREATE SOLUTIONS

WENN AUS HERAUSFORDERUNGEN LÖSUNGEN WERDEN

Große Aufgaben erfordern großartige Leistungen. Als dynamisches und stetig wachsendes Unternehmen schaffen wir leistungsstarke Lösungen in den Bereichen Baumaschinen, Vermietung, Antrieb und Energie sowie Anlagenbau. Gemeinsam mit über 7.700 Mitarbeitern an 190 Standorten setzen wir dabei auf hochwertige Produkte und exzellente Dienstleistungen, verbunden mit höchstem Qualitätsanspruch. Damit gestalten wir langfristige Erfolge, die uns zu einem zuverlässigen Partner unserer Kunden und zu einem führenden Unternehmen in aufstrebenden Märkten machen.

www.zeppelin.de

Globalisierung - Interkulturelle Themen

Dr. Peter Reif

CEO
GEIGER Automotive GmbH

GEIGER
AUTOMOTIVE
Globalisierung -
Interkulturelle Themen
Folie 1
Münchner Management Kolloquium

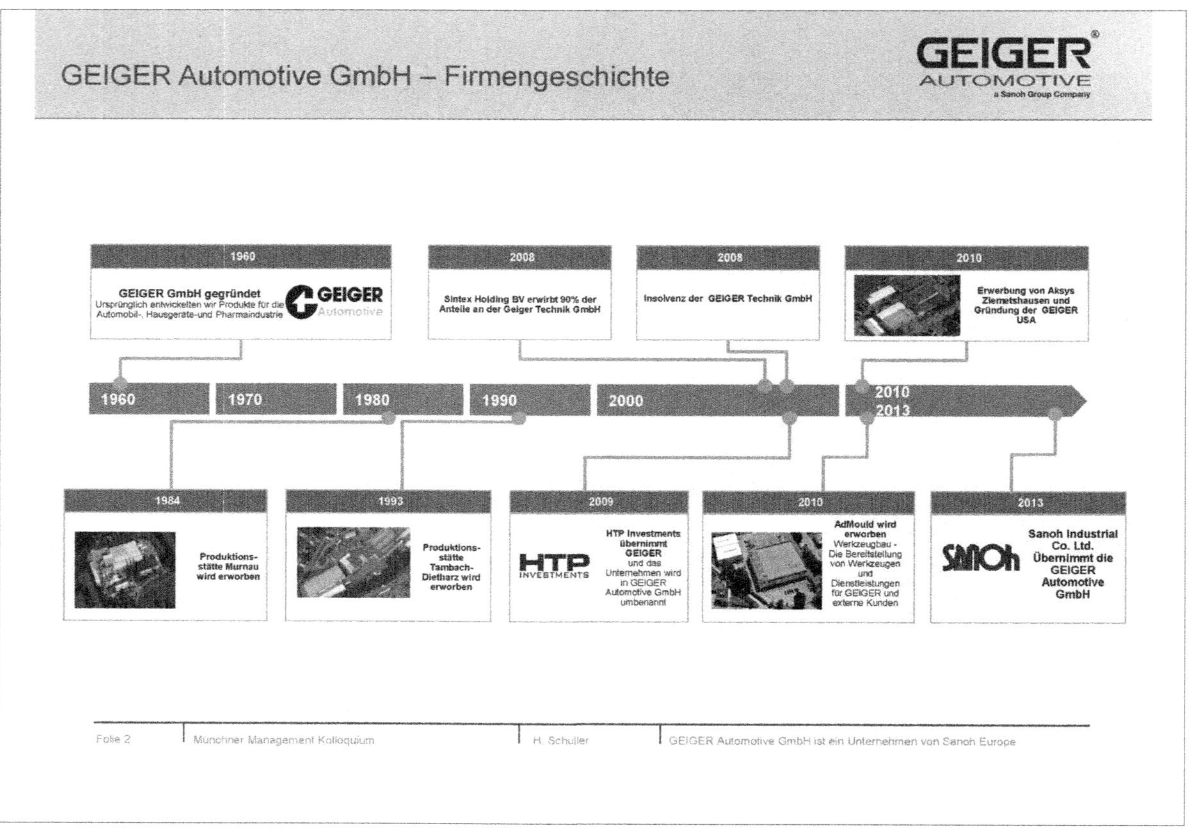
GEIGER Automotive GmbH – Firmengeschichte
GEIGER® AUTOMOTIVE
a Sanoh Group Company
1960
GEIGER GmbH gegründet
Ursprünglich entwickelten wir Produkte für die Automobil-, Hausgeräte-und Pharmaindustrie
GEIGER Automotive
2008
Sintex Holding BV erwirbt 90% der Anteile an der Geiger Technik GmbH
2008
Insolvenz der GEIGER Technik GmbH
2010
Erwerbung von Aksys Ziemetshausen und Gründung der GEIGER USA
1960
1970
1980
1990
2000
2010
2013
1984
Produktions-stätte Murnau wird erworben
1993
Produktions-stätte Tambach-Dietharz wird erworben
2009
HTP INVESTMENTS
HTP Investments übernimmt GEIGER und das Unternehmen wird in GEIGER Automotive GmbH umbenannt
2010
AdMould wird erworben
Werkzeugbau - Die Bereitstellung von Werkzeugen und Dienstleistungen für GEIGER und externe Kunden
2013
SANOh
Sanoh Industrial Co. Ltd. Übernimmt die GEIGER Automotive GmbH
Folie 2
Münchner Management Kolloquium
H. Schuller
GEIGER Automotive GmbH ist ein Unternehmen von Sanoh Europe

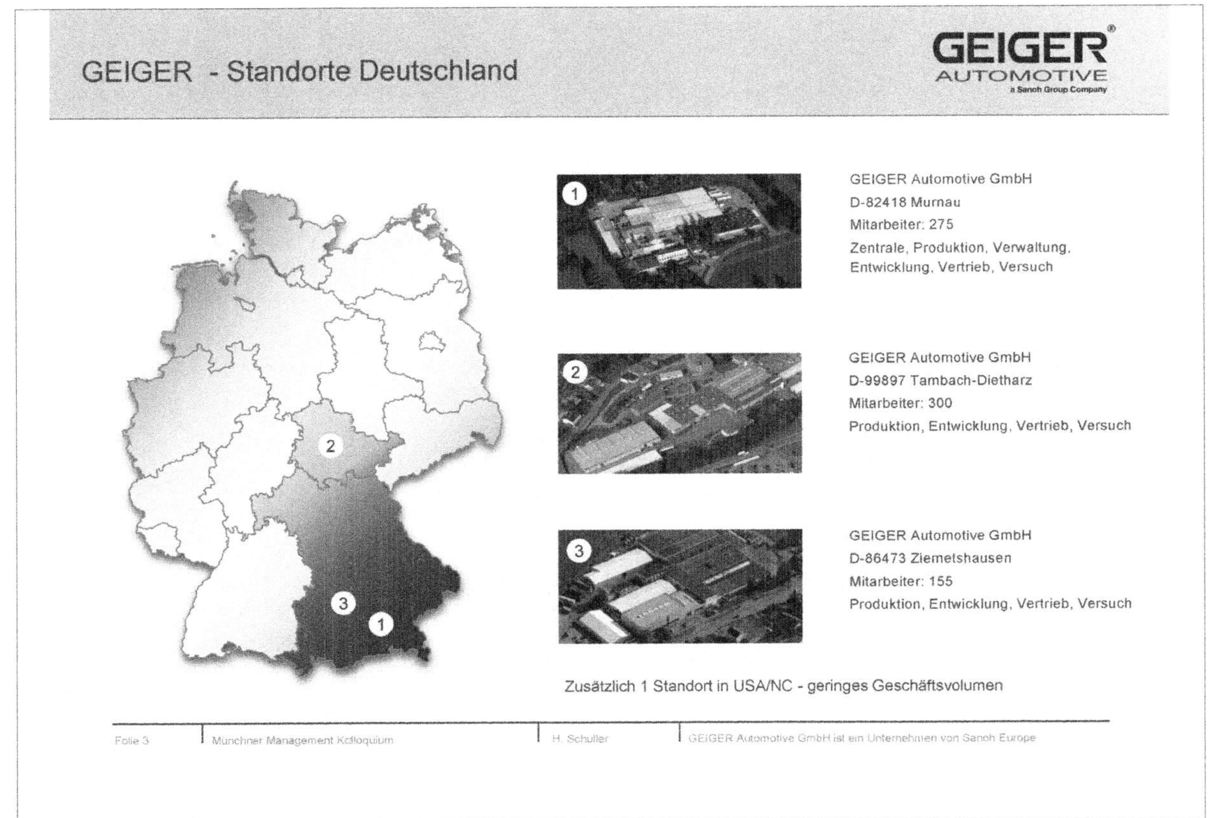
GEIGER - Standorte Deutschland
GEIGER AUTOMOTIVE
a Sanoh Group Company
1
2
3
GEIGER Automotive GmbH
D-82418 Murnau
Mitarbeiter: 275
Zentrale, Produktion, Verwaltung, Entwicklung, Vertrieb, Versuch
GEIGER Automotive GmbH
D-99897 Tambach-Dietharz
Mitarbeiter: 300
Produktion, Entwicklung, Vertrieb, Versuch
GEIGER Automotive GmbH
D-86473 Ziemetshausen
Mitarbeiter: 155
Produktion, Entwicklung, Vertrieb, Versuch
Zusätzlich 1 Standort in USA/NC - geringes Geschäftsvolumen
Folie 3
Münchner Management Kolloquium
H. Schuller
GEIGER Automotive GmbH ist ein Unternehmen von Sanoh Europe

GEIGER - Produktportfolio

Medien haltend

- Bremsflüssigkeitsbehälter
- Kühlwasserausgleichsbehälter
- Servoölbehälter
- Scheibenwaschbehälter
- Beruhigungstöpfe
- Ausperlbehälter
- SCR Behälter

Medien führend (Luft)

- Absperrsysteme
- Lufklappensteuerungen
- HVAC Luftführungen
- Roh-/Rein-/Ladeluftführungen
- Lüfterzargen
- Kühleranbauteile

Medien führend (Flüssigkeit)

- Kühlwasserleitungen
- Thermostatgehäuse
- Schnellkupplungen
- Tankeinfüllrohre
- Ölmessstabführungsrohre

Elektrik / Elektronik

- Trägerplatten Getriebe
- Stecksockel
- Füllstandssensoren

Folie 4 | Münchner Management Kolloquium | H. Schuller | GEIGER Automotive GmbH ist ein Unternehmen von Sanoh Europe

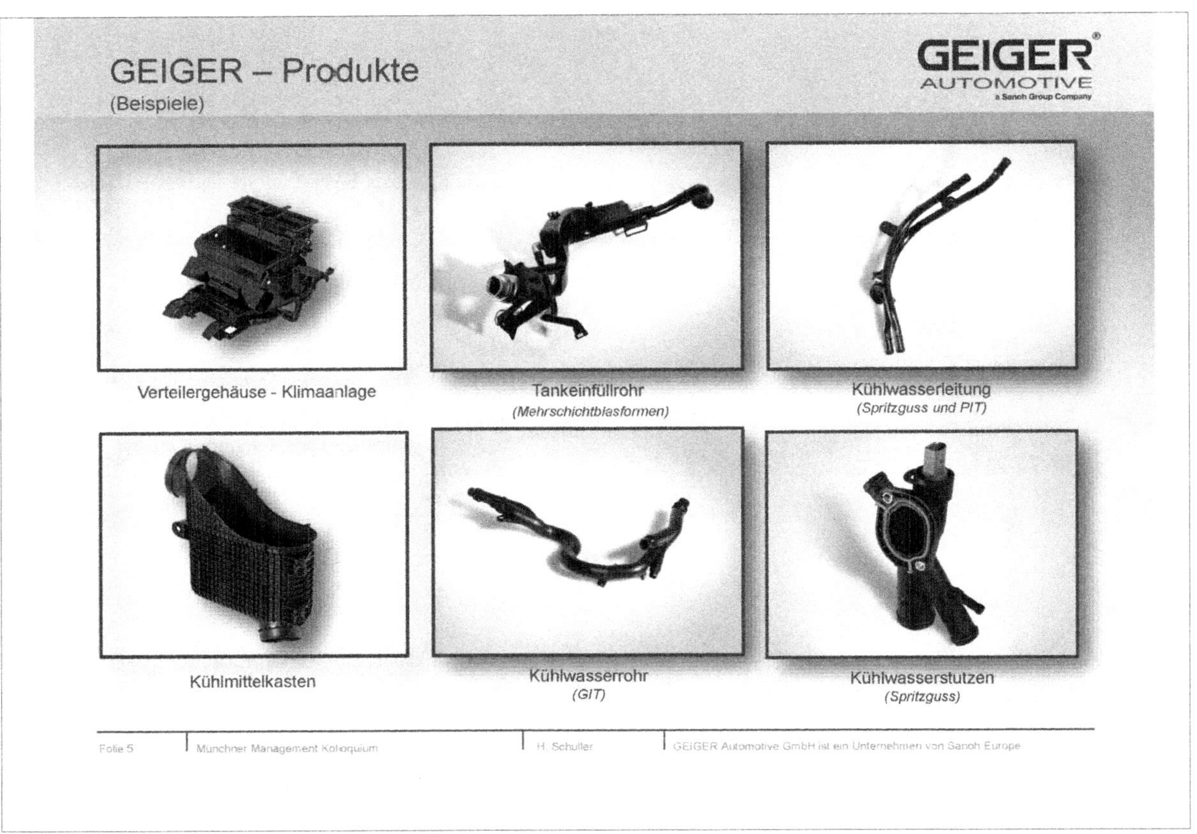

GEIGER – Produkte
(Beispiele)
GEIGER®
AUTOMOTIVE
a Sanoh Group Company
Verteilergehäuse - Klimaanlage
Tankeinfüllrohr
(Mehrschichtblasformen)
Kühlwasserleitung
(Spritzguss und PIT)
Kühlmittelkasten
Kühlwasserrohr
(GIT)
Kühlwasserstutzen
(Spritzguss)
Folie 5
Münchner Management Kolloquium
H. Schuller
GEIGER Automotive GmbH ist ein Unternehmen von Sanoh Europe

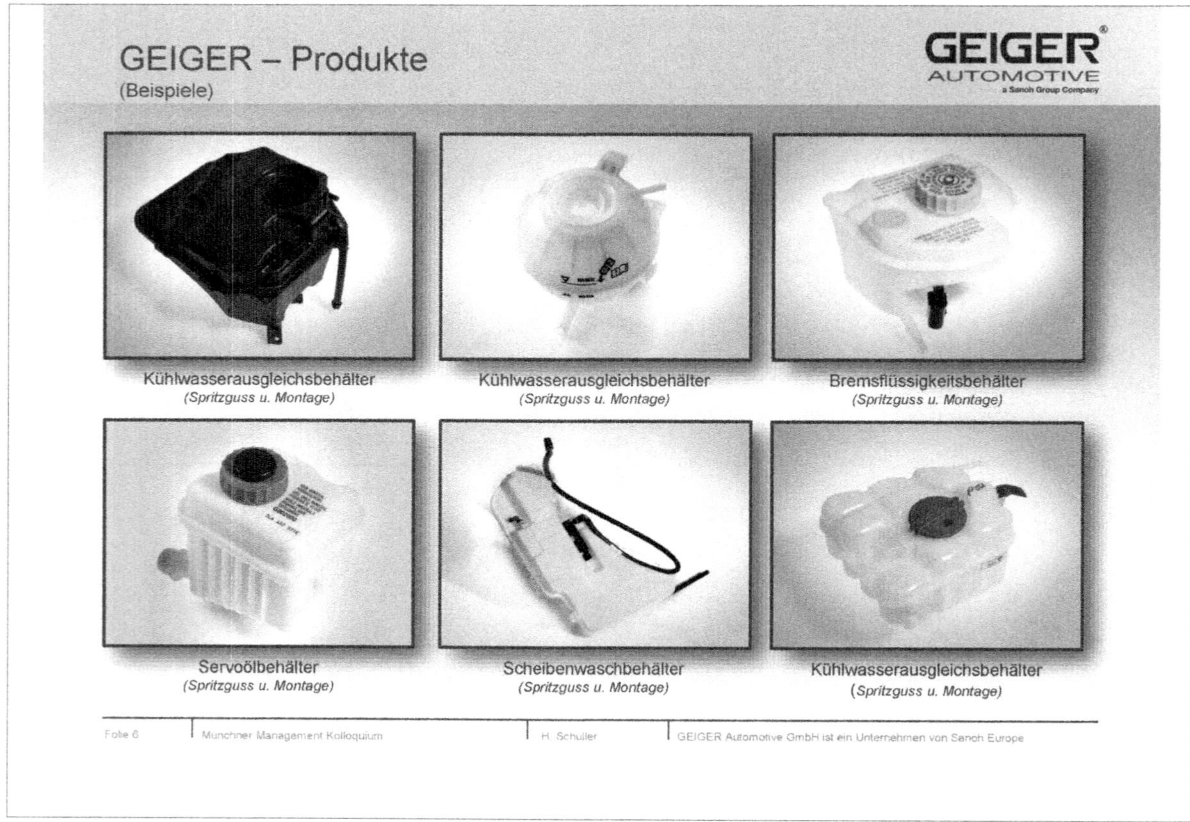
GEIGER – Produkte
(Beispiele)
GEIGER®
AUTOMOTIVE
a Sanoh Group Company
Kühlwasserausgleichsbehälter
(Spritzguss u. Montage)
Kühlwasserausgleichsbehälter
(Spritzguss u. Montage)
Bremsflüssigkeitsbehälter
(Spritzguss u. Montage)
Servoölbehälter
(Spritzguss u. Montage)
Scheibenwaschbehälter
(Spritzguss u. Montage)
Kühlwasserausgleichsbehälter
(Spritzguss u. Montage)
Folie 6
Münchner Management Kolloquium
H. Schuller
GEIGER Automotive GmbH ist ein Unternehmen von Sanoh Europe

GEIGER – Produkte
(Beispiele)
GEIGER®
AUTOMOTIVE
a Sanoh Group Company
Öhlmessstabführungsrohre
(Spritzguss , PIT)
Wasserkästen
(Spritzguss)
Luftführung
Schnellkupplungen
(Spritzguss)
Kühlwasserregler
elektrischer Niveaugeber
Folie 7
Munchner Management Kolloquium
H. Schuller
GEIGER Automotive GmbH ist ein Unternehmen von Sanoh Europe

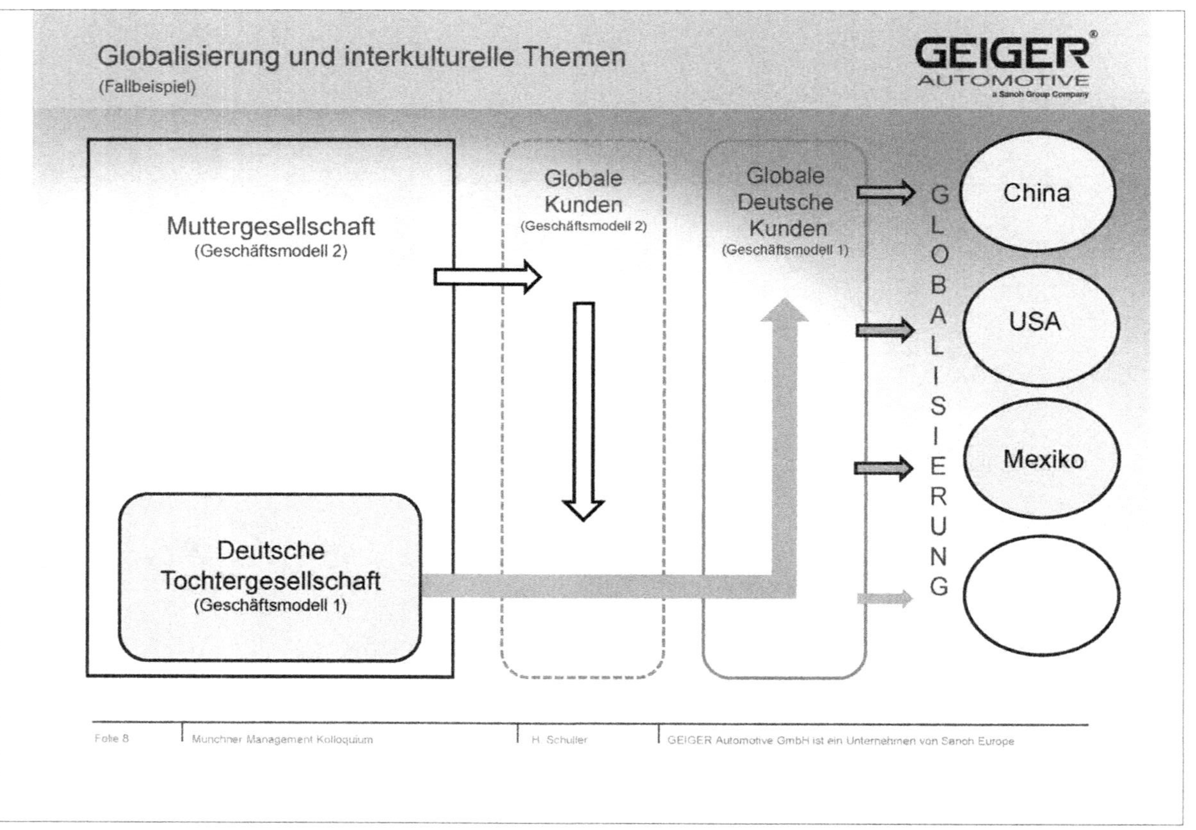
Globalisierung und interkulturelle Themen
(Fallbeispiel)
GEIGER®
AUTOMOTIVE
a Sanoh Group Company
Muttergesellschaft
(Geschäftsmodell 2)
Deutsche
Tochtergesellschaft
(Geschäftsmodell 1)
Globale
Kunden
(Geschäftsmodell 2)
Globale
Deutsche
Kunden
(Geschäftsmodell 1)
GLOBALISIERUNG
China
USA
Mexiko
Folie 8
Munchner Management Kolloquium
H. Schuller
GEIGER Automotive GmbH ist ein Unternehmen von Sanoh Europe

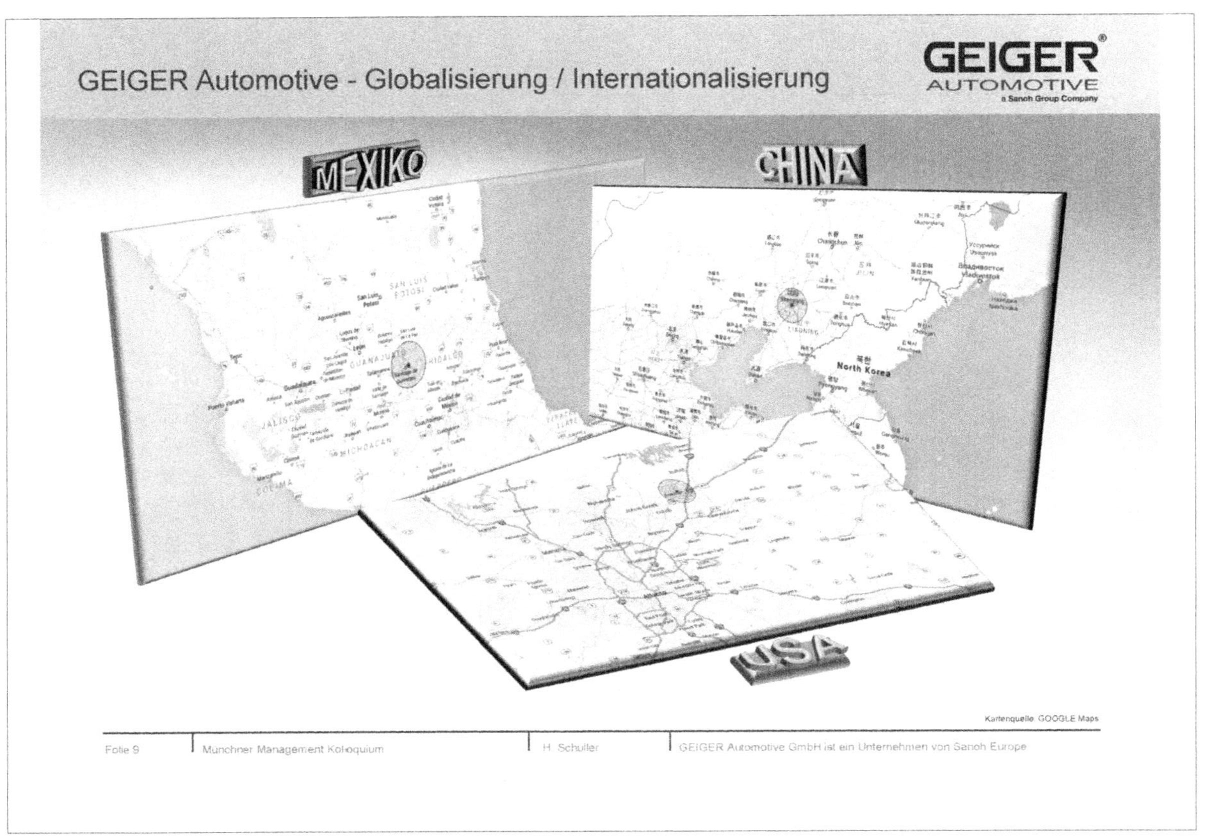

GEIGER Automotive - Globalisierung / Internationalisierung
GEIGER®
AUTOMOTIVE
a Sanoh Group Company
MEXIKO
CHINA
North Korea
USA
Kartenquelle GOOGLE Maps
Folie 9
Münchner Management Kolloquium
H. Schuller
GEIGER Automotive GmbH ist ein Unternehmen von Sanoh Europe

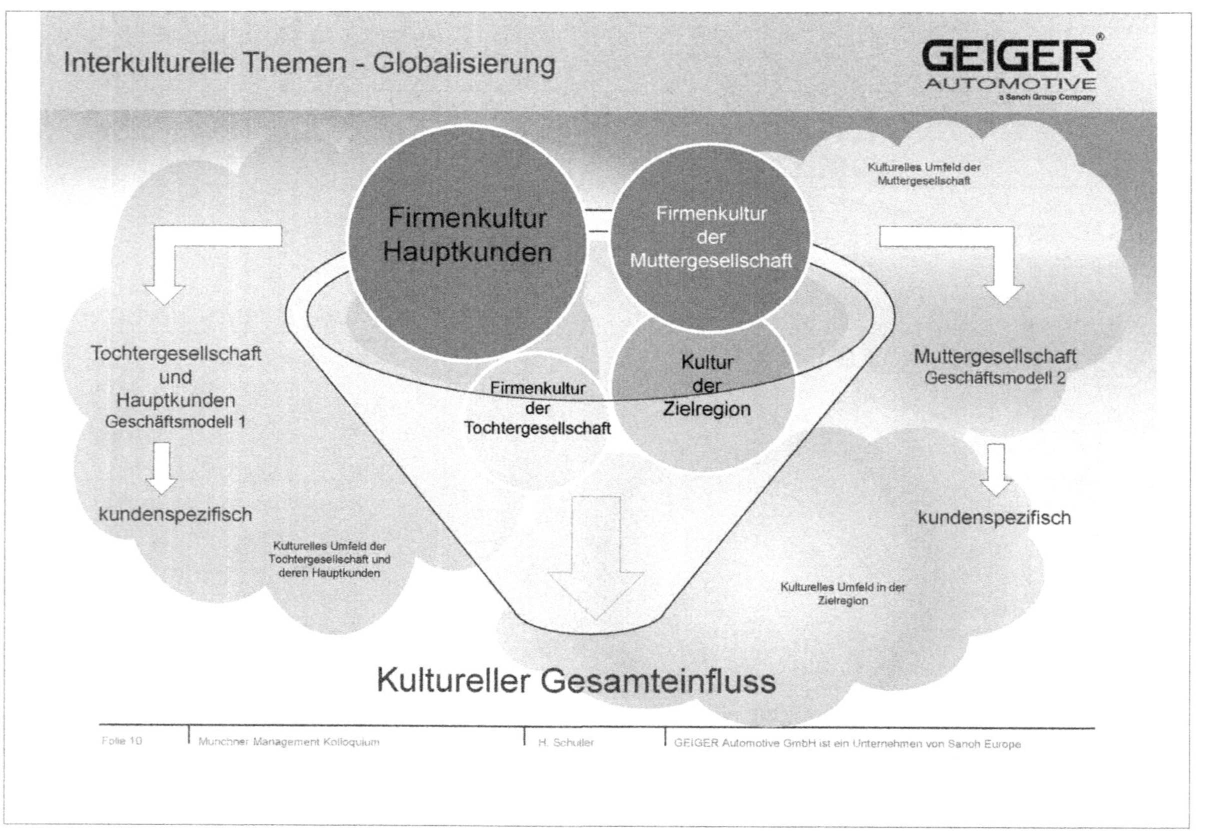
Interkulturelle Themen - Globalisierung
GEIGER®
AUTOMOTIVE
a Sanoh Group Company
Firmenkultur Hauptkunden
Firmenkultur der Muttergesellschaft
Firmenkultur der Tochtergesellschaft
Kultur der Zielregion
Kulturelles Umfeld der Muttergesellschaft
Tochtergesellschaft und Hauptkunden Geschäftsmodell 1
kundenspezifisch
Muttergesellschaft Geschäftsmodell 2
kundenspezifisch
Kulturelles Umfeld der Tochtergesellschaft und deren Hauptkunden
Kulturelles Umfeld in der Zielregion
Kultureller Gesamteinfluss
Folie 10
Münchner Management Kolloquium
H. Schuller
GEIGER Automotive GmbH ist ein Unternehmen von Sanoh Europe

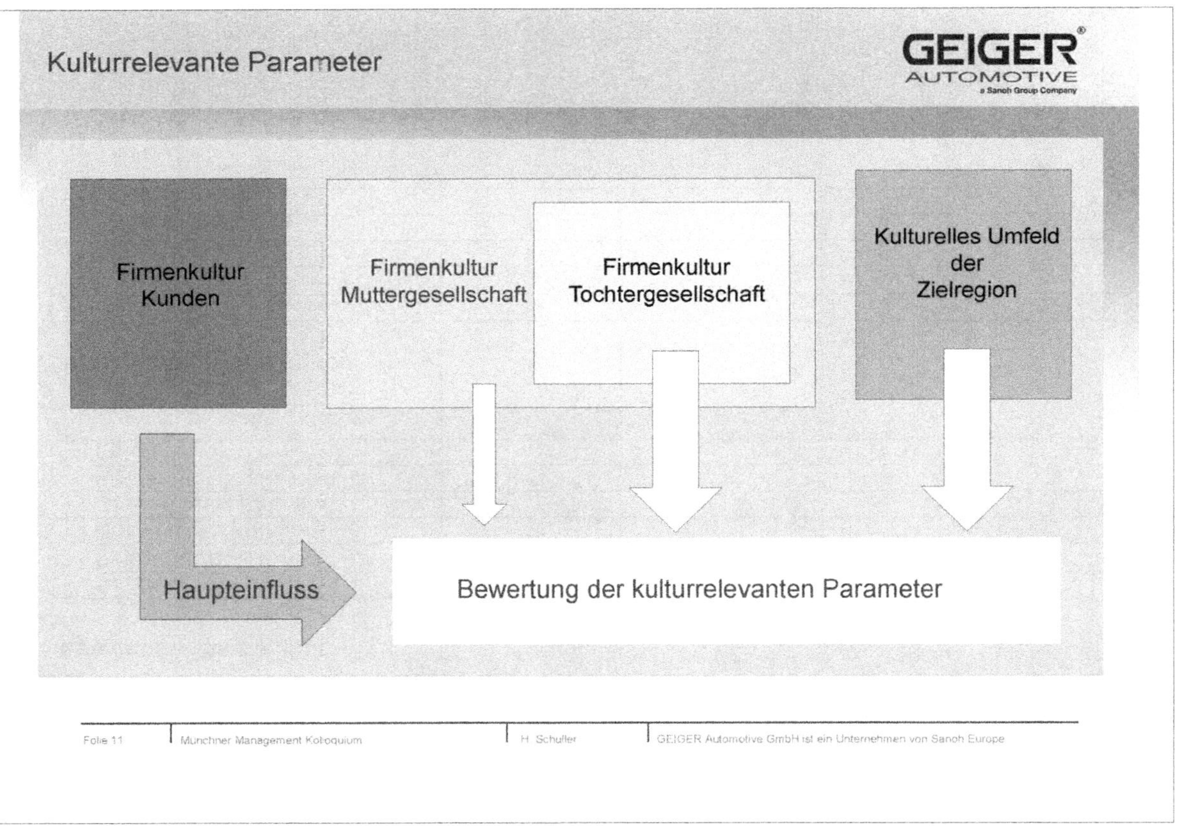
Kulturrelevante Parameter
GEIGER®
AUTOMOTIVE
a Sanoh Group Company
Firmenkultur Kunden
Firmenkultur Muttergesellschaft
Firmenkultur Tochtergesellschaft
Kulturelles Umfeld der Zielregion
Haupteinfluss
Bewertung der kulturrelevanten Parameter
Folie 11
Münchner Management Kolloquium
H. Schuffer
GEIGER Automotive GmbH ist ein Unternehmen von Sanoh Europe

Einflussnahme auf kulturrelevante Parameter
(Beispiele)

GEIGER® AUTOMOTIVE
a Sanoh Group Company

	Tochter-gesellschaft	Kunde(n)	Zielregion	Mutter-gesellschaft
bewusst wahrnehmbar				
- **Sprache**	●	●	●	●
- **Prozesse, Regeln**	●	●		●
- **Normen, Richtlinien**	●	●		●
- **Gesetzlicher Rahmen**			●	
- Kleidung	●		●	●
- Essen			●	
-				
unbewusst wahrnehmbar				
- **Werte**	●	●	●	●
- **Einstellungen**	●	●	●	●
- **Erwartungen**	●	●	●	●
- **Kommunikation**	●	●	●	●
-				

● Bestimmender Einfluss

Folie 12 | Münchner Management Kolloquium | H. Schuller | GEIGER Automotive GmbH ist ein Unternehmen von Sanoh Europe

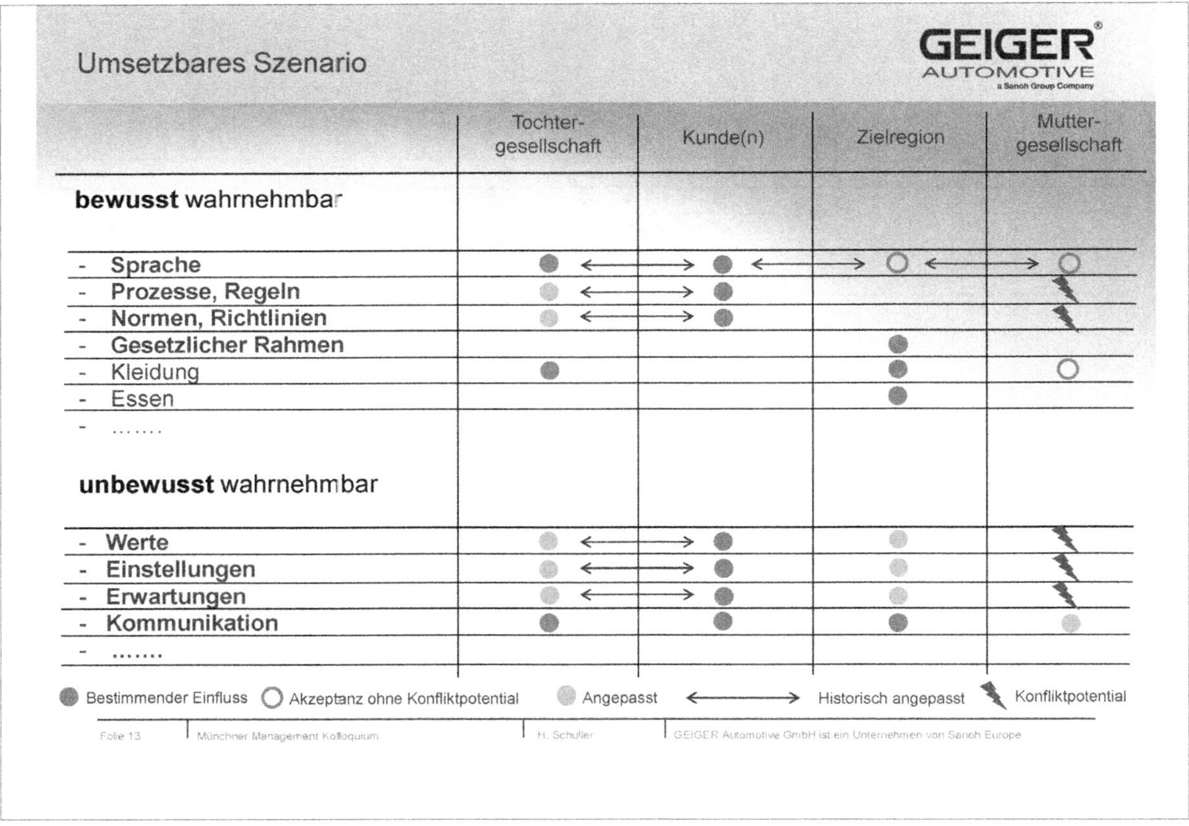
Umsetzbares Szenario
GEIGER®
AUTOMOTIVE
a Sanoh Group Company
Tochter-gesellschaft
Kunde(n)
Zielregion
Mutter-gesellschaft
bewusst wahrnehmbar
- Sprache
- Prozesse, Regeln
- Normen, Richtlinien
- Gesetzlicher Rahmen
- Kleidung
- Essen
- ....
unbewusst wahrnehmbar
- Werte
- Einstellungen
- Erwartungen
- Kommunikation
- ....
Bestimmender Einfluss
Akzeptanz ohne Konfliktpotential
Angepasst
Historisch angepasst
Konfliktpotential
Folie 13
Münchner Management Kolloquium
H. Schuller
GEIGER Automotive GmbH ist ein Unternehmen von Sanoh Europe

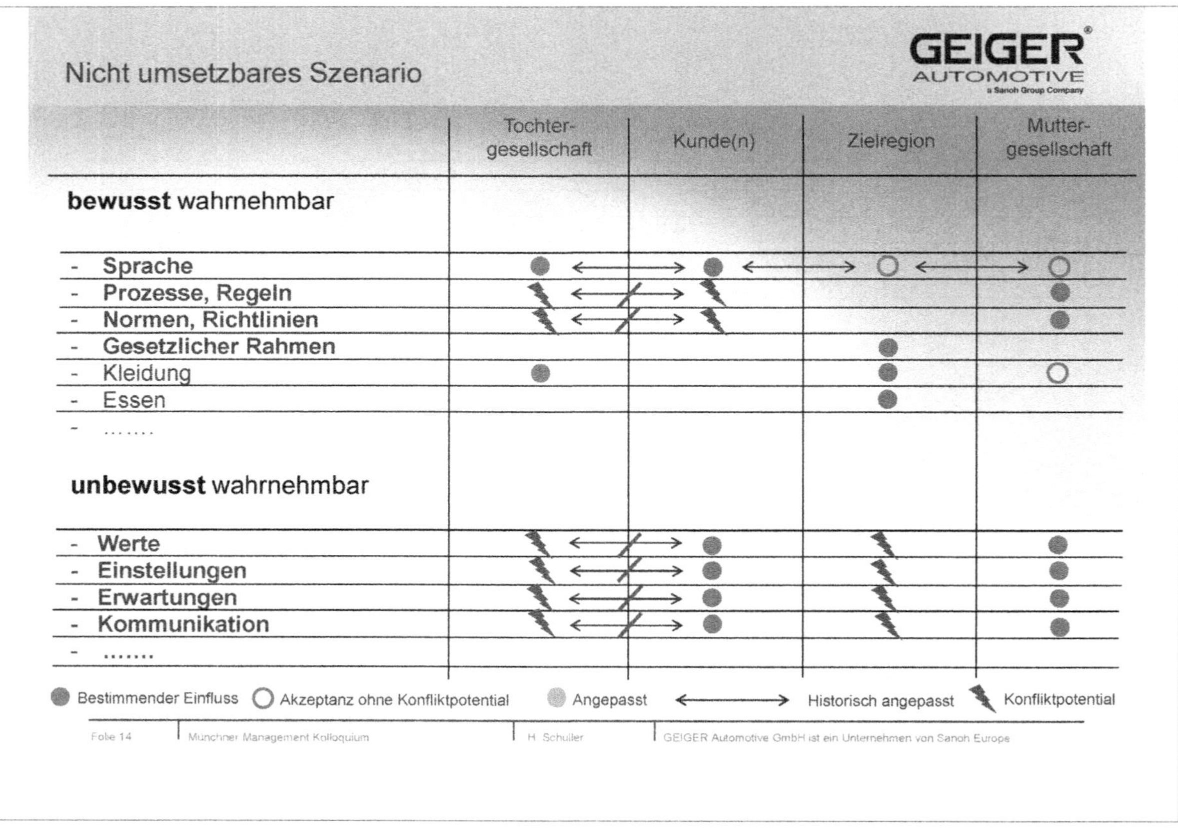

Nicht umsetzbares Szenario
GEIGER
AUTOMOTIVE
a Sanoh Group Company
Tochter-gesellschaft
Kunde(n)
Zielregion
Mutter-gesellschaft
bewusst wahrnehmbar
- Sprache
- Prozesse, Regeln
- Normen, Richtlinien
- Gesetzlicher Rahmen
- Kleidung
- Essen
- ....
unbewusst wahrnehmbar
- Werte
- Einstellungen
- Erwartungen
- Kommunikation
- ....
Bestimmender Einfluss
Akzeptanz ohne Konfliktpotential
Angepasst
Historisch angepasst
Konfliktpotential
Folie 14
Münchner Management Kolloquium
H. Schuller
GEIGER Automotive GmbH ist ein Unternehmen von Sanoh Europe

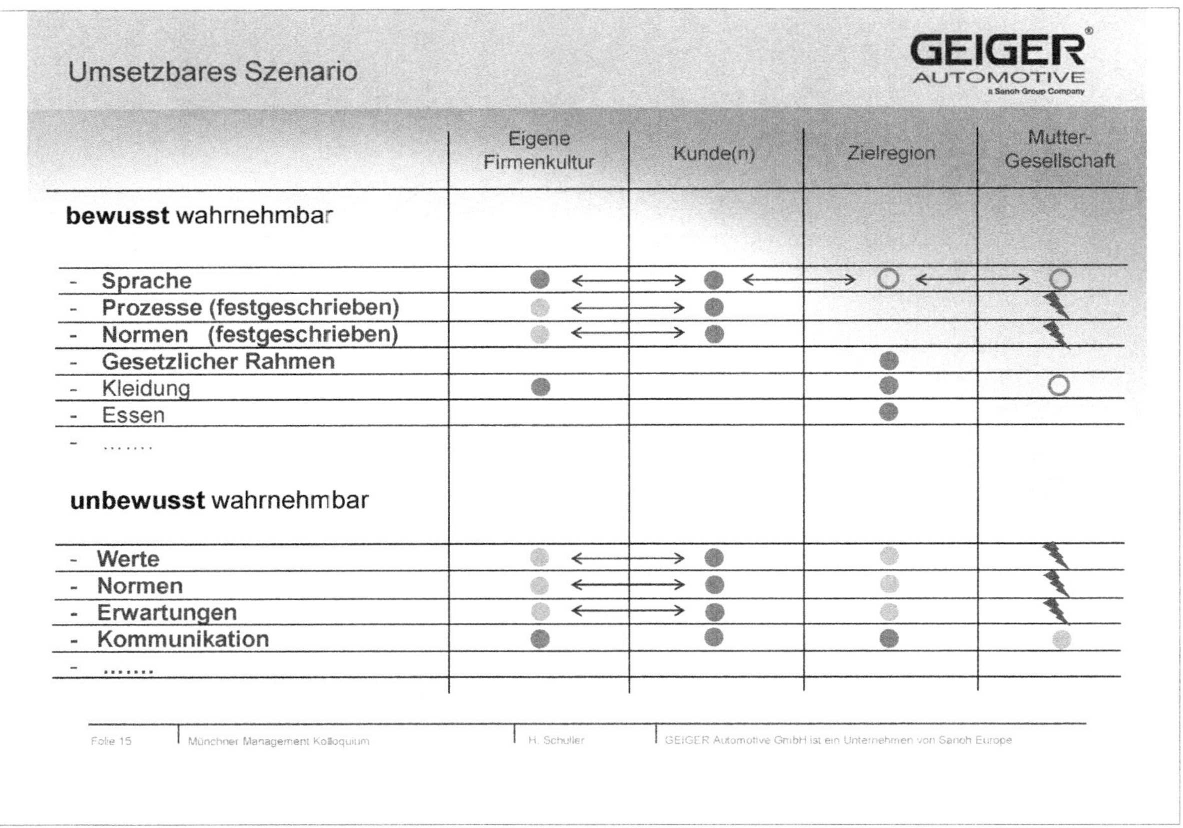
Umsetzbares Szenario
GEIGER
AUTOMOTIVE
a Sanoh Group Company
Eigene Firmenkultur
Kunde(n)
Zielregion
Mutter-Gesellschaft
bewusst wahrnehmbar
- Sprache
- Prozesse (festgeschrieben)
- Normen (festgeschrieben)
- Gesetzlicher Rahmen
- Kleidung
- Essen
- …….
unbewusst wahrnehmbar
- Werte
- Normen
- Erwartungen
- Kommunikation
- …….
Folie 15
Münchner Management Kolloquium
H. Schuller
GEIGER Automotive GmbH ist ein Unternehmen von Sanoh Europe

2- Stufenmodell der Globalisierung

Globalisierungsstufe 1

- Globalisierung bedeutet, den bekannten Kunden in neue Länder/Regionen zu folgen. Dies basiert auf Zusatzgeschäft für Kunden innerhalb bekannter, kundenspezifischer Rahmenbedingungen. Ein zeitgleicher Wechsel auf ein anderes Geschäftsmodell wird von den Kunden nicht akzeptiert.

- Projekte von Neukunden, die einem anderen Geschäftsmodell folgen, wird die eigene Belegschaft in dieser Phase des ersten Globalisierungsschritts nicht umsetzen können.

- Stufe 1 muss für die interne Adaption von Prozessen, Abläufen, Erwartungen, usw. genutzt werden, um die internen Systeme an die Erfordernisse multipler Geschäftsmodelle anzugleichen, die Mannschaft entsprechend zu schulen und die Erwartungshaltungen an die neuen Rahmenbedingungen anzupassen.

- Synergien zwischen Mutter- und Tochtergesellschaft beschränken sich in dieser Phase auf den Austausch von Erfahrungswerten bzgl. neuer Standorte der Tochtergesellschaft und auf die Entwicklung gemeinsamer mittel- bis langfristiger Strategien.

2-Stufen Modell der Globalisierung

Globalisierungsstufe 2

- Sowohl Mutter- wie auch Tochtergesellschaft haben Stufe 1 zur Vorbereitung genutzt und sind in der Lage weltweit in mehreren Geschäftsmodellen zu arbeiten.

- Die in Stufe 1 gemeinsam entwickelten Strategien und Synergieansätze greifen und bringen den erwarteten positiven Einfluss auf die Geschäfte der gesamten Unternehmensgruppe.

- Die Mutter- und Tochtergesellschaft sind in der Lage auch Neukunden mit abweichenden Geschäftsmodellen zu bedienen.

- Damit wachsen die Teile des Gesamtunternehmens geordnet zusammen, „Löcher“ sind gestopft und „Doppelgleisigkeit“ ist eliminiert.

- Das Zusammengehörigkeitsgefühl ist entwickelt. Mitarbeiter(innen) identifizieren sich sowohl mit dem Unternehmen in dem sie arbeiten, als auch mit der gesamten Unternehmensgruppe.

Folie 17 | Münchner Management Kolloquium | H. Schuller | GEIGER Automotive GmbH ist ein Unternehmen von Sanoh Europe

C.D. Wälzholz

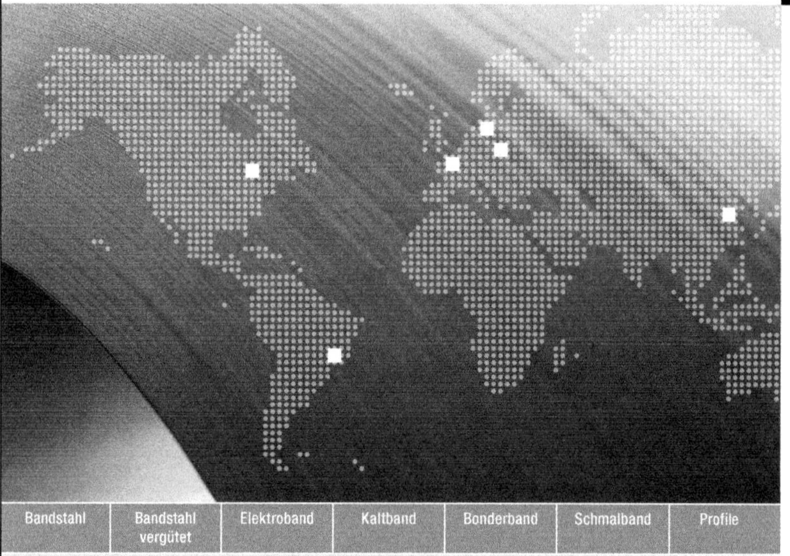

Maßgeschneiderte Werkstofflösungen weltweit

Mit neun Standorten in Europa, Asien, Nord- und Südamerika, konsequent vernetzt in allen Entwicklungs- und Produktionsprozessen, bietet C.D. Wälzholz weltweit maßgeschneiderte Werkstofflösungen in gleichbleibend höchster Qualität.

Modernste Technologien und individuell angepasste Logistikkonzepte machen uns zu einem starken Partner in vielfältigen Anwendungsbereichen – von der Energiewirtschaft, über die Automobil- und Werkzeugindustrie bis zur Herstellung von Sportgeräten.

Nutzen Sie unsere Werkstofferfahrung zur Umsetzung Ihrer Ideen!

C.D. Wälzholz KG · Feldmühlenstr. 55 · 58093 Hagen · Internet: www.cdw.de · E-Mail: info@cdw.de

Der BMW Motorrad Weg

Dipl.-Ing. Stephan Schaller

President BMW Motorrad
BMW AG

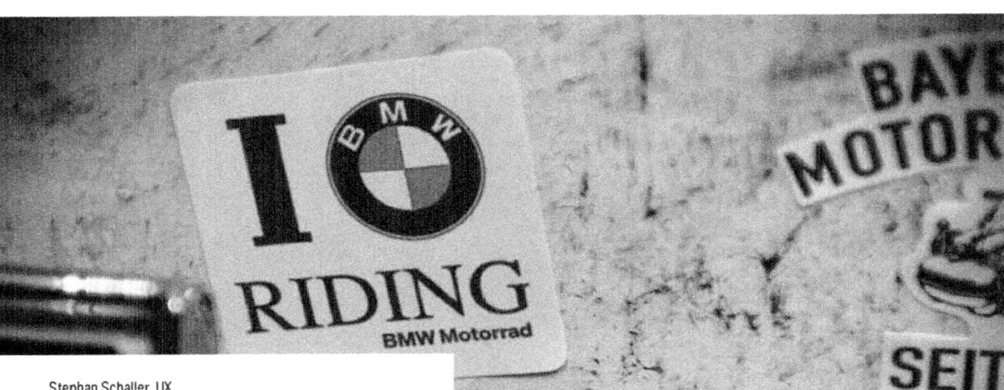

Stephan Schaller, UX
April 2014

BMW MOTORRAD

AN INTRODUCTION

BMW
GROUP

BMW Motorrad

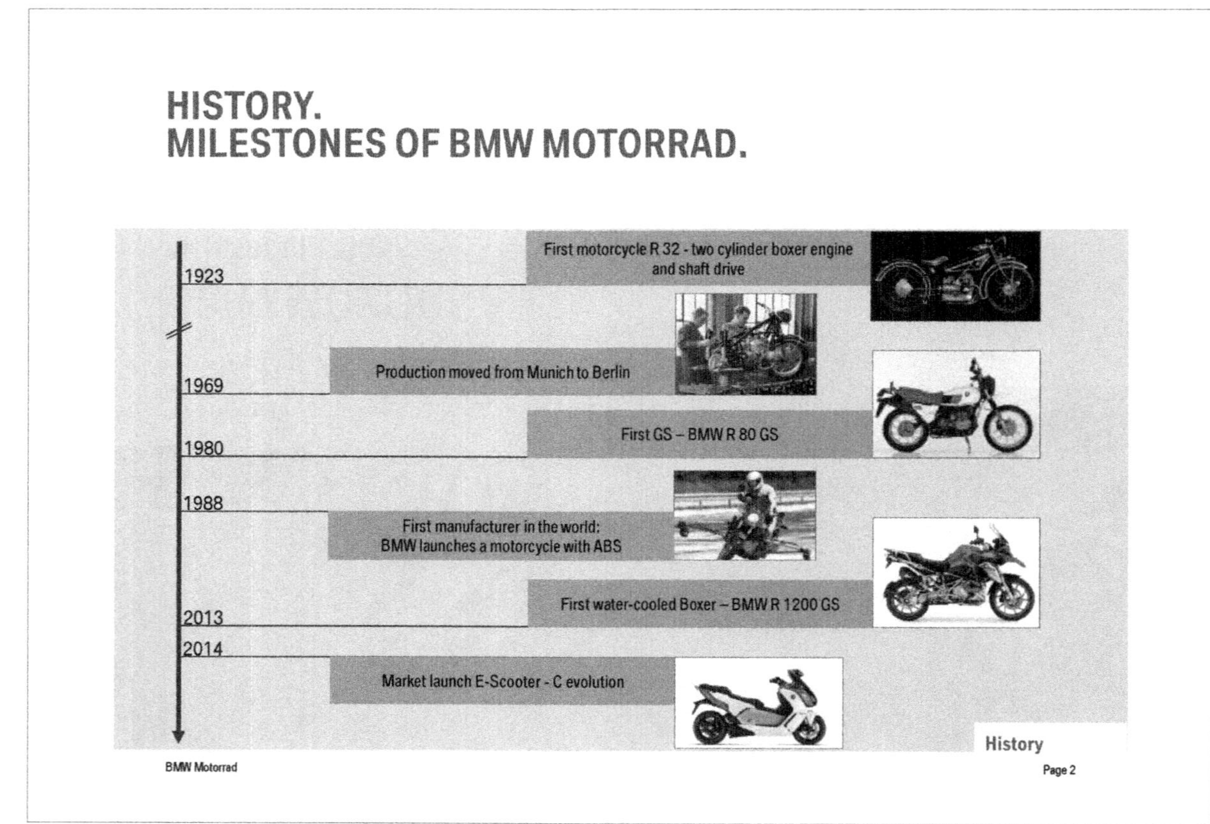
HISTORY.
MILESTONES OF BMW MOTORRAD.
1923
First motorcycle R 32 - two cylinder boxer engine and shaft drive
1969
Production moved from Munich to Berlin
1980
First GS – BMW R 80 GS
1988
First manufacturer in the world: BMW launches a motorcycle with ABS
2013
First water-cooled Boxer – BMW R 1200 GS
2014
Market launch E-Scooter - C evolution
BMW Motorrad
History
Page 2

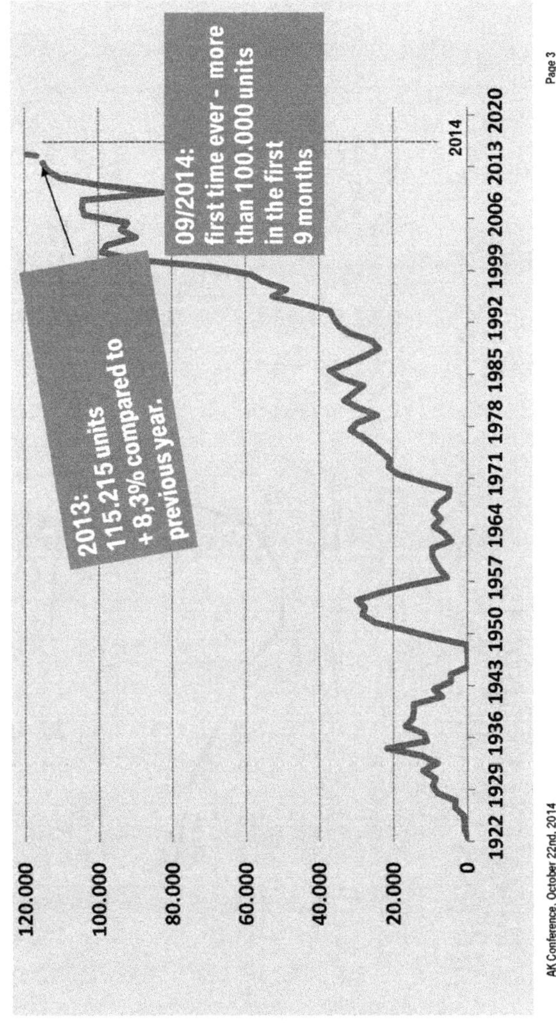
RETAIL DEVELOPMENT.
BEST EVER RETAIL RESULT IN HISTORY.
120.000
100.000
80.000
60.000
40.000
20.000
0
1922 1929 1936 1943 1950 1957 1964 1971 1978 1985 1992 1999 2006 2013 2020
2014
2013:
115.215 units
+ 8,3% compared to
previous year.
09/2014:
first time ever - more
than 100.000 units
in the first
9 months
AK Conference, October 22nd, 2014
Page 3

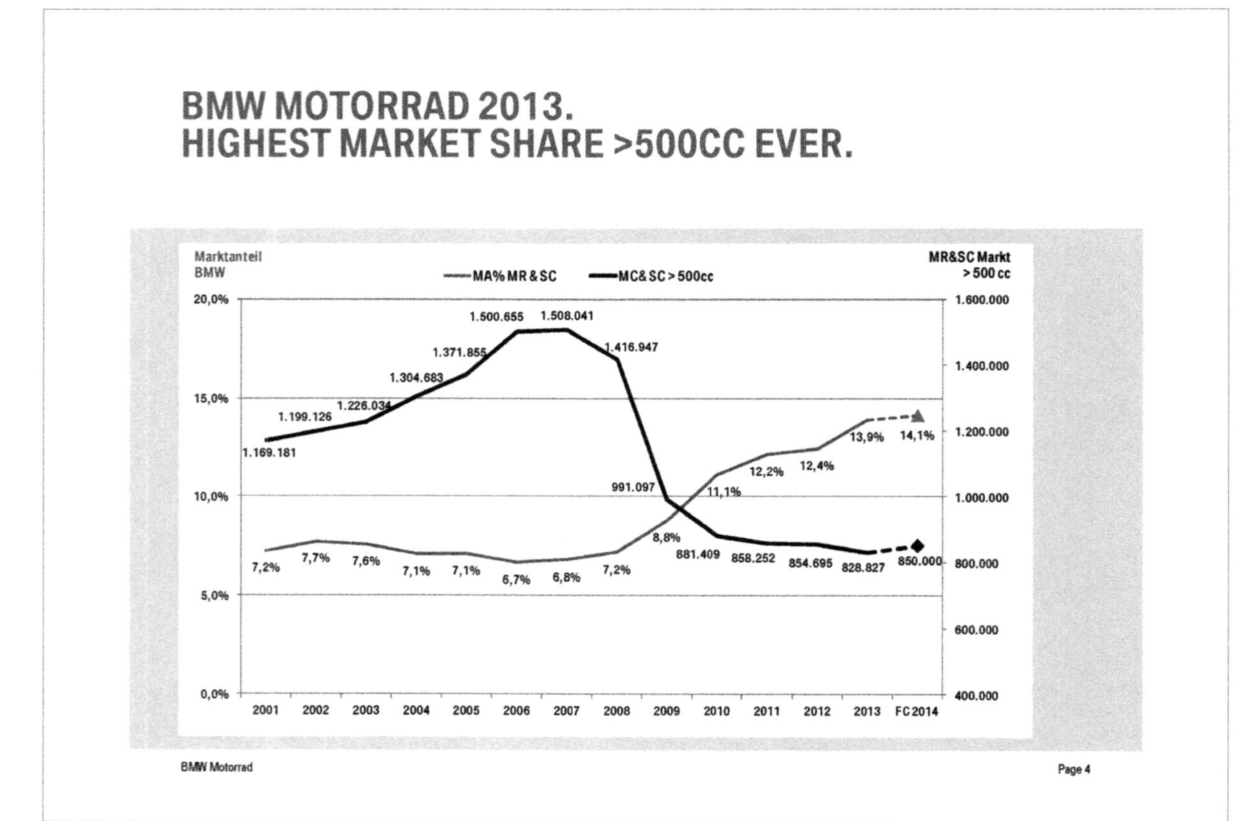

BMW MOTORRAD 2013.
HIGHEST MARKET SHARE >500CC EVER.
Marktanteil BMW
MA% MR & SC
MC& SC > 500cc
MR&SC Markt > 500 cc
20,0%
15,0%
10,0%
5,0%
0,0%
1.600.000
1.400.000
1.200.000
1.000.000
800.000
600.000
400.000
1.169.181
1.199.126
1.226.034
1.304.683
1.371.855
1.500.655
1.508.041
1.416.947
991.097
881.409
858.252
854.695
828.827
850.000
7,2%
7,7%
7,6%
7,1%
7,1%
6,7%
6,8%
7,2%
8,8%
11,1%
12,2%
12,4%
13,9%
14,1%
2001
2002
2003
2004
2005
2006
2007
2008
2009
2010
2011
2012
2013
FC 2014
BMW Motorrad
Page 4

BMW MOTORRAD 2013.
MARKET LEADER >500CC IN 16 MARKETS.
Norway 19,3% MS
Finland 19,7% MS
Denmark 23,9% MS
Latvia 26,6% MS
Russia 22,7% MS
Netherlands 22,6% MS
Poland 18,6% MS
Belgium 24,8% MS
Romania 29,0% MS
Germany 25,5% MS
Austria 16,3% MS
Korea 35,4% MS
Spain 26,1% MS
Italy 20,2% MS
Argentina 35,3% MS
South Africa 36,4% MS
Market Leader
BMW Motorrad
Page 5

BMW MOTORCYCLES ARE CURRENTLY SOLD IN 90 COUNTRIES BY OVER 1000 DEALERS & IMPORTERS.

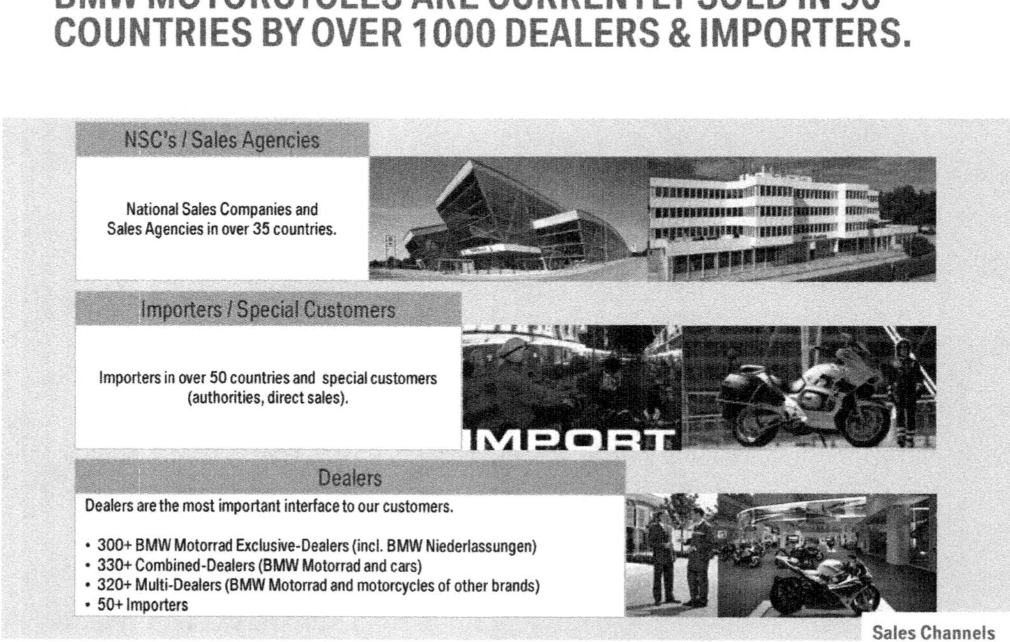

NSC's / Sales Agencies
National Sales Companies and
Sales Agencies in over 35 countries.
Importers / Special Customers
Importers in over 50 countries and special customers
(authorities, direct sales).
IMPORT
Dealers
Dealers are the most important interface to our customers.
• 300+ BMW Motorrad Exclusive-Dealers (incl. BMW Niederlassungen)
• 330+ Combined-Dealers (BMW Motorrad and cars)
• 320+ Multi-Dealers (BMW Motorrad and motorcycles of other brands)
• 50+ Importers
Sales Channels
BMW Motorrad
Page 6

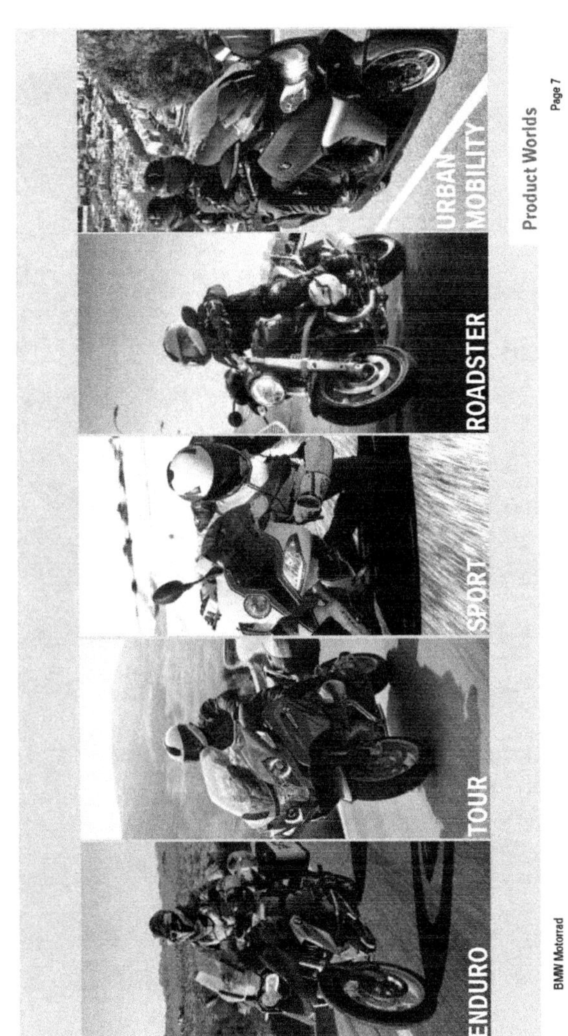
5 BMW MOTORRAD PRODUCT WORLDS.
MAXIMUM RIDING PLEASURE AND MORE.
ENDURO
TOUR
SPORT
ROADSTER
URBAN
MOBILITY
BMW Motorrad
Product Worlds
Page 7

5 BMW MOTORRAD PRODUCT WORLDS.
EXPERIENCE BMW MOTORRAD.

BMW Motorrad

Page 8

5 BMW MOTORRAD PRODUCT WORLDS.
EXPERIENCE BMW MOTORRAD.

BMW Motorrad

Page 9

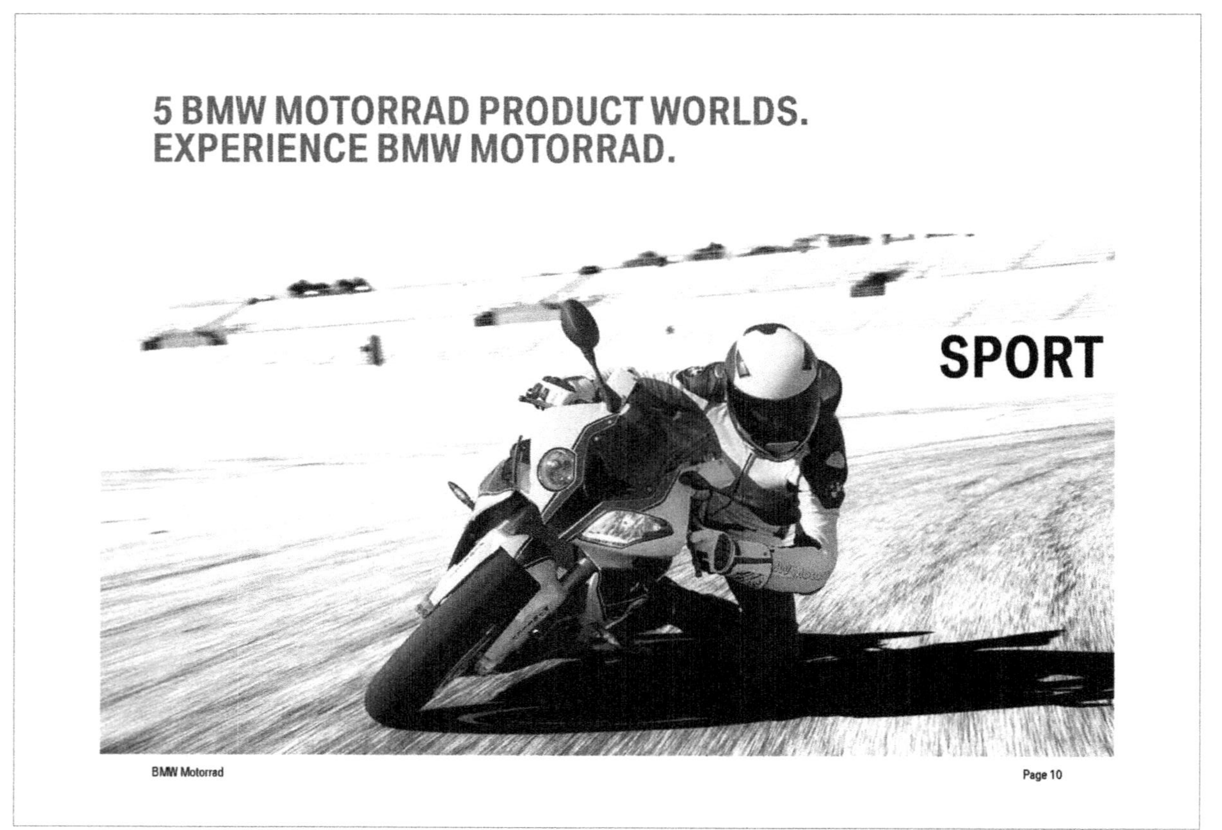
5 BMW MOTORRAD PRODUCT WORLDS.
EXPERIENCE BMW MOTORRAD.
SPORT
BMW Motorrad
Page 10

5 BMW MOTORRAD PRODUCT WORLDS. EXPERIENCE BMW MOTORRAD.

BMW Motorrad

Page 11

5 BMW MOTORRAD PRODUCT WORLDS.
EXPERIENCE BMW MOTORRAD.

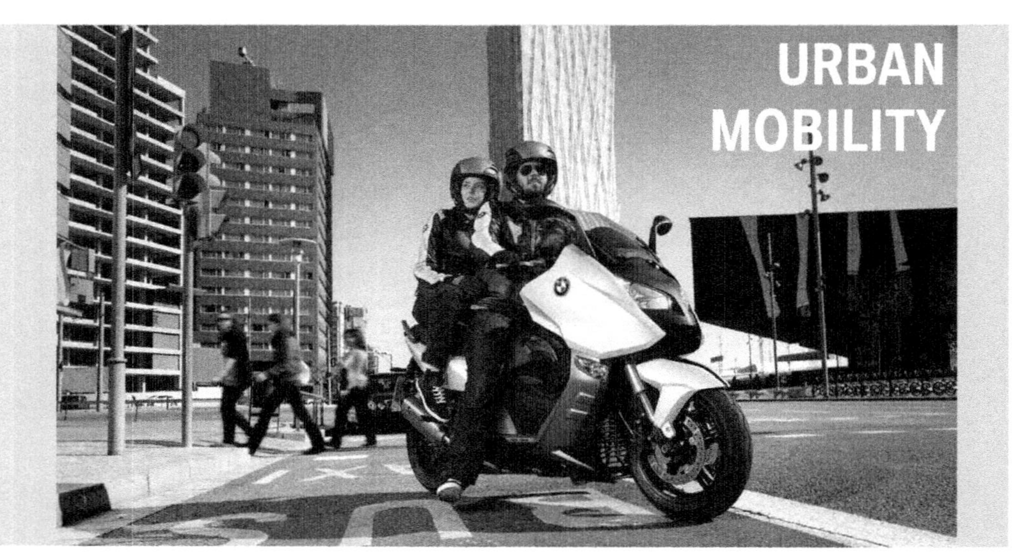

BMW Motorrad

Page 12

DIRECT CUSTOMERS. SPECIAL VEHICLES.

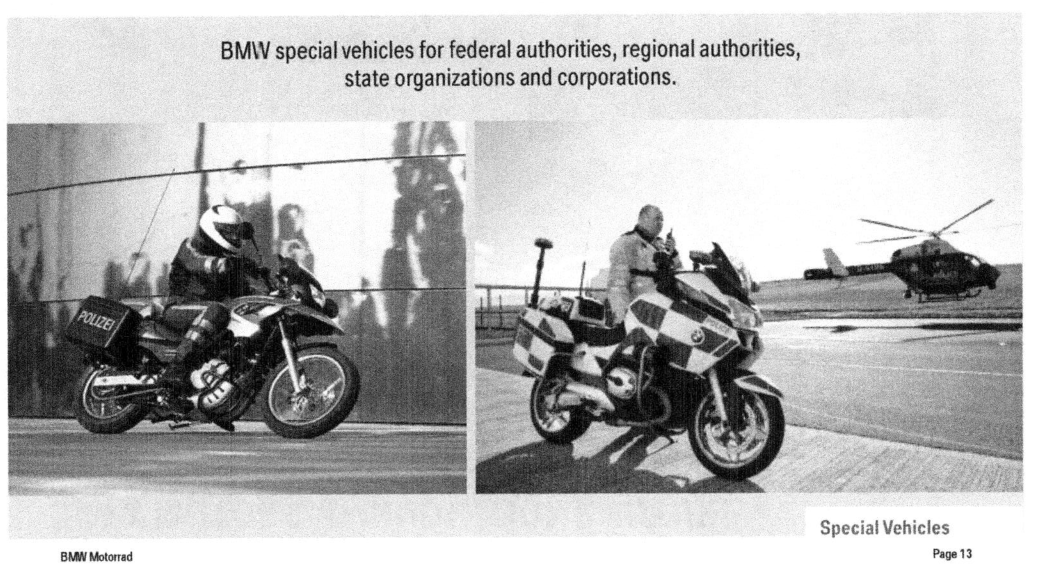

BMW special vehicles for federal authorities, regional authorities, state organizations and corporations.
POLIZEI
Special Vehicles

BMW Motorrad

Page 13

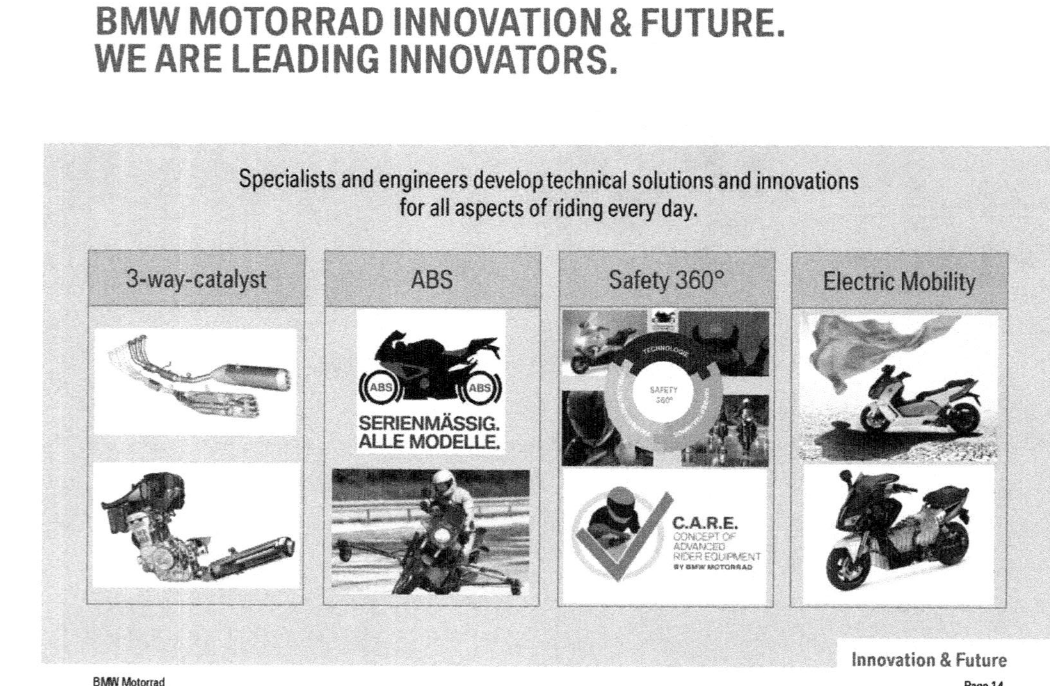
BMW MOTORRAD INNOVATION & FUTURE.
WE ARE LEADING INNOVATORS.
Specialists and engineers develop technical solutions and innovations
for all aspects of riding every day.
3-way-catalyst
ABS
ABS
ABS
SERIENMÄSSIG.
ALLE MODELLE.
Safety 360°
TECHNOLOGIE
SAFETY
360°
C.A.R.E.
CONCEPT OF
ADVANCED
RIDER EQUIPMENT
BY BMW MOTORRAD
Electric Mobility
BMW Motorrad
Innovation & Future
Page 14

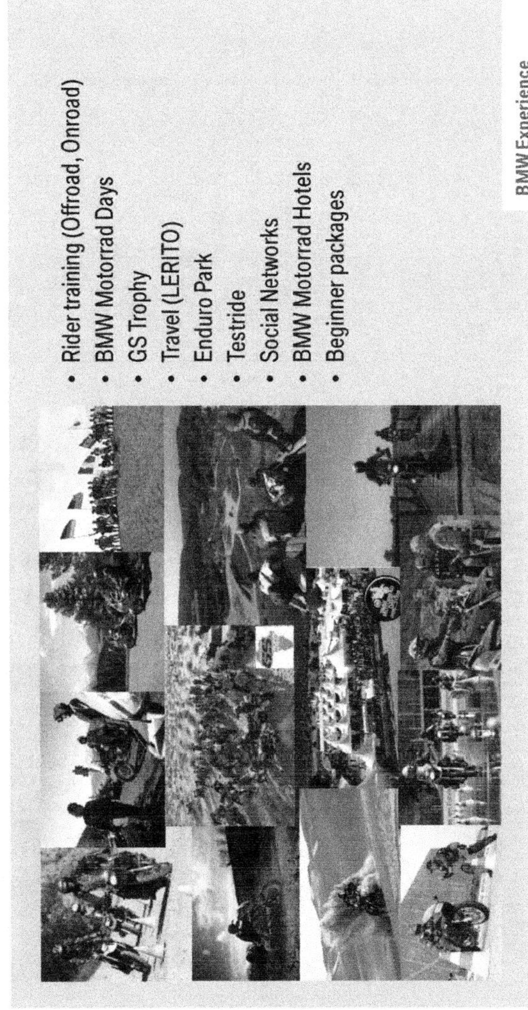

FASCINATION MOTORCYCLE.
THE BMW EXPERIENCE.
• Rider training (Offroad, Onroad)
• BMW Motorrad Days
• GS Trophy
• Travel (LERITO)
• Enduro Park
• Testride
• Social Networks
• BMW Motorrad Hotels
• Beginner packages
BMW Motorrad
BMW Experience
Page 15

BMW MOTORRAD PROVIDES PRODUCTS AND SERVICES BEYOND THE MOTORCYCLE.

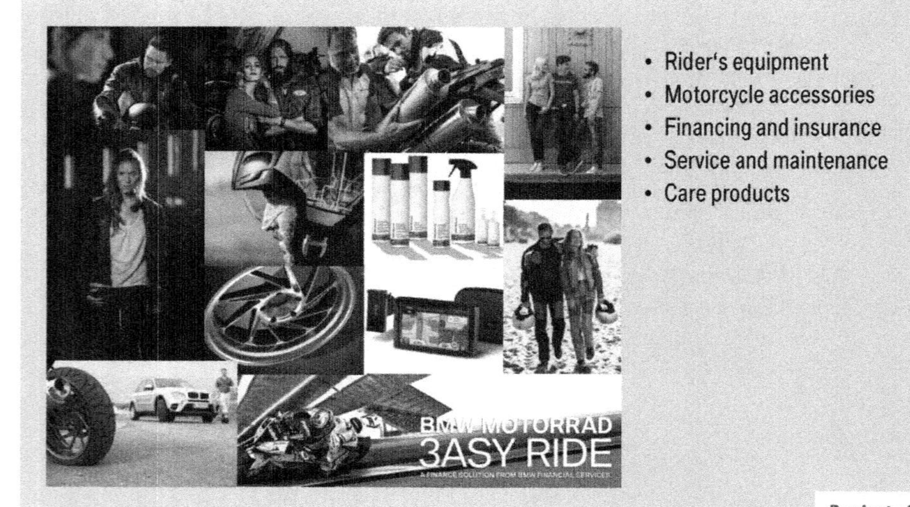

- Rider's equipment
- Motorcycle accessories
- Financing and insurance
- Service and maintenance
- Care products

Products & Services

BMW Motorrad

Page 16

PRODUCTION LOCATIONS. WORLDWIDE.

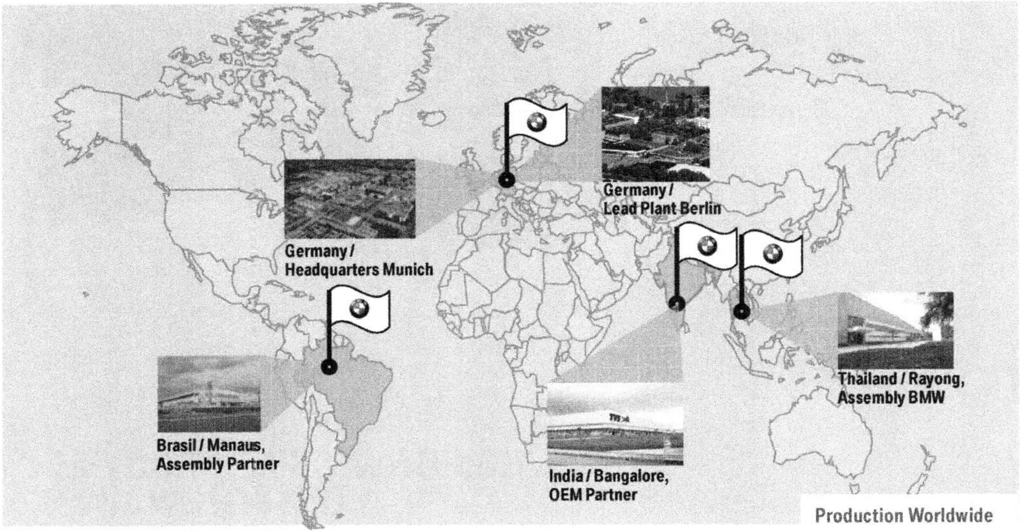

Germany / Headquarters Munich

Germany / Lead Plant Berlin

Brasil / Manaus, Assembly Partner

India / Bangalore, OEM Partner

Thailand / Rayong, Assembly BMW

Production Worldwide

BMW Motorrad

Page 17

BMW MOTORRAD.
HEADQUARTERS IN MUNICH.

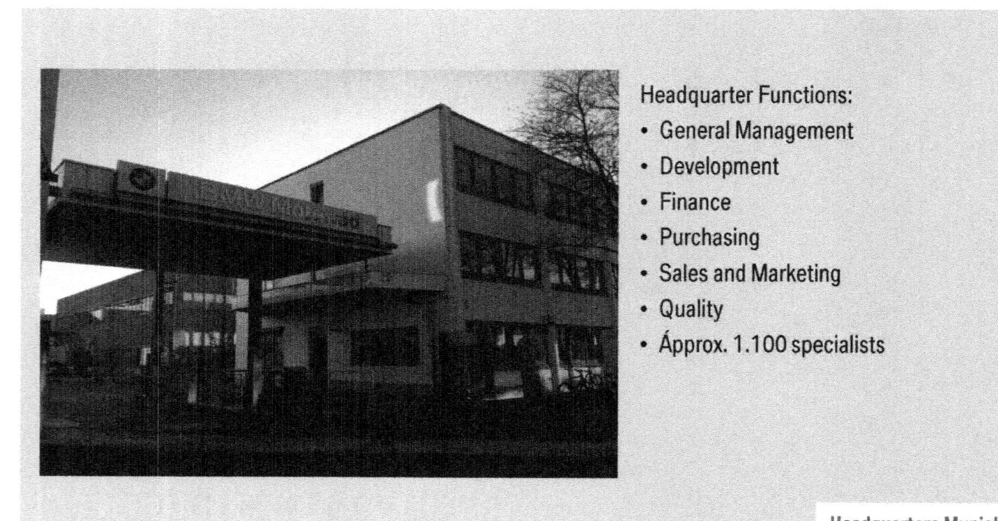

Headquarter Functions:
• General Management
• Development
• Finance
• Purchasing
• Sales and Marketing
• Quality
• Ápprox. 1.100 specialists
Headquarters Munich
BMW Motorrad
Page 18

LEAD PLANT BERLIN: ONE OF THE MOST MODERN MOTORCYCLE PLANTS WORLDWIDE.

- Motorcycle production for over 40 years
- One of the biggest employers of Berlin industry
- Approx. 600 motorcycles every day
- More than 100.000 motorcycles per year.
- Over 220.000 m^2 area
- Approx. 1.900 specialists

Lead Plant Berlin

ADDITIONAL PRODUCTION LOCATIONS WORLDWIDE. ACCESS TO MARKETS AND CUSTOMERS.

Brazil / Manaus

- Assembly Partner: DAFRA
- Since 2009 assembly of diverse models

India / Bangalore

- OEM-Partner: TVS
- Joint development and production of motorcycles <500cc

Thailand / Rayong

- Assembly in BMW car plant
- Since 2014 assembly of diverse models

BMW Motorrad

Production Worldwide

Page 20

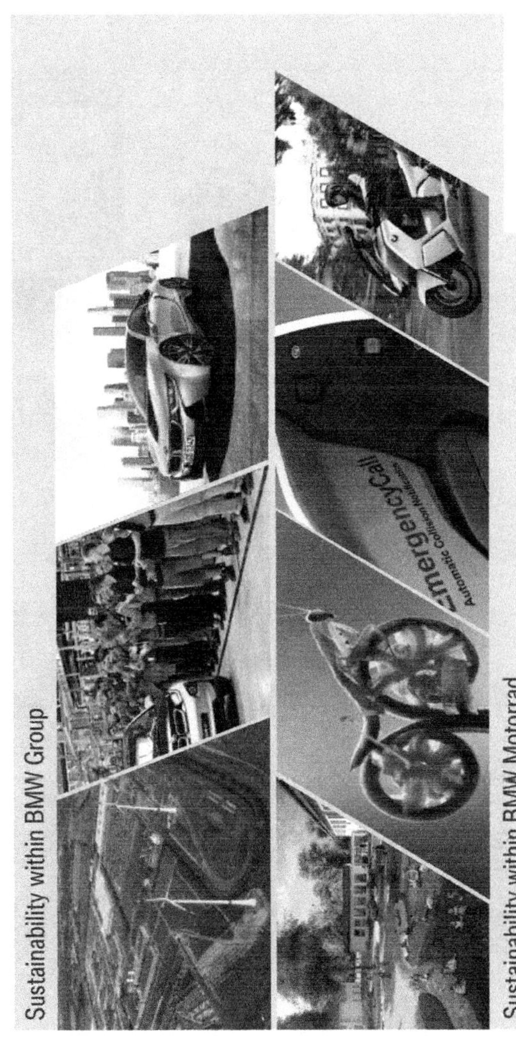
BMW MOTORRAD – OPERATIONAL EXCELLENCE.
SUSTAINABILITY AS A CONSISTENT PRINCIPLE.
Sustainability within BMW Group
Sustainability within BMW Motorrad
BMW Motorrad
Sustainability
Page 21

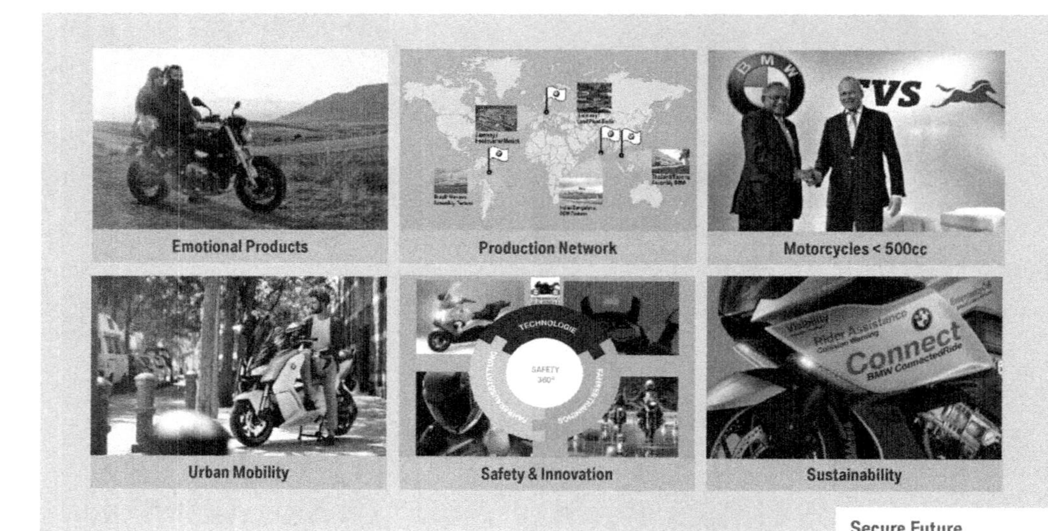
BMW MOTORRAD.
BUILDING BLOCKS FOR A SECURE FUTURE.
Emotional Products
Production Network
Motorcycles < 500cc
TVS
Urban Mobility
Safety & Innovation
TECHNOLOGIE
SAFETY 360°
Sustainability
Rider Assistance
Connect
BMW ConnectedRide
Secure Future
BMW Motorrad
Page 22

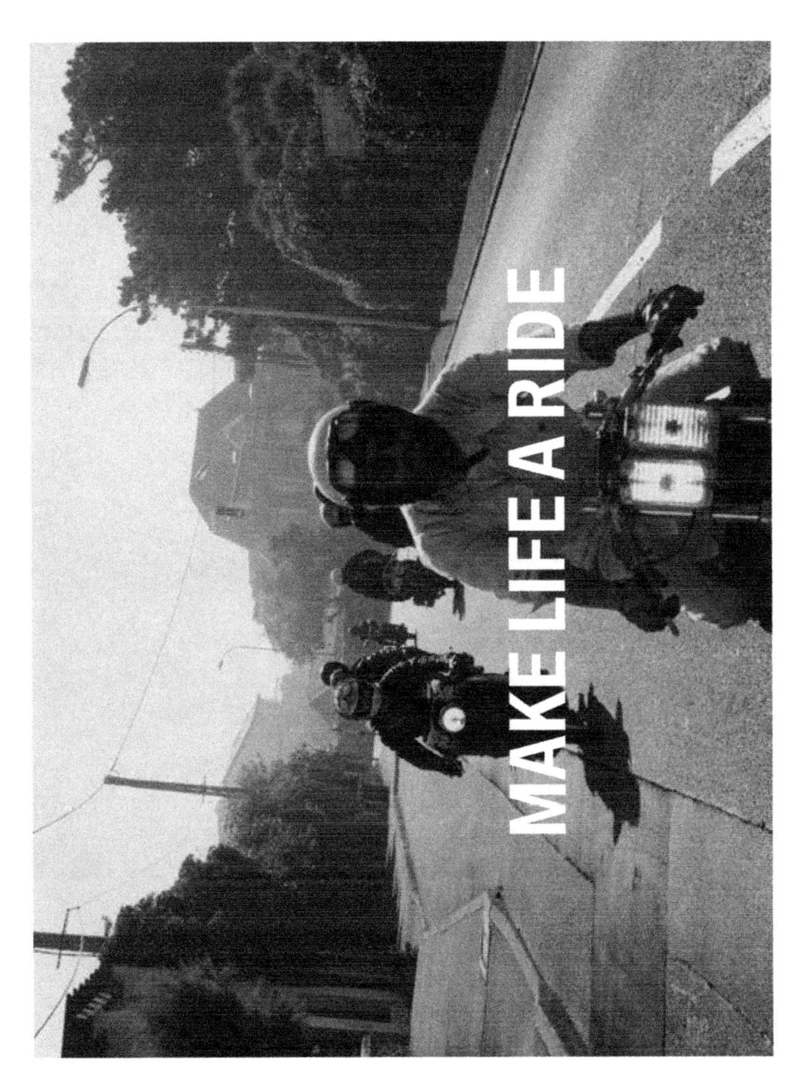
MAKE LIFE A RIDE

Innovationen – weltweit.

Engagement ist unser Treibstoff.

Das Familienunternehmen Knauf steht seit über 80 Jahren für stabiles und profitables Wachstum. Mit über 150 Werken sind wir heute in mehr als 60 Ländern zuhause. Mut zu Innovation, tägliches Engagement aller Mitarbeiter und unaufhaltsame Optimierung unserer Premium-Baustoffe machen Knauf in vielen Bereichen zum Marktführer.
Dies nennen wir die Knauf Kultur.

www.knauf.de

Von diversifizierten Führungsstilen zu einem zukunftsfähigen und multidimensionalen Führungsansatz - Wandel als Stresstest am Beispiel eines international agierenden Mittelständlers

Sven Spies

Vorsitzender der Geschäftsführung
GEDORE Verwaltungs-GmbH

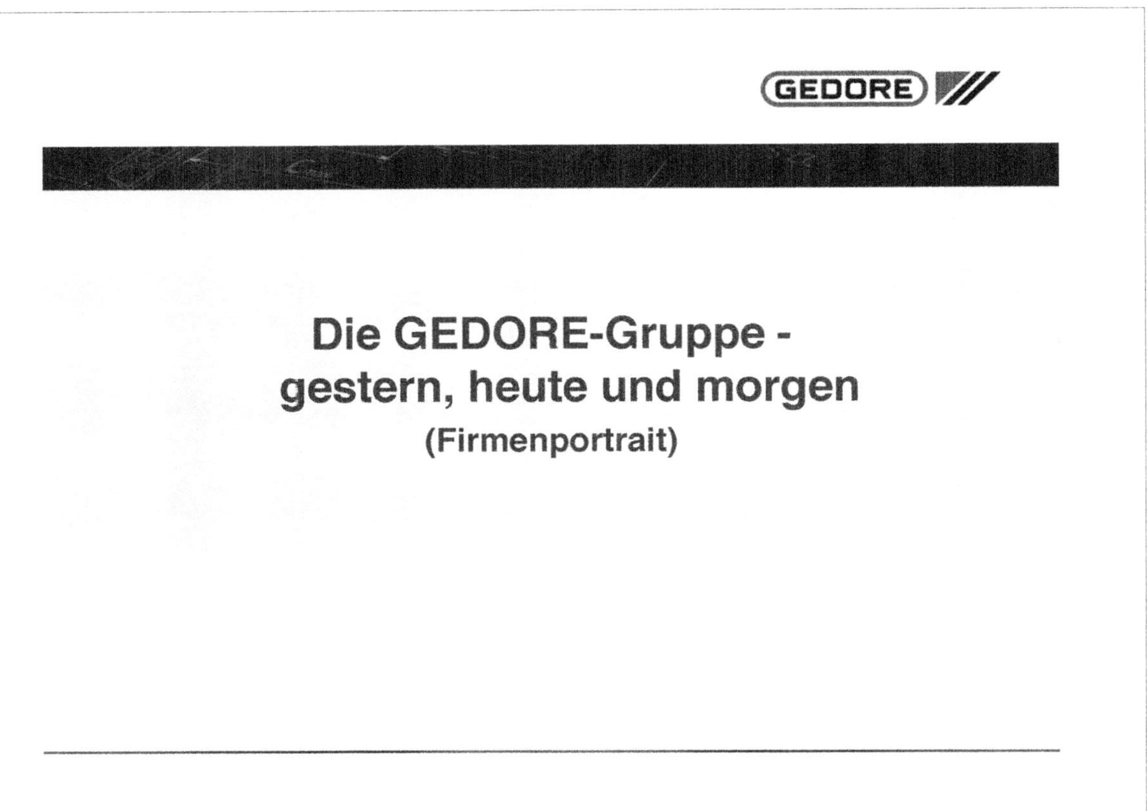
GEDORE
Die GEDORE-Gruppe -
gestern, heute und morgen
(Firmenportrait)

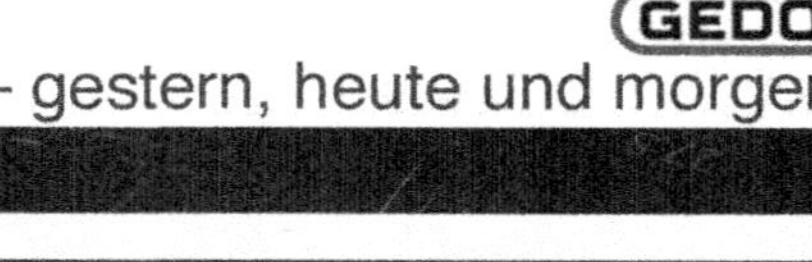

Die GEDORE-Gruppe – gestern, heute und morgen

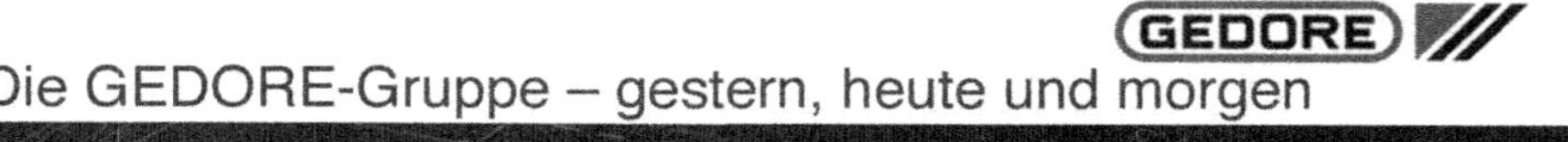

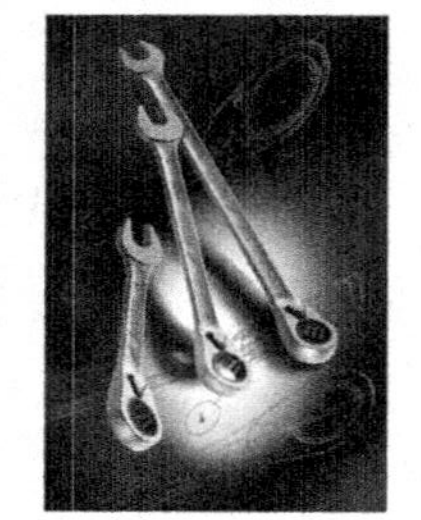

- **GEDORE gestern:**
  - Chronik eines Werkzeugherstellers
- **GEDORE heute:**
  - Standorte
  - Umsatzentwicklung
  - Mitarbeiter
  - Angewandte Technologien
  - Produkt-Sortiment
  - Gewinner des Eisen-Awards 2014/2012
  - Drehmomentkompetenz
  - Service
- **GEDORE morgen:**
  - Vision

2

Die GEDORE-Gruppe – gestern, heute und morgen

GEDORE gestern

- GEDORE wurde 1319 durch die Gebrüder Otto, Karl und Willi Dowidat in Remscheid am "Erdelen" gegründet

3

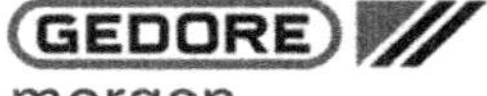

Die GEDORE-Gruppe – gestern, heute und morgen

GEDORE gestern

- 1926: Umzug nach Remscheid-Lüttringhausen, wo sich noch heute das Stammwerk von GEDORE befindet
  - Zu Beginn des 20. Jahrhunderts und mit dem Aufbau eines eigenen Exportnetzes, stieg die Bedeutung von GEDORE als Fertigungsstätte hochwertigen Handwerkzeuges weltweit an
  - Von Kriegszerstörungen blieb GEDORE in Remscheid weitgehend verschont. So konnte bald nach Kriegsende die Produktion in kleinem Umfang wieder aufgenommen werden

4

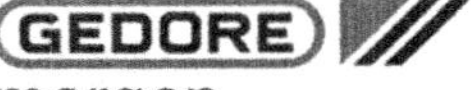

Die GEDORE-Gruppe – gestern, heute und morgen

GEDORE heute

- Die GEDORE-Gruppe bildet heute eine der weltweit größten Verbünde von Werkzeugspezialisten
- Einer der führenden Anbieter von Handwerkzeugen weltweit
- Breites und qualitativ hochwertiges Produktsortiment mit circa 16.000 Artikeln
- Vertreten in den Bereichen Industrie, Automotive, Aerospace und Regenerative Energien international sowie national
- Insgesamt 9 Marken bilden die Gruppe: GEDORE, OCHSENKOPF, KLANN, GEDORE Solutions, LÖSOMAT, TORQUELEADER, carolus, ALTAS und ROBUST

5

Die GEDORE-Gruppe – gestern, heute und morgen

GEDORE heute

- 9 Produktionsfirmen insgesamt, davon 5 Standorte in Deutschland
- Weitere 4 Werke in Österreich, Brasilien, Südafrika und Großbritannien stellen gemäß den hohen GEDORE-Qualitätsstandards die bewährten Werkzeuge »Made by GEDORE« her
- Starke Innovationskraft und ein Anspruch an professionelle Premiumqualität
- Zentralstandort in Remscheid, Deutschland
- Rund um den Globus sorgen an jedem Arbeitstag ca. 2.600 Mitarbeiter für höchste Qualitätsansprüche
- In über 70 Ländern der Welt erhöhen »Werkzeuge fürs Leben« die Arbeitssicherheit

6

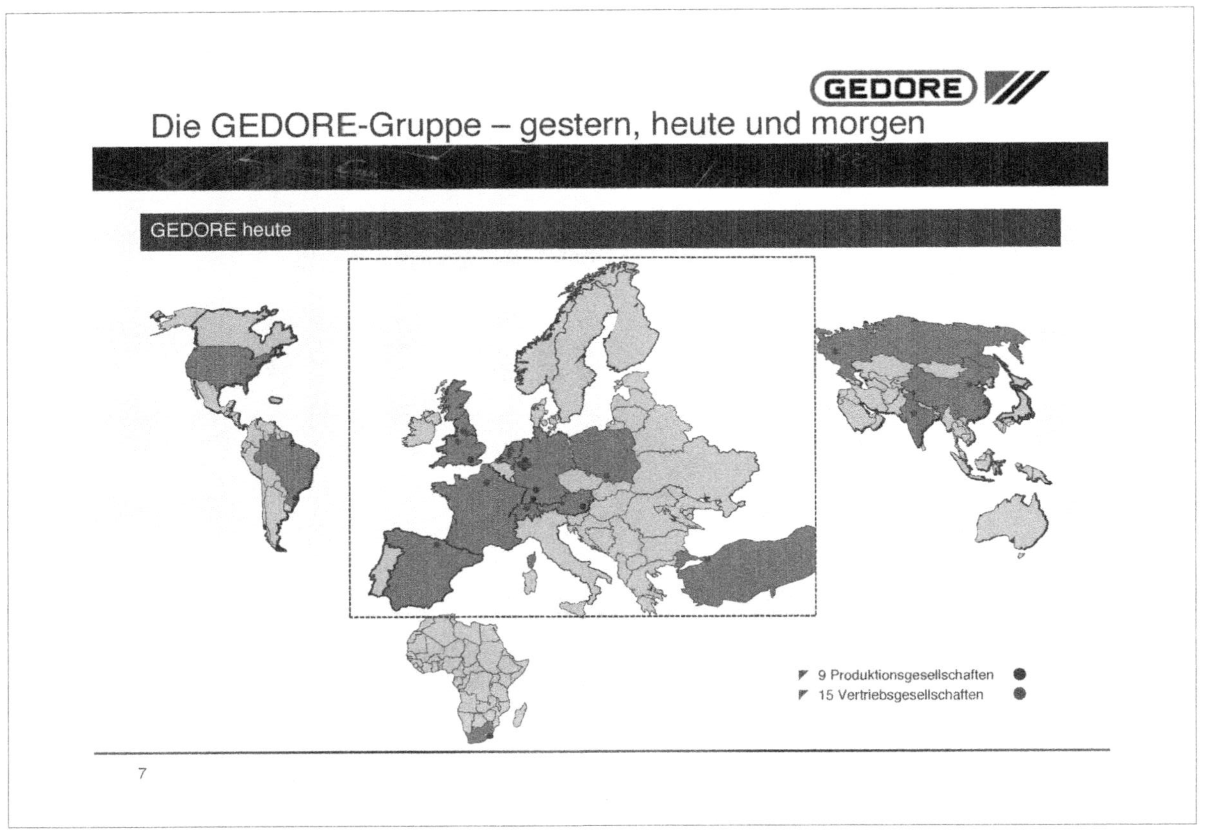
GEDORE
Die GEDORE-Gruppe – gestern, heute und morgen
GEDORE heute
9 Produktionsgesellschaften
15 Vertriebsgesellschaften
7

GEDORE

Die GEDORE-Gruppe – gestern, heute und morgen

GEDORE heute: Umsatzentwicklung und –planung

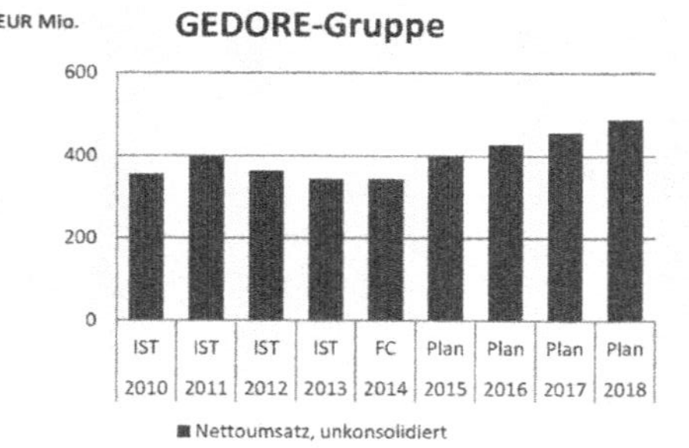

- Mit dem bereits in 2012 eingeleiteten Konsolidierungskurs wurde die Grundlage für das zukünftige Wachstum der GEDORE Gruppe geschaffen
- Wesentliche Meilensteine wurden bereits umgesetzt bzw. befinden sich zur Zeit noch in der Umsetzung (bspw. Technologiewechsel).
- Innerhalb der GEDORE Gruppe gilt der Bereich Drehmoment als Zukunftssparte

8

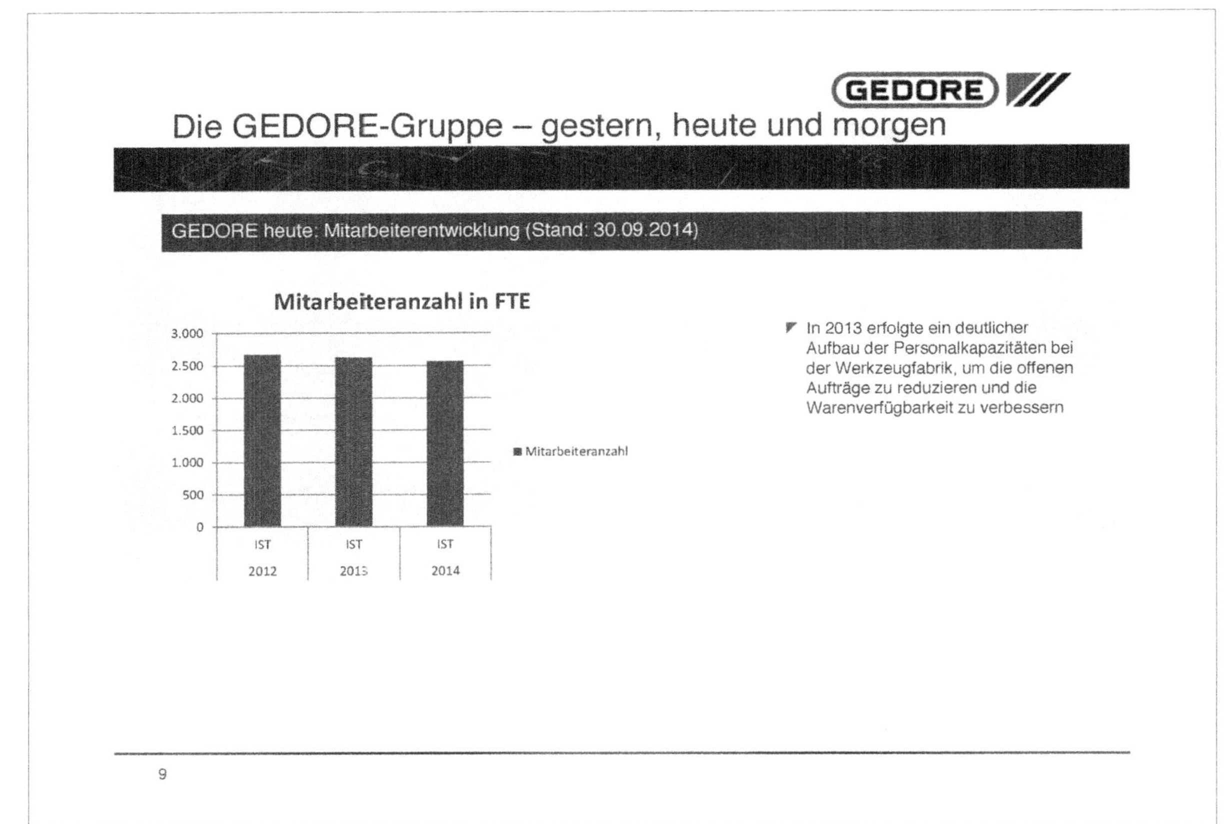
GEDORE
Die GEDORE-Gruppe – gestern, heute und morgen
GEDORE heute: Mitarbeiterentwicklung (Stand: 30.09.2014)
Mitarbeiteranzahl in FTE
3.000
2.500
2.000
1.500
1.000
500
0
IST 2012
IST 2013
IST 2014
Mitarbeiteranzahl
In 2013 erfolgte ein deutlicher Aufbau der Personalkapazitäten bei der Werkzeugfabrik, um die offenen Aufträge zu reduzieren und die Warenverfügbarkeit zu verbessern
9

Die GEDORE-Gruppe – gestern, heute und morgen

GEDORE heute: Angewandte Technologien (I/II)

Umformtechnik

- Schmieden von Flachteilen SW 6-185
  - Schlagenergie von 6,2-149 KJ
- Biegen von Blechteilen

Mechanische Bearbeitung

- Automatendreherei: 25 Maschinen; Verzahnungsteile, Knarren/7R; Drehdurchmesser: 2,5mm bis 63mm, Stangen bis 6m Länge
- Bearbeitungszentren: 8 Maschinen mit Wechseltisch und Doppelspindel
- DMG-Gesenkfräsmaschine:
  - Teilegröße max. 1000mmx800mm max. 1,3 t
  - Drehzahlen bis 28.000/min
  - Herstellung von Gesenken für die Schmiedevorstufen

10

Die GEDORE-Gruppe – gestern, heute und morgen

GEDORE heute: Angewandte Technologien (II/II)

- **Oberflächenbeschichtung**
  - Chrom und Nickel
    - Jahresobe-fläche 4.000.000 dm²; dies entspricht einer Fläche von 200x200 m
  - Manganphosphatierung
  - Verzinken
  - Pulvern
    - Verbrauch pro Jahr 30 t Pulver

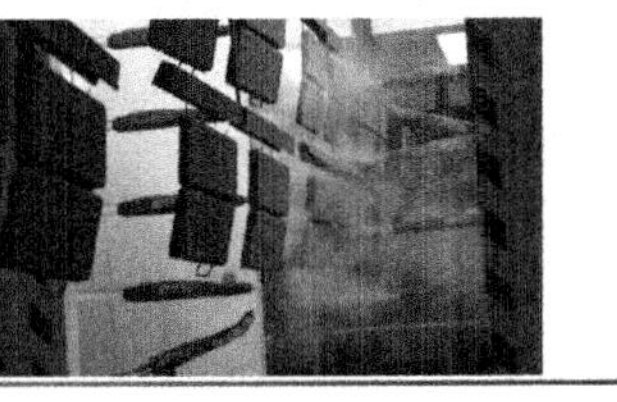

11

GEDORE

Die GEDORE-Gruppe – gestern, heute und morgen

GEDORE heute: Produkt-Sortiment

- GEDORE »Werkzeuge fürs Leben«
- Qualitätswerkzeuge von A – Z, vom Abzieher bis zur Zange
- Für Ihre Sicherheit zu Land, zu Wasser oder in der Luft

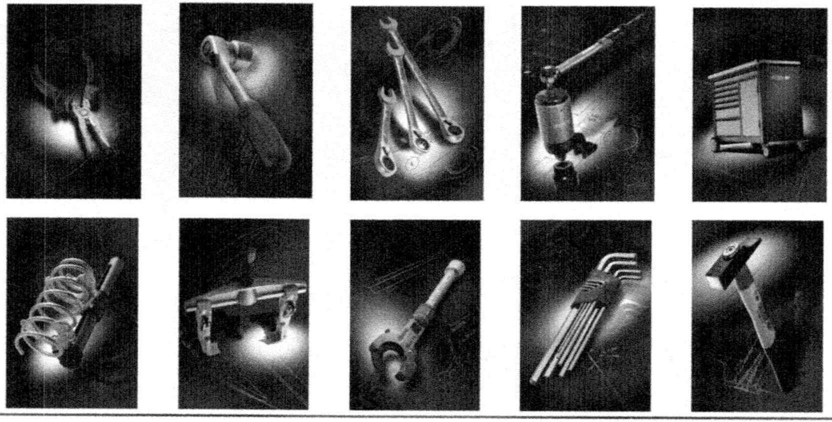

12

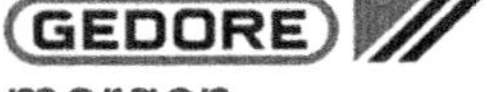

Die GEDORE-Gruppe – gestern, heute und morgen

GEDORE heute: Gewinner des Eisen-Awards 2014

- **1990 M Verlängerung 1/2" mit Haltemagnet**
  - Für handbetätigte Steckschlüsseleinsätze mit Durchgangsbohrung und Vierkantantrieb nach DIN 3120, ISO 1174, mit Kugelarretierung
  - Der Haltemagnet fixiert die Schrauben im Steckschlüsseleinsatz verliersicher
  - Einhandbedienung - Die Schraube kann sofort mit dem Steckschlüsseleinsatz eingedreht werden
  - Der Haltemagnet hat durch eine Federmechanik immer direkten Kontakt mit dem Schraubenkopf und sorgt so für zentrische Führung der Schraube
  - Starker Permanentmagnet hält selbst große Schrauben fest
  - Eingetragenes Gebrauchsmuster

EISEN 2014

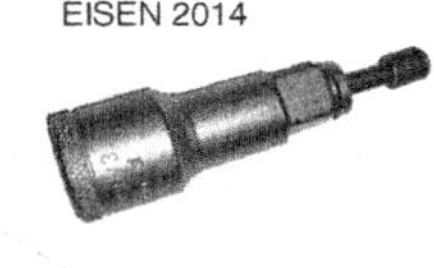

13

Die GEDORE-Gruppe – gestern, heute und morgen

GEDORE heute: Gewinner des Eisen-Awards 2012

DMK200 Drehmomentschlüssel DREMASTER ® K 1/2" 40-200 N.m

- Robuste, seidenmatt-verchromte Stahlrohr-Konstruktion
- Mit verchromter Knarre und hochwertigen Kunststoffteilen
- Integrierte Knarrenfunktion, mit Pilzkopf-Umsteckvierkant mit Druckknopf-Auslösung
- Für den kontrollierten Rechts- und Linksanzug
- Klassifiziert nach DIN EN ISO 6789:2003 Typ II Klasse A, mit einem rückführbaren Werkszertifikat
  - Kalibriert auf eine zulässige Abweichung von +/- 3 % und besser
- Die Vorgabe der Norm (+/- 4 %) wird zu Ihrer Sicherheit übertroffen
- Umschaltung zwischen Hauptskala N·m und Nebenskala lbf·ft, zur Vermeidung von Ablesefehlern bei der Einstellung des gewünschten Drehmomentes

EISEN 2012

14

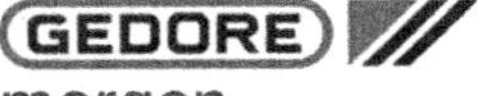

Die GEDORE-Gruppe – gestern, heute und morgen

GEDORE heute: In unseren Zielmärkten sind wir Technologieführer im Bereich Drehmoment-Technik

- Kontrollierte Sicherheit beim Schraubenanzug im Bereich von 0,02Nm – 54 KNm
- Autorisierte Kalibrierung im akkreditierten, hauseigenen DAkkS-Labor (DKD)
- Breites Produktsortiment: Mechanische und elektronische Drehmomentschlüssel und -schraubendreher, Prüfgeräte, Vervielfältiger und Zubehör
- LÖSOMAT, TORQUELEADER (MHH) und GEDORE sind Technologieführer in ihren Zielmärkten

15

Die GEDORE-Gruppe – gestern, heute und morgen

GEDORE heute: Service - Unser Engagement für unsere Kunden

- Unsere Kunden können sich immer auf höchste Service- und Lieferqualität aus einer Hand verlassen
- Werkzeug-Sonderlösungen werden auf Kundenwunsch gefertigt
- Mitarbeiter Know How durch regelmäßige Mitarbeiterschulungen
- Zertifizierung nach ISO Standards
- Kundenorientierte und effiziente Prozesse nach aktuellen Richtlinien

16

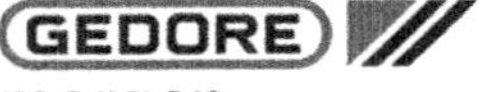

Die GEDORE-Gruppe – gestern, heute und morgen

GEDORE morgen: Vision - Unser Anspruch sind Werkzeuge fürs Leben - Tools for life

- Als zielorientierte Unternehmensgruppe streben wir nach stetigem Wachstum und langfristigem Unternehmenserfolg
- Wir haben den Anspruch, weltweit einer der führenden Produzenten von Handwerkzeugen zu sein und neue Herausforderungen immer souverän zu meistern
- Innovation ist die treibende Kraft, mit der wir uns immer wieder neu erfinden. Wir bieten unseren Kunden als profitabler Marktführer herausragende Leistungen rund um das Thema Handwerkzeug
- Begeisterungsfähige Mitarbeiter sind die Basis unseres Unternehmenserfolgs! Als Team gestalten wir aktiv die Zukunft – ohne Grenzen

17

Vielen Dank für Ihre Aufmerksamkeit !

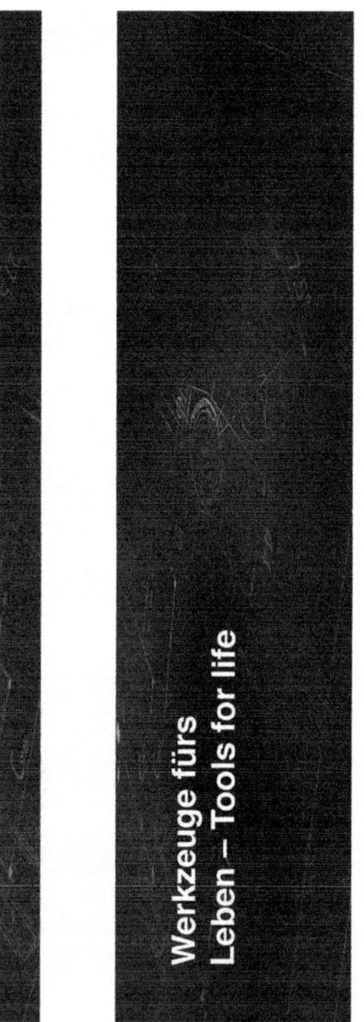

18

Vertrauen weltweit: Deutsche Ingenieurskompetenz im globalen Wettbewerb

Dr.-Ing. Axel Stepken

Vorsitzender des Vorstands
TÜV SÜD AG

Vertrauen weltweit:
Deutsche Ingenieurskompetenz
im globalen Wettbewerb
Dr.-Ing. Axel Stepken
Vorstandsvorsitzender, TÜV SÜD AG
TÜV SÜD
Mehr Sicherheit.
Mehr Wert.
TÜV SÜD
TÜV SÜD Unternehmenspräsentation
Folie 1
TÜV®

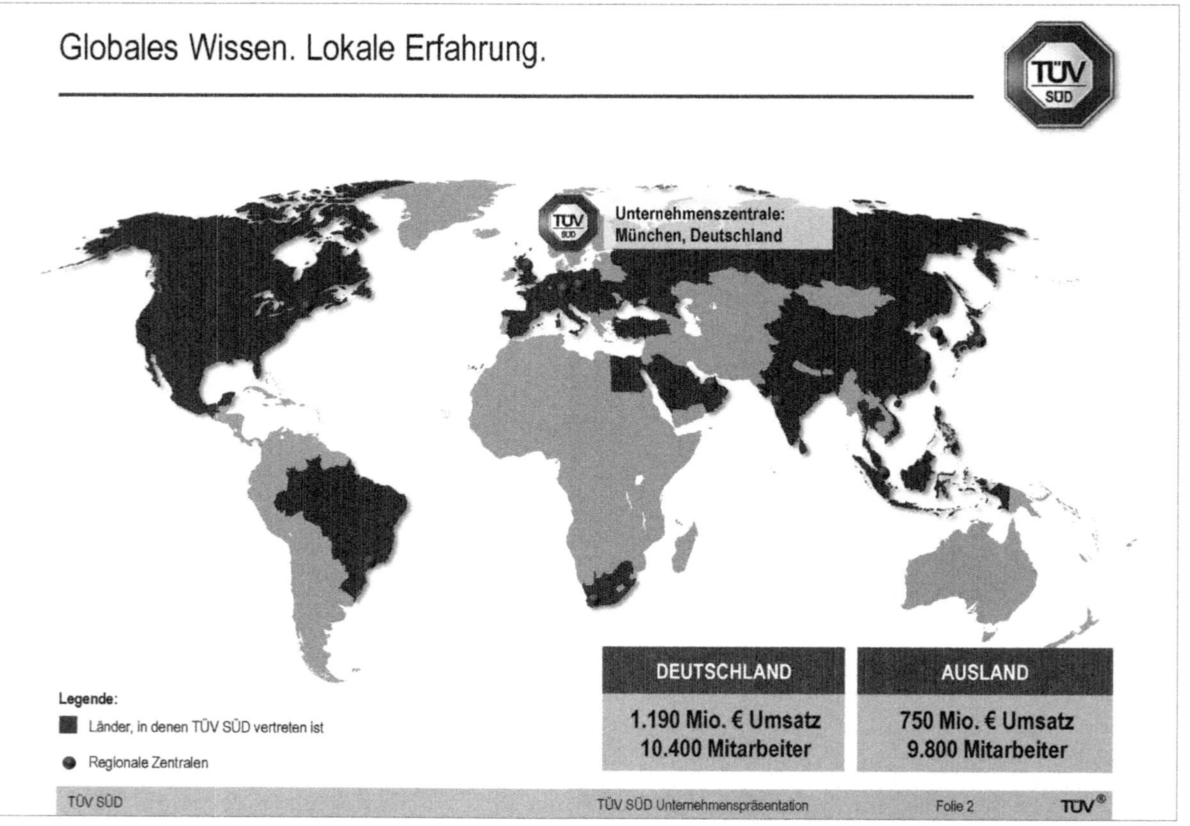

Globales Wissen. Lokale Erfahrung.
TÜV SÜD
Unternehmenszentrale:
München, Deutschland
Legende:
Länder, in denen TÜV SÜD vertreten ist
Regionale Zentralen
DEUTSCHLAND
1.190 Mio. € Umsatz
10.400 Mitarbeiter
AUSLAND
750 Mio. € Umsatz
9.800 Mitarbeiter
TÜV SÜD
TÜV SÜD Unternehmenspräsentation
Folie 2
TÜV®

TÜV SÜD in Zahlen: Kontinuierliches Wachstum
TÜV SÜD
1
Dienstleister für alle technischen Lösungen
150
Jahre Erfahrung
800
Standorte weltweit
1.900
Millionen Euro Umsatz im Jahr 2013
20.200
Mitarbeiter weltweit
TÜV SÜD
TÜV SÜD Unternehmenspräsentation
Folie 3
TÜV®

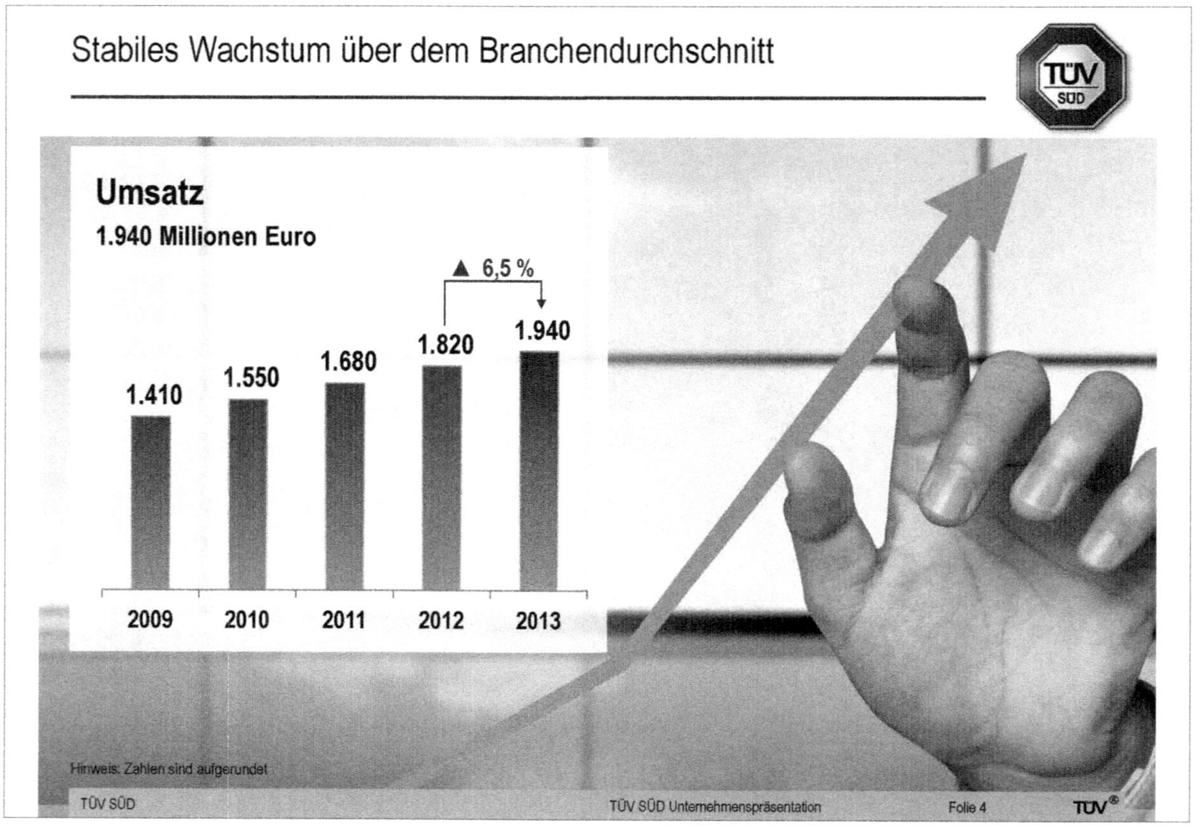

Stabiles Wachstum über dem Branchendurchschnitt
TÜV SÜD
Umsatz
1.940 Millionen Euro
▲ 6,5 %
1.410
1.550
1.680
1.820
1.940
2009
2010
2011
2012
2013
Hinweis: Zahlen sind aufgerundet
TÜV SÜD
TÜV SÜD Unternehmenspräsentation
Folie 4
TÜV®

20.200 engagierte Mitarbeiter im Dienst unserer Kunden – weltweit
TÜV SÜD
Anzahl der Mitarbeiter*
20.200 Mitarbeiter
▲ 7,4 %
14.500
16.100
17.200
18.800
20.200
2009
2010
2011
2012
2013
*Stand: 31.12.2013
Hinweis: Zahlen sind aufgerundet
TÜV SÜD
TÜV SÜD Unternehmenspräsentation
Folie 5
TÜV®

Mehr Sicherheit. Mehr Wert.

TÜV SÜD ist bis heute seinem Gründungsprinzip treu geblieben: **Menschen, Umwelt und Sachgüter vor den nachteiligen Auswirkungen der Technik zu schützen.**

TÜV SÜD | TÜV SÜD Unternehmenspräsentation | Folie 6 | TÜV®

Technisches Know-how & umfangreiche Branchenkenntnisse

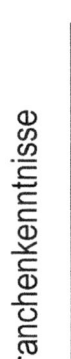

Prüfung & Zertifizierung	Inspektion	Auditierung & System-zertifizierung	Knowledge Services	Training
Chemische, physikalische, mechanische und elektrische Prüfungen, Umweltprüfungen sowie Zertifizierungen.	Begutachtung von Produkten, Systemen, Gebäuden, Anlagen und Infrastruktur-einrichtungen	Auditierung und Zertifizierung von Systemen in vielen Bereichen u.a. Qualität, Arbeits-sicherheit, Energie, Umwelt, Lebens-mittel, Gesundheit und IT.	Wissen, Information und Unterstützung zu Sicherheit, Qualität, Risiko, Gesundheit und Nachhaltigkeit sowie Umweltschutz und Regelwerken.	Schulungen und Seminare zu Arbeitssicherheit, Technik und Management-systemen sowie Programme für Führungskräfte.

TÜV SÜD TÜV SÜD Unternehmenspräsentation Folie 7 TÜV®

Motor für sichere Mobilität seit hundert Jahren

TÜV SÜD

F&E sowie Fahrzeughersteller

Leistungen Fahrzeughersteller (Original Equipment Manufacturer, OEM) und Zulieferer:

- Homologation / Typzulassung, Zertifizierung und internationales Compliance Management
- Fahrzeug- und Komponentenprüfung
- Antriebsstrang- und Getriebetests
- Qualitäts- und Sicherheitsleistungen

Transport

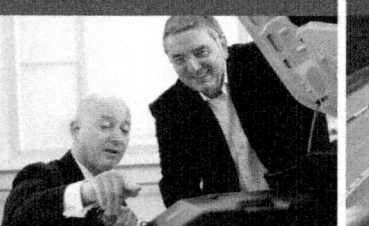

Leistungen für Werkstätten und Handel, Leasinggesellschaften und Fuhrparkbetreiber:

- Fahrzeug- und Gebrauchtwagenmanagement
- Schadengutachten
- Wertgutachten
- Qualitäts- und Prozessoptimierung
- Leistungsaudits
- Systemzertifizierung
- Training

Straßensicherheit & Verkehr

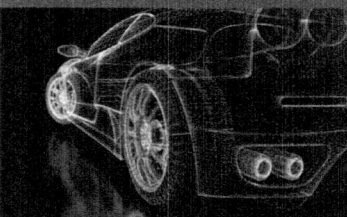

Leistungen für Behörden:

- Beratung zum rechtlichen Rahmen
- Entwicklung von Lösungen für die periodische Fahrzeugüberwachung
- Verkehrsforschung und –Beratung

Leistungen für private Fahrzeugbesitzer:

- Periodische Fahrzeuguntersuchung (Hauptuntersuchung)
- Zustands- & Wertgutachten für Gebrauchtwagen
- Experten- und Schadengutachten
- Feinstaubplaketten (D)

TÜV SÜD | TÜV SÜD Unternehmenspräsentation | Folie 8 | TÜV®

Risiken minimieren. Ergebnisse optimieren.

TÜV SÜD

Chemie, Öl & Gas

Leistungen für Investoren, Betreiber und Hersteller von Upstream-, Midstream-, und Downstream-Anlagen:
- Qualitätssicherheit und -überwachung
- Wiederkehrende Überwachung
- Projektbegleitung für Betreiber und Investoren (Owner's Engineer)
- Abnahmeprüfung
- Werkstoffprüfung
- Auditierung
- Arbeits- und Gesundheitsschutz
- Systemzertifizierung
- Training

Strom & Energie

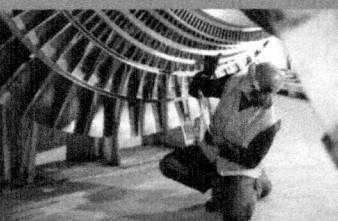

Leistungen für Investoren, Betreiber und Hersteller von konventionellen Kraftwerken, Atomkraftwerken und Kraftwerken für erneuerbare Energien:
- Due Diligence
- Entwurfsprüfung
- Risikomanagement
- Projektbegleitung (Owner's Engineer)
- Bauüberwachung
- Materialprüfung
- Wiederkehrende Überwachung
- Prüfung der Regelwerkskonformität
- Arbeits- und Gesundheitsschutz
- Systemzertifizierung
- Training

Produktion & Industriegüter

Leistungen für die Hersteller von Bauteilen, Auftragnehmer, Installateure, Hersteller von Maschinen & Werkstoffen sowie Betreiber:
- Bauteilprüfung
- Wiederkehrende Prüfung von Anlagen
- Schadensanalyse
- Arbeits- und Gesundheitsschutz
- Systemzertifizierung
- Training

TÜV SÜD | TÜV SÜD Unternehmenspräsentation | Folie 9 | TÜV®

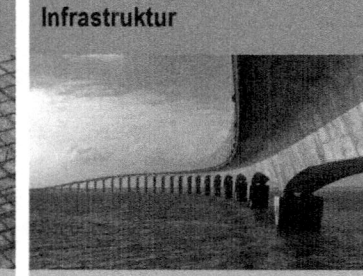

Maximale Zuverlässigkeit, Sicherheit und Effizienz

TÜV SÜD

Bahn

Leistungen für Behörden, Eisenbahnverkehrsunternehmen, Bahn-Infrastrukturmanager, Hersteller bahntechnischer Bauteile:
- Technische Unterstützung
- Prüfung
- Unabhängige Sicherheitsbewertung
- Systemzertifizierung
- Training

Immobilien

Leistungen für Investoren, Bauherren, Betreiber & Hersteller gebäudetechnischer Anlagen für Bestandsgebäude und Neubauten:
- Due Diligence
- Prüfung der Planungsunterlagen
- Risikomanagement
- Baustoffprüfung
- Wiederkehrende Prüfung
- Machbarkeitsstudien
- Energieeffizienzanalyse & -audits
- Projektbegleitung (Owner's Engineer)
- Immobiliengutachten & Wertgutachten
- Systemzertifizierung
- Training

Infrastruktur

Leistungen für Betreiber und Hersteller von Infrastrukturanlagen für Gebäude, Bewässerungs-, Transport- und Versorgungswirtschaft:
- Due Diligence
- Technische Unterstützung
- Risikomanagement
- Wiederkehrende Prüfung
- Systemzertifizierung
- Training

Erfolgreich am Markt

Produktion & Industriegüter

Leistungen für Bauteilhersteller, Generalunternehmer, Anlagenlieferanten, Geräte- & Werkstoffproduzenten, Betreiber und Bedienungspersonal:

- Bauteilprüfung
- Wiederkehrende Geräteprüfung
- Schadensanalyse
- Arbeits- u Gesundheitsschutz
- Systemzertifizierung
- Training

Konsumprodukte & Handel

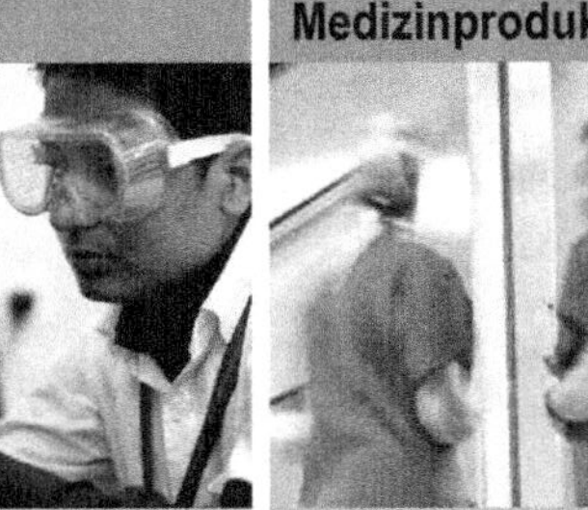

Leistungen für Hersteller, Händler, Käufer & Lieferanten in den Bereichen Elektro & Elektronik, Nahrung, Gesundheit & Kosmetik, Hardlines, Softlines, Spielzeug & Produkte für Kinder:

- Prüfung
- Auditierung
- Inspektion
- Produktzertifizierung
- Knowledge Services
- Systemzertifizierung
- Training

Gesundheitswesen & Medizinprodukte

Leistungen für Medizinproduktehersteller und Gesundheitsdienstleister:

- Klinische Zulassungen
- Marktzulassung und Zertifizierung
- Prüfung
- Evaluierung
- Qualitätskontrolle
- Arbeits- u. Gesundheitsschutz
- Systemzertifizierung
- Training

Telekommunikation & IT

Leistungen für Hersteller und Betreiber von Infrastruktureinrichtungen & drahtlosen Kommunikationsgeräten:

- Entwurfsprüfung
- Prüfung
- Software-Hinterlegungsservice-Escrow
- Produktzertifizierung
- Arbeits- u. Gesundheitsschutz
- Systemzertifizierung
- Training

TÜV SÜD | TÜV SÜD Unternehmenspräsentation | Folie 11 | TÜV®

Lösungen für eine nachhaltige Zukunft

Energieeffizienz

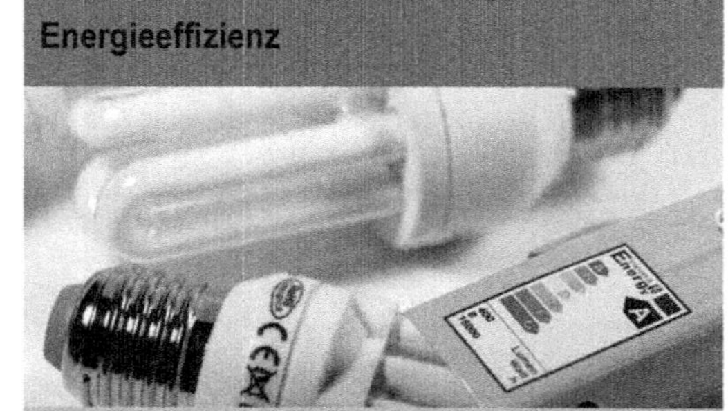

Leistungen für Hersteller von Produkten und Geräten sowie für Planer und Betreiber von Gebäuden, Produktionsanlagen und Kraftwerken sowie für Gemeinden und Regionen:

- Energieeffizienz-Audits
- Optimierung der Energieeffizienz
- Zertifizierung der Energieeffizienz
- Prüfung
- Produktzertifizierung
- Bewertung der Regelwerkskonformität
- Systemzertifizierung
- Training

Erneuerbare Energien

Leistungen für Hersteller von Bauteilen sowie für Investoren und Betreiber von Anlagen zur energetischen Nutzung von Biomasse, Geothermie, Wasserkraft, Photovoltaik, Solarthermie und Windkraft:

- Untersuchungen zur Machbarkeit und Finanzierbarkeit
- Bauüberwachung
- Unterstützung bei Sicherheit und Genehmigungsmanagement
- Prüfung und Zertifizierung von Anlagen und Bauteilen
- Wiederkehrende Überwachung
- Training

TÜV SÜD TÜV SÜD Unternehmenspräsentation Folie 12 TÜV®

Lösungen für eine nachhaltige Zukunft

TÜV SÜD

Elektromobilität

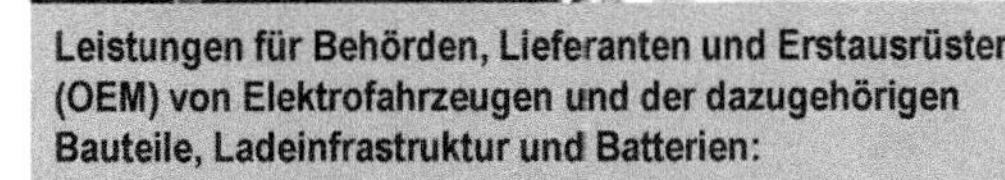

Leistungen für Behörden, Lieferanten und Erstausrüster (OEM) von Elektrofahrzeugen und der dazugehörigen Bauteile, Ladeinfrastruktur und Batterien:

- Prüfung
- Reichweitenermittlung
- Technische Unterstützung
- Standortbewertung
- Zertifizierung
- Homologation
- Systemzertifizierung
- Training

Unternehmerische Sozialverantwortung (Corporate Social Responsibility, CSR)

Leistungen für Behörden, Unternehmer und Betreiber:

- Carbon Footprint-Zertifizierung
- Verifizierung, Validierung und Zertifizierung von Klimaschutzprojekten
- Systemzertifizierung
- Klimaneutralstellung

Leistungen für Hersteller, Lieferanten und Händler:

- Audits zu Social Compliance
- Betriebliches Gesundheitsmanagement
- Systemzertifizierung
- Training

TÜV SÜD TÜV SÜD Unternehmenspräsentation Folie 13 TÜV®

Vertrauen weltweit:
Deutsche Ingenieurskompetenz
im globalen Wettbewerb
Dr.-Ing. Axel Stepken
Vorstandsvorsitzender, TÜV SÜD AG
TÜV SÜD
Mehr Sicherheit.
Mehr Wert.
TÜV SÜD
TÜV SÜD Unternehmenspräsentation
Folie 14
TÜV®

Strategische Führung im Mittelstand

Dr. Michael Süß

Vorsitzender der Geschäftsführung
Georgsmarienhütte Holding GmbH

Kurzporträt

In der Gruppe stark

Ein rotes Signet, 39 Unternehmen und rund 9.500 Mitarbeiter weltweit – das ist heute die GMH Gruppe.

Der Verbund mittelständisch strukturierter Unternehmen hat seine Herkunft und seinen Schwerpunkt im Werkstoff Stahl. Die GMH Unternehmen arbeiten in der klassischen Prozessindustrie – vom Rohstoff bis zum komplexen Endprodukt – mit den Werkstoffen Stahl und Eisen. Bei der Werkstoff- und Produktentwicklung hat sich die GMH Gruppe im europäischen und weltweiten Raum in den Segmenten Qualitäts- und Edelbaustahl, Kappenringe und Zahnstangen für automobile Lenksysteme als Marktführer nachhaltig etabliert.

Qualität, Verlässlichkeit und Innovationskraft zeichnen die GMH Gruppe aus. Wo immer hochwertige Bauteile aus Stahl und Eisen benötigt werden, bietet die GMH Gruppe Lösungen – schnell, zuverlässig, flexibel und mit höchstem Qualitätsanspruch an Produkt und Dienstleistung.

Die Unternehmen der GMH Gruppe führen alle das rote Signet vor ihrem eigenen Firmennamen. Sie sind in Deutschland, Österreich, Brasilien, der Türkei, Australien und den USA zu Hause und arbeiten entlang der Wertschöpfungskette partnerschaftlich zusammen. So können sie gemeinsam am Markt agieren, individuell auf Kundenwünsche reagieren und hochwertige Lösungen aus einer Hand anbieten. Der Verbund in der Gruppe bietet den Kunden die Sicherheit eines Großunternehmens mit der Flexibilität und Innovationskraft des Mittelstandes.

Die Georgsmarienhütte Holding steuert den Unternehmensverbund, entscheidet über die strategische Ausrichtung, fördert den Know-how-Transfer und bündelt Synergien zwischen den Gruppenunternehmen. Dabei ist die GMH Gruppe kein zentral geführter Konzern: Die einzelnen Unternehmen sind selbstständige, in weitgehender Eigenverantwortung operierende Gesellschaften, die sich selbst am Markt behaupten müssen. Den Fokus der strategischen Ausrichtung bilden dabei die drei Kernmärkte Mobilität, Energie und Maschinenbau.

Marktbereiche

Mobilität – Ob im Automobil-, Bahn- oder Schiffbau: Stahl und Komponenten aus den Unternehmen der GMH Gruppe werden überall dort eingesetzt, wo die Belastung am größten ist, wo Leistung erzeugt oder Kraft übertragen wird und Sicherheit eine große Rolle spielt, so z.B. im Powertrain von PKW und LKW, bei Großmotoren für den Schiffbau oder auch bei Radsätzen für Schienenfahrzeuge. Komponenten für automobile Lenksysteme, aber auch Getriebewellen und Common-Rail-Komponenten gehören zum breiten Produktspektrum. Die kundenspezifische Entwicklung und Erzeugung verschiedener Werkstoffe – vom Rohstahl bis zum Blankstahl aus Qualitäts- und Edelbaustählen – gehört zur Kernkompetenz der Gruppe.

Kurzporträt

Energie – Für die klassische Stromerzeugung liefern die Unternehmen wesentliche Komponenten für den Turbinen- und Generatorenbau. Im Bereich alternativer Stromerzeugung sind sie an der Entwicklung und Produktion von Bauteilen für die Turmsektion von Windkraftanlagen beteiligt, wie beispielsweise Rotornaben, Rotorwellen, Achszapfen und Getriebewellen. Zudem werden leicht- und hochlegierte Stahlgussteile für Armaturen und Pumpen für die Öl- und Gasfeldindustrie hergestellt. In allen Bereichen zeigt sich das innovative Potenzial insbesondere bei der Entwicklung und Optimierung geeigneter Werkstoffe.

Maschinenbau – Für den Maschinenbau liefern die Unternehmen der GMH Gruppe vor allem Stahlwerkstoffe für den Werkzeug- und Formenbau und einbaufertige Komponenten, wie beispielsweise Verdichterwellen, Bauteile für Maschinen der Nahrungsmittelindustrie sowie für Verpackungsmaschinen, aber auch Schredderhämmer und Mahlkugeln. Sie sind aber auch selbst Hersteller unterschiedlicher Maschinen und Anlagen, zum Beispiel von Warmschmiedezellen oder Prüfanlagen.

Die GMH Gruppe im Überblick

Vaillant: Vom Zukunftsbild zur Erfolgsstrategie

Dr. Carsten Voigtländer

Vorsitzender der Geschäftsführung
Vaillant Group

VAILLANT GROUP

Vaillant: Vom Zukunftsbild zur Erfolgsstrategie

Dr. Carsten Voigtländer, Vorsitzender der Geschäftsführung der Vaillant Group

17.-18. März 2015 - Münchner Management Kolloquium

Vaillant | Saunier Duval | awb | Bulex | DemirDöküm | Glow-worm | Hermann Saunier Duval | protherm

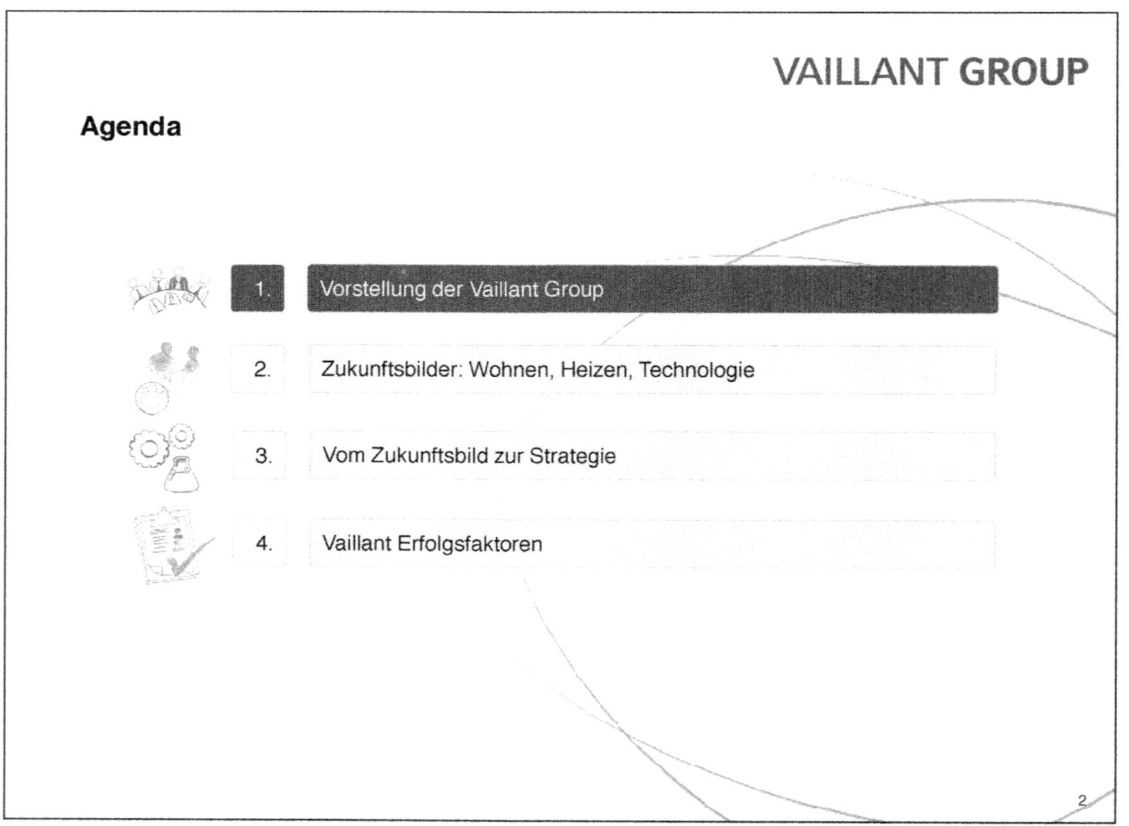
VAILLANT GROUP
Agenda
1.
Vorstellung der Vaillant Group
2.
Zukunftsbilder: Wohnen, Heizen, Technologie
3.
Vom Zukunftsbild zur Strategie
4.
Vaillant Erfolgsfaktoren
2

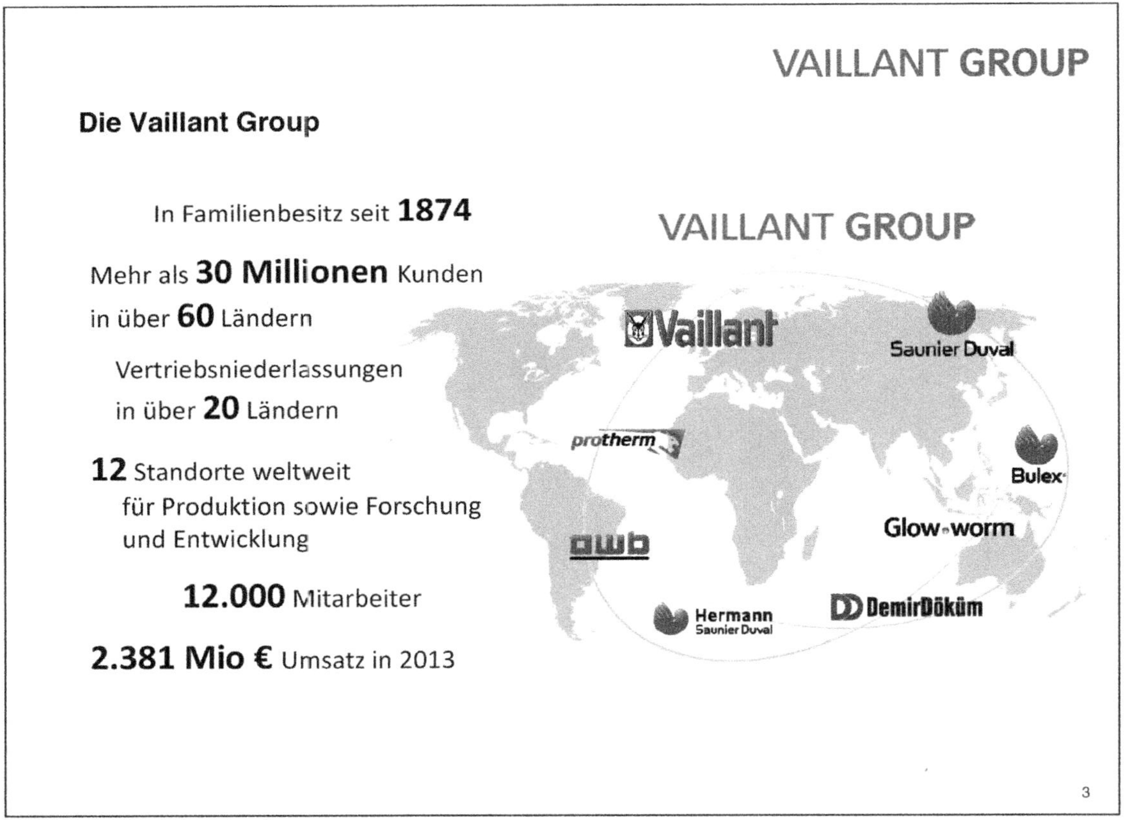

VAILLANT GROUP

Die Vaillant Group

In Familienbesitz seit **1874**

Mehr als **30 Millionen** Kunden
in über **60** Ländern

Vertriebsniederlassungen
in über **20** Ländern

12 Standorte weltweit
für Produktion sowie Forschung
und Entwicklung

12.000 Mitarbeiter

2.381 Mio € Umsatz in 2013

VAILLANT GROUP

Vaillant
Saunier Duval
protherm
Bulex
Glow-worm
awb
Hermann Saunier Duval
DemirDöküm

3

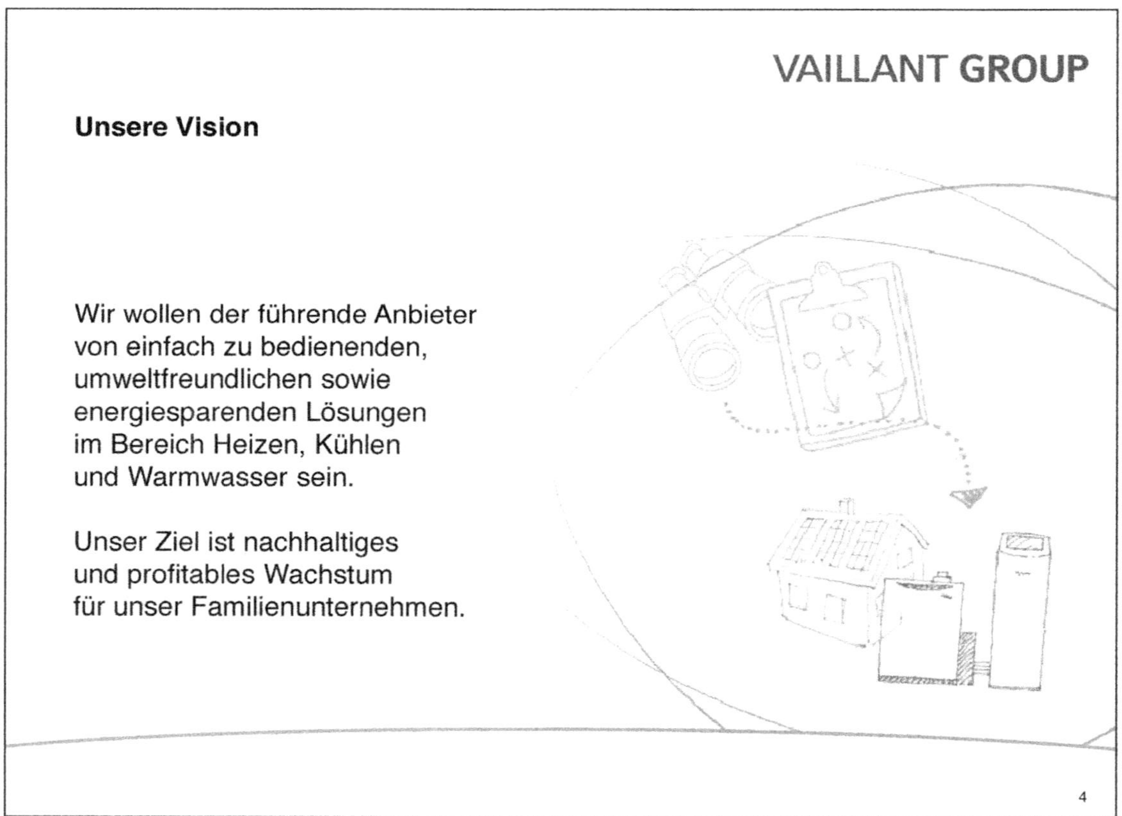
VAILLANT GROUP
Unsere Vision
Wir wollen der führende Anbieter
von einfach zu bedienenden,
umweltfreundlichen sowie
energiesparenden Lösungen
im Bereich Heizen, Kühlen
und Warmwasser sein.
Unser Ziel ist nachhaltiges
und profitables Wachstum
für unser Familienunternehmen.
4

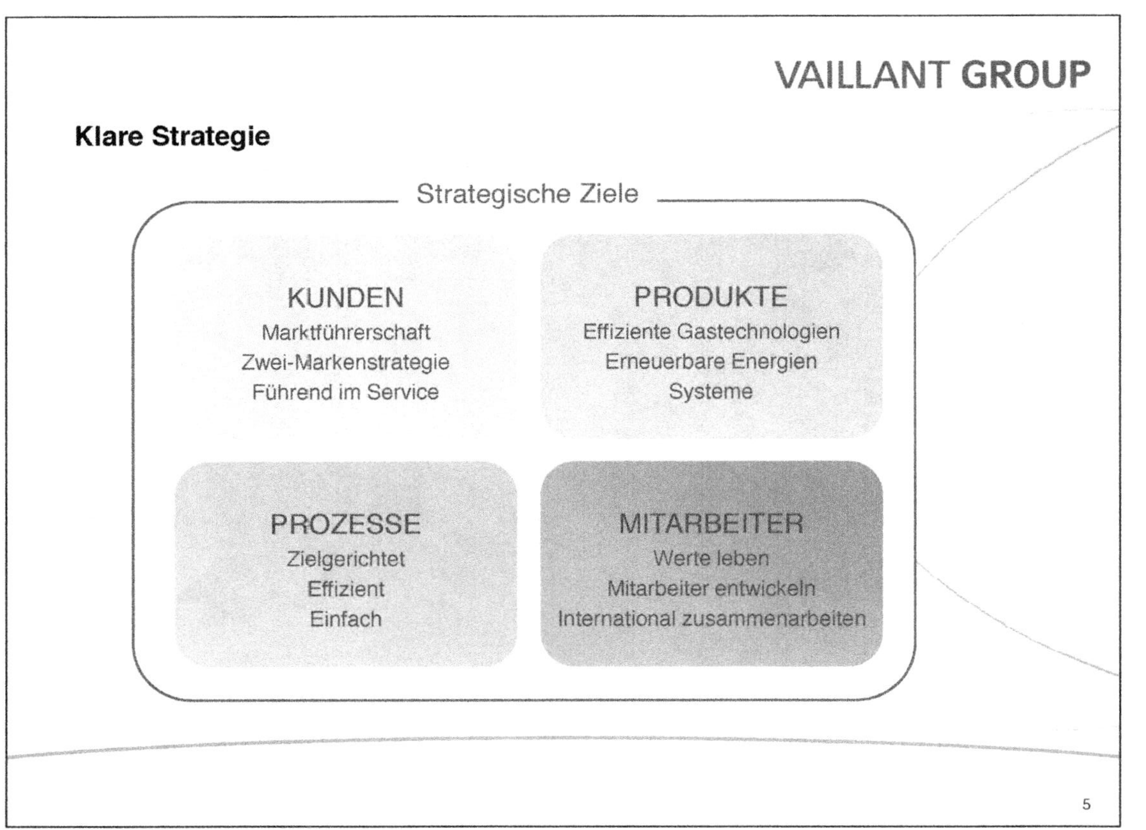
VAILLANT GROUP
Klare Strategie
Strategische Ziele
KUNDEN
Marktführerschaft
Zwei-Markenstrategie
Führend im Service
PRODUKTE
Effiziente Gastechnologien
Erneuerbare Energien
Systeme
PROZESSE
Zielgerichtet
Effizient
Einfach
MITARBEITER
Werte leben
Mitarbeiter entwickeln
International zusammenarbeiten
5

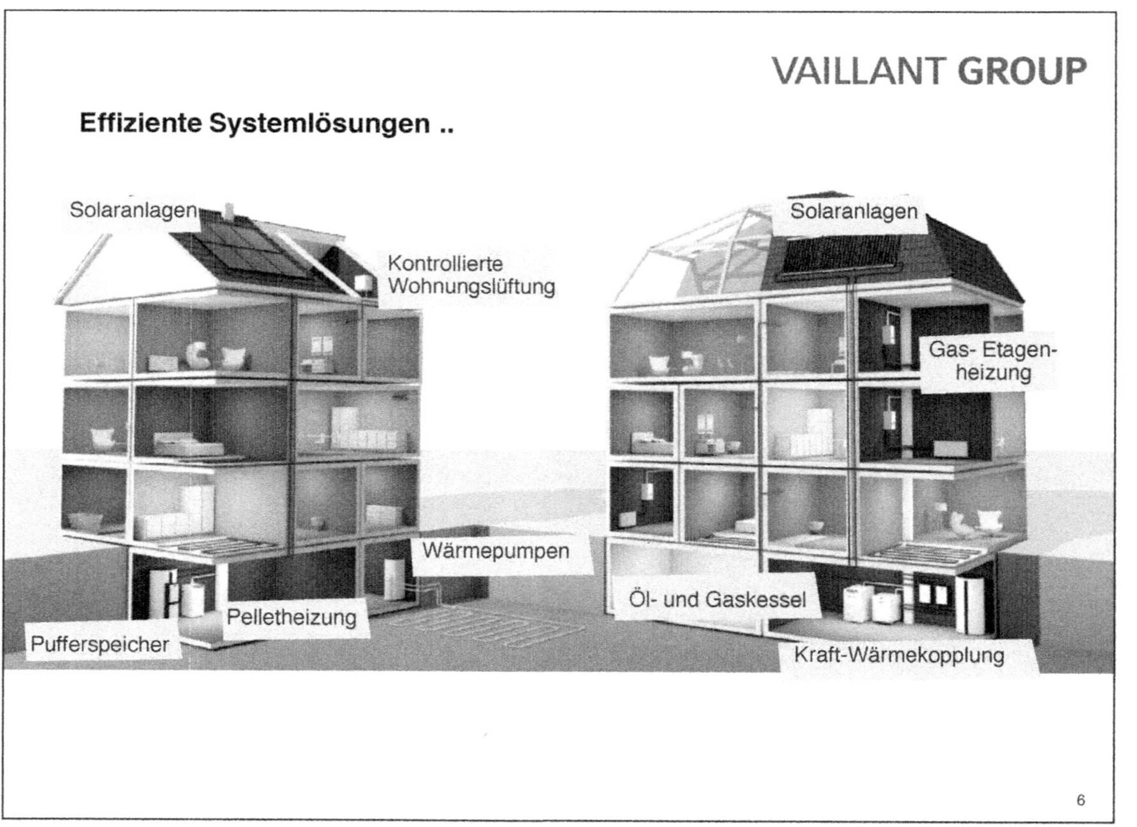
VAILLANT GROUP
Effiziente Systemlösungen ..
Solaranlagen
Kontrollierte
Wohnungslüftung
Wärmepumpen
Pelletheizung
Pufferspeicher
Solaranlagen
Gas- Etagen-
heizung
Öl- und Gaskessel
Kraft-Wärmekopplung
6

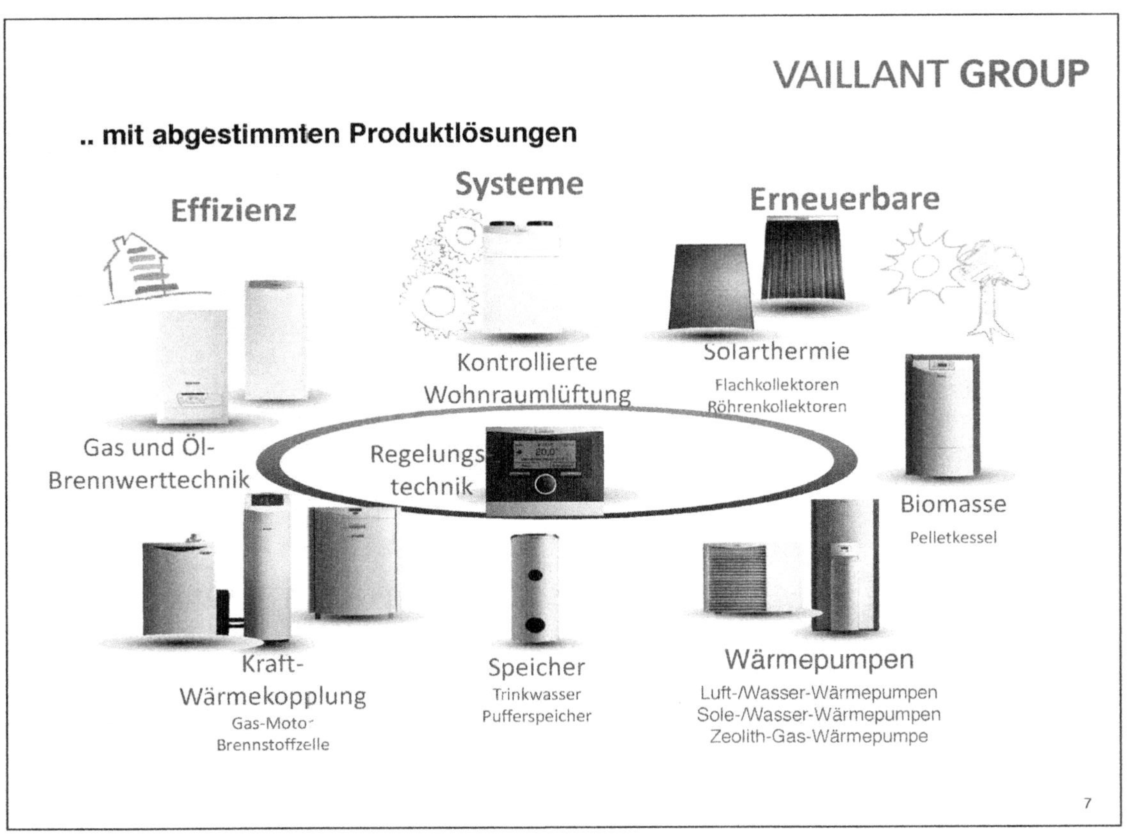
VAILLANT GROUP
.. mit abgestimmten Produktlösungen
Effizienz
Systeme
Erneuerbare
Kontrollierte Wohnraumlüftung
Solarthermie
Flachkollektoren
Röhrenkollektoren
Gas und Öl-Brennwerttechnik
Regelungstechnik
Biomasse
Pelletkessel
Kraft-Wärmekopplung
Gas-Moto-
Brennstoffzelle
Speicher
Trinkwasser
Pufferspeicher
Wärmepumpen
Luft-/Wasser-Wärmepumpen
Sole-/Wasser-Wärmepumpen
Zeolith-Gas-Wärmepumpe
7

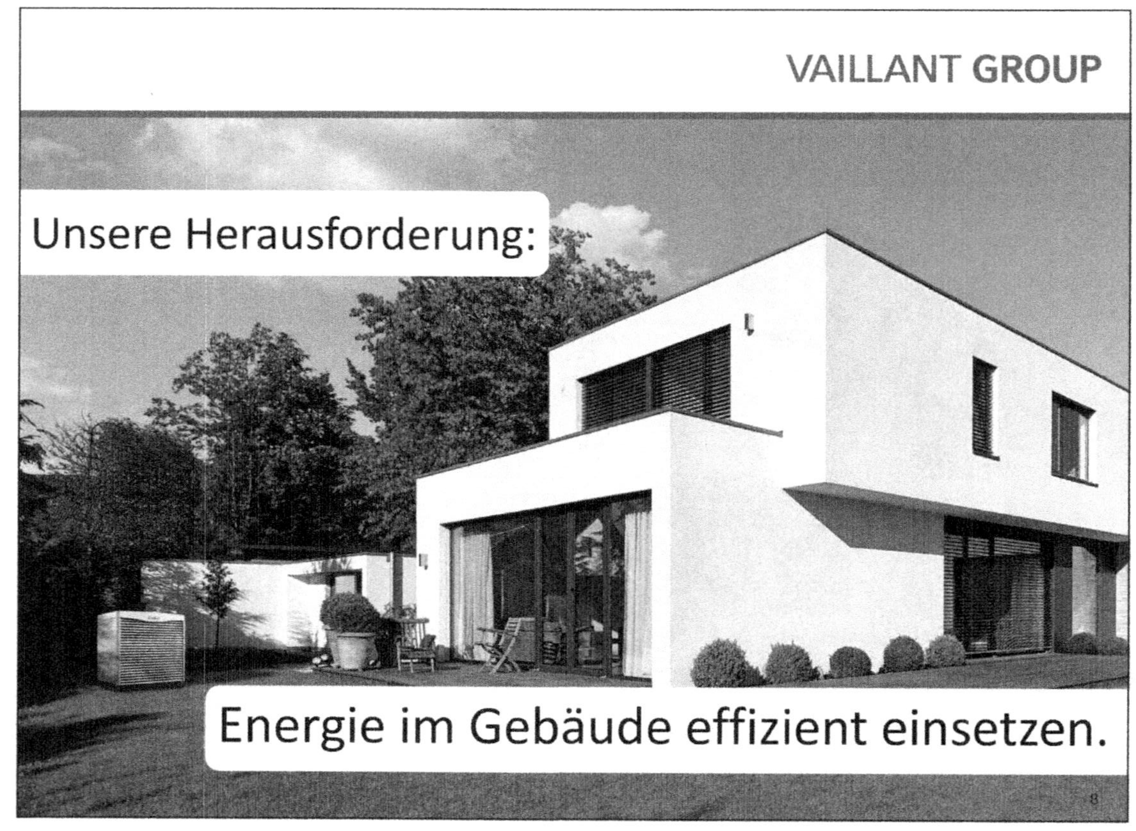
VAILLANT GROUP
Unsere Herausforderung:
Energie im Gebäude effizient einsetzen.
8

VAILLANT GROUP

Ziele der Energiewende

Primärenergie-verbrauch bis 2020:

- 20%

Reduzierung der Treibhausgas Emissionen bis 2020:

- 20%

Erzeugung aus erneuerbaren Energien bis 2020:

+ 20%

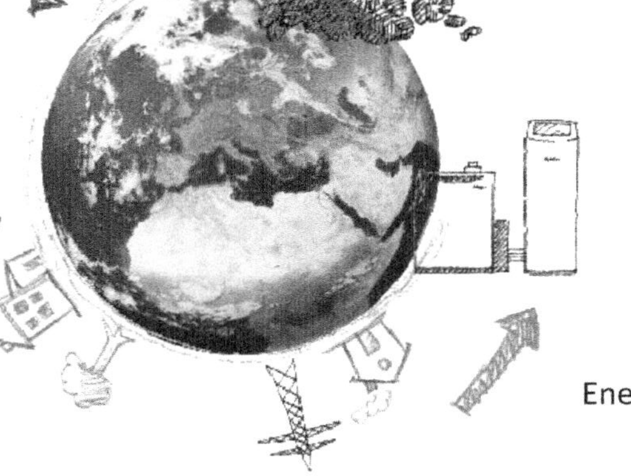

Ausstoß von Treibhausgasen bis 2050:

-95%

Erzeugung aus erneuerbaren Energien bis 2050:

+ 80%

9

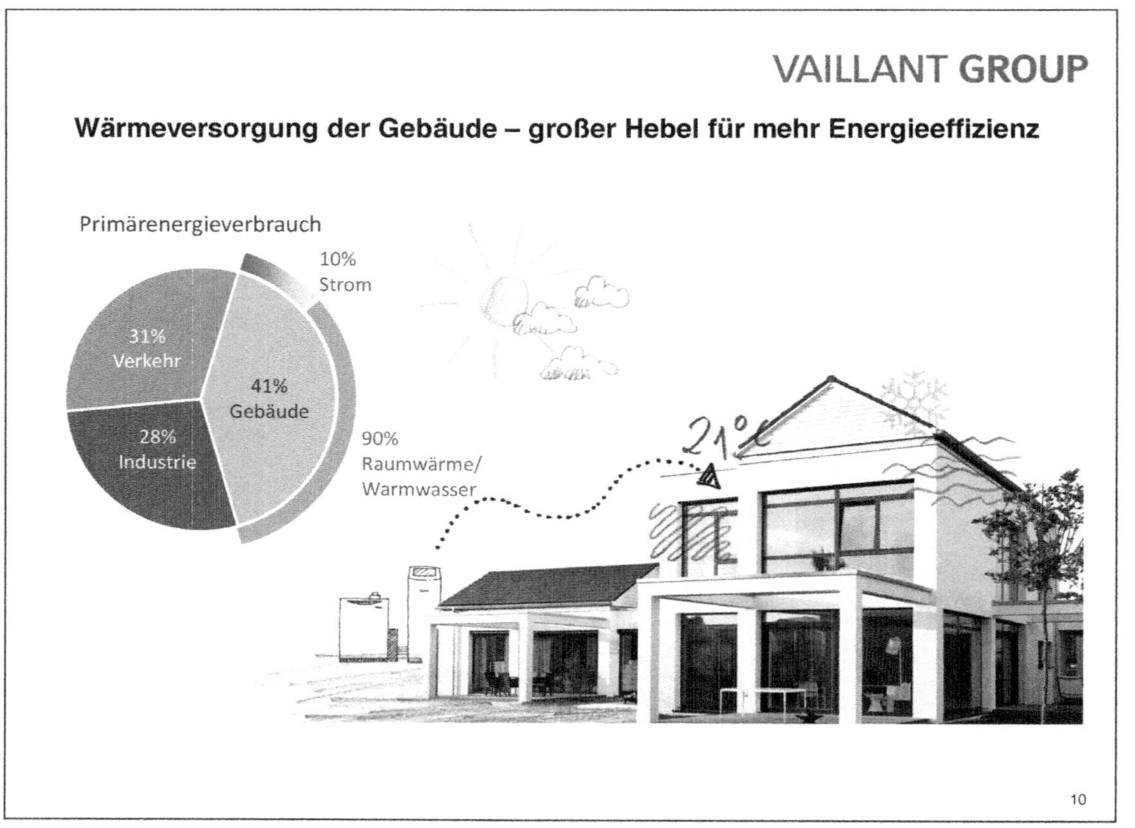
VAILLANT GROUP
Wärmeversorgung der Gebäude – großer Hebel für mehr Energieeffizienz
Primärenergieverbrauch
31% Verkehr
28% Industrie
41% Gebäude
10% Strom
90% Raumwärme/ Warmwasser
21°C
10

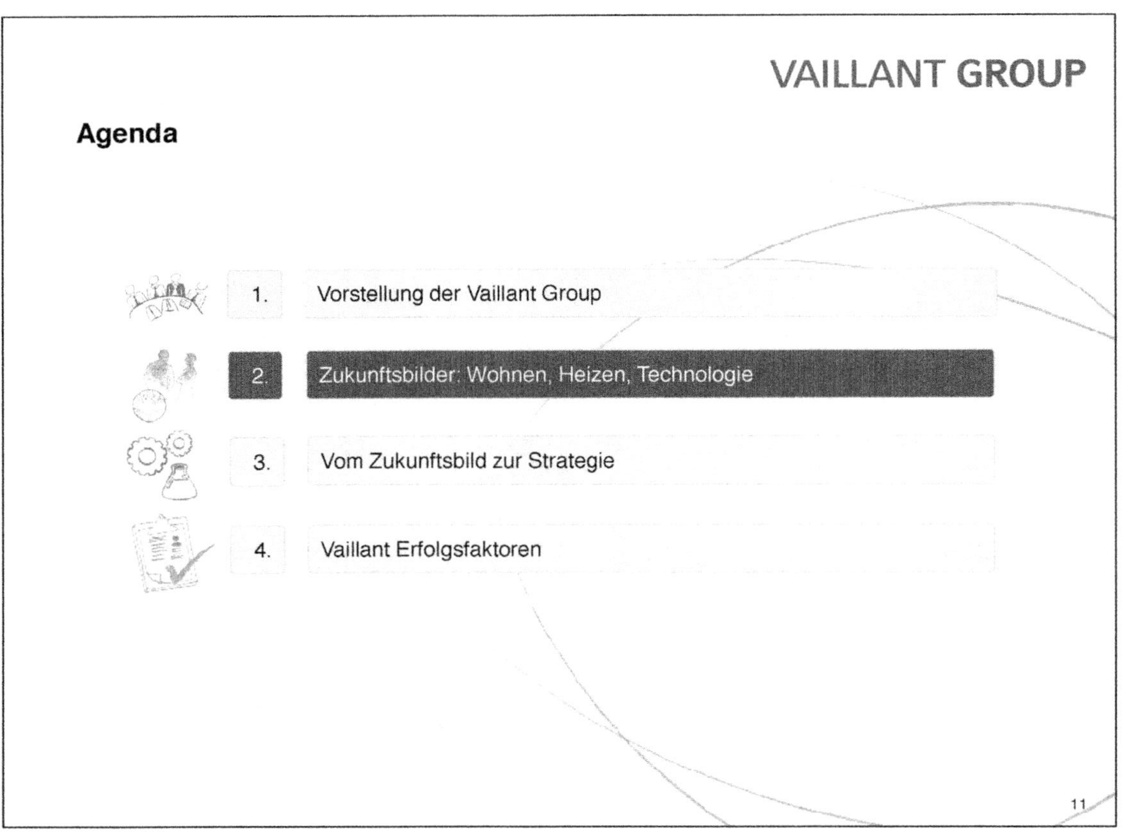
VAILLANT GROUP
Agenda
1. Vorstellung der Vaillant Group
2. Zukunftsbilder: Wohnen, Heizen, Technologie
3. Vom Zukunftsbild zur Strategie
4. Vaillant Erfolgsfaktoren
11

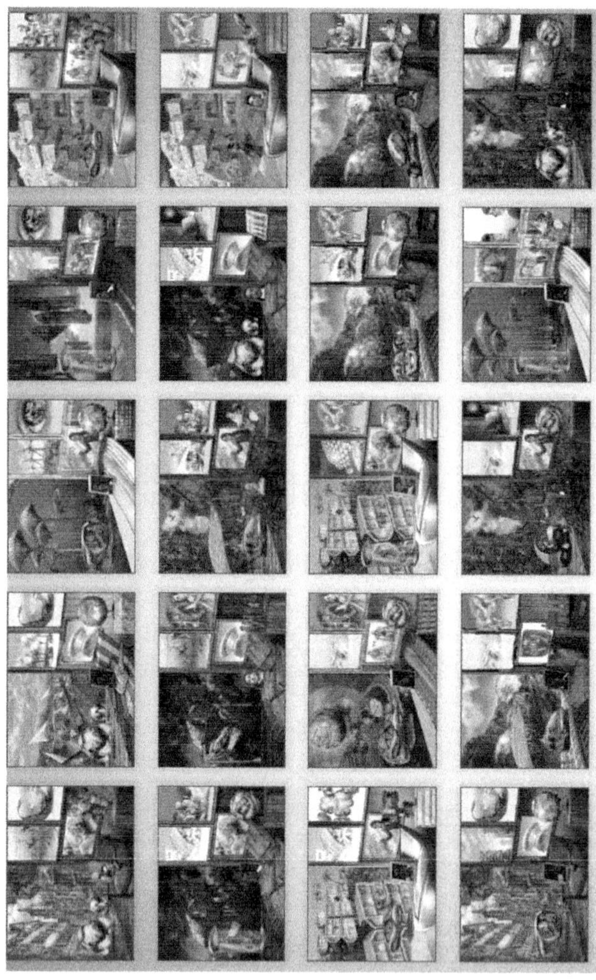
VAILLANT GROUP
Die Zukunftsvisionen unserer Mitarbeiter
12

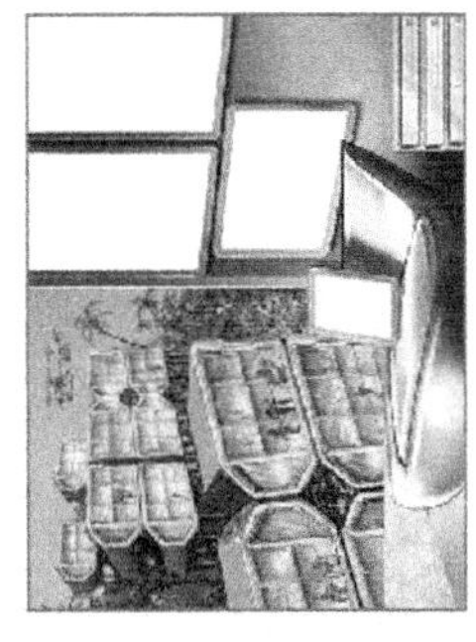

VAILLANT GROUP
Wohnen der Zukunft: grün, innovativ, autark im Grünen oder in der Megacity 
13

VAILLANT GROUP

Arbeitserleichterungen mittels Touchscreens, Robotern und Bildschirmen auf der Kontaktlinse

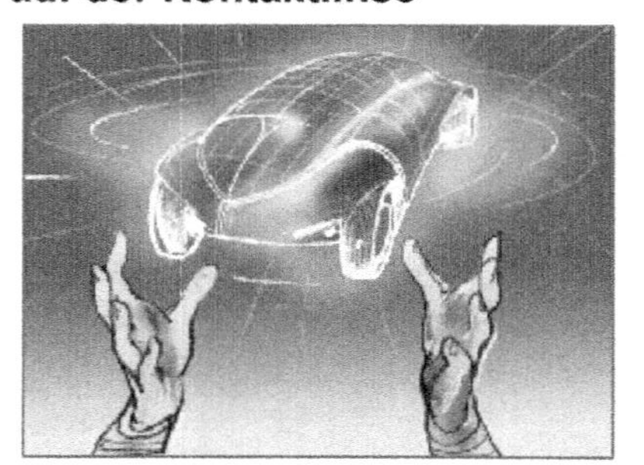

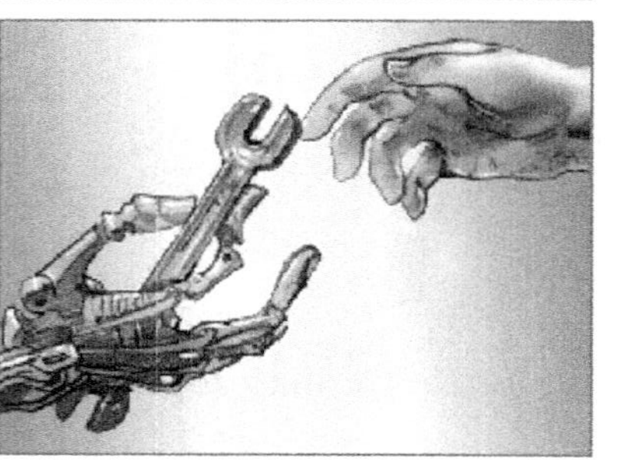

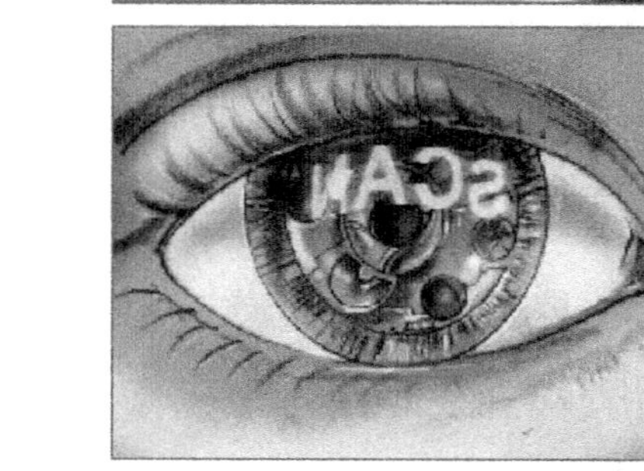

14

VAILLANT GROUP

Erhalt der Umwelt dank Erneuerbarer Energien, Green Living, Solarmobility

100%

140%

Neue Flugobjekte

eMobility

15

VAILLANT GROUP

Die Komfortansprüche werden umfassender und individueller

Wärme

Wärme
Warmes Wasser

Individuelles Wohlfühlklima

Luftfeuchte
Luftqualität
Kühlung
Wärme
Warmes Wasser

CO_2

20° 21° 23°
21° 18° 20°
23° 21° 23° 18°

16

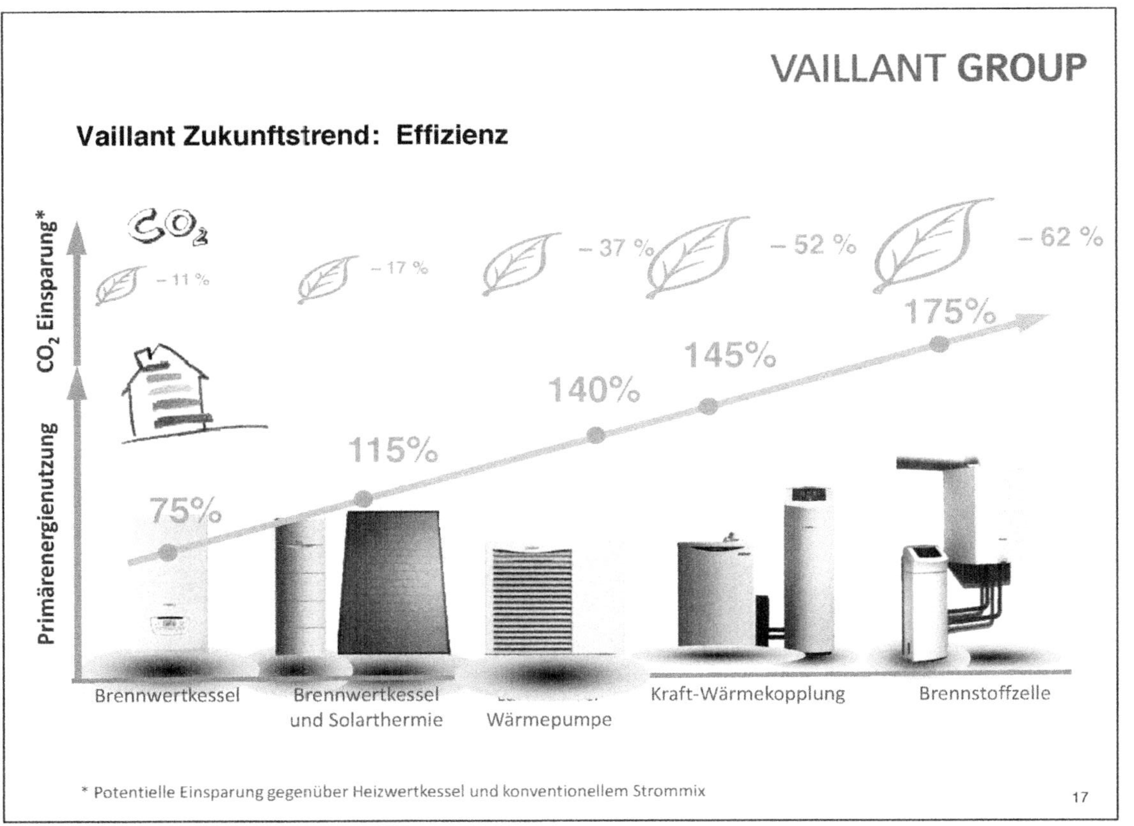
VAILLANT GROUP
Vaillant Zukunftstrend: Effizienz
CO_2 Einsparung*
Primärenergienutzung
CO_2
– 11 %
– 17 %
– 37 %
– 52 %
– 62 %
75%
115%
140%
145%
175%
Brennwertkessel
Brennwertkessel und Solarthermie
Wärmepumpe
Kraft-Wärmekopplung
Brennstoffzelle
* Potentielle Einsparung gegenüber Heizwertkessel und konventionellem Strommix
17

VAILLANT GROUP

Vaillant Zukunftstrend: Connectivity

Stromerzeugung durch KWK oder Photovoltaik

Regeneratives und effizientes System für Heizung und Warmwasser

In einem optimal aufeinander abgestimmten System

Energiespeicher mit hoher Leistungsdichte für Wärme oder Strom

Kontrollierte Wohnungslüftung mit Wärmerückgewinnung

18

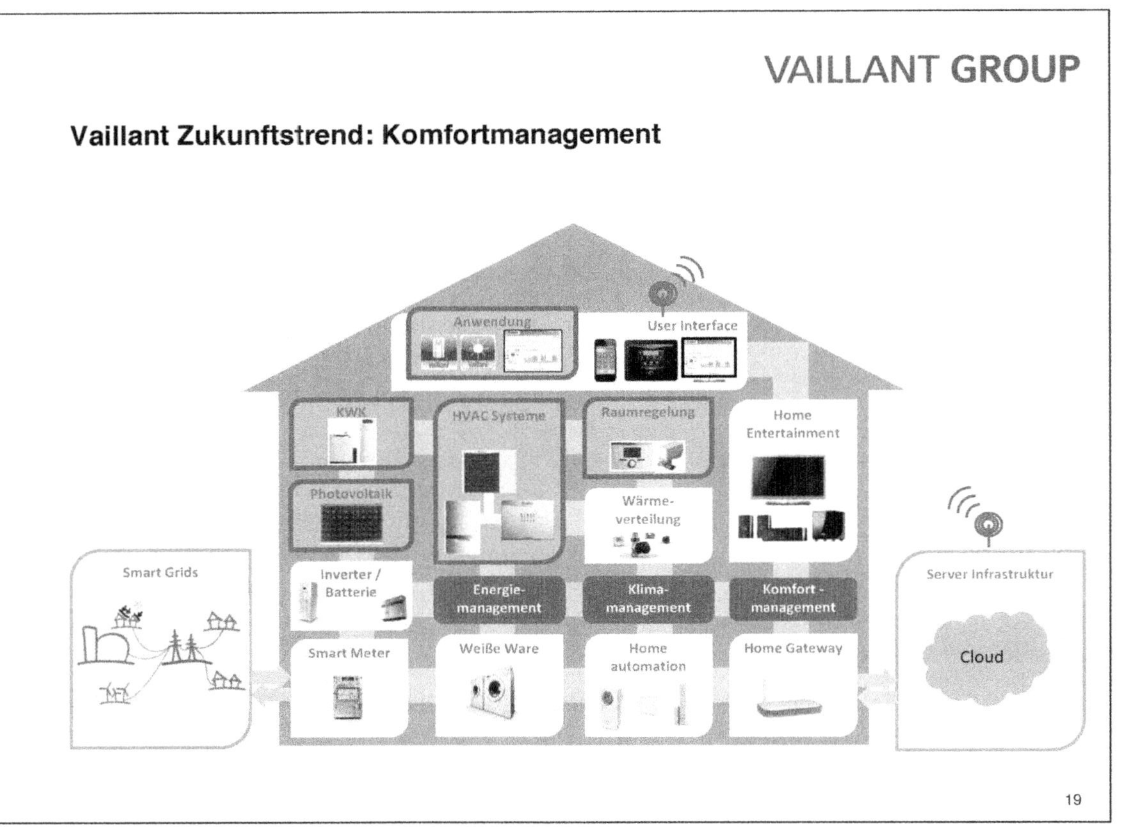
VAILLANT GROUP
Vaillant Zukunftstrend: Komfortmanagement
Anwendung
User Interface
KWK
HVAC Systeme
Raumregelung
Home Entertainment
Photovoltaik
Wärme-verteilung
Smart Grids
Inverter / Batterie
Energie-management
Klima-management
Komfort - management
Server Infrastruktur
Smart Meter
Weiße Ware
Home automation
Home Gateway
Cloud
19

VAILLANT GROUP

Vaillant Zukunftstrend: Selbstoptimierende Systeme

Automatische Systeme,

die den Komfort nur da und dann erzeugen, wenn er wirklich benötigt wird, z.B. mittels intelligenter Feuchte- und Luftqualitäts-Sensoren

Energiespeicher mit hoher Leistungsdichte,

die die Lücke zwischen dem Angebot an erneuerbarer Energie und Nutzerbedarf schließen, z.B. auf Basis neuer sorptiver Materialien wie Zeolith

Intelligente Energie-Management Netzwerke,

die das Wissen über das Nutzerverhalten, die Bedarfe aller Systeme im Haus und externe Einflüsse (Wetter, Energietarife) miteinander verknüpfen, z.B. über selbstlernende Algorithmen

20

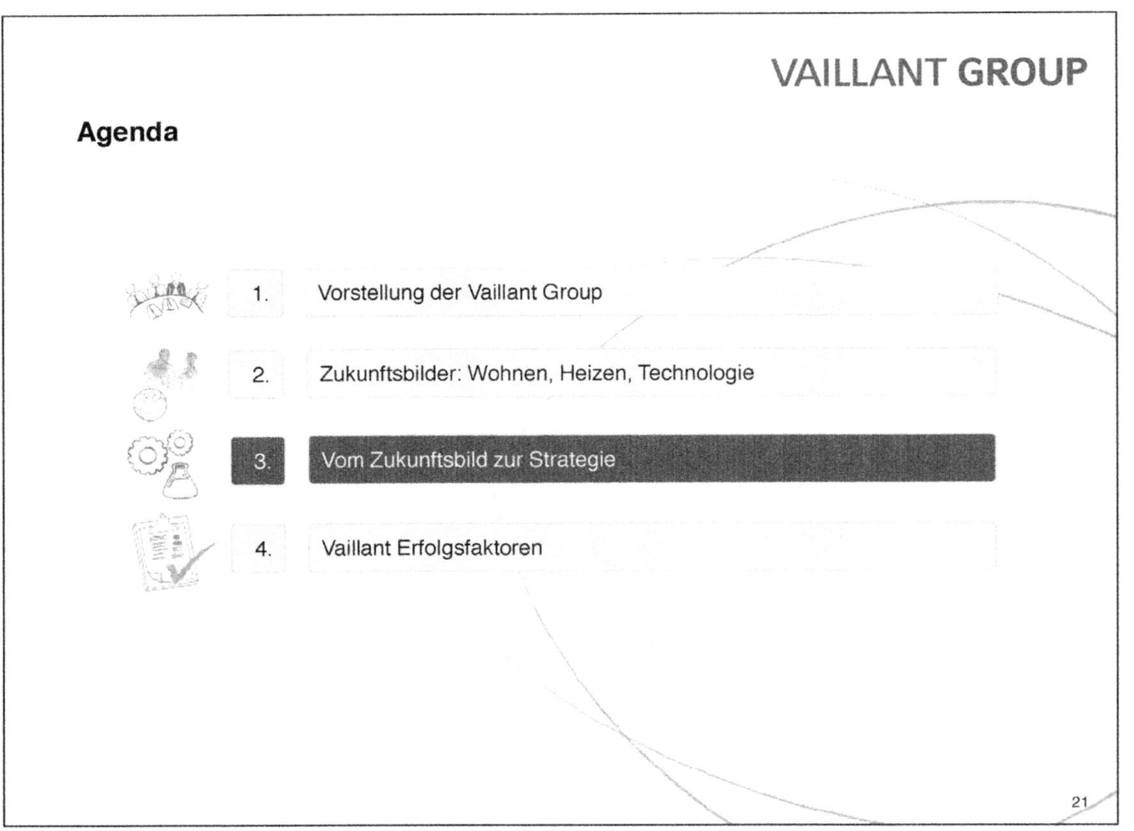
VAILLANT GROUP
Agenda
1. Vorstellung der Vaillant Group
2. Zukunftsbilder: Wohnen, Heizen, Technologie
3. Vom Zukunftsbild zur Strategie
4. Vaillant Erfolgsfaktoren
21

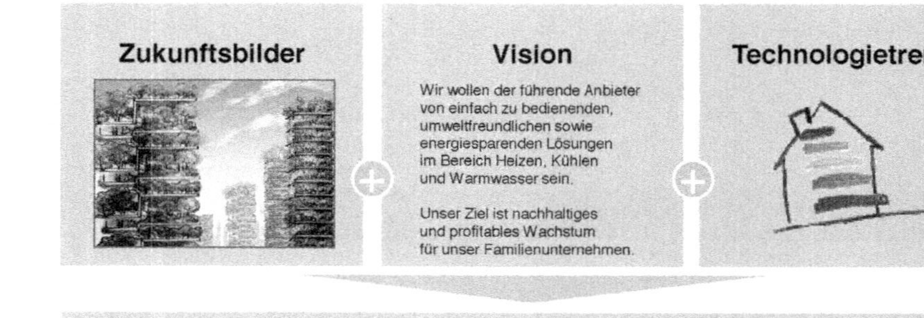
VAILLANT GROUP
Von der Vision über die Szenarien zur Strategie
Zukunftsbilder
Vision
Wir wollen der führende Anbieter
von einfach zu bedienenden,
umweltfreundlichen sowie
energiesparenden Lösungen
im Bereich Heizen, Kühlen
und Warmwasser sein.
Unser Ziel ist nachhaltiges
und profitables Wachstum
für unser Familienunternehmen.
Technologietrends
Szenarien
Strategie
22

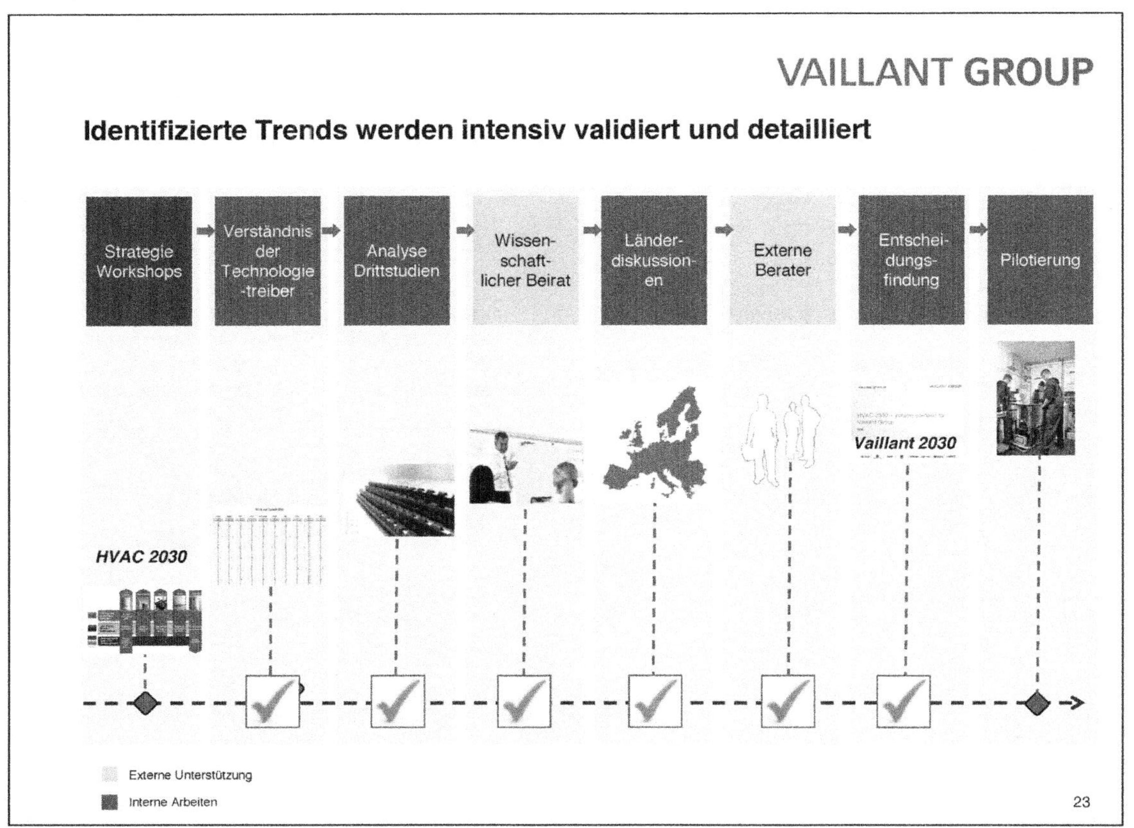
VAILLANT GROUP
Identifizierte Trends werden intensiv validiert und detailliert
Strategie Workshops
Verständnis der Technologie -treiber
Analyse Drittstudien
Wissen-schaft-licher Beirat
Länder-diskussion-en
Externe Berater
Entschei-dungs-findung
Pilotierung
HVAC 2030
Vaillant 2030
Externe Unterstützung
Interne Arbeiten
23

VAILLANT GROUP

Vaillant Group Heiztechnik Szenario 2030

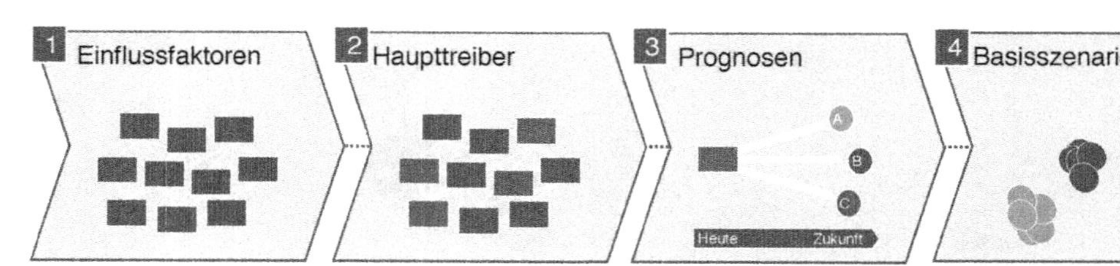

Sammlung und Clustering von Einflussfaktoren für den HLK-Markt (Heizung, Lüftung, Klimatechnik)

Identifizierung der Treiber mit dem größten Impact für den HLK-Markt

Aufstellen von Zukunftsprognosen

je nach Entwicklung der Haupttreiber

Beschreibung von Basisszenarien

auf Grundlage von auf Konsistenz geprüften, kombinierten Prognosen

24

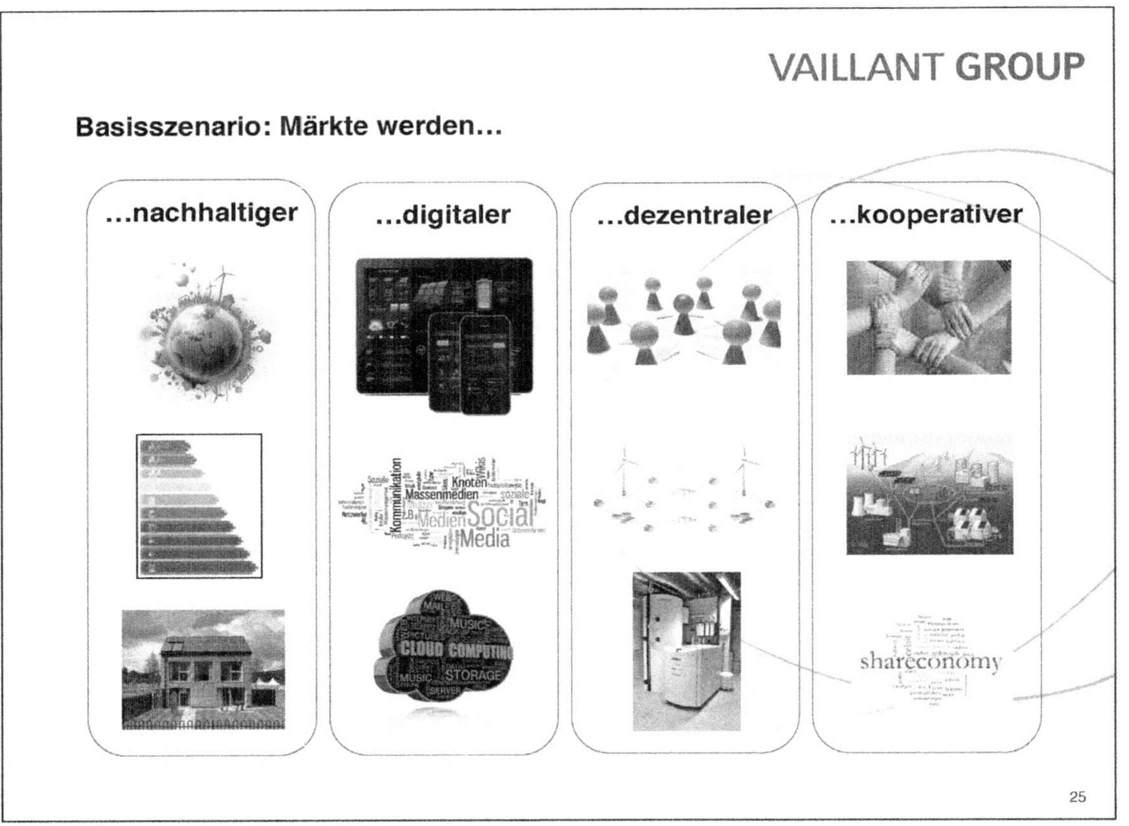

VAILLANT GROUP
Basisszenario: Märkte werden…
…nachhaltiger
…digitaler
Kommunikation
Massenmedien
Knoten
Medien
Social
Media
CLOUD COMPUTING
STORAGE
MUSIC
…dezentraler
…kooperativer
shareconomy
25

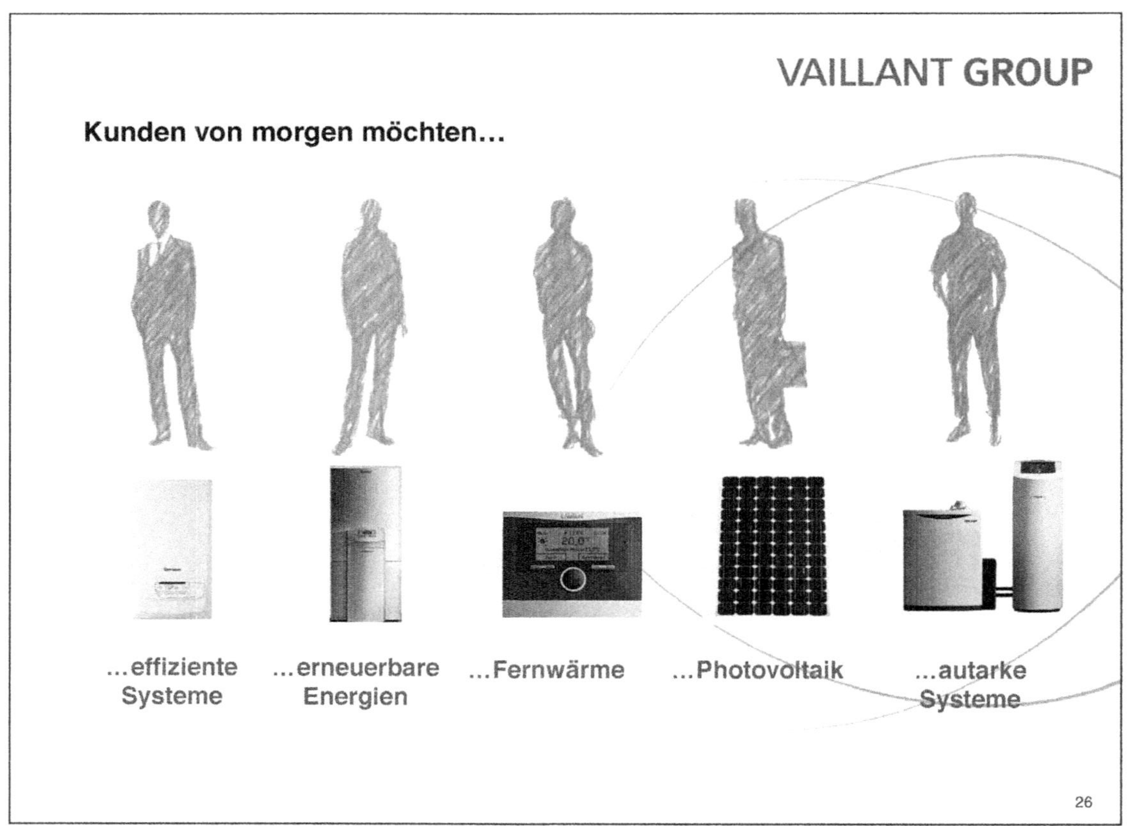
VAILLANT GROUP
Kunden von morgen möchten…
…effiziente Systeme
…erneuerbare Energien
…Fernwärme
…Photovoltaik
…autarke Systeme
26

VAILLANT GROUP

Vision von Autarkie und Greenliving wird Realität: Callux Brennstoffzelle

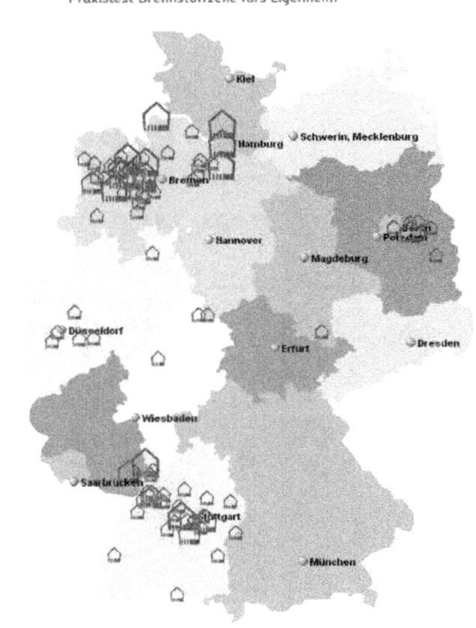

- Installation von ca. 500 Brennstoffzellen-Heizungen
- Vaillant: 100 Anlagen
- Kostenreduktion um >60% erreicht
- Reduzierung von Komplexität, Größe und Gewicht um >30%
- GfK Nürnberg: Hohe Kundenzufriedenheit mit Brennstoffzelle-Heizgeräten
- Nachgewiesene Reduzierung der CO_2-Emissionen um bis zu 35%

27

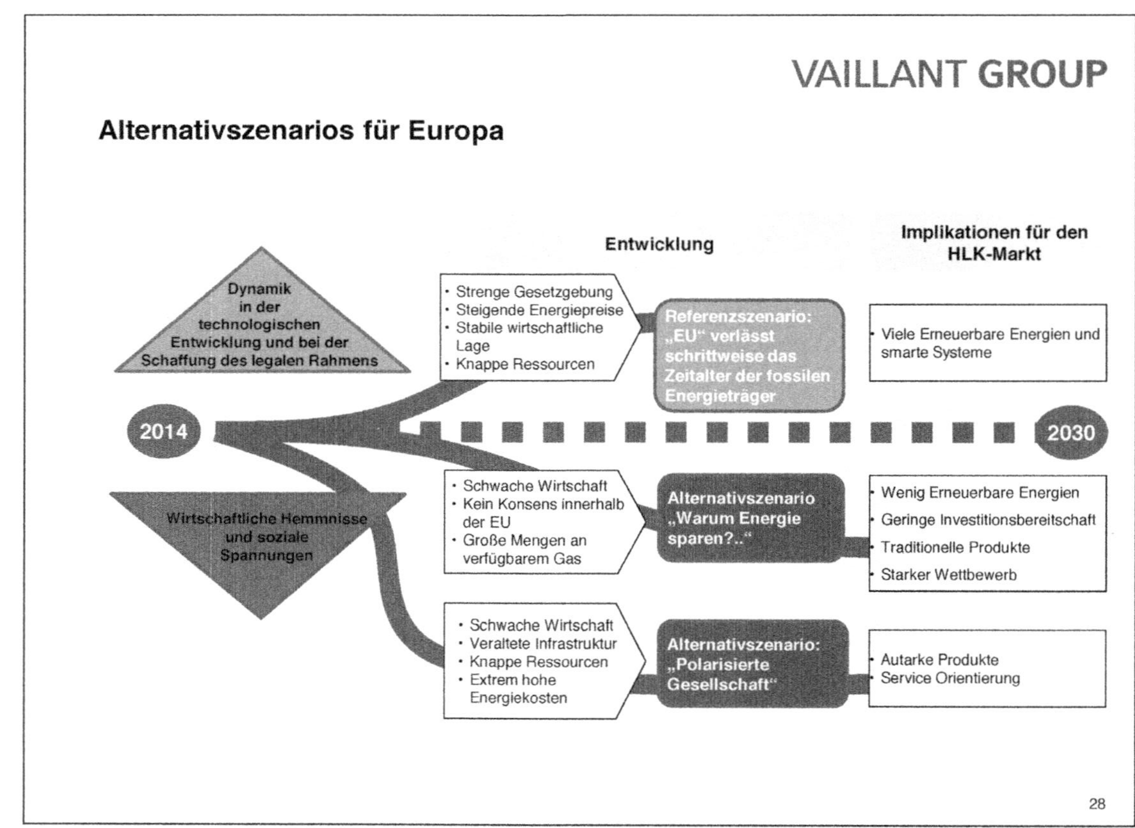
VAILLANT GROUP
Alternativszenarios für Europa
Entwicklung
Implikationen für den HLK-Markt
Dynamik in der technologischen Entwicklung und bei der Schaffung des legalen Rahmens
Wirtschaftliche Hemmnisse und soziale Spannungen
2014
2030
• Strenge Gesetzgebung
• Steigende Energiepreise
• Stabile wirtschaftliche Lage
• Knappe Ressourcen
Referenzszenario: „EU“ verlässt schrittweise das Zeitalter der fossilen Energieträger
• Viele Erneuerbare Energien und smarte Systeme
• Schwache Wirtschaft
• Kein Konsens innerhalb der EU
• Große Mengen an verfügbarem Gas
Alternativszenario „Warum Energie sparen?..“
• Wenig Erneuerbare Energien
• Geringe Investitionsbereitschaft
• Traditionelle Produkte
• Starker Wettbewerb
• Schwache Wirtschaft
• Veraltete Infrastruktur
• Knappe Ressourcen
• Extrem hohe Energiekosten
Alternativszenario: „Polarisierte Gesellschaft“
• Autarke Produkte
• Service Orientierung
28

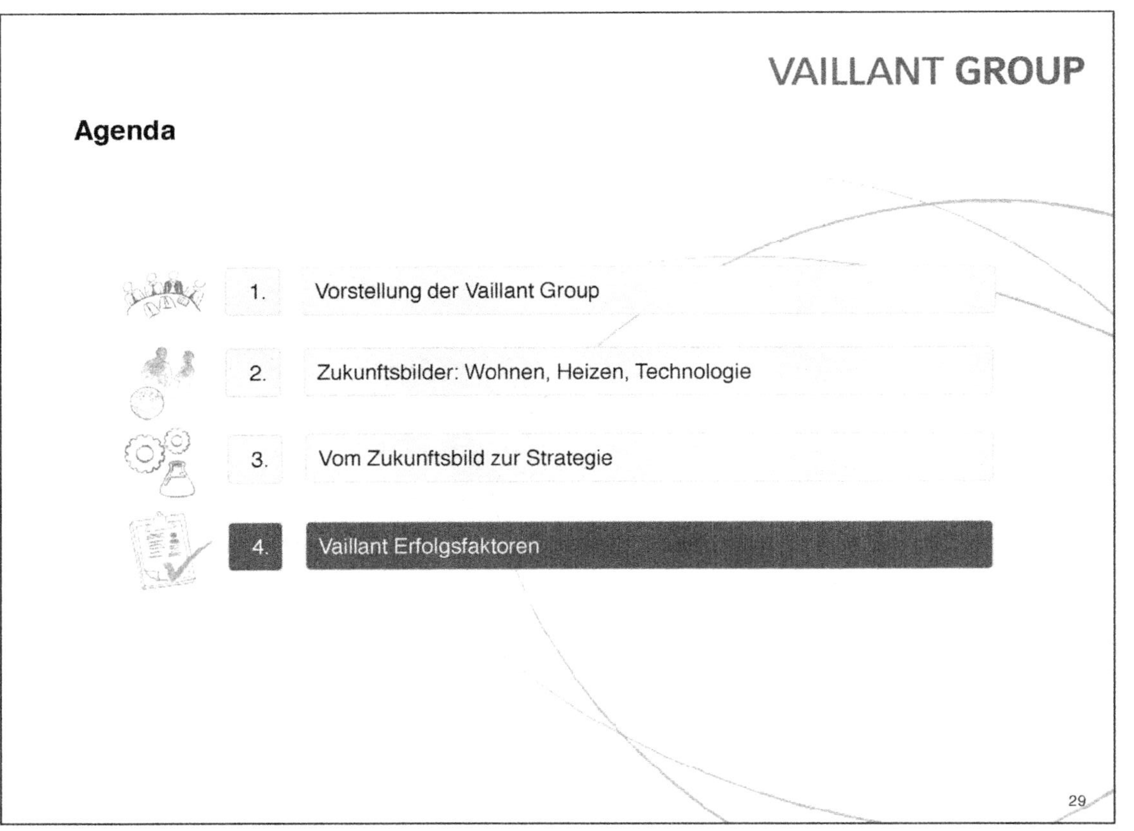
VAILLANT GROUP
Agenda
1. Vorstellung der Vaillant Group
2. Zukunftsbilder: Wohnen, Heizen, Technologie
3. Vom Zukunftsbild zur Strategie
4. Vaillant Erfolgsfaktoren
29

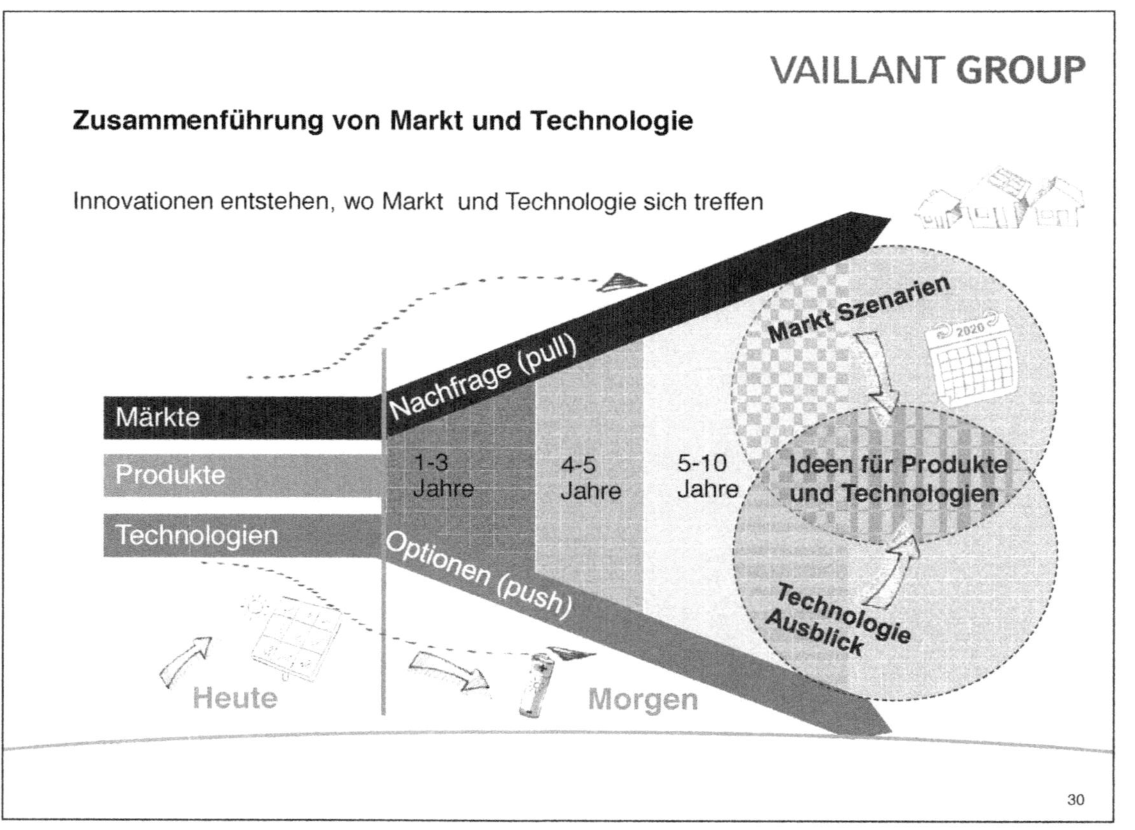

VAILLANT GROUP
Zusammenführung von Markt und Technologie
Innovationen entstehen, wo Markt und Technologie sich treffen
Märkte
Produkte
Technologien
Nachfrage (pull)
Optionen (push)
1-3 Jahre
4-5 Jahre
5-10 Jahre
Markt Szenarien
2020
Ideen für Produkte und Technologien
Technologie Ausblick
Heute
Morgen
30

VAILLANT GROUP

Vorreiter bei Technologie und Innovation

Größtes Entwicklungsteam in unserer Branche mit ca.
600 Mitarbeitern an **sieben** Standorten weltweit

Mehr als **90** F&E Projekte

50 neue Patente –
jedes Jahr

In Summe hält die Vaillant Group
mehr als **2,000** Patente

31

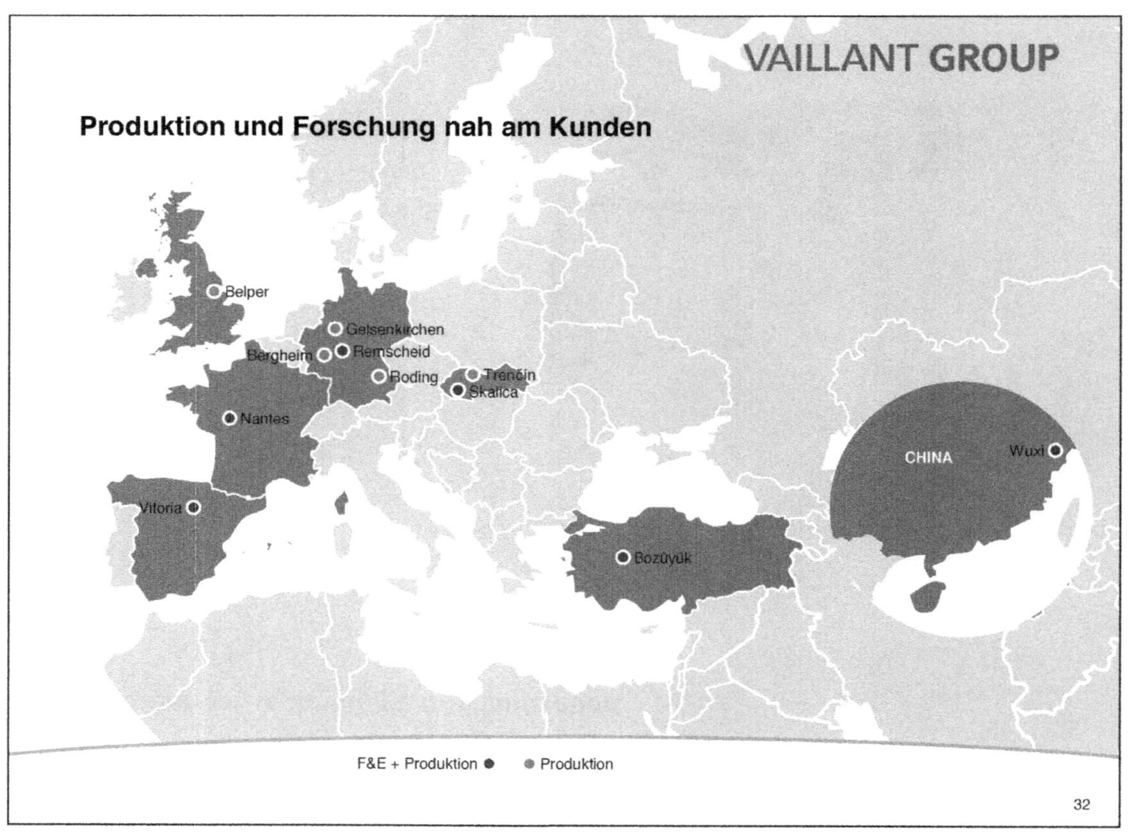

VAILLANT GROUP
Produktion und Forschung nah am Kunden
Belper
Gelsenkirchen
Bergheim
Remscheid
Roding
Trenčín
Skalica
Nantes
Vitoria
Bozüyük
CHINA
Wuxi
F&E + Produktion
Produktion
32

VAILLANT GROUP

Kompetente Partner, die zum Hinterfragen anregen

Kooperation mit nationalen und internationalen Forschungsinstituten und Universitäten

Austausch mit den Mitgliedern des
Wissenschaftlichen Beirats
zweimal p.a.zu Technologie Szenarien und Strategie, Systeminnovationen etc,

Enger Kontakt zu Zulieferern und Kunden

33

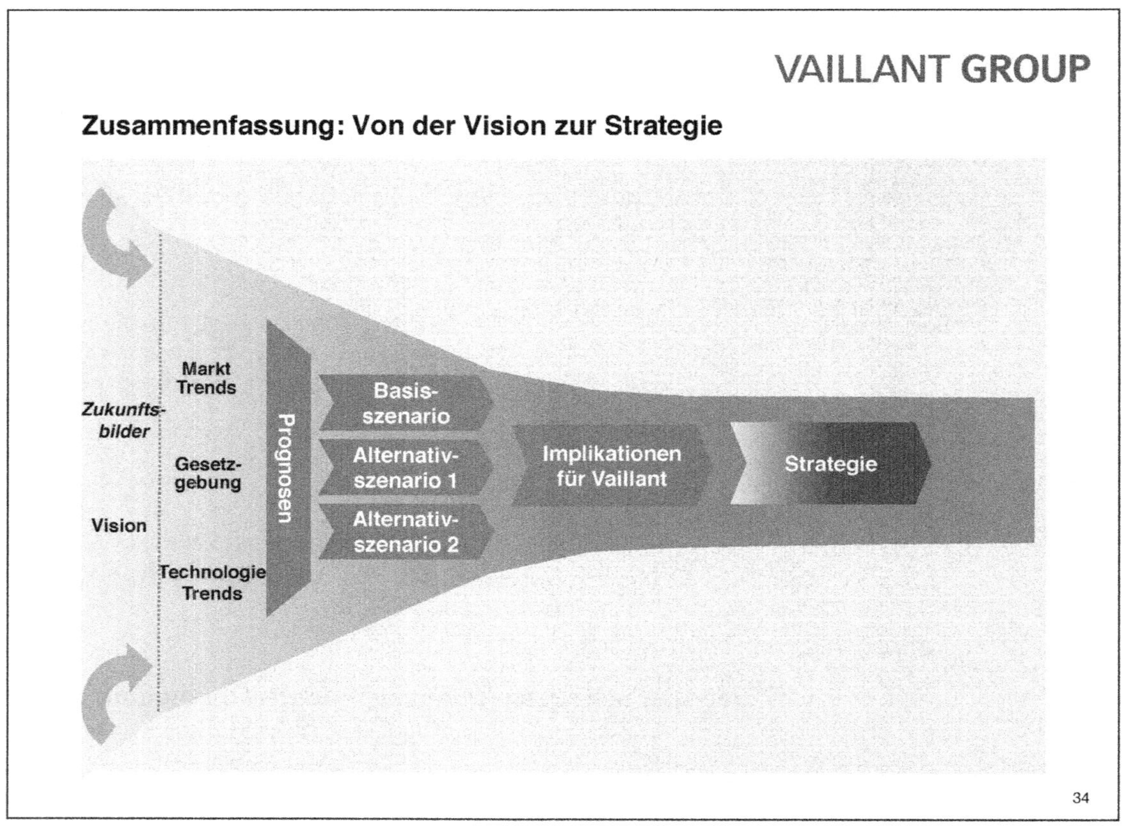
VAILLANT GROUP
Zusammenfassung: Von der Vision zur Strategie
Zukunfts-bilder
Vision
Markt Trends
Gesetz-gebung
Technologie Trends
Prognosen
Basis-szenario
Alternativ-szenario 1
Alternativ-szenario 2
Implikationen für Vaillant
Strategie
34

Moderne Führung in der Audi Produktion

Dr.-Ing. Hubert Waltl

Mitglied des Vorstands, Produktion
AUDI AG

Audi Produktion

Dr. Hubert Waltl
Vorstand Produktion
AUDI AG

1

Audi-Konzern als Teil des Volkswagen-Konzerns

2

Audi
Vorsprung durch Technik

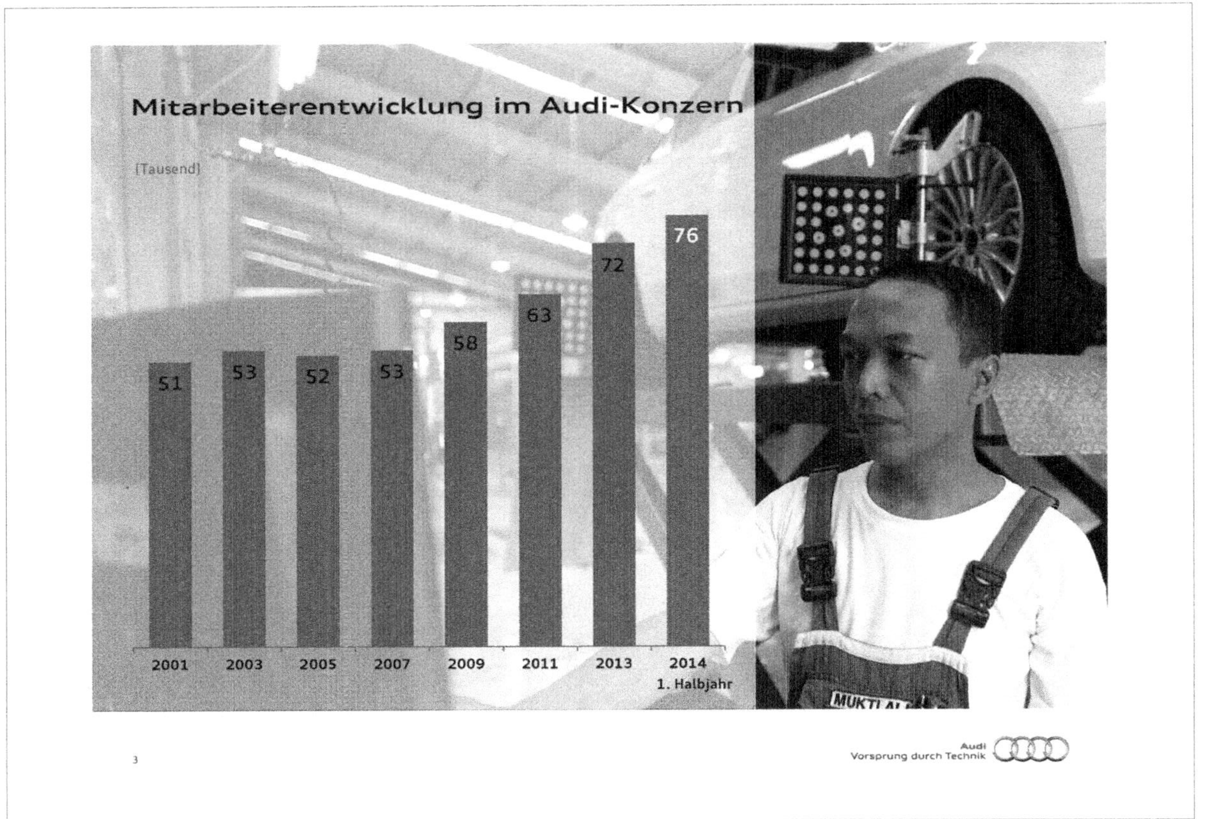
Mitarbeiterentwicklung im Audi-Konzern
[Tausend]
51
53
52
53
58
63
72
76
2001
2003
2005
2007
2009
2011
2013
2014
1. Halbjahr
3
Audi
Vorsprung durch Technik

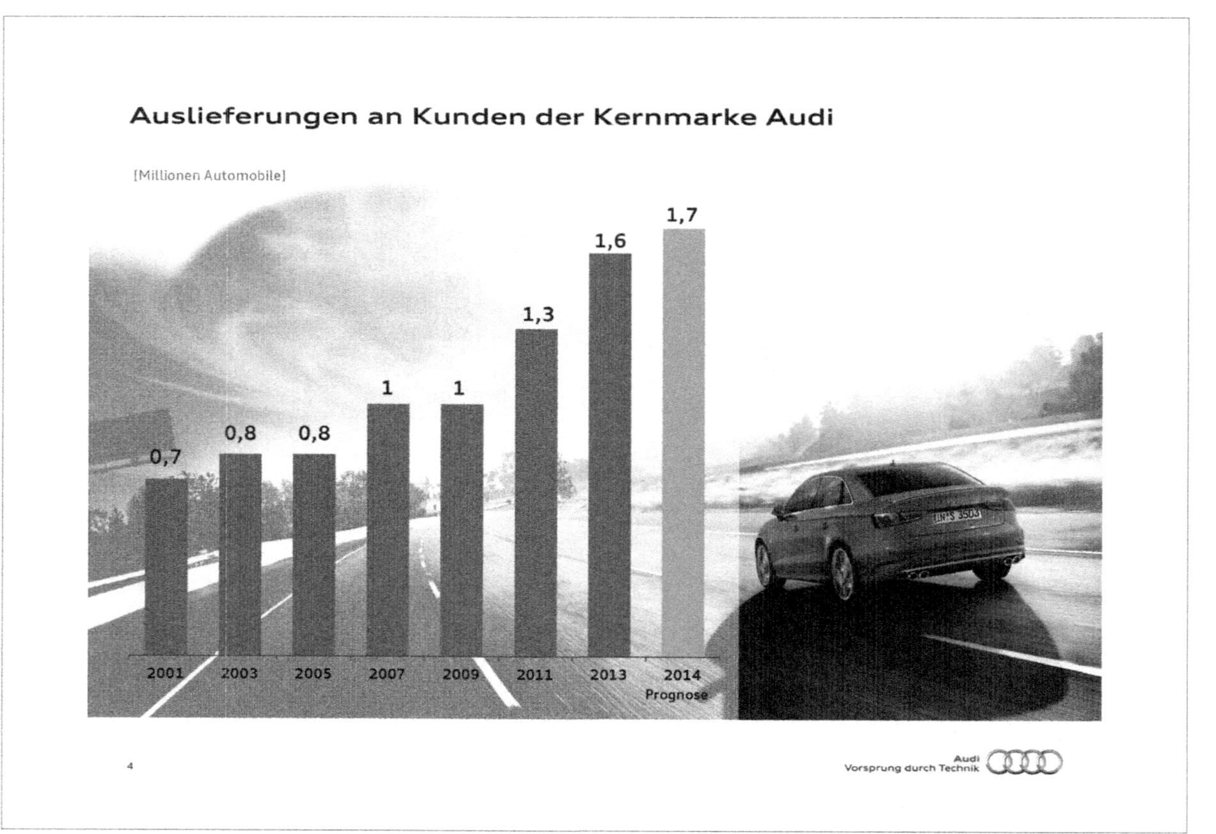
Auslieferungen an Kunden der Kernmarke Audi
[Millionen Automobile]
0,7
0,8
0,8
1
1
1,3
1,6
1,7
2001
2003
2005
2007
2009
2011
2013
2014
Prognose
4
Audi
Vorsprung durch Technik

Modellvielfalt als große Herausforderung für die Produktion
Jeder Audi wird in Losgröße 1 gefertigt
5
Audi
Vorsprung durch Technik

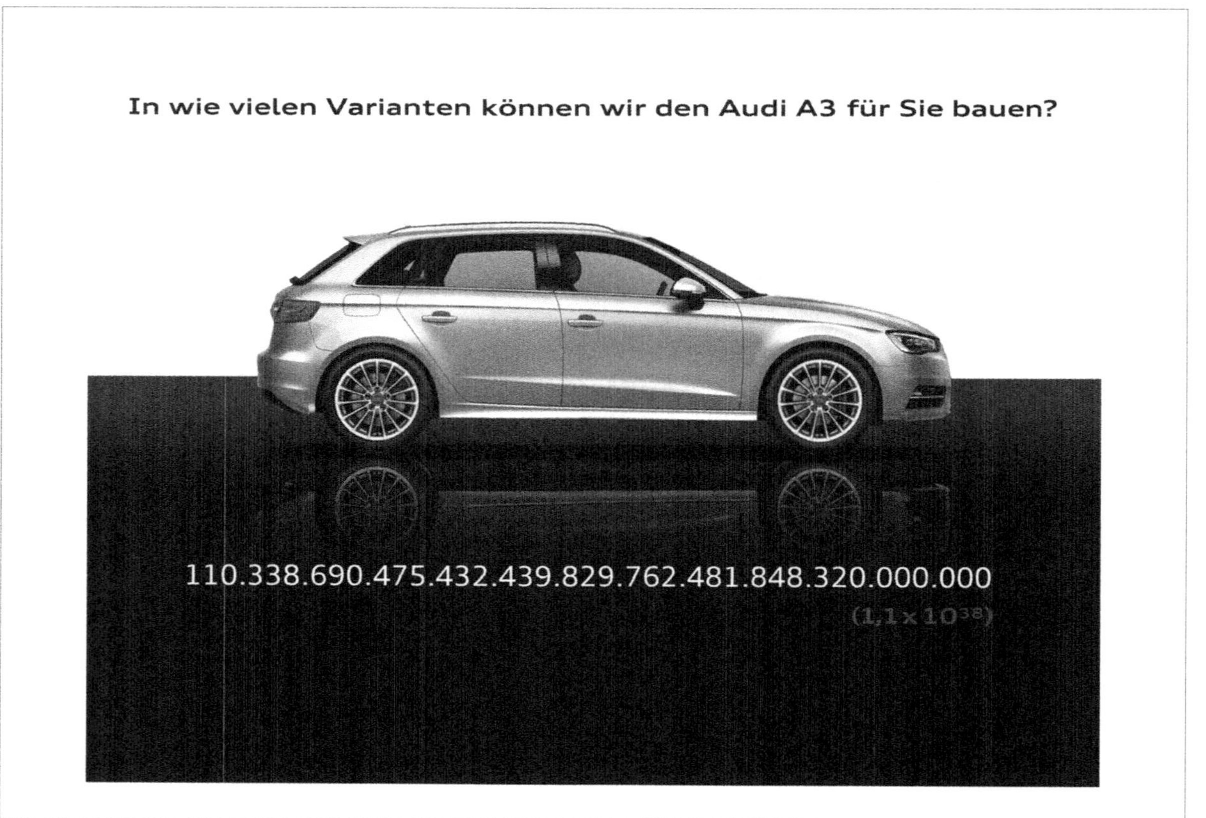
In wie vielen Varianten können wir den Audi A3 für Sie bauen?
110.338.690.475.432.439.829.762.481.848.320.000.000
(1,1x10³⁸)

Audi-Produktportfolio im Jahr 1994

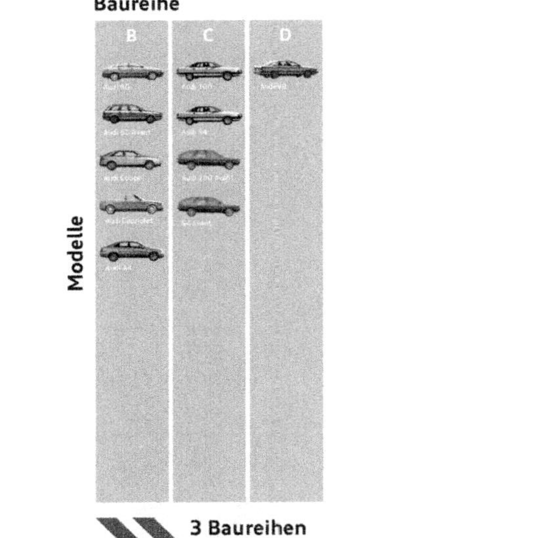

Audi-Produktportfolio im Jahr 2014
Baureihe
A1
A3
Q3
A4
A5
Q5
A6
A7
Q7
A8
TT
R8
Modelle
12 Baureihen
54 Modelle
8
Audi
Vorsprung durch Technik

Globale Herausforderungen für die Automobilproduktion

Demografischer Wandel

Ressourcenverknappung

Imagetreiber Innovation

Politik und Recht

Globalisierung und Urbanisierung

Nachhaltigkeit und Umweltbewusstsein

Verkehr und Infrastruktur

9

Audi
Vorsprung durch Technik

Herausforderungen für die Audi Produktion

Leichtbau / Materialmix

Zunehmende Individualisierung der Produkte

Marktorientiertes Produktionsnetzwerk

Mitarbeiterqualifikation

Höhere Frequenz der Fahrzeuganläufe

Steigende Produktionskapazität

10

Audi
Vorsprung durch Technik

Meilensteine in der Automobilproduktion

Industrie 1.0
„Mechanisierung“

150 Jahre

Industrie 2.0
„Taylorismus“

100 Jahre

Industrie 3.0
„Computer Integrated Manufacturing“

20 Jahre

Industrie 4.0
„Industrial Internet“

Produktivitätssteigerung

Massenfertigung

Automatisierung

Vernetzung

11

Audi
Vorsprung durch Technik

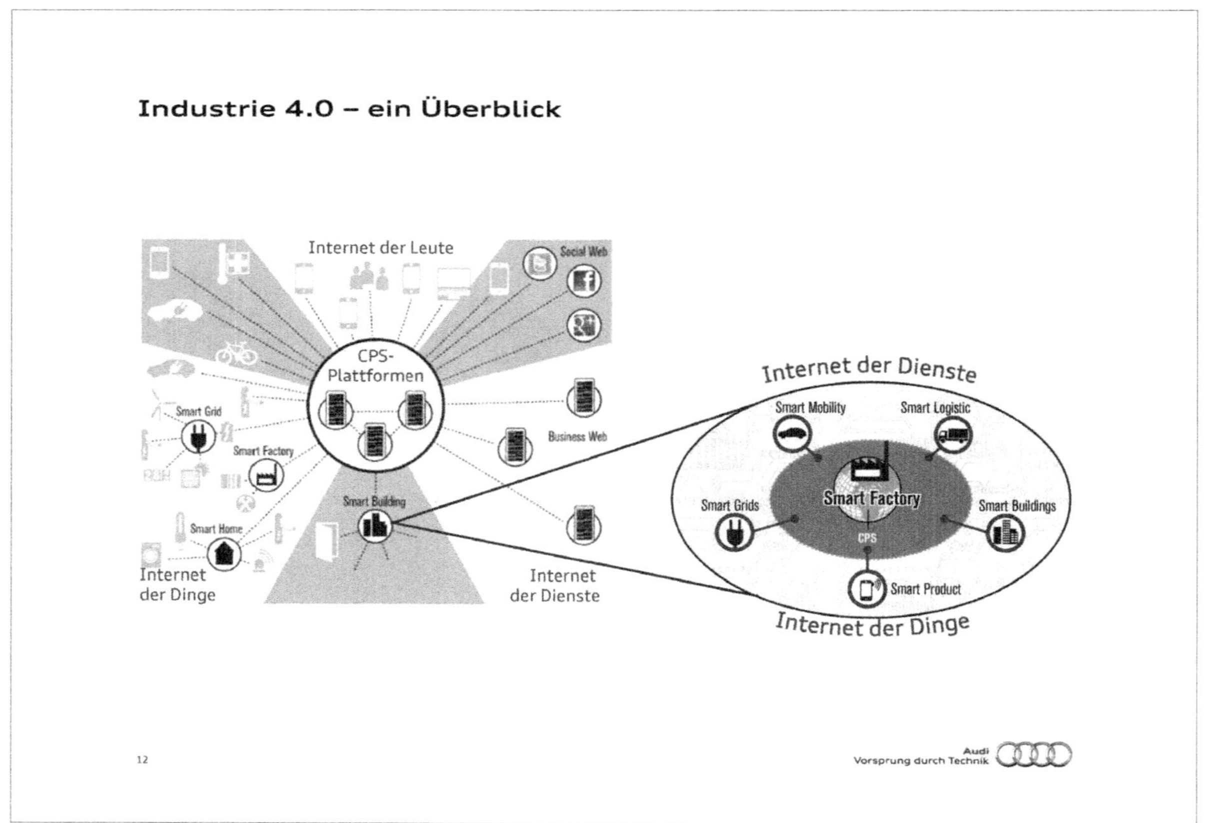
Industrie 4.0 – ein Überblick
Internet der Leute
Social Web
CPS-
Plattformen
Smart Grid
Smart Factory
Smart Home
Smart Building
Business Web
Internet
der Dinge
Internet
der Dienste
Internet der Dienste
Smart Mobility
Smart Logistic
Smart Grids
Smart Factory
CPS
Smart Buildings
Smart Product
Internet der Dinge
12
Audi
Vorsprung durch Technik

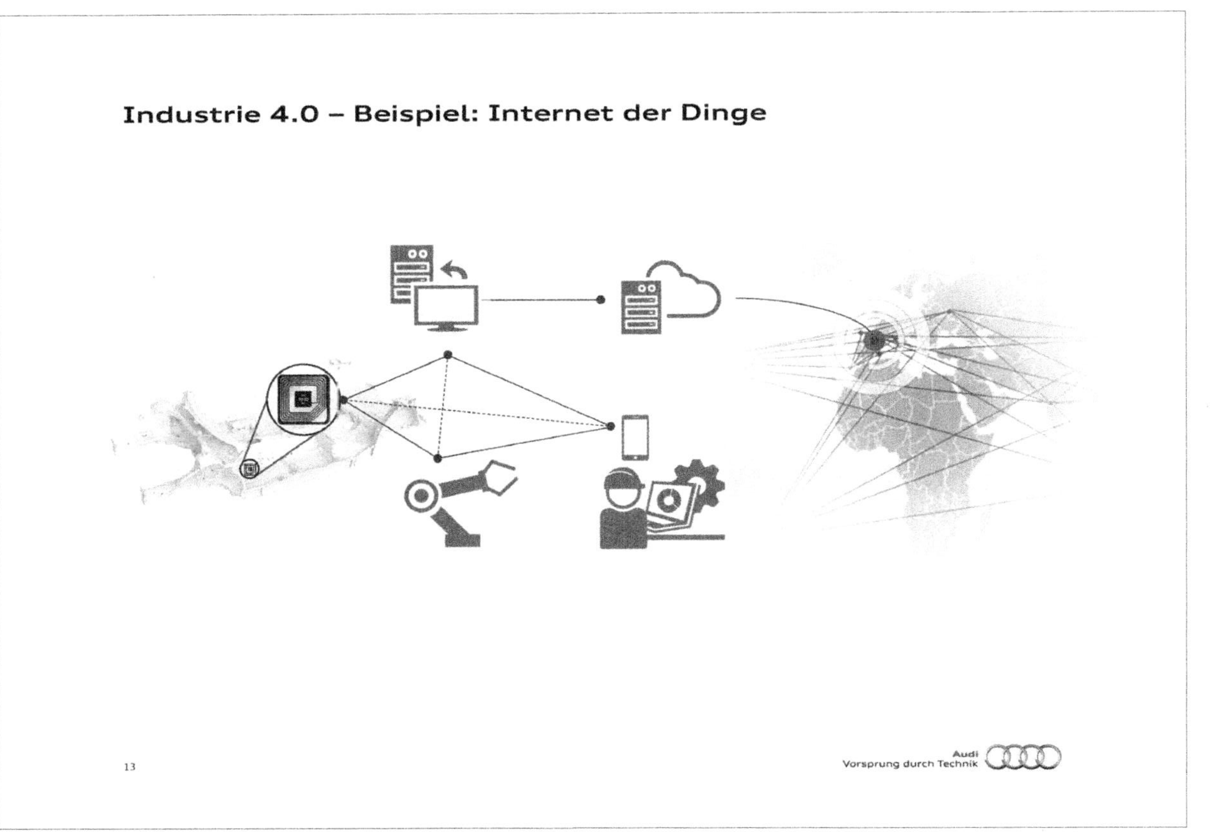
Industrie 4.0 – Beispiel: Internet der Dinge
13
Audi
Vorsprung durch Technik

Industrie 4.0 – Beispiel: Fernwartung im Werkzeugbau

Wir lassen Sie nicht alleine!

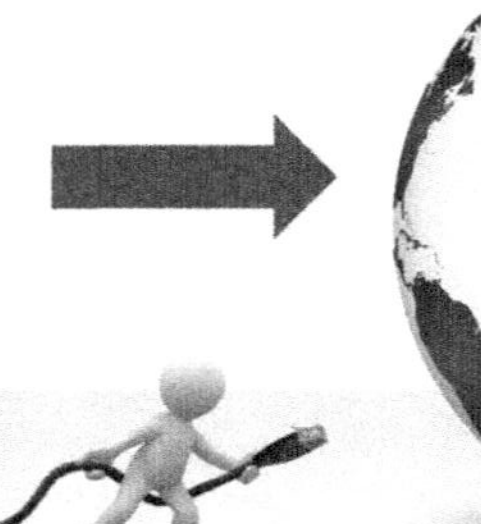

Arbeiten, wie wenn man vor Ort ist
Remote Service Weltweit

>> Experten können per Remote Produktionsanlagen warten, analysieren und eingreifen – weltweit.

14

Audi
Vorsprung durch Technik

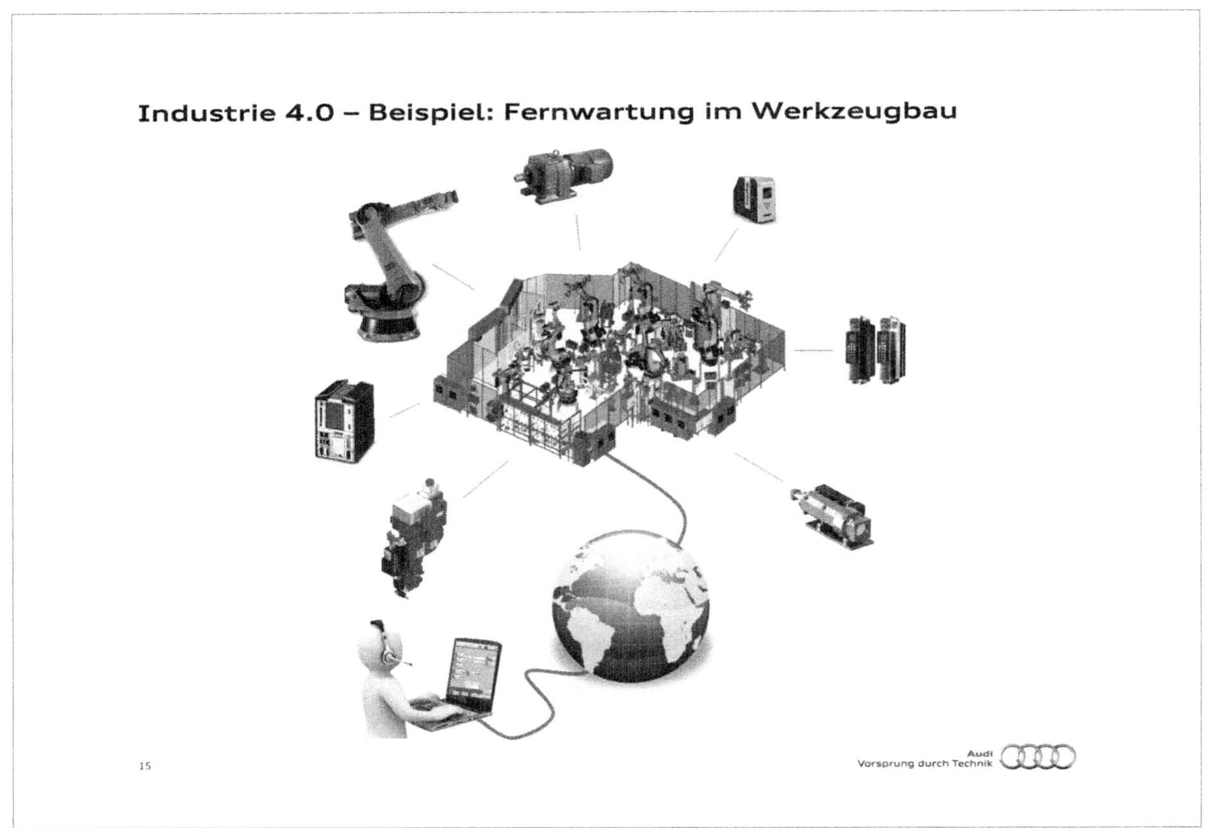
Industrie 4.0 – Beispiel: Fernwartung im Werkzeugbau
15
Audi
Vorsprung durch Technik

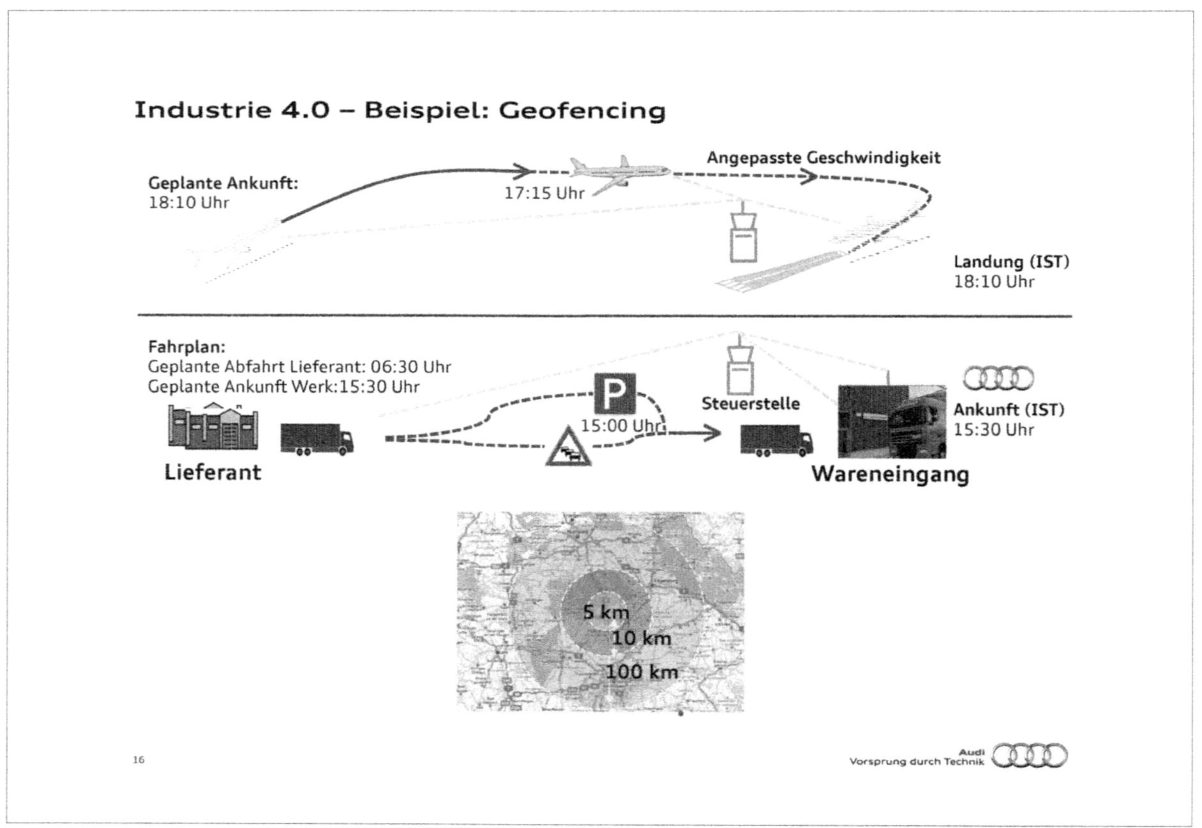

Industrie 4.0 – Beispiel: Geofencing
Geplante Ankunft:
18:10 Uhr
17:15 Uhr
Angepasste Geschwindigkeit
Landung (IST)
18:10 Uhr
Fahrplan:
Geplante Abfahrt Lieferant: 06:30 Uhr
Geplante Ankunft Werk:15:30 Uhr
P
15:00 Uhr
Steuerstelle
Ankunft (IST)
15:30 Uhr
Lieferant
Wareneingang
5 km
10 km
100 km
16
Audi
Vorsprung durch Technik

Industrie 4.0 – Beispiel: Mensch-Maschine-Kooperation

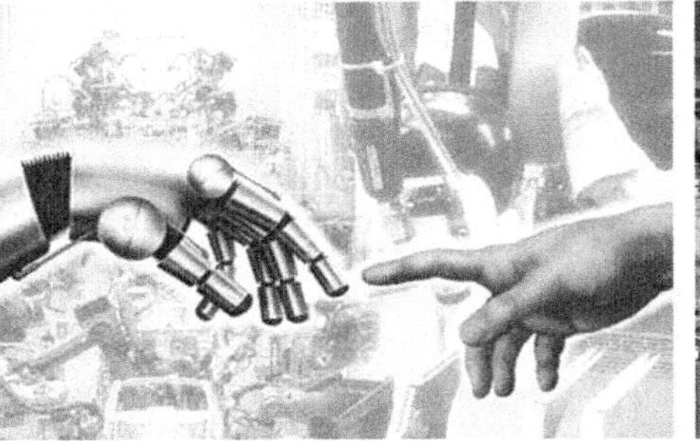

17

Audi
Vorsprung durch Technik

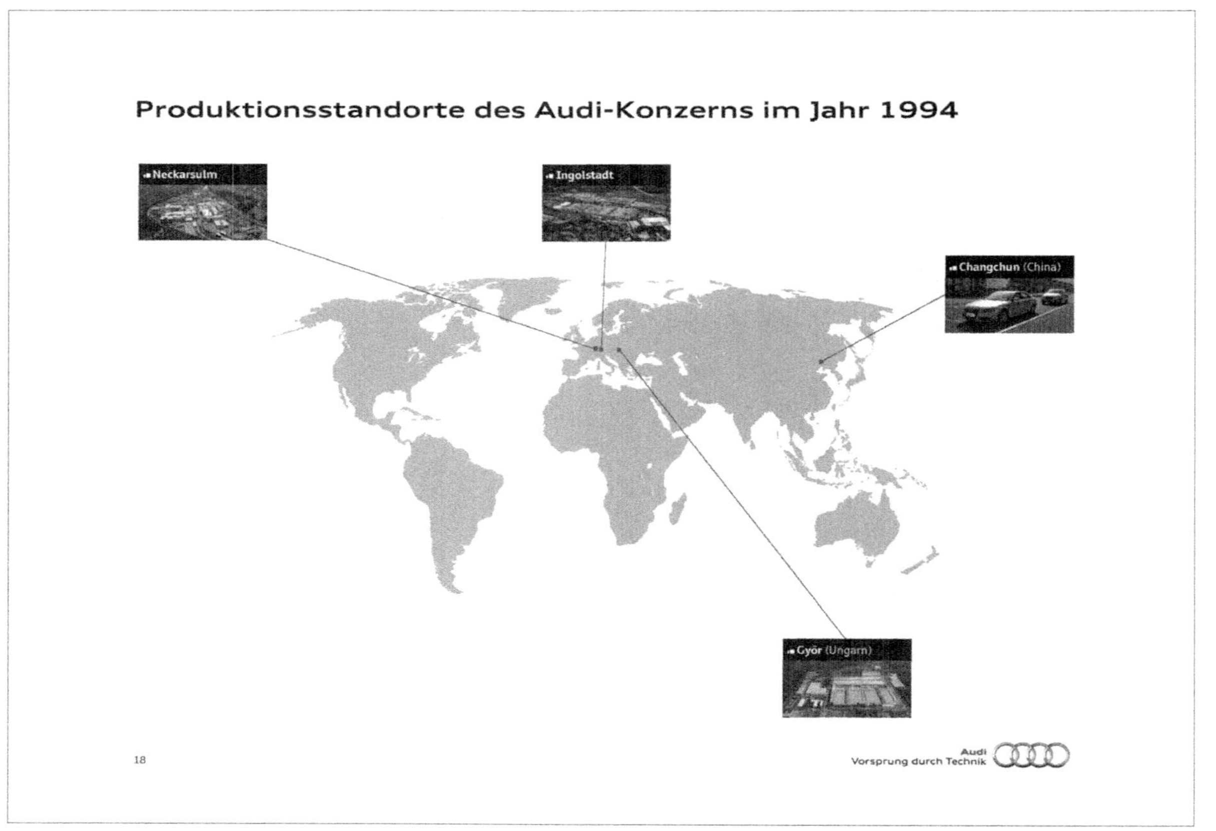
Produktionsstandorte des Audi-Konzerns im Jahr 1994
Neckarsulm
Ingolstadt
Changchun (China)
Györ (Ungarn)
18
Audi
Vorsprung durch Technik

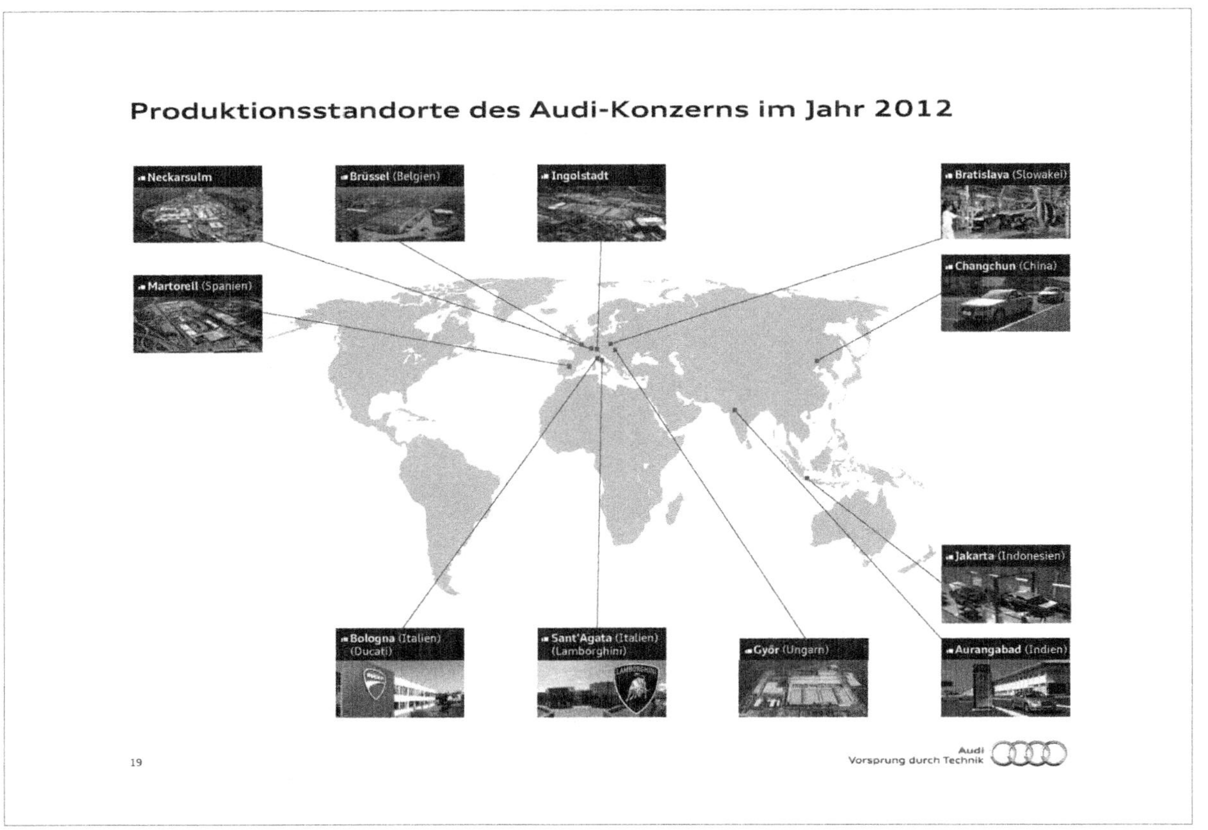
Produktionsstandorte des Audi-Konzerns im Jahr 2012
Neckarsulm
Brüssel (Belgien)
Ingolstadt
Bratislava (Slowakei)
Martorell (Spanien)
Changchun (China)
Jakarta (Indonesien)
Bologna (Italien) (Ducati)
Sant'Agata (Italien) (Lamborghini)
Györ (Ungarn)
Aurangabad (Indien)
19
Audi
Vorsprung durch Technik

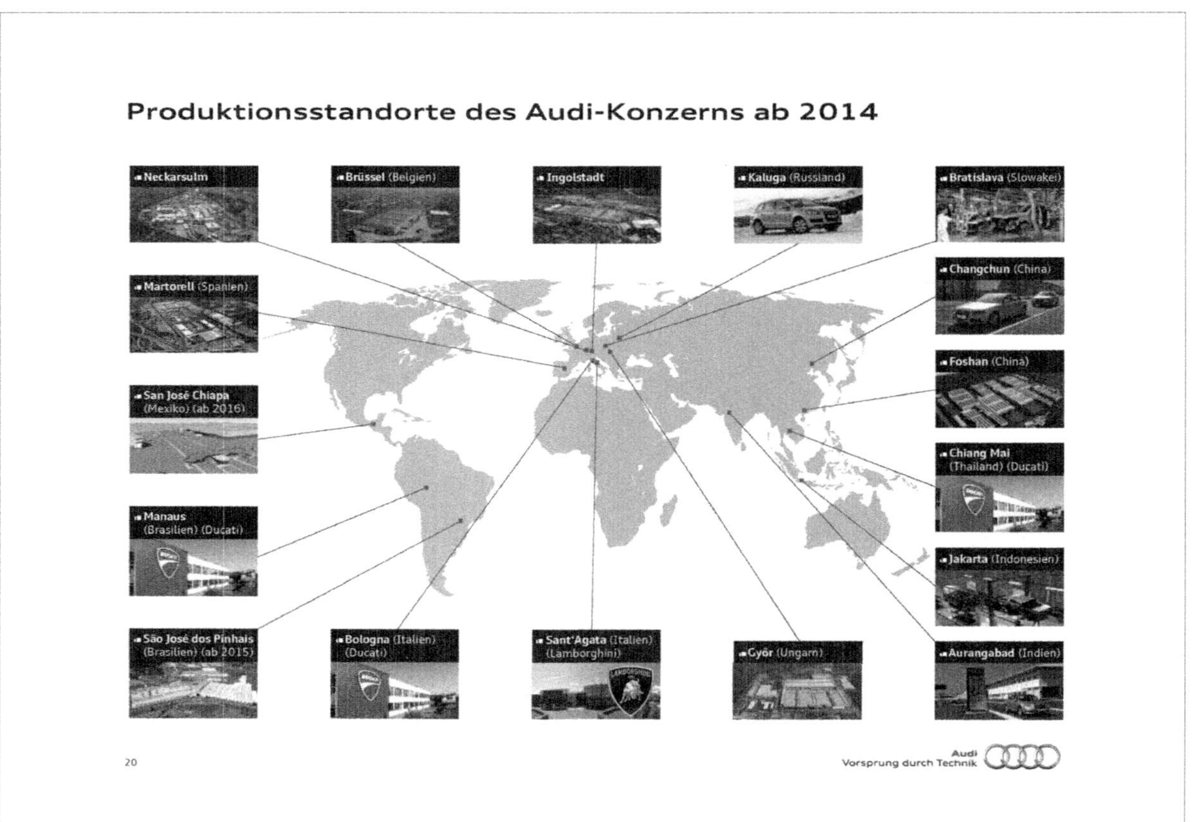

Produktionsstandorte des Audi-Konzerns ab 2014
Neckarsulm
Brüssel (Belgien)
Ingolstadt
Kaluga (Russland)
Bratislava (Slowakei)
Martorell (Spanien)
Changchun (China)
San José Chiapa (Mexiko) (ab 2016)
Foshan (China)
Chiang Mai (Thailand) (Ducati)
Manaus (Brasilien) (Ducati)
Jakarta (Indonesien)
São José dos Pinhais (Brasilien) (ab 2015)
Bologna (Italien) (Ducati)
Sant'Agata (Italien) (Lamborghini)
Győr (Ungarn)
Aurangabad (Indien)
20
Audi
Vorsprung durch Technik

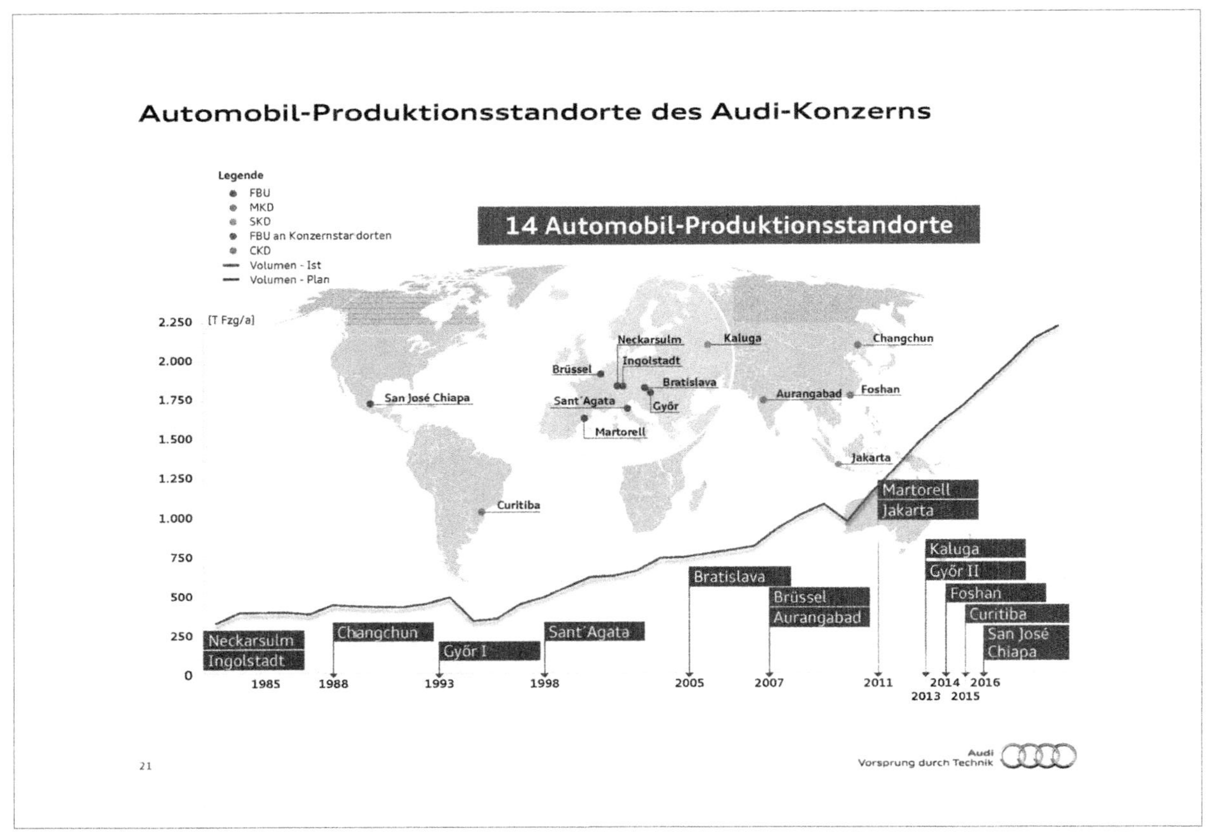

Automobil-Produktionsstandorte des Audi-Konzerns
Legende
FBU
MKD
SKD
FBU an Konzernstandorten
CKD
Volumen - Ist
Volumen - Plan
14 Automobil-Produktionsstandorte
[T Fzg/a]
2.250
2.000
1.750
1.500
1.250
1.000
750
500
250
0
San José Chiapa
Curitiba
Brüssel
Neckarsulm
Ingolstadt
Bratislava
Győr
Sant´Agata
Martorell
Kaluga
Changchun
Aurangabad
Foshan
Jakarta
Neckarsulm
Ingolstadt
Changchun
Győr I
Sant´Agata
Bratislava
Brüssel
Aurangabad
Martorell
Jakarta
Kaluga
Győr II
Foshan
Curitiba
San José
Chiapa
1985
1988
1993
1998
2005
2007
2011
2013
2014
2015
2016
21
Audi
Vorsprung durch Technik

Audi Produktion

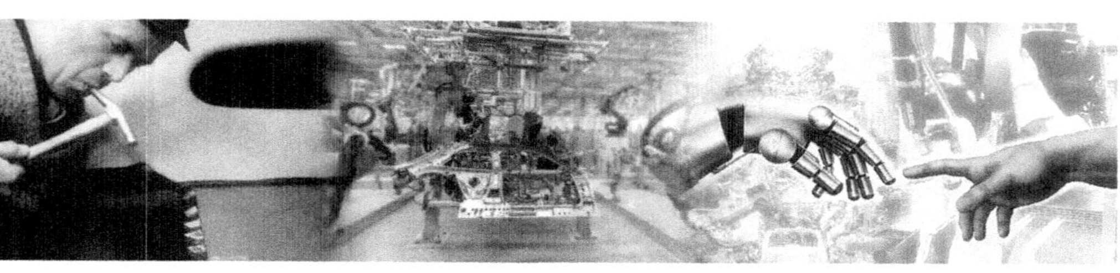

Dr. Hubert Waltl
Vorstand Produktion
AUDI AG

22

Eine Branche im Umbruch – wie der Volkswagen Konzern die Zukunft des Automobils gestaltet

Prof. Dr. Dr. h. c. mult. Martin Winterkorn

Vorsitzender des Vorstands
Volkswagen AG

Eine Branche im Umbruch –

Wie der Volkswagen Konzern die Zukunft des Automobils gestaltet

Die Automobilindustrie steht unter gewaltigem Veränderungsdruck. Einerseits gilt es, den wachsenden weltwirtschaftlichen und geopolitischen Unsicherheiten angemessen zu begegnen. Andererseits sind wir mit großen Trends konfrontiert, die unsere Branche grundlegend verändern: Da geht es um die weltweit immer strengeren CO2-Regulierungen und die wachsende Vielfalt an Antriebstechnologien, die wir parallel vorantreiben. Aber auch der gesellschaftliche Wertewandel und die Digitalisierung aller Lebensbereiche führen dazu, dass sich die Erwartungen der Menschen an die Mobilität und an das Auto verändern.

Man kann festhalten: Die Automobilindustrie durchläuft derzeit einen anspruchsvollen Stresstest. Für unsere Branche gehört das mittlerweile zum Alltag, waren doch die vergangenen Jahre gewissermaßen ein einziger großer Stresstest. So ist mit dem Finanzcrash 2008 zunächst der US-Automobilmarkt eingebrochen. Im Zuge der „Euro-Krise" hat sich dann auch die Nachfrage auf den europäischen Märkten zeitweise mehr als halbiert. Und ganz aktuell sind einstige Hoffnungsträger wie Brasilien, Russland und Indien tief im Minus. Von den BRIC-Staaten ist derzeit lediglich der chinesische Automobilmarkt auf Wachstumskurs.

Automobilindustrie im Stresstest

Man muss kein Prophet sein, um festzustellen: Der Stresstest im Automobilgeschäft dauert an. Das Umfeld für unser Geschäft bleibt auf absehbare Zeit schwierig. Dazu genügt ein Blick auf die Situation in Osteuropa. Dennoch ist der Volkswagen Konzern auf dem besten Weg, seine ehrgeizigen Ziele zu erreichen. Die Marke von 10 Mio. ausgelieferten Fahrzeugen haben wir bereits 2014 durchbrochen – vier Jahre früher als geplant. Und auch bei den anderen Zielen unserer Strategie 2018 wie der Kunden- und Mitarbeiterzufriedenheit sind wir auf einem sehr guten Kurs. In Sachen Rendite schaffen wir mit Effizienzprogrammen bei allen Konzernmarken derzeit die Voraussetzungen, um auch hier erfolgreich zu sein.

„Das Schicksal eines Unternehmens entscheidet sich nicht in der Krise. Es entscheidet sich vielmehr in den Erfolgsjahren", so hat es der frühere CEO von Bosch, Franz Fehrenbach, einmal auf den Punkt gebracht. Und es stimmt: Große gesellschaftliche und technologische Umwälzungen können gerade für erfolgreiche Unternehmen zur echten Bedrohung werden. Wenn starke und technologisch führende Unternehmen ihre Strategie nicht rechtzeitig anpassen, wenn sie neue Trends unterschätzen oder schlicht nicht schnell genug darauf reagieren, sind die Folgen häufig dramatisch. Das wird aktuell bei den großen Energiekonzernen genauso deutlich wie bei einstigen Branchengrößen wie Kodak, Nokia oder Sony. Diese Beispiele verdeutlichen: Die Erfolgskonzepte von Heute sind nicht zwangsläufig die richtigen Lösungen für die Welt von Morgen.

Drei Megatrends verändern die Automobilwelt

Fakt ist: Wenn sich das Umfeld verändert, stoßen erfolgreiche Strategie häufig an ihre Grenzen. Sie müssen immer wieder überprüft und adjustiert werden. Und genau das ist in der Automobilindustrie derzeit der Fall. Denn der Wandel unserer Branche ist allgegenwärtig – und er hat bereits massiven Einfluss auf unser operatives Geschäft.

Es sind dabei vor allem drei große Trends, die diesen Umbruch bestimmen: Der Elektroantrieb ist zwar aktuell noch ein Nischenprodukt, wird und muss aber in den kommenden Jahren deutlich an Zulauf gewinnen – schon allein, um die strengen CO_2-Vorgaben der Politik zu erfüllen. Der zweite Megatrend ist die Digitalisierung. Beinahe alles läuft heute digital ab. Jetzt tritt die Digitalisierung der Wirtschaft in eine neue, besonders erfolgskritische Phase. Denn es geht nicht mehr nur um Suchmaschinen, Restaurantbewertungen oder Werbebanner, sondern zunehmend auch um Roboter, Maschinen und Automobile, sprich: um die reale Wirtschaft, das „Internet der Dinge". Der dritte große Trend ist der gesellschaftliche Wertewandel, der die Rolle des Automobils ein Stück weit neu definiert. Viele junge, westliche Großstädter haben heute einen anderen, rationaleren Blick auf das Automobil. Das Auto wird immer mehr zum Teil einer voll vernetzen, intermodalen Mobilitätswelt. Für uns als Hersteller heißt das: Wir müssen mehr und mehr zum Mobilitätskonzern, zum „Mobilitätsermöglicher" werden.

„Future Tracks": Wandel als Chance

Wir von Volkswagen verstehen den Wandel des Automobils nicht vornehmlich als Bedrohung, sondern vor allem als Chance. Mit unserem konzernweiten Zukunfts-programm „Future Tracks" bereiten wir uns systematisch auf die neue Automobilwelt vor. Langfristig treiben wir unter diesem Dach neue Technologien, die Digitalisierung von Produkt, Produktion und Handel sowie innovative Dienstleistungen rund um unsere Fahrzeuge voran. Ganz kurzfristig gilt es, die wirtschaftliche Basis für all diese anspruchsvollen Aufgaben zu legen, die ohne Frage Investitionen in Milliardenhöhe erfordern. Deshalb ist „Future Tracks" auch ein Programm für mehr Effizienz und Rendite. Letztlich legen wir mit „Future Tracks" also das Fundament für die weitere, langfristige Marschrichtung des Volkswagen Konzerns. Zwei strategische Schwerpunkte unserer Anstrengungen auf diesem Weg sind: die Elektromobilität und die Digitalisierung.

Antriebsvielfalt dank Modulstrategie

Bereits heute verfügt der Volkswagen Konzern über die wohl breiteste Elektroflotte der Automobilwelt: Von reinen E-Fahrzeugen wie dem e-up! und dem e-Golf über Plug-In-Hybride wie den Audi A3 e-tron, Golf GTE, Porsche Panamera und Cayenne bis hin zu Supersportlern wie dem Porsche 918 Spyder. Die größten Erfolgschancen hat mittelfristig der Plug-In Hybrid, denn er verbindet das Beste aus zwei Welten: Er fährt bis zu 50 Kilometer elektrisch und lokal emissionsfrei. Gleichzeitig garantiert ein effizienter Verbrennungsmotor Reichweiten von bis zu 1.000 Kilometern. In den kommenden Jahren werden wir deshalb zahlreiche weitere Plug-In Hybride auf den Markt bringen: Bei Audi etwa den A6, A8 und Q7. Bei Volkswagen werden unter anderem der Passat, Touareg und Phaeton mit dieser Technologie ausgestattet.

Ausgereifte Fahrzeuge sind allerdings nur die halbe Miete. Neue Technologien müssen sich vor allem auch rechnen – für die Kunden und das Unternehmen. Die strategische Antwort des Volkswagen Konzerns darauf sind die Modularen Baukästen. So basiert ein immer größerer Teil unserer Fahrzeuge auf gemeinsamen Modulen und Plattformen wie beispielsweise dem Modularen Querbaukasten (MQB). Ein entscheidender Vorteil: Jedes MQB-Fahrzeug kann schnell und flexibel mit der gesamten Palette der Antriebstechnologien ausgestattet werden. Beim Golf haben unsere Kunden schon heute die Wahl aus fünf verschiedenen Antriebsarten vom Benziner bis zum Plug-In Hybrid. Falls die Kunden es wünschen, kann unser Konzern auf Grundlage des MQB bis zu 40 Modelle elektrifizieren.

Mit dem Modularen Produktionsbaukasten haben wir das modulare Prinzip auch auf unsere Werke übertragen. Unsere Elektro-Fahrzeuge laufen nicht in separaten Fabriken vom Band, sondern „Stoßstange an Stoßstange“ mit Diesel-, Benzin- und Erdgasmodellen auf derselben Produktionslinie. So sind wir in der Lage, schnell und wirtschaftlich auf Verschiebungen der Nachfrage zu reagieren – in Entwicklung und Produktion. Diese Flexibilität ist gerade in Umbruchsphasen ein entscheidender Vorteil.

Autos werden zu rollenden Smartphones

Strategische Weichenstellungen hat unser Konzern auch beim Thema „Digitalisierung“ vorgenommen. Das betrifft die Produkte, die Werke sowie neue Geschäftsmodelle und datenbasierte Services. Ein aktuelles Beispiel für die Chancen der Digitalisierung in unseren Fahrzeugen ist der neue Volkswagen Passat. Er bietet – ebenfalls dank MQB – eine in dieser Fahrzeugklasse bislang unerreichte Vielzahl an Assistenzsystemen. Anstelle von klassischen Tachos verfügt der Passat über das volldigitale „Active Info Display“ mit einem einzigen, großen Bildschirm, der sich individuell konfigurieren lässt. Zudem machen wir unsere Fahrzeuge mehr und mehr zu rollenden Smartphones. Zu den bereits verfügbaren Funktionen zählen beispielweise der Abruf von Mails, der Zugang zu sozialen Netzwerken sowie Echtzeitinformationen zu Parkplätzen und Verkehrsaufkommen. In Zukunft werden wir die neuen digitalen Technologien nutzen, um das Auto noch individueller auf den jeweiligen Fahrer zuzuschneiden.

Eine besonders faszinierende Funktion im Auto der Zukunft ist das pilotierte Fahren. Bereits seit zehn Jahren arbeiten unsere Forscher daran, das automatische Fahren zur Realität auf den Straßen werden zu lassen. Insbesondere im „Stop & Go“-Verkehr auf der Autobahn erschließt sich das Potenzial des pilotierten Fahrens bereits heute. Die ersten Vorboten hat ebenfalls der neue Passat an Bord – etwa einen Stauassistenten, der im „Stop & Go“-Verkehr automatisch lenkt, beschleunigt und bremst.

Industrie 4.0: Mensch und Roboter rücken zusammen

Die Digitalisierung hält aber auch in unseren Fabriken Einzug. Schon heute verfügen unsere Werke über viele Technologien, die zur „Industrie 4.0“ beitragen, wie etwa intelligente Produktionswerkzeuge, die selbst auf kleinste Abweichungen autonom reagieren, fahrerlose Transportsysteme, die Teile punktgenau anliefern oder die Fernwartung von Maschinen über das Internet.

Und wir stehen vor einem weiteren Automatisierungsschub: Dabei geht es ausdrücklich nicht um menschenleere Fabrikhallen, sondern um ein intelligentes Zusammenspiel von Mensch und Maschine. Das heißt: Roboter werden aus ihren Schutz-Käfigen „befreit“ und arbeiten zukünftig Hand in Hand mit den Mitarbeitern – mit positiven Folgen für Produktivität, Effizienz und Ergonomie. Noch ist schwer abzuschätzen, wie groß das Potenzial der „Automobilproduktion 4.0“ tatsächlich ist. Jede Maßnahme muss sich rechnen und echte Verbesserungen bringen. Zudem wird der „Faktor Mensch“ mit seiner Erfahrung und Intelligenz auch in Zukunft eine zentrale Rolle spielen. Dennoch wollen und müssen wir die Chancen der nächsten Automatisierungswelle nutzen.

Daten werden zum „Öl unserer Zeit“

Der dritte wichtige Bereich der Digitalisierung sind neue Geschäftsfelder und datenbasierte Dienstleistungen rund um das Produkt Automobil. Dies betrifft neben dem Infotainment auch Themen wie neue Mobilitätsdienstleistungen, „Predictive Marketing“ oder After Sales. Ein Beispiel: Scania und MAN bieten ihren Kunden heute schon die Möglichkeit, die Telemetrie-Daten ihrer Lkws in Echtzeit auszuwerten. Auf Wunsch bekommt der Kunde spezifische, datenbasierte Hinweise, wie er seine Flotte noch effizienter betreiben und damit die Betriebskosten spürbar senken kann. Zudem können Lkws durch genaue Datenanalyse vorausschauend in die Werkstatt einbestellt werden, noch bevor ein Defekt auftritt.

Bei allen Aspekten der Digitalisierung kommt es für uns als Hersteller entscheidend darauf an, die Kundendaten in der Hand zu behalten. Und zu gewährleisten, dass diese jederzeit sicher und geschützt sind. Die stetig wachsenden Datenmengen werden immer mehr zum neuen „Öl unserer Zeit“. Unser Ziel muss es sein, die gesamte automobile Wertschöpfung im Unternehmen zu halten. Vor diesem Hintergrund baut unser Konzern sein digitales Know-how konsequent aus: Schon heute haben wir rund 10.000 IT-Fachleute an Bord. Mitte 2014 haben wir das europäische Entwicklungszentrum von Blackberry übernommen. Und seit Anfang des Jahres betreiben wir in München ein eigenes „Data Lab“, das sich mit der Analyse und intelligenten Nutzung von „Big Data“ und neuen Geschäftsmodellen befasst.

Sie sehen: Wir im Volkswagen Konzern setzen uns intensiv mit den Chancen der digitalen Welt auseinander. Dabei ist es unser Anspruch, die digitale und die mobile Welt zusammenzuführen. Vor neuen Wettbewerbern aus anderen Branchen ist uns nicht bange.

Denn wir sind überzeugt: Das Automobil mit all seinen Anforderungen an Mechanik, Physik, Sicherheit, Elektronik, Produktion wird unsere ureigene Kernkompetenz bleiben. Der aktuelle Stresstest wird die Automobilindustrie grundlegend und nachhaltig verändern. Wir bei Volkswagen sind bereit für den Wandel. Wir sind dabei, das Automobil, die Produktion und bewährte Geschäftsmodelle neu zu denken – und damit die Zukunft des Automobils zu gestalten.

Stresstest als Teil der mittelfristigen Unternehmensplanung - Fallbeispiel Pfleiderer GmbH

Michael Wolff

CEO

Pfleiderer GmbH

DUROPAL | wodego | thermopal

PFLEIDERER

PFLEIDERER GmbH

BC WEST

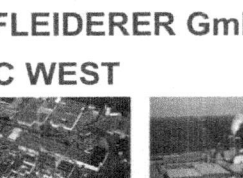

Arnsberg

Baruth

Gütersloh I

Gütersloh II

Leutkirch

Neumarkt

BC EAST

Grajewo

Silekol

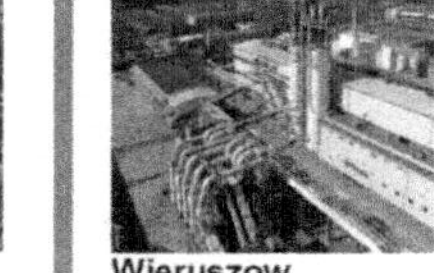
Wieruszow

- Marktführer in Deutschland
- Führend in Polen
- Umsatz: ≈ 1 Mrd. EUR
- Investitionen: > 50 M EUR in 2013
- Mitarbeiter: > 3 300
- Produktionsstandorte in D und PL
- Kapazitäten:
  - Spanplatten: 3,1 M m3
  - MDF/HDF: 0,7 M m3
  - DBS: 110 M m2
  - HPL: 28 M m2

17. März 2015 — 22. Münchner Management Kolloquium — 1

DUROPAL | wodego | thermopal

PFLEIDERER

PFLEIDERER GmbH

BC WEST

Arnsberg

Baruth

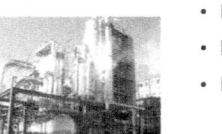

Gütersloh I

Gütersloh II

Leutkirch

Neumarkt

BC EAST

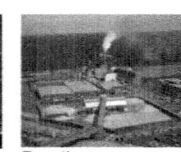

Grajewo

Silekol

Wieruszow

- Marktführer in Deutschland
- Führend in Polen
- Umsatz: ≈ 1 Mrd. EUR
- Investitionen: > 50 M EUR in 2013
- Mitarbeiter: > 3 300
- Produktionsstandorte in D und PL
- Kapazitäten:

  Spanplatten: 3,1 M m3

  MDF/HDF: 0,7 M m3

  DBS: 110 M m2

  HPL: 28 M m2

17. März 2015 22. Münchner Management Kolloquium 1

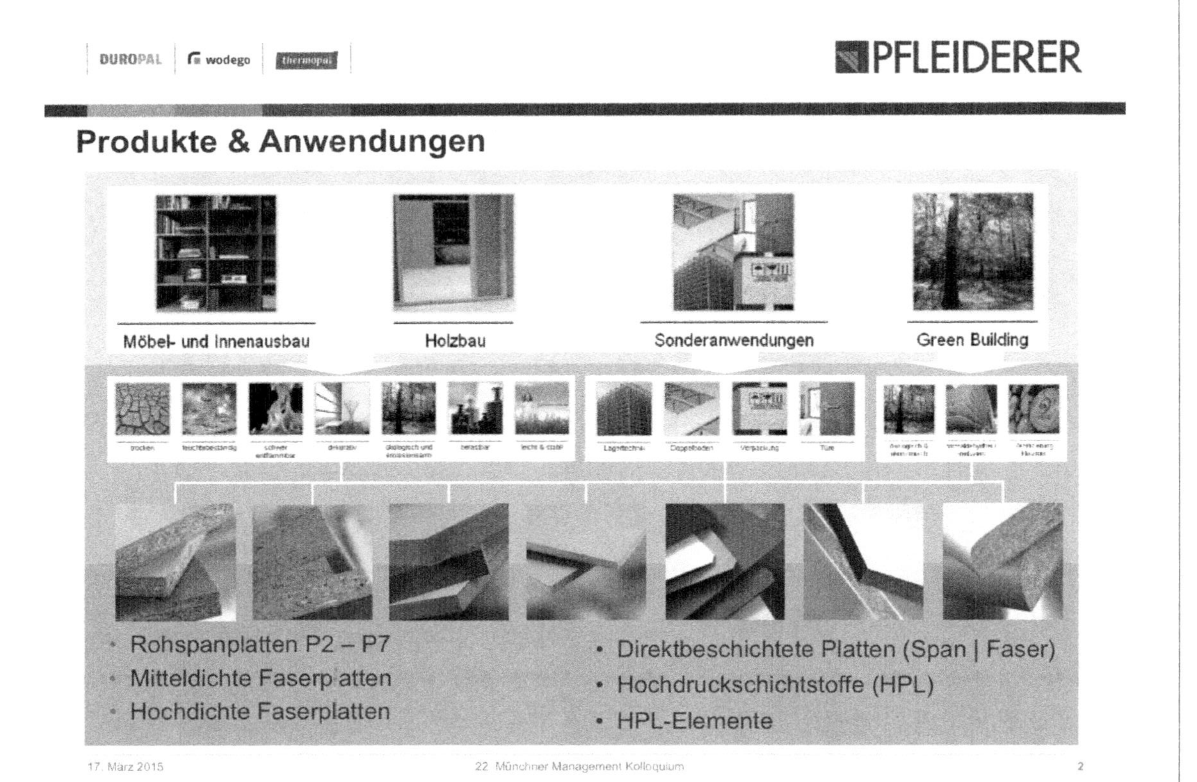
DUROPAL
wodego
thermopal
PFLEIDERER
Produkte & Anwendungen
Möbel- und Innenausbau
Holzbau
Sonderanwendungen
Green Building
trocken
dekorativ
belastbar
leicht & stabil
Lagertechnik
Doppelboden
Verpackung
Türe
• Rohspanplatten P2 – P7
• Mitteldichte Faserplatten
• Hochdichte Faserplatten
• Direktbeschichtete Platten (Span | Faser)
• Hochdruckschichtstoffe (HPL)
• HPL-Elemente
17. März 2015
22. Münchner Management Kolloquium
2

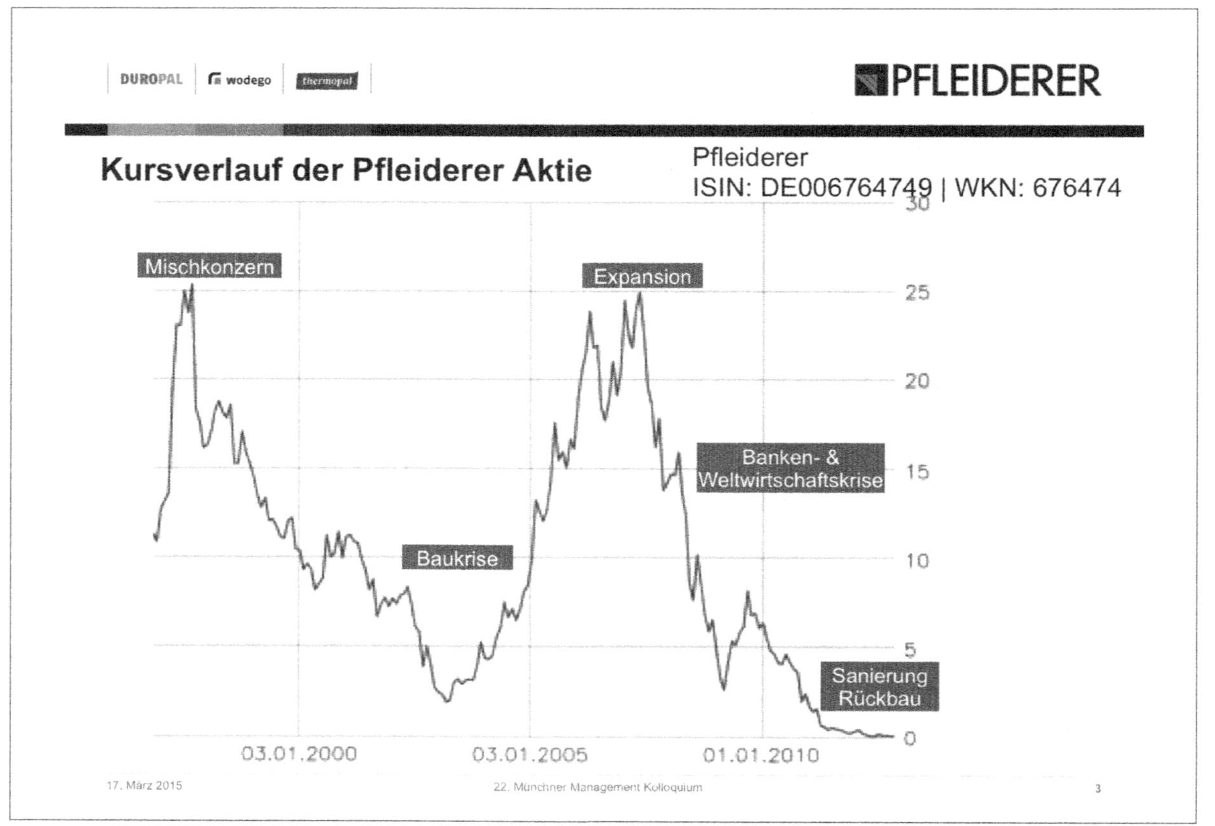

DUROPAL
wodego
thermopal
PFLEIDERER
Kursverlauf der Pfleiderer Aktie
Pfleiderer
ISIN: DE0006764749 | WKN: 676474
Mischkonzern
Expansion
Banken- & Weltwirtschaftskrise
Baukrise
Sanierung Rückbau
30
25
20
15
10
5
0
03.01.2000
03.01.2005
01.01.2010
17. März 2015
22. Münchner Management Kolloquium
3

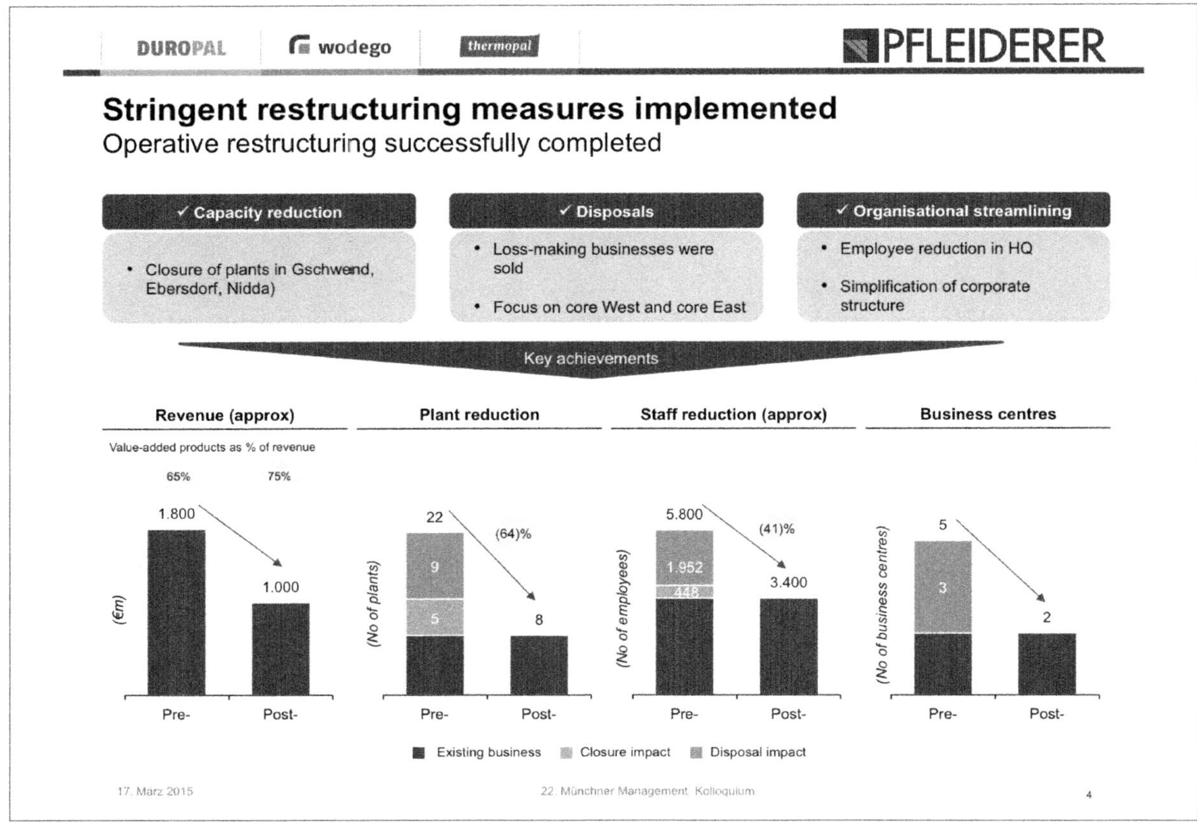
DUROPAL
wodego
thermopal
PFLEIDERER
Stringent restructuring measures implemented
Operative restructuring successfully completed
✓ Capacity reduction
• Closure of plants in Gschwend, Ebersdorf, Nidda)
✓ Disposals
• Loss-making businesses were sold
• Focus on core West and core East
✓ Organisational streamlining
• Employee reduction in HQ
• Simplification of corporate structure
Key achievements
Revenue (approx)
Value-added products as % of revenue
65%
75%
(€m)
1.800
1.000
Pre-
Post-
Plant reduction
(No of plants)
22
9
5
(64)%
8
Pre-
Post-
Staff reduction (approx)
(No of employees)
5.800
1.952
448
(41)%
3.400
Pre-
Post-
Business centres
(No of business centres)
5
3
2
Pre-
Post-
Existing business
Closure impact
Disposal impact
17. März 2015
22. Münchner Management Kolloquium
4

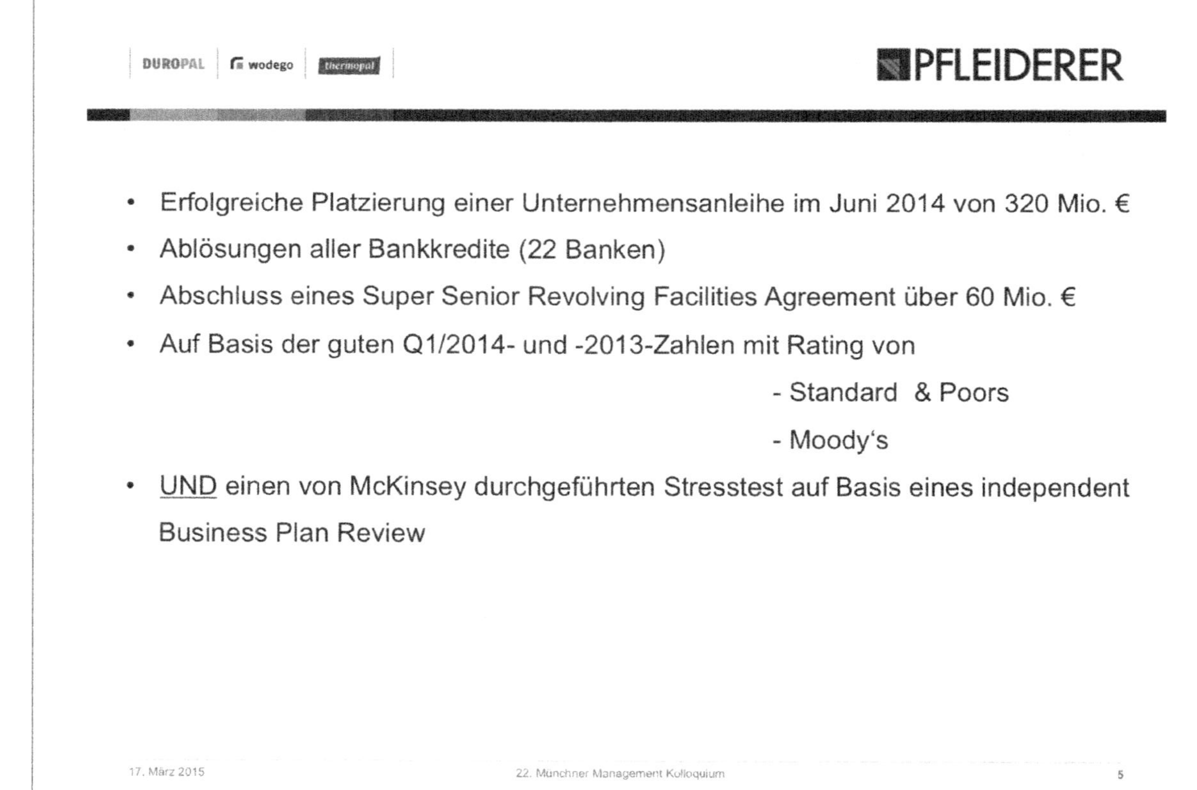
DUROPAL
wodego
thermopal
PFLEIDERER
• Erfolgreiche Platzierung einer Unternehmensanleihe im Juni 2014 von 320 Mio. €
• Ablösungen aller Bankkredite (22 Banken)
• Abschluss eines Super Senior Revolving Facilities Agreement über 60 Mio. €
• Auf Basis der guten Q1/2014- und -2013-Zahlen mit Rating von
- Standard & Poors
- Moody's
• UND einen von McKinsey durchgeführten Stresstest auf Basis eines independent Business Plan Review
17. März 2015
22. Münchner Management Kolloquium
5

PFLEIDERER

Pfleiderer arbeitet als Teil der Unternehmensplanung mit drei Instrumenten:

1. Stresstest: Überprüfen der Finanzstärke anhand von Down-Turn-Szenarien. Reicht im schlimmsten Fall die Liquidität?
2. Frühwarnsystem:
   - Marktanalysen (makroökonomisch, branchenspezifisch)
   - Kundenbarometer
   - Außendienst / Auftragseingang
   - Ziel: rechtzeitiges Erkennen von Marktveränderungen
3. Aktions-/ Notfallplan: Unter Einbeziehung aller Funktionen und deren Führungskräfte, Erarbeiten von Maßnahmen, die einzuleiten sind bei Planabweichung

Stufe	1	2	3	4	5
EBITDA Ist vs. Plan	-5%	-10%	-20%	-30%	-40%

17. März 2015 22. Münchner Management Kolloquium 6

PFLEIDERER

Abschlussbetrachtung

- Stresstest, Frühwarnsystem und Aktions-Notfallplan sind eine solide Basis, um schnell und zeitnah auf Volatilität zu reagieren
- Die Erstellung zwingt das gesamte Management aller Funktionen, in Szenarien zu denken und Maßnahmen konsequent und schnell umzusetzen
- Offene und frühzeitige Kommunikation mit Stake- und Shareholdern verkürzt die spätere Umsetzungszeit und spart damit langwierige Implementierungszeiten
- DENN nichts ist so beständig wie der stete Wandel

17. März 2015 22. Munchner Management Kolloquium 8

Succeeding in the Luxury Car Market - the Jaguar Land Rover Way

Dr.-Ing. Wolfgang Ziebart

Director, Group Engineering
Jaguar Land Rover Ltd

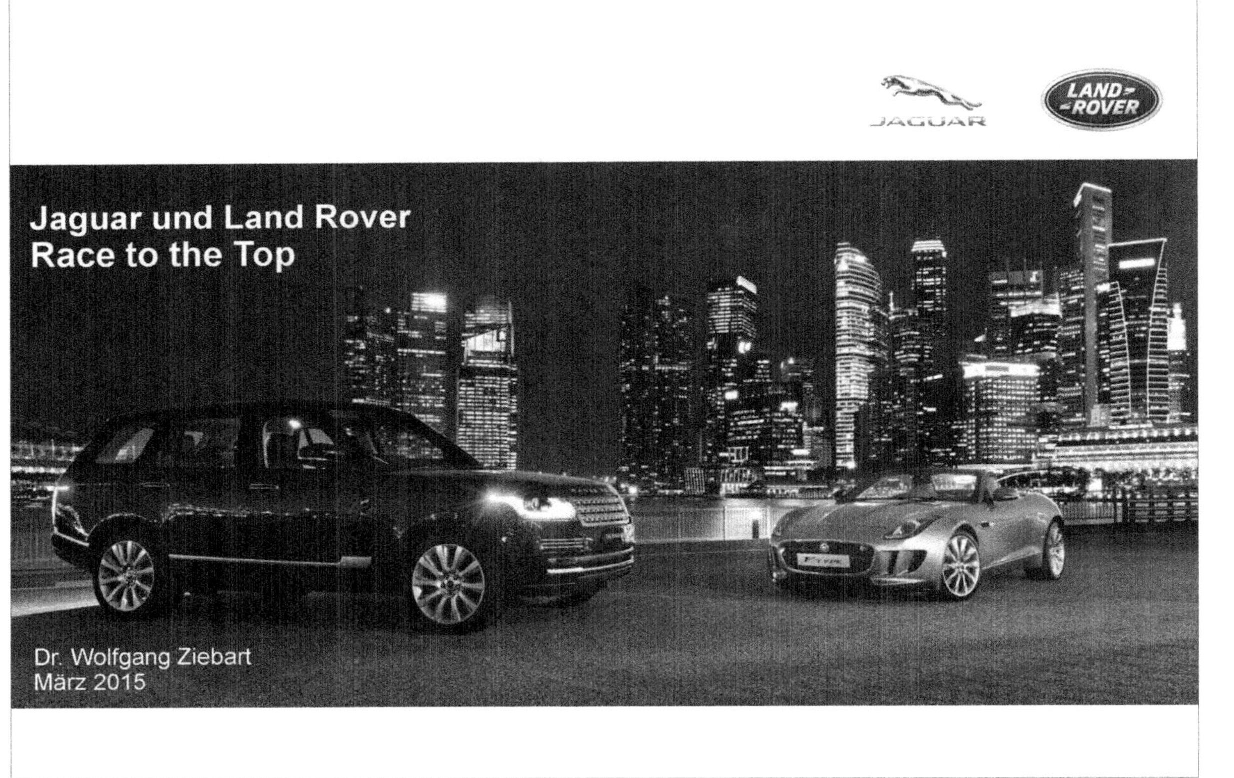
JAGUAR
LAND ROVER
Jaguar und Land Rover
Race to the Top
Dr. Wolfgang Ziebart
März 2015

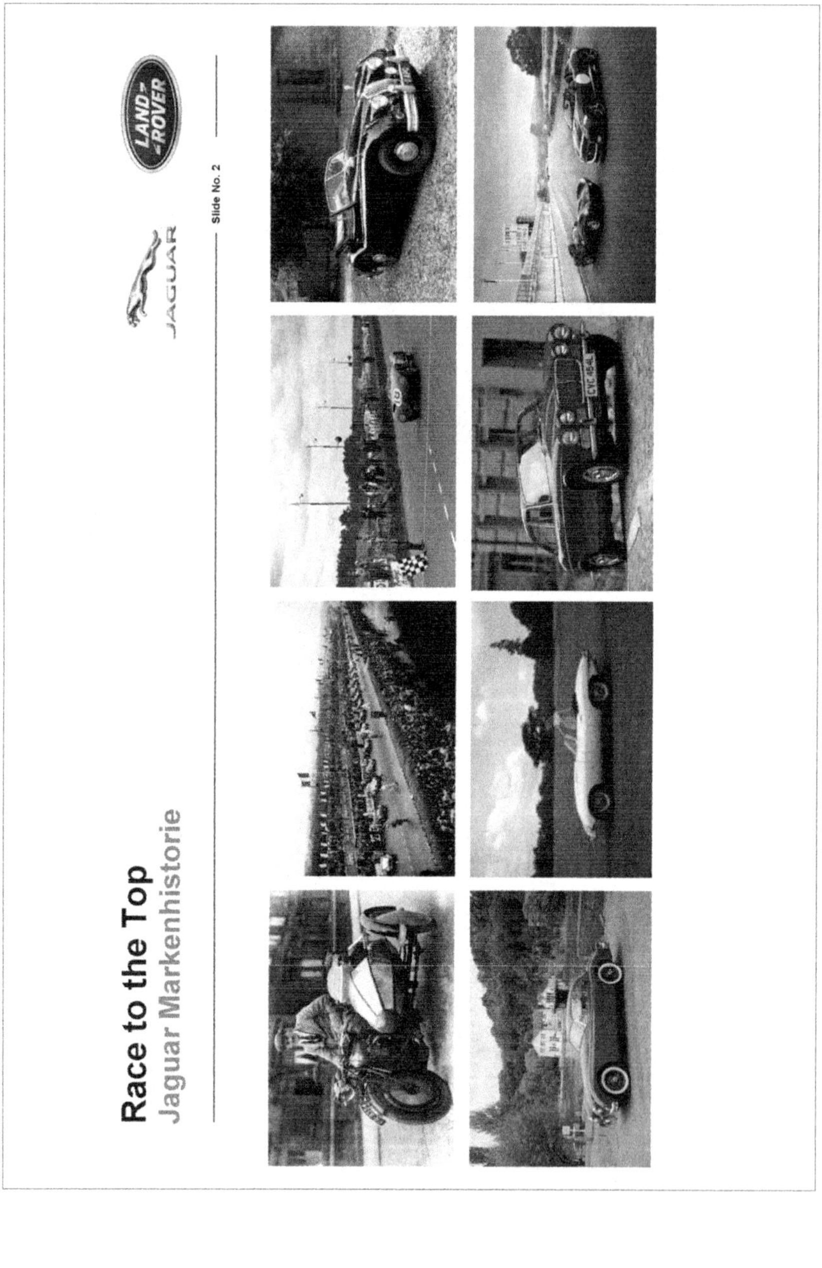

Race to the Top

Jaguar Markenhistorie

JAGUAR

LAND ROVER

Slide No. 2

Race to the Top
Land Rover Markenhistorie
JAGUAR
LAND ROVER
Slide No. 3
SXR 819

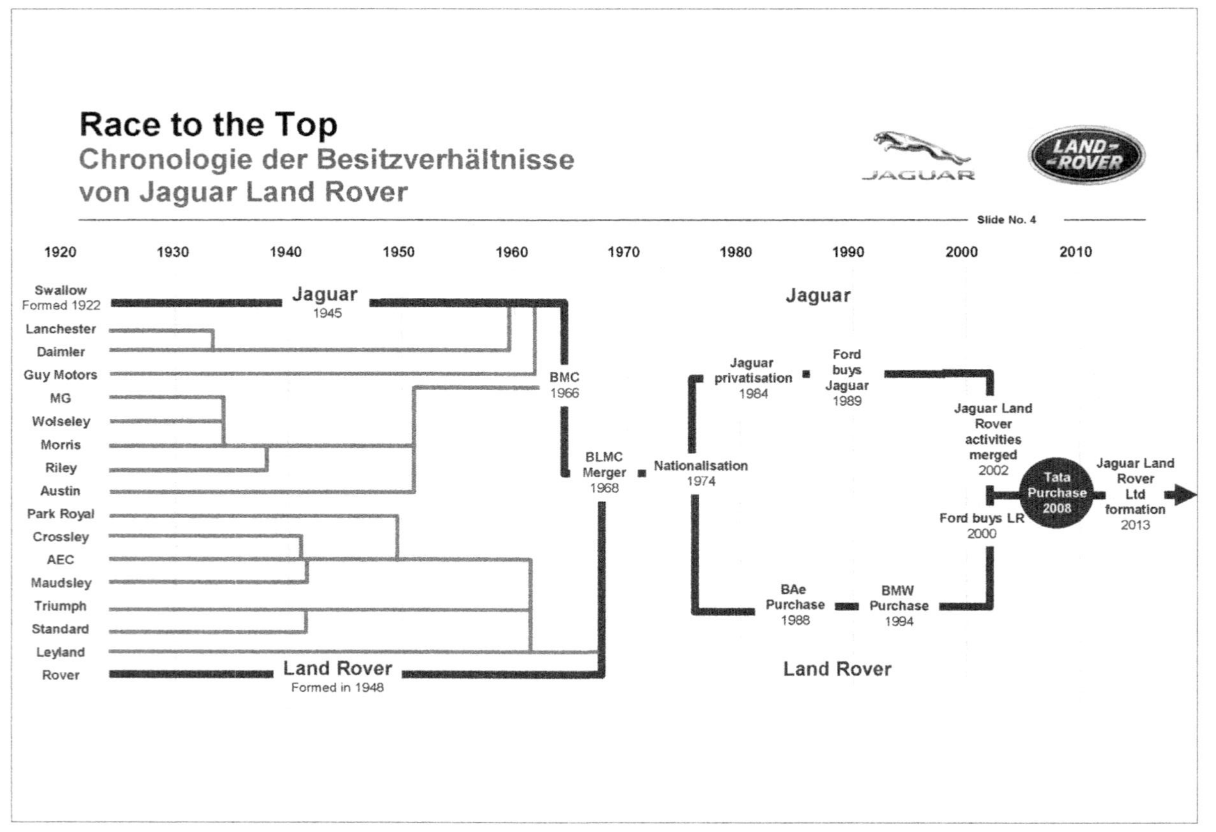
Race to the Top
Chronologie der Besitzverhältnisse
von Jaguar Land Rover
JAGUAR
LAND-ROVER
Slide No. 4
1920
1930
1940
1950
1960
1970
1980
1990
2000
2010
Swallow
Formed 1922
Lanchester
Daimler
Guy Motors
MG
Wolseley
Morris
Riley
Austin
Park Royal
Crossley
AEC
Maudsley
Triumph
Standard
Leyland
Rover
Jaguar
1945
Land Rover
Formed in 1948
BMC
1966
BLMC
Merger
1968
Nationalisation
1974
Jaguar
Jaguar
privatisation
1984
Ford
buys
Jaguar
1989
Jaguar Land
Rover
activities
merged
2002
Tata
Purchase
2008
Jaguar Land
Rover
Ltd
formation
2013
Ford buys LR
2000
BAe
Purchase
1988
BMW
Purchase
1994
Land Rover

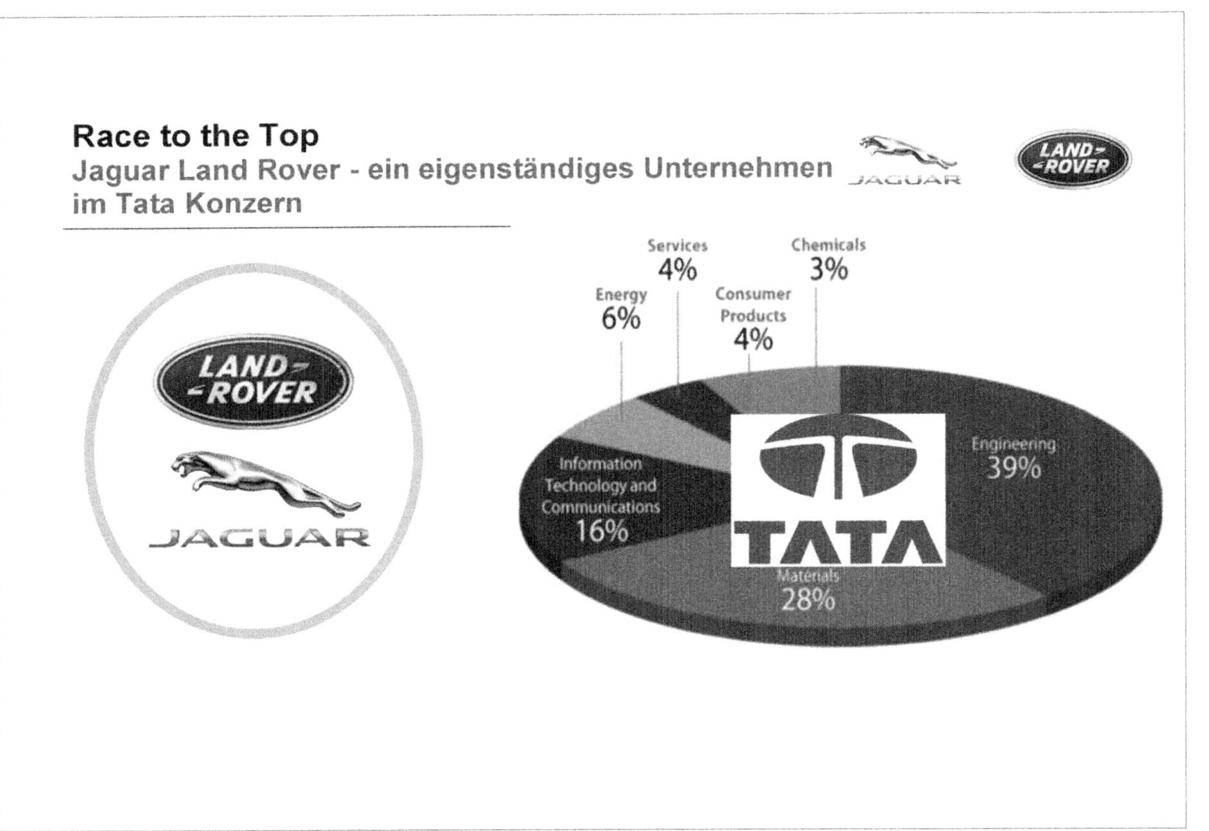
Race to the Top
Jaguar Land Rover - ein eigenständiges Unternehmen im Tata Konzern
JAGUAR
LAND ROVER
LAND ROVER
JAGUAR
Energy 6%
Services 4%
Consumer Products 4%
Chemicals 3%
Information Technology and Communications 16%
TATA
Engineering 39%
Materials 28%

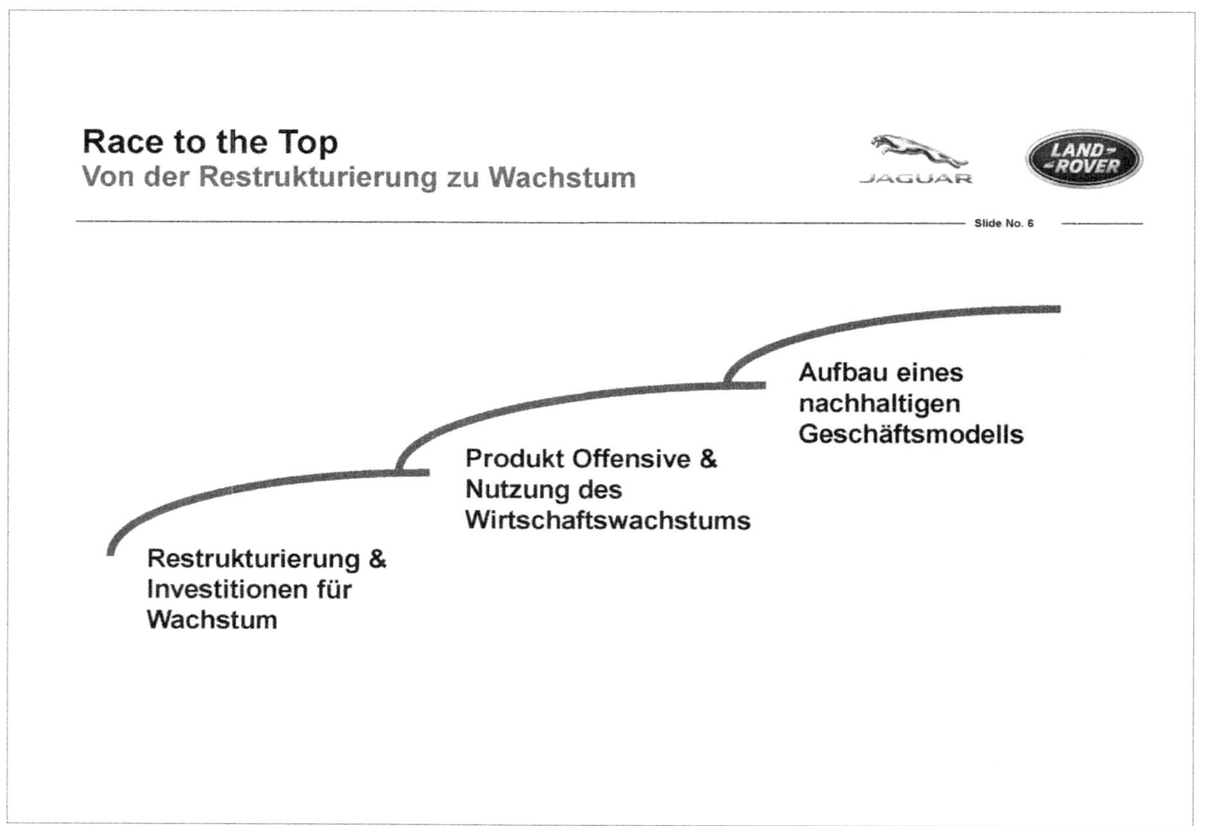
Race to the Top
Von der Restrukturierung zu Wachstum
JAGUAR
LAND-ROVER
Slide No. 6
Restrukturierung & Investitionen für Wachstum
Produkt Offensive & Nutzung des Wirtschaftswachstums
Aufbau eines nachhaltigen Geschäftsmodells

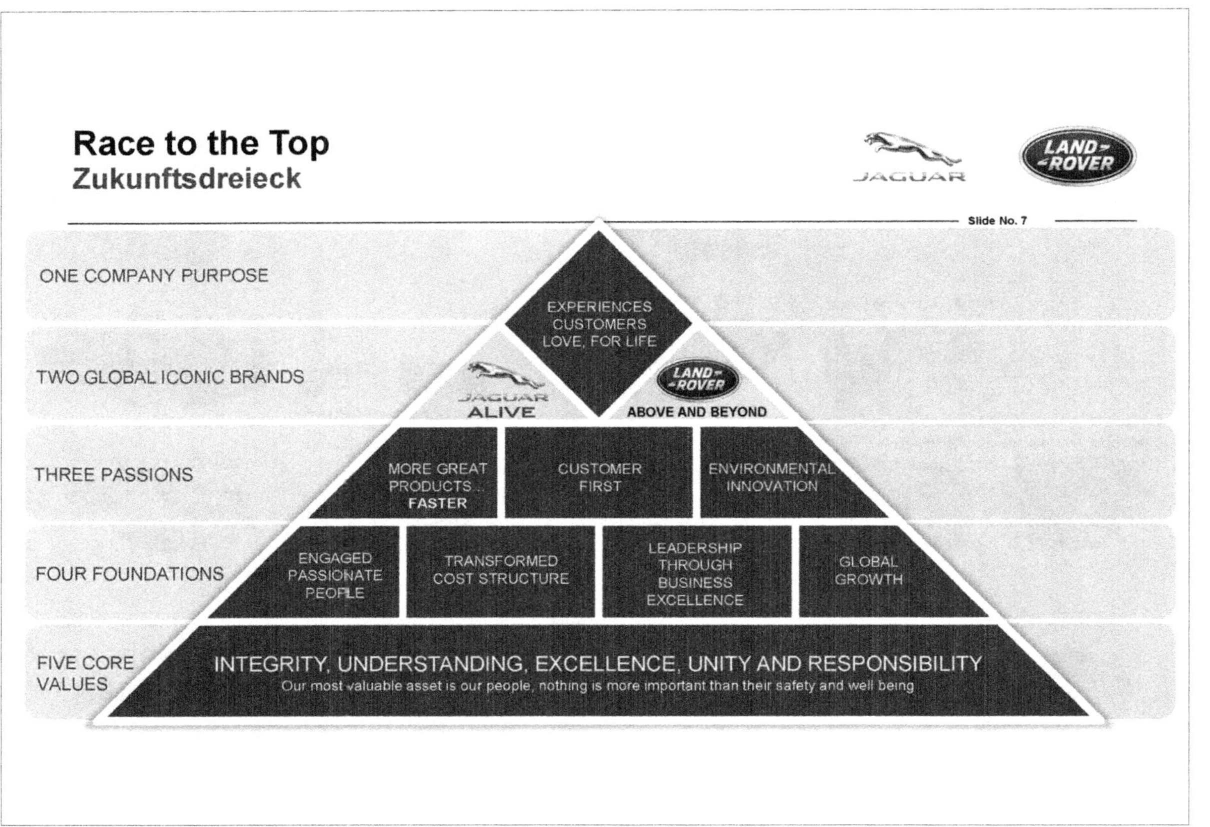
Race to the Top
Zukunftsdreieck
JAGUAR
LAND ROVER
Slide No. 7
ONE COMPANY PURPOSE
EXPERIENCES CUSTOMERS LOVE, FOR LIFE
TWO GLOBAL ICONIC BRANDS
JAGUAR ALIVE
LAND ROVER ABOVE AND BEYOND
THREE PASSIONS
MORE GREAT PRODUCTS... FASTER
CUSTOMER FIRST
ENVIRONMENTAL INNOVATION
FOUR FOUNDATIONS
ENGAGED PASSIONATE PEOPLE
TRANSFORMED COST STRUCTURE
LEADERSHIP THROUGH BUSINESS EXCELLENCE
GLOBAL GROWTH
FIVE CORE VALUES
INTEGRITY, UNDERSTANDING, EXCELLENCE, UNITY AND RESPONSIBILITY
Our most valuable asset is our people, nothing is more important than their safety and well being

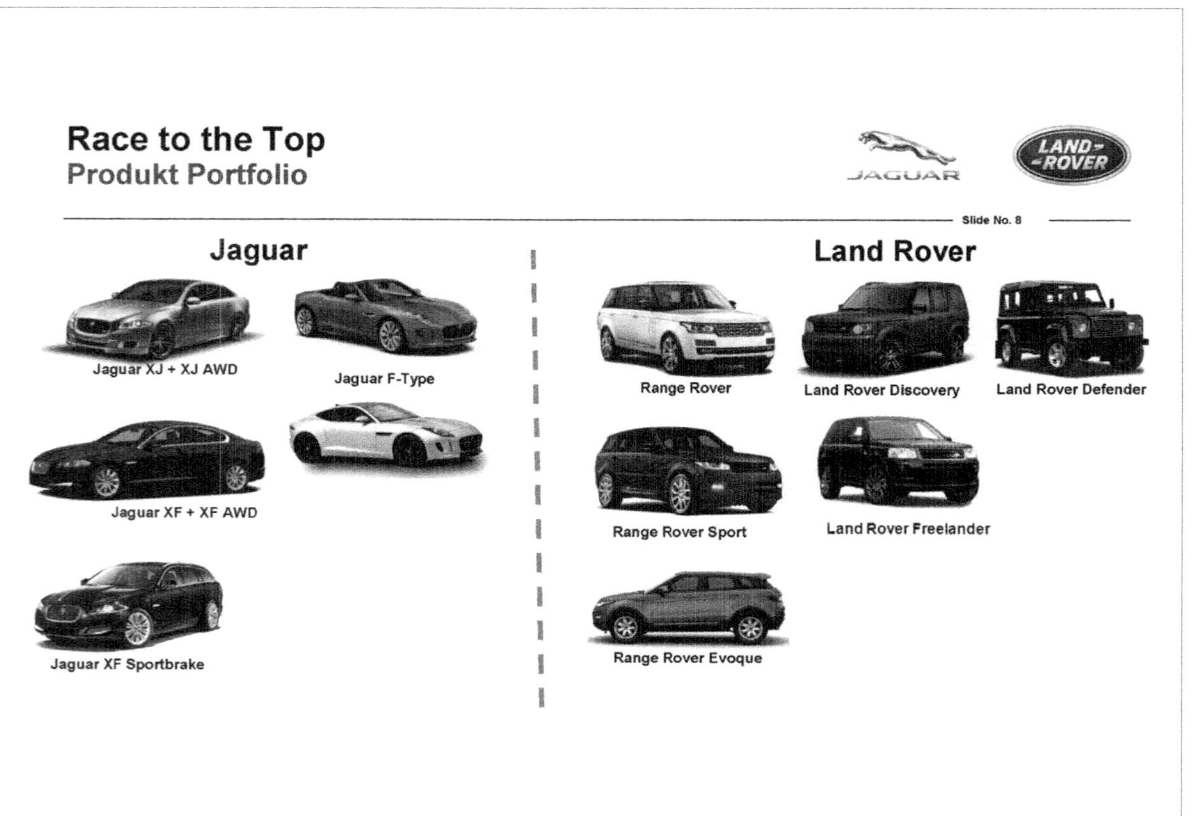

Race to the Top
Produkt Portfolio
JAGUAR
LAND ROVER
Slide No. 8
Jaguar
Jaguar XJ + XJ AWD
Jaguar F-Type
Jaguar XF + XF AWD
Jaguar XF Sportbrake
Land Rover
Range Rover
Land Rover Discovery
Land Rover Defender
Range Rover Sport
Land Rover Freelander
Range Rover Evoque

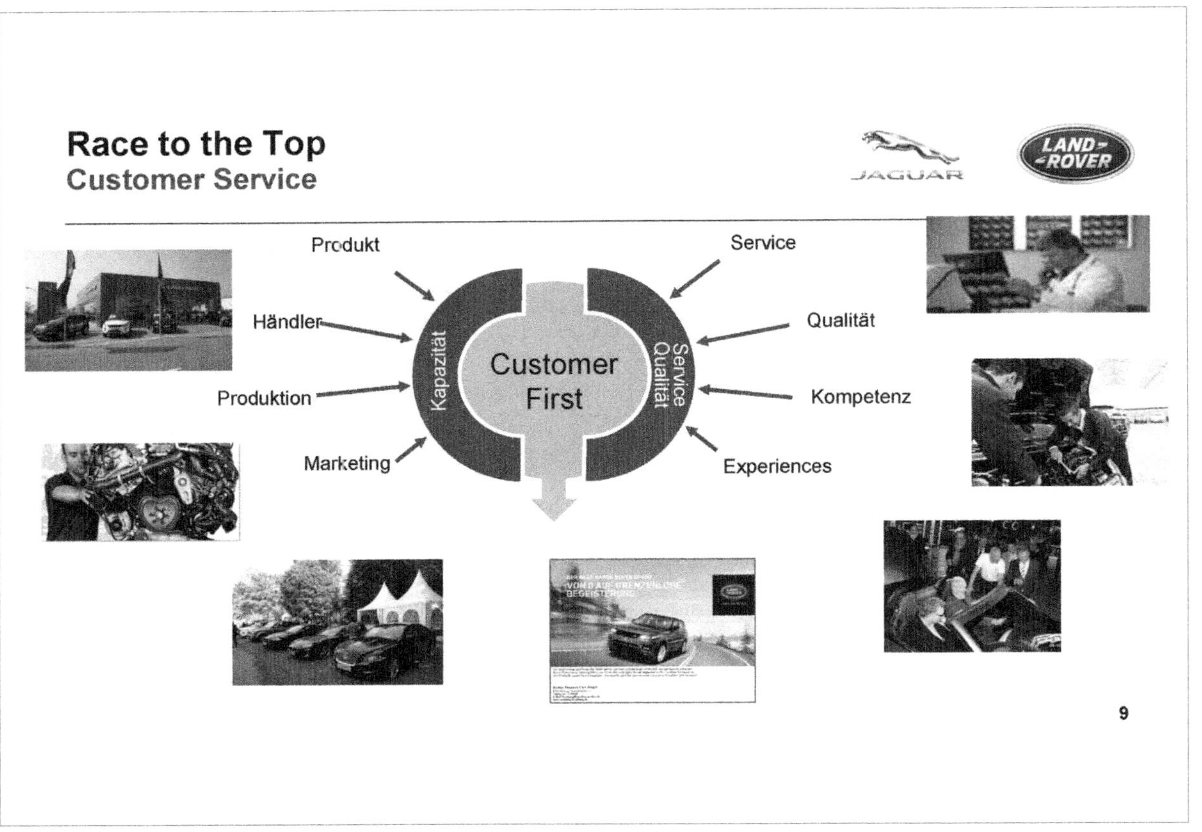
Race to the Top
Customer Service
JAGUAR
LAND ROVER
Produkt
Händler
Produktion
Marketing
Kapazität
Customer First
Service Qualität
Service
Qualität
Kompetenz
Experiences
9

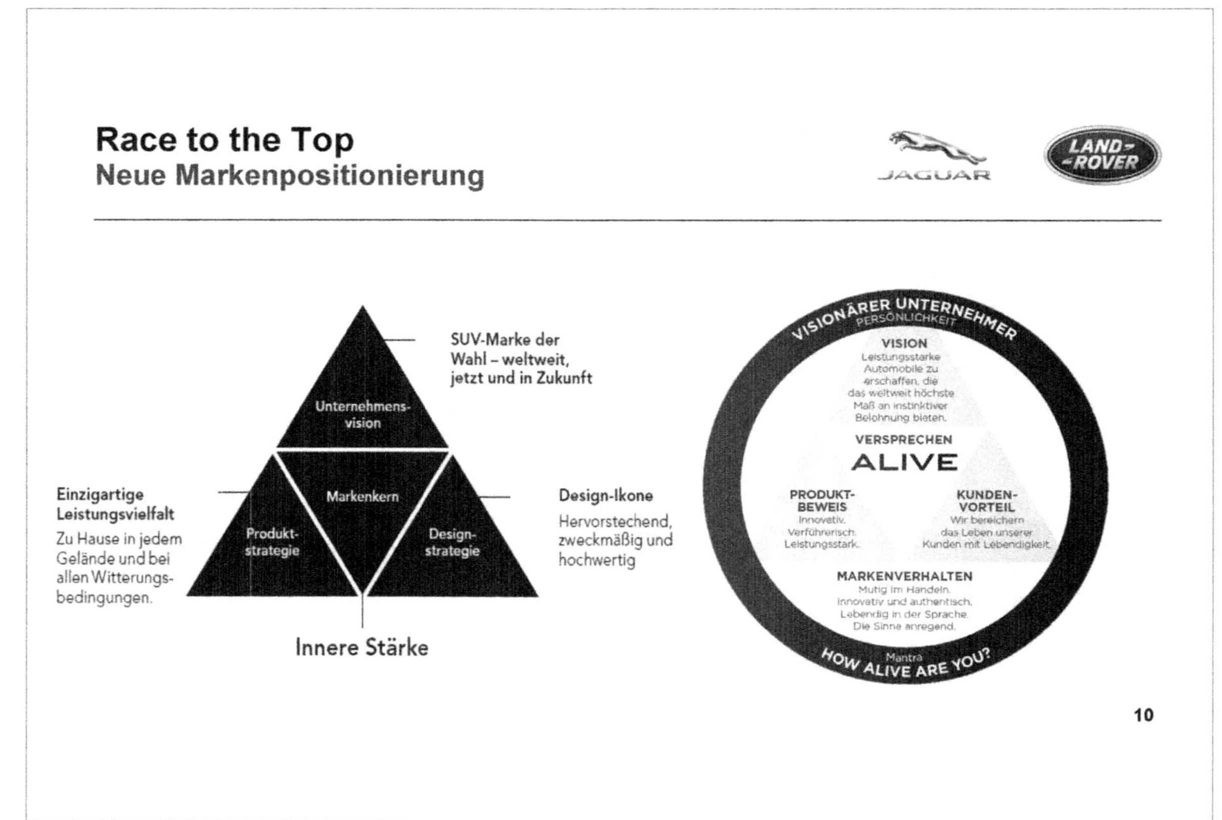

Race to the Top
Neue Markenpositionierung
JAGUAR
LAND ROVER
SUV-Marke der Wahl – weltweit, jetzt und in Zukunft
Unternehmens-vision
Markenkern
Produkt-strategie
Design-strategie
Einzigartige Leistungsvielfalt
Zu Hause in jedem Gelände und bei allen Witterungs-bedingungen.
Design-Ikone
Hervorstechend, zweckmäßig und hochwertig
Innere Stärke
VISIONÄRER UNTERNEHMER
PERSÖNLICHKEIT
VISION
Leistungsstarke Automobile zu erschaffen, die das weltweit höchste Maß an instinktiver Belohnung bieten.
VERSPRECHEN
ALIVE
PRODUKT-BEWEIS
Innovativ. Verführerisch. Leistungsstark.
KUNDEN-VORTEIL
Wir bereichern das Leben unserer Kunden mit Lebendigkeit.
MARKENVERHALTEN
Mutig im Handeln. Innovativ und authentisch. Lebendig in der Sprache. Die Sinne anregend.
Mantra
HOW ALIVE ARE YOU?
10

Race to the Top
Markenpositionierung
JAGUAR
LAND ROVER
Slide No. 11
JAGUAR
HOW ALIVE ARE YOU?
jaguar.com
• 160 million on TV audience
• 12 million on Youtube views
#GoodToBeBad
LAND ROVER
ABOVE AND BEYOND
THEY'RE IN OUR BLOOD
landrover.co.nz | 0800 2 LandRover

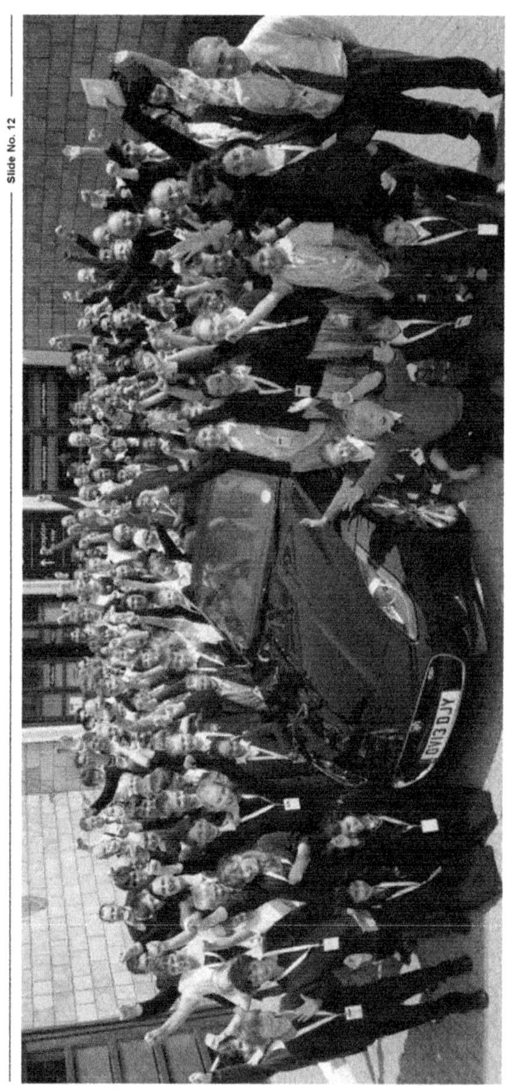
Race to the Top
Investition in die zukünftige Generation
JAGUAR
LAND ROVER
Slide No. 12

Race to the Top
Business = Menschen

JAGUAR LAND ROVER

Slide No. 1

Race to the Top
Britisches Design

JAGUAR
LAND-ROVER

Slide No. 2

Race to the Top

Experiences Customers Love

Race to the Top
Höchste Qualität

Slide No. 4

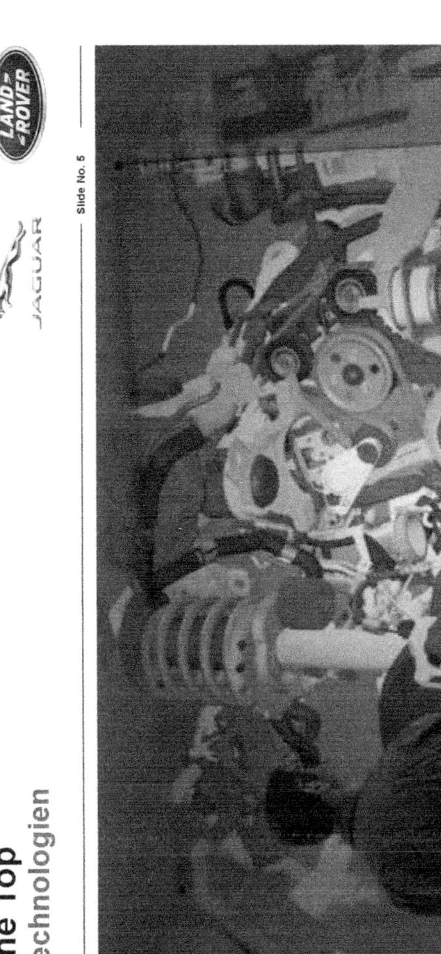
Race to the Top
Virtuelle Technologien
Slide No. 5
JAGUAR
LAND ROVER

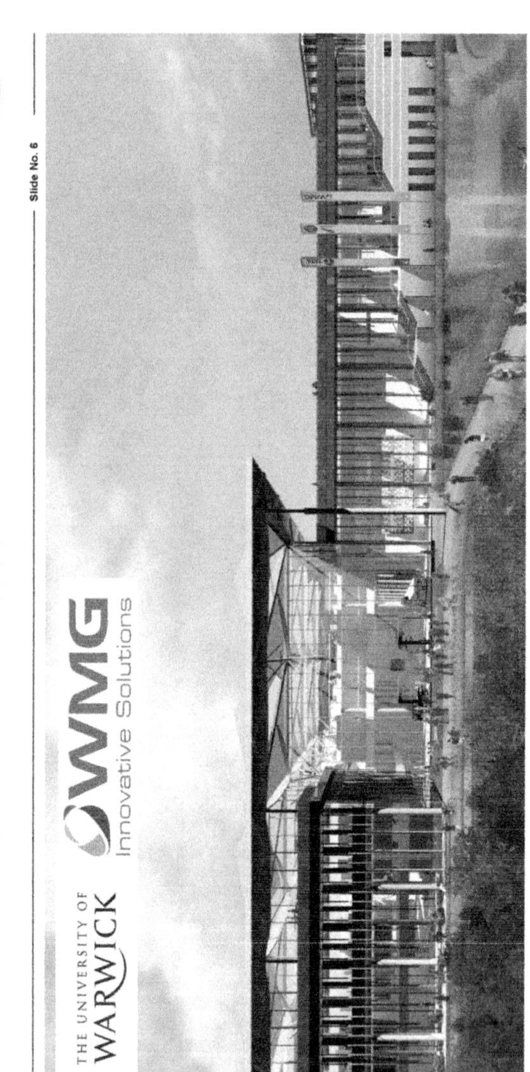
Race to the Top
National Automotive Innovation Centre
THE UNIVERSITY OF WARWICK
WMG
Innovative Solutions
JAGUAR
LAND-ROVER
Slide No. 6

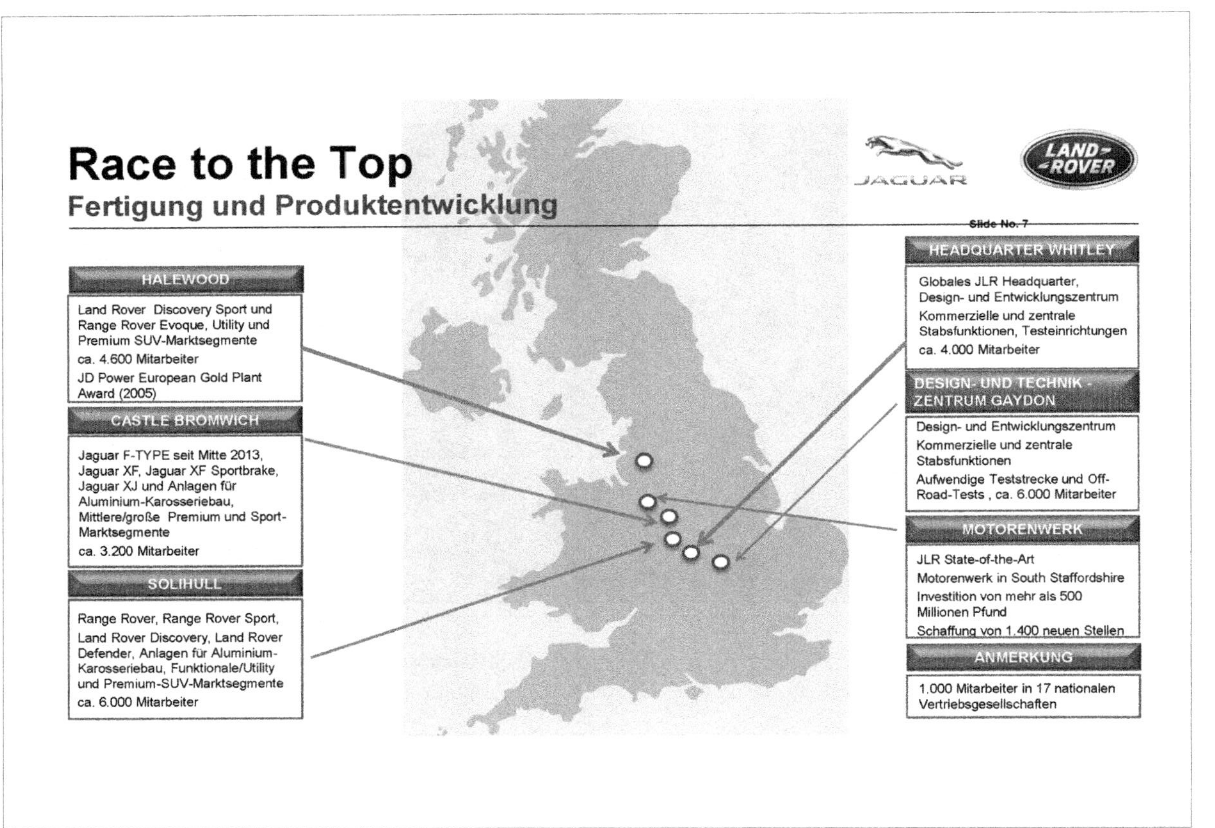
Race to the Top
Fertigung und Produktentwicklung
JAGUAR
LAND ROVER
Slide No. 7
HALEWOOD
Land Rover Discovery Sport und Range Rover Evoque, Utility und Premium SUV-Marktsegmente
ca. 4.600 Mitarbeiter
JD Power European Gold Plant Award (2005)
CASTLE BROMWICH
Jaguar F-TYPE seit Mitte 2013, Jaguar XF, Jaguar XF Sportbrake, Jaguar XJ und Anlagen für Aluminium-Karosseriebau, Mittlere/große Premium und Sport-Marktsegmente
ca. 3.200 Mitarbeiter
SOLIHULL
Range Rover, Range Rover Sport, Land Rover Discovery, Land Rover Defender, Anlagen für Aluminium-Karosseriebau, Funktionale/Utility und Premium-SUV-Marktsegmente
ca. 6.000 Mitarbeiter
HEADQUARTER WHITLEY
Globales JLR Headquarter, Design- und Entwicklungszentrum
Kommerzielle und zentrale Stabsfunktionen, Testeinrichtungen
ca. 4.000 Mitarbeiter
DESIGN- UND TECHNIK - ZENTRUM GAYDON
Design- und Entwicklungszentrum
Kommerzielle und zentrale Stabsfunktionen
Aufwendige Teststrecke und Off-Road-Tests , ca. 6.000 Mitarbeiter
MOTORENWERK
JLR State-of-the-Art
Motorenwerk in South Staffordshire
Investition von mehr als 500 Millionen Pfund
Schaffung von 1.400 neuen Stellen
ANMERKUNG
1.000 Mitarbeiter in 17 nationalen Vertriebsgesellschaften

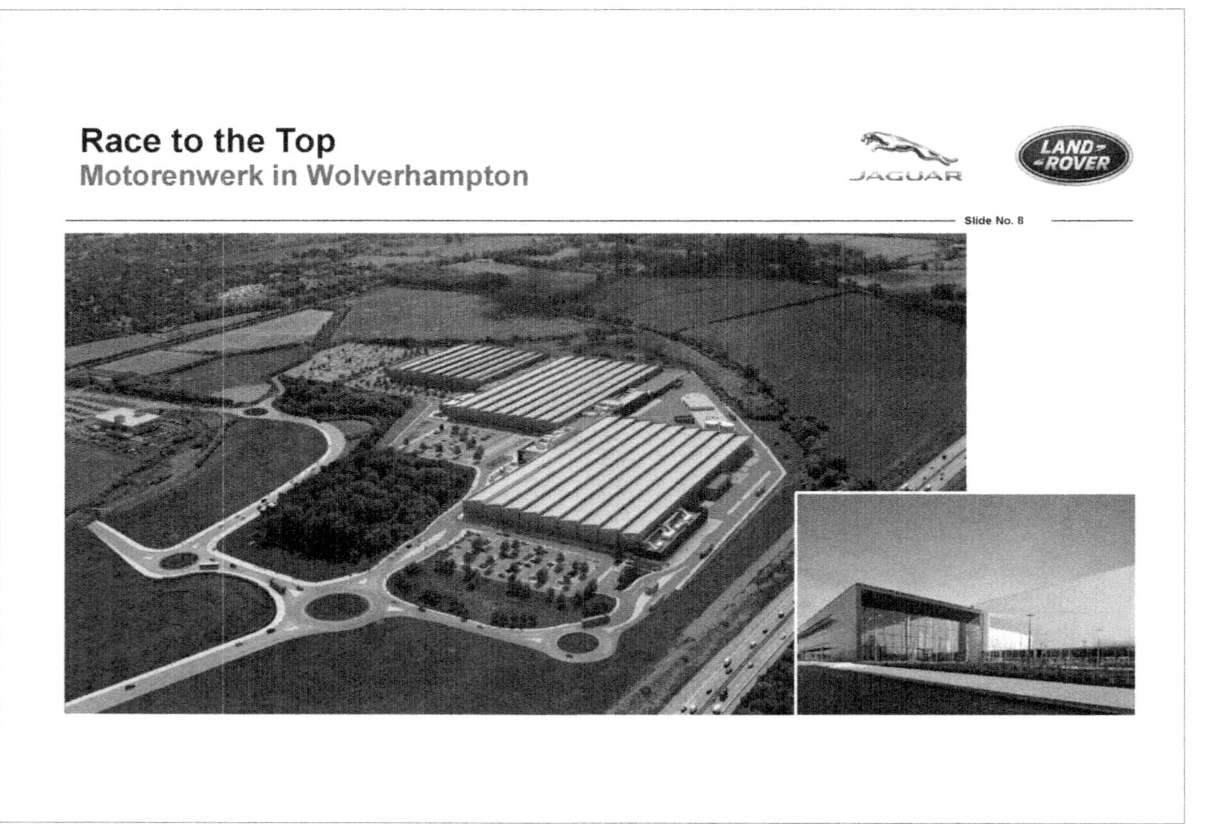
Race to the Top
Motorenwerk in Wolverhampton
JAGUAR
LAND ROVER
Slide No. 8

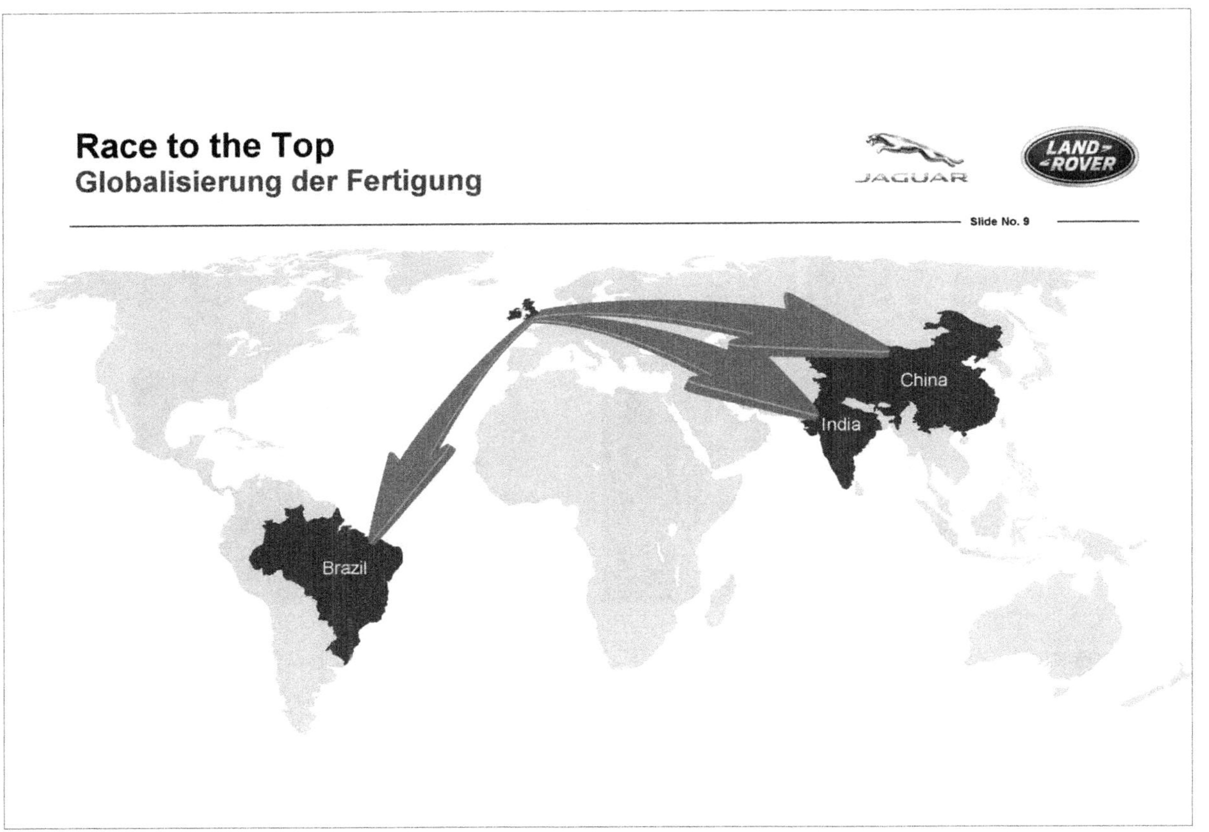
Race to the Top
Globalisierung der Fertigung
JAGUAR
LAND ROVER
Slide No. 9
China
India
Brazil

Race to the Top
Positiver Beitrag zu unserer Gesellschaft

JAGUAR LAND ROVER

Slide No. 10

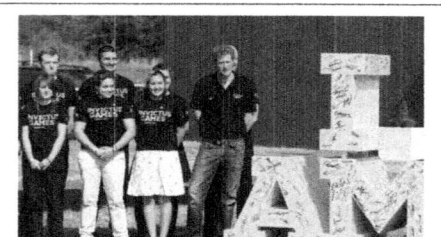

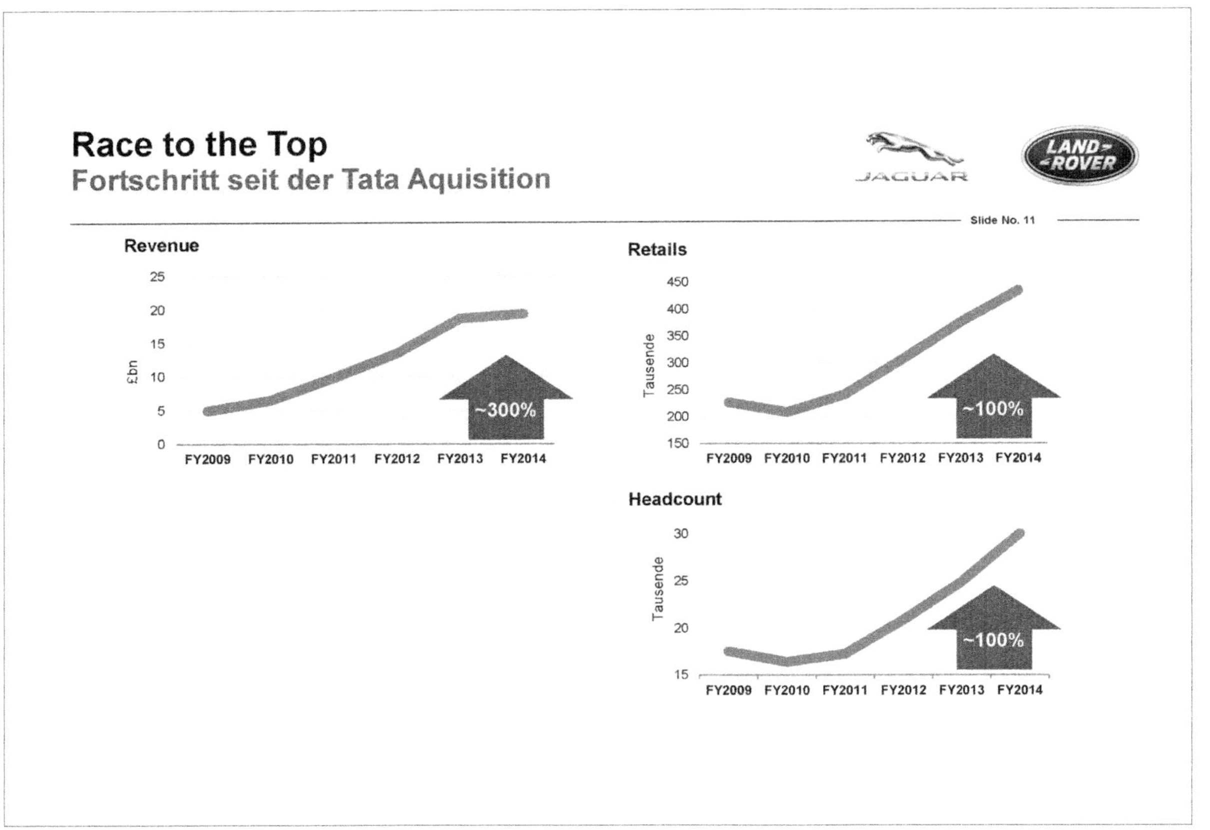
Race to the Top
Fortschritt seit der Tata Aquisition
JAGUAR
LAND ROVER
Slide No. 11
Revenue
£bn
25
20
15
10
5
0
FY2009 FY2010 FY2011 FY2012 FY2013 FY2014
~300%
Retails
Tausende
450
400
350
300
250
200
150
FY2009 FY2010 FY2011 FY2012 FY2013 FY2014
~100%
Headcount
Tausende
30
25
20
15
FY2009 FY2010 FY2011 FY2012 FY2013 FY2014
~100%

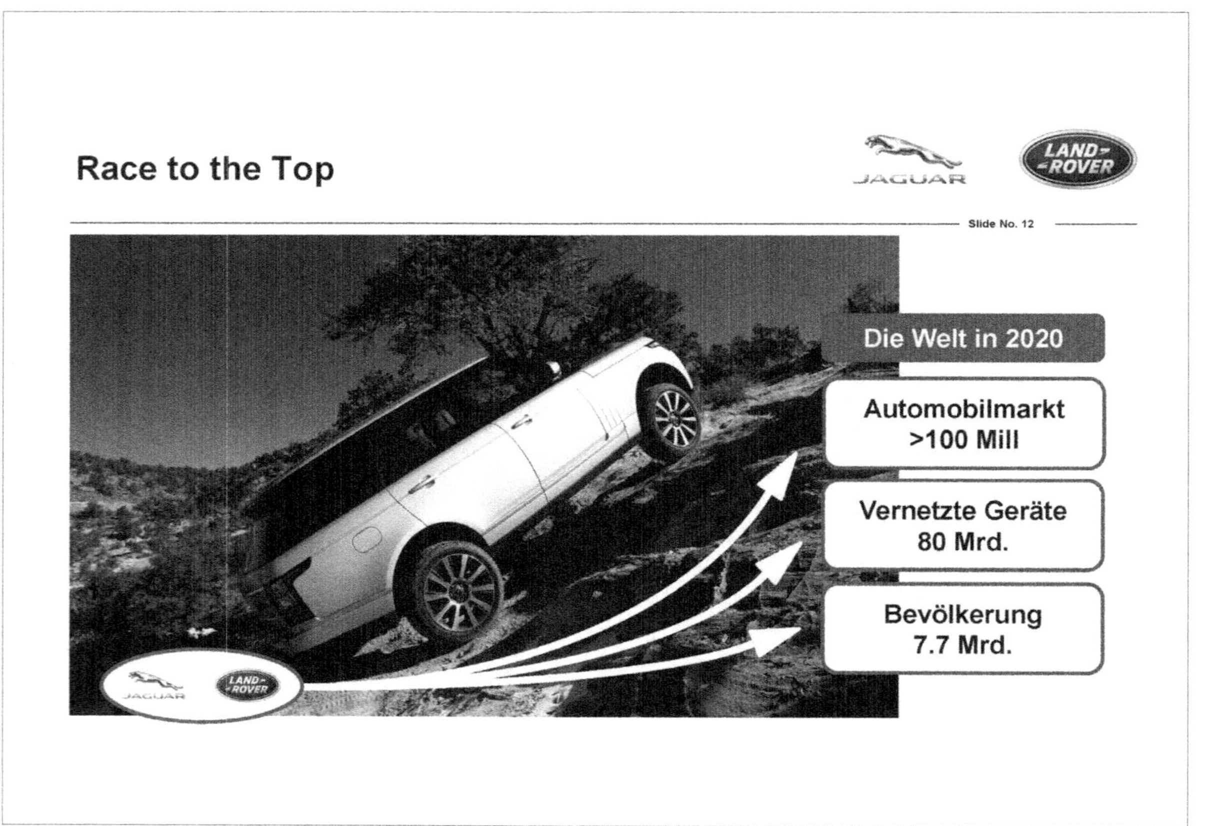
Race to the Top
JAGUAR
LAND-ROVER
Slide No. 12
Die Welt in 2020
Automobilmarkt
>100 Mill
Vernetzte Geräte
80 Mrd.
Bevölkerung
7.7 Mrd.

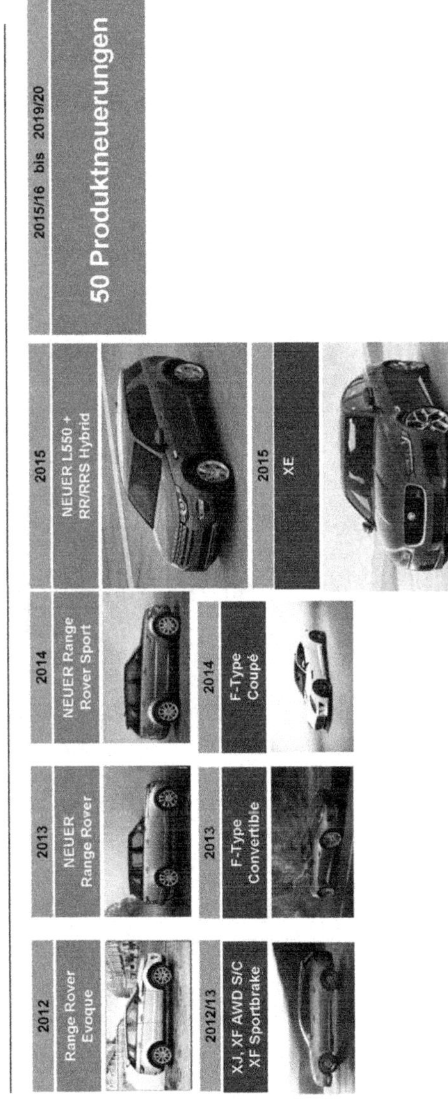

Race to the Top
Unsere Zukunft
JAGUAR
LAND ROVER
2012
Range Rover Evoque
2013
NEUER Range Rover
2014
NEUER Range Rover Sport
2015
NEUER L550 + RR/RRS Hybrid
2015/16 bis 2019/20
50 Produktneuerungen
2012/13
XJ, XF AWD S/C XF Sportbrake
2013
F-Type Convertible
2014
F-Type Coupé
2015
XE
13

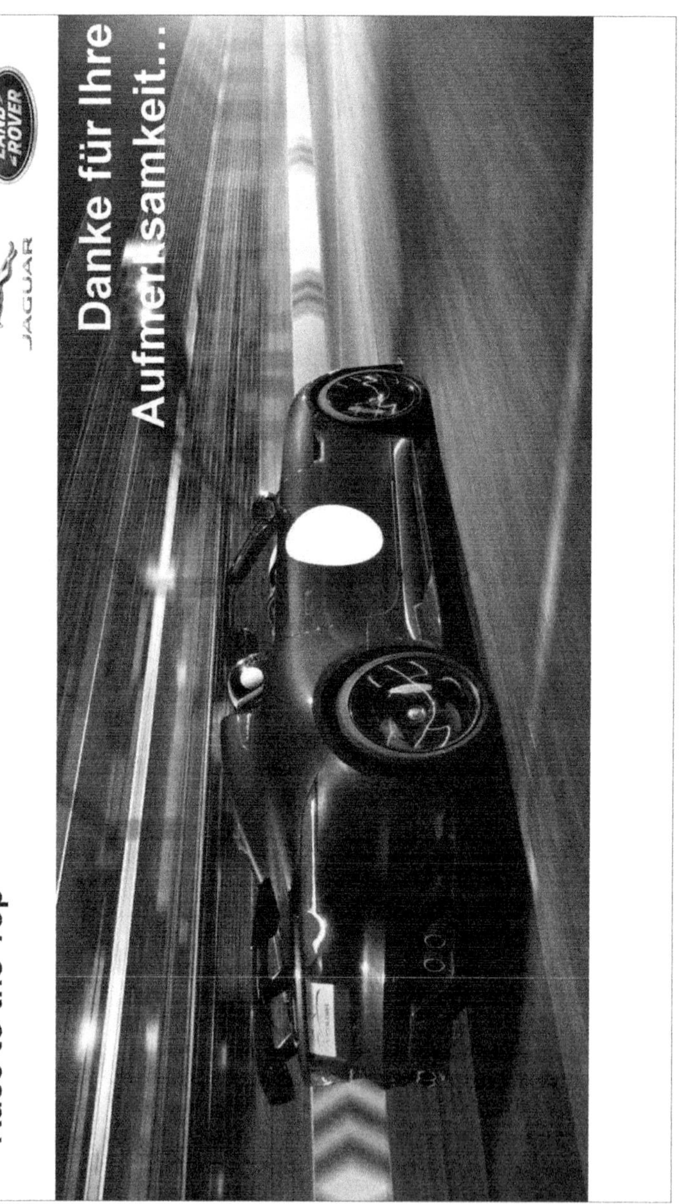
Race to the Top
JAGUAR
LAND-ROVER
Danke für Ihre
Aufmerksamkeit...

Weltweite Marktführerschaft verlangt nach besonderen Führungsgrundsätzen

Paul Zumbühl

CEO
Interroll Worldwide Group

Zusammenfassung Vortrag Paul Zumbühl, CEO Interroll Worldwide Group

Münchner Management Kolloquium, 17. März 2015

„Weltweite Marktführerschaft verlangt nach besonderen Führungsgrundsätzen"

(ca 25 Minuten)

Paul Zumbühl, seit 15 Jahren CEO der weltweit tätigen and der SIX Swiss Stock Exchange notierten Interroll Gruppe, nimmt Stellung zu besonderen Führungsgrundsätzen im globalen Kontext.

Volatilität ist die neue Realität in unserem globalen Geschäft. Daher sind stark nach oben und unten schwankende Entwicklungen bei der Nachfrage zur Normalität eines weltweit agierenden Unternehmens geworden. Genauso wie die Verteilzentren und Läger heute in Echtzeit gesteuert werden, bewegen sich die Chancen für Projekte und Neugeschäft ebenso schnell und ungnädig: Direkte Entscheidungen, prompte Reaktion und schnellste Lieferbarkeit – das Vertrauen und die Loyalität der Kunden ist oftmals entscheidend und kann doch so schnell wieder verloren werden! Auch beim sogenannten „Window of Opportunity", das sich schnell öffnet und bald wieder schliesst, kommt noch eine neue Komplexität hinzu. Kleine und kleinste Losgrössen sind in der heutigen individualisierten Welt Realität geworden. Ständig neue Regularien und Vorschriften halten nicht nur die Anwälte auf Trab, sondern erfordern vom Management eines globalen Unternehmens, immer schnell und richtig zu reagieren. Es ist wie im Fussball: Der Schiedsrichter muss binnen weniger Sekunden entscheiden, eine zweite Chance gibt es nicht.

Interroll ist der einzige Lieferant im Segment der internen Logistik, der mit einem breiten Spektrum an hochwertigen Produkten weltweit und neutral mit den führenden Systemintegratoren und OEMs zusammenarbeitet. Die Positionierung ist eindeutig und klar. Die Wettbwerber sind meistens lokal verankert, kennen die Kunden ebenfalls sehr gut, haben aber nicht die Ressourcen, um bei den technologischen Innovationen vorne dabei zu sein. Der Skaleneffekt bei der Entwicklung und dem Ausrollen von globalen Produkteplattformen ist einer der entscheidenden Vorteile für den Kunden und für Interroll.

Diese starke Marktposition lässt sich nur mit einem klaren Geschäftsmodell und ganz besonderen Führungsgrundsätzen halten. Die ständige Verbesserung und der Wille zum exzellenten Betrieb treibt Interroll an und begeistert nicht nur Kunden, sondern zieht Top Talente an und motiviert die Mitarbeiter zu Höchstleistungen. Schwachstellen werden sofort aufgedeckt, die Transparenz jeden Handelns ist allgegenwärtig. „Glauben Sie nichts, bevor Sie den Beweis nicht selber gesehen haben" lautet daher eine vermeintlich einfache Devise von Paul Zumbühl. Eine flache Hierarchie und ein in das operative Geschäft täglich eingebundener Vorstand mit Sinn für Details ist bei Interroll das Erfolgsrezept. In dringenden Fällen kann der Kunde jederzeit direkt auf einen Vorstand zugehen. Diese fehlende Anonymität schafft enormes Vertrauen. Die Nähe zum operativen Geschäft führt ebenfalls zu soliden strategischen Entscheidungen, vermindert signifikant Fehlinvestitionen und stärkt das Verständnis für den Markt und die Kunden.

Dazu gehört, dass jeder Kundenkontakt einen Mehrwert für den Kunden bedeuten muss. Der Vertrieb von Interroll wird daher jährlich auf sein Verständnis und Wissen des Marktes und der Produkte eingehend geprüft – es ist die jährliche Erneuerung der Lizenz zum Verkaufen. Interroll hat ausserdem seit vielen Jahren die Kaizen Philosophie an allen Produktionsstandorten und auch bei vielen anderen Abläufen eingeführt. Zu diesem Zweck wurde das sogenannte Interroll Produktionssystem (IPS) geschaffen. Anhand eines jährlich wiederkehrenden Audits mit 250 Fragen werden in jedem der 15 Produktionswerke die Fortschritte gemessen und für alle transparent gemacht.

Doch diese Anstrengungen dienen nicht dem Selbstzweck. Die Produkte von Interroll sind an vielen Stellen und in Industrieanwendungen von zentraler Bedeutung. Ein Ausfall oder nur eine Abweichung der Leistung kann zu schwerwiegenden Schäden ganzer Anlagen führen. Verspätete Lieferungen führen zu Montagestillstand auf der Baustelle und Vertragsstrafen in Millionenhöhe für die Partner. Verlässlichkeit, die sprichwörtliche Schweizer Tugend, ist für Zumbühl das oberste Ziel. Nicht zuletzt deswegen gilt an vielen Standorten in der Produktion bereits die Null-Fehler-Strategie.

Alle Geschäftsführer der Tochtergesellschaften sind lokale Führungskräfte, die als Unternehmer hohe Freiheit im Rahmen der definierten Gruppenstrategie geniessen und so äusserst flexibel auf äussere Markteinflüsse aus nächster Nähe reagieren können. Der regelmässige Kontakt zum Interroll-Netzwerk und zum hohen verfügbaren, globalen Know-How erlaubt den lokalen Gesellschaften, jedem kleinen oder grossen Kunden hervorragende Lösungen auf Weltmarktniveau zu bieten.

Ein weiterer Grundsatz ist die Tatsache, dass man nicht nach dem Matthäus-Prinzip vorgeht, sondern die Uhren bei jedem Mitarbeiter und jedem Standort im neuen Jahr auf „Null" gestellt werden. Nicht nur die erreichten Erfolge zählen, sondern die Begeisterung für die kommende Herausforderung und die nächsthöheren Ziele stehen im Vordergrund. Interroll belohnt Eigeninitiative und fördert unternehmerischen Mut und Risikobereitschaft. Eine eigene Trainingsakademie und spezielle Programme für Talente und das Senior Management bilden den Rahmen für eine permanent lernende Organisation.

Für Paul Zumbühl ist es für klare Verhältnisse genauso wichtig, lieber eine Sache direkt auf den Punkt zu bringen, als mit dem Finger auf andere zu zeigen. Fehler machen bekanntlich alle und sind erlaubt. Daraus zu lernen und Erfolge zu teilen, sind zwei wichtige Maxime für ihn. Bei Interroll herrscht eine offene Kultur vieler Nationalitäten: Ehrlichkeit und der Antrieb zu unternehmerischem Geist sind seit jeher fest in der DNA des Konzerns verankert.

In seinem Vortrag stellt und beantwortet Zumbühl daher folgende Fragen:

1) Wie erfolgt die weltweite Umsetzung der Interroll-Strategie?
2) Wie sichert Interroll die Kundentreue in allen seinen Märkten?
3) Wie stellt Interroll bei starkem Wachstumskurs eine solide Transparenz aller Abläufe sicher?
4) Wie kann man zentral eine dezentrale Organisation steuern?
5) Welche Grundsätze gelten bei Akquisitionen und Restrukturierungsprojekten?
6) Gibt es „den" Interroll-Mitarbeiter?

Ein besonderer Grundsatz bei Interroll ist, wie bereits angedeutet, die Forderung, alle Prozesse und Fortschritte transparent und messbar zu machen. Hierzu werden regelmässig interne und externe Audits durchgeführt, Benchmarks mit industriefremden Unternehmen initiiert und Stresstests gemacht, um die Organisation zu jedem Zeitpunkt und entgegen aller Volatilitäten gewappnet zu haben. Die Produktion atmet, kann besondere Nachfrageschwankungen global ausgleichen und selbst bei ausserordentlichem Nachfragerückgang noch profitabel wirtschaften. Die Krise in 2009 hat trotz Auftragsrückgang von ca. 35 % keine betriebsbedingten Kündigungen bei Interroll verursacht und die operative Gewinn-Marge (EBITDA) blieb im zweistelligen Bereich. Als im nachfolgenden Jahr die Aufträge wieder schlagartig um über 30 % zunahmen, konnte Interroll nicht nur die gewohnte Lieferbereitschaft gewährleisten, sondern noch zusätzlichen Marktanteil holen. Fast alle Konkurrenten hatten die Kapazitäten und das Personal so weit heruntergefahren, dass die Lieferbereitschaft und die Qualität für längere Zeit nicht gewährleistet waren.

Langjährige Kundenbeziehungen ermutigten Interroll im letzten Jahr dazu, ein spezielles Treueprogramm „Rolling on Interroll" zu starten, bei dem Kunden eindeutig darauf hinweisen, dass sie in ihren Anlagen und fördertechnischen Lösungen auf Interroll setzen. Dadurch werden diese Kunden zu Botschaftern für Spitzenleistungen und verhelfen Interroll so zu neuen Kunden, die ebenfalls Interroll vertrauen, um im globalen Wettbewerb nicht überholt zu werden.

Gegründet 1959 hat sich bei Interroll in den letzten zehn Jahren enorm viel verändert. Nach einer Konzernumstellung, der Gründung von weiteren 12 Tochtergesellschaften auf der grünen Wiese und in allen drei Wirtschaftsregionen (EMEA, Amerika, Asien) sowie insgesamt sieben Akquisitionen steht Interroll heute mit der etwa fünffachen Marktkapitalisierung da. Die weltweite Einführung von SAP in 28 Tochtergesellschaften hat zur entscheidenden Harmonisierung der Prozesse und Transparenz der Leistungen geführt. Mit einer Eigenkapitalquote von über 70 % und hohen strategischen Investitionen hat das Team um Paul Zumbühl Interroll auf einen langfristig erfolgreichen Wachstumskurs gebracht. Dieser Kurs soll auch über die nächsten Jahre konsequent weitergeführt werden.

Kurz-Vita Paul Zumbühl:

Der Schweizer Paul Zumbühl, Dipl.-Ing. und MBA, ist seit 2000 CEO der weltweiten Interroll Gruppe. Er ist ausserdem Mitglied im Verwaltungsrat der Looser Holding AG und der Schlatter Holding AG. Beide Firmen sind wie Interroll an der SIX Swiss Stock Exchange notiert.

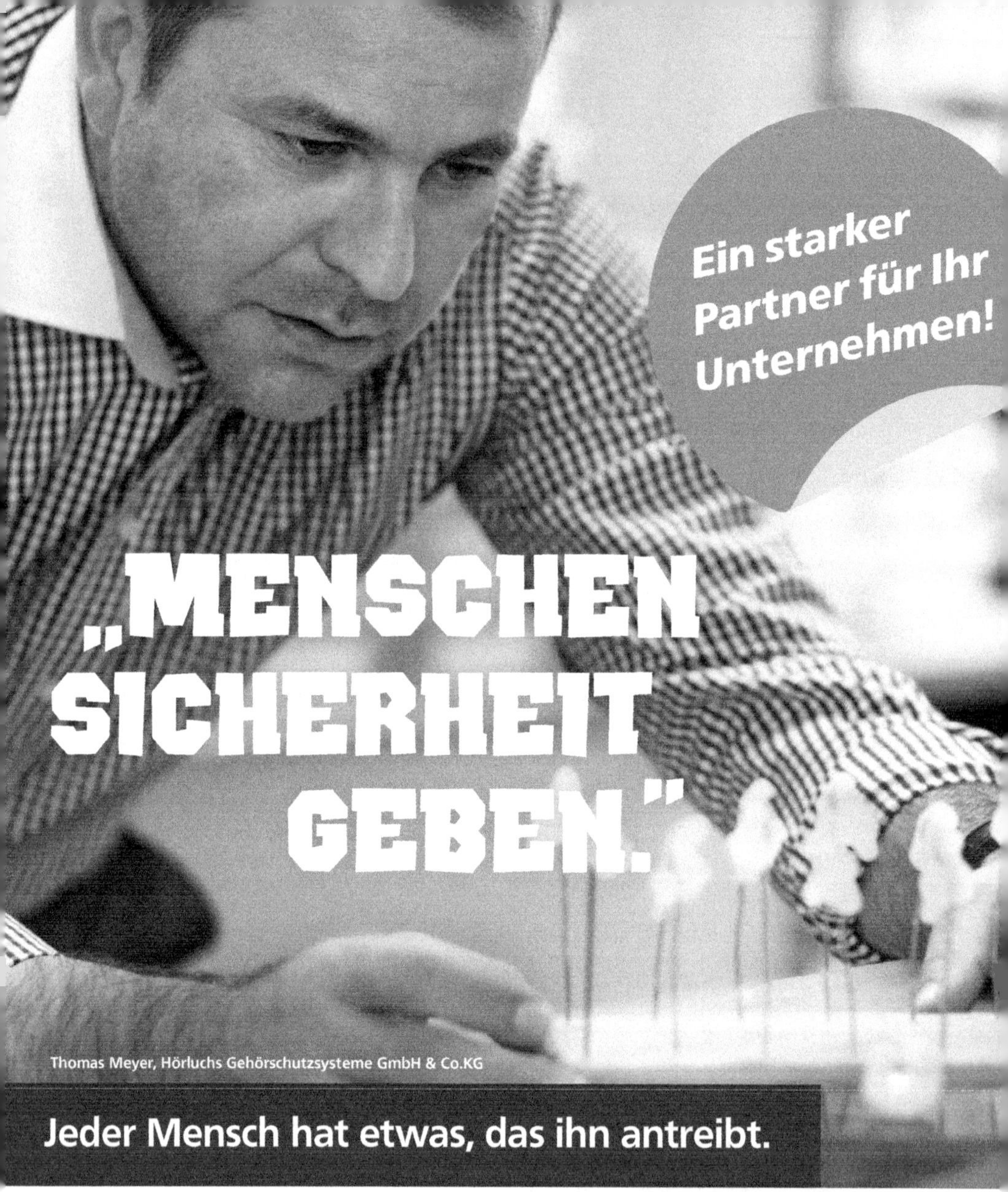

Ein starker Partner für Ihr Unternehmen!

„MENSCHEN SICHERHEIT GEBEN."

Thomas Meyer, Hörluchs Gehörschutzsysteme GmbH & Co.KG

Jeder Mensch hat etwas, das ihn antreibt.

Wir machen den Weg frei.

Thomas Meyer entwickelt individuellen Gehörschutz für Menschen in lärmintensiven Berufen. Sicherheit steht für ihn an erster Stelle. Deshalb vertraut er auf Finanzlösungen, die zu ihm und seinen Anforderungen passen. Profitieren auch Sie von der **Genossenschaftlichen Beratung** und den Leistungen der genossenschaftlichen FinanzGruppe. Sprechen Sie mit Ihrem Berater in Ihrer Nähe. **bayern.vr.de**

Von Experten – Für Fachleute

Management-Wissen

Neue Wege für die wirtschaftliche Gestaltung von Unternehmen mit Zukunft zeigen die zahlreichen Veröffentlichungen, die in engem Kontakt mit der Praxis entstanden sind.

Die Bücher bieten dem Leser gründliche Analysen aktueller Tendenzen in der Reorganisation aller Unternehmensbereiche und verbinden in hervorragender Weise theoretische und empirische Forschungsergebnisse. Erfolgsfaktoren, Handlungsempfehlungen und Konzepte zur Selbsthilfe verleihen den Büchern hohe Aktualität und Praxisrelevanz.

Die systematische Aufbereitung in Verbindung mit konkreten Gestaltungshinweisen liefert für Manager und Forscher neue Denkanstöße.

24-Stunden-Lieferservice bei Bestellungen Mo.-Fr. bis 10 Uhr.

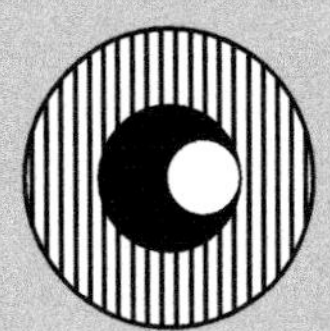

Univ.-Prof. Dr. Dr. h. c. mult. Horst Wildemann

TCW Transfer-Centrum für Produktions-Logistik und Technologie-Management GmbH & Co. KG,
Leopoldstraße 145, D-80804 München,
Tel.: 089/360523-0, Fax: 089/361023-20

e-mail: Mail@tcw.de; Internet: www.tcw.de

Bücher

1 Lieferanten-Prozessmanagement

Eine theoretische und empirische Modellanalyse

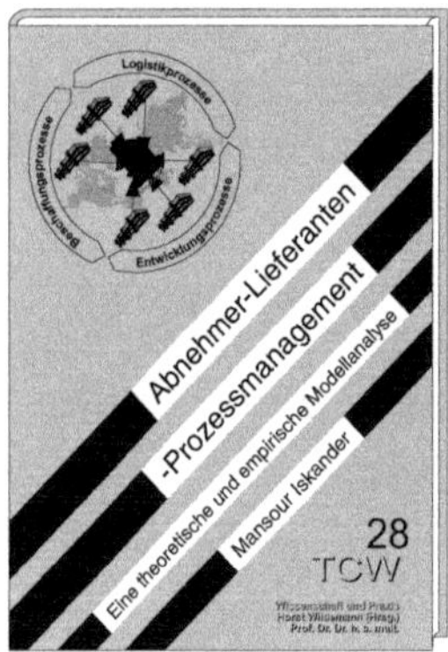

Mansour Iskander
Abnehmer-Lieferanten-Prozess-management
München 2004
ISBN 978-3-937236-20-9
EUR 85,-
zzgl. Versandkosten

Das Lieferantenmanagement erfährt in vielen Unternehmen zunehmend Aufmerksamkeit und fordert neben der Leistungsperspektive das Einbeziehen der Prozessperspektive. Die Einflussgrößen des Untersuchungsgegenstands, die relevanten Gestaltungsparameter und die Auswahl geeigneter Methoden zur differenzierten Implementierung der situationsspezifischen Handlungsempfehlungen werden in Abhängigkeit des individuellen Lieferantenumfelds eines Unternehmens zu einem umsetzbaren Konzept integriert.

2 After-Sales-Management

Eine theoretische und empirische Untersuchung

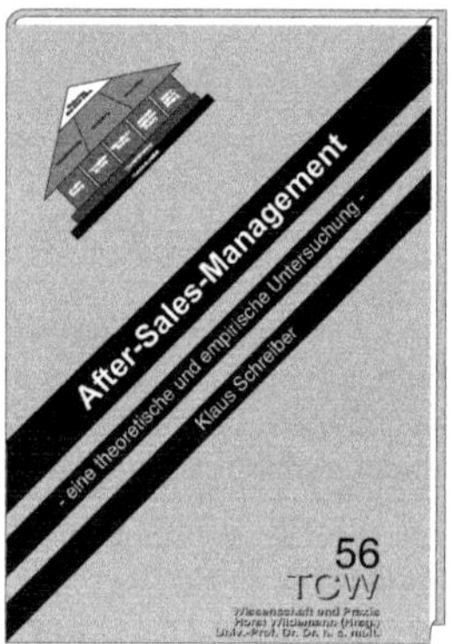

Klaus Schreiber
After-Sales-Management
München 2010
ISBN 978-3-941967-00-7
EUR 85,-
zzgl. Versandkosten

Das After-Sales-Geschäft stellt im produzierenden Gewerbe einen der wichtigsten Gewinnbringer dar. Bei strategischen Entscheidungen wird es oftmals unzureichend berücksichtigt. Basierend auf einer theoretischen und empirischen Untersuchung konzipiert der Autor ein branchenübergreifendes Modell, das die Erfolgsfaktoren im After-Sales aufzeigt. Er identifiziert praxisnahe Konzepte und gibt Handlungsempfehlungen, die den Grundstein des After-Sales-Erfolges darstellen.

Bücher

3 Anreizsystem

Anreizsystem zur Operationalisierung von Unternehmensstrategien – Eine empirische Analyse

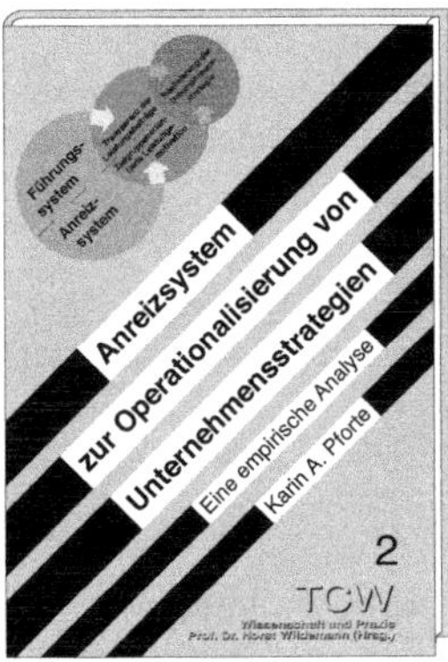

Karin Pforte
Anreizsystem
München 1999
ISBN 978-3-931511-31-9
EUR 85,-
zzgl. Versandkosten

Die Autorin gibt theoretisch und empirisch belegte Handlungsempfehlungen für die Ausgestaltung eines erweiterten, auch das Führungssystem umfassenden Anreizsystems. Das Gestaltungsmodell weist ein hohes, belegbares Potenzial zur Steigerung der Strategieorientierung und der Leistungsmotivation der Partizipienten auf. Die Arbeit richtet sich gleichermaßen an Leser aus Wissenschaft und Praxis, die an einer praktikablen Anreizgestaltung zur Operationalisierung von Unternehmensstrategien interessiert sind.

4 Arbeitszeitmanagement

Einführung und Bewertung flexibler Arbeits- und Betriebszeiten

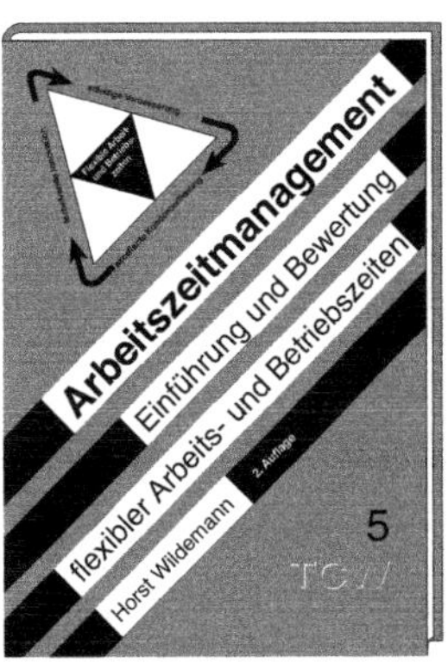

Horst Wildemann
Arbeitszeitmanagement
München 1995
ISBN 978-3-929918-62-5
EUR 78,-
zzgl. Versandkosten

Vorgestellt werden innovative Modelle zur Einführung flexibler Arbeits- und Betriebszeiten, die sowohl die Wettbewerbsfähigkeit der Unternehmen stärken, als auch den Bedürfnissen der Mitarbeiter Rechnung tragen. Wildemann fasst hier die empirischen Forschungsergebnisse zusammen, die er in 22 Unternehmen sammeln konnte. Ein unerlässliches Werk für den Praktiker, gerade im Hinblick darauf, dass mit einer Flexibilisierung Kosten- und Standortnachteile kompensiert werden können.

Bücher

5 Auditierung

Auditierung und Erfolgsfaktoren industrieller Serviceleistungen – Empirische Untersuchung und Modellanalyse

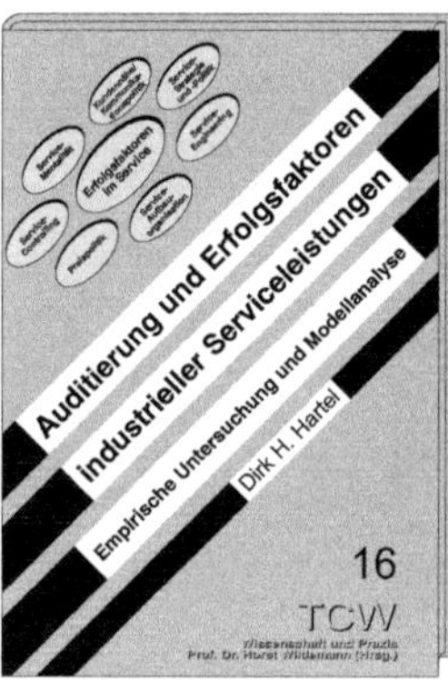

Dirk H. Hartel
Auditierung
München 2002
ISBN 978-3-934155-76-3
EUR 85,-
zzgl. Versandkosten

Als Differenzierungsmerkmal im Wettbewerb werden häufig industrielle Serviceleistungen eingesetzt. Viele Unternehmen erzielen jedoch damit keinen wirtschaftlichen Erfolg, stattdessen verschärfen undifferenzierte und intransparente Services den Kostendruck. Vor diesem Hintergrund entwickelt der Autor ein Konzept zur Auditierung industrieller Serviceleistungen unter Berücksichtigung relevanter Einflussgrößen und Erfolgsfaktoren. Auf der Grundlage eines Service-Erfolgs-/ Service-Audit-Portfolios leitet der Autor Normstrategien für ein effektives Service-Management ab.

6 Auditierungskonzepte

Auditierungskonzepte für Produktionssysteme – Eine theoretische und empirische Untersuchung

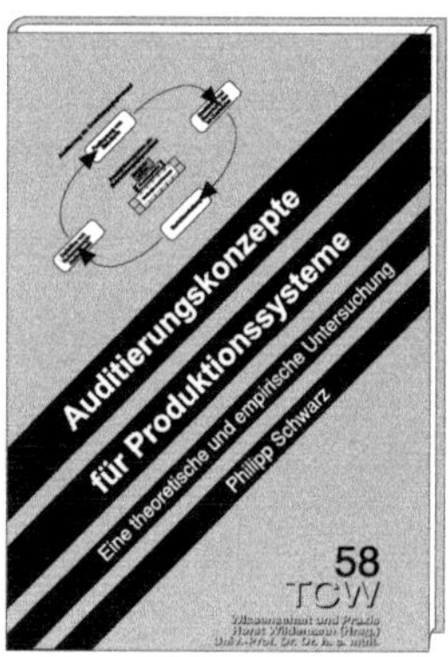

Philipp Schwarz
Auditierung
München 2010
ISBN 978-3-937236-98-8
EUR 85,-
zzgl. Versandkosten

Die Einführung und der Betrieb von Produktionssystemen ist ein ganzheitlicher Ansatz, um dem Druck von Wettbewerb und Markt entgegenwirken zu können. Analysiert man den Beitrag von Produktionssystemen zum Unternehmenserfolg, so zeigt sich, dass insbesondere bei der unternehmensspezifischen Adaption und Weiterentwicklung zahlreiche Problemfelder und Defizite vorliegen. Der Autor stellt heraus, dass die Auditierung nicht nur ein geeigneter, sondern ein notwendiger Ansatz zur Evaluierung und Optimierung von Produktionssystemen ist. Es wird hierfür ein Modell entwickelt, das Einflussgrößen und typspezifische Gestaltungsfelder beinhaltet, um Produktionssysteme zu auditieren.

Bücher

7 Auftragsabwicklungsprozesse

Optimierung durch effizienten und effektiven Methodeneinsatz – Eine theoretische und empirische Untersuchung

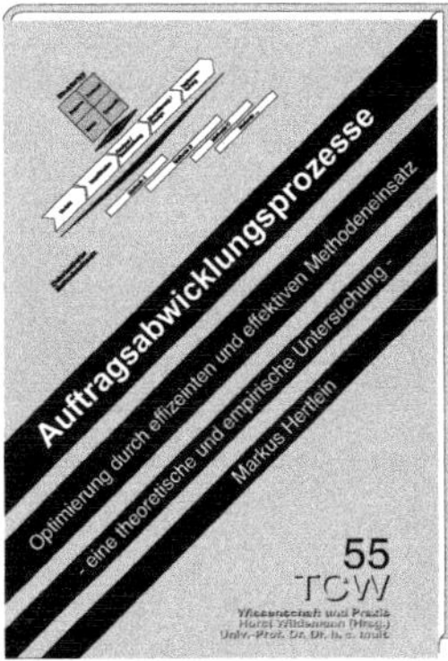

Markus Hertlein
Auftragsabwicklungsprozesse
München 2010
ISBN 978-3-937236-93-3
EUR 85,-
zzgl. Versandkosten

Um schnell und flexibel auf die Kundenanforderungen reagieren zu können und die steigenden Anforderungen an die am Markt relevanten Erfolgsfaktoren zu erfüllen, rückt die Optimierung der Auftragsabwicklung als Bindeglied zwischen Markt und Unternehmen in den Mittelpunkt der Reorganisationsvorhaben. Es stellt sich die Frage, welche Faktoren und Besonderheiten bei der Optimierung von Prozessen der Auftragsabwicklung zu beachten sind und welche Risiken vermieden werden sollten. Zur Beantwortung der Fragestellungen entwickelt der Autor ein Modell zur zielorientierten Methodenauswahl und Anwendung und erörtert Möglichkeiten, Prozesse der Auftragsabwicklung effizient und effektiv zu optimieren.

8 Automobilreifen

Ökologische und ökonomische Wirkungen von EU-Verordnungen

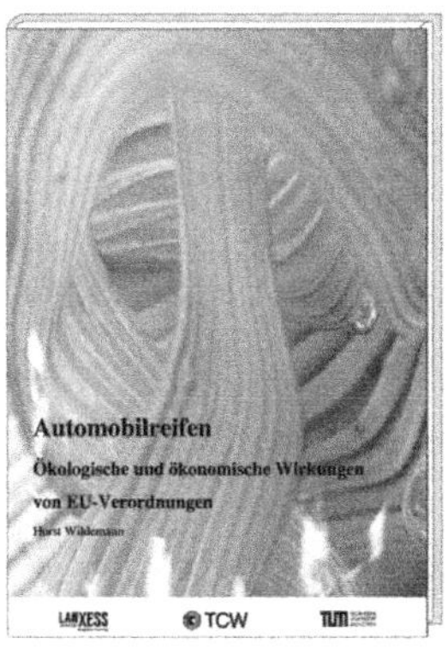

Horst Wildemann
Automobilreifen
München 2011
ISBN 978-3-941967-26-7
EUR 98,-
zzgl. Versandkosten

Neue EU-Verordnungen für Reifen stärken die Bedürfnisse umweltbewusster und kostenorientierter Verbraucher. Ein geringerer Kraftstoffverbrauch von 5% bei gleichzeitig geminderter CO_2-Emission bei Pkw wird durch den Einsatz rollwiderstandsoptimierter Reifen erreicht. Die daraus resultierenden Ersparnisse können in dem vom TCW entwickelten Spritsparrechner für jeden Verbraucher dargestellt und ausgewertet werden. Die gewonnenen Erkenntnisse helfen dem Verbraucher in der Entscheidungsfindung beim Kauf dieses neuen Reifentyps.

9 Automobilreifen

Sicherheit rollwiderstandsarmer Reifen

Horst Wildemann
Automobilreifen
München 2011
ISBN 978-3-941967-31-1
EUR 98,-
zzgl. Versandkosten

Reifen bilden die Schnittstelle zwischen Fahrzeug und Straße und nehmen somit eine Schlüsselrolle in der Verbesserung der Verkehrssicherheit ein. Bis sie ihr heutiges Leistungsstadium erreicht haben, durchliefen sie eine turbulente Entwicklungsgeschichte, die durch eine Vielzahl technischer Innovationen und einem kontinuierlichen Anstieg der Ansprüche an ihre Leistungsparameter gekennzeichnet war. Heute spannt das Magische Dreieck aus Sicherheit, Rollwiderstand und Langlebigkeit den Anspruchsraum der Leistungsparameter von Reifen auf. Um am Markt erfolgreich zu bestehen, müssen Reifenhersteller ihre Reifen unter erheblichem Aufwand so auslegen, dass sie ein Optimum der drei Zieldimensionen erreichen.

10 Automobilreifen

Eine Diffusionsstudie zum Tire Labeling und Grünen Reifen

Horst Wildemann
Automobilreifen
München 2011
ISBN 978-3-941967-33-5
EUR 98,-
zzgl. Versandkosten

Die Kenntnis der Entwicklungslinien Grüner Reifen in den relevanten Märkten außerhalb Europas bildet die Basis für eine zielgerichtete Weiterentwicklung Grüner Hochleistungsreifen entsprechend der marktspezifischen Anforderungen. Diese Studie bietet eine Übersicht über die Treiber, die Erfolgsfaktoren und die Hürden der Diffusion Grüner Reifen in Industrienationen, Schwellenländern sowie Entwicklungsländern. In der Studie wird zunächst ein globaler Überblick über den aktuellen Stand des Tire Labelings und den Grünen Reifen in den Industrienationen, Schwellen- und Entwicklungsländern gegeben. Im Anschluss werden für diese Regionen politische und wirtschaftliche Treiber der Diffusion herausgearbeitet, um darauf aufbauend mögliche Auswirkungen des Labels darzustellen.

Bücher

11 Bayerischer Qualitätspreis 20 Jahre

Bayerischer Qualitätspreis 20 Jahre

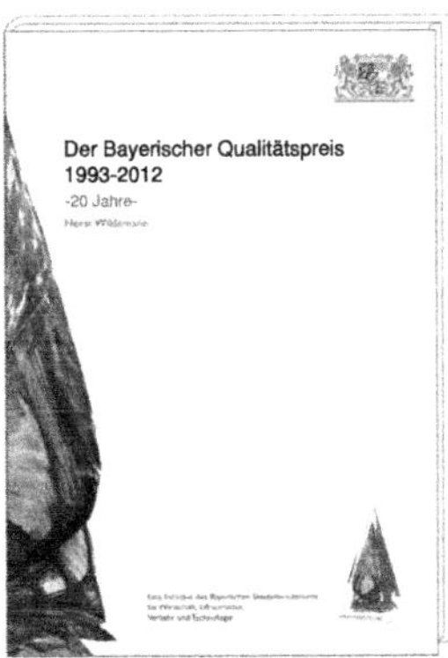

Horst Wildemann
Bayerischer Qualitätspreis 20 Jahre
München 2012
ISBN 978-3-941967-45-8
EUR 98,-
zzgl. Versandkosten

Die Festschrift Bayerischer Qualitätspreis 20 Jahre stellt alle bisherigen Gewinner des Preises in den Kategorien „Produktionsunternehmen der Industrie", „Produktionsunternehmen des Handwerks", „Unternehmen des Handels" und „Unternehmensorientierte Dienstleister" sowie „Wirtschaftsfreundliche Gemeinden" vor. Das Buch enthält detaillierte Fallstudien von ausgezeichneten Unternehmen und Gemeinden und stellt die Bedeutung der Qualität als Erfolgsfaktor, Zielsetzungen und Entwicklungen von Qualitätsmaßstäben und -konzepten sowie des Qualitätswettbewerbs dar.

12 Beschaffungscontrolling

Konzeption eines erfolgsorientierten Beschaffungscontrolling – Theoretische Betrachtungen und empirische Untersuchungen

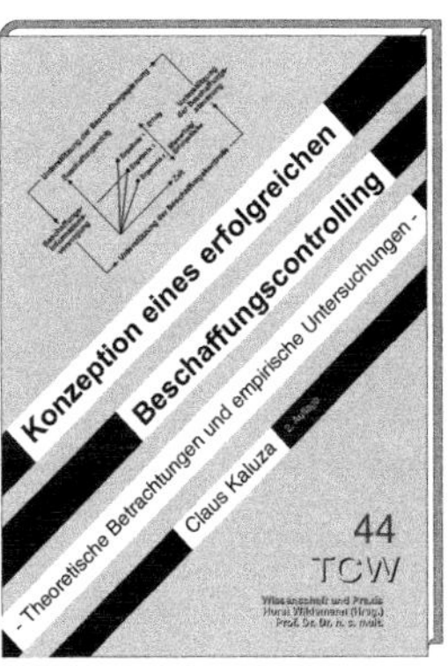

Claus Kaluza
Beschaffungscontrolling
München 2010
ISBN 978-3-937236-70-4
EUR 85,-
zzgl. Versandkosten

Die Beschaffung und die erzielbaren Beschaffungserfolge haben besonders in letzter Zeit in den Unternehmen eine sehr große Bedeutung erlangt. Problematisch ist jedoch, dass keine überzeugenden Vorschläge zur Messung und Dokumentation der Beschaffungserfolge existieren. Wie ein effektives und effizientes System zur Erfolgsmessung in der Beschaffung auszugestalten ist, wird in dieser Arbeit anhand theoretischer Betrachtungen und der Auswertung von Fallstudienanalysen und Expertengesprächen untersucht. Als Ergebnis liegen fundierte situationsspezifische Empfehlungen für ein erfolgsorientiertes Beschaffungscontrolling vor.

13 Betreibermodelle

Betreibermodelle für anlagentechnische Unternehmensinfrastruktur

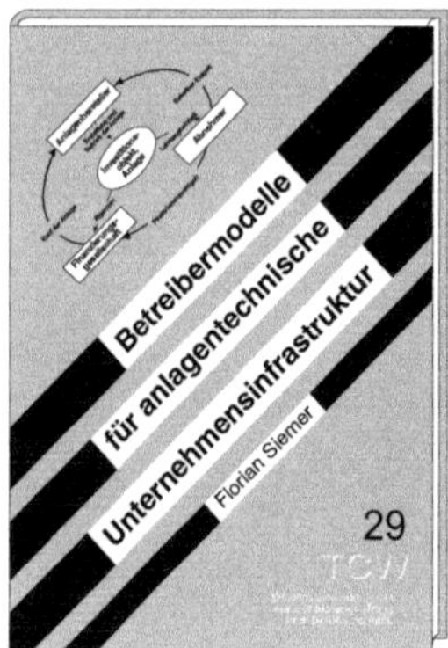

Florian Siemer
Betreibermodelle
München 2004
ISBN 978-3-937236-16-2
EUR 85,-
zzgl. Versandkosten

Betreibermodelle sind ein Konzept, bei dem ein externer Anlagenhersteller oder Investor einen Investitionsgegenstand von der Planung über die Finanzierung bis hin zur Endverwertung oder dem Verkauf in Eigenverantwortung betreut und die Investitionen durch den eigenständigen Betrieb der Anlagen refinanziert. Betreibermodelle sind durch eine Ambivalenz gekennzeichnet: Einerseits stellen sie eine langfristige Wertschöpfungspartnerschaft mit hohen Einsparpotenzialen dar, andererseits werden hohe Risiken in Kauf genommen, die den Unternehmenswert gefährden können.

14 Bewertung der Logistik

Bewertung logistischer Leistungen – Abschlussbericht des Forschungsprojektes BiLog

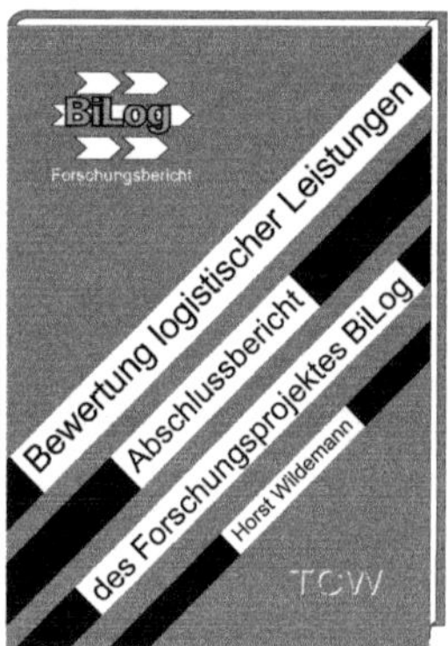

Horst Wildemann
Bewertung der Logistik
München 2003
ISBN 978-3-937236-05-6
EUR 179,-
zzgl. Versandkosten

Die Logistik ist ein herausragender Hebel zur Wertsteigerung und bei Praktikern wie Wissenschaftlern unbestritten. Investitionen in die Logistik werden in der Praxis auf unsicheren Datengrundlagen geplant. Während der Investitionsaufwand noch mit einer hohen Genauigkeit prognostiziert werden kann, sind Aussagen über die Veränderung von Kosten und Ertragsstrukturen durch die Logistik schwer zu tätigen. Um Abhilfe zu schaffen, wurden im Rahmen des Forschungsprojektes „Bilanzfähige Logistik" drei Instrumente zur quantitativen Bewertung der Logistik entwickelt.

Bücher

15 Bioenergie in Indien

Marktstudie Bioenergie in Indien

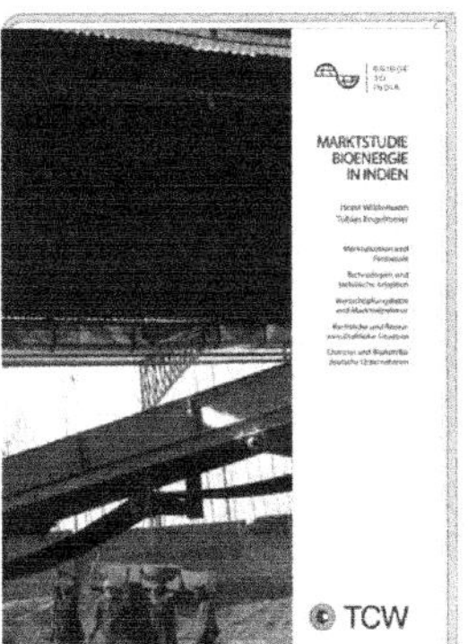

Horst Wildemann, Tobias Engelmeier
Bioenergie in Indien
München 2011
ISBN 978-3-941967-22-9
EUR 98,-
zzgl. Versandkosten

Indiens Energiebedarf ist bereits heute bei Weitem nicht gedeckt und wird in Zukunft weiter ansteigen. Deshalb unternimmt die indische Regierung große Anstrengungen und fördert die Energiegewinnung aus erneuerbaren Quellen. Dieses Marktumfeld bietet der deutschen Energiewirtschaft vielversprechende Möglichkeiten zur Erschließung neuer Absatzkanäle. Erfolgsversprechend für deutsche Unternehmen ist dabei auch die Erzeugung von Energie aus Biomasse. Die Agrar- und Abfallressourcen Indiens sind sehr groß und der Bedarf an entsprechenden Bioenergie-Technologien ist hoch. Die Marktstudie „Bioenergie in Indien" hebt die entsprechenden Potenziale hervor, erörtert Risiken und Markteintrittsbarrieren, zeigt Technologien auf und legt die rechtlichen und finanziellen Rahmenbedingungen dar.

16 Chemieparks

Organisationsstrukturen, Geschäftsmodelle und Erfolgsfaktoren

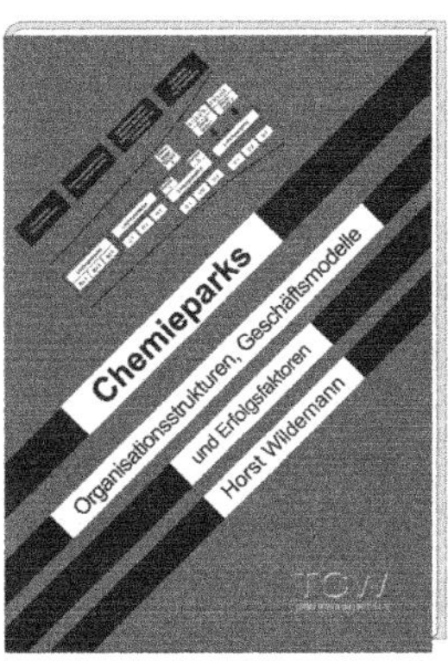

Horst Wildemann
Chemieparks
München 2013
ISBN 978-3-941967-51-9
EUR 250,-
zzgl. Versandkosten

Die Publikation beschreibt Trends und Entwicklungen von Chemieparks. In der empirischen Untersuchung werden Anforderungen und Erfolgsfaktoren von Chemieparks untersucht. Die Ergebnisse schaffen Transparenz über das Leistungsspektrum deutscher Chemieparks und liefern Handlungsempfehlungen für die zukunftsfähige Ausgestaltung ihres Leistungsportfolios. Chemieunternehmen erhalten eine Übersicht über die deutsche Chemieparklandschaft sowie eine Vorgehensweise zur Wahl eines anforderungsgerechten Chemieparks. Ein IT-Tool transferiert die Forschungsergebnisse in die Praxis. Das IT-Tool ermöglicht die gezielte Ableitung von Handlungsempfehlungen für Chemieunternehmen und Parkbetreiber.

17 Computerintegrierte Produktion

Einführungsstrategien für die computerintegrierte Produktion (CIM)

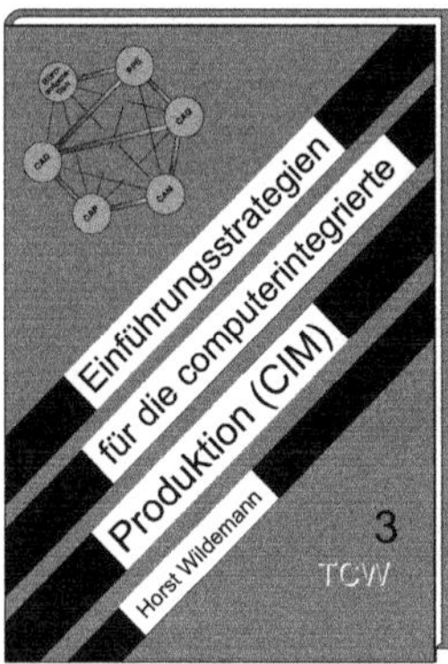

Horst Wildemann
Computerintegrierte Produktion
München 1990
ISBN 978-3-999999-5
EUR 48,-
zzgl. Versandkosten

Wildemann nennt die Bedingungen für eine effiziente Einführung neuer computergestützter Technologien in Produktion und Logistik. Er zeigt dies empirisch an Modellen auf, die in 24 Unternehmen begründet wurden. In der Praxis setzt sich die Überzeugung durch, dass die Fabrik mit Zukunft neue rechnergestützte Fertigungstechnologien, integrierte firmenspezifische PPS-Systeme, Just-in-Time-Logistik sowie eine angepasste Fertigungsorganisation aufweisen muss. Dies wird als Voraussetzung für die wirtschaftliche Realisierung von CIM angesehen.

18 Cost Engineering

Kundenwertgestaltung von Produkten, Prozessen und Services

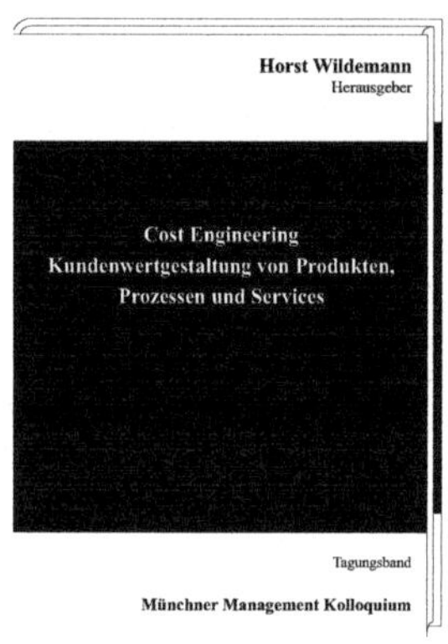

Horst Wildemann (Hrsg.)
Cost Engineering - MMK Tagungsband
München 2013
ISBN 978-3-941967-55-7
EUR 179,-
zzgl. Versandkosten

Um im Wettbewerb erfolgreich bestehen zu können, bildet die kundenorientierte Gestaltung von Produkten und Services die Grundvoraussetzung. Ein ganzheitlicher Ansatz zur synchronen Realisierung von Kundenwert und Kostenoptimierung ist das Cost Engineering. Konkret geht es um die Sicherstellung wettbewerbsfähiger Preise von Produkten und Services zu kosten-, zeit- und qualitätsoptimalen Prozessergebnissen. In diesem Tagungsband geben Persönlichkeiten aus Industrie und Wissenschaft über die Erfolgsfaktoren des Cost Engineering Auskunft und zeigen Möglichkeiten auf, wie Kundenwert und Kostenoptimierung synchron realisiert werden können. Das Buch wendet sich an Praktiker aus den Bereichen Organisation, Logistik, Produktion, Strategie und Vertrieb sowie an Wissenschaftler und Studierende.

19 Das agile Unternehmen

Kostenführerschaft und Service

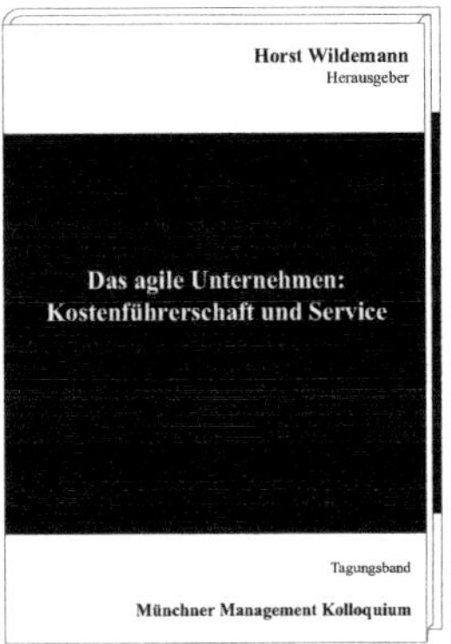

Horst Wildemann
Das agile Unternehmen
MMK Tagungsband
München 1998
ISBN 978-3-931511-25-8
EUR 195,-
zzgl. Versandkosten

Aus dem Inhalt:

- Anreizorientierte Unternehmensführung
- Produkt- und Serviceplattformen
- Selbstverantwortliches Lernen
- F&E für Produkt und Service
- Modulare Organisation
- Integrative Zulieferung
- Markenallianzen
- Wissenslogistik
- Zeitcontrolling

20 Das Just-In-Time-Konzept

Produktion und Zulieferung auf Abruf

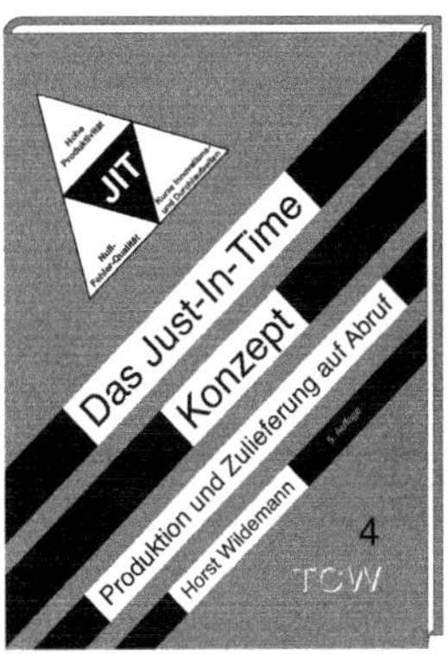

Horst Wildemann
Das Just-In-Time-Konzept
München 2001
ISBN 978-3-934155-63-3
EUR 95,-
zzgl. Versandkosten

Wildemann, der über 20 Jahre Erfahrung mit dem Just-In-Time-Konzept hat, zeigt, dass bei Anwendung dieses Konzepts Zeit- und Bestandsverkürzungen um 50%, gleichzeitige Stückkostenreduzierungen um 10%, Qualitätsverbesserungen um das 5- bis 10fache und Flexibilitätserhöhungen erreichbar sind. Dazu ist eine Umgestaltung der Funktionen Produktion, Logistik, Auftragsabwicklung und Konstruktion im Unternehmen und im Zulieferbereich erforderlich. Diese Themen sind Gegenstand des Buches, in das Fallstudien aus 248 Unternehmen einfließen.

Bücher

21 Unternehmer im Unternehmen

Chancen und Risiken neuer Unternehmensorganisationen

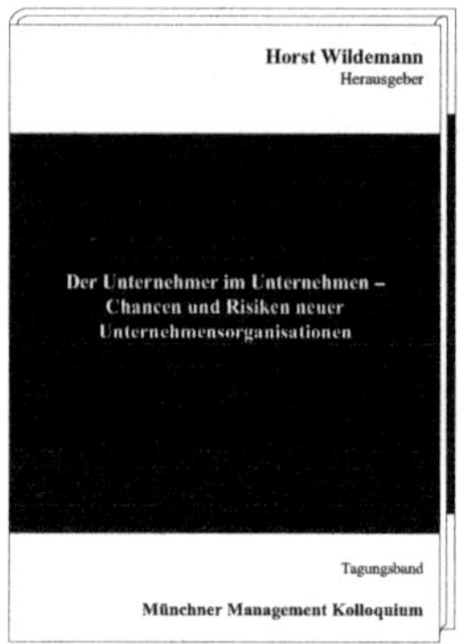

Horst Wildemann (Hrsg.)
Der Unternehmer im Unternehmen
MMK Tagungsband
München 2010
ISBN 978-3-937236-88-9
EUR 179,-
zzgl. Versandkosten

Nach vielen Boomjahren verschlechtert sich die Konjunkturlage aktuell weltweit drastisch. Die Globalisierung der Geschäftstätigkeiten, verbunden mit einer Dezentralisierung der Unternehmensorganisationen, stellt auch in Zeiten eines sich deutlich abkühlenden Geschäftsklimas eine treibende Kraft für Unternehmen dar. Unternehmerisches Handeln ist dabei eine Grundvoraussetzung für den Unternehmenserfolg. Dieses sinnvoll zu organisieren, ohne einen Kontroll- und Effizienzverlust zu erleiden, ist Aufgabe einer wertebewussten Unternehmensführung. Der Tagungsband umfasst die Beiträge des Münchner Management Kolloquiums. Referenten aus internationalen Unternehmen von Großkonzernen, Mittelstandsunternehmen und Wissenschaftler geben Auskunft über Lösungsansätze und Erfolgsfaktoren einer globalen Expansion.

22 Die modulare Fabrik

Kundennahe Produktion durch Fertigungssegmentierung

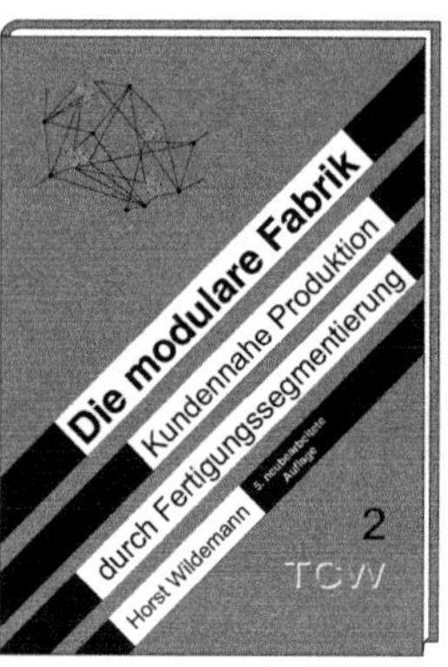

Horst Wildemann
Die modulare Fabrik
München 1998
ISBN 978-3-931511-19-7
EUR 95,-
zzgl. Versandkosten

Wildemann fasst die Ergebnisse zusammen, die er in den letzten 10 Jahren bei der Erarbeitung und Einführung der Fertigungssegmentierung in über 80 europäischen Unternehmen sammelte. Aufbauend auf empirischen Untersuchungen werden Gestaltungsprinzipien und Einführungsstrategien formuliert. Die Erfahrungen zeigen, dass bei der Realisierung des Segmentierungs-Konzepts Durchlaufzeitreduzierungen von 65% die Regel sind. Es ermöglicht Bestandsreduzierungen im Umlaufvermögen von durchschnittlich 40% und Qualitätskostensenkungen um 25%.

Bücher

23 Chemiestandort Deutschland

Die Zukunft des Chemiestandorts Deutschland

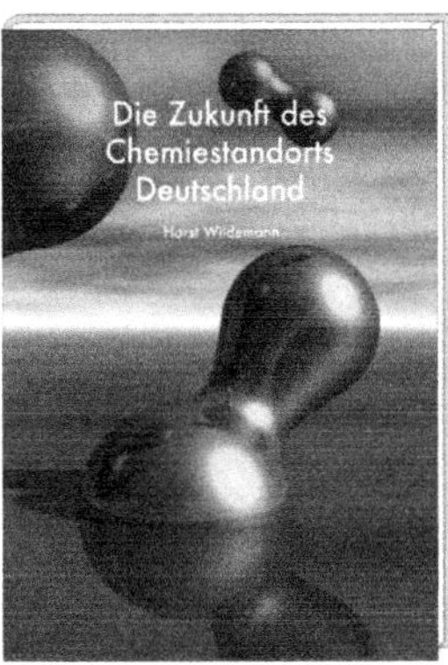

Horst Wildemann
Die Zukunft des Chemiestandorts Deutschland
München 2009
ISBN 978-3-937236-86-5
EUR 258,-
zzgl. Versandkosten

Die Chemieindustrie in Deutschland beschäftigt direkt 440.000 Mitarbeiter. Volkswirtschaftlich hängt eine weitere Million Arbeitskräfte von der Chemie ab. Damit ist die Branche neben der Automobilindustrie und der Maschinen- und Elektroindustrie der viertgrößte Arbeitgeber in Deutschland. Aufgrund der hohen Forschungsintensität der Branche wird auch ein großer Teil des Innovationspotenzials erzeugt. Die Chemie ist damit ein Befähiger für viele Branchen und des Wohlstands von Nationen.

24 Effizienzsteigerung

Effizienzsteigerung der innerbetrieblichen Logistikleistungen im großflächigen Einzelhandel

Stefan Rock
Effizienzsteigerung
München 2006
ISBN 978-3-937236-31-5
EUR 85,-
zzgl. Versandkosten

Für die nachhaltig erfolgreiche Weiterentwicklung von Handelsunternehmen ist die kosteneffiziente Sicherstellung der Leistung, unter Berücksichtigung der Kundenanforderungen, unabdingbar. Im Handel dominiert das Marketing, welches um die Logistik zu ergänzen ist. In anderen Branchen erfolgreich umgesetzte Logistikkonzepte sind auf ihre Übertragbarkeit zu prüfen und problemspezifisch anzuwenden. Beschrieben werden Gestaltungsparameter, Methoden, Konzepte und Instrumente der innerbetrieblichen Handelslogistik.

Bücher

25 Einkauf von Dienstleistungen

Typenspezifische Gestaltung des Einkaufsprozesses

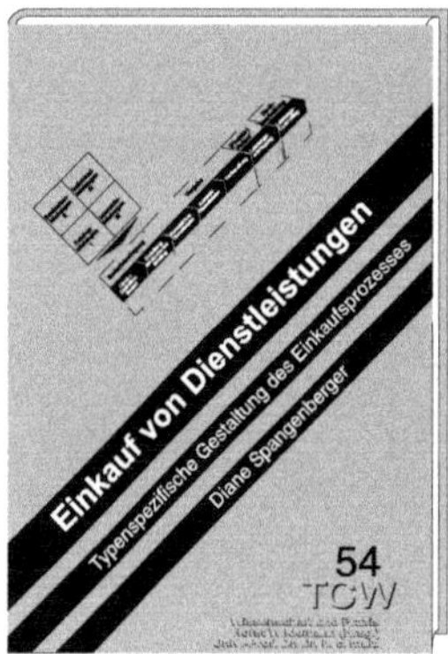

Diane Spangenberger
Einkauf von Dienstleistungen
München 2010
ISBN 978-3-937236-97-1
EUR 85,-
zzgl. Versandkosten

Dem Einkauf von Dienstleistungen wird ein hohes Optimierungspotenzial beigemessen. Während in der Literatur das Thema wenig erforscht ist, erfreut sich der Dienstleistungseinkauf in der Praxis wachsender Aufmerksamkeit. In der Praxis mangelt es an systematischen Konzepten, die der Besonderheit von Dienstleistungen Rechnung tragen. Für einen kosten- und leistungsoptimierten Einkauf ist es erforderlich, Dienstleistungen, ebenso wie Sachgüter, differenziert zu betrachten. Für den Einkauf ist je Dienstleistungstyp eine Vorgehensweise zu definieren. Für diese Problematik entwickelt die Autorin ein Modell und leitet differenzierte Gestaltungsempfehlungen für den Unternehmenseinkauf ab.

26 Einkaufspotenzialanalyse

Programme zur partnerschaftlichen Erschließung von Rationalisierungspotenzialen

Horst Wildemann
Einkaufspotenzialanalyse
München 2008
ISBN 978-3-929918-64-9
EUR 98,-
zzgl. Versandkosten

Wildemann zeigt, dass es erforderlich ist, für unterschiedliche Teile- und Lieferantengruppen die jeweils effizienteste Abwicklungsstruktur, mit unterschiedlich hohen Kooperationsintensitäten einzusetzen. Dieses Buch stellt Handlungsalternativen von Einkäufern in den unterschiedlichen Gestaltungsfeldern der Abnehmer-Lieferanten-Beziehung dar. Auf den Märkten konkurrieren ganze Wertschöpfungsketten. Das Buch wird für den Praktiker zu einem unerlässlichen Instrumentarium zur Ausschöpfung von Einkaufspotenzialen und Beschaffungsmaßnahmen.

27 Elektromobilität

Anforderungen an Reifen, Fahrwerk, Antrieb und Marktpotenziale

Horst Wildemann
Elektromobilität
München 2013
ISBN 978-3-941967-46-5
EUR 98,-
zzgl. Versandkosten

Der sich abzeichnende Strukturwandel durch Elektromobilität stellt völlig neue Anforderungen an die Automobilindustrie und weitere Branchen. Welche aktuellen Innovationstrends, Konzepte und Marktpotenziale sich im Bereich der Elektromobilität ergeben, wird in der Studie genauer untersucht. Auf Basis der rechtlichen Ausgangssituation zur Reduzierung der CO_2-Emissionen und Erhöhung der Energieeffizienz, werden aktuelle Innovationstrends diskutiert. Neue Fahrzeug- und Mobilitätskonzepte sowie innovative Infrastrukturpläne werden eingehend betrachtet. Das Marktpotenzial der Elektromobilität wird anhand treibender Einflussfaktoren und Erfolgshürden beschrieben.

28 Energie in Inden

Energie aus kleiner Wasserkraft in Indien

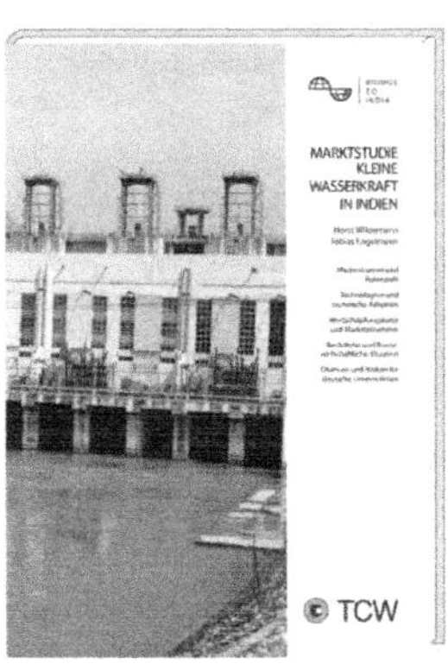

Horst Wildemann, Tobias Engelmeier
Kleine Wasserkraft in Indien
München 2011
ISBN 978-3-941967-21-2
EUR 98,-
zzgl. Versandkosten

Indien ist mit seiner hohen Dynamik und kontinuierlichen Wachstumsrate einer der größten Zukunftsmärkte deutscher Unternehmen. Eine nachhaltige Energieversorgung ist eine zentrale Voraussetzung für eine stabile wirtschaftliche und gesellschaftliche Entwicklung. Die indische Regierung setzt auf erneuerbare Energien. Für den Aufbau von Kapazitäten aus erneuerbaren Energien ist Indien auf ausländische Unternehmen angewiesen. Dies eröffnet deutschen Unternehmen enorme Marktchancen. Diese Marktstudie schafft Transparenz über den indischen Markt für kleine Wasserkraft und zeigt für deutsche Unternehmen Chancen und Risiken auf. Auf die spezifischen Gegebenheiten, Standorte, Potenziale, und Technologien für kleine Wasserkraft wird genauso eingegangen wie auf die rechtliche und finanzwirtschaftliche Situation.

Bücher

29 Energiemarkt Indien

Markteintrittsbarrieren in den indischen Energiemarkt

Horst Wildemann, Tobias Engelmeier
Markteintrittsbarrieren in den indischen Energiemarkt
München 2011
ISBN 978-3-941967-28-1
EUR 98,-
zzgl. Versandkosten

Um einen Markteintritt in den indischen Erneuerbare-Energie-Markt zu prüfen, benötigen Unternehmen einen transparenten Einblick, welche Technologien gefragt sind, welche Potenziale und Risiken bestehen, in wie weit die Integration in bestehende Wertschöpfungsketten möglich und der Aufbau neuer Strukturen nötig ist sowie welche Reglementierungen der indische Staat vorgibt. Diese Marktstudie schafft Transparenz über den indischen Markt für erneuerbare Energien und zeigt für deutsche Unternehmen Chancen und Risiken auf. Auf die Besonderheiten des indischen Marktes, Markteintrittsbarrieren und Erfolgspotenziale wird genauso eingegangen wie auf erfolgreiche Eintrittsstrategien.

30 Engpassmanagement

Engpassmanagement in der wandelbaren Supply Chain – Eine theoretische und empirische Analyse

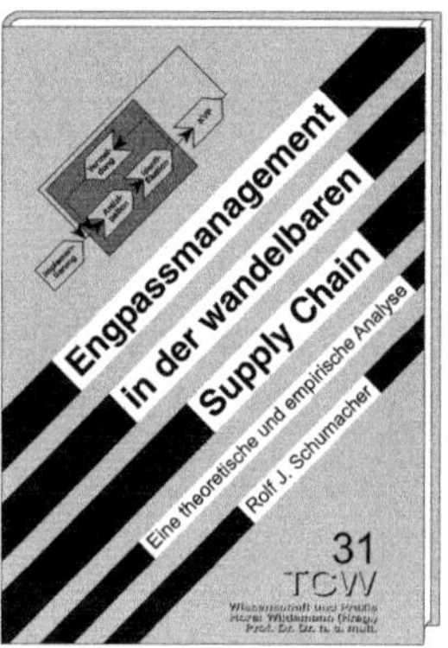

Rolf J. Schumacher
Engpassmanagement
München 2006
ISBN 978-3-937236-17-9
EUR 85,-
zzgl. Versandkosten

Die kosteneffiziente Erfüllung der Lieferperformance ist ein entscheidender Erfolgsfaktor für Unternehmen. Die Integration neuer Lieferanten in den Erstellungsprozess gewinnt zunehmend an Bedeutung. Die Gefahr von Lieferengpässen durch nicht abgestimmte, unternehmensübergreifende Prozesse vergrößert sich. Um diese in der Supply Chain zu vermeiden, ist eine effiziente und kostengünstige Integration der Lieferanten in das Engpassmanagement notwendig. Das Ergebnis dieser Untersuchung ist die Identifikation von Gestaltungsaspekten für das Management der Informations- und Materialflüsse, der Supply Chain-Organisation und -Struktur sowie der Humanressourcen in alternativen Supply Chain-Typen.

Bücher

31 Entstörmanagement

Realisierung störungsrobuster Wertschöpfungsprozesse

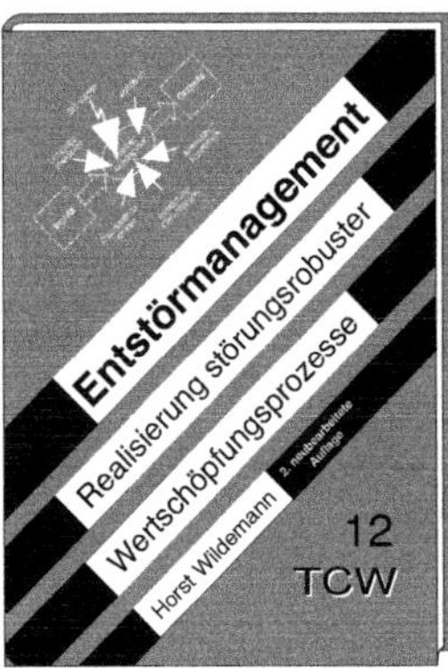

Horst Wildemann
Entstörmanagement
München 1995
ISBN 978-3-929918-06-9
EUR 95,-
zzgl. Versandkosten

Wildemann verfolgt in diesem Buch das Ziel, auf der Grundlage eines Entstörmanagements die Störungsraten von Wertschöpfungsprozessen präventiv zu vermindern und eintretende Prozessabweichungen effizient zu bekämpfen. Im Vordergrund steht die empirische Analyse des Störungsphänomens in Form von Störungsursachen und -wirkungen. Daraus werden Strategien zur Prozessstabilisierung abgeleitet, die die Voraussetzung für ein effizientes Entstörmanagement bilden.

32 Entwicklungspartnerschaften

Organisatorische Gestaltung von vertikalen Entwicklungspartnerschaften in der Automobil- und Zulieferindustrie

Ulrich Eisele
Entwicklungspartnerschaften
München 2006
ISBN 978-3-937236-32-2
EUR 85,-
zzgl. Versandkosten

Unternehmen sehen sich einem zunehmenden Kostendruck ausgesetzt. Parallel hierzu werden Innovationen immer stärker zum entscheidenden Wettbewerbsfaktor. Eine Möglichkeit zur Zielkonfliktlösung liegt darin, F&E-Kooperationen einzugehen. Die bedeutendste Form hierbei stellen Entwicklungspartnerschaften dar. Analysiert man deren Erfolg, so zeigt sich, dass mit ihnen zahlreiche Problemfelder der organisatorischen Gestaltung verbunden sind. Vor diesem Hintergrund wird ein ganzheitliches, empirisch untermauertes Modell entwickelt und die Basis von Korrelationsanalysen sowie Handlungsempfehlungen abgeleitet

Bücher

33 Entwicklungsstrategien

Entwicklungsstrategien für Zulieferunternehmen

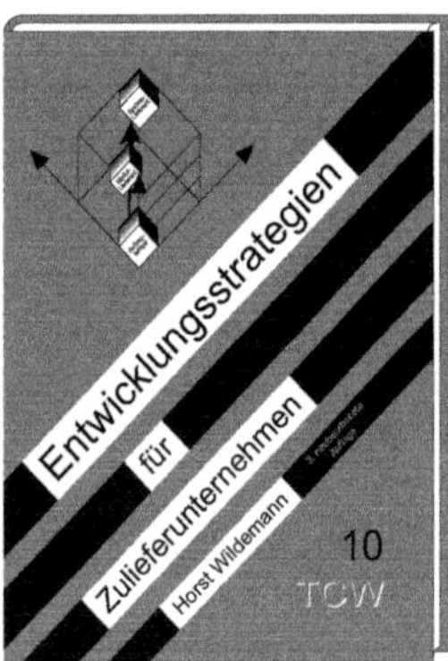

Horst Wildemann
Entwicklungsstrategien
München 1996
ISBN 978-3-929918-69-4
EUR 98,-
zzgl. Versandkosten

In diesem Buch beweist Wildemann, dass der Erhalt der internationalen Wettbewerbsfähigkeit für Zulieferer nicht mehr durch isolierte Optimierungsstrategien zu gewährleisten ist. Er beschreibt einen schlanken, prozessorientierten Ansatz, der sowohl Lieferanten als auch Herstellern in partnerschaftlichen Strukturen (also festen, dauerhaften, auf beiderseitige Vorteile ausgerichteten Verbindungen) Wettbewerbsvorteile verschafft. Den Zulieferunternehmen in Deutschland gibt er Handlungsempfehlungen für praktikable Entwicklungsrichtungen.

34 Entwicklungstrends

Entwicklungstrends in der Automobil- und Zulieferindustrie – Eine empirische Studie

Horst Wildemann
Entwicklungstrends
München 2004
ISBN 978-3-934155-85-5
EUR 98,-
zzgl. Versandkosten

Die Expertenbefragung, an der sich über 300 Unternehmen beteiligten, zeigt auf, welche Trends in der Branche erkennbar sind und wie die Unternehmen darauf reagieren. Die Zusammenarbeit von Unternehmen im Rahmen von Entwicklungspartnerschaften bildet den Schwerpunkt. Die aufgezeigten Handlungsfelder bilden Entscheidungsgrundlagen für Entwicklungspartnerschaften. Hierbei stellen Konzeptwettbewerbe, Know-how-Schutz, Projektmanagement, Lieferantenmanagement sowie Partnerwahl die wesentlichen Herausforderungen für eine Win-Win-Situation dar.

35 Entwicklungszeitreduzierung

Beschleunigte Entwicklungsprozesse in der Elektronikindustrie

Horst Wildemann
Entwicklungszeitreduzierung
München 2003
ISBN 978-3-934155-89-3
EUR 179,-
zzgl. Versandkosten

Sinkende Innovationszyklen bei gleichzeitig steigender Funktionalität der Produkte führen viele Unternehmen in die Zeitfalle. Die Folge sind verspätete Markteinführungen und nicht marktgerecht entwickelte Produkte aufgrund schneller Trendänderungen. Gerade in hoch innovativen Branchen wie der Elektronikindustrie ist ein früher Markteinführungszeitpunkt der Produkte entscheidend für die Sicherung von Marktanteilen und den wirtschaftlichen Erfolg der Produkte am Markt. Der Ausweg aus der Zeitfalle liegt in einer parallelen Steigerung der Entwicklungseffektivität und -effizienz.

36 Ersatzteilversorgung

Strategie und Organisation

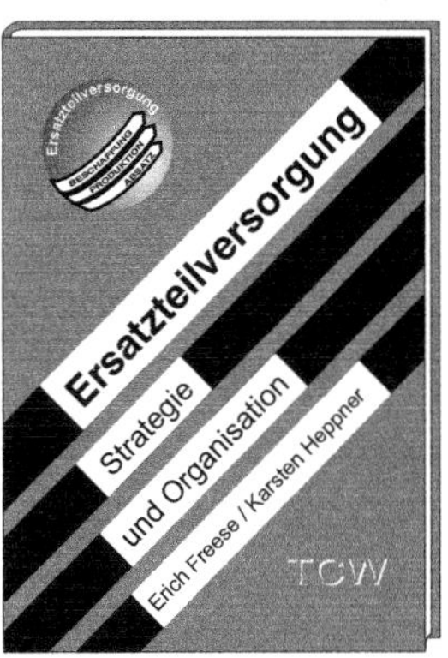

Erich Frese, Karsten Heppner
Ersatzteilversorgung
München 1995
ISBN 978-3-929918-55-7
EUR 95,-
zzgl. Versandkosten

Die betriebliche Ersatzteilversorgung steht im Spannungsfeld zweier gegensätzlicher Koordinationsanforderungen. Wegen der hohen Bedarfsdringlichkeit ist eine schnelle Auslieferung der Ersatzteile notwendig. Organisatorische Regelungen sind auf effiziente Koordination der innerbetrieblichen Leistungsprozesse zur Erzielung kürzestmöglicher Durchlaufzeiten auszurichten. Die detaillierte Analyse von 17 Unternehmen des mittelständischen Maschinenbaus und der elektrotechnischen Industrie gewährleistet den Praxisbezug der Untersuchung.

Bücher

37 Fallstudien - Best Practice

Probleme, Lösungen, Ergebnisse

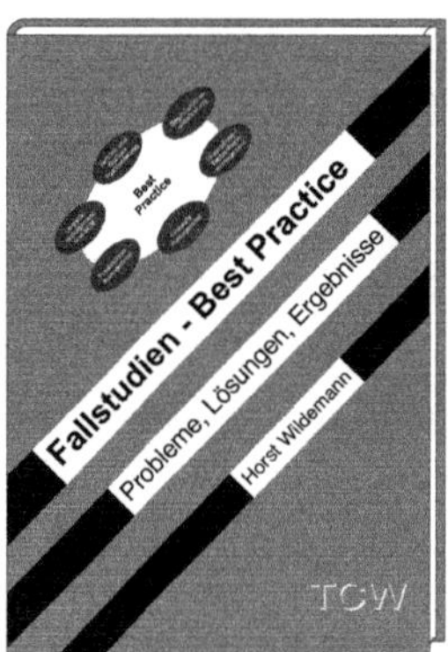

Horst Wildemann
Fallstudien – Best Practice
München 2010
ISBN 978-3-941967-05-2
EUR 98,-
zzgl. Versandkosten

Das Lernen von den Besten und somit die Orientierung der Zielvorgaben an Best Practice stellt sicher, dass selbst in Zeiten einer globalen Wirtschaftskrise Marktanteile gesichert und weiter ausgebaut werden können. Dieses Buch illustriert anhand ausgewählter Fallstudien Erfolgsgeschichten zu verschiedenen inhaltlichen Themenblöcken. Dabei werden übertragbare Problemstellungen, Lösungskonzepte und Ergebnisse themenspezifisch in Logistik-, Produktions-, Einkaufs-, Innovations-, Technologie- und Kundenmanagement sowie im Bereich der Organisationsentwicklung und zu ausgesuchten Einzelthemen aufgezeigt.

38 Fertigungsstrategien

Reorganisationskonzepte für eine schlanke Produktion und Zulieferung

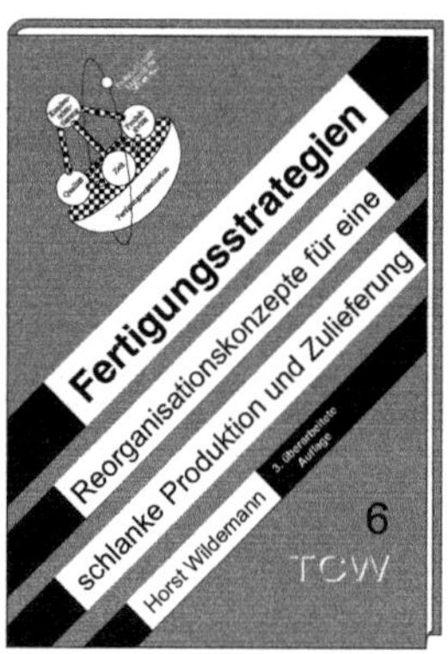

Horst Wildemann
Fertigungsstrategien
München 1997
ISBN 978-3-929918-89-2
EUR 98,-
zzgl. Versandkosten

Wildemann beschreibt die Anwendung von Konzepten wie Lean Management, Reverse Engineering, Just-in-Time, Fertigungssegmentierung, Computer Integrated Manufacturing und lernende Organisationen. Die Einsatzvoraussetzungen und die Verbindung zu einer unternehmensindividuellen Strategie werden beschrieben. Eine Bewertung der Wirtschaftlichkeit wird ebenfalls vorgenommen. Dieses Buch ist für alle Praktiker, die Wettbewerbsvorteile erreichen wollen, die der Kunde honoriert und die der Mitbewerber nicht kurzfristig imitieren kann.

39 Fixkostenmanagement

Flexibilisierung von Fixkosten als Basis für profitables Wachstum – Eine theoretische Untersuchung und Fallstudienanalyse

Jan Hunger
Fixkostenmanagement
München 2010
ISBN 978-3-937236-96-4
EUR 85,-
zzgl. Versandkosten

Das Buch ermöglicht eine systematische Entscheidungsunterstützung hinsichtlich der Zweckmäßigkeit einer Variabilisierung von Fixkosten und der Optimierung der Kapitalverwendung. Dabei wird das Fixkostenrisiko einzelner Wertschöpfungsaktivitäten ebenso wie die strategische Bedeutung der eingesetzten Ressourcenpotenziale berücksichtigt. Anhand differenzierter Ausgangslagen werden situationsadäquate Gestaltungsoptionen abgeleitet und mit zielgerichteten Handlungsempfehlungen kombiniert. Das Konzept unterstützt die Entscheidungsfindung hinsichtlich einer zukunftsfähigen Konfiguration der Ressourcenausstattung und einer Migration der Wertschöpfungsaktivitäten zu einer nachhaltigen Wertschöpfung.

40 Führungsverantwortung

Bewährte oder innovative Managementmethoden?

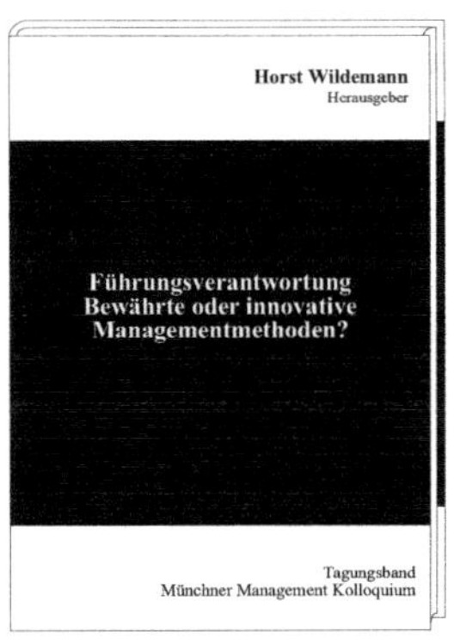

Horst Wildemann (Hrsg.)
Führungsverantwortung
MMK Tagungsband
München 2003
ISBN 978-3-934155-78-7
EUR 165,-
zzgl. Versandkosten

Der Tagungsband umfasst die Beiträge des Münchner Management Kolloquiums. Hochrangige Referenten aus internationalen Unternehmen, Großkonzernen, Mittelstandsunternehmen und Wissenschaftler stellen die Einflussgrößen, Strategien und Methoden zur Förderung einer dynamischen, am langfristigen Unternehmenserfolg orientierten Führungsverantwortung auf. Sie verdeutlichen, welche Aktivitäten und Umsetzungsschritte notwendig sind, um Führungsverantwortung aus einer ganzheitlichen Perspektive zu übernehmen. Des Weiteren erfahren Sie von Unternehmen, welche bewährten und innovativen Methoden diese einsetzen, um Führungsverantwortung auf allen Entscheidungsebenen dauerhaft zu verankern und sich somit vom Wettbewerb erfolgreich zu differenzieren.

41 Gesättigte Märkte

Programmplanung in gesättigten Märkten durch typspezifische Gestaltung früher Innovationsphasen

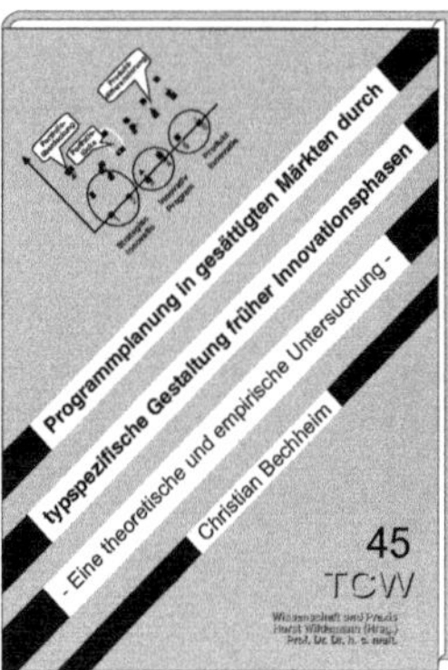

Christian Bechheim
Gesättigte Märkte
München 2007
ISBN 978-3-937236-76-6
EUR 85,-
zzgl. Versandkosten

Die zunehmende und andauernde Sättigung und Stagnation von Märkten führt in vielen Unternehmen zu ausufernden Produktprogrammen, zu einer Vielzahl von Produkt- und Servicevarianten und aufgrund der generierten Komplexität insgesamt zu ineffizienten Programmplanungs- und Innovationsprozessen. Der Autor stellt eine Vorgehensweise vor, mit der frühe Innovationsprozesse effizienter und effektiver gestaltet werden können. Basis ist eine Analyse der Informationsanforderungen innerhalb des Prozesses. Darauf aufbauend werden Gestaltungsempfehlungen zur Methodenauswahl je Innovationsprozesstyp formuliert und das euklidische Distanzmaß als zentraler Bestandteil eines Programmplanungstools vorgestellt.

42 Geschäftsprozessorganisation

Konzepte und Fallstudien

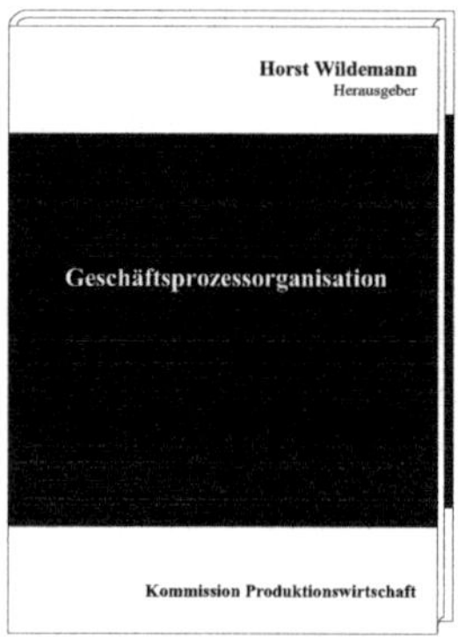

Horst Wildemann (Hrsg.)
Geschäftsprozessorganisation
München 1997
ISBN 978-3-931511-05-0
EUR 85,-
zzgl. Versandkosten

Aus dem Inhalt:

- Geschäftsprozessmodellierung
- Geschäftsprozessoptimierung
- Geschäftsprozessorganisation
- Komplexitätsmanagement
- Qualitätsmanagement
- Key Account Management
- Rolle der Informationstechnologie
- Fallstudien

Bücher

43 Gestaltung von Logistiksystemen

Handlungsempfehlung zur Ausgestaltung der strategischen Erfolgsfaktoren

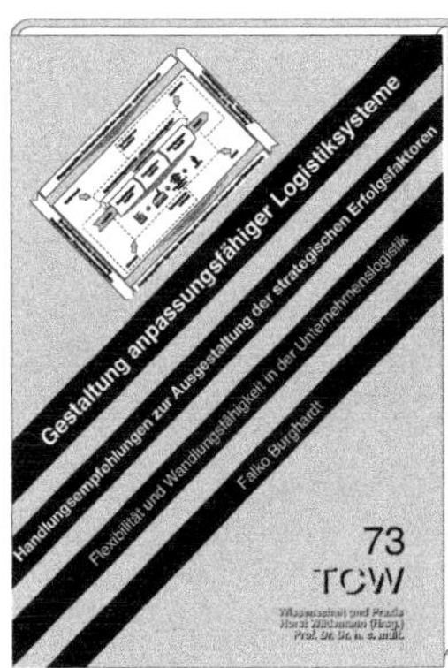

Falko Burghardt
Gestaltung anpassungsfähiger Logistiksysteme
München 2013
ISBN 978-3-941967-59-5
EUR 85,-
zzgl. Versandkosten

Aus dem Inhalt:

- Anpassungsfähigkeit in der Logistik als strategischer Erfolgsfaktor für produzierende Industrieunternehmen
- Grundlagen und Leitlinien zur Gestaltung anpassungsfähiger Logistiksysteme
- Kontextfaktoren von Unternehmen der produzierenden Industrie zur Bestimmung des logistischen Anpassungsbedarfs
- Differenzierte Betrachtung flexibler und wandlungsfähiger Methoden zur Gestaltung anpassungsfähiger Logistiksysteme
- Problemspezifische Handlungsempfehlungen zur Ausgestaltung anpassungsfähiger Logistiksysteme.

44 Gestaltung hybr. Leistungsbündel

Handlungsraum und Instrumente für kundenwertorientierte Problemlösungen – Eine theoretische und empirische Untersuchung

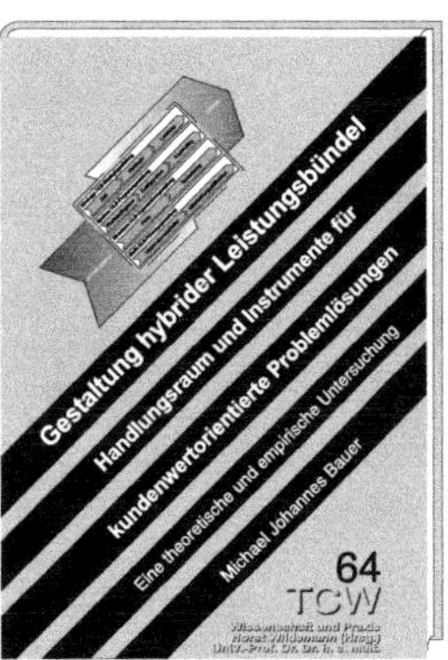

Michael Johannes Bauer
Gestaltung hybrider Leistungsbündel
München 2011
ISBN 978-3-941967-13-7
EUR 85,-
zzgl. Versandkosten

Differenzierungsstrategien von Industrieunternehmen münden häufig in der Gestaltung hybrider Leistungsbündel. Produzierende Unternehmen folgen dieser Entwicklung, indem sie ihre Geschäftstätigkeit vom „reinen" Produzenten zum Solution Provider ausweiten. Die Herausforderung für die Praxis basiert auf der Frage, wie Unternehmen dem Dilemma anhaltenden Kostendrucks bei gleichzeitig steigenden Kundenwünschen entgegentreten können. Der Autor greift diese Fragestellung auf und bildet auf Basis theoretischer und empirischer Untersuchungen Gestaltungsempfehlungen, die es Unternehmen ermöglichen, industrielle Konzepte zur Standardisierung mit servicespezifischen Ansätzen zur Kundenorientierung zu kombinieren.

45 Gestaltung nachhaltiger Logistik

Effektive Selektion und optimale Allokation von Nachhaltigkeitsmaßnahmen in der Logistik

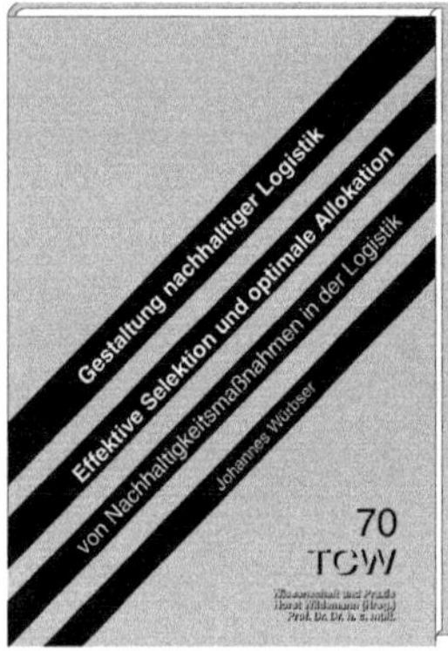

Johannes Würbser
Gestaltung nachhaltiger Logistik
München 2013
ISBN 978-3-941967-53-3
EUR 85,-
zzgl. Versandkosten

Das Thema Nachhaltigkeit gewinnt in der Gesellschaft immer stärker an Bedeutung und beeinflusst zunehmend den wirtschaftlichen Erfolg von Unternehmen. Diese Arbeit leitet die Motivatoren her, die Unternehmen zu nachhaltigem Handeln veranlassen und untersucht auf Basis empirischer Daten, welche Nachhaltigkeitsmaßnahmen im Bereich der Logistik am zielführendsten sind. Das Ergebnis sind typspezifische Handlungsempfehlungen zur wirtschaftlichen Gestaltung einer nachhaltigen Logistik.

46 Gestaltung v. Kundenbeziehungen

Wissensbasierte Gestaltung von Kundenbeziehungen durch Service, Logistik und E-Technologien

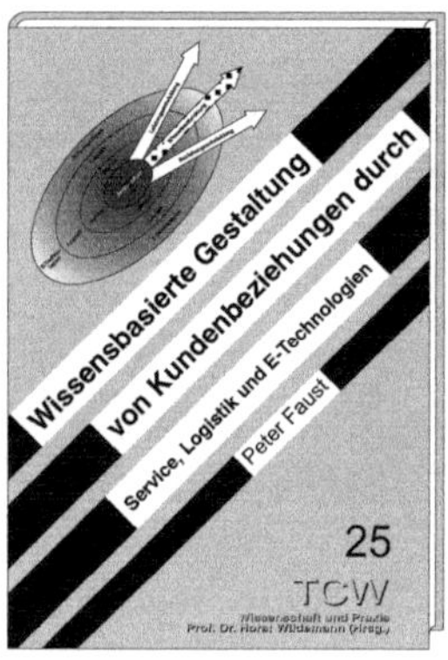

Peter Faust
Gestaltung von Kundenbeziehungen
München 2003
ISBN 978-3-937236-02-5
EUR 85,-
zzgl. Versandkosten

Ein intensivierter Wettbewerb, eine stagnierende Nachfrage sowie gestiegene, individuelle Kundenanforderungen führen dazu, von der permanenten Neukundengewinnung abzurücken und verstärkt Kundenbeziehungen aufzubauen. Für die Unternehmen stellt sich die Frage einer wissens- und leistungspolitischen Ausgestaltung der Kundenbeziehungen. Der Autor entwickelt hierfür ein ganzheitliches, empirisch unterstütztes Modell, das eine Kundenbeziehungsanalyse sowie eine Betrachtung nach Profitabilitäts- und Wissensaspekten beinhaltet.

Bücher

47 Gestaltung v. Logistikarchitekturen

Eine theoretische und empirische Untersuchung

Christoph Verbeek
Gestaltung von Logistikarchitekturen
München 2008
ISBN 978-3-937236-72-8
EUR 85,-
zzgl. Versandkosten

Mit der Einführung neuartiger Logistikkonzeptionen ist ein Paradigmenwechsel verbunden, der bei Unternehmen tiefgreifende Struktur- und Verhaltensänderungen verursacht und innovative Methodenansätze erfordert. Das Konzept logistischer Architekturen beschreibt anhand logistischer Steuerungsmechanismen die Strukturierung logistischer Segmente, die in ihrem Zusammenspiel die relevanten organisatorischen und prozessualen Inhalte der Logistik berücksichtigen. Es umfasst die Bereitstellung eines situationsspezifischen Methodeneinsatzes entlang der Wertschöpfungskette, um auf das Spannungsfeld von Individualisierungs- und Kostendruck zu reagieren.

48 Globale Industrialisierung

Wie bleibt der Standort Deutschland wettbewerbsfähig?

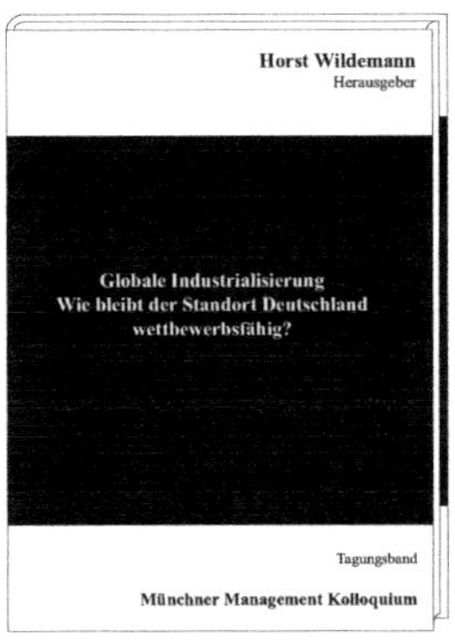

Horst Wildemann (Hrsg.)
Globale Industrialisierung
MMK Tagungsband
München 2011
ISBN 978-3-941967-19-9
EUR 179,-
zzgl. Versandkosten

Aus dem Inhalt:
- In welchen Ländern...?
- Mit welchen Produkten und welcher Organisation sollte mit besonderer Priorität investiert werden?
- Welche Konzepte und Methoden ermöglichen die nachhaltige Erschließung von zukünftigen Marktpotenzialen?
- Welche Effekte sind mit der Globalen Industrialisierung verbunden?
- Wie kann der Standort Deutschland eingebunden und gefestigt werden?
- Wie ist die Umsetzung konkret zu gestalten?

Bücher

49 Globalisierung

Vom nationalen Qualitätsexporteur
zum globalen Unternehmen

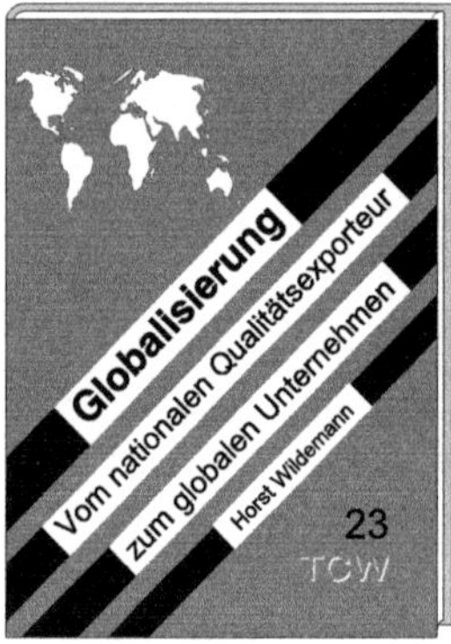

Horst Wildemann
Globalisierung
München 2000
ISBN 978-3-934155-60-2
EUR 98,-
zzgl. Versandkosten

Aus dem Inhalt:

- Management von Globalisierungsprozessen
- Wertgestaltung von globalen Unternehmen
- Gestaltung der Zulieferbeziehungen
- Produktion und Produkte für globale Märkte
- Marktführerschaft in globalen Märkten
- Information und Dienstleistung
- Globale Produktion und Entwicklung
- Allianzen und Services
- Erfolgsfaktoren in High-Tech-Märkten

50 Green Mobility

Maßnahmen zur Verringerung von
CO_2-Emissionen im Vergleich

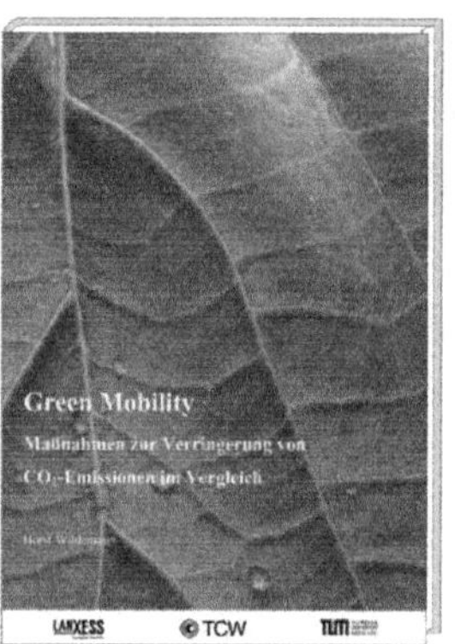

Horst Wildemann
Green Mobility
München 2013
ISBN 978-3-941967-44-1
EUR 98,-
zzgl. Versandkosten

Die Kenntnis der Auslöser und Wirkungen energieeffizienter Mobilitätskonzepte bildet die Basis für eine marktorientierte Ausrichtung innovativer Produkte der Automobilbranche. Die Studie untersucht mit Hilfe einheitlicher Vergleichskriterien die Wirkung von Maßnahmen zur CO_2-Reduktion bei Verkehrsmitteln und gibt einen Ausblick auf die Innovationsansätze der Chemieindustrie, die den Entwicklungspfad zur Green Mobility aktiv gestalten. Beleuchtet werden Maßnahmen wie der Einsatz von Elektro- und Hybridmotoren, Fahrassistenzsystemen, Leichtbau sowie die Verwendung rollwiderstandsoptimierter Reifen. Substitutionsbeziehungen zu weiteren Verkehrsmitteln wie Bahn und Flugzeug werden detailliert analysiert.

51 Handbuch IT-Management

Handbuch IT-Management

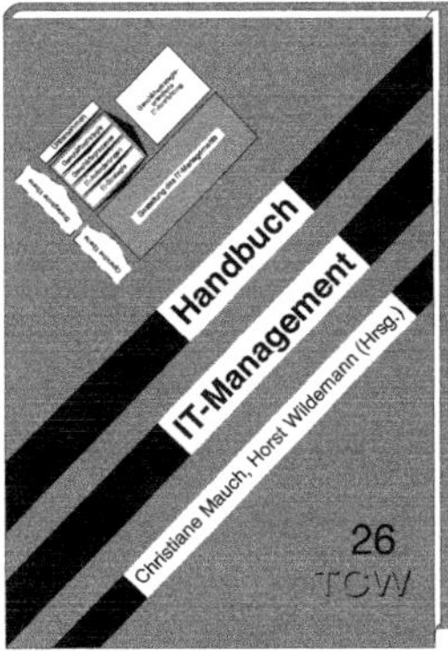

Christiane Mauch, Horst Wildemann (Hrsg.)
Handbuch IT-Management
München 2006
ISBN 978-3-937236-42-1
EUR 98,-
zzgl. Versandkosten

Die Bedeutung der IT, sowohl integriert in Produkte und Prozesse als auch stand-alone, wird weiter zunehmen. Dabei liegt die Herausforderung in der Verzahnung von IT und Business entlang der gesamten Supply Chain. Dem IT-Management kommt dabei eine Schlüsselfunktion zu. Das Handbuch IT-Management wendet sich im Sinne von innovativen Konzepten, Denkanstößen und konkreten Handlungsempfehlungen an Führungskräfte aus der Wirtschaft, Berater und an wissenschaftlich Interessierte aus dem Hochschulwesen.

52 Industriestandort Deutschland

Unternehmen in Deutschland – Wie ist der Standort zu retten?

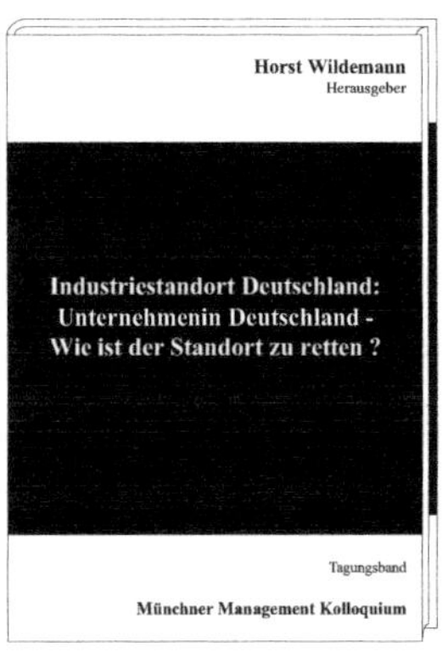

Horst Wildemann (Hrsg.)
Industriestandort Deutschland
MMK Tagungsband
München 1994
ISBN 978-3-929918-31-1
EUR 145,-
zzgl. Versandkosten

Aus dem Inhalt:

- Das „lernende“ Unternehmen
- Produktivitätspotenziale durch Fokussierung und Spezialisierung
- Komplexitätsreduzierung und Variantenmanagement
- Erhöhung der kundenorientierten schlanken Produktion und Beschleunigung der Kundenbeziehung
- Lean Management und Just-in-Time-Produktion und Fertigungssegmentierung als Managementmethoden
- Management der Qualitätssicherung und -steigerung

Bücher

53 Innovationen und Kundennähe

Wachstumsstrategien im Wettbewerb

Horst Wildemann (Hrsg.)
Innovation und Kundennähe
MMK Tagungsband
München 1996
ISBN 978-3-929918-84-7
EUR 145,-
zzgl. Versandkosten

Aus dem Inhalt:

- Innovationsfaktoren für die Zukunft
- Produktinnovationen im Maschinenbau
- Produktinnovation und Vermarktung
- Differenzierungspotenziale in Vertrieb und Service
- Management neuer Prozesstechnologien
- Redesign von Geschäfts- und Informationsverarbeitungsprozessen
- Visionen zur strategischen Neuausrichtung
- Netzwerkmodelle und Kooperationsformen in Produktion und Logistik
- Management von Innovationen

54 Instandhaltungslogistik

Ziele und Rahmenbedingungen der Instandhaltungslogistik

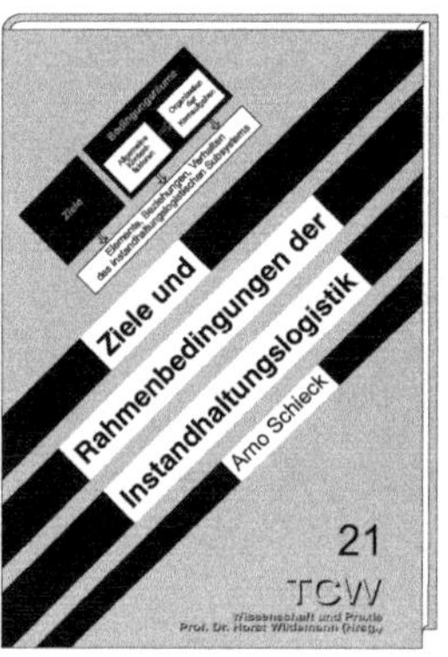

Arno Schieck
Instandhaltungslogistik
München 2003
ISBN 978-3-934155-84-8
EUR 85,-
zzgl. Versandkosten

Die Betriebswirtschaftslehre hat die Instandhaltungsfunktion in Unternehmen bisher vorwiegend aus absatzwirtschaftlicher Sicht behandelt. Die vorliegende Arbeit stellt diesen Ansätzen eine am modernen betriebswirtschaftlichen Logistikdenken ausgerichtete Betrachtung zur Seite. Die empirische Relevanz wird an den Fällen der Instandhaltungslogistik in den Luftverkehrsgesellschaften und westlichen Luftstreitkräften untersucht. Es werden Ziele konkretisiert, ihre Struktur- und Prozessparameter abgeleitet und dabei gezeigt, wie die Logistik kooperativ vollzogen werden kann.

Bücher

55 Integrationsgeschwindigkeit M&A

Voraussetzungen, Wirkungsebenen und Maßnahmen für hohe Integrationsgeschwindigkeit

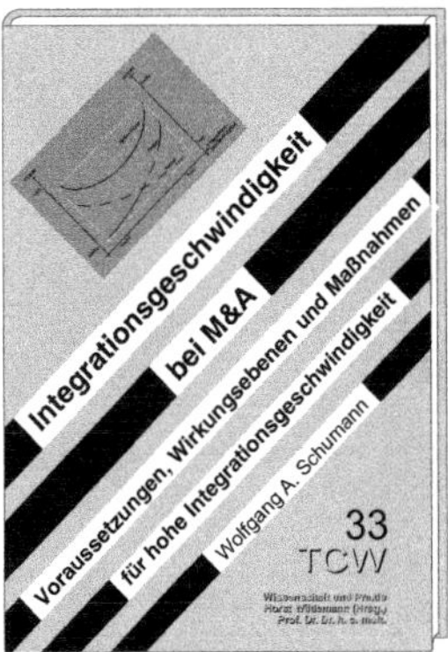

Wolfgang A. Schumann
Integrationsgeschwindigkeit bei M&A
München 2005
ISBN 978-3-937236-13-1
EUR 85,-
zzgl. Versandkosten

Die Integration stellt den Schlüssel dar, um die definierten Ziele einer M&A-Transaktion zu realisieren. Vielfach zeigt die Vergangenheit, dass besonders in dieser Phase Fehler zu einem Misserfolg geführt haben. Die praxisnahe Literatur fordert ein schnelles Vorgehen nach dem Closing und bestimmt hohe Integrationsgeschwindigkeit als Erfolgsfaktor erfolgreicher Integrationen. Hohe Integrationsgeschwindigkeit ist an gewisse transaktionsspezifische und unternehmensinterne Voraussetzungen gebunden, deren Existenz das Erreichen einer schnellen Integration unterstützt.

56 Internationale Qualitätspreise

Gegenüberstellung des BQP mit nationalen und internationalen Auszeichnungen für Qualitätsmanagementsysteme

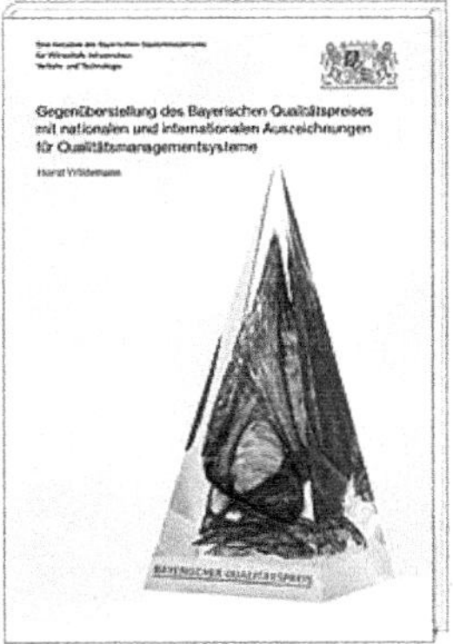

Horst Wildemann
Internationale Qualitätspreise
München 2009
ISBN 978-3-937236-92-6
EUR 98,-
zzgl. Versandkosten

Bei den regionalen Initiativen nimmt der Bayerische Qualitätspreis eine Vorreiterrolle ein. Er ist die erste nationale Auszeichnung in Deutschland und wird bereits mit großem Erfolg seit 1993 jährlich ausgelobt. Auf dem Bayerischen Qualitätspreis bauen die Modelle sämtlicher regionaler Qualitätspreise sowie einiger nationaler und internationaler Preise auf. Die Vergleichsstudie zeigt die Charakteristika des Bayerischen Qualitätspreises gegenüber Qualitätspreisen wie dem Ludwig-Erhard-Preis, dem EFQM Excellence Award, dem Malcolm Baldrige-Preis sowie dem Deming-Preis auf und analysiert spezifische Vor- und Nachteile der einzelnen Preise, die unterschiedlichen Laufzeiten sowie die Kompatibilität des Bayerischen Qualitätspreises zu Preisen anderer Institutionen.

Bücher

57 IT-Offshoring

Management, Organisation und Personalwesen

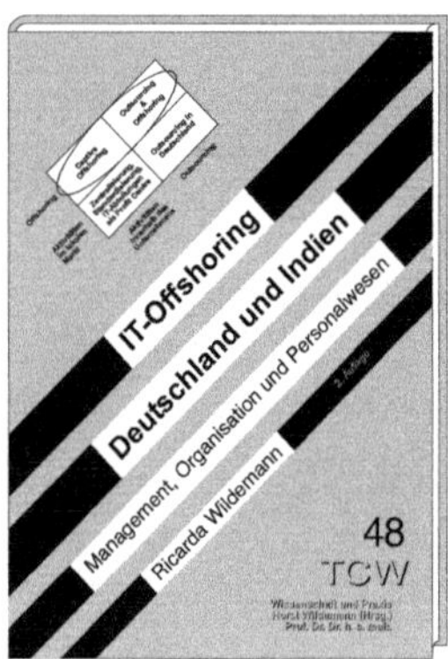

Ricarda Wildemann
IT-Offshoring Deutschland und Indien
München 2011
ISBN 978-3-937236-73-5
EUR 85,-
zzgl. Versandkosten

IT-Offshoring nach Indien gewinnt als Mittel zur Kostensenkung und Steigerung der Wettbewerbsfähigkeit an Bedeutung. In dieser Arbeit werden die Probleme in den Bereichen Management, Organisation und Personalwesen untersucht und Lösungsvorschläge auf der Basis einer Unternehmensbefragung und der Analyse von fünf Fallstudien sowie 63 persönlichen Experteninterviews erarbeitet. Die Herausarbeitung von Handlungsempfehlungen zur Verbesserung der IT-Servicequalität ermöglicht es, realistische Erwartungen über die Offshoring-Potenziale zu gewinnen, eine Qualifikationssicherung des Humankapitals in deutschen und indischen Unternehmen zu erreichen und das Netzwerkmanagement zu optimieren.

58 Kerngeschäftsprozesse

Optimierung und Management von Kerngeschäftsprozessen im Finanzdienstleistungssektor

Werner Templin
Kerngeschäftsprozesse
München 2006
ISBN 978-3-937236-35-3
EUR 85,-
zzgl. Versandkosten

Im Mittelpunkt steht die Entwicklung eines theoretisch sowie empirisch fundierten Lösungsansatzes zur Optimierung und zum Management von Kerngeschäftsprozessen im Finanzdienstleistungssektor. Aufbauend auf den identifizierten Defiziten werden Leitlinien zur Prozessreorganisation formuliert, paradigmenspezifische Gestaltungsfelder identifiziert und diesen adäquate Methoden zum Management von Kerngeschäftsprozessen im Finanzdienstleistungssektor zugeordnet. Erarbeitet wurde ein Phasenmodell zur erfolgreichen Optimierung der Kerngeschäftsprozesse, das auf der Analyse zahlreicher Fallstudien im Finanzdienstleistungssektor basiert.

59 Kernkompetenzen

Kernkompetenzen und E-Technologien managen

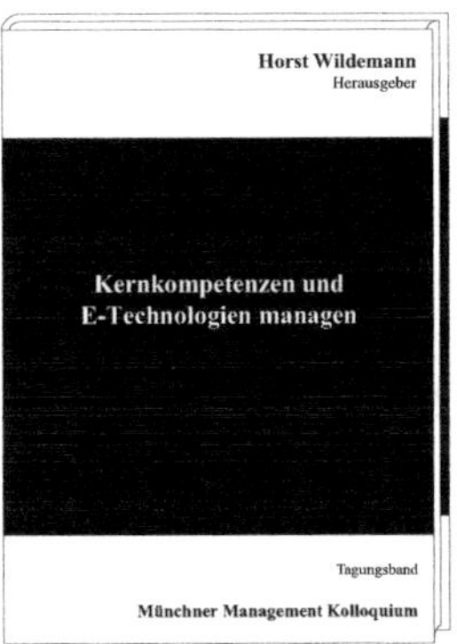

Horst Wildemann (Hrsg.)
Kernkompetenzen
MMK Tagungsband
München 2000
ISBN 978-3-934155-96-1
EUR 195,-
zzgl. Versandkosten

Aus dem Inhalt:

- Wertorientierte Unternehmensführung
- Demand Flow Management
- Monitoring und Auditierung
- Knowledge Management
- Technologie-Roadmaps
- Service-Management
- Virtuelle Marktplätze
- Electronic Business
- Plattformkonzepte
- Logistiknetzwerke
- Prozessklinik

60 Kollaborationsqualität im SCM

Eine theoretische und empirische Analyse

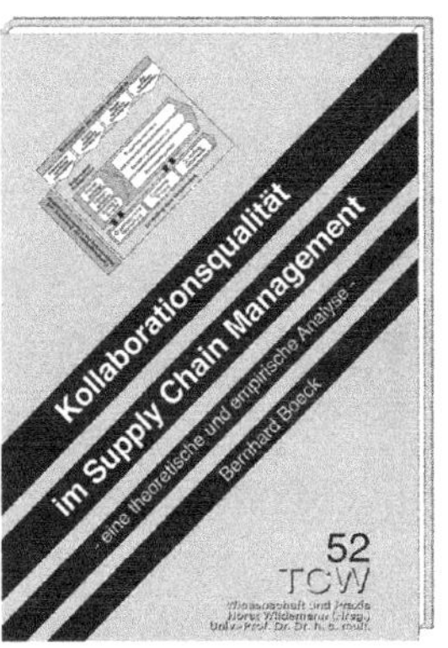

Bernhard Boeck
Kollaborationsqualität im Supply Chain Management
München 2010
ISBN 978-3-937236-99-5
EUR 85,-
zzgl. Versandkosten

Unternehmen stehen vor der Herausforderung, bei unternehmensübergreifenden Kollaborationen die optimalen Mechanismen und Instrumente zwischen den Polen der hierarchischen und marktlichen Koordination anzuwenden. Die Arbeit widmet sich der Analyse von Gestaltungsoptionen zur Verbesserung der unternehmensübergreifenden Zusammenarbeit im Rahmen des Supply Chain Managements. Basierend auf einer theoretischen und empirischen Untersuchung wird ein Modell entwickelt und typspezifische Gestaltungsempfehlungen zur Verbesserung der Kollaborationsqualität beim Aufbau, Betrieb und Controlling der Kollaboration abgeleitet.

61 Komplexitätsindex-Tool

Entscheidungsgrundlage für die Produktprogrammgestaltung bei KMU

Horst Wildemann, Karl-Ingo Voigt
Komplexitätsindex-Tool
München 2011
ISBN 978-3-941967-09-0
EUR 179,-
zzgl. Versandkosten

Eine effiziente Produktprogrammgestaltung gewinnt zunehmend an Bedeutung und bietet insbesondere KMU einen entscheidenden Hebel zur Steigerung der Wettbewerbsfähigkeit. Ein unternehmensindividuell ausgeprägter Index zur Messung von Komplexität kann als Entscheidungsgrundlage für eine optimale Produktprogrammgestaltung dienen. Dieser Bericht stellt die praxisnahe Erarbeitung und Verprobung eines Komplexitätsindex-Modells vor. Dabei wurden externe und interne Komplexitätstreiber in Unternehmen aus unterschiedlichen Branchen analysiert, deren Wirkbeziehungen bewertet sowie situationsspezifische Handlungsstrategien zur Optimierung der Produktprogramme abgeleitet.

62 Komplexitätsmessung

Konzept zur Komplexitätsmessung des Auftragsabwicklungsprozesses – Eine empirische Untersuchung

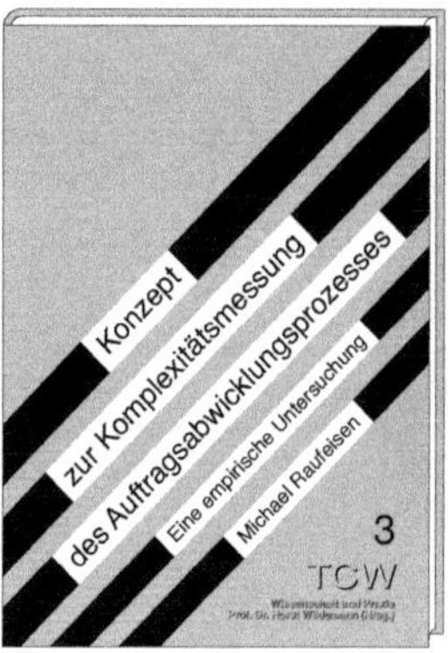

Michael Raufeisen
Komplexitätsmessung
München 2000
ISBN 978-3-931511-81-4
EUR 85,-
zzgl. Versandkosten

Der Komplexitätsbegriff hat in den letzten Jahren zunehmend an Bedeutung gewonnen. Überwiegend findet er bei solchen problembezogenen Sachverhalten Anwendung, die dem Beobachter als intransparent erscheinen. Die vorliegende Arbeit bietet eine Gesamtkonzeption der Komplexitätsmessung von Prozessen. Der Schwerpunkt dieser Prozessbetrachtung liegt im Geschäftsprozess der Auftragsabwicklung, der entlang der indirekten Bereiche über die Strecke von der ersten Kundenanfrage bis zur Einsteuerung der Aufträge in den Produktionsbereich systemorientiert definiert ist.

63 Kostenführerschaft und Service

Der Weg zum agilen Unternehmen – Methoden und Fallbeispiele

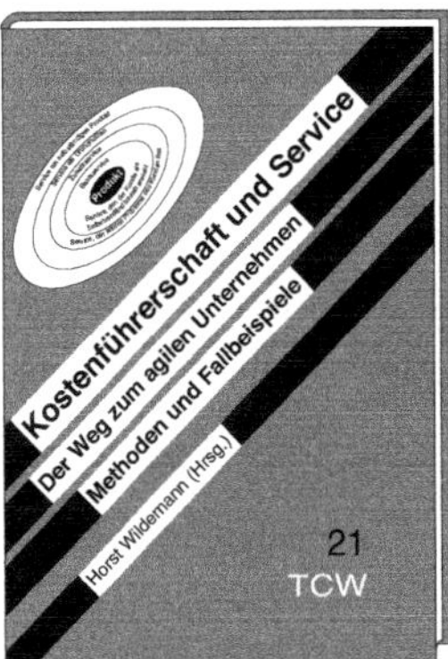

Horst Wildemann (Hrsg.)
Kostenführerschaft und Service
München 1998
ISBN 978-3-931511-80-7
EUR 98,-
zzgl. Versandkosten

Aus dem Inhalt:

- Wettbewerbsfähigkeit durch Agilität: Kostenführerschaft und Technikführerschaft und Service
- Globaler Wandel: Unternehmensführung und Wettbewerbsfähigkeit im globalen Umfeld
- Revitalisierung von Unternehmen: Transformationsprozesse, kontinuierliche Erneuerung und Human-Energie
- Unternehmensführung, Controlling: Wert- und Kundenorientierung und Disziplin und Kreativität
- Kundenorientierung: Organisations-, Produktinnovation und Dezentralisierung und Service
- Neuausrichtung im Mittelstand: Erfolgsfaktoren und Markt- und Kostenführerschaft

64 Kosten in d. Softwareentwicklung

Kostenmanagement in der Softwareentwicklung

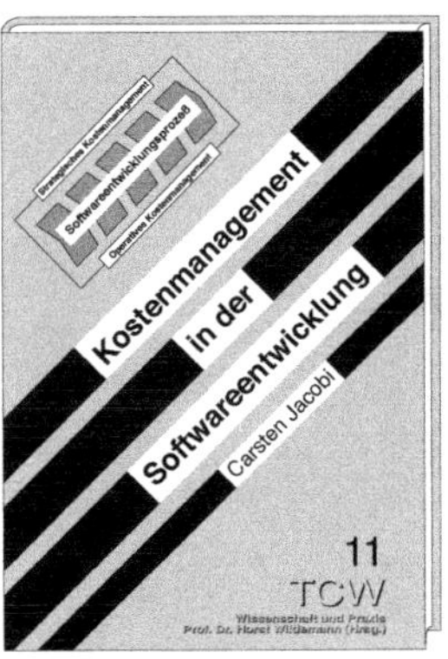

Carsten Jacobi
Kostenmanagement in der Softwareentwicklung
München 2011
ISBN 978-3-934155-66-4
EUR 85,-
zzgl. Versandkosten

Die zunehmende Bedeutung von Software führt zur Notwendigkeit der Beherrschung von Entwicklungsaktivitäten. Dies erfordert eine konsequente Ausrichtung aller Aktivitäten an den Wertschöpfungsprozessen der Kunden. Das Buch zeigt auf, welche Softwareprojektarten zu unterscheiden sind. Anhand von Fallstudien wird die praktische Relevanz von Gestaltungsempfehlungen und des Instrumenteneinsatzes zur wertorientierten Softwareproduktentwicklung gezeigt.

Bücher

65 Kosten- und Leistungsoptimierung

Gestaltungsempfehlungen bei der Kosten- und Leistungsoptimierung in deutschen Krankenhäusern – Eine empirische Untersuchung

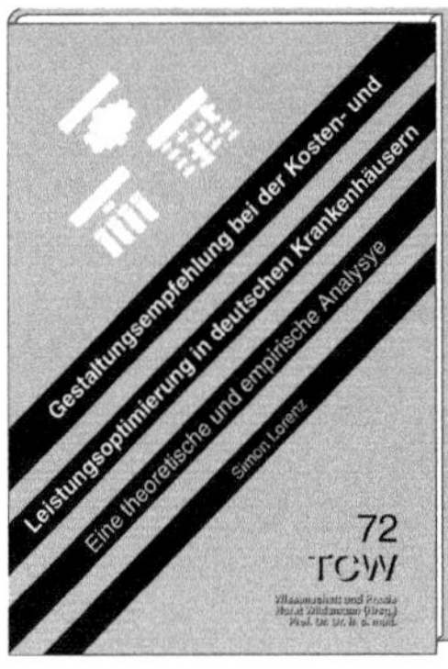

Simon Lorenz
Gestaltungsempfehlungen bei der Kosten- und Leistungsoptimierung
München 2013
ISBN 978-3-941967-57-1
EUR 85,-
zzgl. Versandkosten

Das Buch beschreibt Probleme der Krankenkäuser, die von der Umstellung der Vergütungssystematik, von einer Kostenerstattung nach tagesgleichen Pflegesätzen hin zu einer Vergütung nach Fallpauschalen, verursacht werden. Kliniken werden somit aufgefordert, sich dem verschärften Wettbewerb zu stellen, komplexe und intransparente Strukturen zu vermeiden, das Leistungsportfolio unter wettbewerblichen Aspekten anzupassen, kaufmännische Faktoren stärker zu institutionalisieren und bewährte Gestaltungsansätze zur Kostenreduzierung und Leistungsoptimierung aus der Industrie zu adaptieren. Die Gestaltungsempfehlungen für die Kosteneinsparung werden jeweils abhängig vom Krankenhaustyp erarbeitet.

66 Redistributionslogistik

Kreislauforientierte Redistributionslogistik – Eine empirische Untersuchung

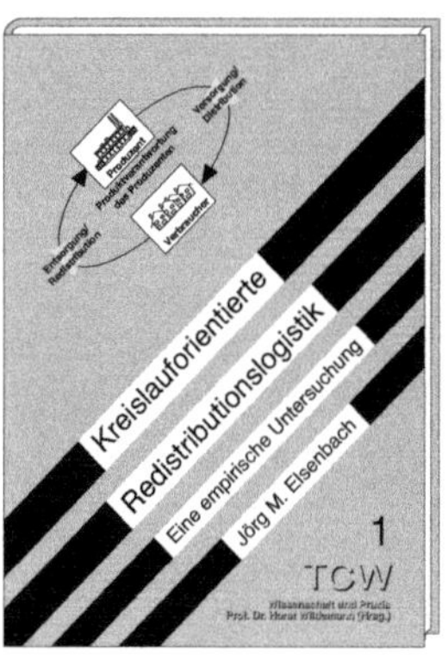

Jörg M. Elsenbach
Kreislauforientierte Redistributionslogistik
München 1999
ISBN 978-3-931511-82-1
EUR 85,-
zzgl. Versandkosten

Mit Inkrafttreten des Kreislaufwirtschafts- und Abfallgesetzes wird den Unternehmen, die Produkte entwickeln, herstellen, be- und verarbeiten oder vertreiben, eine erweiterte Produktverantwortung übertragen. Somit stellt sich aus der betriebswirtschaftlichen Perspektive die Frage, welche Ziele, Strategien, Prozesse und organisatorischen Strukturen sich zur Schließung von Stoffkreisläufen als effizient erweisen. Die Ergebnisse der Untersuchung schlagen sich in Handlungsempfehlungen zur Implementierung einer kreislauforientierten Redistributionslogistik nieder.

Bücher

67 Krisenvermeidung

Bewertungsmodell und Methodenbaukasten zur Nutzung verborgener Ressourcen

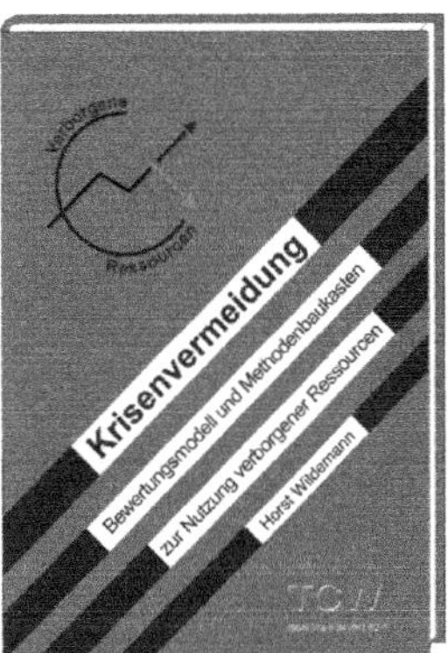

IHorst Wildemann
Krisenvermeidung
München 2013
ISBN 978-3-941967-52-6
EUR 179,-
zzgl. Versandkosten

Ausgangssituation vieler Unternehmensinsolvenzen ist eine Krisensituation, die in ihrer stärksten Ausprägung für das Unternehmen existenzgefährdend ist. Notwendige Kredite für die Restrukturierung werden jedoch oftmals nur unter verschärften Bedingungen gewährt. Unter diesen Gesichtspunkten wird den verborgenen Ressourcen im Unternehmen eine Schlüsselrolle bei der Krisenbewältigung beigemessen. Das Konzept zur standardisierten Bewertung der verborgenen Ressourcen bietet dem Management unternehmensinterne und -externe Vergleichsmöglichkeiten. Mit einer webbasierten Selbstbewertung lassen sich die verborgenen Ressourcen eines Unternehmens systematisch identifizieren. Hierzu wurde auf Grundlage der vorliegenden Arbeit ein IT-Tool zur Messung und Bewertung immaterieller Vermögenswerte erarbeitet.

68 Kultureller Wandel

Instrumente zur Implementierung des Kulturellen Wandels von Unternehmen

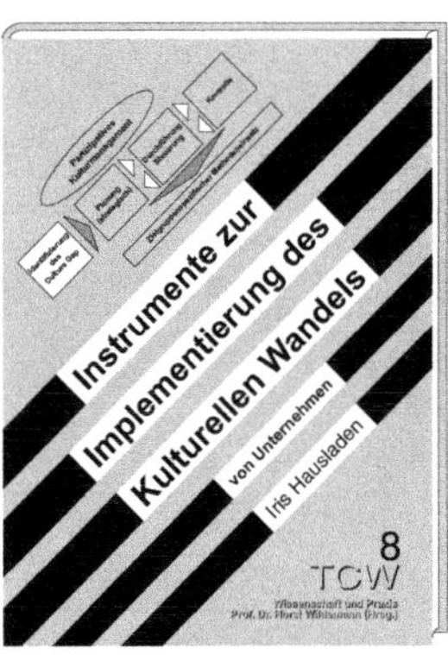

Iris Hausladen
Kultureller Wandel
München 2001
ISBN 978-3-934155-64-0
EUR 85,-
zzgl. Versandkosten

Die Autorin zeigt Wege zur Implementierung des Kulturellen Wandels von Unternehmen auf, die sich in praxisorientierten Handlungsempfehlungen niederschlagen. Innovative Instrumente der Personal- und Führungskräfteentwicklung werden im Hinblick auf ihre Veränderungsbeiträge zum Kulturellen Wandel sowie ihre Zielgruppeneignung detailliert untersucht. Ein partizipativer, evolutorischer Kulturmanagementansatz mit den Phasen Planung, Durchführung, Steuerung und Kontrolle bildet den konzeptionellen Rahmen der Arbeit.

Bücher

69 Kundenbindung

Kundenbindungsorientierte Logistikgestaltung in der Automobilzulieferindustrie – Eine empirische Analyse

Hendrik Lück
Kundenbindung
München 2007
ISBN 978-3-937236-74-2
EUR 85,-
zzgl. Versandkosten

Starker Wachstumsdruck und Marktkonsolidierung in der Automobilzulieferindustrie zwingen die Marktteilnehmer, sich durch entsprechende strategische Ausrichtung im Wettbewerbsumfeld zu positionieren und im Konzentrationsprozess nicht die Unabhängigkeit zu verlieren. Der Aufbau langfristiger und profitabler Lieferbeziehungen stellt eine strategische Antwort auf den Konkurrenzdruck und den Verdrängungswettbewerb dar. Einen wesentlichen Erfolgsfaktor für die Kundenbindung in der Automobilzulieferindustrie stellt die Logistik mit ihrem hohen Differenzierungspotenzial und ihrem Beitrag zum Kundennutzen dar. Auf Basis einer umfangreichen empirischen Untersuchung werden logistische Beziehungstypen identifiziert und konkrete, typenspezifische Handlungsempfehlungen abgeleitet.

70 Kundenintegration

Kundenintegration in die Produktentwicklung

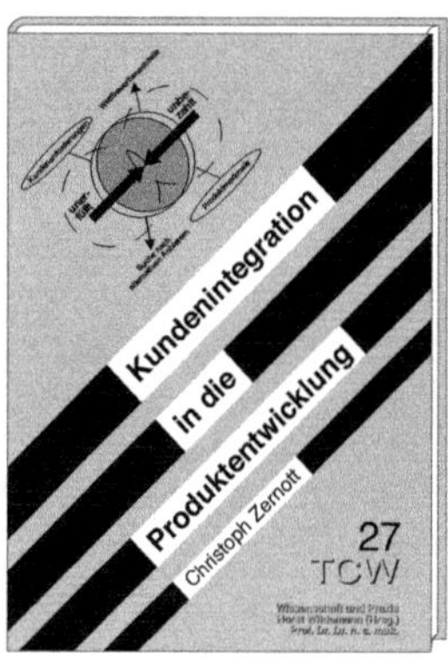

Christoph Zernott
Kundenintegration
München 2004
ISBN 978-3-937236-11-7
EUR 85,-
zzgl. Versandkosten

Eine 100%ige technische Produktqualität ist kein Garant für einen nachhaltigen und wirtschaftlichen Erfolg von Produkten. Der Einsatz eines methodengestützten „intelligenten Übersetzers" zur Einbindung der unter Innnovationsgesichtspunkten wertvollen Kunden in den Entwicklungsprozess und die Erschließung ihres Anwender Know-hows bieten erhebliche Potenziale zur Steigerung des Markterfolges von Neuprodukten. Das Buch liefert Gestaltungsempfehlungen für die wertanalytische Kundenauswahl, sowie die Übersetzung von Kundenanforderungen mittels erprobter Methoden.

71 Produktivitätssteigerung

Empirisch-konzeptionelle Analyse und Gestaltungsempfehlung

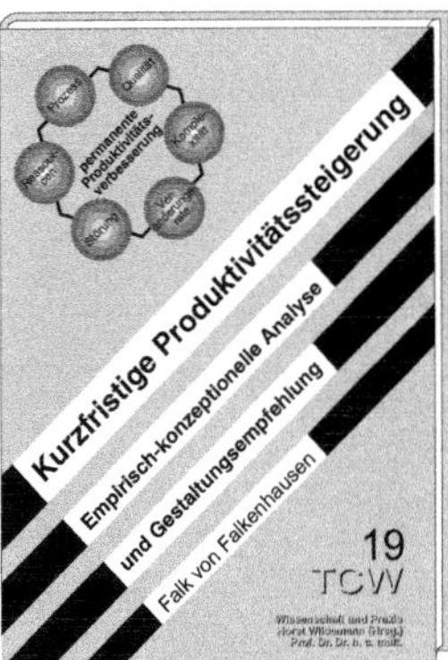

Falk von Falkenhausen
Kurzfristige Produktivitäts-steigerung
München 2003
ISBN 978-3-934155-82-4
EUR 85,-
zzgl. Versandkosten

Kurzfristige und dauerhafte Kosten- und Leistungsverbesserungen sind entscheidend für die Wettbewerbsfähigkeit von Industrieunternehmen. In diesem Buch werden theoretisch fundierte und empirisch verifizierte Handlungsempfehlungen für ein ganzheitliches Produktivitätsmanagement vorgeschlagen. Enthalten sind Erfolgsmuster, Basisstrategien und Vorgehensmodelle zur Einführung und Institutionalisierung von Programmen zur Produktivitätsverbesserung. Verbesserungsprogramme zur Steigerung der Unternehmensperformance sind Inhalt dieses Buches.

72 Lean und gesund?

Erfolgsfaktoren für profitables Wachstum

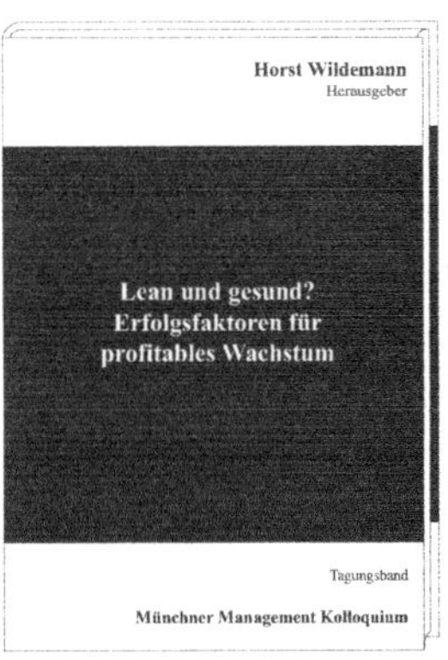

Horst Wildemann (Hrsg.)
Lean und gesund?
MMK Tagungsband
München 2008
ISBN 978-3-937236-80-3
EUR 179,-
zzgl. Versandkosten

Über zwei Jahrzehnte dominierte das Postulat unternehmerischen Wachstums die Diskussion in Wissenschaft und Praxis. Erst in diesem Jahrzehnt wuchs die Einsicht, dass dieses Wachstum ohne Profitabilität nicht gesund ist. In Zeiten gesamtwirtschaftlicher Stagnation konzentrierten sich die Unternehmen auf Cost Cutting, Reduktion der Produktkomplexität und schlanke Produktionsstrukturen. Doch der neuerliche Aufschwung zeigt, dass ein optimales Schlankheitsniveau zu identifizieren ist, um die Zukunftspotenziale des Unternehmens nicht zu begrenzen. Grundlegend ist daher die Einsicht, dass es für Unternehmen nicht ausreicht, lean zu sein, also über äußerst schlanke und effiziente Prozesse zu verfügen, sondern auch gesund aufgestellt zu sein, um Zukunftspotenziale aufzubauen und Märkte nachhaltig und effektiv bedienen zu können.

Bücher

73 Lebensläufe

Lebensläufe – erzählt zu besonderen Anlässen

Horst Wildemann
Lebensläufe
München 2011
ISBN 978-3-937236-87-2
EUR 198,-
zzgl. Versandkosten

Das Buch „Lebensläufe - erzählt zu besonderen Anlässen" beleuchtet die Vitae von namhaften Personen aus Wissenschaft und Praxis und verrät mehr über den Menschen hinter dem Namen - über seine Persönlichkeit. Eine Persönlichkeit beginnt dort, wo Persönliches durchscheint und Durchscheinen heißt, es gibt ein Innen und Außen. Je mehr man von innen sichtbar macht, desto mehr wird von der Persönlichkeit erkennbar. Die geehrten Personen zeigen, dass nur Veränderung Bestand hat und die innere Haltung, mit der man ein Ziel anstrebt, wesentlicher ist als das relative Ergebnis. Die Feierlichkeiten, zu deren Anlass die in diesem Buch erzählten Lebensläufe vorgetragen wurden, sind vielfältig und abwechslungsreich.

74 Produktstrukturmanagement

Eine theoretische und empirische Untersuchung

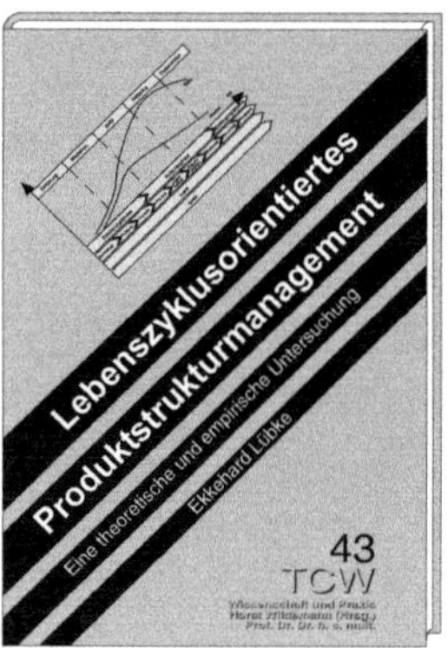

Ekkehard Lübke
Lebenszyklusorientiertes Produktstrukturmanagement
München 2007
ISBN 978-3-937236-65-0
EUR 85,-
zzgl. Versandkosten

Die Komplexität der Aufgabenstellung in der Produktentwicklung steigt, da die in der frühen Phase des Produktentwicklungsprozesses gelegten Weichenstellungen maßgeblich für den gesamten Produktlebenszyklus sind. In einem kurzen Zeitabschnitt werden Entscheidungen über Rahmenparameter getroffen, die den Freiheitsgrad und die Effizienz des gesamten Produktlebenszyklus determinieren. Innerhalb des Buchs wird ein ganzheitliches Methodenkonzept entwickelt, das eine Berücksichtigung der Aspekte des Produktmarktzyklus sowie des Produktlebenswegs in der frühen Phase der Produktentwicklung ermöglicht.

Bücher

75 Leistungstiefenentscheidung

Leistungstiefenentscheidung und -gestaltung bei KMU der Werkzeug- und Schneidwarenindustrie

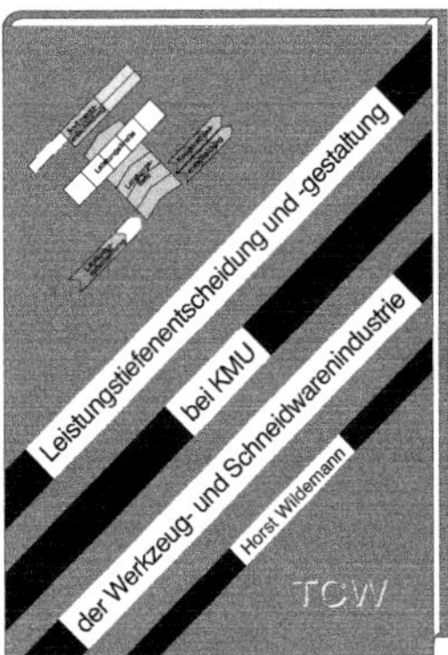

Horst Wildemann
Leistungstiefenentscheidung
München 2005
ISBN 978-3-937236-30-8
EUR 179,-
zzgl. Versandkosten

Die KMU der Werkzeug- und Schneidwarenindustrie sehen sich zunehmenden Marktanforderungen ausgesetzt. Das Buch beschreibt ein praxisbezogenes Referenzmodell zur ganzheitlichen Analyse, Bewertung und Gestaltung der Leistungstiefe der Unternehmung. Ausgehend von einer Markt- und Positionierungsanalyse, über eine Technologieanalyse und -planung, einer Fremdbezugsanalyse unter Integration der Transaktionskostenanalyse zu einer effizienten Schnittstellengestaltung wird eine Vorgehensweise erläutert, die für das Management Handlungsleitlinien bietet.

76 Lieferanteninsolvenzrisiken

Frühaufklärung von Lieferanteninsolvenzrisiken – Eine theoretische und empirische Analyse

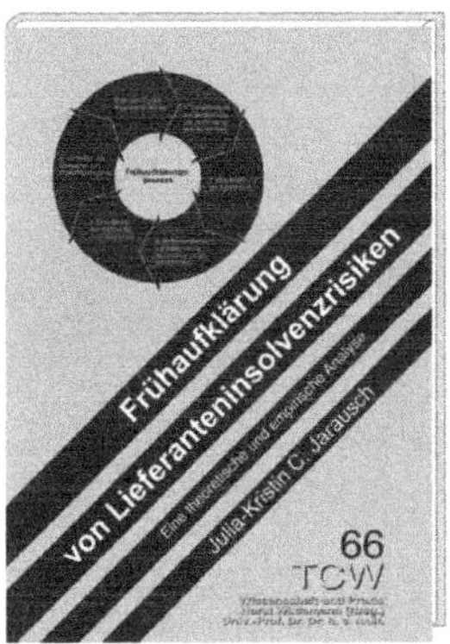

Julia-Kristin C. Jarausch
Lieferanteninsolvenzrisiken
München 2011
ISBN 978-3-941967-30-4
EUR 85,-
zzgl. Versandkosten

Die ökonomischen Entwicklungen der letzten Jahre verstärken die Abhängigkeiten der Unternehmen von ihren Lieferanten und das Risiko mit einer Lieferanteninsolvenz konfrontiert zu werden steigt für den Abnehmer deutlich. In Anbetracht der hohen Bedeutung von Abnehmer-Lieferanten-Beziehungen für den Unternehmenserfolg, sind risikobehaftete Entwicklungen frühzeitig zu identifizieren. Ein Frühaufklärungssystem leistet einen wesentlichen Beitrag zur Schaffung dieser Transparenz. Herausforderungen im Unternehmensalltag basieren auf der Frage, wie Unternehmen eine Frühaufklärung von Lieferanteninsolvenzrisiken für das bestehende Lieferantenportfolio effektiv und effizient gestalten und die Insolvenzgefährdung eines potenziellen Lieferanten beurteilen können.

77 Logistics Service Providers

Management of Logistics Service Providers – A Situational Approach

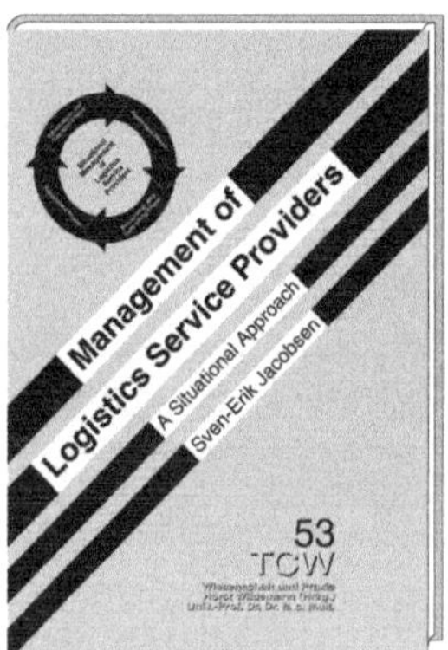

Sven-Erik Jacobsen
Logistics Service Providers
München 2008
ISBN 978-3-937236-79-7
EUR 85,-
zzgl. Versandkosten

Companies increasingly outsource non-core activities to specialist suppliers and service providers firms. This is especially true for logistics functions. This book centres on the development of a situational approach to the management of logistics service providers throughout a logistics cooperation life cycle. On the basis of case studies the practical relevance of the resulting procedure and design recommandations is challenged. The book is intended for academics and practitioners.

78 Logistik Prozess-Management

Logistik Prozess-Management

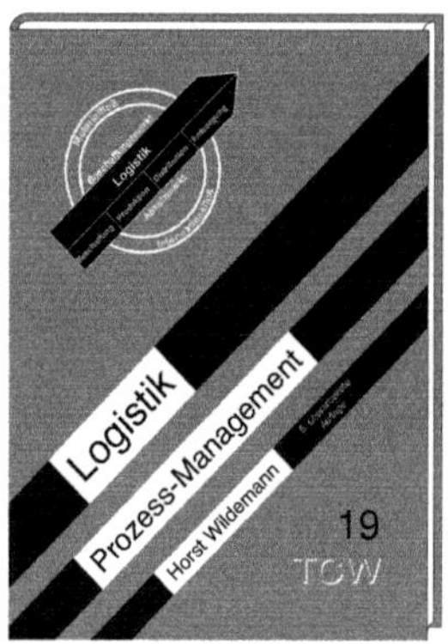

Horst Wildemann
Logistik Prozess-Management
München 2009
ISBN 978-3-934155-61-9
EUR 98,-
zzgl. Versandkosten

Nach mehr als 25-jähriger Auseinandersetzung mit logistischen Fragestellungen fasst Wildemann die Gedanken zu einer praxiserprobten Managementkonzeption zusammen. Ausgehend von der Porterschen Wertschöpfungskette werden Ziele, Strategien sowie weitere Gestaltungsparameter logistischer Systeme der Beschaffung, Produktion, Distribution und Entsorgung theoretisch fundiert, analysiert und bewertet. Ferner werden robuste Methoden zur Rationalisierung diskutiert, die in den Unternehmen erfolgreich angewandt wurden.

79 Logistikpotenzialbewertung

Logistikpotenzialbewertung in Wertschöpfungsnetzwerken – Eine theoretische und empirische Untersuchung

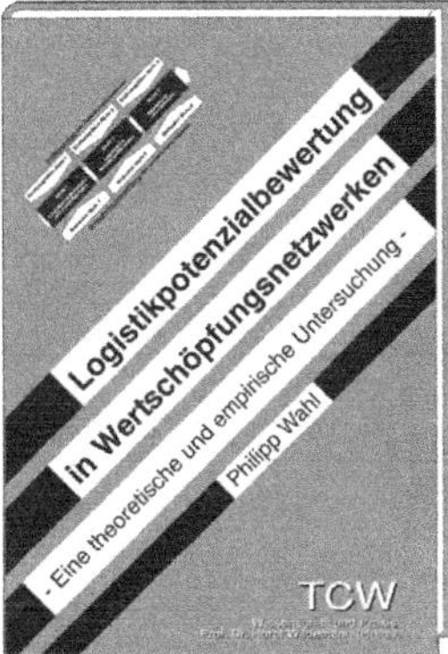

Philipp Wahl
Logistikpotenzialbewertung
München 2008
ISBN 978-3-937236-77-3
EUR 85,-
zzgl. Versandkosten

Es gibt bisher keine ganzheitlichen Ansätze im Rahmen des Supply Chain Managements, die es möglich machen, die Wirkungszusammenhänge unternehmensübergreifender Logistikstrategien und -konzepte in Logistiknetzwerken zu erfassen. Als Lösungsansatz erarbeitet der Autor eine methodisch gestützte Vorgehensweise, die dem Anspruch genügt, einen Beitrag zur Steigerung der Leistungsfähigkeit von Supply Chains zu leisten und als Fundament für weiterführende Vorteilsausgleichsmodelle in Supply Chains zu dienen.

80 Management am Puls der Zeit

Strategien, Konzepte und Methoden

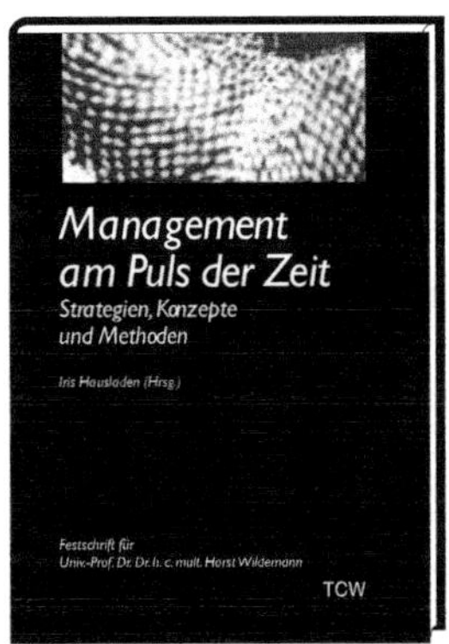

Iris Hausladen (Hrsg.)
Management am Puls der Zeit
München 2007
ISBN 978-3-937236-62-9
EUR 198,-
zzgl. Versandkosten

Die Beiträge dieser Festschrift orientieren sich am Spektrum der von Horst Wildemann bearbeiteten Forschungs- und Praxisthemen. Innovative Unternehmen, die am Puls der Zeit agieren und am besten dieser immer einen Schritt voraus sind, werden nicht nur heute, sondern auch in Zukunft die Sieger im Wettbewerb sein. Um diese Position zu erreichen und langfristig zu sichern, ist es erforderlich, Vorsprünge sowohl in der Unternehmensführung als auch in der operativen Umsetzung, wie z.B. in der Produktion und der Logistik, zu realisieren. In den beiden Buchbänden werden Problemstellungen des Managements sowie Lösungsansätze aus diversen Perspektiven vorgestellt und diskutiert.

Bücher

81 Distributionslogistik

Marketingorientierte Distributionslogistik
Leitlinien – Methoden –
betriebswirtschaftliche Wirkungen

Holger Koschorz
Marketingorientierte Distributionslogistik
München 2001
ISBN 978-3-934155-69-5
EUR 85,-
zzgl. Versandkosten

Aktuelle Entwicklungstrends wie die globale Unternehmenskonzentration oder die Individualisierung des Konsumentenverhaltens veranlassen die in den Konsumgütermärkten agierenden Unternehmen, Lösungsansätze zur attraktivieren Gestaltung ihrer Leistungen zu suchen. Um auch in Zukunft bestehen zu können, werden Ansätze, Konzepte und Methoden aus betriebswirtschaftlicher Perspektive dargelegt. Diese Arbeit bietet ein umfassendes praxiserprobtes Gesamtkonzept an, indem die für die Potenzialerschließung relevanten synergetischen Wechselwirkungen zwischen den Konzeptbestandteilen analysiert und ihre Auswirkungen auf die Versorgungsprozesse bewertet werden.

82 Marktführerschaft

Reorganisation und Innovation

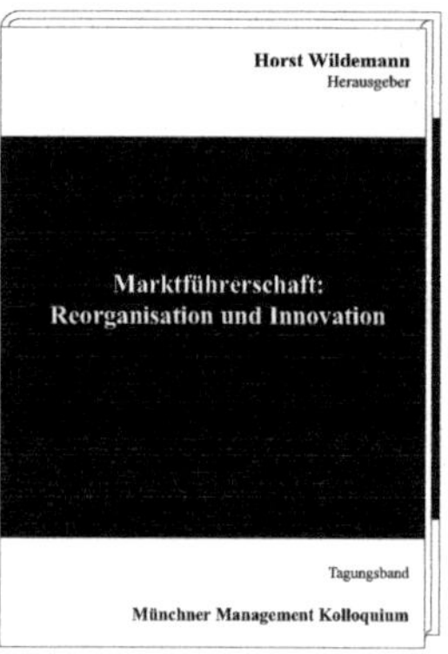

Horst Wildemann (Hrsg.)
Marktführerschaft
MMK Tagungsband
München 1997
ISBN 978-3-931511-15-9
EUR 145,-
zzgl. Versandkosten

Aus dem Inhalt:
- Innovation
- Unternehmenskooperation
- Qualitätsmanagement
- Innovatives Vertriebsmanagement
- Globalisierung
- Konzentration auf Kernkompetenzen
- Kundenpartnerschaft
- Mitarbeiterorientierung

Bücher

83 Mergers & Acquisitions

Synergierealisierung bei horizontalen Unternehmenszusammenschlüssen

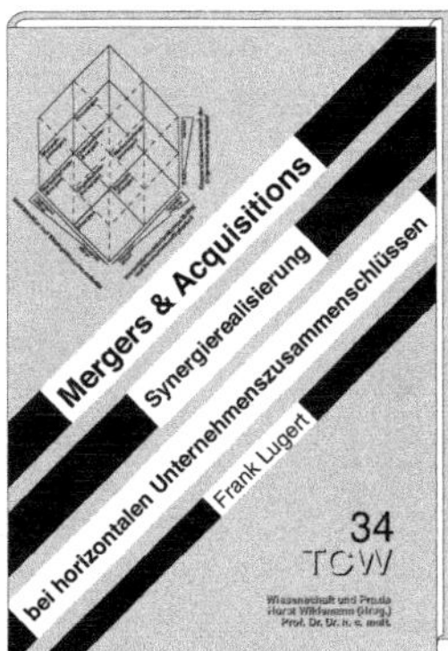

Frank Lugert
Mergers & Acquisitions
München 2005
ISBN 978-3-937236-29-2
EUR 85,-
zzgl. Versandkosten

Um den Markt- und Wettbewerbsentwicklungen zu begegnen und Unternehmenswachstum zu schaffen sind Mergers & Acquisitions ein relevantes Instrumentarium des strategischen Managements. Der Relevanz von Unternehmenszusammenschlüssen steht nach umfangreichen Ursachenanalysen eine hohe Misserfolgsquote gegenüber. Als Hauptproblematik wurde das defizitäre Management der Integration von zusammengeschlossenen Unternehmen erkannt. Die Frage, wie bei spezifischen Unternehmenstransaktionen eine umfassende Synergierealisierung und damit der Erfolg von Mergers & Acquisitions sichergestellt werden kann, wird hier beantwortet.

84 Lieferantenmanagement

Modellanalyse von Lieferantenbeziehungen in Anlaufprozessen

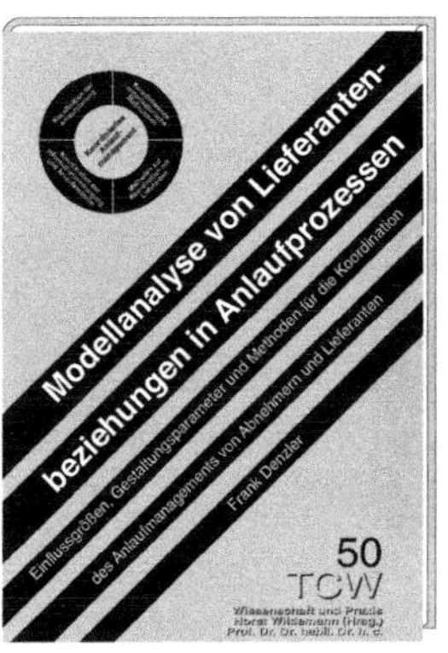

Frank Denzler
Modellanalyse von Lieferantenbeziehungen
München 2007
ISBN 978-3-937236-75-9
EUR 85,-
zzgl. Versandkosten

Im Management des Serienanlaufs gewinnen mit sinkenden Leistungstiefen Lieferanten zunehmend an Bedeutung. Schlüssel zum Erfolg ist eine ganzheitliche Gestaltung der Anlaufprozesse in der Wertschöpfungskette. Zielsetzung der Untersuchung ist die Erarbeitung von differenzierten Gestaltungsempfehlungen für eine zielgerichtete Zusammenarbeit mit Lieferanten in der Anlaufphase. Auf Grundlage der empirischen Ergebnisse werden spezifische Handlungsempfehlungen für die Koordination von Planungs- und Kontrollaspekten in der Anlaufphase, für die organisatorische und informatorische Einbindung von Lieferanten in Anlaufprozesse sowie für den Methodeneinsatz formuliert.

85 Moderne Produktionskonzepte

Moderne Produktionskonzepte für Güter- und Dienstleistungsproduktion

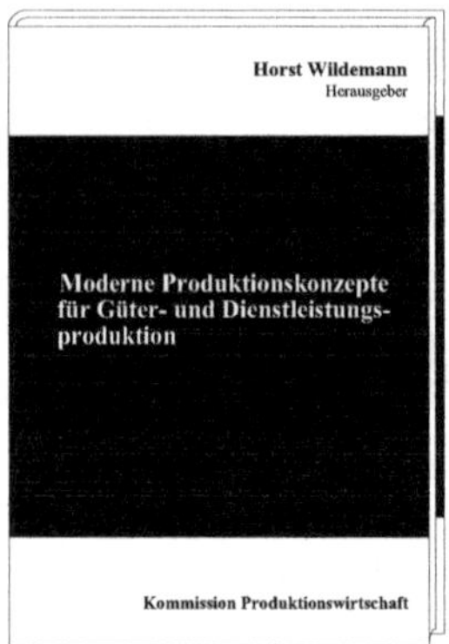

Horst Wildemann (Hrsg.)
Moderne Produktionskonzepte
München 2003
ISBN 978-3-934155-83-1
EUR 115,-
zzgl. Versandkosten

Aus dem Inhalt:

- Marktorientierte Produktionskonzepte
- Web-basierte Wertschöpfungskoordinaten
- Betreibermodelle
- Ressourcenplanung und -steuerung
- Logistikoptimierung
- Produktionsfunktionen für Dienstleistungen

86 Modularisierung

Modularisierung der Produktion in der Automobilindustrie

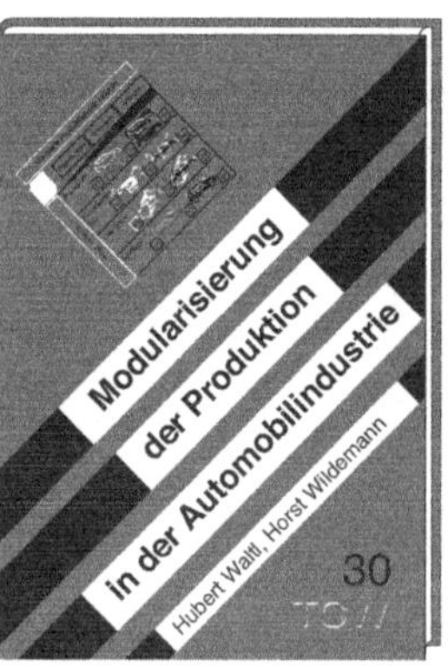

Hubert Waltl, Horst Wildemann
Modularisierung der Produktion
in der Automobilindustrie
München 2014
ISBN 978-3-941967-48-9
EUR 198,-
zzgl. Versandkosten

Die Modularisierung von Fahrzeugen ermöglicht den Herstellern, eine hohe Produktvielfalt bei gleichzeitig geringer Varianz der einzelnen Module global anzubieten. Diese Idee wurde auf die Produktion übertragen und weiterentwickelt. Modulare Produktionsstrukturen ermöglichen unter anderem

- eine hohe Produktvielfalt in Mehrmarken- und Multiproduktfabriken effizient und flexibel zu erzeugen,
- den Planungs- und Konstruktionsaufwand zu verringern,
- das Investitionsvolumen in Anlagen und Werkzeugen stark zu reduzieren,

Die in diesem Buch entwickelte Konzeption einer modularen Produktion ermöglicht es, bestehende Produktionsstrukturen und Produktionssysteme zu transformieren und Fabriken nach Best Practice zu realisieren.

87 Modularisierung im Hausbau

Konzept, Marktpotenziale, Wirtschaftlichkeit
Studie

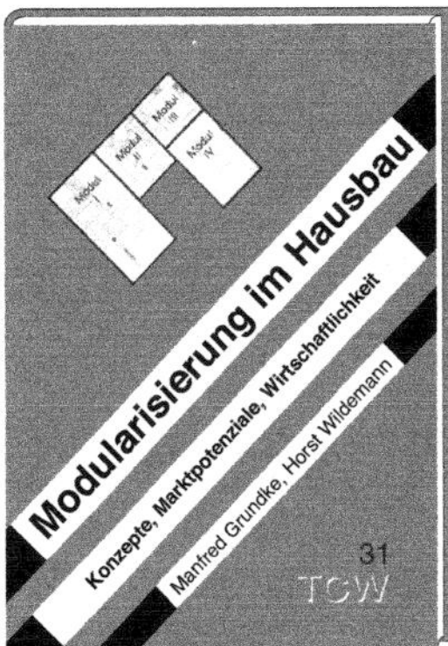

Manfred Grundke, Horst Wildemann
Modularisierung im Hausbau
München 2015
ISBN 978-3-941967-69-4
EUR 198,-
zzgl. Versandkosten

Das Konzept der Modularisierung wird auf das Produkt, die Produktion, die Baustelle und den Service im Hausbau angewendet. Mit der Nutzung vorgefertigter Raummodule zum Aufbau der Gebäude sind Vorteile wie ein reduzierter Planungs- und Konstruktionsaufwand, Einsparungen im Einkauf und in der Logistik sowie verbesserte Anlaufzeiten und eine Optimierung der Skalierbarkeit der Produkte zu erkennen. Die Kosteneffizienzvorteile, die durch eine industrielle Vorfertigung geschaffen werden, ermöglichen das Angebot von günstigem Wohnraum, bei dem weniger als die Hälfte der Produktionskosten anfällt. Der modulare Hausbau punktet besonders bei der Qualitätssicherung in der Produktion und auf der Baustelle. Als Ergebnis entsteht ein kostengünstiges, schnell verfügbares, individuelles Haus mit hoher Qualität.

88 Nationaler Qualitätsexporteur

Vom nationalen Qualitätsexporteur zum globalen Unternehmen

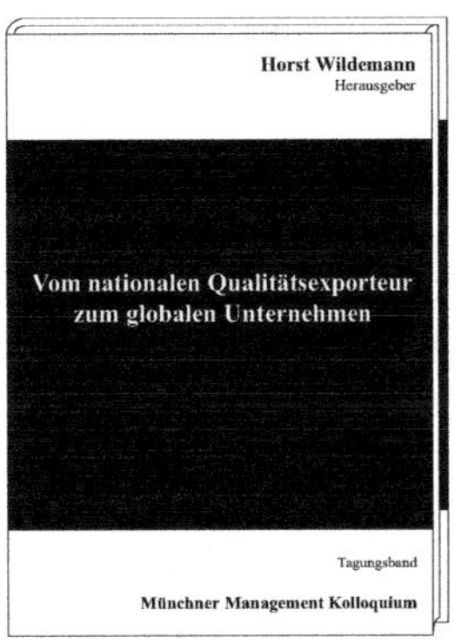

Horst Wildemann
Nationaler Qualitätsexporteur
MMK Tagungsband
München 1999
ISBN 978-3-931511-85-2
EUR 145,-
zzgl. Versandkosten

Aus dem Inhalt:
- Anreizorientierte Unternehmungsführung
- Verteilte Wertgestaltung von Produkten
- Diagnose- und Frühwarnsysteme
- Supply Chain Management
- Profitables IT-Management
- Vernetzte Unternehmen
- Wissensmanagement
- Asset-Management
- Service Engineering

89 Neue Montagekonzepte

Neue Montagekonzepte in der Kleinserienmontage komplexer Produkte

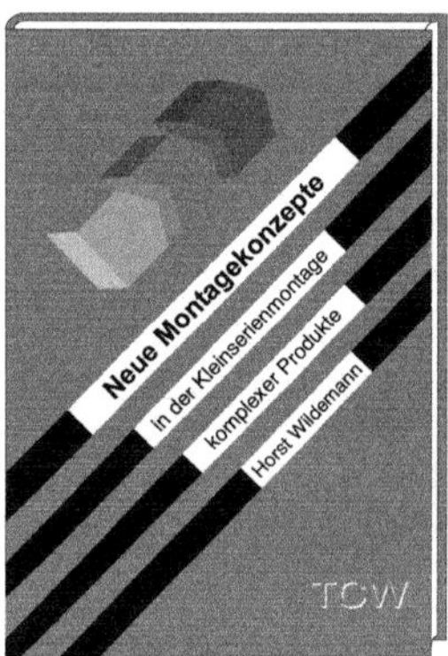

Horst Wildemann
Neue Montagekonzepte
München 2011
ISBN 978-3-941967-14-4
EUR 179,-
zzgl. Versandkosten

Inhalt der Studie ist ein Vorgehen zur Konfiguration der Kleinserienmontage komplexer Produkte. Es wird eine Vorgehensweise dargelegt, welche sowohl die Produkt- als auch die Montagegestaltung berücksichtigt. In Abhängigkeit von Einflussgrößen, wie beispielsweise der Losgröße, werden Gestaltungsempfehlungen gegeben, die dazu beitragen die relevanten Montagekennzahlen zu verbessern. Die Erfolgsbewertung erfolgt auf Basis von Kosten-, Zeit-, Flexibilitäts- und Qualitätskennzahlen. Die Ergebnisse wurden in einem parametrisierten IT-Tool zur Unterstützung der Unternehmen umgesetzt.

90 Nutzfahrzeugreifen

Ökologische und ökonomische Wirkungen von Reifenverordnungen in Europa und Südamerika

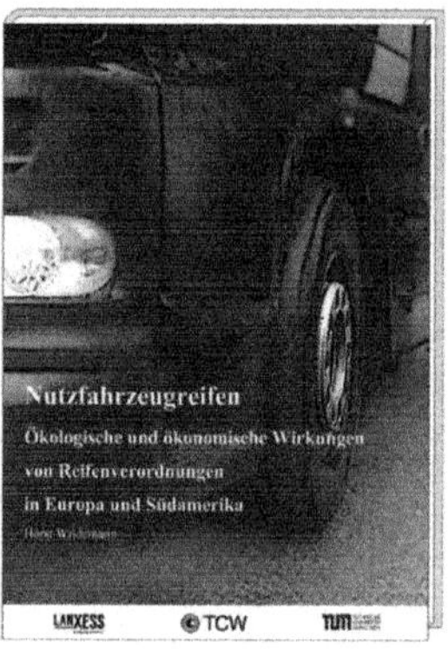

Horst Wildemann
Nutzfahrzeugreifen
München 2011
ISBN 978-3-941967-34-2
EUR 98,-
zzgl. Versandkosten

Neue EU-Verordnungen für Reifen stärken die Bedürfnisse umweltbewusster und kostenorientierter Spediteure. Durch den Einsatz rollwiderstandsarmer Reifen kann beispielsweise ein Spediteur mit 50 Nfz. mit einer jeweiligen durchschnittlichen jährlichen Laufleistung von 200.000 km Einsparungen von über 800.000 € jährlich realisieren. Zu den ökonomischen Gesichtspunkten kommen ökologische Aspekte. So sind in der angenommenen Situation jährliche Emissionsreduzierungen von ca. 1,6 Tonnen CO_2 und bis zu 10.000 g Feinstaub erreichbar. Die Bestimmung der individuellen Kosten- und CO_2-Ersparnisse durch rollwiderstandsoptimierte Reifen, lassen sich durch einen Spritsparrechner für jeden Spediteur auswerten und graphisch darstellen.

91 Online-Auktionen

Gestaltung von Online-Auktionen im Einkauf – Eine theoretische und empirische Untersuchung

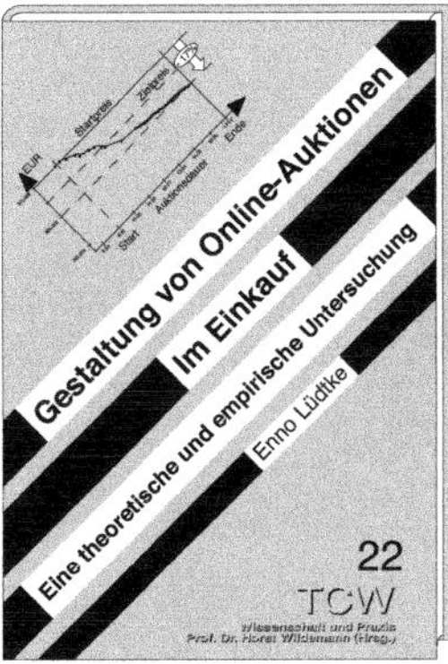

Enno Lüdtke
Online-Auktionen
München 2003
ISBN 978-3-937236-00-1
EUR 85,-
zzgl. Versandkosten

Online-Auktionen im Einkauf können die Materialkosten signifikant senken. Eine pauschale und unsystematische Gestaltung einer Online- Auktion verhindert jedoch die Realisierung möglicher Preissenkungspotenziale und wirkt sich negativ auf die Abnehmer-Lieferanten-Beziehungen und das Supply Chain Management aus. Daher besteht auf Seiten der Abnehmer und der Lieferanten große Unsicherheit, wie eine Online-Auktion für eine spezifische Beschaffungssituation auszusehen hat. Wie Online-Auktionen systematisch gestaltet werden können, zeigt dieses Buch.

92 Operational Due Diligence

Eine theoretische und empirische Modellanalyse

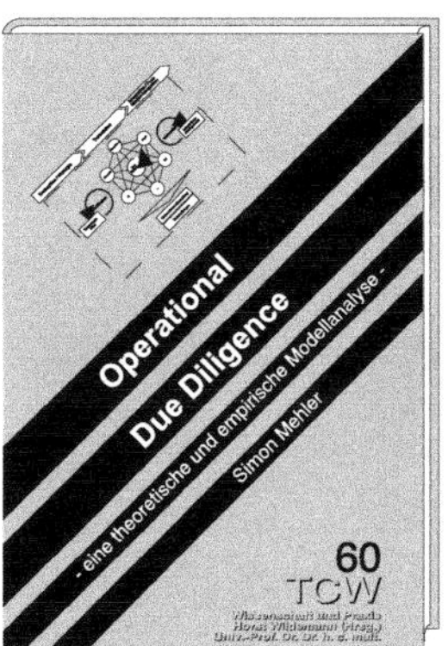

Simon Mehler
Operational Due Diligence
München 2010
ISBN 978-3-941967-02-1
EUR 85,-
zzgl. Versandkosten

Mergers & Acquisitions stellen für viele Unternehmen ein probates Mittel zur strategischen Zielerreichung dar. Jedoch zeigt sich bei der Betrachtung von Unternehmenszusammenschlüssen eine ernüchternde Erfolgsbilanz. Als ein Hauptgrund für das mäßige Abschneiden von vielen Transaktionen wurde die unzureichende Prüfung im Rahmen der Due Diligence identifiziert. Die Untersuchungen sollten über die Betrachtung finanzieller Kennzahlen hinausgehen und operative Bereiche inkludieren. Zur Lösung des Problems entwickelt der Autor ein Referenzmodell mit Empfehlungen zur untersuchungstypspezifischen Ausgestaltung der Operational Due Diligence.

93 Optimierung v. Entwicklungszeiten

Just-In-Time in Forschung & Entwicklung und Konstruktion

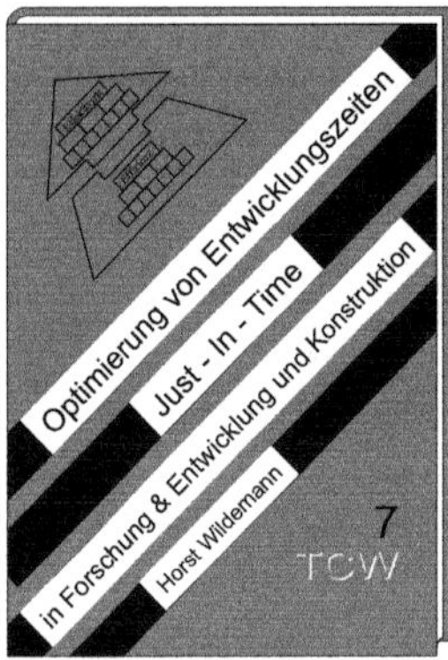

Horst Wildemann
Optimierung von Entwicklungszeiten
München 1993
ISBN 978-3-929918-01-4
EUR 95,-
zzgl. Versandkosten

Wildemann behandelt neue Formen der Projekt- und Unternehmensorganisation, Ablaufkonzepte wie Simultaneous Engineering, Methoden der präventiven Qualitätssicherung in der Softwareentwicklung, Vorgehensweisen für fertigungs- und logistikgerechte Konstruktion, Ansätze der Prozesskostenrechnung in F&E, Varianten- und Änderungsmanagement, Methoden zur Auswahl strategisch wichtiger F&E-Projekte, ob die F&E-Kapazitäten auf die richtigen Projekte konzentriert sind und die Belange aller am F&E-Prozess beteiligten Bereiche berücksichtigt wurden.

94 ERP-Systemeinführung

Organisatorische Gestaltung der ERP-Systemeinführung –Eine theoretische und empirische Analyse

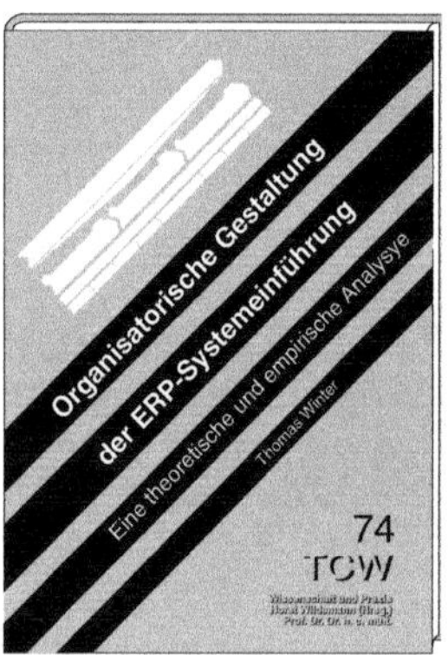

Thomas Winter
Organisatorische Gestaltung der ERP-Systemeinführung
München 2013
ISBN 978-3-941967-60-1
EUR 85,-
zzgl. Versandkosten

Aus dem Inhalt:

- Synchroner Aufbau von organisatorischen Regelungen, Prozessstrukturen und deren Unterstützung durch ERP-Systeme
- Ganzheitlicher Ansatz für die Verknüpfung der ERP-Systemeinführung mit einer umfassenden Erneuerung der betrieblichen Strukturen
- Typologisierung von Ausgangssituationen, Veränderungslücken und angestrebtem Zielzustand der Unternehmen im Kontext der ERP-Systemeinführung
- Organisatoricher Gestaltungsprozess zur Beschreibung des Transformationsprozesses vor, während und nach der ERP-Systemeinführung
- Handlungsempfehlungen für Ausprägungsformen und Methodeneinsatz zur Optimierung des organisatorischen Gestaltungsprozesses der ERP-Systemeinführung.

95 Plagiatschutz

Handlungsspielräume der produzierenden Industrie gegen Produktpiraterie

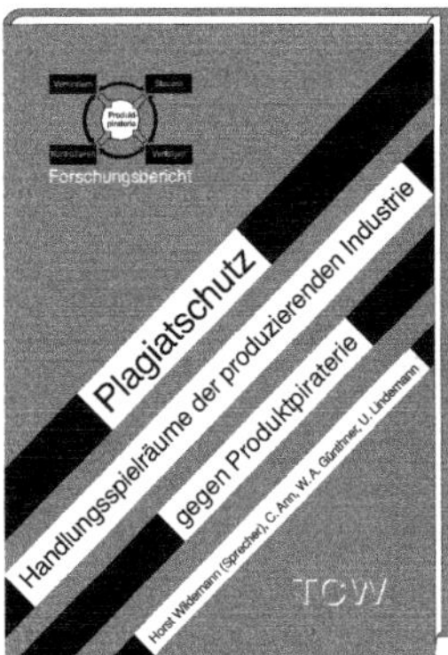

Horst Wildemann
Plagiatschutz
München 2007
ISBN 978-3-937236-63-6
EUR 179,-
zzgl. Versandkosten

Produktpiraterie bedroht Absatz und Wettbewerbsfähigkeit der Unternehmen. Die Studie beleuchtet die Problematik aus fünf unterschiedlichen Disziplinen und wendet sich gleichermaßen an Praktiker und Wissenschaftler. Sie gibt eine umfassende Übersicht über aktuelle Ansätze und Methoden im Kampf gegen Produktpiraterie und zeigt mögliche Handlungs- und Forschungsfelder der Disziplinen Informationstechnologie, Produktentwicklung, Logistik, Recht und Betriebwirtschaft auf.

96 Geschäftsprozessinnovationen

Planung von Geschäftsprozessinnovationen

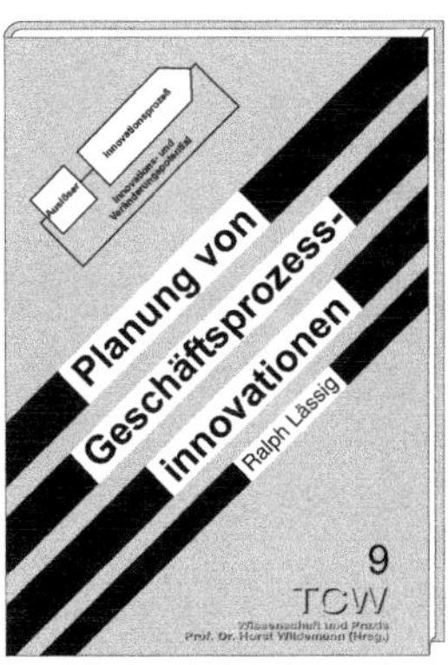

Ralph Lässig
Planung von Geschäftsprozess-innovationen
München 2002
ISBN 978-3-934155-67-1
EUR 85,-
zzgl. Versandkosten

Als Folge des sich verschärfenden, globalen Wettbewerbs sind Unternehmen gezwungen, sich verstärkt Innovationen in ihren Geschäftsprozessen zuzuwenden. Mit der Realisierung von Geschäftsprozessinnovationen werden die Voraussetzungen zur Erschließung neuer Differenzierungspotenziale geschaffen. Welche Gestaltungselemente bei der Planung von Geschäftsprozessinnovationen zu betrachten sind und welches die entscheidenden Stellhebel zur Erhöhung des Innovationserfolgs sind, wird hier aus betriebswirtschaftlicher Sicht dargelegt. Die Ergebnisse der Untersuchung sind konkrete Handlungsempfehlungen für den unternehmerischen Managementprozess.

Bücher

97 PPS-Reorganisation

Sanierung oder Ablösung – Empirische Analyse, Erfolgsbeurteilung, Normstrategien

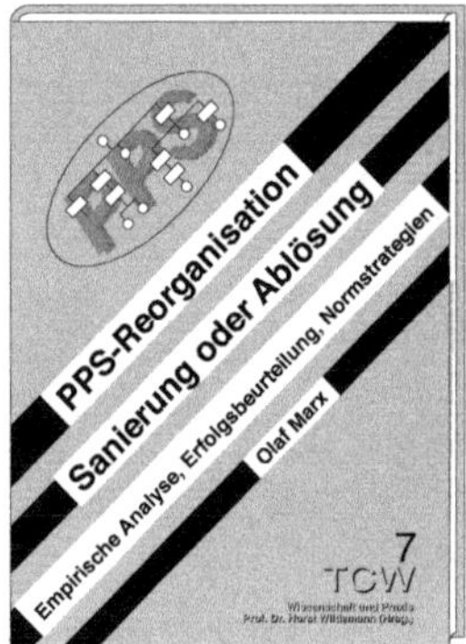

Olaf Marx
PPS-Reorganisation
München 2001
ISBN 978-3-934155-62-6
EUR 85,-
zzgl. Versandkosten

Durch den Aufbau eines praxisrelevanten Diagnosemodells werden systematische Entwicklungs- und Anpassungspfade der PPS aufgezeigt. Der Einsatz der Portfoliotechnik ermöglicht die einfache und transparente Entscheidungsfindung. Für die abgeleiteten Normstrategien werden geeignete Gestaltungsfelder und der optimale Veränderungsprozess beschrieben. Die sich anschließende Wirkungsanalyse auf der Basis von Effektivität und Effizienz bildet die wirtschaftliche Beurteilungsbasis für die Handlungsoptionen. Damit wird ein in sich geschlossenes Gesamtkonzept entwickelt.

98 Produkte & Services

Produkte & Services entwickeln und managen – Strategien, Konzepte, Methoden

Horst Wildemann
Produkte & Services
München 2010
ISBN 978-3-937236-66-7
EUR 98,-
zzgl. Versandkosten

Leistungsprogramme stellen die Gesamtheit der von einem Unternehmen zu erfüllenden Aufgaben zur marktseitigen Erfolgsrealisierung dar und prägen maßgeblich die Wahrnehmung des Unternehmens auf dem Absatzmarkt. Gerade in Märkten, die durch zunehmenden internationalen Wettbewerb gekennzeichnet sind, reichen Strategien der Kostenführerschaft, überdurchschnittliche Leistungen der Produkte und intelligente Vermarktungen allein nicht mehr aus, um sich dauerhaft vom Wettbewerb differenzieren zu können. Auswege aus diesem Dilemma lassen sich durch neuartige Quellen der Differenzierung finden. Einen zentralen Ansatzpunkt hierzu bietet die Ergänzung der herkömmlichen Produkte um kundenorientierte Serviceangebote, die das Leistungspaket komplettieren.

99 Produktion und Controlling

Produktion und Controlling

Horst Wildemann (Hrsg.)
Produktion und Controlling
München 1999
ISBN 978-3-931511-84-5
EUR 98,-
zzgl. Versandkosten

Aus dem Inhalt:

- Prozessorientiertes Controlling
- Prozesskostenrechnung
- Bestands- und Durchlaufzeitencontrolling
- Vernetztes Produktionscontrolling
- F&E-Controlling
- Produktionsplanung bei Produktrecycling
- Komplexe Programmplanung
- Balanced Scorecards
- Benchmarking
- Visualisierung und Auditierung
- Steuerung mit nicht-finanziellen Kennzahlen

100 Produktions- u. Zuliefernetzwerke

Produktions- und Zuliefernetzwerke

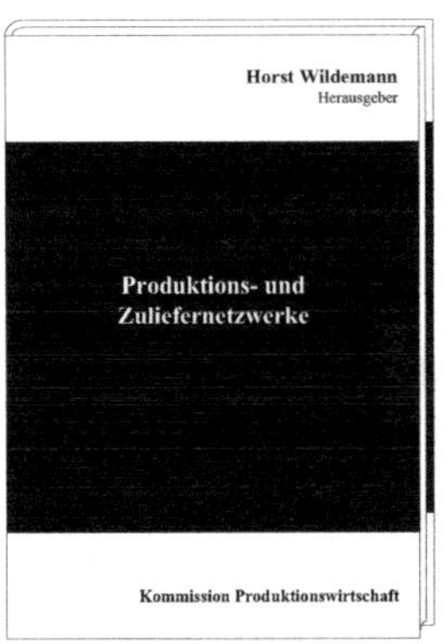

Horst Wildemann (Hrsg.)
Produktions- und Zuliefernetzwerke
München 1996
ISBN 978-3-929918-78-6
EUR 98,-
zzgl. Versandkosten

Aus dem Inhalt:

- Produktions- und Zuliefernetzwerke - eine empirische Studie
- Die Unternehmung als System von Kernkompetenzen und strategischen Geschäftseinheiten
- Optimierung von Produktionsnetzwerken auf der Basis des Wirtschaftsglobus-Modells
- Modellierung von Netzwerkstrukturen im Rahmen einer prozessorientierten Produktionstheorie
- Dynamische Produktionsstrukturen
- Lean Management-Überlegungen zur effizienten Gestaltung von Produktionsnetzwerken

Bücher

101 Produktionscontrolling

Systemorientiertes Controlling schlanker Produktionsstrukturen

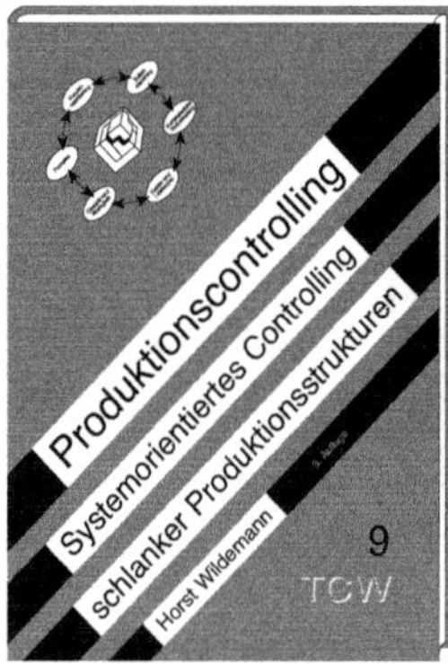

Horst Wildemann
Produktionscontrolling
München 2001
ISBN 978-3-934155-71-8
EUR 98,-
zzgl. Versandkosten

In diesem Buch gibt der Autor dem Praktiker wichtige Impulse für die Neuorientierung des Controllings aus der Perspektive von Produktionsunternehmen. Die bestehenden Controllingkonzepte werden um systemorientierte Denk- und Gestaltungsansätze erweitert und in ein Bausteinmodell integriert. Er verdeutlicht die Notwendigkeit einer Reform des Controllings, über die jedes Unternehmen nachdenken sollte, da traditionelle Controllingkonzepte unter den veränderten technologischen und organisatorischen Rahmenbedingungen immer mehr an ihre Grenzen stoßen.

102 Produktionsnetzwerke

Dynamische Steuerung von interorganisationalen Produktionsnetzwerken – Eine theoretische und empirische Analyse

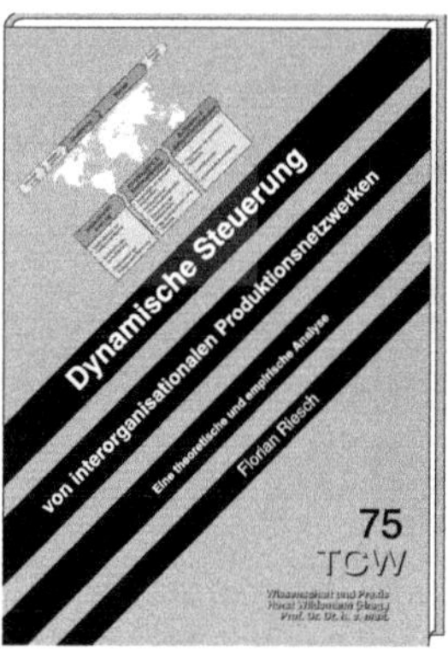

Florien Riesch
Dynamische Steuerung von interorganisationalen Produktionsnetzwerken
München 2013
ISBN 978-3-941967-63-2
EUR 85,-
zzgl. Versandkosten

Die interorganisationale Zusammenarbeit in Produktionesnetzwerken stellt eine der wichtigsten und erfolgversprechendsten Strategien zur Fixkostenreduzierung, Flexibilitätssteigerung, Kernkompetenzorientierung und Kapazitätsoptimierung eines produzierenden Unternehmens dar. Ohne eine effektive und dynamische Steuerung dieser Koorperationsform überwiegen die negativen Aspekten der Netzwerkarbeit, wie ungewollter Know-how-Abfluss und Unsicherheit sowie Intransparenz und führen im schlimmsten Fall zu einem finanziellen und strategischen Misserfolg des Netzwerks. Die Handlungsempfehlungen zur oben genannten Problemstellung in dieser Arbeit bieten den Netzwerkteilnehmern eine wertvolle Unterstützung bei der phasenspezifischen Gestaltung der dynamischen Steuerung interorganisationaler Produktionsnetzwerke.

103 Produktionssynchrone Beschaffung

Einführungsleitfaden

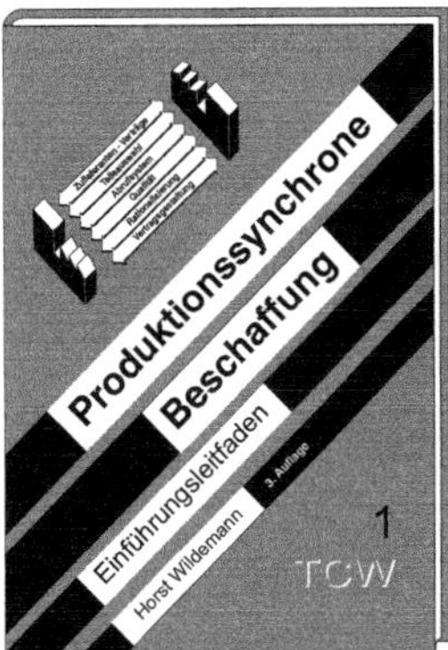

Horst Wildemann
Produktionssynchrone Beschaffung
München 1995
ISBN 978-3-929918-60-1
EUR 76,-
zzgl. Versandkosten

Wildemann analysiert die Bausteine einer produktionssynchronen Beschaffung sowie Speditions- und Qualitätssicherungskonzepte hinsichtlich ihrer Ausgestaltungsformen und betriebswirtschaftlichen Konsequenzen. Die produktionssynchrone Beschaffung ist, dies zeigen die untersuchten Beispiele aus der Automobil-, Elektro- und Hausgeräteindustrie sehr deutlich, ein effizientes Werkzeug zur Lenkung der Kosten und nicht, wie von vielen Zulieferanten behauptet, ein Instrument zur Abwälzung der Kosten.

104 Produktionswirtschaft

Innovation in der Produktionswirtschaft

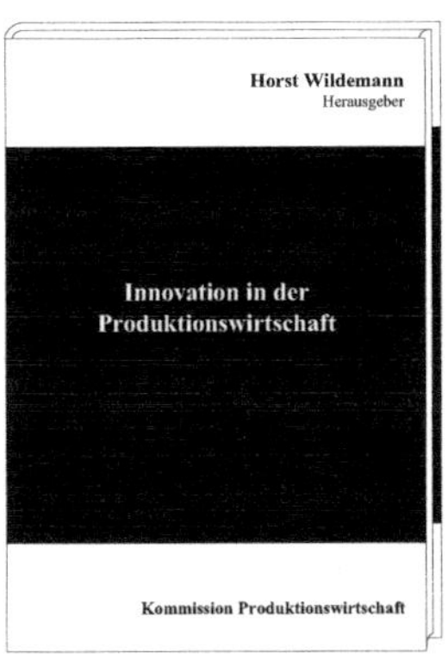

Horst Wildemann (Hrsg.)
Innovation in der Produktionswirtschaft
München 1998
ISBN 978-3-931511-26-5
EUR 98,-
zzgl. Versandkosten

Aus dem Inhalt:

- Innovationsforschung und -potenziale
- Unternehmenskooperationen
- Produktionsplanung und -steuerung
- Aktuelle Entwicklungen bei PPS-Systemen und Kernkompetenzen

Bücher

105 Produktivitätsmanagement

Handbuch zur Einführung eines Produktivitätssteigerungsprogramms mit GENESIS – Methoden und Fallbeispiele

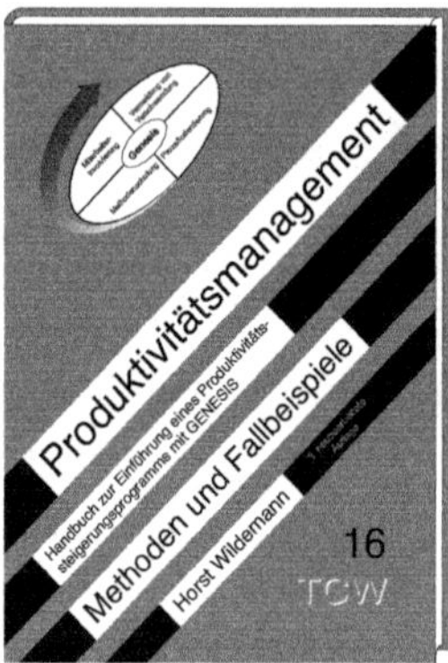

Horst Wildemann
Produktivitätsmanagement
München 1997
ISBN 978-3-931511-12-8
EUR 98,-
zzgl. Versandkosten

Das vom Autor entwickelte GENESIS-Programm bewirkt innerhalb von vier Tagen eine sofortige Produktivitätssteigerung und stellt die wirksame Einführung von schlanken Strukturen und Geschäftsprozessen in Produktion, Organisation und Zulieferung sicher. Unternehmen, die eine fundamentale Neuausrichtung ihrer Wertschöpfungsketten anstreben und jede Art von Verschwendung eliminieren wollen, setzen diese Methode ein. Das Buch stellt die GENESIS-Methode, Einsatzmöglichkeiten und Ergebnisse von GENESIS in über 100 Unternehmen und die Analyse von Fallbeispielen vor.

106 Produktklinik

Wertgestaltung von Produkten und Prozessen – Methoden und Fallbeispiele

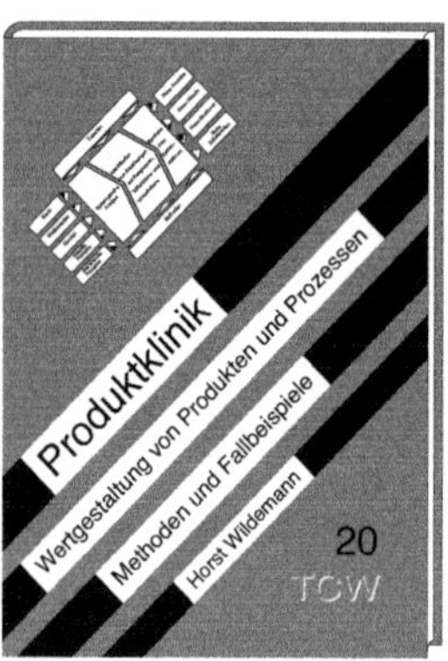

Horst Wildemann
Produktklinik
München 1999
ISBN 978-3-931511-27-2
EUR 98,-
zzgl. Versandkosten

Erfolg haben die Unternehmen, die schneller lernen als andere und ihre Innovationen in allen betrieblichen Bereichen rascher verwirklichen. Hierzu dient die Produktklinik. In ihr werden die hauseigenen Produkte und Prozesse, aufbauend auf Markt-, Wettbewerbs- und Kundendaten, auf physischer Basis mit denen der Wettbewerber verglichen. Die Produktklinik ist der zentrale Ort, an dem eigene Fähigkeiten zusammen mit Informationen von außen erfolgsorientiert verwendet werden.

107 Produktordnungssysteme

Gestaltung von Produktordnungssystemen: Methoden zur Schaffung marktgerechter Produktprogramme

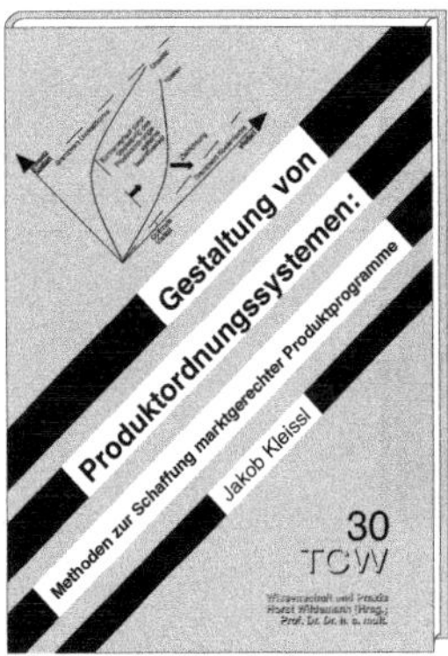

Jakob Kleissl
Produktordnungssysteme
München 2004
ISBN 978-3-937236-15-5
EUR 85,-
zzgl. Versandkosten

Produktionsunternehmen sehen sich einem immer stärkeren Kosten- und Stabilitätsdruck bei gleichzeitiger Forderung des Marktes nach mehr Kundenindividualisierung und Flexibilität gegenüber. Eine einseitige Konzentration auf einen der beiden Pole führt zum Eintritt in die Komplexitätsfalle. Um ihr zu entgehen, ist ein Produktordnungssystem notwendig. Es vereint die beiden Pole und bildet so einen Ausweg aus der Komplexitätsfalle. Die Spaltungsstrategien Modul und System, die Bündelungsstrategien Gleichteil und Plattform sowie die Baukastenstrategie sind auszugestalten.

108 Produktpiraterie

Präventiver Nachahmungsschutz bei technischen Produkten – für industrielle oder professionelle Anwendungen

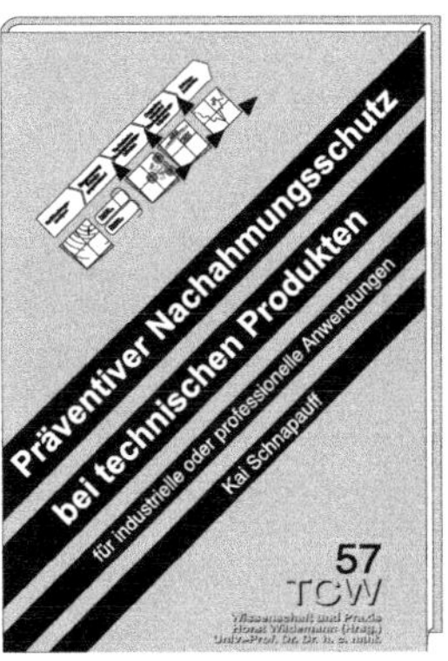

Kai Schnapauff
Produktpiraterie
München 2010
ISBN 978-3-941967-01-4
EUR 85,-
zzgl. Versandkosten

Produktpiraterie und Nachahmungen technischer Produkte sind eine große Herausforderung für die Originalhersteller. Als Gegenmaßnahme wird auf Basis einer theoretischen und empirischen Untersuchung eine praxisnahe Vorgehensweise zur Gestaltung des präventiven Nachahmungsschutzes entwickelt. Sie ermöglicht eine produkt- und unternehmensspezifische Bewertung des Risikos und die Festlegung geeigneter Schutzmaßnahmen. Als Ergebnis werden spezifische technische Maßnahmen zur Produktgestaltung und Empfehlungen für den organisatorischen Know-how-Schutz gegeben sowie allgemeine Erfolgsfaktoren für wirksamen Nachahmungsschutz herausgearbeitet.

Bücher

109 Produktpiraterie & Nachahmungen

Betriebswirtschaftliche Elemente eines integrativen Schutzsystems

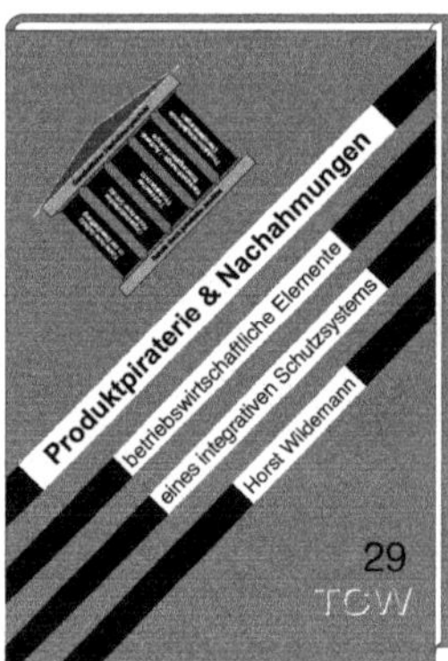

Horst Wildemann
Produktpiraterie & Nachahmungen
München 2011
ISBN 978-3-941967-12-0
EUR 179,-
zzgl. Versandkosten

Die Studie beschreibt die Bausteine eines ganzheitlichen Schutzsystems vor Produktpiraterie und Nachahmungen. Aktuelle Schutzkonzepte in den Handlungsfeldern Know-how-Schutz in der Beschaffung, organisatorischer Know-how-Schutz, technischer Produktschutz sowie juristische Ansätze werden vorgestellt. Neueste Forschungsergebnisse im Bereich der Kennzeichnungs- und Authentifizierungstechnologien werden betriebswirtschaftlich aufbereitet und eine Vorgehensweise zur Gestaltung produktbegleitender Dienstleistungen als präventives Element im Nachahmungsschutz dargestellt. Die Studie wendet sich gleichermaßen an Praktiker und Wissenschaftler.

110 Professionelle Krisenbewältigung

Herausforderungen meistern, Chancen nutzen

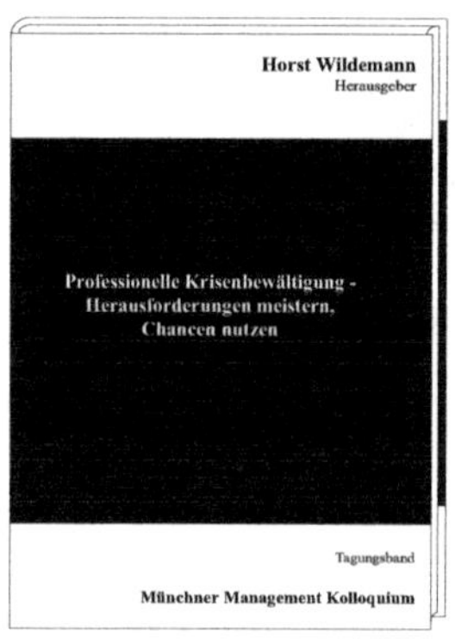

Horst Wildemann (Hrsg.)
Professionelle Krisenbewältigung
MMK Tagungsband
München 2010
ISBN 978-3-941967-06-9
EUR 179,-
zzgl. Versandkosten

Jede Wirtschaftskrise birgt per Definition große Gefahren, ist allerdings gleichzeitig auch Kristallisationspunkt zur Ergreifung und Umsetzung von Chancen des wirtschaftlichen Wachstums. Damit ein Unternehmen adäquat reagieren kann, ist es von besonderer Bedeutung, die Ursachen von Krisen zu verstehen. Daraus lassen sich geeignete Stellhebel identifizieren, die krisenspezifisch und unternehmensindividuell angewendet werden können. Die Stellhebel erlauben es, die Herausforderungen einer Krise effektiv und effizient zu meistern und die sich daraus ergebenden Chancen zu nutzen. Den Herausforderungen ist sowohl mit kurzfristigen als auch mit langfristigen konzeptionellen Strategieantworten zu begegnen.

111 Prozessfähigkeit

Prozessfähigkeit reengineerter Geschäftsprozesse

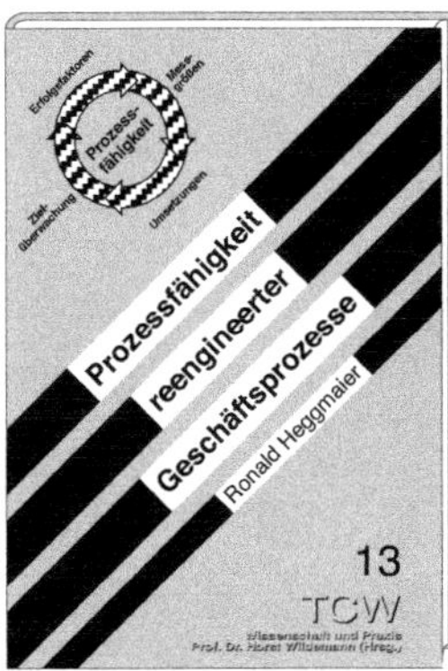

Ronald Heggmaier
Prozessfähigkeit
München 2001
ISBN 978-3-934155-70-1
EUR 85,-
zzgl. Versandkosten

Prozessfähigkeit bedeutet, die geforderten Prozessziele im Hinblick auf Kosten, Qualität und Zeit langfristig zu erreichen. In dieser Dissertation wird ein aus theoretischer wie aus empirischer Sicht verifiziertes Fähigkeitsmodell für indirekte Geschäftsprozesse auf Basis des 6-Sigma-Verständnisses entwickelt. Konkrete Instrumente und Handlungsanweisungen werden für eine Sicherung und Erhöhung der Prozessfähigkeit reengineerter Geschäftsprozesse vorgestellt. Diese Arbeit wurde 2002 mit dem E.ON-Award von der E.ON Energie AG und der TU München ausgezeichnet.

112 Prozessreengineering

Industrielles Prozessreengineering im Produktionsbereich von Retailbanken – Eine theoretische und empirische Untersuchung

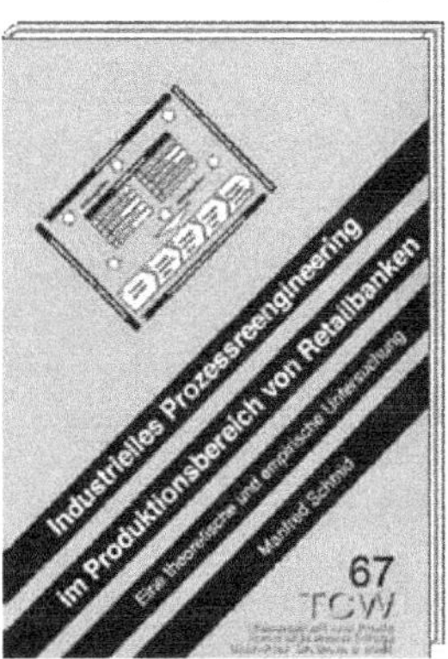

Manfred Schmid
Prozessreengineering bei Retailbanken
München 2012
ISBN 978-3-941967-35-9
EUR 85,-
zzgl. Versandkosten

Aus dem Inhalt:

- Eigenschaften und Besonderheiten von Retail- und Wholesalebanken
- Prozessformen und -arten bei Banken
- Theoretische Ansätze zum Prozessreengineering
- Theoretische Ansätze zum Qualitätsmanagement bei Banken
- Qualitätssicherung der Prozesse bei Banken
- Ausgestaltung von Prozessreengineeringphasen (Analyse sowie Dokumentation über Umsetzung bis hin zum Prozess- und Qualitätscontrolling)
- Gestaltungsempfehlungen für das industrielle Prozessreengineering bei Retailbanken

Bücher

113 Qualität und Unternehmenserfolg

Qualität und Unternehmenserfolg

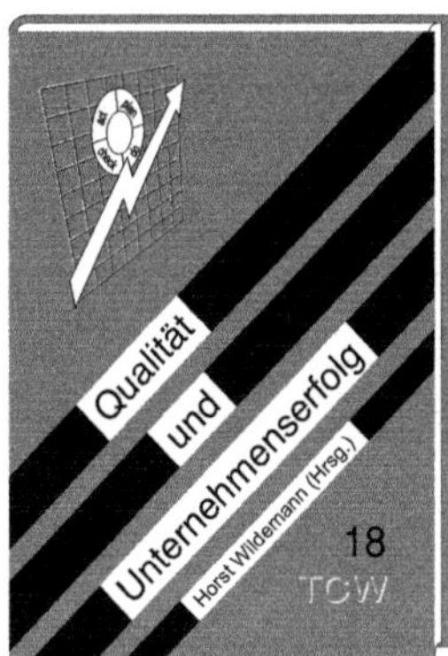

Horst Wildemann (Hrsg.)
Qualität und Unternehmenserfolg
München 1996
ISBN 978-3-929918-91-5
EUR 85,-
zzgl. Versandkosten

Die Produktqualität in Verbindung mit einer exzellenten Prozessqualität ermöglicht Quantensprünge im Wettbewerb. Dies erfordert die konsequente Eliminierung von Verschwendung und Blindleistung in Geschäftsprozessen. Neben Grundlagenforschung und fundierten Anwendungserfahrungen werden Einführungsstrategien für ein Qualitätscontrolling aufgezeigt. Eine effiziente Steuerung und Koordination qualitätsgerechter Geschäftsprozesse wird ermöglicht und eine optimale Abstimmung von kontinuierlicher Verbesserung der Unternehmensstrukturen erreicht.

114 Serviceentwicklung

Qualitätsbasierte Serviceentwicklung – Empirische Untersuchung

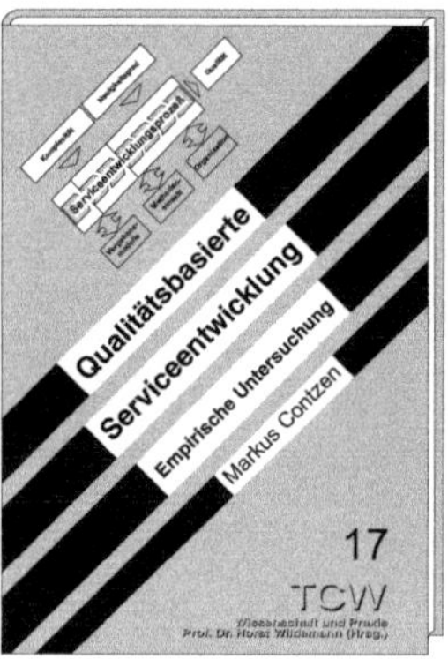

Markus Contzen
Qualitätsbasierte Serviceentwicklung
München 2002
ISBN 978-3-934155-79-4
EUR 85,-
zzgl. Versandkosten

Die Bedeutung von Serviceleistungen führt zur Notwendigkeit der Beherrschung von Serviceentwicklungsaktivitäten. Trotz der stetigen Weiterentwicklung sind Serviceleistungen häufig von Qualitätsmängeln gekennzeichnet. Das Buch beinhaltet ein Modell zur qualitätsbasierten Serviceentwicklung, das auf einer Berücksichtigung prozessorientierter, methodischer und organisatorischer Gestaltungsvariablen in Abhängigkeit der Ausprägung produkt-, markt- und projektspezifischer Variablen basiert.

115 Qualitätskostenrechnung

Kosten- und Leistungsrechnung für präventive Qualitätssicherungssysteme

Horst Wildemann
Qualitätskostenrechnung
München 1995
ISBN 978-3-929918-35-9
EUR 78,-
zzgl. Versandkosten

Wildemann zeigt Ansätze für ein Management qualitätsbezogener Kosten und Leistungen auf, die sich mit der Kostengliederung, den Leistungsdimensionen präventiver Qualitätssicherungssysteme, der Erfassung und Zurechnung qualitätsbezogener Kosten, der Einführung von Unternehmensqualität und einem qualitätsbezogenen Controlling auseinandersetzen. Den Kostengrößen werden Leistungsdimensionen gegenübergestellt, die in der Sicherung von Erlösen und der Qualitätskostenoptimierung bestehen.

116 Qualitätsmanagement

Zur Wirtschaftlichkeit von Qualitätsmanagementsystemen – Eine empirische Untersuchung

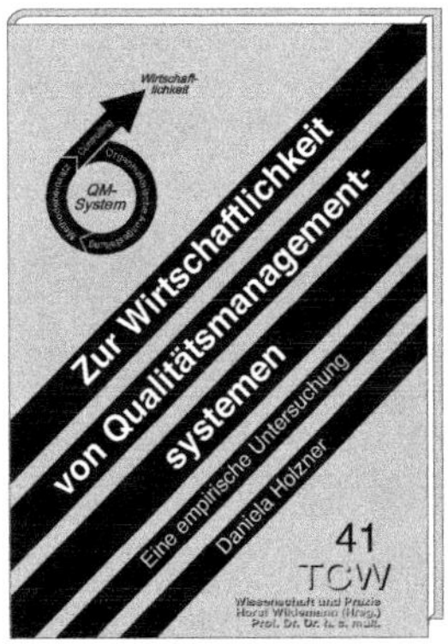

Daniela Holzner
Qualitätsmanagement
München 2006
ISBN 978-3-937236-48-3
EUR 85,-
zzgl. Versandkosten

Qualitätsmanagementsysteme eigenen sich nicht nur als Differenzierungsmerkmal gegenüber Wettbewerbern, sondern sind darüber hinaus eine Voraussetzung für die Gestaltung überlegener Produkte, exzellenter Dienstleistungen und zufriedener Kunden. Es stellt sich jedoch die Frage, wie die Wirtschaftlichkeit eines Qualitätsmanagements beurteilt wird. Dazu wurde aufbauend auf praktischen Erfahrungen ein Modell für die unternehmensspezifische Ausgestaltung eines Qualitätsmanagements sowie ein Rendite-Qualitäts-Index für die Bewertung der Wirtschaftlichkeit entwickelt.

Bücher

117 Regionale Servicegesellschaften

Synergien und Kostensenkung durch Auslagerung von Bankleistung

Horst Wildemann, Stephan Götzl
Regionale Servicegesellschaften
München 2013
ISBN 978-3-941967-29-8
EUR 179,-
zzgl. Versandkosten

Das Marktumfeld für Finanzdienstleistungen ist einem verstärktem Wettbewerb durch den zunehmenden Eintritt von spezialisierten Direktanbietern ausgesetzt. Um im Wettbewerb bestehen zu können, ist eine Optimierung der Back-Office-Prozesse unabdingbar. Eine Identifikation der kritischen Prozesse, deren Standardisierung und Auslagerung in regionale Servicegesellschaften, stellt eine Alternative dar, erhebliche Synergiepotenziale durch Bündelungseffekte bei gleichzeitiger Erhöhung der Qualität zu erzielen. Der vorliegende Forschungsbericht beschreibt erprobte und umgesetzte Konzepte zur Bildung von regionalen Servicegesellschaften. Ein Schwerpunkt liegt auf der Identifikation zur Überführung geeigneter Leistungsbündel.

118 Risikocontrolling

Gestaltung des leistungswirtschaftlichen Risikocontrollings – Eine theoretische und empirische Untersuchung

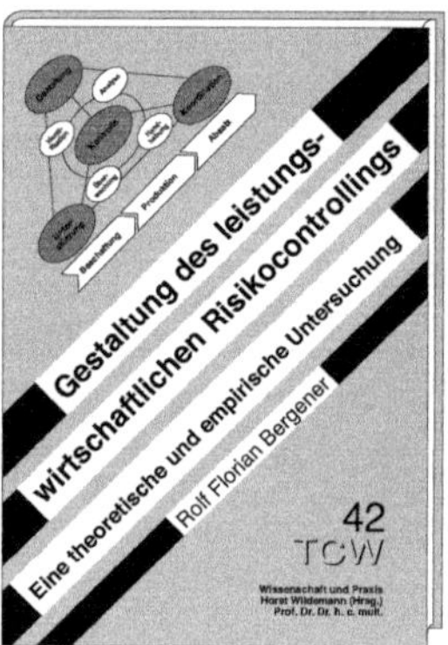

Rolf Florian Bergener
Risikocontrolling
München 2006
ISBN 978-3-937236-49-0
EUR 85,-
zzgl. Versandkosten

Vor dem Hintergrund der zunehmenden Dynamik des Unternehmensumfeldes, wie abnehmenden Produkt-, Markt- und Technologiezyklen, ist in vielen Unternehmen eine Verschärfung der Risikosituation insbesondere in den leistungswirtschaftlichen Bereichen festzustellen. Die resultierenden Beschaffungs-, Produktions- und Absatzrisiken sind als Gegenstand des leistungswirtschaftlichen Risikomanagements für die Sicherung der Unternehmensexistenz zu steuern. Versagt die Steuerung, führen diese Risiken vielfach zu hohen Kosten. Ein erfolgreiches Risikomanagement erfordert die Gestaltung und Unterstützung durch das Risikocontrolling.

119 Risikomanagement in F&E

Risikobewusstes F&E-Programm-Management – Eine theoretische und empirische Untersuchung

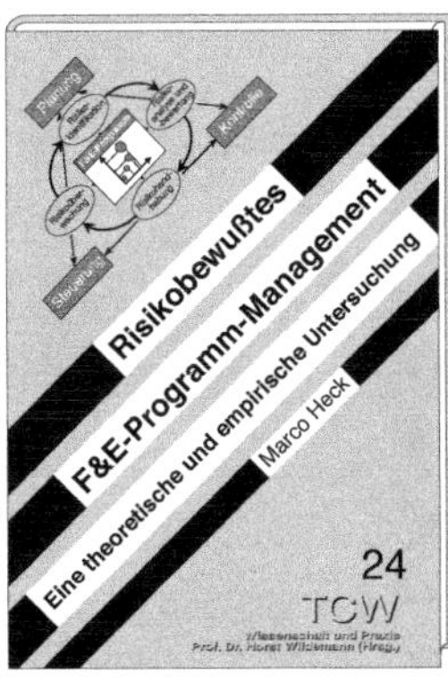

Marco Heck
Risikomanagement in F&E
München 2003
ISBN 978-3-937236-03-2
EUR 85,-
zzgl. Versandkosten

Die hohen Misserfolgsraten bei F&E-Projekten belegen das hohe Risikopotenzial der F&E-Tätigkeit. Fehlgeschlagene F&E-Projekte bedeuten fehlinvestierte Mittel und fehlende Erfolgspotenziale in der Zukunft. Eine mangelde Effektivität im Bereich der Forschung und Entwicklung kann im Sinne des KonTraG bestandsgefährdend auf das Unternehmen wirken. Mit der Erkenntnis, dass die Risiken entsprechend der Gestaltungsmöglichkeiten in frühen Projektphasen am höchsten sind, rückt das Risikomanagement auf strategischer Ebene in den Mittelpunkt des Interesses.

120 Risikomanagement

Risikomanagement und Rating

Horst Wildemann
Risikomanagement und Rating
München 2005
ISBN 978-3-937236-26-1
EUR 98,-
zzgl. Versandkosten

Die mit zunehmender Komplexität in den leistungswirtschaftlichen Prozessen einhergehenden Gefahren erfordern eine risikoorientierte Betrachtung des Unternehmens. Das Buch basiert auf einem Forschungsprojekt, in dessen Rahmen empirische Untersuchungen durchgeführt wurden. Diese Erkenntnisse werden zu praxisorientierten Empfehlungen zum Aufbau eines leistungswirtschaftlichen Risikomanagements und zur Vorbereitung auf das bankinterne oder das externe Rating zusammengeführt. Mit Methodenbausteinen können Unternehmen ihre Risikoposition verbessern.

Bücher

121 Risikosituation und -handhabung

Ein Konzept zur Verbesserung der Risikosituation

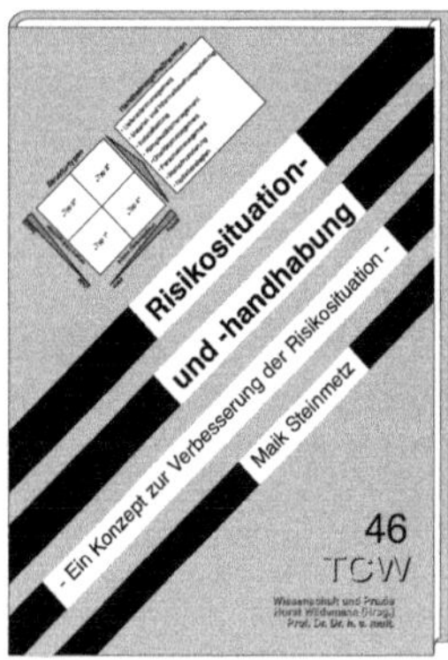

Maik Steinmetz
Risikosituation und -handhabung
München 2005
ISBN 978-3-937236-71-1
EUR 85,-
zzgl. Versandkosten

Zunehmende Dynamik und steigende Komplexität in den Prozessen stellen insbesondere die Produktion vor neue Herausforderungen. Mit dieser Entwicklung sind erhebliche Gefahren verbunden. Die daraus resultierenden leistungswirtschaftlichen Risiken gilt es in einem speziell für diese Funktion adaptierten Konzept zu erfassen und zu handhaben. Ein auf Einflussgrößenausprägungen aufgestelltes Konzept wird anhand einer empirischen Fallstudienanalyse verifiziert. Die Gestaltungsempfehlungen begründen sich auf einer theoretischen und empirischen Exploration. Das erarbeitete Konzept trägt dazu bei, die Risikosituation von Produktionsunternehmen zu verbessern.

122 Road Safety in India

Road Safety in India

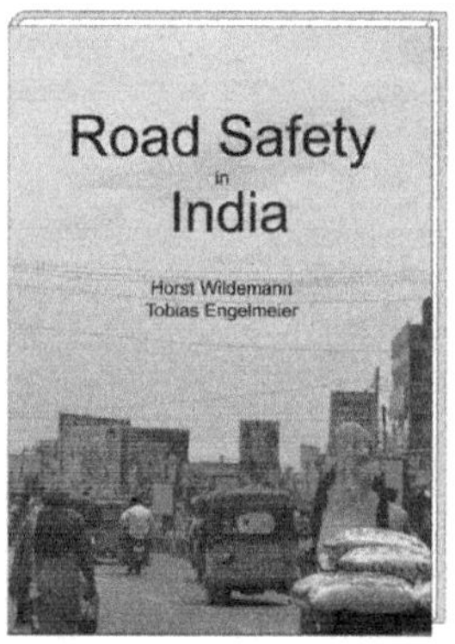

Horst Wildemann, Tobias Engelmeier
Road Safety in India
München 2011
ISBN 978-941967-23-6
EUR 98,-
zzgl. Versandkosten

Verkehrsunfälle stellen eine große Herausforderung für die weltweite Volksgesundheit dar. Entwicklungs- und Schwellenländer sind besonders betroffen. Indiens Unfallzahlen sind besorgniserregend - und die Situation wird sich auch in Zukunft verschlimmern. Die von TCW und BRIDGE TO INDIA, in Kooperation mit der LANXESS AG durchgeführte Studie zeigt den aktuellen Stand der Verkehrssicherheit in Indien. Durch den Vergleich der indischen mit den deutschen Rahmenbedingungen des Verkehrssystems gibt die Studie Handlungsempfehlungen, die es ermöglichen, die Straßen in Indien sicherer zu gestalten.

Bücher

123 Service- u. Wissensmanagement

Service- und Wissensmanagement zur Leistungssteigerung – Ergebnisse einer Delphi-Studie

Horst Wildemann
Service- und Wissensmanagement
München 2000
ISBN 978-3-931511-97-5
EUR 165,-
zzgl. Versandkosten

Die Expertenbefragung „Service- und Wissensmanagement" von 95 Unternehmen zeigt Potenziale durch ein effizientes Service- und Wissensmanagement-System auf. Die Ergebnisse dieser Delphi-Studie verdeutlichen Wettbewerbsfaktoren für Unternehmen. Verbesserungspotenziale liegen vor allem in Leistungsvorteilen. Eine Leistungssteigerung von 10-20% scheint den Experten durchaus realistisch. Entscheidungsträger erhalten mit dieser Studie Handlungsempfehlungen für eine Implementierung eines Service- und Wissensmanagement-Systems.

124 Softwareentwicklung

Softwareentwicklung im Mobile Business – Methoden für eine wirtschaftliche Softwareentwicklung mobiler Dienste

Monika Bauch
Softwareentwicklung im Mobile Business
München 2004
ISBN 978-3-937236-10-0
EUR 85,-
zzgl. Versandkosten

Schneller technologischer Wandel, hoher Wettbewerb und eine nahezu grenzenlose technologische Machbarkeit mobiler Anwendungen zwingen Software entwickelnde Unternehmen zur optimalen Ausschöpfung und dem gezielten Einsatz der vorhandenen Budgets und Potenziale. Das Buch beschreibt Methoden, die eine wirtschaftliche Softwareentwicklung mobiler Dienste unterstützen. Im Mittelpunkt stehen das Kostenmanagement aus Sicht des Softwareentwicklers und die Nutzenbewertung aus Sicht des Anwenders.

125 Solarenergie in Indien

Solarenergie in Indien

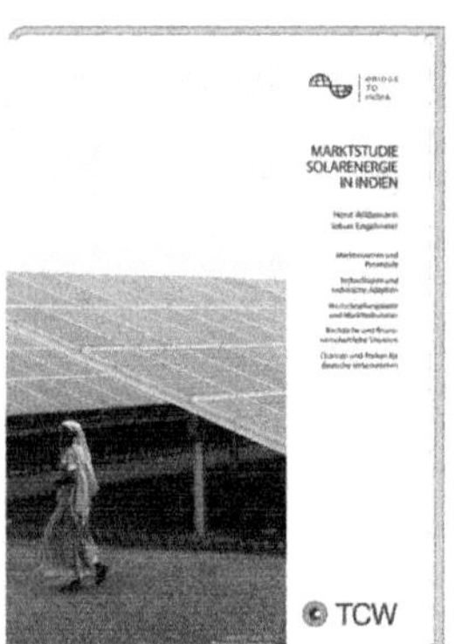

Horst Wildemann, Tobias Engelmeier
Solarenergie in Indien
München 2011
ISBN 978-3-941967-18-2
EUR 98,-
zzgl. Versandkosten

Indien ist eines der attraktivsten Schwellenländer für Investitionen in erneuerbare Energien. Die Verwendung von erneuerbaren Energien unterstützt die ehrgeizigen Ziele der indischen Regierung, Klimaschutzziele zu erreichen. Durch die Jawaharlal Nehru National Solar Mission (JNNSM) setzte sich Indien zum Ziel, bis zu 50% der Energie durch den Einsatz von Solartechnik zu erzeugen. Diese Marktstudie schafft Transparenz über den indischen Markt für Solarenergie und zeigt für deutsche Unternehmen Chancen und Risiken auf. Auf die spezifischen Gegebenheiten, Standorte, Potenziale, und Technologien für Solartechnologie wird genauso eingegangen, wie auf die rechtliche und finanzwirtschaftliche Situation.

126 Stadtwerke

Erfolgsfaktoren europäischer Infrastruktur- und Versorgungsdienstleister

Horst Wildemann
Stadtwerke
München 2009
ISBN 978-3-937236-90-2
EUR 258,-
zzgl. Versandkosten

Im Rahmen einer europaweiten Studie über Stadtwerke untersuchten Professor Wildemann (TUM) und seine Mitarbeiter die Erfolgsfaktoren von regionalen Infrastruktur- und Versorgungsdienstleistern. Die Studie adressiert die zu berücksichtigenden Rahmenbedingungen und Herausforderungen regionaler Infrastruktur- und Versorgungsdienstleister sowie die strategischen Stellhebel, die im Zuge der nachhaltigen Sicherung des wirtschaftlichen Erfolgs in einem dynamischen Umfeld zu bedienen sind. Ferner wird auf die Rolle regionaler Infrastruktur- und Versorgungsdienstleister in Deutschland und Europa eingegangen sowie Aufgaben und Leistungsumfänge der Unternehmen vorgestellt. Unter der Mitwirkung von Branchenexperten aus ganz Europa wurden in der Studie strategische Stellhebel für Stadtwerke identifiziert und bewertet.

Bücher

127 Strategische Führung

Strategische Führung in Unternehmen

Horst Wildemann
Strategische Führung in Unternehmen
München 2008
ISBN 978-3-937236-39-1
EUR 98,-
zzgl. Versandkosten

Erfolgreiche Unternehmen sind durch eine klare sowie konsequente Strategieplanung, -realisierung und -kontrolle charakterisiert. Sie lernen schneller und sind in der Lage, Innovationen in allen Bereichen der Organisation in kürzester Zeit umzusetzen. Wildemann stellt in seiner Publikation „Strategische Führung in Unternehmen" praxisorientiert dar, welche Gestaltungsfelder, Konzepte und Methoden eine, an den Herausforderungen des Wettbewerbs orientierte, strategische Führung in Unternehmen ermöglichen.

128 Strategische Investitionsplanung

Methoden zur Bewertung neuer Produktionstechnologien

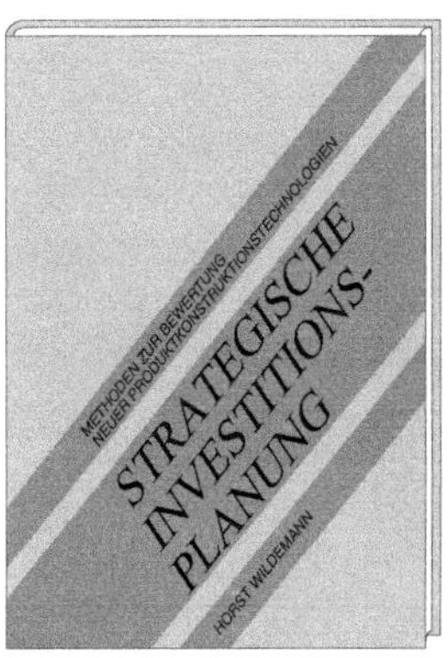

Horst Wildemann
Strategische Investitionsplanung
München 1987
ISBN 978-3-929918-53-3
EUR 45,-
zzgl. Versandkosten

Wildemann zeigt in diesem Buch, welche hohe strategische Bedeutung Produktionstechnologien für Unternehmen vor dem Hintergrund flexibler Fertigungskonzepte haben. Da nur geeignete Produktionstechnologien eine kostengünstige und flexible Herstellung von Produkten erlauben, führt die Wahl falscher Technologien zu Wettbewerbsnachteilen und hoher Fixkostenbelastung. Dieses Buch gibt dem Praktiker wichtige Hinweise für die methodische Planung künftiger Ressourcen.

129 Stresstest für Geschäftsmodelle

Welche Führungsprinzipien sind zukunftsfähig?

Horst Wildemann (Hrsg.)
Stresstest für Geschäftsmodelle
MMK Tagungsband
München 2015
ISBN 978-3-941967-71-7
EUR 279,-
zzgl. Versandkosten

Der Tagungsband umfasst Fallstudien folgender Unternehmen: AGCO Corporation, AUDI AG, BAUER COMP Holding GmbH, BAUER Maschinen GmbH, BayWa AG, BENTELER-Gruppe, BMW AG, BP Europa SE, Bridge to India Pvt. Ltd., Bridgepoint GmbH, Brose Fahrzeugteile GmbH & Co. Kommanditgesellschaft, Brückner Group GmbH, C.D.Wälzholz KG, CLAAS Gruppe, Daimler AG, DALLI-WERKE GmbH & Co. KG, Danfoss Industrial Automation, Dell Software GmbH, Deloitte Digital GmbH, Deutsche Lufthansa AG, Deutsche Telekom AG, Festo AG & Co. KG, Fixit TM Holding GmbH, Gebr. Knauf Verwaltungsgesellschaft KG, GEDORE Verwaltungs-GmbH, GEIGER Automotive GmbH, Genossenschaftsverband Bayern e.V., Gigaset Communications GmbH, Hansgrohe SE, HEITEC AG, Herrenknecht AG, Interroll Worldwide Group, Jaguar Land Rover Ltd, JSC AVTOVAZ, Jungheinrich AG, Kiekert AG, Körber AG, KUKA AG, LANXESS Deutschland GmbH, MAGNA STEYR AG & CO KG, Möhlenhoff GmbH, NACCO Materials Handling Group, OSRAM Licht AG, Pfleiderer GmbH, Roland Berger Strategy Consultants GmbH, Rudolf GmbH, Sartorius AG, SCHULER AG, SICK AG, Siemens AG, ThyssenKrupp AG, TRUMPF Werkzeugmaschinen GmbH + Co. KG, TÜV SÜD AG, Uhlmann Pac-Systeme GmbH & Co. KG, UniCredit Bank AG, Vaillant Group, Volkswagen AG, ZEPPELIN GmbH, ZF Friedrichshafen AG.

130 Supply Chain Management

Supply Chain Management

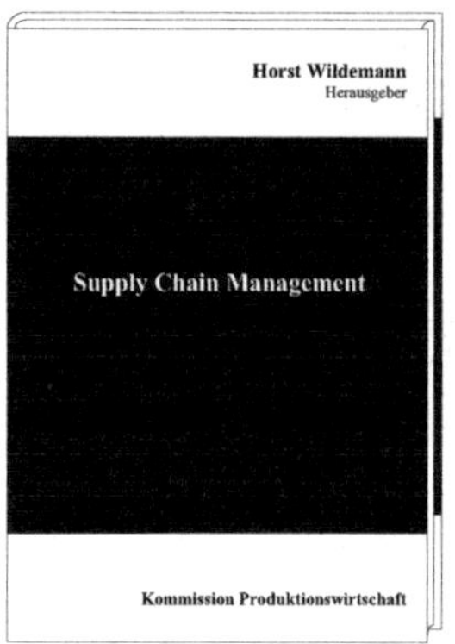

Horst Wildemann (Hrsg.)
Supply Chain Management
München 2000
ISBN 978-3-931511-48-7
EUR 115,-
zzgl. Versandkosten

Aus dem Inhalt:

- Logistikkonzeption
- Problemfelder
- Gestaltung der Zulieferbeziehungen
- Supply Chain Planning
- Just-in-Time-Konzepte für unternehmensübergreifende Wertschöpfungsprozesse
- Modellierung von Logistiknetzen
- Produktänderungsmanagement
- Supply Chain Controlling
- SCM in grenzenlosen Unternehmungen

Bücher

131 Synchronisation

Synchronisation von Produktentwicklung und Produktionsprozess – Produktreife – Produktneuanläufe – Produktionsauslauf

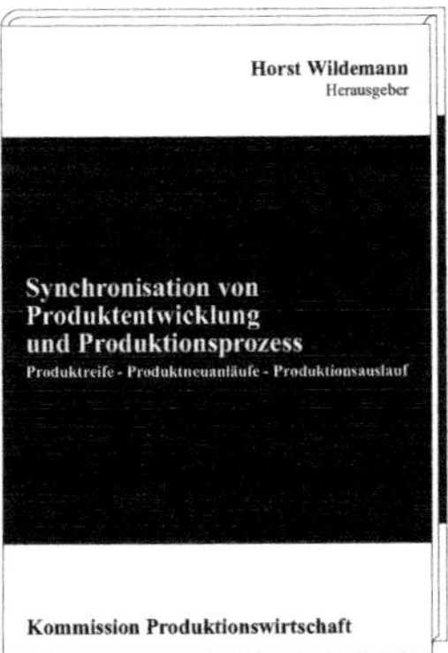

Horst Wildemann (Hrsg.)
Synchronisation
München 2005
ISBN 978-3-937236-14-8
EUR 115,-
zzgl. Versandkosten

Aus dem Inhalt:

- Problemfelder des Ramp-up
- Logistikkonzepte
- Integrationsmodell für Anlaufprozesse
- Wissensmanagement
- Änderungsmanagement
- Controlling der Anlaufkosten
- Markterschließung
- Produktionstheorie

132 Synergierealisierung

Synergierealisierung in globalen Produktionssystemen – Empirische Analyse und Gestaltungsempfehlungen

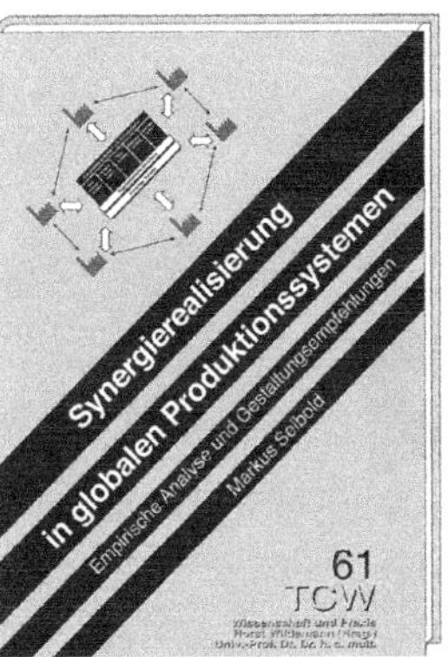

Markus Seibold
Synergierealisierung
München 2010
ISBN 978-3-937236-95-7
EUR 85,-
zzgl. Versandkosten

Die Realisierung von Synergien durch eine Integration global verteilter Produktionsstrukturen gewinnt vor dem Hintergrund der Globalisierung und des zunehmenden Wettbewerbsdrucks in den Unternehmen der produzierenden Industrie immer mehr an Bedeutung. Im Rahmen dieser Arbeit wird untersucht, welche organisatorischen Strukturen und Regelungen in globalen Produktionssystemen zu einem größtmöglichen Synergieerfolg führen. Grundlage ist die empirische Identifikation und Charakterisierung unterschiedlicher Produktionssystemtypen. Zentrales Ergebnis stellt die Ableitung typspezifischer Handlungsempfehlungen zur synergieoptimalen Gestaltung globaler Produktionsstrukturen dar.

Bücher

133 Technologietransfer

Bewertungsmodell und Methodenbaukasten für den Technologietransfer in Schwellenländer am Beispiel Indien

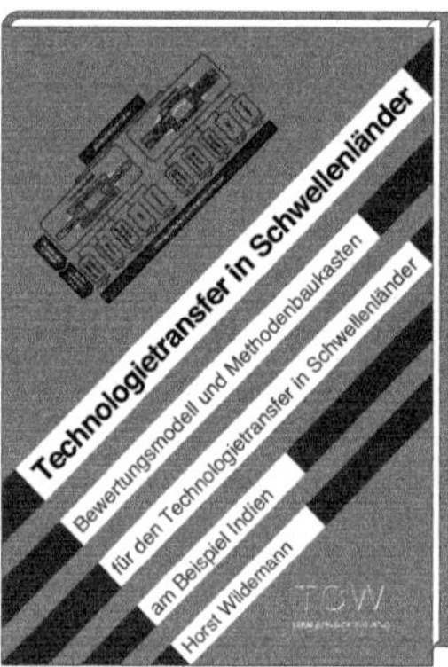

Horst Wildemann
Technologietransfer in Schwellenländer
München 2011
ISBN 978-3-941967-39-7
EUR 250,-
zzgl. Versandkosten

Technologietransfers von Hochtechnologien stellen Unternehmen vor große Herausforderungen. Wie können die Produkte an die lokalen Gegebenheiten angepasst werden? Wie lassen sich die Zielkosten bestimmen und erreichen? Welche Chancen und Risiken entstehen durch den Technologietransfer? Was sind die kritischen Erfolgsfaktoren in Schwellenländern? Die Publikation liefert konkrete Antworten auf diese Fragen. Die Gestaltungsfelder des Technologietransfers werden aufgezeigt. Entscheidungsinstrumente zur Bewertung werden vorgestellt und Handlungsempfehlungen abgeleitet. Zahlreiche Fallstudien verdeutlichen erfolgsversprechende Konzepte, um den Technologietransfer effektiv und effizient durchzuführen.

134 Tire Labeling and Green Tires

National law, Infrastructure and Market in Japan, South Korea and China

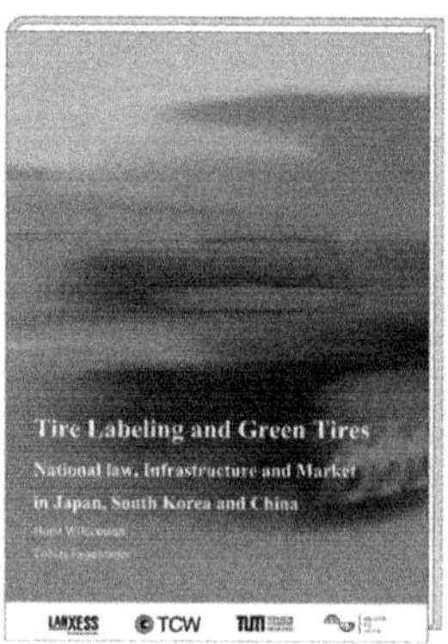

Horst Wildemann, Tobias Engelmeier
Tire Labeling and Green Tires
München 2011
ISBN 978-3-941967-32-8
EUR 98,-
zzgl. Versandkosten

Japan, Südkorea und China gehören zu den größten Herstellernationen für Automobilreifen. Mit Blick auf die globale Bestrebung zur Reduzierung von CO_2-Emissionen und zur Steigerung der Kraftstoffeffizienz haben sich auch die Anforderungen an moderne Reifen verändert. Die Studie beschreibt die neue nationale Gesetzeslage bei Reifen für die Märkte Japan, Südkorea und China und analysiert anhand der regionalen Infrastruktur den Bedarf für Grüne Reifen in diesen Ländern. Ferner erläutert die Studie die Wechselwirkungen gekennzeichneter Automobilreifen beim Reifenexport aus Japan, Südkorea und China und beim Reifenimport nach Europa. Dabei wird auf die zukünftigen Herausforderungen global agierender Reifenhersteller eingegangen.

Bücher

135 Total-Cost Optimierung

Total-Cost Optimierung durch differenziertes Beschaffungsmanagement – Eine theoretische und empirische Untersuchung

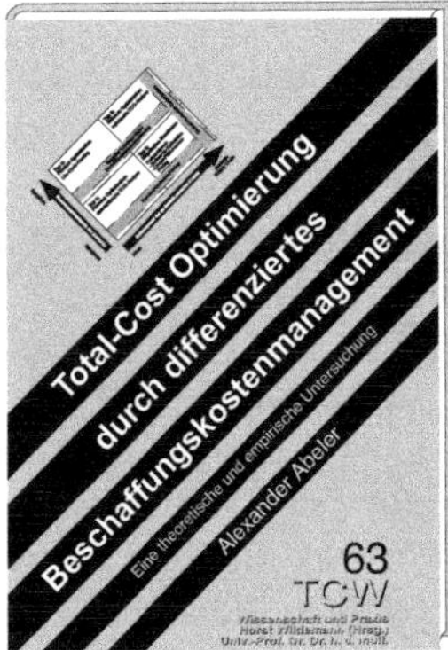

Alexander Abeler
Total-Cost Optimierung
München 2010
ISBN 978-3-941967-03-8
EUR 85,-
zzgl. Versandkosten

Durch Vergabeentscheidungen der Beschaffung wird ein Großteil der Gesamtkosten von Unternehmen determiniert. Trotz der Vielzahl von beschriebenen Methoden, die der Vorbereitung von Vergabeentscheidungen dienen, werden viele Vergabeentscheidungen in der Praxis nicht kostenoptimal getroffen. In diesem Buch werden aufbauend auf einer Einflussgrößenanalyse unterschiedliche Typen von Beschaffungssituationen identifiziert. Aufbauend auf Experteninterviews und Fallstudien werden Gestaltungsempfehlungen für den effektiven Methodeneinsatz zur Vorbereitung von Vergabeentscheidungen in unterschiedlichen Beschaffungssituationen abgeleitet.

136 Unternehmensentwicklung

Methoden für eine nachhaltige profitable Unternehmensführung

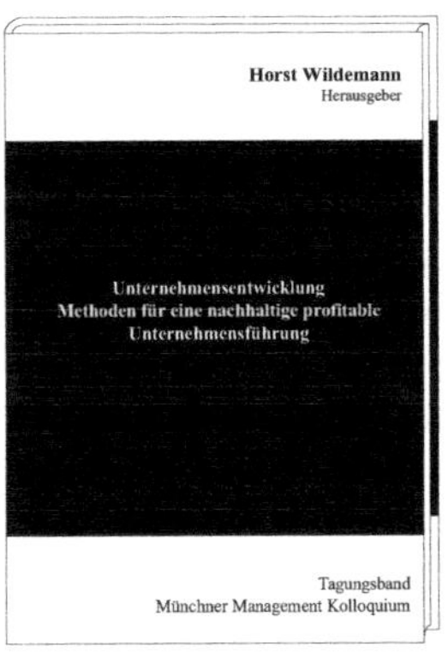

Horst Wildemann (Hrsg.)
Unternehmensentwicklung
MMK Tagungsband
München 2002
ISBN 978-3-934155-75-6
EUR 165,-
zzgl. Versandkosten

Aus dem Inhalt:

- Profitables Wachstum
- Wertentwicklung in Konjunkturzyklen
- Turnaround Management
- Wandelbare Prozessstrukturen
- Leadership-Prinzipien
- IT als Befähiger zur Unternehmensentwicklung
- Programme zur Effizienzsteigerung
- Unternehmensentwicklung in der Finanzdienstleistungsbranche
- Change Management zur nachhaltigen Unternehmensentwicklung

137 Unternehmensnetzwerke

Entwicklungs-, Produktions- und Vertriebsnetzwerke in der Zulieferindustrie – Ergebnisse einer Delphi-Studie

Horst Wildemann
Unternehmensnetzwerke
München 1996
ISBN 978-3-931511-16-6
EUR 145,-
zzgl. Versandkosten

Die Delphi-Studie zeigt, dass die OEM sowie die Zulieferer durch Entwicklungspartnerschaften eine Win-Win-Situation erreichen können. Die OEM profitieren durch Kostensenkungspotenziale und innovative Ideen sowie von einem schnellen Markteintritt. Die Zulieferer können sich dadurch langfristige Aufträge sichern. Die Erkenntnisse sind durch eine empirische Analyse von über 2.200 Experten belegt. Entscheidungsträger erhalten mit dieser Studie Handlungsempfehlungen für eine Implementierung und Steuerung von Entwicklungspartnerschaften.

138 Unternehmensqualität

Einführung einer kontinuierlichen Qualitätsverbesserung

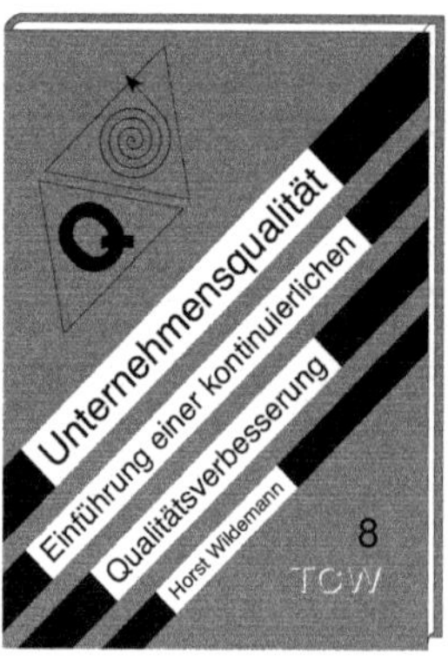

Horst Wildemann
Unternehmensqualität
München 1993
ISBN 978-3-929918-02-1
EUR 85,-
zzgl. Versandkosten

Wildemann zeigt in diesem Buch anhand empirischer Fakten aus über 20 Unternehmen Einführungsstrategien für ein System zur Verbesserung der Unternehmensqualität. Ausgehend von Konzepten und exemplarischen Fallstudien werden Gestaltungsparameter und Einführungspfade ermittelt, die es gestatten, die Unternehmensqualität als ständigen Verbesserungsprozess zu institutionalisieren.

Bücher

139 W²ert-D

Unternehmensstandort Deutschland
Wege zu einer wettbewerbsfähigen Wertschöpfungsgestaltung

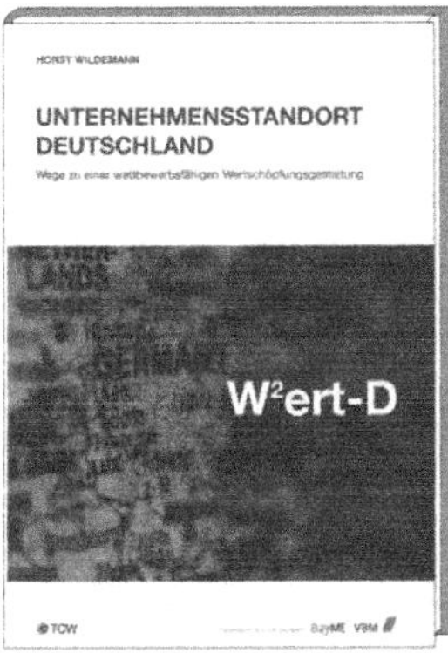

Horst Wildemann
Unternehmensstandort Deutschland
München 2005
ISBN 978-3-937236-12-4
EUR 98,-
zzgl. Versandkosten

Deutschland als Wertschöpfungsstandort ist unter Druck. Viele Unternehmen haben in den vergangenen Jahren ihre Fertigungstiefe konsequent reduziert und sind dabei, Entwicklungstätigkeiten und administrative Aufgaben zu verlagern. Die vorliegende Studie analysiert die aktuelle Situation. Hierzu wurden 93 Unternehmen der deutschen Industrie befragt und im Rahmen von Fallstudien vertieft analysiert. Darüber hinaus wurden 350 Experteninterviews geführt. Die Ergebnisse zeigen sowohl die Ist-Situation, beinhalten jedoch auch Handlungsempfehlungen für Unternehmen und Staat. Auch die Effekte auf den Arbeitsmarkt der kommenden Jahre werden untersucht.

140 Vielfalt nutzen und optimieren

Modularisierung 4.0
Organisation - Produkte - Produktion - Service

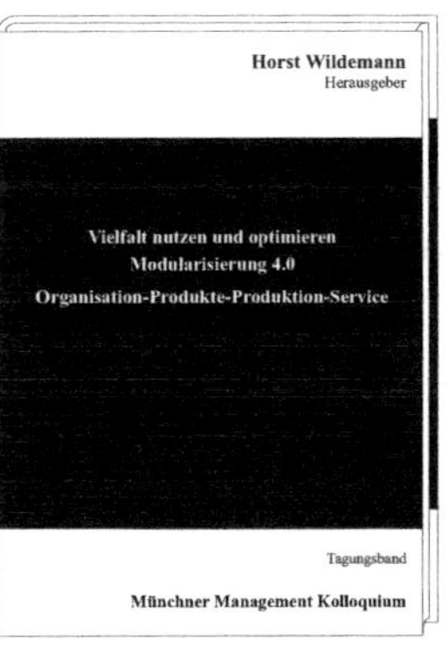

Horst Wildemann (Hrsg.)
Vielfalt nutzen und optimieren – Modularisierung 4.0
München 2014
ISBN 978-3-941967-65-6
EUR 279,-
zzgl. Versandkosten

In Form von Fallstudien aus über 30 Unternehmen umfasst der Tagungsband Lösungsansätze und Erfolgsfaktoren der Modularisierung. Fallstudien der Unternehmen:
AGCO, AUDI AG, BayWa AG, Bosch Rexroth AG, CVC Capital Partners, Deloitte, DEUTZ AG, Eissmann Group Automotive, ESG GmbH, Evonik Industries AG, Ford-Werke GmbH, Fraport AG, Genossenschaftsverband Bayern e.V., Heidelberger Druckmaschinen AG, Infineon Technologies AG, iwis GmbH & Co. KG, KATHREIN-Werke KG, KIRCHHOFF Holding, Knauf KG, KUKA AG, LM Wind Power, Maschinenfabrik Reinhausen GmbH, OSRAM Licht AG, OSRAM Licht AG, PTC Inc., STRABAG SE, Teekanne Gruppe, TÜV Rheinland AG, Webasto SE, Wittenstein AG, Zeppelin Baumaschinen GmbH, ZF Friedrichshafen.

141 Wachstum d. Ressourceneffizienz

Kunden – Mitarbeiter – Lieferanten

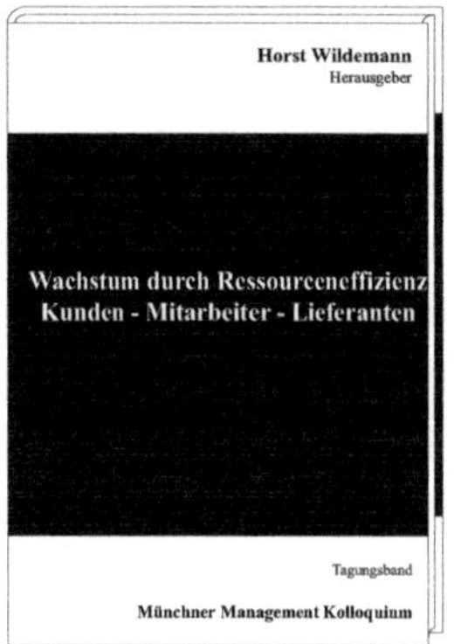

Horst Wildemann (Hrsg.)
Wachstum durch Ressourceneffizienz
MMK Tagungsband
München 2012
ISBN 978-3-941967-43-4
EUR 179,-
zzgl. Versandkosten

Der Tagungsband umfasst die Beiträge des Münchner Management Kolloquiums. Referenten aus internationalen Unternehmen, von Großkonzernen, Mittelstandsunternehmen und Wissenschaftler geben Auskunft über die Erfolgsfaktoren ressourceneffizienten Handelns und zeigen Möglichkeiten auf, wie Wachstum durch Ressourceneffizienz erreicht werden kann. Zudem zeigen aktuelle Forschungsergebnisse wie Best Practice-Beispiele und Benchmarks aus unterschiedlichen Industrie- und Dienstleistungsbereichen konkrete Wege auf, um die Herausforderungen zu meistern und resultierende Chancen nutzen zu können.

142 Wandlungsfähigkeit i. d. Logistik

Handlungsrichtlinien zum Nachhaltigkeitsmonitoring und Wandlungsagent

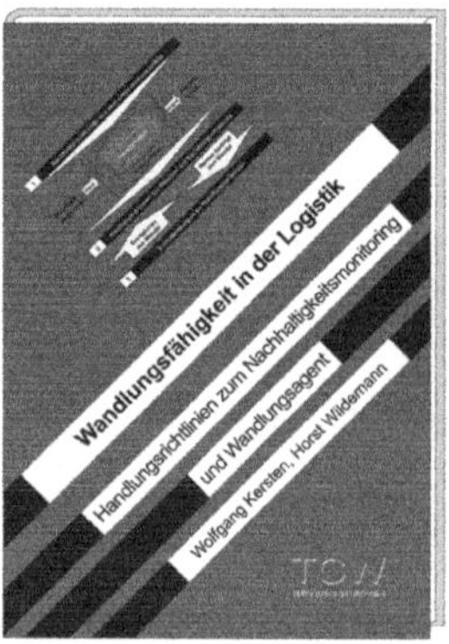

Wolfgang Kersten, Horst Wildemann
Wandlungsfähigkeit zur nachhaltigen Logistik
München 2013
ISBN 978-3-941967-56-4
EUR 250,-
zzgl. Versandkosten

Die Publikation beschreibt den Wandel zur nachhaltigen Logistik und liefert einen Ansatz zum Nachhaltigkeitstrendmonitoring sowie einen Wandlungsagent. Die Ergebnisse unterstützen Unternehmen bei der frühzeitigen Identifikation von Nachhaltigkeitstrends und der proaktiven Ableitung von Reaktionsmaßnahmen. Unternehmen erhalten eine umfangreiche Übersicht über Nachhaltigkeitstrends, Handlungsoptionen zur Steigerung der Nachhaltigkeit sowie Voraussetzungen und Methoden zur Umsetzung der Handlungsoptionen. Ein IT-Tool macht die Forschungsergebnisse nutzbar für die Unternehmenspraxis. Das IT-Tool unterstützt die Identifikation von Nachhaltigkeitstrends und die gezielte Ableitung von Reaktionsmaßnahmen.

143 Wertorientiertes Logistikcontrolling

Eine theoretische und empirische Untersuchung

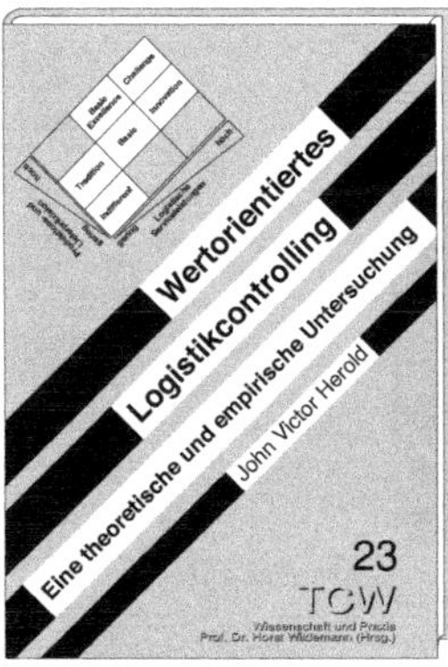

John Victor Herold
Wertorientiertes Logistikcontrolling
München 2003
ISBN 978-3-937236-01-8
EUR 85,-
zzgl. Versandkosten

Das Aufgabenspektrum der Logistik in Unternehmen bietet die Möglichkeit, neue Differenzierungspotenziale gegenüber dem Wettbewerb zu identifizieren und nachhaltig auszuschöpfen. Es stellt sich die Frage, wie ein Unternehmen seine logistischen Potenziale erkennen kann und auf Basis welcher Informationen die Entscheidungen für Verbesserungsmaßnahmen getroffen werden sollen. Zur Beantwortung dieser Fragen entwickelt der Autor ein Konzept für den unternehmensspezifischen Aufbau von Controllingsystemen, mit dem sich die Logistik wertoptimal ausrichten lässt.

144 Wertschöpfung und Wettbewerb

Haben Unternehmen eine Heimat?

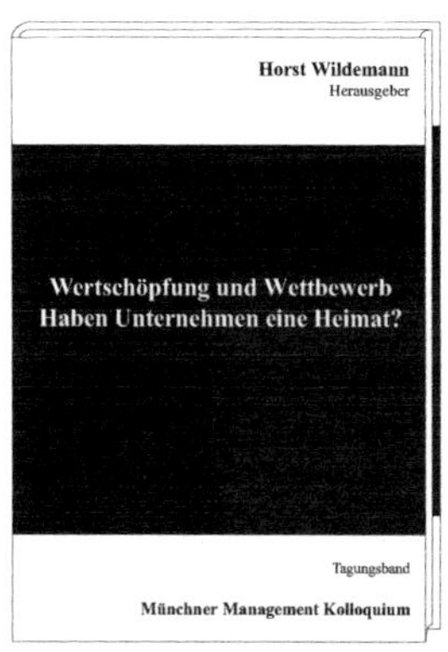

Horst Wildemann (Hrsg.)
Wertschöpfung und Wettbewerb
MMK Tagungsband
München 2005
ISBN 978-3-937236-27-8
EUR 179,-
zzgl. Versandkosten

Aus dem Inhalt:

- Wie profitieren Unternehmen von der internationalen Arbeitsteilung?
- Wie können durch internationale Arbeitsteilung Synergien für alle Seiten gewonnen werden?
- Wie können Unternehmen ihre Wertschöpfungskompetenz weiter ausbauen und als strategische Erfolgsfaktoren einsetzen?
- Welche Standortvorteile sichern in Zukunft die Wettbewerbsfähigkeit?
- Welche Strategien der Wettbewerbsfähigkeit und Wertschöpfung sind erfolgversprechend?

145 Total Productive Maintenance

Wertschöpfungsorientiertes TPM-Konzept – Wertschöpfungsorientiert und IT-Toolbasiert

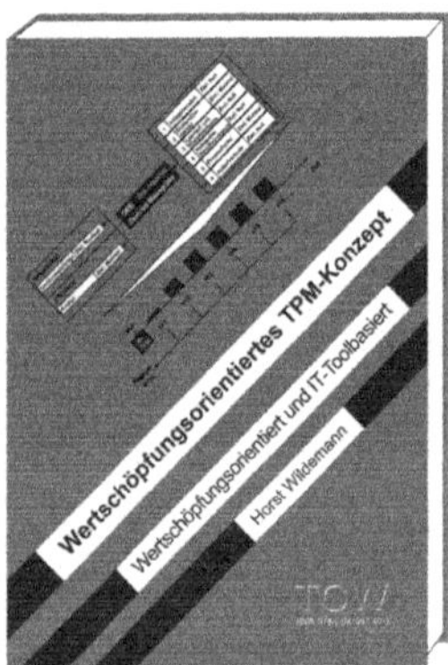

Horst Wildemann
Wertschöpfungsorientiertes TPM-Konzept
München 2013
ISBN 978-3-941967-40-3
EUR 179,-
zzgl. Versandkosten

Exzellente Produktionsprozesse bilden das Rückgrat vieler produzierender Unternehmen. Der Instandhaltung kommt damit eine zentrale Bedeutung bei der Sicherstellung der Wettbewerbsfähigkeit zu. Hochautomatisierte Produktionsprozesse machen ein durchgängiges, effizientes Instandhaltungsmanagement erforderlich. Durch die Einführung des wertorientierten TPM können Unternehmen eine nachhaltige Steigerung der Gesamtanlageneffektivität in der Produktion realisieren. Es lässt sich eine Steigerung der Nettobetriebszeit von bis zu 20% und eine Reduzierung der Fehlerquote um bis zu 20% realisieren. Eine Steigerung der Gesamtproduktivität um bis zu 25% und Effekte wie eine erhöhte Mitarbeitermotivation und eine höhere Transparenz der Arbeitsabläufe zeichnen das erzielbare Wertpotenzial für Unternehmen aus.

146 Wertsteigerung d. Wertschöpfung

Wertsteigerung durch Wertschöpfung

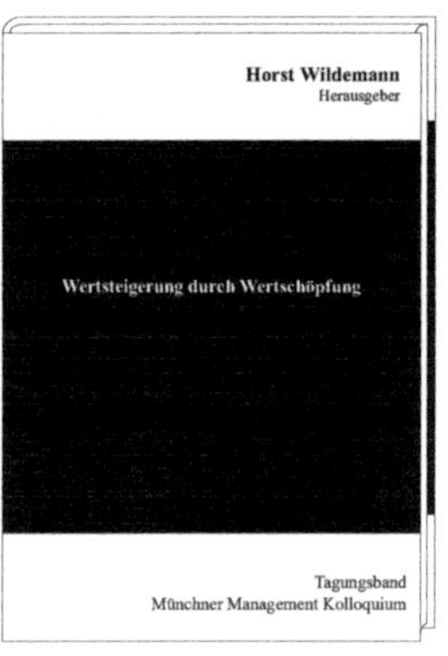

Horst Wildemann (Hrsg.)
Wertsteigerung durch Wertschöpfung
MMK Tagungsband
München 2007
ISBN 978-3-937236-69-8
EUR 179,-
zzgl. Versandkosten

Aus dem Inhalt:
- Strategie und Innovation – die neue Rolle des CFO
- Technologieführerschaft – Basis für Wachstum und Wertschöpfung
- Transparente Wertschöpfung durch kennzahlenorientierte Entlohnung
- Mit schlanker Produktpalette weltweit erfolgreich
- Ethik-Management
- Technische Kompetenz und geografische Präsenz als Werttreiber
- Diversifizierte Wertschöpfung – ein Erfolgskonzept für den Mittelstand

Bücher

147 Wertsteigerung v. Unternehmen

Mit welchen Methoden?

Horst Wildemann (Hrsg.)
Wertsteigerung von Unternehmen
München 2001
ISBN 978-3-934155-68-8
EUR 165,-
zzgl. Versandkosten

Aus dem Inhalt:

- Welche Faktoren beeinflussen den Unternehmenswert nachhaltig?
- Welche Konzepte sichern eine wertsteigernde Ausrichtung?
- Welche Methoden stellen die Umsetzung sicher?
- Welche Wege der Implementierung einer nachhaltigen Wertsteigerung sind erfolgversprechend?

148 Wettbewerbsfaktor IT

Wege zur erfolgreichen IT-Gestaltung – Ergebnisse einer empirischen Untersuchung

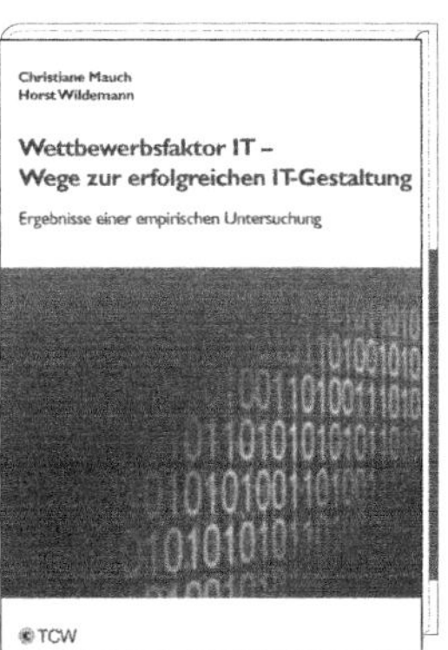

Christiane Mauch, Horst Wildemann
Wettbewerbsfaktor IT
München 2006
ISBN 978-3-937236-50-6
EUR 165,-
zzgl. Versandkosten

Unternehmen können ohne IT nicht existieren. Ein durchdachtes und effizientes IT-Konzept ist ein wesentlicher Profitfaktor für Unternehmen und von entscheidender Bedeutung. Um Erfolgsfaktoren eines gelungenen IT-Managements zu erforschen, wurden branchenübergreifend 65 deutsche Industrieunternehmen zur Leistungsvergabe und -verrechnung befragt. Die Studie zeigt auf, in welchen IT-Feldern Handlungspotenzial besteht und welche Möglichkeiten es gibt, IT effizienter zu gestalten damit Unternehmen wettbewerbsfähiger werden.

Bücher

149 Windenergie in Indien

Marktstudie: Windenergie in Indien

Horst Wildemann, Tobias Engelmeier
Windenergie in Indien
München 2011
ISBN 978-3-941967-20-0
EUR 98,-
zzgl. Versandkosten

Die stetig zunehmende Globalisierung erfordert von Unternehmen eine Erweiterung ihrer Absatzmärkte. Vor allem für die Energiewirtschaft ist der Blick in Schwellenländer wie Indien empfehlenswert. Der indische Markt ist bereits heute durch ein deutliches Energiedefizit geprägt, die Nachfrage nach Energie wächst konstant. Zur Befriedigung des Energiebedarfes fördert die indische Regierung nachdrücklich die Erschließung von erneuerbaren Energiequellen und bietet Investoren gute Rahmenbedingungen. Diese Marktstudie schafft Transparenz über den indischen Markt für Windenergie und zeigt für deutsche Unternehmen Chancen und Risiken auf. Auf die spezifischen Gegebenheiten, Standorte, Potenziale, und Technologien für Windenergie wird genauso eingegangen wie auf die rechtliche und finanzwirtschaftliche Situation.

150 Wissensmanagement

Ein neuer Erfolgsfaktor für Unternehmen

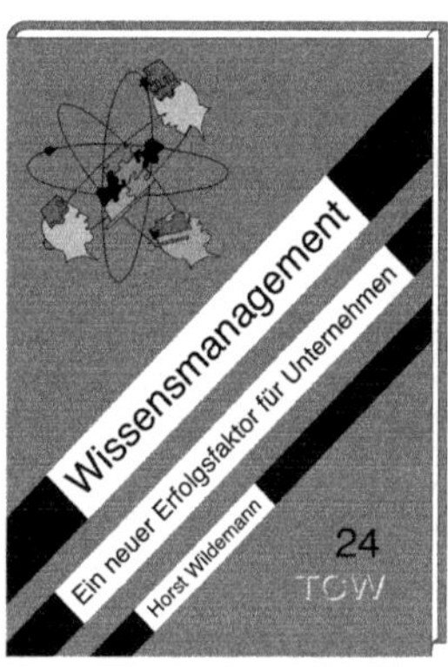

Horst Wildemann
Wissensmanagement
München 2003
ISBN 978-3-931511-45-6
EUR 98,-
zzgl. Versandkosten

Wildemann verdeutlicht den Stellenwert des Erfolgsfaktors Wissen im Unternehmen, indem er Handlungsanleitungen für eine erfolgreiche Einführung eines Wissensmanagements aufzeigt. Methoden, Technologien, Human Resources, Organisation und Unternehmenskultur sind Ansatzpunkte, die in diesem Buch als Gestaltungsfelder dargestellt werden. Eine wissensbasierte Wertschöpfungskette, die Kunden und Lieferanten mit einbezieht, erschließt und stärkt die Wettbewerbsposition des Unternehmens. Anhand von Fallstudien werden Wettbewerbsstrategien aufgezeigt.

151 Zielkostenerreichung

Methoden zur Zielkostenerreichung bei innovativen Kaufteilen – Eine theoretische und empirische Untersuchung

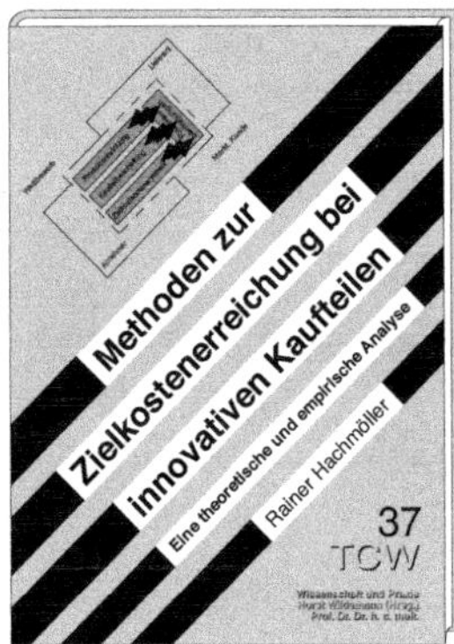

Rainer Hachmöller
Zielkostenerreichung
München 2006
ISBN 978-3-937236-33-9
EUR 85,-
zzgl. Versandkosten

Sinkende Leistungstiefen der Hersteller als Reaktion auf den steigenden Preis- und Wettbewerbsdruck führen zu einer zunehmenden Bedeutung der Kaufteile bei der Gestaltung innovativer Endprodukte. Es kommt bei der Produktentstehung durch Intransparenz und Komplexität sowie durch interne und externe Informationsasymmetrien und Zielkonflikte zu Überschreitungen der geplanten Zielkosten. Der Autor stellt dar, wie über eine methodische Unterstützung die Zielkosten unter den veränderten Rahmenbedingungen planmäßig zu realisieren sind. Präventive Vermeidungsstrategien werden vorgestellt und Gestaltungsmöglichkeiten aufgezeigt.

Bücher-Bestellliste

1 ____ Ex. **Abnehmer-Lieferanten-Prozess-management**
EUR 85,- ISBN 978-3-937236-20-9

2 ____ Ex. **After-Sales-Management**
EUR 85,- ISBN 978-3-941967-00-7

3 ____ Ex. **Anreizsystem**
EUR 85,- ISBN 978-3-931511-31-9

4 ____ Ex. **Arbeitszeitmanagement**
EUR 78,- ISBN 978-3-929918-62-5

5 ____ Ex. **Auditierung**
EUR 85,- ISBN 978-3-934155-76-3

6 ____ Ex. **Auditierung**
EUR 85,- ISBN 978-3-937236-98-8

7 ____ Ex. **Auftragsabwicklungsprozesse**
EUR 85,- ISBN 978-3-937236-93-3

8 ____ Ex. **Automobilreifen**
EUR 98,- ISBN 978-3-941967-26-7

9 ____ Ex. **Automobilreifen**
EUR 98,- ISBN 978-3-941967-31-1

10 ____ Ex. **Automobilreifen**
EUR 98,- ISBN 978-3-941967-33-5

11 ____ Ex. **Bayerischer Qualitätspreis 20 Jahre**
EUR 98,- ISBN 978-3-941967-45-8

12 ____ Ex. **Beschaffungscontrolling**
EUR 85,- ISBN 978-3-937236-70-4

13 ____ Ex. **Betreibermodelle**
EUR 85,- ISBN 978-3-937236-16-2

14 ____ Ex. **Bewertung der Logistik**
EUR 179,- ISBN 978-3-937236-05-6

15 ____ Ex. **Bioenergie in Indien**
EUR 98,- ISBN 978-3-941967-22-9

16 ____ Ex. **Chemieparks**
EUR 250,- ISBN 978-3-941967-51-9

17 ____ Ex. **Computerintegrierte Produktion**
EUR 48,- ISBN 978-3-999999-5

18 ____ Ex. **Cost Engineering**
EUR 179,- ISBN 978-3-941967-55-7

19 ____ Ex. **Das agile Unternehmen**
EUR 195,- ISBN 978-3-931511-25-8

20 ____ Ex. **Das Just-In-Time-Konzept**
EUR 95,- ISBN 978-3-934155-63-3

21 ____ Ex. **Der Unternehmer im Unternehmen**
EUR 179,- ISBN 978-3-937236-88-9

22 ____ Ex. **Die modulare Fabrik**
EUR 95,- ISBN 978-3-931511-19-7

23 ____ Ex. **Die Zukunft des Chemiestandorts Deutschland**
EUR 258,- ISBN 978-3-937236-86-5

24 ____ Ex. **Effizienzsteigerung**
EUR 85,- ISBN 978-3-937236-31-5

25 ____ Ex. **Einkauf von Dienstleistungen**
EUR 85,- ISBN 978-3-937236-97-1

26 ____ Ex. **Einkaufspotenzialanalyse**
EUR 98,- ISBN 978-3-929918-64-9

27 ____ Ex. **Elektromobilität**
EUR 98,- ISBN 978-3-941967-46-5

28 ____ Ex. **Energie in Indien**
EUR 98,- ISBN 978-3-941967-21-2

29 ____ Ex. **Energiemarkt Indien**
EUR 98,- ISBN 978-3-941967-28-1

30 ____ Ex. **Engpassmanagement**
EUR 85,- ISBN 978-3-937236-17-9

31 ____ Ex. **Entstörmanagement**
EUR 95,- ISBN 978-3-929918-06-9

32 ____ Ex. **Entwicklungspartnerschaften**
EUR 85,- ISBN 978-3-937236-32-2

33 ____ Ex. **Entwicklungsstrategien**
EUR 98,- ISBN 978-3-929918-69-4

34 ____ Ex. **Entwicklungstrends**
EUR 98,- ISBN 978-3-934155-85-5

35 ____ Ex. **Entwicklungszeitreduzierung**
EUR 179,- ISBN 978-3-934155-89-3

36 ____ Ex. **Ersatzteilversorgung**
EUR 95,- ISBN 978-3-929918-55-7

37 ____ Ex. **Fallstudien - Best Practice**
EUR 98,- ISBN 978-3-941967-05-2

38 ____ Ex. **Fertigungsstrategien**
EUR 98,- ISBN 978-3-929918-89-2

39 ____ Ex. **Fixkostenmanagement**
EUR 85,- ISBN 978-3-937236-96-4

40 ____ Ex. **Führungsverantwortung**
EUR 165,- ISBN 978-3-934155-78-7

41 ____ Ex. **Gesättigte Märkte**
EUR 85,- ISBN 978-3-937236-76-6

42 ____ Ex. **Geschäftsprozessorganisation**
EUR 85,- ISBN 978-3-931511-05-0

43 ____ Ex. **Gestaltung anpassungsfähiger Logistiksysteme**
EUR 85,- ISBN 978-3-941967-59-5

44 ____ Ex. **Gestaltung hybrider Leistungsbündel**
EUR 85,- ISBN 978-3-941967-13-7

45 ____ Ex. **Gestaltung nachhaltiger Logistik**
EUR 85,- ISBN 978-3-941967-53-3

46 ____ Ex. **Gestaltung von Kundenbeziehungen**
EUR 85,- ISBN 978-3-937236-02-5

47 ____ Ex. **Gestaltung von Logistikarchitekturen**
EUR 85,- ISBN 978-3-937236-72-8

48 ____ Ex. **Globale Industrialisierung**
EUR 179,- ISBN 978-3-941967-19-9

49 ____ Ex. **Globalisierung**
EUR 98,- ISBN 978-3-934155-60-2

50 ____ Ex. **Green Mobility**
EUR 98,- ISBN 978-3-941967-44-1

51 ____ Ex. **Handbuch IT-Management**
EUR 98,- ISBN 978-3-937236-42-1

52 ____ Ex. **Industriestandort Deutschland**
EUR 145,- ISBN 978-3-929918-31-1

53 ____ Ex. **Innovation und Kundennähe**
EUR 145,- ISBN 978-3-929918-84-7

54 ____ Ex. **Instandhaltungslogistik**
EUR 85,- ISBN 978-3-934155-84-8

55 ____ Ex. **Integrationsgeschwindigkeit bei M&A**
EUR 85,- ISBN 978-3-937236-13-1

56 ____ Ex. **Internationale und nationale Qualitäts-preise**
EUR 98,- ISBN 978-3-937236-92-6

57 ____ Ex. **IT-Offshoring Deutschland und Indien**
EUR 85,- ISBN 978-3-937236-73-5

58 ____ Ex. **Kerngeschäftsprozesse**
EUR 85,- ISBN 978-3-937236-35-3

59 ____ Ex. **Kernkompetenzen**
EUR 195,- ISBN 978-3-934155-96-1

60 ____ Ex. **Kollaborationsqualität im Supply Chain Management**
EUR 85,- ISBN 978-3-937236-99-5

61 ____ Ex. **Komplexitätsindex-Tool**
EUR 179,- ISBN 978-3-941967-09-0

62 ____ Ex. **Komplexitätsmessung**
EUR 85,- ISBN 978-3-931511-81-4

63 ____ Ex. **Kostenführerschaft und Service**
EUR 98,- ISBN 978-3-931511-80-7

64 ____ Ex. **Kostenmanagement in der Software-entwicklung**
EUR 85,- ISBN 978-3-934155-66-4

65 ____ Ex. **Kostenoptimierung im Gesundheitswesen**
EUR 85,- ISBN 978-3-941967-57-1

66 ____ Ex. **Kreislauforientierte Redistributionslogistik**
EUR 85,- ISBN 978-3-931511-82-1

67 ____ Ex. **Krisenvermeidung**
EUR 179,- ISBN 978-3-941967-52-6

68 ____ Ex. **Kultureller Wandel**
EUR 85,- ISBN 978-3-934155-64-0

69 ____ Ex. **Kundenbindung**
EUR 85,- ISBN 978-3-937236-74-2

70 ____ Ex. **Kundenintegration**
EUR 85,- ISBN 978-3-937236-11-7

71 ____ Ex. **Kurzfristige Produktivitätssteigerung**
EUR 85,- ISBN 978-3-934155-82-4

72 ____ Ex. **Lean und gesund?**
EUR 179,- ISBN 978-3-937236-80-3

73 ____ Ex. **Lebensläufe**
EUR 198,- ISBN 978-3-937236-87-2

74 ____ Ex. **Lebenszyklusorientiertes Produktstruktur-management**
EUR 85,- ISBN 978-3-937236-65-0

75 ____ Ex. **Leistungstiefenentscheidung**
EUR 179,- ISBN 978-3-937236-30-8

76 ____ Ex. **Lieferanteninsolvenzrisiken**
EUR 85,- ISBN 978-3-941967-30-4

77 ____ Ex. **Logistics Service Providers**
EUR 85,- ISBN 978-3-937236-79-7

78 ____ Ex. **Logistik Prozess-Management**
EUR 98,- ISBN 978-3-934155-61-9

79 ____ Ex. **Logistikpotenzialbewertung**
EUR 85,- ISBN 978-3-937236-77-3

80 ____ Ex. **Management am Puls der Zeit**
EUR 198,- ISBN 978-3-937236-62-9

81 ____ Ex. **Marketingorientierte Distributionslogistik**
EUR 85,- ISBN 978-3-934155-69-5

82 ____ Ex. **Marktführerschaft**
EUR 145,- ISBN 978-3-931511-15-9

83 ____ Ex. **Mergers & Aquisitions**
EUR 85,- ISBN 978-3-937236-29-2

84 ____ Ex. **Modellanalyse von Lieferanten-beziehungen**
EUR 85,- ISBN 978-3-937236-75-9

85 ____ Ex. **Moderne Produktionskonzepte**
EUR 115,- ISBN 978-3-934155-83-1

86 ____ Ex. **Modularisierung der Produktion in der Automobilindustrie**
EUR 198,- ISBN 978-3-941967-48-9

87 ____ Ex. **Modularisierung im Hausbau**
EUR 198,- ISBN 978-3-941967-69-4

88 ____ Ex. **Nationaler Qualitätsexporteur**
EUR 145,- ISBN 978-3-931511-85-2

89 ____ Ex. **Neue Montagekonzepte**
EUR 179,- ISBN 978-3-941967-14-4

90 ____ Ex. **Nutzfahrzeugreifen**
EUR 98,- ISBN 978-3-941967-34-2

91 ____ Ex. **Online-Auktionen**
EUR 85,- ISBN 978-3-937236-00-1

92 ____ Ex. **Operational Due Diligence**
EUR 85,- ISBN 978-3-941967-02-1

93 ____ Ex. **Optimierung von Entwicklungszeiten**
EUR 95,- ISBN 978-3-929918-01-4

94 ____ Ex. **Organisatorische Gestaltung der ERP-Systemeinführung**
EUR 85,- ISBN 978-3-941967-60-1

95 ____ Ex. **Plagiatschutz**
EUR 179,- ISBN 978-3-937236-63-6

96 ____ Ex. **Planung von Geschäftsprozessinnovationen**
EUR 85,- ISBN 978-3-934155-67-1

97 ____ Ex. **PPS-Reorganisation**
EUR 85,- ISBN 978-3-934155-62-6

98 ____ Ex. **Produkte & Services**
EUR 98,- ISBN 978-3-937236-66-7

99 ____ Ex. **Produktion und Controlling**
EUR 98,- ISBN 978-3-931511-84-5

100 ____ Ex. **Produktions- und Zuliefernetzwerke**
EUR 98,- ISBN 978-3-929918-78-6

101 ____ Ex. **Produktionscontrolling**
EUR 98,- ISBN 978-3-934155-71-8

102 ____ Ex. **Produktionsnetzwerk**
EUR 85,- ISBN 978-3-941967-63-2

103 ____ Ex. **Produktionssynchrone Beschaffung**
EUR 76,- ISBN 978-3-929918-60-1

104 ____ Ex. **Produktionswirtschaft**
EUR 98,- ISBN 978-3-931511-26-5

105 ____ Ex. **Produktivitätsmanagement**
EUR 98,- ISBN 978-3-931511-12-8

106 ____ Ex. **Produktklinik**
EUR 98,- ISBN 978-3-931511-27-2

107 ____ Ex. **Produktordnungssysteme**
EUR 85,- ISBN 978-3-937236-15-5

108 ____ Ex. **Produktpiraterie**
EUR 85,- ISBN 978-3-941967-01-4

109 ____ Ex. **Produktpiraterie & Nachahmungen**
EUR 179,- ISBN 978-3-941967-12-0

110 ____ Ex. **Professionelle Krisenbewältigung**
EUR 179,- ISBN 978-3-941967-06-9

111 ____ Ex. **Prozessfähigkeit**
EUR 85,- ISBN 978-3-934155-70-1

112 ____ Ex. **Prozessreengineering bei Retailbanken**
EUR 85,- ISBN 978-3-941967-35-9

Bücher-Bestellliste

113 ___ Ex. **Qualität und Unternehmenserfolg**
EUR 85,- ISBN 978-3-929918-91-5

114 ___ Ex. **Qualitätsbasierte Serviceentwicklung**
EUR 85,- ISBN 978-3-934155-79-4

115 ___ Ex. **Qualitätskostenrechnung**
EUR 78,- ISBN 978-3-929918-35-9

116 ___ Ex. **Qualitätsmanagement**
EUR 85,- ISBN 978-3-937236-48-3

117 ___ Ex. **Regionale Servicegesellschaften**
EUR 179,- ISBN 978-3-941967-29-8

118 ___ Ex. **Risikocontrolling**
EUR 85,- ISBN 978-3-937236-49-0

119 ___ Ex. **Risikomanagement in F&E**
EUR 85,- ISBN 978-3-937236-03-2

120 ___ Ex. **Risikomanagement und Rating**
EUR 98,- ISBN 978-3-937236-26-1

121 ___ Ex. **Risikosituation und -handhabung**
EUR 85,- ISBN 978-3-937236-71-1

122 ___ Ex. **Road Safety in India**
EUR 98,- ISBN 978-3-941967-23-6

123 ___ Ex. **Service- und Wissensmanagement**
EUR 165,- ISBN 978-3-931511-97-5

124 ___ Ex. **Softwareentwicklung im Mobile Business**
EUR 85,- ISBN 978-3-937236-10-0

125 ___ Ex. **Solarenergie in Indien**
EUR 98,- ISBN 978-3-941967-18-2

126 ___ Ex. **Stadtwerke**
EUR 258,- ISBN 978-3-937236-90-2

127 ___ Ex. **Strategische Führung in Unternehmen**
EUR 98,- ISBN 978-3-937236-39-1

128 ___ Ex. **Strategische Investitionsplanung**
EUR 45,- ISBN 978-3-929918-53-3

129 ___ Ex. **Stresstest für Geschäftsmodelle**
EUR 279,- ISBN 978-3-941967-71-7

130 ___ Ex. **Supply Chain Management**
EUR 115,- ISBN 978-3-931511-48-7

131 ___ Ex. **Synchronisation**
EUR 115,- ISBN 978-3-937236-14-8

132 ___ Ex. **Synergierealisierung**
EUR 85,- ISBN 978-3-937236-95-7

133 ___ Ex. **Technologietransfer in Schwellenländer**
EUR 250,- ISBN 978-3-941967-39-7

134 ___ Ex. **Tire Labeling and Green Tires**
EUR 98,- ISBN 978-3-941967-32-8

135 ___ Ex. **Total-Cost-Optimierung**
EUR 85,- ISBN 978-3-941967-03-8

136 ___ Ex. **Unternehmensentwicklung**
EUR 165,- ISBN 978-3-934155-75-6

137 ___ Ex. **Unternehmensnetzwerke**
EUR 145,- ISBN 978-3-931511-16-6

138 ___ Ex. **Unternehmensqualität**
EUR 85,- ISBN 978-3-929918-02-1

139 ___ Ex. **Unternehmensstandort Deutschland**
EUR 98,- ISBN 978-3-937236-12-4

140 ___ Ex. **Vielfalt nutzen und optimieren**
EUR 279,- ISBN 978-3-941967-65-6

141 ___ Ex. **Wachstum durch Ressourceneffizienz**
EUR 179,- ISBN 978-3-941967-43-4

142 ___ Ex. **Wandlungsfähigkeit in der Logistik**
EUR 250,- ISBN 978-3-941967-56-4

143 ___ Ex. **Wertorientiertes Logistikcontrolling**
EUR 85,- ISBN 978-3-937236-01-8

144 ___ Ex. **Wertschöpfung und Wettbewerb**
EUR 179,- ISBN 978-3-937236-27-8

145 ___ Ex. **Total Productive Maintenance**
EUR 179,- ISBN 978-3-941967-40-3

146 ___ Ex. **Wertsteigerung durch Wertschöpfung**
EUR 179,- ISBN 978-3-937236-69-8

147 ___ Ex. **Wertsteigerung von Unternehmen**
EUR 165,- ISBN 978-3-934155-68-8

148 ___ Ex. **Wettbewerbsfaktor IT**
EUR 165,- ISBN 978-3-937236-50-6

149 ___ Ex. **Windenergie in Indien**
EUR 98,- ISBN 978-3-941967-20-0

150 ___ Ex. **Wissensmanagement**
EUR 98,- ISBN 978-3-931511-45-6

151 ___ Ex. **Zielkostenerreichung**
EUR 85,- ISBN 978-3-937236-33-9

Alle Preise jeweils zzgl. Versandkosten

Bestelladresse / Versandanschrift

Ich interessiere mich für:

- ☐ **weitere Fachliteratur**
- ☐ **Fachseminare**

TCW Transfer-Centrum GmbH & Co. KG
für Produktions-Logistik und Technologie-Management
Leopoldstraße 145 • 80804 München
Tel. +49.89.36 05 23-0
E-Mail: mail@tcw.de • Internet: www.tcw.de
Fax-Bestellung: +49.89.36 10 23 20

Name, Vorname

Abteilung/Funktion | Firma

Straße/Postfach | PLZ | Ort

Telefon | Telefax | E-Mail

Stempel | Datum | Unterschrift

www.management-literatur.com • mail@tcw.de

Leitfäden

Der Autor

Die Leitfäden enthalten methodisch und praktisch erprobte Basisstrategien und Methodenbausteine zur Neugestaltung der organisatorischen Abläufe.

Anhand exemplarischer Fallstudien und in der betrieblichen Praxis bewährter Analysemethoden werden Einführungsschritte für ein betriebliches Problem entwickelt.

Die Leitfäden verstehen sich als Hilfe zur Selbsthilfe bei der Planung und Durchführung komplexer Reorganisationsvorhaben.

Jeder Leitfaden widmet sich praktischen Problemen und Lösungen und zeigt anhand eines Bausteinkonzeptes die Umsetzung in die Praxis auf.

Die Leitfäden eignen sich als visualisierte und komprimierte Darstellungsform und sind prädestiniert als Vorlage für Präsentationen und Vorträge.

Ihr

Horst Wildemann

I Advanced Purchasing

Leitfaden zur Einbindung der Beschaffungsmärkte in den Produktentwicklungsprozess

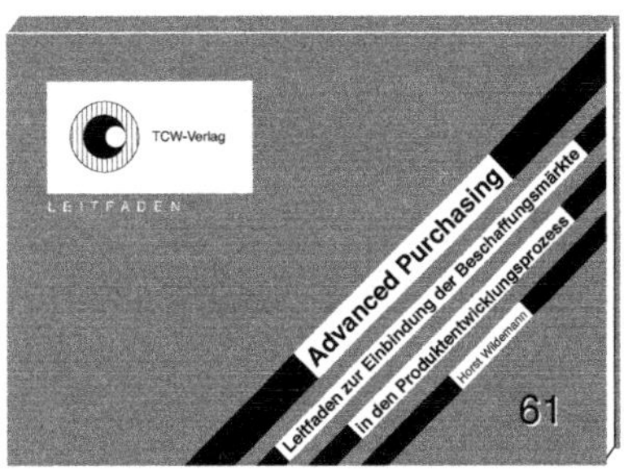

Horst Wildemann
Advanced Purchasing
München 2015
ISBN 978-3-934155-38-1
EUR 250,-
zzgl. Versandkosten

Die zunehmende Produktkomplexität und der steigende Wettbewerbs- und Kostendruck führen in vielen Unternehmen zu einer Korrektur der Leistungstiefe. Damit kommen auf den Einkauf neben einem steigenden Anteil der Beschaffungskosten neue Aufgaben im Rahmen der Produktentstehung zu. Technologische Komplexität, Variantenvielfalt und Standardisierungsdruck verlangen vom Einkäufer eine fundierte Beurteilungs- und Entscheidungskompetenz. Der vorliegende Leitfaden beschreibt die Leitlinien, Gestaltungsparameter sowie Konzepte und Instrumente im Themenfeld des Advanced Purchasing. Anhand von Fallstudien wird die Vorgehensweise zur Umsetzung von Advanced Purchasing im Unternehmen vorgestellt.

Leitfäden

2 Änderungsmanagement

Leitfaden zur Einführung eines effizienten Managements technischer Änderungen

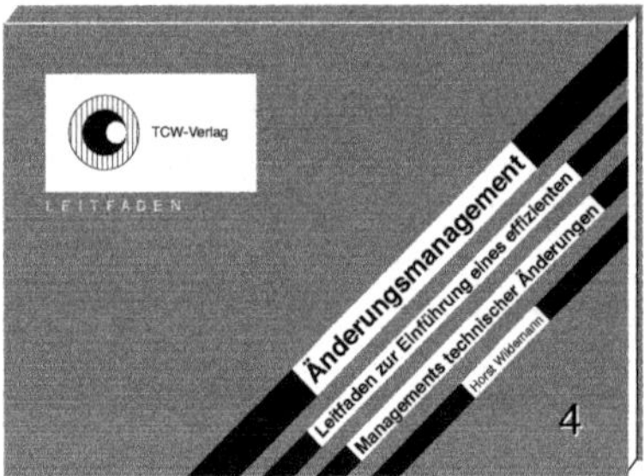

Horst Wildemann
Änderungsmanagement
München 2015
ISBN 978-3-929918-16-8
EUR 250,-
zzgl. Versandkosten

Die Erreichung des gewünschten Nutzens technischer Änderungen bei gleichzeitiger Minimierung des Änderungsaufwandes durch systematische und praktische Vorgehensweise ist Inhalt dieses Leitfadens. Ausgehend von der Problematik des Managements technischer Änderungen werden die Prinzipien Prävention, Selektion und Effizienz abgeleitet. Die Prinzipien verfolgen das Ziel, Lernprozesse zu beschleunigen und Störungen durch technische Änderungen zu vermeiden. Der Leitfaden ist zur Schulung und für das Selbststudium geeignet.

3 Anlagenproduktivität

Leitfaden zur Steigerung der Anlageneffizienz und Verlustquellenminimierung

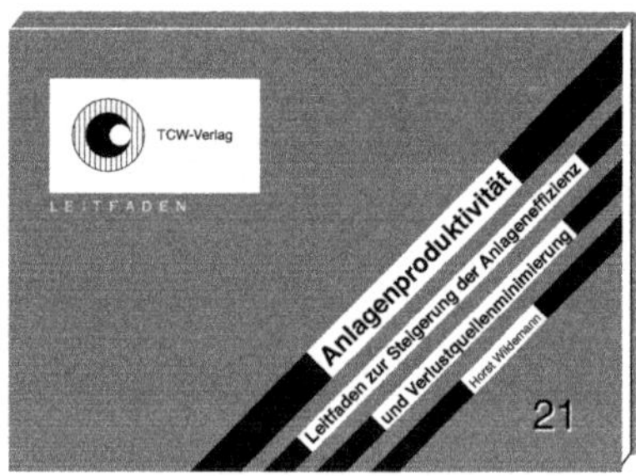

Horst Wildemann
Anlagenproduktivität
München 2015
ISBN 978-3-929918-70-0
EUR 250,-
zzgl. Versandkosten

Die Steigerung der Anlagenproduktivität in Produktionsunternehmen ist eine wichtige Optimierung, die Unternehmen, die sich mit effizienten Produktionsstrukturen, geeigneter Fertigungstiefe und Technologieauswahl auseinandersetzen, nicht übersehen sollten. Reduzierte Anlagenverfügbarkeit und mangelnde Auslastung komplexer und investitionsintensiver Anlagensysteme bergen ein hohes betriebswirtschaftliches Risiko, das es zu minimieren gilt. Dieser Leitfaden zeigt, wie Verlustquellen identifiziert und systematisch analysiert werden, um darauf aufbauend zielgerichtete Optionen aus technologie-, organisations- und personalorientierten Gestaltungsfeldern auswählen zu können.

4 Anlaufmanagement

Leitfaden zur Verkürzung der Hochlaufzeit und Optimierung der An- und Auslaufphase von Produkten

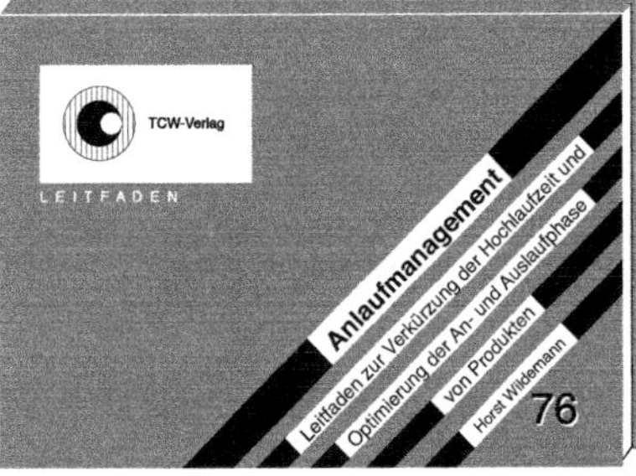

Horst Wildemann
Anlaufmanagement
München 2015
ISBN 978-3-934155-52-7
EUR 250,-
zzgl. Versandkosten

Steigende Kundenanforderungen, Wettbewerbsdruck und die Dynamik technischer Entwicklungen haben zu einer Erhöhung der Angebots- und Variantenvielfalt geführt. Bei zunehmender Anzahl von Produktentwicklungen spielt zur Realisierung einer kurzen Time-to-Market der prozesssichere Übergang von der Entwicklung in die Serie eine wichtige Rolle. Zentrale Aufgabe im Anlauf ist die Beherrschung der technologischen, prozessualen und organisatorischen Komplexität. Der vorliegende Leitfaden setzt genau an diesen Punkten an und liefert dem Leser einen umfassenden Einblick in die Problematik des Anlaufmanagements und leistet durch die Darlegung einer Vorgehensweise zur Einführung sowie von Fallstudien Hilfe zur Selbsthilfe.

5 Asset Management

Leitfaden zur Wertsteigerung von Unternehmen

Horst Wildemann
Asset Management und Working Capital Controlling
München 2015
ISBN 978-3-931511-99-9
EUR 250,-
zzgl. Versandkosten

Voraussetzungen für ein erfolgreiches Wirtschaften sind die nachhaltige Sicherung der Wettbewerbsfähigkeit des Unternehmens und die Steigerung des Unternehmenswertes. Neben der Schaffung zusätzlichen Umsatzes spielt hier die effiziente Nutzung des betrieblichen Vermögens eine wesentliche Rolle. Asset Management und Working Capital Controlling sind Konzepte, die der Erschließung von Rationalisierungspotenzialen im betrieblichen Vermögen dienen. In diesem Leitfaden werden Instrumente vorgestellt, die zur Analyse der Beziehungen zwischen liquiden Mitteln, Beständen, Forderungen und Anlagevermögen dienen sowie zur Ableitung von Optimierungsansätzen eingesetzt werden können.

Leitfäden

6 Auftragsabwicklungsprozess

Leitfaden für eine kundenorientierte Neuausrichtung und Kundenbindung

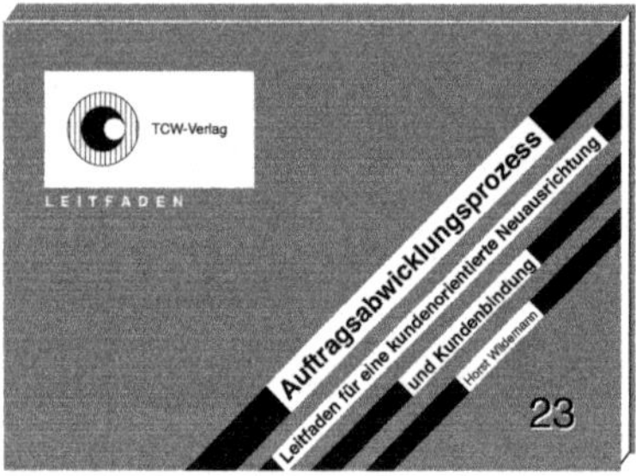

Horst Wildemann
Auftragsabwicklungsprozess
München 2015
ISBN 978-3-929918-86-1
EUR 250,-
zzgl. Versandkosten

Der Leitfaden enthält Konzepte für eine Vereinfachung und kundenorientierte Neugestaltung der Auftragsabwicklungsprozesse. Systematisch werden die in den indirekten Bereichen verborgenen Produktivitätsreserven erschlossen. Gerade Einzel- und Kleinserienfertigung sind durch hohe Variantenvielfalt und kundenspezifische Entwicklungen immer komplexer geworden. Der Leitfaden enthält systematisierte Vorgehensweisen zur Planung und Einführung von Auftragsabwicklungszentren in Unternehmen. Fallstudien, bewährte Analysemethoden und -formblätter helfen dem Praktiker bei der Einführung. Der Leitfaden eignet sich zur Schulung und zum Selbststudium.

7 Beschaffungskostenmanagement

Leitfaden zur Gestaltung von Kosten in der Beschaffung

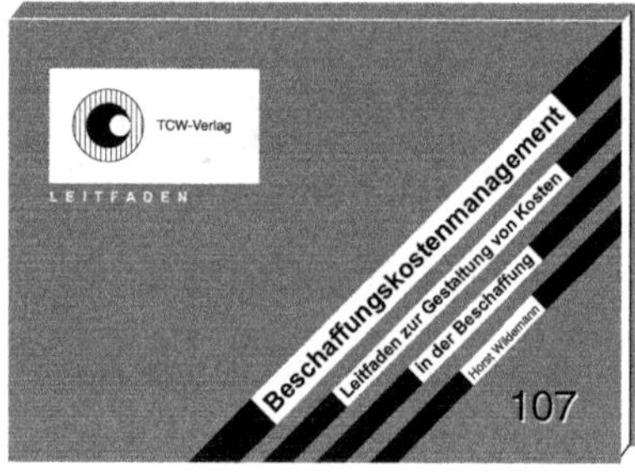

Horst Wildemann
Beschaffungskostenmanagement
München 2015
ISBN 978-3-941967-11-3
EUR 250,-
zzgl. Versandkosten

Zur optimalen Entscheidungsfindung bei Vergabeentscheidungen sollten strategische, technische und monetäre Aspekte berücksichtigt werden. Der häufig undifferenzierte Methodeneinsatz in der täglichen Praxis führt dazu, dass Vergabeentscheidungen in vielen Fällen auf Basis einer eingeschränkten Informationstransparenz getroffen werden. Empirisch erwiesen orientieren sich die meisten Entscheidungsträger in der Beschaffung zu stark an den Einstandspreisen der verfügbaren Vergabealternativen. Der Leitfaden Beschaffungskostenmanagement widmet sich der Vorbereitung von Vergabeentscheidungen. Dazu müssen zunächst die Rahmenbedingungen einer Beschaffungssituation analysiert werden, um dann den adäquaten Methodeneinsatz ableiten zu können.

8 Bestände-Halbe

Leitfaden zur Senkung und Optimierung des Umlaufvermögens

Horst Wildemann
Bestände-Halbe
München 2015
ISBN 978-3-931511-04-3
EUR 250,-
zzgl. Versandkosten

Dieser Leitfaden befasst sich mit beständetreibenden Einflussgrößen sowie der Entwicklung strategischer Gestaltungsfelder und operationalisierter Stellhebel zur Reduzierung des bestandsbedingten Umlaufvermögens. Betrachtet werden die Einflussmöglichkeiten, die aus der Produkt- und Sortimentsstruktur, aus flussorientierten Fabrikstrukturen und logistikorientierten Beschaffungsstrukturen wie auch aus einem differenzierten Logistikmanagement resultieren. Der Leitfaden eignet sich zur Schulung und zum Selbststudium.

9 Betreibermodelle

Leitfaden zur Berechnung, Konzeption und Einführung von Betreibermodellen und Pay-on-Production-Konzepten

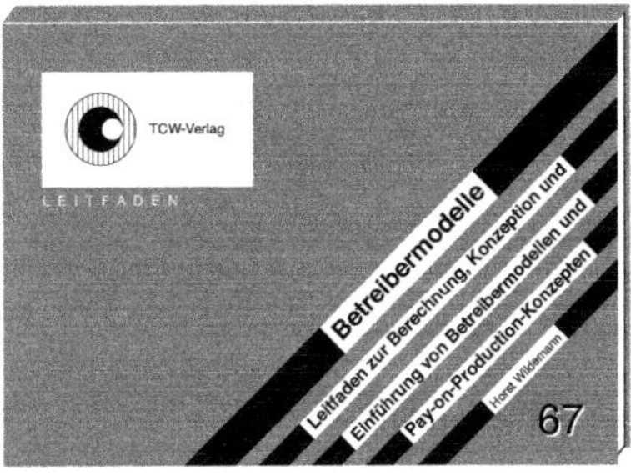

Horst Wildemann
Betreibermodelle
München 2015
ISBN 978-3-934155-43-5
EUR 250,-
zzgl. Versandkosten

Zur Ausgestaltung effizienter maschinen- und anlagentechnischer Unternehmensinfrastrukturen erweisen sich Betreibermodelle vermehrt als praktisches Instrument zur Verbesserung von Effizienz, Kosten und Verfügbarkeit. Der Leitfaden basiert auf den in Industrieprojekten bei der Planung, Berechnung und Umsetzung gewonnenen Erkenntnissen sowie auf der Auswertung diverser nationaler und internationaler Fallstudien. Der Leitfaden zeigt, wie Kosten-, Leistungs-, und Risikopotenziale identifiziert werden können, um darauf aufbauend die Partnerauswahl und Ausgestaltung des Betreiberkonzepts vorzunehmen.

Leitfäden

10 Conjoint Analyse

Leitfaden zur kundenwertorientierten Produktentwicklung mittels Conjoint Analyse

Horst Wildemann
Conjoint Analyse
München 2015
ISBN 978-3-937236-21-6
EUR 250,-
zzgl. Versandkosten

Overengineering bei Produkten erkennen und eine Wertgestaltung der Produkte für den Kunden wahrnehmen ist Inhalt dieses Leitfadens. Der Schwerpunkt liegt auf der funktionskostenorientierten Gestaltung von Produkten. Es werden Methoden aufgezeigt, anhand derer die Kostenstrukturen von Produkten frühzeitig kalkuliert und beeinflusst werden können. Es wird gezeigt, wie mittels Conjoint Analysen Funktionsanteile in Produkten identifiziert und zur kundenwertoptimalen Gestaltung der Produkte herangezogen werden können. Eine Integration der kundenwertorientierten Gestaltung von Leistungsangeboten in Konzepte wie Produktklinik oder Produktordnungssysteme erfolgt ebenfalls. Die Conjoint Analyse für Investitionsgüter erlaubt auch die Preisgestaltung von Produkten.

11 Controlling

Leitfaden für das Controlling von Unternehmensstrukturen, Geschäftsprozessen und als Frühwarnsystem

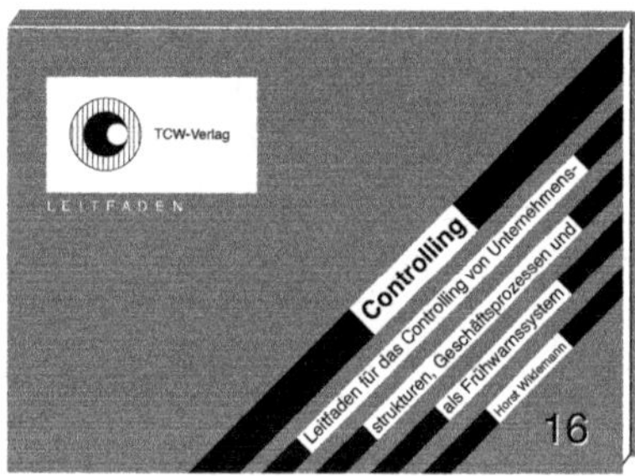

Horst Wildemann
Controlling
München 2015
ISBN 978-3-929918-33-5
EUR 250,-
zzgl. Versandkosten

Die Neuausrichtung von Controllingsystemen auf schlanke Produktionsstrukturen mit neuen konzeptionellen und methodischen Ansätzen ist Inhalt dieses Leitfadens. Denn auch für erfolgreiche Unternehmen gilt: Nur wenn Kostenniveau und Kostenstrukturen ständig unter Kontrolle sind, können Geschäftsprozesse beherrscht und Leistungspotenziale kontinuierlich ausgebaut werden. Anhand von Schaubildern wird dargestellt, wie Kosten- und Leistungsstrukturen systematisch analysiert werden können und wie sich zukünftige Erfolgs- und Ergebnispotenziale erschließen lassen. Der Leitfaden ist zur Schulung und für das Selbststudium konzipiert.

Leitfäden

12 Cost Engineering

Leitfaden zur Innovation und Verbesserung im Unternehmen

Horst Wildemann
Cost Engineering
München 2015
ISBN 978-3-941967-36-6
EUR 250,-
zzgl. Versandkosten

Steigender Kostendruck und zunehmende Preissensibilität der Kunden erhöhen die Notwendigkeit, neue Einsparungspotenziale im Unternehmen zu erschließen. Dieser Leitfaden zeigt, wie man mit theoretischen und praktischen Ansätzen Kostentreiber identifiziert, klassifiziert und reduziert. Dabei wird besonders auf zwei wesentliche Aspekte eingegangen, die durch den gezielten Einsatz von Cost Engineering-Methoden realisiert werden können: eine ganzheitliche Kostenreduktion entlang der Wertschöpfungskette im Unternehmen und eine Steigerung des Kostenbewusstseins innerhalb crossfunktionaler Teams. Anhand von zahlreichen Fallstudien wird die Umsetzung der Cost Engineering-Methoden praxisnah verdeutlicht und Kostensenkungspotenziale werden gehoben.

13 Distributionslogistik

Leitfaden zur Erzeugung von exzellenten Logistikleistungen am Point of Sales

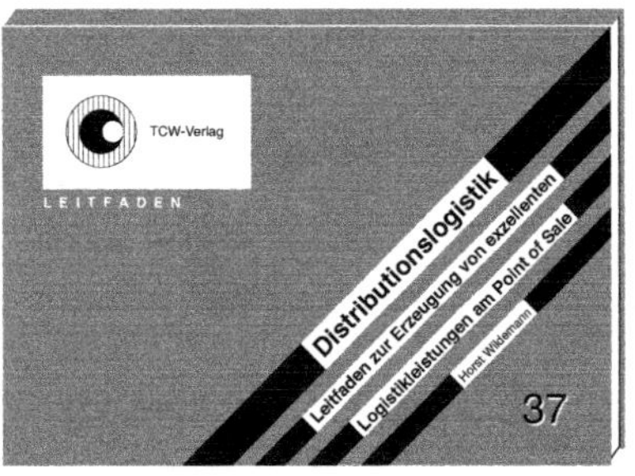

Horst Wildemann
Distributionslogistik
München 2015
ISBN 978-3-931511-09-8
EUR 250,-
zzgl. Versandkosten

Der Leitfaden enthält ein methodisch und praktisch erprobtes Konzept zur Erzeugung exzellenter Logistikleistungen am Point of Sales. Neben den nach wie vor wichtigen Kostenwirkungen kommt der Leistungskomponente der Distributionslogistik eine wachsende Bedeutung zu. Aufbauend auf diesem Ergebnis und weiteren empirisch belegten Trends werden Wettbewerbsstrategien, logistische Prozesse, Distributionsstrukturen, das Outsourcing logistischer Prozesse und neuartige Konzepte wie Efficient Consumer Response theoretisch fundiert analysiert und bewertet. Zahlreiche Praxisbeispiele tragen zum Verständnis bei. Robuste Methoden unterstützen die Implementierung.

14 Durchlaufzeit-Halbe

Leitfaden zur Zeitreduzierung in Wertschöpfungs- und Geschäftsprozessen

Horst Wildemann
Durchlaufzeit-Halbe
München 2015
ISBN 978-3-929918-15-1
EUR 250,-
zzgl. Versandkosten

Die Steigerung der Zeiteffizienz in Unternehmen ist Ziel dieses Leitfadens, da Geschwindigkeit über Erfolg oder Misserfolg von Unternehmen entscheidet. Es werden die Strategien der Zeitverkürzung, der intensiven Nutzung der Zeit und der Zeit als Waffe im Wettbewerb vorgestellt. Aufbauend auf einer Geschäftsprozessbetrachtung werden spezifische Handlungsempfehlungen zur Umsetzung der Zeitstrategie im Auftragsabwicklungs-, Entwicklungs-, Beschaffungs-, Produktions- und Distributionsprozess sowie ein Bausteinkonzept im Sinne einer Hilfe zur Selbsthilfe aufgezeigt. Der Leitfaden ist zur Schulung und für das Selbststudium konzipiert.

15 E-Commerce

Leitfaden zum Management der Wertschöpfungskette mittels E-Technologien

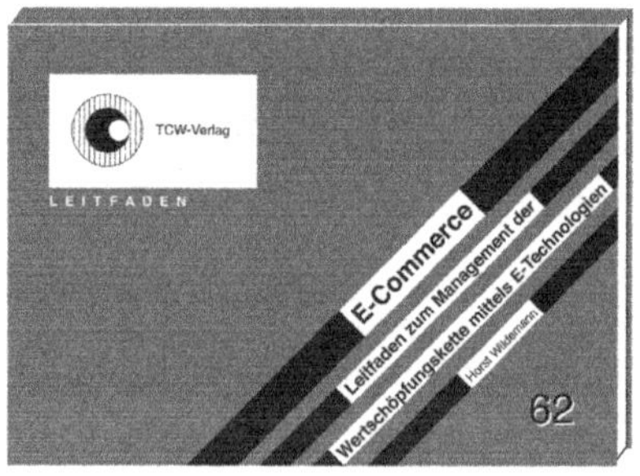

Horst Wildemann
E-Commerce
München 2015
ISBN 978-3-934155-35-0
EUR 250,-
zzgl. Versandkosten

Dieser Leitfaden enthält methodisch und praktisch erprobte Konzepte zum Einsatz von E-Technologien für das Management der Wertschöpfungskette. Ausgangspunkt ist die Ableitung einer individuellen E-Technologie-Strategie, die die Potenziale der Nutzung von Informationen innerhalb kürzester Zeit in den Geschäftsprozessen sichtbar macht. Die Neuausrichtung der Geschäftsprozesse mit Unterstützung durch E-Technologien bedeutet Produktivitätssteigerung, Kostensenkung und Beschleunigung von Time-to-Market. Der Leitfaden gibt anhand von erprobten Vorgehensweisen und Konzepten Handlungsempfehlungen für den unternehmensspezifischen Einsatz von E-Technologien.

16 Efficient Consumer Response

Leitfaden zur konsumentengerechten Neugestaltung von Distributionskanälen und Warengruppen

Horst Wildemann
Efficient Consumer Response
München 2015
ISBN 978-3-931511-20-3
EUR 250,-
zzgl. Versandkosten

Der Leitfaden stellt ein in zahlreichen Unternehmen erfolgreich umgesetztes ganzheitliches Konzept zur unternehmensübergreifenden Optimierung der Wertschöpfungskette vom Zulieferer über Hersteller und Handel bis zum Konsumenten dar. Das nach wie vor wichtige logistische Leistungsvermögen wird mit Aspekten des strategischen Marketings verknüpft und eröffnet potenziellen Anwendern durch eine deutliche Erhöhung des Kundennutzens wesentliche Wettbewerbsvorteile. Aufbauend auf dem Logistikkonzept Just-in-Time wird unter den Leitlinien „ganzheitliche Betrachtung des Distributionskanals", „Kundenorientierung", „Kooperation" und „Informationstransparenz" ein umfassendes Bausteinkonzept vorgestellt.

17 Einkauf von Dienstleistungen

Leitfaden zur effizienten Beschaffung von Dienstleistungen

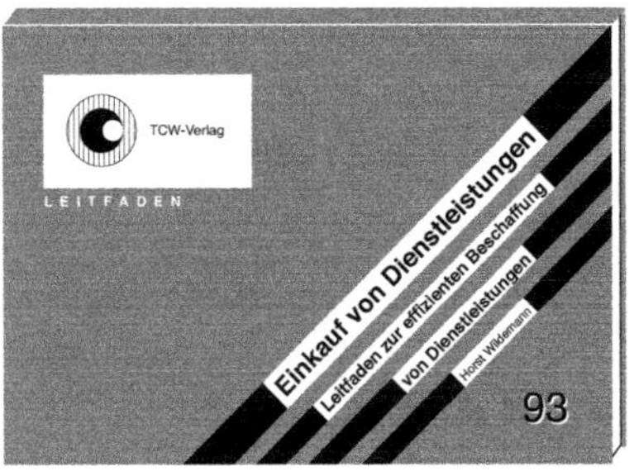

Horst Wildemann
Einkauf von Dienstleistungen
München 2015
ISBN 978-3-937236-58-2
EUR 250,-
zzgl. Versandkosten

Auf der Suche nach neuen Konzepten zur Steigerung der Wettbewerbsfähigkeit von Unternehmen gewinnt die Beschaffung von Dienstleistungen stetig an Bedeutung. Während Unternehmen die strategischen Hebel zur Realisierung von Einkaufspotenzialen für direkte Materialien optimiert und weitgehend ausgereizt haben, liegt das Feld der Dienstleistungen vielfach brach. Dies liegt daran, dass die direkten Materialien in der Regel vom Beschaffungsvolumen den bedeutenderen Anteil stellen und dass die Komplexität von Dienstleistungen nicht beherrscht wird und die Vergleichbarkeit nicht gegeben ist. Im Leitfaden wird den Unternehmen anhand der Gestaltungsfelder aufgezeigt, wie der Einkauf von strategischen Dienstleistungen effizient erfolgen kann.

18 Einkaufscontrolling

Leitfaden zur Messung von Einkaufserfolgen

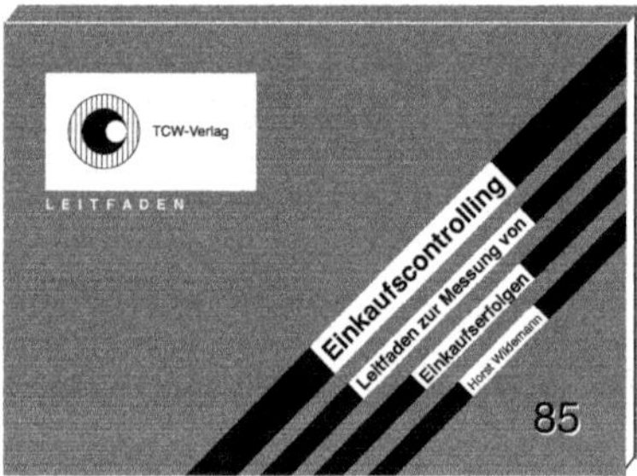

Horst Wildemann
Einkaufscontrolling
München 2015
ISBN 978-3-934155-25-1
EUR 250,-
zzgl. Versandkosten

Die erfolgreiche wirtschaftliche Entwicklung eines Unternehmens hängt in hohem Maße von qualifizierten und richtigen Entscheidungen im Einkauf ab. Die Entscheidungssituation wird dabei immer komplexer bei zumindest unverändertem Kostendruck. Vor diesem Hintergrund findet das Thema des strategischen Beschaffungsmanagements Beachtung selbst auf Vorstandsebene. Diesem hohen Interesse an Einkaufserfolgen steht in den meisten Unternehmen jedoch kein entsprechend fundiertes Reporting- und Controllingsystem entgegen. In diesem Leitfaden werden klassische und moderne Instrumente des Beschaffungscontrollings diskutiert und auf ihre Anwendbarkeit zur Erfolgsmessung geprüft.

19 Einkaufspotenzialanalyse

Leitfaden zur Kostensenkung und Gestaltung der Abnehmer-Lieferanten-Beziehung

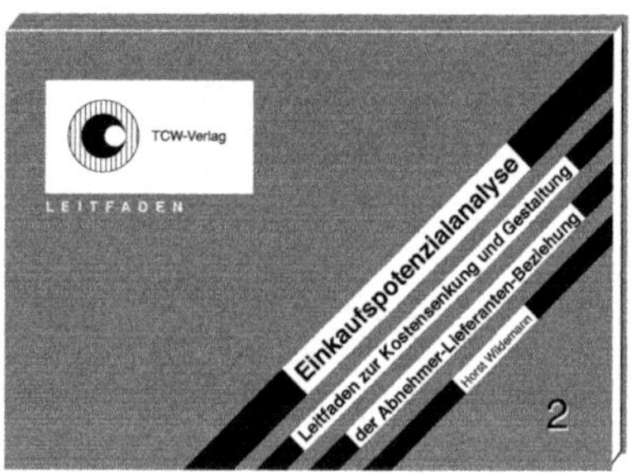

Horst Wildemann
Einkaufspotenzialanalyse
München 2015
ISBN 978-3-929918-14-4
EUR 250,-
zzgl. Versandkosten

Dieser Leitfaden bietet eine methodisch und praktisch erprobte Unterstützung zur Erschließung von Einkaufspotenzialen bei Zukaufteilen, die 50-60% des Umsatzes ausmachen. Bei der Erschließung von Einsparpotenzialen ist es wichtig, die Beschaffungsinstrumente den spezifischen Produkt- und Lieferantenmerkmalen anzupassen. Aufbauend auf den Ergebnissen von Portfolio und Benchmark-Analysen werden geeignete Beschaffungsstrategien festgelegt. Zur Umsetzung dieser strategischen Vorgaben wird ein umfassendes Bausteinkonzept dargestellt. Der Leitfaden ist zur Schulung und für das Selbststudium konzipiert.

Leitfäden

20 Electronic Sourcing

Leitfaden zur Nutzung von IT-Systemen für die Beschaffung

Horst Wildemann
Electronic Sourcing
München 2015
ISBN 978-3-931511-96-8
EUR 250,-
zzgl. Versandkosten

Von traditionellen EDI bis zu Auktionen im Internet gibt es unterschiedlichste Formen der Nutzung von IT-Technologien für die Beschaffung. Unter Electronic Sourcing ist die Nutzung von IT-Technologien zur Beschaffung zu verstehen. Der Leitfaden gibt einen Überblick, welche Konzepte der Beschaffung zur Verfügung stehen. Im Vordergrund stehen dabei die Einordnung der Konzepte in die Beschaffungsstrategien, die Auswahl geeigneter Güter, die Konsequenzen für Beschaffungsprozesse und -organisation sowie die dadurch erschließbaren Einkaufspotenziale. Vorgehensweisen zur Umsetzung sowie Fallstudien geben Praktikern wertvolle Gestaltungshinweise.

21 Entlohnung

Leitfaden zur Einführung neuer Entlohnungskonzepte

Horst Wildemann
Entlohnung
München 2015
ISBN 978-3-929918-22-9
EUR 250,-
zzgl. Versandkosten

Der Leitfaden beschreibt klassische Entlohnungskonzepte wie Zeit- und Prämienlohn und zeigt auf, wie durch innovative Entlohnungsmodelle eine verbesserte Zielorientierung sowie eine erhöhte Zufriedenheit und Motivation der Mitarbeiter gefördert werden können. Qualifikationsbezogene Entlohnungskonzepte, Bonussysteme, Entlohnung nach Zielvereinbarung, Erfolgsbeteiligung sowie Caféteria-Systeme für Führungskräfte stellen dabei wichtige Ansätze dar. In Form von Schaubildern werden konkrete Empfehlungen für die Ausgestaltung der Konzepte gegeben.

Leitfäden

22 Entsorgungslogistik

Leitfaden zur Einführung und wirtschaftlichen Gestaltung von Entsorgungskreisläufen in Industrieunternehmen

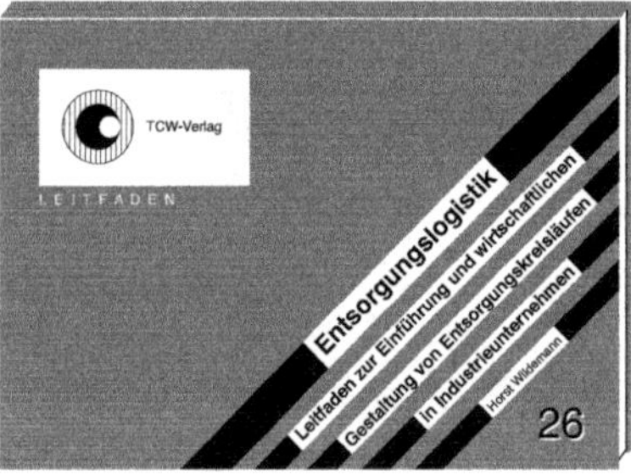

Horst Wildemann
Entsorgungslogistik
München 2015
ISBN 978-3-929918-96-0
EUR 250,-
zzgl. Versandkosten

Dieser Leitfaden enthält kundenorientierte Konzepte für die Gestaltung der Entsorgungslogistik. Unternehmen sind gemäß §§ 22-26 KrW-/AbfG zur Rücknahme ausgedienter Produkte verpflichtet. Dies konfrontiert sie mit einer Vielzahl an verfahrenstechnischen und logistischen Teilfragen. Die Sammlung von Rückständen, ihre Aufbereitung und anschließende Bereitstellung oder ihre Beseitigung erfordern ein ausgetüfteltes Logistiksystem, um diesen Prozess wirtschaftlich abwickeln zu können. Hierzu gibt dieser Leitfaden eine Vielzahl an wertvollen Gestaltungshinweisen.

23 Entstörmanagement

Leitfaden zur Realisierung störungsrobuster Wertschöpfungsprozesse

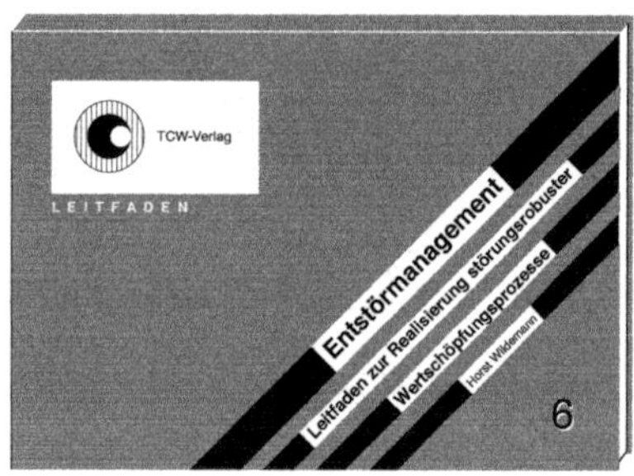

Horst Wildemann
Entstörmanagement
München 2015
ISBN 978-3-929918-18-2
EUR 250,-
zzgl. Versandkosten

Die Stabilisierung von Produktionssystemen durch eine konsequente und systematische Ermittlung von Abweichungen sowie eine Fehler- und Störungsbekämpfung im Sinne von Lean Production sind Ziel dieses Leitfadens. Der Leitfaden umfasst ein praxiserprobtes Bausteinkonzept und gibt in Form von Schaubildern Handlungs- und Gestaltungsempfehlungen für ein Entstörmanagement. Strategien und Einzelmaßnahmen werden an Fallbeispielen erläutert. Darüber hinaus werden Organisations- und Einführungsstrategien beschrieben.

24 Entwicklungspartnerschaften

In der Automobil- und Zulieferindustrie - Leitfaden zur methodengestützten Umsetzung von Entwicklungspartnerschaften

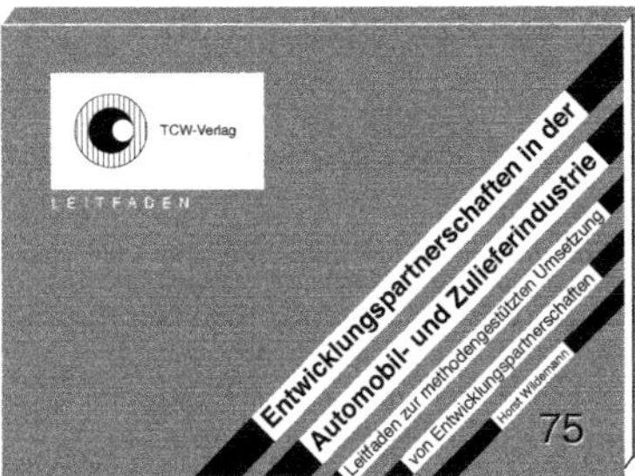

Horst Wildemann
Entwicklungspartnerschaften
München 2015
ISBN 978-3-934155-51-0
EUR 250,-
zzgl. Versandkosten

Diskontinuitäten im Unternehmensumfeld benötigen flexible Unternehmensformen, die es ermöglichen, Anforderungen aus den Märkten und von den Abnehmern schnell im eigenen Unternehmen umsetzen zu können. In diesem Buch wird beschrieben, wie Zulieferer durch verschiedene Typen der Netzwerkorganisation in den Bereichen Entwicklung, Produktion und Vertrieb den sich immer schneller wandelnden Wettbewerbsfaktoren begegnen können. Die Erkenntnisse sind durch eine empirische Analyse bei 155 Unternehmen belegt.

25 Entwicklungsprozess

Leitfaden für ein kundenorientiertes Redesign und Time to Market

Horst Wildemann
Entwicklungsprozess
München 2015
ISBN 978-3-929918-90-8
EUR 250,-
zzgl. Versandkosten

Neue Produkte mit überzeugenden Eigenschaften auf etablierten oder neuen Märkten zu positionieren, so lautet die Herausforderung an das Innovationsmanagement der Unternehmen. Innovation bedeutet mehr als nur Forschung und Entwicklung. Innovation ist durch den Markt gefilterte Kreativität und beinhaltet stets die Durchsetzung der Idee am Markt. Der Entwicklungsprozess ist neben dem kreativen Ideenfindungsprozess ein mehrere Funktionsbereiche der Unternehmen umspannendes logistisches Problem. Der Leitfaden ist in Chartform gestaltet und für Schulung und Selbststudium konzipiert.

Leitfäden

26 E-Technologien

Leitfaden zum Einsatz von E-Technologien in der Wertschöpfungskette

Horst Wildemann
E-Technologien
München 2015
ISBN 978-3-934155-36-7
EUR 250,-
zzgl. Versandkosten

Kernkompetenz und E-Technologien rücken wieder ins Rampenlicht des Managements. Trotz hoher Investitionen in E-Technologien in der Vergangenheit konnten vielfach keine Produktionssteigerungen erreicht werden. Dieser Leitfaden zeigt den effizienten Einsatz von E-Technologien unter der gesamten Wertschöpfungskette und gibt an, welche neuen E-Business-Wertindikatoren aufzubauen sind. Die dargestellten Strategieaspekte verdeutlichen die entsprechenden Stellhebel, um erfolgreich auf dem Markt agieren zu können.

27 Event Management in der SC

Leitfaden zur Steuerung ergebnisorientierter Wertschöpfungsketten

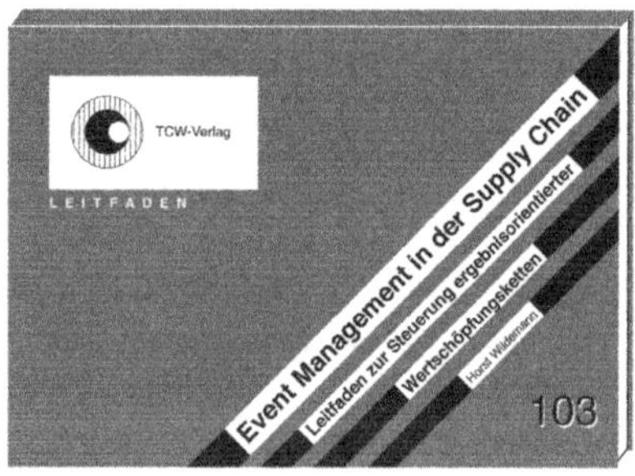

Horst Wildemann
Event Management in der Supply Chain
München 2015
ISBN 978-3-937236-60-5
EUR 250,-
zzgl. Versandkosten

Supply Chain Event Management ist eine Methode zur ergebnisorientierten Steuerung von Supply Chains. Event Management in der Supply Chain erlaubt ein effizientes situatives Reagieren auf Volatilitäten entlang der Wertschöpfungskette(n). Die nachhaltige Sicherstellung und der weitere Ausbau der Wettbewerbsfähigkeit erfordern sowohl die Abschöpfung der sich bietenden Umsatzpotenziale als auch die Realisierung von Kostensenkungsmöglichkeiten. Der vorliegende Leitfaden beschreibt die Leitlinien, Gestaltungsparameter sowie Konzepte und Instrumente im Themenfeld des Supply Chain Event Managements und stellt anhand von Fallstudien Vorgehensweisen zur Umsetzung einer ereignisorientierten Supply Chain Steuerung vor.

Leitfäden

28 Fertigungssegmentierung

Leitfaden zur fluss- und logistikgerechten Fabrikgestaltung

Horst Wildemann
Fertigungssegmentierung
München 2015
ISBN 978-3-931511-07-4
EUR 250,-
zzgl. Versandkosten

Dieser Leitfaden befasst sich mit der Konzeptionierung und Realisierung von Fertigungssegmenten. Ziel der Segmentierung ist eine weitgehende Entflechtung der Kapazitäten durch eine bewusste Gliederung der Produktion nach Produkten, Technologien und Auftragstypen. Die zu bestimmenden Gestaltungsparameter liegen sowohl im Material- als auch im Informationsfluss. Die daraus entstehenden „Fabriken in der Fabrik" beinhalten Potenziale für Wettbewerbsvorteile, da sich ihre Ressourcen auf die spezifische Produktionsaufgabe konzentrieren. Der Leitfaden bietet auf der Basis praxiserprobter Konzepte ein systematisches Analyse- und Planungsinstrumentarium.

29 Finanzdienstleister

Leitfaden zur Implementierung schlanker Prozesse und Strukturen

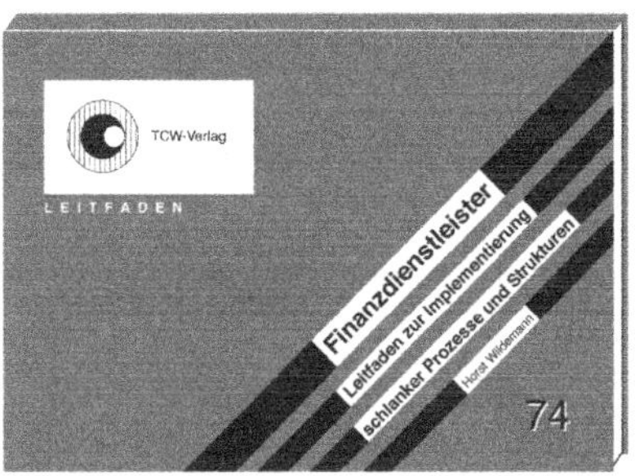

Horst Wildemann
Finanzdienstleister
München 2015
ISBN 978-3-934155-49-7
EUR 250,-
zzgl. Versandkosten

Eine Ausrichtung von Prozessen und Organisationsstrukturen an den Bedürfnissen der Kunden ermöglicht eine Differenzierung gegenüber den Wettbewerbern. Die Verschlankung von Prozessen und eine konsequente Wertschöpfungsorientierung erschließen Kosten- und Durchlaufzeitpotenziale und steigern die Profitabilität. Der Einsatz der Konzepte ermöglicht es Finanzdienstleistern, sich zu einer lernenden Organisation mit einem ausgeprägten Qualitäts- und Kostenbewusstsein zu entwickeln. Der Leitfaden schildert bewährte Methoden, die mit Handlungsempfehlungen versehen vorgestellt werden und zeigt anhand von konkreten Fallstudien deren Wirkungen auf.

30 Fixkostenmanagement

Leitfaden zur Anpassung von Kostenstrukturen an volatile Märkte

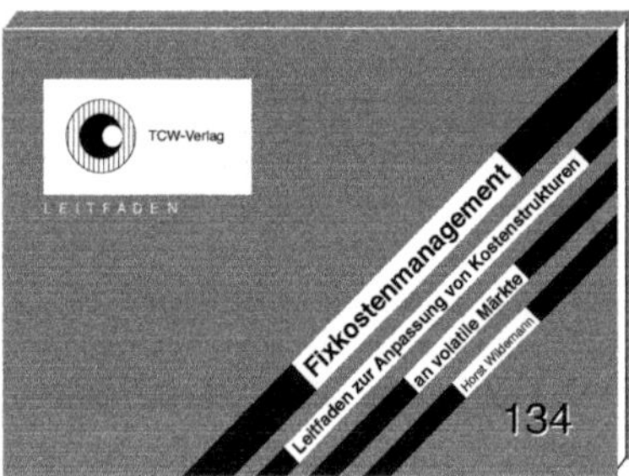

Horst Wildemann
Fixkostenmanagement
München 2015
ISBN 978-3-937236-91-9
EUR 250,-
zzgl. Versandkosten

Fixkostenmanagement ist bei den heute zu verzeichnenden volatilen Märkten eine überlebenswichtige Maßnahme. Die angespannten Kreditlinien der Unternehmen vor dem Hintergrund der Finanzkrise erfordern eine neue ganzheitliche Betrachtung der einzelnen Kostenfaktoren. Hierbei reicht es nicht aus, sich allein auf die bisherige Definition von Fixkosten zu stützen. Vielmehr sind die Fixkosten um den Anteil der variablen Kosten zu erweitern, der nicht kurzfristig reduziert werden kann. Längerfristige Abnahmevereinbarungen und Mietverträge zählen hier ebenso hinzu wie Kosten für Lohnempfänger, die unter Beschäftigungsgarantien stehen.

31 FMEA

Präventive Fehlervermeidung für Konstruktions- und Geschäftsprozesse

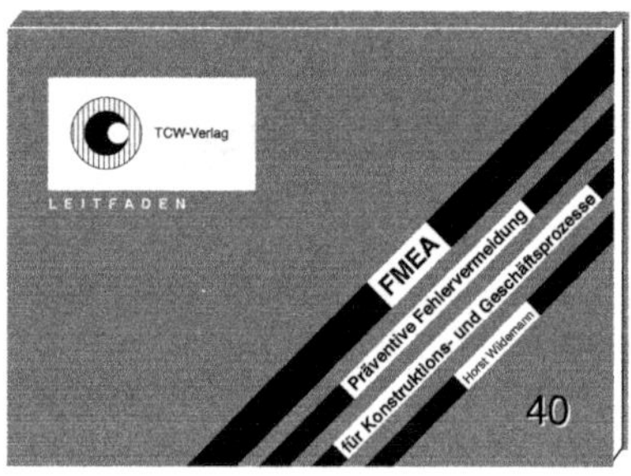

Horst Wildemann
FMEA
München 2015
ISBN 978-3-929918-52-6
EUR 350,-
zzgl. Versandkosten

Risiken, die sich infolge von Fehlern an Teilen, Endprodukten oder Prozessen ergeben können, müssen frühzeitig erkannt werden, um sie in der Konstruktions- und Planungsphase auszuschließen. Die Fehler-Möglichkeits- und Einfluss-Analyse als Methode der präventiven Qualitätssicherung dient der systematischen Feststellung potenzieller Fehler sowie der Folgen und Risiken und führt zur frühzeitigen Suche nach Fehlerursachen und der gezielten Einleitung von Maßnahmen zu deren Bekämpfung. Die Methode trägt entscheidend dazu bei, die vom Kunden geforderte Qualität zum richtigen Zeitpunkt und zu einem wettbewerbsfähigen Preis anbieten zu können.

32 Fremdbezug v. Logistikleistungen

Leitfaden zum effizienten Fremdbezug von logistischen Leistungen und zur Integration von Logistikdienstleistern

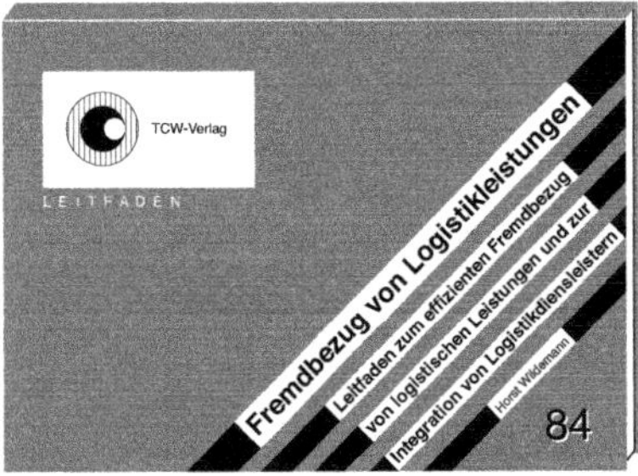

Horst Wildemann
Fremdbezug von Logistikleistungen
München 2015
ISBN 978-3-934155-24-4
EUR 250,-
zzgl. Versandkosten

Der Markt für Logistikdienstleistungen hat sich in den vergangenen Jahren verändert: Die Industrie ist dazu übergegangen, ihre Waren in immer mehr Ländern der Erde zu produzieren und abzusetzen. Die Komplexität der Warenströme wachst - und damit wachsen auch die Anforderungen an die Steuerung der Abläufe. Die Organisation eigener Logistikaktivitäten erfordert beträchtliche Investitionen; diese setzen die Unternehmen jedoch gewinnbringender zur Stärkung ihres Kerngeschäfts ein. Outsourcing von logistischen Leistungen lautet deshalb die Lösung für immer mehr Unternehmen. Dieser Leitfaden zeigt auf, wie logistische Leistungsbündel bewertet und effizient bezogen werden können.

33 Gegenseitige Auditierung

Selbstcontrolling und Lerntransfer für Unternehmen, Zulieferanten und Vertriebsorganisationen

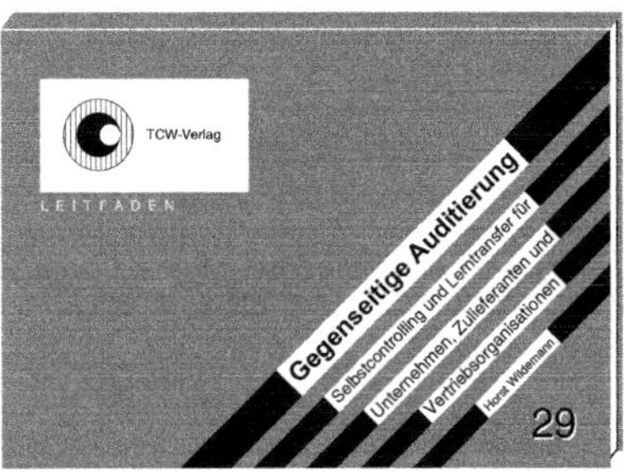

Horst Wildemann
Gegenseitige Auditierung
München 2015
ISBN 978-3-929918-56-4
EUR 250,-
zzgl. Versandkosten

Die Auditierung der Zulieferanten-Abnehmer-Beziehung und im Unternehmensverbund ist Inhalt dieses Leitfadens. Dabei auditieren sich zwei oder mehrere Organisationseinheiten gegenseitig. Der Zwang zu einem solchen Vorgehen entsteht in Unternehmensstrukturen mit mehreren Produktionsstandorten mit unterschiedlichen Voraussetzungen hinsichtlich Personal, Zulieferteilen und Betriebsmitteln, die gleichzeitig einen Abnehmer mit vergleichbaren Produkten beliefern. Die Auditierung bietet auch für anders geartete Verbundstrukturen erhebliche Vorteile, da über sie innovative Methoden, Konzepte und Verfahren ausgetauscht werden.

34 Global Sourcing

Leitfaden zur Erschließung internationaler Beschaffungsquellen

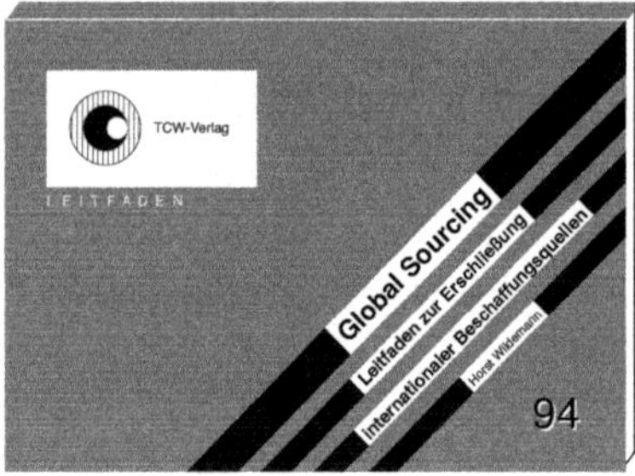

Horst Wildemann
Global Sourcing
München 2015
ISBN 978-3-937236-44-5
EUR 250,-
zzgl. Versandkosten

Die Verlagerung von Beschaffungsvolumina Emerging Procurement Markets ist mit Hemmnissen versehen. Ziel des Global Sourcing ist es, Ansätze für die erfolgreiche Senkung der Materialkosten durch die Nutzung neuer Beschaffungsquellen und -märkte aufzuzeigen. Es wurde auf die methodische Unterstützung zur Ableitung einer Global Sourcing-Strategie besonders Wert gelegt. Mit Hilfe einer bewährten Portfoliosystematik kann die Eignung der Materialgruppen für Global Sourcing bewertet werden und Normstrategien zugeordnet werden. Die Beschaffungsquellen wurden mit einem Risikoprofil bewertet. Erfahrungen aus Global Sourcing-Projekten zeigen, dass mit der hier vorgestellten Vorgehensweise eine Senkung der Total Cost of Ownership um mehr als 20% möglich ist.

35 Gruppenarbeit

Leitfaden zur Einführung von Gruppenarbeit in direkten und indirekten Bereichen

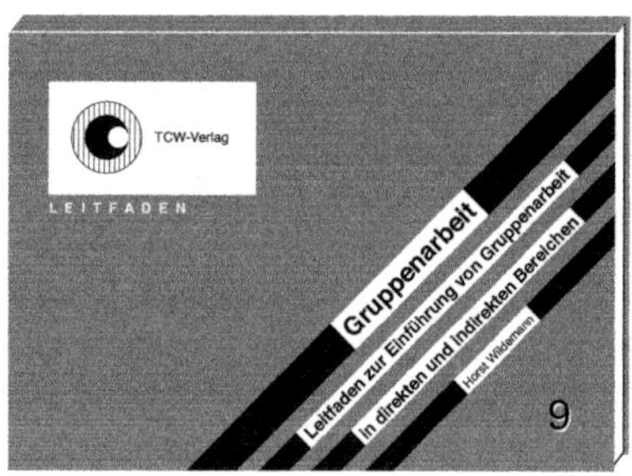

Horst Wildemann
Gruppenarbeit
München 2015
ISBN 978-3-929918-21-2
EUR 250,-
zzgl. Versandkosten

Kontinuierliche Verbesserung durch Gruppenarbeit ist Ziel dieses Leitfadens. Das Einbeziehen der Kenntnisse und Erfahrungen der Mitarbeiter, selbstständiges Denken und Handeln, die Bereitschaft zur Fort- und Weiterbildung sowie die Fähigkeit zur Kooperation sind wesentliche Voraussetzungen zum Gelingen einer kontinuierlichen Verbesserung. Dieser Leitfaden enthält hierzu methodisch und praktisch erprobte Basisstrategien und Bausteine und zeigt deren Wirkungsweise bei der Umsetzung von Gruppenarbeit und Verbesserungsprozessen in Unternehmen auf. Es werden Hilfe, Anregung und Orientierung bei der Beschleunigung von Lernprozessen gegeben.

Leitfäden

36 Handels-Supply-Management

Leitfaden zur Übertragung industrieller Managementkonzepte, -methoden und Instrumente auf den Handel

Horst Wildemann
Handels-Supply-Management
München 2015
ISBN 978-3-934155-53-4
EUR 250,-
zzgl. Versandkosten

Um dem erheblichen Wettbewerbsdruck standhalten zu können, haben Handelsunternehmen in der Vergangenheit innovative Managementkonzepte zur Leistungs- und Effizienzsteigerung entwickelt. Allerdings lässt sich feststellen, dass vergleichbare Branchen deutlich höhere Leistungssteigerungen erzielen. Dieser Leitfaden greift erfolgreiche Konzepte auf und modifiziert sie hinsichtlich der spezifischen Belange von Handelsunternehmen. Kostensenkungs- und Leistungssteigerungspotenziale werden aufgezeigt, die sich teilweise aus der Übertragung, teilweise aber auch aus der Neukombination bestehender Konzepte ergeben.

37 In-/Outsourcing von IT-Lösungen

Leitfaden zur Optimierung der Leistungstiefe von Informationstechnologien

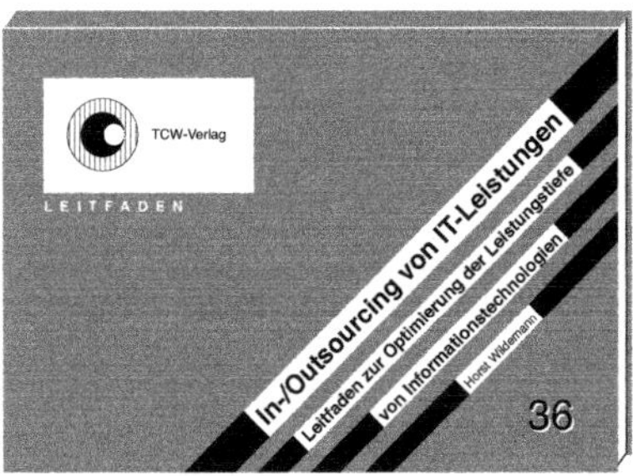

Horst Wildemann
In-/Outsourcing von IT-Leistungen
München 2015
ISBN 978-3-931511-08-1
EUR 250,-
zzgl. Versandkosten

Die Tendenz vieler Unternehmen, sich auf ihre Kernfähigkeiten zu konzentrieren, führt meist auch zu der Überlegung, informationstechnische Dienstleistungen auszulagern. Entscheidungen zum Outsourcing werden durch die steigende Komplexität der Informationstechnologie und die progressive Kostenentwicklung dieses Sektors begründet, müssen aber auch strategisch gerechtfertigt sein. Zur Entscheidungsobjektivierung sind eine strukturierte Vorgehensweise, eine ganzheitliche Problemsicht und der Einsatz pragmatischer Methodenbausteine ratsam.

Leitfäden

38 Innovationscontrolling

Leitfaden zur Selektion, Planung, Steuerung und Erfolgsmessung von F&E-Projekten

Horst Wildemann
Innovationscontrolling
München 2015
ISBN 978-3-934155-47-3
EUR 250,-
zzgl. Versandkosten

Produktinnovationen sind eine der tragenden Säulen von Unternehmen. Sie sichern Renditen und nachhaltiges Wachstum. Verschiedene Untersuchungen zeigen allerdings einen hohen Anteil wirtschaftlich nicht erfolgreicher Projekte. Der vorliegende Leitfaden zeigt auf, wie die Quote wirtschaftlich und technisch erfolgreicher Projekte deutlich gesteigert werden kann. Die Schwerpunkte liegen dabei auf der Verbesserung von Effizienz und Effektivität. Auf Grundlage der Praxiserfahrungen aus verschiedenen Projekten werden die Erfolgswirkungen aus der Verbesserung von Planung, Steuerung, Projektmonitoring und Maßnahmencontrolling bei Abweichungen und veränderten Rahmenbedingungen aufgezeigt.

39 Innovationsmanagement

Leitfaden zur Einführung eines effektiven und effizienten Innovationsmanagements

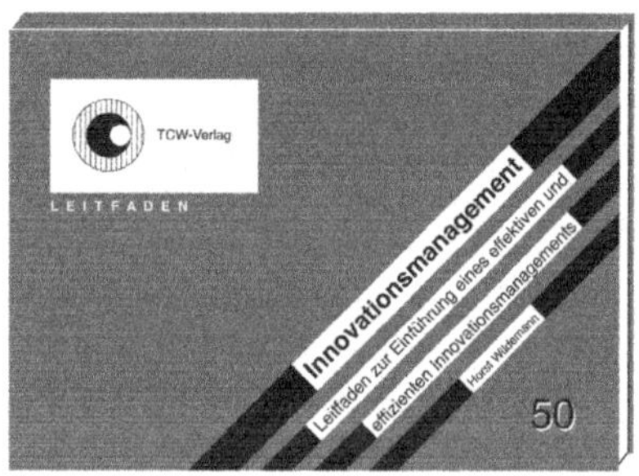

Horst Wildemann
Innovationsmanagement
München 2015
ISBN 978-3-931511-94-4
EUR 250,-
zzgl. Versandkosten

Ziel dieses Leitfadens ist es, die Einführung eines modernen Innovationsmanagements im Unternehmen zu unterstützen. Hierzu werden Konzepte des Innovationsmanagements und operative und strategische Gestaltungsparameter vorgestellt. Maßnahmen zur Erzielung von Wettbewerbsvorteilen durch Steigerung der Innovationskraft und Verbesserung der Innovationsprozesse werden anhand von Fallbeispielen abgeleitet. Der Leitfaden enthält ein praktisch erprobtes Konzept von Methodenbausteinen, die ein effizientes Management von Innovationen möglich machen.

Leitfäden

40 Innovationssysteme

Leitfaden zur Einführung einer ganzheitlichen Innovationsstrategie in Unternehmen

Horst Wildemann
Innovationssysteme
München 2015
ISBN 978-3-937236-57-5
EUR 250,-
zzgl. Versandkosten

Innovationen haben in gesättigten Märkten und bei steigendem globalen Kostendruck eine zunehmende Bedeutung für den Unternehmenserfolg. Ein ganzheitliches Innovationssystem unterstützt systematisch alle Phasen des Innovationsprozesses, von der effektiven Auswahl der Innovationsprojekte aus vorhandenen Ideen, deren effizienter Umsetzung und dem Schutz vor Nachahmung und Plagiaten. Dieser Leitfaden zeigt auf, wie die aufbau- und ablauforganisatorischen Rahmenbedingungen zu gestalten sind und welche Methoden und Messgrößen eine nachhaltige Verbesserung unterstützen. Im Selbstaudit- und Benchmarking-Konzept sowie in Fallstudien werden Erfolgsstrategien und Problempunkte bei der Einführung eines Innovationssystems dargestellt.

41 Instandhaltungsmanagement

Leitfaden zur Steigerung der Instandhaltungseffizienz

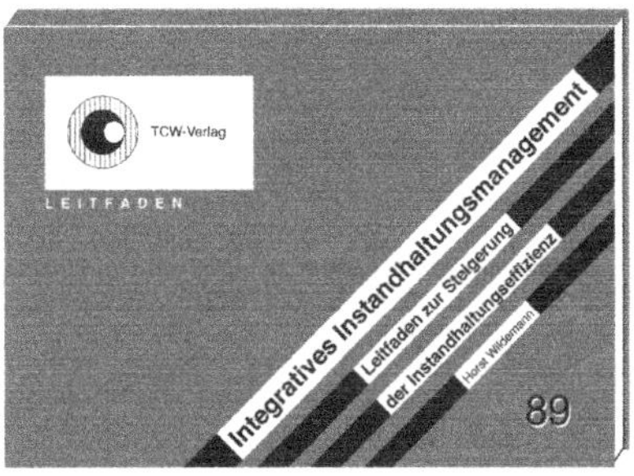

Horst Wildemann
Integratives Instandhaltungsmanagement
München 2015
ISBN 978-3-937236-23-0
EUR 250,-
zzgl. Versandkosten

Integratives Instandhaltungsmanagement unterstützt die zielorientierte Koordination aller am Asset Management beteiligten Funktionsbereiche. Nach Darstellung der gewandelten Anforderungen an die Instandhaltung werden speziell die Leitlinien einer integrativen Instandhaltung aufgezeigt. Aufbauend auf den Eckpfeilern der fortschrittlichen Instandhaltung erfolgt die Beschreibung von Methoden, Tools und Vorgehensweisen zur Ausgestaltung eines auf die effiziente Koordination ausgerichteten Instandhaltungsmanagements. Der Einsatz von Software, Internet und IT-Technologien entlang der instandhaltungsspezifischen Wertschöpfungskette wird behandelt.

Leitfäden

42 Managementinformationssysteme

Leitfaden zur Steuerung von Business Units

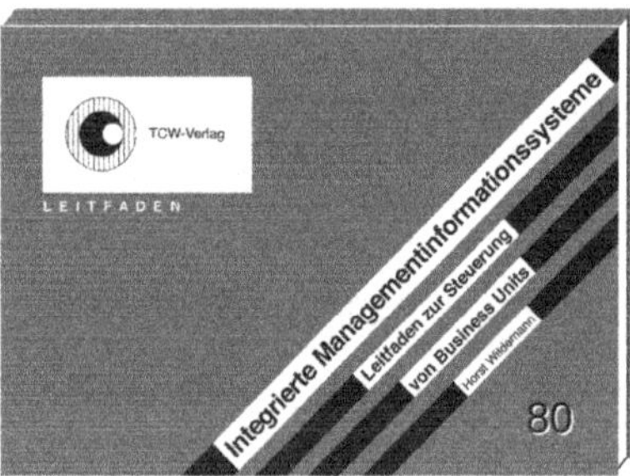

Horst Wildemann
Integrierte Managementinformationssysteme
München 2015
ISBN 978-3-934155-57-2
EUR 250,-
zzgl. Versandkosten

Das Steuern von Unternehmensnetzwerken durch traditionelle Kennzahlen reicht alleine nicht mehr aus, um dem verschärften Kostendruck standzuhalten und gleichzeitig die Prozess-Performance zu steigern. Es stellt sich die Frage, mit welchen Instrumenten Kostensenkungspotenziale und Leistungssteigerungseffekte kontinuierlich identifiziert und Handlungsansätze zur Realisierung abgeleitet werden können. Auch sind bestehende Controlling- und Reportingregelkreise durch neue zu erweitern. Das Konzept eines Integrierten Managementinformationssystems (IMIS) setzt Schwerpunkte in Auditierung, Controlling und der Geschäftsprozessorganisation und ermöglicht durch Benchmarking die Installation eines internen Wettbewerbs.

43 Just-in-Time

Leitfaden zu JIT in Forschung, Entwicklung und Konstruktion

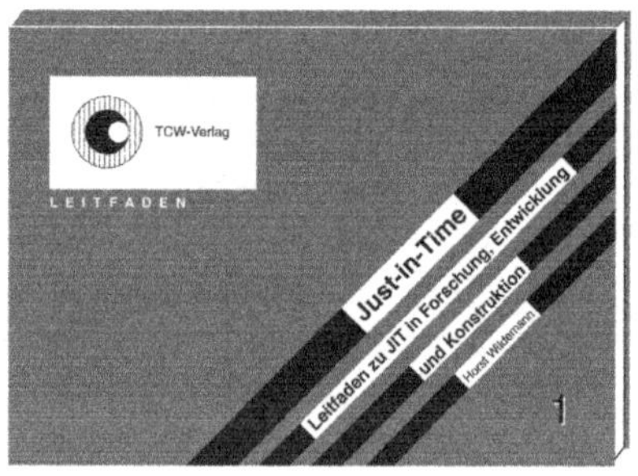

Horst Wildemann
Just-in-Time in F&E
München 2015
ISBN 978-3-929918-13-7
EUR 250,-
zzgl. Versandkosten

Die schnelle Entwicklung marktkonformer, aber auch fertigungs- und logistikgerechter Produkte ist Inhalt dieses Leitfadens. Dargestellt werden Leitlinien und Bausteinkonzepte zur Steigerung der Effektivität – „die richtigen Dinge tun" – und Effizienz – „die Dinge richtig tun" – im Sinne der Selbsthilfe. In Form von Schaubildern werden konkrete Empfehlungen für die Ausgestaltung der einzelnen Bausteine gegeben, ihre Wettbewerbsfähigkeit aufgezeigt und ein Vorschlag für die Einführung gegeben. Der Leitfaden ist für die Schulung und das Selbststudium geeignet.

Leitfäden

44 Kanban-Produktionssteuerung

Leitfaden zum Einsatz von Karten und elektronischem Kanban zur Einführung des Hol-Prinzips

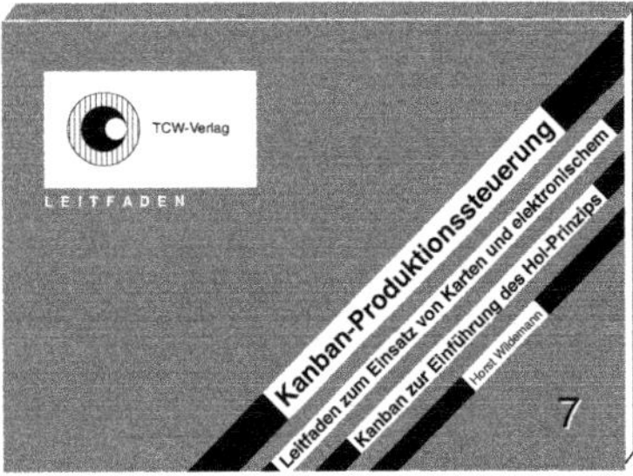

Horst Wildemann
Kanban-Produktionssteuerung
München 2015
ISBN 978-3-929918-19-9
EUR 250,-
zzgl. Versandkosten

Kanban ist ein Anliefer- und Produktionssteuerungskonzept nach dem Hol-Prinzip, das auf allen Stufen der Wertschöpfungskette von der Beschaffung, über die Produktion bis hin zur Distribution einsetzbar ist. Im Mittelpunkt steht die Erkenntnis, dass durch kundenbedarfsorientierte Produktion und Anlieferung nach dem Hol-Prinzip Verbesserungen bezüglich Beständen, Durchlaufzeiten, Qualität, Lieferfähigkeit und Steuerungsaufwand erreicht werden können.

45 Kernkompetenzen

Leitfaden zur Optimierung der Leistungstiefe in Entwicklung, Produktion und Logistik

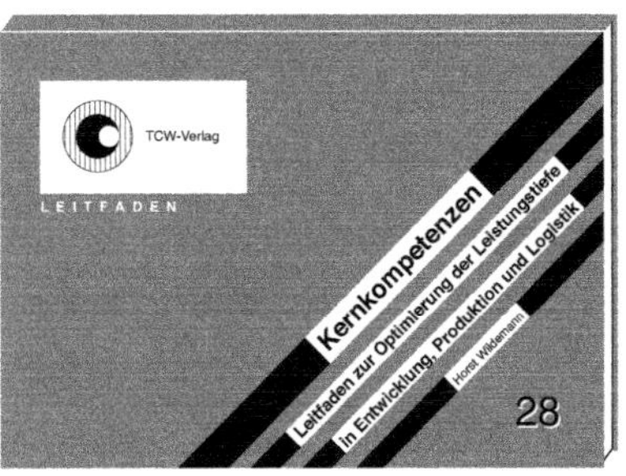

Horst Wildemann
Kernkompetenzen
München 2015
ISBN 978-3-929918-74-8
EUR 250,-
zzgl. Versandkosten

Dieser Leitfaden enthält ein methodisch und praktisch erprobtes Konzept zur Identifikation und Beurteilung von Kernkompetenzen. Die Fokussierung der Ertrags- und Umsatzseite und die Auseinandersetzung mit den Kernkompetenzen in der Absicht, neue Produktideen, Geschäftsfelder und Leistungen zu entwickeln, dienen der Wiedergewinnung der Wettbewerbsfähigkeit. Neuausrichtung der Kernkompetenzen bedeutet Wachstum, Umsatzsteigerung sowie Ertrags- und Beschäftigungsorientierung. Der Leitfaden gibt hierzu anhand von Schaubildern Handlungsempfehlungen für ressourcenorientierte Wachstumsstrategien.

46 Kompetenz- und Servicecenter

Leitfaden zur Erschließung von Synergien durch Kooperationsmodelle

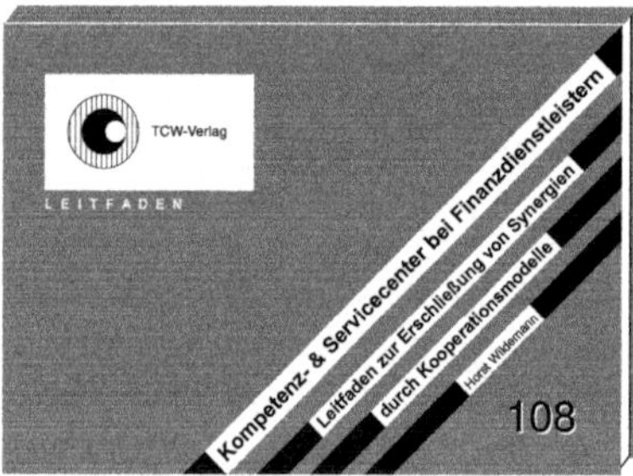

Horst Wildemann
Kompetenz- und Servicecenter bei Finanzdienstleistern
München 2015
ISBN 978-3-941967-10-6
EUR 250,-
zzgl. Versandkosten

Das Marktumfeld für Finanzdienstleistungen ist einem verstärkten Wettbewerb durch den zunehmenden Eintritt von spezialisierten Direktanbietern ausgesetzt. Um im Wettbewerb zu bestehen, ist eine Optimierung der Back-Office-Prozesse unabdingbar. Eine Identifikation der kritischen Prozesse, deren Standardisierung und Auslagerung in einem Kompetenz- und Servicecenter stellt eine Alternative dar, erhebliche Synergiepotenziale durch Bündelungseffekte bei gleichzeitiger Erhöhung der Qualität zu erzielen. Die Ermittlung von alternativen Leistungsbündeln und die Entwicklung von Geschäftsmodellen sowie die Bestimmung der Kostensenkungspotenziale und die Entwicklung von Personalkonzepten sind zentrale Inhalte des Leitfadens. Es werden so erprobte und umgesetzte Konzepte zur Bildung von Kompetenz- und Servicecentern beschrieben.

47 Komplexitätsmanagement

In Vertrieb, Beschaffung, Produkt, Entwicklung und Produktion

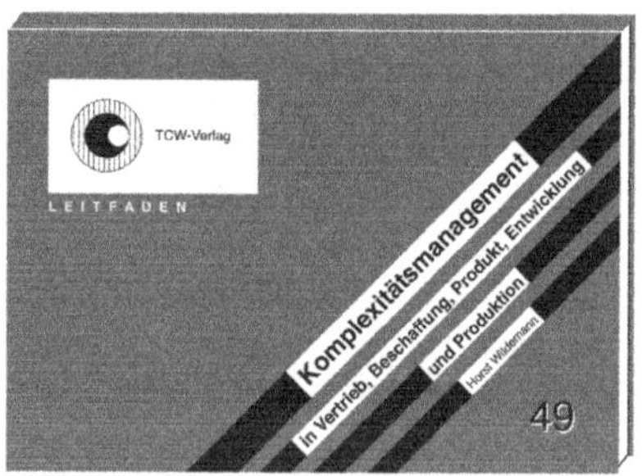

Horst Wildemann
Komplexitätsmanagement
München 2015
ISBN 978-3-931511-30-2
EUR 250,-
zzgl. Versandkosten

Unternehmen geraten zunehmend in einen Zielkonflikt zwischen Standardisierungserfordernissen aufgrund des sich verschärfenden weltweiten Wettbewerbs einerseits und einer aus Markterfordernissen resultierenden stärkeren Individualisierung der Endprodukte andererseits. Der Leitfaden enthält das methodisch und praktisch erprobte Konzept eines durchgängigen Komplexitätsmanagements zur Lösung dieses Zielkonflikts. Hierzu werden die Basisstrategien eines durchgängigen Komplexitätsmanagements dargestellt und ihre Auswirkungen auf die Bereiche Vertrieb, Beschaffung, Produkt, Entwicklung, Produktion und Auftragsabwicklung diskutiert.

48 Kontinuierliche Verbesserung

Leitfaden zur Innovation und Verbesserung im Unternehmen

Horst Wildemann
Kontinuierliche Verbesserung
München 2015
ISBN 978-3-929918-23-6
EUR 250,-
zzgl. Versandkosten

Die optimale Nutzung im Unternehmen vorhandener Kapazitäten sowie die Einbindung aller Mitarbeiter in einen kontinuierlichen Verbesserungsprozess sind Inhalt dieses Leitfadens. Im Mittelpunkt stehen Basisstrategien zur Steigerung der Lerngeschwindigkeit und zur konsequenten Umsetzung der Methoden sowie die quantitative und qualitative Ausweitung von Problemlösungskapazitäten. Ziel ist es, einen permanenten und tiefgreifenden Verbesserungsprozess in Gang zu setzen. Eine Organisations- und Führungskonzeption bildet den strategischen Rahmen für die Implementierung eines kontinuierlichen Verbesserungsprozesses.

49 Kosten in der Softwareentwicklung

Leitfaden zur Unterstützung einer marktorientierten Produkt- und Prozessgestaltung

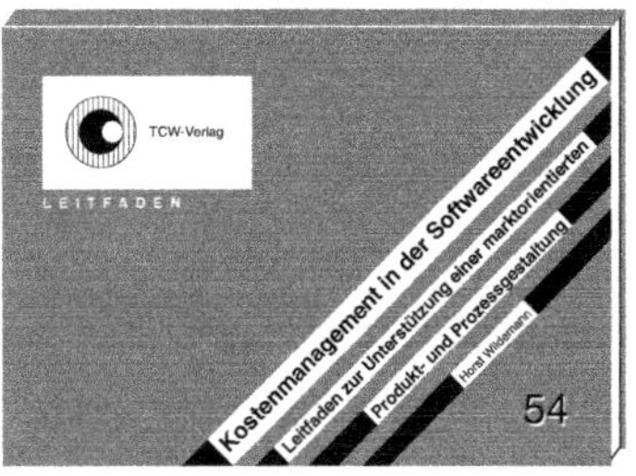

Horst Wildemann
Kostenmanagement in der Softwareentwicklung
München 2015
ISBN 978-3-934155-30-5
EUR 250,-
zzgl. Versandkosten

Die Aufgabe eines Kostenmanagements für Software ist es, die Kosten des Softwareentwicklungsprozesses prognostizierbar, messbar und regulierbar zu machen. Ziel ist es, durch eine aktive Kostensteuerung die markt- und anforderungsgerechte Softwareproduktgestaltung zu unterstützen. Dieser Leitfaden fasst die Ergebnisse mehrjähriger Forschungsarbeit zusammen. Er ermöglicht die methodisch durchgängige Unterstützung einer Kostenplanung, Kostenverfolgung und Rückkopplung des gesammelten Erfahrungswissens. Ein softwarespezifisches Kostencontrolling sorgt für eine kostenorientierte Steuerung im Sinne der Erfüllung der Kundenanforderungen.

Leitfäden

50 Kundenbeziehungsmanagement

Leitfaden zu Kundenintegration und zum wissensbasierten Einsatz von Service, Logistik und E-Technologien

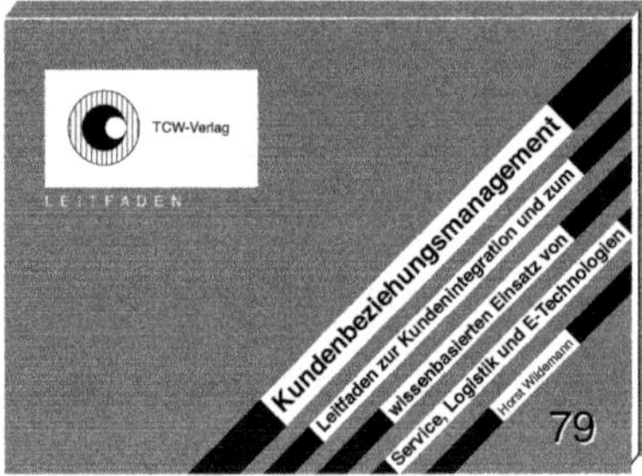

Horst Wildemann
Kundenbeziehungsmanagement
München 2015
ISBN 978-3-934155-54-1
EUR 250,-
zzgl. Versandkosten

Profitables Wachstum verlangt in Zeiten stagnierender Nachfrage und erhöhten Wettbewerbsdrucks einen Aufbau von Beziehungen zur Bindung selektierter, wertvoller Kunden. Außerdem benötigen gestiegene Kundenanforderungen hinsichtlich Lieferzeit, Flexibilität und Individualisierung durchgängige Informationsflüsse zwischen Kunde, Marketing, Vertrieb, Service und Supply Chain. Dieser Leitfaden zeigt die Gestaltung, den Methodeneinsatz und die Umsetzung eines Kundenbeziehungsmanagements, das auf den Leitlinien Kundenkenntnis, -orientierung, -individualisierung und -integration basiert. Die Ausgestaltung erfolgt insbesondere durch einen wissensbasierten Einsatz von Service, Logistik und E-Technologien.

51 Kundenorientierung

Leitfaden z. Einführung eines Beschwerdemanagements u Ausrichtung v. Vertrieb, F&E, Produktion u. Mitarbeitern auf Kundenbedürfnisse

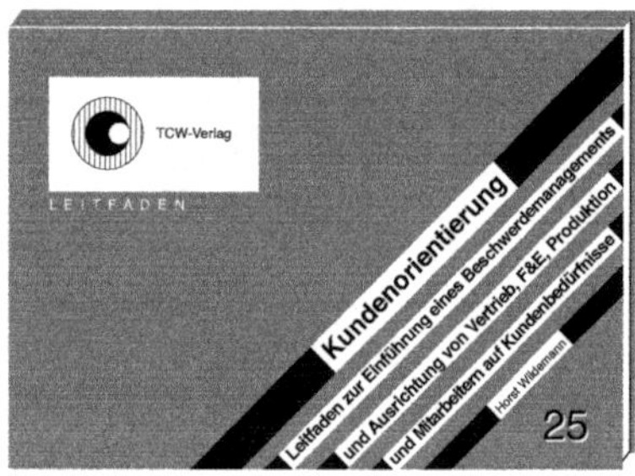

Horst Wildemann
Kundenorientierung
München 2015
ISBN 978-3-929918-93-9
EUR 250,-
zzgl. Versandkosten

Die Leitbilder der Kundenorientierung, das Beschwerdemanagement, das Qualitätsmanagement und ein ganzheitlicher Managementansatz zur Kundenorientierung bilden die Säulen dieses differenzierten Bausteinkonzeptes, das insbesondere für den Praktiker den entscheidenden Schlüssel zur Umsetzung der Kundenorientierung im Unternehmen darstellt. Hierzu können die umfangreichen Checklisten in diesem Leitfaden genutzt werden, die sich an das Bausteinkonzept anschließen und so den Leitfaden zu einem wertvollen Hilfsmittel machen.

Leitfäden

52 Kundenorientierung in der Logistik

Leitfaden zur Ausrichtung der Unternehmenslogistik als Instrument der Kundenbindung und -neugewinnung

Horst Wildemann
Kundenorientierung in der Logistik
München 2015
ISBN 978-3-937236-22-3
EUR 250,-
zzgl. Versandkosten

Das Differenzierungspotenzial im Wettbewerb, welches den Unternehmen mit der Ausgestaltung der Logistik zur Verfügung steht, wird nicht umfassend genutzt. Durch den differenzierten Einsatz logistischer Leistungen lassen sich Kunden binden und neu gewinnen. Hierzu ist eine methodisch fundierte, kundenorientierte Ausrichtung der Logistik erforderlich. Der Leitfaden „Kundenorientierung durch Logistik" befasst sich mit bewährten und neuen Instrumenten und Methoden zur Identifikation logistischer Kundenanforderungen sowie der Ableitung und Implementierung eines auf diese Anforderungen abgestimmten, differenzierten logistischen Leistungsportfolios. Die vorgestellten Vorgehensweisen und Handlungsempfehlungen basieren auf neuen Konzepten und Erfahrungen.

53 Leadershipentwicklung

Leitfaden zur Ausgestaltung eines modernen und kreativen Leadership-Ansatzes

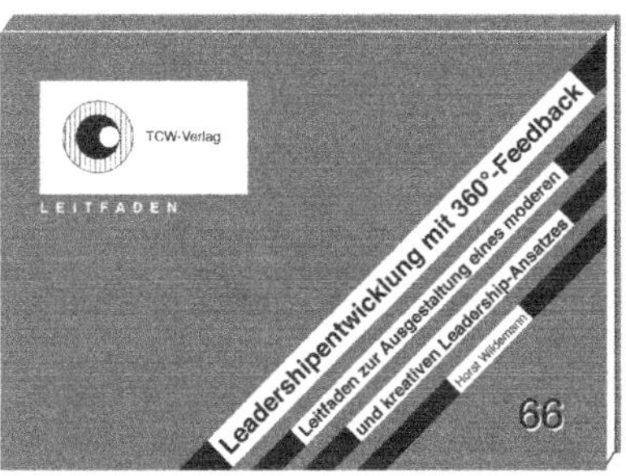

Horst Wildemann
Leadershipentwicklung mit 360°-Feedback
München 2015
ISBN 978-3-934155-42-8
EUR 250,-
zzgl. Versandkosten

Die regelmäßige Analyse und zielgruppenspezifische Entwicklung des Leistungspotenzials von Führungskräften und Mitarbeitern ist elementarer Bestandteil eines modernen und kreativen Leadership-Ansatzes. Das 360°-Feedback unterstützt diesen dynamischen Prozess in konzeptioneller und methodischer Hinsicht. Der Leitfaden beschreibt die Struktur, Vorgehensweise sowie Tools eines effizienten 360°-Feedbacks und umfasst detaillierte Gestaltungs- und Handlungsempfehlungen. Der Einsatz von Internet und IT-Technologien zur Abwicklung des 360°-Feedbacks sowie die Erfolgsfaktoren des Feedback-Prozesses zur Unterstützung eines modernen Leaderships werden umfassend diskutiert.

Leitfäden

54 Lean in Forschung & Entwicklung

Leitfaden zur Einführung und Verbesserung eines effizienten und effektiven F&E-Managements

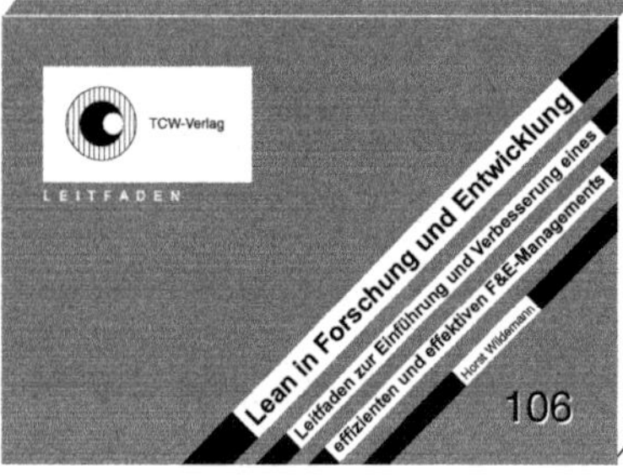

Horst Wildemann
Lean in Forschung & Entwicklung
München 2015
ISBN 978-3-941967-08-3
EUR 250,-
zzgl. Versandkosten

Das Konzept von Lean in Forschung und Entwicklung stellt einen ganzheitlichen Ansatz dar, der durch einen unternehmensspezifisch konfigurierten Methodenmix umfassend angelegt ist. Ziel von Lean in Forschung und Entwicklung ist es, die Grundsätze des Lean Thinking auf das Management von F&E zu übertragen. In der unternehmerischen Praxis, aber auch in den bisherigen Veröffentlichungen zu diesem Thema wurde dieser Übertrag in Ansätzen begonnen, aber wenig systematisch vollzogen. Aufbauend auf den Erfahrungen aus Industrieprojekten ist es dem TCW gelungen einen Methodenbaukasten zu erarbeiten, der die wesentlichen Instrumente zur Einführung von Lean in Forschung und Entwicklung enthält.

55 Lean Management

Leitfaden zur Einführung schlanker Unternehmensstrukturen und Geschäftsprozesse

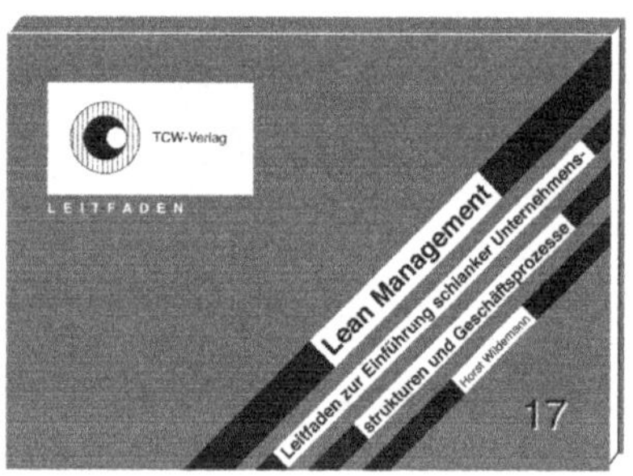

Horst Wildemann
Lean Management
München 2015
ISBN 978-3-929918-34-2
EUR 250,-
zzgl. Versandkosten

Die Einführung schlanker Organisationsstrukturen und Geschäftsprozesse mit kurzen Durchlaufzeiten, die kontinuierliche Verbesserung betrieblicher Abläufe und die schnelle Umsetzung neuer Ideen sind Ziel dieses Leitfadens. Es werden neue Strategien vorgestellt, die es möglich machen, Kostennachteile von 20-30% aufzuholen und sich den wechselnden Kundenanforderungen anzupassen. Darüber hinaus bietet der Leitfaden ein praktisch erprobtes Konzept von Methodenbausteinen zur Reorganisation von Unternehmen nach Lean-Management-Prinzipien.

Leitfäden

56 Logistik- & SC-Architekturen

Leitfaden für die Gestaltung von kundenwertschaffenden Servicenetzwerken

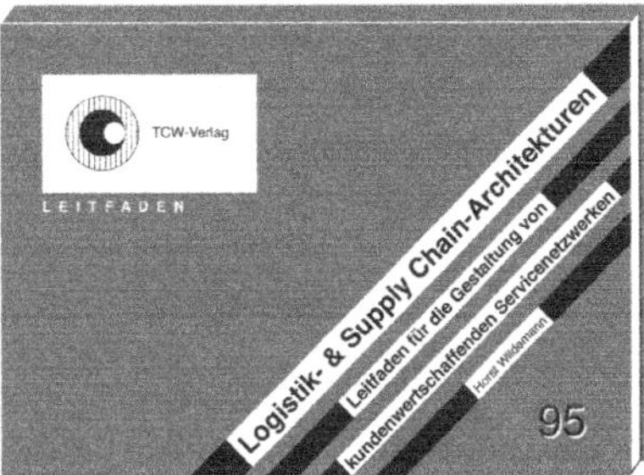

Horst Wildemann
Logistik- & Supply Chain-Architekturen
München 2015
ISBN 978-3-937236-53-7
EUR 250,-
zzgl. Versandkosten

Zur Verbesserung der logistischen Leistungsfähigkeit und der konsequenten Ausrichtung auf Kundenanforderungen sind logistische Differenzierungspotenziale innerhalb von Servicenetzwerken erforderlich. Dies wird durch Logistikarchitekturen ermöglicht. Sie umfassen logistische Segmentierung und schaffen ein individualisiertes Spektrum logistischer Leistungen. Der Leitfaden greift Konzepte zur Schließung der Leistungslücken auf. Zusätzlich zur Darstellung der Instrumente werden Fallstudien dargestellt, die in kompakter Form Problemstellungen, Lösungsansätze und realisierte Potenziale aufzeigen.

57 Logistik-Check

Instrumente zur Bewertung des Logistikpotenzials von Unternehmen

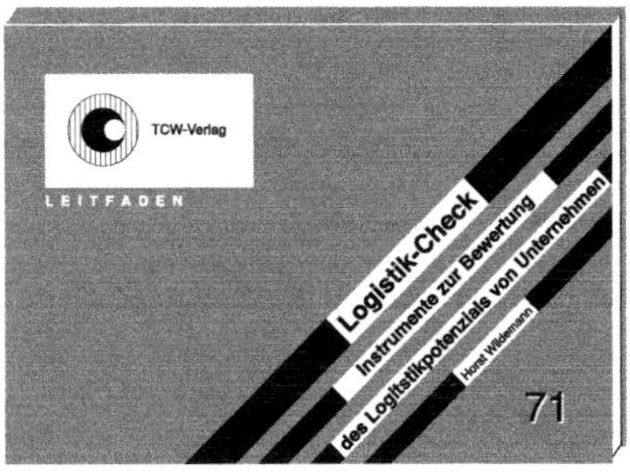

Horst Wildemann
Logistik-Check
München 2015
ISBN 978-3-934155-50-3
EUR 250,-
zzgl. Versandkosten

Die Logistik ist ein entscheidender Hebel zur Steigerung der Unternehmensperformance. Der Leitfaden „Logistik-Check" zeigt eine systematische Vorgehensweise zur Identifikation und Erschließung von Kostensenkungs- und Leistungssteigerungspotenzialen in der Logistik auf. Hierbei wird auf moderne Konzepte und Instrumente zurückgegriffen. Das neu entwickelte Logistik-Tool-Set zielt auf die monetäre Bewertung von Logistikinvestitionen und wird ausführlich dargestellt.

Leitfäden

58 Make or Buy & Insourcing

Leitfaden zur Optimierung von Leistungsumfängen in Produktion und Logistik

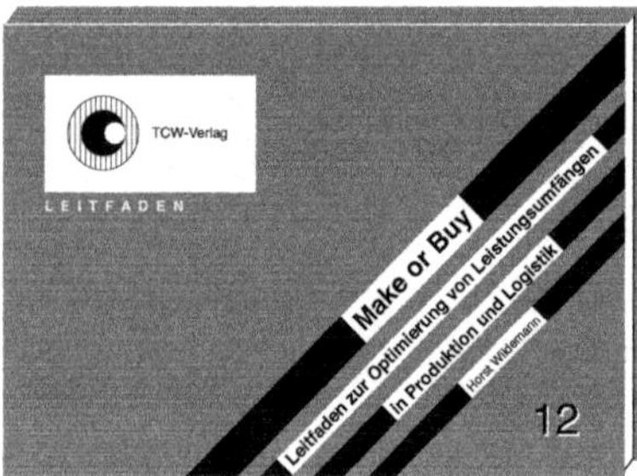

Horst Wildemann
Make or Buy & Insourcing
München 2015
ISBN 978-3-929918-24-3
EUR 250,-
zzgl. Versandkosten

Insourcing als neuer Ansatz zur Bewältigung konjunktureller und struktureller Probleme ist das Thema dieses Leitfadens. Insourcing ist ein eigenfertigungsnaher Ansatz zur Optimierung der Eigenfertigung und des Fremdbezugs unter Einbeziehung von Zulieferanten als Wertschöpfungspartner. Die Anwendungsmöglichkeiten, Vor- und Nachteile sowie die Voraussetzungen für die Zulieferunternehmen stehen dabei im Mittelpunkt. Neue Methoden zur Bestimmung von Kernkompetenzen für Produkte und Fertigungstechnologien sowie Handlungsempfehlungen für Zulieferanten werden vorgestellt und im Rahmen einer ganzheitlichen Vorgehensweise integriert.

59 Nonkonformitätskosten

Leitfaden zur Null-Fehler Strategie durch Quality Gates

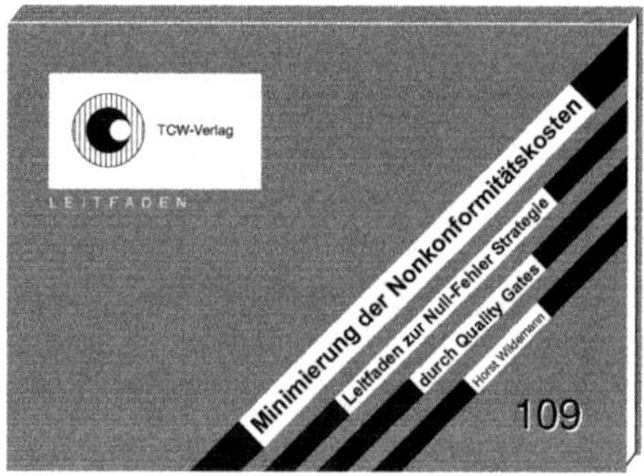

Horst Wildemann
Minimierung der Nonkonformitätskosten
München 2015
ISBN 978-3-941967-16-8
EUR 250,-
zzgl. Versandkosten

In diesem Leitfaden wird die Frage beantwortet, wie ein Quality Gate-Konzept systematisch gestaltet werden kann, um die Nonkonformitätskosten nachhaltig zu senken. Ziel des Leitfadens ist die Veranschaulichung des bewährten Instrumenten- und Methodeneinsatzes zur Identifikation des Veränderungsbedarfs sowie zur schrittweisen Schließung der vorhandenen Lücken. Im Vordergrund steht dabei die Minimierung der Nonkonformitätskosten entlang der Wertschöpfungskette. Der Leitfaden bietet auf Basis praxiserprobter Ansätze einen umfassenden Einblick in die Gestaltung eines integrierten Quality Gate-Konzepts zur Minimierung der Nonkonformitätskosten.

Leitfäden

60 Modul. Unternehmensorganisation

Leitfaden zur Einführung föderalistischer Organisationsprinzipien in Unternehmen

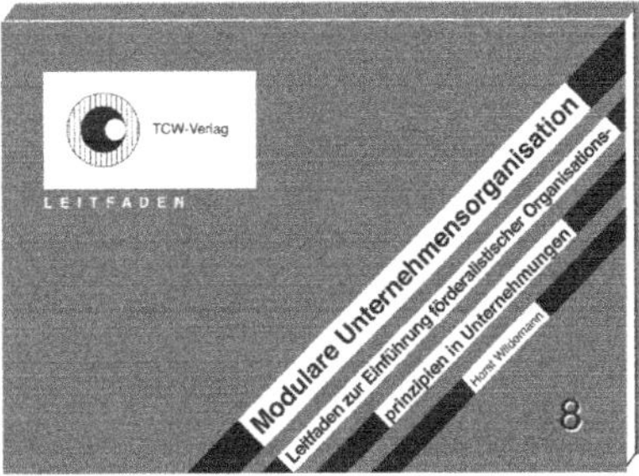

Horst Wildemann
Modulare Unternehmensorganisation
München 2015
ISBN 978-3-929918-20-5
EUR 250,-
zzgl. Versandkosten

Dieser Leitfaden zeigt einen modularen Organisationsaufbau, der nicht nur eine Reorganisation auf Betriebsebene im Sinne einer produktorientierten Gestaltung nach dem Fließprinzip umfasst. Die Einbeziehung sämtlicher Leistungsprozesse eines Unternehmens, die kerngeschäfts- und marktorientierte Ausrichtung sowie die Voraussetzungen zur Schaffung von Unternehmensnetzwerken werden ebenfalls diskutiert. Praktisch erprobte Methoden und Konzepte zur erfolgreichen Gestaltung und Einführung einer modularen Organisation werden aufgezeigt und anhand von Fallbeispielen veranschaulicht.

61 Modularisierung 4.0

Leitfaden zur modularen Gestaltung von Organisation, Produkten, Produktion und Services

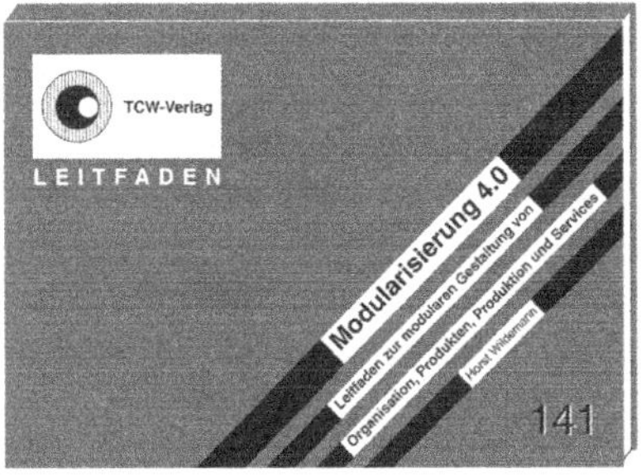

Horst Wildemann
Modularisierung 4.0
München 2015
ISBN 978-3-941967-62-5
EUR 250,-
zzgl. Versandkosten

Die Modularisierung von Produkten ermöglicht den Unternehmen, eine hohe Produktvielfalt bei gleichzeitig geringer Varianz der Module global anzubieten. Diese Idee wurde auf die Produktion übertragen und weiterentwickelt. Wie lässt sich eine hohe Produktvielfalt in Mehrmarken und Multiproduktfabriken effizient und flexibel erzeugen? Wie lassen sich Anlaufkurven durch standardisierte und erprobte Module verkürzen? Die Publikation liefert konkrete Antworten auf diese und andere Fragen. Die Gestaltungsfelder der Modularisierung werden aufgezeigt. Entscheidungsinstrumente werden vorgestellt und Handlungsempfehlungen abgeleitet. Zahlreiche Fallbeispiele verdeutlichen erfolgsversprechende Konzepte, um die Modularisierung effektiv und effizient durchzuführen. Sie erhalten Erfahrungswissen aus erster Hand.

62 Monitoring

Leitfaden zur Steuerung der Wertsteigerung von Unternehmen

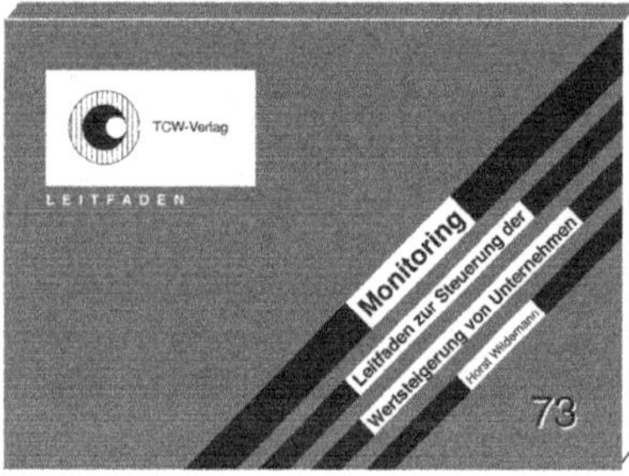

Horst Wildemann
Monitoring
München 2015
ISBN 978-3-934155-46-6
EUR 250,-
zzgl. Versandkosten

Alle Unternehmen bekennen sich zur Orientierung an der Wertsteigerung, doch wie jüngste Untersuchungen zeigen, besteht in der Praxis eine erhebliche Diskrepanz in der Wahrnehmung des wahren Wertes einer Unternehmung. Die Anforderungen des Kapitalmarktes hinsichtlich der Transparenz der Wertentwicklung sind für eine positive Aktienkursentwicklung jedoch unbedingt zu beachten. Es stellt sich die Frage nach den relevanten Kennzahlen, die erforderlich sind, um ein Unternehmen mit dem Ziel nachhaltiger Wertsteigerung steuern zu können. Der Leitfaden Monitoring liefert Methoden und Kennzahlensysteme zur Transparenzgestaltung und Wertermittlung.

63 Nachhaltigkeit in der Supply Chain

Leitfaden für nachhaltigkeitsorientiertes Wertschöpfungsmanagement

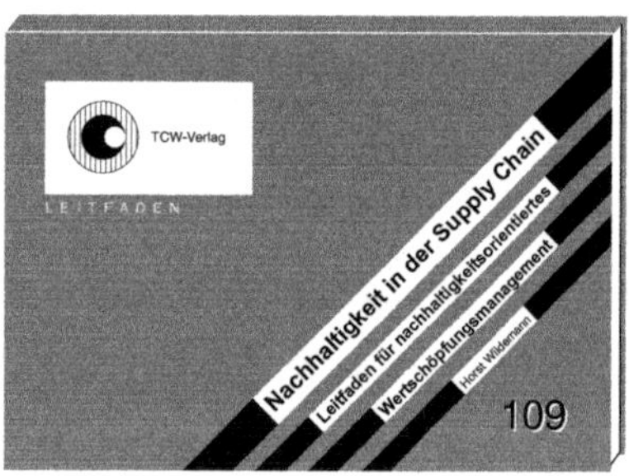

Horst Wildemann
Nachhaltigkeit in der Supply Chain
München 2015
ISBN 978-3-941967-25-0
EUR 250,-
zzgl. Versandkosten

Die Implementierung des Nachhaltigkeitsanspruches in Wertschöpfungsystemen bedarf eines mehrdimensionalen Ansatzes. Dazu zählen neben einer mit der Unternehmensphilosophie abgestimmten Nachhaltigkeitsstrategie, einem Mess- und Controllingsystem und einem selektierten Pool an Nachhaltigkeitsmaßnahmen auch ein individuelles Kommunikationskonzept. Dieser Leitfaden greift die Herausforderungen der Nachhaltigkeit auf und zielt auf eine an Effizienz orientierte Verknüpfung der Gestaltungsfelder Strategie, Prozess, Struktur, Produkt, Technologie und Humanressourcen. Der ganzheitliche Ansatz ist durch Methodenwissen und Praxisnähe gekennzeichnet.

64 Offshoring - Outsourcing - Optimierung

Leitfaden zur methodenbasierten Gestaltung internationaler Wertschöpfungsketten

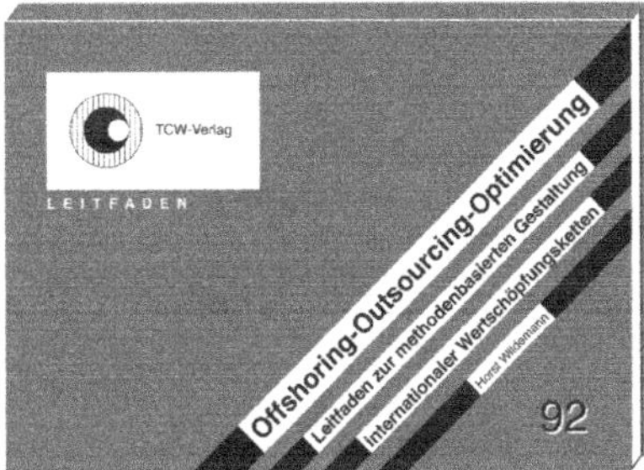

Horst Wildemann
Offshoring - Outsourcing - Optimierung
München 2015
ISBN 978-3-937236-34-6
EUR 250,-
zzgl. Versandkosten

Globalisierung führt zu steigendem Wettbewerbs- und Kostendruck und zwingt Unternehmen zur Differenzierung durch Produkte und Technologien. Gleichzeitig eröffnet sie neue Chancen auf unerschlossenen und wachsenden Märkten in der ganzen Welt. Der fortschreitende Abbau von Handelshemmnissen ermöglicht den Unternehmen, die sich bietenden Chancen zu ihrem Vorteil zu nutzen. Die Globalisierung birgt aber auch vielfältige Risiken. Wie können diese Chancen und Risiken ermittelt werden? Welchen Einfluss haben dabei die verfolgten Ziele? Welche unternehmensspezifischen und volkswirtschaftlichen Wirkungen gehen von diesen Entscheidungen aus? In diesem Leitfaden werden erprobte Instrumente vorgestellt, die diese Fragen beantworten.

65 Operational Due Diligence

Leitfaden zur Identifizierung von Chancen und Risiken bei Unternehmenstransaktionen

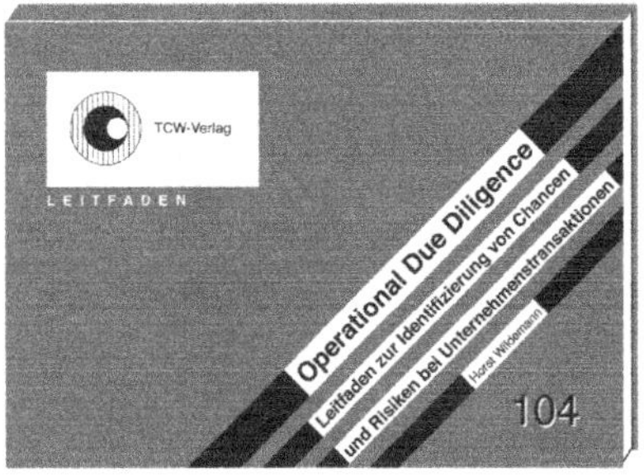

Horst Wildemann
Operational Due Diligence
München 2015
ISBN 978-3-937236-67-4
EUR 250,-
zzgl. Versandkosten

Unternehmenstransaktionen haben wieder Hochkonjunktur. Dabei gehen jedoch beileibe nicht alle Beteiligungen gut aus und häufig erkennt der Akquisiteur zu spät, dass die Situation falsch bewertet wurde. Die Untersuchungsbereiche beschränken sich bei einer Due Diligence gewöhnlich auf die Bereiche Financials, Tax und Legal. Die Untersuchung der leistungswirtschaftlichen Bereiche wie Produktion, F&E, Einkauf, Logistik und Vertrieb wird im Rahmen der klassischen Due Diligence unzureichend durchgeführt, obwohl diese Bereiche vielfach das Potenzial der Akquisition beinhalten. Der vorliegende Leitfaden beschreibt die Leitlinien, Gestaltungsfelder und Methoden zur Analyse der Operations im Rahmen einer Due Diligence. Es wird ein Referenzmodell zur Vorgehensweise während der Operational Due Diligence vorgestellt und an Fallstudien gespiegelt.

Leitfäden

66 Personal- und Führungskräfteaudit

Leitfaden zur Analyse des Managementpotenzials und der Problemlösungskapazität der Mitarbeiter

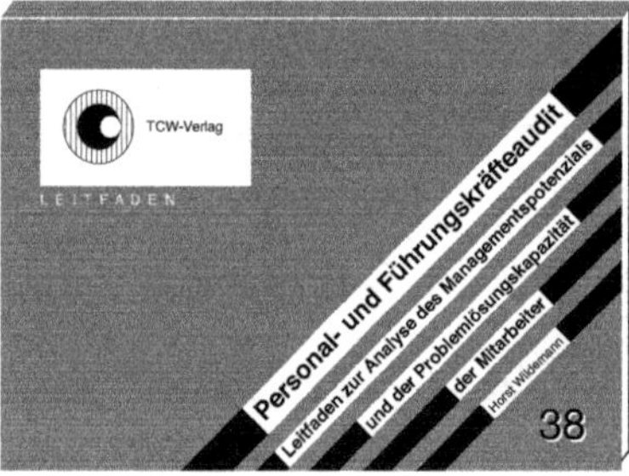

Horst Wildemann
Personal- und Führungskräfteaudit
München 2015
ISBN 978-3-931511-13-5
EUR 250,-
zzgl. Versandkosten

Die Problemlösungsfähigkeiten der Mitarbeiter und das unternehmerische Potenzial der Führungskräfte sind Schlüsselfaktoren für den Erfolg eines Unternehmens. Wie aber ist das Potenzial von Mitarbeitern einzuschätzen? Wo besteht Förder- und Handlungsbedarf? Aufbauend auf der Erfahrung aus zahlreichen Auditierungsprojekten beschreibt der Leitfaden Vorgehensweisen und beinhaltet Erhebungs- und Analyseformulare. Die besonders kritischen Aspekte der Mitarbeiterinformation vor Projektbeginn, der Einbindung von Betriebsräten und Sprecherausschüssen, der Kommunikation der Ergebnisse sowie der Einbindung interner und externer Projektpartner werden detailliert behandelt.

67 Personalbenchmarking

Overhead Value Analysis - Leitfaden zur bedarfsgerechten Personaldimensionierung

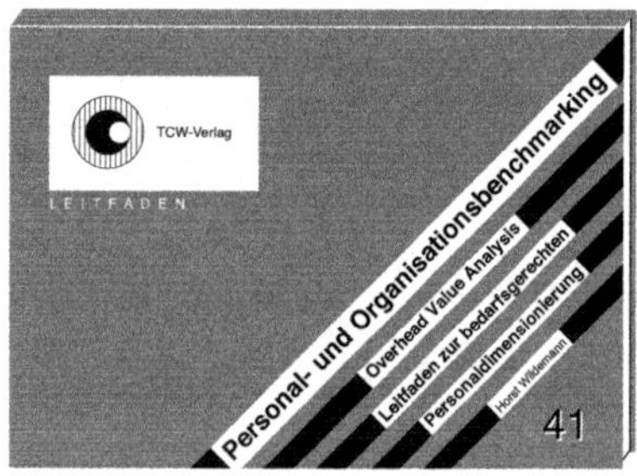

Horst Wildemann
Personal- und Organisationsbenchmarking
München 2015
ISBN 978-3-931511-23-4
EUR 250,-
zzgl. Versandkosten

Die Anpassung des Personalbestands und der Personalstruktur sowie die Ermittlung von Reorganisationsschwerpunkten und Kostentreibern in den Prozessen durch eine systematische und praktische Vorgehensweise sind Inhalt des Leitfadens. Neben den Methoden zur Prozess- und Organisationsanalyse werden Verfahren vorgestellt, die bestehende Leistungslücken durch den Vergleich mit den Klassenbesten in den relevanten Strukturen und Prozessen aufzeigen.

Leitfäden

68 Post Merger Management

Leitfaden zur Integration von Unternehmen und Realisierung von Synergieeffekten

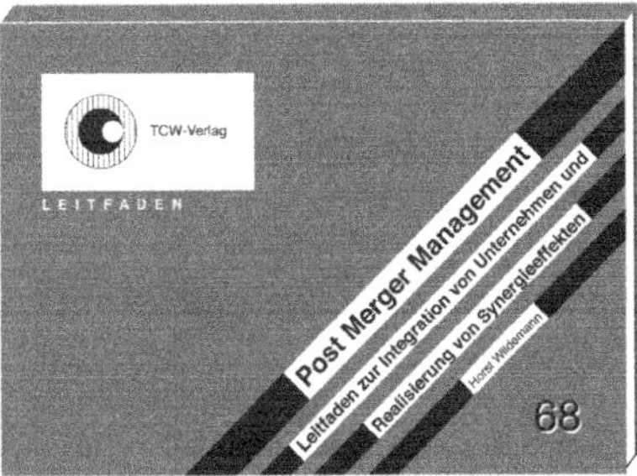

Horst Wildemann
Post Merger Management
München 2015
ISBN 978-3-934155-45-9
EUR 250,-
zzgl. Versandkosten

Eine Fusion kann nur dann eine nachhaltige Wertsteigerung aufweisen, wenn die in der Bewertung identifizierten Synergien auch realisiert werden. Diese Synergien zu realisieren ist die Aufgabe des Post Merger Managements. Die Anforderung hierbei ist, möglichst wenig Kapazitäten für den Integrationsprozess und die erforderlichen Aktivitäten zu binden und auf Grund der Beschäftigung mit sich selbst das Tagesgeschäft nicht aus den Augen zu verlieren. Themen wie die Besetzung von Schlüsselpositionen im neuen Unternehmen werden dabei ebenso behandelt wie die Gefahr der Kollision von Unternehmenskulturen. Anhand von Methoden und Fallstudien wird gezeigt, wie die Potenziale zu heben sind.

69 PPS-Systeme

Leitfaden zur kontinuierlichen Weiterentwicklung von PPS-Systemen

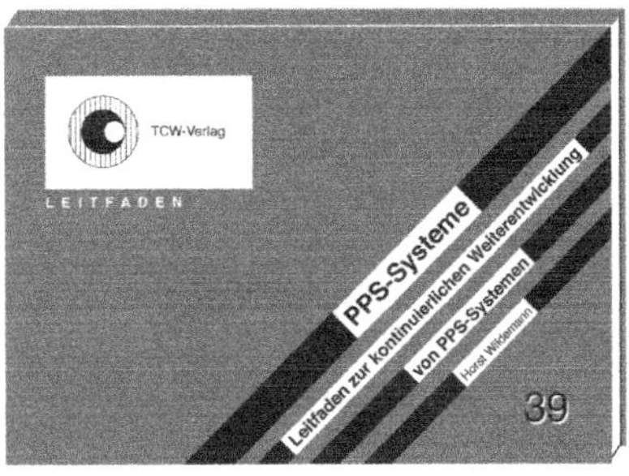

Horst Wildemann
PPS-Systeme
München 2015
ISBN 978-3-931511-14-2
EUR 250,-
zzgl. Versandkosten

Vor der Frage der PPS-Sanierung oder PPS-Ablösung stehen alle Unternehmen, die eine modulare Organisation oder Gruppenarbeit einführen, eine kundenorientierte Auftragsabwicklung anstreben, eine Variantenexplosion zu verzeichnen haben, sich einem veränderten Kundenverhalten in der Auftragsstruktur stellen müssen ebenso wie Unternehmen, die industrielle Serviceleistungen zu ihren Produkten anbieten. Dieser Leitfaden gibt Entscheidungshilfen für die Restrukturierung der PPS-Systematik, die es erlauben, die Produktionsplanung und -steuerung wieder auf ein Unternehmen maßzuschneidern und die zukünftigen Anforderungen frühzeitig zu erkennen und kontinuierlich abzudecken.

70 Produktions- u. Zuliefernetzwerke

Leitfaden zur Unterstützung einer marktorientierten Produkt- und Prozessgestaltung

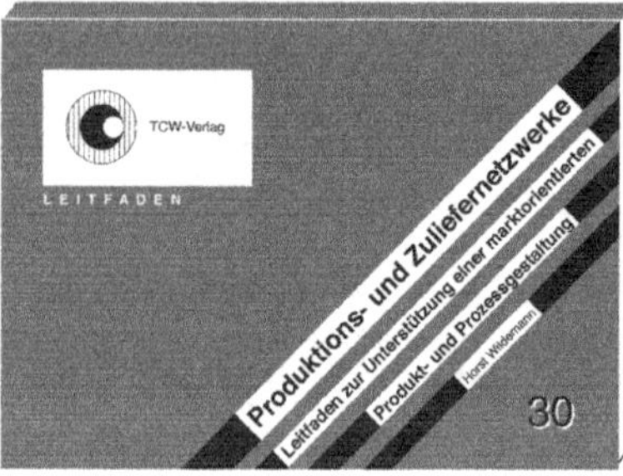

Horst Wildemann
Produktions- und Zuliefernetzwerke
München 2015
ISBN 978-3-929918-92-2
EUR 250,-
zzgl. Versandkosten

Dieser Leitfaden zeigt, welche alternativen Formen von Produktions- und Zuliefernetzwerken für ein Unternehmen geeignet sind. Unternehmen werden dadurch in die Lage versetzt, die Vorteile kleiner, flexibel auf Veränderungen der Wettbewerbssituation reagierender Einheiten mit den Vorteilen großer, auf umfangreiche Ressourcen und eine breite Know-how-Basis zurückgreifender Unternehmen zu verbinden. Diese virtuellen Unternehmen können die Vorteile einer zwischenbetrieblichen Arbeitsteilung sowie die Realisierung schnittstellenübergreifender Synergiepotenziale mit sehr geringem Koordinations- und Kontrollaufwand implementieren.

71 Produktionsrisikomanagement

Leitfaden zur Handhabung von produktionsorientierten Risiken und Implementierung eines Risikomanagementsystems

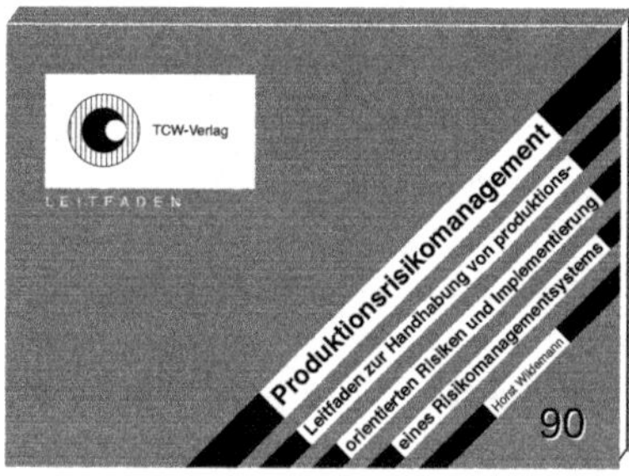

Horst Wildemann
Produktionsrisikomanagement
München 2015
ISBN 978-3-937236-24-7
EUR 250,-
zzgl. Versandkosten

Die mit einer zunehmenden Komplexität in den Produktionsprozessen einhergehende Gefahr der Betriebsunterbrechung erfordert eine risikoorientierte Betrachtung der Produktion. Dieser Leitfaden stellt sich der Herausforderung, einen geeigneten Methoden- und Instrumenteneinsatz für das Risikomanagement dieses Funktionsbereiches anzubieten. Für Produktionsunternehmen gilt es, das passende Risikomanagementsystem in Art und Umfang auszugestalten. Erfolgreiches Risikomanagement in der Produktion ist als regelmäßiger Managementprozess institutionalisiert und erfolgt in Kombination mit einem geeigneten Methoden-Mix.

Leitfäden

72 Produktionssysteme

Leitfaden zur methodengestützten Reorganisation der Produktion

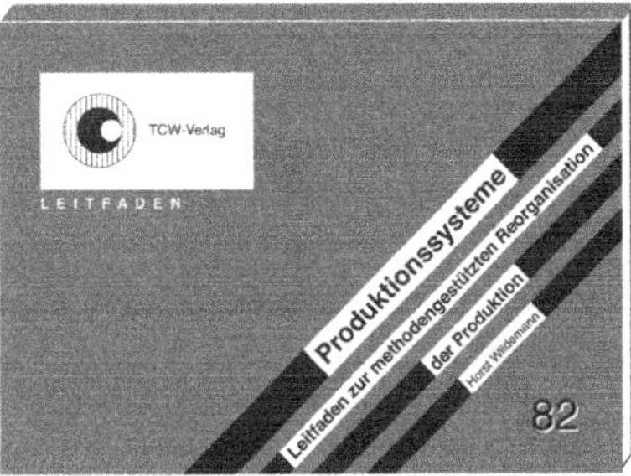

Horst Wildemann
Produktionssysteme
München 2015
ISBN 978-3-934155-58-9
EUR 250,-
zzgl. Versandkosten

Um dem steigenden Wettbewerbsdruck in dynamischen Marktumfeldern erfolgreich begegnen zu können, sind ganzheitliche Produktionssysteme erforderlich, die der Vielschichtigkeit moderner Fertigungsstrukturen gerecht werden. Aufbauend auf einer Analyse der Ausgangssituation, der aktuellen Trends im Unternehmensumfeld und der daraus resultierenden Anforderungen wird dargestellt, welche Basisstrategien zu einer Verbesserung von Veränderungsdynamik und Kostenposition führen, in welchen Gestaltungsfeldern von Fertigungen Produktionssysteme eingreifen und welche Bausteine und Methoden zur Integration von Produktionssystemen erforderlich sind. Es wird ein Einführungskonzept vorgestellt, das auf Erfahrungen aus einer Vielzahl von Fallstudien beruht.

73 Produktivitätsverbesserung

Leitfaden zur kurzfristigen und permanenten Produktivitätssteigerung in kleinen und mittleren Unternehmen

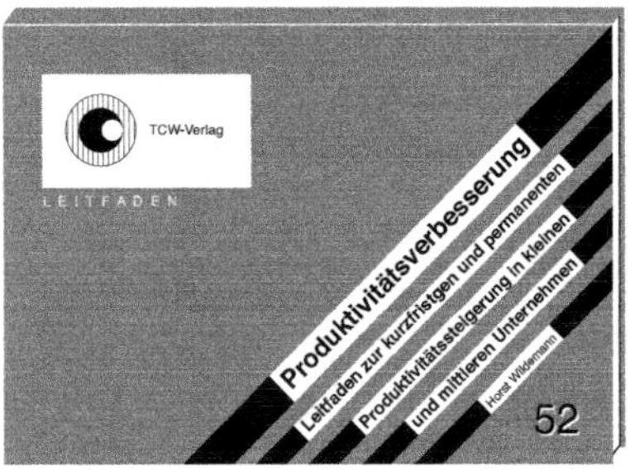

Horst Wildemann
Produktivitätsverbesserung
München 2015
ISBN 978-3-931511-95-1
EUR 250,-
zzgl. Versandkosten

Wettbewerbsvorteile werden in Zukunft nicht durch Redesign-Projekte und einen kontinuierlichen Verbesserungsprozess erzeugt, gefragt sind vielmehr offene Programme, die die umfangreiche Aufgabenstellung der Produktivitätssteigerung in überschaubare und kurzfristig zu bewältigende Einheiten teilen und als Ergebnis eine durch alle Organisationsmitglieder getragene Selbsterneuerung hervorbringen. In diesem Leitfaden wird ein handlungsorientiertes Konzept zur Planung, Einführung und Umsetzung auf der Basis einer Vielzahl von Fallbeispielen entwickelt. Darüber hinaus werden konkrete Leitlinien zur Produktivitätssteigerung in Produktion und Logistik vorgestellt und erläutert.

74 Produktkannibalisierung

Leitfaden zur Strategiefindung und -umsetzung zur Vermeidung von Kannibalisierungs- und Substitutionseffekten zwischen Produkten

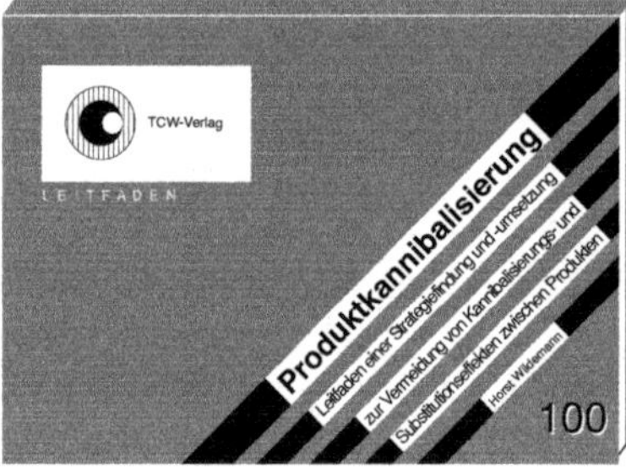

Horst Wildemann
Produktkannibalisierung
München 2015
ISBN 978-3-937236-56-8
EUR 250,-
zzgl. Versandkosten

Von der Analyse über das methodische Vorgehen bis hin zur Umsetzung bietet der Leitfaden erprobte Konzepte zur Vermeidung von Kannibalisierungs- und Substitutionseffekten bei Produkten. Der Schwerpunkt liegt auf der Analyse bestehender Produktprogramme und der Ableitung geeigneter Handlungsstrategien. Es werden Methoden aufgezeigt, anhand derer Substitutionseffekte analysiert und prognostiziert werden können. Die Darstellung spezifischer Tools sowie zu erwartender Wirkungen einzelner Maßnahmen bildet einen weiteren Schwerpunkt des Leitfadens. Analyse- und Bewertungsmethoden werden mit Handlungsempfehlungen versehen vorgestellt, Praxis-Fallstudien erläutern die Vorgehensweisen zu den einzelnen Konzepten und zeigen die Wertungen auf.

75 Produktklinik

Leitfaden zur Steigerung der Lerngeschwindigkeit und Produktkostensenkung

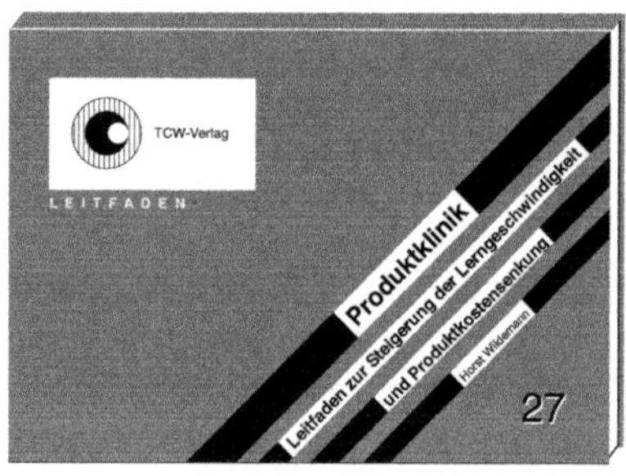

Horst Wildemann
Produktklinik
München 2015
ISBN 978-3-929918-87-8
EUR 250,-
zzgl. Versandkosten

Inhalt des Leitfadens ist das Konzept der Produktklinik, dessen Grundgedanke darin besteht, eigene aktuelle Produkte unter Heranziehung von Markt-, Wettbewerbs- und Kundendaten auf physischer Ebene mit denen der Mitbewerber zu vergleichen. Danach werden Zielgrößen für weitere Produktplanungen gebildet und eine optimale Kombination der einzelnen auf Produkt- und Prozessebenen realisierten Best Practice-Lösungen zusammengestellt. Der Autor hat hierzu ein methodisch und praktisch erprobtes Bausteinkonzept entwickelt, das Unternehmen Unterstützung bei der Einführung einer Produktklinik gibt.

Leitfäden

76 Produktordnungssysteme

Leitfaden zur Standardisierung und Individualisierung des Produktprogramms durch intelligente Plattformstrategien

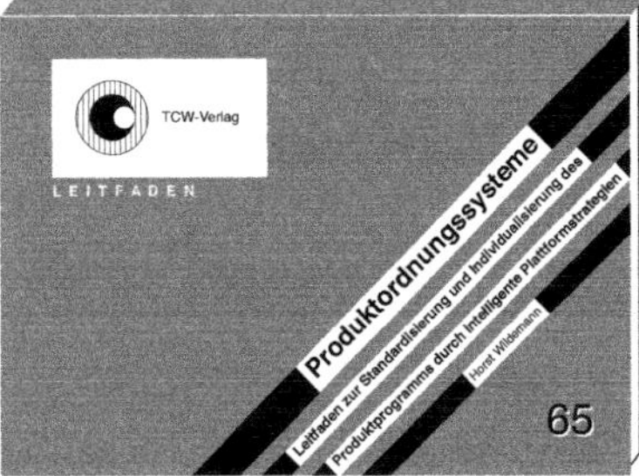

Horst Wildemann
Produktordnungssysteme
München 2015
ISBN 978-3-934155-40-4
EUR 250,-
zzgl. Versandkosten

Viele Unternehmen bringen ihr angestammtes Volumengeschäft durch falsch verstandene Kundennähe mit einem zu sehr auf individuelle Lösungen ausgerichteten Produktprogramm in Gefahr. Andere Unternehmen straffen durch Elimination von Varianten ihr Produktportfolio. Vielmehr ist die vom Markt geforderte Vielfalt möglichst effizient anzubieten. Der Leitfaden gibt einen umfassenden Überblick über die Ansätze zur Gestaltung effizienter Produktordnungssysteme. Durch die Darstellung von Vorgehensweisen und Fallstudien werden die Grundlagen für die Umsetzung gelegt. Mit der integrierten Betrachtung von Produkt, Prozess und Organisation wird ein erprobtes praxisorientiertes Konzept vorgestellt und anhand von Fallstudien belegt.

77 Produktpiraterie

Leitfaden zur Einführung eines effizienten und effektiven Kopierschutz-Managements

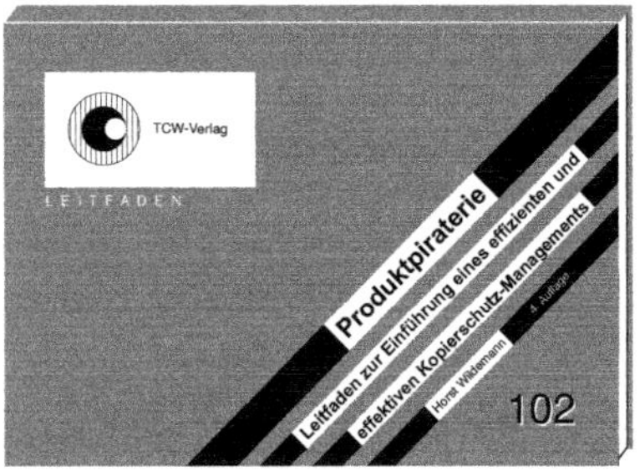

Horst Wildemann
Produktpiraterie
München 2015
ISBN 978-3-937236-59-9
EUR 250,-
zzgl. Versandkosten

Der Schutz vor Produktpiraterie und unbeabsichtigtem Know-how-Transfer gewinnt als Managementaufgabe immer mehr an Bedeutung. Inhalt dieses Leitfadens sind Leitlinien, Konzepte und Methoden, wie ein übergreifendes Produktpiraterieschutz-Management zu gestalten ist. Ausgehend von einer Beschreibung der aktuellen Gefährdungslage werden neben organisatorischen und übergreifenden Schutzkonzepten auch konstruktive Ansätze dargelegt. Dabei stehen proaktive Maßnahmen mit Einfluss auf die Produkt- und Prozessgestaltung im Vordergrund, die mit einem effizienten Schutzrechtsmanagement zu einem umfassenden Piraterieschutzkonzept verbunden werden. Der Leitfaden ist zur Schulung und für das Selbststudium geeignet.

78 Projektleitstand

Leitfaden zum Management von Großprojekten

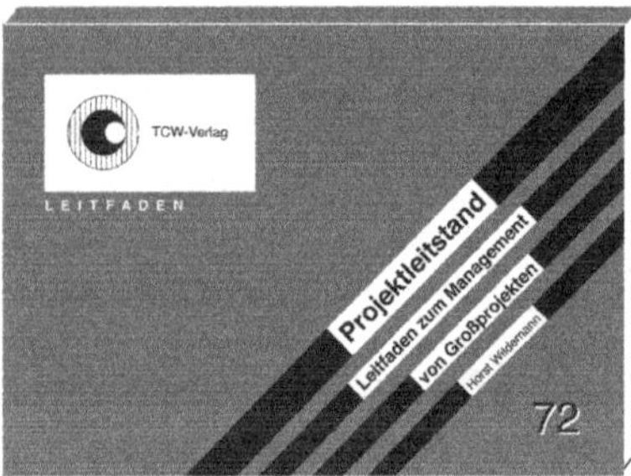

Horst Wildemann
Projektleitstand
München 2015
ISBN 978-3-934155-48-0
EUR 250,-
zzgl. Versandkosten

Bei der Abwicklung von Großprojekten im Anlagenbau ist ein wesentlicher Erfolgsfaktor die intensive Kommunikation und Zusammenarbeit mit dem Kunden. In der Praxis reicht die bestehende Kundeneinbindung meist nicht aus. Der Leitfaden gibt dem Praktiker ein innovatives Konzept an die Hand, das ein durchgehendes unternehmensübergreifendes Controlling des Projektfortschritts erlaubt. Die Berücksichtigung erprobter Bausteine wie Workflow-Management oder Projektcontrolling in Gestalt einer durchgängigen Vorgehensweise gewährleistet damit die Realisierung der Projektziele. Der Leitfaden zeigt auch, wie Kommunikationsmethoden und Controlling über das Internet abgewickelt werden können.

79 Projektmanagement

Leitfaden zu Kommunikation und Controlling von funktionsübergreifenden Projekten

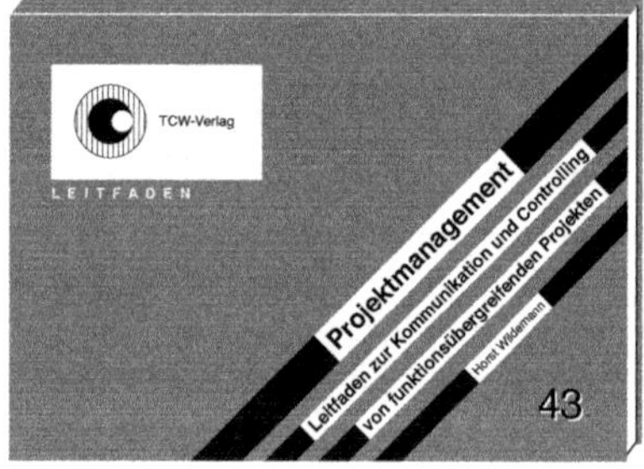

Horst Wildemann
Projektmanagement
München 2015
ISBN 978-3-931511-83-8
EUR 250,-
zzgl. Versandkosten

Der vorliegende Leitfaden befasst sich mit der Gestaltung und Überprüfung von Projektorganisationen in Forschung und Entwicklung. Themen wie das der Aufgabenverteilung in Projektorganisationen und Ablaufgestaltung werden umfassend erläutert, Methoden des Projektcontrollings, des Multiprojektmanagements, der Teamführung und des Coachings detailliert vorgestellt. Zum Wirkungsnachweis und zur Auditierung von Projektorganisationen dient neben den aufgezeigten Checklisten das vorgestellte Visualisierungskonzept. Der Leitfaden ist in Chartform gestaltet und eignet sich als Präsentationsunterlage und zum Selbststudium.

80 Prozess-Benchmarking

Leitfaden zur Erreichung von Quantensprüngen in Geschäftsprozessen

Horst Wildemann
Prozess-Benchmarking
München 2015
ISBN 978-3-929918-43-4
EUR 250,-
zzgl. Versandkosten

Die erfolgreiche Durchführung von Vergleichen mit dem Best Performer eines Prozesses oder einer bestimmten Aufgabe ist Gegenstand dieses Leitfadens. Im Mittelpunkt steht das Prozess-Benchmarking als wirkungsvolles Instrument, um Prozessverbesserungen in Quantensprüngen hervorzurufen. Effektive Maßnahmen und Handlungsempfehlungen zur Umsetzung der einzelnen Schritte in der betrieblichen Praxis werden vorgestellt und anhand konkreter Fallbeispiele erläutert. Der Leitfaden ist für Schulung und Selbststudium konzipiert.

81 Prozessgestaltung i. d. Softwareentw.

Leitfaden und Tools zur effizienten Entwicklungsprozessgestaltung

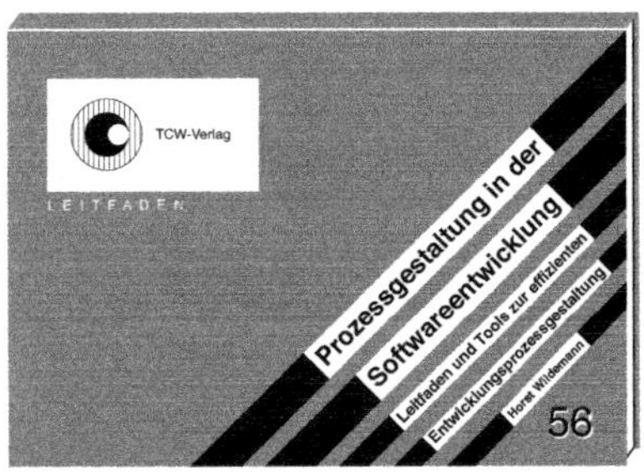

Horst Wildemann
Prozessgestaltung in der Softwareentwicklung
München 2015
ISBN 978-3-934155-31-2
EUR 250,-
zzgl. Versandkosten

Die Effizienz der Vorgehensmodelle spiegelt sich in der Erfüllung der individuellen Anforderungen eines Sofwareentwicklungsprojektes wider. Dieser Leitfaden beinhaltet Handlungsempfehlungen zur effizienten Gestaltung eines Softwareentwicklungsprozesses. Die Nutzung von räumlich verteilten Standorten für die Softwareentwicklung wird durch einen systematisierten, instrumentengestützten Entscheidungsprozess zur verteilten Entwicklung ermöglicht. Der Leitfaden ist das Ergebnis mehrjähriger Forschungsarbeiten und für Schulungen und Selbststudium konzipiert.

Leitfäden

82 Prozessklinik

Leitfaden zur Wertgestaltung und zum Benchmarking von Geschäftsprozessen

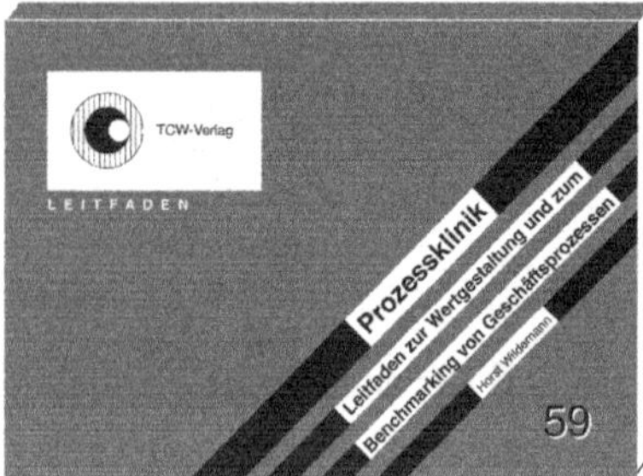

Horst Wildemann
Prozessklinik
München 2015
ISBN 978-3-931511-98-2
EUR 250,-
zzgl. Versandkosten

Dieser Leitfaden befasst sich mit der Optimierung von Geschäftsprozessen durch Prozessorientierung und Leistungsvergleiche im eigenen Unternehmen. Die Konzentration auf wertschöpfende Tätigkeiten in Geschäftsprozessen und die Reduzierung nicht wertschöpfender Tätigkeiten zu neuen Kostensenkungspotenzialen sind Bestandteile der Prozessorientierung. Orientiert an Leitlinien, wie beispielsweise der des organisatorischen Lernens, werden Methoden zur Vorgehensweise der Prozessorientierung im Rahmen eines Bausteinkonzeptes dargestellt und erläutert.

83 Qualitätscontrolling

Leitfaden zur qualitätsgerechten Planung und Steuerung von Geschäftsprozessen

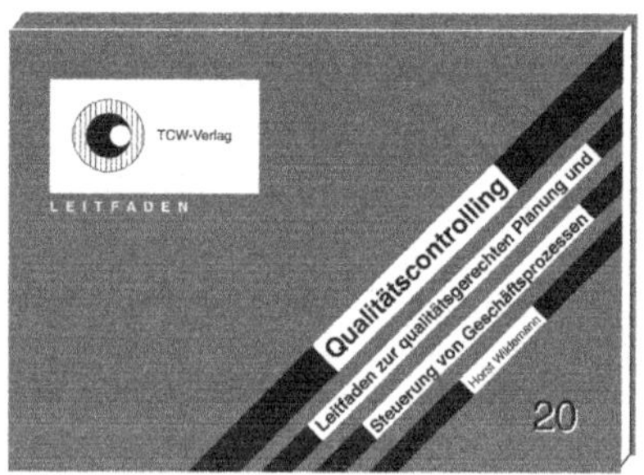

Horst Wildemann
Qualitätscontrolling
München 2015
ISBN 978-3-929918-54-0
EUR 250,-
zzgl. Versandkosten

Die Darstellung eines Gesamtkonzeptes für das Qualitätscontrolling im Hinblick auf die Verwirklichung einer qualitätsorientierten Unternehmensführung ist das Anliegen dieses Leitfadens. Möglichkeiten zur unternehmensspezifischen Umsetzung, ablauforientierten Gestaltung und Eingliederung in das betriebliche Führungssystem werden ebenso erläutert wie Methoden und Instrumente zur Planung und Steuerung. Der Leitfaden ist für Schulung und Selbststudium konzipiert.

Leitfäden

84 Qualitätsmanagement Software

Leiftfaden zur Analyse und Verbesserung der Produkt- und Prozessqualität

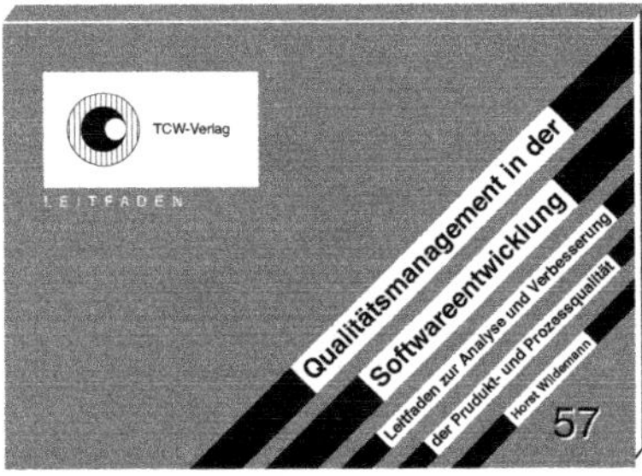

Horst Wildemann
Qualitätsmanagement in der Softwareentwicklung
München 2015
ISBN 978-3-934155-33-6
EUR 250,-
zzgl. Versandkosten

Das Qualitätsmanagement diagnostiziert Fehler und versucht die Qualität von Produkten und Prozessen zu verbessern. Ziel ist die Ableitung der Qualitätsanforderungen und Erfüllung der Kundenwünsche durch die Betrachtung der Produkt- und Prozessqualität. Der Leitfaden beinhaltet Vorgehensweisen und Instrumente zur Analyse und Verbesserung von Produkt- und Prozessqualität in der Softwareentwicklung. Auf der Grundlage definierter Qualitätsmerkmale wird durch Qualitätsplanung und -controlling eine kundengerechte Softwareentwicklung sichergestellt. Die dargestellten Methoden und Techniken ermöglichen ein ganzheitliches und effektiveres Qualitätsmanagement.

85 Quality Function Deployment

Die Stimme des Kunden in Entwicklung, Produktion und Zulieferung - QFD-Schulungsunterlage

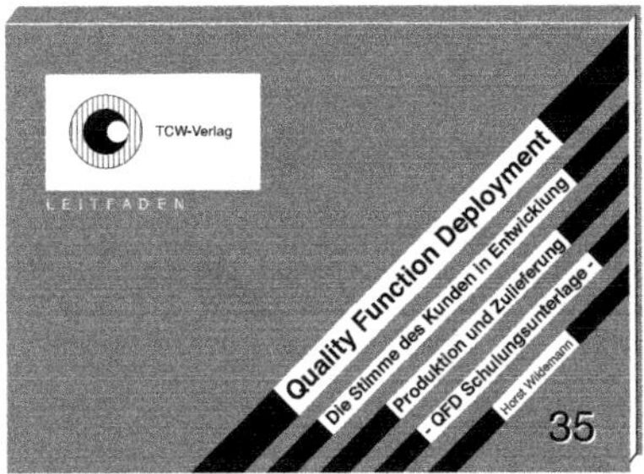

Horst Wildemann
Quality Function Deployment
München 2015
ISBN 978-3-929918-51-9
EUR 250,-
zzgl. Versandkosten

Dieser Leitfaden zeigt, wie Kundenwünsche herauszufinden und aktiv in allen Unternehmensbereichen umzusetzen sind. Die „Stimme des Kunden" muss in Entwicklung, Beschaffung, Produktion, Logistik und im Vertrieb verankert werden. Die Methode des Quality Function Deployment leistet diese Aufgabe in einer mehrstufigen Planungssystematik für Produkt- und Prozessmerkmale; die „Sprache des Kunden" wird in die „Sprache des Unternehmens" umgesetzt. Die Anwendung dieser Methoden führt zu Komplexitätsreduzierungen, weniger Änderungen und ausgereifteren Produkten, was Kosteneinsparungen und schnelle Realisierung von Entwicklungsprojekten ermöglicht.

Leitfäden

86 Quality Gate Konzept

Leitfaden zur Ausgestaltung eines prozessorientierten Qualitätscontrollings

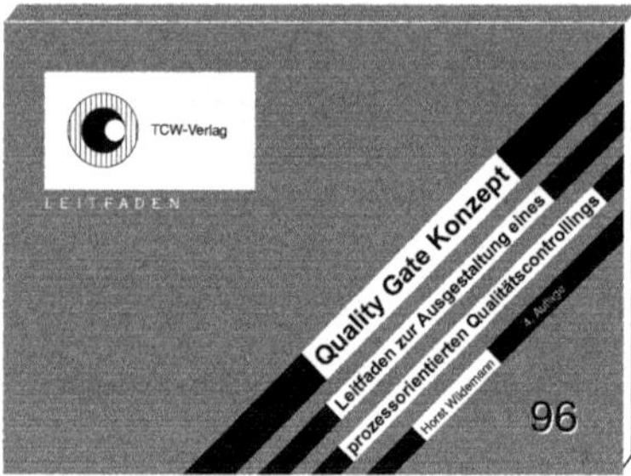

Horst Wildemann
Quality Gate Konzept
München 2015
ISBN 978-3-937236-52-0
EUR 250,-
zzgl. Versandkosten

Die fortschreitende Globalisierung und die Bildung komplexer Wertschöpfungsketten verändern die Anforderungen an das Qualitätsmanagement. Wie aber kann unter diesen Voraussetzungen ein ganzheitliches, modernes Qualitätscontrolling gewährleistet werden? Mit welchen Konzepten kann ein Quality Gate Konzept konzeptionell erarbeitet, begleitet und erfolgreich implementiert werden? Dieser Leitfaden zeigt Wege und Methoden zur Ausgestaltung eines prozessorientierten Qualitätscontrollings mit Hilfe eines Quality Gate Konzepts auf. Die zieladäquate Verknüpfung von Hard Facts und Soft Facts steht im Mittelpunkt der integrierten Handlungskonzeption. Die praxiserprobte Vorgehensweise wird an Fallbeispielen anschaulich demonstriert.

87 Rating

Leitfaden zur Vorbereitung auf das bankinterne und externe Rating sowie zur Optimierung der Ratingposition des Unternehmens

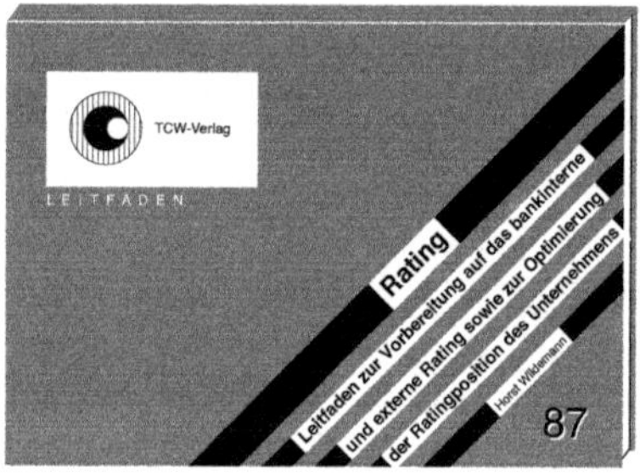

Horst Wildemann
Rating
München 2015
ISBN 978-3-937236-25-4
EUR 250,-
zzgl. Versandkosten

Die Finanzierung von Investitionen von KMUs erfolgt vornehmlich über den klassischen Firmenkredit. Der zweite Basler Akkord macht das Rating zu einem obligatorischen Bestandteil des Kreditvergabeprozesses. Die jeweilige Hausbank wird das hierzu erforderliche Rating bei KMUs durchführen, da ein externes Rating erheblich teurer ist. Der Leitfaden enthält ein praxisorientiertes Bausteinkonzept zur Vorbereitung des Unternehmens sowohl auf das bankinterne als auch auf das externe Rating. Betrachtet werden sowohl leistungs- als auch finanzwirtschaftliche Kriterien. Es wird aufgezeigt, wie Unternehmen mit Methodenbausteinen ihre Risikoposition verbessern können.

88 Risikomanagement

Leitfaden zur Umsetzung eines Risikomanagement-Systems für die wertorientierte Steuerung von Unternehmen

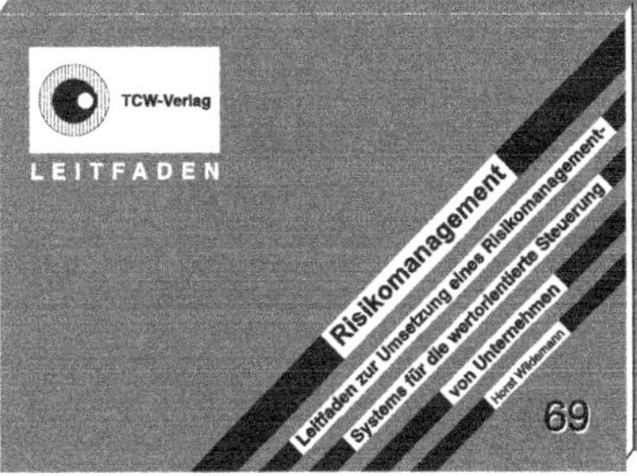

Horst Wildemann
Risikomanagement
München 2015
ISBN 978-3-934155-44-2
EUR 250,-
zzgl. Versandkosten

Ein Unternehmen muss die von ihm bereits eingegangenen und noch einzugehenden Risiken sowohl identifizieren und messen als auch steuern und regeln, wenn es seinen Bestand langfristig sichern will. Mit KonTraG wurde die Grundlage zur ganzheitlichen Betrachtung der Risiken im unternehmerischen Umfeld geschaffen. Jedoch sind noch längst nicht alle Fragen hierzu beantwortet. Nach wie vor wird kaum ein anderes Thema sowohl in der theoretischen Auseinandersetzung als auch in der unternehmerischen Praxis so heftig diskutiert. Dieser Leitfaden gibt eine Hilfestellung zur Implementierung eines unternehmensweiten Risikomanagements anhand von praxiserprobten Bausteinen und Modellen.

89 Roadmapping

Leitfaden zur Planung und Erschließung von Zukunftspotenzialen im Unternehmen

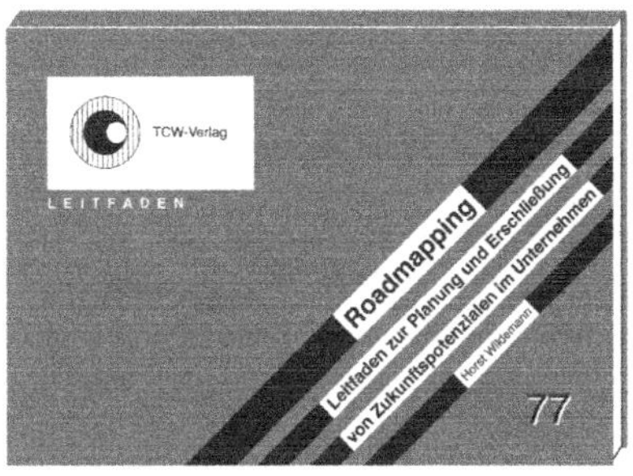

Horst Wildemann
Roadmapping
München 2015
ISBN 978-3-934155-55-8
EUR 250,-
zzgl. Versandkosten

Unternehmen, die langfristig erfolgreich sind, zeichnen sich durch ihre hohe Innovationskraft aus. Innovation setzt das Vorhandensein einer klaren Vision voraus. Die Vision beschreibt die Vorstellung über den Zustand und die Zielsetzungen des Unternehmens in der Zukunft und ist somit die Grundlage für die Ausgestaltung der Innovationsstrategie. Wer das Ziel nicht kennt, kann den Weg nicht finden. Ein effektives Instrument zur Unterstützung der Strategieumsetzung sind Roadmaps. Die Roadmap zeigt den Weg von der Vision über die gewählten Technologie-, Markt- und Produktstrategien und deren Umsetzung in Entwicklungsprojekten zu innovativen, marktfähigen Produkten auf.

Leitfäden

90 Rüstzeitmanagement

Leitfaden zur Reduzierung des Rüstaufwands und Steigerung der Anlagenproduktivität

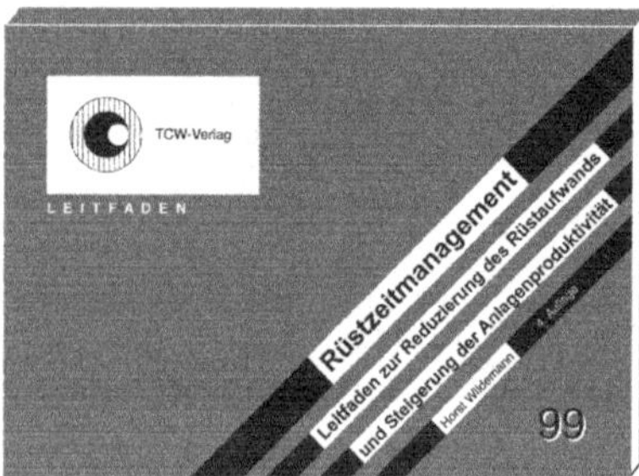

Horst Wildemann
Rüstzeitmanagement
München 2015
ISBN 978-3-937236-55-1
EUR 250,-
zzgl. Versandkosten

Aktuelle Trends wie die zunehmende Individualisierung des Produktangebots oder die Reduzierung der Lieferzeit haben die Anzahl der Sortenwechsel in den Produktionsprozessen kontinuierlich erhöht. Die Anschaffung von Produktionsanlagen bindet Kapital, dessen Rentabilität nur durch einen kontinuierlichen Betrieb sicherzustellen ist. Für die Erhöhung der Produktivzeit stellt die Optimierung des Rüstaufwands einen wesentlichen Einflussfaktor dar. Die Leitlinien und Gestaltungsfelder sind an einer ganzheitlichen Prozessoptimierung ausgerichtet. Dieser Leitfaden zeigt theoretische und praktische Ansätze für die Reduzierung, Vermeidung und Beherrschung des Rüstaufwands im Rahmen eines Produktionssystems auf.

91 Sanierungsstrategien

Leitfaden zur Bewältigung und Abwehr von Unternehmenskrisen

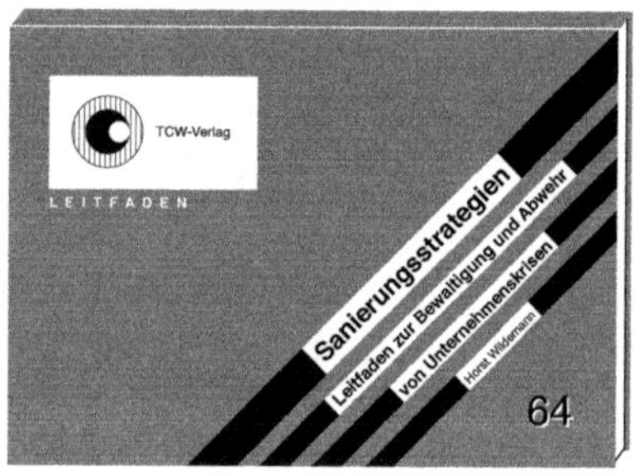

Horst Wildemann
Sanierungsstrategien
München 2015
ISBN 978-3-934155-41-1
EUR 250,-
zzgl. Versandkosten

Die Wettbewerbsdynamik und Wachstumsschwellen führen zunehmend auch traditionell erfolgreiche Unternehmen in Krisensituationen. Der Leitfaden Sanierungsstrategien erläutert detailliert Leitlinien und Gestaltungsbausteine zur Bewältigung von Unternehmenskrisen. Das zentrale Ziel der Sanierung ist dabei die Wiedergewinnung von Transparenz und Steuerungsmöglichkeiten im Unternehmen hinsichtlich Produkten, Prozessen und Organisationseinheiten. Die Darstellung einer strukturierten Vorgehensweise sowie die praxiserprobten Methodenbausteine, Analysemethoden und Checklisten helfen Praktikern bei der Diagnose von Krisensituationen und der Konzeption geeigneter Gegenmaßnahmen.

Leitfäden

92 Schnell lernende Unternehmen

Leitfaden zur Initiierung von Lernprozessen auf allen Ebenen im Unternehmen

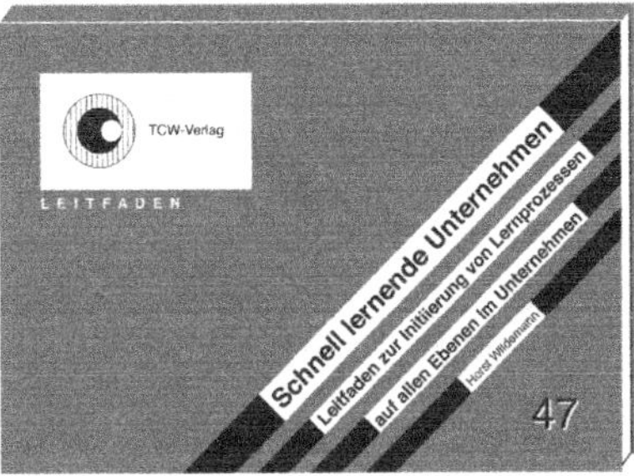

Horst Wildemann
Schnell lernende Unternehmen
München 2015
ISBN 978-3-931511-86-9
EUR 250,-
zzgl. Versandkosten

Erfolgreiche Unternehmen lernen schneller als ihre Wettbewerber und sind in der Lage, Innovationen in allen Bereichen des Unternehmens in kürzester Zeit umzusetzen. Dieser Leitfaden zeigt auf, mit welchen Basisstrategien und Gestaltungsansätzen die Idee des schnell lernenden Unternehmens realisiert werden kann. Ein breites Spektrum an erprobten Konzepten und Methoden wird vorgestellt und hinsichtlich der Einsatzmöglichkeiten und Wirkungsweisen für die einzelnen Lernphasen diskutiert.

93 Self-Assessment-Tools

Checklisten zur Selbstbewertung von Unternehmen

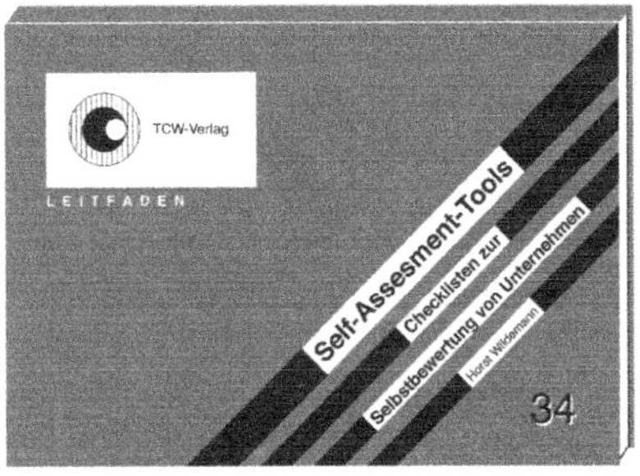

Horst Wildemann
Self-Assessment-Tools
München 2015
ISBN 978-3-929918-68-7
EUR 250,-
zzgl. Versandkosten

Die Durchführung von Self-Assessments und die Aufnahme des Ist-Zustands als Grundlage einer detaillierten Schwachstellenanalyse sind Inhalte dieses Leitfadens. Die in der Selbstbewertung festgeschriebenen Standards sind Ausgangspunkt für den kontinuierlichen Verbesserungsprozess. Im Kapitel Logistik wird die Leistungsfähigkeit von der Beschaffung über die Produktion bis zur Distribution analysiert. Im Kapitel Qualität werden in Analogie zum Europäischen Qualitätspreis Mitarbeiterführung, Produkte, Strategien, Ressourcen, Prozesse, Kundenzufriedenheit und Geschäftsergebnisse untersucht. Checklisten zum Risikomanagement beinhalten Risikoanalyse, -prävention und -monitoring.

Leitfäden

94 Service

Leitfaden zur Erschließung von Differenzierungspotenzialen im Wettbewerb

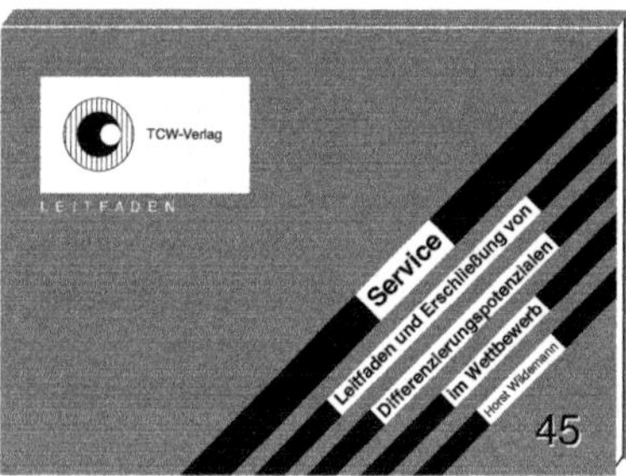

Horst Wildemann
Service
München 2013
ISBN 978-3-931511-29-6
EUR 250,-
zzgl. Versandkosten

Im Wettbewerb ist es entscheidend, das richtige Produkt und den richtigen Service anzubieten. Durch ein auf die Kundenwünsche abgestimmtes Angebot können Differenzierungspotenziale im Wettbewerb und Wachstumschancen erschlossen werden. Der Leitfaden „Service" erläutert Leitbilder und Gestaltungsbausteine zur Einführung eines Serviceangebots und Gestaltung der Serviceorganisation. Kunden-/Markt-Beziehung, Produkt- und Organisationsgestaltung sowie Mitarbeiterorientierung sind die Leitbilder einer umfassenden Serviceorientierung. Die Methodenbausteine sowie Analysemethoden und -formblätter helfen dem Praktiker bei der Umsetzung des Servicekonzeptes.

95 Six Sigma

Leitfaden zur kontinuierlichen Verbesserung der Qualität in Prozessen und Produkten

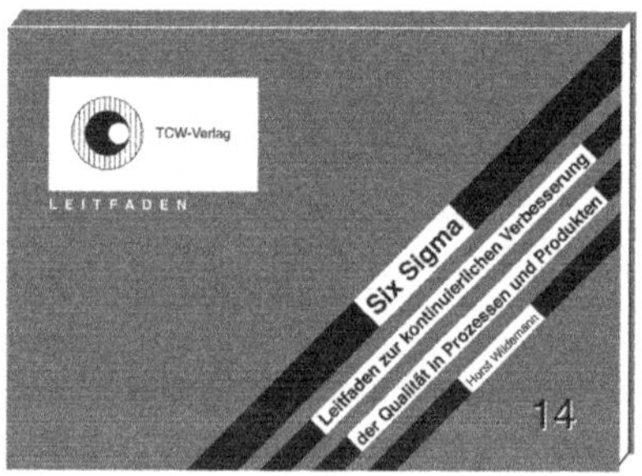

Horst Wildemann
Six Sigma
München 2015
ISBN 978-3-929918-26-7
EUR 250,-
zzgl. Versandkosten

Eine kontinuierliche Qualitätsverbesserung, die von allen Mitarbeitern getragen wird, ist Ziel dieses Leitfadens. Es werden Strategien zur Steigerung der Qualitätsfähigkeit und konsequenten Umsetzung der Methoden im Sinne einer Hilfe zur Selbsthilfe aufgezeigt. Aufbauend auf einer strikten Kunden- und Prozessorientierung, der präventiven Qualitätssicherung und der Verhaltensänderung wird ein Bausteinkonzept für die kontinuierliche Verbesserung des Qualitätsniveaus in allen Unternehmensbereichen dargestellt. Der Leitfaden ist für die Schulung und das Selbststudium konzipiert.

96 Softwareentwicklung

Leitfaden und Management-Tools zur anforderungsgerechten Softwareentwicklung

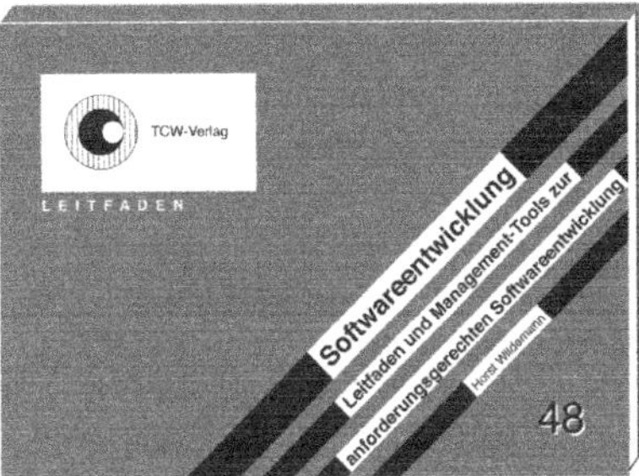

Horst Wildemann
Softwareentwicklung
München 2015
ISBN 978-3-931511-32-6
EUR 250,-
zzgl. Versandkosten

Permanente Qualitäts-, Kosten- und Zeitprobleme in der Softwareentwicklung erfordern neue Managementkonzepte. Ein speziell entwickeltes Instrumentarium ermöglicht eine problemadäquate Gestaltung dieses Prozesses. Definierte Leitlinien im Management ermöglichen eine Projektstrukturierung und -verfolgung zur effizienten Softwareentwicklung. Ein spezifisch für Softwareprodukte entwickeltes PM-Tool realisiert die dreidimensionale Messung von Zeit, Kosten und Leistungen. Ein ganzheitliches Qualitätsmanagement verbessert die Prozess- und Produktqualität. Methoden zur markt- und anforderungsgerechten Softwareproduktgestaltung dienen einer ganzheitlichen Kundenorientierung.

97 Software-Produktordnungssyst.

Leitfaden zum Management effizienter Softwareentwicklung durch intelligente Wiederverwendung

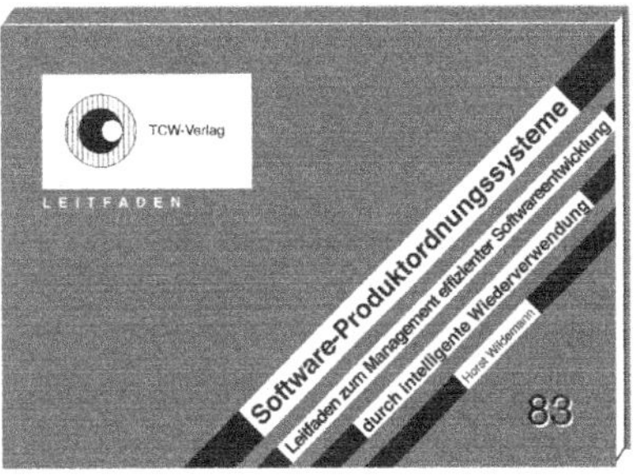

Horst Wildemann
Software-Produktordnungs-systeme
München 2015
ISBN 978-3-934155-59-6
EUR 250,-
zzgl. Versandkosten

Die Bedeutung von Software nimmt stetig zu. Sowohl bei eingebetteten Systemen als auch bei reiner Anwendungssoftware stellt es für Hersteller eine große Herausforderung dar, eine effiziente Softwareentwicklung aufzubauen. Erfolgreiche Unternehmen bedienen sich hierzu erprobter Konzepte aus anderen Branchen: Fokussierung der Entwicklung, Zukauf von Leistungen und Nutzung von Synergien innerhalb des Produktprogramms. Bestehende Konzepte zur Wiederverwendung von Software beleuchten vorwiegend technische Aspekte. Dieser Leitfaden konzentriert sich auf verschiedene Strategien und Methodenbausteine der Gestaltung eines Produktordnungssystems zur Optimierung von Software-Produktprogrammen aus managementorientierter Sicht.

Leitfäden

98 Software-Projektmanagement

Leitfaden und Tools zur Planung und Abwicklung von Softwareentwicklungsprojekten

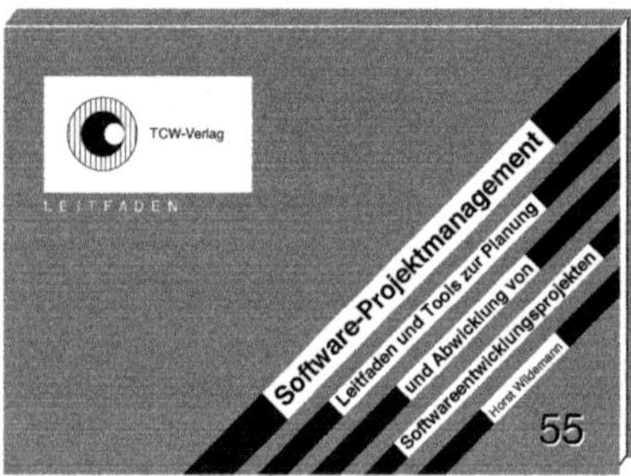

Horst Wildemann
Software-Projektmanagement
München 2015
ISBN 978-3-934155-32-9
EUR 250,-
zzgl. Versandkosten

Dieser Leitfaden umfasst eine instrumentengestützte Vorgehensweise zu Planung, Abwicklung und Controlling von Softwareentwicklungsprojekten. Leitlinien zum Software-Projektmanagement geben dem Anwender Handlungsrichtlinien zur Auswahl der für ihn geeigneten Methoden und Instrumente im Softwareprojekt. Eine softwarespezifische Projektplanung und -überwachung mit Hilfe eines Tools zur Unterstützung der Earned-Value-Analyse sorgt für eine zeitnahe Projektverfolgung. Die Steuerung der Entwicklungsaktivitäten durch ein Gateway-Management stellt die Umsetzung der Anforderungen im Softwareprojekt sicher.

99 Standortplanung i. Produktionsnetzw.

Leitfaden zur Standortbewertung für Zulieferunternehmen und Hersteller

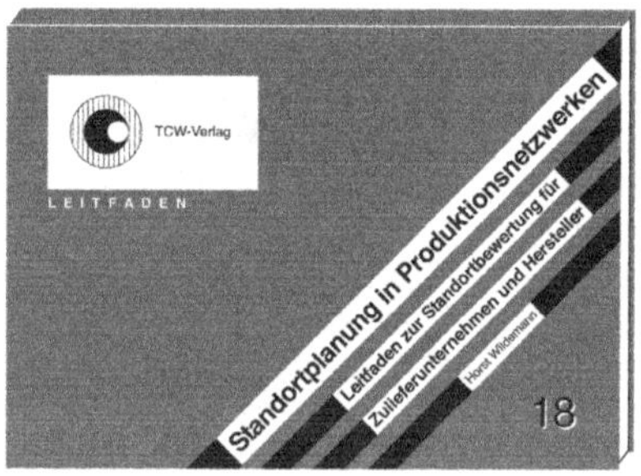

Horst Wildemann
Standortplanung in Produktionsnetzwerken
München 2015
ISBN 978-3-929918-37-3
EUR 250,-
zzgl. Versandkosten

Internationale Unternehmen erzielen Wettbewerbsvorteile durch Vernetzung ihrer globalen Produktion. Sie nutzen regionale Vorteile durch Adaption weltweiten Wissens. Die Produktion standardisierter Produkte wird in Niedrigkostenländern zusammengefasst. Zur Überwindung von Handelsbarrieren und zur Erschließung regionaler Märkte werden kleine flexible Produktionsmodule gebildet. Forschungsstandorte stehen in engem Kontakt zu antizipatorischen Kunden und innovativen Branchen. Der Leitfaden zeigt eine systematische Vorgehensweise zur Standortplanung in Produktionsnetzwerken unter Berücksichtigung von Markt-, Technologie- und Ressourcenerschließungsstrategien auf.

100 Stresstest im Einkauf

Leitfaden zur Identifikation, Analyse und Handhabung von Risiken

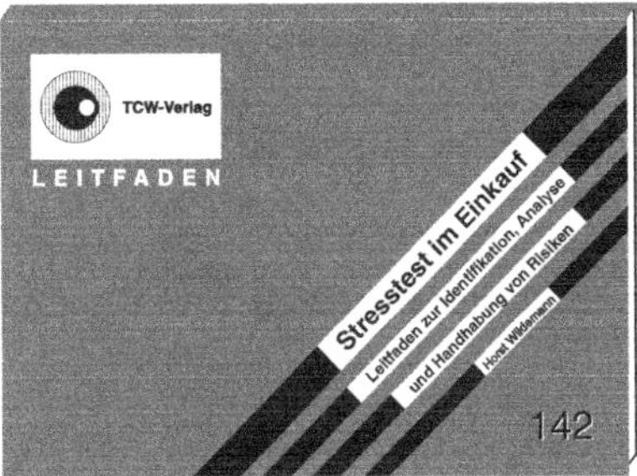

Horst Wildemann
Stresstest im Einkauf
München 2015
ISBN 978-3-941967-66-3
EUR 250,-
zzgl. Versandkosten

Die Publikation beschreibt aufbauend auf den Erfahrungen der Unternehmenspraxis, wie sich das Konzept des Stresstests zur zukunftsgerichteten Identifikation und Bewertung von Risiken im Einkauf nutzen lässt. Der Leitfaden unterstützt Unternehmen bei den Fragestellungen: Was sind die zentralen Herausforderungen im Einkauf? Wie lassen sich Stresstests im Einkauf strukturieren? Welche Konzepte, Methoden und Instrumente bieten sich für die Durchführung von Stresstests an? Welche Kenngrößen sind bei der Durchführung zu untersuchen? Die Prozessphasen der Durchführung werden aufgezeigt, Entscheidungsinstrumente vorgestellt und Handlungsempfehlungen abgeleitet. Zahlreiche Fallbeispiele verdeutlichen erfolgsversprechende Konzepte, um Stresstests effektiv und effizient durchzuführen.

101 Supply Chain Management

Leitfaden für ein unternehmensübergreifendes Wertschöpfungsmanagement

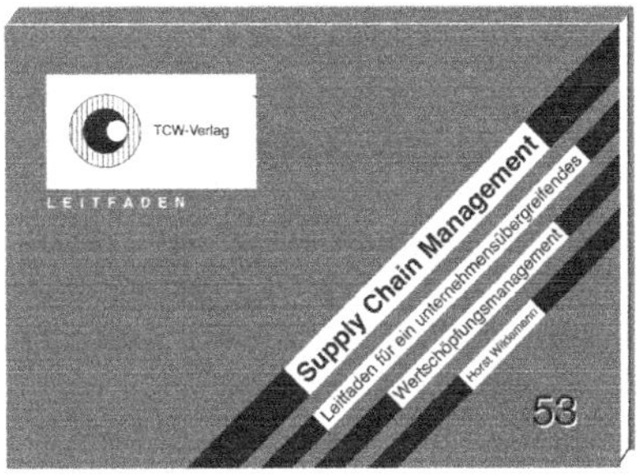

Horst Wildemann
Supply Chain Management
München 2015
ISBN 978-3-931511-42-5
EUR 250,-
zzgl. Versandkosten

Die Wertschöpfungskette eines Produktes vom Ausgangspunkt bis zum Endabnehmer ist dadurch charakterisiert, dass nur 3 - 10% der Produktionsaktivitäten wertschöpfend sind. Der Autor zeigt in diesem Leitfaden einen ganzheitlichen Ansatz zur Optimierung von Material- und Informationsflüssen in unternehmensübergreifenden Wertschöpfungsketten. Der Leitfaden enthält wesentliche Bausteine für eine effiziente Gestaltung dieser Schnittstellen und die Steuerung der Wertschöpfungskette vom Point of Sales. Anhand von zukunftsweisenden Fallstudien werden Handlungsanleitungen für die Unternehmenspraxis aufgezeigt. Der Leitfaden eignet sich als Vortragsunterlage und zum Selbststudium.

Leitfäden

102 Synergiemanagement

Leitfaden zur Identifikation und Realisierung von Synergiepotenzialen entlang der Wertschöpfungskette von Unternehmensnetzwerken

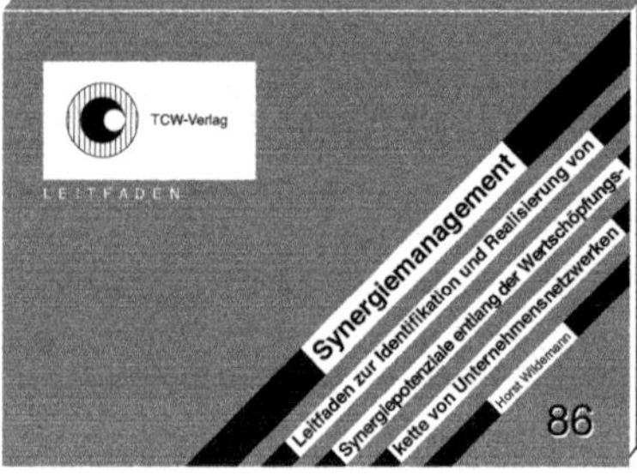

Horst Wildemann
Synergiemanagement
München 2015
ISBN 978-3-937236-18-6
EUR 250,-
zzgl. Versandkosten

Die weltweite Konjunkturentwicklung zwang Unternehmen in der Vergangenheit, Rationalisierungen und Produktivitätssteigerungen durchzuführen. Der schleppende Konjunkturaufschwung und die Wettbewerbsintensivierung durch Globalisierung erfordern weitere Aktivitäten zur Kosten- und Leistungsoptimierung. Es stellt sich die Frage, wo und wie brachliegende Potenziale in durchoptimierten Unternehmen realisiert werden können. Der Leitfaden beantwortet dies mit einer umfangreichen Auswahl von Instrumenten und Methoden zur Identifikation und Realisierung von Synergien. Es wird eine in der Praxis bewährte Vorgehensweise zur Synergieerschließung dargestellt sowie deren betriebswirtschaftliche Wirksamkeit anhand von Fallstudien verdeutlicht.

103 Total Cost of Ownership

Leitfaden zur Optimierung der Gesamtkostenposition in Beschaffung, Produktion und Logistik

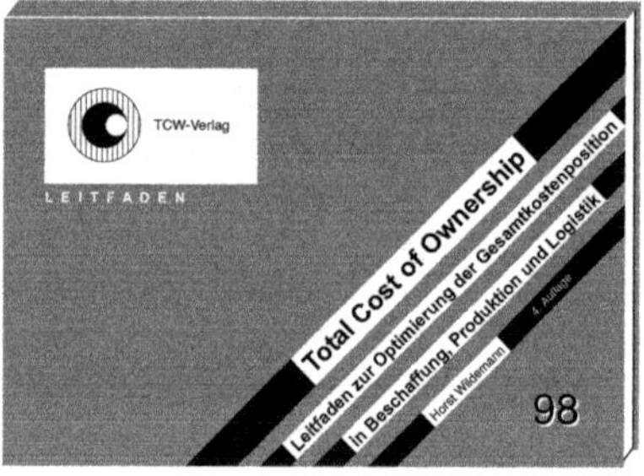

Horst Wildemann
Total Cost of Ownership
München 2015
ISBN 978-3-937236-54-4
EUR 250,-
zzgl. Versandkosten

Die Renditewirkung einer marginalen Reduktion von Beschaffungskosten ist im Verhältnis mit erheblichen Umsatzsteigerungen vergleichbar. Diese Erkenntnis führt in der Praxis dazu, dass Vergabeentscheidungen häufig auf der Basis der Teilepreise getroffen werden. Die renditewirksamen Konsequenzen einer Vergabeentscheidung werden vernachlässigt und allenfalls die relevanten Transportkosten berücksichtigt. Hohe Gemeinkosten sowie verdeckte Leistungsunterschiede der Lieferanten führen dazu, dass der Teilepreis nicht als alleiniges Entscheidungskriterium für Vergabeentscheidungen dienen kann. Der Leitfaden beschreibt die Umsetzung des TCO-Ansatzes durch die Integration renditewirksamer Kosten in die Vergabe-, Produktions- und Logistikentscheidungen.

Leitfäden

104 Total Productive Maintenance

Leitfaden für ein integriertes Instandhaltungsmanagement

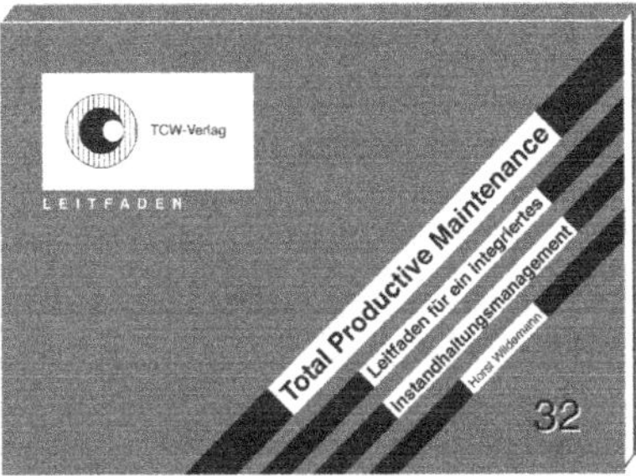

Horst Wildemann
Total Productive Maintenance
München 2015
ISBN 978-3-931511-06-7
EUR 250,-
zzgl. Versandkosten

Der Leitfaden enthält einen mehrstufigen Einführungspfad für die Implementierung und Optimierung von Total Productive Maintenance. Das TPM-Konzept zielt auf die Maximierung der Anlagenproduktivität und setzt dabei auf eine optimierte Instandhaltungsleistung und einen kontinuierlichen Anlagenverbesserungsprozess. Ein Checklistensystem ermöglicht die Auditierung anlagentechnisch bedingter Verlustquellen sowie des organisatorisch personalisierten Gestaltungsfeldes. Anhand von Fallstudien wird die erfolgreiche Einführung von TPM aufgezeigt. Für die anlagentechnisch bedingten Verlustquellen enthält der Leitfaden zudem Benchmarks gegliedert nach unterschiedlichen Kategorien von Anlagesystemen.

105 Total Quality Management

Leitfaden zur ganzheitlichen Umsetzung des Qualitätsgedankens im Unternehmen

Horst Wildemann
Total Quality Management
München 2015
ISBN 978-3-931511-24-1
EUR 250,-
zzgl. Versandkosten

Die Darstellung des TQM-Konzeptes zur ganzheitlichen Umsetzung des Qualitätsgedankens im Unternehmen ist Ziel dieses Leitfadens. In diesem Zusammenhang werden die Basisstrategien Mitarbeiterorientierung, Prävention und kontinuierliche Verbesserung anhand eines Bausteinkonzeptes ebenso betrachtet wie die Kundenorientierung. Besonderes Augenmerk wird dabei auf die unternehmensspezifisch einsetzbaren Qualitätssicherungsmethoden gelegt. Der Leitfaden ist für die Schulung und das Selbststudium konzipiert.

106 Unternehmenskultur

Leitfaden zur Veränderung von Unternehmenskulturen

Horst Wildemann
Unternehmenskultur
München 2015
ISBN 978-3-937236-51-3
EUR 250,-
zzgl. Versandkosten

Die fortschreitende Internationalisierung von Unternehmen und die Bildung flexibler Wertschöpfungsketten verändern die Anforderungen an Organisationsstrukturen sowie an das Unternehmensauftreten und -verhalten in umfangreichem Maße. Wie aber lassen sich unterschiedliche Unternehmenskulturen im Hinblick auf die Erreichung gemeinsamer Ziele harmonisieren? Mit welchen Konzepten kann eine Veränderung der organisationskulturellen Prägung eingeleitet, begleitet und erfolgreich realisiert werden? Der Leitfaden zeigt Wege und Methoden zum strategieorientierten Wandel der Unternehmenskultur auf. Dabei steht die zieladäquate Verknüpfung von Hard Facts und Soft Facts im Mittelpunkt der integrierten Handlungskonzeption.

107 Unternehmenswertsteigerung

Leitfaden zur methodengestützten Wertsteigerung in Unternehmen

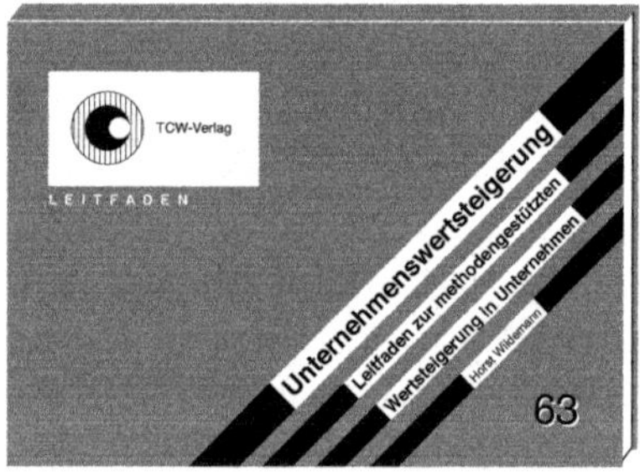

Horst Wildemann
Unternehmenswertsteigerung
München 2015
ISBN 978-3-934155-39-8
EUR 250,-
zzgl. Versandkosten

Dieser Leitfaden befasst sich mit Konzepten und Methoden zur Erreichung einer wettbewerbsfähigen Wertsteigerung im Unternehmen. Ziel ist es, die Barrieren der Wertsteigerung zu überwinden und zielgerichtete Methoden zur Wertsteigerung zu identifizieren und einzusetzen. Des Weiteren gilt es, diese Methoden mit der verfolgten Wertsteigerungsstrategie zu verbinden und das Feld der Wertsteigerung durch interne Ressourcen und externes Wachstum, aber auch durch neue Märkte zu gestalten. Dabei ist die Potenzialquelle nicht nur der Anteilseigner, sondern auch der Mitarbeiter, Kunde und Lieferant des Unternehmens. Der Leitfaden bietet auf der Basis praxiserprobter Strategien, Konzepte und Methoden erfolgreiche Wege zur Wertsteigerung.

108 Variantenmanagement

Leitfaden zur Komplexitätsreduzierung, -beherrschung und -vermeidung

Horst Wildemann
Variantenmanagement
München 2015
ISBN 978-3-929918-17-5
EUR 250,-
zzgl. Versandkosten

Die Realisierung eines effizienten Variantenmanagements ist Ziel dieses Leitfadens. Da eine steigende Variantenvielfalt auf der einen Seite mit einer Erhöhung der betrieblichen Komplexität und mit einem Anstieg der Koordinationskosten verbunden ist, auf der anderen Seite jedoch den Kundennutzen steigert, kommt dem Variantenmanagement große Bedeutung zu. Der Leitfaden enthält ein methodisch und praktisch erprobtes Konzept zur Komplexitätsreduzierung, -vermeidung und -beherrschung in Produktplanung und Produktentwicklung sowie Serienfertigung und Auftragsabwicklung. Die Vorgehensweise wird sehr anschaulich an einem Praxisbeispiel demonstriert.

109 Verbesserungsvorschläge

Leitfaden zur Einführung eines mitarbeiterorientierten betrieblichen Vorschlagwesens

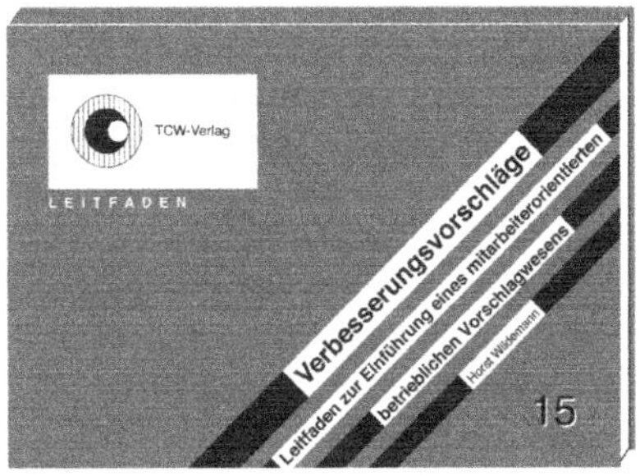

Horst Wildemann
Verbesserungsvorschläge
München 2015
ISBN 978-3-929918-29-8
EUR 250,-
zzgl. Versandkosten

Die Aktivierung und Umsetzung der Kreativität der Mitarbeiter durch die kontinuierliche Verbesserung und das betriebliche Vorschlagswesen sind Gegenstand dieses Leitfadens. Das betriebliche Vorschlagswesen soll Impulse zur Verbesserung bestehender Arbeitsweisen geben und die Initiative zur Überwindung von Beharrungsmomenten bei der Einführung neuer organisatorischer Abläufe wecken. Dieser Leitfaden zeigt ein praktisch erprobtes Bausteinkonzept zur Einführung eines mitarbeiterorientierten Vorschlagswesens. Strategien und Einzelmaßnahmen zur Erhöhung der Vorschlagsanzahl und -realisierung werden erläutert. Ferner ist eine exemplarische Betriebsvereinbarung enthalten.

Leitfäden

110 Vertriebssteuerung

Leitfaden zur Entwicklung von organischem Wachstum in globalen Märkten

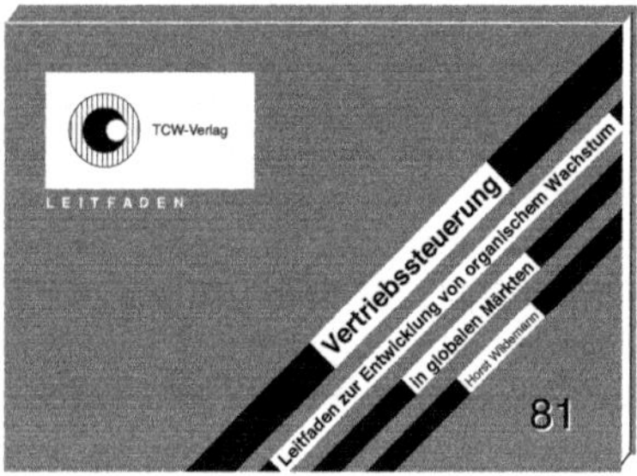

Horst Wildemann
Vertriebssteuerung
München 2015
ISBN 978-3-934155-56-5
EUR 250,-
zzgl. Versandkosten

Bei stagnierenden Märkten und Marktanteilsverlusten sehen sich Unternehmen einem zunehmenden Wettbewerbsdruck gegenübergestellt. Angestrebte Wachstumsziele werden oft nicht erreicht. Es stellt sich daher die Frage, wie und mit welchen Instrumentarien Wachstumspotenziale identifiziert und welche Handlungsempfehlungen zur Erschließung gewählt werden können. Der Leitfaden liefert Ansätze, wie eine systematische Potenzialidentifikation durchgeführt werden kann und bietet eine Auswahl an Methoden zur Erschließung. Exemplarisch wird anhand von Fallstudien eine Vorgehensweise vorgestellt, mittels derer eine effiziente Vertriebssteuerung implementiert werden kann.

111 Visualisierung und Auditierung

Leitfaden zum Selbstcontrolling von Geschäftsprozessen

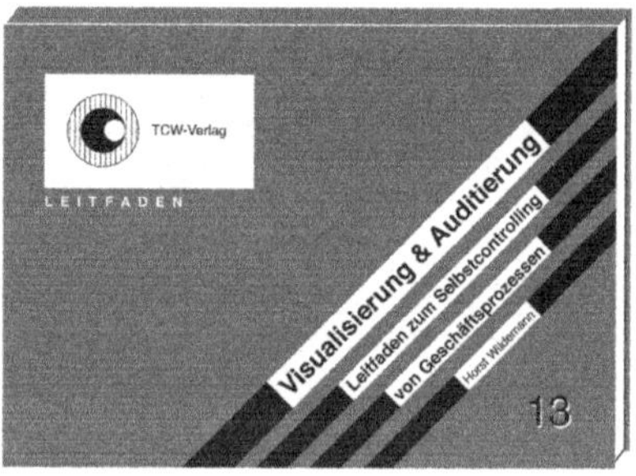

Horst Wildemann
Visualisierung und Auditierung
München 2015
ISBN 978-3-929918-25-0
EUR 250,-
zzgl. Versandkosten

Dieser Leitfaden stellt erweiterte Controllingkonzepte zur Sicherstellung der Zielerreichung vor. Die Ausweitung der Problemlösungskapazität und Handlungsspielräume der Mitarbeiter im Rahmen von kontinuierlichen Verbesserungsprozessen und Gruppenarbeit erfordert neue Konzepte zur Steuerung und Selbstkontrolle von Verhalten und Leistung. Die Selbstkontrolle mittels Visualisierung wird durch eine interne Auditierung der Geschäftsprozesse unterstützt. Alle betrieblichen Prozesse können Gegenstand der Auditierung sein. Dieser Leitfaden gibt Ihnen Unterstützung zur Einführung des Selbstcontrolling in Form von Gestaltungsalternativen und Checklisten.

112 Wissensmanagement

Leitfaden für die Gestaltung und Implementierung eines aktiven Wissensmanagement im Unternehmen

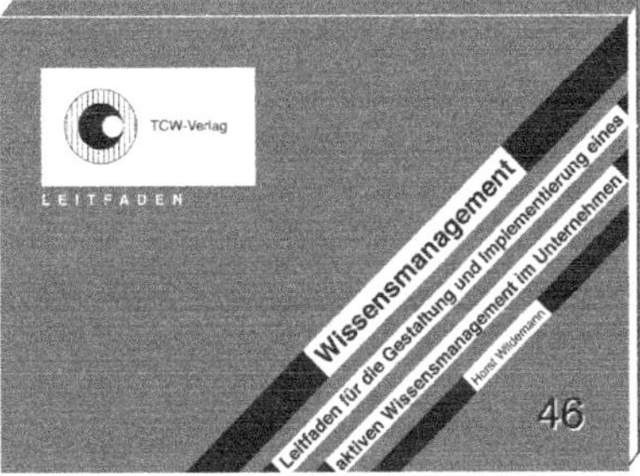

Horst Wildemann
Wissensmanagement im Unternehmen
München 2015
ISBN 978-3-931511-28-9
EUR 250,-
zzgl. Versandkosten

Dieser Leitfaden befasst sich mit Konzepten zur Implementierung eines Wissensmanagements. Ziel ist es, die bestehenden Wissensbasen zu identifizieren, zu transferieren und für neue Produkt- und Serviceleistungen zu nutzen. Des Weiteren gilt es, externes Wissen in das Unternehmen einfließen zu lassen und das implizite Wissen in den Köpfen aller Stakeholder auszuschöpfen. Das daraus resultierende Wissensmanagement zeigt neue Potenziale für Wettbewerbsvorteile für die Steigerung der Innovationskraft und Verbesserung der unternehmensinternen Prozessqualität auf. Der Leitfaden bietet auf der Grundlage anwendungsorientierter Konzeptionen ein systematisches Analyse-, Planungs- und Unternehmensinstrumentarium.

113 Zielvereinbarungsprozess

Leitfaden zur Einführung einer zielorientierten Unternehmensführung

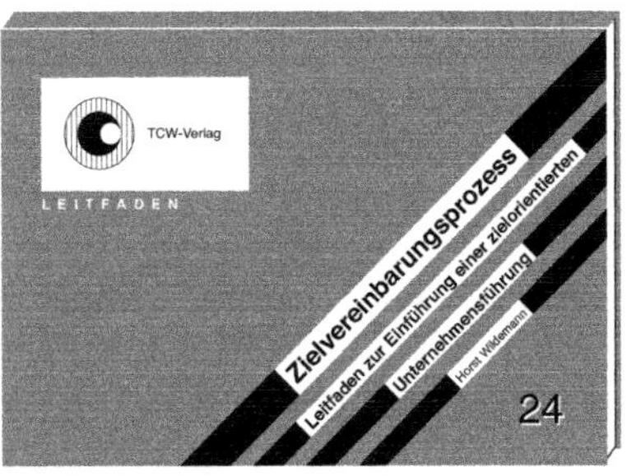

Horst Wildemann
Zielvereinbarungsprozess
München 2015
ISBN 978-3-929918-88-5
EUR 250,-
zzgl. Versandkosten

Dieser Leitfaden stellt praktisch erprobte Konzepte zur Zielvereinbarung vor und gibt Unterstützung bei der Einführung solcher Konzepte in Form von Bausteinen, Instrumenten und Checklisten. Der Leitfaden beruht auf der Erkenntnis, dass die Identifikation von Mitarbeitern mit den Unternehmenszielen ein wesentlicher Erfolgsfaktor für eine wettbewerbsfähige Organisation ist. Sie bleibt nur wettbewerbsfähig, wenn Mitarbeiter in Entscheidungsprozesse eingebunden werden und ein Mindestmaß an Gestaltungs- und Entscheidungsmöglichkeiten erhalten. Dies wiederum erfordert ein verändertes Führungsverhalten.

Leitfäden-Bestellliste

1 ____ Ex. **Advanced Purchasing**
EUR 250,- ISBN 978-3-934155-38-1

2 ____ Ex. **Änderungsmanagement**
EUR 250,- ISBN 978-3-929918-16-8

3 ____ Ex. **Anlagenproduktivität**
EUR 250,- ISBN 978-3-929918-70-0

4 ____ Ex. **Anlaufmanagement**
EUR 250,- ISBN 978-3-934155-52-7

5 ____ Ex. **Asset Management und Working Capital Controlling**
EUR 250,- ISBN 978-3-931511-99-9

6 ____ Ex. **Auftragsabwicklungsprozess**
EUR 250,- ISBN 978-3-929918-86-1

7 ____ Ex. **Beschaffungskostenmanagement**
EUR 250,- ISBN 978-3-941967-11-3

8 ____ Ex. **Bestände-Halbe**
EUR 250,- ISBN 978-3-931511-04-3

9 ____ Ex. **Betreibermodelle**
EUR 250,- ISBN 978-3-934155-43-5

10 ____ Ex. **Conjoint Analyse**
EUR 250,- ISBN 978-3-937236-21-6

11 ____ Ex. **Controlling**
EUR 250,- ISBN 978-3-929918-33-5

12 ____ Ex. **Cost Engineering**
EUR 250,- ISBN 978-3-941967-36-6

13 ____ Ex. **Distributionslogistik**
EUR 250,- ISBN 978-3-931511-09-8

14 ____ Ex. **Durchlaufzeit-Halbe**
EUR 250,- ISBN 978-3-929918-15-1

15 ____ Ex. **E-Commerce**
EUR 250,- ISBN 978-3-934155-35-0

16 ____ Ex. **Efficient Consumer Response**
EUR 250,- ISBN 978-3-931511-20-3

17 ____ Ex. **Einkauf von Dienstleistungen**
EUR 250,- ISBN 978-3-937236-58-2

18 ____ Ex. **Einkaufscontrolling**
EUR 250,- ISBN 978-3-934155-25-1

19 ____ Ex. **Einkaufspotenzialanalyse**
EUR 250,- ISBN 978-3-929918-14-4

20 ____ Ex. **Electronic Sourcing**
EUR 250,- ISBN 978-3-931511-96-8

21 ____ Ex. **Entlohnung**
EUR 250,- ISBN 978-3-929918-22-9

22 ____ Ex. **Entsorgungslogistik**
EUR 250,- ISBN 978-3-929918-96-0

23 ____ Ex. **Entstörmanagement**
EUR 250,- ISBN 978-3-929918-18-2

24 ____ Ex. **Entwicklungspartnerschaften**
EUR 250,- ISBN 978-3-934155-51-0

25 ____ Ex. **Entwicklungsprozess**
EUR 250,- ISBN 978-3-929918-90-8

26 ____ Ex. **E-Technologien**
EUR 250,- ISBN 978-3-934155-36-7

27 ____ Ex. **Event Management in der Supply Chain**
EUR 250,- ISBN 978-3-937236-60-5

28 ____ Ex. **Fertigungssegmentierung**
EUR 250,- ISBN 978-3-931511-07-4

29 ____ Ex. **Finanzdienstleister**
EUR 250,- ISBN 978-3-934155-49-7

30 ____ Ex. **Fixkostenmanagement**
EUR 250,- ISBN 978-3-937236-91-9

31 ____ Ex. **FMEA**
EUR 350,- ISBN 978-3-929918-52-6

32 ____ Ex. **Fremdbezug von Logistikleistungen**
EUR 250,- ISBN 978-3-934155-24-4

33 ____ Ex. **Gegenseitige Auditierung**
EUR 250,- ISBN 978-3-929918-56-4

34 ____ Ex. **Global Sourcing**
EUR 250,- ISBN 978-3-937236-44-5

35 ____ Ex. **Gruppenarbeit**
EUR 250,- ISBN 978-3-929918-21-2

36 ____ Ex. **Handels-Supply-Management**
EUR 250,- ISBN 978-3-934155-53-4

37 ____ Ex. **In-/Outsourcing von IT-Leistungen**
EUR 250,- ISBN 978-3-931511-08-1

38 ____ Ex. **Innovationscontrolling**
EUR 250,- ISBN 978-3-934155-47-3

39 ____ Ex. **Innovationsmanagement**
EUR 250,- ISBN 978-3-931511-94-4

40 ____ Ex. **Innovationssysteme**
EUR 250,- ISBN 978-3-937236-57-5

41 ____ Ex. **Integratives Instandhaltungsmanagement**
EUR 250,- ISBN 978-3-937236-23-0

42 ____ Ex. **Integrierte Management-informationssysteme**
EUR 250,- ISBN 978-3-934155-57-2

43 ____ Ex. **Just In Time in F&E**
EUR 250,- ISBN 978-3-929918-13-7

44 ____ Ex. **Kanban-Produktionssteuerung**
EUR 250,- ISBN 978-3-929918-19-9

45 ____ Ex. **Kernkompetenzen**
EUR 250,- ISBN 978-3-929918-74-8

46 ____ Ex. **Kompetenz- und Servicecenter bei Finanzdienstleistern**
EUR 250,- ISBN 978-3-941967-10-6

47 ____ Ex. **Komplexitätsmanagement**
EUR 250,- ISBN 978-3-931511-30-2

48 ____ Ex. **Kontinuierliche Verbesserung**
EUR 250,- ISBN 978-3-929918-23-6

49 ____ Ex. **Kostenmanagement in der Softwareentwicklung**
EUR 250,- ISBN 978-3-934155-30-5

50 ____ Ex. **Kundenbeziehungsmanagement**
EUR 250,- ISBN 978-3-934155-54-1

51 ____ Ex. **Kundenorientierung**
EUR 250,- ISBN 978-3-929918-93-9

52 ____ Ex. **Kundenorientierung in der Logistik**
EUR 250,- ISBN 978-3-937236-22-3

53 ____ Ex. **Leadershipentwicklung mit 360° -Feedback**
EUR 250,- ISBN 978-3-934155-42-8

54 ____ Ex. **Lean in Forschung & Entwicklung**
EUR 250,- ISBN 978-3-941967-08-3

55 ____ Ex. **Lean Management**
EUR 250,- ISBN 978-3-929918-34-2

56 ____ Ex. **Logistik- & Supply Chain -Architekturen**
EUR 250,- ISBN 978-3-937236-53-7

57 ____ Ex. **Logistik-Check**
EUR 250,- ISBN 978-3-934155-50-3

58 ____ Ex. **Make or Buy & Insourcing**
EUR 250,- ISBN 978-3-929918-24-3

59 ____ Ex. **Minimierung von Nonkonformitätskosten**
EUR 250,- ISBN 978-3-941967-16-8

60 ____ Ex. **Modulare Unternehmensorganisation**
EUR 250,- ISBN 978-3-929918-20-5

61 ____ Ex. **Modularisierung 4.0**
EUR 250,- ISBN 978-3-941967-62-5

62 ____ Ex. **Monitoring**
EUR 250,- ISBN 978-3-934155-46-6

63 ____ Ex. **Nachhaltigkeit in der Supply Chain**
EUR 250,- ISBN 978-3-941967-25-0

64 ____ Ex. **Offshoring - Outsourcing - Optimierung**
EUR 250,- ISBN 978-3-937236-34-6

65 ____ Ex. **Operational Due Diligence**
EUR 250,- ISBN 978-3-937236-67-4

66 ____ Ex. **Personal- und Führungskräfteaudit**
EUR 250,- ISBN 978-3-931511-13-5

67 ____ Ex. **Personal- und Organisationsbenchmarking**
EUR 250,- ISBN 978-3-931511-23-4

68 ____ Ex. **Post Merger Management**
EUR 250,- ISBN 978-3-934155-45-9

69 ____ Ex. **PPS-Systeme**
EUR 250,- ISBN 978-3-931511-14-2

70 ____ Ex. **Produktions- und Zuliefernetzwerke**
EUR 250,- ISBN 978-3-929918-92-2

71 ____ Ex. **Produktionsrisikomanagement**
EUR 250,- ISBN 978-3-937236-24-7

72 ____ Ex. **Produktionssysteme**
EUR 250,- ISBN 978-3-934155-58-9

73 ____ Ex. **Produktivitätsverbesserung**
EUR 250,- ISBN 978-3-931511-95-1

74 ____ Ex. **Produktkannibalisierung**
EUR 250,- ISBN 978-3-937236-56-8

75 ____ Ex. **Produktklinik**
EUR 250,- ISBN 978-3-929918-87-8

76 ____ Ex. **Produktordnungssysteme**
EUR 250,- ISBN 978-3-934155-40-4

77 ____ Ex. **Produktpiraterie**
EUR 250,- ISBN 978-3-937236-59-9

78 ____ Ex. **Projektleitstand**
EUR 250,- ISBN 978-3-934155-48-0

79 ____ Ex. **Projektmanagement**
EUR 250,- ISBN 978-3-931511-83-8

80 ____ Ex. **Prozess-Benchmarking**
EUR 250,- ISBN 978-3-929918-43-4

81 ____ Ex. **Prozessgestaltung in der Softwareentwicklung**
EUR 250,- ISBN 978-3-934155-31-2

82 ____ Ex. **Prozessklinik**
EUR 250,- ISBN 978-3-931511-98-2

83 ____ Ex. **Qualitätscontrolling**
EUR 250,- ISBN 978-3-929918-54-0

84 ____ Ex. **Qualitätsmanagement in der Softwareentwicklung**
EUR 250,- ISBN 978-3-934155-33-6

85 ____ Ex. **Quality Function Deployment**
EUR 250,- ISBN 978-3-929918-51-9

86 ____ Ex. **Quality Gate Konzept**
EUR 250,- ISBN 978-3-937236-52-0

87 ____ Ex. **Rating**
EUR 250,- ISBN 978-3-937236-25-4

88 ____ Ex. **Risikomanagement**
EUR 250,- ISBN 978-3-934155-44-2

Leitfäden-Bestellliste

89 ____ Ex. **Roadmapping**
EUR 250,- ISBN 978-3-934155-55-8

90 ____ Ex. **Rüstzeitmanagement**
EUR 250,- ISBN 978-3-937236-55-1

91 ____ Ex. **Sanierungsstrategien**
EUR 250,- ISBN 978-3-934155-41-1

92 ____ Ex. **Schnell lernende Unternehmen**
EUR 250,- ISBN 978-3-931511-86-9

93 ____ Ex. **Self-Assessment-Tools**
EUR 250,- ISBN 978-3-929918-68-7

94 ____ Ex. **Service**
EUR 250,- ISBN 978-3-931511-29-6

95 ____ Ex. **Six Sigma und Qualitätsverbesserung**
EUR 250,- ISBN 978-3-929918-26-7

96 ____ Ex. **Softwareentwicklung**
EUR 250,- ISBN 978-3-931511-32-6

97 ____ Ex. **Software-Produktordnungssysteme**
EUR 250,- ISBN 978-3-934155-59-6

98 ____ Ex. **Software-Projektmanagement**
EUR 250,- ISBN 978-3-934155-32-9

99 ____ Ex. **Standortplanung in Produktionsnetzwerken**
EUR 250,- ISBN 978-3-929918-37-3

100 ____ Ex. **Stresstes im Einkauf**
EUR 250,- ISBN 978-3-941967-66-3

101 ____ Ex. **Supply Chain Management**
EUR 250,- ISBN 978-3-931511-42-5

102 ____ Ex. **Synergiemanagement**
EUR 250,- ISBN 978-3-937236-18-6

103 ____ Ex. **Total Cost of Ownership**
EUR 250,- ISBN 978-3-937236-54-4

104 ____ Ex. **Total Productive Maintenance**
EUR 250,- ISBN 978-3-931511-06-7

105 ____ Ex. **Total Quality Management**
EUR 250,- ISBN 978-3-931511-24-1

106 ____ Ex. **Unternehmenskultur**
EUR 250,- ISBN 978-3-937236-51-3

107 ____ Ex. **Unternehmenswertsteigerung**
EUR 250,- ISBN 978-3-934155-39-8

108 ____ Ex. **Variantenmanagement**
EUR 250,- ISBN 978-3-929918-17-5

109 ____ Ex. **Verbesserungsvorschläge**
EUR 250,- ISBN 978-3-929918-29-8

110 ____ Ex. **Vertriebssteuerung**
EUR 250,- ISBN 978-3-934155-56-5

111 ____ Ex. **Visualisierung und Auditierung**
EUR 250,- ISBN 978-3-929918-25-0

112 ____ Ex. **Wissensmanagement im Unternehmen**
EUR 250,- ISBN 978-3-931511-28-9

113 ____ Ex. **Zielvereinbarungsprozess**
EUR 250,- ISBN 978-3-929918-88-5

Alle Preise jeweils zzgl. Versandkosten

Bestelladresse / Versandanschrift

Ich interessiere mich für:

☐ **weitere Fachliteratur**

☐ **Fachseminare**

TCW Transfer-Centrum GmbH & Co. KG
für Produktions-Logistik und Technologie-Management
Leopoldstraße 145 • 80804 München
Tel. +49.89.36 05 23-0
E-Mail: mail@tcw.de • Internet: www.tcw.de
Fax-Bestellung: +49.89.36 10 23 20

Name, Vorname

Abteilung/Funktion | Firma

Straße/Postfach | PLZ | Ort

Telefon | Telefax | E-Mail

Stempel | Datum | Unterschrift

www.management-literatur.com • mail@tcw.de

TCW-Reports

Wissen ist ein Potenzial:
Management setzt Wissen wirksam in Resultate und Können um.
Wir erarbeiten in unseren TCW-Reports praktisch umsetzbares Wissen, um das Bewusstsein durch Forschung zu verändern, und fragen, welche Konzepte für morgen sich aus dem Stand der Forschung heute ableiten lassen.
Solche Konzepte und Problemlösungstechniken erarbeiten und testen die Autoren mit Kundenbeteiligung oder in ihren Unternehmen.
Damit erhalten Sie Handlungsanleitungen, um die Zukunft zu gestalten.

Horst Wildemann

I Angebotssysteme

Anwendungen und Werkzeuge im Vertrieb

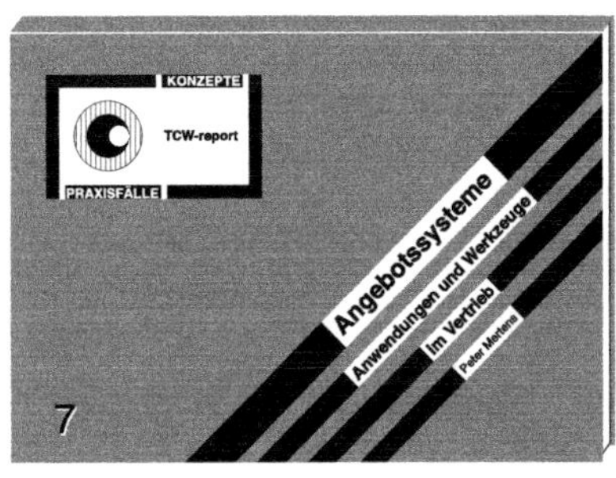

Peter Mertens
Angebotssysteme
München 1999
ISBN 978-3-931511-58-6
EUR 84,-
zzgl. Versandkosten

Zu den Angebotssystemen gehören elektronische Produktkataloge in Form von CD-ROM, vielfältigen Electronic Commerce-Systemen, Kiosken sowie innovativen Workflow-Management-Lösungen, die bei kundenindividueller Variantenfertigung oder rechnergestützten Methoden zur Bildung von Angebotspreisen helfen. In diesem TCW-Report wird ein systematischer Überblick über diese Werkzeuge des Vertriebs gegeben. Die Phasen des Verkaufsgesprächs, die von einem Angebotssystem unterstützt werden, die Möglichkeiten zur Individualisierung von Angeboten, die Optimierung des Angebotsprozesses sowie die Nutzungspotenziale von Angebotssystemen im Electronic Commerce werden praxisorientiert behandelt.

TCW-Reports

2 Auftragsabwicklungssegmente

Kundenorientierung und Teambildung in der Auftragsabwicklung

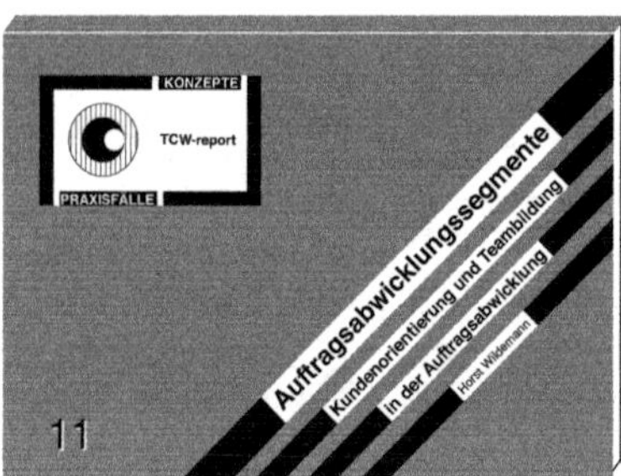

Horst Wildemann
Auftragsabwicklungssegmente
München 1999
ISBN 978-3-931511-57-9
EUR 84,-
zzgl. Versandkosten

Der TCW-Report enthält Konzepte für eine Vereinfachung und kundenorientierte Neugestaltung der Auftragsabwicklungsprozesse. Systematisch werden in diesem Praxisreport die in den indirekten Bereichen verborgenen Produktivitätsreserven erschlossen. Gerade Einzel- und Kleinserienfertigung sind durch die hohe Variantenvielfalt und die kundenspezifischen Entwicklungen immer komplexer geworden. Das Werk enthält systematisierte Vorgehensweisen zur Planung und Einführung von Auftragsabwicklungssegmenten in Unternehmen. Diskutiert werden in diesem Zusammenhang das Basisprinzip der Prozessorientierung zur Ausgestaltung der Auftragsabwicklung sowie die spezifischen Gestaltungsparameter und -formen des Order Processing.

3 Betreibermodelle

Eine Outsourcingstrategie?

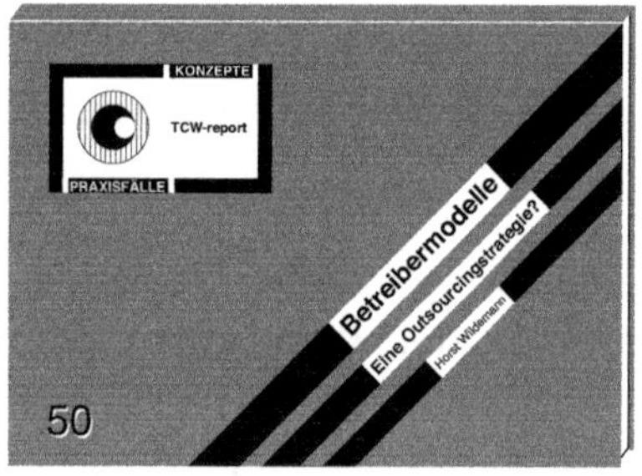

Horst Wildemann
Betreibermodelle
München 2004
ISBN 978-3-934155-20-6
EUR 84,-
zzgl. Versandkosten

Zur Ausgestaltung effizienter maschinen- und anlagentechnischer Unternehmensinfrastrukturen erweisen sich Betreibermodelle vermehrt als praktisches Instrument der Verbesserung von Effizienz, Kosten und Verfügbarkeit. Das Konzept wirkt sowohl auf die Kosten- als auch auf die Leistungsstrukturen der beteiligten Unternehmen. Der TCW-Report illustriert differenzierte Möglichkeiten zur Ausgestaltung sowie Methoden und Vorgehensweisen, die bei der konzeptionellen Planung, Potenzialanalyse und Einführung von Betreibermodellen zum Tragen kommen. Die Konzepte basieren auf in Industrieprojekten bei der Planung, Berechnung und Umsetzung gewonnenen Erkenntnissen wie auch auf der Auswertung diverser nationaler und internationaler Fallstudien zum Thema.

TCW-Reports

4 Cost Engineering

Kundenwertgestaltung von Produkten, Prozessen und Services

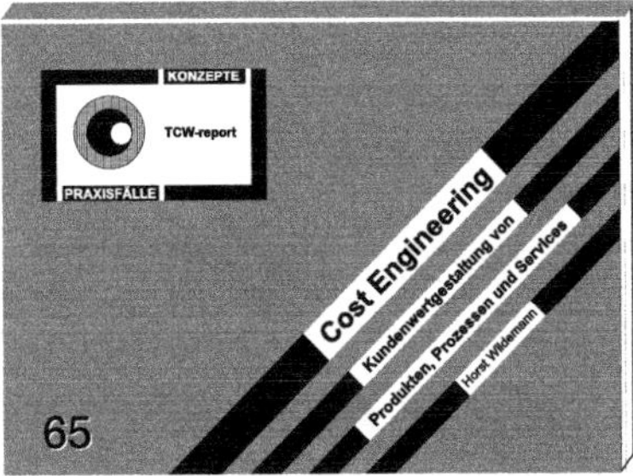

Horst Wildemann
Cost Engineering
München 2013
ISBN 978-3-941967-50-2
EUR 84,-
zzgl. Versandkosten

Um im Wettbewerb erfolgreich bestehen zu können, bildet die kundenorientierte Gestaltung von Produkten und Services die Grundvoraussetzung. Allerdings müssen kundengerechte Leistungen auch kostenoptimal erzeugt werden, damit Unternehmen die Erfolgspotenziale ihrer Wertschöpfungsstrukturen ausschöpfen können. Cost Engineering stellt einen ganzheitlichen Ansatz zur synchronen Realisierung von Kundenwert und Kostenoptimierung dar. Konkret geht es um die Sicherstellung wettbewerbsfähiger Preise von Produkten und Services zu kosten-, zeit-, und qualitätsoptimalen Prozessergebnissen. Anhand von Fallstudien und Lessons Learned aus der Praxis unterschiedlicher Industrien werden Handlungsfelder vorgestellt.

5 Leadership-Haus

Die nicht delegierbaren Aufgaben der Führenden

Hans H. Hinterhuber, Eric Krauthammer
Das Leadership-Haus
München 1999
ISBN 978-3-931511-70-8
EUR 84,-
zzgl. Versandkosten

Das Gesundschrumpfen durch Konzentration auf die Kernkompetenzen und Outsourcing nicht kompetitiver Tätigkeiten zeichnet keinen Unternehmer und keine Führungskraft auf Dauer aus. Die Führungsverantwortung besteht darin, neue Möglichkeiten zu entdecken sowie daraus Nutzen für die Unternehmung und die anderen Stakeholder zu ziehen. Dies gelingt nur, wenn die Führenden das Beharrungsvermögen der Mitarbeiter und das Trägheitsmoment der Unternehmung schneller und besser abbauen, als die Konkurrenten. Anschließend werden die mit Leadership und Management verbundenen Probleme aufgezeigt und Lösungsvorschläge entwickelt. Diese werden modellhaft anhand des Führungsrades dargestellt, das die nicht delegierbaren Aufgaben der Unternehmer und obersten Führungskräfte anschaulich zum Ausdruck bringt.

TCW-Reports

6 Der Unternehmer im Unternehmen

Chancen und Risiken neuer Unternehmensorganisationen

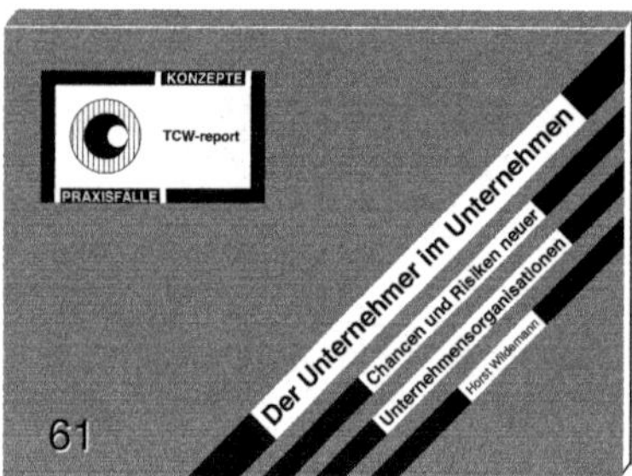

Horst Wildemann
Der Unternehmer im Unternehmen
München 2009
ISBN 978-3-937236-89-6
EUR 84,-
zzgl. Versandkosten

Der TCW-Report zeigt die Chancen und Risiken der Dezentralisierung von Entscheidungskompetenzen auf und diskutiert die Notwendigkeit eines Kontrollansatzes, der trotz des unumstrittenen Konzepts des „all business is local" die Risiken der Globalisierung mindert und eine Steuerung dezentraler Unternehmenseinheiten ohne Effizienz- und Kontrollverlust ermöglicht. Im Vordergrund stehen die Darstellung von Strategien, Leitlinien und Methoden zur Implementierung von Management Excellence zur zentralen Steuerung und Kontrolle lokal agierender Geschäftseinheiten sowie die Erläuterung von Enablern, die den Erfolg selbstgesteuerter Unternehmen im Unternehmen stärken.

7 Die Zukunft des Wachstums

Methoden für Wachstum und Erfolg in Unternehmen

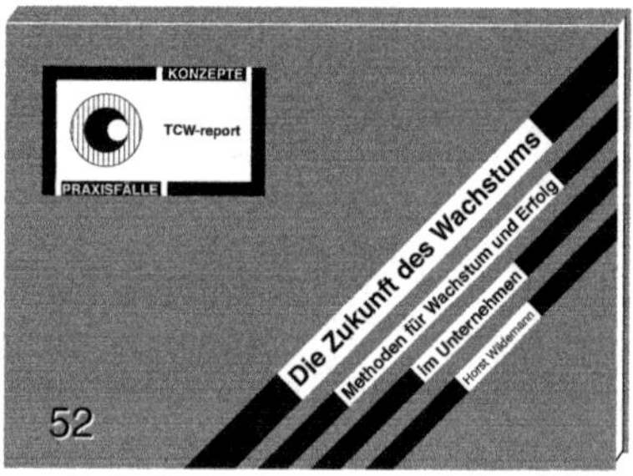

Horst Wildemann
Die Zukunft des Wachstums
München 2006
ISBN 978-3-937236-07-0
EUR 84,-
zzgl. Versandkosten

Der TCW-Report zeigt Wege des Wachstums und Methoden zur Bündelung von Wachstum und Unternehmenserfolg, verdeutlicht die Bedeutung der Vorbereitung des Wachstums durch Streamlining und die Notwendigkeit der Erzeugung von Mehrwertleistungen, die in dem gegebenen Unternehmenskontext glaubwürdig sind. Die Erarbeitung einer Vision, die Ausformulierung einer Roadmap und die Umsetzung in ein logisch strukturiertes Produktportfolio bilden Eckpfeiler. Im Vordergrund steht die Darstellung einer Vorgehensweise zur Erarbeitung von Wachstumsplänen und die Übertragung von Erkenntnissen aus Fallstudien. Weltklasse-Unternehmen aus dem Automobilbau, der Werkzeugindustrie und der Hochtechnologie zeigen Strategiekombinationen, die dynamisch und situativ übertragen werden können.

TCW-Reports

8 Dienstleistungsengineering

Dienstleistungsvernetzung in Zukunftsmärkten

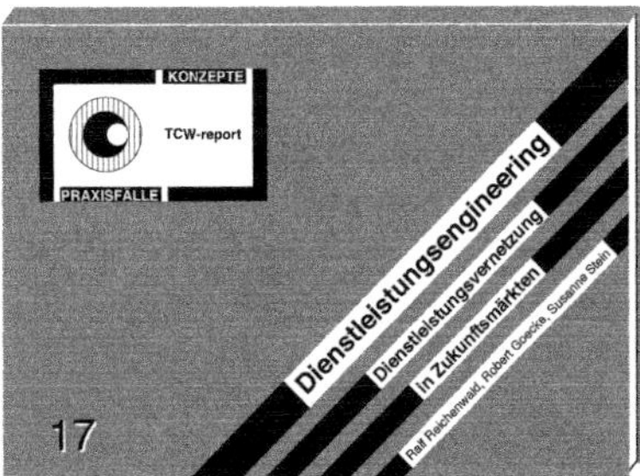

Ralf Reichwald, Robert Goecke,
Susanne Stein
Dienstleistungsengineering
München 2000
ISBN 978-3-931511-60-9
EUR 84,-
zzgl. Versandkosten

Der TCW-Report „Dienstleistungsengineering" zeigt an konkreten Beispielen die systematische Entwicklung und marktorientierte Bündelung von Serviceleistungen sowie deren Vernetzung in künftigen Kommunikationsmärkten. Zentrale Fragestellungen in diesem Zusammenhang sind die kundenorientierte Entwicklung von Leistungsbündeln in Telekooperationsnetzwerken wie auch die Methoden und Werkzeuge des Dienstleistungsengineerings. Dabei geht es vor allem um den Zuschnitt einer Vernetzung von Industriegütern und Dienstleistungen. Der TCW-Report verfolgt das Anliegen, die Themen Marktführerschaft durch Leistungsbündelung und kundenorientiertes Service-Engineering verstärkt in den Fokus der Marktstrategien zu rücken.

9 Elektronikproduktion

Strategisches Produktionsfeld im globalen Wettbewerb

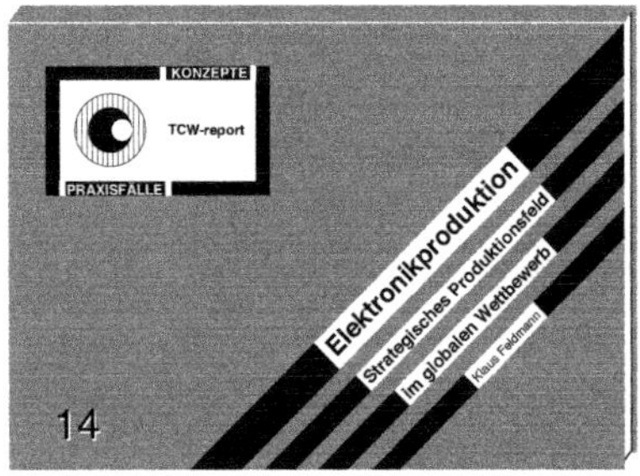

Klaus Feldmann
Elektronikproduktion
München 2000
ISBN 978-3-931511-59-3
EUR 84,-
zzgl. Versandkosten

Nahezu alle Produktbereiche, von der Unterhaltungselektronik bis zum Werkzeugmaschinenbau, werden von der raschen Entwicklung in der Elektronikproduktion geprägt. Aufgrund vermehrter Integration von Elektronikkomponenten und Substitution mechanischer durch elektronische Baugruppen hat die Elektronik in den letzten Jahren einen stetigen und steilen Aufschwung erfahren. Somit liegt der Erfolg zukünftiger technischer Systeme sowohl im Konsum als auch im Investitionsgüterbereich zweifelsfrei in der kreativen Kombination von Mechanik, Elektronik und Software. Gegenwärtig werden die Perspektiven und Konsequenzen der Elektroniktechnologie als Grundlage für erfolgreiche technologische und produktseitige Innovationen jedoch oft verdrängt.

TCW-Reports

10 Engpassorientierte Logistikanalyse

Methoden zur kurzfristigen Leistungssteigerung in Produktionsprozessen

Hans-Peter Wiendahl, Peter Nyhuis
Engpassorientierte Logistikanalyse
München 1998
ISBN 978-3-931511-56-2
EUR 84,-
zzgl. Versandkosten

In jedem Unternehmen sind Lieferfähigkeit und Liefertreue zur Stärkung der Stellung im Wettbewerb kontinuierlich auszubauen und zu festigen. Zur Unterstützung dieser Aufgabe wurde die engpassorientierte Logistikanalyse entwickelt. Diese ermöglicht es, den Produktionsablauf transparent darzustellen, logistische Engpässe im Materialfluss und deren Ursachen aufzuzeigen und die Ableitung und Bewertung geeigneter Maßnahmen zu unterstützen. Ein wesentliches Merkmal dieses neuen Ansatzes besteht darin, dass die funktionalen Zusammenhänge zwischen den logistischen Zielgrößen auch quantitativ beschrieben werden. Somit ist die Voraussetzung für eine zielorientierte Positionierung in dem Spannungsfeld kurzer Durchlaufzeiten und geringer Bestände einerseits und einer hohen Auslastung andererseits gegeben.

11 Entgelt

Neue ziel- und qualifikationsorientierte Entgeltsysteme

Rolf Bühner
Entgelt
München 2001
ISBN 978-3-934155-11-4
EUR 84,-
zzgl. Versandkosten

Durch die zunehmende Flexibilisierung der Arbeit verändern sich Arbeitsstrukturen und Ablaufprozesse innerhalb des Unternehmens. Gefordert wird mehr Motivation, mehr Verantwortung und damit verbunden auch eine bessere Qualifikation. Ein geeignetes Entgeltmodell gilt als notwendige Rahmenbedingung für unternehmerisc hes und an gemeinsamen Zielen ausgerichtetes Verhalten der Mitarbeiter. In dem TCW-Report wird das Konzept der qualifikationsorientierten Entlohnung dem der leistungsorientierten Entlohnung gegenübergestellt. Fragen der Lohngerechtigkeit und des Anreizes werden ebenso erörtert wie ausgewählte Formen der Mitarbeiterbeteiligung. Mehrere Fallstudien stellen einige unterschiedliche Ansätze aus der Praxis vor, um die Entlohnung von Arbeitern und Führungskräften neu zu gestalten.

TCW-Reports

12 Entwicklungslinien

In Logistik und Supply Chain Management

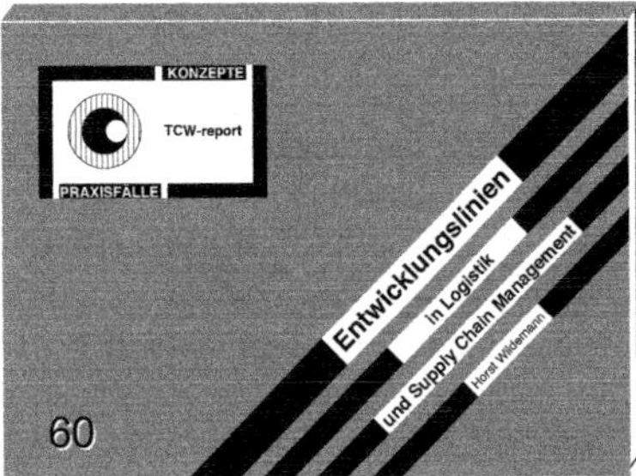

Horst Wildemann
Entwicklungslinien
München 2009
ISBN 978-3-937236-85-8
EUR 84,-
zzgl. Versandkosten

Der TCW-Report diskutiert die Trends und Entwicklungslinien der Logistik sowie die Erweiterung der Basiskonzepte zu umfassenden Planungs- und Steuerungsinstrumenten im Rahmen eines Supply Chain Managements. Die Entwicklung der Logistik erfolgte von einer funktionsorientierten zu einer managementorientierten Sichtweise. So wurden Lieferprinzipien zu umfassenden Planungs - und Steuerungsinstrumenten wie dem CPFR weiterentwickelt und EDV-Systeme wie PPS oder ERP wandelten sich zu integrierten Informations- und Kommunikationssystemen. Anstelle von reinen Kosten- und Leistungsbetrachtungen erfolgte eine Weiterentwicklung. Über ein klassisches Outsourcing hinaus wurde und werden Betreibermodelle als logistische Optionen genutzt.

13 Entwicklungszeitreduzierung

Ein Lösungsansatz zur Beschleunigung von Entwicklungsprozessen

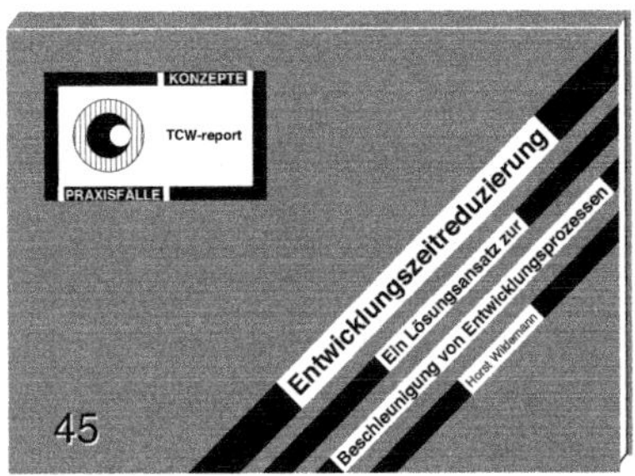

Horst Wildemann
Entwicklungszeitreduzierung
München 2003
ISBN 978-3-934155-22-0
EUR 84,-
zzgl. Versandkosten

Der Erfolg eines Produktes wird in zunehmendem Maße nicht mehr nur durch Kosten, Leistungsmerkmale und Qualität bestimmt, sondern hängt ganz wesentlich von der richtigen Platzierung im Marktfenster ab. Um eine ausreichende Marktdurchdringung und hinreichende Deckungsbeiträge erzielen zu können, müssen neue Produkte vor der Konkurrenz auf den Markt gebracht werden. Wer als erster auf dem Markt ist, kann frühzeitig die Erfahrungskurve durchlaufen und durch Lerneffekte Kosteneinsparungen erzielen. Der TCW-Report „Entwicklungszeitreduzierung" stellt Konzepte und Methoden vor, die den Zeitaufwand von der Produktfindung bis zur Markteinführung der Produkte reduzieren. Dabei werden prozessorganisatorische sowie physikalisch-technologische Ansätze zur Beschleunigung von Entwicklungsprozessen behandelt.

14 Erfolgreiche Logistikstrategien

Mit Hilfe von IT

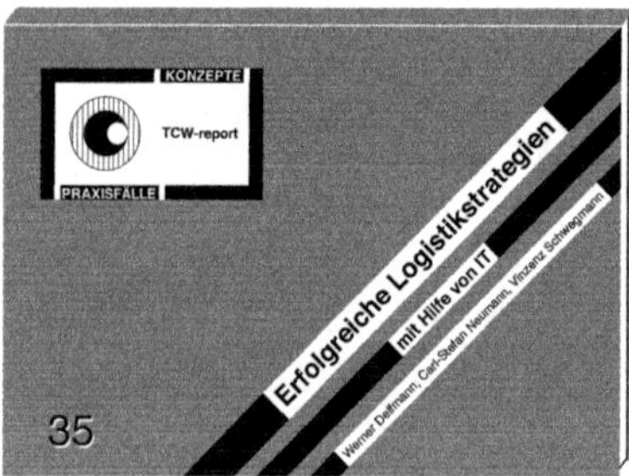

Werner Delfmann
Erfolgreiche Logistikstrategien
München 2003
ISBN 978-3-934155-17-6
EUR 84,-
zzgl.Versandkosten

Der Schlüssel zum Erfolg im Logistikmanagement liegt in der integrierten Nutzung von Informationstechnologie - so das Ergebnis einer weltweiten Studie von McKinsey & Company und dem Seminar für Planung und Logistik der Universität Köln. Sowohl für Unternehmen aus Produktion und Handel als auch für die Anbieter logistischer Dienstleistungen bietet der geschickte Einsatz von Informationstechnologien große Chancen zur Erlangung von Wettbewerbsvorteilen. Noch entscheidender ist jedoch die informationstechnische Integration aller Partner entlang der Wertschöpfungskette, um einen reibungslosen logistischen Fluss zu gewährleisten.

15 E-Technologien

Wertsteigerung durch E-Technologien in Unternehmen

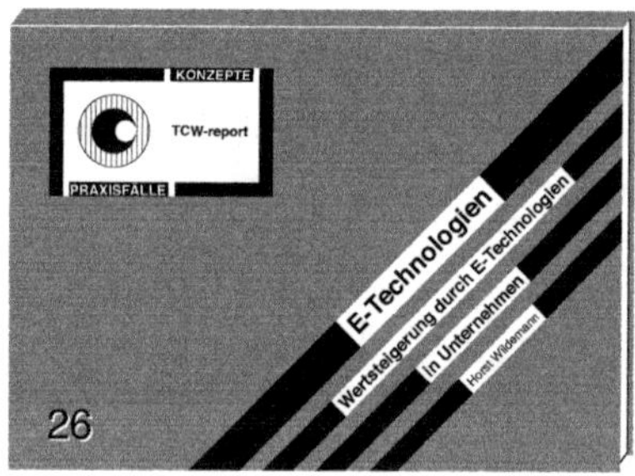

Horst Wildemann
E-Technologien
München 2001
ISBN 978-3-934155-05-3
EUR 84,-
zzgl.Versandkosten

Kernkompetenz und E-Technologien sind die neuen Zauberworte im Management. Diese machen aber nur Sinn, wenn sie auch einen „USP" schaffen. Jeder weiß, dass über das Internet Informationsasymmetrien von Märkten abgebaut werden können und es dadurch weltweit zu einem fast „vollständigen" Markt kommt. Aber nicht nur die Vorteile für den Kunden, sondern auch der Nutzen aus dem Direktmarketing der Hersteller zum Kunden und die Geschäfte der Unternehmen untereinander machen die Faszination des Electronic Business aus. Dieses Werk zeigt, wie E-Technologien zur Wertsteigerung beitragen und welche neuen E-Business-Wertindikatoren aufzubauen sind. Die Strategieaspekte verdeutlichen die entsprechenden Stellhebel, um erfolgreich auf dem Markt agieren zu können.

16 Europäisches Change Management

Von der Strategie zur Umsetzung

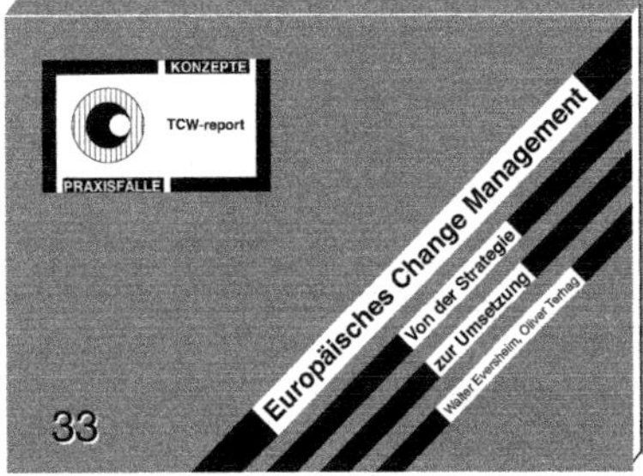

Walter Eversheim, Oliver Terhag
Europäisches Change Management
München 2002
ISBN 978-3-934155-00-8
EUR 84,-
zzgl. Versandkosten

Erfolgreiche Unternehmen verändern sich stetig, um sich den dynamischen Marktanforderungen anzupassen. Für erfolgreiche Veränderungsprojekte ist die wichtigste Leitlinie, Führungskräfte und Mitarbeiter, operative Maßnahmen und strategische Vorgaben zu einem Down-up-Ansatz zu integrieren. In diesem TCW-Report wird dargestellt, wie Change Management in europäischen Unternehmen erfolgreich durchgeführt werden kann. Von der Identifikation der Kernprozesse über Prozessstrategien und -optimierungen bis hin zu Schulungskonzepten werden die einzelnen Bausteine der Veränderung vorgestellt. Methodische Empfehlungen werden durch Fallstudien unterschiedlicher Branchen veranschaulicht. Der TCW-Report richtet sich an das obere und mittlere Management und kann zu Schulungszwecken eingesetzt werden.

17 Fähigkeitsmanagement

Die Profitabilität des verborgenen Kapitals – Fähigkeiten des Unternehmens nutzen und erweitern

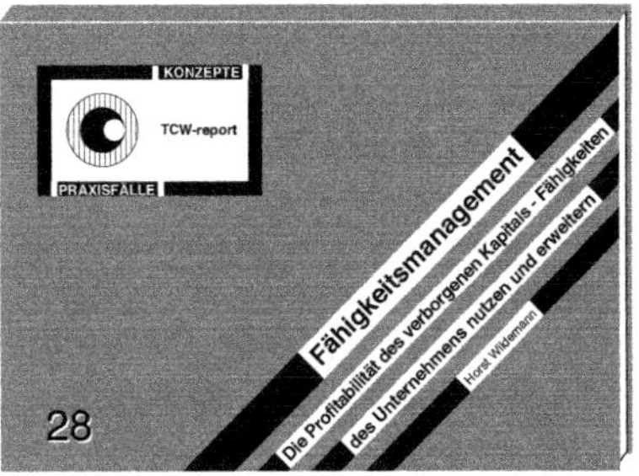

Horst Wildemann
Fähigkeitsmanagement
München 2001
ISBN 978-3-934155-07-7
EUR 84,-
zzgl. Versandkosten

Die Expertenbefragung „Service- und Wissensmanagement", an der sich 95 Unternehmen beteiligten, zeigt auf, welche Potenziale durch ein effizientes Service- und Wissensmanagement-System erschlossen werden können. Die Ergebnisse dieser Delphi-Studie verdeutlichen den Wandel der Wettbewerbsfaktoren für Unternehmen, stellen die Zielsetzungen von Service- und Wissensmanagement-Systemen sowie die Wirkungszusammenhänge von Service/ Innovation und Wissensmanagement dar und zeigen die Handlungsfelder eines effizient gestalteten Systems auf. Hervorzuheben sind die erheblichen Verbesserungspotenziale, die aufgrund der Einschätzung der Experten zu erwarten sind. Der Schwerpunkt liegt auf den Leistungsvorteilen.

18 Flexible Personalstrukturen

Variable Arbeits- und Organisationsstrukturen im e-Business

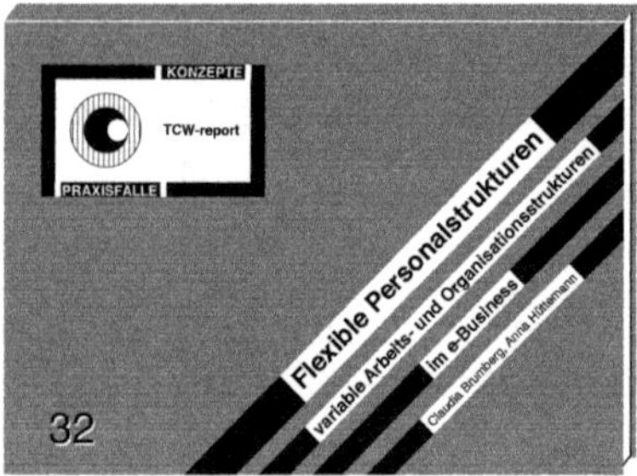

Claudia Brumberg, Anna Hüttemann
Flexible Personalstrukturen
München 2002
ISBN 978-3-934155-02-2
EUR 84,-
zzgl. Versandkosten

Die Erzielung von Wettbewerbsvorteilen in globalen, dynamischen Märkten erfordert eine optimale Nutzung der Personalkapazitäten. Flexible Personalstrukturen wie Telearbeit und Teamstrukturen, Arbeitszeitgestaltung und variable Vergütungssysteme eröffnen neben einer Kostensenkung die Möglichkeit, sich durch Verbesserung von Geschwindigkeit, Flexibilität und Servicegrad von den Wettbewerbern zu differenzieren. Im Gegensatz zu arbeitsteiligen, durch Fremdkontrolle und zentralistische Verhaltensmuster gekennzeichneten Organisations- und Führungskonzepten, zeichnen sich flexible Personalstrukturen durch umfangreiche Dispositionsspielräume für souveräne Mitarbeiter aus. Die Gestaltungsmöglichkeiten werden in diesem TCW-Report aufgezeigt.

19 Führungsverantwortung

Bewährte oder innovative Managementmethoden?

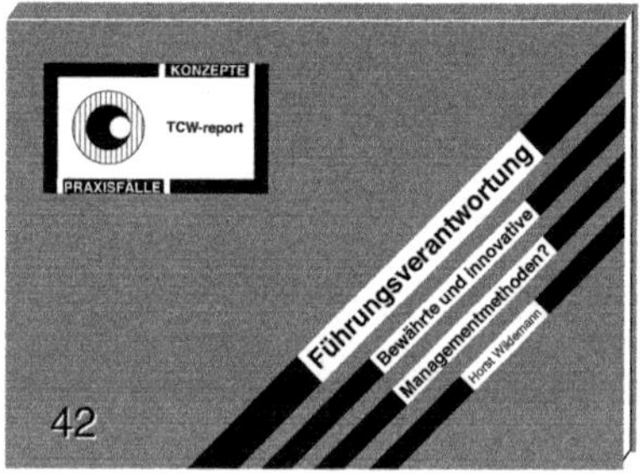

Horst Wildemann
Führungsverantwortung
München 2003
ISBN 978-3-934155-21-3
EUR 84,-
zzgl. Versandkosten

Vorgesetzte, die ihrer Leidenschaft für Fußball nachgehen, stärken nicht nur das Gemeinschaftsgefühl, sondern schulen zugleich ihre Führungskompetenz. Wer das Geschehen auf dem Rasen aufmerksam verfolgt, lernt in nur 90 Minuten möglicherweise mehr als in einem ganzen Semester an der Business-School. Diese These spiegelt die eine Seite der Medaille Führungsverantwortung wider. Taylor ging in seinem Ansatz des Scientific Management davon aus, dass sich die Menschen am liebsten vor der Arbeit drücken, keine Verantwortung übernehmen wollen und nur durch monetäre Anreize motiviert werden können. Heute wird Führungsverantwortung ganzheitlich aus einer ökonomischen und ethischen Perspektive verstanden. Der TCW-Report verdeutlicht die Dimensionen der Führungsverantwortung.

TCW-Reports

20 Globale Industrialisierung

Wie bleibt der Standort Deutschland wettbewerbsfähig?

Horst Wildemann
Globale Industrialisierung
München 2011
ISBN 978-3-941967-27-4
EUR 84,-
zzgl. Versandkosten

Globale Industrialisierung hat sich zu einem feststehenden Wirtschaftsbegriff entwickelt, der einen hohen Durchdringungsgrad erreicht hat. Der Strukturwandel, der als Folge der Globalen Industrialisierung auftritt, bedeutet mehr als eine Verlagerung der Aktivitäten in neue Wirtschaftsregionen. Deutsche Unternehmen werden zum Epizentrum einer global verteilten Wertschöpfung und sehen sich mit Chancen und Risiken gleichermaßen konfrontiert. Untersuchungen zeigen jedoch, dass sich viele Unternehmen mit den Ursachen und Folgen dieses voranschreitenden Prozesses nicht differenziert auseinander setzen. Hierfür wird im TCW-Report eine umfassende Übersicht über die Herausforderungen der Globalen Industrialisierung im Kontext einer ganzheitlichen Footprint-Planung gegeben.

21 Globalisierung

Unternehmensführung und -steuerung in globalen Märkten

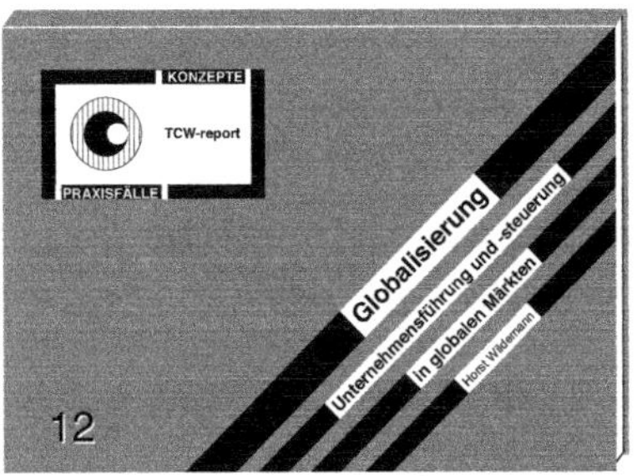

Horst Wildemann
Globalisierung
München 1999
ISBN 978-3-931511-79-1
EUR 84,-
zzgl. Versandkosten

In sechs Fallstudien werden erprobte Konzepte zu den Themen Unternehmensführung, Entwicklung von Unternehmensstrategien, Controlling und Risikomanagement sowie Portfoliomanagement der Kundenorientierung und kontinuierlichen Erneuerung vorgestellt. Anhand von konkreten Beispielen wird veranschaulicht, welche Instrumente, Organisationsformen und situative Lösungen in globalen Märkten zum Erfolg führen. Dieser TCW-Report zeigt exemplarisch auf, welche Impulse und Führungsaufgaben das Management angesichts der weltweiten Herausforderungen wahrnehmen muss.

22 Holonic Manufacturing

Agentenorientierte Techniken zur Umsetzung von holonischen Strukturen

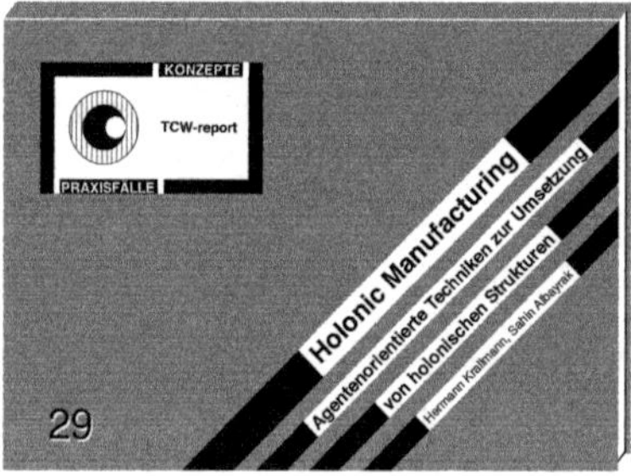

Hermann Krallmann, Sahin Albayrak
Holonic Manufacturing
München 2002
ISBN 978-3-931511-89-0
EUR 84,-
zzgl. Versandkosten

Die heutigen Unternehmen sind, bedingt durch viele Faktoren, zu einer flexiblen und effizienten Strukturierung gezwungen. Einen neuen Strukturierungsansatz stellt das Konzept des Holonic Manufacturing dar. Holonische Strukturen beinhalten insbesondere Aspekte wie Dezentralität und Kooperation. Sie sollen im Ergebnis ein ausgeglichenes Verhältnis von Stabilität einerseits und Flexibilität andererseits gewährleisten. Die Agentenorientierten Techniken sind eine neue Softwaretechnologie zur Realisierung von dezentralen, kooperierenden autonomen Systemen. Diese neue Technologie ist ein vielversprechender Ansatz zur Umsetzung des Strukturierungsparadigmas Holonic Manufacturing"

23 Human Resources Management

Katalysator des kulturellen Wandels im Unternehmen

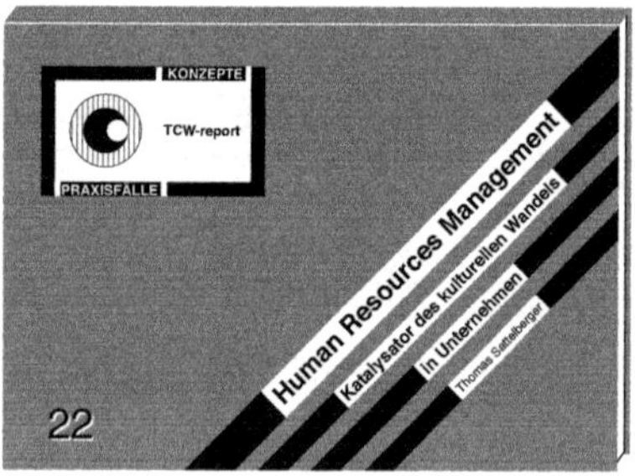

Thomas Sattelberger
Human Resources Management
München 2000
ISBN 978-3-931511-47-0
EUR 84,-
zzgl. Versandkosten

Wandel ist die einzige Konstante in der heutigen Wirtschaftswelt. Der TCW-Report zeigt am Beispiel der Deutschen Lufthansa AG, wie die Personalarbeit - begleitend zu Sanierungsprozessen, Restrukturierung und Globalisierungsstrategie - im mentalen Bereich den „Wandel in den Köpfen und Herzen" der Belegschaft, aber auch der Führungskräfte beschleunigt und vorangetrieben hat. Dabei wird nicht nur die Fallstudie Lufthansa thematisiert, es werden auch die Ergebnisse eines globalen Benchmarkings zu Transformationsprozessen verarbeitet und dargestellt.

TCW-Reports

24 Informationstechnologie

IT als Enabler in Produktion und Logistik

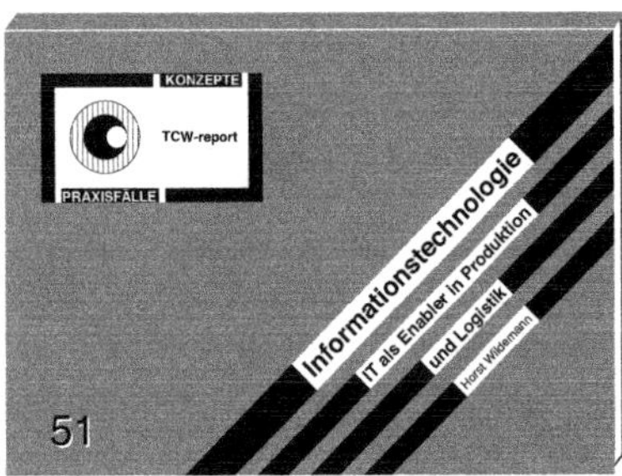

Horst Wildemann
Informationstechnologie
München 2007
ISBN 978-3-937236-61-2
EUR 84,-
zzgl. Versandkosten

Die durchgehende IT-Etablierung hat zu signifikanten Produkt- und Prozessinnovationen in der Produktion geführt, wodurch die Produktionseffizienz stark angestiegen ist. Technologische Treiber dieser Entwicklung waren die zunehmende Etablierung von Standards sowie die erreichten Innovationen in vielen IT-Bereichen. Diese Entwicklungen führten dazu, dass mittlerweile in fast jedem Wertschöpfungsschritt IT enthalten ist. Dabei wurde vor allem auf die IT-Kostenbetrachtung Wert gelegt. Eine Analyse der Frage, ob IT im Produktionsprozess als neuer Produktionsfaktor oder nur als Befähiger bezeichnet werden kann, fehlt. Im TCW-Report werden diese Fragen vor dem Hintergrund einer breiten Unternehmensbefragung und der Analyse repräsentativer Fallstudien diskutiert.

25 Innovationen

Strategien für profitables Wachstum

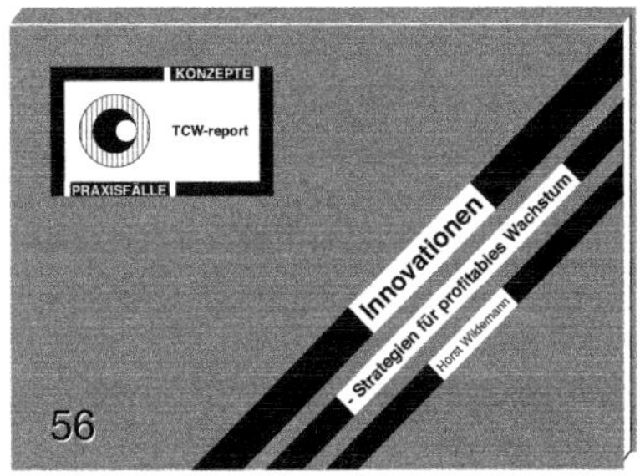

Horst Wildemann
Innovationen
München 2006
ISBN 978-3-937236-43-8
EUR 84,-
zzgl. Versandkosten

Innovationsoffensiven, Innovationsbündnisse und innovative Konzepte künden davon, dass sich mit diesem Begriff alle notwendigen und teilweise schmerzlichen Veränderungen und Reformen positiv umschreiben lassen. Dabei scheint in Vergessenheit zu geraten, was Innovation im Kern bedeutet. Sie gilt zu Recht als nachhaltige Quelle für Wachstum und Beschäftigung. Diese Quelle gezielt zu nutzen ist Aufgabe und Herausforderung zugleich. Denn: welche Innovationen schaffen wirklich Arbeitsplätze? Und wie lässt sich die Innovationsleistung von Unternehmen gezielt gestalten und erhöhen? Auf diese Fragen werden Antworten in diesem TCW-Report gegeben. Zunächst ist es wichtig die Quellen und Trends für neue Produkte zu kennen.

TCW-Reports

26 Instandhaltungsmanagement

Effizient gestalten

Horst Wildemann, Iris Hausladen
Instandhaltungsmanagement
München 2005
ISBN 978-3-937236-19-3
EUR 84,-
zzgl. Versandkosten

Die Bedeutung der Instandhaltungsfunktion spiegelt sich zum einen in der managementorientierten Ausrichtung der Instandhaltungsaktivitäten, zum anderen in dem verstärkten Einsatz von E-Technologien wider. Die Anforderungen an das Instandhaltungsmanagement verändern sich nachhaltig und führen zu einem deutlichen Anstieg der zu bewältigenden Komplexität. Der TCW-Report zeigt neue Konzepte und Methoden zur kreativen und zukunftsorientierten Ausrichtung der Instandhaltung im Unternehmen auf. Ausgehend von den Grundlagen des Instandhaltungsmanagements werden zeitgemäße Konzepte und Strategien, organisatorische Gestaltungsalternativen, das Konzept der Operation Guidance sowie die Aspekte Qualifizierung und Visualisierung behandelt.

27 IT-Architekturen

Informationssystemeinsatz bei organisatorischem Wandel

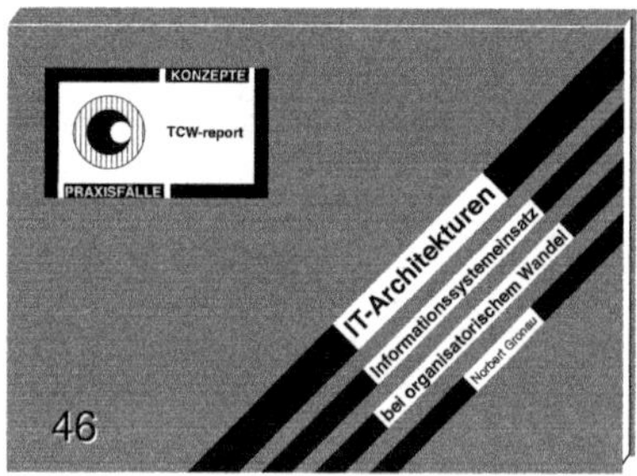

Norbert Gronau
IT-Architekturen
München 2003
ISBN 978-3-934155-14-5
EUR 84,-
zzgl. Versandkosten

Die Unternehmen befinden sich in einem beständigen organisatorischen Wandel, der Formen wie Prozessorientierung, Segmentierung oder Virtualisierung annehmen kann. Konventionelle Architekturen betrieblicher Informationssysteme sind diesem Wandel, der auch bei Fusionen oder starkem Wachstum stattfindet, häufig nicht gewachsen. Basierend auf der Forderung nach strukturellen Analogien zwischen Unternehmensorganisation und Informationssystemen wird eine Konzeption für eine dauerhaft wettbewerbsfähige Informationssystemarchitektur aufgestellt und durch Praxisbeispiele erläutert. Der Weg von der konventionellen zur nachhaltigen Informationssystem-Architektur wird in diesem TCW-Report beschrieben, darüber hinaus enthält er zahlreiche Erläuterungen und Schaubilder, die sich zur Schulung und zum Selbststudium eignen.

TCW-Reports

28 KMU und Benchmarking

Wettbewerbsfähigkeit steigern durch internationalen Vergleich

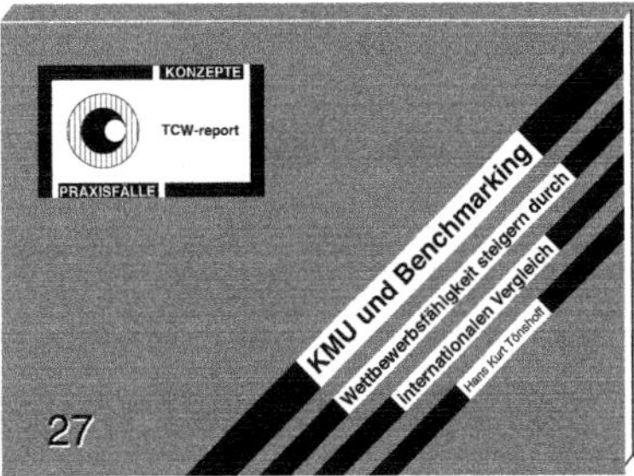

Hans Kurt Tönshoff
KMU und Benchmarking
München 2001
ISBN 978-3-931511-78-4
EUR 84,-
zzgl. Versandkosten

Benchmarking ist eine Methode zur Verwirklichung der Qualitätsphilosophie des Total Quality Management. Zur Unterstützung der Durchführung wurde das erfahrungsgestützte Interdependenz-Benchmarking entwickelt. Dieses ermöglicht die aufwandsarme Bewertung der Produktionsleitung. Ein wesentliches Merkmal dieses neuen Ansatzes besteht darin, dass die funktionalen Zusammenhänge zwischen Unternehmenskenngrößen und den sie beeinflussenden Merkmalen mit statistischen Analysen ermittelt werden. Die im Rahmen der Anwendung dieser Methode bei 100 KMUs in Europa aufgedeckten Leistungsunterschiede aufgrund unterschiedlicher Unternehmensgrößen, Branchen, Länder und Organisationsstrukturen werden ausführlich diskutiert.

29 Komplexitätsmanagement

Vertrieb, Produkte, Beschaffung, F&E, Produktion und Administration

Horst Wildemann
Komplexitätsmanagement
München 2000
ISBN 978-3-934155-03-9
EUR 84,-
zzgl. Versandkosten

Wer im Wettbewerb erfolgreich sein will, muss einen Einklang zwischen den komplexen Anforderungen, die von der Umwelt an das Unternehmen gestellt werden, und der Komplexität der eigenen Aktionen zur Erfüllung dieser Anforderungen herstellen. Nichtadäquate Produkt- und Prozessstrukturen spiegeln sich in den Kostenstrukturen der Unternehmen wider. Der steigenden Komplexität im Unternehmen kann nur mit Hilfe eines durchgängigen Komplexitätsmanagements unter Einbeziehung aller Unternehmensbereiche wirkungsvoll begegnet werden, wodurch sowohl Kostensenkungspotenziale als auch Umsatzsteigerungen realisiert werden können.

TCW-Reports

30 Konzeptwettbewerb u. Know-how-Schutz

In der Automobil- und Zulieferindustrie in Klein- und Mittelbetrieben

Horst Wildemann
Konzeptwettbewerb
München 2004
ISBN 978-3-934155-23-7
EUR 84,-
zzgl. Versandkosten

Die hohe Bedeutung der Lieferanten als Innovationsgeber zeigt eine Umfrage in der Automobilbranche. So bringen die Lieferanten häufig mehr Innovativen ein als die Mitarbeiter des eigenen Unternehmens. Die Automobilindustrie sucht den Mittelweg zwischen Wettbewerb und Kooperation. Der TCW-Report stellt das Organisationsproblem bei Entwicklungspartnerschaften dar. Er zeigt Vorgehensweisen und Gestaltungsfelder des Konzeptwettbewerbs auf und weist auf die erfolgskritischen Gestaltungsfelder des Konzeptwettbewerbs und des Know-how-Schutzes hin. Fallstudien verdeutlichen erfolgversprechende Wege, um Konzeptwettbewerbe, Know-how-Schutz und die Projektsteuerung von Entwicklungspartnerschaften effektiv und effizient durchzuführen.

31 Lean und gesund?

Erfolgsfaktoren für profitables Unternehmenswachstum

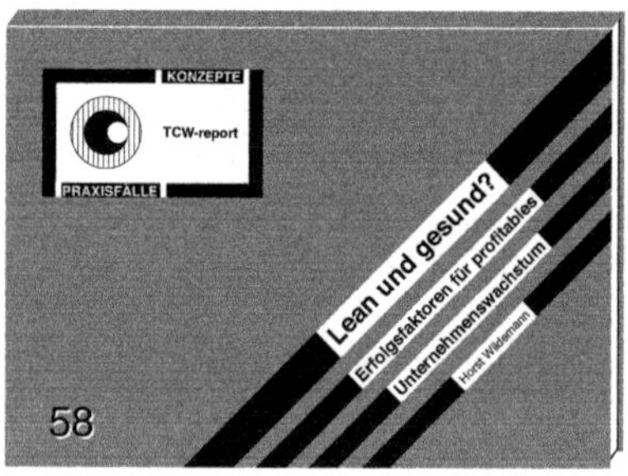

Horst Wildemann
Lean und gesund?
München 2008
ISBN 978-3-937236-81-0
EUR 84,-
zzgl. Versandkosten

Der TCW-Report „Lean und gesund? - Erfolgsfaktoren für profitables Unternehmenswachstum" diskutiert die Notwendigkeit eines im Sinne des Lean-Gedankens durchgängigen Managementansatzes, der die Aspekte von profitablem und nachhaltigem Wachstum nicht behindert sondern diese fördert. Der Trend des Lean Managements hat sich in den vergangenen Jahren einerseits als ein erfolgreiches Konzept herausgestellt. Andererseits führt es in einigen Fällen bei einer zu einseitigen Auslegung des Konzeptes dazu, dass einzelne Organisationseinheiten einem rigiden Sparzwang zum Opfern fallen und die zukunftsorientierte Handlungsfähigkeit des Unternehmens insgesamt gefährdet wird. Die aktuelle Managementmaxime lautet somit: Lean und gesund!

TCW-Reports

32 Marktführerschaft

Wege für ein profitables Unternehmenswachstum

Horst Wildemann
Marktführerschaft
München 1998
ISBN 978-3-931511-50-0
EUR 84,-
zzgl. Versandkosten

Der TCW-Report zeigt Entwicklungsstrategien zur Marktführerschaft. Anhand von Fallbeispielen verdeutlicht er sowohl die Merkmale erfolgreicher Unternehmen als auch die in der Praxis häufig vorhandenen Defizite. Zur Erreichung der Erfolgsfaktoren der Marktführer unterschiedlichster Branchen werden konkrete Methoden aufgezeigt. So werden dem Praktiker Konzepte und Vorgehensweisen bei der Implementierung von Lernprozessen in Unternehmen ebenso nahegebracht wie die Gestaltung einer kundenorientierten Organisation. Abgerundet wird der TCW-Report durch Strategien zur Verteidigung der erarbeiteten Marktführerschaft.

33 Modularisierung

Modularisierung in Organisation, Produkten, Produktion und Service

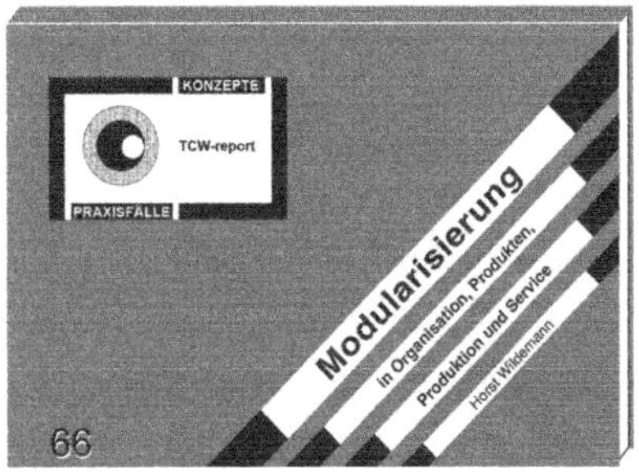

Horst Wildemann
Modulariserung
München 2015
ISBN 978-3-941967-64-9
EUR 84,-
zzgl. Versandkosten

Der TCW-Report fasst die Ideen der Modularisierung zusammen, die Unternehmen dazu dienen, das Potenzial der Modularisierung für Produkte, Service, Produktion und Organisation gänzlich auszuschöpfen.
Aktuelle Forschungsergebnisse und Praxisbeispiele zeigen Möglichkeiten auf, wie eine effiziente Standardisierung nach innen bei gleichzeitiger Individualisierung nach außen realisiert werden kann. Dabei wird aufgezeigt, welchen Beitrag die Modularisierung zur Nutzung und Beherrschung von Komplexität leistet, welche Methoden sich für die Modularisierung anbieten und welche Stellhebel dabei in Unternehmensnetzwerken zu berücksichtigen sind.

34 Montagemanagement

Lösungen zum Montieren am Standort Deutschland

Gunther Reinhart
Montagemanagement
München 1998
ISBN 978-3-931511-53-1
EUR 84,-
zzgl. Versandkosten

Die Betrachtung der Montage als ganzheitliches System von der Produktentwicklung bis zur Gestaltung von Montagesystemen und Montagesteuerungen ist die Chance für den Montagestandort Deutschland. Neben organisatorischen Leistungen zur Erzielung eines gelebten Simultaneous Engineering ist der konsequente Einsatz innovativer Planungswerkzeuge zur Systemgestaltung, wie Virtual-Production-Systeme, Aufgabe und Anspruch. Der gezielte Einsatz neuer Montagetechnik ermöglicht die geforderte Kundennähe und schließlich die Entwicklung neuer, marktfähiger Produkte.

35 Online-Auktionen

Neue Wege zur Erschließung von Einsparpotenzialen im Einkauf

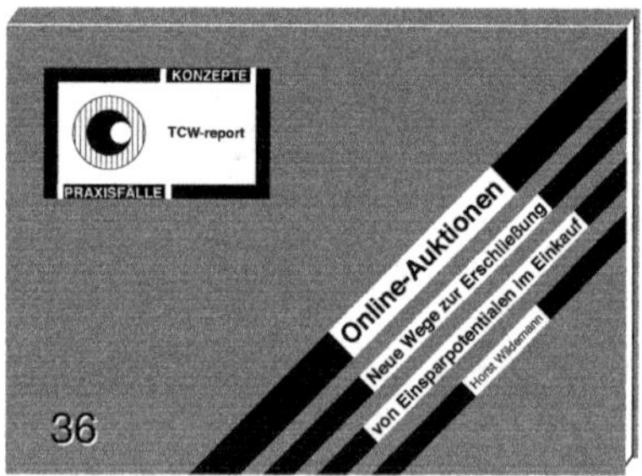

Horst Wildemann
Online-Auktionen
München 2001
ISBN 978-3-934155-10-7
EUR 84,-
zzgl. Versandkosten

Der Einfluss des Einkaufs wird vor dem Hintergrund abnehmender Fertigungstiefen immer entscheidender für den Unternehmenserfolg. Das Konzept der Online-Auktionen besteht darin, dass durch eine Intensivierung der Wettbewerbssituation auf den Beschaffungsmärkten zusätzliche Einsparungspotenziale realisiert werden können. Der TCW-Report zeigt anhand von Fallstudien unterschiedlicher Branchen den Wirkungsmechanismus und die realisierten Erfolge von Online-Auktionen auf. Abgerundet wird der TCW-Report durch eine Vorgehensweise zur Identifizierung geeigneter Bedarfe und Gestaltungsempfehlungen zur Ausrichtung von Online-Auktionen auf die unternehmensspezifische Beschaffungssituation.

36 Outsourcing - Offshoring - Verlagerung

Leitlinien und Programme

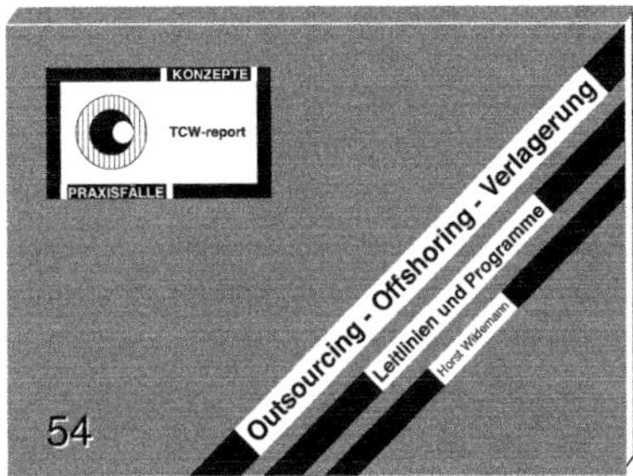

Horst Wildemann
Outsourcing – Offshoring – Verlagerung
München 2005
ISBN 978-3-937236-28-5
EUR 84,-
zzgl. Versandkosten

Outsourcing, Offshoring oder Verlagerung sind zentrale Schlagworte einer Diskussion über den Umgang mit Wertschöpfung in unserem Land geworden. Der TCW-Report zeigt Leitlinien für eine erfolgreiche Wertschöpfungsgestaltung vor dem Hintergrund globaler Herausforderungen. Mit Hilfe der aufgezeigten Methoden kann es gelingen, den Entscheidungsprozess der Standortentscheidung zu unterstützen. Instrumente für eine Wettbewerbs- und Wertschöpfungsoffensive zeigen konkrete Wege, wie eine Erneuerung der eigenen Wertschöpfung aus ressourcen- und marktbasierter Sicht gelingen kann. Im Vordergrund steht die Darstellung von handlungsorientierten Ansätzen für eine erfolgreiche Wertschöpfungsgestaltung sowie die Übertragung von Erkenntnissen aus Fallstudien.

37 Partizipative Fabrikplanung

Methoden zur erfolgreichen Mitarbeiterbeteiligung

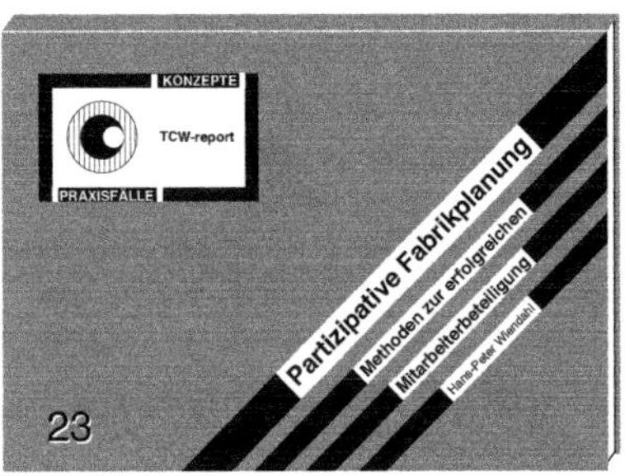

Hans-Peter Wiendahl
Partizipative Fabrikplanung
München 2001
ISBN 978-3-931511-63-0
EUR 84,-
zzgl. Versandkosten

Die steigende Komplexität der Abläufe in den Produktionsunternehmen erfordert heterogene Produktionsstrukturen, die dynamisch auf verschiedene Anforderungen reagieren können. Die daraus resultierenden vielfältigen Aufgaben der Fabrikplanung können nicht mehr von zentralen Stellen im Unternehmen allein bewältigt werden. Aus diesem Grund ist eine Überprüfung der gängigen Fabrikplanungstechniken, -methoden und -strategien erforderlich. Eine Möglichkeit, der Dynamik Herr zu werden, besteht in einer Dezentralisierung der Planungsaufgaben und Einbindung der Mitarbeiter in das Planungsgeschehen.

38 Produktion

Wandlungsfähigkeit der industriellen Produktion

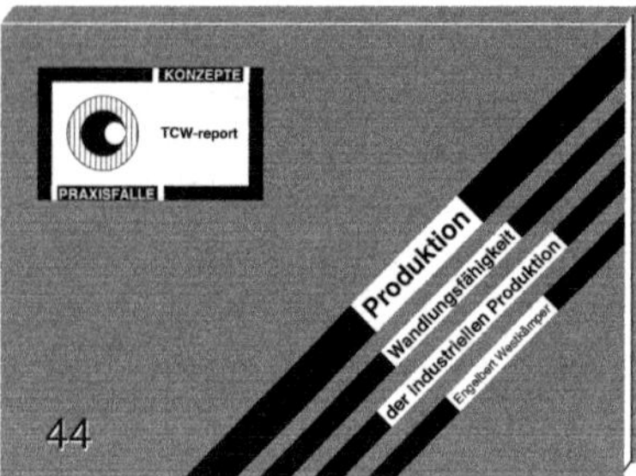

Engelbert Westkämper
Produktion
München 2005
ISBN 978-3-931511-88-3
EUR 84,-
zzgl. Versandkosten

Die Produktion der Zukunft wird durch wandlungsfähige Produktionskonzepte bestimmt. Demgegenüber besteht gegenwärtig noch eine Reihe von Hemmnissen in den Abläufen und Strukturen unserer Fabriken. Es gibt aber Methoden, um auch kurzfristige Veränderungen der Fabrikstrukturen zu erreichen. In diesem TCW-Report werden Ansätze zur Wandlungsfähigkeit durch Kooperation mit Hilfe offener Produktionsnetzwerke erläutert. Zielvariable Produktionskonzepte erlauben eine schnelle Reaktionsfähigkeit der unternehmensinternen Abläufe. Zur Planung und Steuerung dezentraler autonomer Strukturen müssen neue Methoden entwickelt werden. Ziel aller Maßnahmen muss ein Manufacturing on Demand sein.

39 Produktpiraterie

Schutzkonzepte für den nachhaltigen Unternehmenserfolg

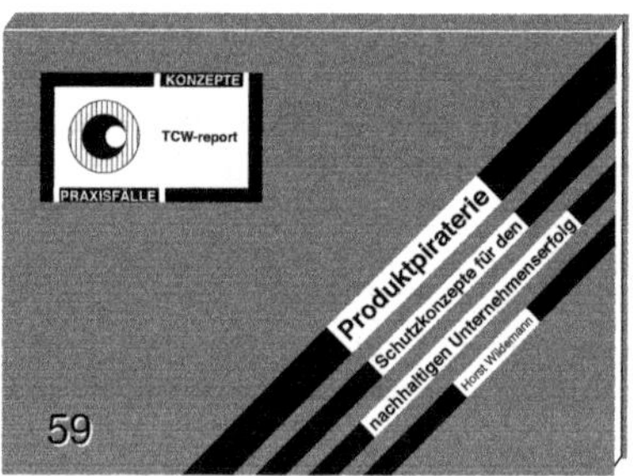

Horst Wildemann
Produktpiraterie
München 2010
ISBN 978-3-937236-68-1
EUR 84,-
zzgl. Versandkosten

Die Studie beschreibt die Bausteine eines ganzheitlichen Schutzsystems vor Produktpiraterie und Nachahmungen. Aktuelle Schutzkonzepte in den Handlungsfeldern Know-how-Schutz in der Beschaffung, organisatorischer Know-how-Schutz, technischer Produktschutz sowie juristische Ansätze werden vorgestellt. Neueste Forschungsergebnisse im Bereich der Kennzeichnungs- und Authentifizierungstechnologien werden betriebswirtschaftlich aufbereitet und eine Vorgehensweise zur Gestaltung produktbegleitender Dienstleistungen als präventives Element im Nachahmungsschutz dargestellt. Die Studie wendet sich gleichermaßen an Praktiker und Wissenschaftler.

40 Professionelle Krisenbewältigung

Herausforderungen meistern –
Krisen bewältigen

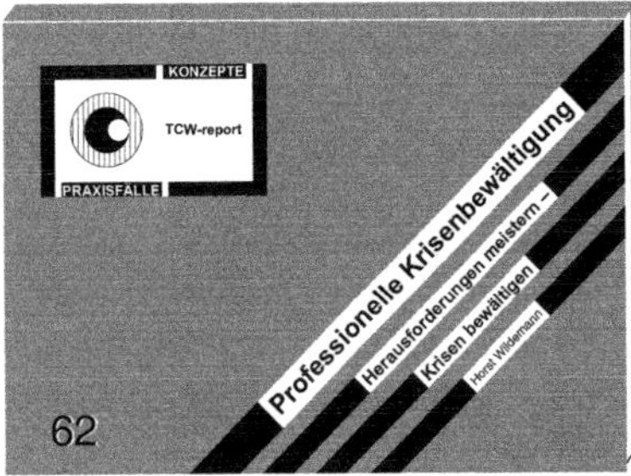

Horst Wildemann
Professionelle Krisenbewältigung
München 2010
ISBN 978-3-941967-07-6
EUR 84,-
zzgl. Versandkosten

In Krisen leiden Unternehmen unter massiven Absatzeinbrüchen und unter der mangelnden Bereitschaft der Banken, Kredite zu gewähren. Eine vorherrschende Kreditklemme ist daher ein robuster Indikator für die krisentypische Unsicherheit des gesamten Wirtschaftssystems und die sich reaktiv einstellende Risikoaversion der finanzwirtschaftlichen Akteure. Neben den zweifellos aktuell notwendigen, kurzfristigen „Löscharbeiten" ist es jedoch auch erforderlich, umfassende Lehren aus der Finanzkrise für die zukünftige Ausgestaltung eines stabilisierten Weltfinanzsystems zu ziehen. Globalwirtschaftliche Risikosituationen müssen zukünftig frühzeitig antizipiert werden, um rechtzeitig reagieren zu können.

41 Prozesswirtschaftlichkeit

Controlling logistischer Prozesse durch eine prozessorientierte Leistungsrechnung

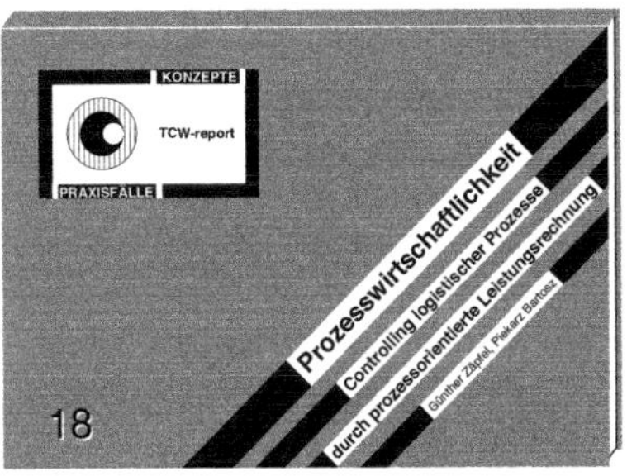

Günther Zäpfel, Piekarz Bartosz
Prozesswirtschaftlichkeit
München 2000
ISBN 978-3-931511-73-9
EUR 84,-
zzgl. Versandkosten

In einem Unternehmen, das wettbewerbsfähig bleiben will, ist die Wirtschaftlichkeit logistischer Prozesse und logistischer Netzwerke von entscheidender Bedeutung. Im Mittelpunkt dieses TCW-Reports wird ein praxisgerechtes Vorgehen vorgestellt, das es ermöglicht, die Kosten und Leistungen logistischer Prozesse transparent zu machen. Das Modell basiert auf der prozessorientierten Leistungsrechnung, die als eine Weiterentwicklung der traditionellen Prozesskostenrechnung in Richtung Kapazitäts- und Leistungsmanagement anzusehen ist. Seine konkrete Umsetzung mit dem Softwarewerkzeug Process Designer wird anhand von Praxisfällen im Detail aufgezeigt. Auf der Basis daraus resultierender Auswertungen werden Wege und Ansatzpunkte zur Optimierung der Prozesswirtschaftlichkeit präsentiert.

42 Retrograde Terminierung

Ein integratives Konzept zur Fertigunssteuerung bei vernetzter Produktion

Dietrich Adam, Rainer Ribbel
Retrograde Terminierung
München 1999
ISBN 978-3-931511-67-8
EUR 84,-
zzgl. Versandkosten

Die Unternehmen stehen vor dem Problem, dass sich die klassischen Konzepte zur Planung und Steuerung der Produktion vor dem Hintergrund der Veränderungstendenzen in der industriellen Produktion zunehmend als unzureichend erweisen. Gerade bei auftragsorientierter Einzelfertigung nach dem Werkstattprinzip und bei vernetzten Produktionsprozessen ist das Problem der termingerechten Steuerung der Aufträge und der zeitlichen Abstimmung der Arbeitsgänge von entscheidender Bedeutung. Die Simulation erlaubt es dem Disponenten, die Auswirkungen der Steuerung hinsichtlich der unterschiedlichen Ziele der Ablaufplanung zu analysieren.

43 Revitalisierung von Unternehmen

Vom Mitarbeiter zum Mitunternehmer

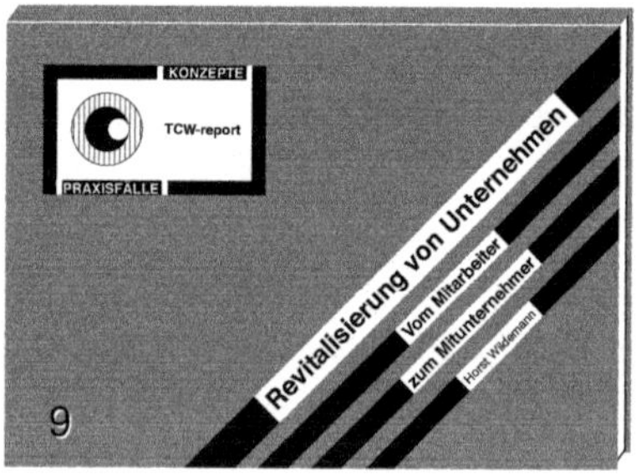

Horst Wildemann
Revitalisierung von Unternehmen
München 2001
ISBN 978-3-934155-09-1
EUR 84,-
zzgl. Versandkosten

Die Realisierung von Wettbewerbsvorteilen durch sprunghafte Leistungsverbesserungen und Innovationen sowie deren dauerhafte Verteidigung erfordern das Ingangsetzen und Aufrechterhalten eines Lernprozesses. Lernen auf allen Hierarchiestufen durch Nutzung und Förderung der Kreativität der Mitarbeiter wird dabei zum strategischen Erfolgsfaktor. „Vom Mitarbeiter zum Mitunternehmer" wird zum Schlagwort moderner Unternehmensführung. Neben den Leitlinien zur Revitalisierung von Unternehmen werden in diesem TCW-Report die Revitalisierungs-Konzepte auf der Basis einer funktions- und hierarchieübergreifenden Mitarbeiterbeteiligung praxisnah vermittelt.

44 Roadmapping

Innovationen und Technologiepfade strukturiert abstimmen

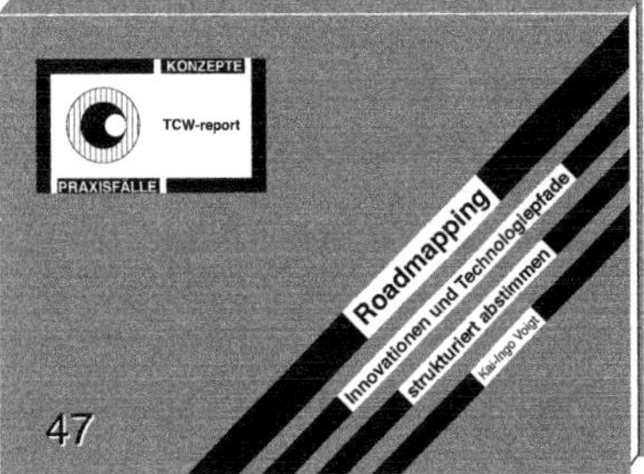

Kai-Ingo Voigt
Roadmapping
München 2005
ISBN 978-3-934155-16-9
EUR 84,-
zzgl. Versandkosten

Marktsignale, die in einem Zeithorizont von bis zu 15 Jahren erfolgsentscheidend sein werden, bereits heute zu erkennen, wird zunehmend überlebenswichtig. Unternehmen, die auf eine strukturierte Vorausschau verzichten, laufen Gefahr, von Markt- und Technologieentwicklungen überrascht und überrollt zu werden. Roadmapping ist ein neues Instrument zur langfristigen Abstimmung von Technologien und Innovationen im Unternehmen. Der TCW-Report beschreibt Schritte, die durchlaufen werden müssen, um die Roadmap des Unternehmens zu erarbeiten und zu kommunizieren, Möglichkeiten zur strukturierten Abstimmung von Markt- und Technologievisionen, Potenziale der Bewertung und Auswahl von Produktfolgen und Technologiepfaden.

45 Service-Engineering

Der systematische Weg von der Idee zum Leistungsangebot

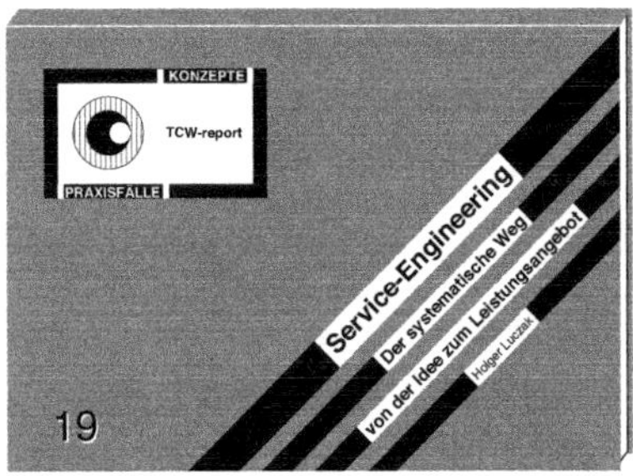

Holger Luczak
Service-Engineering
München 2000
ISBN 978-3-931511-72-2
EUR 84,-
zzgl. Versandkosten

Dieser TCW-Report zeigt anhand von Beispielen auf, welche Aspekte bei der Organisation der Dienstleistungsentwicklung zu berücksichtigen sind und wie diese konkret gestaltet werden können. Dabei liegt ein Schwerpunkt auf der Gestaltung der „weichen Faktoren" einer innovationsorientierten Unternehmenskultur, die durch gezielte Maßnahmen wesentlich gefördert und verbessert werden kann. Die Entwicklung neuer Leistungen muss mit den Unternehmenszielen in Einklang stehen. Neben den organisatorischen Aspekten wird daher aufgezeigt, wie erfolgreiche Unternehmen durch die Identifikation wertvoller Leistungen für die richtigen Kunden eine strategische Balance zwischen Dienen und Verdienen schaffen können.

TCW-Reports

46 Service-to-Success

Der Dienst am Kunden als neue Kernkompetenz

Horst Wildemann
Service-to-Success
München 2001
ISBN 978-3-934155-08-4
EUR 84,-
zzgl.Versandkosten

Im Wettbewerb ist es künftig entscheidend, den Kunden zum richtigen Produkt den richtigen Service anbieten zu können. Das Konzept Service-to-Success ist eine folgerichtige Weiterentwicklung der bisher verfolgten Optimierungsansätze. Schlanke Strukturen, Total Quality Management und Produktklinik sind gute Voraussetzungen für den neuen Weg. Eine ausgeprägte Kultur des Lernens im Unternehmen, die Delegation der Verantwortung in die kundennahen Bereiche sowie gezielte Kundengespräche ermöglichen es, die Erfolgsfaktoren des Kunden in ein innovatives Servicekonzept umzusetzen. Der TCW-Report „Service" erläutert detailliert Konzepte und Wirkungsmechanismen neuer Servicestrategien.

47 Software-Engineering

Schlüssel zur Prozessbeherrschung und Informationsmanagement

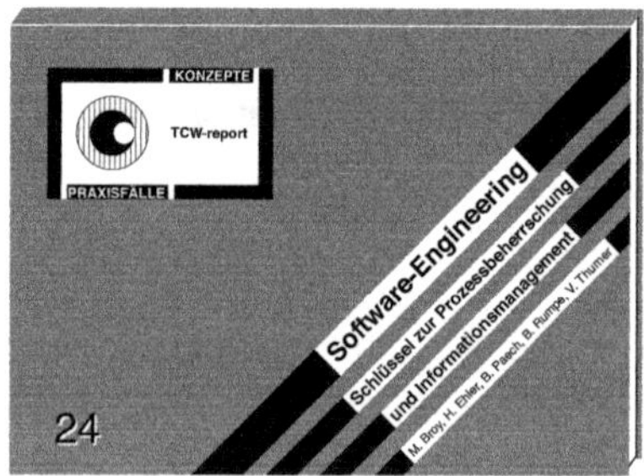

Manfred Broy, Herbert Ehler,
Barbara Paech, Bernhard Rumpe, V. Thurner
Software-Engineering
München 2000
ISBN 978-3-931511-52-4
EUR 84,-
zzgl. Versandkosten

Bestimmend in der Organisation des Managements wird die Informatik. Durch Informations- und Kommunikationstechnik werden neuartige Produkte, Produktionsweisen und Vertriebswege erst ermöglicht. Software wird zum zentralen Gestaltungsmittel der Unternehmen und Software-Engineering zur Schlüsseltechnik. Der Reifegrad eines Unternehmens im Software-Engineering bestimmt entscheidend seine Flexibilität, seine Wettbewerbsstärke und seine Fähigkeit, umfassend das Betriebsmittel Information zu nutzen. Es werden Strategien zur Verbesserung des Reifegrads im Software-Engineering aufgezeigt, wobei ein besonderes Gewicht darauf gelegt wird, eine enge Ausrichtung der Softwarefunktionalität mit den Unternehmenszielen zu erreichen.

48 Stressresistenz Strategien

Stresstest für Geschäftsmodelle

Horst Wildemann
Stressresistenz zukunftsfähiger Strategien
München 2014
ISBN 978-3-941967-72-4
EUR 84,-
zzgl. Versandkosten

In diesem TCW-Report werden die Risikofelder im Unternehmensumfeld umrissen, bevor Stresstests als innovatives Konzept des Risikomanagements diskutiert werden. Darauf aufbauend werden die Risiken entlang der Wertschöpfungskette systematisiert und einzelne Führungsprinzipien aufgezeigt und Möglichkeiten zur Nutzung und Verankerung von Stresstests zur Vorbereitung auf zukünftige Ereignisse vorgestellt. Die praktische Relevanz der Ideen und Methoden wird anhand von Fallstudien diskutiert. Dies zeigt Handlungsmöglichkeiten und Best Practice-Lösungen auf, welche die Grundlage der Sicherung der Zukunfsfähigkeit von Geschäftsmodellen sind.

49 Strategische Frühinformation

Bewältigung diskontinuierlicher Zukunftsentwicklungen in Klein- und Mittelbetrieben

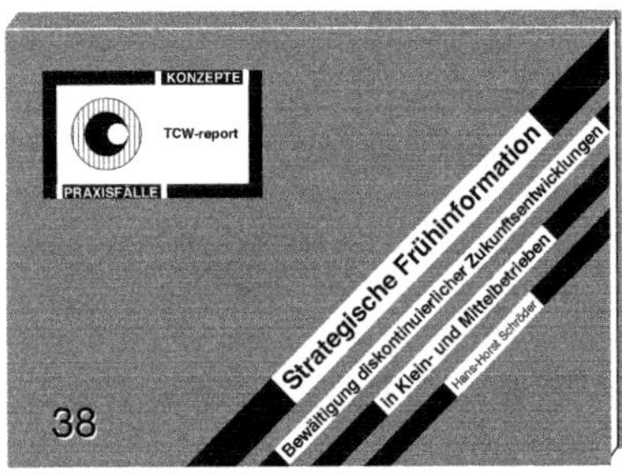

Hans-Horst Schröder
Strategische Frühinformation
München 2003
ISBN 978-3-934155-15-2
EUR 84,-
zzgl. Versandkosten

Zunehmende Dynamik und Komplexität der Umwelt haben bewirkt, dass Unternehmen Umweltentwicklungen in immer stärkerem Maße als Diskontinuitäten erleben. Ein wichtiger Ansatz zur Bewältigung dieser Unstetigkeiten ist die Einrichtung strategischer Frühinformationssysteme auf der Basis eines Konzepts schwacher Signale. Der TCW-Report beschreibt, welche Konzepte beim Entwurf strategischer Frühinformationssysteme verfolgt werden können und stellt auf dieser Grundlage dar, welche Schritte durchlaufen werden müssen, welche Instrumente in den einzelnen Schritten eingesetzt werden können, welche organisatorischen Maßnahmen bezüglich der strategischen Planung zu treffen sind und von welchen Faktoren der Erfolg abhängt. Die neueren technischen, methodischen und organisatorischen Entwicklungen werden hierbei berücksichtigt.

50 Supply Chain Management

Optimierung der Wertschöpfungskette

Horst Wildemann
Supply Chain Management
München 2003
ISBN 978-3-934155-13-8
EUR 84,-
zzgl. Versandkosten

Die Optimierung der Unternehmenstätigkeit erfordert ein Umdenken hinsichtlich des Managements der gesamten Wertschöpfungskette. Prozessoptimierungen wurden in der Vergangenheit in aller Regel auf das eigene Unternehmen beschränkt. Die ganzheitliche Optimierung der Wertschöpfungskette bedingt eine Integration aller weltweit beteiligten Institutionen vom Zulieferer bis zum Abnehmer und eine Steuerung der Aufträge vom Point of Sales aus. Entgegen der weit verbreiteten Auffassung ist das Supply Chain Management nicht allein als EDV-technisches Tool zu verstehen, sondern vielmehr als eine neue Organisations- und Managementphilosophie von Wertschöpfungspartnerschaften zu bezeichnen. Aufbauend auf den fünf grundlegenden Leitlinien zeigt dieser TCW-Report einen ganzheitlichen Ansatz zur Optimierung der Supply Chain auf.

51 Total Quality Management

Vorgehen und Fallstudien zur Steigerung der Unternehmensqualität

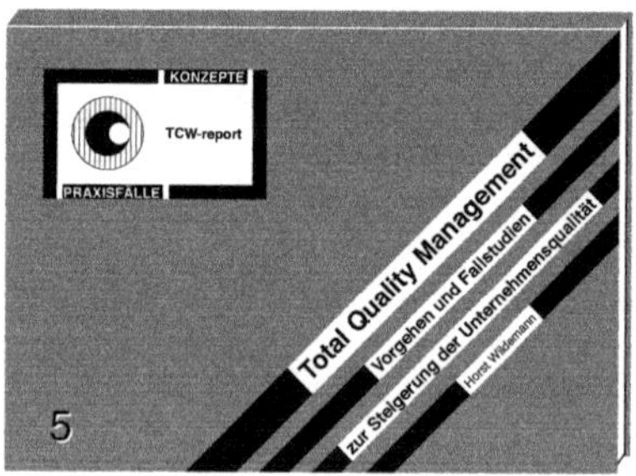

Horst Wildemann
Total Quality Management
München 1998
ISBN 978-3-931511-55-5
EUR 84,-
zzgl. Versandkosten

Es ist unbestritten, dass die Qualität als Wettbewerbsfaktor und als Gestaltungsziel herausragende Bedeutung besitzt. Ursprünglich auf das Produkt und die Produktion bezogen, hat sich die Qualität zu einer umfassenden Unternehmensphilosophie, dem Total Quality Management, entwickelt. Erfolgreiche Qualitätsunternehmen, die bereits frühzeitig dieses Konzept adaptiert haben, konnten hinsichtlich des Umsatzes, der Rendite und des Marktanteils beachtliche Erfolge verzeichnen. Der TCW-Report gibt zunächst einen Überblick über die Historie und die Entwicklung des Qualitätsverständnisses. Hierauf aufbauend werden die wesentlichen Leitlinien, Bausteine und Methoden des TQM-Konzepts vorgestellt, die zur Implementierung notwendig sind.

52 Überlebensstrategien

Chancen und Herausforderung der Unternehmensführung

Rudolf Gröger
Überlebensstrategien
München 2006
ISBN 978-3-937236-40-7
EUR 84,-
zzgl.Versandkosten

Die Herausforderung für Unternehmen ist, sich in einer Zeit ständigen Wandels anzupassen. Um ein Überleben inmitten wachsender Komplexität und immer schneller werdender Veränderungen zu sichern, sind neue Strategien vonnöten. In dem TCW-Report wird die Bewältigung einer Unternehmenskrise durch einen ganzheitlichen Turnaround-Prozess aufgezeigt. Gerade in technologiegetriebenen Märkten ist dieser ganzheitliche Veränderungsprozess häufig die einzige Möglichkeit, das Überleben des Unternehmens nachhaltig zu sichern. Es werden Handlungsmöglichkeiten für das Management aufgezeigt, bewertet und an Fallstudien verdeutlicht. Da nicht nur Volatilität, sondern vor allem auch Dynamik den heutigen Mobilfunkmarkt kennzeichnet, wird insbesondere auf die Produktentwicklung eingegangen.

53 Unternehmensentwicklung

Methoden für eine nachhaltige profitable Unternehmensführung

Horst Wildemann
Unternehmensentwicklung
München 2003
ISBN 978-3-934155-18-3
EUR 84,-
zzgl.Versandkosten

Unternehmensentwicklung und der nachhaltige Einsatz zielgerichteter Methoden sind der Schlüsselfaktor, um profitabler als die Konkurrenz agieren zu können. Welche Einflussgrößen determinieren eine profitable Unternehmensführung? Wie sind strategische Initiativen zur Unternehmensentwicklung zu gestalten? Welche Methoden der Unternehmensführung stellen die intendierte Wirksamkeit der Unternehmensentwicklung sicher? Der TCW-Report zeigt den Umgang mit Krisen, die im Zuge der Unternehmensentwicklung zu bewältigen sind, verdeutlicht Strategien und bringt anhand von Leitlinien zielorientierte Methoden zum Ausdruck. Aufbauend auf der Erfahrung zahlreicher Projekte werden erfolgreiche Wege für eine nachhaltige und profitable Unternehmensführung aufgezeigt.

TCW-Reports

54 Unternehmensfusion

Die Krupp-Hoesch-Thyssen-Fallstudie – Strategie, Portfolio und Perspektiven

Horst Wildemann
Unternehmensfusion
München 2000
ISBN 978-3-931511-61-6
EUR 84,-
zzgl. Versandkosten

Die Fusion mit Thyssen stellt die logische Konsequenz der Maxime einer erfolgreichen Konzernführung der Krupp AG dar: Strategische Leitlinien, die das Konzernportfolio fokussieren, werden zielgerichtet und klar sowohl in der Personalführung als auch im Controlling umgesetzt. Die Verfolgung des Prinzips „Marktführer“ leitet das Fusionskonzept und die Zukunftsaspekte des künftigen „Ruhrgiganten“.

55 Value Creation

Ein Programm zur Wertsteigerung von Unternehmen

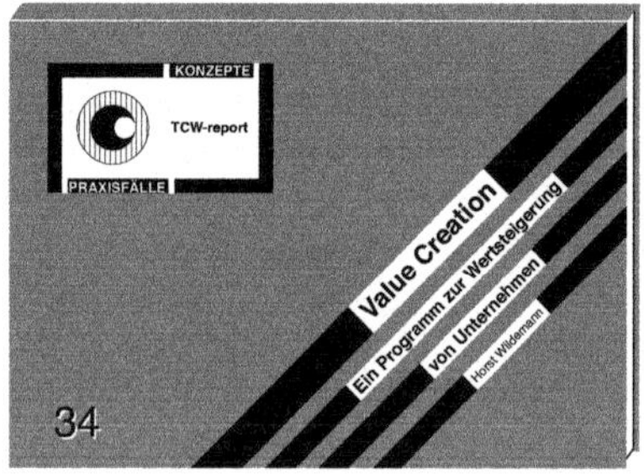

Horst Wildemann
Value Creation
München 2002
ISBN 978-3-934155-12-1
EUR 84,-
zzgl. Versandkosten

Die Wertsteigerung von Unternehmen stellt die neue Herausforderung an das Topmanagement dar. Wertsteigerung setzt bereits bei der strategischen Entscheidung an und lässt sich intern durch Konzentration auf Kernkompetenzen und Netzwerkbildung, durch Internationalisierung, Kooperation und Fusion sowie durch innovative Geschäftsmodelle erreichen. Entscheidend ist, die Wertsteigerung nicht nur aus Sicht des Shareholder Values zu betrachten. Kunden- und Mitarbeiter-Wert sind notwendige Bausteine, die den Shareholder Value erweitern. Der TCW-Report verdeutlicht auf Basis dieser Sichtweisen Chancen, Risiken und Barrieren der Wertsteigerung und stellt die Methoden in den Mittelpunkt, um mithilfe eines Value Creation Programms eine nachhaltige Wertsteigerung zu erhalten.

TCW-Reports

56 Vielfaltsmanagement

Integrative Lösungsansätze zur Optimierung und Beherrschung der Produkt- und Teilevielfalt

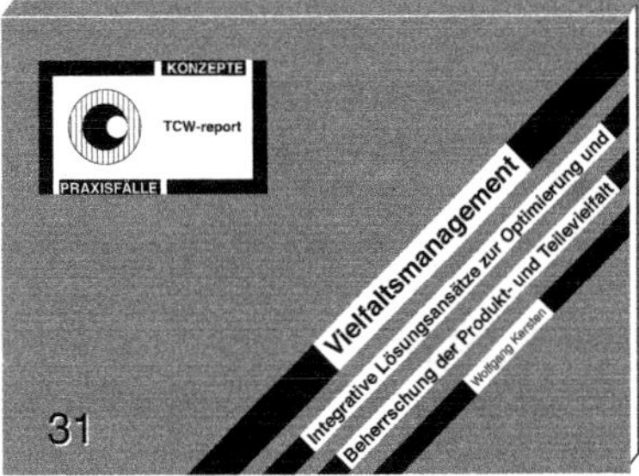

Wolfgang Kersten
Vielfaltsmanagement
München 2002
ISBN 978-3-931511-77-7
EUR 84,-
zzgl. Versandkosten

Die Bestrebungen vieler Unternehmen, weltweit auf allen Märkten präsent zu sein, Kunden individuell zu bedienen und kleinste Marktnischen auszuschöpfen, haben in den letzten Jahren zu einem deutlichen Anstieg der Variantenvielfalt geführt. Diese Produktvielfalt wird technisch zudem durch eine zu hohe Teilvielfalt realisiert, so dass die resultierende Komplexität in Entwicklung, Produktion, Vertrieb und Service die Beherrschbarkeitsgrenze überschreitet. Fortschritte bei der Bewältigung dieser Problematik lassen sich nur erzielen, wenn die Markt- mit der Kostenperspektive des Unternehmens verbunden wird, betriebswirtschaftliche und technische Lösungsansätze miteinander verknüpft werden. Zudem ist eine Verankerung in dem Führungs- und Controllingsystem des Unternehmens erforderlich.

57 Virtuelle Fabrik

Wandlungsfähigkeit durch dynamische Unternehmenskooperationen

Gunther Reinhart
Virtuelle Fabrik
München 2000
ISBN 978-3-931511-64-7
EUR 84,-
zzgl. Versandkosten

Eine aktuelle organisatorische Antwort für innovative Unternehmen auf ein immer turbulenteres Umfeld, sind virtuelle Fabriken. Besonders für kleine und mittelständische Unternehmen eröffnet dieses Modell neue Chancen, langfristig gegen eine wachsende internationale Konkurrenz bestehen zu können. Der TCW-Report beschreibt unterschiedliche Gestaltungsformen virtueller Fabriken und deren Einsatzmöglichkeiten in der Produktion. Informationstechnische, methodische und organisatorische Voraussetzungen werden ebenso dargestellt wie geeignete Produkt-Markt-Kombinationen. Die spezifischen Risiken und Chancen virtueller Fabriken werden detailliert geschildert. Anhand von Praxisbeispielen und Fallstudien wird die praktische Umsetzung des Konzepts erläutert.

58 Virtuelle Organisation

Wege zur Gestaltung und Anwendung virtueller Unternehmen

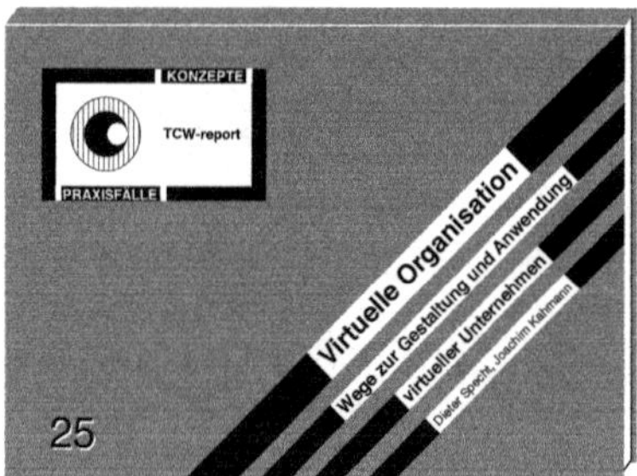

Dieter Specht, Joachim Kahmann
Virtuelle Organisation
München 2000
ISBN 978-3-931511-49-4
EUR 84,-
zzgl. Versandkosten

Im globalisierten Wettbewerb erhöht die Konzentration auf Kernkompetenzen den Bedarf an Kooperation. Auch über große Entfernungen hinweg ermöglichen Informationssysteme ein Zusammenarbeiten. Die virtuelle Kooperation von Unternehmen eröffnet ein Feld bedeutender Effizienz-, Kosten-, und Qualitätsverbesserungen, deren konkrete Ausgestaltung im Hinblick auf Chancen und Risiken sich in der Entfaltung befindet. Der TCW-Report ist ein Leitfaden zur Einführung und Nutzung virtueller Organisationsformen. Aus unterschiedlichen Gestaltungsmöglichkeiten werden in Abhängigkeit von Gestaltungszielen geeignete Konzepte virtueller Organisation entwickelt.

59 Wachstum d. Ressourceneffizienz

Wachstum durch Ressourceneffizienz

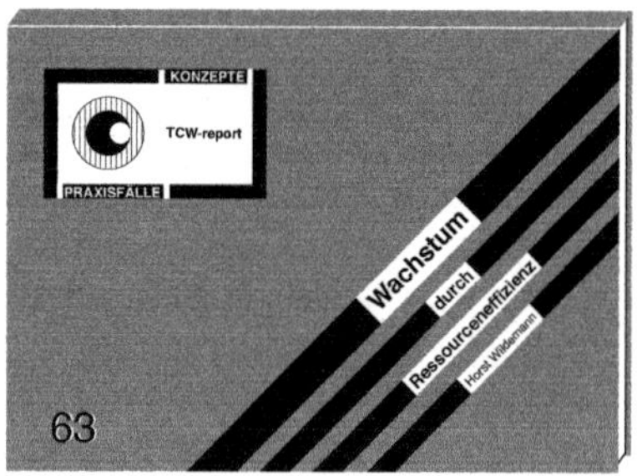

Horst Wildemann
Wachstum durch Ressourceneffizienz
München 2012
ISBN 978-3-941967-42-7
EUR 84,-
zzgl. Versandkosten

In der Industrie ist eine durchschnittliche Steigerung der Arbeitsproduktivität von 5 - 8% üblich. Die Ressourceneffizienz konnte jedoch nur um 2 - 3% gesteigert werden. Ähnlich wie die Lohnkostensteigerung werden die zunehmende Verknappung der Ressourcen und die Steigerung der Preise sowie gesetzliche Umweltauflagen einen sparsameren Umgang mit Rohstoffen erforderlich machen. Ausgehend von den Ursachen für einen Wandel von der Produktivität zur Ressourceneffizienz werden die wesentlichen Wandlungstreiber erläutert. Anhand von Beispielen aus der Praxis unterschiedlicher Industrien werden Handlungsfelder vorgestellt, die durch eine ressourceneffiziente Gestaltung entlang der gesamten Wertschöpfungskette den Unternehmen zu einem nachhaltigen, profitablen Wachstum verhelfen können.

TCW-Reports

60 Wertsteigerung von Unternehmen

Strategien und Methoden zur erfolgreichen Unternehmensführung

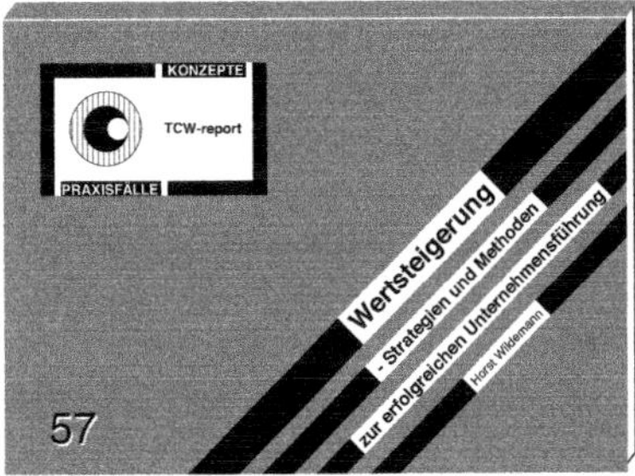

Horst Wildemann
Wertsteigerung von Unternehmen
München 2007
ISBN 978-3-937236-64-3
EUR 84,-
zzgl. Versandkosten

Der TCW-Report zeigt die Bedeutung der Wertschöpfung als Enabler für nachhaltige Wertsteigerung von Unternehmen auf. Ausgehend von der inhaltlichen Spezifikation der Paradigmen Wertsteigerung auf der einen Seite und Wertschöpfung auf der anderen Seite werden Strategien zur Wertsteigerung anschaulich aufgezeigt und anhand von Erfolgsgeschichten aus der Praxis fundiert. Die strategischen Leitlinien beziehen sich auf die Wertschöpfungsfelder Kunde, Unternehmen & Ressourcen, Partner sowie Gesellschaft und Politik. Im Vordergrund steht die Darstellung von Strategien und Methoden zur Implementierung eines Management Excellence Systems, das die Potenzialerschließung durch intelligente Wertschöpfung forciert.

61 Wettbewerbsstrategien

Markt- und ressourcenorientierte Sicht der strategischen Führung – Konzepte – Gestaltung – Umsetzungen

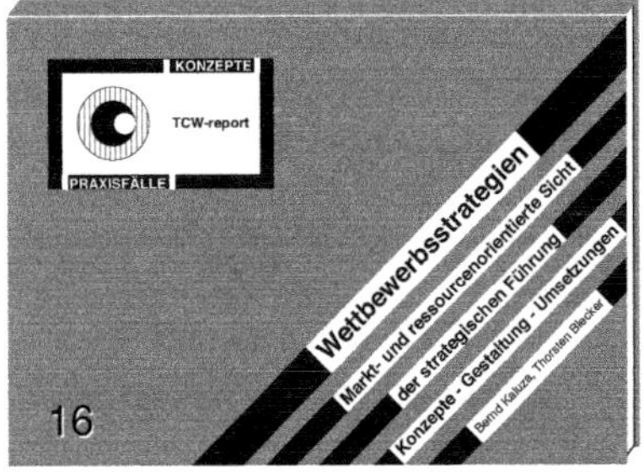

Bernd Kaluza, Thorsten Blecker
Wettbewerbsstrategien
München 2000
ISBN 978-3-931511-87-6
EUR 84,-
zzgl. Versandkosten

Heute stehen Unternehmen einem dynamischen Umfeld gegenüber. Zum erfolgreichen Überleben am Markt reicht das Verfolgen der gegnerischen oder traditionellen Wettbewerbsstrategien, z.B. der Kostenführerschaft, der Differenzierung oder der Fokussierung, nicht mehr aus. Es sind vielmehr hybride Strategien, wie die Outpacing Strategies, die Mass Customization und die dynamische Produktdifferenzierung, zu ergreifen. Zudem kommt den unternehmerischen Ressourcen im strategischen Umfeld eine herausragende Stellung zu. In diesem TCW-Report werden die verschiedenen strategischen Konzepte kritisch vorgestellt und beurteilt. Gestaltungsfelder für das Bestehen im Wettbewerb werden diskutiert. Fallstudien und Beispiele aus der unternehmerischen Praxis zeigen den Weg zu einer erfolgreichen Umsetzung.

62 Wissensmanagement

Wissen als strategische Ressource
im Unternehmen

Hans-Jörg Bullinger
Wissensmanagement
München 2002
ISBN 978-3-931511-68-5
EUR 84,-
zzgl.Versandkosten

Wissen stellt sich zunehmend als strategischer Wettbewerbsfaktor dar, der ebenso wie die klassischen Produktionsfaktoren Rohstoff, Kapital und Arbeit bewirtschaftet werden muss, um die Wachstumspotenziale auszuschöpfen. Im Kontext einer wissensintensiven Wertschöpfung ist es zunehmend wichtig, Informationen und Wissen als strategische Ressourcen im Prozess, im Produkt und als Produkt zu nutzen. Wissen wird somit zum Motor und zur entscheidenden Größe im Wertschöpfungsprozess. Dieser TCW-Report befasst sich mit den Möglichkeiten des Wissensmanagements. Das Konzept und die relevanten Methoden werden anhand erfolgreicher Fallstudien aus unterschiedlichen Branchen vorgestellt sowie ein Leitfaden zur Einführung aufgezeigt.

TCW-Reports-Bestellliste

1 ____ Ex. **Angebotssysteme**
EUR 84,- ISBN 978-3-931511-58-6

2 ____ Ex. **Auftragsabwicklungssegmente**
EUR 84,- ISBN 978-3-931511-57-9

3 ____ Ex. **Betreibermodelle**
EUR 84,- ISBN 978-3-934155-20-6

4 ____ Ex. **Cost Engineering**
EUR 84,- ISBN 978-3-941967-50-2

5 ____ Ex. **Das Leadership-Haus**
EUR 84,- ISBN 978-3-931511-70-8

6 ____ Ex. **Der Unternehmer im Unternehmen**
EUR 84,- ISBN 978-3-937236-89-6

7 ____ Ex. **Die Zukunft des Wachstums**
EUR 84,- ISBN 978-3-937236-07-0

8 ____ Ex. **Dienstleistungsengineering**
EUR 84,- ISBN 978-3-931511-60-9

9 ____ Ex. **Elektronikproduktion**
EUR 84,- ISBN 978-3-931511-59-3

10 ____ Ex. **Engpassorientierte Logistikanalyse**
EUR 84,- ISBN 978-3-931511-56-2

11 ____ Ex. **Entgelt**
EUR 84,- ISBN 978-3-934155-11-4

12 ____ Ex. **Entwicklungslinien in Logistik und Supply Chain Management**
EUR 84,- ISBN 978-3-937236-85-8

13 ____ Ex. **Entwicklungszeitreduzierung**
EUR 84,- ISBN 978-3-934155-22-0

14 ____ Ex. **Erfolgreiche Logistikstrategien**
EUR 84,- ISBN 978-3-934155-17-6

15 ____ Ex. **E-Technologien**
EUR 84,- ISBN 978-3-934155-05-3

16 ____ Ex. **Europäisches Change Management**
EUR 84,- ISBN 978-3-934155-00-8

17 ____ Ex. **Fähigkeitsmanagement**
EUR 84,- ISBN 978-3-934155-07-7

18 ____ Ex. **Flexible Personalstrukturen**
EUR 84,- ISBN 978-3-934155-02-2

19 ____ Ex. **Führungsverantwortung**
EUR 84,- ISBN 978-3-934155-21-3

20 ____ Ex. **Globale Industrialisierung**
EUR 84,- ISBN 978-3-941967-27-4

21 ____ Ex. **Globalisierung**
EUR 84,- ISBN 978-3-931511-79-1

22 ____ Ex. **Holonic Manufacturing**
EUR 84,- ISBN 978-3-931511-89-0

23 ____ Ex. **Human Resources Management**
EUR 84,- ISBN 978-3-931511-47-0

24 ____ Ex. **Informationstechnologie**
EUR 84,- ISBN 978-3-937236-61-2

25 ____ Ex. **Innovationen**
EUR 84,- ISBN 978-3-937236-43-8

26 ____ Ex. **Instandhaltungsmanagement effizient gestalten**
EUR 84,- ISBN 978-3-937236-19-3

27 ____ Ex. **IT-Architekturen**
EUR 84,- ISBN 978-3-934155-14-5

28 ____ Ex. **KMU und Benchmarking**
EUR 84,- ISBN 978-3-931511-78-4

29 ____ Ex. **Komplexitätsmanagement**
EUR 84,- ISBN 978-3-934155-03-9

30 ____ Ex. **Konzeptwettbewerb**
EUR 84,- ISBN 978-3-934155-23-7

31 ____ Ex. **Lean und gesund?**
EUR 84,- ISBN 978-3-937236-81-0

32 ____ Ex. **Marktführerschaft**
EUR 84,- ISBN 978-3-931511-50-0

33 ____ Ex. **Modularisierung**
EUR 84,- ISBN 978-3-941967-64-9

34 ____ Ex. **Montagemanagement**
EUR 84,- ISBN 978-3-931511-53-1

35 ____ Ex. **Online-Auktionen**
EUR 84,- ISBN 978-3-934155-10-7

36 ____ Ex. **Outsourcing – Offshoring – Verlagerung**
EUR 84,- ISBN 978-3-937236-28-5

37 ____ Ex. **Partizipative Fabrikplanung**
EUR 84,- ISBN 978-3-931511-63-0

38 ____ Ex. **Produktion**
EUR 84,- ISBN 978-3-931511-88-3

39 ____ Ex. **Produktpiraterie**
EUR 84,- ISBN 978-3-937236-68-7

40 ____ Ex. **Professionelle Krisenbewältigung**
EUR 84,- ISBN 978-3-941967-07-6

41 ____ Ex. **Prozesswirtschaftlichkeit**
EUR 84,- ISBN 978-3-931511-73-9

42 ____ Ex. **Retrograde Terminierung**
EUR 84,- ISBN 978-3-931511-67-8

43 ____ Ex. **Revitalisierung von Unternehmen**
EUR 84,- ISBN 978-3-934155-09-1

44 ____ Ex. **Roadmapping**
EUR 84,- ISBN 978-3-934155-16-9

45 ____ Ex. **Service-Engineering**
EUR 84,- ISBN 978-3-931511-72-2

46 ____ Ex. **Service-to-Success**
EUR 84,- ISBN 978-3-934155-08-4

47 ____ Ex. **Software-Engineering**
EUR 84,- ISBN 978-3-931511-52-4

48 ____ Ex. **Stressresistenz zukunftsfähiger Strategien**
EUR 84,- ISBN 978-3-941967-72-4

49 ____ Ex. **Strategische Frühinformation**
EUR 84,- ISBN 978-3-934155-15-2

50 ____ Ex. **Supply Chain Management**
EUR 84,- ISBN 978-3-934155-13-8

51 ____ Ex. **Total Quality Management**
EUR 84,- ISBN 978-3-931511-55-5

52 ____ Ex. **Überlebensstrategien**
EUR 84,- ISBN 978-3-937236-40-7

53 ____ Ex. **Unternehmensentwicklung**
EUR 84,- ISBN 978-3-934155-18-3

54 ____ Ex. **Unternehmensfusion**
EUR 84,- ISBN 978-3-931511-61-6

55 ____ Ex. **Value Creation**
EUR 84,- ISBN 978-3-934155-12-1

56 ____ Ex. **Vielfaltsmanagement**
EUR 84,- ISBN 978-3-931511-77-7

TCW-Reports-Bestellliste

57 ____ Ex. **Virtuelle Fabrik**
EUR 84,- ISBN 978-3-931511-64-7

58 ____ Ex. **Virtuelle Organisation**
EUR 84,- ISBN 978-3-931511-49-4

59 ____ Ex. **Wachstum durch Ressourceneffizienz**
EUR 84,- ISBN 978-3-941967-42-7

60 ____ Ex. **Wertsteigerung von Unternehmen**
EUR 84,- ISBN 978-3-937236-64-3

61 ____ Ex. **Wettbewerbsstrategien**
EUR 84,- ISBN 978-3-931511-87-6

62 ____ Ex. **Wissensmanagement**
EUR 84,- ISBN 978-3-931511-68-5

Alle Preise jeweils zzgl. Versandkosten

Bestelladresse / Versandanschrift

TCW Transfer-Centrum GmbH & Co. KG
für Produktions-Logistik und Technologie-Management
Leopoldstraße 145 • 80804 München
Tel. +49.89.36 05 23-0
E-Mail: mail@tcw.de • Internet: www.tcw.de

Fax-Bestellung: +49.89.36 10 23 20

Name, Vorname

Abteilung / Funktion | Firma

Straße / Postfach | PLZ | Ort

Telefon | Telefax | E-Mail

Stempel | Datum / Unterschrift

Bestelladresse / Versandanschrift

☐ Ja, ich möchte laufend und zum vergünstigten Preis vom TCW-Report profitieren. Senden Sie mir den TCW-Report bitte ab sofort regelmäßig für ein Jahr zum Abonnentenpreis von EUR 73,- pro Heft zzgl. Versandkosten (statt EUR 84,- zzgl. Versandkosten im Einzelbezug). Das Abonnement verlängert sich jeweils um ein Jahr, wenn es nicht sechs Wochen vor Ablauf schriftlich gekündigt wird.

Widerrufsrecht:
Mir ist bekannt, dass ich diese Vereinbarung innerhalb einer Woche bei der TCW Transfer-Centrum, Leopoldstraße 145, 80804 München schriftlich widerrufen kann.
Ich bestätige dies mit meiner 2. Unterschrift.

Datum | 2. Unterschrift

TCW Transfer-Centrum GmbH & Co. KG
für Produktions-Logistik und Technologie-Management

Leopoldstraße 145 • 80804 München
Tel. +49.89.36 05 23-0 • Fax +49.89.36 10 23 20

Name, Vorname

Abteilung / Funktion | Firma

Straße / Postfach

PLZ | Ort

Telefon | Telefax

E-Mail

Unterschrift | Datum

www.management-literatur.com • mail@tcw.de